VMware虚拟化与云计算
vSphere运维卷

王春海◎著

中国铁道出版社
CHINA RAILWAY PUBLISHING HOUSE

内 容 简 介

本书介绍 VMware vSphere 企业运维内容，包括组建传统 vSphere 数据中心、vSAN 数据中心的实施规划、虚拟机备份与恢复、从已有物理服务器迁移到虚拟服务器、数据中心运维管理 vROps、基于超整合的 vSAN 群集的安装配置等内容，还包括 vSphere 6.0 升级到 vSphere 6.0 U2、从 Horizon View 6.0 升级到 Horizon View 7.0，介绍 vSphere 企业运维部分常见故障与解决方法等。

本书介绍了大量先进的虚拟化应用技术，步骤清晰（使用 Step By Step 的教学方法），非常容易学习和快速掌握，可供虚拟机技术爱好者、政府信息中心管理员、企业网管、网站与网络管理员、计算机安装及维护人员、软件测试人员、程序设计人员、教师等作为网络改造、虚拟化应用、网络试验、测试软件、教学演示等用途的参考手册，还可作为培训机构的教学用书。

图书在版编目（CIP）数据

VMware 虚拟化与云计算. vSphere 运维卷/王春海著.—北京：中国铁道出版社，2018.1

ISBN 978-7-113-22965-8

Ⅰ. ①V… Ⅱ. ①王… Ⅲ. ①虚拟处理机②虚拟网络Ⅳ. ①TP317 ②TP393

中国版本图书馆 CIP 数据核字（2017）第 075322 号

书　　名：VMware 虚拟化与云计算：vSphere 运维卷
作　　者：王春海　著

责任编辑：荆　波　　**读者热线电话**：010-63560056
责任印制：赵星辰　　**封面设计**：MXK DESIGN STUDIO

出版发行：中国铁道出版社（100054，北京市西城区右安门西街 8 号）
印　　刷：北京鑫正大印刷有限公司
版　　次：2018 年 1 月第 1 版　　2018 年 1 月第 1 次印刷
开　　本：787mm×1092mm　1/16　**印张**：37.75　**字数**：987 千
书　　号：ISBN 978-7-113-22965-8
定　　价：89.00 元

前 言 Foreword

vSphere 运维之我见

组建与维护 vSphere 数据中心，是一个综合性的系统工程，要对服务器的性能与数量、存储的性能与容量以及接口、网络交换机等方面进行合理的配置与选择。在 vSphere 数据中心构成的三要素：服务器、存储和网络中，服务器与网络变化不大，关键在于存储的选择。在 vSphere 6.0 及其以前，传统的 vSphere 数据中心普遍采用共享存储，一般优先选择 FC 接口，其次是 SAS 及基于网络的 iSCSI。在 vSphere 6.0 推出后，还可以使用普通的 x86 服务器、基于服务器本地硬盘、通过网络组成的 vSAN 存储。(实际上 vSphere 5.5 U1 就开始支持 vSAN，但第一个集成 vSAN 的正式版本是 vSphere 6.0)。

简单来说，一个虚拟化系统工程师，除了了解硬件产品的参数、报价，还要根据客户的需求，为客户进行合理的产品选型，并且在硬件到位之后，进行项目的实施（安装、配置等）；在项目完成之后，要将项目移交给用户，并对用户进行简单的培训。在整个项目正常运行的生命周期内（一般的服务器虚拟化等产品的生命周期是 4~6 年），能让项目稳定、安全、可靠的运行，并且在运行过程中，解决用户碰到的大多数问题，并能对系统碰到的故障能进行分析、判断、定位与解决。

给读者的话

尽管写本书时，我们精心设计了每个场景、案例，也考虑到一些相关企业的共性问题，但是天下没有完全相同的两片树叶，每个企业都有自己的特点和需求。因此这些案例可能并不完全适合你的企业和规划；我们更希望你能从本书中学到解决问题的技巧和运维的经验，然后举一反三，在实际应用时需要根据具体的实际情况进行变动。

写书的时候，我们力求把繁杂的技术问题和故障用更易读和容易理解的方式体现出来，但有些技术问题尤其是比较“难”的问题，它本身来源于实际的生产环境，如果落实到图书之中，难免会显得不够立体，读者阅读的时候，可能第一遍会看不懂，这都是正常的现象。因此我们向读者提出建议：阅读时采取画思维导图的方式，边学边画，慢慢建立起每个章节的轮廓，并且多进行思考和梳理，这样一来，读者很快会明白作者想要表达的意思，并迅速应用于自己的实践工作中去。

即扫即看二维码视频

为帮助读者顺利跨过 vSphere 运维的重点和难点，作者根据图书内容专门录制了 10 段、180 分钟的讲解视频，视频内容源自实践操作环境；我们把每段视频做成二维码，嵌入书中相应章节，便于读者在遇到学习疑惑时，直接扫码观看详细地视频讲解。

附赠整体扫码下载包

为了让本书更具性价比，在本书封底的左上方，我们会放置一个整体下载包的二维码，其中包含以下内容：

- 10 段、180 分钟的精彩讲解视频
- 本书中所有图片和表格的彩色版
- 本书第 6、7 两章和附录内容的电子文档（目录中体现）

内容与读者定位

本书适合虚拟化系统集成工程师，对 VMware 虚拟化数据中心的规划、硬件选型（服务器、存储、网络交换机）、常用服务器 RAID 配置、存储配置进行了介绍，对 VMware 虚拟化产品的安装、对从物理机到虚拟机的迁移（P2V 与 V2V）、虚拟化环境中虚拟机的备份与恢复、vSphere 运维管理等一一进行了介绍。本书还对 VMware 超融合架构 VMware vSAN 进行了比较详细的介绍，并对虚拟化项目中碰到的一些故障进行了简单的说明，并提出了解决方法。

作者介绍

我 1993 年开始学习计算机，1995 年开始从事网络方面的工作，曾经主持组建过省国税、地税、市铁路分局（全省范围）的广域网组网工作，近几年一直从事政府等单位的网络升级、改造与维护工作，积累了较为丰富的经验，在多年的工作中，解决过许多疑难问题。

从 2000 年最初的 VMware Workstation 1.0 到现在的 VMware Workstation 12、从 VMware GSX Server 1 到 VMware GSX Server 3、VMware Server、VMware ESX Server 到 VMware ESXi 6.5，我亲历过每个产品的每个版本的使用。从 2004 年即开始使用并部署 VMware Server（VMware GSX Server）、VMware ESXi（VMware ESX Server），已经为许多政府、企业成功部署 VMware Server、VMware ESXi 并应用至今。

早在 2003 年，我编写并出版了业界第一本虚拟机方面的图书《虚拟机配置与应用完全手册》（主要讲述 VMware Workstation 3 的内容），在随后的几年又相继出版了《虚拟机技术与应用–配置管理与实验》、《虚拟机深入应用实践》等多本虚拟机方面的图书。部分图书输出到中国台湾地区，例如《VMware 虚拟机实用宝典》由台湾博硕公司出版繁体中文版，《深入学习 VMware vSphere 6》由台湾佳魁资讯股份有限公司出版繁体中文版。

此外，我较为熟悉 Microsoft 系列虚拟机、虚拟化技术，对 Windows 操作系统、Microsoft 的 Exchange、ISA、OCS、MOSS 等服务器产品也有一定的认识和应用深度，是 2009 年度 Microsoft Management Infrastructure 方面的 MVP（微软最有价值专家）、2010～2011 年度

Microsoft Forefront（ISA Server）方向的 MVP、2012～2015 年度 Virtual Machine 方向的 MVP、2016～2017 年度 Cloud and Datacenter Management 方向的 MVP。

致谢

本书的出版得到了荆波编辑的大力支持，另外，河北科技大学任文霞，河北经贸大学盖俊飞、朱书敏、赵艳、李林茹、张丽荣等也参与了本书部分内容的写作，在此一并致谢！

提问与反馈

由于编者水平有限，并且本书涉及的系统与知识点很多，尽管作者力求完善，但仍难免会有不妥和错误之处，诚恳地期望广大读者和各位专家不吝指教。

如有问题想要咨询时，请把你的情况介绍一下，因为作者不了解你的环境。发送电子邮件到 wangchunhai@wangchunhai.cn，附件包括网络拓扑图以及以下内容：

（1）你的系统，是全新规划、实施的，还是已经使用一段时间。如果是使用了一段时间，在系统（或某个应用）不正常之前，你做了那些操作。你的相关服务器的品牌、配置、参数，使用年限等。

（2）附上你的拓扑图，标上相关设备（交换机、路由器、服务器）的 IP 地址、网关，DNS 等参数。

（3）你碰到的问题，你是怎么分析判断，在这期间又碰到了哪些问题。

（4）如果你是全新规划碰到问题，请写出你的需求，你是怎么规划的。

（5）其他你认为应该告诉我的信息。

请注意，我无意收集大家的信息，对于 IP 地址，你可以把 IP 地址的前两位用 x1.x2 来代替。这些只是为了方便分析问题。如果你只是说我碰到××问题而问我怎么办，那我是无法帮你的。

不管我的回复是否解决问题，或者你有进一步的问题需要询问，可以直接回复我的邮件，不要新建邮件。因为我经常解答多个人的问题，如果你新发了邮件，我就不知道你原来提问的内容了，切记。

当然，你也可以直接去我的博客。

51cto 专家博客：http://wangchunhai.blog.51cto.com

我的博客上经常发表一些文章，包括我的一些案例设计、问题解决；每篇文章都有问题或案例说明、拓扑图、碰到的问题以及解决的方法。

为了配合本书的内容，作者精心制作了视频，如果需要，读者可以到 51CTO 学院浏览 http://edu.51cto.com/lecturer/user_id-225186.html 学习。

最后，谢谢大家，感谢每一位读者！你们的认可，是我最大的动力！

王春海

2017 年 9 月

目录 Contents

第1章 组建传统 vSphere 数据中心

第 2 章　vSphere 虚拟机备份与恢复解决方案

第 3 章　VMware vCenter Converter 应用

第 5 章 组建 vSAN 群集

第 6 章 vSphere 企业运维故障与经验记录

（注：以下内容读者可通过扫描封底二维码，在下载包中获得）

第 7 章　某数据中心 vSphere 6.0 升级到 vSphere 6.0 U2 实例

第 8 章　升级 VMware Horizon 6.2 到 VMware Horizon 7.0

第 1 章 组建传统 vSphere 数据中心

中小企业虚拟化数据中心
规划设计与产品选型
（精彩视频 即扫即看）

vSphere 虚拟化数据
中心设计流程
（精彩视频 即扫即看）

组建 vSphere 数据中心，是一个综合与系统的工程，要对服务器的数量与配置、存储的性能与容量及接口、网络交换机等方面进行合理的配置与选择。在 vSphere 数据中心构成的三要素：服务器、存储、网络中，服务器与网络变化不大，主要是在存储的选择。在 vSphere 6.0 及其以前，传统的 vSphere 数据中心普遍采用共享存储，一般优先选择 FC 接口，其次是 SAS 及基于网络的 iSCSI。vSphere 6.0 推出后，还可以使用普通的 x86 服务器、基于服务器本地硬盘、通过网络组成的 VSAN 存储。

在一个小型的 vSphere 数据中心中，一般至少由 3 台 x86 的服务器、1 台共享存储组成。如果存储与服务器之间使用光纤连接，在此基础上，只要存储性能与容量足够，可以很容易的从 3 台服务器扩展到多台。但这种传统的 vSphere 数据中心，受限于共享存储的性能（接口速度、存储的容量、存储的性能），服务器与存储的比率不会太大。

从理论及实际来看，vSphere 数据中心架构比较简单，只要存储、网络、服务器跟得上，很容易扩展成比较大的数据中心。对于大多数的管理员及初学者，只要搭建出 3 台服务器、连接 1 台共享存储的 vSphere 环境，很容易扩展到 10 台、20 台甚至更多的服务器、同时连接 1 台到多台共享存储的 vSphere 环境，并且管理起来，与管理 3 台的 vSphere 最小群集，没有多大的区别。所以，这也是我在以前的图书中，以 3 台主机、1 台共享存储为例作为案例的原因。但是，量变会引起质变。近管我们理解 vSphere 的架构，也能安装配置多台服务器组成的 vSphere 数据中心，在实际的应用环境中，服务器的数量扩充并不是无上限的。有的时候，并不是多增加服务器就能提高 vSphere 数据中心的性能。

例如，在我维护与改造的一个 vSphere 数据中心中，该单位有 10 台服务器，这些服务器购买年限不同，服务器配置不多，整个 vSphere 数据中心的运行性能一般，并且没有配置群集。虽然有共享存储（各有一台 EMC 及一台联想的存储），但存储只是当成服务器的“外置硬盘”使用，存储中划分了多个 LUN，但每个 LUN 只是划分给其中的一台服务器使用，这样 VMware 的 HA、VMotion 没有配置，另外每个服务器虽然有多个网卡但只有一个网卡连接了网线。在仔细核算后，重新配置存储（将多个 LUN 映射给 4 台服务器使用），使用 4 台服务器，去掉另外 6 台配置较低的服务器，整个业务系统的可靠性提升了一个数量级（原来虽然是虚拟化环境，但如果某台服务器损坏，那么这个服务器上的虚拟机不能切换到其他主机），4 台服务器具有 2 台冗余。

对于 vSphere 数据中心，尤其是对于较大的 vSphere 数据中心，我个人推荐采用“双群集”的架构，即配置一个传统的、中小型 vSphere 数据中心（采用共享存储），安装 vCenter Server，以及其他的基础架构的虚拟机，例如 Active Directory、View 连接服务器、View 安全服务器、vROps、VDP 等业务虚拟机。另外再组建一个 VSAN 的数据中心，此 VSAN 数据中心用于高性能的业务虚拟机，并且 VSAN 的群集可以很容易地横向与纵向扩展。

在本节内容中，我们将介绍传统 vSphere 数据中心的组成、安装与基本配置，在本书后面的章节，会介绍 VSAN 的 vSphere 数据中心的组成、安装与配置。但无论是传统的 vSphere 数据中心，还是 VSAN 数据中心，基于 vSphere 的应用，例如 VDP、Converter、vROps，以及 HA、FT、View 桌面，这些应用都是相同的。

1.1 传统 vSphere 数据中心服务器、存储、交换机的选择

组建传统的 vSphere 数据中心，需要合理选择服务器、存储、交换机（网络）等设备，本节将重点介绍这方面内容。

1.1.1 服务器的选择

在实施虚拟化的过程中，如果现有服务器可以满足需求，可以使用现有的服务器。如果现有服务器不能完全满足需求，可以部分采用现有服务器，然后再采购新的服务器。

如果采购新的服务器，可供选择的产品比较多。如果单位机房在机柜存放，则优先采购机架式服务器。采购的原则有以下 6 点。

（1）如果 2U 的服务器能满足需求，则采用 2U 的服务器。通常情况下，2U 的服务器最大支持 2 个 CPU，标配为 1 个 CPU。在这个时候，就要配置 2 个 CPU。

如果 2U 的服务器不能满足需求，则采用 4U 的服务器。通常情况下，4U 的服务器最大支持 4 个 CPU 并标配 2 个 CPU，在购置服务器时，为服务器配置 4 个 CPU 为宜。如果对服务器的数量不做限制，采购两倍的 2U 服务器要比采购 4U 的服务器节省更多的资金，并且性能大多数能满足需求。

（2）CPU：在选择 CPU 时，选择 6 核或 8 核的 Intel 系列的 CPU 为宜。10 核心或更多核心的 CPU 较贵，不推荐选择。当然，单位对 CPU 的性能、空间要求较高时除外。

（3）内存：在配置服务器时，尽可能为服务器配置较大的内存。在虚拟化项目中，内存比 CPU 更重要。一般情况下，2 个 6 核心的 2U 服务器配置 64GB 内存，4 个 6 核心或 8 核心的 4U 服务器配置 128GB 或更多的内存。

（4）网卡：在选择服务器的时候，还要考虑服务器的网卡数量，至少要为服务器配置 2 端口的千兆网卡，推荐 4 端口千兆网卡。

（5）电源：尽可能配置 2 个电源。一般情况下，2U 服务器选择 2 个 450W 的电源可以满足需求，4U 服务器选择 2 个 750W 电源可以满足需求。

（6）硬盘：如果虚拟机保存在服务器的本地存储，而不是网络存储，则为服务器配置 6 个硬盘做 RAID-5，或者 8 个硬盘做 RAID-50 为宜。由于服务器硬盘槽位有限，故不能选择太小的硬盘，

当前性价比高的是 600GB 的 SAS 硬盘。2.5 寸 SAS 硬盘转速是 10 000 转，3.5 寸 SAS 硬盘转速为 15 000 转。选择 2.5 寸硬盘具有较高的 IOPS。

至于服务器的品牌，则可以选择联想 System（原 IBM 服务器）、HP 或 Dell。表 1-1 是几款常用服务器的型号及规格。

表 1-1　常用服务器型号及规格

品牌及型号	规　格
联想 3650 M5	2U，最大 2CPU（标配 1CPU）；DDR4，24 个内存插槽（RDIMM/LRDIMM）；24 个前端和 2 个后端 2.5 英寸盘位（HDD 或 SSD）；或 12 个 3.5 英寸盘位和 2 个后端 3.5 英寸盘位；或 8 个 3.5 英寸盘位和 2 个后端 3.5 英寸或 2 个后端 2.5 英寸盘位。标配 SR M5200 阵列卡，支持 RAID-0/1/10，增加选件可支持 RAID-5/6/50；标配 1 个电源（最多 2 个电源）；3 个前端（1 个 USB 3.0、2 个 USB 2.0）和 4 个后端（2 个 USB 2.0、2 个 USB 3.0）和 1 个适用于虚拟机管理程序的内部（USB 3.0）接口，1 个前端和 1 个后端 VGA 接口；4 端口千兆网卡，1 个 IMM 管理接口，可选 10/40Gbe ML2 或 PCIe 适配器
联想 3850 X6	4U，最大 4CPU（标配 2CPU）；DDR4，48 个 DIMM 插槽，最大支持 96 根内存；标配 ML24 端口千兆网卡，可选双口万兆网卡；最大支持 8 个 2.5 寸盘位；1 个前端 USB 2.0、2 个前端 USB 3.0 接口；1 个前端 VGA 接口，1 个后端 VGA 接口；标配双电源
HP DL388 G9	2U，最大 2CPU（标配 1CPU）；DDR4，24 个内存插槽；标配 8 个 2.5 寸硬盘位，可选升级到 16 个或 24 个硬盘槽位；4 端口千兆网卡；1 个 500W 电源，可选冗余（2 个）；RAID-1/0/5
HP DL580 G9	4U，最大 4CPU；标配 2 个内存板，每个内存板 12 个插槽，最大可扩充到 96 个 DIMM 内存插槽；4 端口千兆网卡，可升级为 2×10G Flex Fabric 网卡；2 电源，最多支持 4 个冗余；支持 10 块 2.5 英寸盘位
Dell R920	4U，最大 4CPU；最多 96 个 DIMM 插槽（4 CPU，8 个内存板），最大支持 6TB 内存；标配 1 个千兆双端口 Intel 网卡；标配双电源（最多 4 电源）；最大支持 24 块 2.5 英寸硬盘；8 个 USB＋1 个 VGA＋2 个 RJ45 网口＋1 个串口
Dell R720	2U，最大 2CUP；24 个 DIMM 插槽，最大支持 768GB；最大支持 8 块硬盘；集成 4 端口千兆网卡；RAID-1/0/5；可选冗余电源

以下几种服务器外形如图 1-1-1～图 1-1-3 所示。

图 1-1-1　HP DL388 系列，2U 机架式

图 1-1-2　联想 3650 M5 系列，2U 机架式

图 1-1-3　Dell R720，2U 机架式

1.1.2 存储的选择

在虚拟化项目中，推荐采用存储设备而不是服务器本地硬盘。在配置共享的存储设备，并且虚拟机保存在存储时，才能快速实现并使用 HA、FT、vMotion 等技术。在使用 VMware vSphere 实施虚拟化项目时，一个推荐的作法是将 VMware ESXi 安装在服务器的本地硬盘上，这个本地硬盘可以是一个固态硬盘（30GB～60GB 即可），也可以是一个 SD 卡（配置 4GB～8GB 的 SD 卡即可），甚至可以是 1GB～4GB 的 U 盘。如果服务器没有配置本地硬盘，也可以从存储上为服务器划分 4GB～16GB 的分区用于启动。

【说明】在 HP DL380 G8 系列服务器主板上集成了 SD 接口，可以将 SD 卡插在该接口中用于安装 VMware ESXi。

在虚拟化项目中选择存储时，如果项目中服务器数量较少，可以选择 SAS HBA 接口（如图 1-1-4 所示）的存储。如果服务器数量较多，则需要选择 FC HBA 接口（如图 1-1-5 所示）的存储并配置 FC 的光纤交换机。SAS HBA 接口可以达到 6Gbit/s，而 FC HBA 接口可以达到 8Gbit/s。

图 1-1-4 SAS HBA 接口卡

图 1-1-5 FC HBA 接口卡

在选择存储设备时，要考虑整个虚拟化系统中需要用到的存储容量、磁盘性能、接口数量及接口的带宽。对于容量来说，整个存储设计的容量须是实际使用容量的 2 倍以上。例如，整个数据中心已经使用了 1TB 的磁盘空间（所有已用空间加到一起），则在设计存储时，要至少设计 2TB 的存储空间（请注意是配置 RAID 之后而不是没有配置 RAID、所有磁盘相加的空间）。

例如，如果需要 2TB 的空间，在使用 600GB 的硬盘，用 RAID-10 时，则需要 8 块硬盘，实际容量是 4 个硬盘的容量，600GB×4≈2.4TB。如果要用 RAID-5 时，则需要 5 块硬盘。

在存储设计中另外一个重要的参数是 IOPS（Input/Output Operations Per Second），即每秒进行读写（I/O）操作的次数，多用于数据库等场合，用来衡量随机访问的性能。存储端的 IOPS 参数和主机端的 I/O 是不同的，存储端的 IOPS 是指存储每秒可接受多少次主机发出的访问，主机的一次 I/O 需要多次访问存储才可以完成。例如，主机写入一个最小的数据块，也要经过“发送写入请求、写入数据、收到写入确认”等 3 个步骤，也就是 3 个存储端访问。每个磁盘系统的 IOPS 是有上限的，如果设计的存储系统，实际的 IOPS 超过了磁盘组的上限，则系统反应会变慢，影响系统的性能。简单来说，15 000 转磁盘的 IOPS 是 150，10 000 转磁盘的 IOPS 是 100，普通 SATA 硬盘的 IOPS 大约是 70～80。一般情况下，在做桌面虚拟化时，每个虚拟机的 IOPS 可以设计为 3～5 个；普通的虚拟服务器 IOPS 可以规划为 15～30 个（看实际情况）。当设计一个同时运行 100 个虚拟机的系统时，IOPS 则至少要规划为 2000 个。如果采用 10 000 转的 SAS 磁盘，则至少需要 20 个磁盘。当然这只是简单的测算，后文会专门介绍 IOPS 的计算。

在规划存储时，还要考虑存储的接口数量及速度。通常来说，在规划一个具有 4 主机、1 个存储的系统中，采用具有 2 个接口器、4 个 SAS 接口的存储服务器是比较合适的。如果有更多的主机，或者主机需要冗余的接口，则可以考虑配 FC 接口的存储，并采用光纤交换机连接存储与服务器。表 1-2 是几种低端存储的型号及参数，可以满足大多数中小企业虚拟化系统要求。

表 1-2　常用几种存储服务器的参数

型　号	参数与配置
IBM 3524	● 双活动型热插拔控制器 ● 3 种接口选项：SAS、iSCSI/SAS、FC/SAS ● 4 个或 8 个 6Gbit/s SAS 端口 ● 8 个 8Gbit/s FC 端口和 4 个 6Gbps SAS 端口 ● 8 个 1Gbit/s iSCSI 端口和 4 个 6Gbps SAS 端口 ● 2 个 6Gbit/s SAS 驱动器扩展端口 ● 多达 96 个驱动器：高性能、近线（NL）SAS 和 SED SAS 驱动器 ● EXP 3512（2 U，12 个 3.5 inch 驱动器）和 EXP 3524（3 U，24 个 2.5 inch 驱动器）机柜，机柜可在控制器后方混用 ● 每个控制器 1GB 缓存，可升级至 2GB 镜像，电池供电，降级至闪存 ● 容余电源、冗余散热风扇的电源/散热模块 ● 所有主要器件均为可热插拔 CRU，并可以轻松接触、卸下或更换
IBM 5020	RAID 控制器：双主动型 缓存：4 GB 电池供电 主机接口：4 个 8Gbit/s 光纤通道、8 个 8Gbit/s 光纤通道、4 个 8Gbit/s 光纤通道、4 个 1Gbit/s iSCSI 受支持的驱动器 ● 4 Gbit/s 光纤通道/SED：15k RPM-300 GB、450 GB、600 GB ● 4 Gbit/s SATA：7.2K RPM，1 TB 和 2 TB ● 6 Gbps FC-SAS：10k RPM-600 GB ● SSD：73 GB 和 300 GB RAID 级别：0, 1, 3, 5, 6, 10 存储分区：4、8、16、64 或 128 个存储分区 支持的最大驱动器数量：112 个光纤通道、SED、FC-SAS、SSD 或 SATA 驱动器（使用 6 个 EXP 520 扩展单元） 风扇和电源：双冗余可热插拔式
HP MSA2000	驱动器数：标准支持 12 个。通过扩展最多支持 60 块 LFF 3.5 英寸硬盘；最多支持 99 块 SFF 2.5 英寸硬盘 存储容量：最大 12TB 存储扩展：MSA 2000 3.5 英寸盘柜（单或双 I/O）；MSA70 2.5 英寸盘柜（单或双 I/O）。 存储控制器：MSA2300fc G2 主机接口：4Gb 光纤通道 存储驱动器：MSA2 146GB 3G 15K LFF 双端口 SAS；MSA2 300GB 3G 15K LFF 双端口 SAS；MSA2 450GB 3G 15K LFF 双端口 SAS；MSA2 500GB 3G 7.2K LFF 双端口 SATA；MSA2 750GB 3G 7.2K LFF 双端口 SATA；MSA2 1TB 3G 7.2K LFF 双端口 SATA；72 GB 3G 15K LFF 双端口 SAS

续表

型　号	参数与配置
Dell MD3220	硬盘 MD3200：最多可配置 12 个 3.5 英寸 SAS、NL SAS 和 SSD1 MD3220：最多可配置 24 个 2.5 英寸 SAS、NL SAS 和 SSD1 3.5 英寸硬盘的性能和容量: 15 000 RPM SAS 硬盘，容量规格为 300 GB、450 GB 和 600 GB 7 200 RPM 近线 SAS 硬盘，容量规格为 500 GB、1 TB 和 2 TB 2.5 英寸硬盘的性能和容量 15 000 RPM SAS 硬盘，容量规格为 73 GB 和 146 GB 10 000 RPM SAS 硬盘，容量规格为 146 GB 和 300 GB 7 200 RPM 近线 SAS 硬盘，容量规格为 500 GB 固态硬盘（SSD1），容量规格为 149 GB（适用于 3.5 英寸硬盘托架） 存储：采用 MD1200/MD1220 扩展盘柜，最多可配置 96 个硬盘 连接：8 个 6 Gb SAS 端口（每个控制器 4 个）

1.1.3　网络及交换机的选择

在一个虚拟化环境里，每台物理服务器一般拥有更高的网卡密度。虚拟化主机有 6 个、8 个甚至更多的网络接口卡（NIC）是常见的，反之，没有被虚拟化的服务器只有 2 个或 4 个 NIC。这成为数据中心的一个问题，因为边缘或分布交换机放在机架里，以简化网络布线，然后向上传输到网络核心。在这种解决方案里，一个典型的 48 端口的交换机仅能处理 4～8 台虚拟主机。为了完全添满机架，需要更多的边缘或分布交换机。

在虚拟化环境里，当多个工作负荷整合到这些主机里时，根据运行在主机上的工作负荷数量，网络流量增加。网络利用率将不再像过去每台物理服务器上那样低了。

为了调节来自整合工作负荷增加的网络流量，可能需要增加从边缘或分布交换机到网络核心的向上传输数量，这时对交换机的背板带宽及上行线路就达到较高的要求。

另一个关键的改变来自最新一代虚拟化产品的动态性质，拥有诸如热迁移和多主机动态资源管理。虚拟化里固有的动态更改性能意味着不能再对服务器之间的流量流动作任何假设。

在进行虚拟机之间的动态迁移，或者将虚拟机从一个存储迁移到另一个存储时，为了减少迁移的时间，不对关键业务造成影响，在迁移期间会占用大量的网络资源，另外，在迁移的时候，虽然可以减少并发迁移的数量，但在某些应用中，可能会同时迁移多台虚拟机，这对交换机背板带宽及交换机的性能的要求达到更高。

例如，普通的业务虚拟机，操作系统占用 40GB 磁盘空间、业务数量占用 60GB～500GB 空间，以 400GB 计算，在有 8 台这样的虚拟机需要迁移时，当业务系统达到 99.999%的需求时，要在 315 秒内迁移完成，需要的网络带宽＝400GB×8 台×10bit/600=101Gbit/s。如果业务系统达到 99.9999%的需求时，应该在 31s 内完成迁移，网络带宽需要 1 014.7Gbit/s。当然这只是极端的情况（涉及数据从本地硬盘到存储或者从不同的存储之间迁移），另外，当虚拟机保存在共享的存储上时，虚拟机间的迁移只是涉及所运行的物理主机的迁移，迁移时数据量很小的，此时不需要这么高的带宽。

当工作负荷捆绑于虚拟硬件，机架或交换机被告知将交换大量的网络流量时，服务器能分配到机架或交换机。既然工作负荷能动态地从一台物理主机移动到另一台完全不同的物理主机，在网络设计里，位置不再用到。网络设计现在必须调节动态数据流，这可能从任何虚拟化主机到任何其他虚拟化主机或者物理工作负荷开始。摒弃传统的 core/edge 设计，数据中心网络可能需要找寻更多全网状架构或“光纤”，这能完全调节来自任何虚拟化主机或者任何其他虚拟化主机的交易流。

另外，虚拟化使数据中心里网络层的一些能见度降低了。网络工程师在虚拟交换机里没有能见度，也不能轻松决定哪个物理 NIC 对应哪个虚拟交换机。这在故障检修中是最重要的信息，为了减少故障率，为交换机配置冗余的业务板及冗余电源也应该考虑。同时，在尽可能的前提下，配置更高的交换机。

在大多数的情况下，物理主机配置 4 个千兆网卡，并且为了冗余，尽可能是每 2 个网卡绑定在一起，用做负载均衡及故障转移。

对于中小企业虚拟化环境中，为虚拟化系统配置华为 S57 系列千兆交换机即可满足大多数的需求。华为 S5700 系列分 24 端口、48 端口两种。如果需要更高的网络性能，可以选择华为 S9300 系列交换机。如果在虚拟化规划中，物理主机中的虚拟机只需要在同一个网段（或者在两个等有限的网段中），并且对性能要求不高但对价钱敏感的时候，可以选择华为的 S1700 系列普通交换机。无论是 VMware ESXi 还是 Hyper-V Server，都支持在虚拟交换机中划分 VLAN。即将主机网卡连接到交换机的 Trunk 端口，然后在虚拟交换机一端划分 VLAN，这样可以在只有 1～2 个物理网卡时，可以让虚拟机划分到所属网络中的不同 VLAN 中。表 1-3 是中小企业虚拟化环境中推荐使用的交换机型号及参数。

表 1-3　中小企业虚拟化环境中交换机的型号及参数

交换机型号	参　数
华为 S5700-24TP-SI	20 个 10/100/1000Base-T ，4 个 100/1000Base-X 千兆 Combo 口 包转发率：36Mp/s；交换容量：256Gbit/s
华为 S5700-28P-LI	24 个 10/100/1000Base-T，4 个 100/1000Base-X 千兆 Combo 口 包转发率：42Mp/s；交换容量：208Gbit/s
华为 S5700-48TP-SI	44 个 10/100/1000Base-T，4 个 100/1000Base-X 千兆 Combo 口 包转发率：72Mp/s；交换容量：256Gbit/s
华为 S5700-52P-LI	48 个 10/100/1000Base-T，4 个 100/1000Base-X 千兆 Combo 口 包转发率：78Mp/s；交换容量：256Gbit/s
华为 S9303	根据需要选择模块，3 个插槽，双电源双主控单元 转发性能: 540Mp/s；交换容量: 720G；背板带宽：1228Gbit/s GE 端口密度: 144；10G 端口密度: 36
华为 S9312	根据需要选择模块，12 个插槽，双电源双主控单元 背板带宽：4915Gbit/s；转发性能: 1080Mp/s；交换容量: 2T GE 端口密度: 576；10G 端口密度: 144
华为 S1700-28GFR	二层交换机；背板带宽：56Gbit/s；24 个 10/100/1000Mbit/s 自适应以太网电口；4 个 GE SFP 接口

【说明】华为 S5700 系列为盒式设备，机箱高度为 1U，提供精简版（LI）、标准版（SI）、增强版（EI）和高级版（HI）4 种产品版本。精简版提供完备的二层功能；标准版支持二层和基本的三层功能；增强版支持复杂的路由协议和更为丰富的业务特性；高级版除了提供上述增强版的功能外，还支持 MPLS、硬件 OAM 等高级功能。在使用时可以根据需要选择。

1.2 虚拟化服务器的底层管理

对服务器进行一些底层的操作时，例如，进入 CMOS 设置、配置 RAID 卡、安装操作系统；或者服务器出现问题，如死机需要重新启动时，一般需要到服务器前面，接上键盘、鼠标、显示器进行操作，也有配置网络 KVM，通过网络，使用 KVM 对服务器进行底层的操作。网络 KVM 将服务器的显示界面，显示在控制端，使用控制端的键盘、鼠标就可以操作服务器的键盘鼠标，就像坐在服务器前一样。使用 KVM 时，还可以将本地镜像通过网络映射到服务器，模拟成服务器的光驱或软驱使用。但网络 KVM 费用较高，而且还需要重新配置一套 KVM 网络（一台集中的 KVM 管理设备，通过 KVM 或网络线缆再接到每台服务器）。

实际上，一些服务器都有类似网络 KVM 的功能，如 HP 的 iLO、IBM 的 iMM、Dell 服务器提供的 iDRAC 功能，这些功能模块集成在服务器上，进入这些功能配置模块，为这些模块配置一个网络上可以访问的 IP 地址，并将该功能模块接入网络（有一个 RJ-45 的接口），通过网络，使用 Web 浏览器，即可实现对服务器的远程（底层）管理及操作，包括打开或关闭服务器的电源、加载镜像到服务器（可以模拟服务器光驱、软驱使用）、将服务器的运行界面显示在控制台、实现远程 KVM 的功能等。现在无论是 HP 的 iLO，还是 IBM 的 iMM 或 Dell 的 iDRAC，使用起来都大同小异，一般是使用 Web 浏览器、需要 JAVA 运行环境来远程管理服务器。

1.2.1 使用 HP iLO 功能实现服务器的监控与管理

目前 HP 系列服务器，如 HP DL380 Gen8 服务器背面一共有 5 个 RJ-45 接口，其中左边有 2 个网卡，中间有 1 个 iLO 管理网卡，右边有 2 个网卡。iLO 端口只能用于管理服务器，在安装完操作系统之后，在系统中也“看不到”这个 iLO 端口。可以将 iLO 网卡连接到网络，为其设置一个 IP 地址，通过 iLO、使用 IE 浏览器即可以远程配置、管理服务器，并查看服务器的显示界面、使用本地键盘、鼠标控制服务器，可以加载本地 ISO 文件或本地光盘到服务器，用于系统安装与配置。

iLO 是 Integrated Ligths-out 的简称，是 HP 服务器上集成的远程管理端口，它是一组芯片内部集成 vxworks 嵌入式操作系统，通过一个标准 RJ-45 接口连接到工作环境的交换机。iLO 自己有处理器、存储和网卡，默认网卡配置是 DHCP，可以在服务器启动的时候进入 iLO 的 ROM based configuration utility 修改 IP 地址、管理用户名及密码。新服务器面板左侧，会有一个白色的纸吊牌，上面写着 iLO 网卡上的 DNS name。用户名和密码，一般不要修改；如果不慎修改，可以进入 iLO 设置将其复原，一般是创建一个新的管理账户及密码。

只要将服务器接入网络并且没有断开服务器的电源，不管 HP 服务器处于何种状态（开机、关机、重启），都可以允许用户通过网络进行远程管理。简单来说，iLO 是高级别的远程 KVM 系统，可以将服务器的显示信息显示在本地，并且使用本地的键盘鼠标控制、操作服务器，还可以将本地的光盘镜像、文件夹作为虚拟光驱映射并加载到服务器中。使用 iLO，可以完成底层的 BIOS 设置、磁盘 RAID 配置、操作系统的安装等工作，并且可以在完成系统安装后实现系统的远程控制与管理。

1. 为 iLO 设置管理 IP 地址

iLO 有自己的处理器、存储和网卡，默认网卡的配置是 DHCP。管理员可以在 HP 服务器刚开始启动的时候进入 iLO 界面修改 IP、添加或修改管理用户名与密码。HP 服务器的初始密码在前面板左侧的一个吊牌中，将其拉出就可以看到初始的用户名（Administrator）与初始密码。

网络中的 DHCP 服务器，可以将 iLO 管理网卡（在服务器后面板上，有个 iLO 标记的 RJ-45 端口）通过网线连接到交换机，然后登录 DHCP 服务器，查看新分配的 IP 地址，假设为 192.168.1.234，则登录 https://192.168.1.234 即可以看到 iLO 的管理界面，输入初始用户名与密码就可以进入。

为了以后管理方便，建议为服务器规划 iLO 管理地址。例如，在我所管理的网络中有 4 台 HP DL388 的服务器，这 4 台服务器的管理地址分别规划为 192.168.1.31、192.168.1.32、192.168.1.33、192.168.1.34。在进入 iLO 的管理界面后，在左侧窗格选择"Administration→Network"，在右侧窗格选择"IP&NIC Settings"选项卡，取消"Enable DHCP"的选择，然后设置 IP 地址、子网掩码、网关，也可以在"iLO Subsystem Name"后面为管理的服务器设置计算机名称，如图 1-2-1 所示的 HP 服务器安装的是 Forefront TMG 2010，则设置系统名称为 TMG2010。

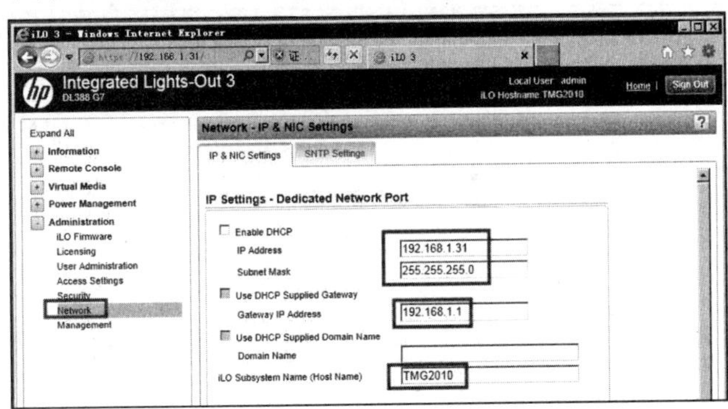

图 1-2-1　设置 iLO 管理地址与系统名称

【说明】如果你的网络中没有 DHCP，则需要在服务器开机之后，按 F8 键可进入 iLO 的设置界面，然后为 iLO 设置管理地址、添加新的管理员用户与密码。

2. 设置时区与时间服务器

iLO 默认的时区是格林威治标准时间，iLO 会根据这个时间记录服务器的日志。如果要让日志记录的时间符合当前需要，例如，当前是 GMT+8，可以在"Administration→Network→SNTP Settings"的"Timezone"下拉列表中选择"Asia/Shanghai"时间，如果网络中有时间服务器可以在"Primary Time Server"中输入时间服务器的地址，如图 1-2-2 所示。

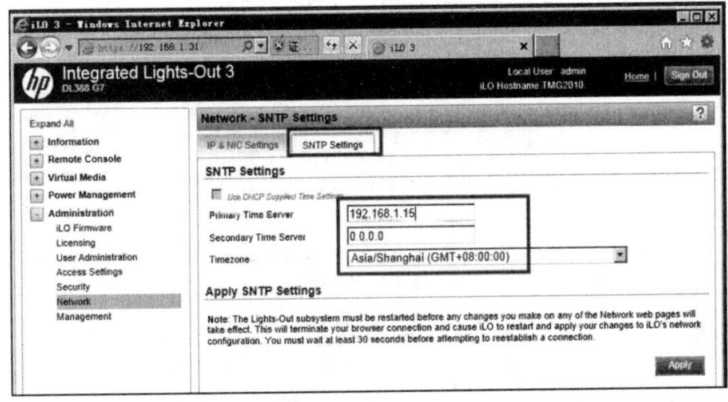

图 1-2-2　修改时区

设置网卡地址与时区之后，单击“Apply”按钮，让设置生效，iLO 会重新启动。如果设置的 IP 地址与网络中的其他地址冲突，那么当前设置不会更改，需要重新修改 IP 地址。

【说明】如果在图 1-2-2 没有“SNTP Settings”设置的选项卡，则表示 iLO 的硬件版本比较低，可以在 HP 网站下载 iLO 升级程序将其更新。

3．添加管理用户名

在 HP 服务器前面板的吊牌上写有每个服务器的 iLO 管理员账户与密码，通常情况下不建议修改这个密码，但这个密码不好记，这时就需要为 iLO 管理添加一个新的管理员账户，可以在“Administration→User Administration”中添加新的管理员账户，并设置管理员账户的功能，如图 1-2-3 所示。

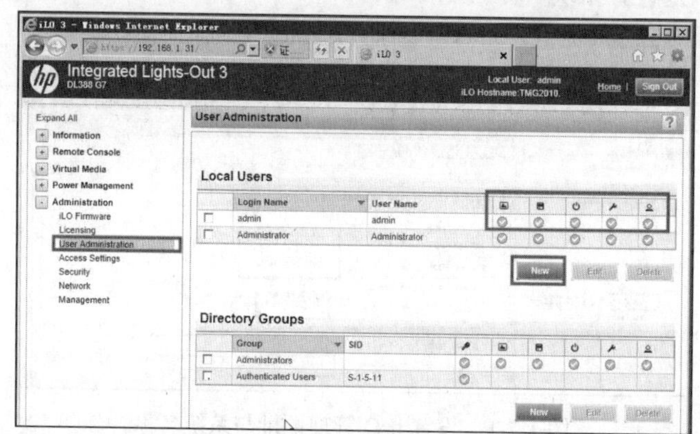

图 1-2-3　添加管理员账户

4．添加 License

iLO 在默认情况下是不支持远程管理的，需要从 HP 经销商处购买 iLO 的 License 号码，并在“Administration→Licensing”处输入该 License 号，才能实现远程管理功能。如图 1-2-4 所示。

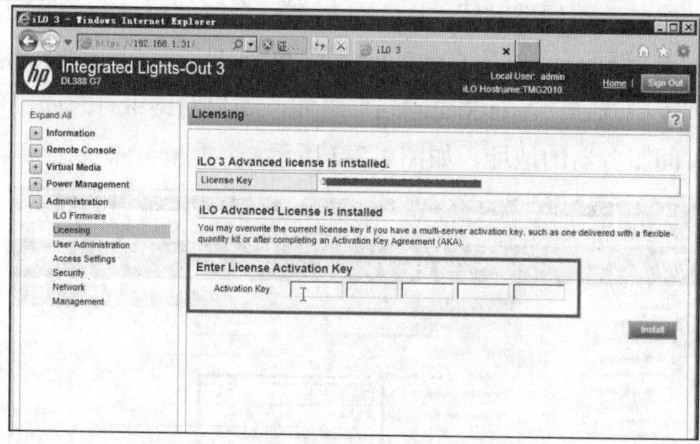

图 1-2-4　输入 iLO 的 License

5．服务器电源控制

如果服务器死机，或者服务器没有开机，可以在“Power Management”中，实现服务器的开机、关机、重启等操作，如图 1-2-5 所示。

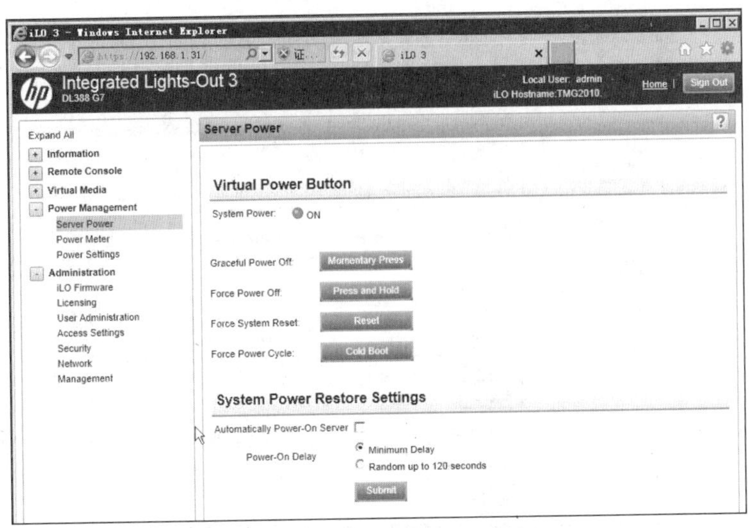

图 1-2-5　服务器电源控制

6. 虚拟光驱与软驱功能

如果管理的服务器没有光驱，或者虽然有光驱但没有光盘，或者在远程管理的情况下，不能向服务器插入光盘，可以在 iLO 中使用“Virtual Media”功能，将网络中的 ISO 或软盘虚拟成光驱或软驱并映射到服务器。选择“Virtual Media→Virtual Media”选项，将光盘镜像的 URL 详细地址输入在“Scripted Media URL”中，然后单击“Insert Media”按钮映射镜像到服务器中，如图 1-2-6 所示。在网络中建立 HTTP 服务器，并启用目录浏览功能，浏览查看并复制所需要的光盘镜像地址，将复制的地址粘贴到“Scripted Media URL”中。

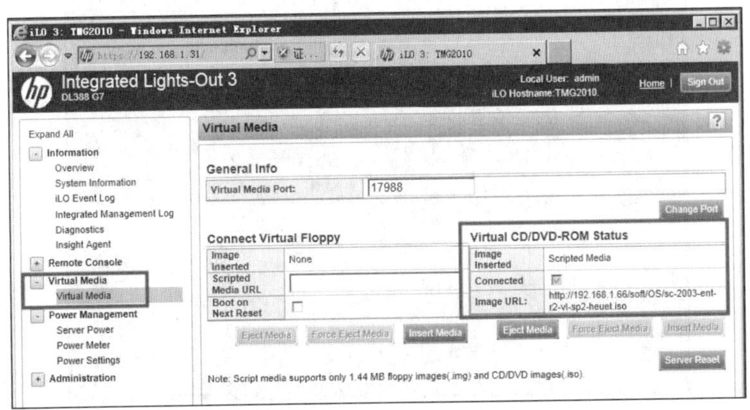

图 1-2-6　加载 HTTP 镜像到服务器

【说明】如果要直接加载本地的光盘镜像，可以在服务器的远程控制中实现这一功能。

7. 远程 KVM

在“Remote Console→Remote Console”中，可以实现远程 KVM 功能，一种是使用“Integrated Remote Console”，另一种是使用“Java Integrated Remote Console”，如图 1-2-7 所示。使用后者需要安装 Java 运行环境。

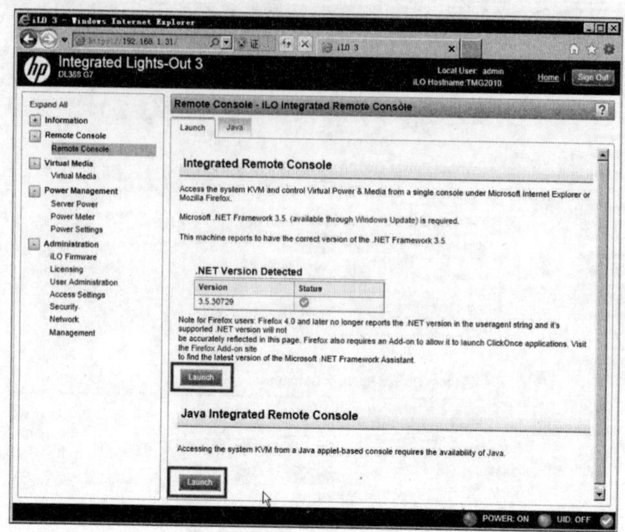

图 1-2-7　远程控制

不管使用哪种方式，在登录到远程控制台之后，会直接显示服务器的当前状态，不管服务器是处于自检、启动中还是启动后，都能看到服务器的显示界面，和直接在服务器前查看服务器的控制台是一样的效果；同时在远程控制中，可以将本地文件夹、镜像文件、URL 地址镜像映射到服务器中做光驱使用，相关控制如图 1-2-8 所示。

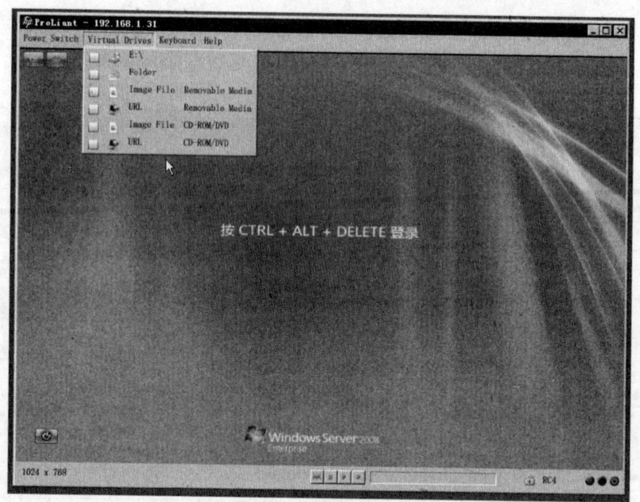

图 1-2-8　远程控制

在“Power Switch”菜单中还可以更改服务器的电源状态，在“Keyboard”中发送 Ctrl+Alt+Del 之后，使用本地键盘，输入管理员账户、密码就可以登录到服务器。此时使用本地的键盘、鼠标就可以操作远程的服务器。

8．查看 iLO 日志

在“Information→Integrated Management Log”中可以查看服务器的日志，如图 1-2-9 所示。在图 1-2-9 中提示插在第 3 个内存插槽中的内存有问题，这时候就需要更换好的内存。

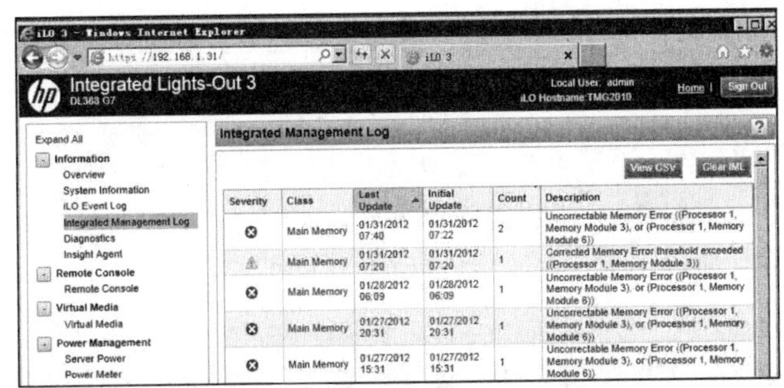

图 1-2-9　iLO 管理日志

9. 系统信息

在“Information→System Information”处可以显示当前服务器的信息，例如 CPU、内存、电源、网卡，如图 1-2-10 所示。

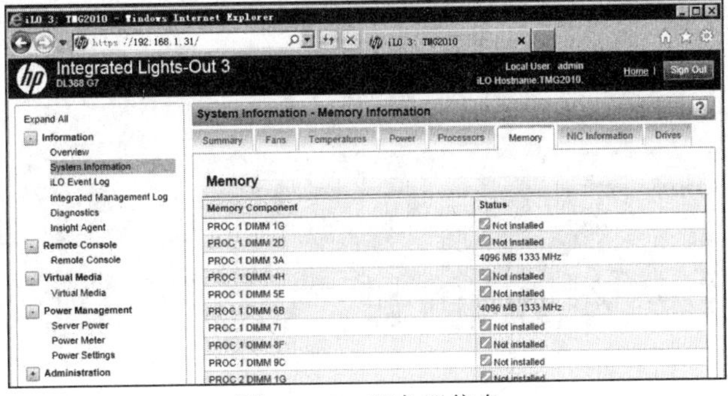

图 1-2-10　服务器信息

10. iLO 升级

如果 HP 服务器的 iLO 版本比较低，可以登录 HP 官方网站（http://www.hp.com/go/iLO）下载最新的 iLO 升级程序。下载的 Windows 版本的升级程序是一个名为 cp015457.exe、大小为 6.59MB 的程序，请用 WinRAR 将其解压缩展开，使用名为 ilo3_126.bin、大小为 8MB 的升级文件直接升级即可。

升级的方法很简单，登录 iLO 管理界面，在“Administrator→iLO Firmware”中的右侧窗口单击“浏览”按钮，选择 iLO 的升级文件，单击“Upload”按钮开始上传，并在上传完成之后根据安装向导选择升级即可，如图 1-2-11 所示。

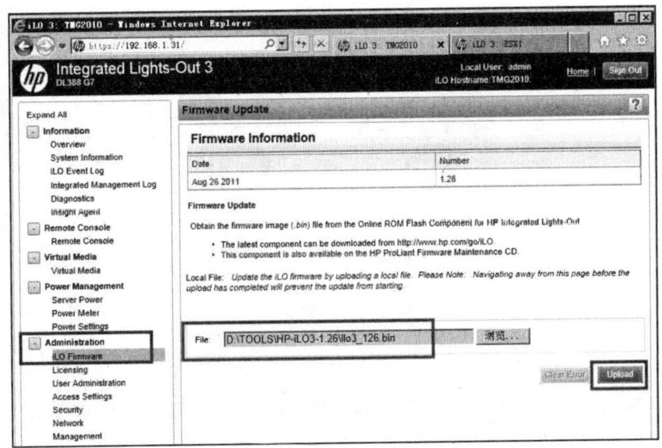

图 1-2-11　上传升级文件

整个升级过程比较简单，需要 2～3 分钟，升级完成之后，iLO 会重新启动；关闭 IE，重新登录 iLO 即可。

11. 其他管理与设置

打开服务器的电源，会显示服务器的信息和状态，并在左下角显示服务器 iLO 获得或分配的 IP 地址，在本示例中当前 IP 地址为 172.30.5.241，如图 1-2-12 所示。

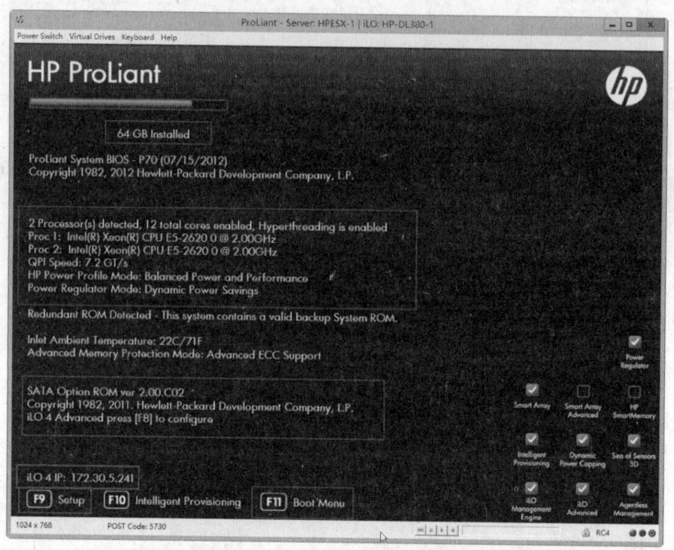

图 1-2-12　服务器信息及 iLO 管理地址

此时服务器获得的可能是一个“临时”的 IP 地址，在 IE 浏览器中，使用 https 方式登录此地址，并对此地址进行修改。打开 IE 浏览器，使用 https://172.30.5.241。

如果在图 1-2-12 中，没有从 DHCP 服务器获得 IP 地址，或者忘记 iLO 的管理密码，可以在图 1-2-12 中按【F8】键，进入 iLO 配置界面，如图 1-2-13 所示，选择“执行维护”按钮。

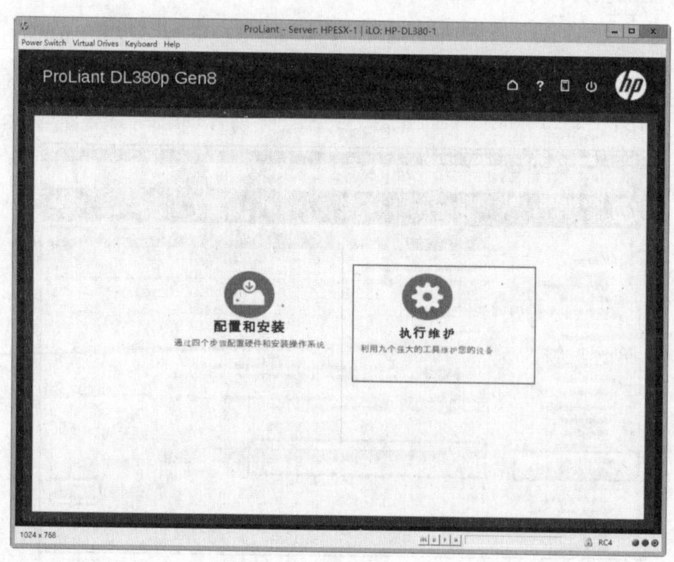

图 1-2-13　执行维护

在配置页中选择“iLO 配置”选项，如图 1-2-14 所示。

图 1-2-14　iLO 配置

然后为 iLO 添加用户、设置管理地址等，或者“重置”iLO 以恢复到默认配置，如图 1-2-15 所示。

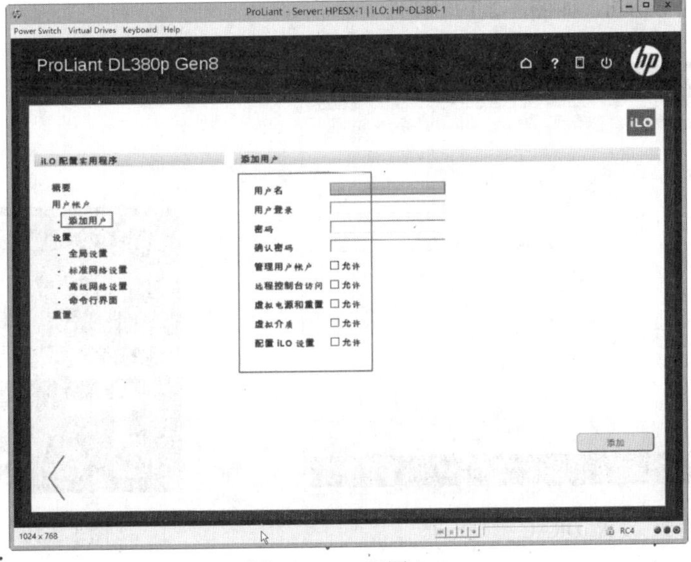

图 1-2-15　配置 iLO

1.2.2　DELL 服务器 iDRAC 配置

DELL 服务器的 iDRAC 在 CMOS 设置中，为其设置 IP 地址。在默认情况下，DELL 服务器的 iDRAC 与服务器网卡的第 1 个端口共用（专门配有 iDRAC 网络接口的除外）。打开服务器的电源后，按 F2 键（或根据服务器的屏幕提示按其他热键）进入“System Setup”对话框，如图 1-2-16 所示。

移动鼠标到“iDRAC Settings”选项，按回车键，进入“iDRAC Settings”，移动鼠标到

“Network”选项，按回车键，如图 1-2-17 所示。

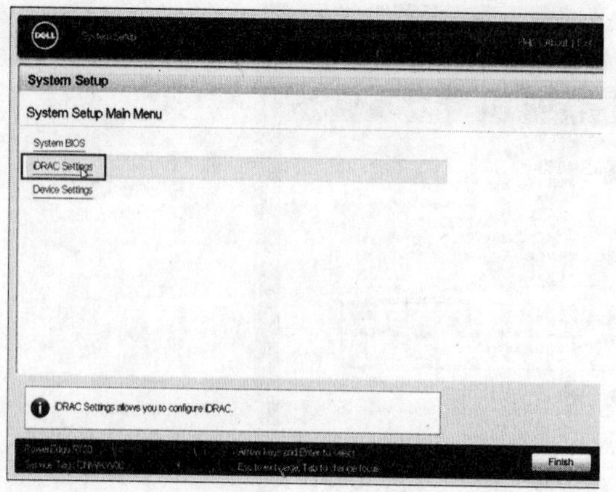

图 1-2-16　系统设置

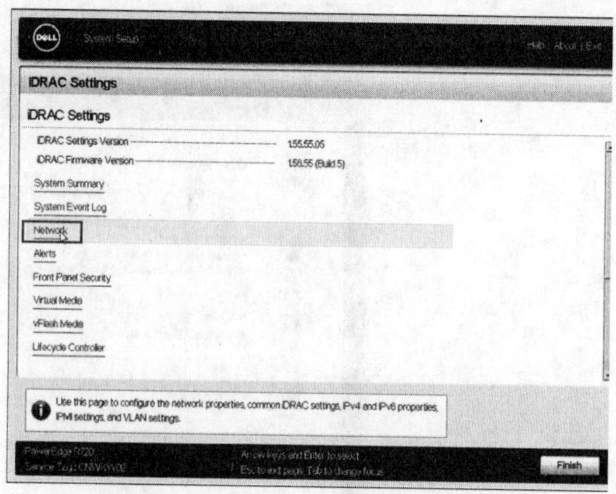

图 1-2-17　网络设置

在“IPV4 SETTINGS”选项中，为 iDRAC 设置一个静态管理地址，并设置网关、子网掩码，如图 1-2-18 所示。在此设置 IP 地址为 172.30.30.151。

设置之后，按 Esc 返回到系统设置页，退出并保存设置。下面简单介绍 iDRAC 的设置，具体操作方法如下。

（1）使用 IE 浏览器，输入 iDRAC 的地址（在此为 https://172.30.30.151），登录页面，输入默认用户名 root，密码为 calvin，如图 1-2-19 所示。

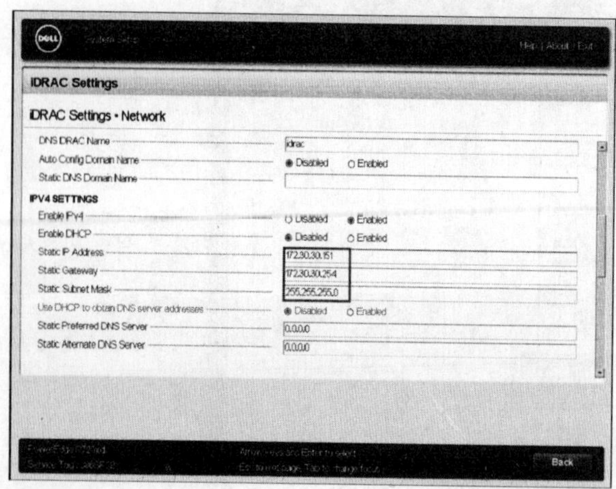

图 1-2-18　设置 iDRAC 管理地址

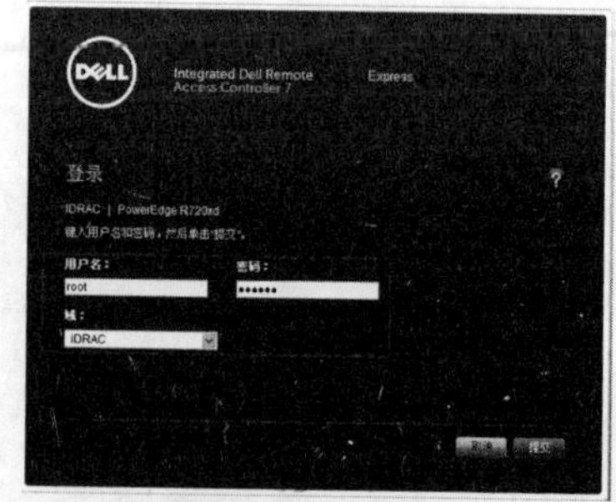

图 1-2-19　登录页面

（2）在第一次登录时，会提示是否更改密码，如图 1-2-20 所示。

（3）在默认情况下，使用 iDRAC 可以查看日志、开关服务器电源、查看故障、硬件统计等，如果要使用 KVM 功能，还需要购买 iDRAC 企业许可证，如图 1-2-21 所示。

（4）在“概览→服务器→许可证”选项中，浏览导入 IDRAC 许可证（这是一个 xml 的文本文件，需要从 DELL 公司购买，每个许可证只对应一台服务器）文件，如图 1-2-22 所示。

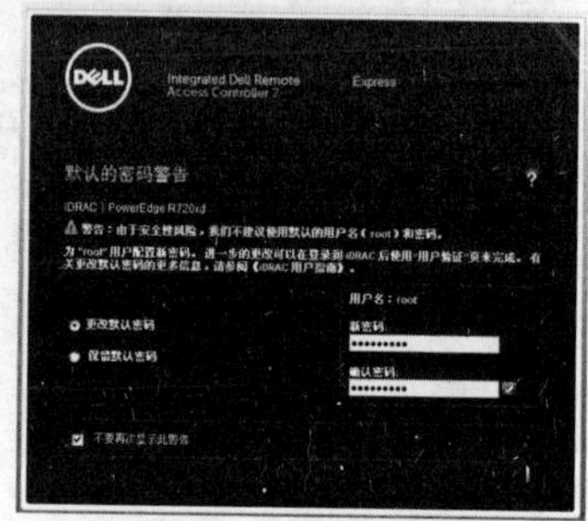

图 1-2-20　更改密码选项

图 1-2-21　虚拟控制台需要 IDRAC 许可证

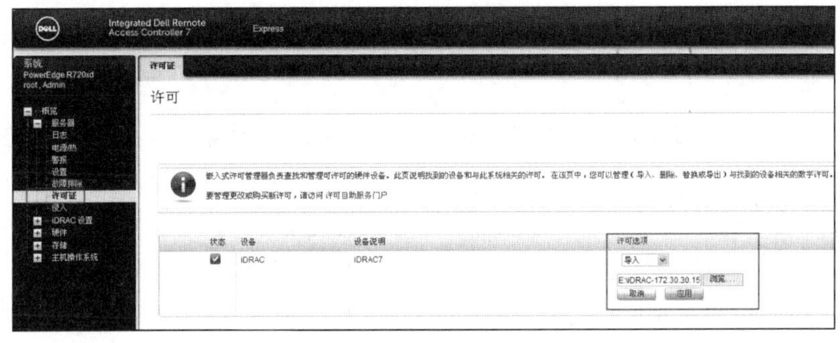

图 1-2-22　导入许可证

导入 IDRAC 许可证之后即可以使用“虚拟控制台”即 KVM 功能，这些使用方法与 HP 的 iLO 类似，不再赘述。

1.3　DELL 服务器的 RAID 配置

服务器一般配置多个硬盘并用 RAID 划分，服务器一般支持 RAID-5、RAID-10、RAID-50 等多种方式。而采用何种 RAID 划分，要根据服务器配置硬盘的数量及需求进行划分。例如，如果服务器配置 4～6 个硬盘可以划分为 RAID-5；如果服务器配置有 8 块或更多的硬盘，偶数盘则建议使用 RAID-50；奇数盘或者是 RAID 卡不支持 RAID-50，则配置 RAID-6，或者采用多加一块备用的 RAID-5，或者是将硬盘分成两组，其中 4～5 块做一个 RAID-5，另几块再做 RAID-5。

在创建逻辑磁盘时，最少创建 2 个逻辑磁盘，其中第 1 个逻辑磁盘可创建的小些，用于安装操作系统（如果是安装 Windows Server 2008 R2 或 Windows Server 2012 R2，则创建 60GB～100GB；如果用于安装 VMware ESXi，则只需要 10GB 就够了）。剩下的空间划分为第 2 个逻辑磁盘，用做数据分区。

【注意】在 RAID 卡损坏，或者由于 RAID 中有 1 个硬盘损坏，更换硬盘后数据丢失，通常是因为第一个逻辑磁盘即系统磁盘数据丢失，而位置"靠后"的第 2 个逻辑分区中的数据基本不会丢失。这也是建议大家划分两个逻辑分区的另一个重要原因。

另外，在创建磁盘阵列时，至少保留一块备用的同型号硬盘。没有备用的硬盘，把所有的硬盘都用上是不可取的。通常情况下，阵列中的硬盘，大多在 3～5 年之后才开始出故障，如果 RAID-5 中的一个硬盘出现问题，需要将故障硬盘替换下来，这时还能买到 3 年前或更早的同型号硬盘吗？而且数据也没有时间等你把硬盘买来。所以，在做磁盘阵列的时候，甚至在前期规划的时候，相同的硬盘要至少有一两块备用的，当服务器硬盘有故障时，马上替换，而不是关闭服务器、向领导打报告、等领导指示后再买硬盘替换。

大多数的服务器及存储，都支持"全局热备"功能，可以将多余的硬盘放置在机柜中，设置为全局热备盘，如果有故障磁盘，系统会自动用"全局热备"盘替换故障磁盘。

【注意】虽然服务器集中放置在中心机房，管理也是通过网络远程管理，但是，一定要定期对机房进行巡检，要注意服务器是否有报警，尤其是服务器的硬盘是否有故障的"黄灯"或更严重的"红灯"，以及一些报警的声音。新配置的服务器及存储，开始时至少要每周检查一次，等 1 个月之后可以两周检查一次。但最长不要超过 1 个月，应该至少每个月检查一下设备，如果设备有故障要及时维修或更换。

大多数服务器 RAID 卡配置都是很类似的，下面介绍两款服务器 RAID 卡配置，其他服务器型号可以参考。

【说明】一般情况下配置 RAID，是指 RAID-5、RAID-10 等配置。服务器出厂时的标配，只支持 RAID-0/1/10，不支持 RAID-5。如果要支持 RAID-5，需要为服务器添加缓存（RAID 卡需要）和电池（RAID 卡需要，但并不是必需）。在服务器只有一块硬盘时，如果阵列卡只支持 RAID-0/1/10，不支持 RAID-5，此时一般不需要配置，服务器即可以"认出"这块硬盘。如果阵列卡已经升级到支持 RAID 5，单独的一块硬盘也必须配置成 RAID-0 才能使用。例如，在某台服务器中有 5 块硬盘，其中 1 块是 120GB 的固态硬盘，4 块 600GB 的 SAS 磁盘。如果是支持 RAID-5 的阵列卡，则需要创建两个阵列：第 1 个阵列是 1 块 120GB 的硬盘，使用 RAID-0；第 2 个阵列则是 4 块 600GB 的硬盘，根据需要配置多个逻辑磁盘，可以是 RAID-5 或 RAID-10。

在配置 RAID 时，可以根据需要，创建不同的组合。例如，对于有 6 块磁盘，可以选择 4 或 6 块，将其中的一部分空间划分为 RAID-10（强调磁盘的性能及安全性），将另一部分空间划分为 RAID-5（追求较大的容量、读取性能）。

一般情况下，对于容量较大的 SATA 磁盘，推荐配置为 RAID-10，不推荐采用 RAID-5。

对于性能较高的 SAS 磁盘（1000 转、15000 转）、容量较小（600GB、900GB），推荐采用 RAID-5。如果有多块 SAS 磁盘，建议每 5～6 块一组，每组不建议超过 8 个。如果阵列卡支持 RAID-50（DELL 、HP），则推荐采用 RAID-50。

【说明】在本示例中，以 DELL R720 服务器为例，介绍 DELL 服务器的 RAID 配置。

在下面的截图中，服务器安装了 12 块 1TB 的硬盘，准备划分为 RAID-10（以实现较高的 IOPS 值），其中第 1 个分区为 100GB 用于安装 VMware ESXi，剩余的空间为第 2 个分区，用做 VMware ESXi 数据存储。划分 RAID 的操作步骤如下所示。

（1）开机启动 Dell 服务器，当出现“PowerEdge Expandable RAID Controller BIOS”对话框时，按【Ctrl+R】热键，如图 1-3-1 所示。

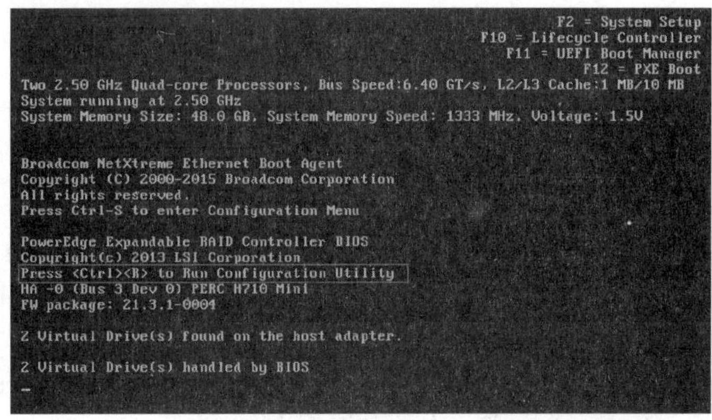

图 1-3-1　进入 RAID 卡配置界面

（2）进入 RAID 卡配置界面之后，可以看到，当前有 12 块 931GB 的硬盘（即 1TB 的硬盘），当前没有 RAID 卡配置信息（显示“No Configuration Present !”），如图 1-3-2 所示。

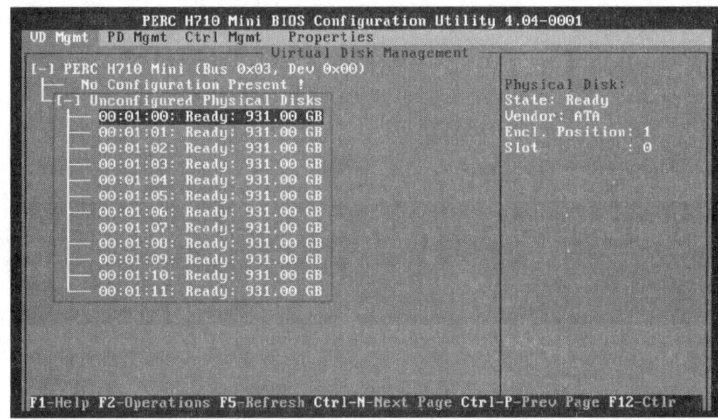

图 1-3-2　没有配置 RAID 信息

（3）移动鼠标到“No Configuration Present !”，按【F2】键（屏幕下面有提示），出现快捷菜单后选择“Create New VD”，如图 1-3-3 所示。

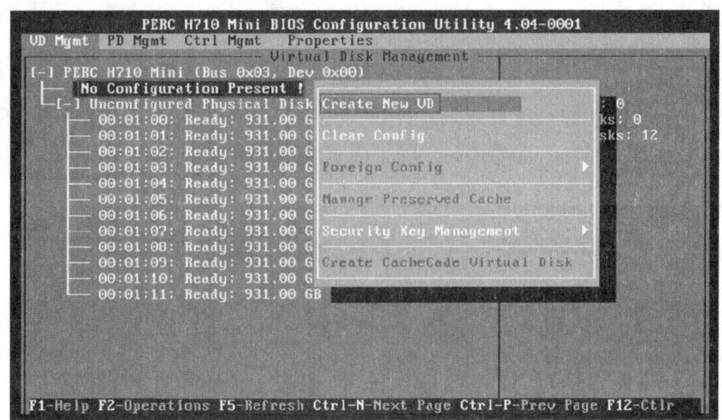

图 1-3-3　新建 VD

（4）在“Create New VD”对话框，选择“RAID Level（RAID 级别）”，按回车键，显示可供选择的项。如果只有 2 块硬盘，则选择项是 RAID-0 或 RAID-1。如果有 3 块硬盘时，可供选择项是 RAID-0 及 RAID-5。当有 4 块及更多的偶数硬盘时，可供选择的项是 RAID-0、RAID-1、RAID-5、RAID-6 及 RAID-10，如图 1-3-4 所示。

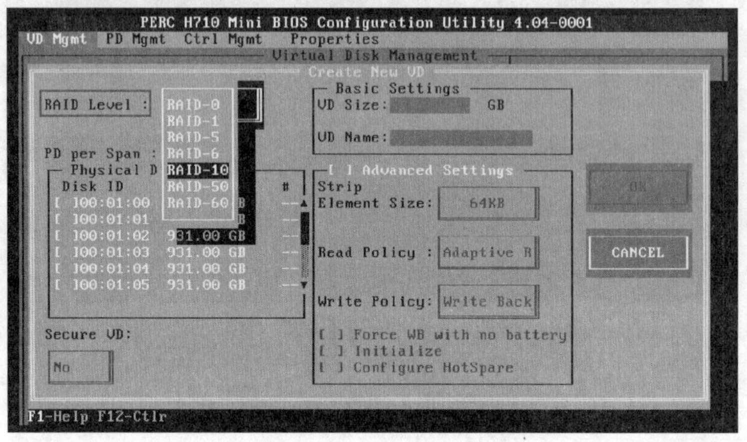

图 1-3-4　RAID 级别

（5）在本次配置中选择 RAID-10，然后在“Physical Disks（物理磁盘）”列表中，选择要使用的磁盘（按回车键选择，选中之后前面会有[X]），然后在右侧“VD Size”后面设置创建逻辑分区的大小，在此选择 100G（实际上 10GB 就足够用来安装 VMware ESXi 了），在“VD Name”后面设置卷的名称，在此设置为 OS，然后移动光标到“OK”处按下回车键，如图 1-3-5 所示创建第 1 个逻辑分区。

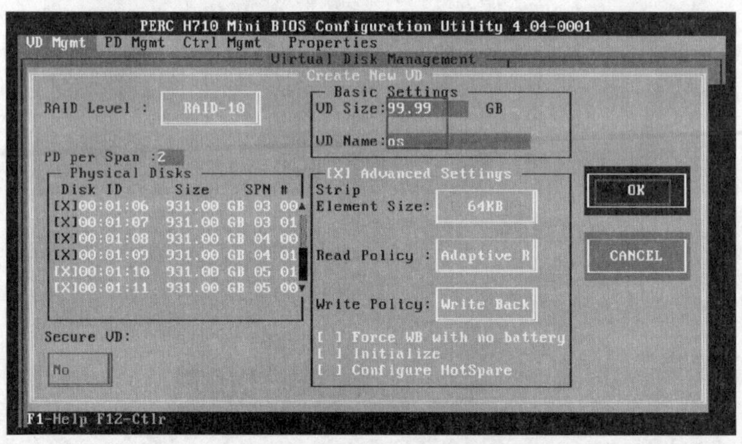

图 1-3-5　创建第 1 个逻辑分区

（6）返回到 RAID 配置界面之后，可以看到已经创建了一个 30GB 的分区，然后移动光标到“Total Free Capacity”→“Free Capacity”处，按【F2】键，在弹出的对话框中选择“Add New VD”，在剩余空间创建新的逻辑分区，如图 1-3-6 所示。

（7）在剩余的空间，创建第 2 个逻辑分区，并设置分区的名称为 Data，如图 1-3-7 所示。

（8）返回到 RAID 配置界面之后，选择第 1 个 100GB 的磁盘，按【F2】键，在弹出的快捷菜单中选择“Initialization→Fast Init”，快速初始化卷。然后将第 2 个磁盘也进行初始化操作。

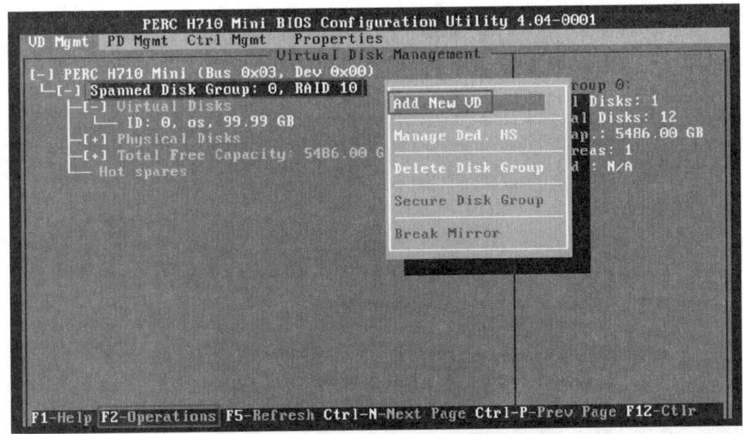

图 1-3-6　在剩余空间新建分区

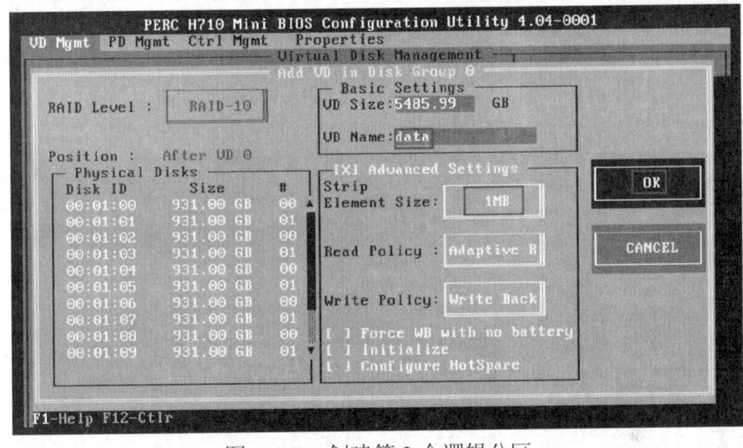

图 1-3-7　创建第 2 个逻辑分区

当为服务器规划较多的硬盘时，可以将一部分用于创建 RAID，而将其他 1 块或 2 块磁盘设置为“全局热备”盘。例如，在有 12 块硬盘的服务器中，可以每 5 块硬盘创建为一组 RAID-5（以 1TB 硬盘为例，第 1 组 RAID-5，2 个逻辑卷，大小分别为 200GB、3 524GB；第 2 组 RAID-5 为 3 724GB），这样还剩下 2 块磁盘，如图 1-3-8 所示。

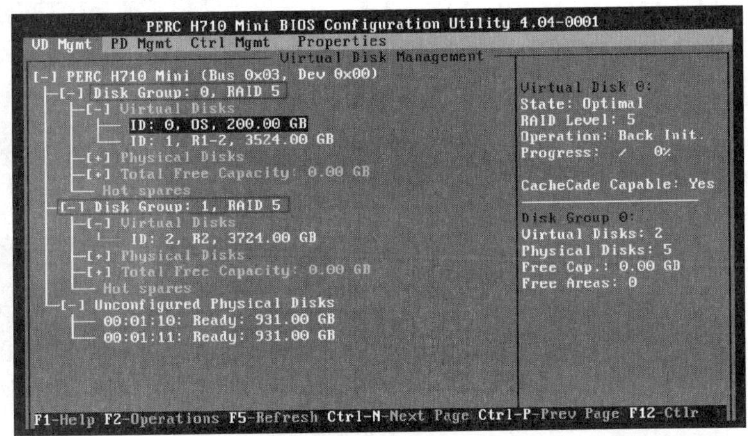

图 1-3-8　两组 RAID-5，剩余 2 块磁盘

而剩下的 2 块硬盘，则可以在“PD Mgmt”菜单选中，按【F2】键，在弹出的快捷菜单中选择“Make Global HS”，标记为全局热备盘，如图 1-3-9 所示。

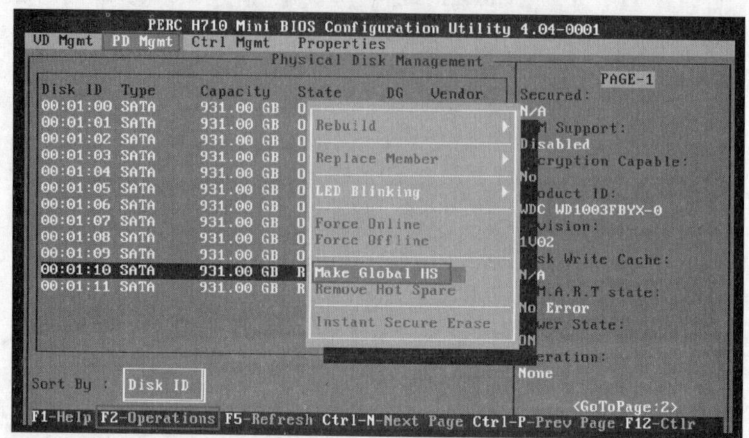

图 1-3-9　标记为全局热备盘

标记之后如图 1-3-10 所示。

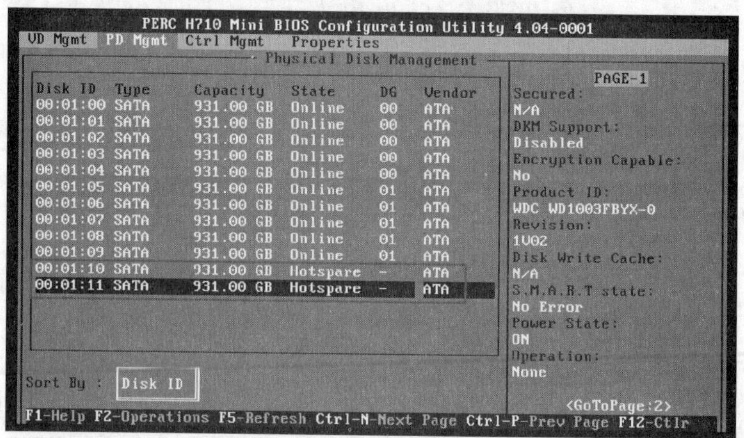

图 1-3-10　标记全局热备盘

配置完之后按【Esc】键，退出 RAID 卡配置程序，之后按【Ctrl+Alt+Del】组合键重新启动服务器，至此 RAID 卡配置完成。

最后，如果要使用的 U 盘启动服务器，并通过 U 盘安装系统，请按【F2】键进入 CMOS 设置，在“Boot Settings”，将 Boot Mode 从 UEFI 改为 BIOS，如图 1-3-11 所示，这样才能用大多数 U 盘启动。

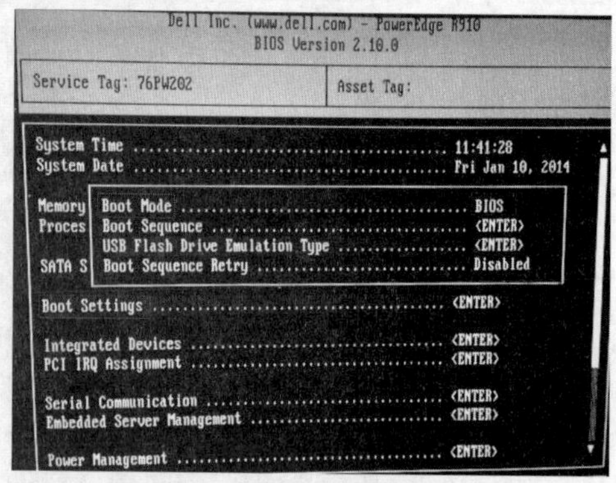

图 1-3-11　修改引导模式

1.4　IBM V3500 存储配置

在使用虚拟化技术配置数据中心的时代，一个主要的表现是在服务器上少配置或不配置本地硬盘，而是使用集中的共享存储。本节以 IBM V3500 为例，介绍存储服务器的配置。

IBM V3500 共配置 14 块 600GB 的 2.5 英寸 10 000 转的 SAS 硬盘（最多可以配置 24 块 2.5 英寸磁盘）；2 个控制器（每个控制器有 3 个 6GB 的 SAS 接口），连接 3 台 IBM 服务器，其中每个服务器都有 2 块 6GB 的 SAS HBA 卡，服务器与存储连接示意如图 1-4-1 所示。

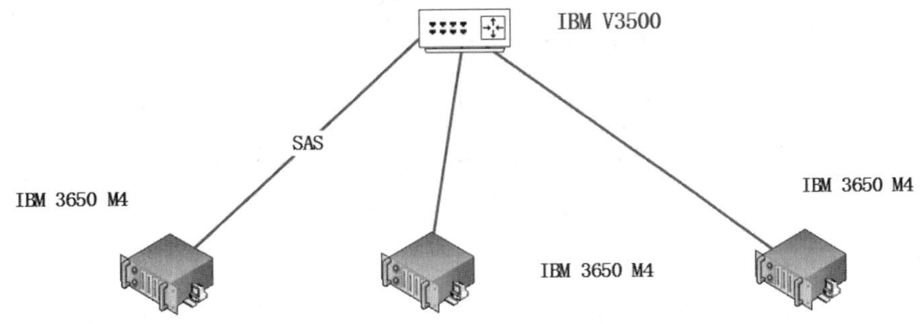

图 1-4-1　存储与服务器连接示意图

图 1-4-1 中，每个服务器有两块单口的 SAS 卡，每个卡分别连接到 IBM 3500 的其中一个控制器上，为从服务器到存储提供了冗余连接。

当前存储中有 14 块硬盘，最初规划将其中的 8 块硬盘做 RAID-10，因为 RAID-10 有较高的 IOPS；另外 5 块硬盘做 RAID-5，最后 1 块硬盘做全局备用盘（当上述 8 块 RAID-10 或 5 块 RAID-5 中的某块硬盘出现故障时，备用盘会自动替换有故障的盘）。在规划使用一段时间之后，发现 8 块硬盘做 RAID-10 的数值性能并不是特别好（读取 IOPs 是 279Tps、写入是 168Tps），就重新将这 8 块硬盘改做 RAID-5。图 1-4-2 是 8 块 RAID-10 硬盘的 IOPs，图 1-4-3 是另 5 块硬盘做 RAID-5 的 IOPS 总数（读取 IOPs 是 607Tps、写入是 1746Tps）。

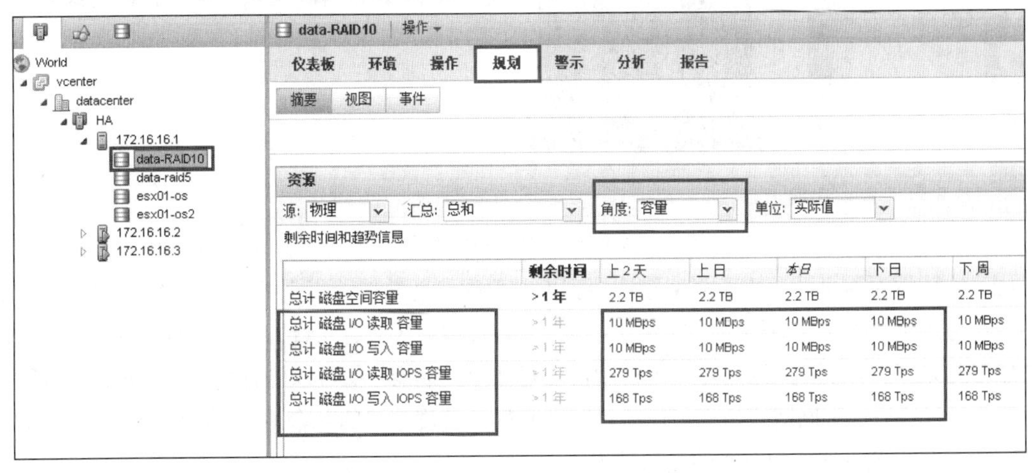

图 1-4-2　最初 8 块硬盘做 RAID-10 的 IOPs 值

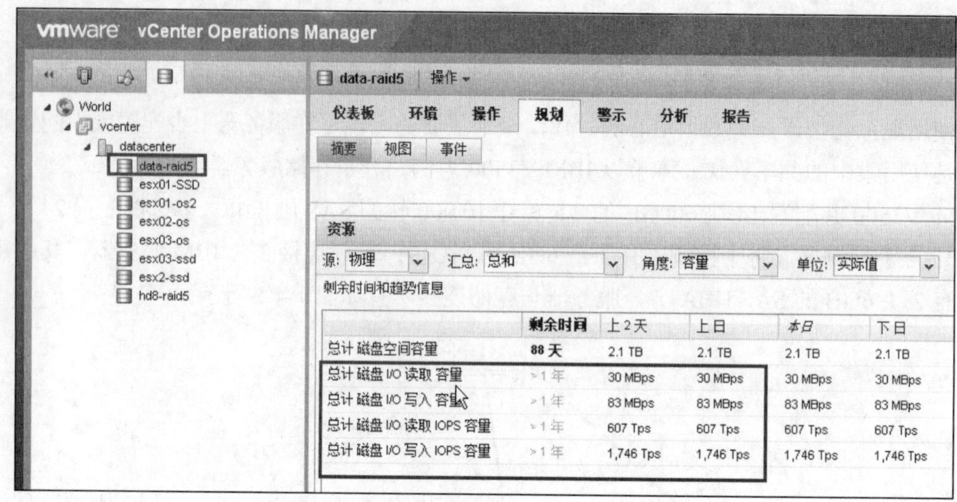

图 1-4-3　5 块硬盘做 RAID-5 的 IOPS 值

本节主要介绍 IBM 3500 存储的配置过程。

（1）在 IBM V3500 加电之前，要将硬盘全部插入到盘位中，按顺序从左到右插入。一旦插入并加电之后，不要轻易将硬盘从盘位中拔出。插入 14 块硬盘后，管理系统的界面如图 1-4-4 所示。

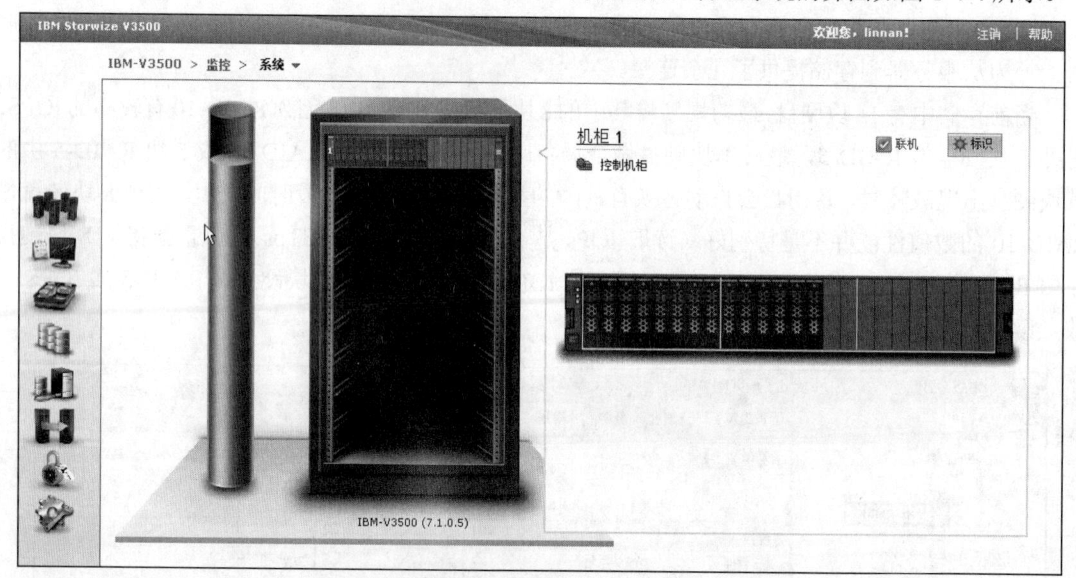

图 1-4-4　管理系统界面

（2）在配置系统之前，需要将网线连接到控制器的管理端口。每个控制器有 2 个 RJ-45 端口。其中，左边的是第 1 个管理端口、右边的是第 2 个管理端口（从后面看）。相同的管理端口可以设置一个管理地址（简单说，无论是有 1 个控制器还是 2 个控制器，都可以设置两个管理地址）。两个第 1 管理端口只要有一根网线连通就可以进行管理（提供管理端口的冗余）。如图 1-4-5 所示，这是双控制器的系统设置→网络中看到的端口情况。

通常情况下，在配置系统之前，要为存储规划两个管理地址（可以是同一网段，也可以是不同网段，只要将管理端口连接到对应的网络即可），并且最好使用 4 条网线，将这 4 个端口连接到网络

（1 和 1、2 和 2 提供冗余，1、2 两个管理端口再提供冗余，只要有一个端口连通，即可通过其中对应的地址进行管理）。

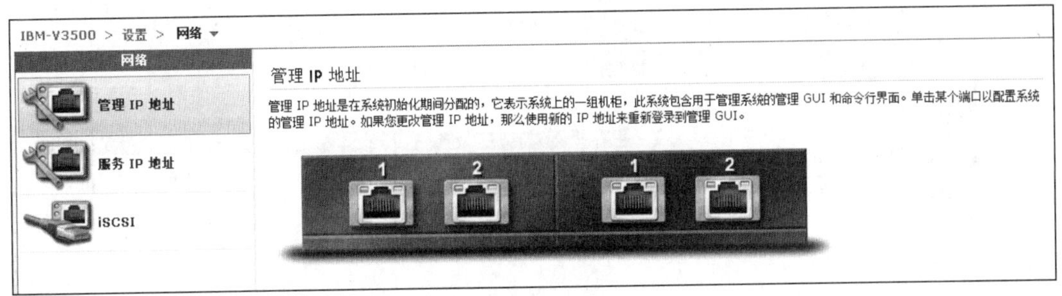

图 1-4-5　管理设置

（3）在管理端口连接到网络之后，将一台管理计算机上，插入 IBM V3500 存储随机带的工具 U 盘，运行里面的 inittool 程序，按照向导设置管理 IP 地址、子网掩码、网关；设置完成之后，拔下 U 盘，插到已经加电后的存储控制器的 USB 端口，进行初始化。在初始化的过程中，存储控制器上的故障指示灯会闪烁几分钟，等指示灯停止闪烁后，将 U 盘插回管理计算机，单击完成设置。

（4）存储初始化之后，使用浏览器登录存储的管理地址，使用用户名 superuser 登录并设置密码，如图 1-4-6 所示。

图 1-4-6　登录存储

（5）选择“池→内部存储器”右侧的“操作”列表，设置每块盘的用途。一般情况下，“用途”为“成员”的并且在“MDISK 名称”列表中有名称的，表示已经进行了配置；而用途为“候选”的，则表示没有进行配置；而用途为“备件”的，表示为全局热备盘。通常一个存储中一般有一个全局热备盘即可（即一块硬盘“用途”为“备件”），单击鼠标右键选择其中的一块硬盘，选择“标记为→备件”，进行设置，如图 1-4-7 所示。

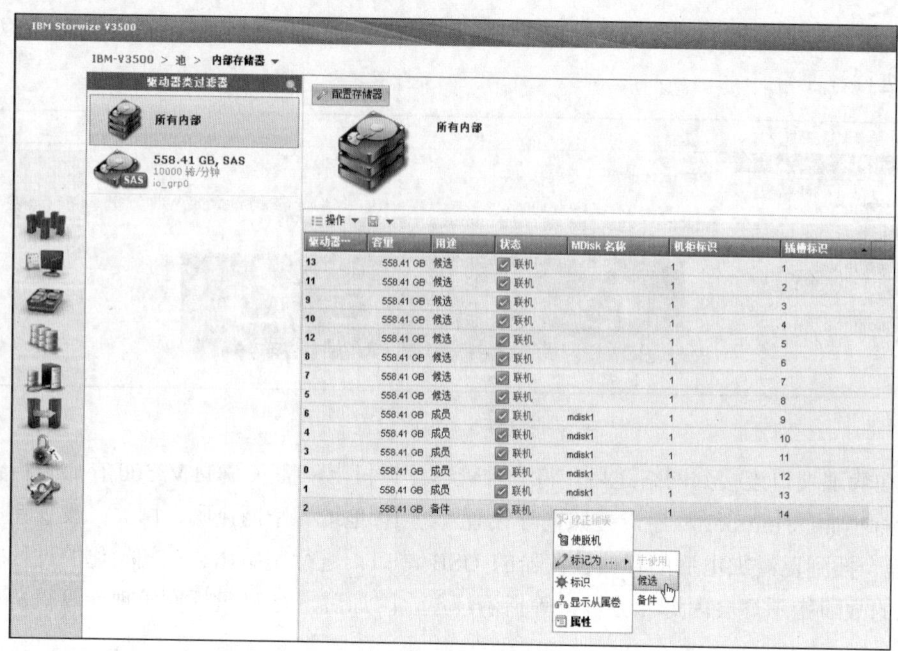

图 1-4-7　设置硬盘用途

（6）确定硬盘用途之后，按【Shift】键或【Ctrl】键，用鼠标选中要进行配置的硬盘，单击“配置存储器”，如图 1-4-8 所示。本示例选中“插槽标识”为 1～8 的共 8 块硬盘，即存储中从左到右的 8 块硬盘。

图 1-4-8　选择磁盘

（7）在配置向导中选择“选择其他配置”，并在下拉列表中选择（根据硬盘的选择数量会有不同的显示，在此为“（8）558.1GB，SAS，10 000 转/分钟”），硬盘的数量、大小、接口类型、转速，如图 1-4-9 所示。

（8）在“预设”列表中，选择 RAID 级别，在此选择 RAID-5，如图 1-4-10 所示。IBM 存储可供选择的 RAID 级别有 RAID-0、RAID-1、RAID-10 及 RAID-5、RAID-6，而 HP 等其他存储可能会有 RAID-50 的选项，这可根据实际情况选择。

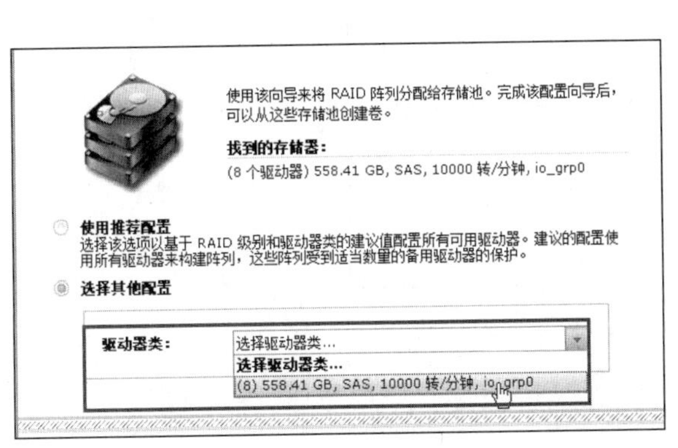

图 1-4-9　选择其他配置

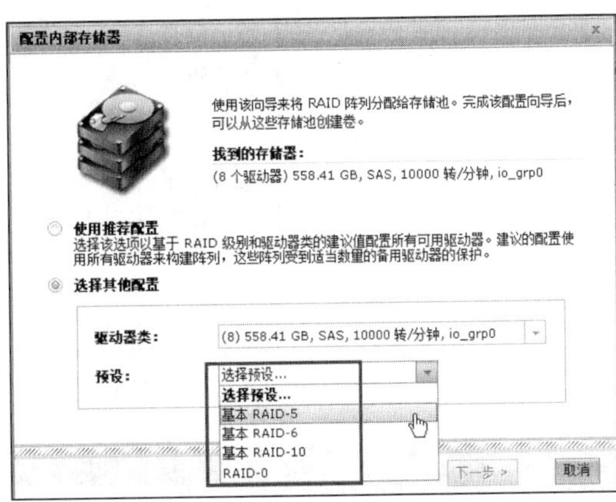

图 1-4-10　选择 RAID 级别

（9）选择“自动配置备件”，然后选择是“优化性能”还是“优化容量”，在“配置摘要”显示配置的情况，如图 1-4-11 所示。

（10）选择“创建一个或多个新池”，然后设置池的名称，在本设置为“hd8-raid5”，如图 1-4-12 所示。

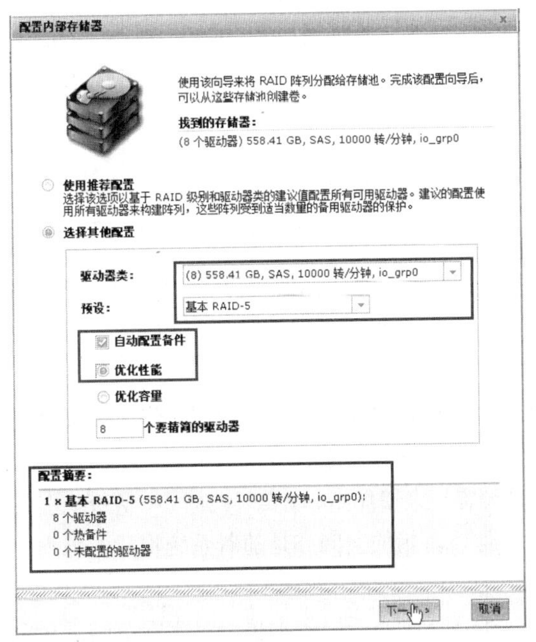

图 1-4-11　配置内部存储器

图 1-4-12　设置池名称

（11）创建完成后，单面“关闭”按钮，如图 1-4-13 所示。

（12）创建阵列之后，在“卷→卷”配置页中，单击“新建卷”按钮，为上一节创建的阵列创建卷，如图 1-4-14 所示。

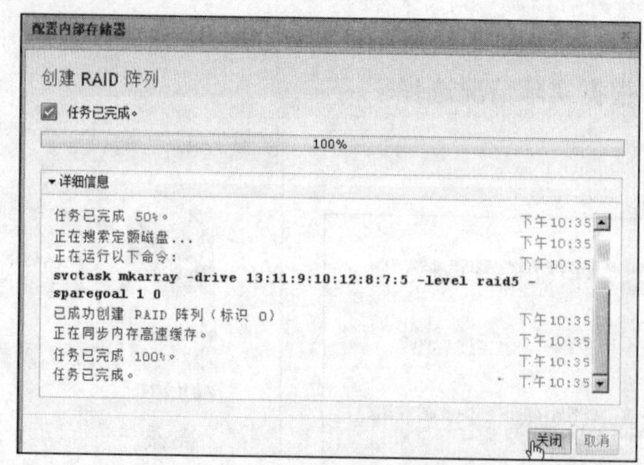

图 1-4-13　创建 RAID 阵列完成

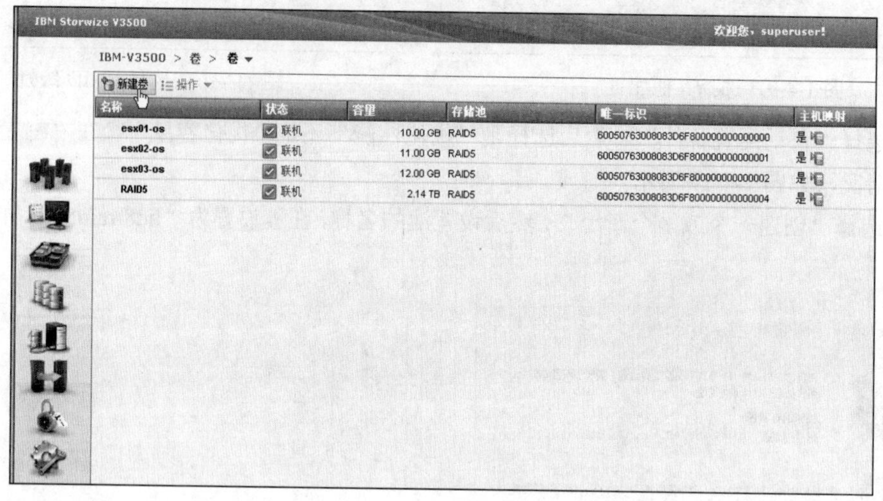

图 1-4-14　新建卷

（13）在“新建卷”对话框中，可以根据需要，选择“通用”、“自动精简配置”、“镜像”、“精简镜像”4 种预设卷。

- “通用”卷创建多大，立刻从存储分配多大空间；
- “自动精简配置”卷创建之后不立刻分配空间，而是根据系统（计算机或服务器）实际使用的空间“慢慢”从存储分配和增加，但大小受限于设置的卷大小。
- “镜像”卷则是在创建一个卷的同时，为其同时设置一个镜像（实现实时的同步、备份功能）；
- “精简镜像”是创建一个精简卷，再对其进行镜像，占用的空间亦是随着系统实际占用大小进行分配。

自动精简配置卷可以划分超过主机存储大小的卷，但实际大小受限于主机硬盘实际空间。在实际的应用中，一般配置“通用”卷立刻分配空间。

在创建卷的时候，如果服务器只是连接了有限的服务器，一般情况下，可以将所有可用空间都分配完。可以根据需要，创建多个大小不一的卷，也可以创建一个或两个数值比较“大”的卷，将空间分配完。

如果服务器没有本地硬盘，则在划分存储空间时，可以划分多个较小的卷，一一分配给每个主机，并且为了利于区分，这些卷的大小不一。例如，如果要为 3 台服务器分别分配一个用于安装 ESXi 系统的启动卷，可以为第 1 个服务器分配 10GB、第 2 个服务器分配 12GB、第 3 个服务器分配 13GB，然后一一映射给这 3 个主机（不能同时映射给多个主机，这有区别于保存共享数据的卷）。如果是用于安装 Windows Server 2012 R2 等 Windows 操作系统，则可以为第 1 个服务器分配 60GB～100GB 之间大小不一的数值。

在“卷详细信息”中，设置卷的容量大小及名称，在“摘要”中，显示池中可用容量大小，设置之后，单击“创建”按钮创建，或者单击“创建并映射到主机”按钮，创建卷并进入映射到主机对话框，如图 1-4-15 所示。

图 1-4-15　新建卷

（14）将创建的卷映射给主机，如果是用于主机操作系统启动的卷，则只映射给所分配的主机；如果是共用的卷（例如，保存虚拟机的系统卷），则要映射给多个主机。如图 1-4-16 所示，这是映射到主机的截图，该主机映射了一个系统卷、两个共用的卷。

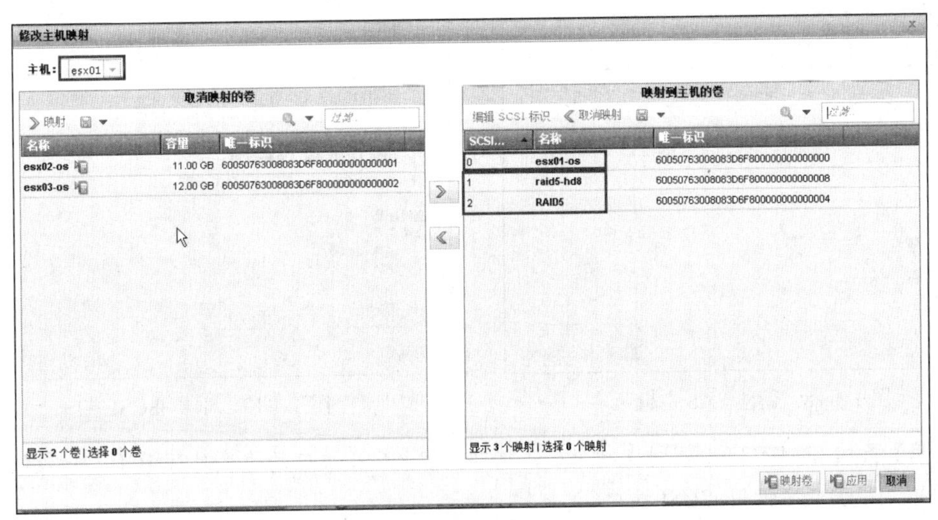

图 1-4-16　将卷映射到主机

（15）如果没有创建“主机”，可以在“主机→主机”中，通过“新建主机”，在弹出的对话框中，选择新建主机类型“iSCSI、SAS”来创建，如图 1-4-17 所示。

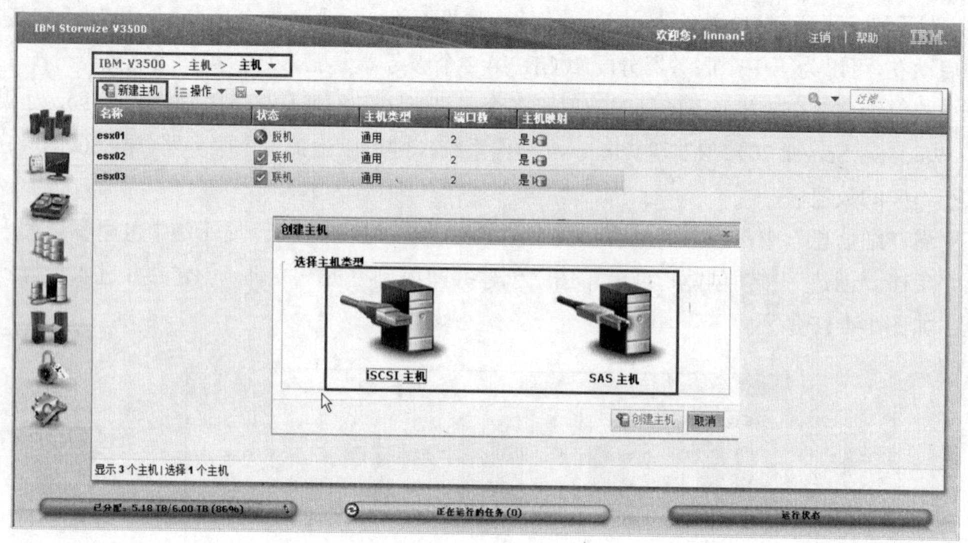

图 1-4-17　新建主机

- 如果创建 SAS 主机，可以将扫描到的 SAS 地址添加到主机，如图 1-4-18 所示，并创建对应的主机名。此时，可以依次将同一主机的两个（有时是 1 个）SAS 卡连接到存储，而暂时将其他主机的 SAS 线从存储上断开，以便将同一台服务器上的 SAS 卡扫描、添加到同一个主机名中。
- 如果创建 iSCSI 主机，需要将 iSCSI 端口添加到主机中，如图 1-4-19 所示。

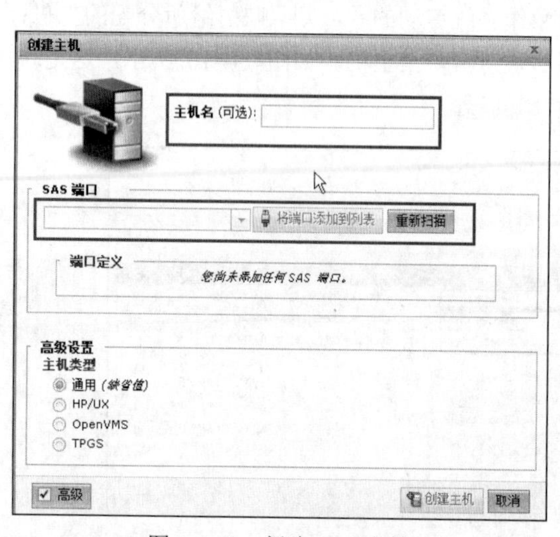

图 1-4-18　新建 SAS 主机

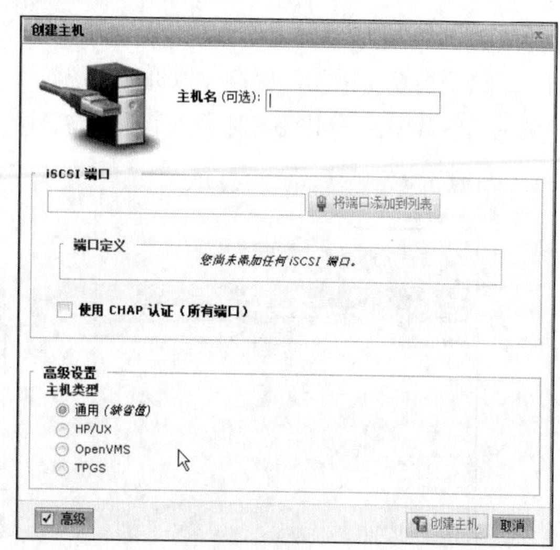

图 1-4-19　添加 iSCSI 端口

【说明】虽然 IBM V3500 同时支持 iSCSI 端口，但 iSCSI 端口的速度只有 1GB，一般使用 SAS 或 FC 接口，很少或不使用 iSCSI 端口。

最后可以在“主菜单→概述”中，看到当前存储的配置情况：14 个硬盘驱动器，划分了 2 个池、创建了 5 个卷、映射给 3 个 SAS 主机，如图 1-4-20 所示。

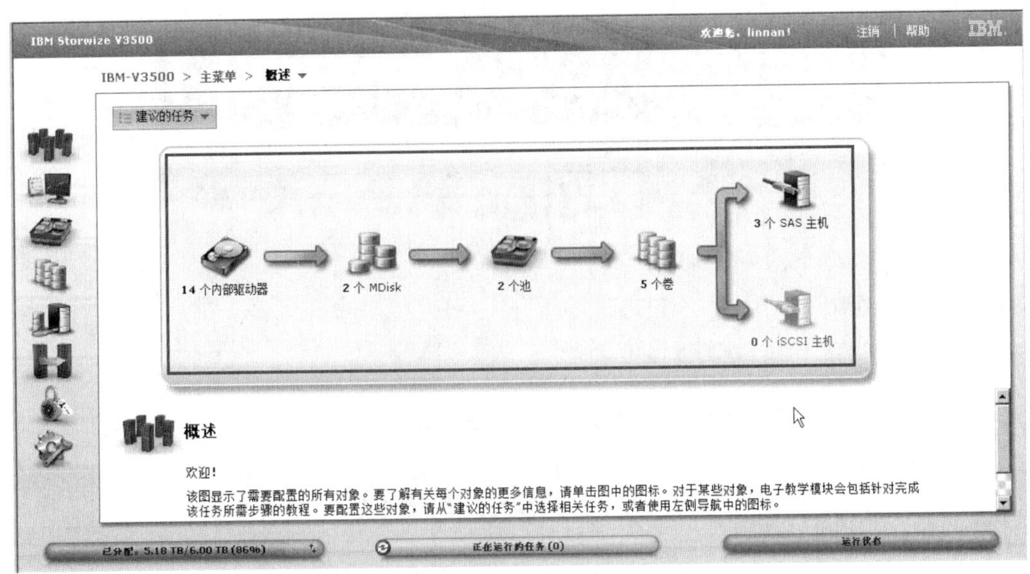

图 1-4-20　当前存储配置概述

当存储服务器上有两个控制器，但服务器只连接其中一个控制器时，在存储器上会出现“已降级”的提示，这是正常的，如图 1-4-21 所示。如果服务器使用两个 HBA 卡连接到两个控制器但出现“已降级”的提示时，表示其中一个连接已经断开，需要检查服务器与存储的连线。

IBM-V3500 > 主机 > 主机

新建主机　操作

名称	状态	主机类型	端口数	主机映射
esx01	已降级	通用	2	是
esx02	联机	通用	2	是
esx03	联机	通用	2	是

图 1-4-21　状态为“已降级”

在“端口定义”选项卡中，可以看到，其中一条连接为“脱机”状态，如图 1-4-22 所示。

图 1-4-22　某个连线已脱机

如果服务器只有一个 SAS HBA 卡，在与存储连接时，也会提示“已降级”，如图 1-4-23 所示，这是正常的现象。在大多数的情况下，只有一条连接并不影响使用，但是没有冗余。在预算足够的前提下，在使用 SAS 连接时，尽可能为服务器配置 2 块 SAS HBA 卡、使用 2 条 SAS 线连接存储。

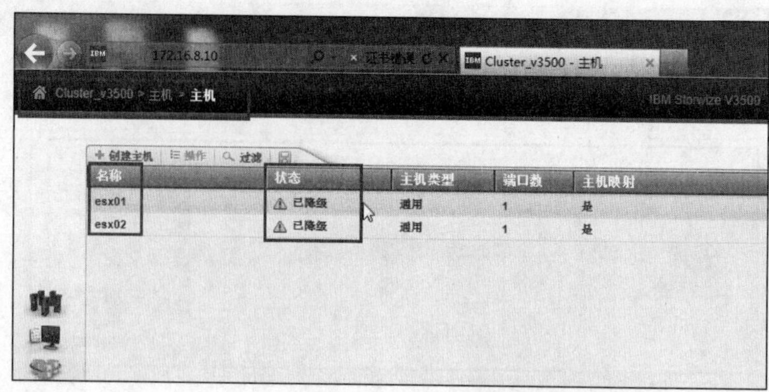

图 1-4-23　服务器只有一个 SAS HAB 卡与存储连接

1.5　VMware ESXi 的安装与配置

vSphere 的两个核心组件是 VMware ESXi 和 VMware vCenter Server。ESXi 是用于创建和运行虚拟机及虚拟设备的虚拟化平台。vCenter Server 是一种服务，充当连接到网络的 ESXi 主机的中心管理员。ESXi 是虚拟化的基础，在虚拟化实施的第一步，就是要安装配置 ESXi。

在传统的 vSphere 数据中心中，可以将 ESXi 安装在以下位置。

- 服务器本地硬盘，通常的做法是为服务器配置 2 个硬盘做 RAID-1，但这样安装比较“浪费”。因此，我们可以选择一块 60GB～120GB 的 SSD，安装 ESXi。
- 从 FC 或 SAS 存储划分给服务器的独立 LUN，一般可以从存储划分 10GB～30GB 指定给服务器，并将 ESXi 安装在这个存储中。例如，在一个 vSphere 数据中心中有 5 个主机，为了管理方便，可以在共享存储中依次划分 11GB～15GB 共 5 个较小的 LUN，并依次分配给这 5 个主机（不是共享分配，而是每个小的 LUN 只分配给其中一个主机）。
- 将 ESXi 安装在 U 盘或 SD 卡。现在主流服务器的机箱主板，都有 USB 接口或 SD 卡插槽，可以在机箱中插入一个 1GB 及以上的 U 盘或 SD 卡，将 ESXi 安装在这个位置。当然，如果机箱中没有 USB 接口或 SD 插槽，将 U 盘插在机箱外部也是可以的。

在使用共享存储的传统 vSphere 数据中心，不建议为服务器配置本地硬盘，因为只是为了安装系统，无论是选择两个硬盘做 RAID-1，还是单块 SSD，都有点“浪费”。所以推荐将 ESXi 安装在 U 盘，或者从存储划分空间给 ESXi。在本节的内容中，我们以联想（原 IBM）服务器 3650 为例，介绍将 ESXi 安装在 U 盘的内容，将 ESXi 安装在其他位置的方法与此类似，不再赘述。

1.5.1　在机箱中安装 U 盘

打开 IBM 3650 服务器的机箱盖，在左下角靠近底部的位置，有个标记为“Hypervisor Key”的 USB 接口，外围是紫色颜料，标记为“DOWN”是一个开锁的标志，将外围的塑料按下去之后，才能插入 U 盘（为了安装 VMware ESXi 6.x 的版本，只需要配置 1GB 的 U 盘即可。由于 U 盘 IOPS 较小，VMware ESXi 不会使用大于 1GB 的空间，所以配置过大的 U 盘没有实际意义），如图 1-5-1 所示。

插入 U 盘，如图 1-5-2 所示，然后盖好机箱盖。

图 1-5-1　机箱内部 USB 接口

图 1-5-2　插入 U 盘

1.5.2　安装 VMware ESXi

安装 VMware ESXi 的方法很多，本节使用自己制作的启动 U 盘安装。

（1）打开服务器的电源，出现提示界面之后按【F12】键，选择 U 盘启动，如图 1-5-3 所示。从图中可以看到，机箱内部的 USB 接口标记为“USB1：Storage0-USB Port Hypervisor”，而机箱底部及面板的 USB 端口被识别为“Storage1”。

（2）进入 VMware ESXi 安装程序之后，在“Select a disk to install or Upgrade”界面选择安装位置，在此选择安装在机箱内部的 U 盘，可以根据 U 盘大小选择，如图 1-5-4 所示。本示例安装程序保存在 32GB（显示为 28.89 GB）的 U 盘中，而机箱中插入的是一个 8GB（显示为 7.52 GB）的 U 盘。

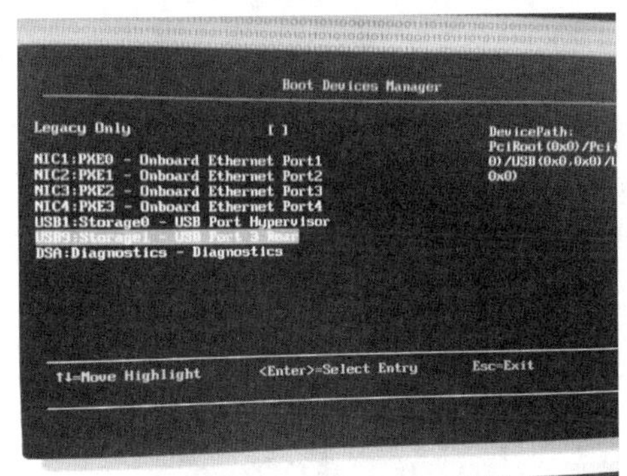

图 1-5-3　选择 U 盘启动

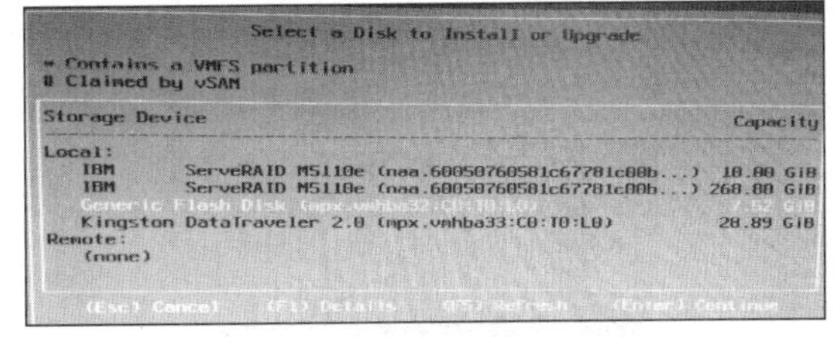

图 1-5-4　根据大小选择安装位置 U 盘

如果引导磁盘与安装磁盘都是一样大小，如图 1-5-5 中两个都是接近 8GB 的 U 盘，为了避免将系统安装在引导 U 盘上，可以更换一个不同容量的引导 U 盘，重新启动服务器，重新选择安装位置。

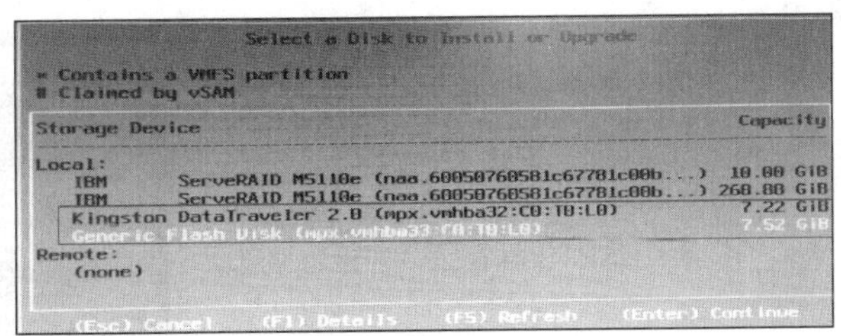

图 1-5-5　两个同样容量的 U 盘不易分清

（3）选择正确的安装位置后，开始安装，并完成 VMware ESXi 的安装，这里不再细述。

1.5.3 修改引导顺序

安装完成后，重新启动计算机，在进入系统之前，进入 CMOS 设置，修改 BIOS 中引导顺序，添加“HyperVisor”及 USB Storage 引导并将其添加到列表前面，主要步骤如下。

（1）重新启动服务器，当出现图 1-5-6 所示菜单时，按【F1】键。

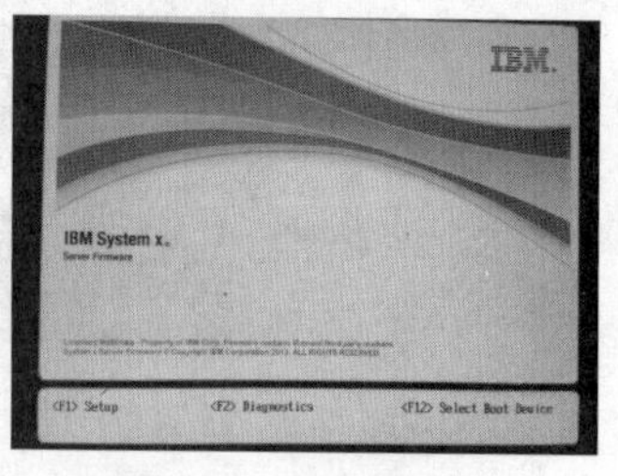

图 1-5-6 开机热键菜单

（2）进入系统配置界面后，移动光标到“Start Options”并按回车键，如图 1-5-7 所示。

（3）在“Boot Manager”对话框，选择“Add Boot Option”（添加启动项），并按回车键，如图 1-5-8 所示。

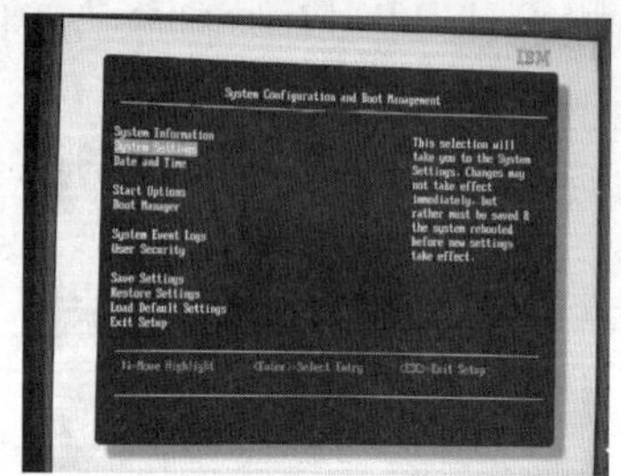

图 1-5-7 系统设置

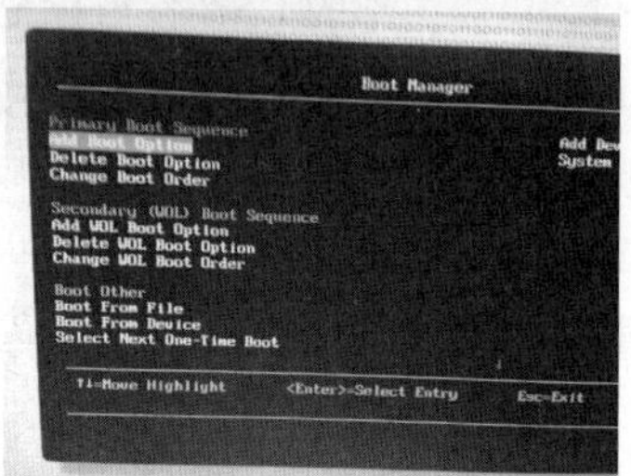

图 1-5-8 添加启动项

（4）在“Add Boot Option”菜单中的“Generic Boot Option”项按回车键，如图 1-5-9 所示。

（5）在“Generic Boot Option”菜单中添加“Embedded Hypervisor”，如果安装系统的 U 盘没有插在机箱内部集成的 USB 端口，则可以添加“USB Storage”，如图 1-5-10 所示。

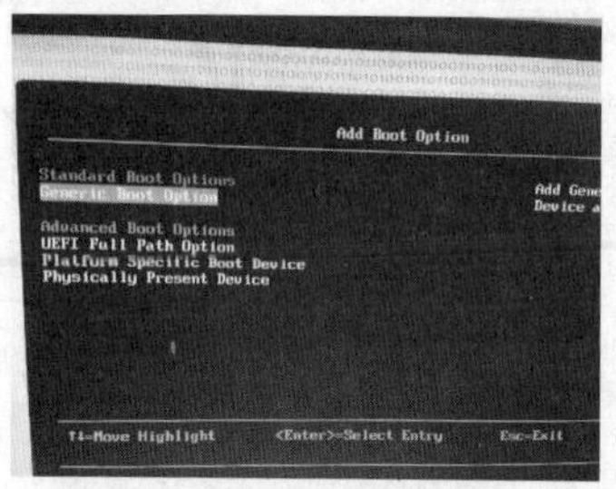

图 1-5-9 一般引导项

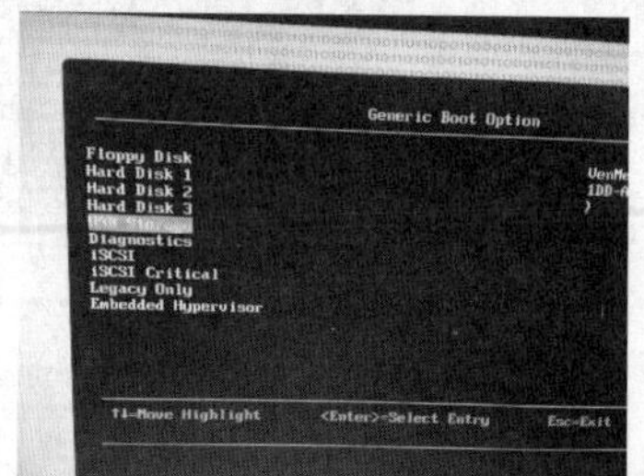

图 1-5-10 添加引导项

（6）返回到“Boot Manager”菜单，移动光标到“Change Boot Order”并按回车键，如图 1-5-11 所示。

（7）在“Change Boot Order”菜单中的“Change the order”处按回车键，选中“Embedded Hypervisor”，按“+”键将其调整到最上面，并将“USB Storage”调整到前面，如图 1-5-12 所示。调整之后，按回车键。

（8）然后移动光标到“Commit Changes”处按回车键，如图 1-5-13 所示。

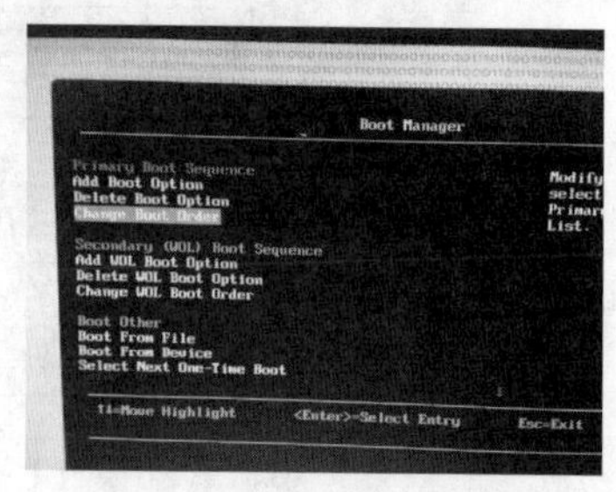

图 1-5-11 更改启动顺序

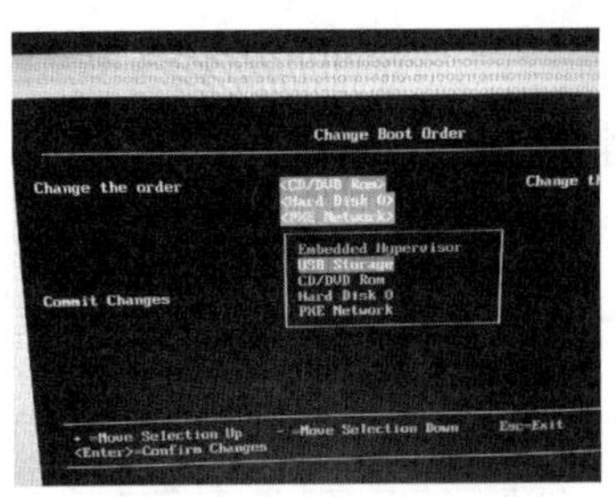

图 1-5-12　调整启动顺序

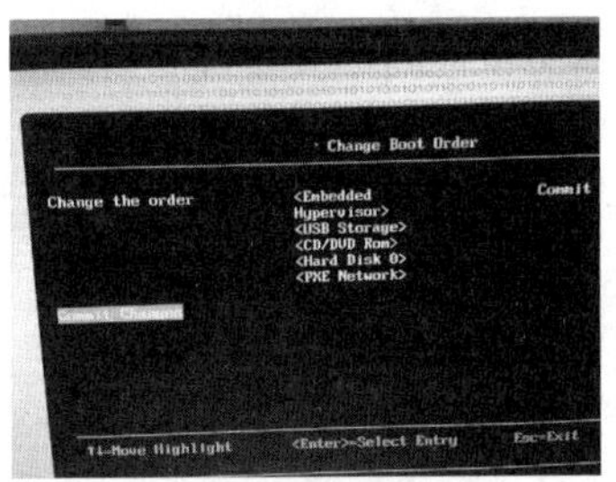

图 1-5-13　提交更改

（9）返回到“System Configuration and Boot Management”（系统配置与启动管理），先移动光标到“Save Settings”（保存更改），然后移动光标到“Exit Setup”回车退出设置，如图 1-5-14 所示。

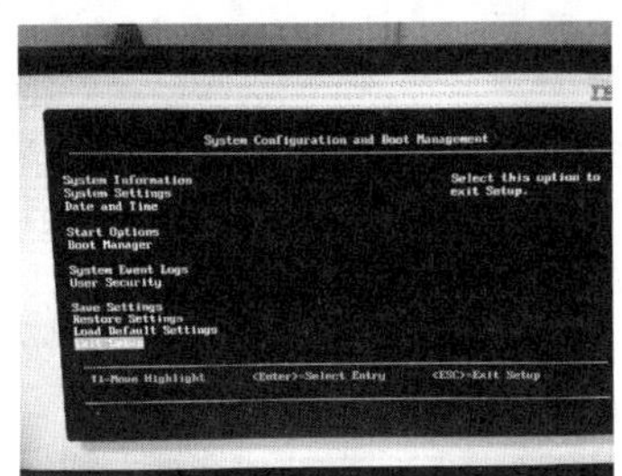

图 1-5-14　保存设置并退出

经过上述设置，即可以使用 U 盘引导 VMware ESXi。

1.5.4　添加本地存储

使用 U 盘启动并进入 VMware ESXi 系统之后，还需要将本地硬盘添加到 ESXi 存储，主要步骤如下。

（1）使用 vSphere Client 连接到 VMware ESXi，在“配置”选项卡可以看到提示“ESXi 主机没有永久存储”，如图 1-5-15 所示。

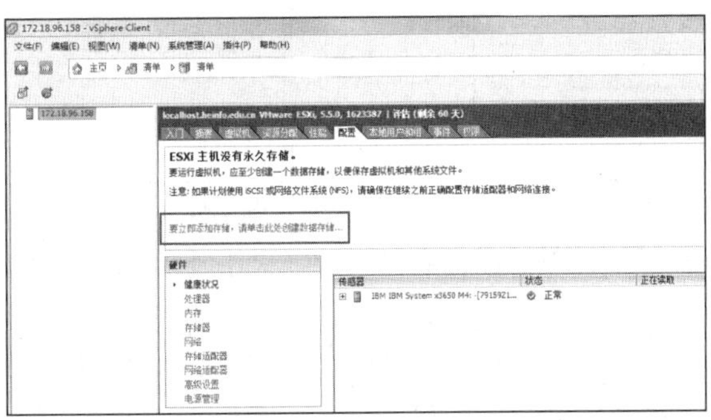

图 1-5-15　“ESXi 没有永久存储”（提示）

（2）单击“要立即添加存储，请单击此处创建数据存储”，进入“添加存储器类型”对话框，选择“磁盘/LUN”，如图 1-5-16 所示。

（3）在“选择磁盘/LUN”对话框，选择本地硬盘，如图 1-5-17 所示。

（4）在“文件系统版本”对话框，选择“VMFS-5”，如图 1-5-18 所示。

（5）在“当前磁盘布局”对话框，可以看到“设备”列表中显示了当前磁盘的容量、可用空间，以及磁盘现有分区情况，由于这是一个新的磁盘，所以显示“硬盘为空白”，如图 1-5-19 所示。

（6）在“属性”对话框，输入数据存储名称，请根据数据中心的命名规则或自定义命名，如图 1-5-20 所示。

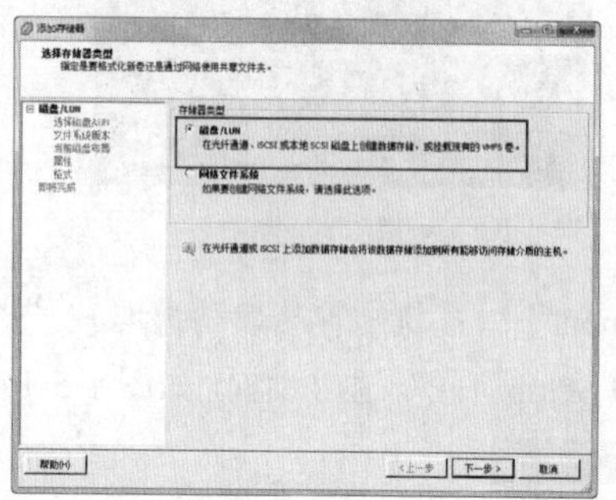

图 1-5-16　磁盘类型

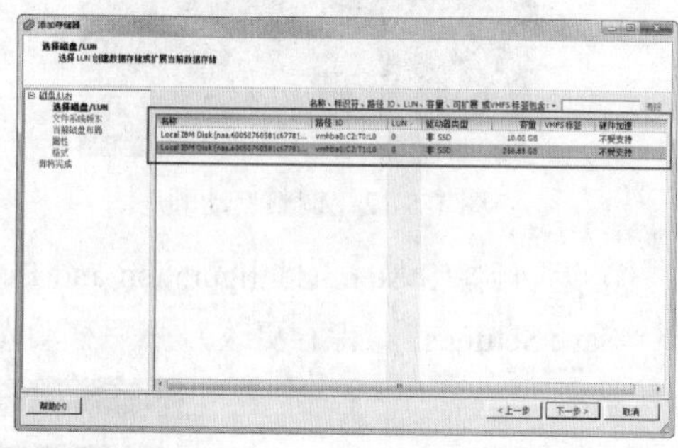

图 1-5-17　选择要添加的本地磁盘

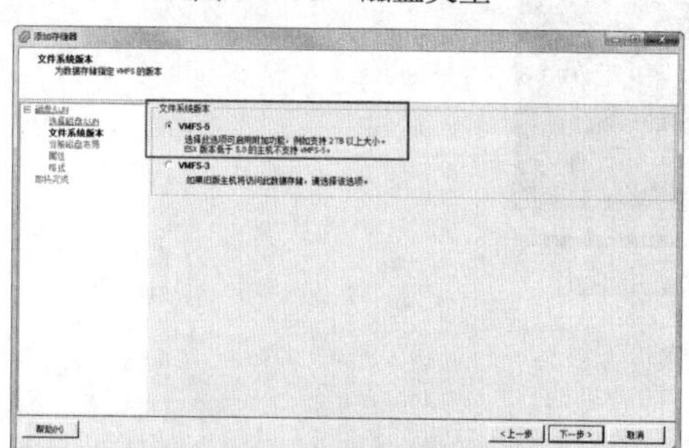

图 1-5-18　选择文件系统

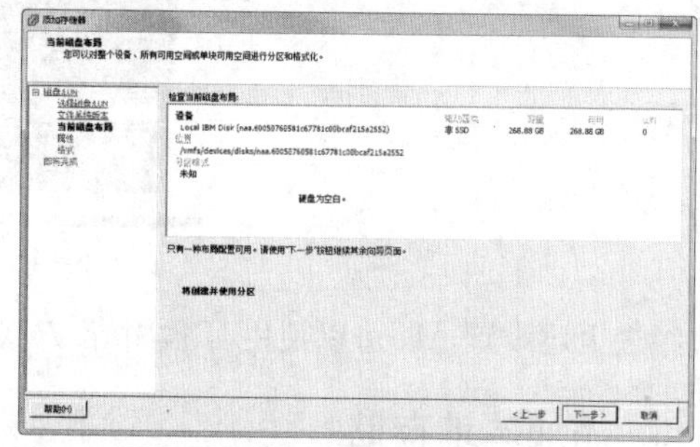

图 1-5-19　当前磁盘布局

（7）在“磁盘/LUN-格式化”对话框，选择“最大可用空间”，如图 1-5-21 所示。

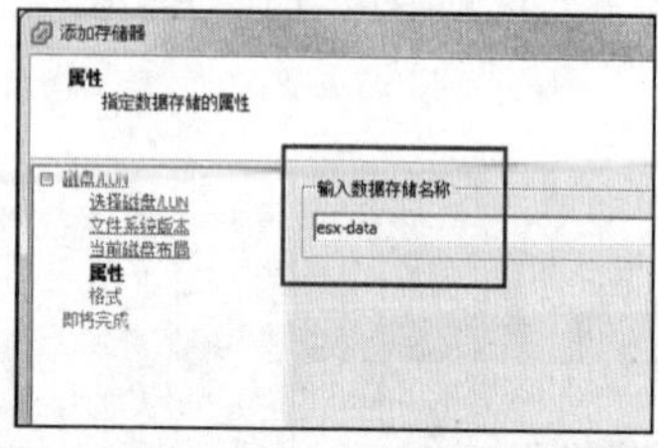

图 1-5-20　命名存储

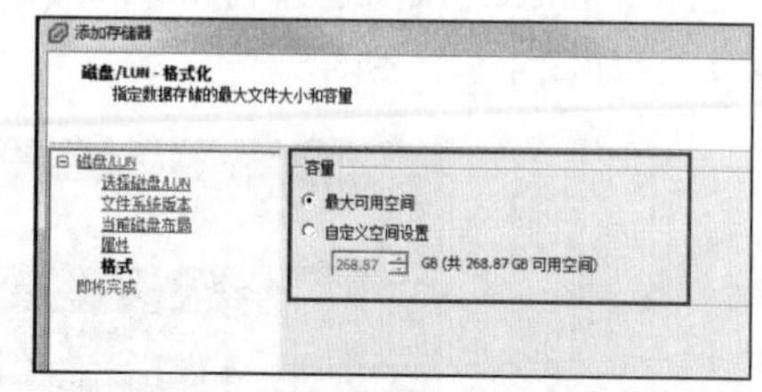

图 1-5-21　指定最大文件大小和容量

（8）在“即将完成”对话框，查看磁盘布局、分区大小及容量，检查无误之后，单击“完成”按钮，如图 1-5-22 所示。

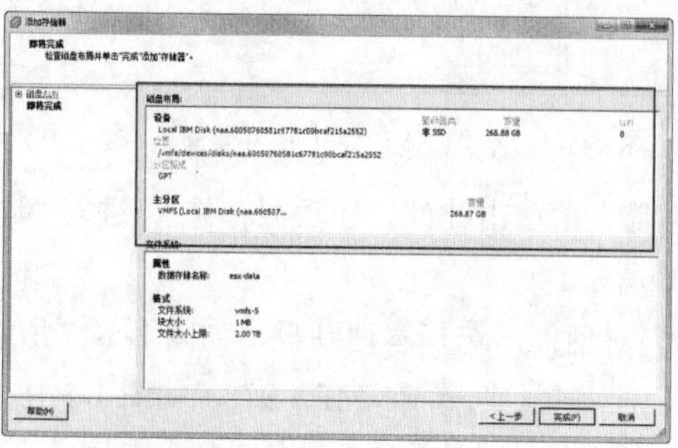

图 1-5-22　即将完成

（9）添加完成之后，在“配置→存储器”列表中，可以看到添加后的数据存储，如图 1-5-23 所示。

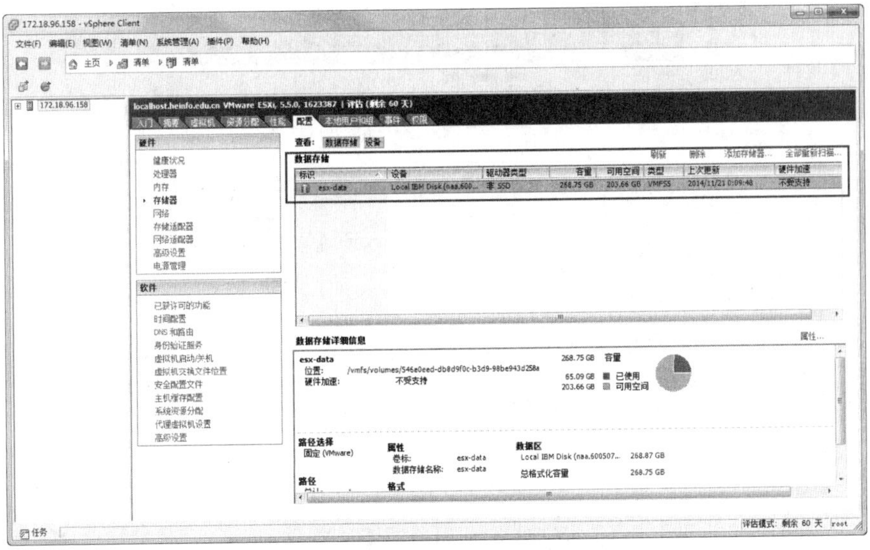

图 1-5-23　添加后的数据存储

1.5.5　修改日志位置

由于 VMware ESXi 安装在 U 盘中，而日志不能保存在 U 盘中，所以需要修改 VMware ESXi 的日志位置，主要操作步骤如下。

（1）在“配置”中可以看到，VMware ESXi 提示“配置问题：XXX esx.problem.syslog.nonpersistent. formatOnHost not found XXX”，如图 1-5-24 所示。

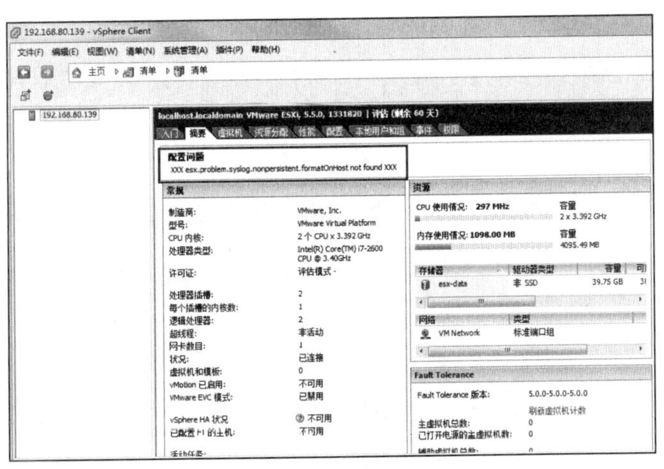

图 1-5-24　配置问题

（2）在“配置→存储器”中，右击添加的存储，在弹出的快捷菜单中选择“浏览数据存储”，如图 1-5-25 所示。

（3）浏览打开数据存储之后，单击“＋”按钮创建一个文件夹，例如 log，然后浏览该文件夹，并复制文件夹的名称（包括路径，在此路径名称为[esx-data] log），如图 1-5-26 所示。

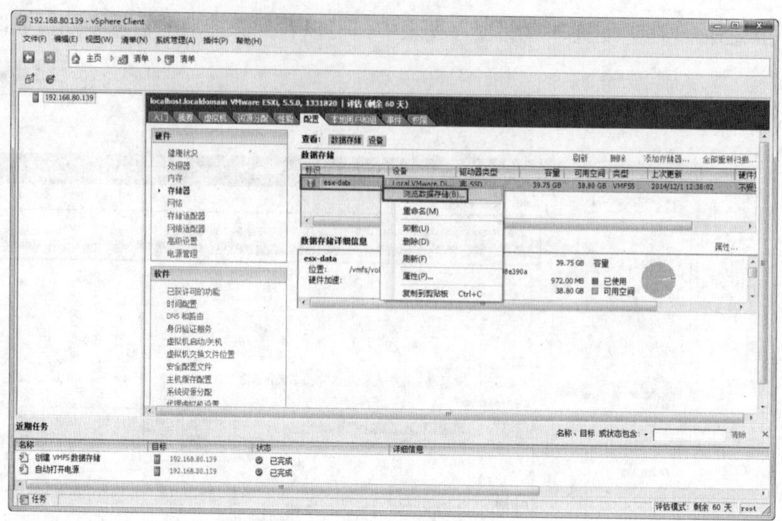

图 1-5-25　浏览数据存储

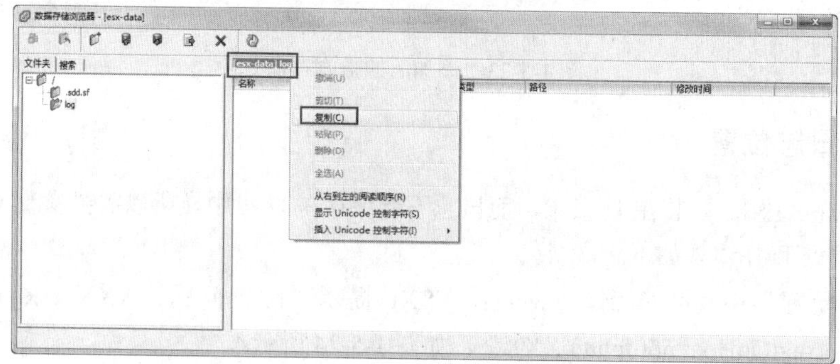

图 1-5-26　复制新建的文件夹

（4）返回到 ESXi 控制台界面，在“配置”中选择“高级设置”，如图 1-5-27 所示。

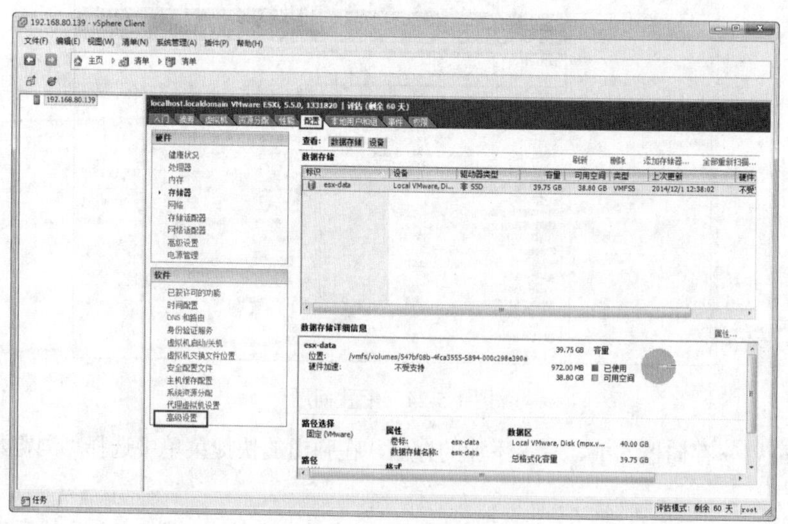

图 1-5-27　高级设置

（5）打开“高级设置”，左侧找到“Syslog”，右侧定位到“Syslog.global.logDir”处，默认是“/scratch/log”，在此选择“粘贴”， 将图 1-5-26 中复制的文件夹名称粘贴到此，如图 1-5-28 所示。设置之后单击“确定”退出。

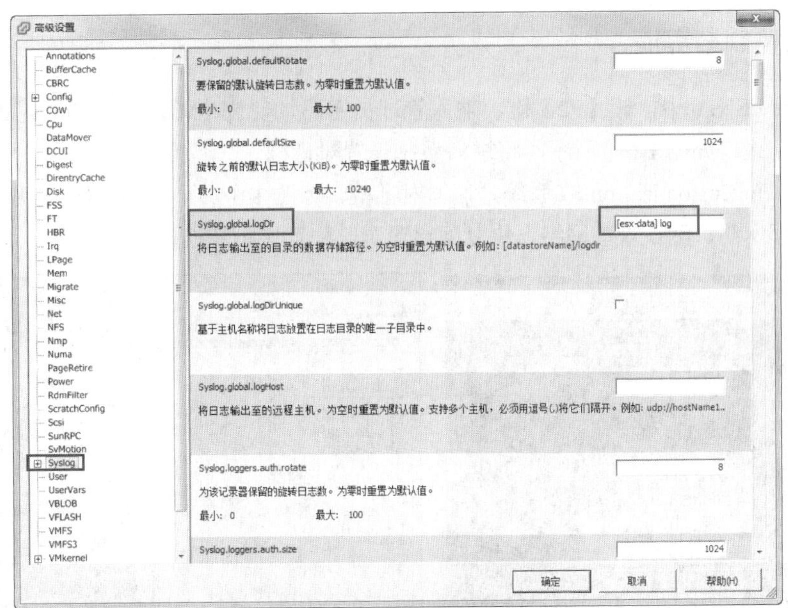

图 1-5-28　更改日志位置

（6）再次返回“摘要”选项卡，可以看到提示已经消失，如图 1-5-29 所示。

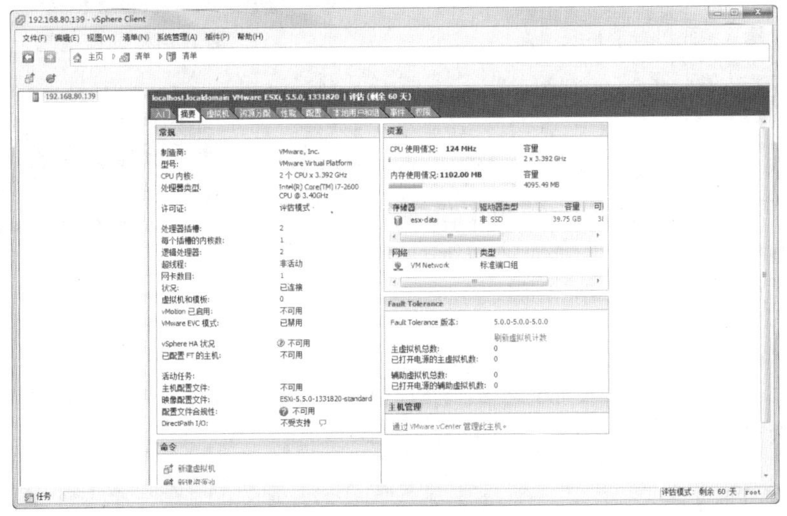

图 1-5-29　提示已经消失

至此，安装 VMware ESXi 到 U 盘顺利完成。

1.6　VMware ESXi 6 控制台设置

相比 VMware ESX Server，VMware ESXi 6 的控制台更加精简、高效、方便，管理员可以直接在 VMware ESXi 6 控制台界面中完成管理员密码的修改、控制台管理地址的设置与修改、VMware ESXi 主机名称的修改、重启系统配置（恢复 VMware ESXi 默认设置）等功能。下面介绍在 VMware ESXi 6 控制台的相关操作。

1.6.1 进入控制台界面

在 VMware ESXi 6 中，按【F2】键，输入管理员密码（安装 VMware ESXi 6 时设置的密码），输入之后按回车键，如图 1-6-1 所示，将进入系统设置对话框。

进入“System Customization”（系统定制）对话框，如图 1-6-2 所示，在该对话框中能完成口令修改、配置管理网络、测试管理网络、恢复网络设置、配置键盘等操作。

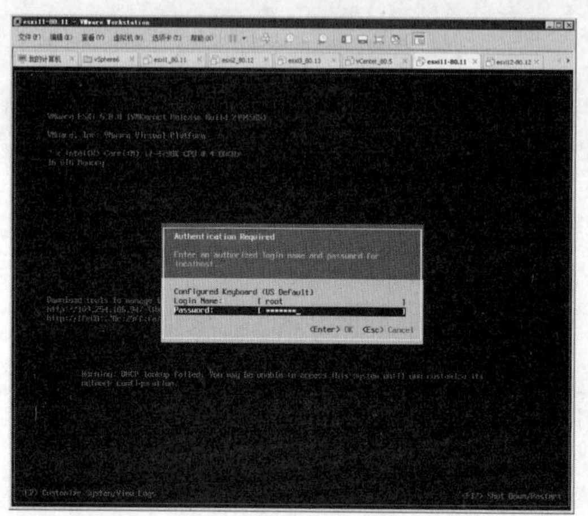

图 1-6-1　输入密码以登录系统配置

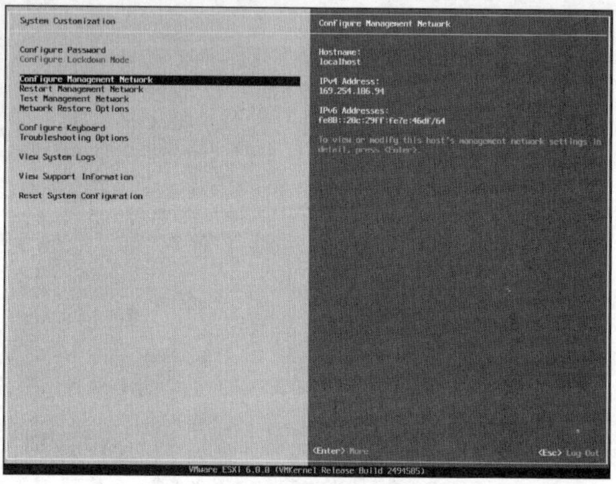

图 1-6-2　系统定制

1.6.2 修改管理员口令

如果要修改 VMware ESXi 6 的管理员密码，可以在图 1-6-2 中将光标移动到“Configure Password”处按回车键，在弹出的“Configure Password”对话框中，先输入原来的密码，然后分两次输入新的密码并按回车键即可完成密码的修改，如图 1-6-3 所示。

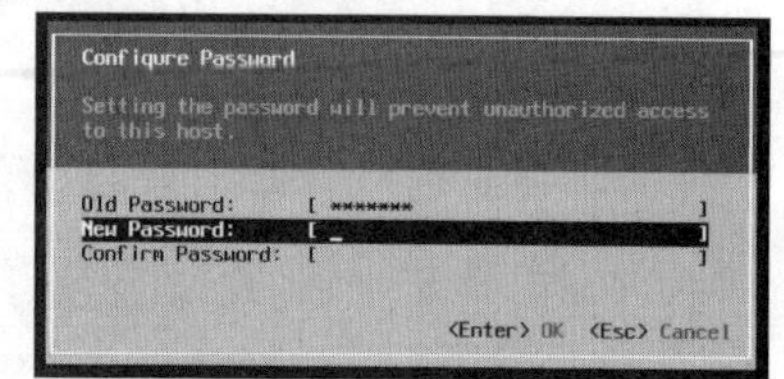

图 1-6-3　修改管理员密码

【说明】安装的时候可以设置简单密码，如 1234567。而安装之后，在控制台修改密码时，必须为其设置为复杂密码。

1.6.3 配置管理网络

在“Configure Management Network”选项中可以选择管理接口网卡（当 VMware ESXi 主机有多块物理网卡时）、修改控制台管理地址、设置 VMware ESXi 主机名称等。

（1）在图 1-6-2 中，将光标移动到“Configure Management Network”按回车键，进入“Configure Management Network”对话框，如图 1-6-4 所示。

（2）在“Network Adapters”选项中按回车键，打开“Network Adapters”对话框，在此选择主

机默认的管理网卡，如图 1-6-5 所示。当主机有多块管理网卡时，可以从中选择，并且在“Status”列表中显示出每块网卡的状态。

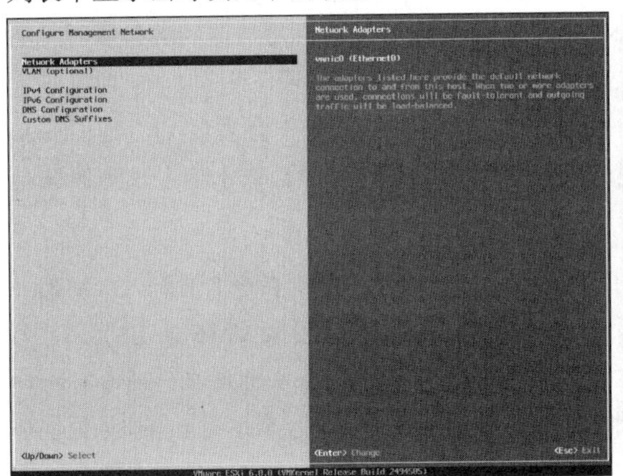

图 1-6-4　配置管理网络

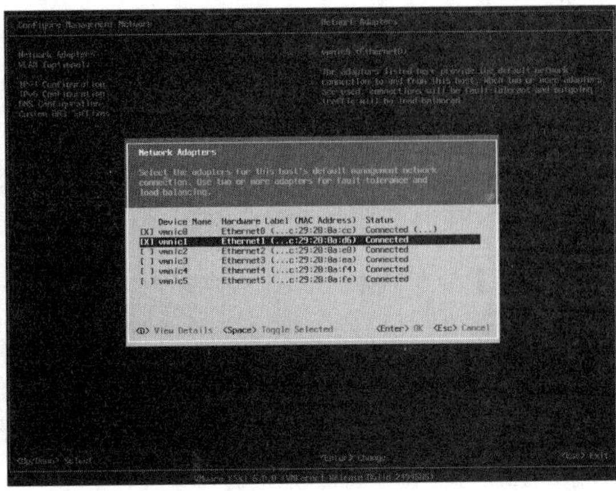

图 1-6-5　选择管理网卡

【说明】如果你感兴趣，可以先关闭 VMware ESXi 虚拟机，并且修改 VMware ESXi 虚拟机配置，为其添加多个网卡，并且可以将其中一块或者多块网卡的状态设置为“断开”，再次进入到图 1-6-5 的界面即可以看到多个网卡并且会显示每块网卡的状态。另外，除了在 VMware ESXi 控制台界面可以选择管理网卡外，还可以在 vSphere Client 界面设置或选择。两者之间的区别是：如果设置过程中出现错误，在 vSphere Client 设置时会断开与 VMware ESXi 的连接并且失去对 VMware ESXi 的控制，而在 VMware ESXi 控制台设置则不会出现这种情况，即使设置错误也可以重新设置。所以，在实际使用中，如无必要，不要使用 vSphere Client 修改 VMware ESXi 的网络以免失去连接。

（3）在“VLAN（Optional）”选项中，可以为管理网络设置一个 VLAN ID，如图 1-6-6 所示。一般情况下不要对此进行设置与修改。

（4）在“IP Configuration”选项中，设置 VMware ESXi 管理地址。默认情况下，VMware ESXi 在完成安装时，默认选择是“Use dynamic IP address and network configuration”（使用 DHCP 分配网络配置），在实际使用中，应该为 VMware ESXi 设置一下静态地址。在本例中，将为 VMware ESXi 设置 192.168.80.11 的地址，如图 1-6-7 所示。选择“Set static IP address and network configuration”，并在“IP Address”地址栏中输入“192.168.80.11”，并为其设置子网掩码与网关地址。

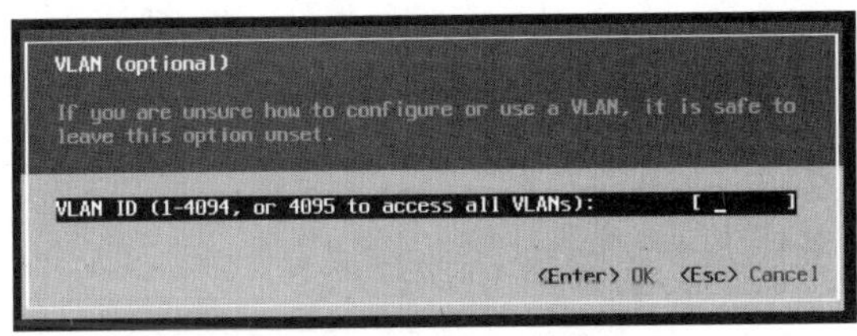

图 1-6-6　VLAN 设置

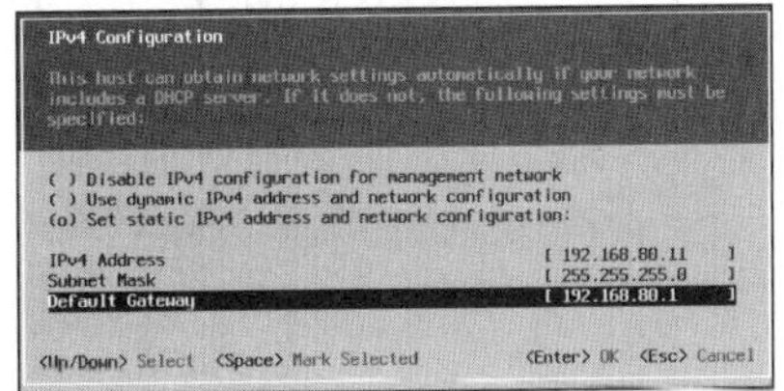

图 1-6-7　设置管理地址

【说明】应该为 VMware ESXi 设置正确的子网掩码与网关地址，以让 VMware ESXi 主机能连接到 Internet，或者至少能连接到局域网内部的“时间服务器”。在真实的环境中，计算机有一个正确的时间至关重要。VMware ESXi 中虚拟机的时间受 VMware ESXi 主机控制，如果 VMware ESXi 主机时间不正确则会影响到在其中运行的所有虚拟机。

（5）在“DNS Configuration”选项中，设置 DNS 的地址与 VMware ESXi 主机名称。如果要让 VMware ESXi 使用 Internet 的“时间服务器”进行时间同步，除了要在图 1-6-6 中设置正确的子网掩码、网关地址外，还要在此选项中设置正确的 DNS 服务器以便于实现时间服务器的域名解析。如果使用内部的时间服务器并且是使用 IP 地址的方式进行时间同步，是否设置正确的 DNS 地址则不是必须的。在“Hostname”处则是设置 VMware ESXi 主机的名称。当网络中有多台 VMware ESXi 服务器时，为每个 VMware ESXi 主机规划合理的名称有利于后期的管理。在本例中，为第一台 VMware ESXi 的主机命名为 ESX1，如图 1-6-8 所示。

【说明】在为 VMware ESXi 命名时，要考虑将来的升级情况，所以不建议在命名时加入 VMware ESXi 的版本号。例如，如果在你所管理的网络中，准备了 3 台服务器用来安装 VMware ESXi 6，那么可以命名为 ESX11、ESX12、ESX13。另外，在为虚拟机设置名称时，如果你所在的网络有内部的 DNS，可以直接为 ESXi 主机设置带域名的名称，例如，我的网络中 DNS 域名是 heinfo.edu.cn，我可以在图 1-6-8 中将 ESXi 主机修改为 esx11.heinfo.edu.cn（需要在 heinfo.edu.cn 的域中添加名为 esx11 的 A 记录，并且指向这台 ESXi 的地址 192.168.80.11）。

（6）在“Custom DNS Suffixes”选项中，设置 DNS 的后缀名称，DNS 的后缀名称会附加在图 1-6-8 中设置的“Hostname”后面，默认为 localdomain，如果不修改这个名称，当前 VMware ESXi 主机全部名称则为 ESX1.localdomain，如果 VMware ESXi 所在的网络中没有内部的 DNS 名称则可以保持默认值，如果网络中有内部的 DNS，请在此修改为内部的 DNS 域名，并在 DNS 服务器中添加 VMware ESXi 主机的 A 记录并指向 VMware ESXi 主机的 IP 地址，如图 1-6-9 所示。

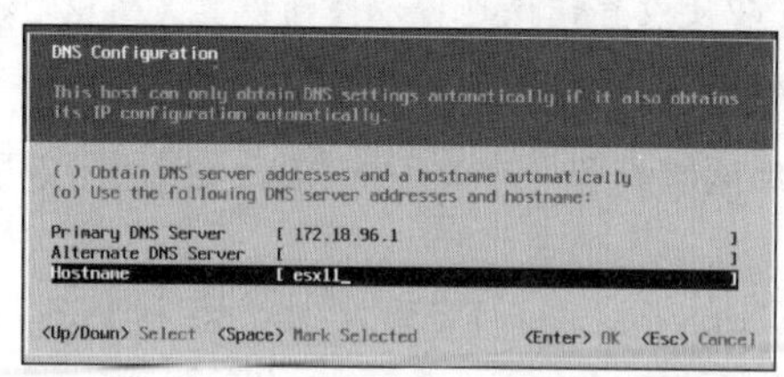

图 1-6-8　设置 VMware ESXi 主机名称

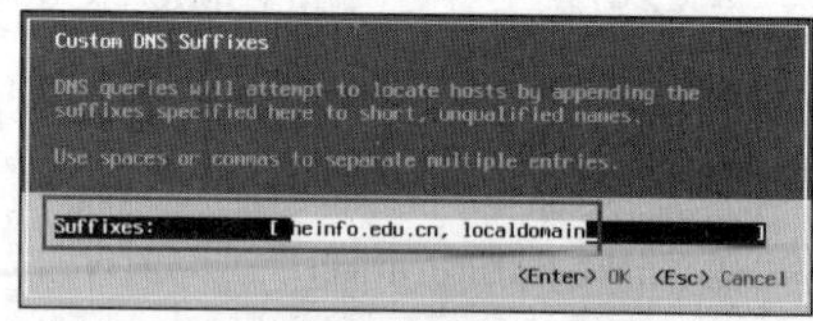

图 1-6-9　DNS 后缀

例如，在当前演示的网络中，DNS 服务器的地址是 172.18.96.1，这个 DNS 所属的域是 heinfo.edu.cn，在 heinfo.edu.cn 的 DNS 中添加 A 记录为 esx11，并指向 192.168.80.11（见图 1-6-10），此时就可以在 Suffixes 后面写上“heinfo.edu.cn,localdomain”。

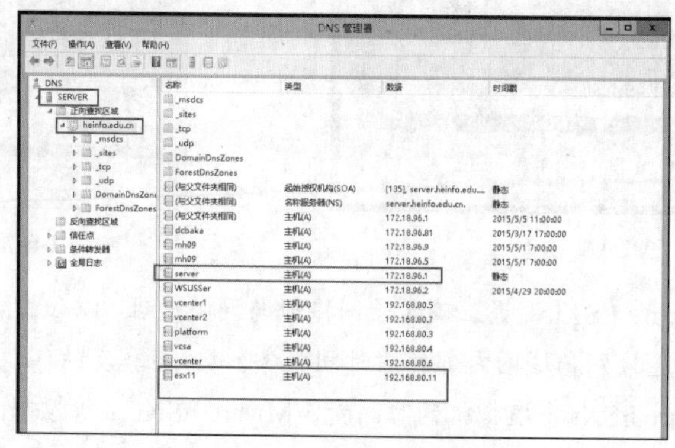

图 1-6-10　DNS 服务器配置

（7）在设置（或修改）完网络参数后，按【Esc】键，弹出“Configure Management Network: Confirm”对话框，提示是否更改并重启管理网络，按【Y】键确认并重新启动管理网络，如图 1-6-11 所示。

（8）返回“System Customization”对话框，右侧的“Configure Management Network”中显示设置后的地址，如图 1-6-12 所示。

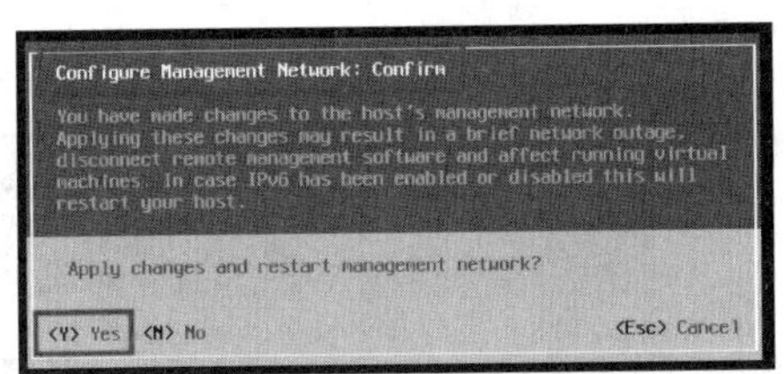

图 1-6-11　保存网络参数更改并重启管理网络

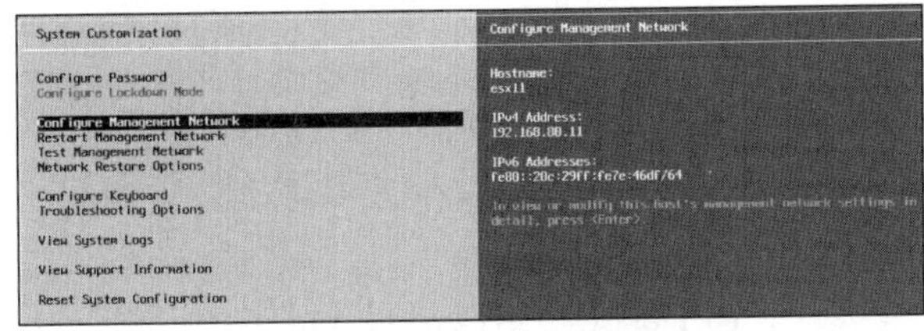

图 1-6-12　主机管理地址与主机名称

（9）在配置 VMware ESXi 管理网络时，如果出现错误而导致 VMware vSphere Client 无法连接到 VMware ESXi 时，可以在图 1-6-12 中选择“Restart Management Network”，在弹出的“Restart Management Network：Confirm”对话框中按【F11】键，将重新启动管理网络，如图 1-6-13 所示。

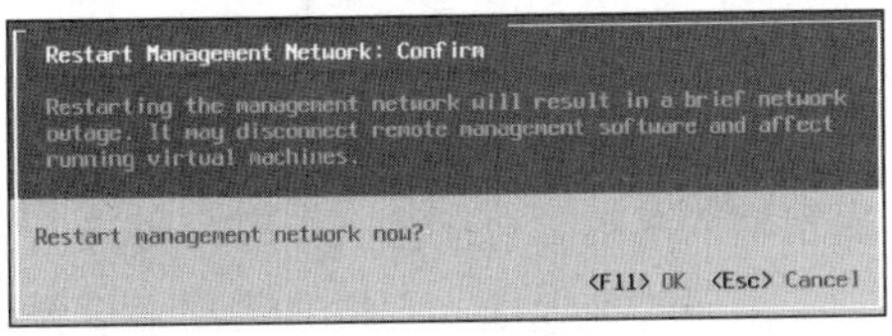

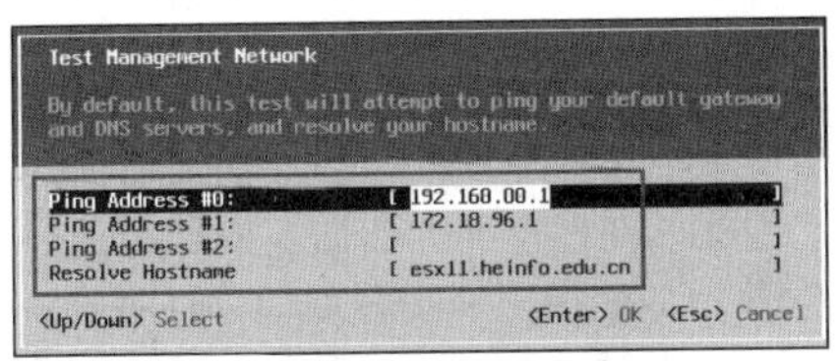

图 1-6-13　重新配置管理网络

如果想测试当前的 VMware ESXi 的网络设置是否正确，是否能连接到企业网络，可以选择“Test Management Network”，在弹出的“Test Management Network”对话框中，测试到网关地址或者指定的其他地址的 Ping 测试，如图 1-6-14 所示。

在使用 Ping 命令并且有回应时，相应的地址后面显示“OK”提示，如图 1-6-15 所示。

【说明】如果当前测试 esx1.heinfo.edu.cn 没有返回地址，是还没有在 DNS 服务器中添加对应 A 记录的原因。

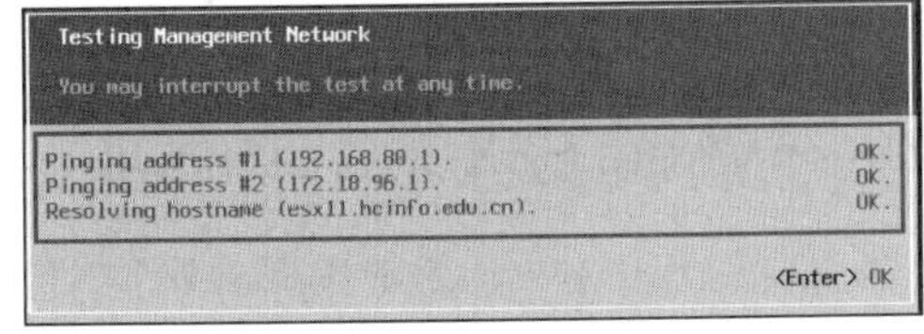

图 1-6-14　测试管理网络

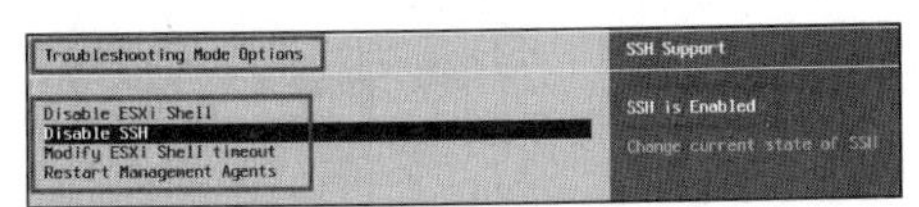

图 1-6-15　测试管理网络

1.6.4　启用 ESXi Shell 与 SSH

除了可以使用控制台管理 VMware ESXi、使用 vSphere Client 管理 VMware ESXi 外，还可以通过网络使用 SSH 的客户端连接到 VMware ESXi 并进行管理。在默认情况下，VMware ESXi 的 SSH 功能并没有启动（SSH 是 Linux 主机的一个程序，VMware ESXi 与 VMware ESX Server 基于 Red Hat Linux 的底层系统，也是可以使用 SSH 功能的）。如果要使用这一功能，可以选择“Troubleshooting Options”选项，在“Troubleshooting Mode Options”对话框中，启用 SSH 功能（将光标移动到 Disable SSH 处按 Enter 键），当“SSH Support”显示为“SSH is Enabled”时，SSH 功能已被启用，如图 1-6-16 所示。

图 1-6-16　启用 SSH

在此还可以启用 ESXi Shell、修改 ESXi Shell 的超时时间等。

1.6.5 恢复系统配置

“Reset System Configuration”选项可以将 VMware ESXi 恢复到默认设置，默认设置如下。

（1）VMware ESXi 管理控制台地址恢复为“DHCP”，计算机名称恢复到刚安装时的名称。

（2）系统管理员密码被清空。

（3）所有正在运行的虚拟机将会被注销。

如果选择该选项，将会弹出“Reset System Configuration：Confirm”对话框，按【F11】键将继续，按【Esc】键将取消这个操作，如图 1-6-17 所示。

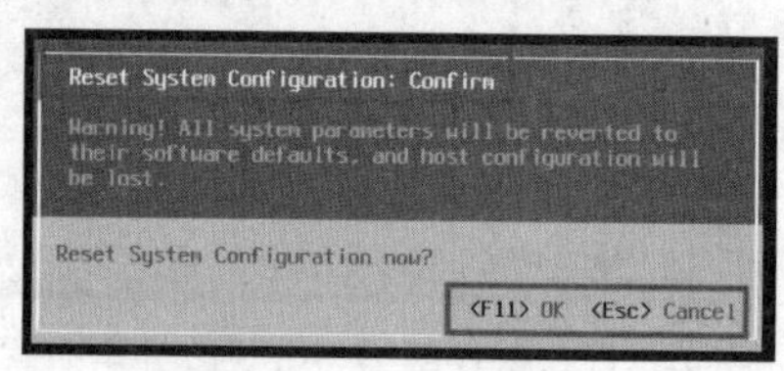

图 1-6-17 恢复系统配置

如果在图 1-6-17 按下了【F11】键，将会弹出“Reset System Configuration”对话框，提示默认设置已经被恢复，按回车键将重新启动主机，如图 1-6-18 所示。

在恢复系统设置之后，由于系统管理员密码被清空，所以管理员需要在第一时间重新启动控制台，进入“Configure Password”对话框，设置新的管理员密码（在控制台界面，按【F2】键后，在提示输入密码时直接按回车键即可进入），如图 1-6-19 所示。

由于管理地址、主机名称都恢复到默认值，管理员还需要重新设置管理地址、设置主机地址，在此不再一一赘述。

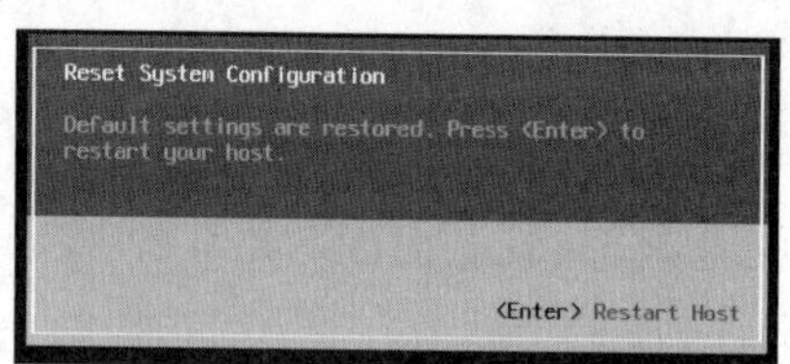

图 1-6-18 系统设置被恢复

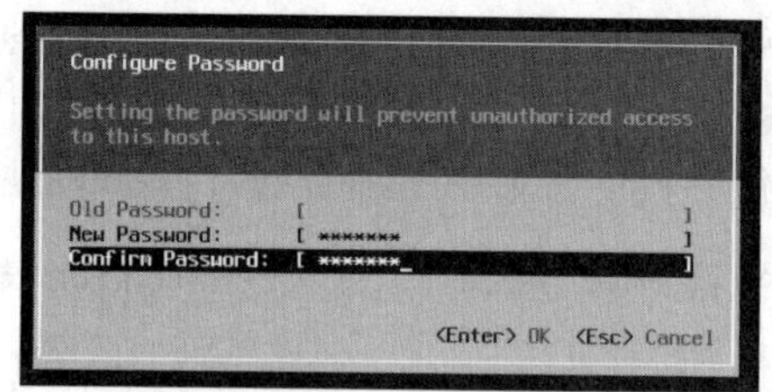

图 1-6-19 设置新的管理员密码

1.6.6 VMware ESXi 的关闭与重启

如果要关闭 VMware ESXi 主机，或者要重新启动 VMware ESXi 主机，可以在 VMware ESXi 控制台中，按【F12】键，输入 VMware ESXi 主机的管理员密码并进入“Shut Down/Restart”对话框，如图 1-6-20 所示。如果要关闭 VMware ESXi 主机，则按【F2】键，如果要重新启动 VMware ESXi 主机，则按【F11】键。如果要取消关机或重启操作，按【Esc】键。

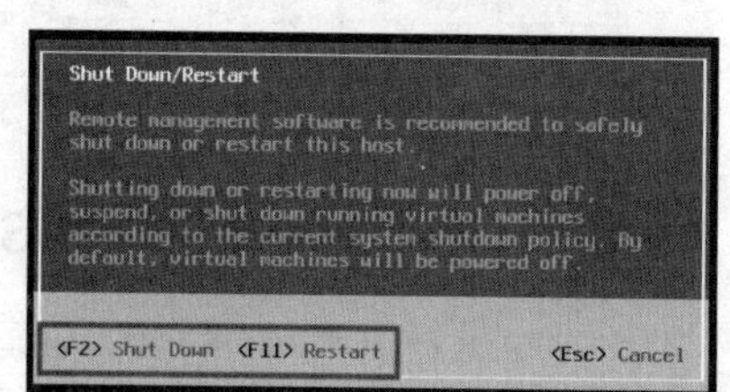

图 1-6-20 关机或重启对话框

【说明】使用 vSphere Client 连接到 VMware ESXi，也可以完成关机或重启 VMware ESXi 主机的操作。

1.7 vSphere Client 的安装与配置

本节介绍 VMware ESXi 客户端 vSphere Client 的安装与基本使用。

【说明】下面讲解的服务器是一台具有 16GB 内存、1 个 I5-4690K 的 CPU 的计算机，在此服务器上安装 VMware ESXi 6 ，安装之后 ESXi 控制台中将 ESXi 的 IP 地址设为 172.18.96.111。而管理 VMware ESXi 的工作站是一台 Windows 7（64 位）的计算机，在计算机上安装 vSphere Client，并用来管理 VMware ESXi。

1.7.1　vSphere Client 的安装

在安装并配置 VMware ESXi 6 之后，主机安装 vSphere Client 的安装端并管理 VMware ESXi 6。安装时需要注意以下几点。

（1）在 VMware ESXi 中没有集成 vSphere Client 5 的客户端，需要登录 VMware 官方网站下载 vSphere Client，该软件大小为 341MB，下载地址是 http://vsphereclient.vmware.com/vsphereclient/VMware-viclient-all-6.0.0.exe。可以登录 https://172.18.96.111（vSphere ESXi 的控制台地址），在“Download vSphere Client”链接中获取这个地址，如图 1-7-1 所示。

【说明】如果主机是 Windows 7 操作系统，但登录 172.18.96.111 时不成功，可能是主机中 VMnet8 虚拟网卡设置的问题，请将 VMnet8 的 IP 地址设置为“自动获得 IP 地址”即可。

（2）进入 vSphere Client 的安装程序，在 VMware vSphere Client 6 中，支持简体中文、繁体中文、英语、日语、法语、德语与朝鲜语，可以根据需要选择，如图 1-7-2 所示。

（3）vSphere Client 的安装比较简单，完全按照默认安装即可，如图 1-7-3 所示。

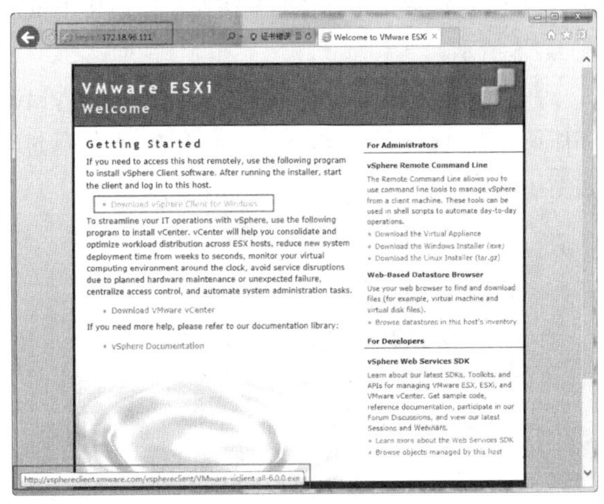

图 1-7-1　获取 vSphere Client 下载地址

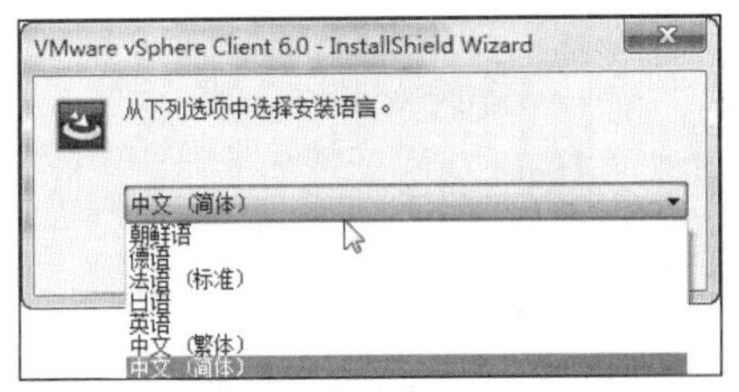

图 1-7-2　安装向导

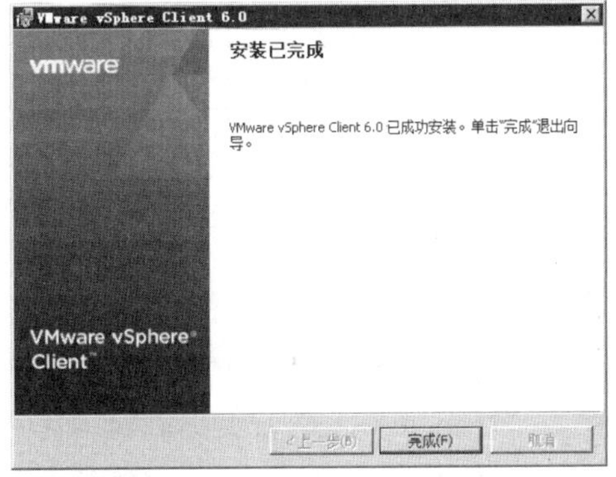

图 1-7-3　安装完成

1.7.2　启动 vSphere Client 并登录到 VMware ESXi

启动 vSphere Client，在“IP 地址/名称”地址栏中，输入要管理的 VMware ESXi、VMware ESX Server 或 VMware Virtual Center（VMware 虚拟中心）的 IP 地址，然后输入 VMware ESXi（或 VMware

Virtual Center）的用户名及密码，单击“登录”按钮，如图 1-7-4 所示。

图 1-7-4　登录到 VMware ESXi

【说明】在本例中，登录的是 VMware Workstation 虚拟机中的 VMware ESXi，其 IP 地址是 172.18.96.111，用户名是 root，密码是 1234567。如果当前计算机登录的用户名、密码在要登录的 VMware ESXi 或 VMware Virtual Center 具有相同的用户名与密码，则可以选中“使用 Windows 会话凭据”，这样可以不必输入用户名与密码进行验证。

在第一次登录某个 VMware ESXi 或 VMware Virtual Center 时，会弹出一个“安全警告”对话框，选中“安装此证书并不是显示……”，然后单击“忽略”按钮，以后将不再出现此提示，如图 1-7-5 所示。

在登录到 VMware ESXi 后，如果在安装 VMware ESXi 时没有输入序列号，则会弹出“VMware 评估通知”对话框，提示你的产品会在 60 天后过期，单击“确定”按钮进入 vSphere Client 控制台，如图 1-7-6 所示。

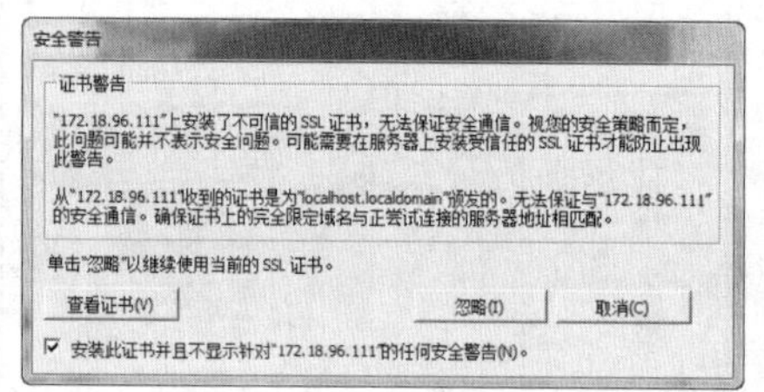

图 1-7-5　安全警告

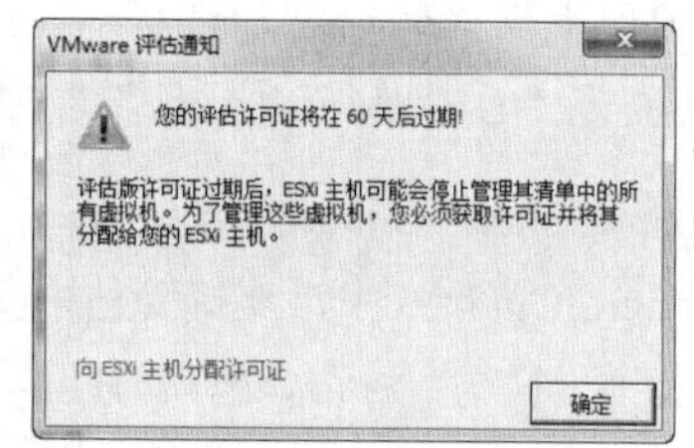

图 1-7-6　登录到 VMware ESX Server

在第一次登录到 VMware ESXi 时，默认会显示“清单”视图，单击“清单”按钮（如图 1-7-7 所示）将显示 VMware ESXi 主机，如图 1-7-8 所示。

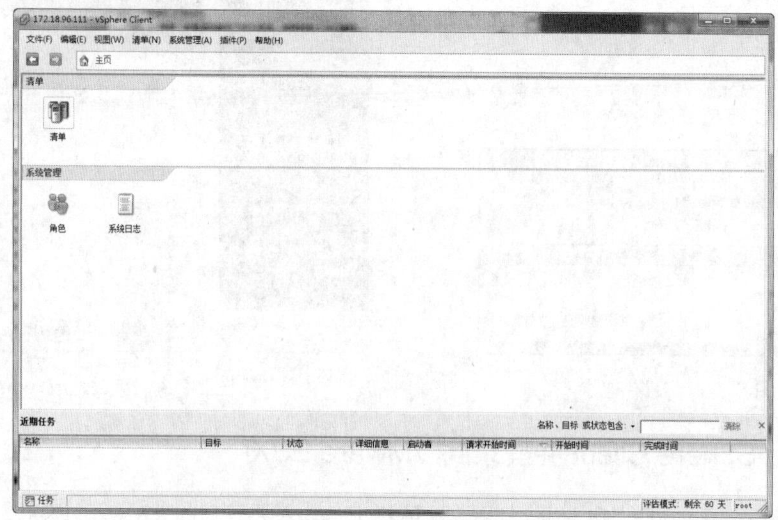

图 1-7-7　“清单”视图

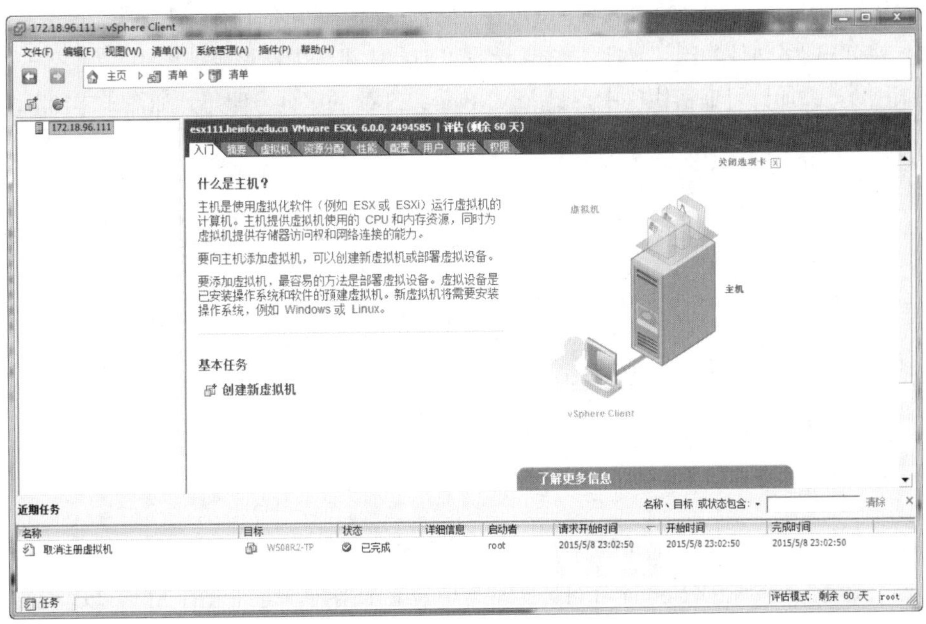

图 1-7-8　主机视图

1.7.3　为 VMware ESXi 输入序列号

在安装完 VMware ESXi 后，默认为评估模式，并可以使用最多 60 天。在 60 天之内，该 VMware ESXi 没有任何的限制，在产品到期之前，需要为 VMware ESXi 购买一个许可才能使用。本节介绍为 VMware ESXi 输入序列号的方法。

（1）在 VMware vSphere Client 控制台中，单击“配置”链接，在“软件”列表中选择“已获许可的功能”，在右侧显示当前的 VMware ESX Server 许可证类型及支持的功能，如果是评估模式，则会显示产品的过期时间，如图 1-7-9 所示。

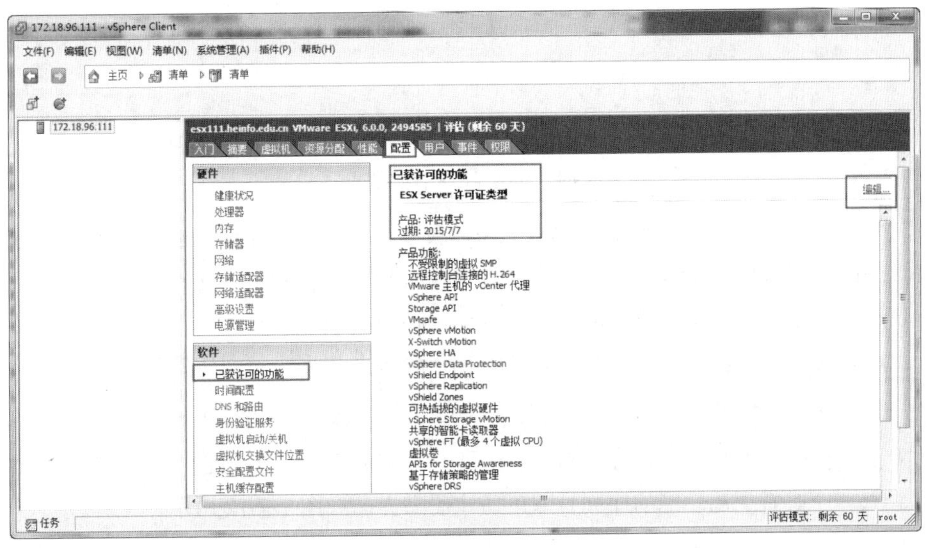

图 1-7-9　查看 VMware ESX Server 许可证类型及过期时间

（2）如果有 VMware ESXi 的序列号，可以在"配置→已获许可的功能"选项中，单击右侧的"编辑"按钮，在弹出"分配许可证"对话框中，选择"向此主机分配新许可证密钥"，并单击"输入密码"，在弹出的"添加许可证密钥"中，输入 VMware ESXi 的序列号即可，如图 1-7-10 所示。

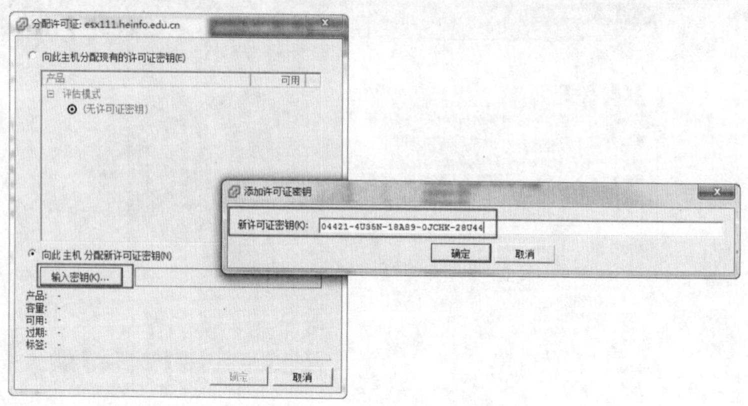

图 1-7-10　注册 VMware ESXi

（3）注册之后，在"ESX Server 许可证类型"中，显示当前获得许可的功能，以及支持的 CPU 数量、产品过期时间等，如图 1-7-11 所示。

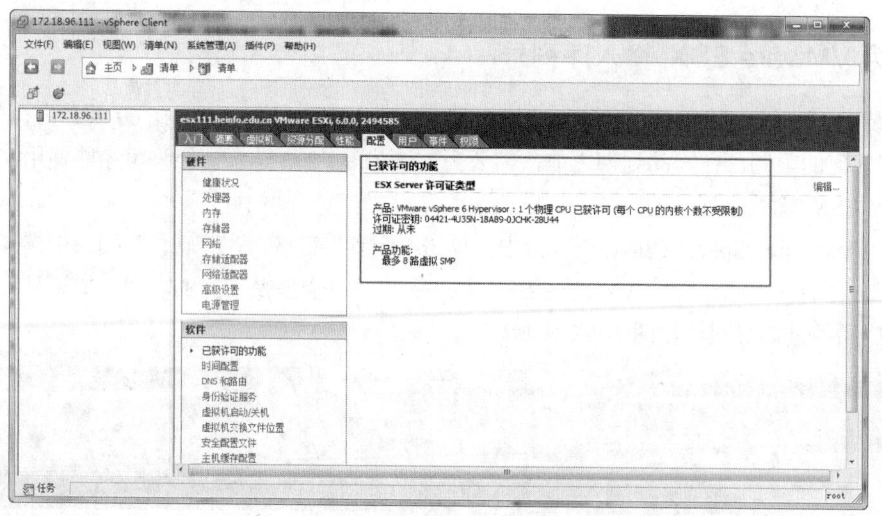

图 1-7-11　注册后的信息

【说明】在图 1-7-11 中，显示的产品功能只有"最多 8 路虚拟 SMP"，这是由于输入的是一个免费的 VMware ESXi 序列号的缘故。这个免费的许可证密钥可以在不限数量的物理主机上部署。要注意，免费版的序列号不支持 VMware vCenter Server 的高级功能，如虚拟机迁移、HA、模板等功能，如果要使用这些功能，需要重新注册 VMware ESXi、输入支持更高功能的序列号才能使用。

（4）如果在产品的初期输入的是一个免费的 VMware ESXi 序列号，后期想使用 VMware ESXi 的高级功能（实际上是 VMware vCenter Server 提供的），则按照图 1-7-10 的方式，重新注册 VMware ESXi，并输入一个具有更高功能的序列号即可。注册后界面如图 1-7-12 所示。

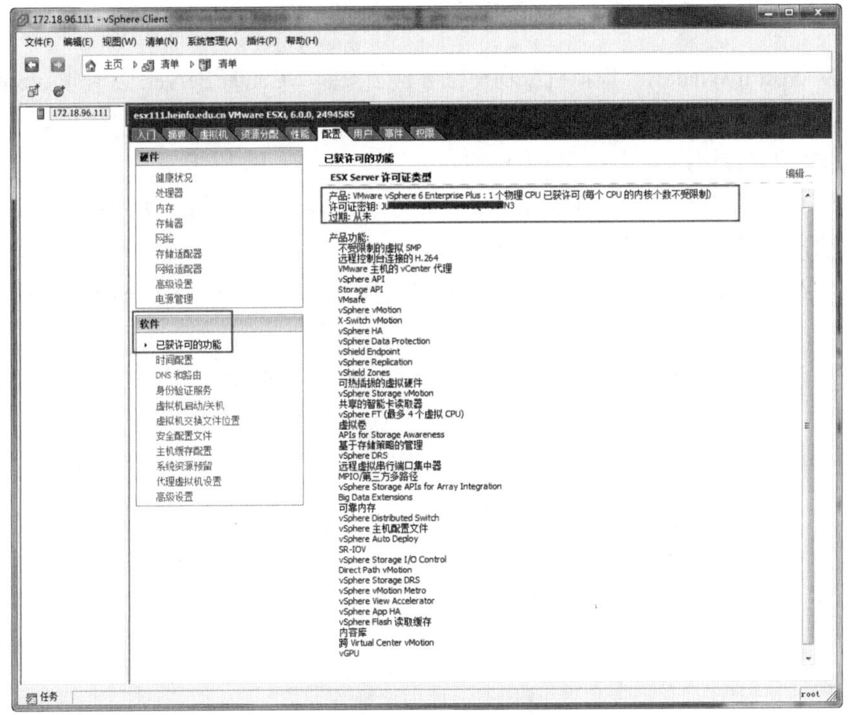

图 1-7-12　无功能限制的 VMware ESXi

1.8　vCenter Server 的安装与配置

vSphere 的两个核心组件是 VMware ESXi 和 VMware vCenter Server。ESXi 是用于创建和运行虚拟机的虚拟化平台。vCenter Server 是一种服务，充当连接到网络的 ESXi 主机的中心管理员。vCenter Server 可用于将多个主机的资源加入池中并管理这些资源。vCenter Server 还提供了很多功能，用于监控和管理物理/虚拟基础架构。

在规划或实施 vSphere 虚拟化系统时，可以在 Windows 虚拟机或物理服务器上安装 vCenter Server，或者部署 vCenter Server Appliance。

vCenter Server Appliance 是预配置的基于 Linux 的虚拟机，针对运行的 vCenter Server 及 vCenter Server 组件进行了优化。可在运行 ESXi 5.1.x 或更高版本的主机上部署 vCenter Server Appliance。

从 vSphere 6.0 开始，运行的 vCenter Server 和 vCenter Server 组件的所有必备服务都在 VMwarePlatform Services Controller 中进行捆绑。可以部署具有嵌入式或外部 Platform Services Controller 的 vCenter Server，但是必须始终先安装或部署 Platform Services Controller，然后再安装或部署 vCenter Server。

Windows 版本的 vCenter Server 自带数据库，可以用于测试及小型的 vSphere 数据中心（不超过 10 台主机、1 000 个虚拟机）。对于生产环境，建议为 vCenter Server 使用独立的数据库，如 SQL Server。本节内容介绍使用自带数据库的安装方法。

1.8.1 在 Windows 虚拟机或物理服务器上安装 vCenter Server

可以在 Microsoft Windows 虚拟机或物理服务器上安装 vCenter Server 以管理 vSphere 环境。在安装 vCenter Server 之后，只有用户 administrator@your_domain_name 具有登录到 vCenter Server 系统的特权。该用户可以执行以下任务。

- 将在其中定义了其他用户和组的标识源添加到 vCenter Single Sign-On 中。
- 将角色分配给用户和组以授予其特权。

本节将介绍在 Windows Server 服务器（虚拟机或物理机）安装 vCenter Server 的内容，包括以下两种。

- 安装具有嵌入式 Platform Services Controller 的 vCenter Server。
- 安装具有外部 Platform Services Controller 的 vCenter Server。

为了完整地了解 vCenter Server 的安装，我们规划了如图 1-8-1 的实验拓扑图。图 1-8-1 中有一台 DNS 服务器，域名为 172.18.96.1，其他的则有 SQL Server 服务器、VMware ESXi 主机、vCenter Server 服务器及 vCenter Server Appliance 服务器。

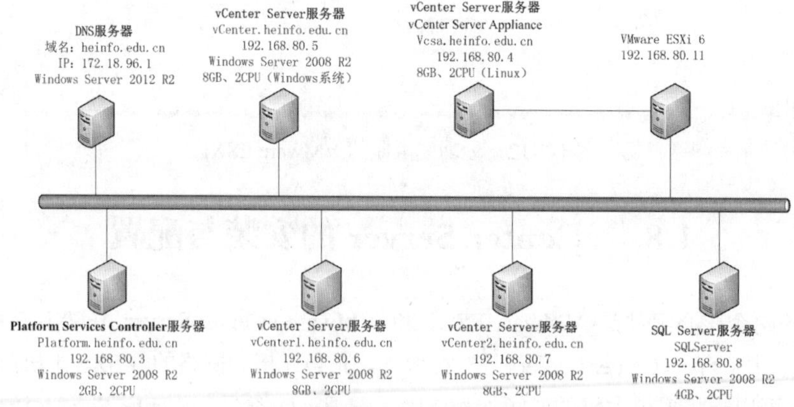

图 1-8-1　实验拓扑图

实验拓扑图中各服务器的名称、作用等相关信息见表 1-4。

表 1-4　实验拓扑图中各服务器的名称、作用等相关信息

服务器名称	网　址	IP 地址	用　途
DNS 服务器	heinfo.edu.cn	172.18.96.1	
vCenter	vCenter.heinfo.edu.cn	192.168.80.5	具有嵌入式 Platform Services Controller 的 vCenter Server
platform	platform.heinfo.edu.cn	192.168.80.3	Platform Services Controller
vCenter1	vcenter1.heinfo.edu.cn	192.168.80.6	vCenter Server，需要加入到 platform.heinfo.edu.cn
vCenter2	vcenter2.heinfo.edu.cn	192.168.80.7	vCenter Server，需要加入到 platform.heinfo.edu.cn，需要使用 SQL Server 提供的数据库
SQL Server	sqlserver	192.168.80.8	SQL Server 2008 R2 数据库，打 SP1 补丁
vcsa	vcsa.heinfo.edu.cn	192.168.80.4	基于 Linux 的 vCenter Server Appliance

在实验之前，配置 DNS 服务器，在 DNS 服务器中各主机（A）记录创建情况如图 1-8-2 所示。各 A 记录的名称与对应的 IP 地址见表 1-5。

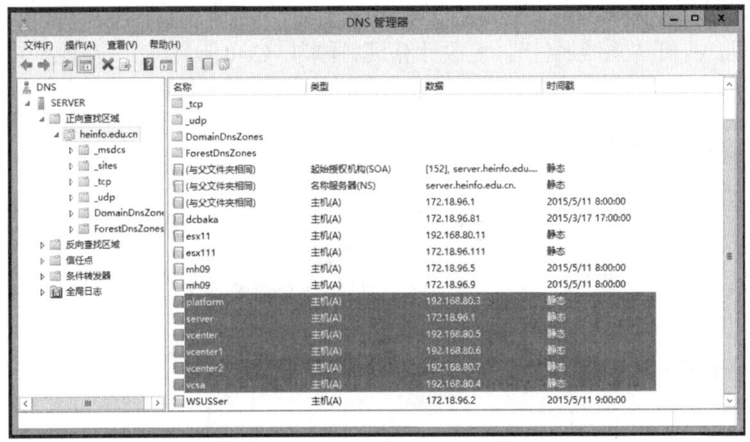

图 1-8-2　DNS 管理器设置

表 1-5　实验中各主机（A）记录的名称与对应的 IP 地址

计算机名称	IP　地　址	用　　途
platform	192.168.80.4	Platform Services Controller
vcsa	192.168.80.4	Linux 的 vCenter Server
vCenter	192.168.80.5	单独的 vCenter Server
vCenter1	192.168.80.6	使用外部 Platform 的 vCenter
vCenter2	192.168.80.7	

也可以将 vCenter Server、vCenter Server 组件和 Platform Services Controller 部署在一台虚拟机或物理服务器上。此模型适用于具有 8 个或更少产品实例的部署。无法在安装完成后将部署模型更改为具有外部 Platform Services Controller 的 vCenter Server。可以通过将 vCenter Single Sign-On 数据从一个部署复制到其他部署来连接多个 vCenter Server 实例。这样，每个产品的基础架构数据将复制到所有 Platform Services Controller 中，且每个单独的 Platform Services Controller 包含所有 Platform Services Controller 的数据副本。无法在安装完成后更改各个 Platform Services Controller 之间的连接。

在安装具有嵌入式 Platform Services Controller 的 vCenter Server（即将 Platform Services Controller 和 vCenter Server 安装在同一台服务器中，不管是服务器、物理机还是虚拟机，只要服务器满足安装 vCenter Server 的需求即可）前，需要对要安装的 vCenter Server 进行规划，需要为 vCenter Server 的安装规划其对外的 FQDN 名称及 IP 地址，并且规划的 FQDN 名称可以解析到 vCenter Server 对应的 IP 地址。例如，假设规划的 vCenter Server 的名称是 vcserver.heinfo.edu.cn，IP 地址是 192.168.80.5，那么就需要将安装 vCenter Server 的计算机名称设置成 vcserver.heinfo.edu.cn，将这台计算机的 IP 地址设置为 192.168.80.5，然后在 heinfo.edu.cn 的域名中创建主机（A）记录 vcserver，并让其指向 192.168.80.5。

【说明】本节实验将在一个具有 60GB 虚拟硬盘、8GB 内存、2 个 vCPU 的计算机中，安装 Windows Server 2012 R2 Datacenter，然后安装具有嵌入式 Platform Services Controller 的 vCenter Server。

（1）准备一台 Windows Server 2012 R2 的虚拟机，为其分配 2 个 CPU、8GB 内存、60GB 的硬盘空间，启动计算机，打开“系统属性”，更改计算机名称为 vCenter，单击“其他”按钮，在弹出的对话框的“此计算机的主 DNS 后缀”中输入域名后缀 heinfo.edu.cn，如图 1-8-3 所示。

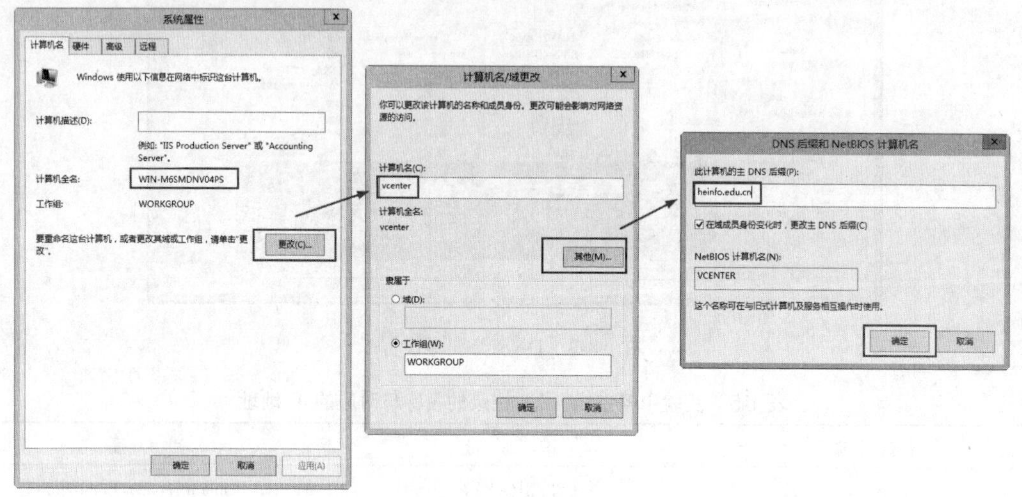

图 1-8-3　修改计算机名称

注意，在安装 vCenter Server 之前应规划好计算机名称和 IP 地址，安装 vCenter Server 之后不要更改计算机名称和 IP 地址，否则 vCenter Server 将不能使用。

（2）修改计算机名称之后重新启动，让设置生效，再次进入系统之后，检查计算机名称是否更改，如图 1-8-4 所示。

【说明】安装 vCenter Server 的计算机，可以加入到 Active Directory，作为成员服务器，这样这台计算机将自动拥有 FQDN 名称。也可以不加入域，更改名称加入域后缀，实现 FQDN 名称。这也是通常推荐的方法（后文介绍这一方法）。如果没有 DNS 服务器，不使用 FQDN 而是使用 NetBIOS 名称也可以安装 vCenter Server，并且也可以使用。但需要使用 IP 地址访问 vCenter Server。在实际应用中，并不推荐这种方法。

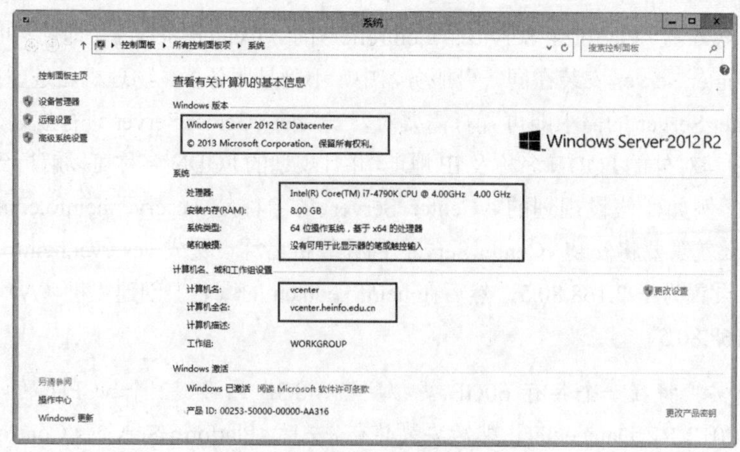

图 1-8-4　系统信息

（3）检查计算机名称之后，根据规划设置 IP 地址为 192.168.80.5，DNS 为 172.18.96.1，如图 1-8-5 所示。如果配置信息与此不同，请根据实际情况配置。

（4）运行 vCenter Server 安装程序，选择“适用于 Windows 的 vCenter Server”，单击“安装”按钮，如图 1-8-6 所示。

（5）进入 vCenter Server 安装程序向导，在“欢迎使用 VMware vCenter Server 6.0.0 安装程序”对话框单击“下一步”按钮，如图 1-8-7 所示。

（6）在“最终用户许可协议”对话框单击“我接受许可协议条款”单选按钮，单击“下一步”按钮，如图 1-8-8 所示。

（7）在“选择部署类型”对话框，选择“vCenter Server 和嵌入式 Platform Services Controller”选项，如图 1-8-9 所示。

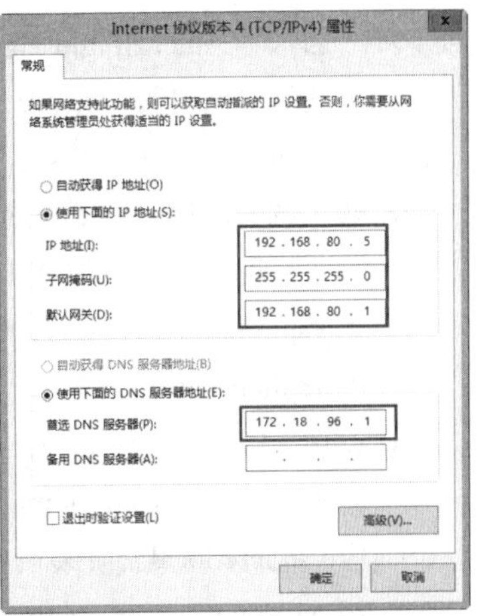

图 1-8-5　设置 IP 地址及 DNS

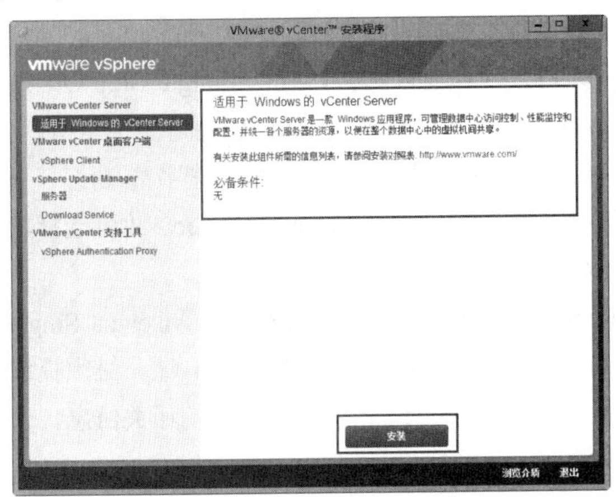

图 1-8-6　vCenter Server 安装程序

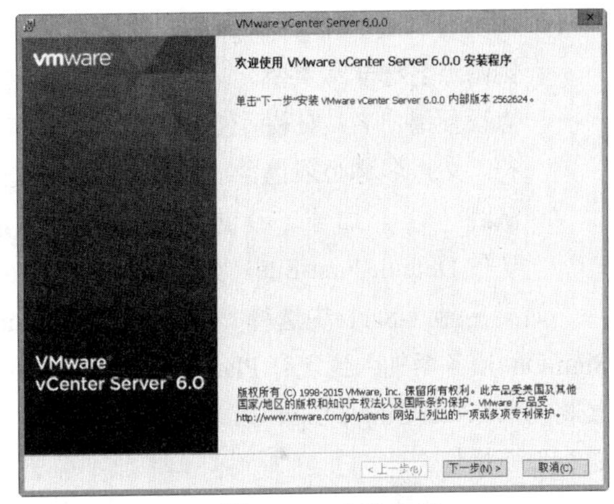

图 1-8-7　安装向导

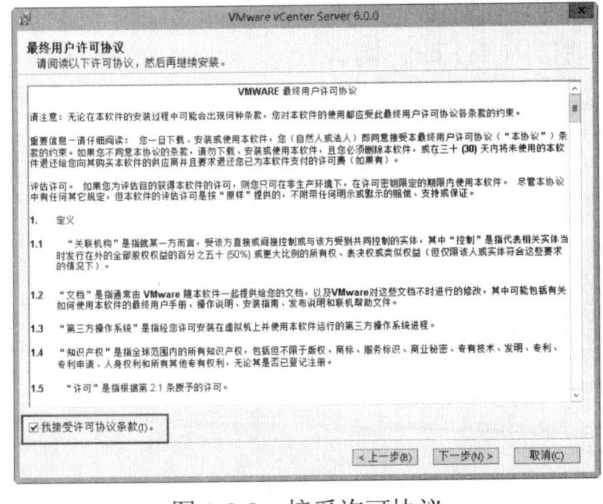

图 1-8-8　接受许可协议

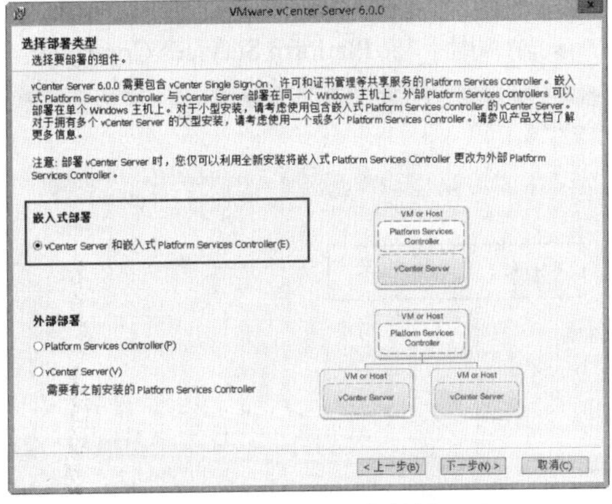

图 1-8-9　嵌入式部署

（8）在“系统网络名称”对话框，输入安装 vCenter Server 计算机的 FQDN 名称；如果 FQDN 名称不可用，则需要输入 IP 地址，在此选择默认值 vCenter.heinfo.edu.cn，如图 1-8-10 所示。

（9）在“vCenter Single Sign-On 配置”对话框，主要有两个选项：“创建新 vCenter Single Sign-On

域”和“加入 vCenter Single Sign-On 域”。

如果选择“创建新 vCenter Single Sign-On 域”，将创建新的 vCenter Single Sign-On 服务器，须进行以下操作。

- 输入域的名称，在“域名”文本框中，输入新创建的 vCenter Single Sign-On 的域名，此域名不要与现有网络中的 Active Directory 域名重名。在以前的 vCenter Server 5.x 版本时，此域名为 vsphere.local，在 vCenter Server 6.x 版本中，此名称可以由管理员设定。在此我们仍然使用 vsphere.local。
- 设置 vCenter Single Sign-On 管理员账户的密码。这是用户 administrator@your_domain_name 的密码，其中 your_domain_name 是由 vCenter Single Sign-On 创建的新域，在本示例中名称为 vsphere.local。安装后就可以 adminstrator@vsphere.local 身份登录到 vCenter SingleSign-On 和 vCenter Server。在设置密码时，需要同时包括大写字母、小写字母、数字、和特殊字符，长度最少 8 位。
- 输入 vCenter Single Sign-On 的站点名称。如果在多个位置中使用 vCenter Single Sign-On，则站点名称非常重要。站点名称必须包含字母、数字及字符。为 vCenter Single Sign-On 站点设置用户名。安装后便无法更改此名称。站点名称中不得使用非 ASCII 或高位 ASCII 字符。站点名称必须包含字母数字字符和逗号（,）、句号（.）、问号（?）、连字符（-）、下画线（_）、加号（+）或等号（=）。在本节中因为只安装一个 vCenter Server，故可选择默认值 Default-First-Site。如图 1-8-11 所示。

如果在图 1-8-11 中选择“加入 vCenter Single Sign-On 域”，则将此新安装的 vCenter Single Sign-On 服务器加入到现有 Platform Services Controller 中的 vCenter Single Sign-On 域。必须提供要将新 vCenter Single Sign-On 服务器加入到其中的 vCenter Single Sign-On 服务器的相关信息，须进行以下操作。

- 输入包含要加入的 vCenter Single Sign-On 服务器的 Platform Services Controller 的完全限定域名（FQDN）或 IP 地址。
- 输入用于与 Platform Services Controller 进行通信的 HTTPS 端口。

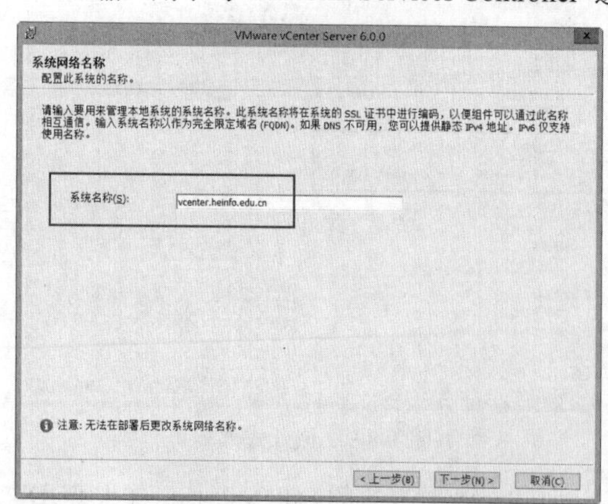

图 1-8-10　系统网络名称

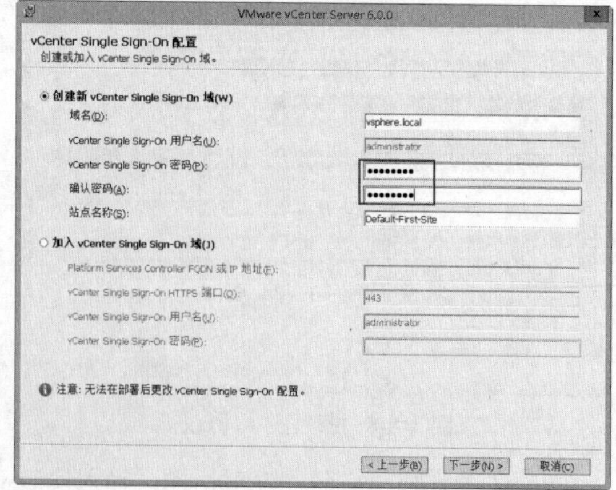

图 1-8-11　vCenter Single Sign-On 配置

- 输入 vCenter Single Sign-On 管理员账户的密码。

- 批准远程计算机提供的证书，且必须选择是创建 vCenter Single Sign-On 站点还是加入现有 vCenter Single Sign-On 站点。

建议每个站点的最大 Platform Services Controller 数目为 8 个。

选择加入现有 vCenter Single Sign-On 域时，可以启用增强的链接模式功能。Platform Services Controller 将使用加入的 vCenter Single Sign-On 服务器复制基础架构数据。

（10）在“vCenter Server 服务账户”对话框中选择 vCenter Server 服务账户。如果选择“使用 Windows 本地系统账户”，则 vCenter Server 服务通过 Windows 本地系统账户运行，此选项可防止使用 Windows 集成身份验证连接到外部数据库。在此将选择这一默认值，如图 1-8-12 所示。如果选择“指定用户服务账户”则 vCenter Server 服务使用您提供的用户名和密码在管理用户账户中运行，但您提供的用户凭据必须是本地管理员组中具有“作为服务登录”特权的用户的凭据（后文有详细案例）。

（11）在“数据库设置”对话框配置此部署的数据库。如果选择“使用嵌入式数据库（vPostgres）”则 vCenter Server 使用嵌入式 PostgreSQL 数据库。此数据库适用于小规模部署，这也是默认选择，如图 1-8-13 所示。如果选择“使用外部数据库 vCenter Server 使用现有的外部数据库”，则需要提前在“数据源”中创建 DSN 连接到网络中已有的数据库，并从“DSN 名称”列表中刷新选择该 DSN 连接（后文有详细案例）。

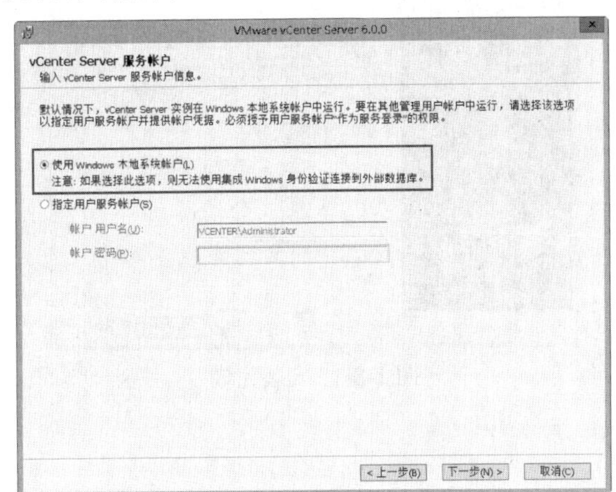

图 1-8-12　vCenter Server 服务账户

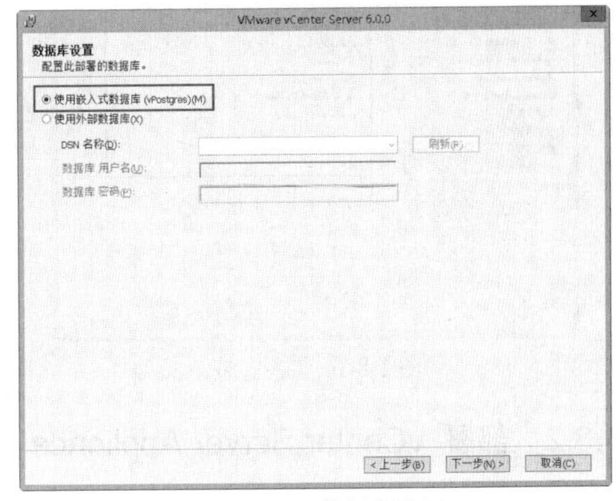

图 1-8-13　数据库设置

（12）在“配置端口”对话框中，配置此部署的网络设置和端口，如图 1-8-14 所示。对于每个组件，接受默认端口号；如果其他服务使用默认值，则输入备用端口，但要确保端口 80 和 443 可用且为专用端口，以便 vCenter Single Sign-On 可以使用这些端口。否则，将在安装过程中使用自定义端口。

【说明】由于安装 vCenter Server 的是“专用”计算机，一般不会在该计算机上安装 IIS 或 Apache、Tomcat 等 Web Server 服务，如果安装了这些服务，请卸载这些服务，以免引起冲突。

（13）在“目标目录”，选择安装 vCenter Server 和 Platform Services Controller 的安装位置，在此选择默认值即可，如图 1-8-15 所示。如果要更改默认目标文件夹，不要使用以感叹号（!）结尾的文件夹。

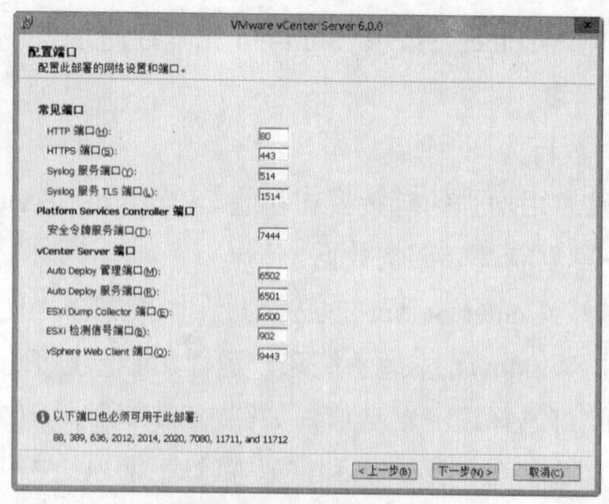

图 1-8-14　配置端口

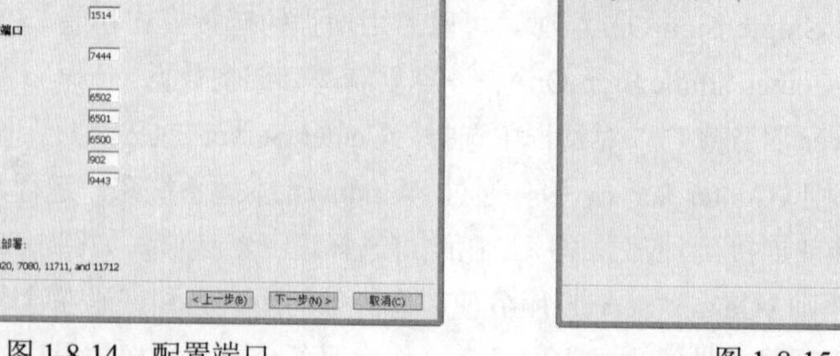

图 1-8-15　安装文件夹

（14）在“准备安装”对话框，检查安装设置摘要，无误之后单击“安装”按钮开始安装，如图 1-8-16 所示。

（15）然后安装 vCenter Server，如图 1-8-17 所示，单击“完成”按钮完成安装，也可以单击“启动 vSphere Web Client”启动 vSphere Web 客户端，以连接到 vCenter Server，这些稍后会进行介绍。

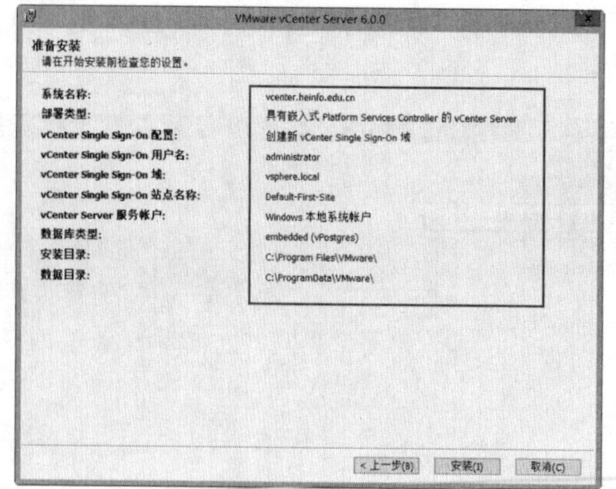

图 1-8-16 准备安装

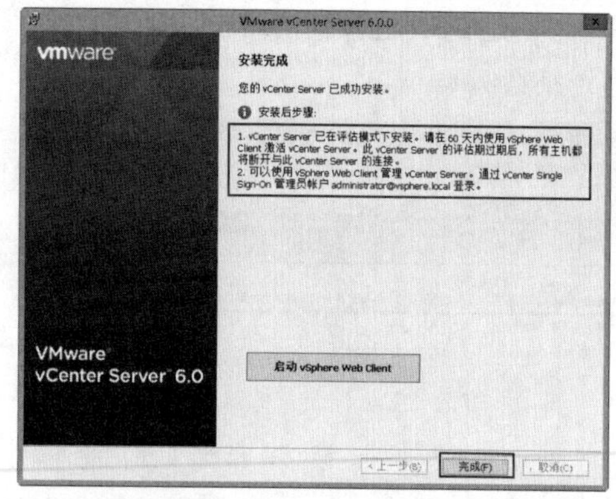

图 1-8-17 安装完成

1.8.2　部署 vCenter Server Appliance

除了在 Windows 虚拟机或物理服务器上安装 vCenter Server 之外，还可以部署 vCenter Server Appliance。

在部署 vCenter Server Appliance 之前，下载 ISO 文件并将其加载到要执行部署的 Windows 主机中。安装客户端集成插件，然后启动安装向导。

vCenter Server Appliance 具有以下默认用户名。

- root，该用户名密码为部署虚拟设备时输入的密码。
- administrator@your_domain_name，该用户名密码为部署虚拟设备时输入的密码。

部署 vCenter Server Appliance 之后，只有 administrator@your_domain_name 具有登录到 vCenter Server 系统的特权。

administrator@your_domain_name 用户可以执行以下任务。

- 将其中定义其他用户和组的标识源添加到 vCenter Single Sign-On 中。

- 为用户和组提供权限。

vCenter Server Appliance 6.0 上部署了虚拟硬件版本 8，此虚拟硬件版本在 ESXi 中支持每个虚拟机具有 32 个虚拟 CPU。根据要通过 vCenter Server Appliance 进行管理的主机，可以升级 ESXi 主机并更新 vCenter Server Appliance 的硬件版本以支持更多虚拟 CPU。

- ESXi 5.5.x 最高支持虚拟硬件版本 10，最多支持每个虚拟机具有 64 个虚拟 CPU。
- ESXi 6.0 最高支持虚拟硬件版本 11，最多支持每个虚拟机具有 128 个虚拟 CPU。

【注意】无法使用 vSphere Client 或 vSphere Web Client 部署 vCenter Server Appliance。在部署 vCenter Server Appliance 的过程中，必须提供各种输入，如操作系统和 vCenter Single Sign-On 密码。如果尝试使用 vSphere Client 或 vSphere Web Client 部署设备，系统将不会提示提供此类输入且部署将失败。

【说明】VMware 官方的文档是使用部署向导将 vCenter Server Appliance 部署在 VMware ESXi 中，并且不能使用 vSphere Web Client 或 vSphere Client 部署。但实际上是可以用 vSphere Client 将 vCenter Server Appliance 部署在 ESXi 中，甚至将 vCenter Server Appliance 部署在 VMware Workstation 虚拟机中。在后文章节将介绍这一内容，但这并不是被推荐的做法，只是在做实验、测试时才这样做。

【注意】vCenter Server 6.0 支持通过 IPv4 或 IPv6 地址在 vCenter Server 与 vCenter Server 组件之间建立连接。不支持 IPv4 和 IPv6 混合环境。如果要将 vCenter Server Appliance 设置为使用 IPv6 地址分配，请确保使用设备的完全限定域名（FQDN）或主机名。在 IPv4 环境中，最佳做法是使用设备的 FQDN 或主机名，因为如果 DHCP 分配了 IP 地址，则其可能会更改。

选择部署具有嵌入式 Platform Services Controller 的 vCenter Server Appliance 时，可以将 Platform Services Controller 和 vCenter Server 作为一个设备进行部署。不支持并行部署具有嵌入式 Platform Services Controller 的 vCenter Server Appliance。必须按顺序部署具有嵌入式 Platform Services Controller 的 vCenter Server Appliance 实例。

在本节中，我们将在一台 Windows 计算机中，通过网络连接到 VMware ESXi 6，部署具有嵌入式 Platform Services Controller 的 vCenter Server Appliance（即在一台虚拟机中，同时部署 Platform Services Controller 和 vCenter Server Appliance），实验拓扑如图 1-8-18 所示。

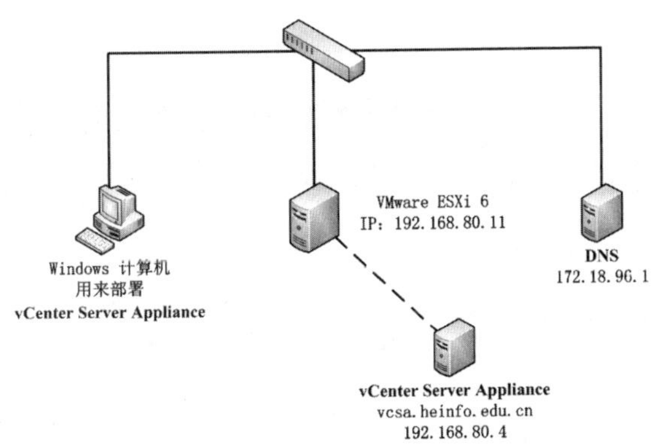

图 1-8-18　实验拓扑图

（1）在一台 Windows 计算机中，加载 vCenter Server Appliance 安装光盘镜像，这是一个名为“VMware-VCSA-all-6.0.0-2562643.iso”、大小为 2.66GB 的 ISO 文件，可以用虚拟光驱加载。

（2）加载之后，运行 VCSA 文件夹中的 VMware-ClientIntegrationPlugin-6.0.0.exe 程序，如图 1-8-19 所示。

（3）开始运行 VMware 客户端集成插件，如图 1-8-20 所示。

（4）在“最终用户许可协议”对话框，单击“我接受许可协议中的条款”按钮，如图 1-8-21 所示。

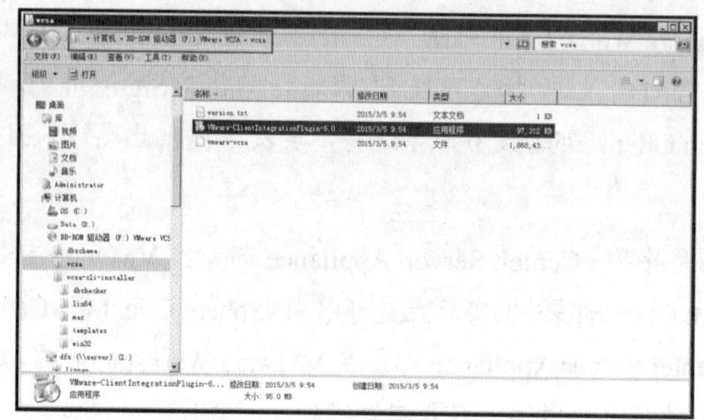

图 1-8-19　打开加载后的光盘目录

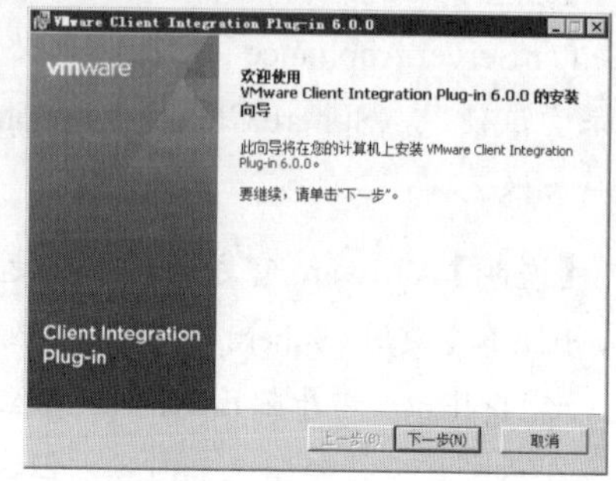

图 1-8-20　安装 VMware 客户端集成插件

（5）在“目标文件夹”选择安装位置，通常选择默认值，如图 1-8-22 所示。

（6）然后开始安装，直到安装完成，如图 1-8-23 所示。

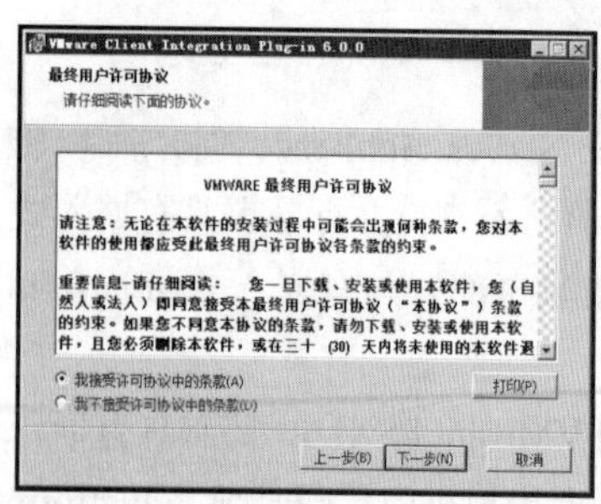

图 1-8-21　最终用户许可协议

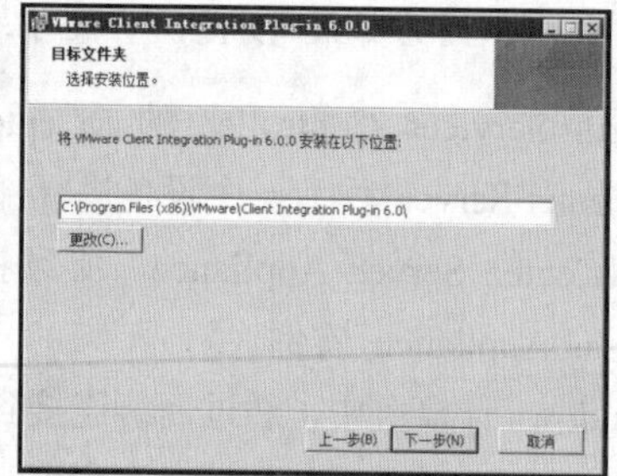

图 1-8-22　选择安装位置

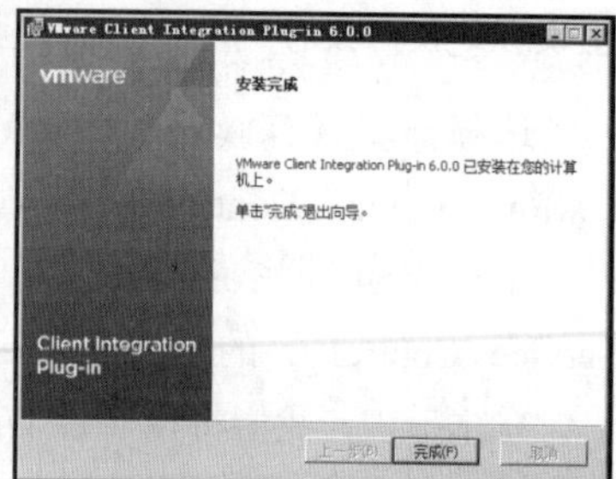

图 1-8-23　安装完成

安装完成后，返回到“资源管理器”，定位到 vCenter Server Appliance 安装光盘，双击根目录下的“vcsa-setup.html”，如图 1-8-24 所示。

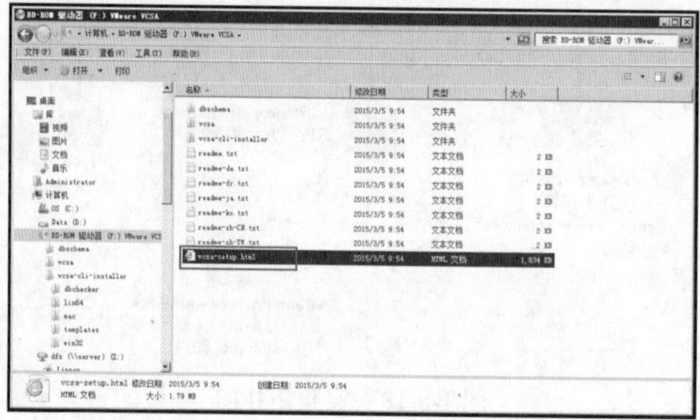

图 1-8-24　准备运行 vcsa 安装向导网页

（1）vCenter Server Appliance 安装程序会自动用浏览器打开安装程序，开始检测插件，在安装 vSphere 客户端集成插件之后，弹出“是否允许此网站打开你计算机上的程序”对话框，单击“允许”按钮，如图 1-8-25 所示。

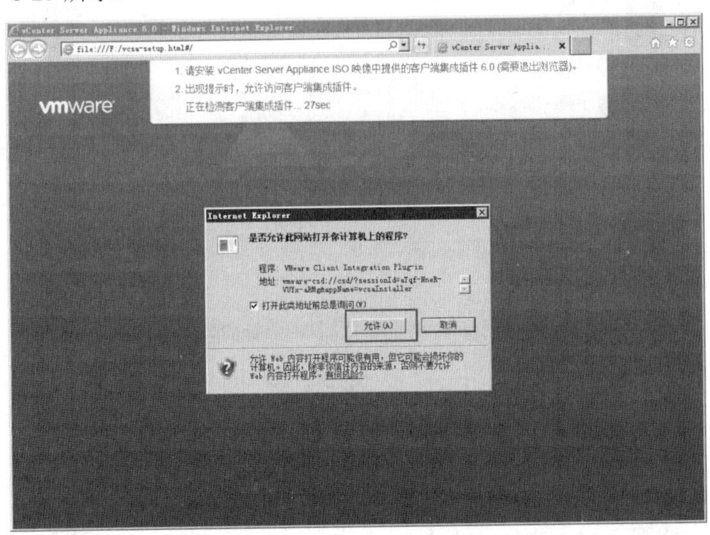

图 1-8-25　允许打开计算机上的程序

（2）进入 vCenter Server Appliance 6.0 安装程序，单击“安装”按钮，如图 1-8-26 所示。

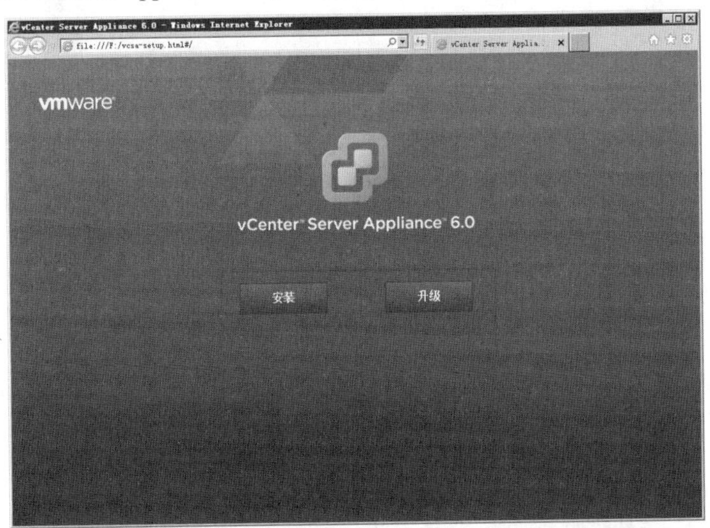

图 1-8-26　安装程序

（3）在“最终用户许可协议”对话框，单击“我接受许可协议条款”，如图 1-8-27 所示。

（4）在“连接到目标服务器”对话框，输入要部署 vCenter Server Appliance 的 ESXi 主机，在本示例中，承载 vCenter Server Appliance 的 ESXi 主机的 IP 地址为 192.168.80.11，之后输入这台 ESXi 的用户名 root 及密码，如图 1-8-28 所示。

（5）在“证书警告”对话框，单击“是”按钮，忽略目标 ESXi 主机服务器上的证书问题，如图 1-8-29 所示。

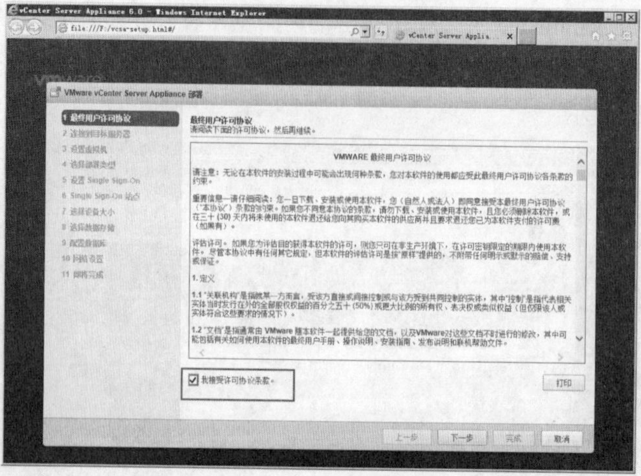

图 1-8-27　接受许可条款

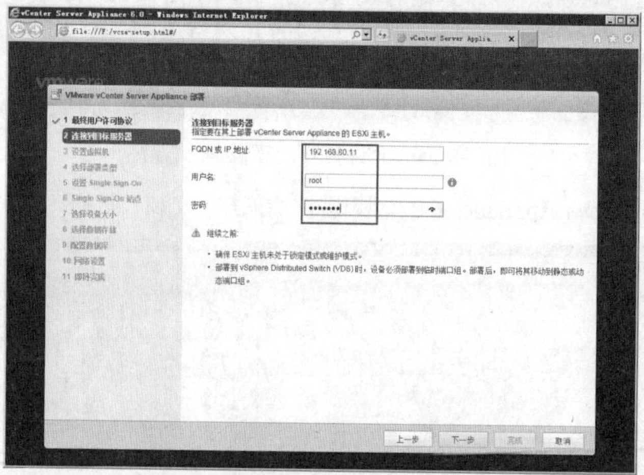

图 1-8-28　连接到目标服务器

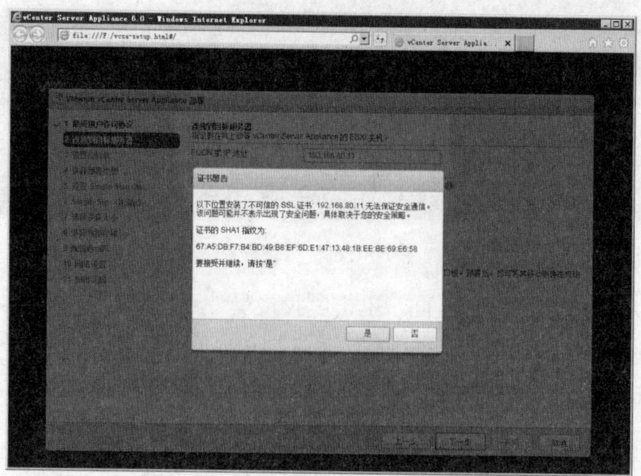

图 1-8-29　证书警告

（6）在“设置虚拟机”对话框，设置设备名称（即部署在 ESXi 主机上的将要部署的这台 vCenter Server Appliance 虚拟机的名称）、默认的操作系统密码，在此设置设备名称为 vcsa，并设置 root 账户密码（请将该密码记下），如图 1-8-30 所示。

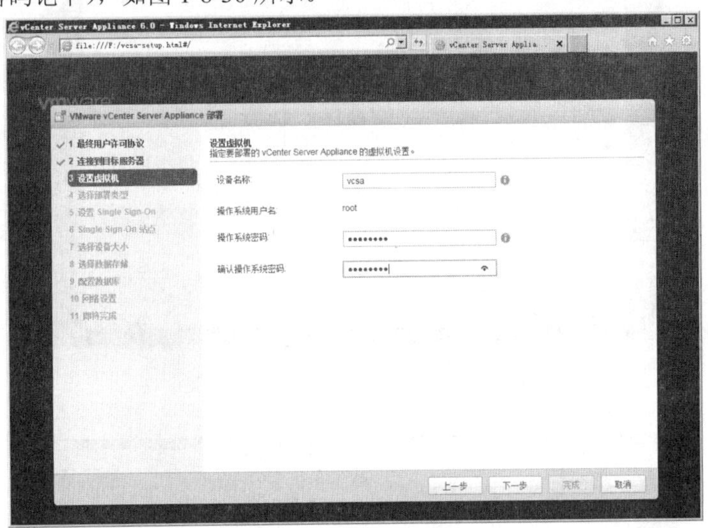

图 1-8-30　设置虚拟机

（7）在“选择部署类型”对话框，选择“安装具有嵌入式 Platform Services Controller 的 vCenter Server Appliance”，如图 1-8-31 所示。

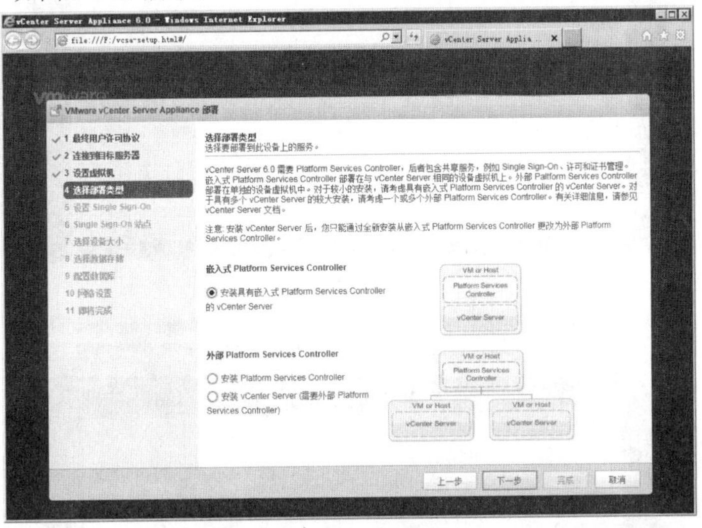

图 1-8-31　选择部署类型

（8）在“设置 Single Sign-On (SSO)”对话框，选择“创建新 SSO 域”，设置 SSO 域名（在此设置为 vsphere.local）、设置 vCenter SSO 密码（该密码需要为复杂密码，例如，abCD12#$），如图 1-8-32 所示。

（9）在“选择设备大小”对话框，指定新设备的部署大小，可以在“微型、小型、中型、大型”之间选择，在此选择“微型（最多 10 个主机、100 个虚拟机）”，如图 1-8-33 所示。

（10）在“选择数据存储”对话框，选择放置此虚拟机的存储位置，如图 1-8-34 所示。如果没有足够的磁盘空间，或者想节省部署的空间，请选择“启用精简磁盘模式”。

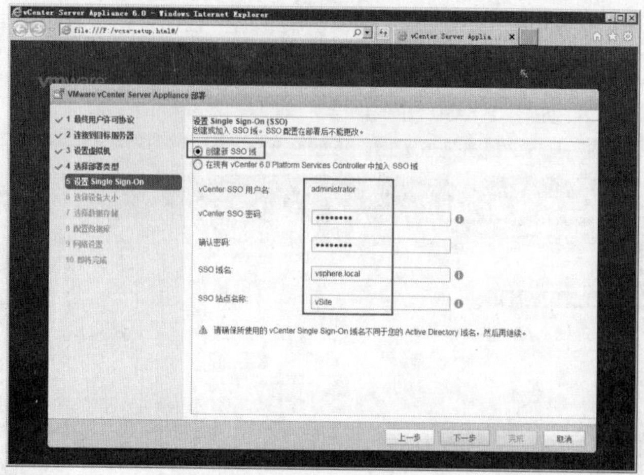

图 1-8-32　设置 Single Sign-On (SSO)

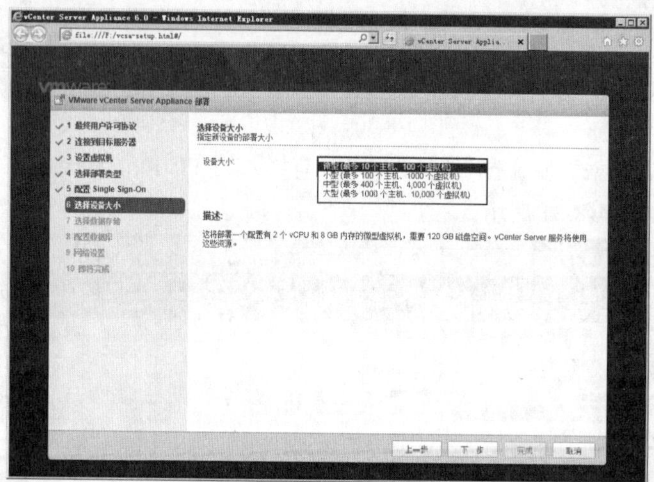

图 1-8-33　选择设备大小

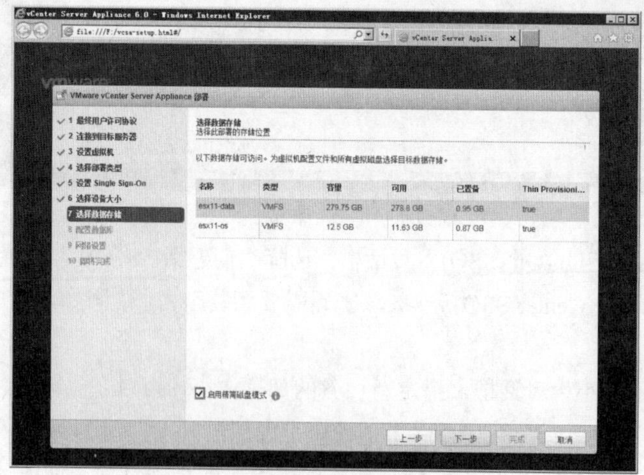

图 1-8-34　选择数据存储

（11）在“配置数据库”对话框，选择“使用嵌入式数据库”，如图 1-8-35 所示。

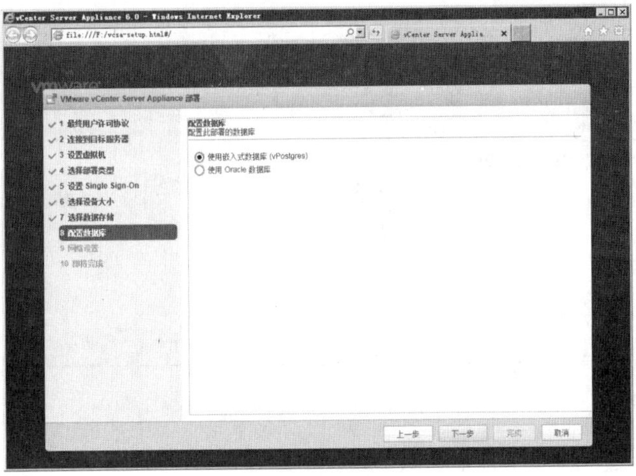

图 1-8-35　配置数据库

（12）在“网络设置”对话框，配置此部署的网络地址，新部署的 vCenter Server Appliance 的 IP 地址为 192.168.80.4，设置系统名称为 vcsa.heinfo.edu.cn，在“配置时间同步”选项选择“同步设备时间与 ESXi 主机时间”，如图 1-8-36 所示。

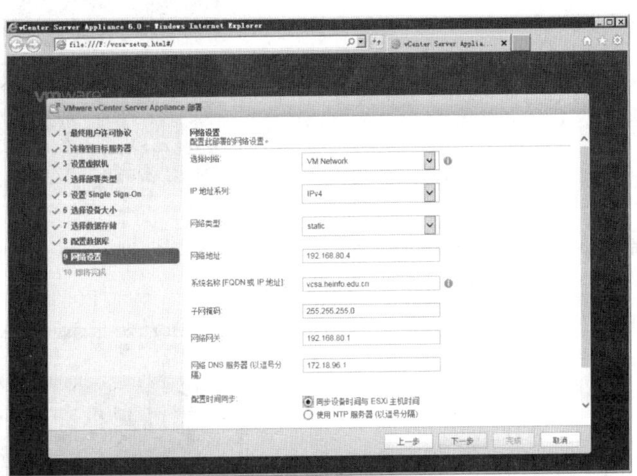

图 1-8-36　网络设置

（13）在“即将完成”对话框，显示了 vCenter Server Appliance 的部署设置，检查无误之后，单击“完成”按钮，如图 1-8-37 所示。

（14）开始部署 vCenter Server Appliance，如图 1-8-38 所示。

（15）此时使用 vSphere Client 打开 ESXi 主机，再打开部署 vCenter Server Appliance 虚拟机的控制台，可以看到 vCenter Server Appliance 虚拟机正在启动，如图 1-8-39 所示。

（16）部署并安装完成后，vCenter Server Appliance 部署显示“安装完成”，同时显示 vSphere Web Client 的登录地址，当前为 https://vcsa.heinfo.edu.cn/vsphere-client，如图 1-8-40 所示。

（17）打开 vCenter Server Appliance 虚拟机进入控制台页面，如图 1-8-41 所示。

在 vCenter Server Appliance 控制台中，按【F2】键，输入 root 账户和密码之后，可以设置或修改 vCenter Server 的 IP 地址、绑定网卡，也可以在此控制台中按【F12】键，输入 root 账户和密码，重启或关闭 vCenter Server。这与 ESXi 类似，此处不再赘述。

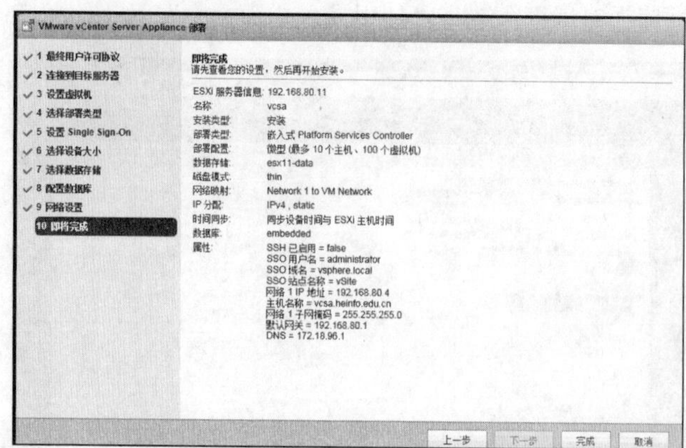

图 1-8-37　即将完成

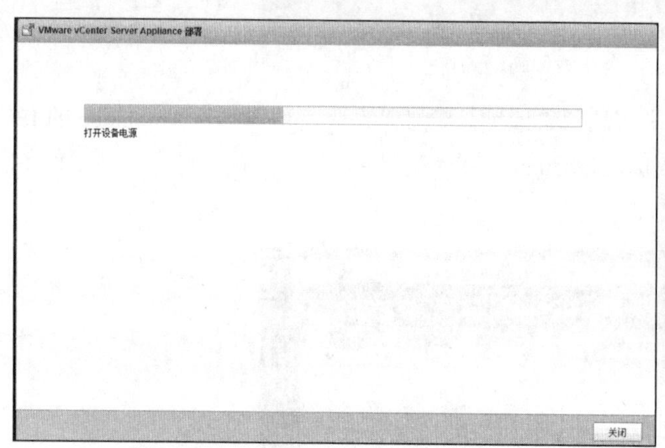

图 1-8-38　部署 vCenter Server Appliance

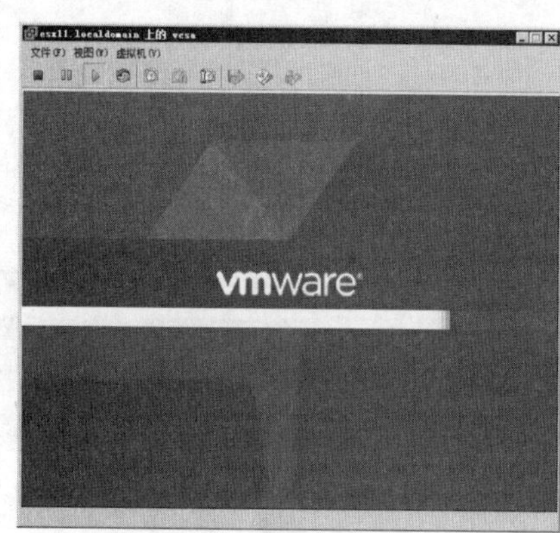

图 1-8-39　vCenter Server Appliance 虚拟机正在启动

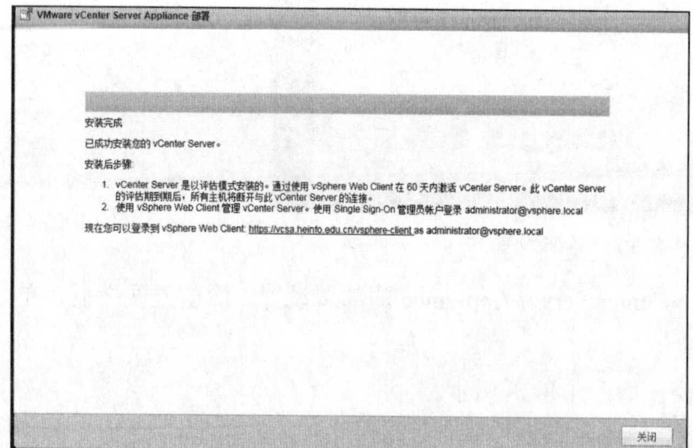

图 1-8-40　部署完成

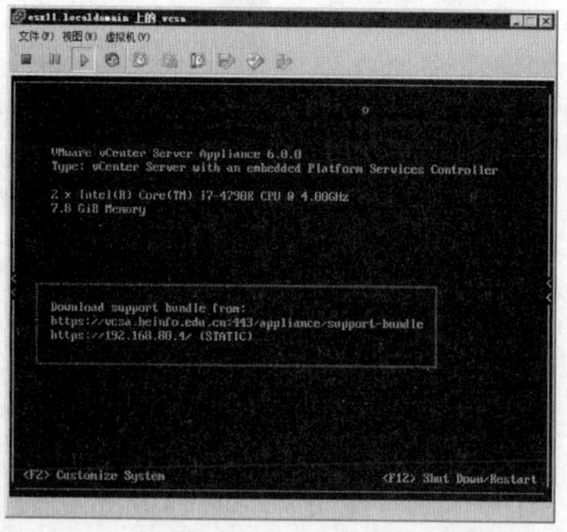

图 1-8-41　vCenter Server Appliance 控制台

也可以使用 vSphere Web Client，并使用用户名 administrator@vsphere.local 登录 vCenter Server，如图 1-8-42 所示。

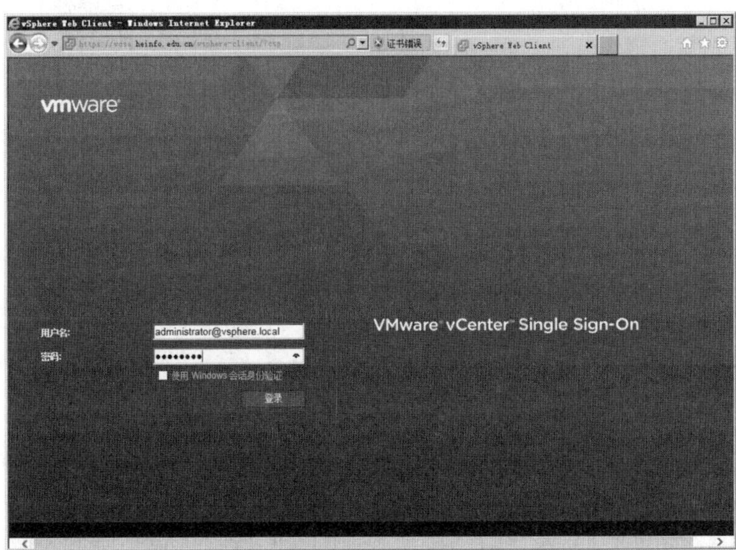

图 1-8-42　vSphere Web Client

第一次登录之后如图 1-8-43 所示。后文将介绍 vSphere Web Client 的使用。

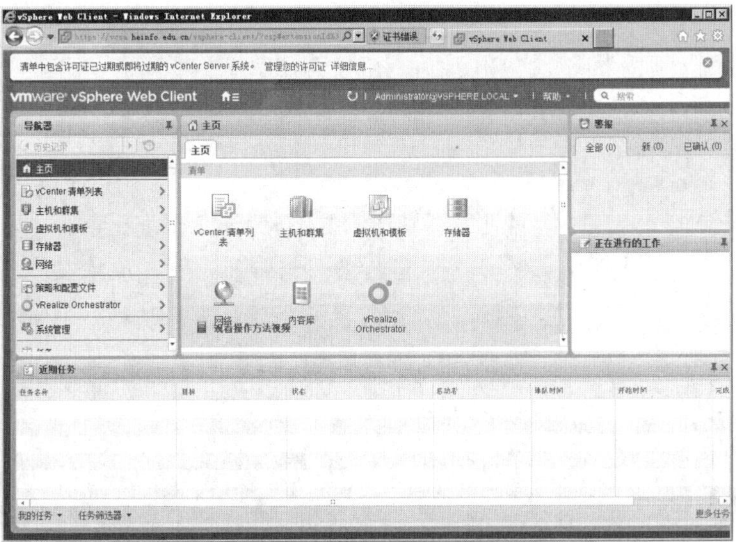

图 1-8-43　登录到 vCenter Server

1.8.3　将 vCenter Server 添加到 Active Directory

部署 vCenter Server Appliance 后，可以登录 vSphere Web Client 并将 vCenter Server Appliance 加入 Active Directory 域。并且只能将 Platform Services Controller 或具有嵌入式 Platform Services Controller 的 vCenter Server Appliance 加入 Active Directory 域。在本节我们通过图 1-8-44 的拓扑进行测试。

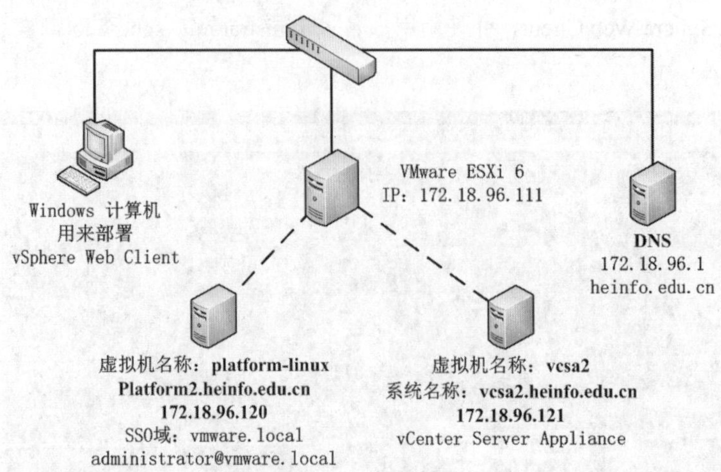

图 1-8-44　实验拓扑

在图 1-8-44 中，Active Directory 服务器的域名是 heinfo.edu.cn，兼做 DNS 服务器。ESXi 主机是 172.18.96.111，一台安装了 Platform Services Controller 虚拟机（172.18.96.120）、一台使用外部 Platform Services Controller 的 vCenter Server（172.18.96.121）。其中 platform2.heinfo.edu.cn 与 vcsa2.heinfo.edu.cn 已经在 Active Directory 的 DNS 中注册。

（1）使用 administrator@vmware.local 登录 vSphere Web Client，如图 1-8-45 所示。

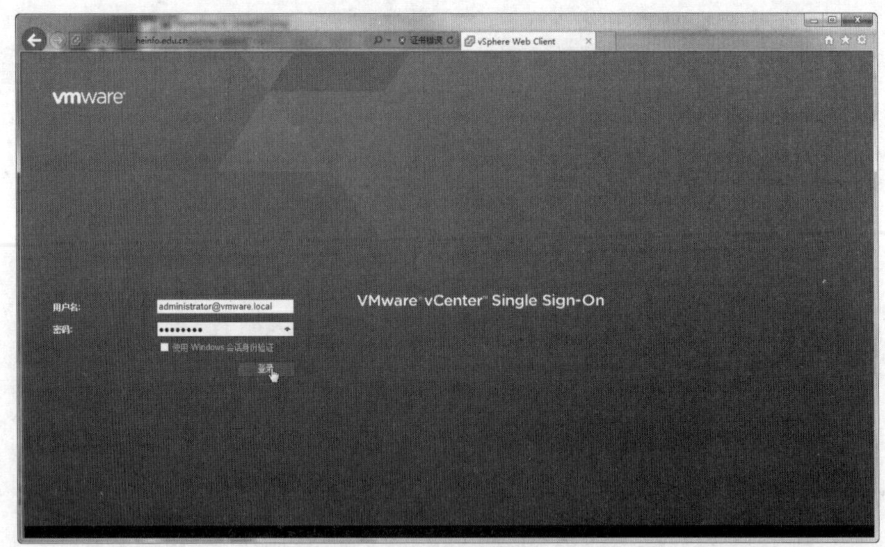

图 1-8-45　登录 vCenter Server Client

（2）在“主页”中选择“系统管理”，如图 1-8-46 所示。

（3）在“导航器”中，选择“Single Sign-On→配置”，在右侧选择“标识源”选项卡，单击“+”按钮添加标识源，如图 1-8-47 所示。

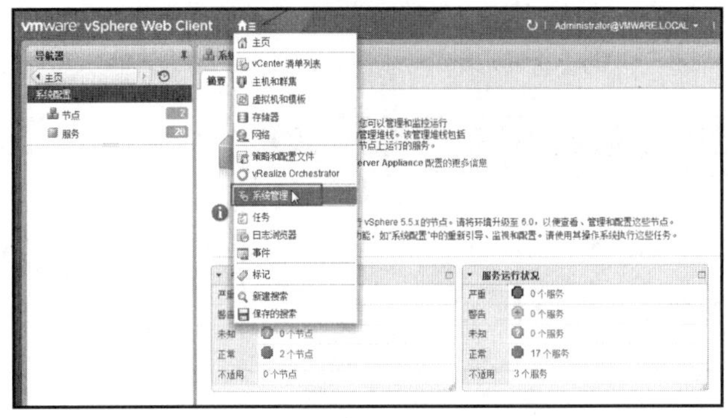

图 1-8-46　系统管理

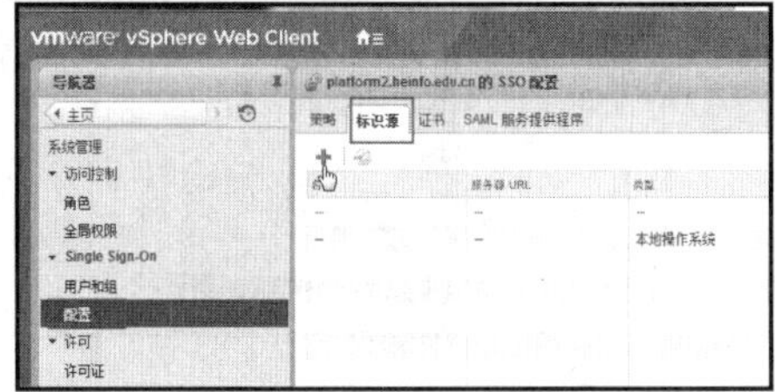

图 1-8-47　添加标识源

（4）在“标识源类型”选择“Active Directory 作为 LDAP 服务器”，输后输入以下信息（在本示例中，要加入到的域为 heinfo.edu.cn）。

- 名称：一个显示的名称，可以随意输入
- 用户的基础 DN：CN=Users,DC=heinfo,DC=edu,DC=cn
- 域名：heinfo.edu.cn
- 组的基本 DN：CN=Users,DC=heinfo,DC=edu,DC=cn
- 主服务器的 URL：ldap://heinfo.edu.cn:389
- 用户名：administrator@heinfo.edu.cn
- 密码：域 heinfo.edu.cn 的管理员 Administrator 账户的密码

如图 1-8-48 所示，在输入时，用自己的域名代替示例域名及账户。

（5）输入之后，单击“测试连接”按钮，在弹出“已建立连接”提示框后，表示输入正常，单击“确定”按钮，如图 1-8-49 所示。

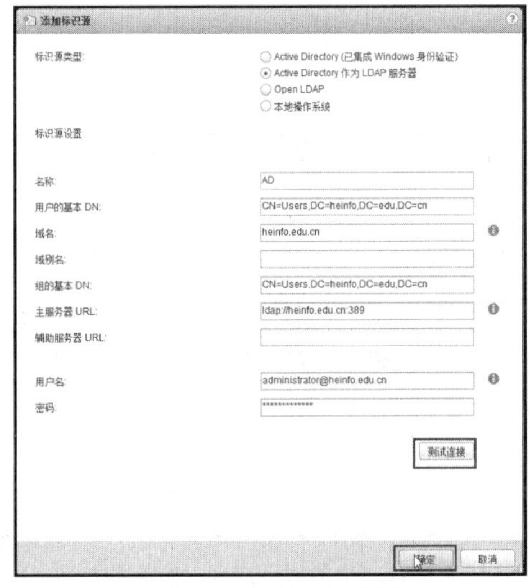

图 1-8-48　添加标识源

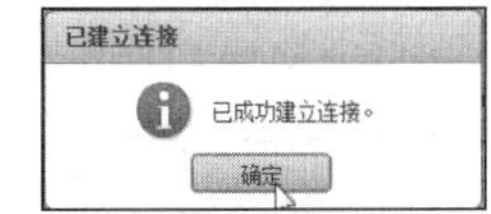

图 1-8-49　测试连接

（6）在“标识源”中可以看到，已经添加 Active Directory，如图 1-8-50 所示。

（7）返回到“Single Sign-On→用户和组”，单击“组”选项卡，在“组名称”列表中选择

“Administrators”，单击“组成员”中的“ ”按钮，添加组成员，如图 1-8-51 所示。在“组成员”列表中，可以看到目前只有一个属于“vsphere.local”域的 Administrator 账户，这是 SSO 默认的账户。

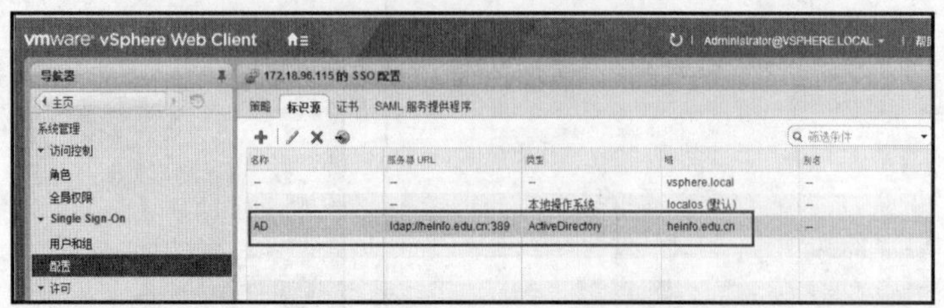

图 1-8-50　添加到 Active Directory

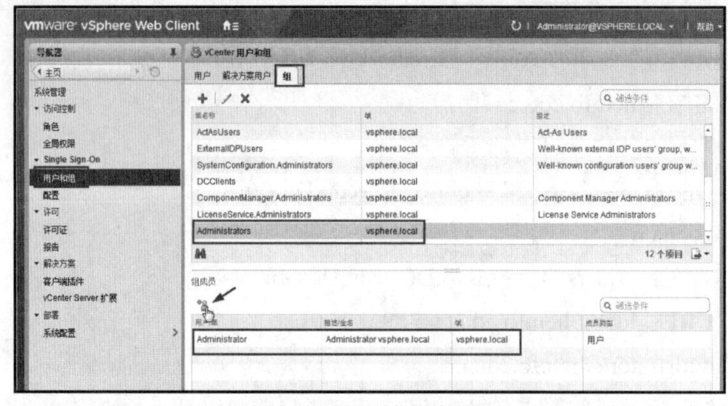

图 1-8-51　添加组成员

（8）在“添加主要用户”对话框，“域”下拉列表中，选择添加的域 heinfo.edu.cn，在“用户/组”列表中，双击并添加 Administrator、Domain Admins 域管理员组到“用户”、“组”清单，如图 1-8-52 所示。

（9）添加之后，返回到“vCenter 用户和组”，在“组成员”中可以看到，已经添加了域为 heinfo.edu.cn 的 Administrator 与 Domain Admins 组，如图 1-8-53 所示。

图 1-8-52　添加域用户、域管理员组

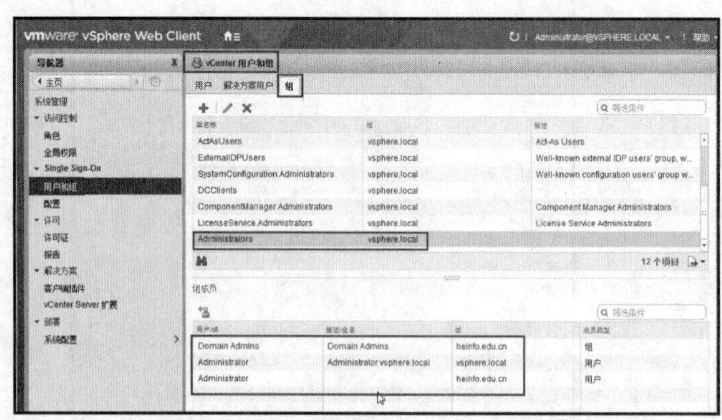

图 1-8-53　添加域用户到 vCenter Server 用户组

（10）然后注销当前登录的用户 Administrator@vsphere.local，换用域用户 administrator@heinfo.edu.cn 登录，如图 1-8-54 所示。

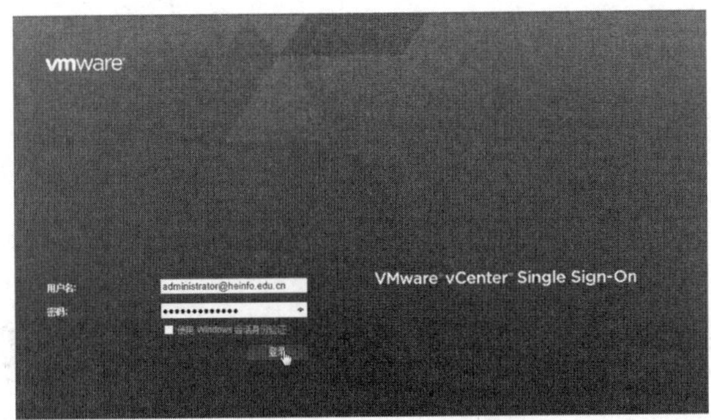

图 1-8-54　使用域用户登录

（11）使用域管理员账户登录到 vCenter Server，并具有全部权限，如图 1-8-55 所示。

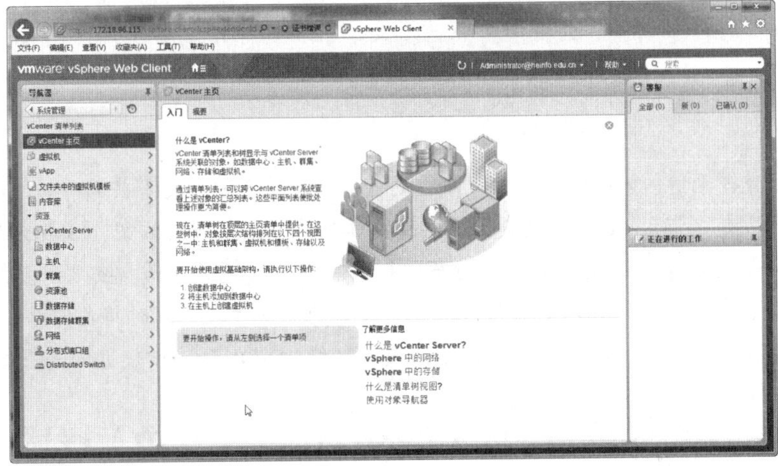

图 1-8-55　登录到 vCenter Server

第 2 章 vSphere 虚拟机备份与恢复解决方案

黄金有价，数据无价。如何保护数据及系统的安全，是每个管理员都要面对的问题。在 vSphere 数据中心中，可以使用 vSphere 提供的虚拟机及数据库备份与恢复解决方案。vSphere Data Protection（以下简称 VDP）是基于虚拟机磁盘的备份与恢复解决方案，部署容易，安装配置简单。VDP 与 VMware vCenter Server 集成，可以对备份作业执行有效地集中管理，同时将备份存储在经过重复数据消除的目标存储中。与以前的版本相比，新的版本还能对 SQL Server 数据库进行备份。

2.1 vSphere Data Protection（VDP）概述

VDP 是一个基于磁盘备份和恢复的解决方案，功能强大并且易于部署。VDP 与 VMware vCenter Server 完全集成，它可用来对备份作业执行高效的集中管理，同时将备份存储在经过“重复数据消除”的目标存储位置。

精彩视频
即扫即看

VDP 具有以下优势。

- 针对所有虚拟机提供快速高效的数据保护，甚至可保护那些已断电或在 ESX 主机之间迁移的虚拟机。
- 对所有备份采用获得专利的可变长度重复数据消除技术，从而极大地减少备份数据所占用的磁盘空间。
- 通过使用更改数据块跟踪（CBT）和 VMware 虚拟机快照，降低了备份虚拟机的成本，并最大限度地缩短了备份窗口。
- 可实现轻松备份，无须在每个虚拟机上安装第三方代理。
- 可以作为集成组件简单直接地安装到通过 Web 门户进行管理的 vSphere 中。
- 可直接访问已集成到 vSphere Web Client 中的 VDP 配置。
- 使用检查点和回滚机制保护备份。

- 从基于 Web 的界面中，通过终端用户启动的文件级恢复提供 Windows 和 Linux 文件的简化恢复。
- 使用 VMware vSphere Web Client 界面可以选择、安排、配置和管理虚拟机的备份和恢复。
- 在备份期间，VDP 会创建虚拟机的停顿快照。在每个备份操作中会自动执行重复数据消除。

【说明】 VDP 并不是一个“实时”备份的设备与软件，一般是间隔 1 天对数据进行备份，并且是从每天晚上 8 点开始备份。所以使用备份恢复系统时，从上次备份到当前还没有启动的这个备份时间之间的数据是没有的，这时数据就会有差异。例如，你做的策略是每天备份一次，假设某个备份过的虚拟机 A 是周一进行的备份，但到了周二中午，由于误操作或其他各种原因，导致这个虚拟机 A 不能启动或者数据丢失，并且不能修复时，你可以将周一进行的备份恢复，但周一备份之后到周二中午这段时间的数据会丢失（因为周二的数据默认是到周二晚上 8 点之后开始备份，但当前时间还没到。当然也不一定是 8 点，因为在启动多个备份时，会按进度进行一一备份，但各个备份工作是从晚上 8 点开始）。

2.1.1　VDP 备份恢复技术解析

使用 VMware vSphere Web Client 界面可以选择、安排、配置和管理虚拟机的备份和恢复。在备份期间，VDP 会创建虚拟机的停顿快照。在每个备份操作中会自动执行重复数据消除。有关 VDP 的备份和恢复环境中的相关名词解释如下。

（1）“数据存储区”是数据中心内基础物理存储资源组合的虚拟表示形式。数据存储区是虚拟机文件的存储位置（例如，物理磁盘、RAID 或 SAN）。

（2）“更改数据块跟踪（CBT）”是一项 VMkernel 功能，可以跟踪虚拟机存储数据块随时间的变化情况。VMkernel 会跟踪虚拟机的数据块更改，对于旨在利用 VMware 的 vStorage API 的应用程序，可以增强应用程序的备份过程。

（3）借助“文件级恢复（FLR）”，受保护虚拟机的本地管理员可以浏览和装载本地计算机的备份。然后管理员可以从这些装载的备份中恢复各个文件。

（4）借助“VMware vStorage APIs for Data Protection（VADP）”，备份软件可以执行集中式虚拟机备份，而不会中断每个虚拟机中正在运行的备份任务，也不会产生相应的开销。

（5）“虚拟机磁盘（VMDK）”是一个或一组文件，这些文件对于来宾操作系统显示为一个物理磁盘驱动器。这些文件可以位于主机计算机或远程文件系统上。

（6）“VDP 应用装置”是一个针对 VDP 专门构建的虚拟应用装置。

2.1.2　映像级备份和恢复

VDP 可创建映像级备份，这些备份与 vStorage API for Data Protection 进行集成。vStorage API for Data Protection 是 vSphere 中的一个功能集，用于将备份处理开销从虚拟机分载到 VDP 应用装置。该应用装置通过与 vCenter Server 通信来创建虚拟机 .vmdk 文件的快照。重复数据消除在应用装置中使用获得专利的可变长度重复数据消除技术执行。

如果使用内部代理，每个 VDP 应用装置部署最大数目（8 个）外部代理，则每个 VDP 应用装置最多可以同时备份 24 个虚拟机。

为了提高映像级备份的效率，VDP 会利用 VADP CBT 功能。借助 CBT，VDP 可以只备份自上次备份以来发生更改的磁盘数据块，这极大地减少了给定虚拟机映像的备份用时，并使得在特定备份窗口内处理大量虚拟机成为可能。

通过在恢复期间利用 CBT 功能，VDP 在将虚拟机恢复到其原始位置时可以快速高效地完成恢复。在恢复过程中，VDP 将查询 VADP，确定哪些数据块在上次备份后发生过更改，然后在恢复期间只恢复或替换这些数据块。减少了执行恢复操作期间 vSphere 环境中的数据传输，更重要的是缩短了恢复用时。

此外，VDP 还会自动评估分别使用两种恢复方法（完整映像恢复或利用 CBT 的恢复）时的工作负载，然后执行恢复用时最短的那种方法。这在下面的情况中非常有用：在要恢复的虚拟机中，自上次备份以来的更改率非常高，并且 CBT 分析操作的开销比直接执行完整映像恢复的开销更高。VDP 将以智能方式判断，对于特定情况或环境，采用哪种方法时虚拟机映像恢复用时最短。

VMware 映像级备份的优势包括以下几点。

- 可以对虚拟机进行完整映像备份，而与来宾操作系统无关。
- 如果 SCSI hotadd 这种高效传输方法可供使用并且已获得适当许可，则会采用这种方法，这样可避免通过网络复制整个 VMDK 映像。
- 可以从映像级备份进行文件级恢复。
- 在 VDP 应用装置保护的所有.vmdk 文件内部及各文件之间执行重复数据消除。
- 利用 CBT 加快备份和恢复速度。
- 不再需要在每个虚拟机中管理备份代理。
- 支持同时进行备份和恢复，从而实现出色的吞吐量。

2.1.3 来宾级备份和恢复

VDP 支持 Microsoft SQL Server 、 Microsoft Exchange Server 和 SharePoint 的来宾级备份。对于来宾级备份，需要在 SQL Server 或 Exchange Server 上安装客户端代理（用于 SQL Server 客户端的 VMware VDP 或用于 Exchange Server 客户端的 VMware VDP），其安装方式与备份代理在物理服务器上的典型安装方式相同。

VMware 来宾级备份的优势包括以下几点。

- 可以实现高于映像级备份的重复数据消除。
- 对虚拟机内的 SQL Server 或 Exchange Server 提供附加应用程序支持。
- 支持备份和恢复整个 SQL Server、Exchange Server 或所选数据库。
- 能够支持应用程序一致性备份。
- 物理机和虚拟机的备份方法相同。

2.1.4 文件级恢复

前面已经讲过，借助文件级恢复（FLR），受保护虚拟机的本地管理员可以浏览和装载本地计算机的备份。更重要的是，管理员可以从这些备份中恢复各个文件。FLR 使用 vSphere Data Protection Restore Client 来完成。

2.1.5　重复数据消除存储优势

企业数据是高度冗余的，在系统内部和系统之间存储着相同的文件或数据（例如，操作系统文件或发送给多个收件人的文档）。编辑过的文件也与以前版本存在极大的冗余。传统备份方法会将所有冗余数据反复存储，从而使这种情况更加恶化。VDP 使用获得专利的重复数据消除技术，在文件级和子文件数据段级消除冗余。

（1）可变长度与固定长度数据段。

在数据段（即子文件）级消除冗余数据的一个关键因素是找到确定数据段大小的方法。固定数据块或固定长度数据段通常由快照和某些重复数据消除技术使用。遗憾的是，即使对数据集极小的更改（例如，在文件开头插入数据）也可能会更改数据集中的所有固定长度数据段，而事实上这种情况下对数据集所做的更改少之又少。

（2）逻辑数据段确定。

VDP 使用获得专利的方法来确定数据段大小，该方法的设计目的是在所有系统上实现最佳效率。VDP 的算法会分析数据集的二进制结构（构成数据集的所有 0 位和 1 位），以便确定环境相关的数据段边界。可变长度数据段大小平均为 24 KB，进一步压缩后的大小平均为 12 KB。

通过分析 VMDK 文件中的二进制结构，VDP 适用于所有文件类型和大小，并且会智能地对数据执行重复数据消除。

2.1.6　VDP 体系结构

VDP 使用 vSphere Web Client 和 VDP 应用装置将备份存储到经过重复数据消除的存储中。

VDP 由一组在不同计算机上运行的组件构成（如图 2-1-1 所示），它包含以下部分。

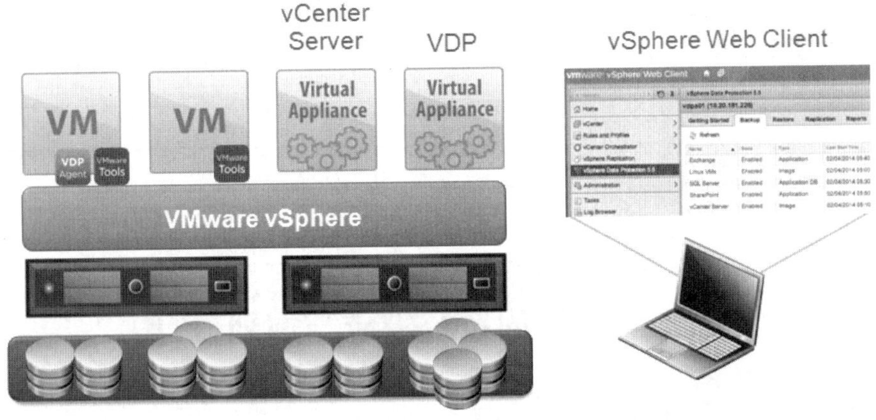

图 2-1-1　VDP 体系结构

- vCenter Server 5.5 或更高版本
- VDP 应用装置（安装在 vSphere 5.1 或更高版本上）
- vSphere Web Client
- Application backup agents

2.1.7 VDP 主要功能介绍

在 vSphere 5.5.x 时期，vSphere 虚拟机备份工具分为 VDP 及“vSphere Data Protection Advanced（VDPA）”两个版本，其中 VDPA 是收费版本功能较多。而从 vSphere 6.x 开始，VDPA 与 VDP 合并成一个版本 VDP 并包括了以前 VDPA 的所有功能，所以用户再使用 VDP 6 时，不需要再购买许可证密钥。VDP 中的主要功能见表 2-1。

表 2-1 VDP 主要功能

功　能	VDP
每个 VDP 应用装置支持的虚拟机数	最多 400 个
每个 vCenter Server 支持的 VDP	最大 20 个
数据存储区大小	0.5TB，1TB，2TB，4TB，6TB，8TB。
支持映像级备份	是
支持单个磁盘备份	是
支持镜像级恢复工作	是
支持镜像级复制工作	是
支持直接恢复到主机的恢复操作	是
支持可分离/可重新装载的数据分区	是
支持文件级恢复（FLR）	是
支持对 Microsoft Exchange 服务器、SQL Server 与 SharePoint 服务器进行来宾级备份和恢复	是
支持应用程序级复制	是
能够扩展当前数据存储区	是
支持备份到 Data Domain 系统	是
在 Microsoft 服务器上能够恢复到粒度级别	是
支持自动备份验证（ABV）	是
Replication Target Identity（RTI）	是
支持外部代理	是，如果部署了最大数目（8 个）外部代理，则最多可支持 24 个虚拟机同时运行

2.2 VDP 的系统需求与规划设计

VDP 的容量需求取决于诸多因素，包括以下几点。

精彩视频
即扫即看

- 受保护的虚拟机数量。
- 每个受保护虚拟机中包含的数量。
- 要备份的数据的类型，例如，操作系统文件、文档和数据库。
- 备份数据的保留周期（每日、每周、每月或每年，或根据需要自定义）。
- 要备份的数据更改率。

【说明】假定要备份的虚拟机的大小和数据更改都处于平均水平，包含的是一般的数据类型，并且采取的保留策略为 30 天（在第 31 天删除第 1 天的数据，依次循环），则每 1TB 的 VDP 备份数据容量可支持大约 25 个虚拟机。

2.2.1　VDP 系统需求

对于 VDP，VMware 提供的是预先配置好的虚拟机（安装配置好 Linux 操作系统、安装配置 VDP 软件），在使用 vSphere Client 或 vSphere Web Client，通过部署 OVF 模板的方式，部署 VDP 的虚拟机之后，在第一次备份向导中，管理员根据需要选择备份的容量，可以在 0.5TB、1TB、2TB、4TB、6TB、8TB 之间选择。

在 VDP 5.x 版本时，VDP 备份容量一旦设置将不能更改，但可以通过部署多个 VDP 来增加备份的虚拟机数量。在 VDP 6.x 版本中，VDP 的备份容量可以扩充，但不能减少。例如，管理员可以初期部署容量为 0.5TB 的备份装置，以后可以根据需要将其扩充到 1TB、2TB、4TB、6TB 甚至 8TB。

在从 VMware 官方网站下载 VDP 的时候，一般会有两个文件，其中扩展名为.ova 的是已经配置好的 VDP 虚拟机，另一个扩展名为.iso 的文件是 VDP 的升级镜像文件，用于从低版本 VDP（如 5.8）升级到更新的版本（如 6.1.1），如图 2-2-1 所示，这是下载好的两个文件。

vSphereDataProtection-6.1.1.iso	2016/1/27 11:04	Virtual CloneDrive	5,345,664...
vSphereDataProtection-6.1.1.ova	2016/1/27 11:06	开放虚拟化格式分...	5,746,530...

图 2-2-1　vSphere Data Protection 的 OVA 文件

可以根据需要选择部署的容量。VDP 的最低系统要求见表 2-2。

表 2-2　VDP 最低系统要求

	0.5TB	1TB	2TB	4TB	6TB	8TB
CPU	至少 4 个 2GHz	至少 4 个 2GHz	至少 4 个 2GHz	至少 4 个 2GHz	至少 4 个 2GHz	至少 4 个 2GHz
内存	4GB	4GB	4GB	8GB	10GB	12GB
磁盘空间	873GB	1 600GB	3 TB	6TB	9TB	12TB

【说明】如果 VDP 备份装置所在的主机，存储性能较低时，需要为 VDP 备份装置配置更大的内存与 CPU。

VDP 6.1 需要 vSphere 主机 5.0 或更高版本，需要 VMware vCenter Server 5.5 或更高的版本。

2.2.2　为 VDP 规划 DNS 名称

在同一个 vSphere 环境中，vCenter Server、ESXi、VDP 及其他的 vSphere 产品，最好使用同一个 DNS 服务器用于解析，并且采用内部的域名系统。因为在 vSphere 环境中，有时是需要使用 DNS 名称进行注册或访问的，所以这时需要有一个统一的 DNS 系统。

在部署 VDP 之前，必须向 DNS 服务器添加一个与应用装置的 IP 地址和完全限定的域名（FQDN）对应的条目。此 DNS 服务器必须同时支持正向和反向查找。在规划 VDP 的 DNS 名称时，名称简单明了为好。

1. 规划 1 个 VDP 应用装置

例如，在一个 vSphere 环境中，Active Directory 服务器为 172.30.5.15，为 VDP 虚拟机设置 DNS

名称为 vdpa，该服务器的 IP 地址为 172.30.5.237。在 DNS 中的“正向查找区域”中创建名为 vdpa 的 A 记录，其对应的 IP 地址为 172.30.5.237，如图 2-2-2 所示。在“反向查找区域”中创建 PTR 指针，IP 地址为 172.30.5.237 的地址指向 vdpa，如图 2-2-3 所示。

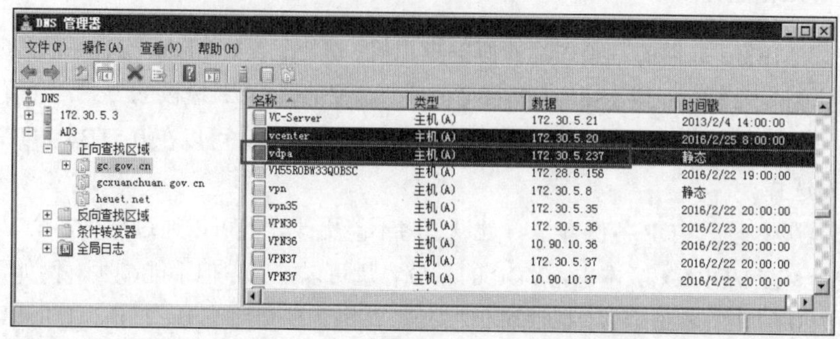

图 2-2-2 配置 VDPA 的 A 记录

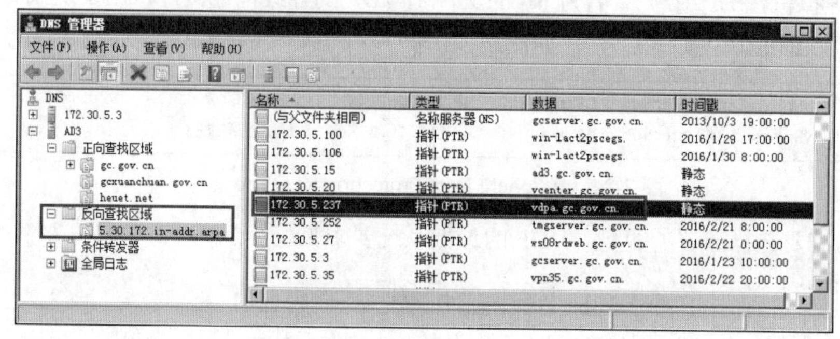

图 2-2-3 创建 PTR 指针

【说明】如果 DNS 设置不正确，可能会出现许多运行问题或配置问题。

要验证 DNS 配置，打开命令提示符，然后输入以下两个命令。

命令一：

```
Nslookup <VDP IP 地址><DNS IP 地址>
```

nslookup 命令将返回 vSphere Data Protection 应用装置的完全限定的域名，如图 2-2-4 所示。

命令二：

```
Nslookup <VDP 的完全限定的域名><DNS 的 IP 地址>
```

nslookup 命令将返回 vSphere Data Protection 应用装置的 IP 地址，如图 2-2-5 所示。

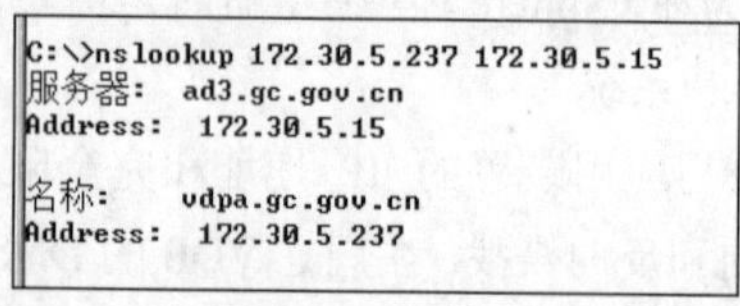

图 2-2-4 根据 IP 地址检查 DNS 名称

```
C:\>nslookup vdpa 172.30.5.15
服务器:  ad3.gc.gov.cn
Address:  172.30.5.15

名称:    vdpa.gc.gov.cn
Address:  172.30.5.237
```

图 2-2-5 根据 DNS 名称检查 IP 地址

【说明】如果 DNS 服务器是 Active Directory 服务器，并且为 VDPA 创建的 DNS 域也是 Active Directory 的域名时，在使用 nslookup 命令查询反向域名时，只需要使用 A 记录的名称 vdpa 查询即

可，即命令为

```
nslookup vdpa 172.30.5.15
```

2. 规划多个 VDP 应用装置

如果需要在环境中规划多个 VDP 应用装备，则规划的 VDP 应用装置名称可以为 vdpa 或 vdpa1、vdpa2 或其他合适的名称并以此类推。例如，DNS 域名为 heuet.com，如果想规划 2 个 VDP 备份装置，可以设置 VDP 的 DNS 名称为 vdpa.heuet.com 和 vdpa2.heuet.com，并且在 DNS 服务器中创建正向解析指向为 VDP 虚拟机规划的 IP 地址，如图 2-2-6 所示。

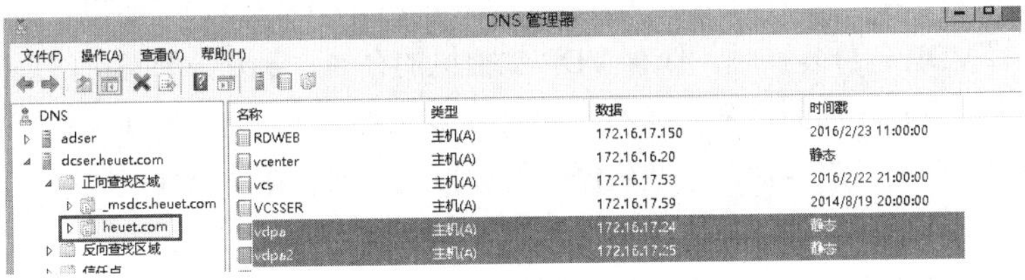

图 2-2-6　创建 A 记录

然后在“反向查找区域”中创建 PRT 记录，如图 2-2-7 所示。

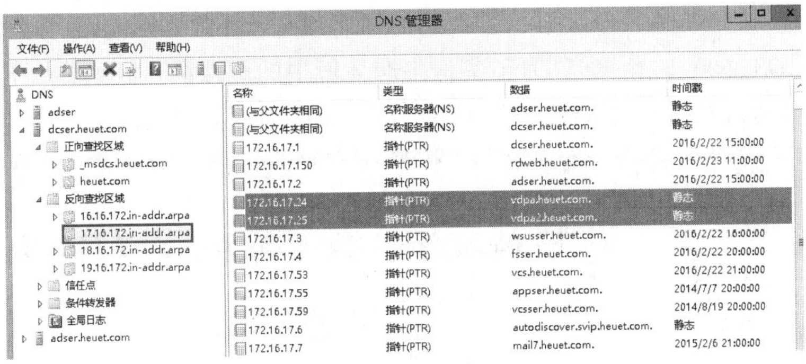

图 2-2-7　创建 RTP 反向记录

2.2.3　规划全新安装 VDP 还是升级现有的 VDP

如果 vSphere 环境是新配置的，所有的一切都是新的，或者即使 vSphere 是从以前的版本升级而来的，但原来的环境中没有 VDP，此时可以安装一个新的 VDP，并且根据需要备份的虚拟机的数量、每个需要备份的虚拟机的磁盘大小、虚拟机使用中的磁盘变化率及需要保留的备份天数等参数，来规划 VDP 备份装置的容量。

如果已经有 VDP，此时就需要考虑：是升级现有的 VDP，还是安装一个新的 VDP。为什么这样说呢？不可否认，虽然当前的 VDP 备份装置一直在工作，并且备份数据也是正确的，但不可避免的是，这些使用了一段时间的 VDP 总会有一些问题，例如，响应慢、总是在 vSphere Web Client 连接不上、管理员需要经常重新启动 VDP 备份设备。所以，即使当前环境中已有 VDP，也可以考虑以下的做法。

（1）保留原来的 VDP 备份装备，实际上是保留原来的备份，并且在原来的 VDP 备份装备上，停止备份作业，禁止新的备份或者关闭 VDP 备份装置虚拟机；然后重新安装一个 VDP 备份装置，在新安装的 VDP 中，创建新的备份作业，开始新的备份。等备份一段时间之后，因为数据有时效性，原来的 VDP 备份装置的数据已经不再需要时，删除原来的 VDP 备份装备。

（2）关闭原来的 VDP 备份装备，安装新的 VDP。但是为了保留原来的备份，可以在新的 VDP 备份装备上附加原来的 VDP 备份装备虚拟机的磁盘，将原来 VDP 备份装备上的数据复制到新的 VDP 备份装备，之后创建新的备份。

（3）升级现有的 VDP 备份装备。

上述这三种方法都是可以的。但如果当前的 VDP 版本过低，而新的、准备部署的 VDP 版本太高，两者之间差距较大不支持升级时，采用第（1）、（2）种方法则是较为合适。

在本章中，将介绍第（2）种方法，并且介绍全新部署 VDP 应用装置的内容。

另外，在部署 VDP 备份装置时，保存 VDP 虚拟机的存储，最好与要备份的虚拟机放置在不同的共享存储，或者放置在不同的服务器（不同的服务器本地硬盘）上。例如：

- 假设环境中有两个共享存储，一些生产中的虚拟机会保存在一个性能较高、配置较好的存储中，而另一个性能较低的存储，则可以放置 VDP 虚拟机。
- 如果只有一个共享存储，并且所有的虚拟机，都保存在这个共享存储中，可以找一台配置较低的服务器（可以用以前淘汰下来的服务器，只要稳定即可，不需要有多快的速度，也可以安装较低版本的 ESXi，如 ESXi 5.0），将 VDP 备份虚拟机放置在这台服务器的本地硬盘中。

如图 2-2-8 所示的便是在一个数据中心中，主要业务系统运行在 3 台 HP 服务器中（64GB 内存，使用一台 IBM DS 3500 的存储），为了备份生产环境中的虚拟机，我们在一台较早的 DELL PowerEdge 2900 的服务器中放置 VDP 备份虚拟机，这台 DELL 服务器安装的是 ESXi 5.1 的系统。

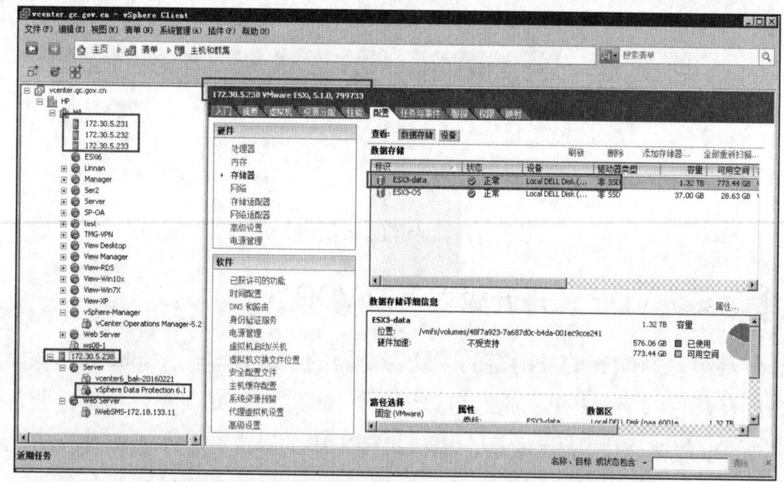

图 2-2-8　将 VDP 放置在另一台服务器的本地硬盘中

2.2.4 NTP 配置

VDP 利用 VMware Tools 通过 NTP 同步时间。所有 ESXi 主机和 vCenter Server 都应正确配置 NTP。VDP 虚拟机通过 vSphere 来获取正确时间，所以不要配置 NTP。如果直接在 VDP 应用装置上配置 NTP，可能会造成时间同步错误。如图 2-2-9 所示便是连接 VDP 时，经常出现的一个错误提示。

当出现这个提示时，请检查每台 ESXi 主机的时间、vCenter Server 虚拟机的时间（应该与其所在的 ESXi 的时间同步）、VDP 应用装置的时间（登录 https://vdp_ip:8543/vdp-configurigure），在“配置”选项卡中查看当前 VDP 的时间，并且与右下角当前的 vSphere Client 的时间同步（如果 vSphere Client 的时间与 ESXi 的时间同步，例如使用的是同一个 NTP 服务器，如 Active Directory 的服务器），如图 2-2-10 所示（按【F5】刷新）。

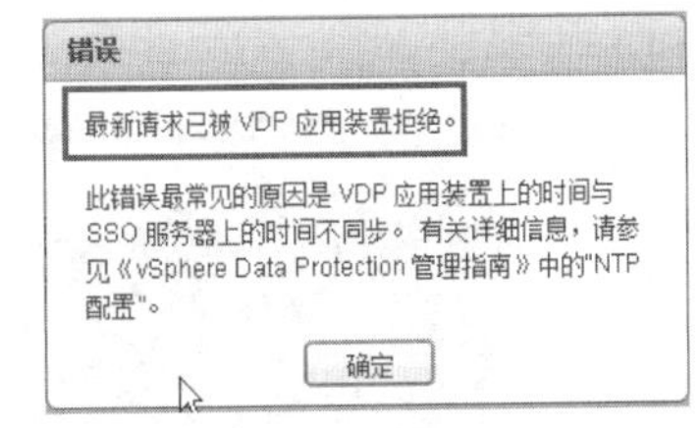

图 2-2-9　最新请求已被 VDP 应用装置拒绝

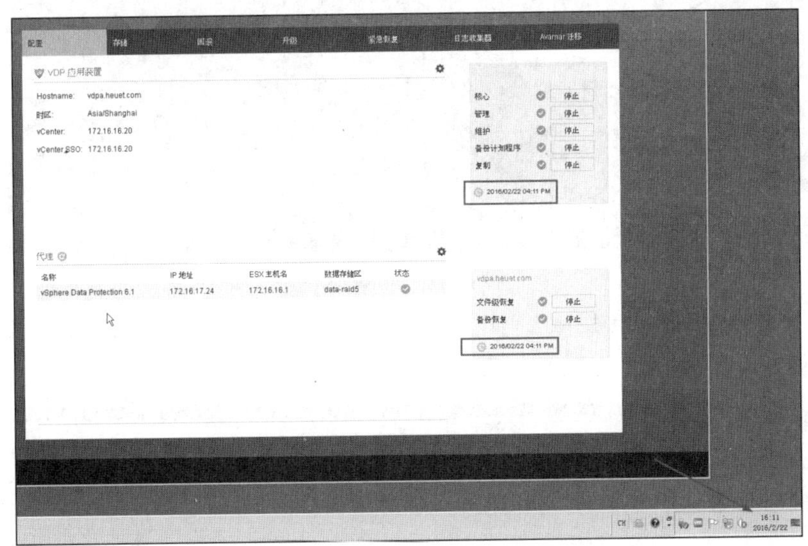

图 2-2-10　查看 VDP 的时间

【说明】关于 vCenter Server 及 ESXi 时间的详细配置，请参考《VMware 虚拟化与云计算应用案例详解》第 2 版相关的内容。

2.3　部署 VDP 并连接原有 VDP

某个 vSphere 6 数据中心，是从 vSphere 5.5 的环境升级而来，原来部署了 VDP 5.5 的备份装置。现在想安装一个新的 VDP 6，并且需要将原来 VDP 5.5 备份数据“复制”到新的应用装置中。而原来的 VDP 5.5 将在现有 VDP 6 工作正常之后被移除。本节将演示这个内容。

VDP 和 VDPA 采用相同的安装过程，主要分为两步：部署 VDP 或 VDPA 虚拟机的 OVF 模板、配置和安装 VDP 应用装置。

2.3.1　使用 vSphere Web Client 部署 VDP 模板

本节以部署 VDPA 的 OVF 模板为例进行介绍。

【说明】在 VDP 5 的版本中，只能使用 vSphere Web Client 部署并管理 VDPA 模板，请确认在 vCenter Server 部署了 vSphere Web Client 应用。而在 VDP 6 中，可以使用 vSphere Web Client 部署，也可以使用 vSphere Client 部署。本测试介绍使用 vSphere Web Client 部署 VDP 的内容。

（1）从 Web 浏览器访问 vSphere Web Client，并使用管理员权限登录，如图 2-3-1 所示。

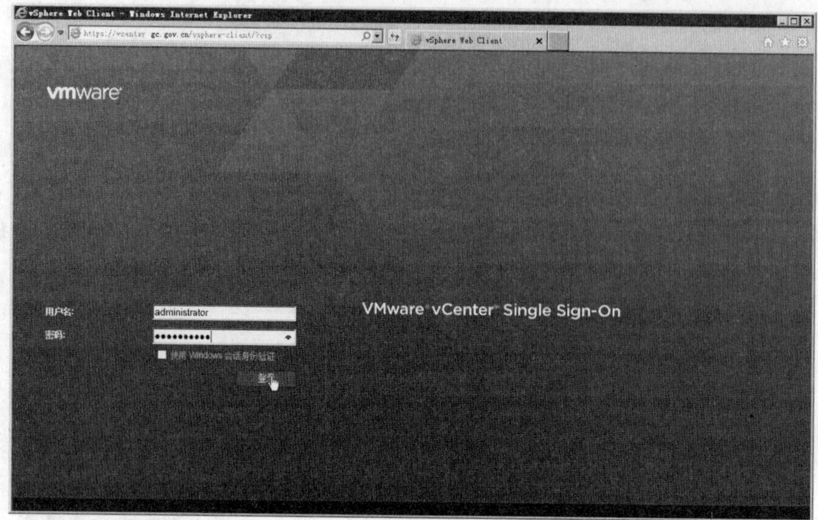

图 2-3-1　数据中心

（2）登录之后，在导航器中选择“主机和群集”，选择要部署 VDP 的主机、群集或数据中心，右击，在弹出的对话框中选择“部署 OVF 模板”选项，如图 2-3-2 所示。

图 2-3-2　部署 OVF 模板

（3）在“部署 OVF 模板”对话框的“源→选择源”对话框中，单击“本地文件”，然后单击“浏览”按钮，浏览选择 VDPA 的模板，在本示例中，该模板文件名为“vSphereDataProtection-6.1.ova”，大小为 5.47B，这是从 VMware 官方网站下载的，如图 2-3-3 所示。

（4）在“查看详细信息”对话框中，显示了要部署的模板虚拟机详细信息，在此示例中，要部署的 VDP 版本为 6.1.0.173，下载大小为 5.2GB，需要占用 11.6GB（精简置备）或 200GB（厚置备）的磁盘空间，如图 2-3-4 所示。

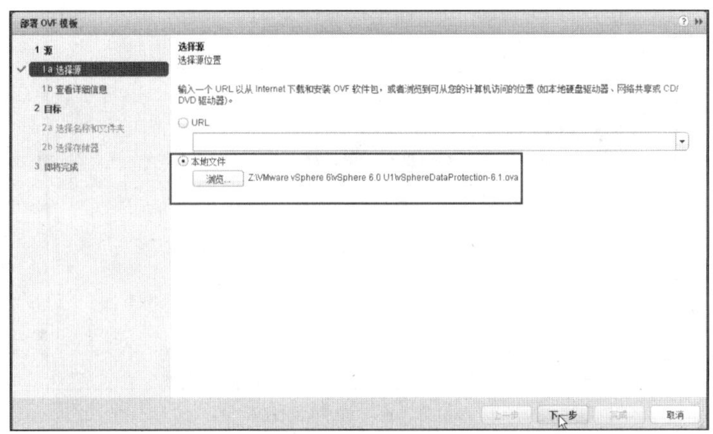

图 2-3-3　选择 OVF 模板

图 2-3-4　查看详细信息

（5）在“接受许可协议”对话框中，查看许可协议，单击“接受”按钮，然后单击“下一步”按钮，如图 2-3-5 所示。

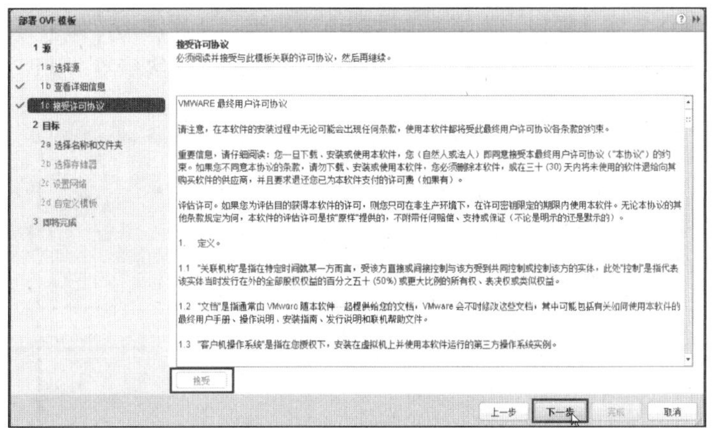

图 2-3-5　接受许可协议

（6）在“选择名称和文件夹”对话框中，输入此 VDP 应用装置的名称，然后单击要将其部署到的文件夹或数据中心。在此设置名称为 VDP 6.1，如图 2-3-6 所示。

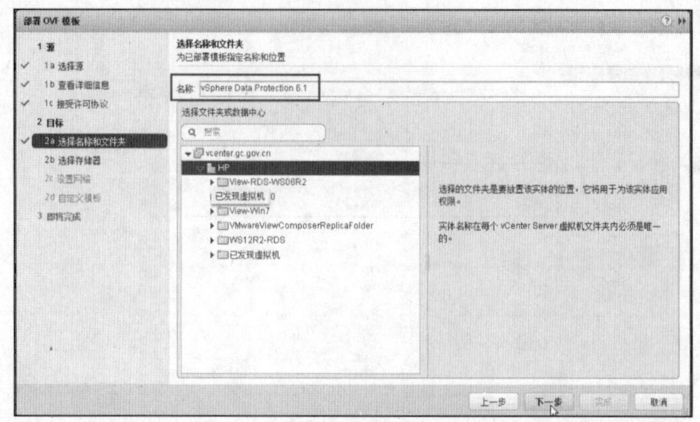

图 2-3-6　设置名称

（7）在“选择存储器”对话框中，选择“精简置备”，并且选择一个保存 VDP 备份设备的数据存储，如图 2-3-7 所示。请注意：如果所在主机有足够的空间，并且是在生产环境中，则需要选择“厚置备磁盘”。

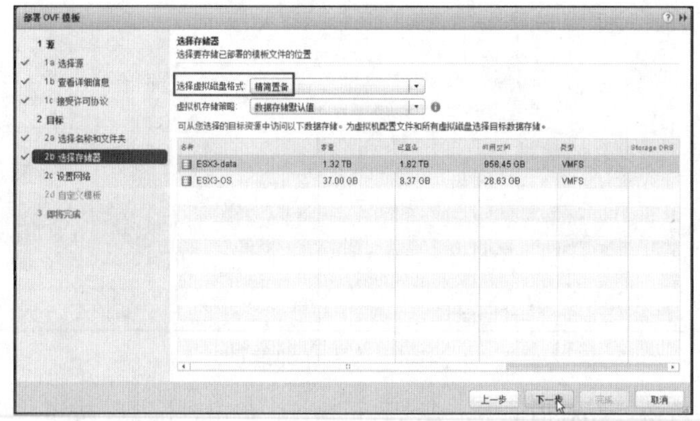

图 2-3-7　选择虚拟磁盘格式

（8）在“设置网络”对话框中，为将要部署的虚拟机选择所属网络，如果有多个虚拟机端口组时，请在“目标”下拉列表中选择与规划 VDP 的 IP 地址对应的网络标签，如图 2-3-8 所示。

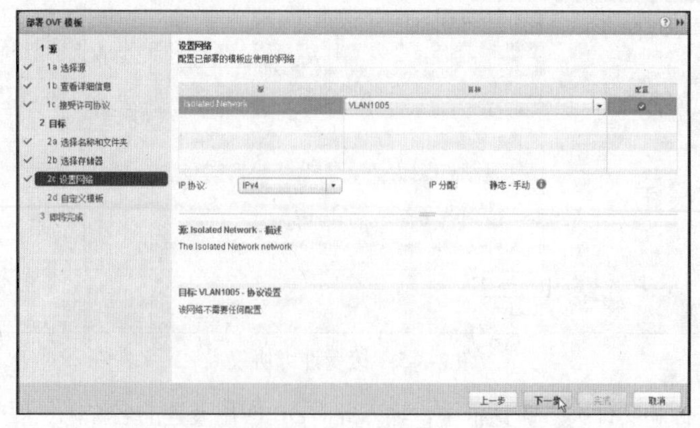

图 2-3-8　设置网络

（9）在“自定义模板”对话框中，设置虚拟机的网关、DNS、IP 地址及子网掩码；如果这些在安装 VDPA 之前已经规划好，请输入规划的数据，如图 2-3-9 所示。

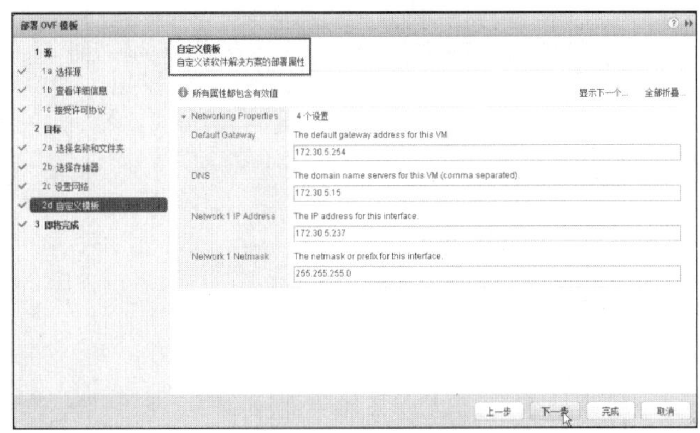

图 2-3-9　自定义模板

（10）在“即将完成”对话框，显示了将要部署的 VDPA 虚拟机的详细信息，检查无误之后，单击“完成”按钮，如图 2-3-10 所示。

图 2-3-10　检查虚拟机详细信息

（11）返回到 vSphere Web Client 界面，在右侧“近期任务”中显示部署的进度，部署完成后如图 2-3-11 所示。

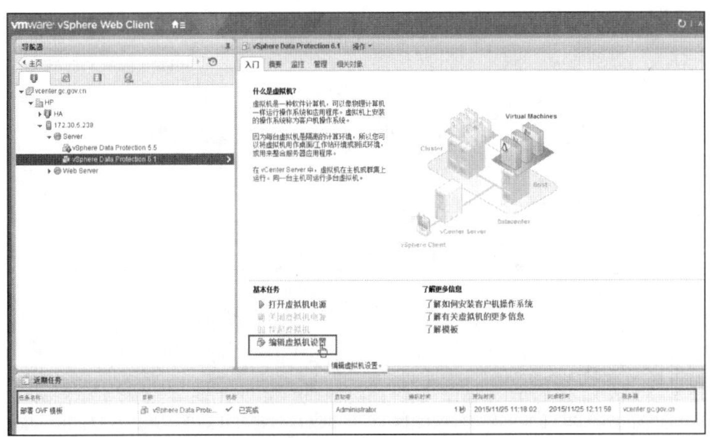

图 2-3-11　部署完成

（12）单击“编辑虚拟机设置”，可以查看 VDP 虚拟机部署之后的设置，如图 2-3-12 所示。当前虚拟机为 4 个 CPU、4GB 内存、200GB 的硬盘。查看之后关闭虚拟机的配置。

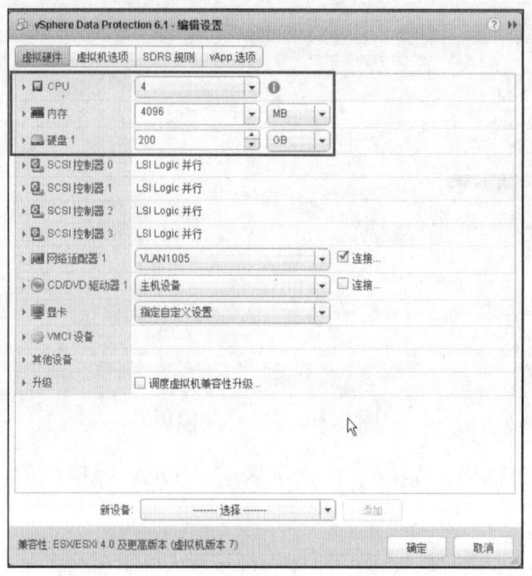

图 2-3-12　查看 VDP 虚拟机部署

2.3.2　配置和安装 VDP 应用装置并连接现有 VDP 备份装置

部署完成之后，打开 VDP 虚拟机的电源，开始配置 VDP 应用装置，步骤如下。

（1）在 vSphere Web Client 中，定位到 VDP 虚拟机，在右侧“入门”选项中单击“打开虚拟机电源”，如图 2-3-13 所示。

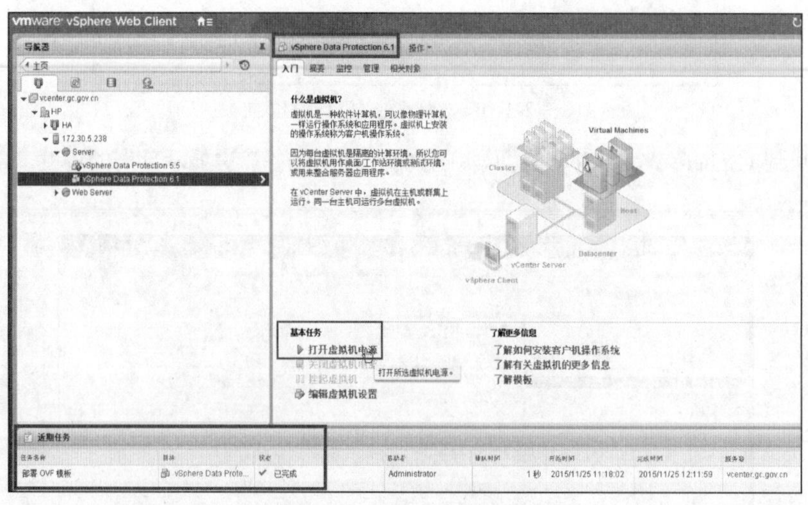

图 2-3-13　打开虚拟机电源

（2）在导航器中选择 VDP 虚拟机，在右侧“摘要”中选择“启动控制台”，如图 2-3-14 所示。

（3）用 VMware 远程控制台打开 VDP 虚拟机终端界面，在此可以查看 VDP 虚拟机的启动情况，启动完成后，显示 VDP 的 IP 地址及相关信息，如图 2-3-15 所示。

图 2-3-14　打开控制台

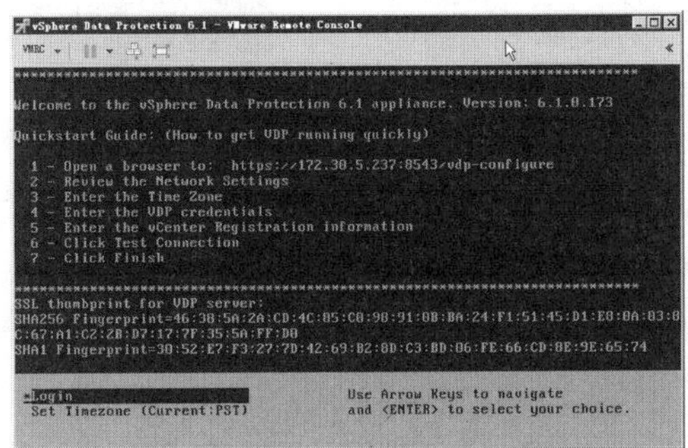

图 2-3-15　VDP 相关信息

当 VDP 虚拟机启动之后，打开 Web 浏览器并输入以下内容。

```
https://<VDP 应用装置的 IP 地址>:8543/vdp-configure/
```

在本示例中，VDP 的地址为 172.30.5.237，登录之后开始配置，主要步骤如下。

（1）在“VMware 登录”屏幕中，输入用户名及密码，默认用户名为 root，初始密码为 changeme，如图 2-3-16 所示。

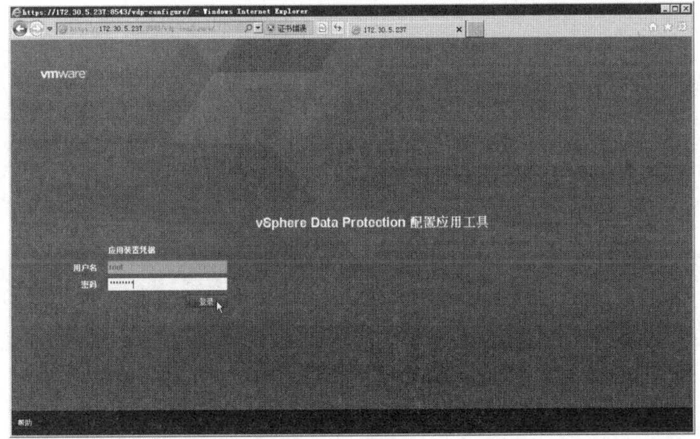

图 2-3-16　登录 VDP

（2）进入 VDP 欢迎界面，如图 2-3-17 所示。

（3）在“网络设置”对话框中，输入 VDP 的 IP 地址、子网掩码、网关、DNS 及主机名、所属域，如图 2-3-18 所示。检查无误直接单击“下一步”按钮。在此根据上文的规划，设置 IP 地址为 172.30.5.237，网关为 172.30.5.254，DNS 为 172.30.5.15，主机名称为 vdpa，域名为 gc.gov.cn。

图 2-3-17　欢迎界面

（4）在“时区”对话框中，为 VDP 应用装置选择时区，请根据所在的时区进行正确的选择，在本示例中选择“亚洲→上海（Asia/Shanghai）”，如图 2-3-19 所示。

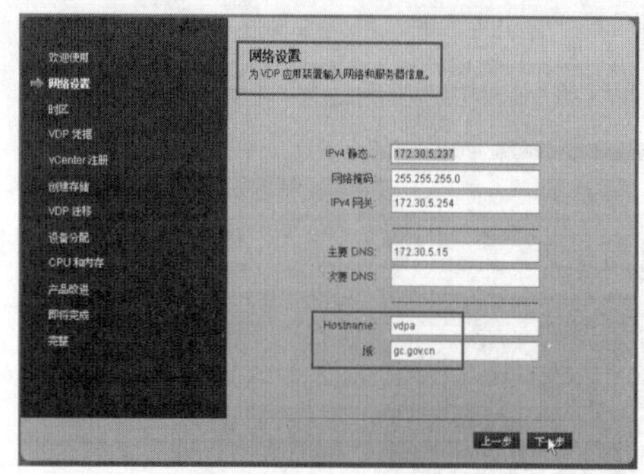

图 2-3-18　网络设置

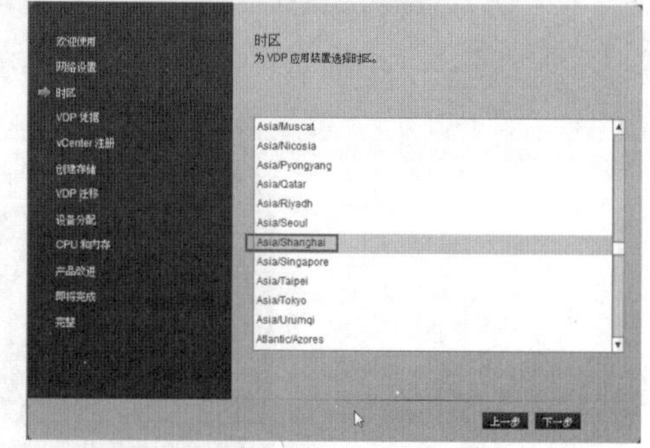

图 2-3-19　时区设置

（5）在“VDP 密码”对话框中，为 VDP 应用装置输入一个密码（初始密码为 changeme，在此设置后其初始密码将会失效）。VDP 的密码标准：如果有四个字符类（包括至少一个大写字母、至少一个小写字母、至少一个数字并且包含特殊字符），长度至少为 6 个字符；如果有三个字符类，其长度至少为 7 个字符；如果有一个或两个字符类，其长度至少为 8 个字符，如图 2-3-20 所示。

（6）在“vCenter 注册”对话框，输入 vCenter 的管理员账户、密码、vCenter 的完全限定域名及端口，如图 2-3-21 所示。输入之后单击“测试连接”按钮，当弹出“已成功完成连接测试”对话框后继续。

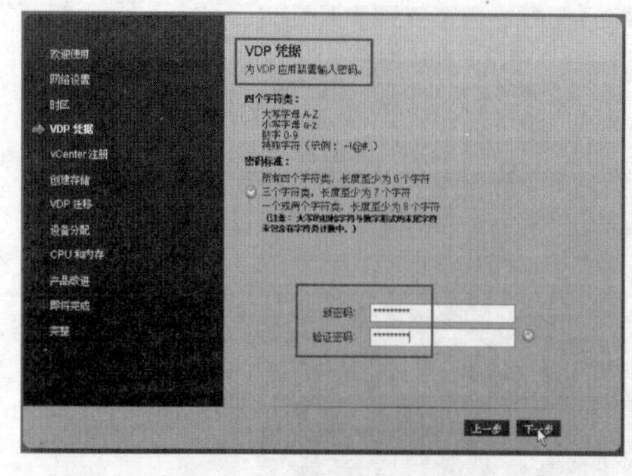

图 2-3-20　VDP 密码

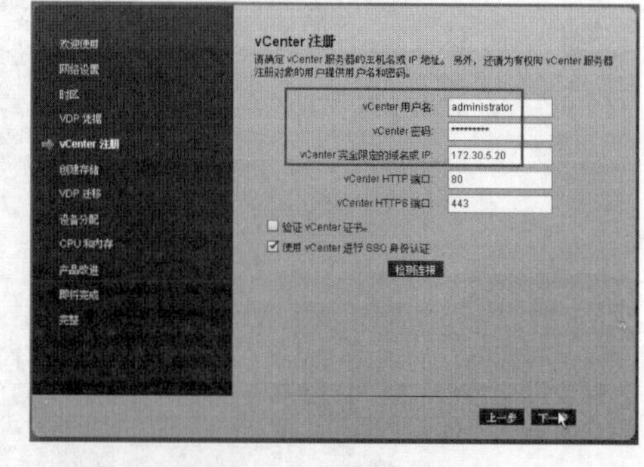

图 2-3-21　vCenter 注册

（7）在“创建存储”对话框，有三个选择：创建新存储（安装全新的 VDP，并选择 0.5TB、1TB、2TB、4TB、6TB 或 8TB 的存储空间）、连接现有 VDP 存储（连接到现有的 VDP 存储）、VDP 迁移。

其中：

- “VDP 迁移”，可以将先前的 VDP 版本迁移到当前最新的 VDP 版本。
- 如果以前的 VDP 虚拟机已经不能启动或者存在故障，或者有其他问题，则可以选择“连接现有 VDP 存储”。
- 当选择附加现有的 VDP 存储时，必须找到以前使用的 VDP 磁盘并将它们添加到新的 VDP 应用装置。如果附加不完整或无效的存储配置，在验证阶段将会显示一条错误消息。当附加现有存储时，无须像在创建新存储时那样选择容量选项。

在本次部署中，我们选择“连接现有 VDP 存储”，如图 2-3-22 所示。

（8）在“设备分配”对话框中，在数据存储区中浏览要连接的 VDP 数据磁盘，在此选择名为“vSphere Data Protection 5.5”的 VDP 备份设备，在选择磁盘时，应该选择正确的磁盘，并且依次选择，在此先选择“vSphere Data Protection 5.5_1.vmdk”磁盘，如图 2-3-23 所示。

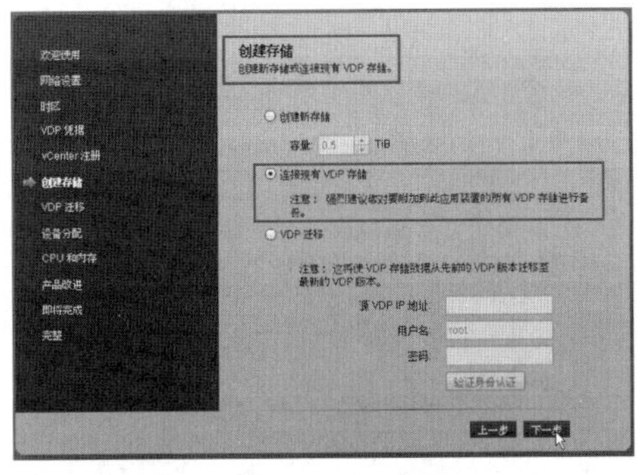

图 2-3-22　连接现有 VDP

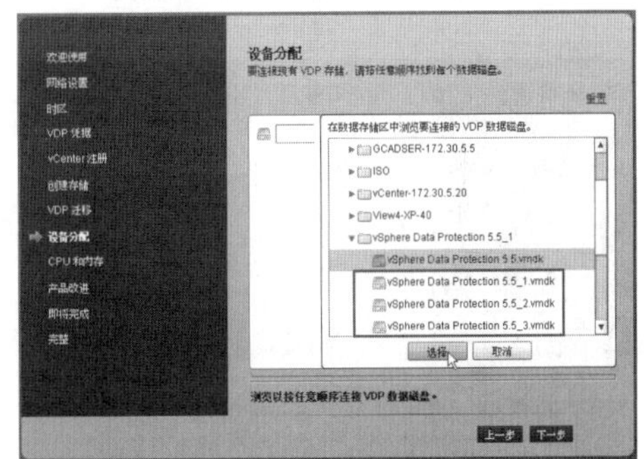

图 2-3-23　浏览选择磁盘

（9）如果选择了错误的磁盘，则会弹出“错误”提示，如图 2-3-24 所示，然后单击“确定”按钮返回并重新启动，直到选择正确为止。

（10）依次选择原来 VDP 中的每一个磁盘，选择完成之后如图 2-3-25 所示。

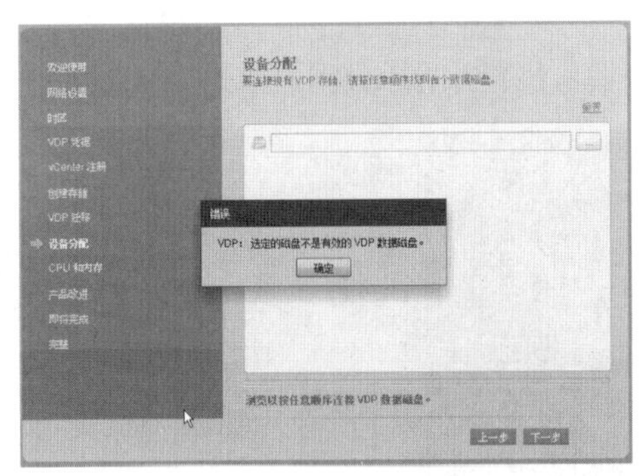

图 2-3-24　选择错误

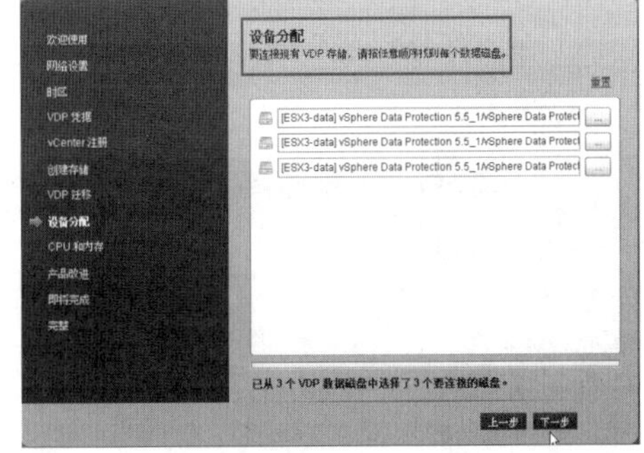

图 2-3-25　选择每个磁盘

（11）在选择原来的 VDP 设备磁盘之后，配置向导会根据原来的 VDP 的配置，分配 CPU 数目及内存大小，如图 2-3-26 所示，在此选择默认设置值（当前连接的 VDP 原来的设置就是 4 个 CPU、4GB 内存）。

（12）在“产品改进”对话框，单击“下一步”按钮，如图 2-3-27 所示。

（13）在“即将完成”对话框，单击“下一步”按钮，如图 2-3-28 所示。

（14）此时弹出一个“警告”对话框，提示接下来的过程将启动存储配置并且所做的配置无法撤销，是否继续，单击“是”按钮，如图 2-3-29 所示。

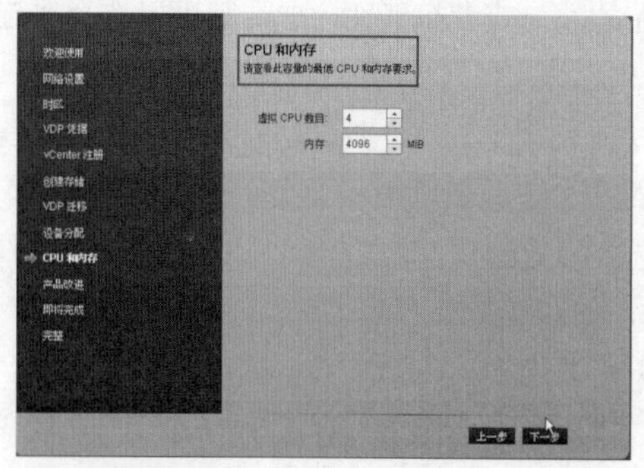

图 2-3-26　分配 CPU 和内存大小

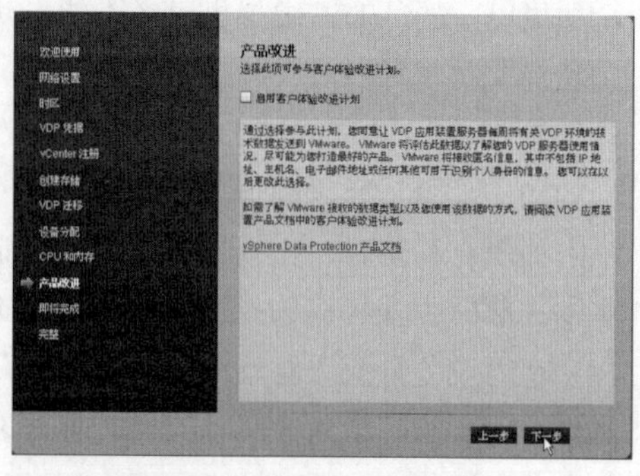

图 2-3-27　产品改进

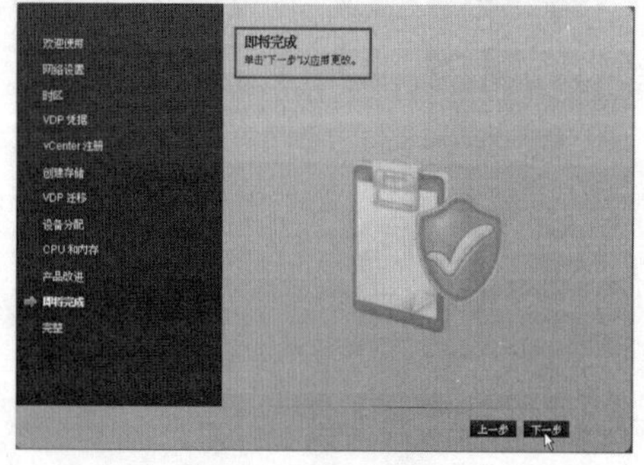

图 2-3-28　即将完成

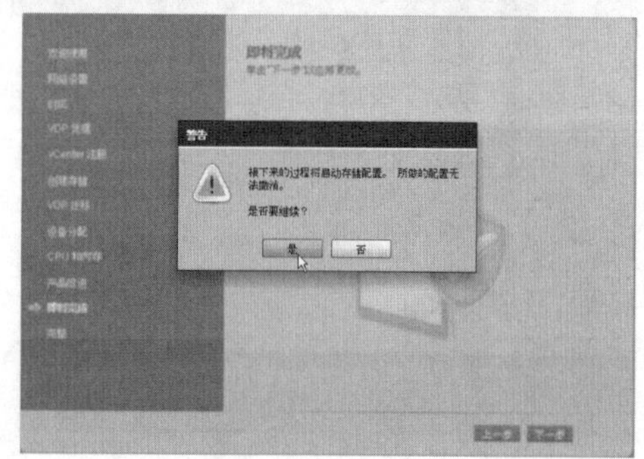

图 2-3-29　警告

【说明】在连接现有 VDP 时，不会对原来的 VDP 备份设置做任何更改。

（15）在“需要密码”对话框中，输入图 2-3-23（或图 2-3-25）中所连接的 VDP 应用装置 root 用户密码，如图 2-3-30 所示。

（16）在“即将完成”对话框，向导会连接原 VDP 备份装置并导入数据，如图 2-3-31 所示。

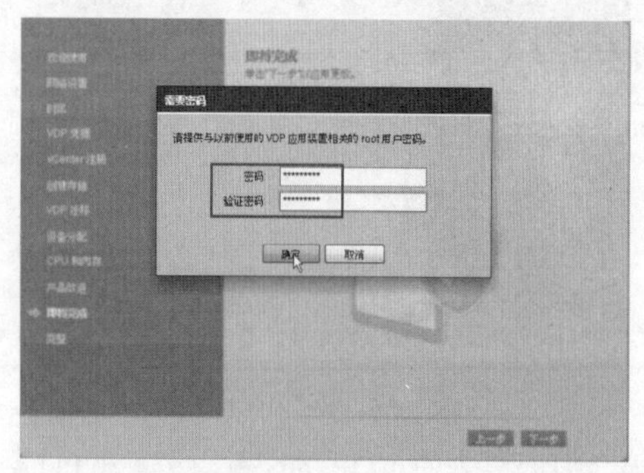

图 2-3-30　提供密码

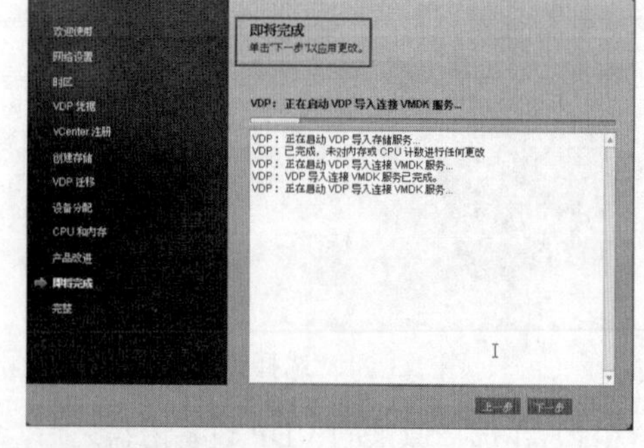

图 2-3-31　即将完成

（17）在导入的过程中，可以浏览保存原来 VDP 备份装置的虚拟机所在的数据存储，查看原来的虚拟机所在的文件夹，如图 2-3-32 所示。也可以查看新部署的 VDP 备份装置，如图 2-3-33 所示。

（18）部署并迁移完成之后，在“完整”对话框，单击“重新启动该应用装置”，如图 2-3-34 所示。

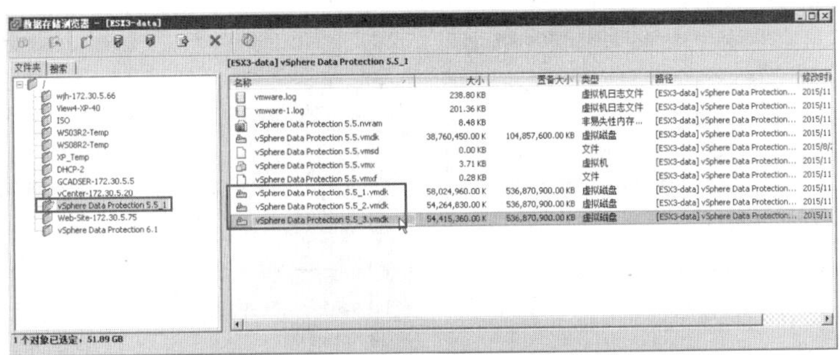

图 2-3-32　查看要连接的 VDP 备份虚拟机

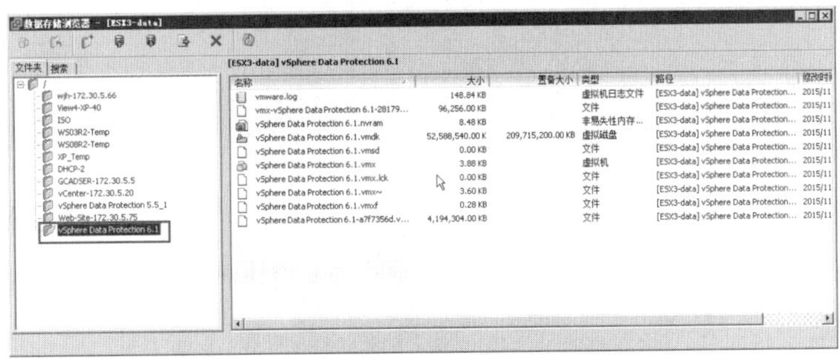

图 2-3-33　查看新部署的 VDP 备份装置

（19）返回到 vSphere Client，可以看到部署的“近期任务”，还可以查看原来的 VDP（5.5）与新部署的 VDP（6.1），如图 2-3-35 所示。

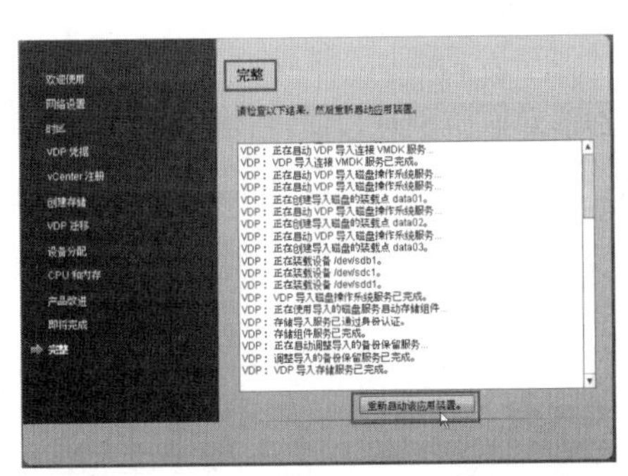

图 2-3-34　重新启动应用装置

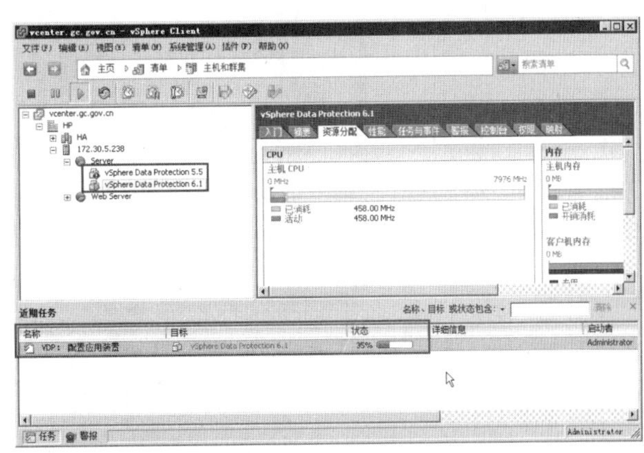

图 2-3-35　近期任务

（20）等任务完成之后，在图 2-3-35 中，可以分别编辑原来的 VDP 与新部署的 VDP 的虚拟机。对比两者的配置，如图 2-3-36、图 2-3-37 所示。可以看到，附加之后的虚拟机与原来的 VDP 有相同的磁盘及虚拟机的配置。

如果不再需要原来的 VDP，可以右击该虚拟机配置，从清单中移除该虚拟机（不删除，以后需要的时候可以浏览存储添加到清单），如图 2-3-38 所示，或者选中“从磁盘中删除”，以释放空间。在刚迁移之后，不建议“从磁盘中删除”，等新部署的 VDP 稳定运行一段时间之后，再选择从磁盘中删除。

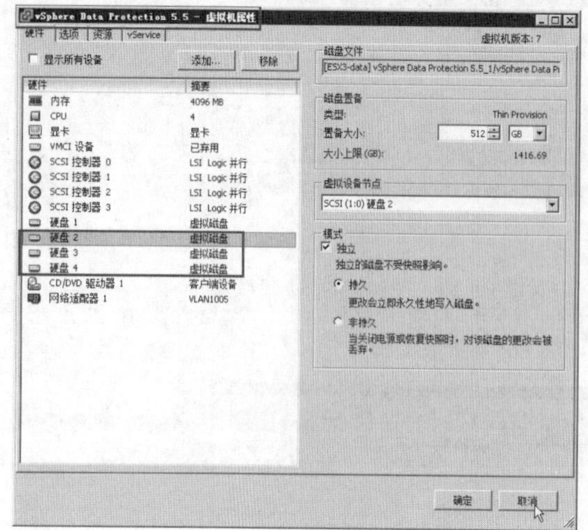

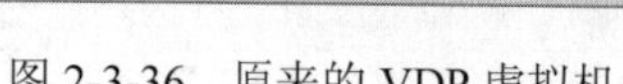
图 2-3-36 原来的 VDP 虚拟机

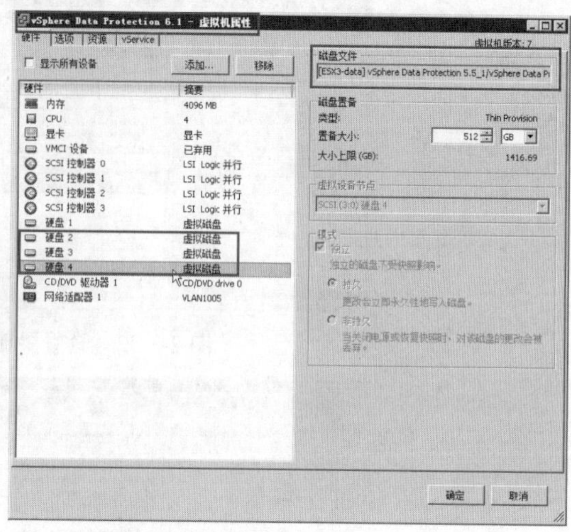

图 2-3-37 附加之后的新 VDP 虚拟机

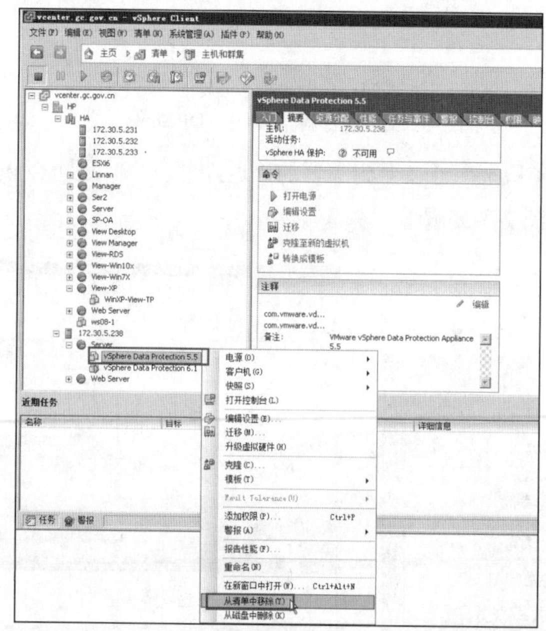

图 2-3-38 从清单中移除虚拟机

（21）在 vSphere Web Client 中连接到 VDP，在“恢复”选项卡中，可以看到导入的原来 VDP 备份的数据，如图 2-3-39 所示。如果需要恢复这些数据，可以选择备份的数据，并根据向导进行恢复。

（22）在新安装的 VDP 备份一段时间之后，如果确认已经导入的数据不再需要（时间过长，没有备份的意义），则可以在 VDP 的“恢复”选项卡中，选中名为“VDP_IMPORTS”的选项，然后单击“删除”按钮，如图 2-3-40 所示，删除不再需要的数据。

（23）此时会弹出“确认”对话框，如图 2-3-41 所示。提示删除之后不能撤销。

（24）在删除之后，弹出“信息”对话框，如图 2-3-42 所示，提示已经删除。

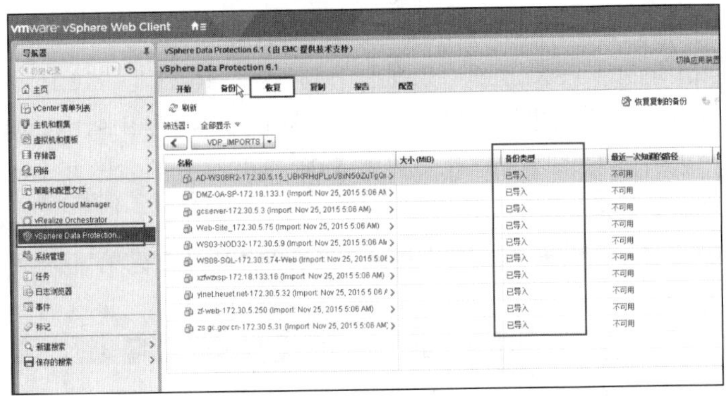

图 2-3-39　已导入的虚拟机备份

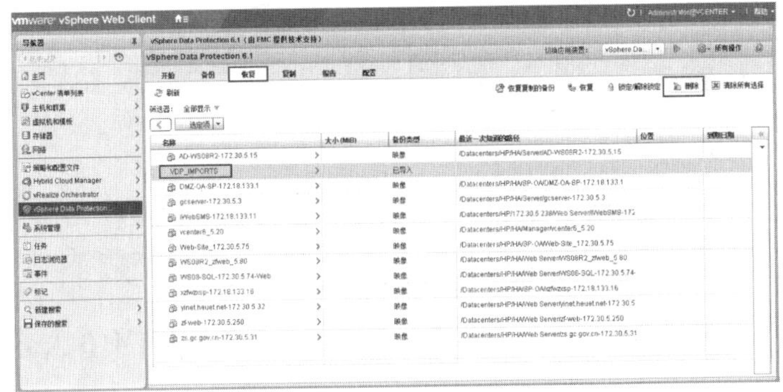

图 2-3-40　删除导入的数据

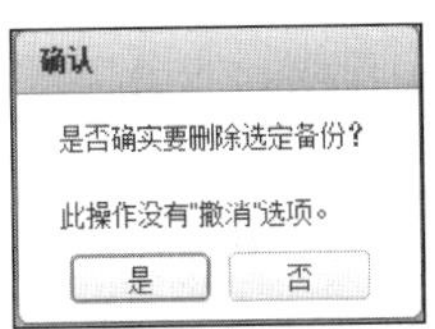

图 2-3-41　确认删除

图 2-3-42　成功删除

当然，如果有重要的虚拟机备份，可以选择保留，此时管理员可以双击“VDP_IMPORTS”进入子项，选中确认不要的虚拟机，然后单击“删除”按钮将其删除，如图 2-3-43 所示。删除这些不再需要的虚拟机，则不再详细介绍。

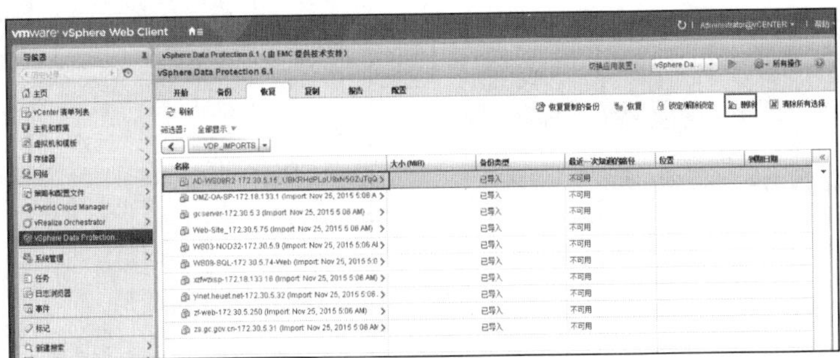

图 2-3-43　删除不再需要的导入备份

2.4 全新安装 VDP

在本案例中，当前有 3 台 ESXi 主机（IP 地址分别为 172.16.17.1、172.16.17.2、172.16.17.3），使用一台 IBM 3500 存储。所有的虚拟机都运行在这 3 个主机中，其中 Active Directory 服务器的 IP 地址是 172.16.17.1，域名是 heuet.com。在此规划 VDP 备份装置的名称为 vdpa，规划 IP 地址为 172.16.17.24，部署之后的效果如图 2-4-1 所示。

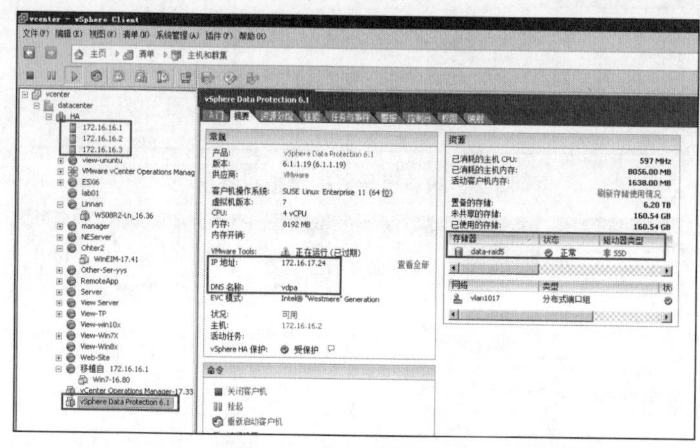

图 2-4-1 部署好的 VDP

在本节的演示中，使用 vSphere Client 部署 VDP，并部署一个具有 4TB 大小的备份装置。

2.4.1 使用 vSphere Client 部署 VDP

使用 vSphere Client 部署 VDP，与使用 vSphere Web Client 部署，主要步骤、流程都是相同的，所以本节只介绍主要及关键步骤。

（1）使用 vSphere Client 登录 vCenter Server，在“文件”菜单中选择“部署 OVF 模板”，如图 2-4-2 所示。

（2）在“源”对话框，浏览选择要部署的 VDP 虚拟机模板，扩展名为 ova，如图 2-4-3 所示。

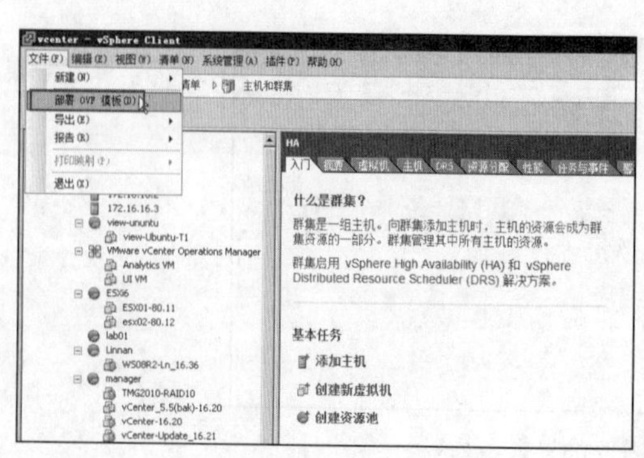

图 2-4-2 部署 VDP 模板

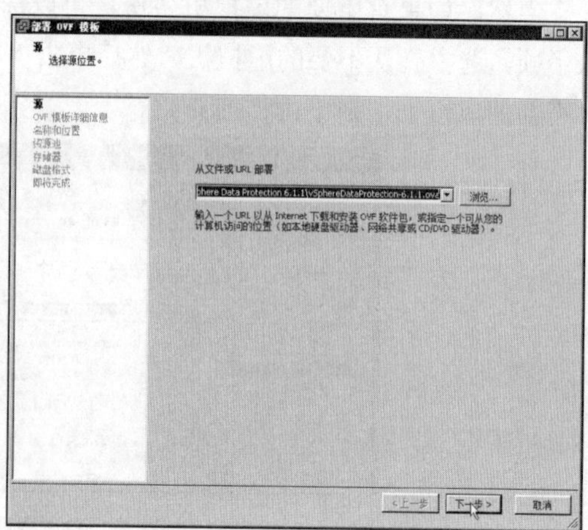

图 2-4-3 选择模板

（3）在“OVF 模板详细信息”对话框中显示了要部署的产品，以及需要占用的空间（精简置备 11.8GB，厚置备 200GB），如图 2-4-4 所示。

（4）在“最终用户许可协议”对话框，单击“接受”按钮，然后单击“下一步”按钮，如图 2-4-5 所示。

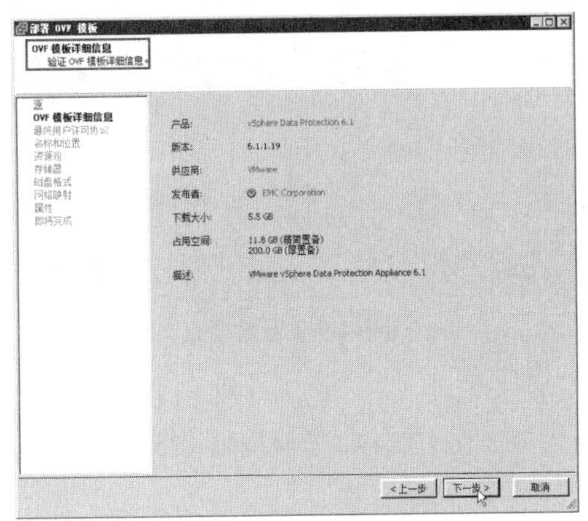

图 2-4-4　OVF 模板详细信息

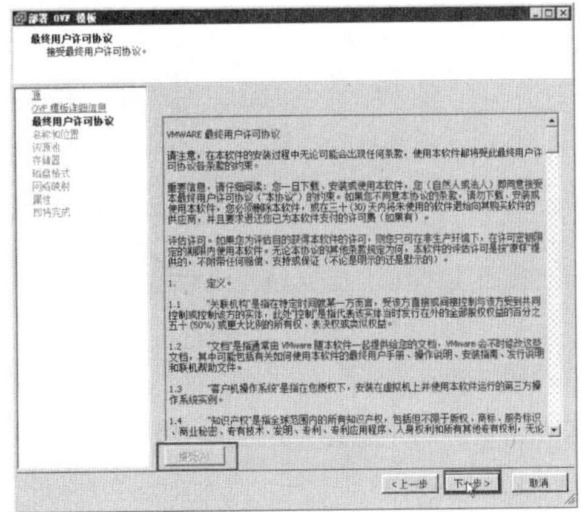

图 2-4-5　接受许可协议

（5）在“名称和位置”对话框，为将要部署的虚拟机指定名称，在“清单位置”选择部署位置，一般选择数据中心即可；如果创建了文件夹，也可以选择文件夹。如图 2-4-6 所示。

（6）在“资源池”对话框，为将要部署的虚拟机选择资源池，如图 2-4-7 所示。

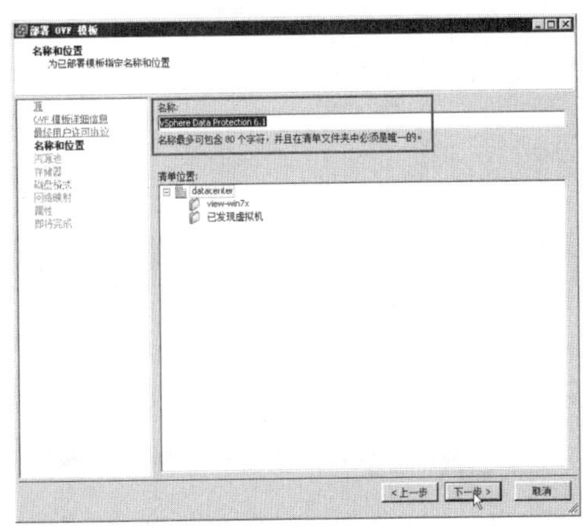

图 2-4-6　名称和位置

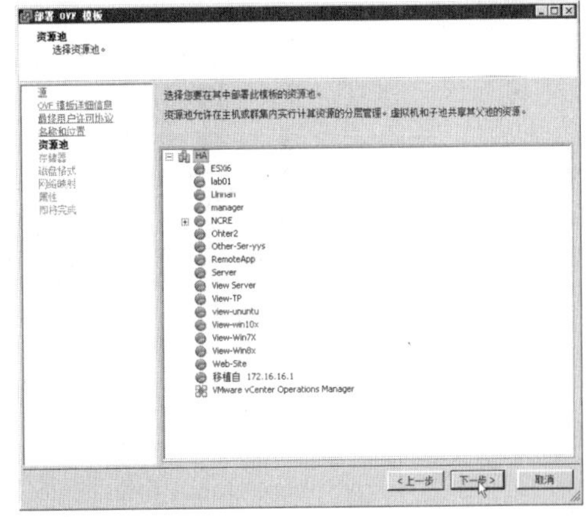

图 2-4-7　资源池

（7）在“存储器”对话框，选择保存 VDP 虚拟机的存储。如果当前环境中有多个存储，需要将 VDP 虚拟机保存在专用于放置备份数据的存储中，而不是与生产环境中的虚拟机放置在一个存储中。如果当前环境只有共享存储，则只能放置在同一个存储中，如图 2-4-8 所示。

（8）在“磁盘格式”对话框，选择虚拟机保存的格式，在此选择“Thin Provision”（精简置备），如图 2-4-9 所示。

（9）在“网络映射”对话框，为虚拟机选择网络，需要选择与为 VDP 备份虚拟机规划的 IP 地址同一网段的端口组，当前为 VDP 虚拟机指定的 IP 地址是 172.16.17.24，这个网段属于 vlan1017，而当前环境里交换机中也分配了 vlan1017 的端口组，如图 2-4-10 所示。

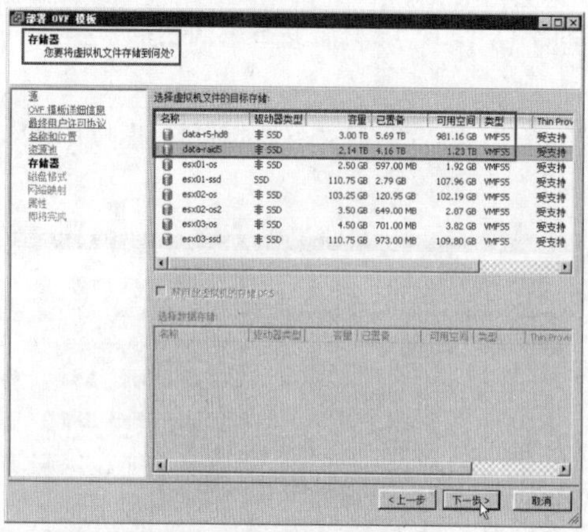

图 2-4-8　存储器

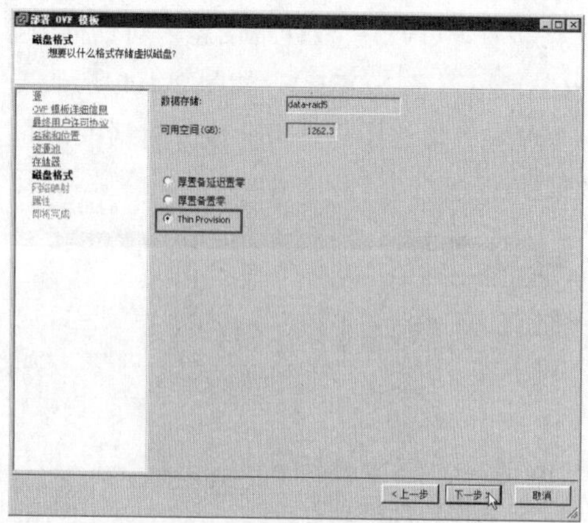

图 2-4-9　磁盘格式

（10）在“属性”对话框，为 VDP 虚拟机依次指定网关地址（本示例为 172.16.17.254）、DNS 地址（本示例为 172.16.17.1）、VDP 的 IP 地址（本示例为 172.16.17.24）、子网掩码（255.255.255.0），如图 2-4-11 所示。

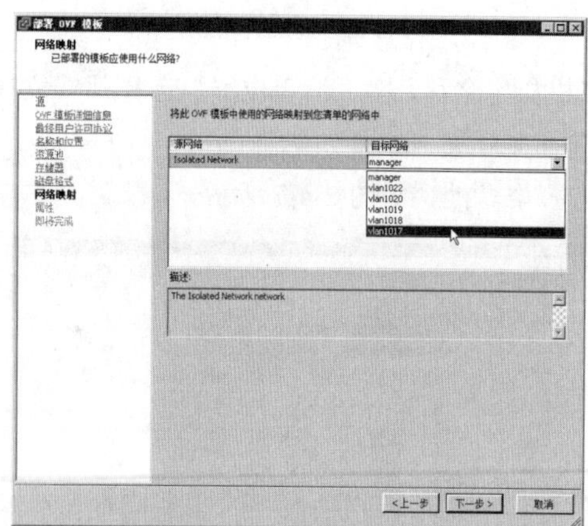

图 2-4-10　网络映射

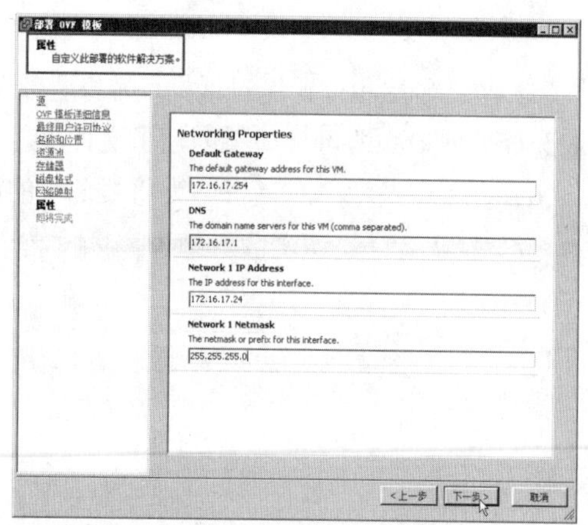

图 2-4-11　指定 IP 地址

（11）在“即将完成”对话框，显示部署的选项，检查无误之后，单击并选中“部署后打开电源”，然后单击“完成”按钮，如图 2-4-12 所示。

（12）在“部署 vSphere Data Protection6.1”对话框中，选中“完成后关闭此对话框”，如图 2-4-13 所示。

（13）此时在命令提示符窗口，使用 ping vdpa.heuet.com 命令，可以解析出为 VDP 备份装置规划的 IP 地址，但不能 ping 通，因为此时 VDP 虚拟机还没有部署完成，如图 2-4-14 所示。

（14）在部署 VDP 虚拟机完成后，编辑虚拟机属性，可以看到刚刚完成部署的 VDP 虚拟机是一个具有 4GB 内存、4 个 CPU、200GB 硬盘空间、4 个 SCSI 控制器的虚拟机，如图 2-4-15 所示。而在后续的 VDP 配置向导

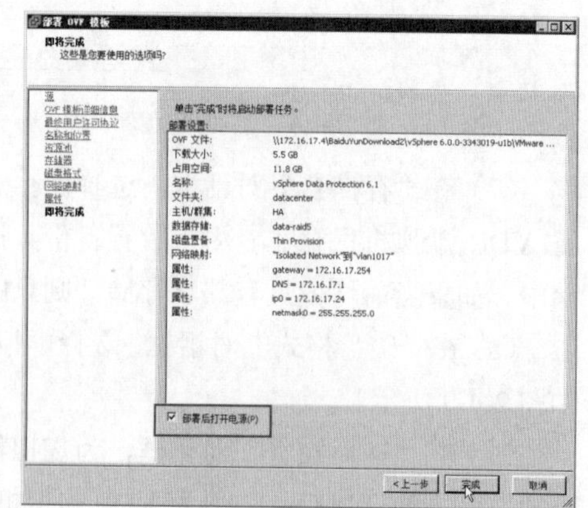

图 2-4-12　即将完成

中，会向 VDP 虚拟机添加备份容量磁盘。

图 2-4-13 部署 VDP

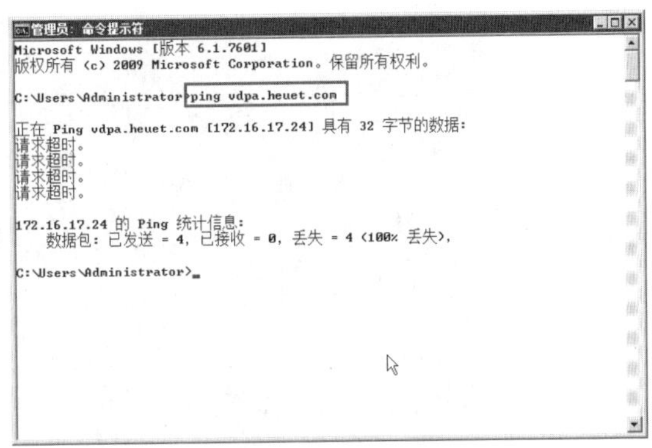

图 2-4-14 检查为 vdp 规划的域名

（15）启动 VDP 的虚拟机，打开 VDP 虚拟机控制台，当出现图 2-4-16 的界面时，表示 VDP 虚拟机启动完成，此时记下配置地址 https://172.16.17.24:8543/vdp-configure，以便于继续后面的配置。

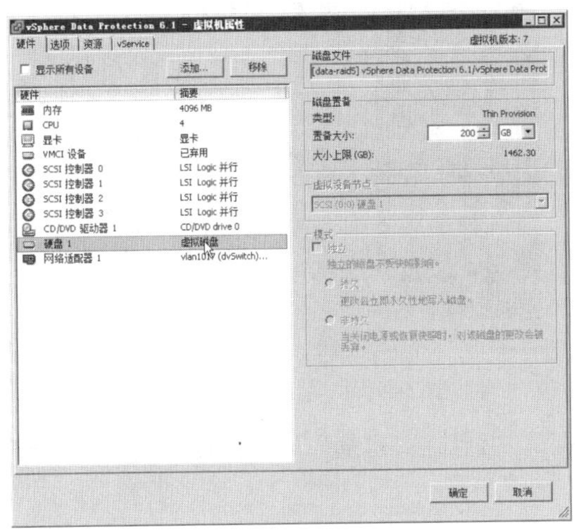

图 2-4-15 VDP 初始配置虚拟机

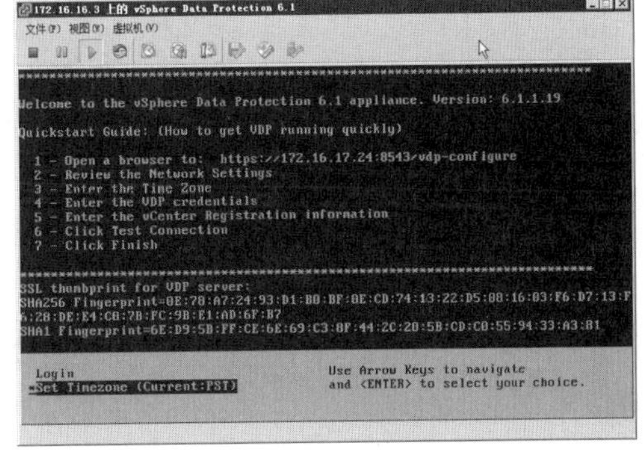

图 2-4-16 VDP 虚拟机启动完成

2.4.2 配置全新的 VDP 虚拟机

配置全新的 VDP 虚拟机，开始的步骤与“2.3.2 配置和安装 VDP 应用装置并连接现有 VDP 备份装置”一节中内容相同，本文只介绍关键步骤。

（1）登录 VDP 配置，输入初始密码 changeme，如图 2-4-17 所示。

（2）在“网络设置”中，输入当前 VDP 规划的 IP 地址 172.16.17.24，设置主要 DNS 为 172.16.17.1、次要 DNS 为 172.16.17.2，主机名称为 vdpa，域名为 heuet.com，如图 2-4-18 所示。

（3）在“VDP 凭据”中，为当前 VDP 虚拟机设置密码，如图 2-4-19 所示。

（4）在“vCenter 注册”对话框中，输入 vCenter Server 的管理员账户（具有 vCenter Server SSO 权限）、密码、vCenter Server 的计算机名称或 IP 地址，然后单击“检测连接”，在连接通过之后，再单击“下一步”按钮，如图 2-4-20 所示。

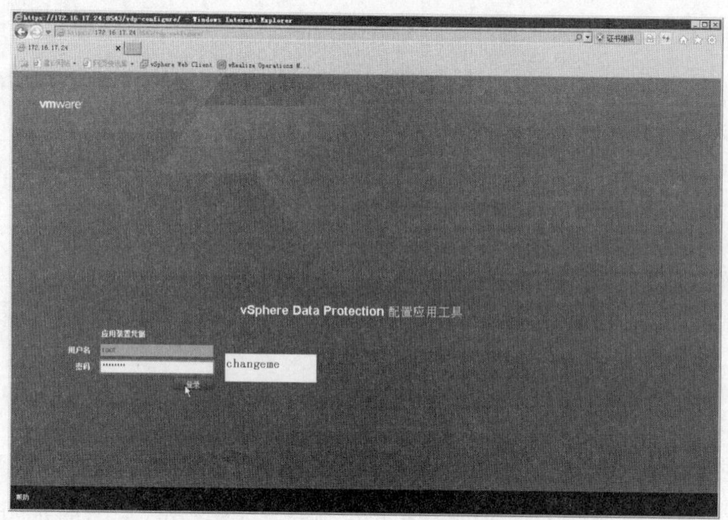

图 2-4-17　输入初始密码

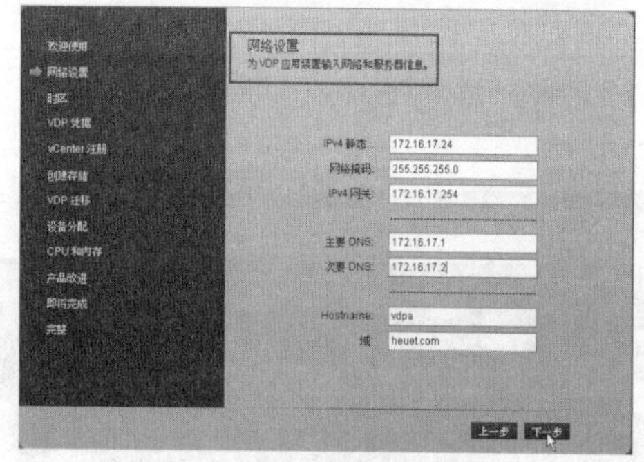

图 2-4-18　网络设置

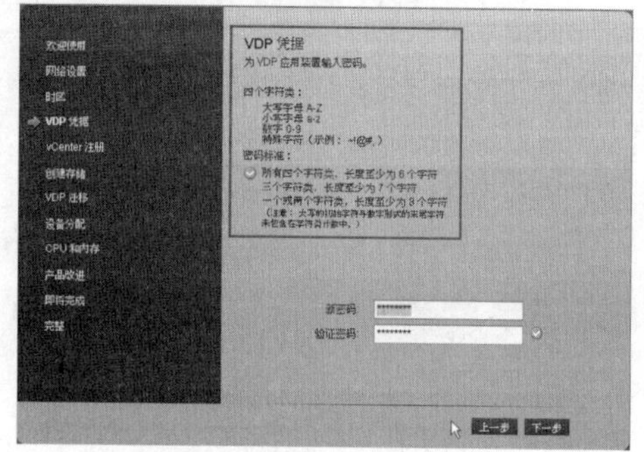

图 2-4-19　为 VDP 设置密码

（5）在“创建存储”对话框，选择“创建新存储”，并且在“容量”处选存储大小，在此选择 4TB，如图 2-4-21 所示。

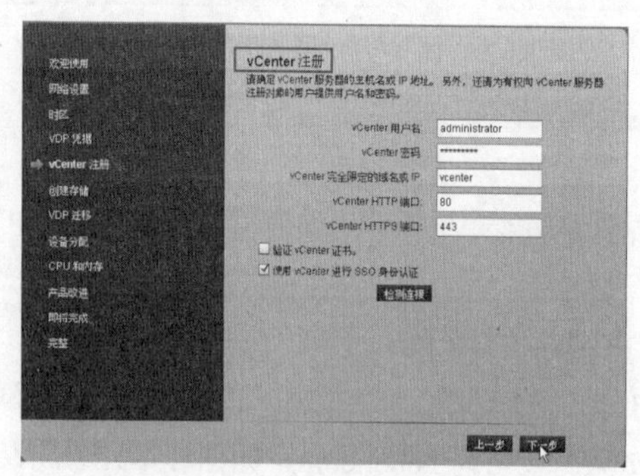

图 2-4-20　vCenter 注册

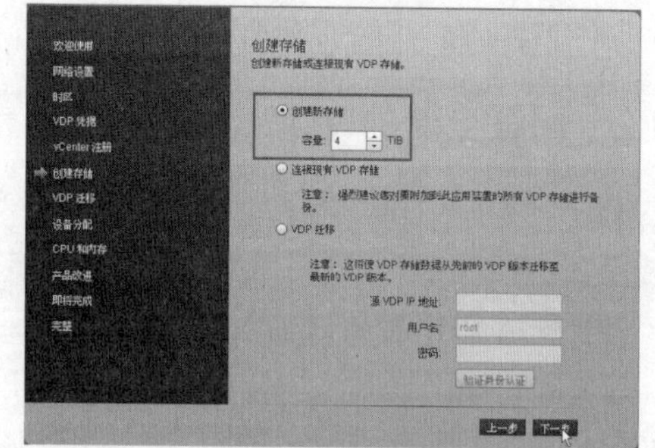

图 2-4-21　创建存储

（6）在“设备分配”对话框，选中“与应用装置一同存储”，并在“调配”下拉列表中选择新建存储的磁盘格式，在此选择“精简”选项，如图 2-4-22 所示。

（7）在“CPU 和内存”对话框，为 VDP 虚拟机分配内存和 CPU 数目，此设置与上一步中分配的存储空间大小有关，如图 2-4-23 所示。

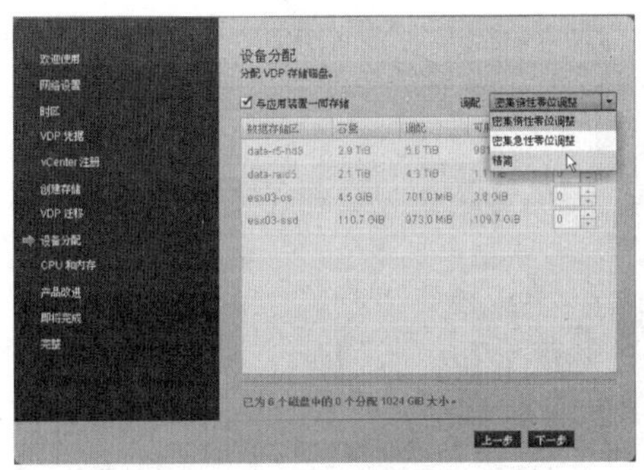

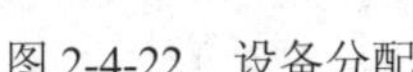
图 2-4-22　设备分配

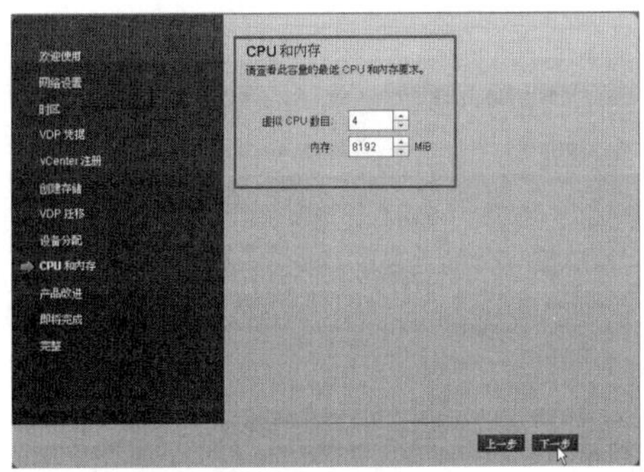

图 2-4-23　分配 CPU 和内存

（8）在“即将完成”对话框，单击“下一步”按钮，如图 2-4-24 所示。

（9）在“警告”对话框，单击“是”按钮，如图 2-4-25 所示。

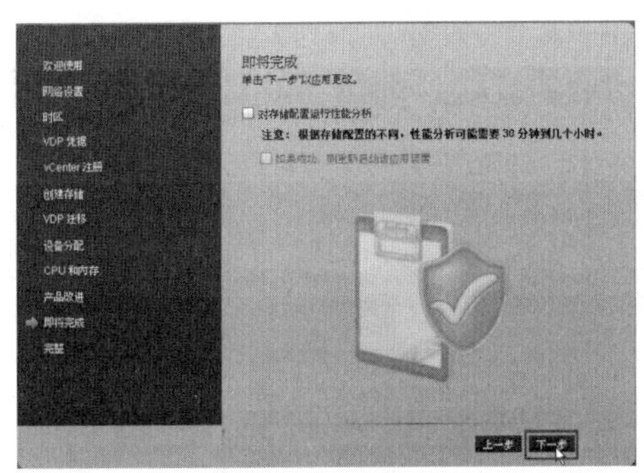

图 2-4-24　即将完成

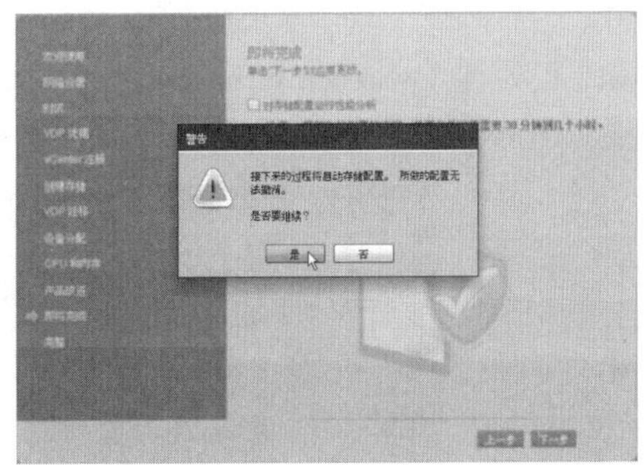

图 2-4-25　确认更改

（10）配置向导开始配置，如图 2-4-26 所示。

（11）完成之后，在弹出的对话框中，单击“立即重新启动”按钮，如图 2-4-27 所示。

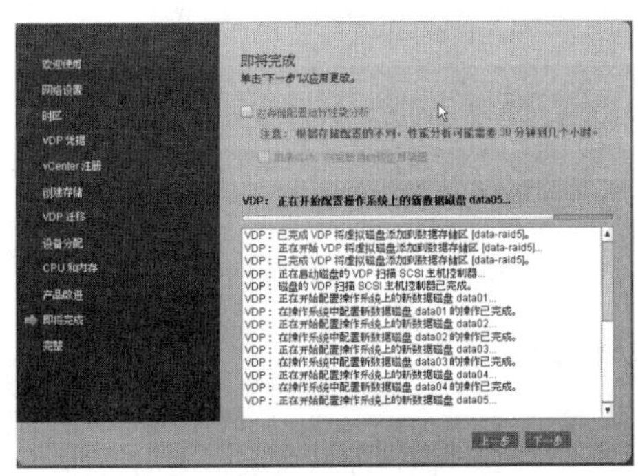

图 2-4-26　配置过程

图 2-4-27　重新启动

（12）再次查看 VDP 虚拟机配置，可以看到当前虚拟机配置已经更改为 8GB 内存、4 个 CPU，并添加了硬盘 2～硬盘 7 共 6 个 1TB 的硬盘，如图 2-4-48 所示。

（13）启动 VDP 虚拟机，打开控制台可以看到，这是一个 SUSE Linux 的界面，如图 2-4-29 所示。

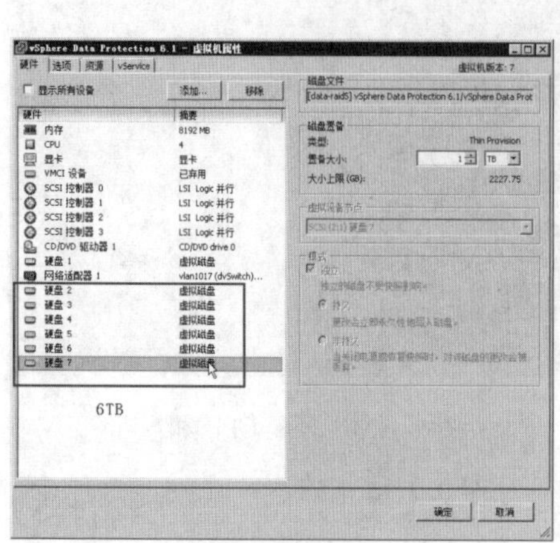

图 2-4-28 查看虚拟机配置

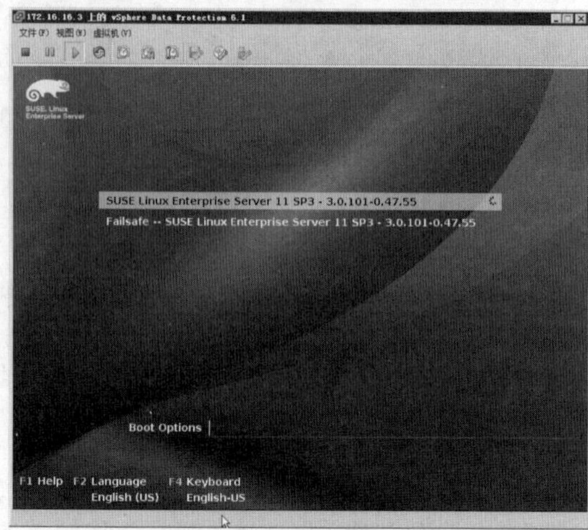

图 2-4-29 VDP 控制台

如果已经打开 vSphere Web Client，请关闭浏览器，并重新登录 vSphere Web Client，此时在导航器及主页中都会看到 VDP 的链接，如图 2-4-30 所示。

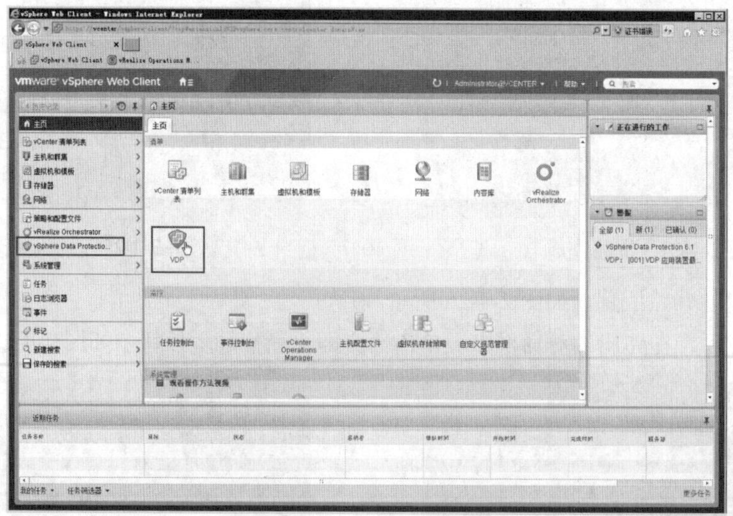

图 2-4-30 VDP 快捷方式

2.5 使用 VDP

在本节将介绍 VDP 的使用，包括访问 VDP、切换 VDP 应用装置、创建或编辑备份作业、恢复作业等操作。

2.5.1 VDP 连接、切换与界面介绍

VDP 只能通过 vSphere Web Client 进行管理，vSphere Client 不支持管理 VDP。

（1）连接 VDP

从 Web 浏览器访问 vSphere Web Client，然后以管理员账户登录。登录之后，在 vSphere Web Client

中，选择“vSphere Data Protection”选项，在“欢迎使用 vSphere Data Protection”对话框中，选择 vSphere Data Protection 应用装置，然后单击“连接”按钮，如图 2-5-1 所示。

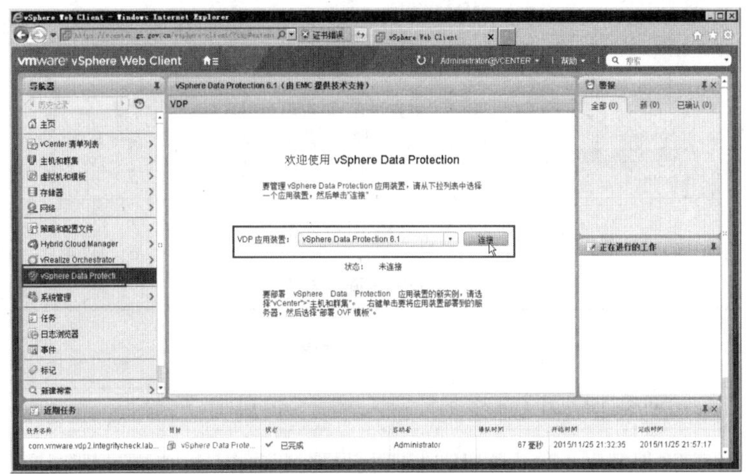

图 2-5-1 连接 VDP

（2）切换应用装置

在 vSphere 6 的环境中，每个 vCenter Server 6 最多支持 20 个 VDP 应用装置。通过在“切换应用装置”选项右侧的下拉列表中选择应用装置，然后单击右侧的“▶”按钮，可以切换应用装置，如图 2-5-2 所示。

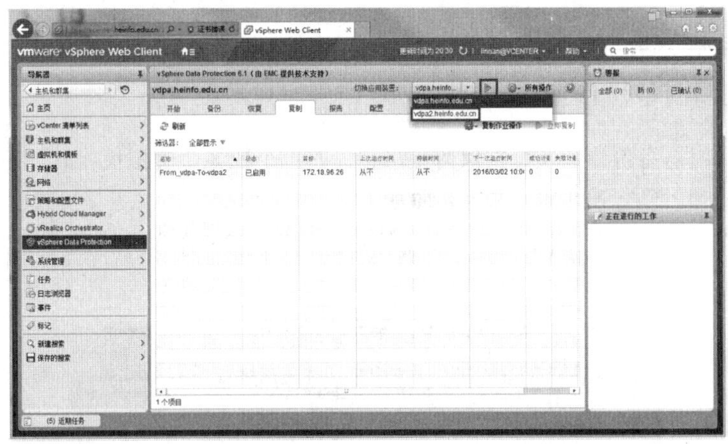

图 2-5-2 切换应用装置

说明： 此下拉列表中的 VDP 应用装置按字母顺序排列，屏幕上所显示的列表第一项可能并非当前的应用装置。

在 VDP 屏幕上，左侧的应用装置名称是当前应用装置，而此下拉列表中的应用装置名称是应用装置列表中的第一个应用装置。

（3）VDP 界面组成

VDP 用户界面由 6 个选项卡组成，如图 2-5-3 所示，具体功能见表 2-3。

图 2-5-3　VDP 用户界面功能

表 2-3　VDP 界面组成及功能

选项卡名称	功能
开始	提供 VDP 功能概述，以及指向“创建备份作业”向导、“恢复”向导及“报告”选项卡（“查看概况”）的快速链接。
备份	提供已计划备份作业的列表及有关每个备份作业的详细信息。还可以在此页面中创建和编辑备份作业。此页也提供了立即运行备份作业的功能。
恢复	提供可以恢复的成功备份的列表。
复制	有了复制功能，当源 VDP 应用装置发生故障时，由于目标上仍有备份可用于复制，因而可避免数据丢失。复制作业决定着复制哪些备份、在什么时间复制这些备份及将它们复制到什么位置。对于按计划或临时对无恢复点的客户端执行的复制作业，仅会将客户端复制到目标服务器。使用 VDP 应用装置创建的备份可以复制到其他 VDP 应用装置、Avamar Server 或 Data Domain 系统。
报告	提供有关 vCenter Server 中的虚拟机的备份状态报告。
配置	显示有关 VDP 具体配置的信息并允许编辑其中的某些设置。

2.5.2　创建或编辑备份作业

备份作业由一组与备份计划及特定保留策略相关的一个或多个虚拟机构成。备份作业使用“创建备份作业”向导加以创建和编辑，操作步骤如下。

（1）在 VDP“备份”选项卡中，单击“备份作业操作”链接，在弹出的下列菜单中选择“新建”，如图 2-5-4 所示。

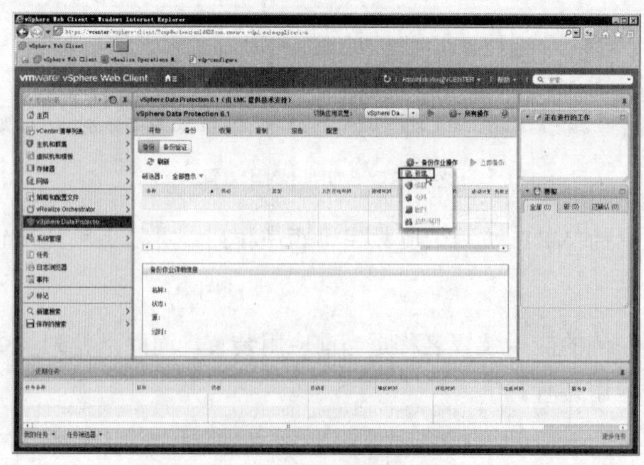

图 2-5-4　创建备份作业

（2）在“作业类型”对话框中，选择备份作业的类型。VDPA 可以备份虚拟机镜像（完整镜像或单个磁盘的镜像）与应用程序（Microsoft 的 Exchange Server、SQL Server、SharePoint Server），在此选择“来宾映像”，如图 2-5-5 所示。

（3）如果作业类型是“来宾映像”，则在“数据类型”对话框中有两个选择，分别是“完整映像”和“单独的磁盘”，如图 2-5-6 所示。

- 如果选择“完整映像”，则备份完整的虚拟机映像；
- 如果选择“单独的磁盘”，则可备份单独的虚拟机磁盘。在此选择“完整映像”。

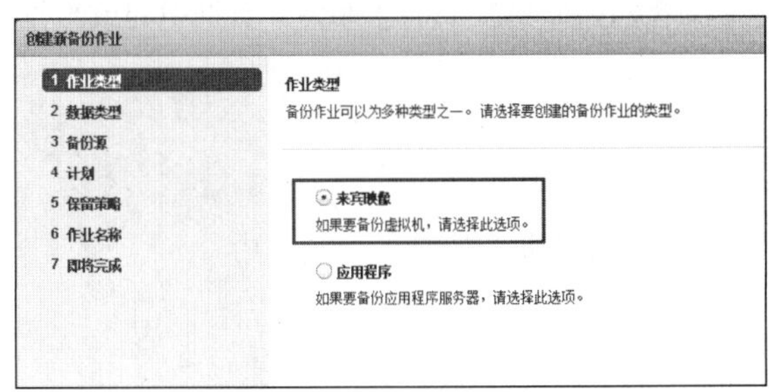

图 2-5-5　作业类型

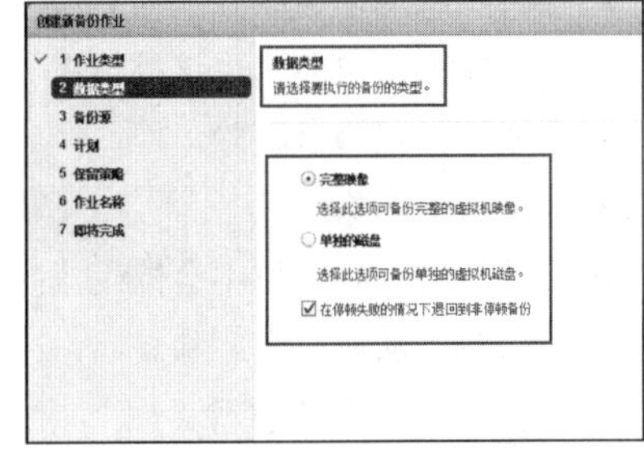

图 2-5-6　数据类型

（4）在“备份源”对话框中，可以指定虚拟机的集合（如数据中心内的所有虚拟机），也可选择单个虚拟机。如果选择整个资源池、主机、数据中心或文件夹，则接下来的备份将包含该容器中的所有新虚拟机。

- 如果选择某个虚拟机，则备份中将包含添加到该虚拟机的所有磁盘。
- 如果某个虚拟机从已选定的容器移动到其他未选定的容器，则备份将不再包含该虚拟机。
- 可以手动选择要备份的虚拟机，这可以确保即使该虚拟机已发生移动，也会对它进行备份。

在此根据需要选择要备份的虚拟机，如图 2-5-7 所示。

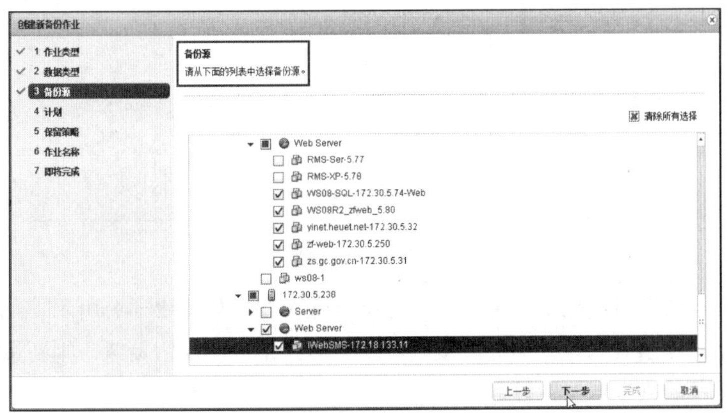

图 2-5-7　选择要备份的虚拟机

VDP 将不会备份以下专用虚拟机。虽然在该向导中，可以选择这些虚拟机，不过在单击“完成”来完成该向导时，系统将会显示一条警告，称未向该作业添加这些专用虚拟机。

- vSphere Data Protection（VDP）应用装置。
- vSphere Storage Appliance（VSA）。

- VMware Data Recovery（VDR）应用装置。
- 模板。
- 辅助容错节点。
- 代理。
- Avamar Virtual Edition（AVE）服务器。

在出现以下情况时，会导致虚拟机（VM）客户端被停用，从而无法用作备份、恢复或复制作业的候选对象。

- 主机：从清单中删除（当删除主机的任何父级容器如群集、主机文件夹、数据中心或数据中心文件夹时也会出现这种情况）。
- 虚拟机：从磁盘删除。
- 从清单中删除。

出现以下情况时，将不会停用虚拟机客户端，并且子级虚拟机将依然在清单中。

- 资源池：从清单中删除。
- vApp：从清单中删除。
- 主机：断开连接。
- 主机：进入维护模式。
- 主机：关闭。

（5）在“计划”对话框，可指定备份作业中虚拟机的备份时间间隔。备份将在尽可能接近备份窗口开始时间的时间进行。可用的时间间隔有：每日、每周（于指定日期）、每月（于每月中的指定日期），如图 2-5-8 所示。

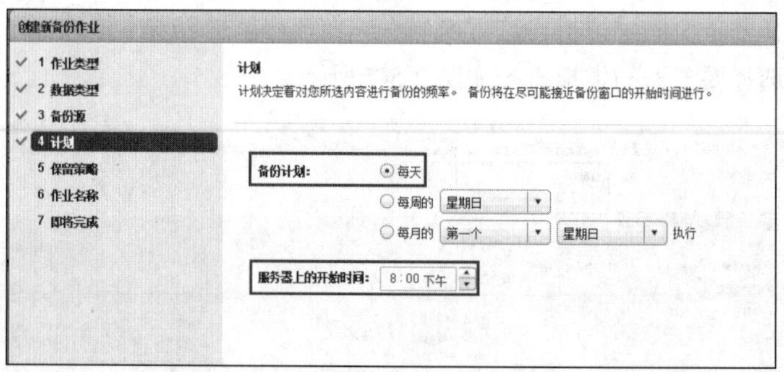

图 2-5-8　计划

（6）在“保留策略”对话框中，可以为备份指定保留期，如图 2-5-9 所示。从备份作业创建每个恢复点时，该恢复保留其创建时的保留策略，如果修改备份的保留策略，则新策略仅影响新创建的恢复点，以前创建的恢复点保留以前的保留策略。

前 3 个选项：“永远”、“时长”和“直到”，均同样地适用于组中所有虚拟机的所有备份。

- “永远”：此备份作业中虚拟机的所有备份将永不删除。
- “时长”为指定的时间间隔：此备份作业中虚拟机的所有备份将自备份创建之日起一直保存至指定时间间隔结束为止。时间间隔可以天、周、月或年为单位指定。

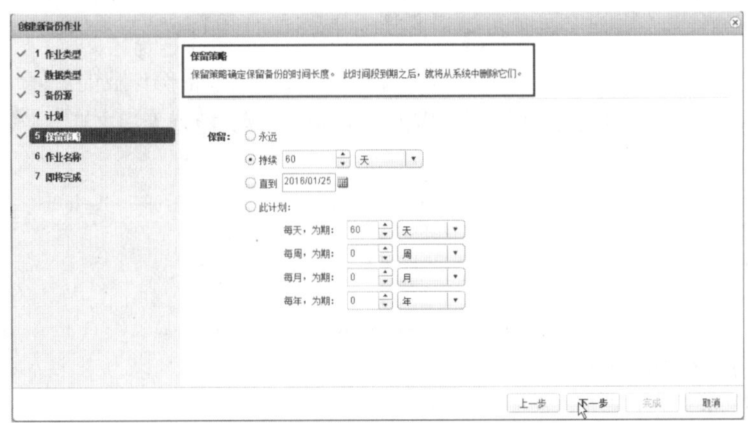

图 2-5-9　保留策略

- “直到”指定的日期：此备份作业中虚拟机的所有备份将在“直到”字段中指定的日期删除。

第 4 个选项“此计划”或“自定义保留计划”只适用于在内部分配特殊的“每日”、“每周”、“每月”或“每年”标记的备份。

【说明】“此计划”默认值为 60 天。“自定义保留期”的默认值为“永不”。

给定日期的第一个备份将收到“每日”标记。如果此备份还是本周的第一个备份，则还将收到“每周”标记。如果此备份还是本月的第一个备份，则还将收到“每月”标记。如果此备份是本年的第一个备份，则将收到“每年”标记。“此计划”或自定义保留计划中指定的时间间隔只适用于具有内部标记的备份。

为分配“每日”、“每周”、“每月”或“每年”内部标记的备份指定保留时间间隔。由于备份可能有多个内部标记，因此时间间隔最长的标记具有优先权。例如，如果将具有“每周”标记的备份设置为保留 8 周，将具有“每月”标记的备份设置为保留 1 个月，则同时分配“每周”和“每月”标记的备份将保留 8 周。

（7）在“创建新备份作业”向导的“名称”对话框中，可为备份作业指定名称。该名称必须是唯一的，长度最多为 255 个字符。在此设置备份作业名称为 JST2016-01，如图 2-5-10 所示。

图 2-5-10　备份作业名称

【说明】在备份作业名称中不能使用以下字符：~!@$^%(){}[]|,`;#\/:*?<>'"&。

（8）在“即将完成”对话框中显示备份作业摘要。如果要更改备份作业的任何设置，可使用“后退”按钮返回相应屏幕，或单击向导屏幕左侧相应的编号步骤。检查无误之后，单击“完成”按钮，如图 2-5-11 所示。

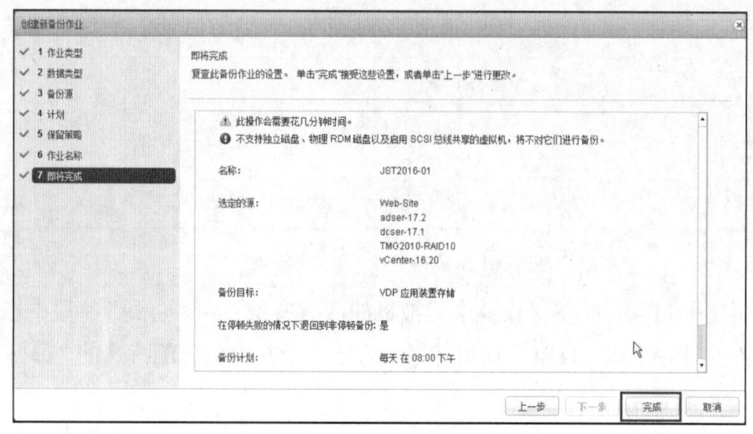

图 2-5-11　即将完成

【说明】完整映像备份作业会将整个虚拟机中的所有磁盘聚合成一份映像备份，而单独磁盘备份作业则允许只选择需要的磁盘。在使用此功能时，可以根据特定的配置条件进行筛选，例如，按操作系统或按保留策略筛选。在规划单独磁盘备份时，请确保 VDP 支持所用的磁盘，目前 VDP 不支持以下类型的虚拟硬件磁盘。

- 独立磁盘。
- RDM 独立磁盘——虚拟兼容模式。
- RDM 物理兼容模式。
- 与 SCSI 控制器相连并且启用总线共享的虚拟磁盘。

如果虚拟机包含不受支持的 VMDK，则该 VMDK 将显示为灰色，相应的复选框将不可用。

2.5.3　查看状态和备份作业详细信息

“备份”选项卡上显示了已通过 VDP 创建的备份作业的列表。单击备份作业，即可在“备份作业详细信息”窗格中查看该作业的详细信息。

- 名称：备份作业的名称。
- 状态：备份作业是已启用还是已禁用。
- 源：备份作业中虚拟机的列表。如果该备份作业中的虚拟机超过 6 个，将出现一个“更多”链接。单击“更多”链接将出现“受保护项列表”对话框，其中显示了该备份作业中所有虚拟机的列表。
- 过时：上次运行该作业时备份失败的所有虚拟机的列表。如果过时的虚拟机超过 6 个，则会显示一个“更多”链接。单击“更多”链接将出现“受保护项列表”对话框，其中显示了该备份作业中所有虚拟机的列表。

在创建备份作业之后，在“备份”选项卡中，可以选中新创建的备份作业，在“备份作业操作”命令中，选择相关的命令进行以下操作，如图 2-5-12 所示。

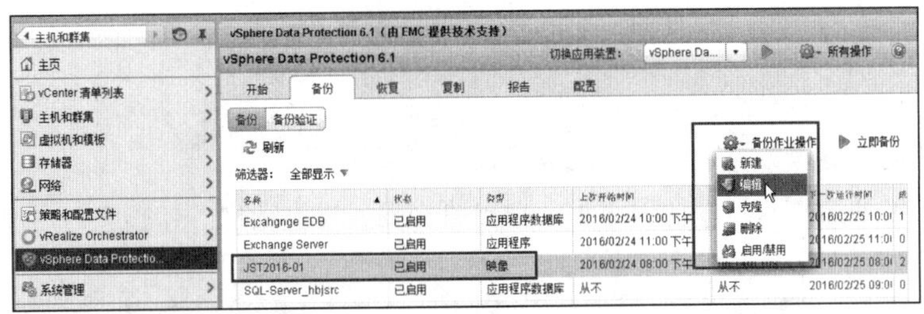

图 2-5-12　备份作业操作

（1）编辑备份作业。

创建一个备份作业后，可通过突出显示该备份作业并选择“备份作业选项→编辑”选项，编辑该备份作业。

（2）克隆备份作业。

以该作业为模板创建其他作业。执行克隆操作将会启动“克隆备份作业”向导，并使用原始作业中的信息来自动填写该向导的前三页（即“虚拟机”、“计划”和“保留策略”）。通过克隆得到的作业需要有一个唯一名称。从原作业复制的任何设置均可修改。

（3）删除备份作业。

创建一个备份作业后，可通过突出显示该备份作业并选择“备份作业选项→删除”选项，删除该备份作业。

【注意】在“备份”选项卡中使用“删除”时，删除的只是作业。VDP 仍将根据该作业的保留策略，保留该作业之前创建的所有备份。要删除备份，可在“恢复”选项卡中使用“删除”。

（4）启用或禁用备份作业。

如果要临时禁止备份作业运行，可以禁用该作业。编辑和删除已禁用的备份作业，但在已禁用的作业重新启用前，VDP 不会运行它。

通过突出显示备份作业并选择“备份作业选项→启用/ 禁用”选项，启用或禁用这些备份作业。

（5）立即运行现有备份作业。

在通常情况下，备份作业会在晚上空闲时间（后文介绍该时间设置）备份作业中指定的虚拟机。但也可以在“备份”选项卡中，选择一个或多个作业（单击时可同时使用“Ctrl”或“Shift”键选择多项），然后单击“立即备份”按钮，并选择“备份所有源”还是“只备份过时源”，以立刻启用备份，如图 2-5-13 所示。

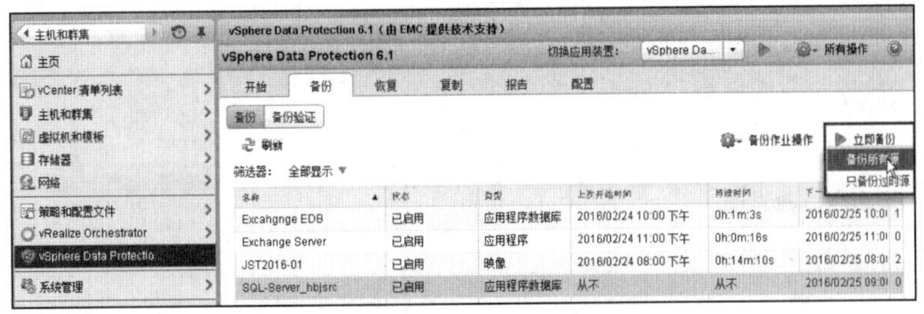

图 2-5-13　立刻备份

2.5.4 从 VDP 备份恢复虚拟机

如果要从备份中恢复虚拟机，可以有两种恢复方式，一是恢复整个虚拟机（即恢复虚拟机的所有磁盘），另一个是恢复虚拟机中的某个磁盘，操作步骤如下。

（1）在 VDP 屏幕的“入门”选项卡上，单击“恢复备份”选项，如图 2-5-14 所示。

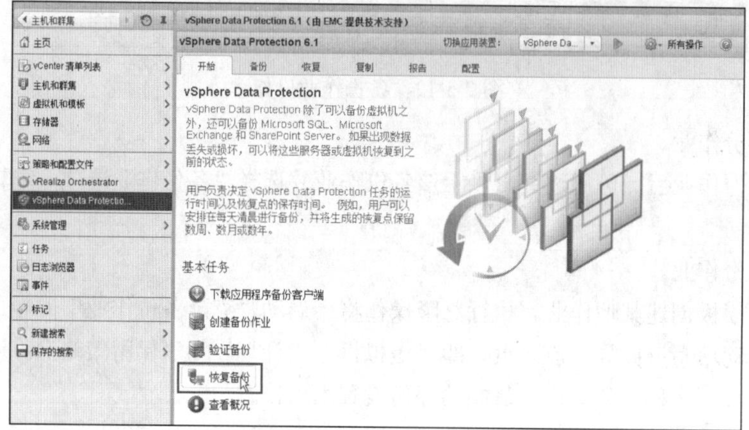

图 2-5-14 恢复映像备份

（2）从“恢复”选项卡中选择一个要恢复的虚拟机，如本示例为“dcser-17.1”的虚拟机，如图 2-5-15 所示，然后用鼠标双击。

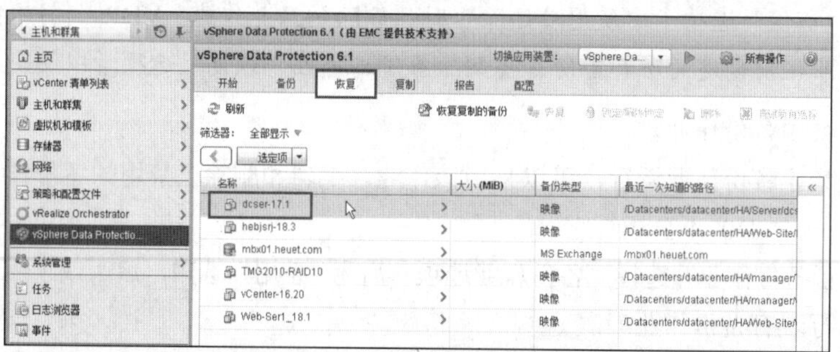

图 2-5-15 双击要恢复的虚拟机

（3）双击之后，会显示当前虚拟机已经备份的选项，选择其中的一个备份项，一般选择时间最近的备份项，然后单击“恢复”按钮，进入恢复向导，准备恢复，如图 2-5-16 所示。

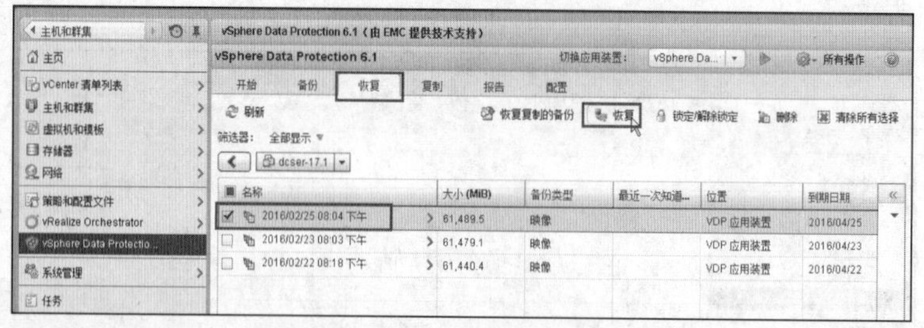

图 2-5-16 从清单中选择恢复到哪个备份

选择之后，可以单击“⊂”按钮后退，继续选择要恢复的虚拟机。即在同一个恢复向导中，可以选中多个虚拟机进行恢复。

如果要在图 2-5-16 中继续双击，则会列出当前虚拟机的所有磁盘，如图 2-5-17 所示。可以选择其中的一个或多个磁盘进行恢复。

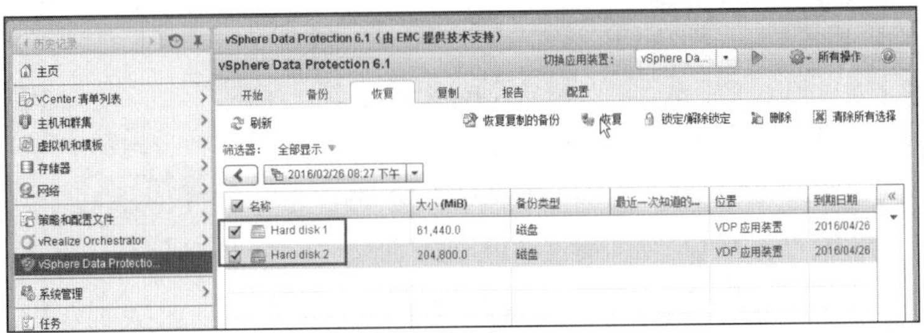

图 2-5-17　选中一个或多个磁盘进行恢复

【说明】恢复整个虚拟机与恢复整个或多个磁盘，后续步骤相似，不再赘述。

（4）在图 2-5-16 中，选中整个虚拟机，然后单击“恢复”选项，进入“选择备份”对话框，验证要恢复的列表是否正确，如图 2-5-18 所示。

（5）在“恢复备份”向导的“设置恢复选项”对话框中，可指定要将备份恢复到的位置，如图 2-5-20 所示。

- 如果选中“恢复到原始位置”勾选框，备份将恢复到其原始位置。
- 如果原始位置仍存在该 vmdk 文件，系统会覆盖它。
- 如果选中“恢复虚拟机以及配置”勾选框，则同时会恢复虚拟机的配置文件（即虚拟机的内存、CPU、网卡等配置），如图 2-5-19 所示恢复虚拟机的配置。

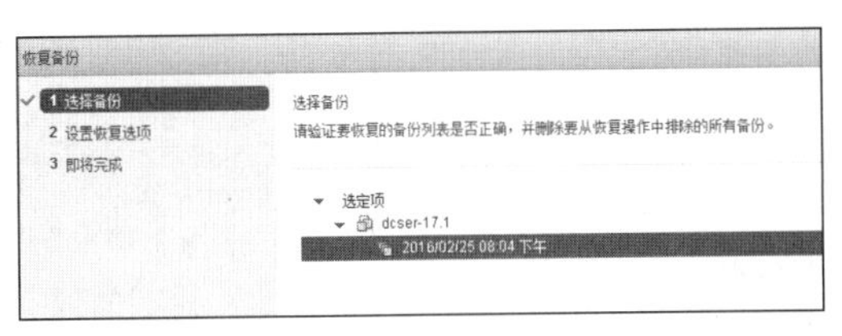

图 2-5-18　选择备份

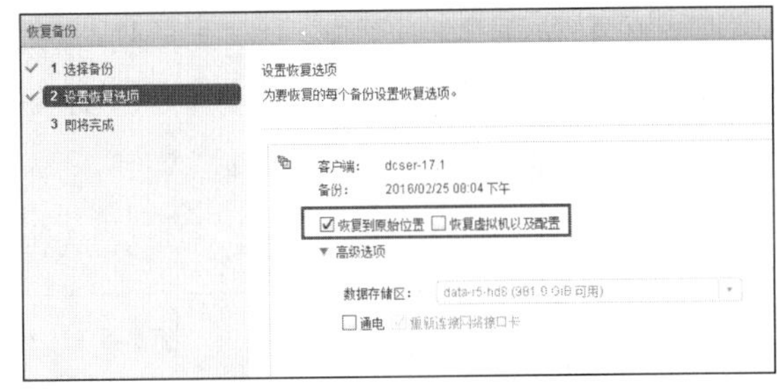

图 2-5-19　恢复选项

（6）对于大多数的管理员来说，一旦用到数据恢复或虚拟机恢复，表示原来正在使用的虚拟机可能因为各种原因不能正常工作或丢失了数据，就会变得更加谨慎小心，因此会有顾虑：如果选择“恢复到原始位置”，而备份有问题，恢复的数据比现有数据“更有问题”怎么办？对于这种情况，可以将虚拟机恢复到一个新的位置，并且启动恢复后的虚拟机，等虚拟机启动之后进行检查，如果恢复后的虚拟机可以满足要求，就可以再次运行恢复向导，将虚拟机恢复到原始位置。如果选择将虚拟机恢复到新的位置，在启动恢复后的虚拟机之前，修改虚拟机的网络标签到其他 VLAN，这样可以避免恢复的虚拟机与当前正在运行（可能是有问题）的虚拟机的 IP 地址冲突。

在图 2-5-19 中取消“恢复到原始位置”的选择，此时会弹出新的对话框，为恢复的虚拟机命名一个新的名称，如图 2-5-20 所示，一般采用此名称时，表示这是一个恢复的、用于检查测试的虚拟机。

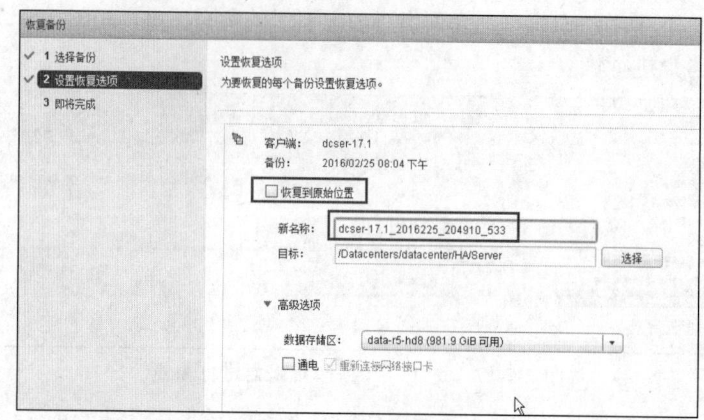

图 2-5-20　恢复到新位置

（7）在“恢复映像备份”向导的“即将完成”对话框中显示了将恢复的虚拟机的摘要。此摘要会明确说明将替换多少个虚拟机（或恢复到其原始位置），以及将创建多少个虚拟机（或恢复到新位置），如图 2-5-21 所示，单击“完成”按钮。

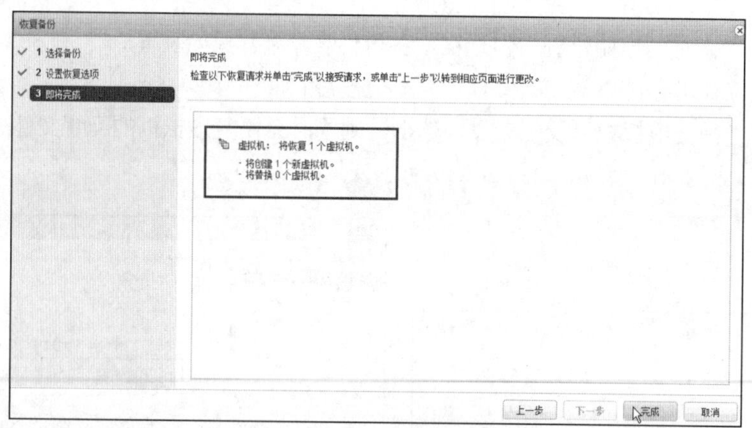

图 2-5-21　即将完成

如果要更改恢复请求的任何设置，可使用“上一步”按钮返回相应屏幕，或者单击向导屏幕左侧有编号的相应步骤标题。

（8）在“信息”对话框，单击“确定”按钮，如图 2-5-22 所示。

（9）此时在 vSphere Client 中，在“近期任务”中，将会显示恢复的进程，同时会创建恢复的虚拟机，如图 2-5-23 所示。

信息
已成功启动恢复。
确定

图 2-5-22　信息

【说明】早期版本的 VDP 即使在原始虚拟机包含快照时也允许用户执行到该虚拟机的恢复。使用 VDP 5.5 及更高版本时，不允许虚拟机上存在快照。所以在执行任何恢复前，请先从虚拟机中删除可能存在的所有快照。如果要恢复到包含快照的虚拟机，恢复作业将会失败。

【注意】许多管理员习惯通过为虚拟机创建“快照”的方式进行“备份”，实际上这不是备份，只是保存了一个系统的状态。强烈建议不要有这种行为，因为一旦管理员误操作，恢复到以前快照，那么从该快照之后的所有设置、数据将会被删除并且无法恢复。

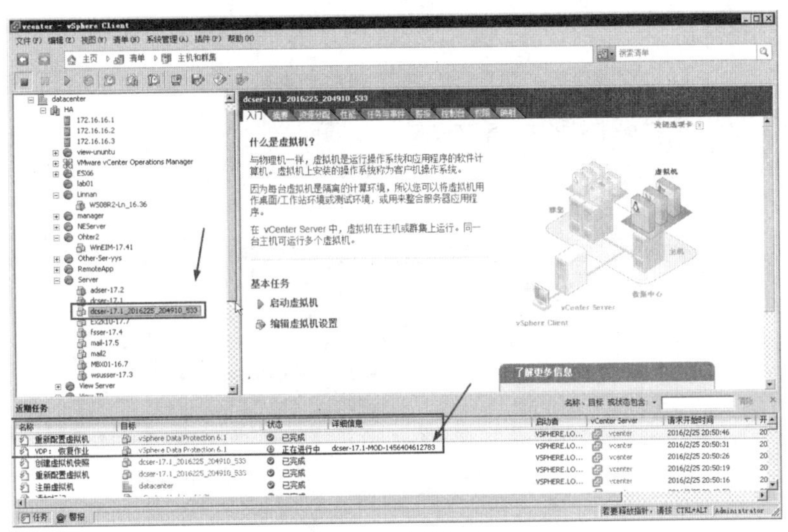

图 2-5-23　近期任务

2.5.5　检查恢复后的虚拟机

当虚拟机恢复之后，需修改虚拟机的网络设置（修改为另一个交换机的端口），这样可以防止恢复后的虚拟机的 IP 地址与原有的虚拟机冲突。检查无误后就可以关闭原来有问题的虚拟机，使用新恢复的虚拟机代替原虚拟机工作。除此之外，也可以重新启动恢复向导，在恢复向导中覆盖原虚拟机，等恢复完成，启动覆盖后的虚拟机，待检查无误之后，删除这个用于测试的恢复后的虚拟机。

本小节介绍修改虚拟机端口的方法，测试恢复的虚拟机是否可以正常工作；主要操作步骤如下。

（1）在 vSphere Client 中，选中恢复后的虚拟机，在此虚拟机名称为“dcser-17.1_2016225_204910_533”，单击“编辑虚拟机设置”按钮，如图 2-5-24 所示。

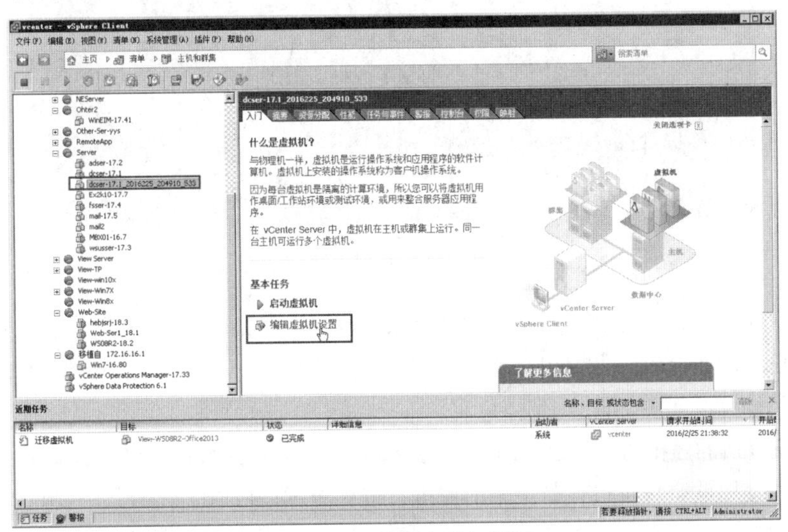

图 2-5-24　编辑虚拟机设置

（2）在“虚拟机属性”对话框中，修改网络适配器，修改为另一个网段，例如，在当前的环境中，原来虚拟机使用 vlan1017 的网络标签，在此修改为 vlan1020，如图 2-5-25 所示。修改之后单击

“确定”按钮，保存设置。

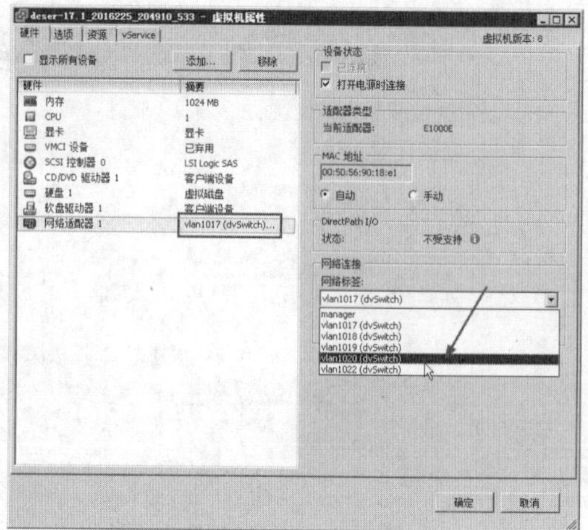

图 2-5-25　修改虚拟机网络连接

（3）启动虚拟机，这是一个 Active Directory 的虚拟机，输入用户名、密码登录，如图 2-5-26 所示。

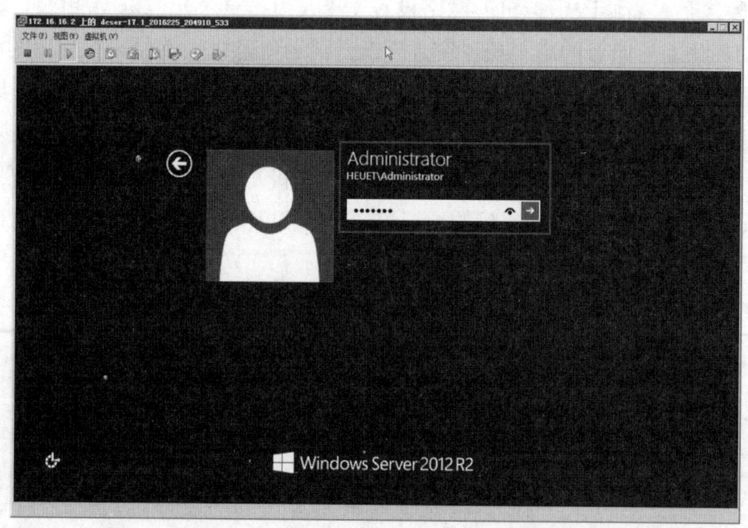

图 2-5-26　输入管理员账户登录

（4）在进入系统时，会弹出一个“关闭事件跟踪程序”对话框，因为备份的是“正在运行”的虚拟机，而备份的时候，没有保存内存状态，所以恢复后的是一个“强制关机”的虚拟机。在此输入一个意外关闭原因，如图 2-5-27 所示。

（5）检查恢复后的虚拟机，重点是虚拟机的设置、数据，以及硬盘上的数据，如图 2-5-28 所示。

（6）如果你使用这个虚拟机代替原来的虚拟机进行测试，可以先关闭原来有问题的虚拟机，等原来有问题的虚拟机关闭之后，修改当前虚拟机的设置，如图 2-5-29 所示。

（7）在“虚拟机属性”对话框中，将网络适配器改为原来的 vlan1017 即可，如图 2-5-30 所示。

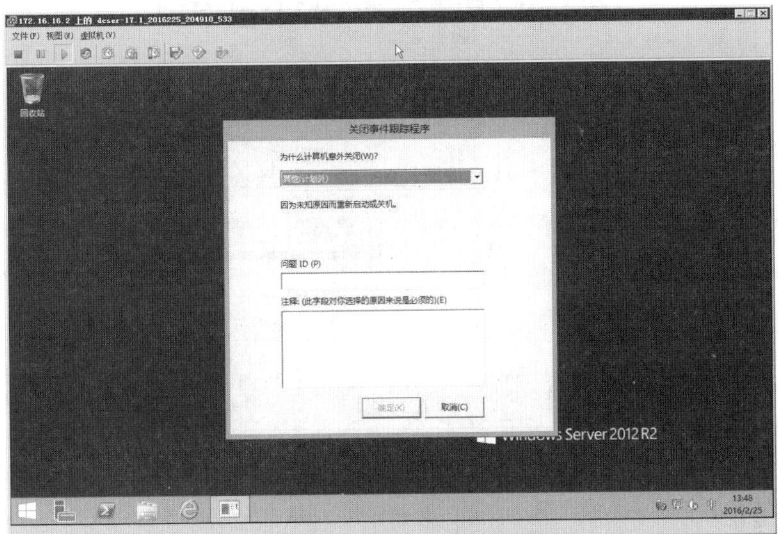

图 2-5-27　关闭事件跟踪程序

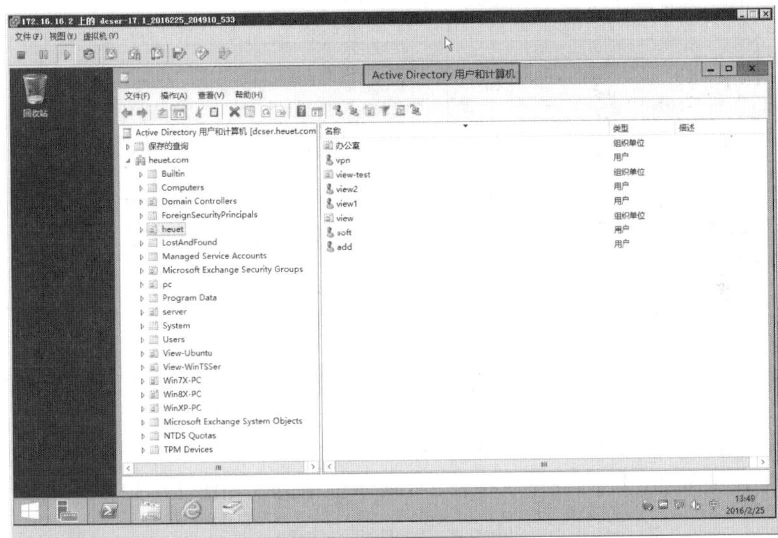

图 2-5-28　检查恢复后的虚拟机

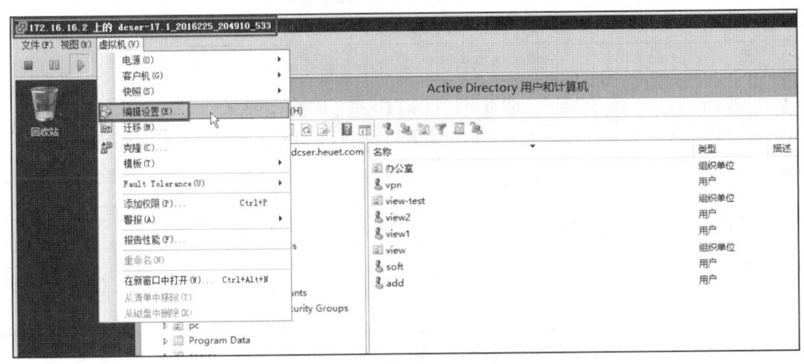

图 2-5-29　编辑设置

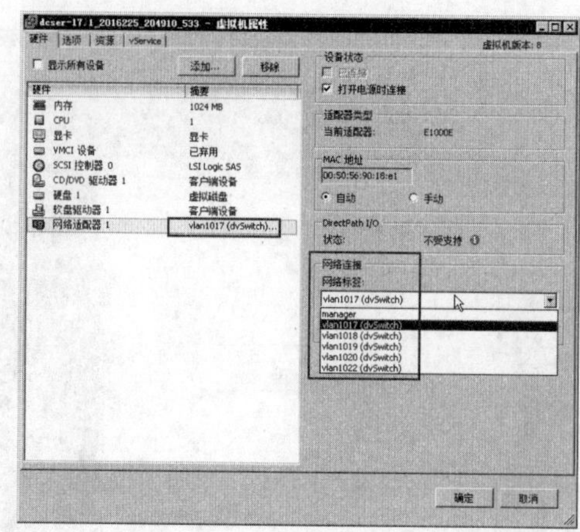

图 2-5-30　修改为正确的 vlan

2.5.6　删除备份

VDP 将根据备份作业中设置的保留策略来删除备份。也可以从“恢复”选项卡中选择要删除的备份作业，然后单击“删除”图标手动删除，如图 2-5-31 所示。

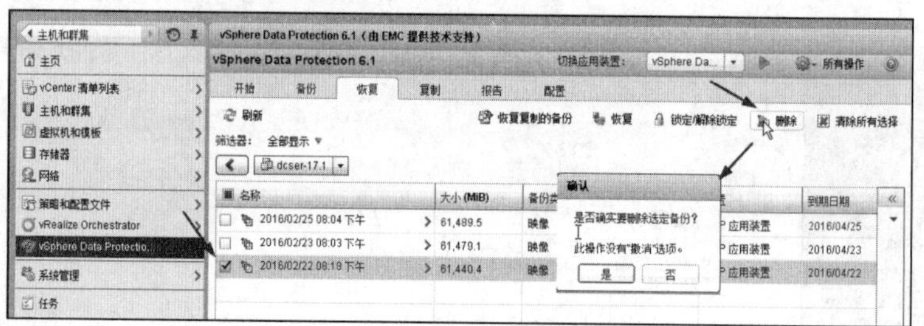

图 2-5-31　手动删除备份

2.5.7　报告信息

单击“报告”选项卡，查看 VDP 报告信息。

（1）“报告”选项卡的上半部分显示如表 2-4 所示的信息（如图 2-5-32 所示）。

表 2-4　VDP 报告信息

信息名称	详细说明
应用装置状态	VDP 应用装置的状态
完整性检查状态	单击绿色的向右箭头可启动完整性检查，此值状态为“正常”或“过时” “正常”表示过去两天内成功完成了完整性检查 “过时”表示过去两天内未执行完整性检查或完整性检查未成功完成
已用容量	备份所用容量占 VDP 总容量的百分比
最近失败的备份	在最近一次完成的备份作业中，备份失败的虚拟机数量
最近失败的备份验证	最近失败的备份验证作业数目
最近失败的复制	最近失败的复制作业数目
受保护的虚拟机总数	VDP 应用装置上受保护的虚拟机总数

图 2-5-32　报告

（2）在“任务失败”选项卡（如图 2-5-33 所示）显示有关过去 72 小时内失败的作业详细信息，如表 2-5 所示。

表 2-5　任务失败选项卡信息

信息名称	详细说明
失败时间	作业失败的日期和时间
原因	作业失败的原因
客户端名称	与 vCenter 关联的客户端
作业名称	失败作业的名称
作业类型	失败作业的类型，例如，“计划备份”或“按需备份”
下次运行时间	按计划下次运行该作业的日期和时间

图 2-5-33　虚拟机信息

（3）在“作业详细信息”选项卡，可选择企事业的类型（备份、复制或备份验证），并显示选定作业的详细信息。“备份”为默认作业类型，如图 2-5-34 所示。

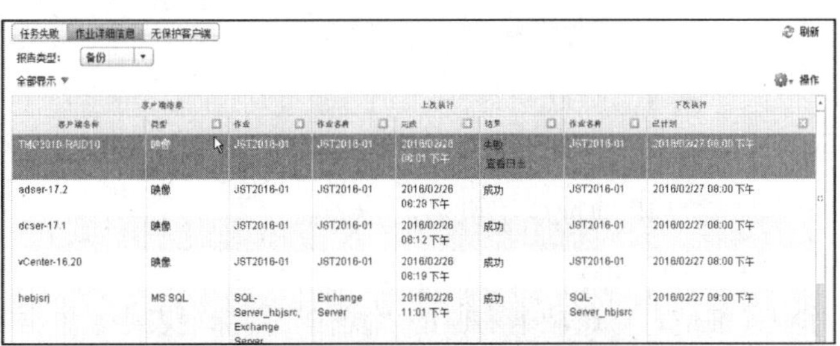

图 2-5-34　作业详细信息

作业详细信息由 3 个部分组成，分别是“客户端、上次执行、下次执行”。其中在“客户端信息”中有以下几项。

- 客户端名称：与 vCenter 关联的客户端。Replicate 域中的常规虚拟机客户端和已停用的虚拟机客户端会显示追加到复制、恢复和导入的名称且经过哈希处理的掩码值。
- 类型：显示类型有“映像 MS SQL Server、MS SharePoint Server、MS Exchange Server”，应用程序（MS SQL Server、MS SharePoint Server、MS Exchange Server）。
- 作业：作业名称，如果一个虚拟机驻留在两个不同的作业中，则会显示多个作业名称。

“上次执行”有以下几项。

- 作业名称：作业的名称。
- 完成：作业完成的日期和时间。
- 结果：作业是已成功、已失败还是已取消。

“下次执行”显示以下几项。

- 作业名称：显示计划运行的下一作业的名称。如果一个虚拟机驻留在两个采用不同计划的不同作业中，则会显示计划运行的下一作业名称。
- 已计划：按计划该作业下次运行的日期和时间。

也可以从位于“作业详细信息”选项卡右侧的“操作”图标列表中执行以下任务。

- 导出到 VCS：单击此任务可将当前表导出为逗号分隔值（.CSV）文件。
- 显示所有列：通过单击列名称上的“×”可隐藏一个或多个列，然后单击“显示所有列”可在用户界面中显示隐藏的列。

（4）在“无保护客户端”选项卡，显示没有受保护的虚拟机，如图 2-5-35 所示。

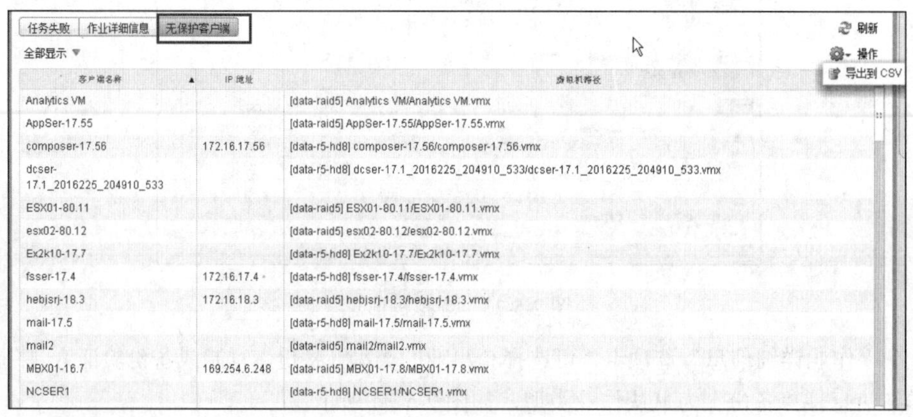

图 2-5-35　无保护客户端

在此有以下选项卡。

- 客户端名称：无保护客户端的虚拟机名称。
- IP 地址：无保护客户端的 IP 地址或主机名。
- 虚拟机路径：虚拟机所有的路径。

也可以从位于“作业详细信息”选项卡右侧的“操作”图标列表中，单击“导出到 VCS“，单击此任务可将当前表导出为逗号分隔值（.CSV）文件。

2.5.8 备份应用装置

“备份应用装置”中提供的信息包括“备份应用装置详细信息”、“存储摘要”和“备份窗口配置”信息，如图 2-5-36 所示，下面重点介绍一下“备份窗口配置”。

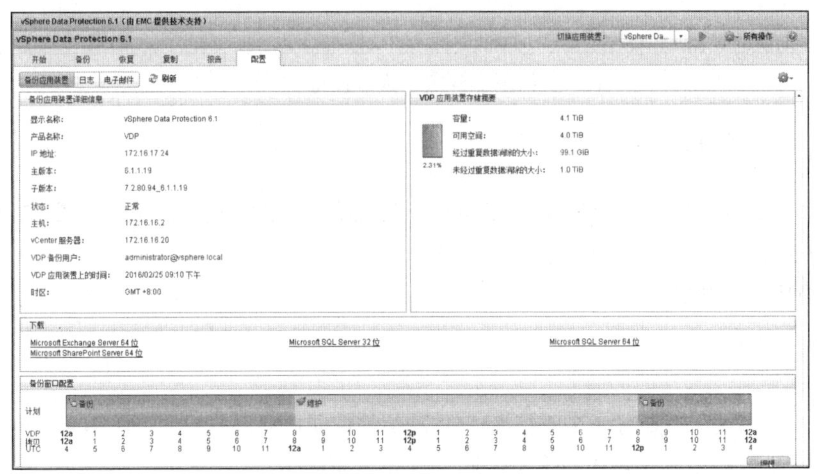

图 2-5-36 备份应用装置

“备份窗口配置”以图形方式显示备份窗口配置。每天 24 小时分为以下 3 个运行窗口。

（1）备份窗口。每天为执行正常的计划备份保留的时间段。

（2）维护窗口。每天为执行 VDP 日常维护活动（如完整性检查）保留的时间段。当 VDP 处于维护模式时，请勿计划备份或执行“立即备份”。否则的话，备份作业虽然将会运行，但会占用 VDP 在执行维护任务时所需的资源。

在维护窗口开始时已处于运行状态或者在维护窗口期间运行的作业将继续运行。

（3）中断窗口。每天为执行需要不受限制地访问 VDP 应用装置的服务器维护活动保留的时间段（如评估备份保留期）。这些活动将被授予最高优先级，它们将取消所有正在进行的备份。此外，在运行这些高优先级流程时，不允许启动任何备份作业。不过，一旦这些高优先级流程完成工作，即使为中断窗口分配的时间未用完，也允许运行备份作业。

在中断窗口开始时已处于运行状态或者在中断窗口期间运行的作业可以继续运行。不过，中断窗口中的某些维护流程可能会取消这种作业。

可以根据需要更改可用于处理备份请求的时间，方法如下。

（1）在备份窗口配置选项中，如图 2-5-37 所示，单击“编辑”按钮。

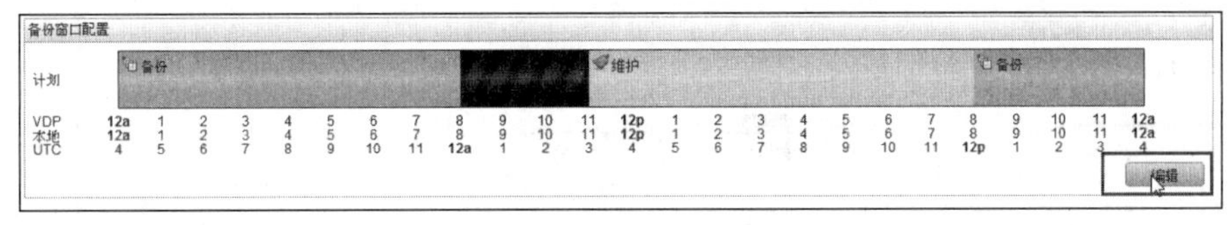

图 2-5-37 编辑

（2）设置“备份开始时间”、“备份持续时间”、“中断持续时间”，如图 2-5-38 所示。设置之后单击“保存”按钮。

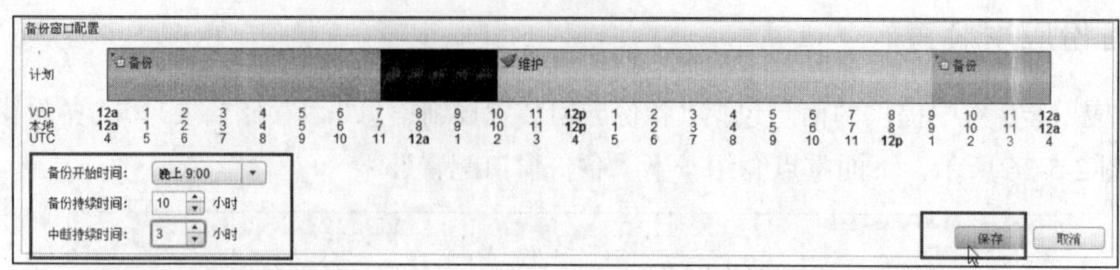

图 2-5-38　编辑时间

2.5.9　配置电子邮件

可以配置 VDP 以便将 SMTP 电子邮件报告发送给指定的收件人。如果启用电子邮件通知，则将发送电子邮件，其中包含下列信息。

- VDP 应用装置状态。
- 备份作业摘要。
- 虚拟机摘要。

在配置电子邮件时，需要有一个支持 SMTP 发信的电子邮件。并记录下所需要的电子邮件地址、STMP 服务器地址及端口、邮箱用户名及密码，操作步骤如下。

（1）在“配置→电子邮件”选项卡中单击“编辑”按钮。

（2）选中“启用电子邮件报告”，在“发送邮件服务器”地址栏中，输入要用于发送电子邮件的 SMTP 服务器的名称。此名称可以为 IP 地址、主机名称或完全限定的域名。VDP 应用装置需能够解析所输入的名称。在默认情况下，未经验证的电子邮件服务器的默认端口为 25。经验证的邮件服务器的默认端口为 587。

对于国内大多数邮件服务器来说，其默认端口为 25，但邮件服务器都需要验证。对于这种情况，可以在服务器名称后面附加一个端口号。例如，QQ 企业邮箱的服务器地址是 smtp.exmail.qq.com，端口号为 TCP 的 25，则输入 smtp.exmail.qq.com:25，如图 2-5-39 所示。

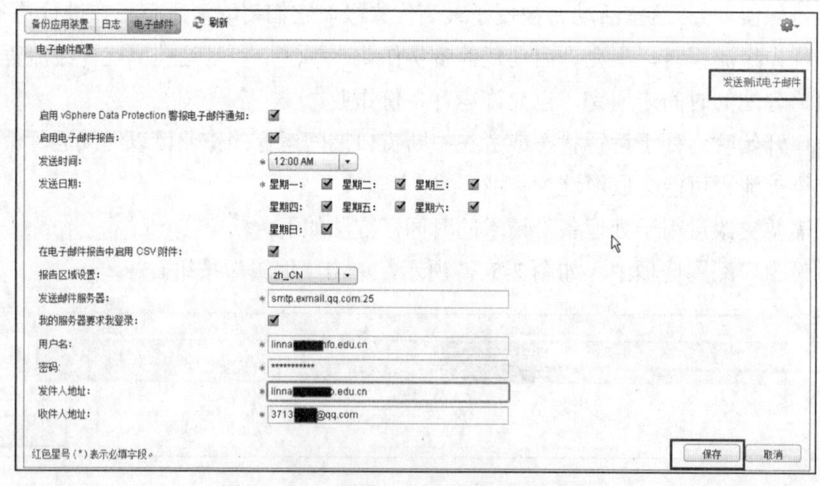

图 2-5-39　指定邮件服务器地址及端口

然后输入用户名、密码，并选中“我的服务器要求我登录”，输入“收件人地址”、“发送时间”、“发送日期”等，然后单击“保存”按钮。

【说明】如果使用腾讯邮件服务器 smtp.exmail.qq.com，在使用 SSL 时其端口是 465，但在当前的 VDP6 版本中，如果在服务器中指定 smtp.exmail.qq.com:465 时，会长时间停留在“正在发送测试电子邮件。请稍候”，最后出现“错误原因是：Could not connect to SMTP host: smtp.exmail.qq.com, port: 465”错误，如图 2-5-40 所示。

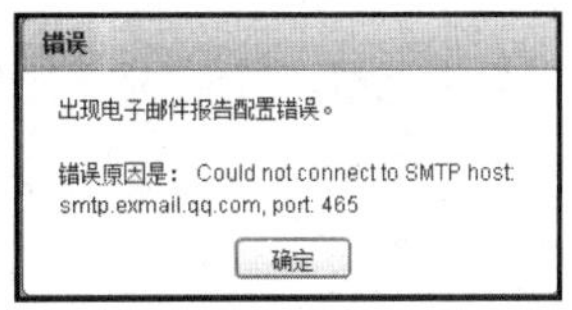

图 2-5-40　不能连接到 SMTP 主机服务

在以前的版本中，例如，VDP 5.5 是可以使用 465 端口的，但当前的版本在不同的主机、不同的网络中测试多次，发现不能使用 SSL SMTP，但使用 SMTP 的 25 端口则是可行的。这也是在本章配置 SMTP 时，VDP 的电子邮件使用 25 端口的原因。

（3）单击右上角的“发送测试电子邮件”按钮，测试邮件发出后，会弹出“确认”对话框，如图 2-5-41 所示。

（4）打开收件箱，查看是否收到测试邮件，如图 2-5-42 所示。

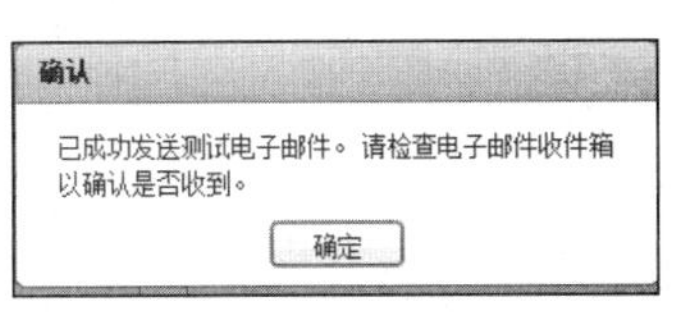

图 2-5-41　确认发出测试电子邮件

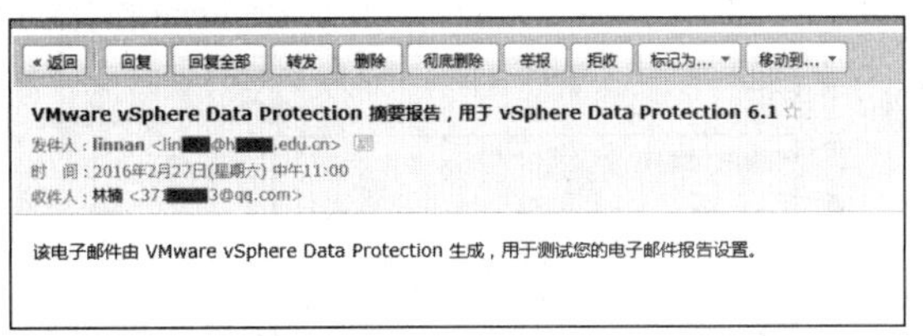

图 2-5-42　收到测试邮件

（5）收到 VDP 的报告邮件，报告内容如图 2-5-43 所示，这是一个实际工作的 VDP 报告。首先在“需要注意的项”中显示管理员需要注意的事项，如备份失败的虚拟机、无保护虚拟机数量、上次备份的虚拟机清单等。该邮件是 HTML 格式，单击每个链接都会显示具体的信息，如图 2-5-44 所示。

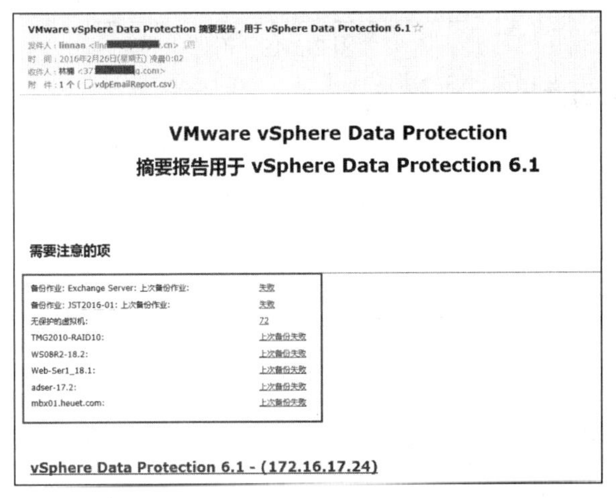

图 2-5-43　VDP 电子邮件备份报告

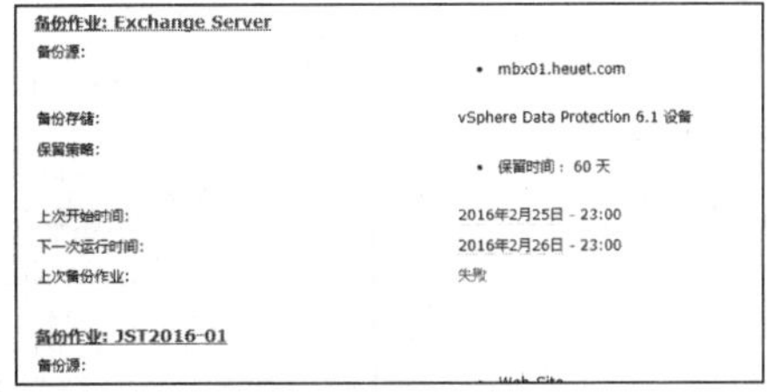

图 2-5-44　查看具体信息

（6）向下滑动列表可以看到总体报告，包括报告日期、上次报告日期、VDP 版本号、成功的备份、失败的备份等，如图 2-5-45 所示。继续向下滑动，可以看到备份的每个虚拟机，如图 2-5-46 所示。

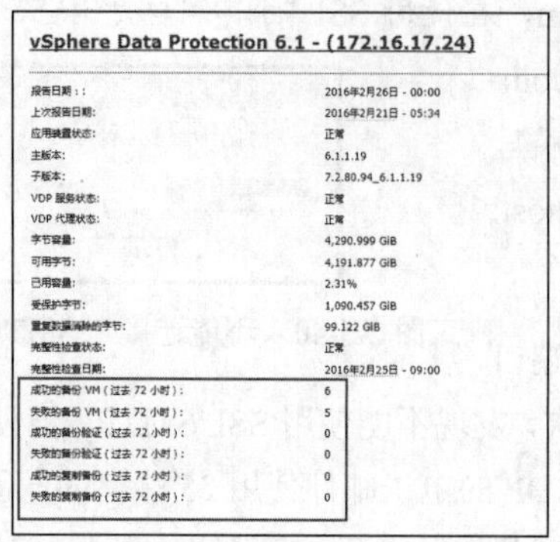

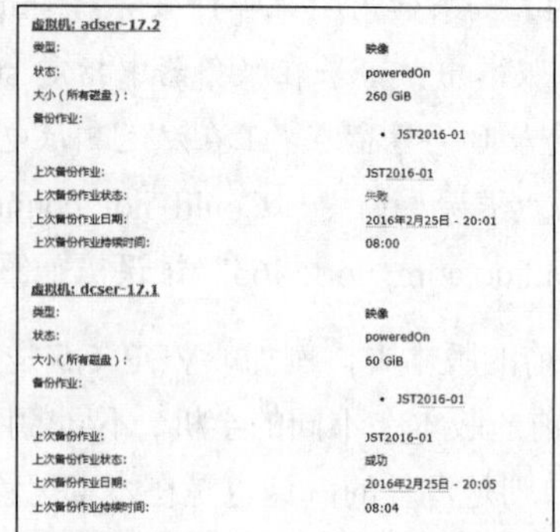

图 2-5-45　VDP 报告信息

图 2-5-46　备份的每个虚拟机信息

（7）在“无保护的虚拟机”列表中，显示每个没有备份的虚拟机的名称，如图 2-5-47 所示。

（8）在邮件的最后，还有一个报名的 csv 格式的附件，如图 2-5-48 所示，单击“下载”按钮，可以下载该附件。

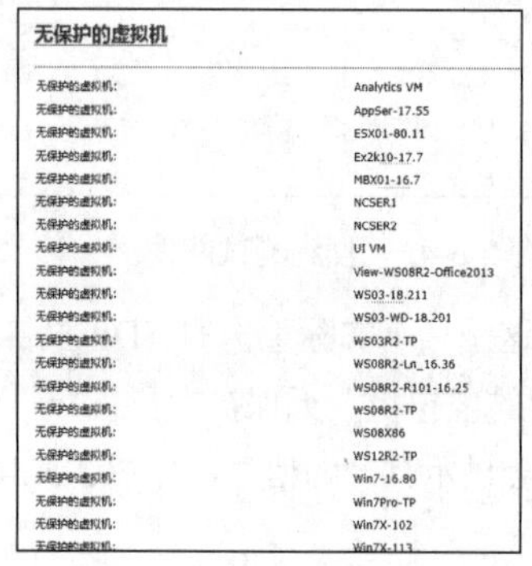

图 2-5-47　无保护的虚拟机

图 2-5-48　附件

（9）用 Notepad ++打开该附件，如图 2-5-49 所示。

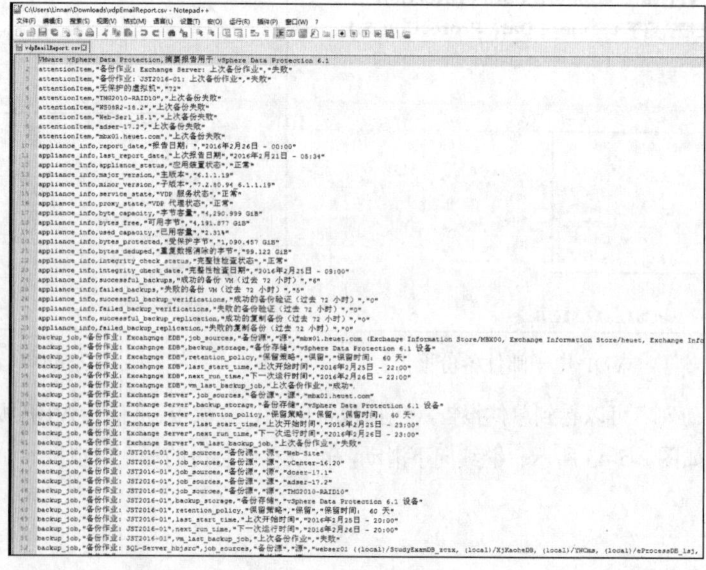

图 2-5-49　查看下载的附件

如果使用正常的工作邮箱接收 VDP 的报告，可能会收到许多报告信息，这样过多的 VDP 报告（也可能还会有其他的报告，如 vRealize Operations Manager 的报告），如图 2-5-50 所示。

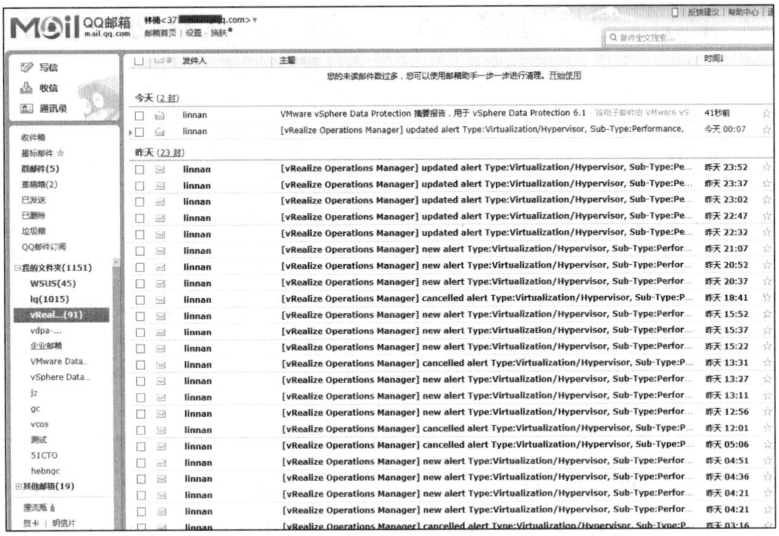

图 2-5-50　收到的报告

也可以使用“收信规则”，根据不同来源（发件人地址）、主题，将这些邮件移动到不同的文件夹中整理，如图 2-5-51 所示，这是我的 QQ 邮箱的收信规则，读者可以根据自己的实际情况配置。

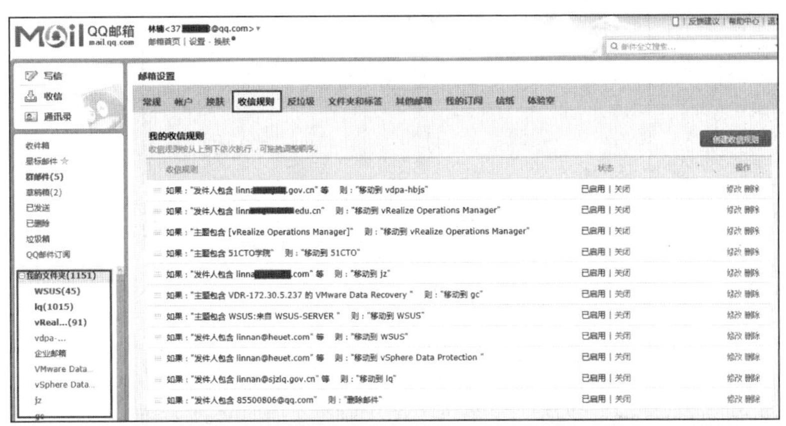

图 2-5-51　创建收信规则整理文件夹

2.5.10　为多个 VDP 配置专用邮件

如果需要管理多个 VDP（或者同时也管理其他的服务器），并且需要经常以电子邮件的方式接收各种报告。为了方便管理，可以申请多个邮箱，让每个邮箱只用于一个产品的单项服务，而用其中的一个邮箱专用于接收报告，然后通过收信规则，将不同服务或不同应用发送来的邮件移动到不同的文件夹。下面简单介绍一下这方面的管理。

例如，某管理员管理两台 VDP，基于此，这个管理员申请了三个邮箱，其中两个邮箱名称分别为 vdp-zczx@heuet.com、vdp-gc@heuet.com，其中 vdp-zczx@heuet.com 邮箱只应用于标记为“注册中心”的 vdp 服务器，而 vdp-gc@heuet.com 只应用于标记为“GC”的 VDP 服务器发送信息。如图 2-5-52、图 2-5-53 所示。

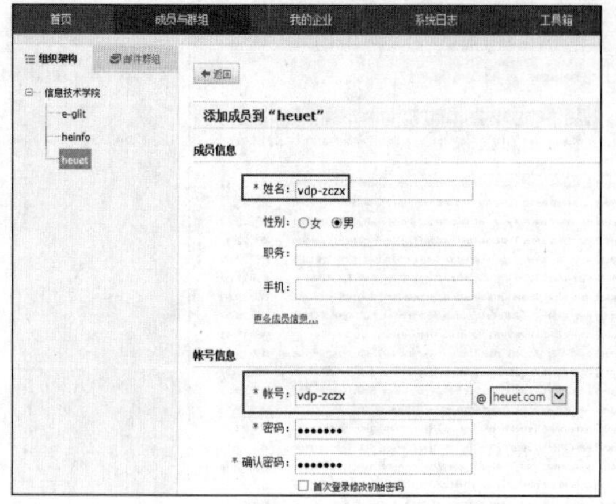

图 2-5-52　申请名为 vdp-zczx 的邮箱

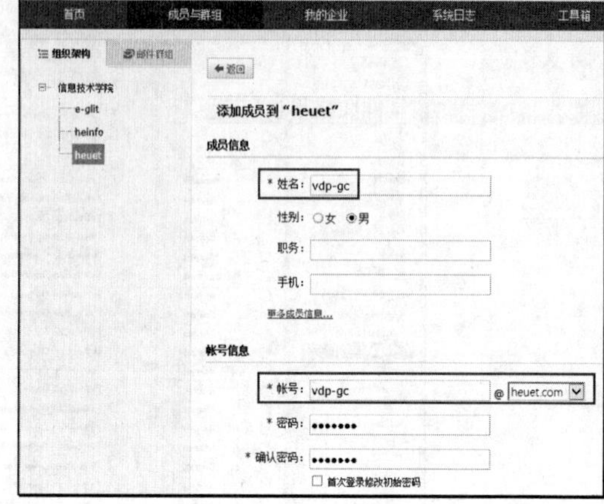

图 2-5-53　申请名为 vdp-gc 的邮箱

（1）申请一个帐号为 report@heuet.com（姓名为“接收报告专用邮箱”）的邮箱，如图 2-5-54 所示。

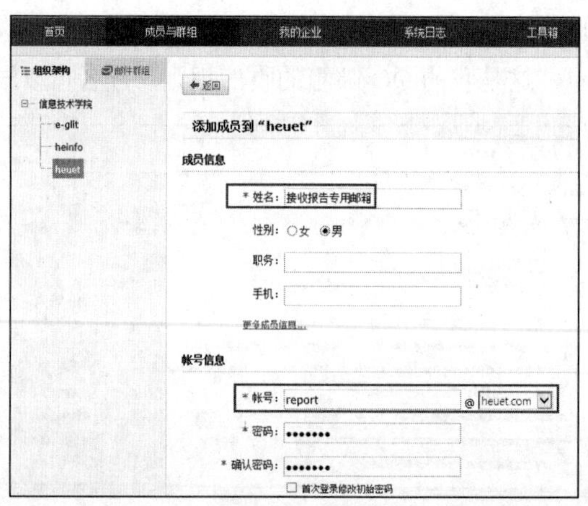

图 2-5-54　创建专用于收取报告的邮箱

（2）登录 report@heuet.com 邮箱，配置“收信规则”，如图 2-5-55 所示。

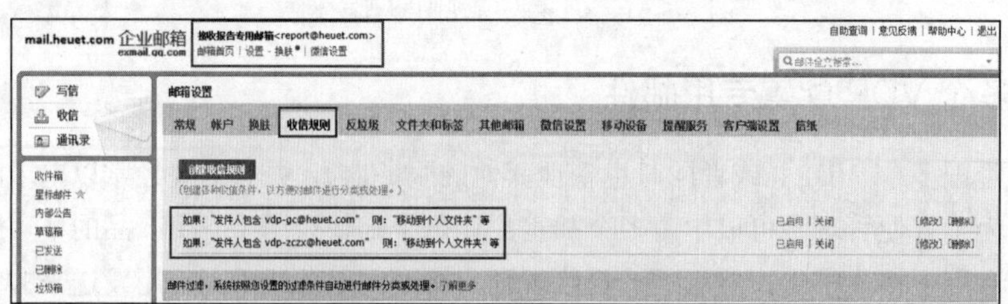

图 2-5-55　创建收信规则

- 第一条规则，如果发件人包含“vdp-gc@heuet.com”则将其移动到名为“VDP-GC”的文件夹，并标记为“已读”，如图 2-5-56 所示。

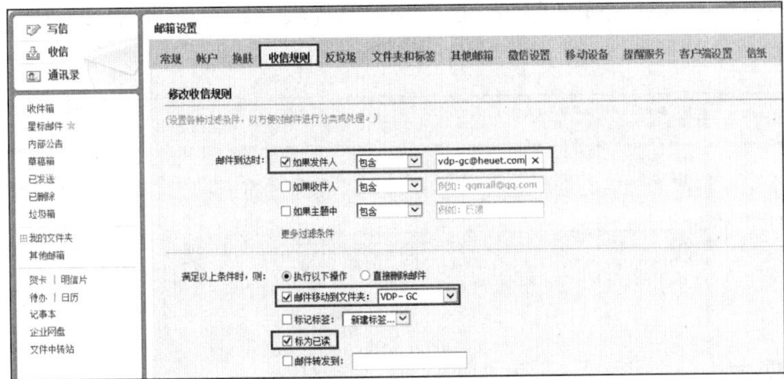

图 2-5-56　创建发件人 vdp-gc@heuet.com 的收信规则

- 第二条规则，如果发件人包含“vdp-zczx@heuet.com”则将其移动到名为“VDP-注册中心”的文件夹，并标记为“已读”，如图 2-5-57 所示。

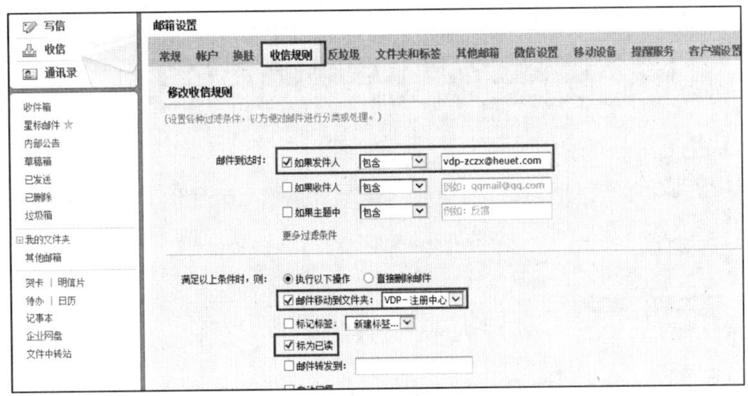

图 2-5-57　创建发件人为 vdp-zczx@heuet.com 的发收信规则

（3）返回到“注册中心”的 VDP 服务器，配置电子邮件，发件人地址为 vdp-zczx@heuet. com，收件人为 report@heuet.com，如图 2-5-58 所示，保存之后单击“发送测试电子邮件”。

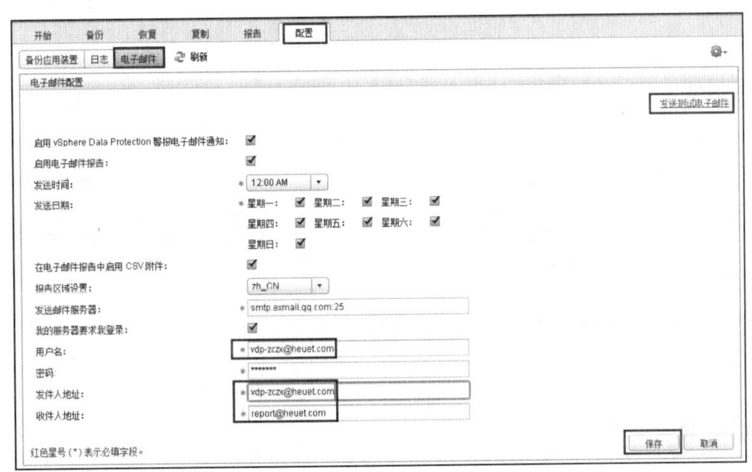

图 2-5-58　配置“注册中心”VDP 服务器

（4）返回到 report@heuet.com 的邮箱，在“我的文件夹→VDP-注册中心”中，可以看到，收到的测试邮件已经被移动到这个指定的文件夹中，如图 2-5-59 所示。

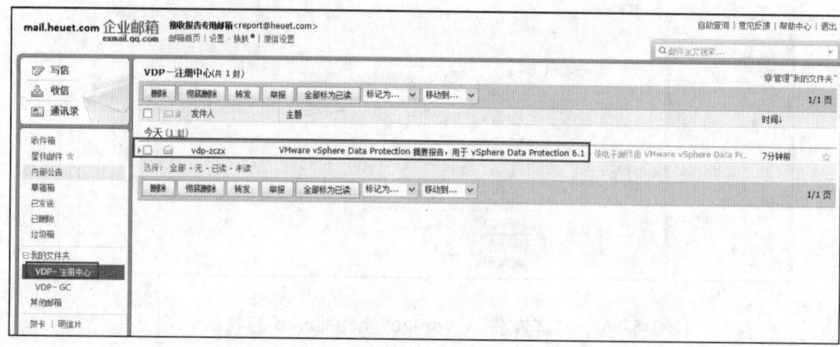

图 2-5-59　收到的邮件按规则移动到指定文件夹

（5）切换另一台 VDP 服务器，进行同样的设置，设置“用户名”与“发件人地址”为 vdp-gc@heuet.com，输入密码，设置“收件人地址”为“report@heuet.com”，如图 2-5-60 所示。

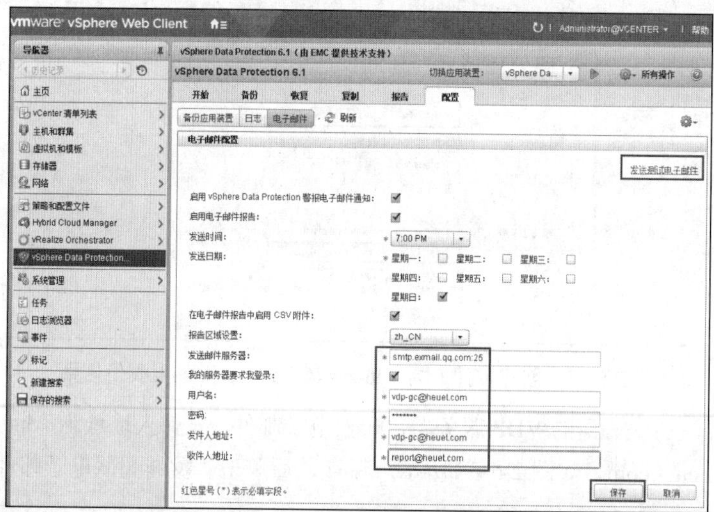

图 2-5-60　切换到另一 VDP

（6）发送测试邮件之后，在“我的文件夹→VDP-GC”文件夹中，收到测试邮件，如图 2-5-61 所示。然后就可以在不同的文件夹，收到不同的 VDP 发来的备份报告了。

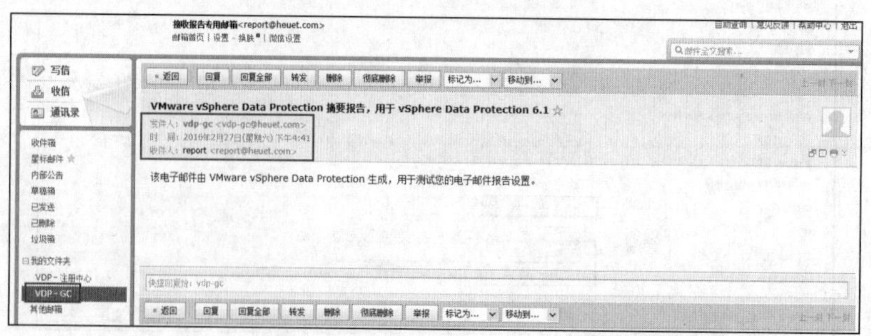

图 2-5-61　在指定的文件夹收到另一 VDP 发来的测试邮件

2.6 VDP 应用程序支持

VDP 支持 Microsoft SQL Server 、SharePoint Server 和 Exchange Server 细粒度来宾级备份和恢复。为支持来宾级备份，需要在 SQL Server 、SharePoint Server、 Exchange Server 上安装 VDP 客户端。在本节内容中，我们提供的 VDP 实验（测试环境）如图 2-6-1 所示。

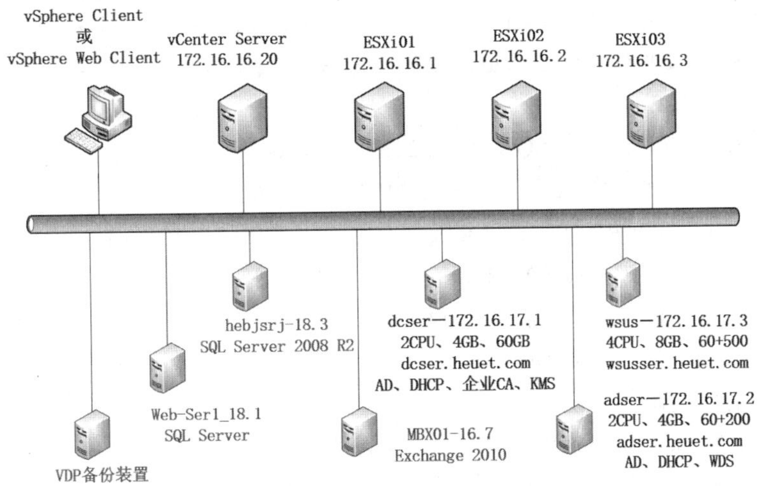

图 2-6-1 VDP 实验环境

在图 2-6-1 中，有 3 台 ESXi 主机，其他 vCenter Server 计算机、VDP、Exchange、SQL Server 等都是 ESXi 中的虚拟机，所有虚拟机保存在一台 IBM V3500 的共享存储中。在本示例中，有 2 台 SQL Server服务器，虚拟机名称分别为“hebjsrj-18.3”和“Web0Ser1_18.1”，这两个都是安装的SQL Server 2008 R2，并且宿主机操作系统是 Windows Server 2008 R2（集成 SP1 补丁）；1 台 Exchange Server 2010，安装在名为“MBX01-16.7”的虚拟机中，宿主机操作系统也是 Windows Server 2008 R2（集成 SP1 补丁）。

在下面的示例中，我们将分别在 SQL Server 与 Exchange 的虚拟机中，安装 VDP 备份插件，然后创建备份向导，分别备份 SQL Server 与 Exchange。

2.6.1 VDP 6 支持备份与恢复的应用程序版本

先介绍 VDP 6 支持的应用程序版本，这包括 SQL Server、Exchange Server 与 SharePoint Server。稍后再介绍具体的操作。

1. 受支持的 SQL Server 及操作系统

VDP 支持下列版本的 SQL Server。

（1）以下 SQL 版本的 SQL Server 故障切换群集。

- SQL Server 2014
- SQL Server 2012

- SQL Server 2008、SQL Server 2008 R2
- SQL Server 2005

（2）以下 SQL 版本的 SQL AlwaysOn 群集。

- SQL Server 2014
- SQL Server 2012
- SQL Server 2014
- Windows Server 2012 上的 SQL Server 2014（x86/x64）
- Windows Server 2008 SP2 或更高版本上的 SQL Server 2014（x86/x64）
- Windows Server 2008 R2 SP1 或更高版本上的 SQL Server 2014（x86/x64）

（3）SQL Server 2012

- Windows Server 2012 上的 SQL Server 2012（x86/x64）
- Windows Server 2008 SP2 或更高版本上的 SQL Server 2012（x86）
- Windows Server 2008 R2 SP1 或更高版本上的 SQL Server 2012（x64）

（4）以下产品上的 SQL Server 2008 R2 和更高版本。

- Windows Server 2008 或更高版本（x86/x64）
- Windows Server 2008 R2（x64）
- Windows Server 2012
- 以下产品上的 SQL Server 2008 SP1 或更高版本。
- Windows Server 2008 SP1 或更高版本（x86/x64）
- Windows Server 2008 R2（x64）
- Windows Server 2012

（5）以下产品上的 SQL Server 2005 SP3。

- Windows Server 2008 SP1 或更高版本（x86/x64）
- Windows Server 2008 R2（x64）
- Windows Server 2008（X86/x64）上的 SQL Server 2005 SP2

2. 受支持的 Exchange Server

表 2-6 列出了用于 Microsoft Exchange 的 VDP 插件支持的 Exchange Server 版本及操作系统。

表 2-6 支持的 Microsoft Exchange Server 版本及操作系统

Exchange Server 版本	操作系统
Exchange Server 2013 Exchange Server 2013 数据库可用性组（DAG）	Windows Server 2012（x64） Windows Server 2012 R2（x64） Windows Server 2008 R2（x64）
Exchange Server 2010 SP3 Exchange Server 2010 数据库可用性组 (DAG)	Windows Server 2012（x64） Windows Server 2008 R2（x64） Windows Server 2008 SP2（x64）
Exchange Server 2007 SP3	Windows Server 2008 R2（x64） Windows Server 2008 SP2（x64）

3. 受支持的 Microsoft SharePoint Server

VDP 支持下列版本的 Microsoft SharePoint Server。

- SharePoint Server 2007 SP2 或更高版本
- Windows Server 2008 R2
- Windows Server 2008
- SharePoint Server 2010、2010 SP1
- Windows Server 2008 SP2
- SharePoint Server 2013
- Windows Server 2012
- Windows Server 2008 R2 SP1 或更高版本
- SharePoint Server 2013 SP1
- Windows Server 2012 R2

2.6.2　下载 VDP 代理插件

在安装 VDP 代理之前，需要检查 Microsoft Windows 中的“用户账户控制设置（UAC）”。用户账户控制（UAC）功能将应用程序软件限制为仅具有标准用户权限，所以必须为某些任务（例如安装软件）提供管理员权限。默认情况下 UAC 处于启用状态。可以使用 msconfig 在“系统配置→工具”选项卡中，选中“更改 UAC 设置”，单击“启动”按钮（如图 2-6-2 所示），在“用户账户控制设置”对话框中，移动滑动块到最下方，选择“从不通知”，如图 2-6-3 所示，然后单击“确定”按钮完成设置。

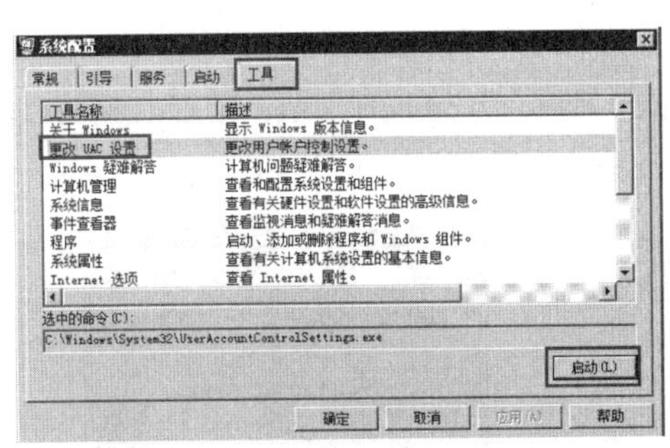

图 2-6-2　系统配置

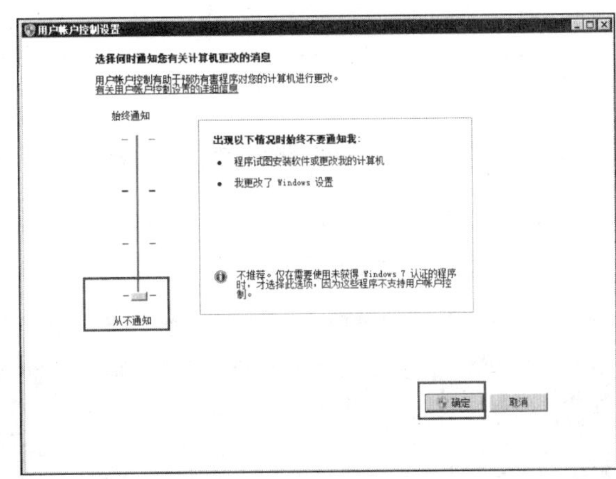

图 2-6-3　用户账户控制

在 vSphere Web Client 中，登录并连接 VDP 备份装置，在“配置→备份应用装置”选项卡中，在“下载”选项组中，请把后文所需要的 RDP 代理一一下载。如图 2-6-4 所示，可以下载所有这 4 个软件，分别是用于 64 位 Exchange Server 代理、32 位与 64 位 SQL Server 代理及 64 位的 SharePoint 的 VDP 插件。

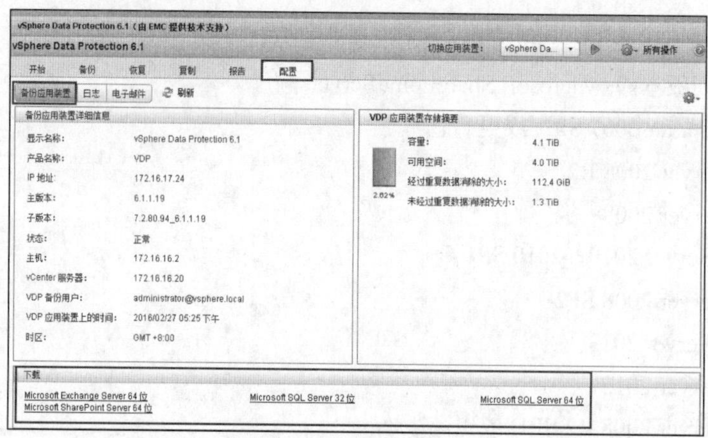

图 2-6-4　下载 VDP 代理插件

可以将这些下载的软件，保存在当前网络中，一个文件服务器提供的共享文件夹中，如图 2-6-5 所示。以后需要安装 VDP 代理的软件可以访问这个共享文件夹，直接使用，而无需再次下载。

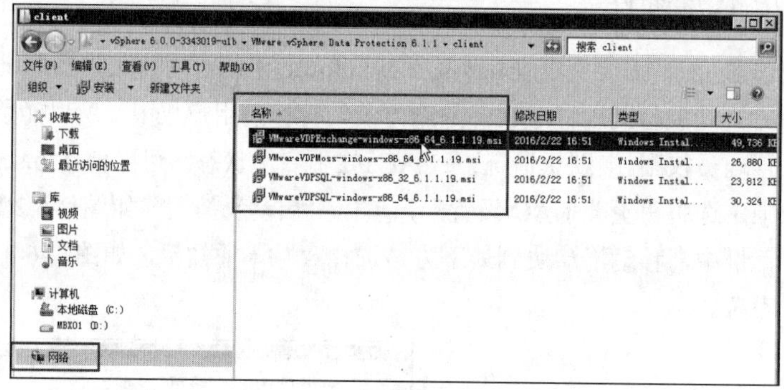

图 2-6-5　将 VDP 代理保存在一个共享文件夹中

2.6.3　在 SQL Server 服务器上安装 VDP 代理

当前环境中有两台 SQL Server 的虚拟机，其中一台虚拟机名称为 Web-Ser1_18.1，配置为 16GB 内存、4 个 CPU，如图 2-6-6 所示，在这个虚拟机中 SQL Server 有多个数据库，如图 2-6-7 所示。

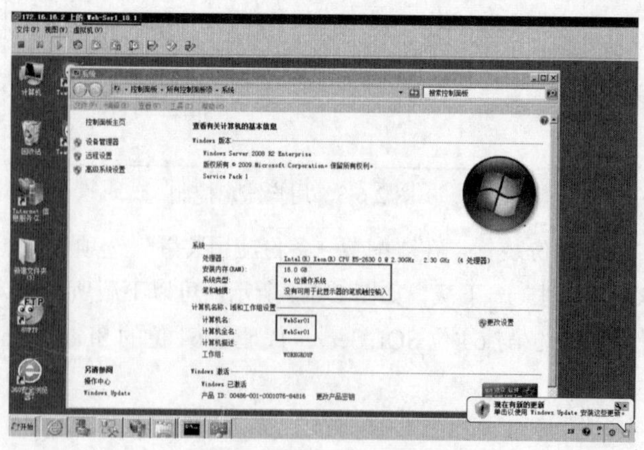

图 2-6-6　第 1 台 SQL Server 虚拟机

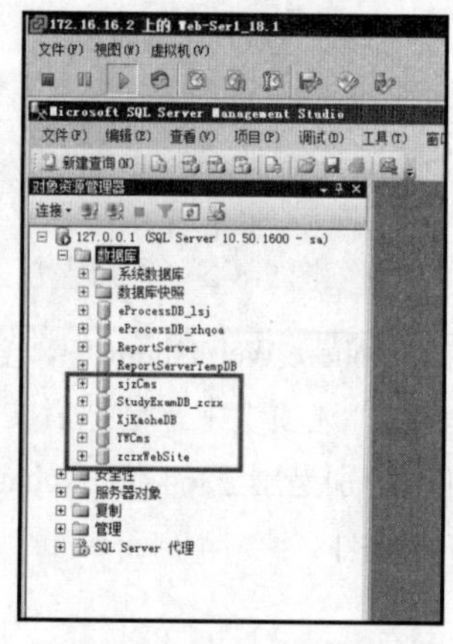

图 2-6-7　多个数据库的列表

另一台虚拟机名称为 hebjsrj-18.3，这个 SQL Server 数据库有 4GB 内存，如图 2-6-8 所示。这台虚拟机的 SQL Server 数据库如图 2-6-9 所示。

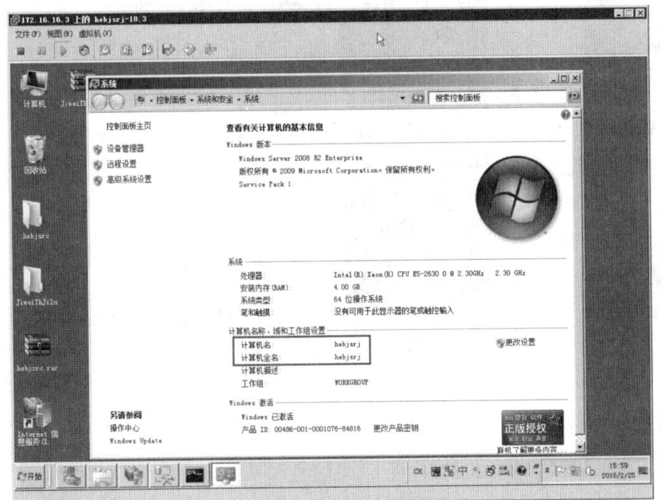

图 2-6-8　SQL Server 虚拟机 1

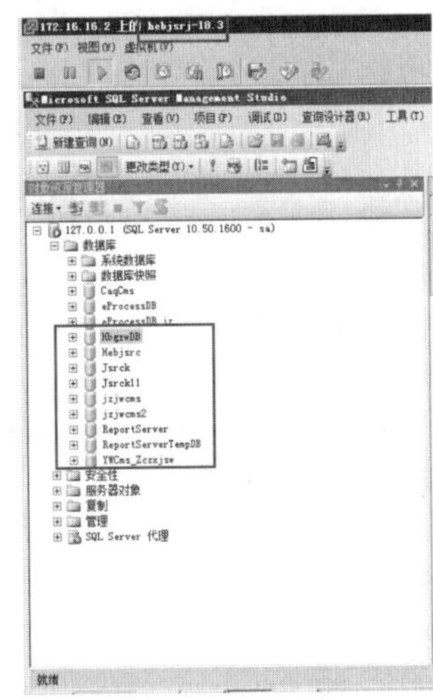

图 2-6-9　SQL Server 虚拟机数据库

然后切换到 SQL Server 的虚拟机，安装用于 SQL Server 的 VDP 客户端，由于这两台 SQL Server 都是 2008 R2 的 64 位版本，所以在本示例中安装 64 位 SQL Server 客户端，主要步骤如下。

（1）访问保存 VDP 客户端共享，并运行对应的安装程序，如图 2-6-10 所示。

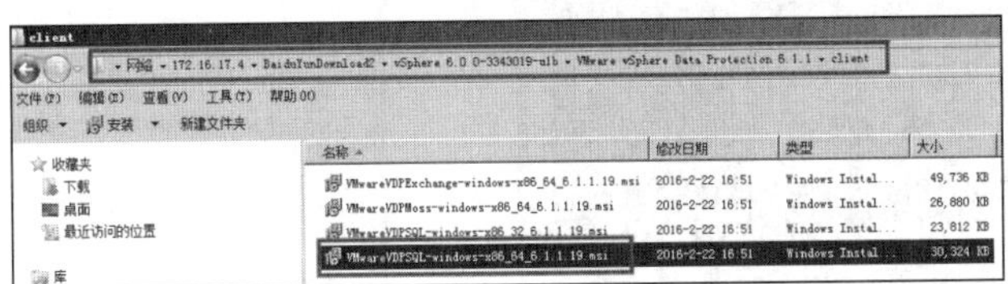

图 2-6-10　运行 VDP 客户端程序

（2）进入安装向导，如图 2-6-11 所示。

（3）在“最终用户许可协议”对话框中，接受许可协议，如图 2-6-12 所示。

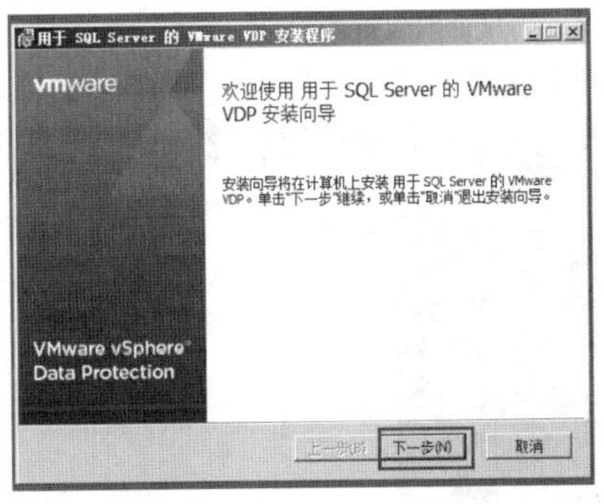

图 2-6-11　安装向导

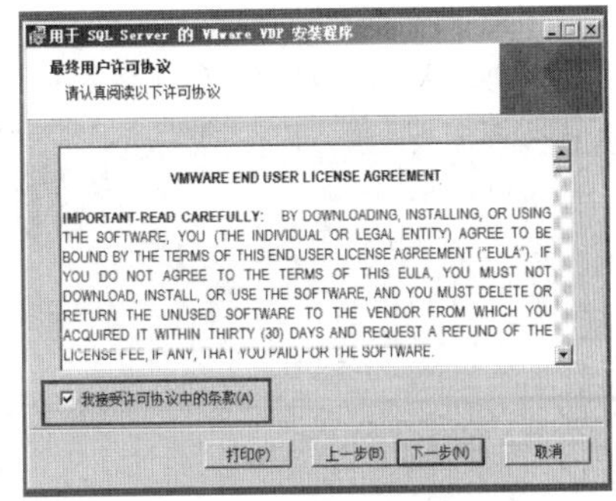

图 2-6-12　接受许可协议

（4）在“用于 SQL Server 的 VMware VDP 安装程序”中，选择希望执行的操作，对于 SQL Server 来说只有一个默认选项，如图 2-6-13 所示。

（5）在“VDP 应用装置”对话框中，输入要连接（或使用）的 VDP 应用装置，请使用 DNS 名称，在此为 vdpa.heuet.com，如图 2-6-14 所示。

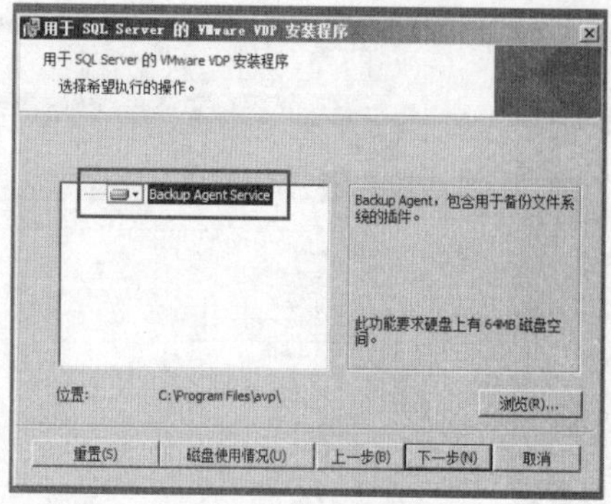

图 2-6-13　安装组件

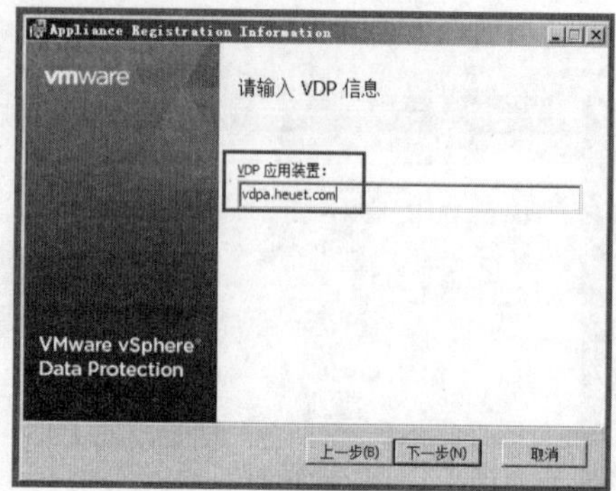

图 2-6-14　输入 VDP 信息

（6）在输入 VDP 应用装置名称之前，可以进入命令提示窗口，使用 ping vdpa.heuet.com 命令，查看当前虚拟机能否正确解析 vdpa 应用装置的名称，如图 2-6-15 所示。如果不能解析，则需要修改本地 hosts 文件强制解析，或者在图 2-6-14 中输入 VDP 应用装置的 IP 地址 172.16.17.24（当前环境），并且要在命令窗口中能 ping 通这个 IP 地址。

（7）在“已准备好安装用于 SQL Server 的 VMware VDP”对话框中，单击“安装”按钮，如图 2-6-16 所示。

图 2-6-15　VDP 应用装置

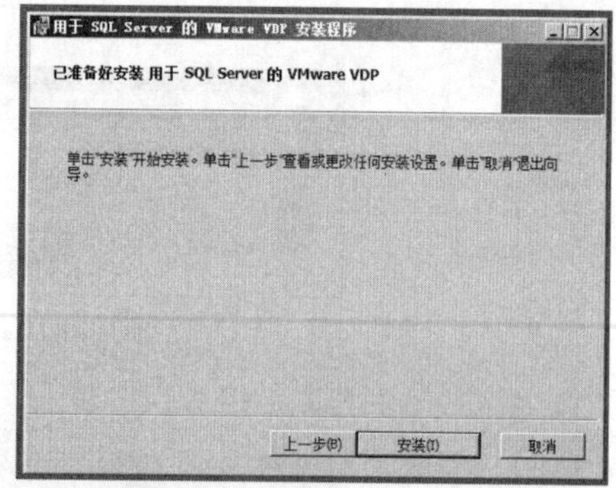

图 2-6-16　单击“安装”按钮

（8）开始安装 VDP 客户端（如图 2-6-17 所示），按照向导安装完成即可，如图 2-6-18 所示。

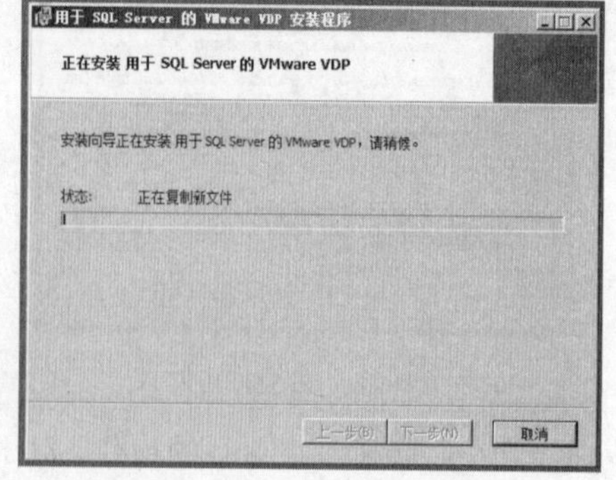

图 2-6-17　开始安装 VDP 客户端

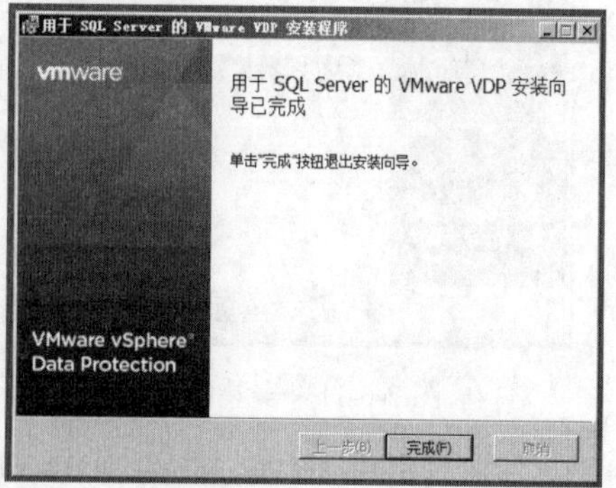

图 2-6-18　安装完成

2.6.4　在 Exchange Server 服务器上安装 VDP 代理

在我们当前的演示环境中，Exchange Server 2010 安装在“MBX01-16.7”的虚拟机中，如图 2-6-19 所示。在这个 Exchange 中，有 3 个数据库，其中一个是 public 公共文件夹数据库。

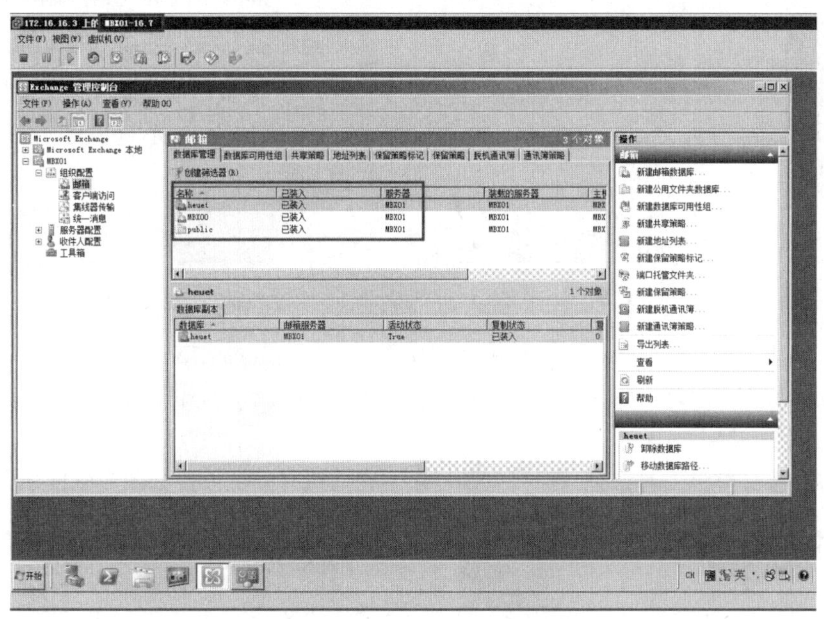

图 2-6-19　Exchange Server 虚拟机

以域管理员账户登录到 Exchange Server，关闭 Exchange Server 管理控制台，开始安装用于 Exchange Server 的 VDP 代理，主要步骤如下。

（1）打开存放 VDP 代理客户端的共享文件夹，双击用于 Exchange 的 VDP 代理程序，如图 2-6-20 所示。

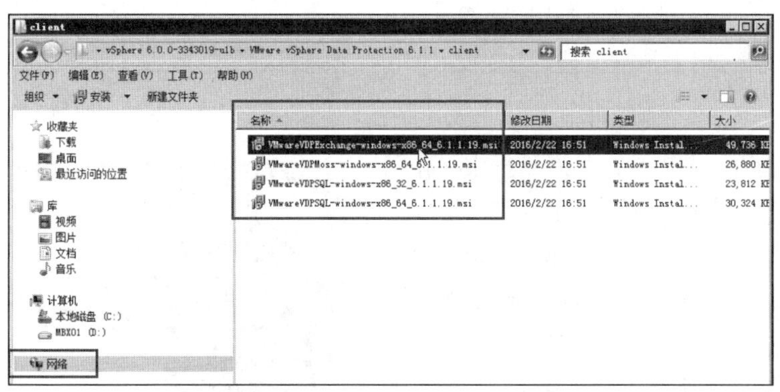

图 2-6-20　运行用于 Exchange Server 的 VDP 代理程序

（2）在“欢迎使用 用于 Exchange Server 的 VMware VDP 安装向导”对话框，单击“下一步”按钮，如图 2-6-21 所示。

（3）在“最终用户许可协议”对话框，单击“我接受许可协议中的条款”，然后单击“下一步”按钮，如图 2-6-22 所示。

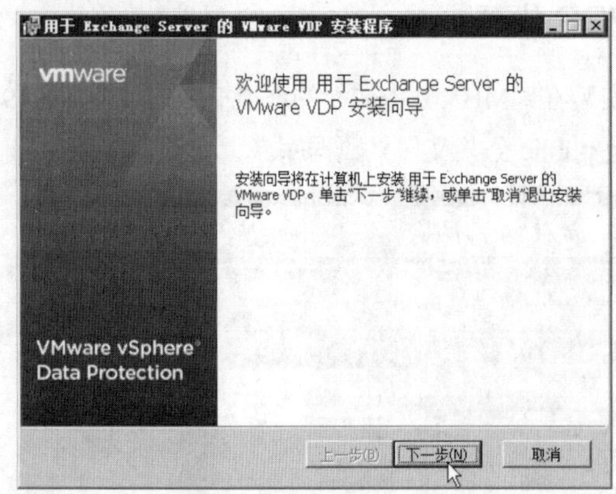

图 2-6-21　安装向导

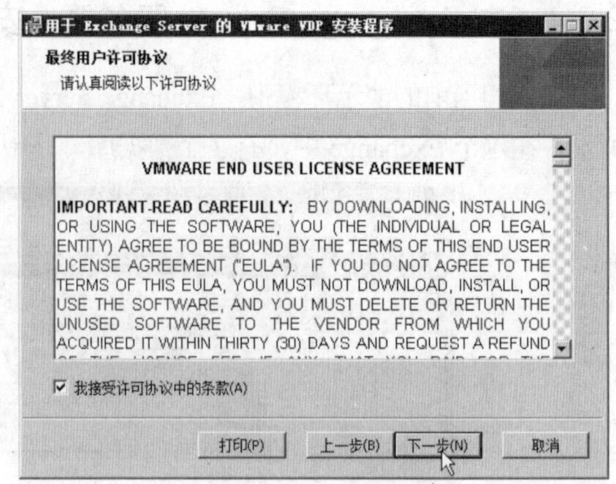

图 2-6-22　接受许可协议

（4）在“用于 Exchange Server 的 VMware VDP 安装程序”对话框中，选择要安装的组件，默认情况下，用于 VDP 精度恢复的组件“Exchange GLR”没有选中，如果要使用这一功能，请选中这个组件，如图 2-6-23 所示。

（5）在“目标文件夹”对话框，选择安装目录，在此选择默认值，如图 2-6-24 所示。

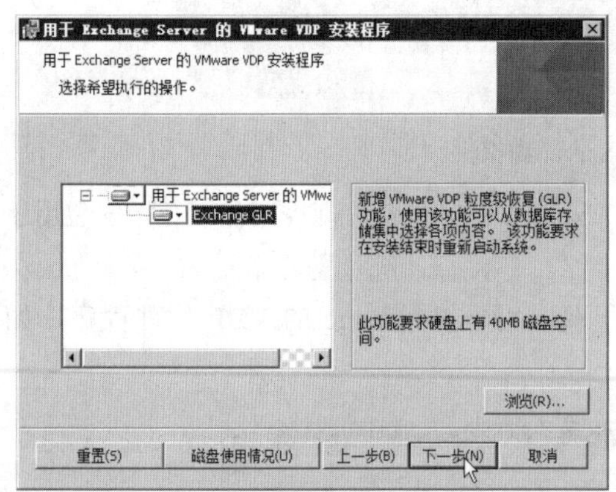

图 2-6-23　选择安装组件

图 2-6-24　目标文件夹

（6）在“请输入 VDP 信息”对话框中，输入 VDP 应用装置的名称，在本示例中名称为 vdpa.heuet.com，如图 2-6-25 所示。同样，也需要在命令提示窗口，使用 ping vdpa.heuet.com 命令，测试当前虚拟机到该应用装置的网络连通性及域名解析情况，如图 2-6-26 所示，只有解析无误、网络连通的情况下才能继续。

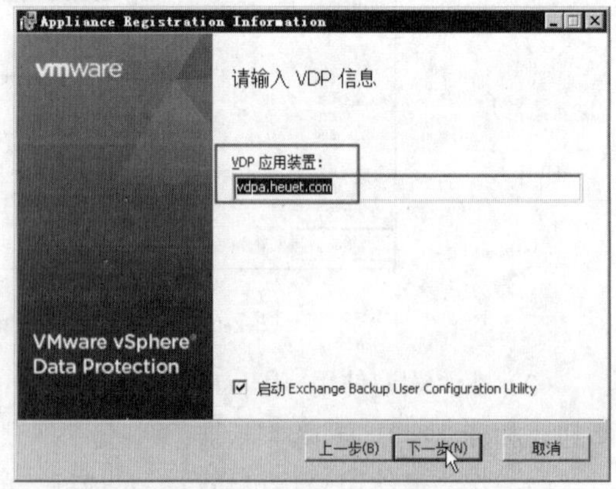

图 2-6-25　输入 VDP 信息

（7）在“已准备好安装 用于 Exchange Server 的 VMware VDP”对话框中，单击“安装”按钮，开始安装，如图 2-6-27 所示。

（8）在“Windows 安全”对话框，选中“始终信任来自 EMC Corporation 的软件”，然后单击“安装”按钮，如图 2-6-28 所示。

图 2-6-26　检查 VDP 应用装置名称

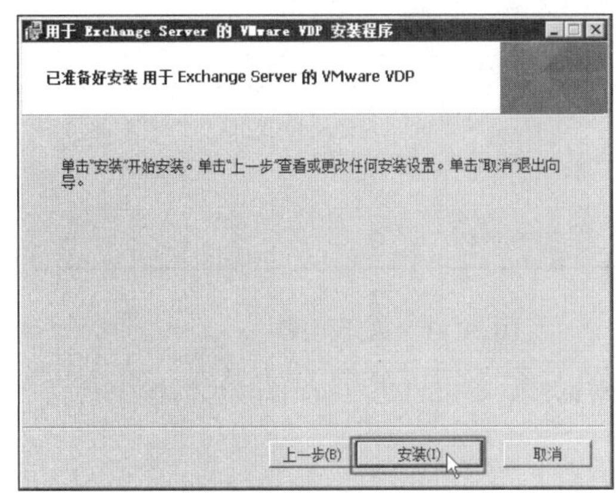

图 2-6-27　已准备好安装　　　　图 2-6-28　Windows 安全

（9）然后继续安装，如图 2-6-29 所示。直到安装完成，如图 2-6-30 所示。

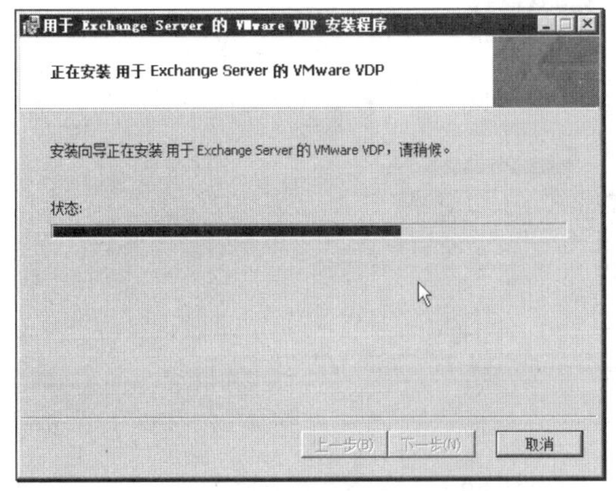

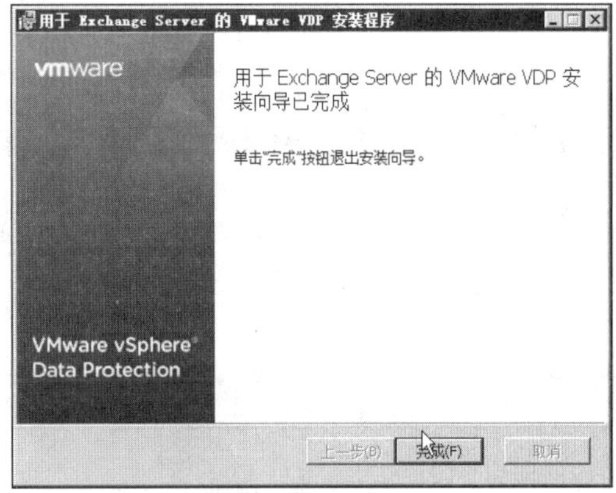

图 2-6-29　继续安装　　　　图 2-6-30　安装完成

在安装完 Exchange 的 VDP 代理之后，会进入 VMware VDP Exchange 备份配置工具，创建一个专用账户，步骤如下。

（1）在“VMware VDP Exchange Backup User Configuration Tool”对话框，单击“确定”按钮，如图 2-6-31 所示。

（2）打开“VMware VDP Exchange Backup User Configuration Tool”对话框，VMware 安装程序会在当前 Active Directory 中创建一个名为“VMwareVDPBackupUser”的用户，如果当前 Active Directory 中没有这个账户，则选择“新建用户”，然后为这个账户设置密码（复杂密码），然后单击“配置服务”按钮，如图 2-6-32 所示。

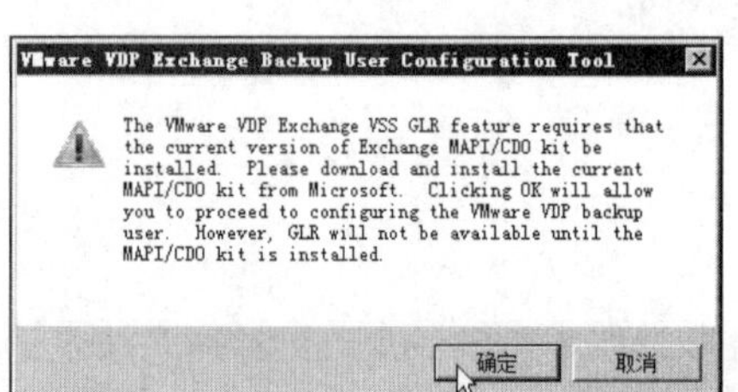

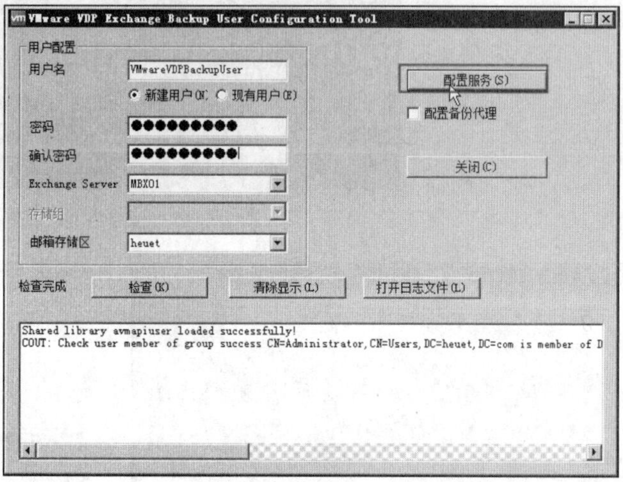

图 2-6-31　单击“确定”按钮

图 2-6-32　配置服务

（3）在弹出的“VMware VDP Roles Notification”对话框，单击“是”按钮，如图 2-6-33 所示。

（4）完成配置账户，如图 2-6-34 所示。

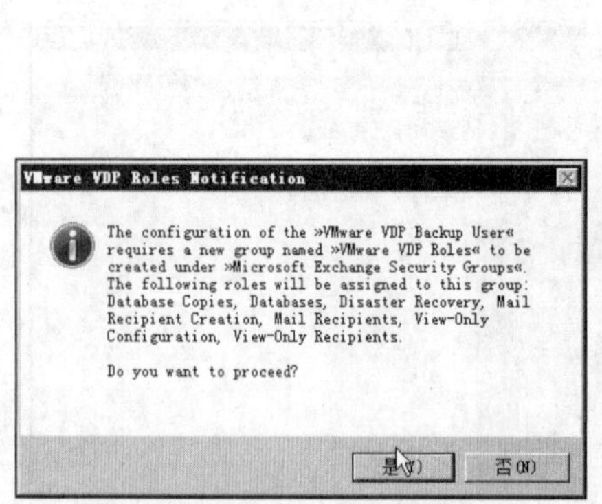

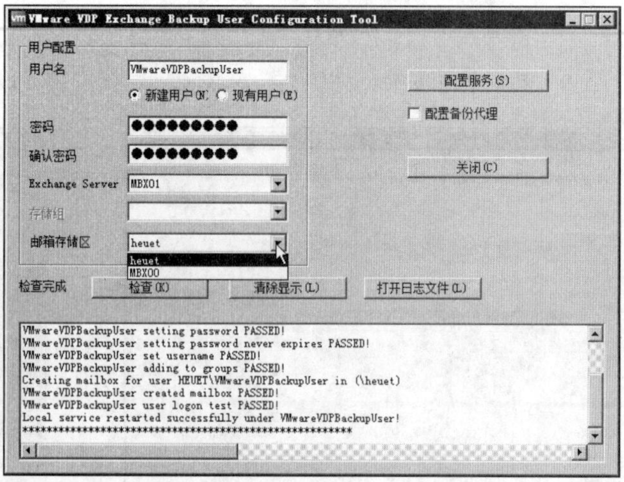

图 2-6-33　单击“是”按钮

图 2-6-34　配置账户完成

请记下这个账户的名称及密码，后面会使用到。

例如，运行 VDP Exchange Backup User Configuration Tool，创建 VMwareVDPBackupUser 账户后，

修改“服务→备份服务”，让该服务以“VMwareVDPBackupUser” 账户运行 VDP 备份服务。

（1）打开“服务”对话框，双击“备份代理”选项，如图 2-6-35 所示。

（2）在“备份代理的 属性”对话框中，单击“登录”选项卡，选择“此账户”，浏览选择域 VMwareVDPBackupUser 账户（在此为 VMwareVDPBackupUser@heuet.com），然后输入图 2-6-34 中为此设置的密码，单击“确定”按钮，如图 2-6-36 所示。

图 2-6-35　备份代理

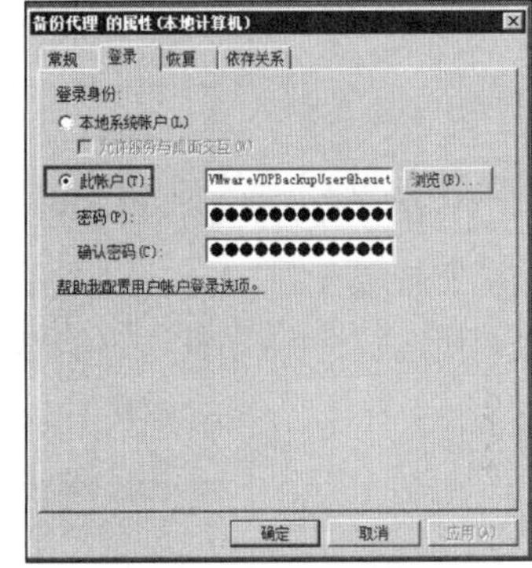

图 2-6-36　备份代理的属性

安装完成 VDP 代理之后，如果提示系统重新启动，请重新启动 Exchange 服务器。

2.6.5　创建 SQL Server 备份任务

本节介绍使用 VDPA 备份 SQL Server 的操作，主要步骤如下。

（1）使用 vSphere Web Client 登录，在左侧选择“vSphere Data Protection”，在右侧选择“备份”选项卡，并新建备份作业，如图 2-6-37 所示。

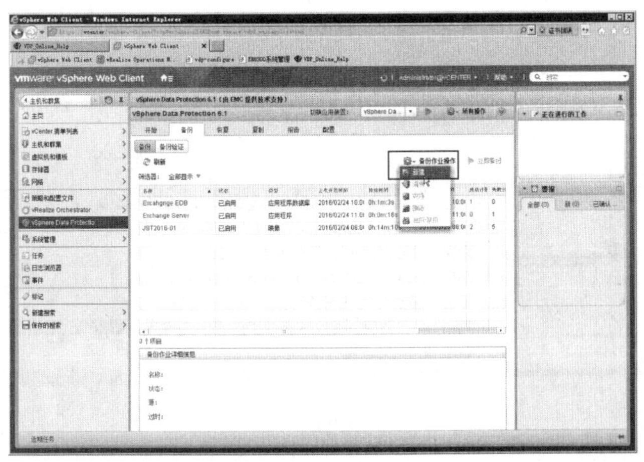

图 2-6-37　新建备份作业

（2）在“作业类型”选择“应用程序”，在“应用程序”备份中可以选择 SQL Server、Exchange Server、SharePoint Server，如图 2-6-38 所示。

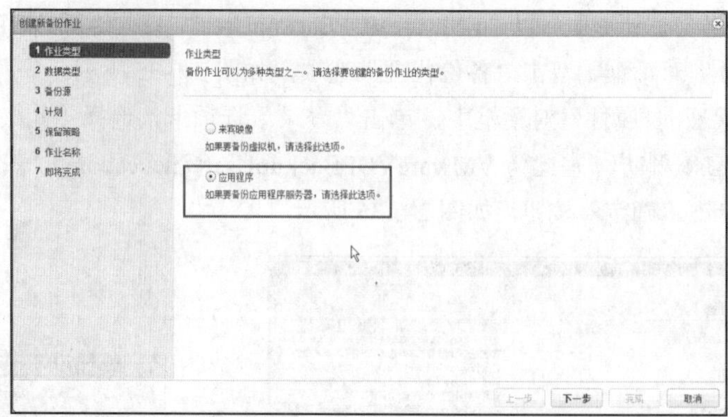

图 2-6-38　应用程序

（3）在“数据类型”对话框中，有两种选择（如图 2-6-39 所示）。

- 完整服务器：选择此选项将备份完整的应用程序服务器。
- 所选数据库：此选项能够备份单个应用程序服务器数据库。

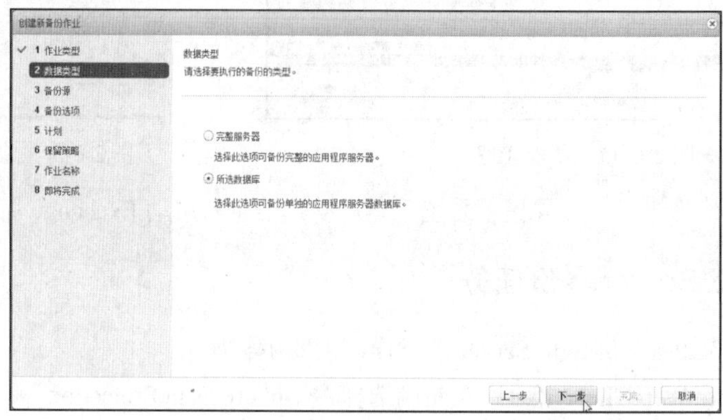

图 2-6-39　数据类型

如果选择“完整服务器”，则在下一步“备份源”对话框中，选择“Microsoft SQL Server”之后，会显示已经安装了用于 SQL Server 的 VDP 代理软件的服务器，如图 2-6-40 所示，在此可以根据需要，选择要备份的 SQL Server 服务器右侧的复选框，然后单击“下一步”按钮。通常的做法是为每个备份作业只选择一个 SQL Server。

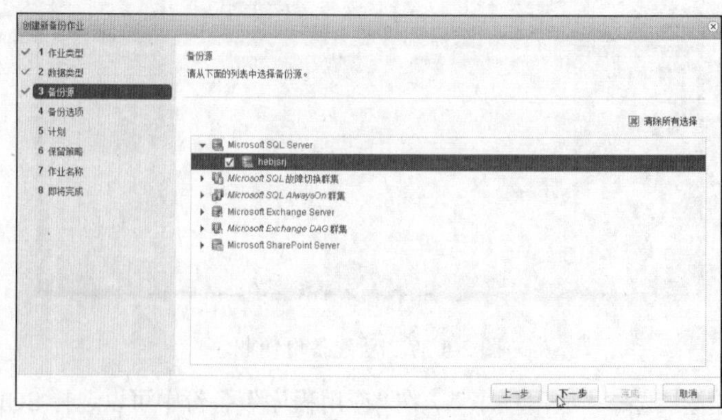

图 2-6-40　选择 SQL Server 服务器

如果选择“所选数据库”，则单击“下一步”按钮之后，在“备份源”对话框的“Microsoft SQL Server”列表中，可以选中 SQL Server 服务器，然后可以单击“展开”该 SQL Server 数据库列表，会显示当前 SQL Server 服务器中所有数据库，并可根据需要选择要备份的数据库，如图 2-6-41 所示。如果有多台 SQL Server 则可以一一选择。

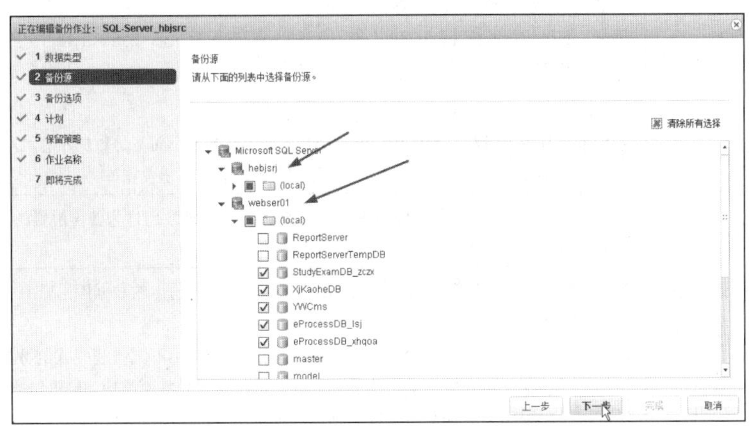

图 2-6-41　选择要备份的数据库

（4）在“配置高级选项”对话框中，选择备份的类型及其他选项，如图 2-6-42 所示。

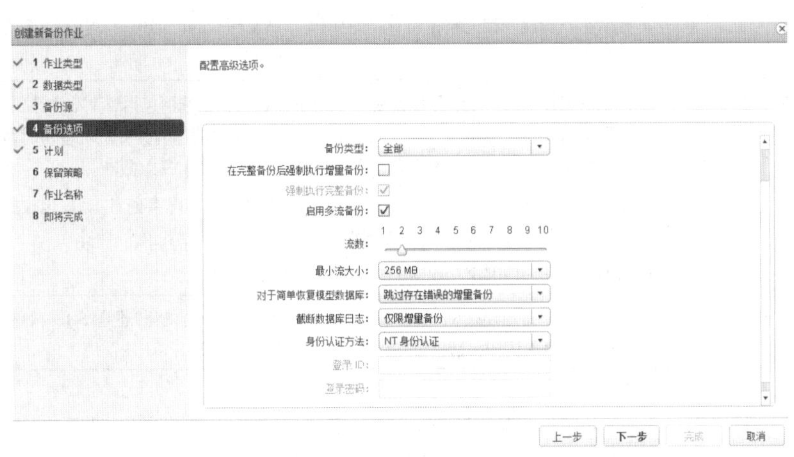

图 2-6-42　配置高级选项

在“备份类型”下拉列表中可以选择“全部”、“差异”或“增量”备份类型。各备份类型及其详细说明见表 2-7。

表 2-7　备份类型选项说明

序号	备份类型选项	说明
1	完整备份后强制执行增量备份：	选中或取消选中此复选框可指定是否对两次完整备份间发生的事务强制进行增量备份。执行该备份会创建一个时间点恢复，即恢复到两次完整备份之间的某一时间点。 请勿在采用简单恢复模式的数据库上使用此选项，因为这些数据库不支持事务日志备份。这包括 master 数据库和 msdb 数据库等系统数据库。 对于简单恢复模式数据库，请使用“对于简单恢复模型的数据库”选项。

续表

2	启用多流备份	可以按照每个数据库一个数据流来并行备份多个数据库，或者使用多个并行数据流来备份单个数据库。 如果选择使用多个并行流备份单个数据库，则可指定备份期间每个流的最小流大小。
3	流数	确定最小流大小后，可采用以下等式计算用于备份数据库的流数： 数据库大小/最小流大小 = 流数 例如，如果数据库为 1 280 MB，将最小流大小设置为默认值 256 MB，则用于执行该数据库完整备份的流数为 5，等式为： 1 280 MB/256 = 5 对于事务日志备份和差异备份，应使用要备份的数据大小而不是数据库总大小来计算流数。 如果数据库大小小于最小流大小，VDP 将使用单数据流来备份数据库。
4	最小流大小	在基于最小流大小计算用于数据库的流数时，如果该流数超过为备份配置的最大流数，则备份数据库时将仅使用最大流数。
5	对于简单恢复模式数据库：	此选项指定对于采用简单恢复模式（不支持事务日志备份）的数据库，VDP 处理数据库增量（事务日志）备份的方式包括以下 3 项。 ● 跳过存在错误的增量备份（默认设置）：如果选择采用不同恢复模式的数据库进行备份，则备份将不包括使用简单恢复模式的数据库。备份将因异常而结束，错误消息会写入日志。 如果只选择对采用简单恢复模式的数据库进行备份，备份将失败。 ● 跳过存在警告的增量备份： 如果选择采用不同恢复模式的数据库进行备份，则备份将不包括使用简单恢复模式的数据库。 备份将成功完成，但对于采用简单恢复模式的每个数据库，系统会将警告写入其日志。 如果只选择对采用简单恢复模式的数据库进行备份，备份将失败。 ● 将增量备份提升到完整备份： 对使用简单恢复模式的数据库自动执行完整备份，而非执行事务日志备份。
6	截断数据库日志：	该选项指定控制数据库事务日志截断行为的方式。 截断选项包括以下 3 个选项。 ● 仅限增量备份（默认设置）： 在备份类型设置为增量（事务日志）备份时截断数据库事务日志。如果备份类型是完整备份或差异备份，则不会发生日志截断。 ● 针对所有备份类型： 无论何种备份类型，均截断数据库事务日志。 该设置会中断日志备份链，除非备份类型设置为完整备份，否则不应使用该设置。 ● 从不：在任何情况下均不截断数据库事务日志。
7	身份认证方法	身份验证方法指定连接到 SQL Server 时是采用"NT 身份认证"还是"SQL 身份验证"。如果选择 SQL Server 身份认证，请指定 SQL Server 登录名和密码。
8	用于备份的可用性组复制副本	一共有 4 个选项。 ● Primary：如果选择此选项，则在选定 AlwaysOn 可用性组的主复制副本上执行备份。 ● 首选辅助： 如果选择此选项，则在选定 AlwaysOn 可用性组的辅助复制副本上执行备份。 如果无辅助复制副本可用，将在主复制副本上执行备份。 ● 仅限辅助： 如果选择此选项，则在选定 AlwaysOn 可用性组的辅助复制副本上执行备份。 如果无辅助复制副本可用，将中断备份并向日志文件中写入相应的错误消息。 ● 由 SQL Server 定义：如果选择此选项，则根据 SQL Server 配置在主复制副本或辅助复制副本上执行备份。如果"Automated_Backup_Preference"设置为"none"，将在主复制副本上执行备份。
9	差异或增量：	选择"差异"选项会对自上次完整备份以来发生变化的所有数据进行备份。 若选择"增量"选项，则仅备份事务日志。 唯一不同于"完整"备份的配置选项是，可以强制执行完整备份，而不是增量备份。 g. 强制完整备份： 通过选中或取消选中此复选框，可决定当 VDP 检测到日志间隙或者没有之前的完整备份可用来应用事务日志（增量）备份或差异备份时，是否执行完整备份。实际上，该选项在必要时会自动执行完整备份。 如果选择 "差异" 或 "增量"，则应使该选项保持选中状态（默认设置）。否则，如果 VDP 上没有完整备份，可能无法恢复数据。

（5）在“计划”对话框中，选择备份的频率、服务器上的开始时间，如图 2-6-43 所示。

图 2-6-43　备份频率

（6）在“保留策略”对话框中，选择备份的时间长度，如图 2-6-44 所示。

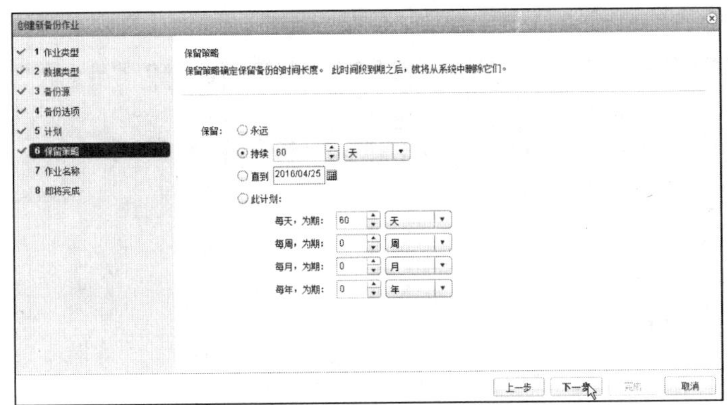

图 2-6-44　保留策略

（7）在“名称”对话框中，指定备份作业名，如图 2-6-45 所示。在此设置作业名为 SQL-Server_hbjsrc。

（8）在“即将完成”对话框中，显示了备份的计划、保留策略、备份名称，确定无误之后单击“完成”按钮，如图 2-6-46 所示。

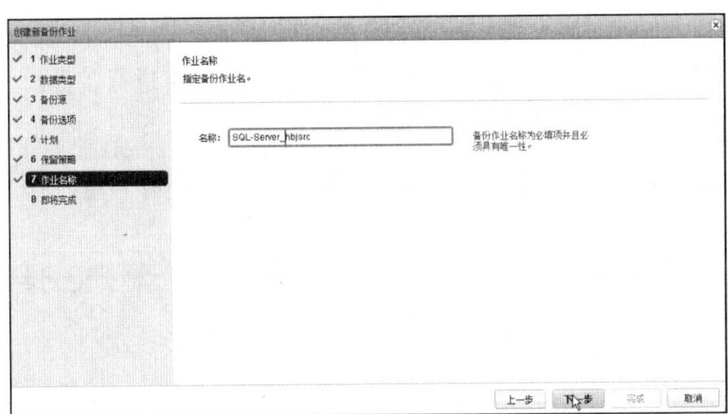

图 2-6-45　备份作业名称

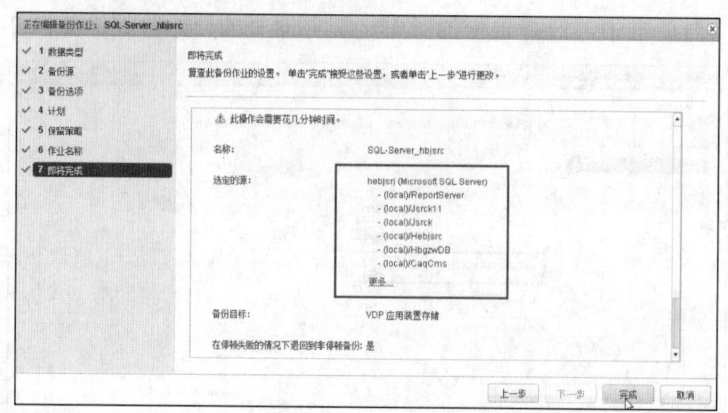

图 2-6-46　创建备份作业完成

【说明】在本节实验中，为 SQL Server 创建了 3 个备份：2 个“完整服务器备份”，分别用于备份两个 SQL Server 服务器，1 个“所选数据库”备份，用于备份这 2 个 SQL Server 服务器上的数据库，如图 2-6-47 所示。

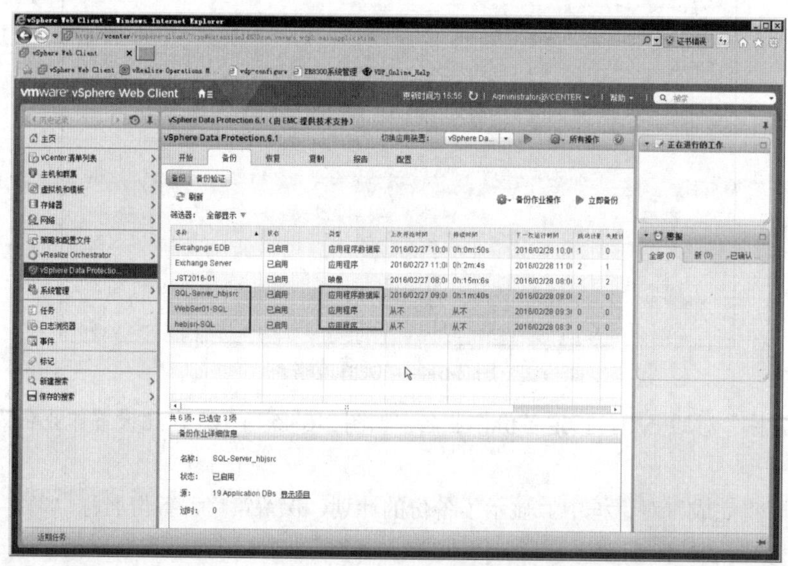

图 2-6-47　创建的 SQL Server 备份任务

在创建备份作业后，备份作业会在指定的时间，按指定的频率进行备份。如果要开始第一次备份，请单击“立即备份→备份所有源”，如图 2-6-48 所示。

【说明】在生产环境中，如无必要，不要执行“立即备份”，请等待备份任务到达指定的时间自动备份。

发出“立即备份”命令，稍后在 vSphere Client“近期任务”中，将会看到备份进度，如图 2-6-49 所示。

图 2-6-48　备份所有源

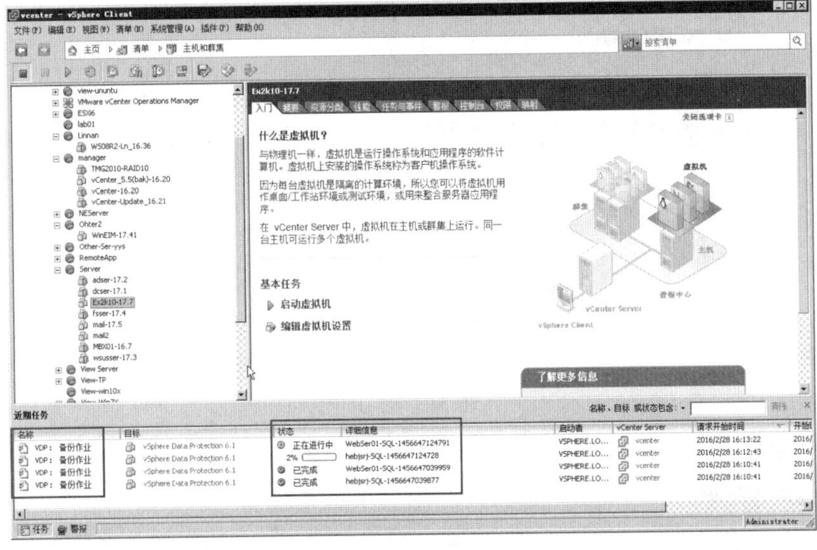

图 2-6-49　备份任务

关于 SQL Server 的恢复，将在后文介绍。

2.6.6　创建 Exchange Server 备份任务

本节将在当前的环境中备份 Exchange Server，与 SQL Server 相同，备份类型同样有“完整服务器”与“所选数据库”，在此先介绍备份 Exchange 完整服务器的操作步骤。

（1）使用 vSphere Web Client，连接到 VDP，在“备份”选项中单击“备份作业操作”，从下拉菜单选择“新建”选项，如图 2-6-50 所示。

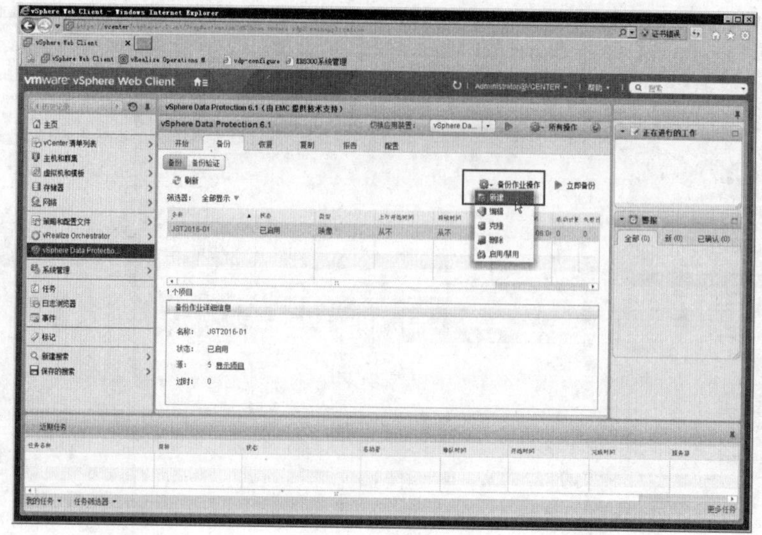

图 2-6-50　新建备份作业

（2）在“作业类型”对话框中选择“应用程序”，如图 2-6-51 所示。

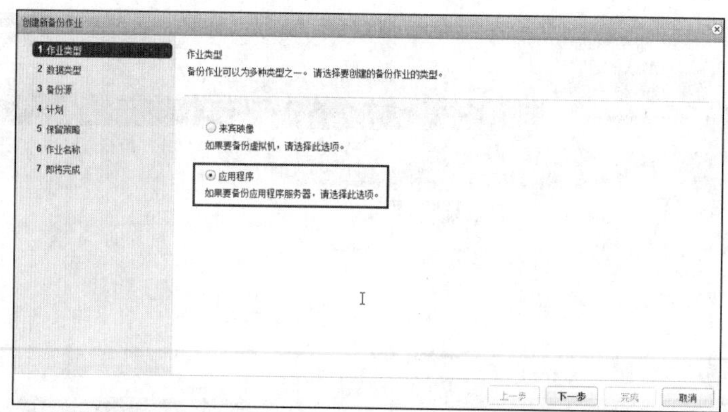

图 2-6-51　应用程序

（3）在“数据类型”对话框中选择“完整服务器”，选择此选项将备份完整的应用程序服务器，如图 2-6-52 所示。

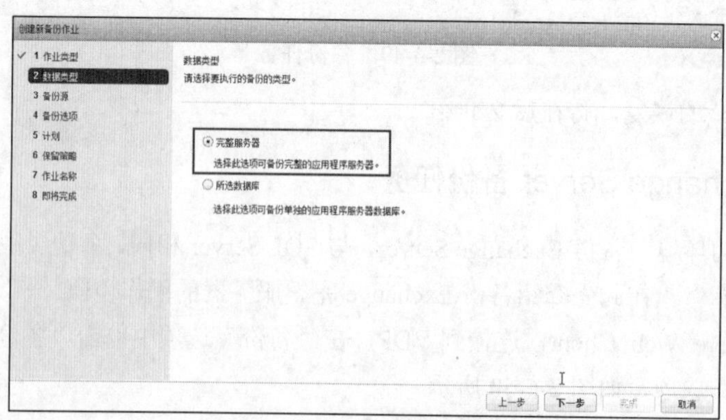

图 2-6-52　选择“完整服务器”

（4）在“备份源”对话框，选择“Microsoft Exchange Server”，然后从列表选中要备份的Exchange Server 旁边的复选框，在此选中的 Exchange 服务器名称为 mbx01.heuet.com，如图 2-6-53 所示。

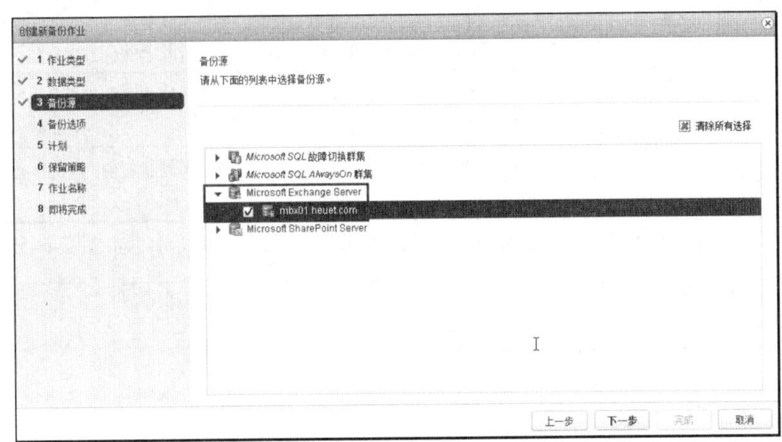

图 2-6-53　选择要备份的 Exchange 服务器

（5）选择“配置高级选项”对话框，先在“用户名”文本框中输入当前 Active Directory 域管理员账户，本示例为“heuet\administrator”，输入管理员密码之后为 Exchange 选择备份参数，如图 2-6-54 所示。

图 2-6-54　配置高级选项

【说明】如果客户端是以本地系统账户身份运行的，则用户必须提供 Exchange 管理员凭据。如果不是以本地系统账户身份运行的，则不需要提供凭据。

在“备份类型”中选择“全部”或“增量”备份类型。如果完整备份不存在，增量备份将自动提升为完整备份。

如果选择“增量”，则可以指定“循环”日志记录选项。借助循环日志记录，可以减少系统上驻留的事务日志数目。对于部分而非全部存储组或数据库已启用循环日志记录的混合环境，可选择以下这些设置之一来指定 VDP 处理增量备份的方式，如表 2-8 所示。

表 2-8　VDP 处理增量备份的方式

设备名称	功能
"提升（Promote）"（默认设置）	如果保存集内的任何数据库已启用循环日志记录，此选项会将增量备份提升为完整备份。无论数据库是否已启用循环日志记录，系统均将备份所有数据库。如果一个或多个数据库启用了循环日志记录，保存集内的所有数据库均会将任意增量备份提升为完整备份
"循环（Circular）"	此选项会将启用循环日志记录的所有数据库的所有增量备份提升为完整备份，并跳过未启用循环日志记录的所有数据库
"跳过（Skip）"	此选项对已禁用循环日志记录的所有数据库执行增量备份，并跳过已启用循环日志记录的任何数据库

（6）在"计划"对话框中，选择备份的频率、服务器上的开始时间，如图 2-6-55 所示。

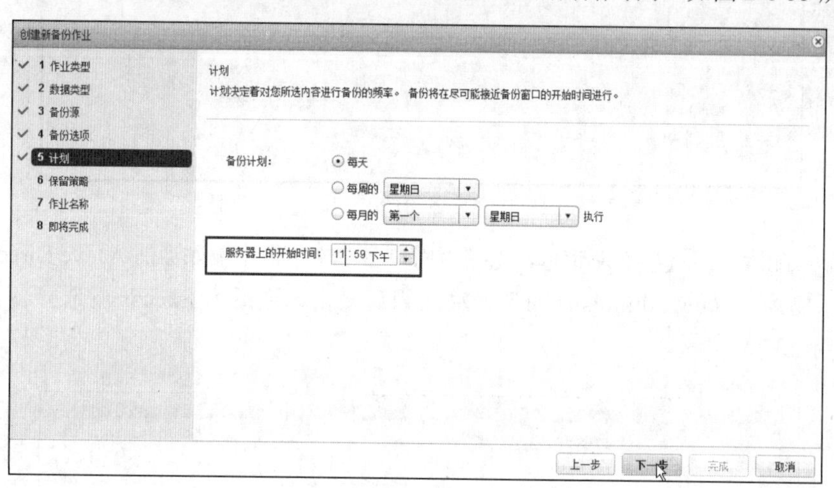

图 2-6-55　备份频率

（7）在"保留策略"对话框中，选择备份的时间长度，如图 2-6-56 所示。

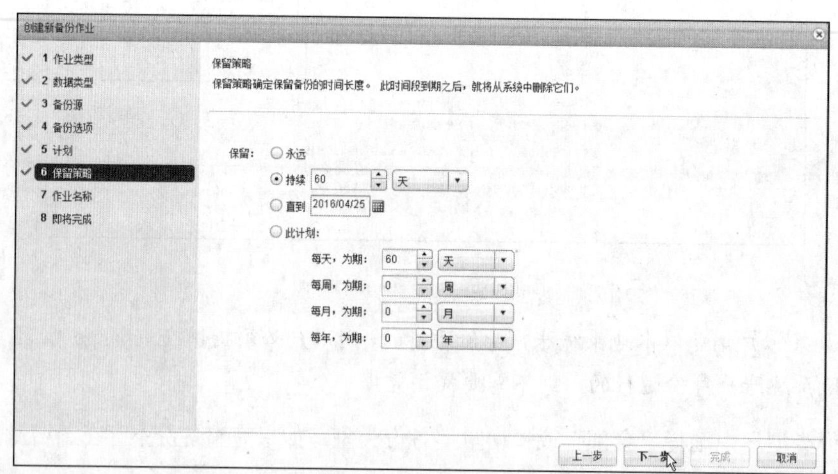

图 2-6-56　保留策略

（8）在"名称"对话框中，指定备份作业名，如图 2-6-57 所示。在此设置作业名为 Exchange Server。

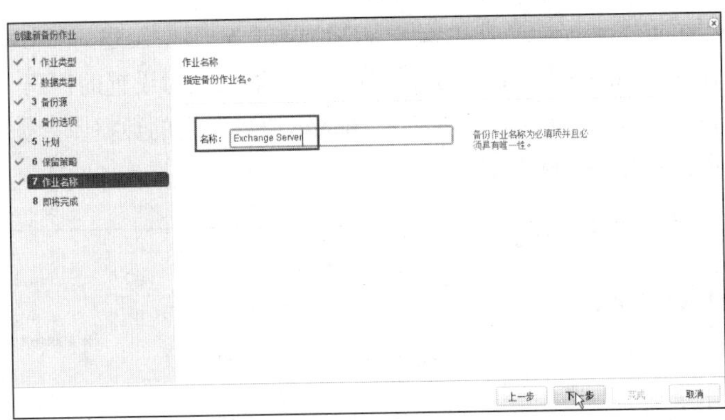

图 2-6-57 备份作业名称

（9）在“即将完成”对话框中，显示了备份的计划、保留策略、备份名称，确定无误之后单击“完成”按钮，如图 2-6-58 所示。

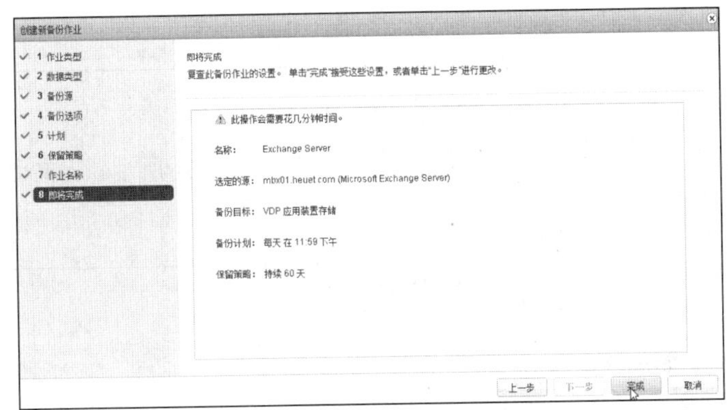

图 2-6-58 创建备份作业完成

再次创建备份任务，以“应用程序→所选数据库”方式备份 Exchange Server，主要步骤如下。

（1）使用 vSphere Web Client 登录 vCenter Server，连接到 VDP，参照图 2-6-50～图 2-6-51，创建备份向导。

（2）在“数据类型”选择“所选数据库”选项，如图 2-6-59 所示。

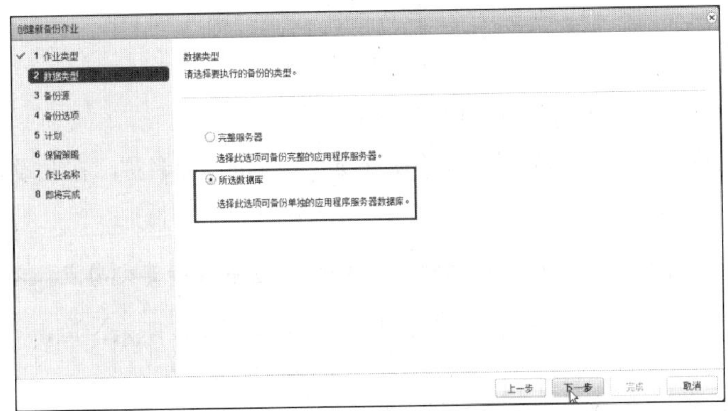

图 2-6-59 所选数据库

（3）在“备份源”对话框中，单击浏览将要备份的 Exchange 服务器，此时会弹出“凭据”对话框，输入“2.6.4 在 Exchange Server 服务器上安装 VDP 代理”一节中创建的 VMwareVDPBackupUser 账户，以格式 heuet\vmwarevdpbackupuser 的方式输入，并输入当时设置的密码，然后单击“确定”按钮，如图 2-6-60 所示，然后就可以浏览列表 Exchange 服务器上的数据库，选中要备份的数据库，在此选中当前 Exchange 中的所有数据库。

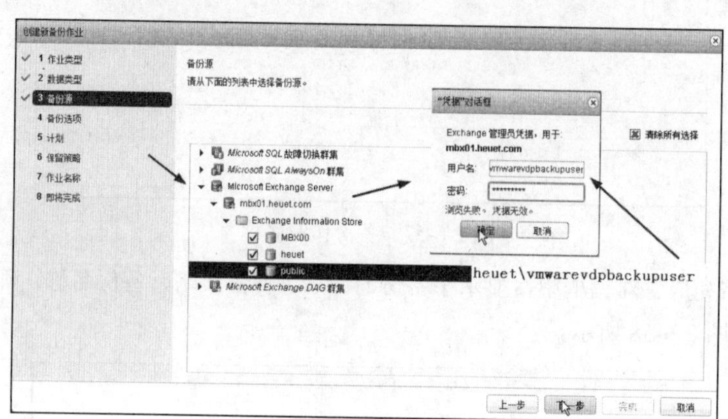

图 2-6-60 输入凭据并选择要备份的数据库

（4）在“配置高级选项”对话框，选择备份类型，如图 2-6-61 所示。上文已经介绍过，此处不再赘述。

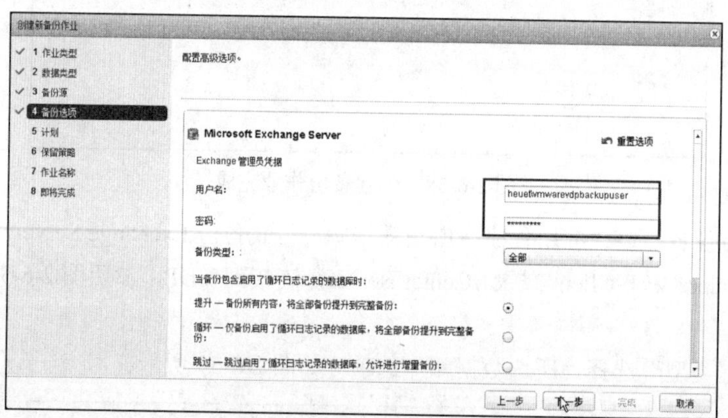

图 2-6-61 配置高级选项

（5）在后续的步骤中指定备份计划、保留策略。

（6）在“作业名称”对话框，指定当前的 Exchange 备份作业名称，在此设置名称为 Exchange EDB，如图 2-6-62 所示。

注意：备份名称允许的特殊字符仅限空格、下划线、连字符和英文句点，不能使用汉字。

（7）在“即将完成”对话框，显示了备份的设置，如图 2-6-63 所示，单击“完成”按钮，完成创建新备份作业。

（8）创建完成之后，可以看到创建的两个 Exchange 备份作业，如图 2-6-64 所示。

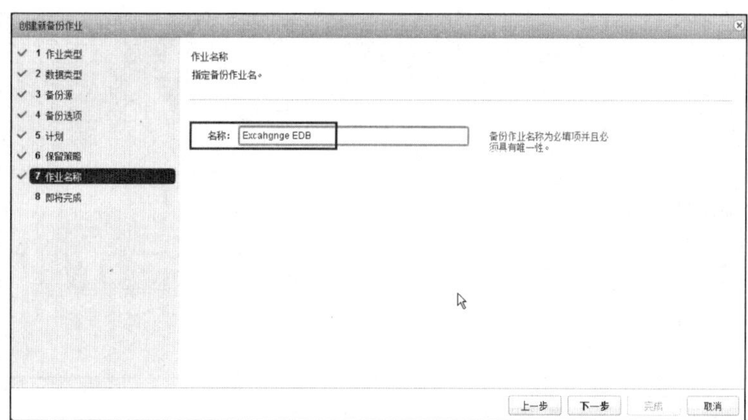

图 2-6-62　备份名称

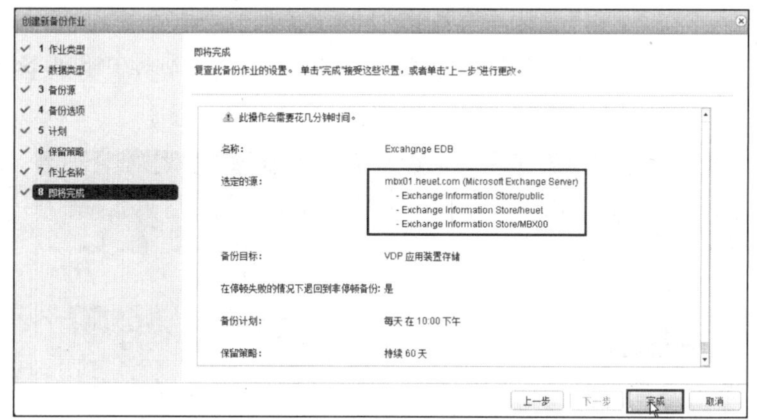

图 2-6-63　即将完成

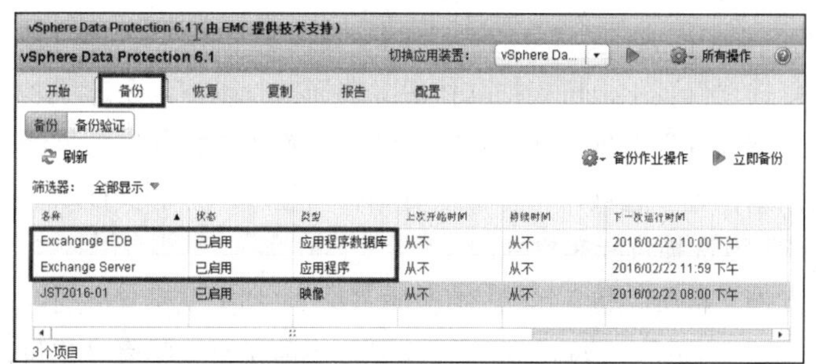

图 2-6-64　Exchange 备份作业

2.6.7　从备份恢复 SQL Server

在 Microsoft SQL Server 上运行备份后，可以将这些备份恢复到它们的原始位置或恢复到备用位置，步骤如下。

（1）在 vSphere Web Client 连接到 VDP，选择“恢复”选项卡。在“恢复”选项卡的列表中选择 SQL Server 备份，如图 2-6-65 所示。

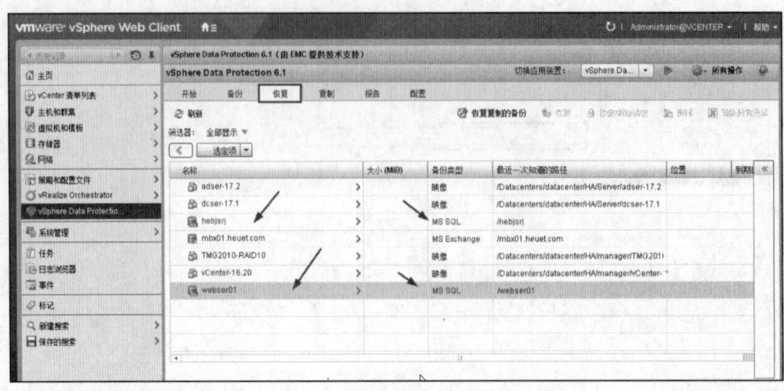

图 2-6-65　选择一个 SQL Server 备份

（2）在图 2-6-65 中选择一个 SQL Server 备份之后，单击它会显示当前备份任务的所有备份，在此选中一个备份进度（在“名称”列表中有备份的日期与时间），选择要恢复的备份，然后单击“恢复”链接，如图 2-6-66 所示。虽然可以选择多个 SQL Server，但对于每个 SQL Server 只能选择一个恢复点。

图 2-6-66　选择一个备份进度进行恢复

（3）在“选择备份”页上，选择要恢复的备份作业，然后单击“下一步”按钮，如图 2-6-67 所示。

（4）在“选择恢复选项”页上，可根据具体情况选择执行以下两个选项之一。

- 保留“恢复到原始位置”选项的选中状态（默认设置）以将备份恢复到其原始位置。
- 清除“恢复到原始位置”选项以将备份恢复到备用位置，然后执行以下操作。

① 单击“选择”以选择目标客户端。

② 在“SQL 实例”框中，输入 SQL 实例的名称。如果采用“local”，则必须用圆括号将它括起来即“(local)”，请确保是英文半角，不能是全角括号及字母，也不能是其他的名称，否则在向导中不会提示错误，但最后会恢复失败。

③ 在“位置路径”框中，输入要将数据库文件恢复到的现有完整 Windows 路径，例如，d:\1234。请注意，该路径一定要存储，如果该位置路径不存在，则不会创建它，恢复将失败。

④ 在“日志文件路径”框中，输入要将日志文件恢复到的现有完整 Windows 路径。

在本示例中，选择“恢复到原始位置”，如图 2-6-68 所示。

如果要指定高级选项，请单击“高级选项”旁的箭头以展开该列表，如图 2-6-69 所示。

在图 2-6-69 中，“结尾日志备份”为默认选项，在实际的恢复中，一般不选择此项，并在“使用

SQL REPLACE 选项”、“恢复系统数据库”二者之间选择其一或选择此两项，才能完成数据库的恢复。

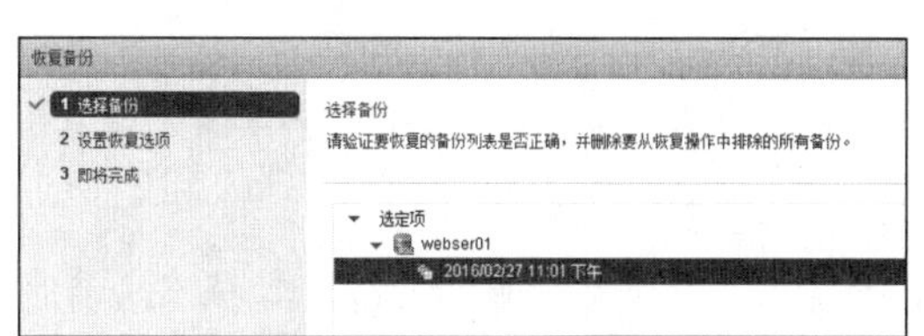

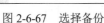

图 2-6-67　选择备份

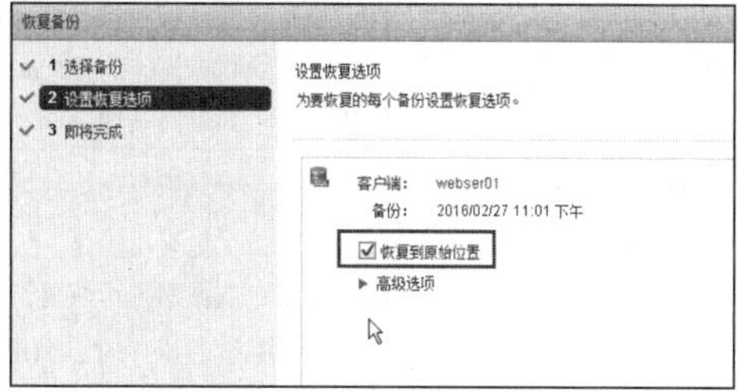

图 2-6-68　恢复到原始位置

图 2-6-69　高级选项

如果在第（4）步中选择的不是“恢复到原始位置”而是单击“选择”按钮选择当前系统中安装了 VDP 恢复代理的其他 SQL Server 数据库，也要单击“高级选项”取消“结尾日志备份”的选项，如图 2-6-70 所示。

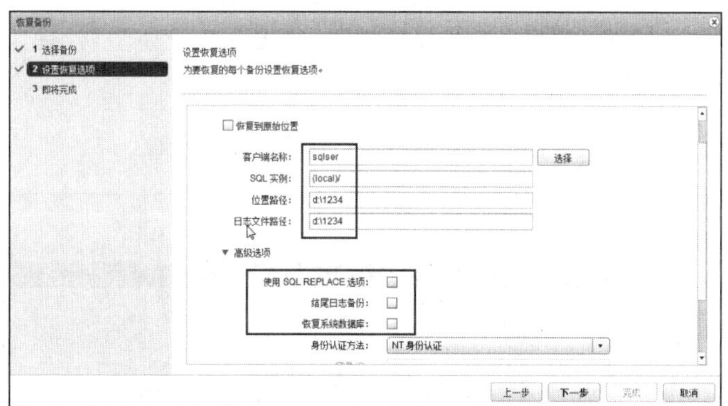

图 2-6-70　恢复到其他位置

其中每个选项说明如表 2-9 所示。

表 2-9　高级选项及选项说明

选项名称	选项说明
使用 SQL REPLACE 选项	此选项指定即使同名的另一数据库或文件已经存在，SQL Server 也应创建所有必要的数据库和相关文件。该选项将替代旨在防止意外覆盖其他数据库或文件的 SQL Server 安全检查

续表

结尾日志备份	要在恢复过程中执行结尾日志备份，数据库必须在线并使用完整恢复模式或大容量日志恢复模式。由于系统数据库（例如，master 数据库和 msdb 数据库）采用简单恢复模式，无法对其执行结尾日志备份。如果向其他 SQL Server 实例执行重定向恢复，请不要选择结尾日志备份
恢复系统数据库	很少需要只恢复系统数据库。但是，如果一个或多个系统数据库损坏，则可能需要对其进行恢复 实际情况更有可能是，在恢复用户数据库的同时还需要恢复系统数据库。如果同时选择系统数据库和用户数据库进行恢复，则首先恢复的是系统数据库 恢复系统数据库时，VDP Microsoft SQL Server 客户端会按照管理 SQL Server 服务的正确顺序（master 数据库、msdb 数据库、model 数据库）来自动恢复数据库
身份认证方法	身份验证方法指定连接到 SQL Server 时是采用 NT 身份验证还是 SQL Server 身份验证。如果选择 SQL Server 身份认证，请指定 SQL Server 登录名和密码

（5）在“即将完成”选项上查看恢复请求，然后确认恢复，请单击“完成”按钮，如图 2-6-71 所示。

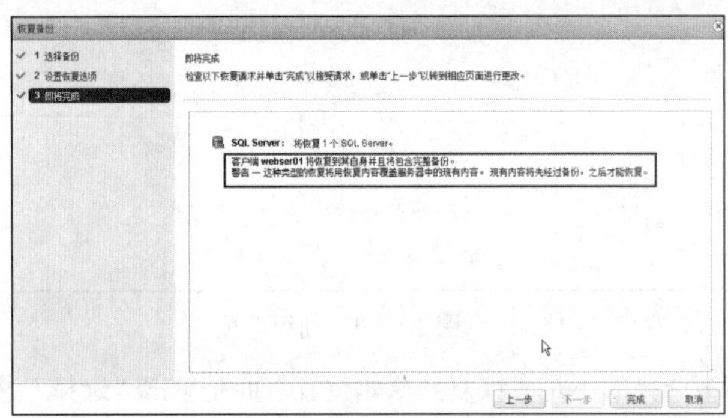

图 2-6-71　即将完成

【注意】请在恢复到原始位置时，请备份现有的数据库。因为此种恢复将用备份覆盖服务器中的现有内容，并且不能恢复。所以现有内容先经过备份，之后才能恢复。

（6）在声明已成功启动恢复的消息框中，单击“确定”按钮。

（7）在“最近的任务”面板中监视恢复进度，如图 2-6-72 所示。

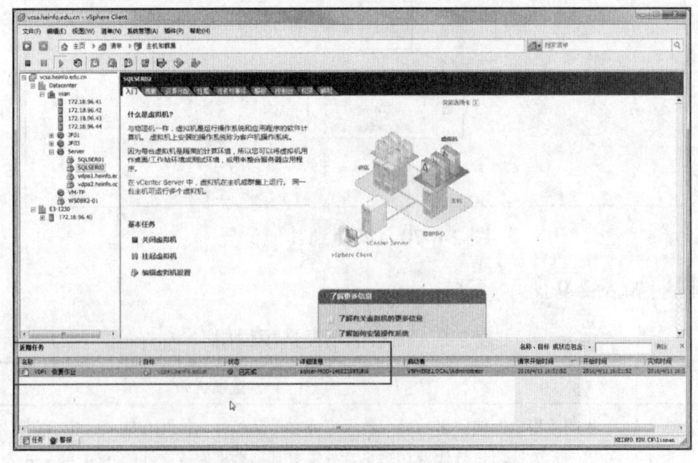

图 2-6-72　恢复进度

（8）打开 SQL Server 虚拟机，然后打开 SQL Server 管理控制台，可以看到恢复后的数据库。如果恢复到其他 SQL Server 实例，并且指定恢复的文件夹，打开“资源管理器”，可以看到恢复的数据库，如图 2-6-73 所示是在实际的环境中，恢复的一个名为 AdventureWorks2008R2 示例数据库在 D 盘 1234 文件夹的截图。

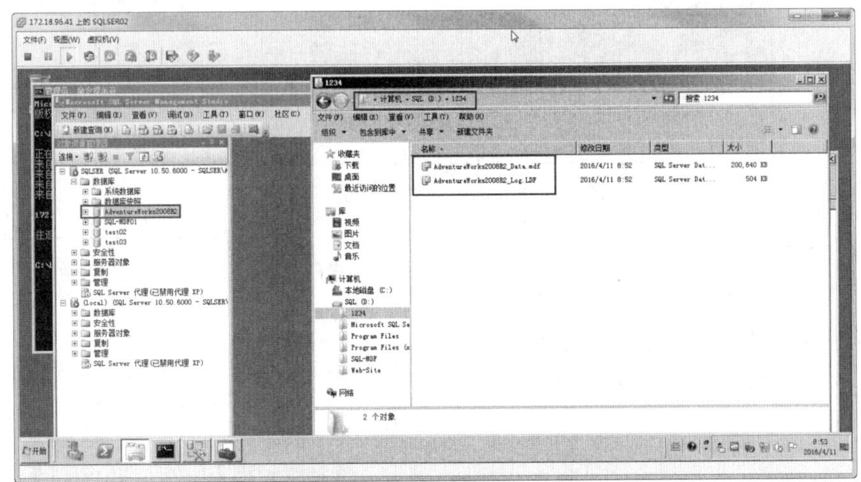

图 2-6-73　恢复示例数据库

2.6.8　恢复 Microsoft Exchange Server 备份

在 Microsoft Exchange Server 上运行备份后，可以将这些备份恢复到它们的原始位置或恢复到备用位置，操作步骤如下。

【注意】目标 Microsoft Exchange Server 必须与作为备份执行位置的 Exchange Server 具有相同的 Microsoft Exchange Server 版本和服务包。 否则，恢复将失败。

（1）在 vSphere Web Client 中，选择“恢复”选项卡，从列表中选择 Exchange Server 备份（备份类型为 MS Exchange），如图 2-6-74 所示。

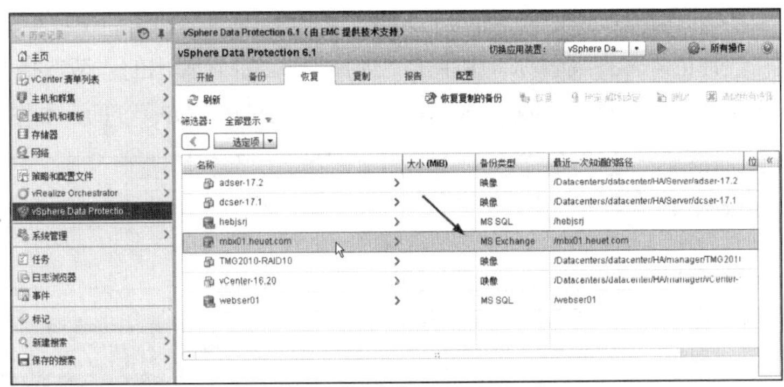

图 2-6-74　选择 Exchange Server 备份

（2）单击 Exchange 备份任务，然后在列表中选择一个备份进度，在“名称”列表中会显示备份的日期和备份时间（见图 2-6-72），然后单击“恢复”按钮，如图 2-6-75 所示。

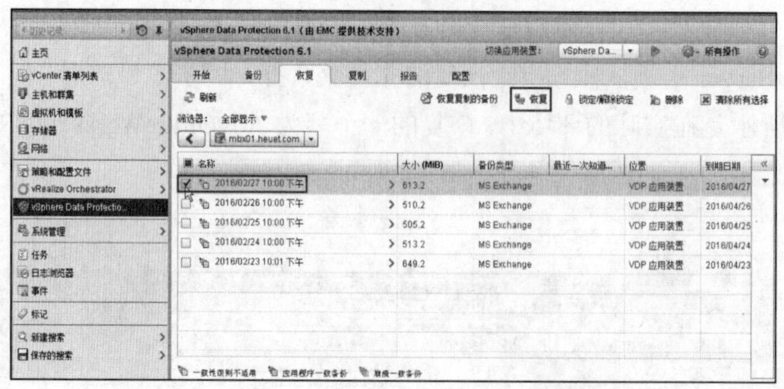

图 2-6-75　选中一个任务进行恢复

也可以双击这个备份的进度，选择其中的一个或多个 Exchange 的数据库，如图 2-6-76 所示。

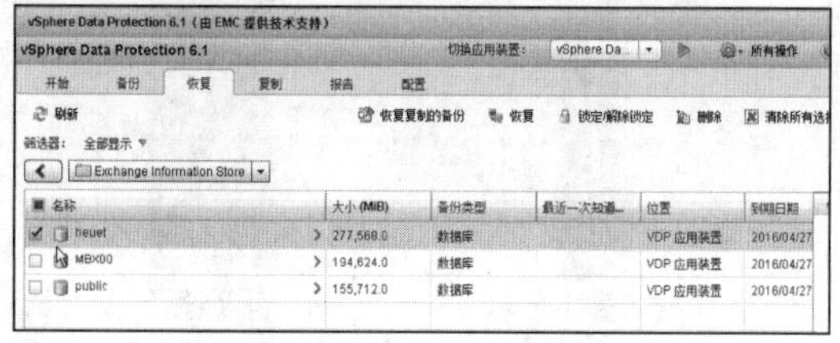

图 2-6-76　选中数据库

【说明】如果不是第一次进入的 VDP，以前有过其他的选择，可以单击“清除所有选择”链接，重新进行选择。

（3）在“选择备份”对话框，选择要恢复的备份，如图 2-6-77 所示。

（4）在“选择恢复选项”页上，为要恢复的每个备份设置恢复选项，默认情况下是“恢复到原始位置”，如图 2-6-78 所示。

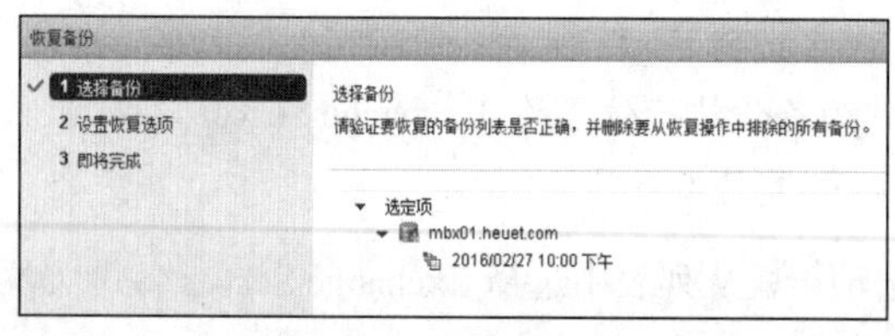

图 2-6-77　选择备份

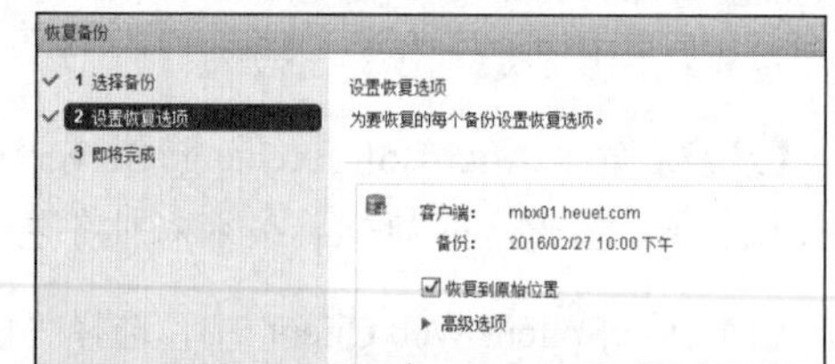

图 2-6-78　恢复到原始位置

- 如果网络中有另外的 Exchange Server（相同版本和服务包，如 SP1、SP2 等），可以取消“恢复到原始位置”，并在“客户端名称”中单击“选择”按钮，在弹出的“请选择要将备份恢复到的位置”中，浏览选择其他的 Exchange Server（同样需要安装 VDP 代理），如图 2-6-79 所示。

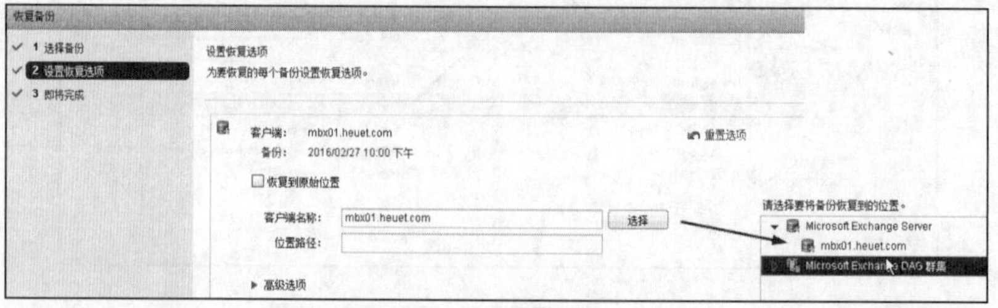

图 2-6-79　恢复选项

- 如果不想恢复到其他 Exchange Server（或者只有一台 Exchange Server），但也不想覆盖原来的数据库，则可以取消“恢复到原始位置”，此时“客户端名称”列表中的则是原备份的

Exchange Server 名称，在“位置路径”中，指定要恢复的 Exchange 数据库的新文件夹也可，例如 d:\1234（该文件夹及盘符需要在目标 Exchange Server 上存在）。如图 2-6-80 所示。

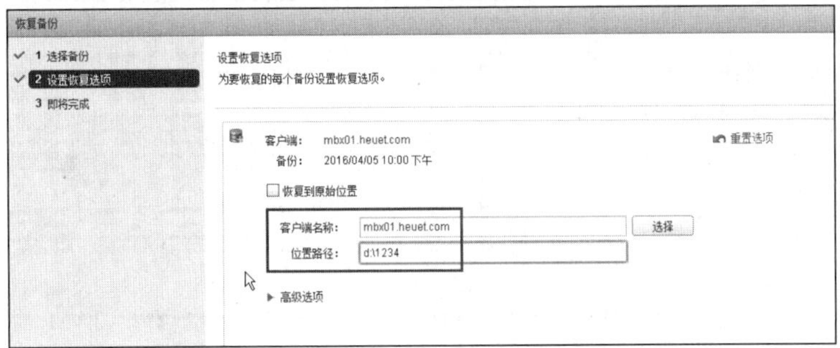

图 2-6-80　恢复到同一服务器的同一文件夹

- 如果客户端是以本地系统账户身份运维，则用户必须提供 Exchange 管理员凭据。如果不是以本地系统管理员身份运行，则不需要提供凭据。单击“高级选项”，在“用户名”处输入域管理员账户，如 heuet\administrator，然后输入管理员密码，如图 2-6-81 所示。

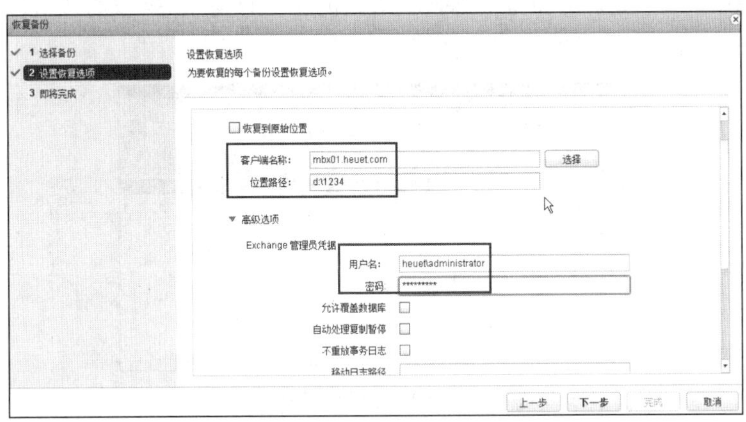

图 2-6-81　高级选项

（5）在“即将完成”页上，查看恢复请求，然后单击“完成”按钮，如图 2-6-82 所示。

（6）在弹出的“信息”对话框，单击“确定”按钮，如图 2-6-83 所示。

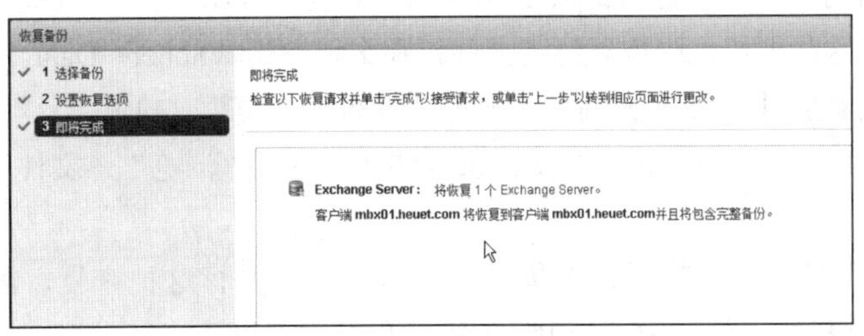

图 2-6-82　即将完成

图 2-6-83　确定

（7）在 vSphere Client 的“近期任务”中可以看到 VDP 恢复作业进度，如图 2-6-84 所示。

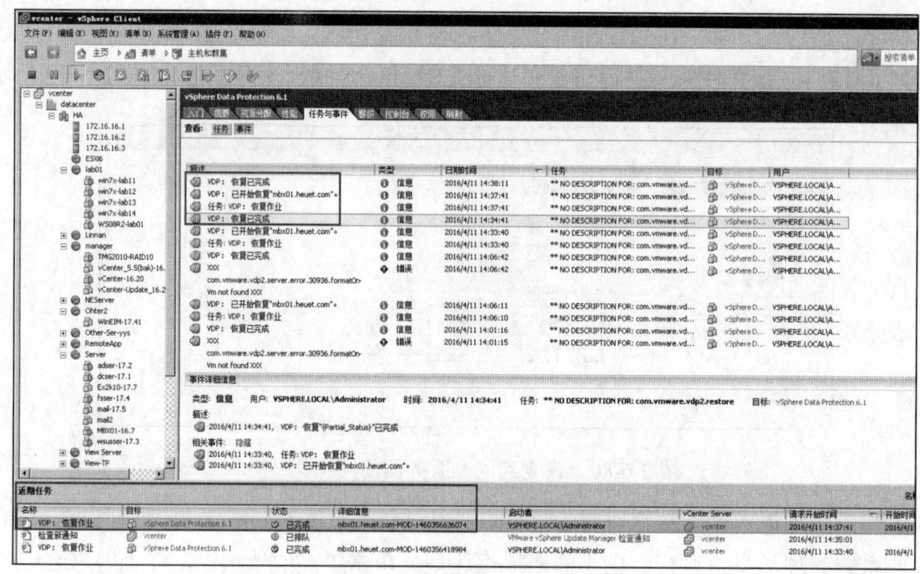

图 2-6-84　恢复作业进度

（8）恢复完成之后，打开 Exchange Server 虚拟机，在 D 盘 1234 文件夹可以看到恢复成功的 Exchange 的 EDB 数据库，如图 2-6-85 所示。

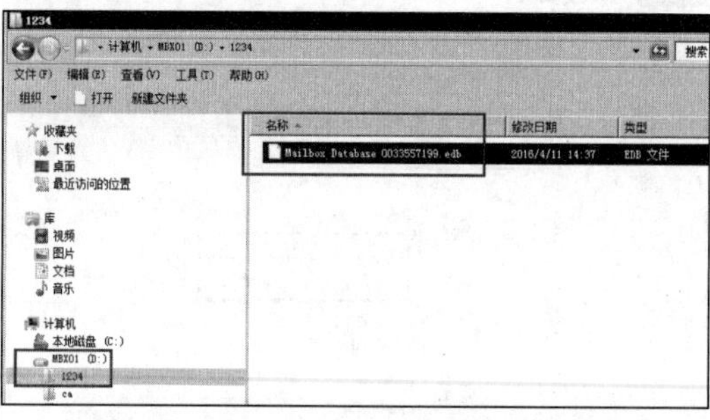

图 2-6-85　恢复成功的 Exchange 数据库

2.7　使用文件级恢复

VDP 会创建整个虚拟机的备份。可以通过 vSphere Web Client 使用 VDP 用户界面完整地恢复这些备份。不过，如果只希望从这些虚拟机中恢复特定文件，那么请使用 vSphere Data Protection Restore Client （通过 Web 浏览器加以访问）。这种恢复称作“文件级恢复”（FLR）。

通过 Restore Client 可以将特定虚拟机备份作为文件系统装载，然后“浏览”该文件系统以查找需要恢复的文件。

Restore Client 服务仅适用于具有 VDP 所管理备份的虚拟机。为进行这种恢复，需要通过 vCenter 控制台或其他某种远程连接登录到其中一个由 VDP 备份的虚拟机。

【注意】不支持对从以前使用的 VDP 磁盘导入的恢复点使用文件级恢复（FLR）。此限制不适用于为导入后执行的任何后续备份创建的恢复点。

2.7.1　FLR 的限制

使用文件级恢复具有一定限制，具体如下。

1. 不支持的 VMDK 配置

文件级恢复不支持以下虚拟磁盘配置。

- 未格式化的磁盘
- 动态磁盘（Windows）/ 多驱动器分区（即任何由两个或更多虚拟磁盘组成的分区）
- EXT 4 文件系统
- FAT 16 文件系统
- FAT 32 文件系统
- GUID 分区表（GPT）
- 扩展分区（类型：05h、0Fh、85h、C5h、D5h）
- 映射到同一分区的两个或更多个虚拟磁盘
- 加密分区
- 压缩分区

2. 不支持的 Windows 配置

文件级恢复不支持以下 Windows 8 和 Windows Server 2012 配置。

- 经过重复数据消除的新技术文件系统（NTFS）
- 复原文件系统（ReFS）
- 可扩展固件接口（EFI）Bootloader

3. 文件级恢复存在的限制

- 无法恢复或浏览符号链接。
- 浏览备份或者恢复目标中包含的指定目录时，总数限制为 5 000 个文件或文件夹。
- 在同一项恢复操作中不能恢复超过 5 000 个文件夹或文件。
- 创建分区时，必须先填充较低的有序索引。也就是说，不能在只创建一个分区的情况下将该分区置于分区索引 2、3 或 4 位置。
- 如果虚拟机支持网络地址转换（NAT），则文件级恢复将不运行。
- VDP Replication Target Identity（RTI）不支持文件级恢复。

4. LVM 存在的限制

以下限制适用于逻辑卷管理器（LVM）所管理的逻辑卷。

- 一个物理卷（.vmdk）必须映射且只能映射到一个逻辑卷。
- 仅支持 Ext 2 和 Ext 3 格式化（包含主启动记录（MBR）的主分区和不包含 MBR 的独立分区）。

2.7.2　登录到 Restore Client 的两种方式

Restore Client 可以按下列两种模式之一登录。

（1）基本

采用基本登录时，需从已由 VDP 备份的虚拟机连接到 Restore Client。需要使用所登录虚拟机的本地管理凭据登录 Restore Client。Restore Client 将仅显示本地虚拟机的备份。

例如，如果从名为“TMG2010”的 Windows 主机登录到“基本”模式下的 Restore Client，则只能装载和浏览“TMG2010”的备份，如图 2-7-1 所示。

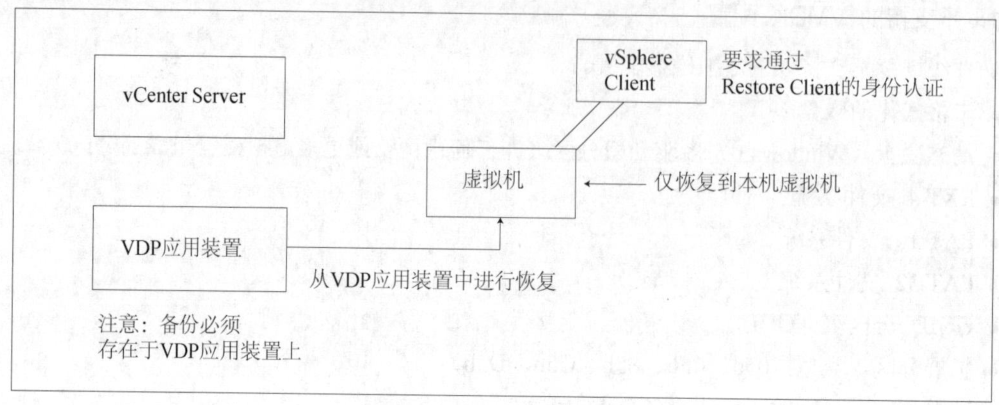

图 2-7-1　FLR 基本登录

（2）高级

采用高级登录时，需从已由 VDP 备份的虚拟机连接到 Restore Client。需要使用所登录虚拟机的本地管理凭据及用于向 vCenter Server 注册 VDP 应用装置的管理凭据来登录 Restore Client。连接到 Restore Client 之后，将可以从任何已通过 VDP 进行备份的虚拟机装载、浏览和恢复文件。系统会将所有恢复文件恢复到当前登录的虚拟机，如图 2-7-2 所示。

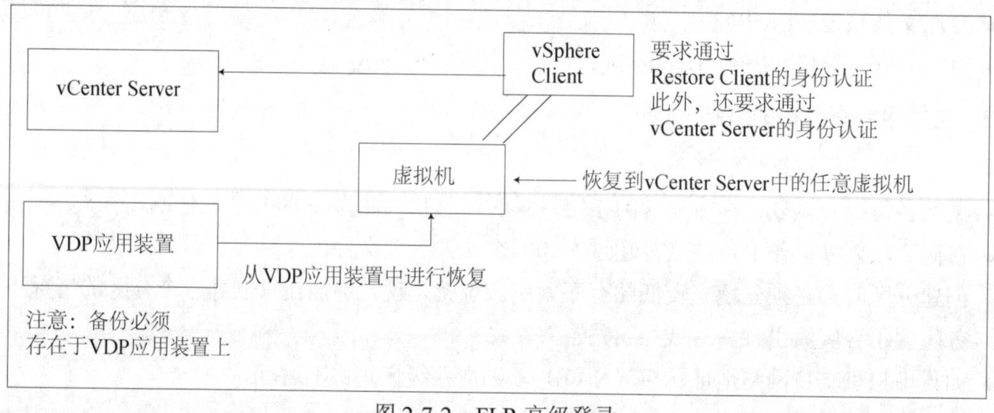

图 2-7-2　FLR 高级登录

【注意】FLR 高级登录要求使用在安装 VDP 应用装置时所指定的那些 vCenter 用户凭据。

Windows 备份中的文件只能恢复到 Windows 计算机，Linux 备份中的文件只能恢复到 Linux 计算机。

1. 装载备份

成功登录后，将显示“管理已装载的备份”对话框。默认情况下，此对话框显示可用于装载的所有备份，其格式会因登录方式的不同而变化。

- 如果使用的是基本登录，则会显示所登录客户端中可供装载的所有备份的列表。
- 如果使用的是高级登录，则会显示已备份到 VDP 的所有客户端的列表。每个客户端下将显示所有可用于装载的备份的列表。

【注意】使用对话框右下角的“装载”、“卸载”或“全部卸载”按钮，最多可以装载 254 个 vmdk 文件映像。

2．筛选备份

在“管理已装载的备份”对话框中，可以选择显示所有备份或筛选备份列表。筛选列表的方法有以下几点。

- 所有恢复点——显示所有备份。
- 恢复点日期——仅显示指定日期范围内的备份。
- 虚拟机名称——仅显示其名称包含筛选字段中所输入文本的主机的备份（此选项不适用于基本登录，因为系统仅显示属于登录虚拟机的备份）。

3．浏览已装载的备份

备份装载完毕后，可以使用 Restore Client 用户界面左侧的树视图在备份的内容中导航。树的外观取决于使用的是基本登录还是高级登录。

4．执行文件级恢复

使用 Restore Client 的主屏幕可以恢复特定的文件，方法是在左侧列中的文件系统树中导航，然后单击树中的目录或单击右侧列中的文件或目录。

下面通过具体的实例进行介绍。

2.7.3 使用基本登录恢复本机的备份

在下面的实例中，我们将在一台已经备份过的 Windows 虚拟机中使用文件级恢复，将 VDP 对于本机的备份恢复。

【说明】每个虚拟机的管理员，可以使用 VDP 的“文件级恢复”这一功能，恢复由自己所管理的虚拟机的备份，而不是由系统管理员恢复备份。例如：A 是当前虚拟化环境中一个名为“TMG2010-RAID 10”虚拟机的管理员，而 B 则是 VDP 的管理员。如果 A 管理的“TMG2010-RAID 10”虚拟机出现问题，则 A 登录“TMG2010-RAID 10”虚拟机（可以使用“远程桌面登录连接”的方式远程)，然后启用文件级恢复这一功能即可。

先在 vSphere Web Client 中连接到 VDP，在“恢复”选项卡中查看 VDP 已经备份的虚拟机的名称，如图 2-7-3 所示。

从列表中可以看到，当前已经备份了多台虚拟机，其中有一台名为“TMG2010-RAID 10”，操作步骤如下。

（1）登录到“TMG2010-RAID 10”虚拟机，可以使用 vSphere Client 打开“TMG2010-RAID 10”控制台，也可以远程桌面方式登录，打开 IE 浏览器，启动 VDP 文件级恢复链接，该地址是 https://172.16.17.24:8543/flr，其中 172.16.17.24 是当前 VDP 备份装置的 IP 地址。然后输入“TMG2010-RAID10”虚拟机的管理员账户及密码，然后单击“登录”按钮，如图 2-7-4 所示。

VDP 会对客户端进行身份验证，如果验证不通过，则会提示“登录失败：找不到登录客户端”，如图 2-7-5 所示，表示当前登录的这台机器，没有在 VDP 中进行备份。

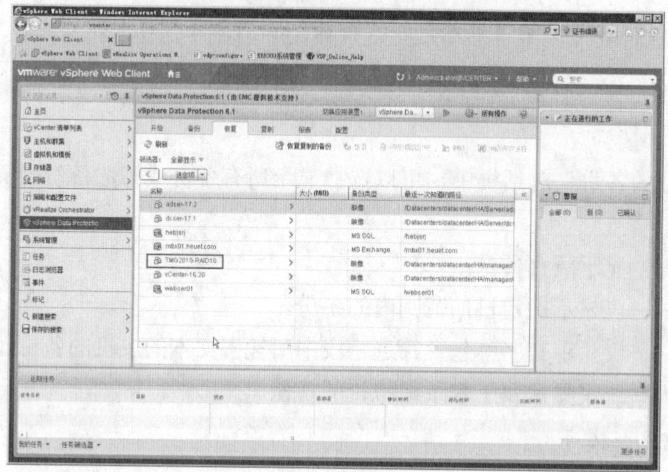

图 2-7-3　查看 VDP 已经备份的虚拟机名称

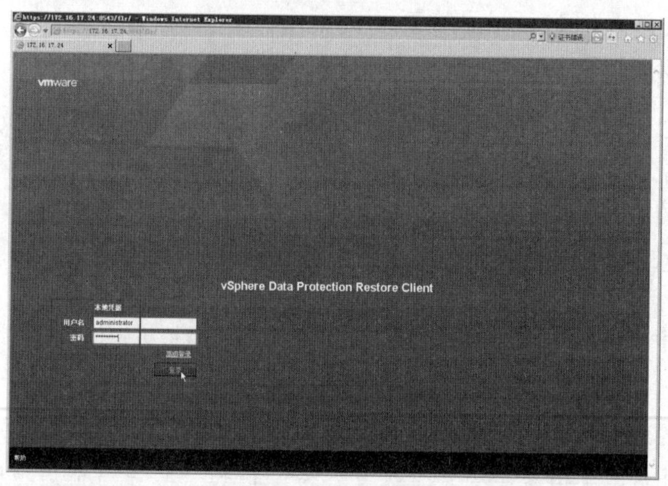

图 2-7-4　基本登录

（2）登录成功之后，会进入 VDP 的文件级恢复页面，首先会弹出“管理已装载的备份”对话框，在此会浏览出当前所有的恢复点，请从中选择一个恢复点，然后单击“装载”按钮，如图 2-7-6 所示。装载完成之后，单击“关闭”按钮。

图 2-7-5　登录失败

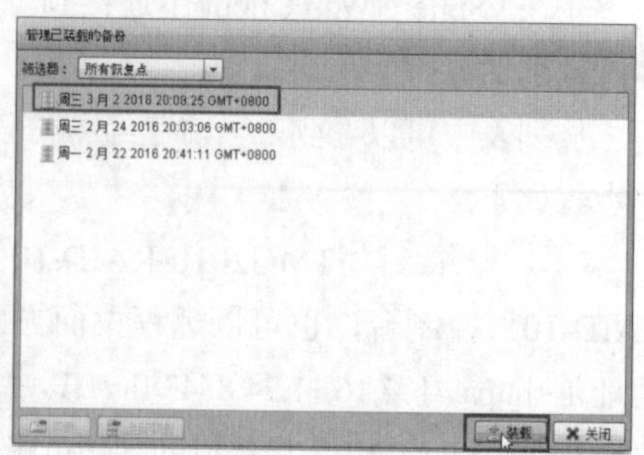

图 2-7-6　装载设备

（3）装载之后返回到 IE 浏览器，此时在“恢复文件”列表中，显示了装载的镜像，单击

“Disk#1”以展开磁盘。如果有多个磁盘或分区，则会以 Disk#2、Disk#3 等方式排序。请依次展开并进行浏览，然后选中要恢复的文件或文件夹，如图 2-7-7 所示，然后单击右下角的“恢复选定文件”按钮。

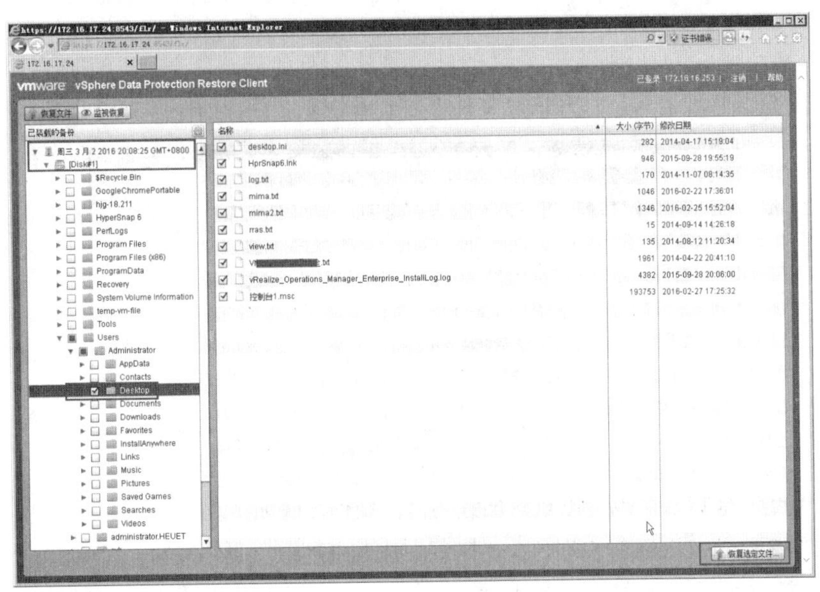

图 2-7-7　恢复选择文件

（4）弹出“选择目标”对话框，在此选择一个文件夹，然后单击“恢复”按钮进行恢复，如图 2-7-8 所示。一般情况下，应该将文件恢复到一个空的文件夹；如果没有空的文件夹，可以打开“资源管理器”新建一个文件夹，然后在图 2-7-8 中单击“刷新”按钮，即可选择新建的这个空文件夹。

（5）在“启动恢复”对话框，单击“是”按钮，如图 2-7-9 所示。

（6）弹出“信息”对话框，单击“确定”按钮，如图 2-7-10 所示。

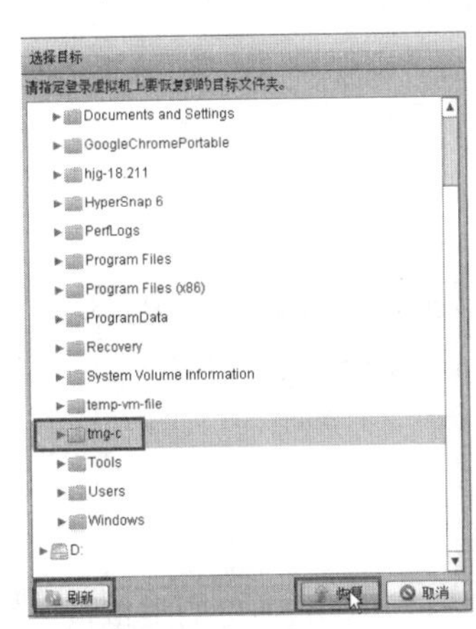

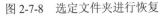

图 2-7-8　选定文件夹进行恢复

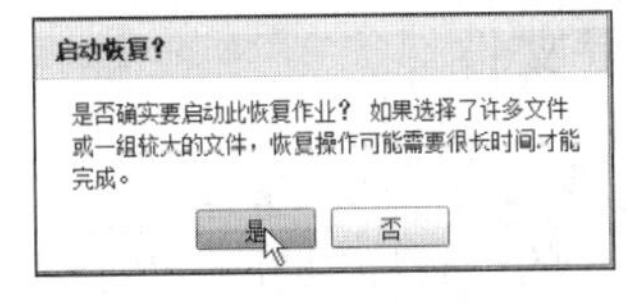

图 2-7-9　启动恢复

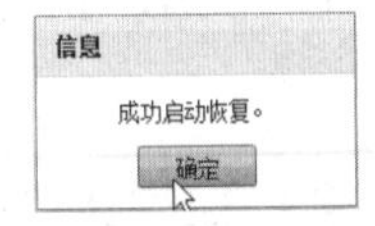

图 2-7-10　“信息”对话框

（7）单击“监视恢复”按钮，此时会看到恢复的状态，如果状态为“SUCCESS”表示恢复成功，如果状态为“失败”，表示恢复失败，需要重新恢复，直到恢复成功为止，如图 2-7-11 所示。

图 2-7-11　恢复成功

（8）打开“资源管理器”，打开恢复文件夹，查看恢复文件，如图 2-7-12 所示。

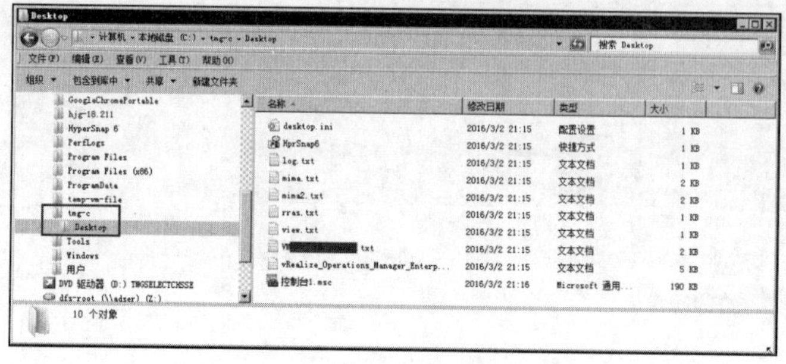

图 2-7-12　查看恢复文件

如果想恢复到其他日期，也可以重新加载备份，操作步骤如下。

（1）返回到 Restore Client 客户端，在“恢复文件”中单击“”按钮，在弹出的下拉列表中选择“管理已装载的备份”，如图 2-7-13 所示，或者单击“卸载备份”或“全部卸载”，卸载已装载的备份。

（2）在弹出的“管理已装载的备份”对话框中，先“全部卸载”已装载的备份，然后浏览选择一个其他日期的备份，单击“装载”按钮，如图 2-7-14 所示，开启新一轮的恢复。

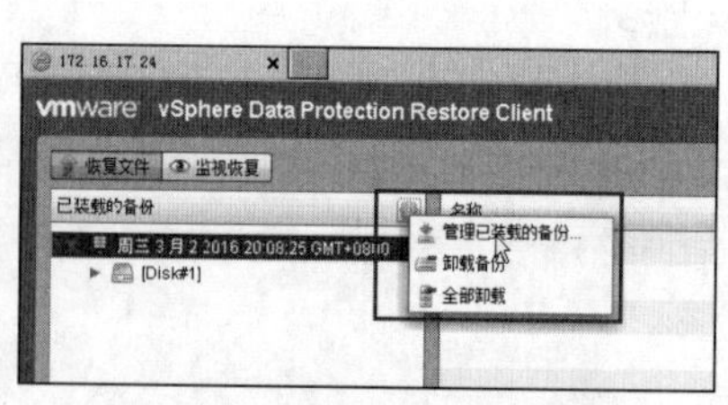

图 2-7-13　管理已装载的备份

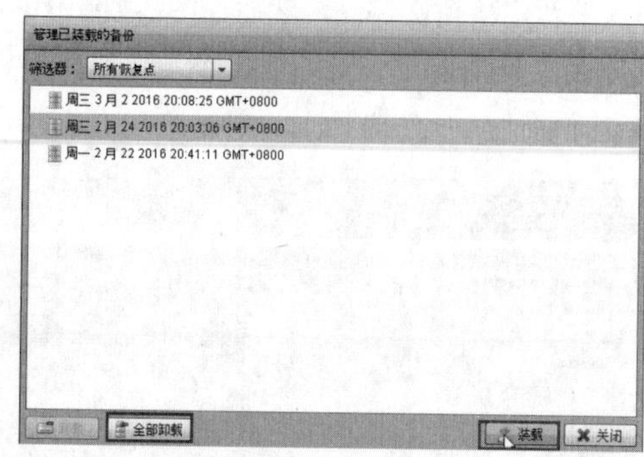

图 2-7-14　选择恢复点日期

2.7.4　使用高级登录恢复文件

本节介绍“高级登录”，恢复本机或其他已备份的虚拟机的文件，操作步骤如下。

（1）在已经使用 VDP 备份的一台虚拟机中（同样不能使用没有被 VDP 备份的虚拟机进行登录），登录 https://172.16.17.24:8543/flr，选择“高级恢复”，在“本地凭据”中输入当前计算机的管理员账户与密码，然后在“vCenter 凭据”中输入在向 VDP 注册时输入的 vCenter Server 的管理员账户与密码，单击“登录”按钮，如图 2-7-15 所示。

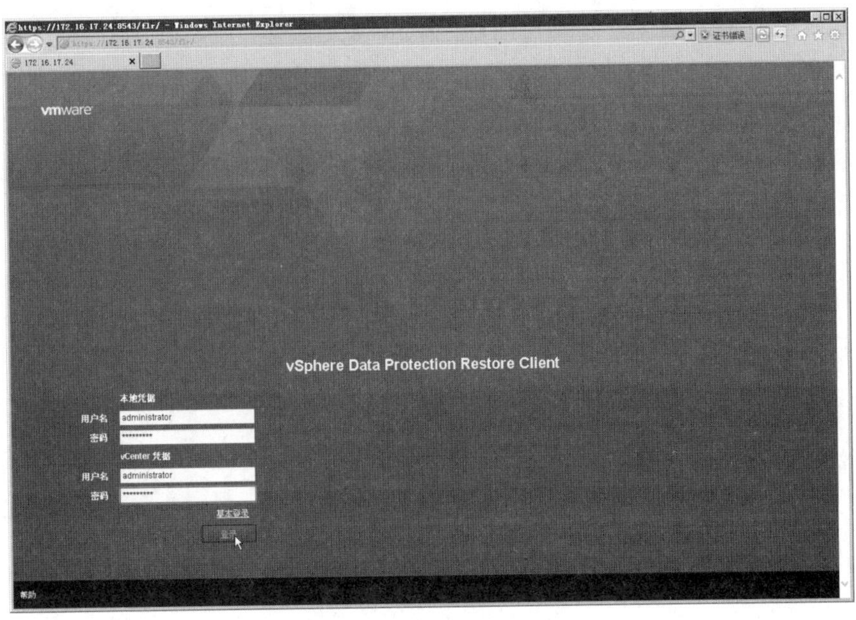

图 2-7-15　高级登录

（2）登录后，同样打开“管理已装载的备份”对话框，在此会显示当前 VDP 备份的所有虚拟机的备份，如图 2-7-16 所示。可以在列表中选择一个要恢复的虚拟机（还会显示每个备份虚拟机有几个备份），然后展开并选中一个备份点，单击“装载”按钮。

（3）之后的恢复与“2.7.3 使用基本登录恢复本机的备份”操作一样，如图 2-7-17 所示，从中选择一个恢复的文件或文件夹，单击“恢复选定文件”。

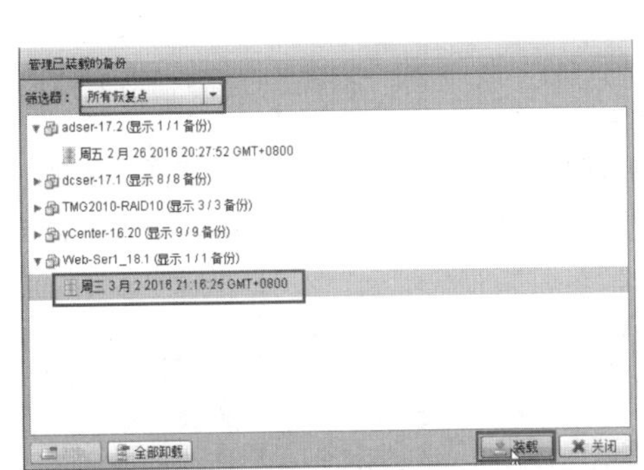

图 2-7-16　装载备份

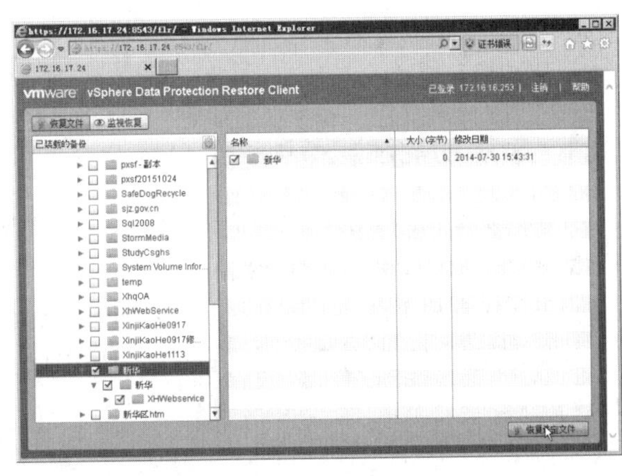

图 2-7-17　恢复选择文件

（4）选定恢复文件夹进行恢复，并在“监视恢复”中查看恢复进度，如图 2-7-18 所示。

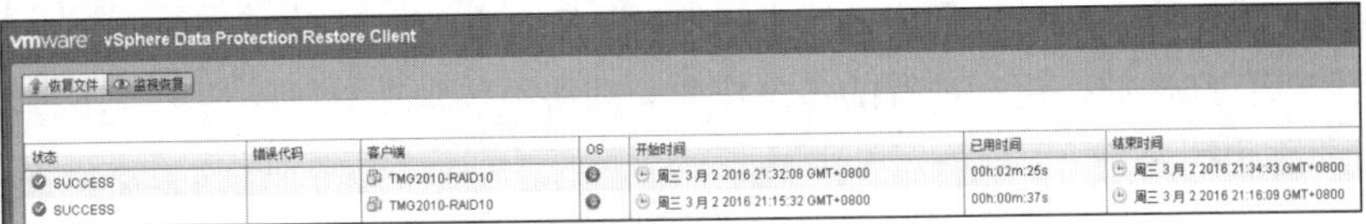

图 2-7-18　恢复进度

（5）最后打开“资源管理器”，查看恢复后的文件，如图 2-7-19 所示。

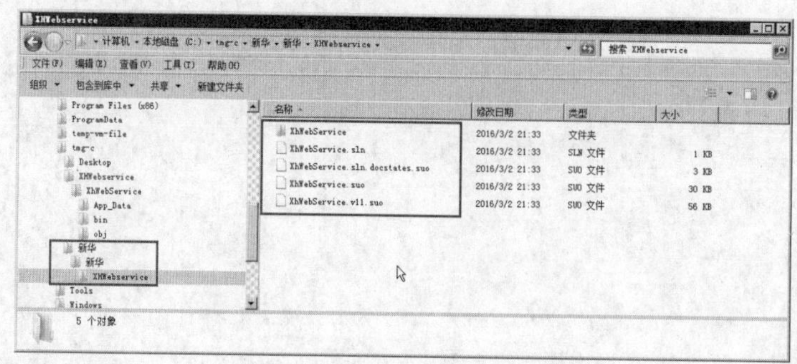

图 2-7-19　查看恢复后的文件

最后，在退出文件级恢复之前，卸载已装载的备份。

2.8　复　　制

在 vSphere 环境中部署有多个 VDP 备份装置时，可以将某个 VDP 的备份，通过“复制”功能，复制到另一个 VDP 备份装置。使用“复制”功能，当源 VDP 应用装置发生故障时，由于目标上仍有备份可用，因而可避免数据丢失。复制使用决定着复制哪些备份、在什么时间复制及将它们复制到什么位置。对于按计划或临时对无法恢复点的客户端执行的复制作业，仅会将客户端复制到目标服务器。使用 VDP 应用装备创建的备份可以复制到其他 VDP 应用装置、Avamar server 或 Data Domain 系统。

【说明】VDP 的复制功能有版本支持与限制，一般来说，VDP Advanced（VDPA） 5.5.5.x 的版本可以恢复到相同的及更高的 VDPA（5.5.5.x）及 VDP（6.x 版本）。

2.8.1　复制功能注意事项

由于只复制已完成的客户端备份，所以请尽量将复制安排在备份活动较少的时段进行。例如，正常的 VDP 备份从晚上 8 点开始，大多数的备份会在凌晨 2 点备份完成，则可以将备份安排在凌晨 2 点开始。这样可以确保每个复制会话期间复制的客户端备份数最大。

如果在复制目标服务器上更改 root 账户的用户 ID 或密码，则必须在源服务器上将目标用户 ID 及密码更新。

可以使用复制目标管理功能更新与同一台复制目标服务器关联的一个或多个复制作业的信息。

不支持复制动态数据或非静态数据，因此建议在备份活动较小的时段运行复制功能。

如果同时有多项备份和（或）恢复操作正在运行，则无法同时执行对多个客户端的复制和（或）恢复。

复制作业启动后，它只能处理源服务器上已停顿的静态数据。因此任何向源服务器写入数据且尚未充分完成的操作（例如，正在进行的备份作业）都将不包含在复制作业中。不过，在下一复制操作期间将复制这些数据。

在源 VDP 应用装置上，随着所复制客户端的备份数量增加，浏览每个客户端所需的时间也会相应增加。

2.8.2　使用复制功能

为了使用复制功能，我们需要在当前系统中再部署一个 VDP。在本示例中，系统中有两个 VDP 应用装置，其中，第 1 个 VDP 应用装置的名称为 vdpa.heinfo.edu.cn，IP 地址为 172.18.96.25；第 2 个 VDP 应用装置名称为 vdpa2.heinfo.edu.cn，规划的 IP 地址是 172.18.96.26。第 1 个 VDP 应用装置已经备份了当前 vSphere 数据中心中的一些虚拟机，并且已经有一些备份。接下来将演示“复制”功能。

（1）使用 vSphere Web Client，登录并连接到第一个 VDP 应用装置（名称为 vdpa.heinfo.edu.cn），在“复制”选项卡单击“复制作业操作”，在下拉菜单中选择“新建”选项，如图 2-8-1 所示。

图 2-8-1　新建复制作业操作

（2）在“选择类型”对话框，选择是复制此 VDP 上的来宾映像/应用程序备份还是已复制的备份。在此选择“来宾映像/应用程序备份”，如图 2-8-2 所示。

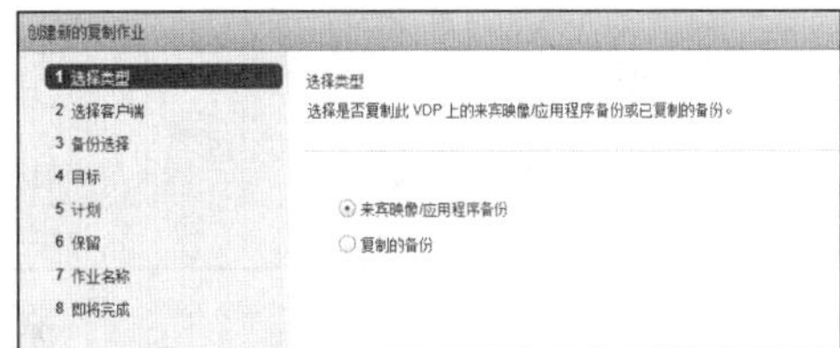

图 2-8-2　选择类型

（3）在“选择客户端”对话框，选择希望包含在此复制作业中的客户端，可以选择“所有客户端”，也可以选择“单独选择客户端”并在列表中选择要复制的路径，在此选择两个客户端用于测试，如图 2-8-3 所示。

图 2-8-3　选择客户端

（4）在“备份选择”对话框，选择备份类型（每天、每周、每月、每年、由用户启动），在“日期限制”对话框，限制此复制的期限，如果选择“无”则一直备份，在此选择“最后一个 7 天”，如图 2-8-4 所示。

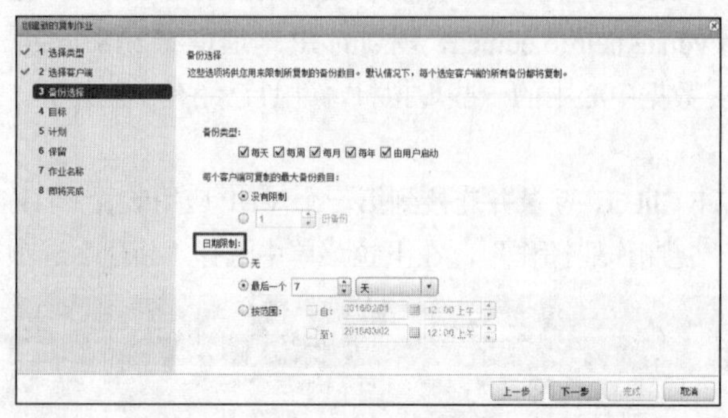

图 2-8-4　日期限制

（5）在“目标”对话框将要指定的备份复制到目标，在“主机名或 IPv4 地址”文本框中，输入作为复制目标的另一个 VDP 备份装置的 IP 地址，在此为 172.18.96.26，端口保持默认值，并输入该应用装置的密码，然后单击“验证身份认证”按钮，当验证通过之后弹出“信息”对话框，提示已成功通过身份认证，单击“下一步”按钮，如图 2-8-5 所示。

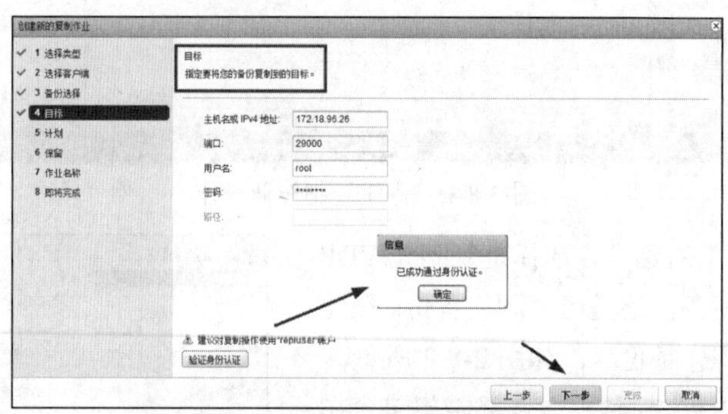

图 2-8-5　身份认证

（6）在“计划”对话框选择复制计划，在此选择“每天”备份，并在“服务器上的开始时间”选择开始复制的时间，一般选择在源备份装置备份完成之后的时间，如图 2-8-6 所示。

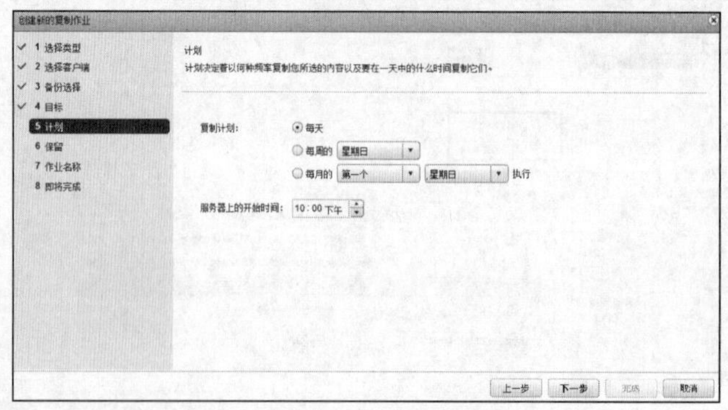

图 2-8-6　复制时间选择

（7）在“保留”对话框，选择所复制的备份在目标中的保留日期，在此选择“保留每个备份的当前到期期限”，如图 2-8-7 所示。

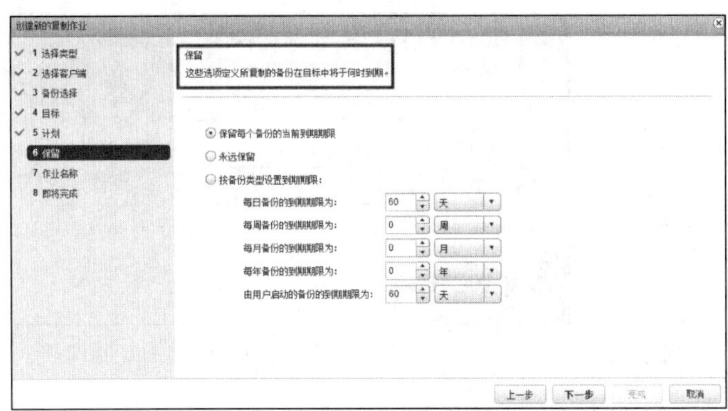

图 2-8-7　选择备份的保留日期

（8）在“作业名称”对话框指定作业名称，在此设置名称为 From_vdpa-To-vdpa2，如图 2-8-8 所示。

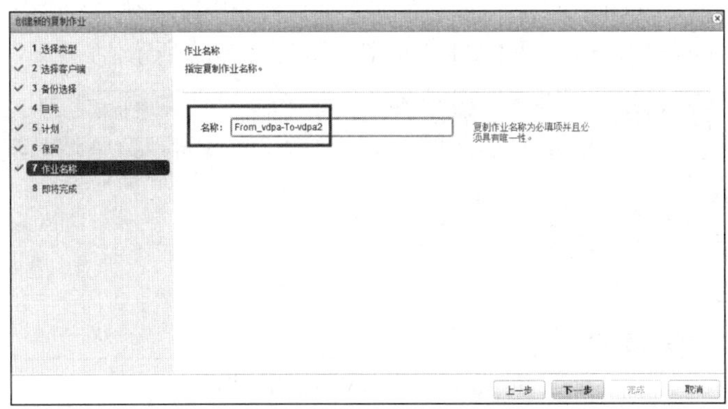

图 2-8-8　设定作业名称

（9）在“即将完成”对话框复查此复制作业的设置，检查无误之后，单击“完成”按钮，如图 2-8-9 所示。

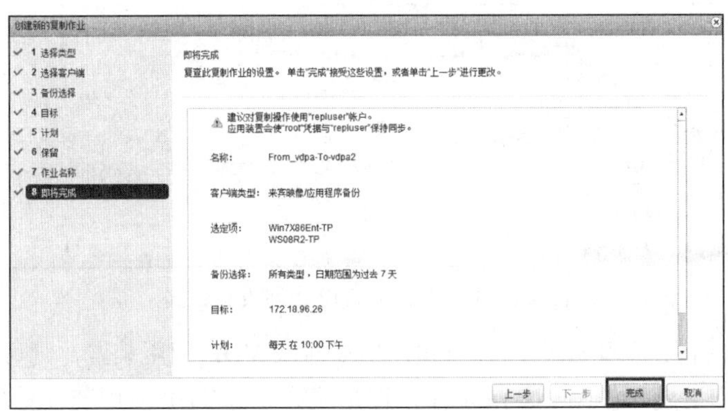

图 2-8-9　复查复制作业设置

（10）在弹出的“信息”对话框，单击“确定”按钮，如图 2-8-10 所示。

（11）创建复制作业之后，在列表中可以看到，如图 2-8-11 所示。

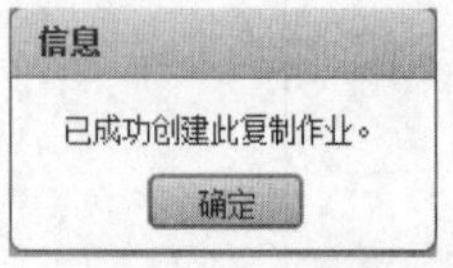

图 2-8-10　成功创建复制作业

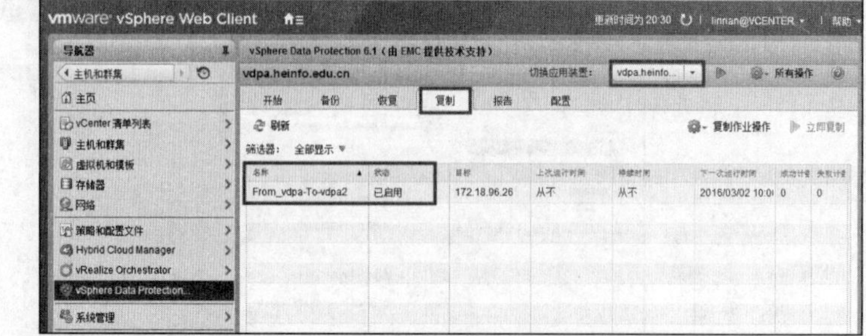

图 2-8-11　创建的复制作业

2.8.3　查看备份目标的 VDP 应用装置

在 vdpa.heinfo.edu.cn（环境中的第一个 VDP 应用装置）创建到另一个 VDPA 的复制作业之后，可以切换到另一个 VDP 应用装置，查看该应用装置的备份、使用空间等信息，操作步骤如下。

（1）在 vSphere Web Client 的“切换应用装置”下拉列表中，选择另一个 VDP 应用装置，在此选择“vdpa2.heinfo.edu.cn”，然后单击“▶”按钮，如图 2-8-12 所示。

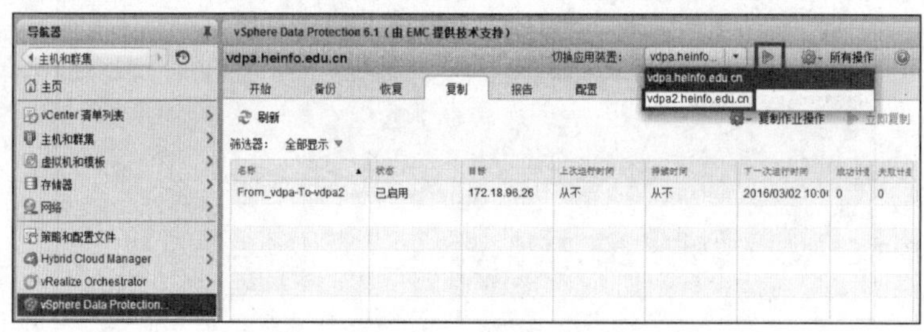

图 2-8-12　选择 VDP 应用装置

（2）在“恢复”选项中，由于这是新配置的 VDP，并且刚在第 1 台 VDP 配置了“复制”作业，但现在还没有到该作业的执行时间（一次也没有执行过），所以在“备份”、“恢复”、“复制”中都没有数据，如图 2-8-13 所示。

图 2-8-13　第 2 台 VDP 当前没有数据

（3）等待至少一个备份周期（一天之后），再打开该 VDP 应用装置，则可以在“恢复”中看到一个名为“复制”进度，如图 2-8-14 所示，这是从第 1 台 VDP 应用装置复制到当前 VDP 中的备份。

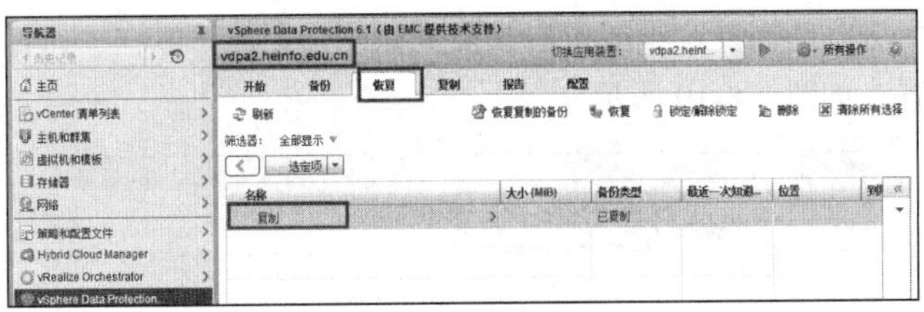

图 2-8-14　已经复制成功的作业

（4）单击“复制”按钮，在“名称”列表中显示这个复制作业是从哪个“源”VDPA 复制过来的，如图 2-8-15 所示，这表示是从名为 vdpa.heinfo.edu.cn 复制过来的。

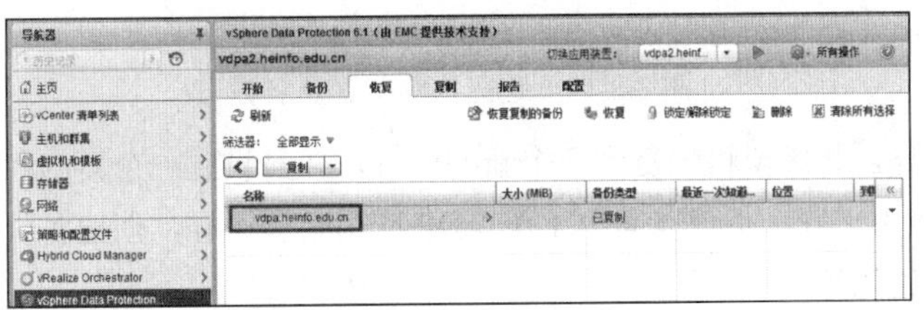

图 2-8-15　显示“源”VDPA

（5）单击该复制作业名称，会显示当前作业复制了哪些虚拟机（或应用程序），如图 2-8-16 所示，你可以从中选择一个。

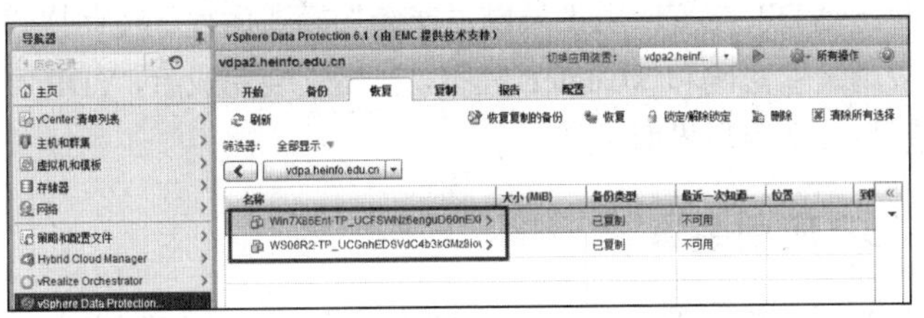

图 2-8-16　查看已经完成的复制项目

（6）单击其中任意虚拟机名称，可以看到复制的副本（或进度），此时可以从中选择一个，单击“恢复”按钮，进入恢复向导，如图 2-8-17 所示。

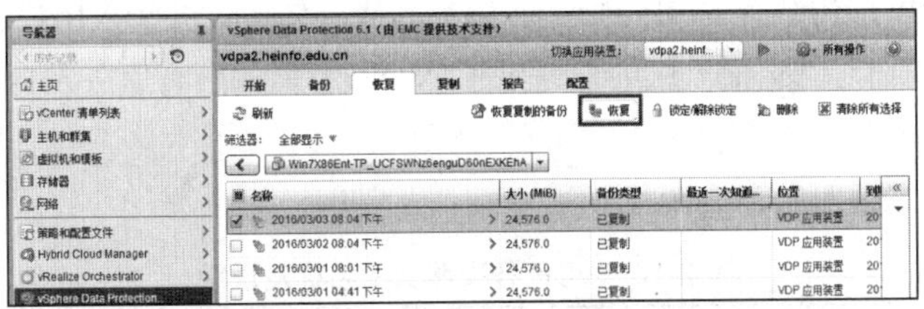

图 2-8-17　选中副本进行恢复

（7）进入恢复备份向导，如图 2-8-18 所示。

图 2-8-18　恢复向导

（8）使用“复制”进行的恢复，不能直接恢复到原始位置，可以在“目标”中单击“选择”按钮，选择一个恢复位置，如图 2-8-19 所示。

图 2-8-19　选择恢复位置及名称

（9）可以根据向导，将虚拟机恢复到一个新的位置，并且设置一个新的名称，这些不再赘述。

而第 2 个 VDP 应用装置，也可以向第 1 个 VDP 应用装置一样，创建备份、备份虚拟机，查看报告，配置电子邮件通知等。

2.9　安装后对 VDP 应用装置进行的配置

在安装 VDP 期间， VDP 配置应用工具以“安装”模式运行。在此模式下，可以输入初始联网设置、时区、VDP 应用装置密码和 vCenter 凭据。初始安装完成后，VDP 配置应用工具将以“维护”模式运行，并显示另一个用户界面。

2.9.1　重新配置 VDP 应用装置

要访问 VDP 配置应用工具，请打开 Web 浏览器，然后输入以下内容

```
https://<VDP 应用装置的 IP 地址>:8543/vdp-configure/
```

1. 登录 VDP 应用装置

登录 https:// <VDP 应用装置的 IP 地址>:8543/vdp-configure，并输入用户名及密码，登录 VDP，首先看到“配置”选项卡。“配置”选项卡列出了 VDP 所需的所有服务及每项服务的当前状态，如图 2-9-1 所示。

VDP 各服务的详细说明如表 2-10 所示。

表 2-10　VDP 各项服务的名称及说明

服务名称	详细说明
核心服务	这些服务是组成应用装置备份引擎的服务。如果禁用这些服务，则不会运行任何备份作业（包括计划的作业和“按需”作业），也无法启动任何恢复活动
管理服务	只有在技术支持人员的指导下才能停止管理服务
维护服务	这些服务用于执行维护任务，如评估备份的保留期是否已到期。在 VDP 应用装置部署后的前 24～48 小时内，维护服务处于禁用状态。这就给初始备份创造了较长的备份窗口
备份计划程序	备份计划程序是启动计划备份作业的服务。如果停止此服务，则不会运行任何计划备份；但是，仍然可以启动“按需”备份

续表

复制服务	管理复制服务
文件级恢复服务	这些服务用于支持文件级恢复操作的管理
备份恢复服务	这些服务用于支持备份恢复

图 2-9-1　状态选项卡

【说明】如果这些服务中的任何服务停止运行， vCenter Server 上均会触发警报。如果重新启动已停止的服务，将会清除该警报。警报触发或清除前可能会有最长可达 10 分钟的延迟。

2. 配置选项卡

在“VDP 应用装置”的“配置”选项卡，显示了当前 VDP 应用装置的计算机名称、时区、注册的 vCenter Server 的计算机名称、vCenter SSO 的名称。如果需要更改这些信息，可以在“配置”选项卡中单击“✿”图标，在弹出的“网络设置”、“时区”、“密码”、“vCenter 注册”、管理代理吞吐量、产品改进等选项中进行更改，如图 2-9-2 所示。

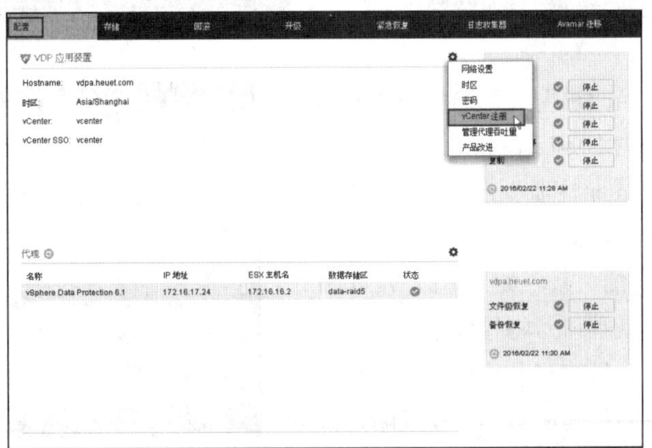

图 2-9-2　配置页

接下来详细介绍图 2-9-2 中 6 个选项的意义。

（1）如果选择“网络设置”，则可以修改当前 VDP 应用装置的名称、IP 地址、子网掩码、网关与 DNS 参数，如图 2-9-3 所示。

（2）如果选择“时区设置”，则进入时区设置对话框，重新选择 VDP 应用装置的时区，如图 2-9-4 所示。

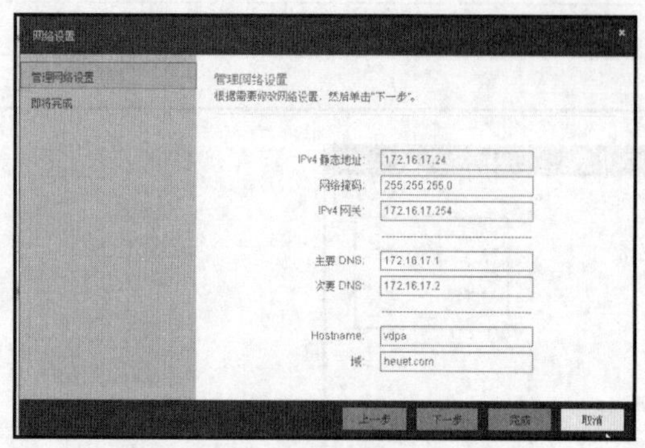

图 2-9-3　网络设置

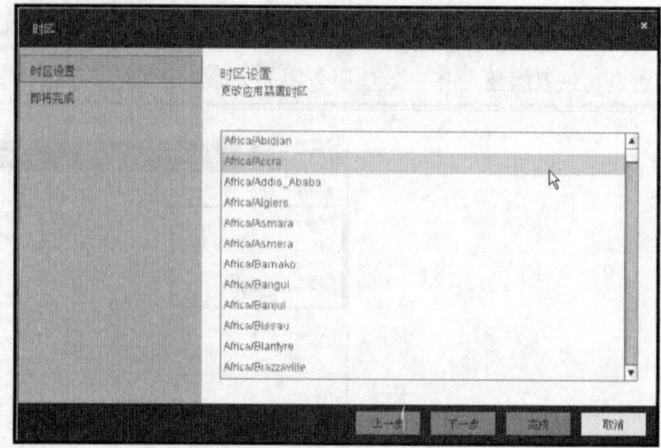

图 2-9-4　时区设置

（3）如果选择“密码”则进入“更改密码”对话框，输入 VDP 应用装置的旧密码，并设置新密码，如图 2-9-5 所示。

（4）如果选择“管理代理吞吐量”，则设置当前 VDP 最多可以同时运行几个备份和恢复请求，最大为 8 个，最小为 1 个，如图 2-9-6 所示。

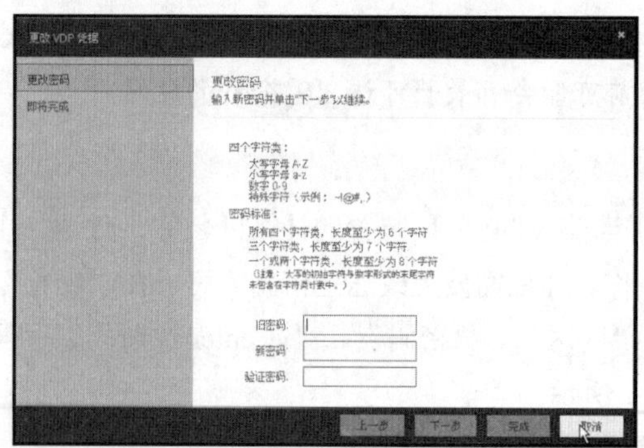

图 2-9-5　更改密码

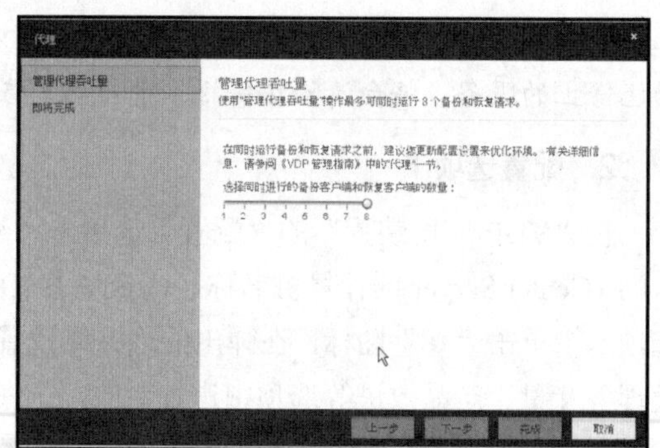

图 2-9-6　管理代理吞吐量

（5）如果选择“产品改进”，则选择是否参与客户体验改进计划，如图 2-9-7 所示。

（6）如果选择“vCenter 注册”，则会进入重新配置 vCenter Server 向导，此任务将用来配置配置 vdpa 与 vCenter Server 的关系。如果更改 vCenter Server 主机名、IP 地址或端口号将导致删除与该应用装置关联的所有备份、复制和备份作业，现有备份不受影响。但必须重新创建所有作业和策略，具体操作步骤如下。

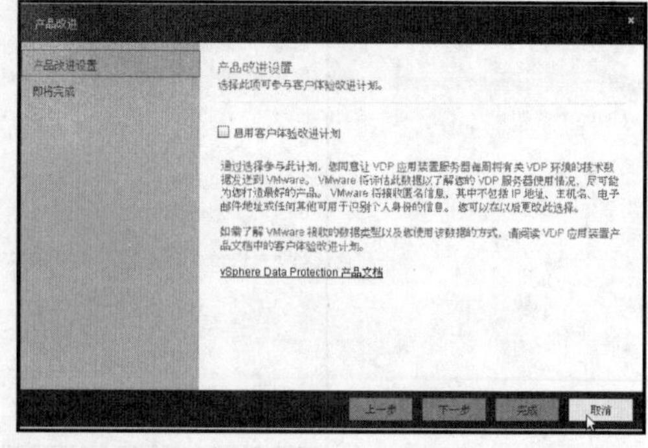

图 2-9-7　产品改进

① 在“vCenter 注册”，单击“我已查看该信息，我要重新配置 vCenter”，如图 2-9-8 所示。

② 在“vCenter 配置”对话框中，输入 vCenter 用户名、密码，填写新的 vCenter 的 IP 地址或域名，单击“下一步”按钮，如图 2-9-9 所示。

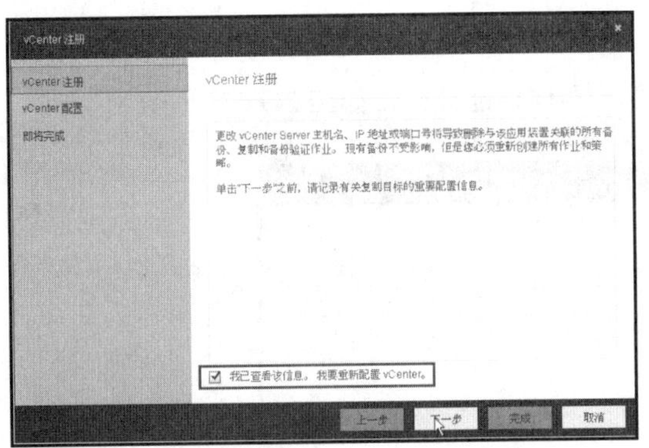

图 2-9-8　确认重新配置 vCenter

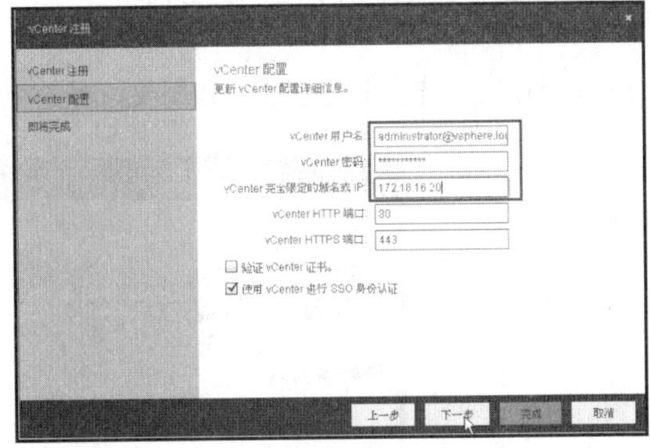

图 2-9-9　vCenter 配置

③ 在“即将完成”对话框中单击“完成”按钮，如图 2-9-10 所示。

(7) 在“即将完成”对话框中显示配置信息及配置进度，如图 2-9-11 所示，完成之后，单击“关闭”按钮。

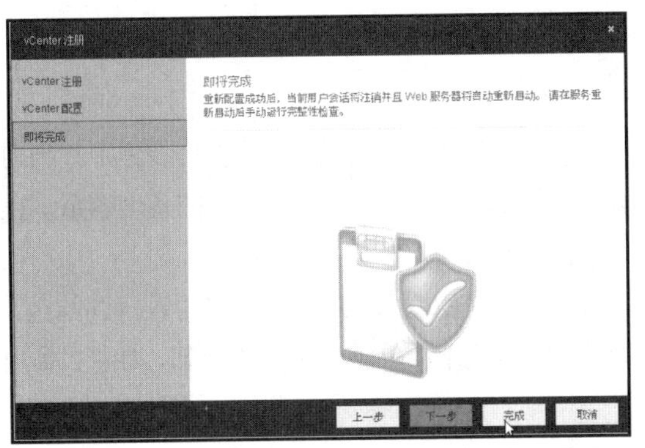

图 2-9-10　配置完成

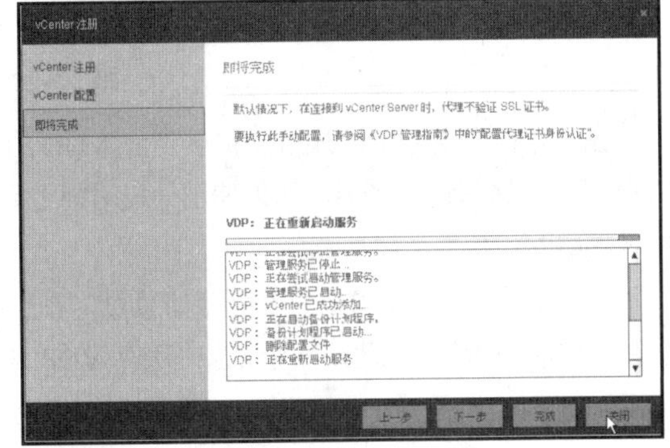

图 2-9-11　配置信息与进度

在“代理”一行上单击“⚙”图标，弹出下拉列表，可以选择添加外部代理、管理代理、重新启动代理等操作，如图 2-9-12 所示。

图 2-9-12　代理

2.9.2 扩展 VDP 可用存储容量

在“存储”选项卡显示了存储摘要、容量利用率、存储性能分析，如图 2-9-13 所示。

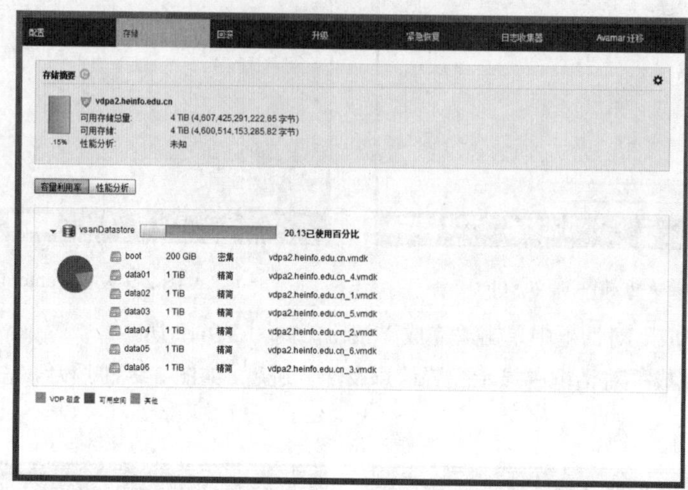

图 2-9-13　存储摘要

在“存储”选项卡，还可以扩展当前 VDP 的存储总量。例如，在当前的 VDP 备份装置中，当前 VDP 可用存储总量是 2TB，如果使用一段时间之后，该空间不够时，可以扩展该 VDP 的备份容量，操作步骤如下。

（1）如果要扩展 VDP 的可用存储总量，在扩展之后，最好在保存 VDP 备份装置的数据存储区，执行“性能分析”，在此演示中，选中保存 VDP 备份装置的数据存储，单击“运行”按钮，如图 2-9-14 所示。

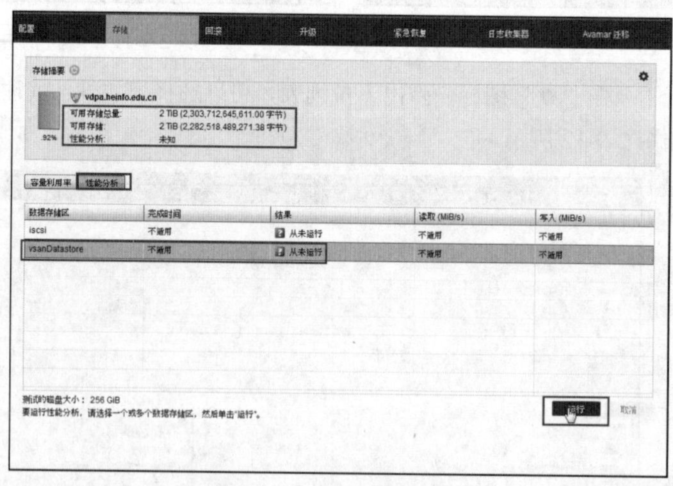

图 2-9-14　运行性能分析

（2）弹出“配置状态”对话框，向导运行性能分析工具，如图 2-9-15 所示。

（3）运行完成之后，返回 VDP 配置页，此时在“结果”列表中显示“已通过”，然后单击右上角的“⚙”按钮，在弹出的对话框中选择“扩展存储”，如图 2-9-16 所示。

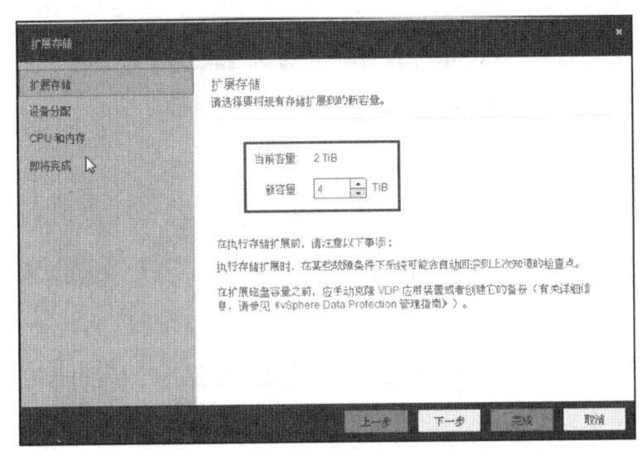
图 2-9-15 配置状态

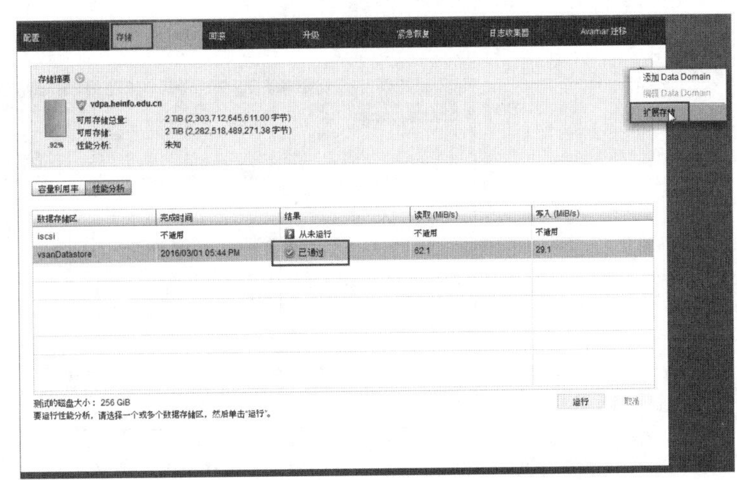
图 2-9-16 扩展存储

（4）在弹出的“扩展存储”对话框中，显示了当前容量，并且可以设置新容量，如图 2-9-17 所示。VDP 的存储容量可以在 0.5T、1T、2T、4T、6T、8T 之间选择，扩充容量时可以根据当前的容量进行扩展，例如，当前容量是 2T，则可以选择 4T、6T、8T 进行扩展。在本示例中将新容量选择为 4TB。

（5）在“设备分配”对话框，分配新的 VDP 存储磁盘，当 VDP 应用装置容量是 2TB 时，需要 3 个 1TB 的磁盘；当 VDP 应用装置容量扩展到 4TB 时，则需要 6 个 1TB 的磁盘，请在“磁盘”一列中，将磁盘容量增加为 6T，如图 2-9-18 所示。

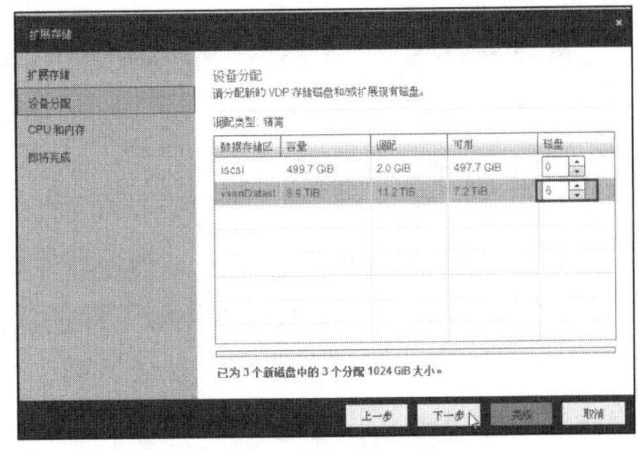
图 2-9-17 扩展存储

图 2-9-18 设备分配

（6）在“CPU 和内存”对话框，查看最低 CPU 和内存需求，当前为 4 个 CPU、8GB 内存。如图 2-9-19 所示。

在实际的生产环境中，如果存储性能较差，最好分配较多的 CPU 和较大内存，但也不宜过多。VDP 或其他的生产环境中的虚拟机， 是否要为其分配更多的 CPU 或内存，可以根据 vRealize Operations Manager 建议进行，如图 2-9-20 所示，这是 vRealize 提示 VDP 虚拟机长期处于高工作负载状态，需要更

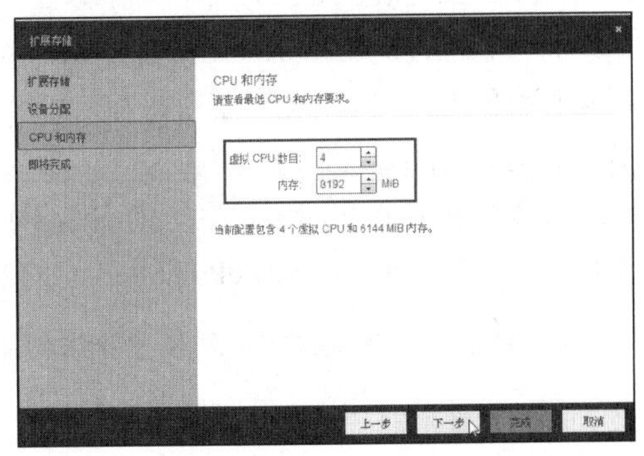
图 2-9-19 CPU 和内存

多的 CPU 的截图。

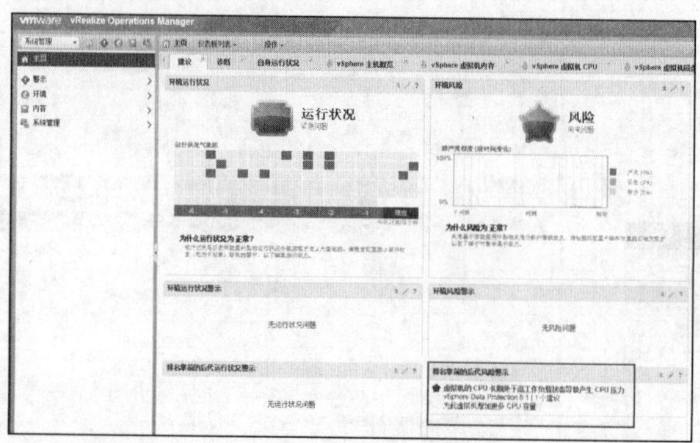

图 2-9-20 风险警示

（7）在“即将完成”对话框，单击“完成”按钮，如图 2-9-21 所示。

（8）向导开始配置 VDP 应用装置，并扩展存储容量，如图 2-9-22 所示。

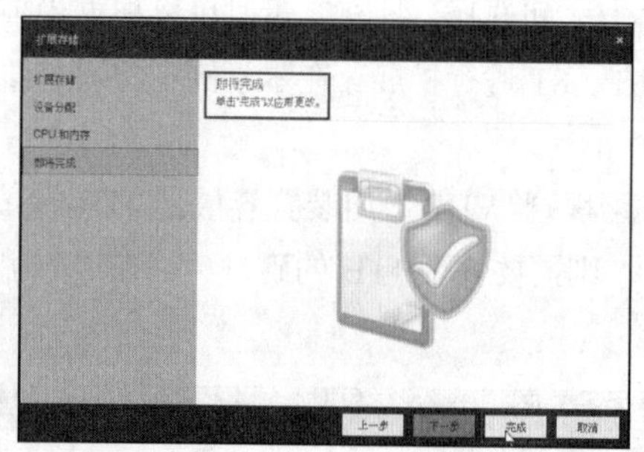

图 2-9-21 完成

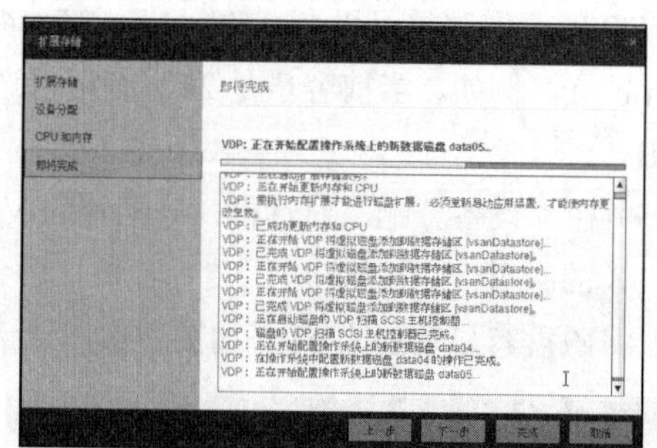

图 2-9-22 配置 VDP 应用装置

2.9.3 回滚

VDP 应用装置可能变得不一致或不稳定。在某些情况下，VDP 配置应用工具可以检测到这种状况，并且会在登录后立即显示类似下面的消息。

VDP 应用装置似乎经历了非正常关闭，很可能需要进行检查点回滚以恢复数据保护功能。可通过“回滚”选项卡启动此过程。

在默认情况下， VDP 保留两个系统检查点。如果回滚到某个检查点，则在该检查点与回滚之间对 VDP 应用装置进行的任何备份或配置更改都将丢失。

第一个检查点在 VDP 安装时创建，后续的检查点由维护服务创建。在 VDP 最初的 24～48 小时运行时间内，此服务处于禁用状态。如果在此时间段内回滚，则 VDP 应用装置将设置为默认配置，任何备份配置或备份都将丢失。

如果在检查点和回滚发生之间安装了用于 Exchange Sever 客户端的 VMware VDP 或用于 SQL Sever 客户端，或 SharePoint Server 的 VMware VDP，则必须重新安装这些客户端。

【注意】强烈建议仅回滚到经过验证的最近检查点。

回滚操作的具体步骤如下。

（1）在“回滚”选项卡中，单击“解除锁定以启用回滚操作”，在弹出的对话框中输入 VDP 应用装置的密码，单击“确定”按钮解锁，如图 2-9-23 所示。

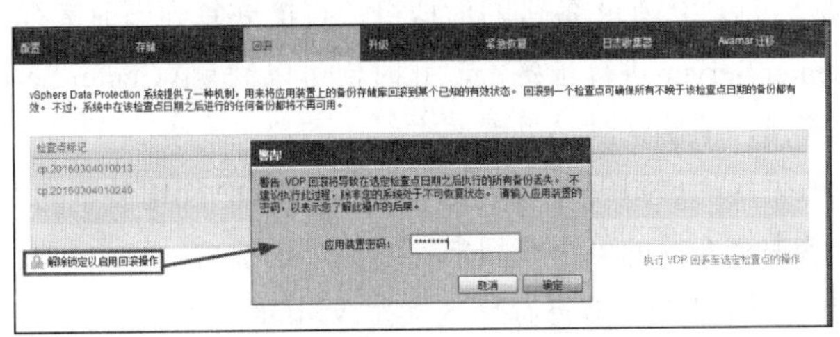

图 2-9-23　回滚

（2）解除锁定之后，从列表中选择一个经过验证的最近检查点，这可在“有效”列表中看到，其中一个是“已验证”，一个为“未验证”，选中“已验证”的标记，单击“执行 VDP 回滚至选定检查点的操作”，如图 2-9-24 所示。

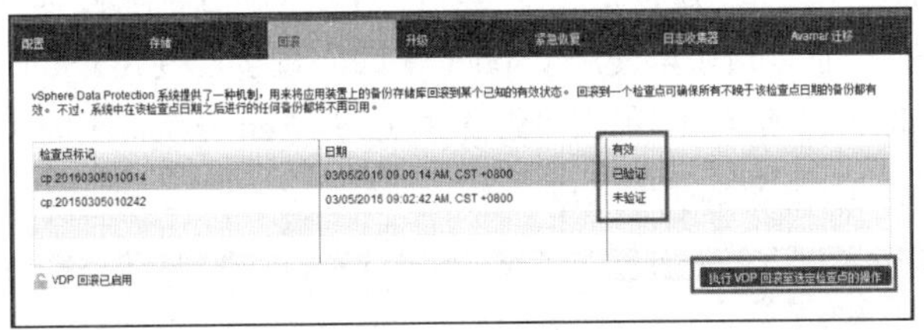

图 2-9-24　执行回滚

（3）此时会弹出“VDP 回滚前检查”对话框，提示当前核心服务和管理服务似乎运行正常，询问是否继续。单击“否”按钮，取消回滚，如图 2-9-25 所示。如果 VDP 确认出现故障，可以单击“是”按钮执行回滚操作。

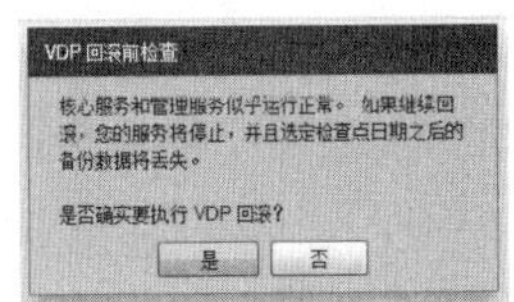

图 2-9-25　回滚前检查

2.9.4　升级

在下载 VDP 的软件包时，除了下载的 OVA 文件，还有一个 ISO 的镜像文件，这个镜像文件就是用来升级 VDP 的。如果网络中有低版本的 VDP，可以在低版本的 VDP 应用装置虚拟机中，加载高版本的 VDP 的 ISO 镜像，然后在“升级”选项卡，执行升级操作。如图 2-9-26 所示。

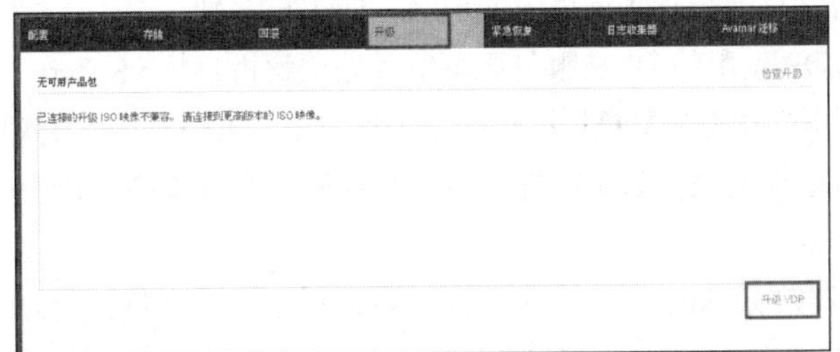

图 2-9-26　升级选项卡

2.9.5　紧急恢复

VDP 依靠 vCenter Server 来执行其很多核心操作。当 vCenter Server 不可用或用户无法使用

vSphere Web Client 访问 VDP 用户界面，而用户又需要紧急恢复备份的虚拟机时，就可以使用“紧急恢复”功能。

VDP 的紧急恢复功能可以将 VDP 备份的虚拟机，直接恢复到当前运行 VDP 应用装置的 ESXi 主机，如果 VDP 对 vCenter Server 进行了备份，此时也可以恢复 vCenter Server 虚拟机。

在执行紧急恢复操作前，请确认满足以下要求。

- 要恢复的虚拟机所采用的虚拟硬件版本受当前运行 VDP 应用装置的主机支持。
- 目标数据存储区域中有充足的可用空间来容纳整个虚拟机。
- 虚拟机要恢复到的目标 VMFS 数据存储区支持 VMDK 文件大小。
- 从当前运行 VDP 应用装置主机恢复的虚拟机有可用的网络连接。
- 在当前运行 VDP 应用装置的主机上至少有一个具有管理员权限的本地账户。

VDP 紧急恢复限制和不受支持的功能有以下几项。

- 如果 vSphere 主机上正在执行紧急恢复操作，则不能将该主机纳入 vCenter 清单中。如果 vSphere 主机当前由 vCenter Server 加以管理，则必须临时解除它与 vCenter Server 的关联，才能执行紧急恢复。管理员可以使用 vSphere Client 直接连接到 vSphere 主机，在“摘要”选项卡的“主机管理”选项组中，单击“解除主机与 vCenter Server 的关联”链接，如图 2-9-27 所示，以解除与 vCenter Server 的关联。

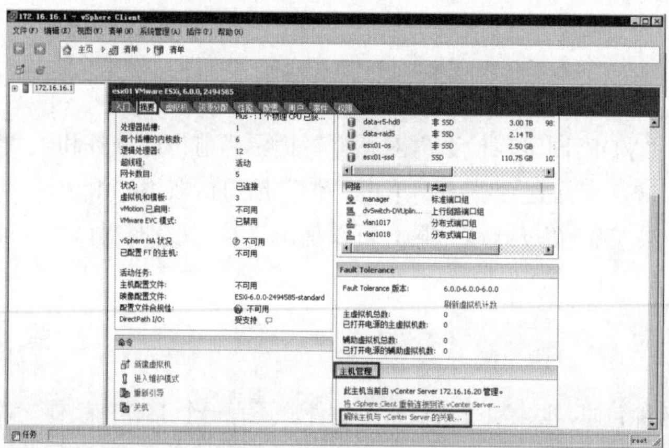

图 2-9-27　解除当前主机与 vCenter Server 的关联

- 使用紧急恢复时，只能恢复到清单中的根级，即主机级别。
- 紧急恢复要求 VDP 使用的 DNS 服务器可用且完全解析目标 vSphere 主机名。
- 紧急恢复以“断电”状态恢复虚拟机，必须手动登录到 ESXi 主机为恢复后的虚拟机通电。
- 紧急恢复会将该虚拟机恢复为新的虚拟机。必须确认为该虚拟机提供的名称不与已经存在的虚拟机的名称重复。
- 紧急恢复不会列出 Exchange、SQL Server、SharePoint 等应用程序客户端。
- 执行紧急恢复操作时，会自动激活内部代理。如果内部代理和外部代理都已激活，管理员必须在 VDP 配置应用工具中禁用内部代理，紧急恢复才能成功完成。

下面简单介绍紧急恢复的主要步骤。

（1）使用 IE 浏览器登录 VDP 应用装置（https://VDP 应用装置的 IP 地址:8543/vdp-configure,

在“紧急恢复”选项卡中，选中一个要恢复的虚拟机，并展开从中选择一个备份进度，然后单击“恢复”，如图 2-9-28 所示。

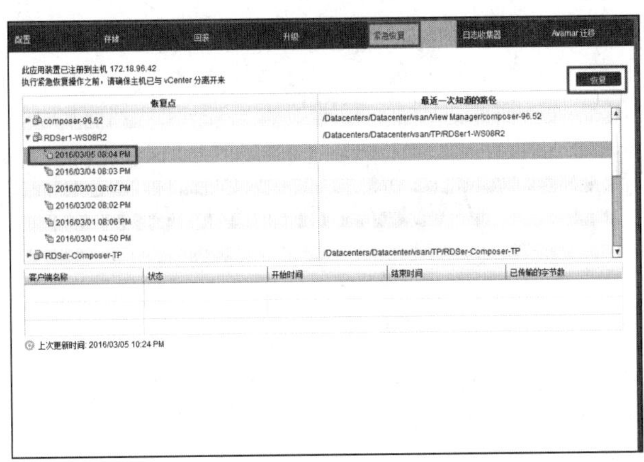

图 2-9-28　选择虚拟机和备份进度

（2）在弹出的“主机凭据”对话框，输入当前 VDP 所在的 ESXi 主机的密码，单击“确定”按钮，如图 2-9-29 所示。

（3）如果当前主机没有与 vCenter 解除关联，则会弹出图 2-9-30 的提示。如果主机已经与 vCenter 解除关联，则会进入恢复备份向导，显示客户端名称、备份的日期和时间戳、新名称等，单击“恢复”按钮进行恢复。

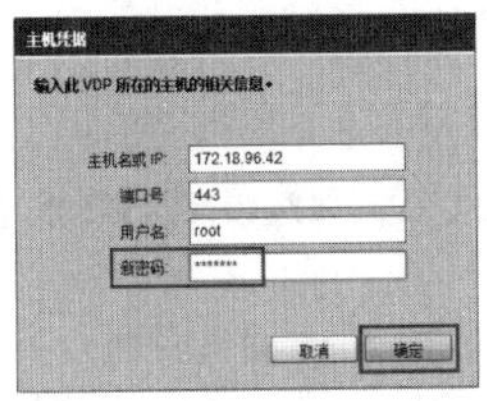

图 2-9-29　主机凭据

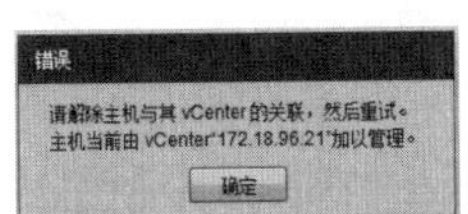

图 2-9-30　当前 ESXi 主机未与 vCenter 解除关联

2.9.6　日志收集器

在“日志收集器”中，可以下载、收集 VDP 应用装置相关的系统日志，如图 2-9-31 所示。

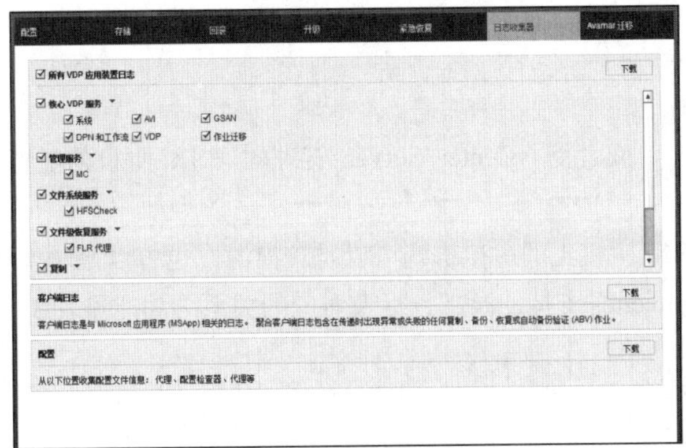

图 2-9-31　日志收集器

第 3 章 VMware vCenter Converter 应用

VMware vCenter Converter Standalone 提供了一种易于使用的解决方案，可以从物理机（运行 Windows、Linux 系统）、其他虚拟机格式及第三方映像格式自动创建 VMware 虚拟机。通过简单易用的向导驱动界面和集中管理控制台，Converter Standalone 无须任何中断或停机便可快速而可靠地转换多台本地物理机和远程物理机。

通过本章的学习，可以掌握安装或使用 Converter Standalone、将物理机非侵入式地复制并转换成由 VMware vCenter 管理的 VMware 虚拟机等内容。

3.1 VMware vCenter Converter Standalone 简介

VMware vCenter Converter Standalone 是一种用于将虚拟机和物理机转换为 VMware 虚拟机的可扩展解决方案。此外，还可以在 vCenter Server 环境中配置现有虚拟机。VMware vCenter Converter Standalone 简化了虚拟机在以下产品之间的转换。

精彩视频
即扫即看

- VMware 托管产品既可以是转换源，也可以是转换目标。
- VMware Workstation。
- VMware Fusion。
- VMware Player。
- 运行在 ESXi 主机，或者受 vCenter Server 管理的 ESXi 主机的虚拟机既可以是转换源，也可以是转换目标。
- 运行在非受管 ESXi 主机上的虚拟机既可以是转换源，也可以是转换目标。

VMware vCenter Converter 支持的源、目标及对应的关系与功能见表 3-1。

表 3-1　vCenter Converter 支持的源、目标及对应的关系与功能

源	目　标	功能及代替方案
打开电源的 Windows 计算机	VMware ESXi 或受 vCenter Server 管理的 ESXi 主机或群集	通过网络将正在运行的 Windows 操作系统计算机远程热克隆到 ESXi 主机，实现 P2V 的功能
打开电源的 Windows 计算机	VMware Workstation 或其他 VMware 虚拟机	通过网络将正在运行的 Windows 操作系统的计算机虚拟化，支持 VMware Workstation 或 Fusion
打开电源的 Linux 计算机	VMware ESXi 或受 vCenter Server 管理的 ESXi 主机或群集	通过网络将正在运行的 Linux 计算机远程热克隆到 ESXi 主机，实现 P2V 的功能
本地计算机（指安装并运行 Converter 的 Windows 计算机）	VMware ESXi 或受 vCenter Server 管理的 ESXi 主机或群集	通过网络将当前正在运行 Windows 操作系统的计算机远程热克隆到 ESXi 主机，实现 P2V 的功能。此功能将解决使用远程热克隆失败的计算机
本地计算机（指安装并运行 Converter 的 Windows 计算机）	VMware Workstation 或其他 VMware 虚拟机	通过网络将当前正在运行 Windows 操作系统的计算机虚拟化，支持 VMware Workstation 或 Fusion
Hyper-V Server 虚拟机	VMware ESXi 或受 vCenter Server 管理的 ESXi 主机或群集	将 Hyper-V 虚拟机（虚拟机没有运行即关闭电源）克隆到 ESXi 主机，实现 V2V 的功能
Hyper-V Server 虚拟机	VMware Workstation 或其他 VMware 虚拟机	将 Hyper-V 虚拟机（虚拟机没有运行）克隆成 VMware Workstation 或 Fusion 支持的虚拟机文件
VMware ESXi 或受 vCenter Server 管理的 ESXi 主机或群集	VMware ESXi 或受 vCenter Server 管理的 ESXi 主机或群集	实现从一个 ESXi 到另一个 ESXi 虚拟机之间的迁移。用于不受同一个 vCenter Server 管理的不同 ESXi 之间虚拟机的迁移与版本变更
VMware ESXi 或受 vCenter Server 管理的 ESXi 主机或群集	VMware Workstation 或其他 VMware 虚拟机	用于从 ESXi 主机下载虚拟机到本地，如果使用传统的方法下载，虚拟机文件是完全置备的，而此种方法可以选择“精简置备”。一个代替方法是将 ESXi 的虚拟机导出成 OVF 文件，然后再在 VMware Workstation 或 Fusion 中导入
VMware Workstation 或其他 VMware 虚拟机	VMware ESXi 或受 vCenter Server 管理的 ESXi 主机或群集	将 Workstation 或 Fusion 虚拟机上传到 ESXi 使用。如果直接使用 vSphere Client 或 Web Client，通过浏览存储器的方式上传，上传的交换机将是“完全置备”。通过转换则可以选择“精简置备”并不容易出错
VMware Workstation 或其他 VMware 虚拟机	VMware Workstation 或其他 VMware 虚拟机	Converter 有这个功能，但个人感觉实际意义不大。如果是在不同的 Workstation 版本之间转换，在 Workstation 中已经提供了这个功能

【说明】虽然我们提到的是“转换”虚拟机，但在转换的过程中并不会对源虚拟机进行任何更改。实际上是用“复制”的方式，将源虚拟机（或物理机）通过网络，生成一个和源计算机内容相同的新的虚拟机；称为“转换”是一个习惯性的叫法。

本章介绍 VMware vCenter Converter Standalone 6.1 的使用。

3.1.1 通过 Converter Standalone 迁移

使用 Converter Standalone 进行迁移涉及转换物理机、虚拟机和系统映像以供 VMware 托管和受管产品使用。可以转换 vCenter Server 管理的虚拟机以供其他 VMware 产品使用。可以使用 Converter Standalone 执行以下转换任务。

- 将正在运行的远程物理机和虚拟机作为虚拟机导入到 vCenter Server 管理的 ESXi 或独立的 ESXi 主机。
- 将由 VMware Workstation 或 Microsoft Hyper-V Server 托管的虚拟机导入到 vCenter Server 管理的 ESXi 主机。
- 将第三方备份或磁盘映像导入到 vCenter Server 管理的 ESXi 主机中。
- 将由 vCenter Server 主机管理的虚拟机导出到其他 VMware 虚拟机格式。
- 配置由 vCenter Server 管理的虚拟机，使其可以引导，并可安装 VMware Tools 或自定义其客户机操作系统。
- 自定义 vCenter Server 清单中的虚拟机的客户机操作系统（例如，更改主机名或网络设置）。
- 缩短设置新虚拟机环境所需的时间。
- 将旧版服务器迁移到新硬件，而不重新安装操作系统或应用程序软件。
- 跨异构硬件执行迁移。
- 重新调整卷大小，并将各卷放在不同的虚拟磁盘上。

3.1.2 Converter Standalone 组件

VMware vCenter Converter Standalone 应用程序由 Converter Standalone 服务器、Converter Standalone Worker、Converter Standalone 客户端和 Converter Standalone 代理组成，各部分功能见表 3-2。

表 3-2 Converter Standalone 组件及其功能

组件名称	描述
Converter Standalone 服务器	启用并执行虚拟机的导入和导出。Converter Standalone Server 包括两项：Converter Standalone 服务器和 Converter Standalone Worker。Converter Standalone Worker 服务始终与 Converter Standalone 服务器服务一起安装
Converter Standalone 代理	Converter Standalone 服务器会在 Windows 物理机上安装代理，从而将这些物理机作为虚拟机导入。可以选择在导入完成后从物理机中自动或手动移除 Converter Standalone 代理
Converter Standalone 客户端	Converter Standalone 服务器与 Converter Standalone 客户端配合使用。客户端组件包含 Converter Standalone 用户界面，它提供对转换和配置向导的访问，并允许管理转换和配置任务
VMware vCenter Converter 引导 CD	VMware vCenter Converter 引导 CD 是单独的组件，可用于在物理机上执行冷克隆。Converter Standalone 4.3 及更高版本不提供引导 CD，但可以使用先前版本的引导 CD 来执行冷克隆

3.1.3 物理机的克隆和系统重新配置

转换物理机时，Converter Standalone 会使用克隆和系统重新配置步骤创建和配置目标虚拟机，以便目标虚拟机能够在 vCenter Server 环境中正常工作。由于该迁移过程对源而言为无损操作，因此，转换完成后可继续使用原始源计算机。

克隆是为目标虚拟机复制源物理磁盘或卷的过程。涉及复制源计算机硬盘上的数据，并将该数据传输至目标虚拟磁盘。目标虚拟磁盘可能有不同的几何形状、大小、文件布局及其他特性，因此，目标虚拟磁盘可能不是源磁盘的精确副本。

系统重新配置可调整迁移的操作系统，以使其能够在虚拟硬件上正常运行。

如果计划在源物理机所在的同一网络上运行导入的虚拟机，则必须修改其中一台计算机的网络名称和 IP 地址，使物理机和虚拟机能够共存。此外，还必须确保 Windows 源计算机和目标虚拟机具有不同的计算机名称。

【注意】不能在物理机之间移动原始设备制造商（OEM）许可证。在从 OEM 购买许可证后，该许可证会附加到服务器，而且不能重新分配。只能将零售和批量许可证重新分配给新物理服务器。如果要迁移 OEM Windows 映像，则必须拥有 Windows Server Enterprise 或 Datacenter Edition 许可证才能运行多个虚拟机。

1. 物理计算机的热克隆和冷克隆

在 4.3 以前的版本支持热克隆与冷克隆，在 Converter Standalone 4.3 及更高版本只支持热克隆，虽然可以使用 VMware Converter 4.1.x 引导 CD 执行冷克隆，但在 6.0 版本以后，推荐采用热克隆的方式。

（1）热克隆

热克隆也叫做实时克隆或联机克隆，要求在源计算机运行其操作系统的过程中转换该源计算机。通过热克隆，可以在不关闭计算机的情况下进行克隆。

由于在转换期间进程继续在源计算机上运行，因此生成的虚拟机并不是源计算机的精确副本。

转换 Windows 源时，可以设置 Converter Standalone 使其在热克隆后将目标虚拟机与源计算机同步。同步执行过程是将在初始克隆期间更改的块从源复制到目标。为了避免在目标虚拟机上丢失数据，Converter Standalone 可在同步前关闭某些 Windows 服务。根据设置，Converter Standalone 会关闭所选的 Windows 服务，以便在同步目标期间源计算机上不会发生重要更改。

Converter Standalone 可在转换过程完成后，关闭源计算机并打开目标计算机电源。与同步结合时，此操作允许将物理机源无缝迁移到虚拟机目标。目标计算机将接管源计算机操作，尽可能缩短停机时间。

【注意】热克隆双引导系统时，只能克隆 boot.ini 文件指向的默认操作系统。要克隆非默认的操作系统，请更改 boot.ini 文件以指向另一个操作系统并重新引导。在引导另一个操作系统后，可以对其进行热克隆。如果另一个操作系统是 Linux 系统，则可以使用克隆 Linux 物理机源的标准过程引导和克隆该系统。

（2）冷克隆

冷克隆也称为脱机克隆，用于在源计算机没有运行其操作系统时克隆此源计算机。在冷克隆计算机时，通过其上具有操作系统和 vCenter Converter 应用程序的 CD 重新引导源计算机。通过冷克隆，可以创建一致的源计算机副本，因为在转换期间源计算机上不会发生任何更改。冷克隆在源计算机上不留痕迹，但要求可直接访问所克隆的源计算机。

在冷克隆 Linux 源时，生成的虚拟机是源计算机的精确副本，且将无法配置目标虚拟机。必须在克隆完成后才能配置目标虚拟机。

表 3-3 列出了冷热两种克隆模式的不同点。

表 3-3　热克隆和冷克隆的比较

比较标准	使用 Converter Standalone 4.3 和 5.x 的热克隆	使用 Converter Enterprise 4.1.x 的冷克隆
许可	使用 VMware vCenter Converter Standalone 4.3 和 5.x 时不需要任何许可证	对于 VMware Converter Enterprise 的企业功能需要许可证文件
必需的安装	必须进行完全的 Converter Standalone 安装。在克隆期间，Converter Standalone 代理会远程安装在源计算机上	无须进行任何安装。转换所需的所有组件都在 CD 上提供
受支持的源	本地和远程打开电源的物理机或虚拟机	本地已关闭电源的物理机或虚拟机
优点	不需要直接访问源计算机。 在源计算机运行期间克隆该计算机	创建一致的源计算机副本。 在源计算机上不留痕迹
缺点	经常修改文件的应用程序需要支持 VSS，以便 Converter Standalone 创建一致的快照进行克隆。 在基于卷的转换期间，动态源磁盘会被读取但不会保留。动态磁盘在目标虚拟机上会转换为基本卷。	要求源计算机已关闭电源。 需要以物理方式访问源计算机。 引导 CD 的硬件检测和配置。 不支持 Converter Standalone 4.x 的功能
适用情况	克隆正在运行的源计算机，而不关闭这些计算机。 克隆引导 CD 无法识别的特殊硬件。	克隆 Converter Standalone 不支持的系统。 在目标中保留完全相同的磁盘布局。 在动态磁盘（Windows）或 LVM（Linux）中保留逻辑卷
不适用情况	不希望在源系统上安装任何内容时	希望 Linux P2V 具有自动重新配置功能时。 当无法通过物理方式访问源计算机时。 当无法承担源系统的长时间停机成本时。 在克隆后执行同步

2．运行 Windows 的物理机源的远程热克隆

可以使用转换向导设置转换任务，使用 Converter Standalone 组件执行所有克隆任务。以下工作流程是远程热克隆的示例，在此流程中克隆的物理机不会停机。

（1）vCenter Converter Server 在源计算机上安装 vCenter Converter Agent（迁移代理），该代理程序执行源卷的快照，如图 3-1-1 所示。

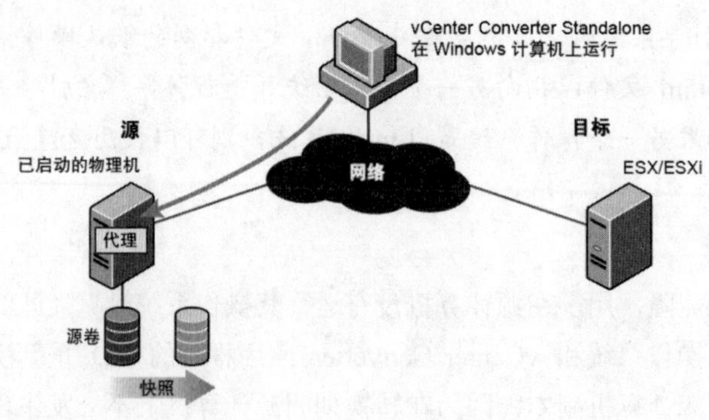

图 3-1-1　安装迁移代理程序

（2）vCenter Converter 在目标计算机上新建虚拟机，然后代理将源计算机的卷复制到目标计算机，如图 3-1-2 所示。

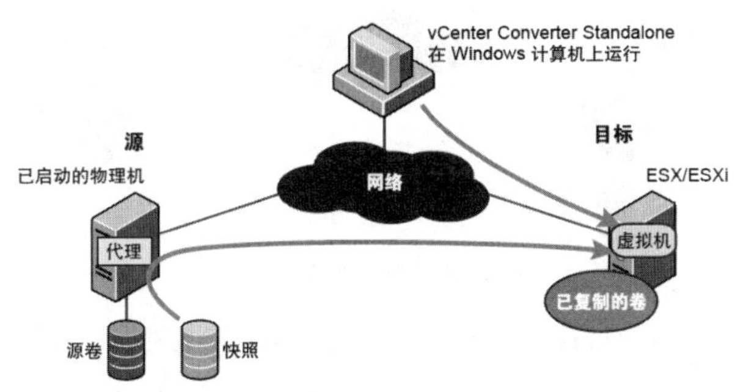

图 3-1-2　准备虚拟机

（3）vCenter Converter 完成转换过程后，vCenter Converter 代理程序安装所需的驱动程序以允许操作系统在虚拟机上引导，然后自定义虚拟机，这包括更改 IP 地址、设置计算机名称等，如图 3-1-3 所示。

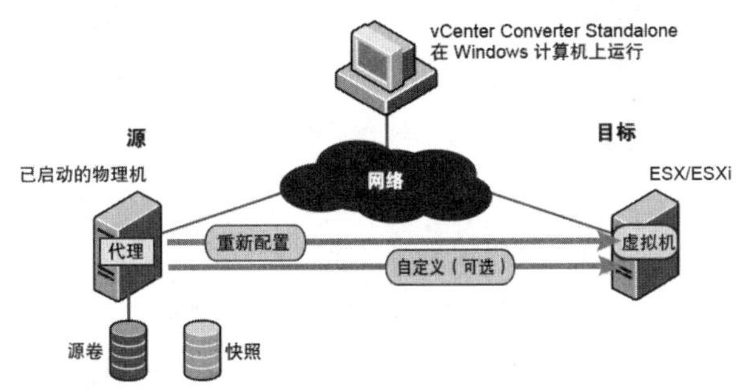

图 3-1-3　重新配置虚拟机

（4）完成迁移与配置后，vCenter Converter Server 从源计算机卸载 vCenter Converter 代理程序，该功能是一个可选项。

（5）完成迁移后，关闭源计算机，在 vSphere 中，启动迁移后的虚拟机，完成最后的配置。

3. 运行 Linux 的物理机源的远程热克隆

运行 Linux 操作系统的物理机与 Windows 计算机的转换过程不同。

在 Windows 转换中，Converter Standalone 代理将安装到源计算机上，且源信息将被推送到目标。在 Linux 转换中，在源计算机上不会部署任何代理。相反，在目标 ESXi 主机上会创建并部署助手虚拟机。之后源数据会从源 Linux 计算机复制到助手虚拟机。转换完成后，助手虚拟机将关闭，在下次启动后会成为目标虚拟机。Converter Standalone 仅支持将 Linux 源转换为受管目标。

以下工作流程演示了将运行 Linux 的物理机源热克隆到受管目标的原理。

（1）Converter Standalone 使用 SSH 连接到源计算机并检索源信息。Converter Standalone 将根据转换任务设置，创建一个空的助手虚拟机。助手虚拟机在转换过程中用作新虚拟机的容器。Converter Standalone 在受管目标（ESXi 主机）上部署助手虚拟机。助手虚拟机从 Converter Standalone 服务器计算机上的 *.iso 文件中引导，如图 3-1-4 所示。

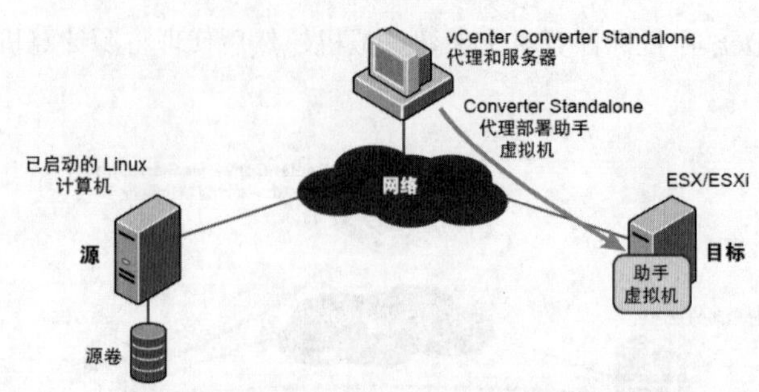

图 3-1-4　创建助手虚拟机

（2）助手虚拟机启动，从 Linux 映像引导，通过 SSH 连接到源计算机，然后开始从源检索所选数据。设置转换任务时，可以选择要将哪些源卷复制到目标计算机，如图 3-1-5 所示。

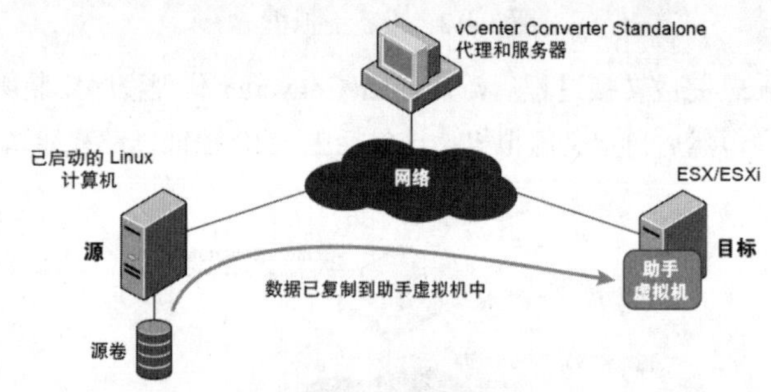

图 3-1-5　从源检索数据

（3）数据复制完成后，重新配置目标虚拟机以允许操作系统在虚拟机中引导（该功能为可选项）。

（4）Converter Standalone 将关闭助手虚拟机；转换过程完成。

可以配置 Converter Standalone，使其在转换完成后启动新创建的虚拟机。

4．物理机的本地冷克隆工作

由于 Converter Standalone 4.3 及更高版本不支持冷克隆，因此必须使用早期 vCenter Converter 版本的引导 CD。引导 CD 上支持的功能取决于选择的产品版本。

在冷克隆计算机时，通过具有其自身的操作系统并同时包含 vCenter Converter 应用程序的 CD 光盘重新引导源计算机。在决定使用的引导 CD 的文档中，可以找到关于冷克隆过程的详细说明。

以下工作流程是在源计算机未运行操作系统期间对源计算机执行冷克隆的示例。使用引导光盘上的 Converter 向导设置迁移任务。

（1）vCenter Converter 准备源计算机映像。在从 VMware vCenter Converter 引导光盘引导源计算机并使用 vCenter Converter 定义和启动迁移之后，vCenter Converter 将源卷复制到 RAM 磁盘中，如图 3-1-6 所示。

（2）vCenter Converter 在目标计算机上新建虚拟机，然后将源计算机的卷复制到目标计算机，如图 3-1-7 所示。

（3）vCenter Converter 安装所需的驱动程序以允许操作系统在虚拟机上引导，然后自定义虚拟机（例如，更改 IP 信息），如图 3-1-8 所示。

（4）在克隆完成后，取出 vCenter Converter 引导光盘，关闭源物理机。然后启动迁移后的虚拟机，完成迁移过程。

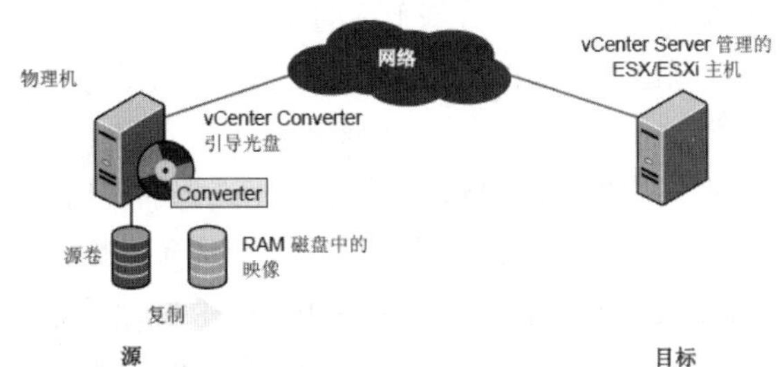

图 3-1-6　用光盘引导源计算机

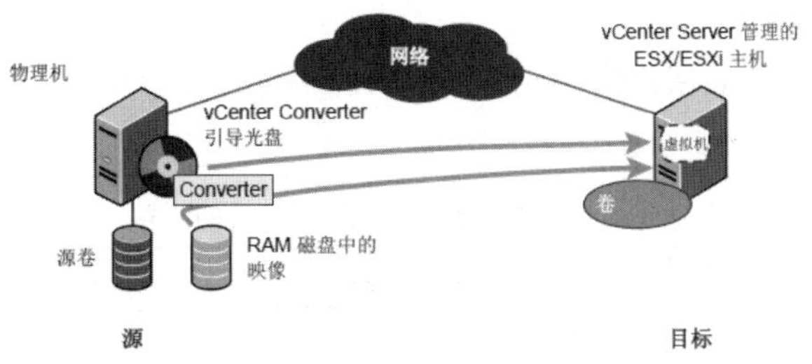

图 3-1-7　复制源计算机卷到目标计算机

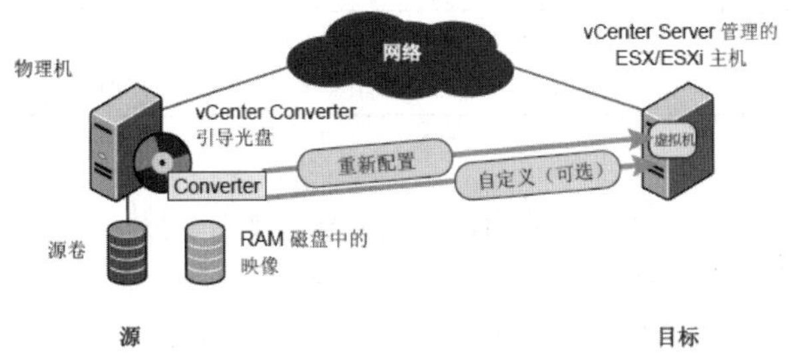

图 3-1-8　重定义虚拟机

3.1.4　vCenter Converter 的克隆模式

VMware vCenter Converter Standalone 支持基于磁盘的克隆、基于卷的克隆和链接克隆三种模式，基于卷的克隆和基于磁盘的克隆都属于“完整克隆”，克隆模式对比见表 3-4。

表 3-4　克隆模式对比

数据复制类型	应 用 程 序	描　　述
基于卷的	将卷从源计算机复制到目标计算机	基于卷的克隆相对较慢。文件级克隆比块级克隆速度慢。动态磁盘在目标虚拟机上会转换为基本卷
基于磁盘的	为所有类型的基本磁盘和动态磁盘创建源计算机的副本	无法选择要复制哪些数据。基于磁盘的克隆比基于卷的克隆速度快
链接克隆	用于快速检查非 VMware 映像的兼容性	对于某些第三方源，如果转换后启动了源计算机，则链接克隆将会遭到损坏。链接克隆是 Converter Standalone 所支持的最快的（但不完整的）克隆模式

1．基于卷的克隆

在基于卷的克隆过程中，源计算机中的卷会复制到目标计算机。Converter Standalone 对于热克隆和冷克隆及在导入现有虚拟机的过程中支持基于卷的克隆。

在基于卷的克隆过程中，无论目标虚拟机中的各个卷在相应的源卷中为何种类型，目标虚拟机中的所有卷均被转换为基本卷。

基于卷的克隆可在文件级别或块级别执行，具体取决于选择的目标卷大小。

- 基于卷的文件级克隆。当选择小于 NTFS 原始卷的大小或选择调整 FAT 卷大小时执行这种克隆。只有 FAT、FAT 32、NTFS、ext 2、ext 3、ext 4 和 ReiserFS 文件系统支持基于卷的文件级克隆。在基于卷的转换期间，动态源磁盘会被读取但不会保留。动态磁盘在目标机上会转换为基本卷。
- 基于卷的块级克隆。当选择保持源卷的大小或为 NTFS 源卷指定更大的卷大小时，请执行这种克隆。

对于一些克隆模式，Converter Standalone 可能不支持某些类型的源卷。表 3-5 列出了受支持的源卷类型和不受支持的源卷类型。

表 3-5　受支持的源卷和不受支持的源卷

克 隆 模 式	受支持源卷	不受支持源卷
虚拟机转换	基本卷 所有类型的动态卷 主引导记录（MBR）磁盘	RAID GUID 分区表（GPT）卷
已打开电源的计算机转换	Windows 可识别的所有类型的源卷 Linux ext2、ext3 和 ReiserFS	RAID GUID 分区表（GPT）卷

2. 基于磁盘的克隆

Converter Standalone 支持使用基于磁盘的克隆来导入现有虚拟机。

基于磁盘的克隆会转移所有磁盘的所有扇区，并保留所有卷元数据。目标虚拟机接收的分区类型、大小和结构与源虚拟机完全相同。源计算机分区上的所有卷均按原样复制。

基于磁盘的克隆支持所有类型的基本磁盘和动态磁盘。

3. 完整克隆和链接克隆

（1）完整克隆

根据从源计算机复制到目标计算机的数据量，克隆可以是完整或链接克隆。

完整克隆是虚拟机的独立副本，在完成克隆操作之后将不与父虚拟机共享任何内容。完整克隆的后续操作独立于父虚拟机。

由于完整克隆不与父虚拟机共享虚拟磁盘，因此完整克隆的执行通常优于链接克隆。完整克隆的创建时间要比链接克隆长。如果所涉及的文件很大，则创建完整克隆可能需要几分钟时间。

可以使用除链接克隆类型以外的任何磁盘克隆类型来创建完整克隆。

（2）链接克隆

链接克隆是虚拟机的副本，它与父虚拟机持续共享虚拟磁盘。链接克隆是转换和运行新虚拟机的一种快速方式。

可以根据当前状况或已关闭的虚拟机的快照来创建链接克隆。此做法可节省磁盘空间并可允许多台虚拟机使用同一软件安装。

执行快照时源计算机上的所有可用文件对链接克隆继续保持可用。对父虚拟机的虚拟磁盘的后续更改不会影响链接克隆，而且对链接克隆磁盘的更改不会影响源计算机。如果对源 Virtual PC 和 Virtual Server 计算机或对 LiveState 映像进行更改，链接克隆将会损坏并将再也无法使用。

链接克隆必须具有访问源的权限。如果不具有访问源的权限，则根本无法使用链接克隆。

4. 目标磁盘类型

根据所选择目标的不同，有几种类型的目标磁盘可用。有关目标虚拟磁盘类型的详细信息见表 3-6。

表 3-6　目标磁盘类型

目　标	可访问磁盘类型	描　述
VMware Infrastructure 虚拟机	厚磁盘	无论是已使用的空间还是可用空间，将整个源磁盘空间复制到目标中
	精简磁盘	对于通过 GUI 支持精简置备的受管目标，在目标上创建可扩展磁盘。例如，如果源磁盘大小为 10 GB，但仅使用了 3 GB，则已创建的目标磁盘为 3 GB，但其可以扩展至 10 GB
VMware Workstation 或其他 VMware 虚拟机	预先分配	无论是已使用的空间还是可用空间，将整个源磁盘空间复制到目标中
	未预先分配	在目标上创建可扩展磁盘。例如，如果源磁盘大小为 20 GB，但仅使用了 5 GB，则已创建的目标磁盘为 5 GB，但其可以扩展至 20 GB。计算目标数据存储上的可用磁盘空间时，请将扩展这一点考虑在内
	已预先分配 2GB 拆分空间	在目标上将源磁盘拆分为 2GB 的部分
	未预先分配 2GB 拆分空间	在目标上创建 2GB 的部分，其中仅包括源磁盘上真正使用的空间。随着目标磁盘的增大，要创建新的 2 GB 部分来容纳新的数据直到原始的源磁盘空间已满

要在 FAT 文件系统上支持目标虚拟磁盘，请将源数据划分为多个 2 GB 的文件。

3.1.5　将 Converter Standalone 与虚拟机源和系统映像结合使用

使用 Converter Standalone，可以转换虚拟机和系统映像，并可配置 VMware 虚拟机。

如果是“转换虚拟机”，则可以在 Workstation、VMware Player、VMware ACE、VMware Fusion、ESX、ESXi Embedded、ESXi Installable 和 VMware Server 之间转换 VMware 虚拟机。还可从 Microsoft Virtual Server 和 Virtual PC 中导入虚拟机。为了能够在同一网络上运行导入的 VMware 虚拟机及其源虚拟机，必须修改其中一个虚拟机的网络名称和 IP 地址。通过修改网络名称和 IP 地址，原始虚拟机和新虚拟机便可以在同一网络上共存。

如果是“配置虚拟机”，而 VMware 虚拟机具有使用物理主机备份或冷克隆方式填充的磁盘，则 Converter Standalone 会准备在 VMware 虚拟硬件上运行的映像。如果使用第三方虚拟化软件在 ESX 主机上创建虚拟机，则可以使用 Converter Standalone 重新配置它。如果已将虚拟机导入到 ESX 主机中，还可以重新配置多引导计算机上安装的任何操作系统。在重新配置多引导计算机之前，必须更改 boot.ini 文件。

3.1.6　受转换影响的系统设置

Converter Standalone 创建的 VMware 虚拟机包含源物理机、虚拟机或系统映像的磁盘状态的副本。可能不会保留某些硬件相关的驱动程序，有时还可能不会保留映射的驱动器盘符。

以下源计算机设置需保持不变。

- 操作系统配置（计算机名称、安全 ID、用户账户、配置文件、首选项等）
- 应用程序和数据文件
- 每个磁盘分区的卷序列号

具有相同标识（名称和 SID 等）的目标虚拟机和源虚拟机或目标系统映像和源系统映像在同一网络上运行可能会导致冲突。要重新部署源虚拟机或系统映像，请确保不要在同一网络上同时运行源映像和目标映像或源虚拟机和目标虚拟机。

例如，如果使用 Converter Standalone 来测试运行 Virtual PC 虚拟机作为 VMware 虚拟机的可能性，而不先取消配置原始 Virtual PC 计算机，则必须先解决 ID 重复问题。通过在转换或配置向导中自定义虚拟机可解决此问题。

3.1.7 虚拟硬件更改

转换后，大多数应用程序可以在 VMware 虚拟机中正常运行，因为其配置和数据文件的位置与在源虚拟机上的位置相同。但是，如果应用程序依赖基础硬件的特定特性（如序列号或设备制造商），则可能不会运行。表 3-7 包含了虚拟机迁移后可能发生的硬件更改。

表 3-7 虚拟机迁移后可能发生的硬件更改

硬　件	行　为
CPU 型号和序列号	如果已激活，则在迁移后可能会更改。它们对应于托管 VMware 虚拟机的物理机
网卡	可能会更改（AMD PCNet 或 VMXnet）并获得一个不同的 MAC 地址。必须单独重新配置每个接口的 IP 地址
显卡	迁移后会更改为 VMware SVGA 卡
磁盘和分区	如果在克隆过程中重新安排卷，则磁盘数和分区数可能会更改。每个磁盘设备的型号和制造商字符串都可能不同
主磁盘控制器	可能会与源计算机不同

3.1.8 转换现有虚拟机和系统映像

VMware vCenter Converter 根据源虚拟机或系统映像创建 VMware 虚拟机。可以在 VMware Workstation、VMware Fusion、VMware Player、VMware ACE、VMware ESXi 和 VMware Server 之间迁移 VMware 虚拟机。还可从 Microsoft Virtual Server 和 Virtual PC 中导入虚拟机。

要在源虚拟机所在的同一网络上运行导入的 VMware 虚拟机，则必须修改其中一台虚拟机的网络名称和 IP 地址，以便原始虚拟机和新虚拟机能够共存。

如果 VMware 虚拟机拥有使用物理主机备份或其他直接的复制方式填充的磁盘，则 vCenter Converter 会准备在 VMware 虚拟硬件上运行的映像。

每当使用一种 vCenter Converter 向导导入、导出或重新配置虚拟机时，都会创建一个任务。可以管理和调度任务（停止或删除任务），但无法调度重新配置任务。

3.2 VMware vCenter Converter Standalone 的安装

可在物理机或虚拟机上安装 Converter Standalone。也可修改或修复 Converter Standalone 安装。

本地安装可安装 Converter Standalone 服务器、Converter Standalone 代理和 Converter Standalone 客户端以供在本地使用。

本地安装 Converter Standalone 遵循以下安全限制。

- 完成初始设置后，要求对产品进行物理访问后才能使用管理员账户。
- 只能从安装了 Converter Standalone 的计算机对其进行管理。

在客户端-服务器安装过程中，可以选择要安装到系统中的 Converter Standalone 组件。

安装 Converter Standalone 服务器和远程访问时，本地计算机将成为用于转换的服务器，可以对其进行远程管理。安装 Converter Standalone 服务器和 Converter Standalone 客户端时，可以使用本地计算机访问远程 Converter Standalone 服务器或本地创建转换作业。

如果仅安装 Converter Standalone 客户端，则可以连接到远程 Converter Standalone 服务器。然后可使用远程计算机转换托管虚拟机、受管虚拟机或远程物理机。

3.2.1　操作系统兼容性和安装文件大小要求

Converter Standalone 组件只能安装在 Windows 操作系统上。Converter Standalone 支持将 Windows 和 Linux 操作系统用作源，用于已打开电源计算机的转换和虚拟机的转换。无法重新配置 Linux 分发包。

受 Converter Standalone 6 支持的操作系统见表 3-8。

表 3-8　受 Converter Standalone 6 支持的操作系统

受支持的操作系统	Converter Standalone Server 支持	用于已打开电源计算机转换的源	用于虚拟机转换在源	配　置　源
Windows Vista (32 位与 64 位) SP2	Yes	Yes	Yes	Yes
Windows Server 2008（32 位与 64 位） SP2	Yes	Yes	Yes	Yes
Windows Server 2008 R2（64 位）	Yes	Yes	Yes	Yes
Windows 7（32 位与 64 位）	Yes	Yes	Yes	Yes
Windows 8（32 位与 64 位）	Yes	Yes	Yes	Yes
Windows 8.1（32 位与 64 位）	Yes	Yes	Yes	Yes
Windows 10（32 位与 64 位）	Yes	Yes	Yes	Yes
Windows Server 2012（64 位）	Yes	Yes	Yes	Yes
Windows Server 2012 R2（64 位）	Yes	Yes	Yes	Yes
CentOS 6.x（32 位与 64 位）	No	Yes	Yes	No
Red Hat Enterprise Linux 4.x (32 位与 64 位)	No	Yes	Yes	No
Red Hat Enterprise Linux 5.x (32 位与 64 位)	No	Yes	Yes	No
Red Hat Enterprise Linux 6.x (32 位与 64 位)	No	Yes	Yes	No
Red Hat Enterprise Linux 7.x (64 位)	No	Yes	Yes	No
SUSE Linux Enterprise Server 10.x (32 位与 64 位)	No	Yes	Yes	No
SUSE Linux Enterprise Server 11.x (32 位与 64 位)	No	Yes	Yes	No
Ubuntu 12.04.5 LTS (32 位与 64 位)	No	Yes	Yes	No
Ubuntu 14.04 LTS (32 位与 64 位)	No	Yes	Yes	No

续表

受支持的操作系统	Converter Standalone Server 支持	用于已打开电源计算机转换的源	用于虚拟机转换在源	配　置　源
Ubuntu 15.04 (32 位与 64 位)	No	Yes	Yes	No
Ubuntu 15.10 (32 位与 64 位)	No	Yes	Yes	No

【说明】vCenter Converter 6.x 支持的最低 Windows 操作系统版本是 Vista，如果要迁移更低版本如 Windows Server 2003、Windows XP，则需要使用 vCenter Converter 5.x 的版本。5.x 版本的使用与 6.x 版本相同。

Converter Standalone 可以转换 BIOS 与 UEFI 的源虚拟机，在转换的过程中，保留原来的固件接口（传统 BIOS 格式的源物理机或虚拟机，转换为 BIOS 格式的虚拟机；新型的 UEFI 的源物理机或虚拟机，转换之后仍然是 UEFI 格式）。不能将源虚拟机为 BIOS 格式转换为 UEFI，反之亦然。Converter Standalone 支持的源操作系统与固件见表 3-9 所示。

表 3-9　Converter Standalone 支持的源操作系统与固件

操 作 系 统	BIOS	64 位 UEFI
Windows Vista SP2	Yes	Yes
Windows Server 2008 SP2	Yes	Yes
Windows Server 2008 R2	Yes	Yes
Windows 7、8、8.1、10	Yes	Yes
Windows Server 2012	Yes	Yes
Windows Server 2012 R2	Yes	Yes
Cent OS 6.x、7.x	Yes	Yes
Red Hat Enterprise Linux 4.x、5.x	Yes	No
Red Hat Enterprise Linux 6.x、7.x	Yes	Yes
SUSE Linux Enterprise Server 10.x	Yes	No
Ubuntu 12.04.5 LTS	Yes	Yes
Ubuntu 14.04 LTS	Yes	Yes
Ubuntu 15.04、15.10	Yes	Yes

使用 Converter Standalone，可以对远程已打开电源的计算机、已关闭电源的 VMware 虚拟机、Hyper-V 虚拟机及其他第三方虚拟机和系统映像进行转换。受支持的源类型见表 3-10。

表 3-10　Converter Standalone 支持的源

源　类　型	源
已打开电源的计算机	远程 Windows 物理机 远程 Linux 物理机 本地 Windows 物理机 已打开电源的 VMware 虚拟机 已打开电源的 Hyper-V 虚拟机 已打开电源的、运行在 Red Hat KVM 或 RHEL XEN 的虚拟机

续表

源　类　型	源
VMware vCenter 虚拟机	由以下服务器管理的已关闭电源的虚拟机： vCenter Server 4.0、4.1 和 5.0、5.1、5.5、6.0 ESX 4.0 与 4.1 ESXi 4.0、4.1 、5.0、5.1、5.5 与 6.0
VMware 虚拟机	以下 VMware 产品上运行的已关闭电源的托管虚拟机： VMware Workstation 10.x、11.x 与 12.x VMware Fusion 6.x、7.x 与 8.x VMware Player 6.x、7.x 与 12.x
Hyper-V Server 虚拟机 Hyper-V Server 版本：Windows Server 2008 R2、Windows Server 2012 与 Windows Server 2012 R2	已关闭使用以下客户机操作系统的虚拟机的电源： Windows Server 2003（x86 和 x64）、SP1、SP2 和 R2 Windows Server 2008（x86 和 x64）SP2 和 R2 SP2 Windows Server 2012 与 R2 Windows 7（Home Edition 除外） Windows Vista SP1 和 SP2（Home Edition 除外）

使用 Converter Standalone 可以创建与 VMware 托管和受管产品兼容的虚拟机。这些产品与版本包括以下几项。

- 创建 ESXi 主机（ESXi 4.0 与 4.1、ESXi 4.0、4.1、5.0、5.1、5.5 与 6.0）
- vCenter Server （版本 4.0、4.1、5.0、5.1、5.5、6.0 版本）
- VMware Workstation（版本 10.x、11.x、12.x）
- VMware Fusion（6.x、7.x、8.x）
- VMware Player（6.x、7.x、12.x）

可以将运行 Windows 7 和 Windows Server 2008 R2 的源转换为 ESX 3.5 Update 5、ESX 4.0 或更高版本的目标。ESX 3.5 Update 4 或更早版本不支持 Windows 7。对于 UEFI 源，Converter Standalone 支持目标是 VMware Workstation 10.0 或更高版本，ESXi 5.0 与更高版本。

其中，vCenter Converter Server 文件需要 120MB 空间，vCenter Converter Client 文件需要 25MB、vCenter Converter Agent 文件需要 25MB。

为正常显示向导，Converter Standalone 要求屏幕分辨率至少为 1024×768 像素。

3.2.2　在 Windows 上本地安装 vCenter Converter

VMware vCenter Converter 支持本地安装与服务器模式安装，在大多数情况下，本地安装就可以完成物理机（包括本地计算机）到虚拟机、虚拟机到虚拟机的迁移工作。

【说明】VMware vCenter Converter 的 5.x 版本的安装程序是支持中、英、日、法、德的多语言版本（如图 3-2-1 所示），而在 6.x 版本中只有英文版，但这并不影响产品的使用。

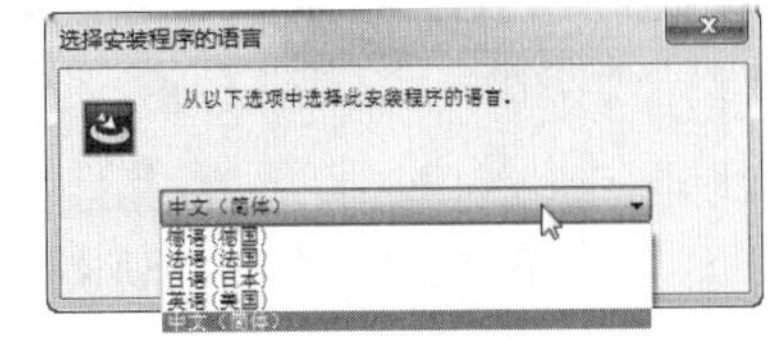

图 3-2-1　Converter 5.1.1 安装时选择语言的界面

管理员可以在网络中的一台工作站上，安装

vCenter Converter，实现对本地计算机、网络中的其他 Windows 与 Linux 计算机到虚拟机的迁移工作，也可以完成将 VMware ESXi 中的虚拟机、由 VMware vCenter 管理的虚拟机迁移或转换成其他 VMware 版本虚拟机的工作，还可以完成将 Hyper-V 虚拟机迁移到 VMware 虚拟机的工作。管理员也可以将 VMware vCenter Converter 安装在要迁移的物理机或虚拟机中。

不管使用哪种迁移或转换工作，VMware vCenter Converter 的使用都类似，本节将在 vSphere Client 管理工作站（一台 Windows 7 企业版的计算机）安装 VMware vCenter Converter6.1.1，并介绍 vCenter Converter 的使用方法。在本示例中，安装文件名为 VMware-converter-en-6.1.1-3533064.exe，大小为 173MB；具体操作步骤如下。

（1）运行 VMware Converter 安装程序，在“Welcome to the Installation Wizard for VMware vCenter Converter Standalone（欢迎使用 VMware vCenter Converter Standalone 的安装向导）”对话框中单击“Next”按钮，如图 3-2-2 所示。

（2）在“End-User Patent Agreement（最终用户专利协议）”对话框中，单击“Next”按钮，如图 3-2-3 所示。

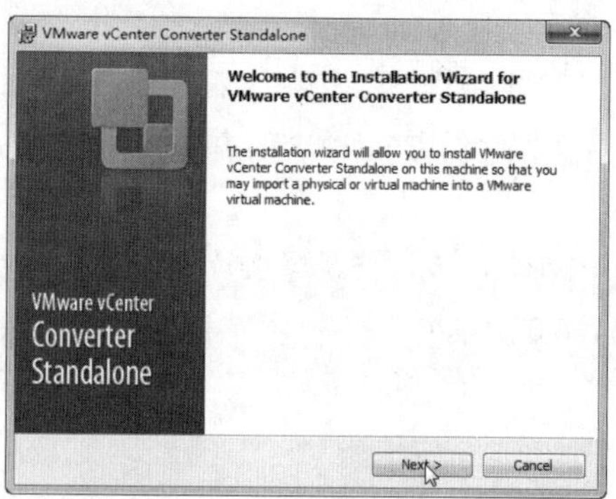

图 3-2-2　安装向导

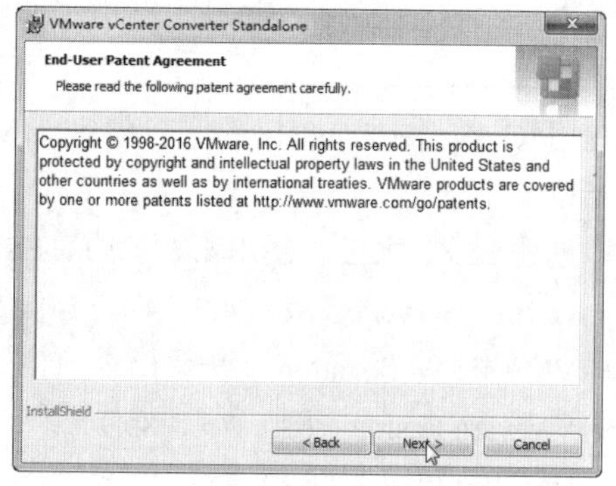

图 3-2-3　最终用户专利协议

（3）在“End-User License Agreement（最终用户许可协议）”对话框中，单击“I agree to the terms in the License Agreement（我同意许可协议中的条款）”单选按钮，然后单击“Next”，如图 3-2-4 所示。

（4）在“Destination Folder（目标文件夹）”对话框，选择 VMware vCenter Converter 的安装位置，通常选择默认值，如图 3-2-5 所示。

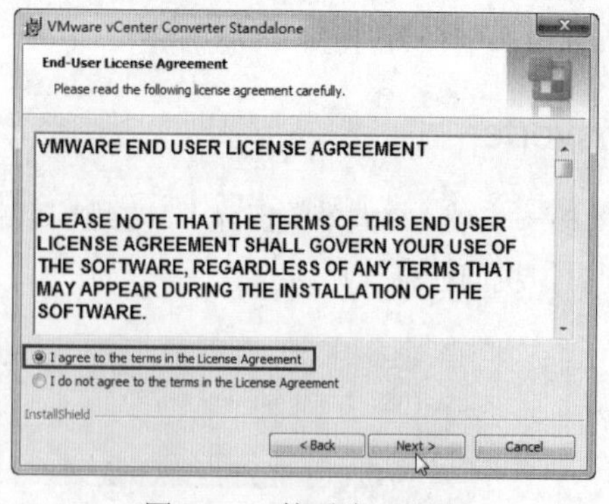

图 3-2-4　接受许可协议

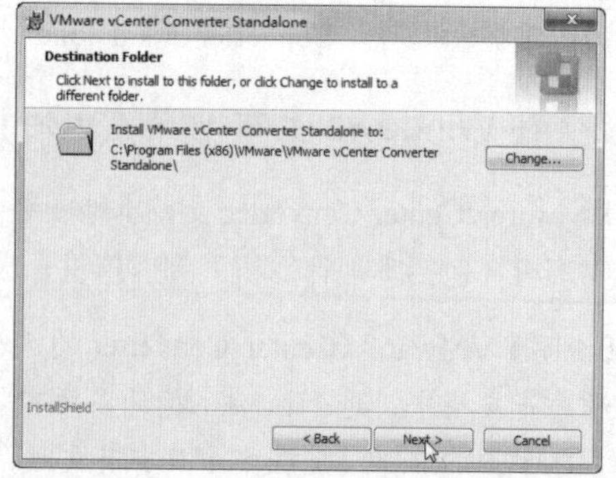

图 3-2-5　选择安装位置

（5）在“安装类型”对话框中，单击“Local installation（本地安装）”单选按钮，如图 3-2-6 所示。

（6）其他选择默认值，直到安装完成，如图 3-2-7 所示。

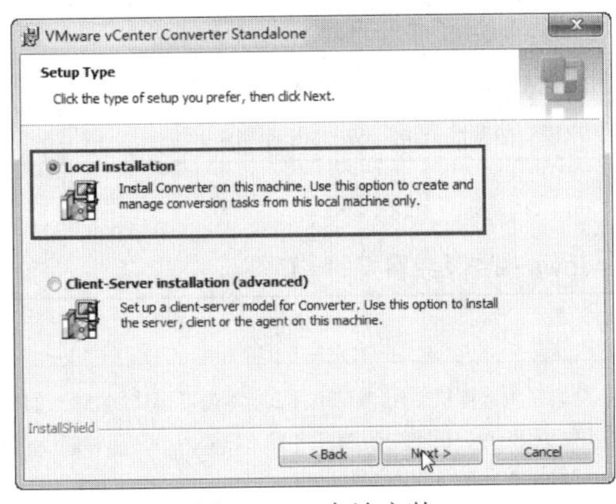

图 3-2-6　本地安装

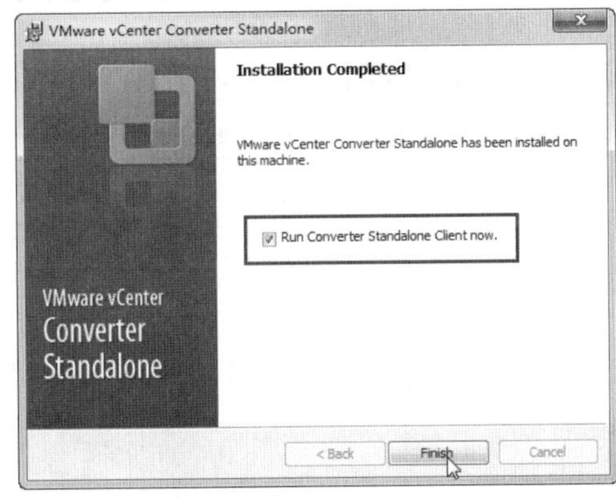

图 3-2-7　安装完成

3.2.3 VMware vCenter Converter 端口需求

要启用转换，Converter Standalone 服务器与 Converter Standalone 客户端必须能够相互发送数据、将数据发送到远程物理机及将数据发送到 vCenter Server。此外，源主机和目标主机必须能够相互接收数据。为此通信保留指定的端口。如果阻止其中任何端口，对应的转换任务就会失败。

在使用 vCenter Converter 转换物理机或虚拟机的时候，如果一个或多个所需端口被阻止，VMware vCenter Converter 将失败。可能会收到以下错误，如表 3-11 所示。这些错误可能表示端口被阻止。

表 3-11　端口被阻止后的错误提示

错误提示	描述
Unable to contact the specified host	无法联系指定主机
The host is not available, there is a network configuration problem, or the management services on the host are not responding	主机不可用，存在网络配置问题，或者主机上的管理服务不响应
Failed to connect to peer	未能连接到对等方
Error: Failed to connect to server	错误：未能连接到服务器
The operation failed	操作失败
Incorrect user credentials	用户凭据错误
Unable to SSH to the source machine	无法使用 SSH 连接到源计算机
Please check if a firewall is blocking access to the SSH daemon on the source machine	请检查防火墙是否阻止访问源计算机上的 SSH 守护进程
Failed to clone the volume	未能克隆卷
Unable to connect	无法连接
FAILED: The request refers to an unexpected or unknown type	失败：请求引用意外或未知的类型
Failed to connect ISO image to remote VM	未能将 ISO 映像连接到远程虚拟机
FAILED: unable to obtain the IP address of the helper virtual machine	失败：无法获取助手虚拟机的 IP 地址
ssh: Could not resolve hostname	ssh：无法解析主机名
Name or service not known	名称或服务未知

续表

FAILED: An error occurred during the conversion	失败：转换过程中出现错误
Unable to obtain IP address of helper virtual machine	无法获取助手虚拟机的 IP 地址
A general system error occurred: unknown internal error	出现一般系统错误：未知的内部错误

转换已打开电源的 Windows 操作系统（P2V）需要的端口见表 3-12。

表 3-12　转换已打开电源的 Windows 操作系统需要的端口

源	目标	TCP 端口	UDP 端口	注释
Converter 服务器	源计算机	445、139、9089 或 9090	137、138	如果源计算机使用 NetBIOS，则不需要端口 445。如果不使用 NetBIOS，则不需要端口 137、138 和 139。如果不确定，应确保所有端口均未被阻止。 端口 9089 用于 Converter Standalone 版本，端口 9090 用于 Converter 插件。 注意：除非已在源计算机上安装了 Converter 服务器，否则用于对源计算机进行身份验证的账户必须具有密码，源计算机必须启用网络文件共享，并且不能使用简单文件共享
Converter 服务器	VCenter	443		仅当转换目标为 VCenter 时需要
Converter 客户端	Converter 服务器	443		仅当执行自定义安装并且 Converter 服务器和客户端这两部分位于不同的计算机时才需要
源计算机	ESX/ESXi	443、902		如果转换目标是 vCenter Server，则从源向 ESX/ESXi 主机转换时仅需要使用端口 902

转换已打开电源的 Linux 操作系统（P2V）需要的端口见表 3-13。

表 3-13　转换已打开电源的 Linux 操作系统需要的端口

源	目　标	TCP 端口	注　释
Converter 服务器	源计算机	22	Converter 服务器必须能够与源计算机建立 SSH 连接
Converter 客户端	Converter 服务器	443	仅当执行自定义安装并且 Converter 服务器和客户端这两部分位于不同的计算机时才需要
Converter 服务器	VCenter	443	仅当转换目标为 VCenter 时需要
Converter 服务器	ESX/ESXi	443、902、903	如果转换目标是 vCenter Server，则从源向 ESX/ESXi 主机转换时仅需要使用端口 902
Converter 服务器	助手虚拟机	443	
助手虚拟机	源计算机	22	助手虚拟机必须能够与源计算机建立 SSH 连接。默认情况下，助手虚拟机获取 DHCP 为其分配的 IP 地址。如果为目标虚拟机选择的网络上没有可用的 DHCP 服务器，则必须手动为其分配 IP 地址

转换现有虚拟机（V2V）所需要的端口见表 3-14。

表 3-14　转换现有虚拟机所需要的端口

源	目　标	TCP 端口	UDP 端口	注　释
Converter 服务器	文件共享路径	445、139	137、138	仅独立虚拟机源或目标需要。 如果托管源或目标路径的计算机使用 NetBIOS，则不需要使用端口 445。如果不使用 NetBIOS，则不需要端口 137、138 和 139。如果不确定，应确保所有端口均未被阻止
Converter 客户端	Converter 服务器	443		仅当执行自定义安装并且 Converter 服务器和客户端这两部分位于不同的计算机时才需要
Converter 服务器	VCenter	443		仅当目标为 VCenter 时需要
Converter 服务器	ESX/ESXi	443、902		如果转换目标是 vCenter Server，则从源向 ESX/ESXi 主机转换时仅需要使用端口 902

【说明】上述端口均属于默认端口。如果在安装 vCenter Server 时使用自定义端口，将需要更改这些端口以符合环境。

3.2.4　Windows 操作系统的远程热克隆要求

为了避免与权限和网络访问相关的问题，请务必关闭简单文件共享并保证 Windows 防火墙没有阻止文件和打印机共享。此外，要访问文件和打印机共享端口，可能需要更改防火墙允许的 IP 地址范围。

要确保成功实现 Windows 平台的远程热克隆，请在启动应用程序之前确认源计算机上的以下项目。

- 确保关闭了简单文件共享。
- 确保 Windows 防火墙没有阻止文件和打印机共享。

须在下列情况下允许传入文件共享连接。

- 当将计算机用于主机独立映像时。
- 当将计算机用作独立目标时。
- 当远程热克隆计算机时。

如果 Converter Standalone 连接远程 Windows XP 计算机失败，并发出 bad username/password 的错误消息，请确保 Windows 防火墙没有阻止文件和打印机共享。

如果远程热克隆的系统是 Windows XP，请确认在 Windows XP Professional 上关闭简单文件共享。

3.3　转换正在运行的物理机或虚拟机

在本章中，我们将使用如图 3-3-1 所示的实验拓扑进行介绍。

注：各位读者可以扫描右侧的二维码观看对实验拓扑更细致的视频讲解；把拓扑学习到位后，可为后面的学习夯实基础。

精彩视频
即扫即看

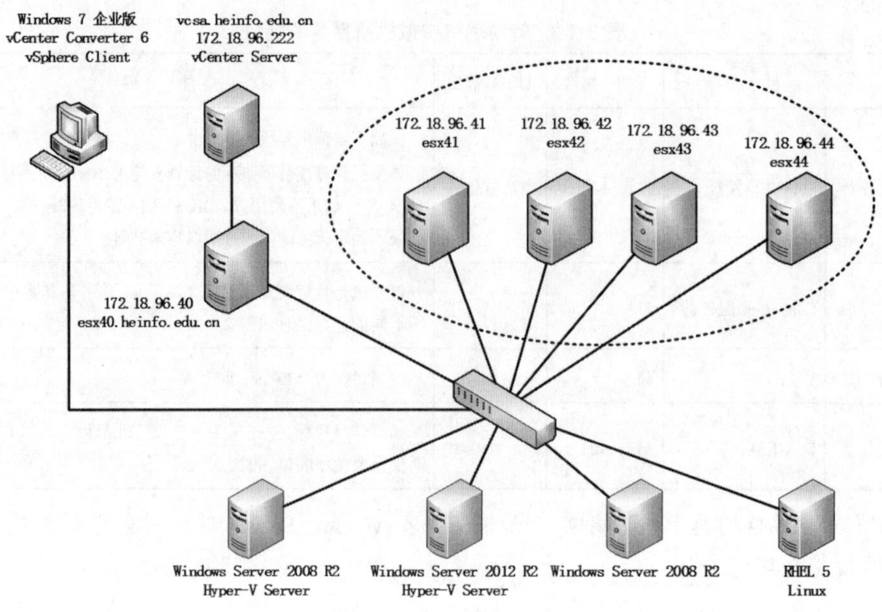

图 3-3-1　实验拓扑

在图 3-3-1 中，有 5 个 ESXi 主机，其中 172.18.96.40 是一个独立的 ESXi 主机，这个主机使用本地硬盘作为存储，在这个 ESXi 主机上创建了一个 vCenter Server 虚拟机，用于管理另外 4 台 ESXi 主机（IP 地址分别是 172.18.96.41～172.18.96.44），这 4 个主机组成 VSAN 群集。一台 Windows 7 企业版的物理计算机作为 vSphere Client，并安装 vCenter Converter 6，用做管理端。网络中还有两台Hyper-V主机（分别安装Windows Server 2008 R2与Windows　Server 2012 R2），还有一台Windows Server 2008 R2 的物理服务器与一台运行 RHEL 5 的 Linux 服务器。

在 VMware vCenter Converter Standalone 中可以使用多种计算机，并将其中任何一种计算机转换为 VMwarc 虚拟机。可以创建一个转换作业将物理机或虚拟机转换为多种目标。可以将物理机、VMware 虚拟机、第三方备份映像和虚拟机及 Hyper-V Server 虚拟机转换为 VMware 独立虚拟机或 vCenter Server 管理的虚拟机。

创建转换作业的方法由所选择的源类型和目标类型决定。

（1）源类型

源类型包括已打开电源的物理机或虚拟机、在 ESX 主机上运行的 VMware Infrastructure 虚拟机或独立虚拟机。独立虚拟机包括 VMware Workstation 虚拟机、Hyper-V Server 虚拟机或其他 VMware 虚拟机（VMware Fusion 虚拟机、VMware Player 虚拟机）。

（2）目标类型。

vCenter Converter 支持的目标类型包括 ESX 主机、vCenter Server 管理的 ESX 主机或 VMware 独立虚拟机（VMware Fusion 虚拟机、VMware Player 虚拟机）。

在“VMware vCenter Converter Standalone”控制台，单击“Convert machine（转换计算机）”按钮，进入转换计算机向导，如图 3-3-2 所示。

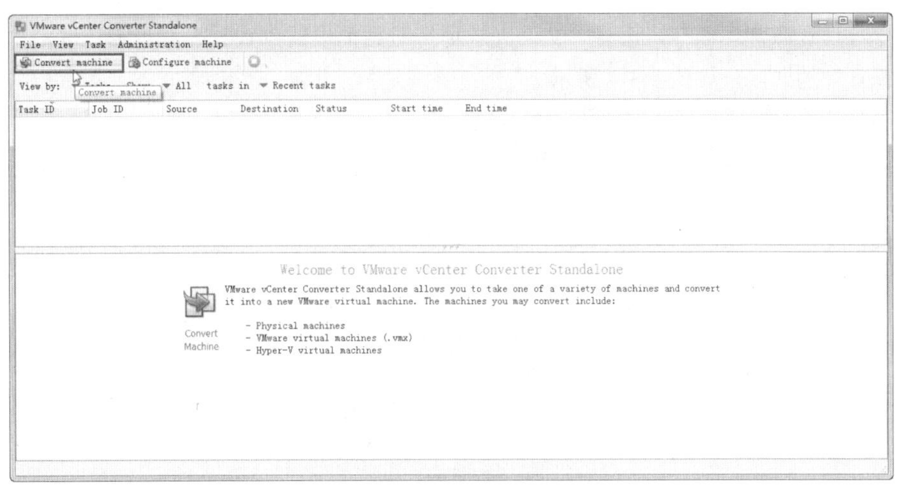

图 3-3-2　转换计算机

在下面的内容中，我们将会分别转换远程的 Windows 计算机、远程的 Linux 计算机、本地计算机（指运行这台 vCenter Converter 的计算机），以及 VMware Workstation、Hyper-V 的计算机作为源，并且将 vCenter Server、ESXi 及本地作为目标进行存储。不同的源、不同的目标，可能有多种组合，在本示例中，会根据实际的情况选择其中之一。

3.3.1　转换远程 Windows 计算机到 vCenter 或 ESXi

精彩视频
即扫即看

在本节的演示中，我们使用一台 Windows 7 企业版（安装了 vCenter Converter 6.1.1）通过网络将远程的一台正在运行的 Windows Server 2008 R2 的计算机克隆到由 vCenter Server（IP 地址 172.18.96.222）管理的 ESXi 主机中。在克隆（迁移）之后，原来的物理机不受影响，可以关闭源物理机，启动迁移成功的虚拟机进行测试使用，等确认迁移成功之后，再处置原来的源物理机，例如关闭电源、回收、统一管理及后期的使用。

1. 设置服务器

在迁移（P2V，从物理机到虚拟机）源物理机之后，需要使用“远程桌面连接”连接到这台服务器，或者登录这台服务器的控制台，为服务器进行简单的设置，才能开始 P2V；具体操作步骤如下。

（1）登录到预迁移的 Windows Server 2008 R2，查看当前计算机的名称、配置，如图 3-3-3 所示。

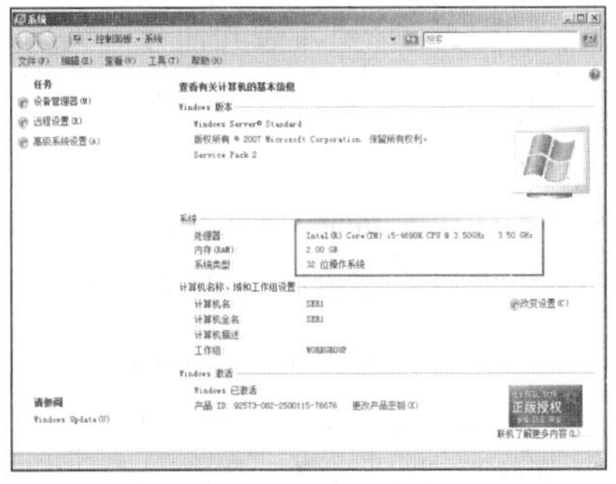

图 3-3-3　查看主机信息

（2）打开“资源管理器”，选择“文件夹选项”对话框中的“查看”选项卡，取消“使用共享向导（推荐）”的选项，如图 3-3-4 所示。

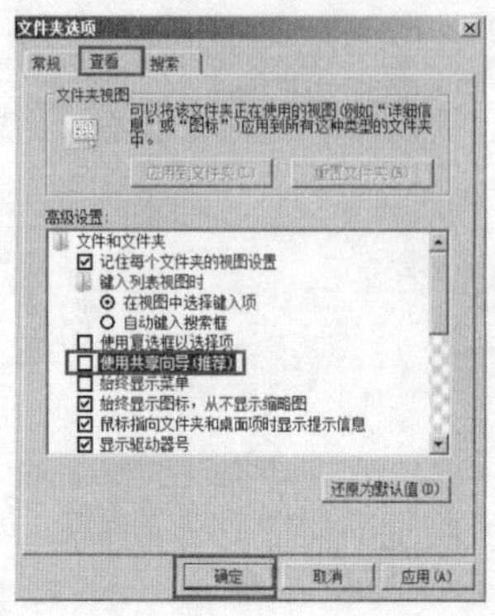

图 3-3-4　取消使用简单共享

（3）打开“Windows 防火墙设置”并关闭 Windows 防火墙，如图 3-3-5 所示。

（4）关闭之后的防火墙界面如图 3-3-6 所示。

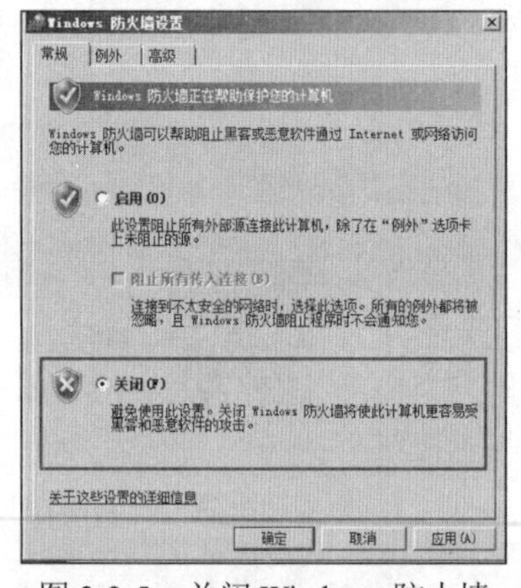

图 3-3-5　关闭 Windows 防火墙

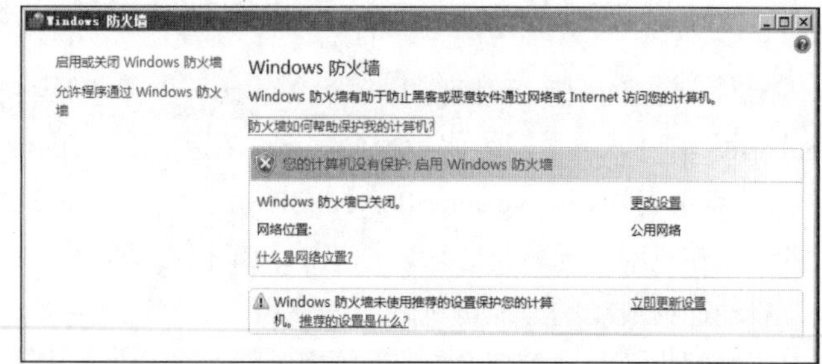

图 3-3-6　关闭之后的防火墙界面

2．进行转换

在配置好远程的 Windows Server 2008 R2 之后，返回到安装 vCenter Converter 的 Windows 7 计算机中，运行 Converter，开始转换，主要步骤如下。

（1）在图 3-3-2 中，单击“Convert machine（转换计算机）”按钮，进入“Source System（源系统）”对话框。在此可以从多个源选项中选择要转换的计算机类型。在“Source System（源系统）”对话框中，选择要转换的源系统。源系统类型包括“Powered on（已打开电源的计算机）”、“Powered off（已关闭电源的计算机）”两种，具体如下：

- “已打开电源的计算机”包括“Remote Windows machine（远程 Windows 计算机）”、“Remote Linux machine（远程 Linux 计算机）”、“This local machine（这台本地计算机）”3 种，如图 3-3-7 所示。
- “已关闭电源的计算机”则包括“VMware Infrastructure virtual machine”、“VMware Workstation or other VMware virtual machine”、“Hyper-V Server”3 种，如图 3-3-8 所示。

（2）在本示例中选择“Powered on”，接着在下拉列表中选择“Remote Windows machine”，在“Specify the powered on machine”中输入远程要迁移的 Windows 计算机的 IP 地址，在本示例中该 IP

地址为 172.18.96.103，然后输入 Administrator 账户及密码，接着单击“View source details”链接，如图 3-3-9 所示。

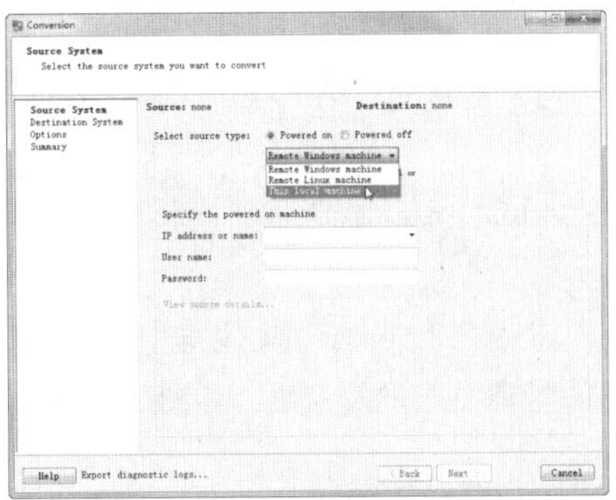

图 3-3-7　打开电源的计算机

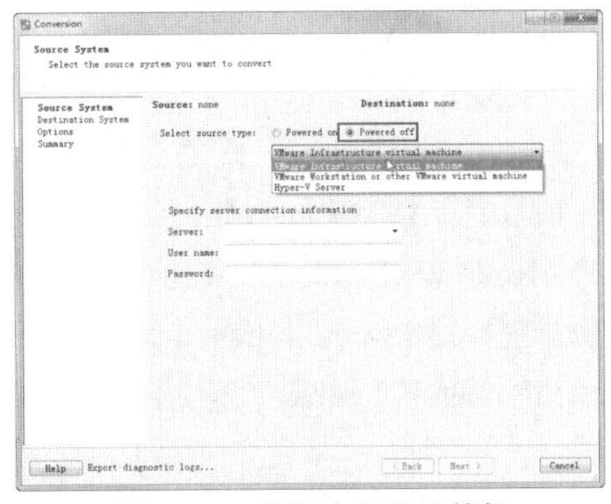

图 3-3-8　关闭电源的计算机

（3）如果输入的密码正确、并且源物理机（或虚拟机）按照图 3-3-3～图 3-3-5 进行了设置，则会弹出“VMware vCenter Converter Standalone Agent Deployment”的对话框，选中“Automatically uninstall the files when import succeeds”，然后单击“Yes”按钮，开始在远程计算机安装 Converter 代理，如图 3-3-10 所示。

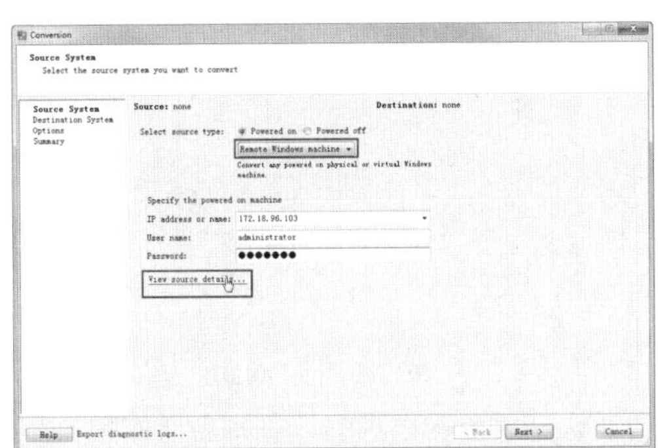

图 3-3-9　输入远程计算机 IP、账户及密码

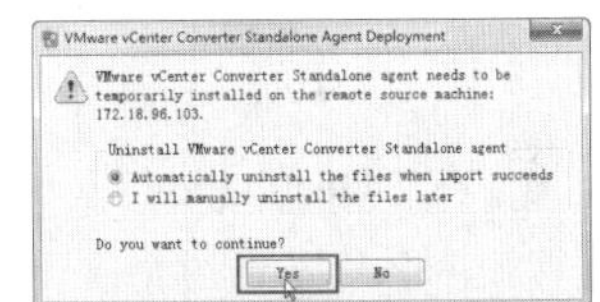

图 3-3-10　在远程计算机安装代理

（4）安装代理完成之后，会弹出对话框显示预迁移的远程计算机的信息，包括机器名、Firmware 格式、操作系统版本、硬盘空间（包括每个分区的大小、使用空间、文件系统格式）、CPU 数量、内存大小、网卡数量等，如图 3-3-11 所示。

如果弹出如图 3-3-12 所示的对话框，请登录到预迁移的 Windows 主机，关闭防火墙、禁用简单文件共享的操作。

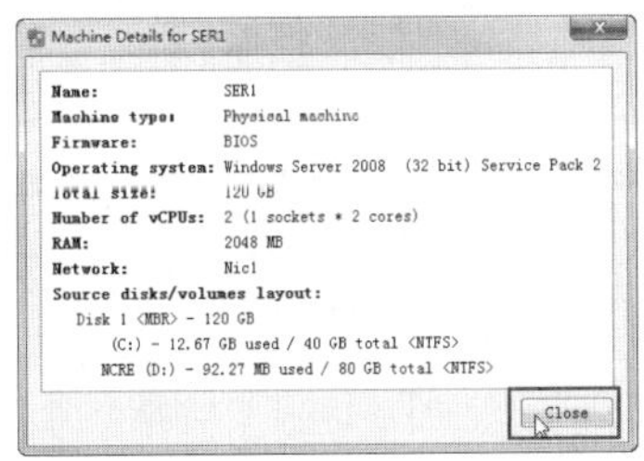

图 3-3-11　查看源物理机属性

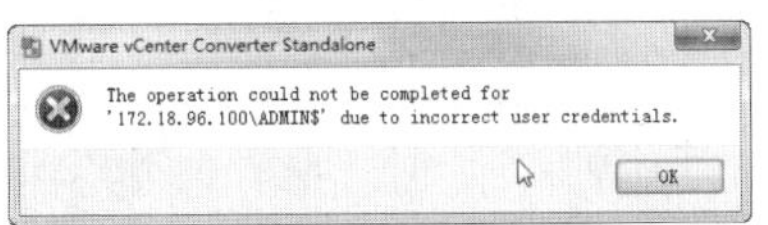

图 3-3-12　不能连接到 ADMIN$共享

（5）在“Destination System（目标系统）”对话框中，选择目标的属性，这可以选择 VMware Infrastructure Virtual machine（VMware 基础架构虚拟机）或 VMware Workstation or other VMware Virtual machine（VMware workstation 或其他 VMware 格式虚拟机），解释如下：

- 如果选择“VMware Infrastructure virtual machine”，则会将源物理机的备份保存在 ESXi 主机或由 vCenter Server 管理的 ESXi 主机中；
- 如果选择“VMware Workstation or other VMware virtual machine”，则会将虚拟机保存成 VMware Workstation 或其他 VMware 虚拟机格式。

在此选择“VMware Infrastructure virtual machine”，然后在“Server”文本框中输入 vCenter Server 的 IP 地址 172.18.96.222，之后输入 vCenter Server 的管理员账户及密码，如图 3-3-13 所示。

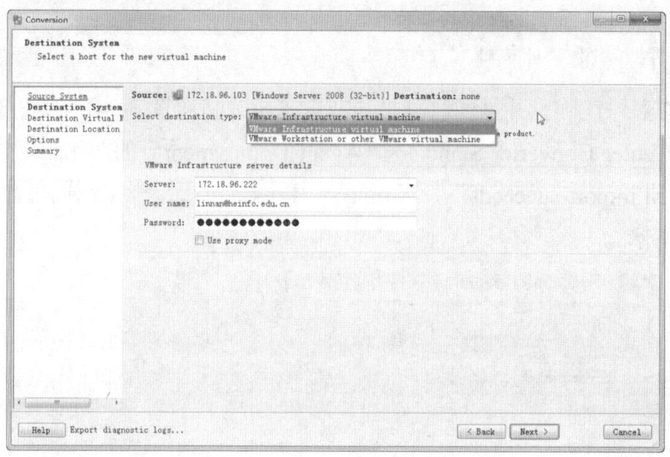

图 3-3-13　目标系统

（6）在“Destination Virtual Machine（目标虚拟机）”对话框中的“Name”处为克隆后的虚拟机设置一个名称，通过情况下，该虚拟机名称会默认使用源物理机的计算机名，如图 3-3-14 所示。

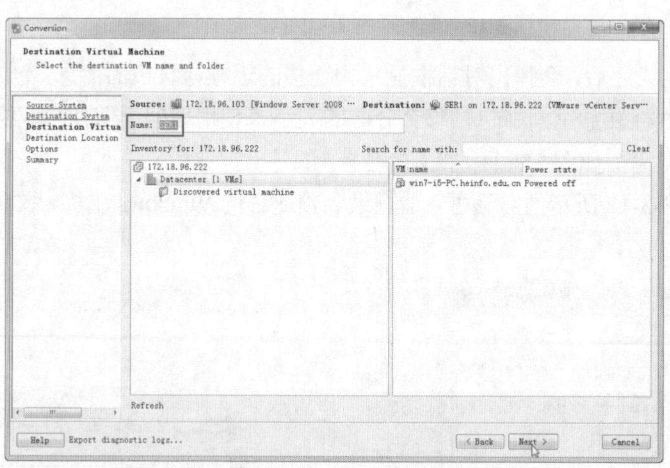

图 3-3-14　目标虚拟机名称

（7）在“Destination Location”对话框中，从清单中选择目标群集或主机，并在“Datastore（存储）”下拉列表中，选择虚拟机位置的存储，在“Virtual machine version（虚拟机版本）”下拉列表中选择虚拟机的硬件版本（可以在 4、7、8、9、10、11 之间选择），如图 3-3-15 所示。

（8）在“Options”对话框中，配置目标虚拟机的硬件，这可以组织目标计算机上要复制的数据、修改目标虚拟机 CPU 插槽与内核数量、为虚拟机分配内存、为目标虚拟机指定磁盘控制器、配置目标虚拟机的网络设置等参数，如图 3-3-16 所示，单击“Edit”按钮进入编辑项。

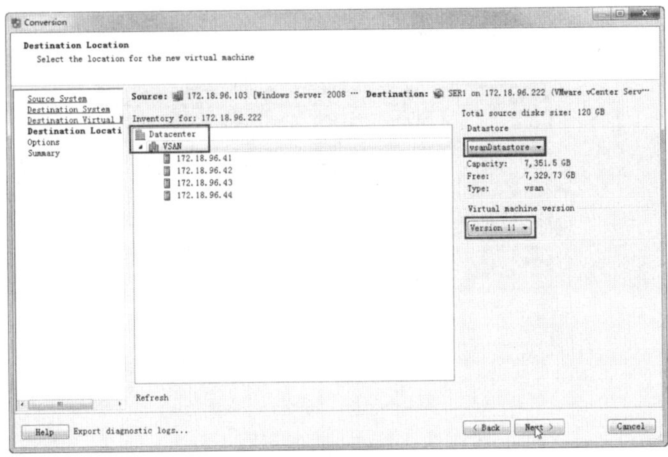

图 3-3-15　目标位置

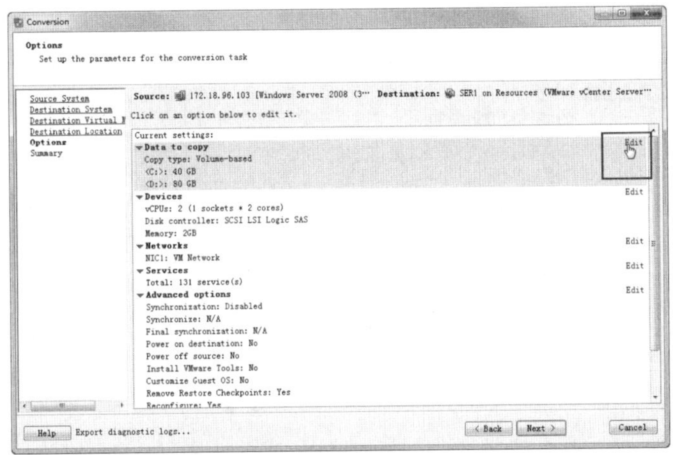

图 3-3-16　配置目标虚拟机的硬件

（9）在转换向导的“选项”对话框中，先进入“Data to copy”选项组，如图 3-3-17 所示。在默认情况下，Converter 转换向导复制所有磁盘并保持其布局。所以在图 3-3-17 中显示的目标磁盘 C、D 与要转换（或迁移）的源物理机硬盘分区数量相同，并且每个分区的大小也相同。其中默认选项“Ignore page file and hibernation file（忽略页面文件与休眠文件）”、“Create optimized partition layout（创建优化分区布局）”默认为选中状态。如果要调整目标虚拟机的硬盘大小，可以单击“Destination size”下拉列表，在下拉列表中有 4 个选项，如图 3-3-18 所示。解释如下：

- Maintain size（保持原大小空间）：即源物理机分区容量多大，目标虚拟硬盘分区大小保持同样大小；
- Min size（最小空间）：源物理分区已经使用的空间，即转换后目标分区需要占用的最小空间；

- Type size in GB：管理员手动指定目标分区空间，单位为 GB；
- Type size in MB：管理员手动指定目标分区空间，单位为 MB。如图 3-3-18 所示。

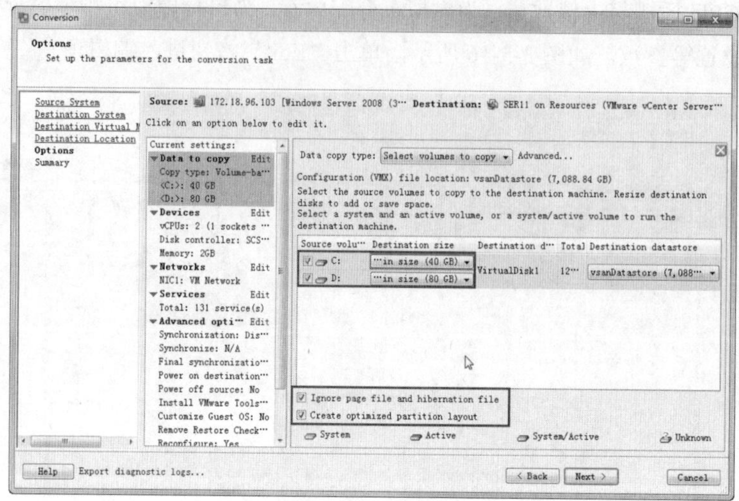

图 3-3-17　数据复制

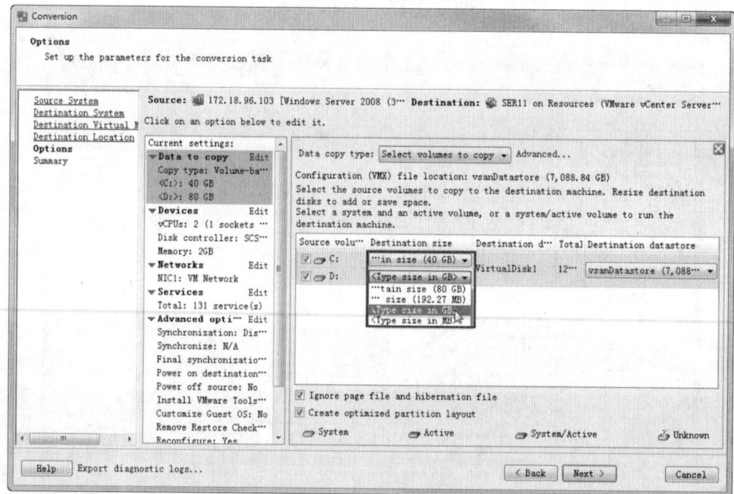

图 3-3-18　目标分区容量

（10）如果要调整目标分区的大小，例如，源物理机 C 盘与（或）D 盘空间过小（或过大），在转换的过程中可以调整目标分区的大小。就像在本示例中，C 分区大小保持不变，D 分区由默认的 80GB 改为 60GB，如图 3-3-19 所示。在此选项中，还可以取消选择不想转换的分区，例如，只想迁移（转换）C 分区，不想转换 D 分区，取消 D 的选择即可，如图 3-3-20 所示。

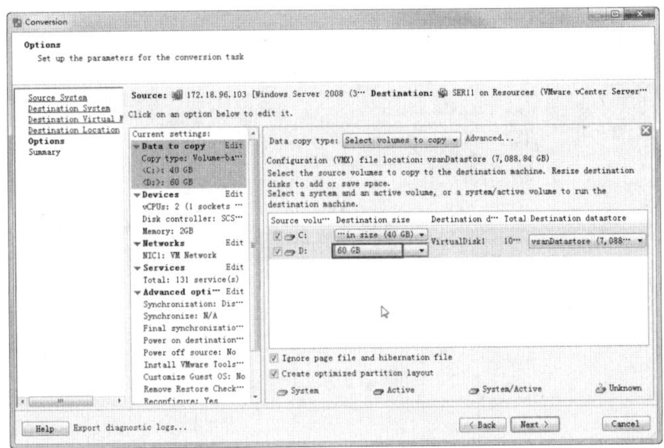

图 3-3-19 调整分区大小

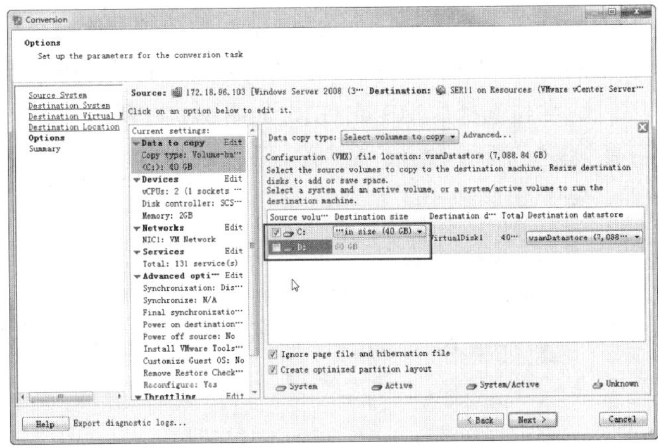

图 3-3-20 取消 D 分区选择

（11）单击“Advanced”，在“Destination layout”选项卡中，还可以选择置备属性“Thick（厚置备磁盘)”、“Thin（精简置备磁盘）”，如图 3-3-21 所示。还可以修改转换后目标分区的块大小，这里可以选择默认块大小、保持原来的块大小、512B、1KB、2KB、4KB、8KB、16KB、32KB、128KB、256KB 等，如图 3-3-22 所示。

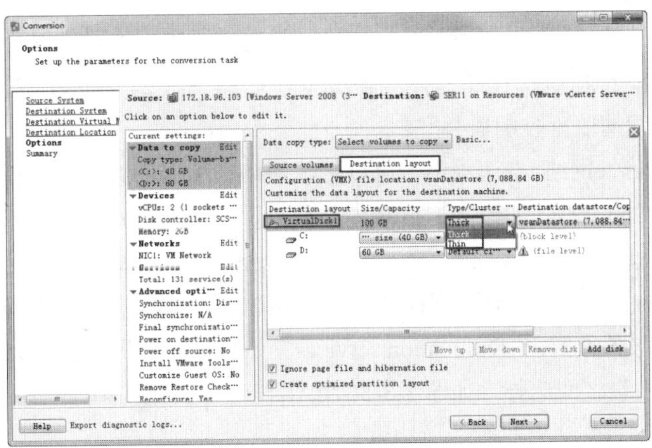

图 3-3-21 置备属性

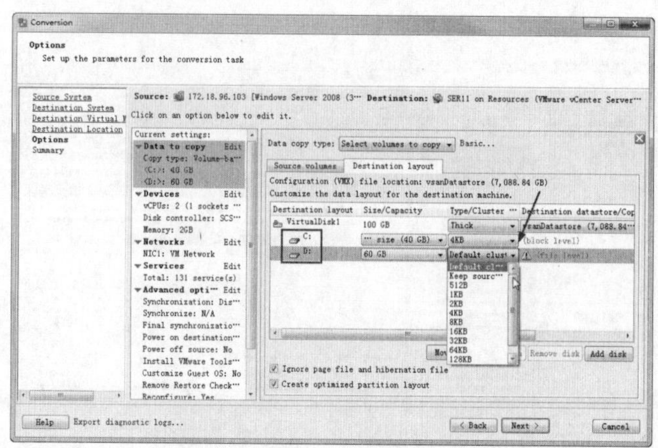

图 3-3-22　修改目标分区的块大小

（12）在“Devices→Memory（设备→内存)”选项中，可以更改分配给目标虚拟机的内存量，默认情况下，Converter Standalone 可识别源计算机上的内存量，并将其分配给目标虚拟机。管理员可以调整目标虚拟机内存大小，单位选择是 MB 或 GB，如图 3-3-23 所示。

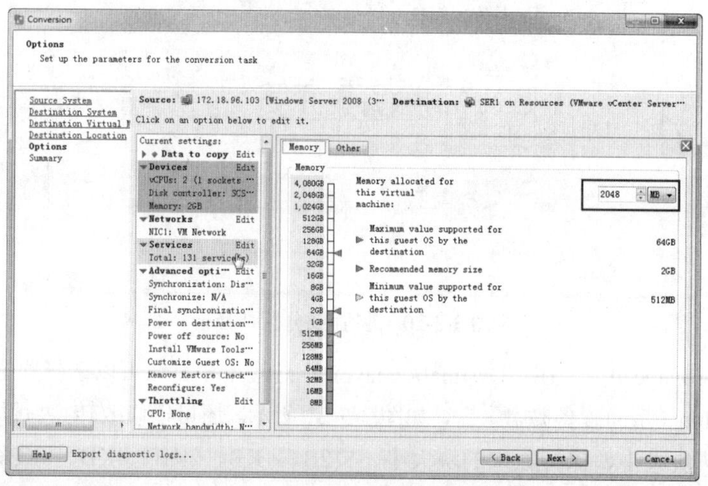

图 3-3-23　内存选项

（13）在“Other”选项中，可以更改 CPU 插槽数目、每个 CPU 的内核数目；在“Disk controller”下拉列表中，可以选择目标虚拟机磁盘控制器类型，如图 3-3-24 所示。通常情况下，一般选择 Converter 转换向导推荐的磁盘控制器类型。

（14）在“Networks（网络）”选项中，可以更改网络适配器的数量、选择目标虚拟机使用的网络、目标虚拟机虚拟网卡类型，如图 3-3-25 所示。此外，还可以将网络适配器设置为在目标虚拟机启动时连接到网络。

（15）在“Services（服务）”选项中可以更改目标虚拟机上任意服务的启动模式，其中“Source services”为源物理机服务类型，“Destination services”为目标虚拟机的服务类型，管理员可以在“自动”、“手动”、“已禁用”之间选择，如图 3-3-26 所示。

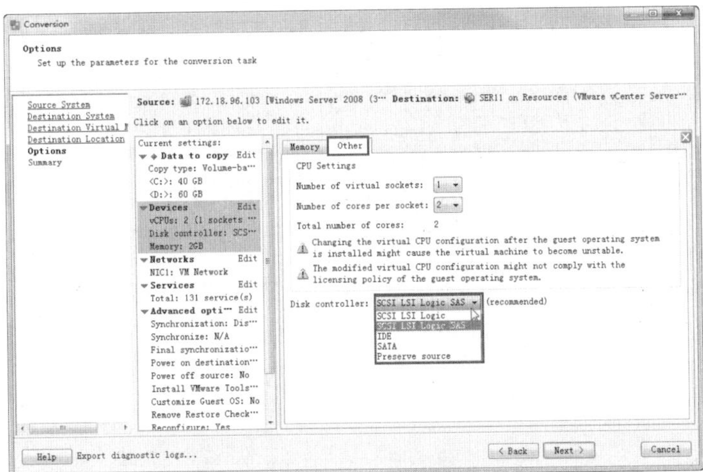

图 3-3-24　CPU 与磁盘控制器

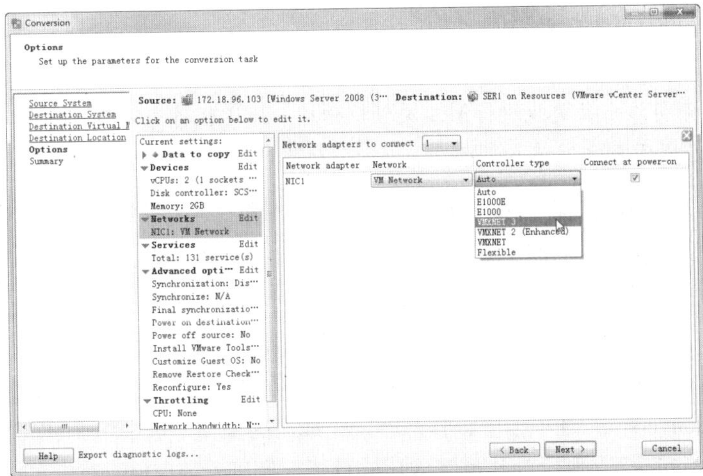

图 3-3-25　网络选项

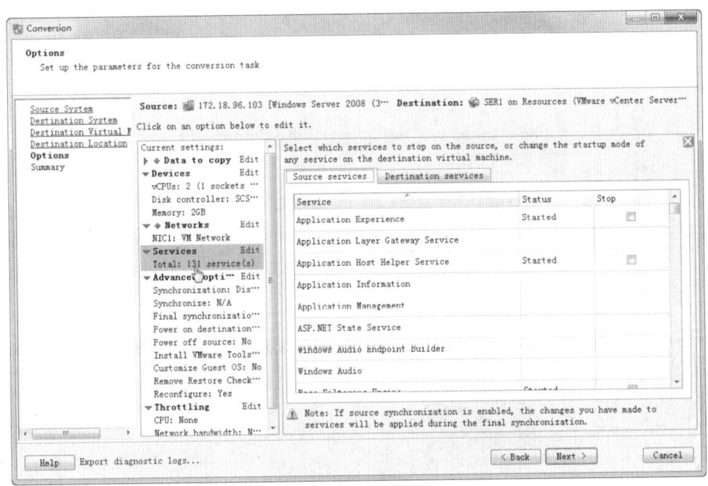

图 3-3-26　服务选项

（16）在“Administrator Options（高级选项）”中的“Synchronize（同步）”选项卡中，可以选

择是否在复制（转换）完成之后启用同步更改，如图 3-3-27 所示，默认情况下此项为未选中。

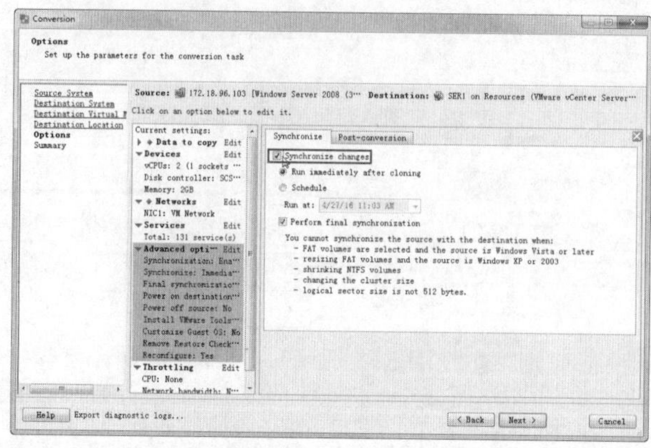

图 3-3-27　同步

【说明】当转换已打开电源的 Windows 计算机时，Converter Standalone 会将数据从源计算机复制到目标计算机，而源计算机仍在运行并产生更改。此过程是数据的第一次传输。可以通过只复制第一次数据传输期间作出的更改进行第二次数据传输。此过程称为同步。同步只能用于 Windows XP 或更高版本的源操作系统。

如果调整 FAT 卷大小或压缩 NTFS 卷大小，或更改目标卷上的群集大小，则不能使用同步选项。

不能添加或移除同步作业的两个复制任务之间的源计算机上的卷，因为这可能会导致转换失败。如果要启用这一功能，可停止各种源服务以确保同步期间不生成更多更改，以免丢失数据。在实际的 P2V 的过程中，最好提前通知用户，暂时停止对服务器的后台操作，等 P2V 完成之后再使用新的虚拟化后的系统。如果在 P2V 的过程中仍然使用源服务器，有可能会造成数据差异。

（17）在“Post-conversion”选项卡中，执行转换完成后的操作，选中“Install VMware Tools on the destination virtual machine”，则会在转换完成后的目标交换机安装 VMware Tools；选中“Customize guest preferences for the virtual machine（定制客户机）”则会定制虚拟机的计算机名等操作；选中“Remove System Restore chechpoints on destination”，则在目标机删除系统还原点；选中“Reconfigure destination virtual machine”，则会重新配置目标虚拟机等，如图 3-3-28 所示。

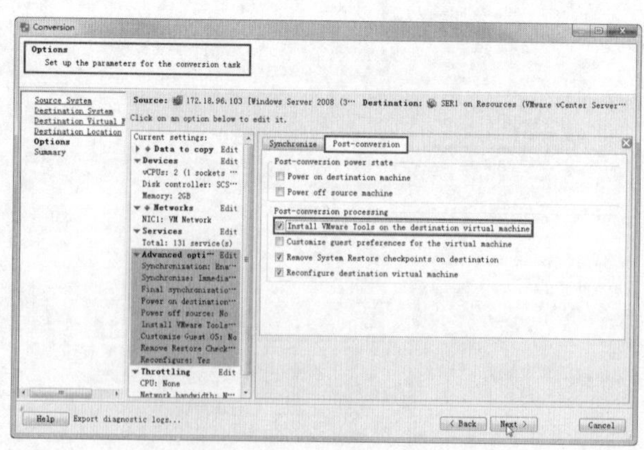

图 3-3-28　转换完成后操作

【说明】Windows XP 与 Windows Server 2003 需要 sysprep 程序。而 Windows Vista 及其以后的操作系统已经集成了 sysprep 程序，不再单独需要。如果使用 Converter 5.x 转换 Windows XP 与 Windows Server 2003，则需要将 XP 或 2003 的 Sysprep 文件保存到运行 vCenter Converter 的计算机上的 %ALLUSERSPROFILE%\Application Data\VMware\VMware vCenter Converter Standalone\sysprep 中，并且不同版本的系统复制到不同的文件夹中，这一点与使用 vCenter Server 模板部署虚拟机是相同的。如果运行 vCenter Converter 的计算机是 Windows 7、Windows Server 2012，则默认保存位置为 C:\ProgramData\VMware\VMware vCenter Converter Standalone\sysprep\，如图 3-3-29 所示。

（18）在“Summary”选项卡中，复查目标虚拟机的配置信息，检查无误之后，单击“Finish”按钮，如图 3-3-30 所示。

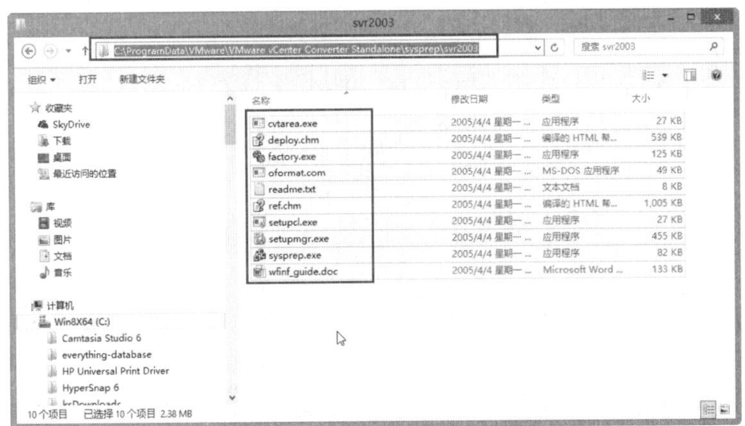

图 3-3-29　复制 sysprep 程序

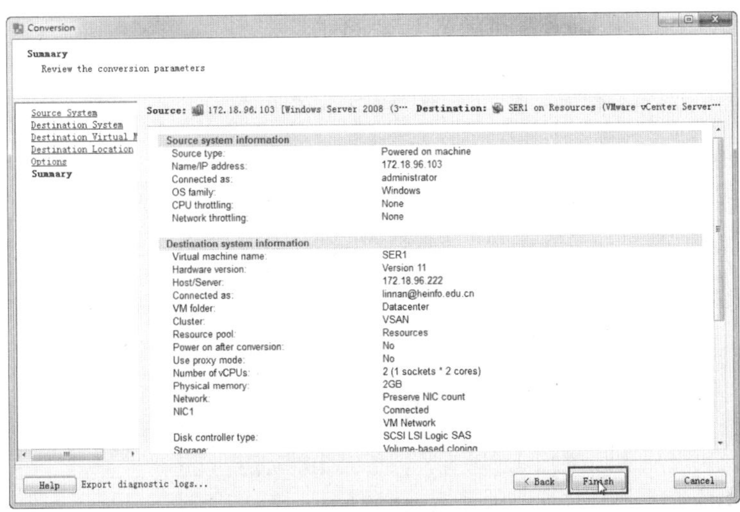

图 3-3-30　复查目标虚拟机的配置信息

（19）开始转换，如图 3-3-31 所示。

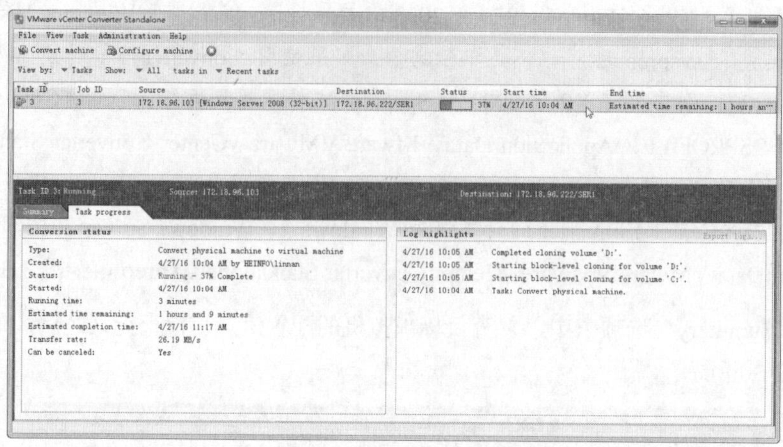

图 3-3-31　开始转换

如果在图 3-3-27、图 3-3-28 进行了选择，则在转换完成后，会再次创建一个任务，如图 3-3-32 所示。

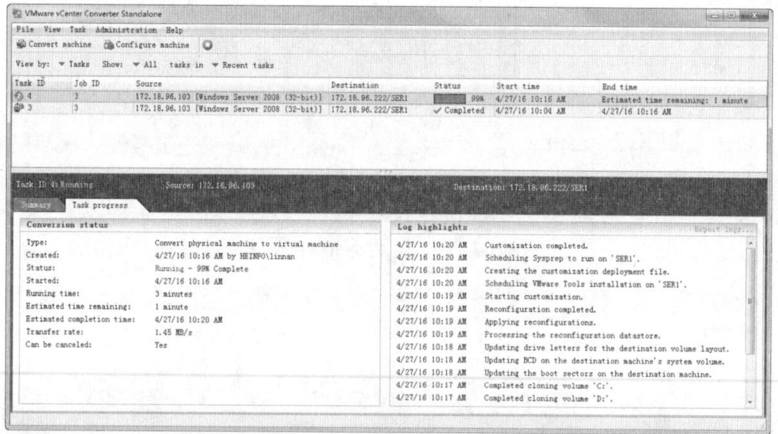

图 3-3-32　第二个任务

此时目标交换机已经创建完成，打开转换后的虚拟机控制台及“快照管理器”，可以看到当前任务会创建两个快照，如图 3-3-33 所示。

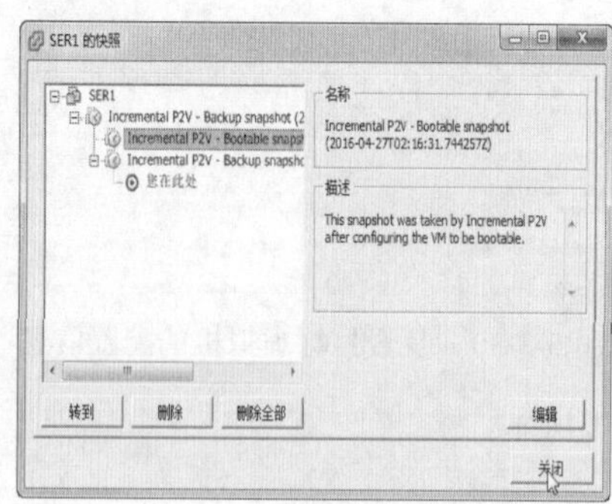

图 3-3-33　定制系统、同步过程中创建的快照

转换完成后的界面如图 3-3-34 所示。

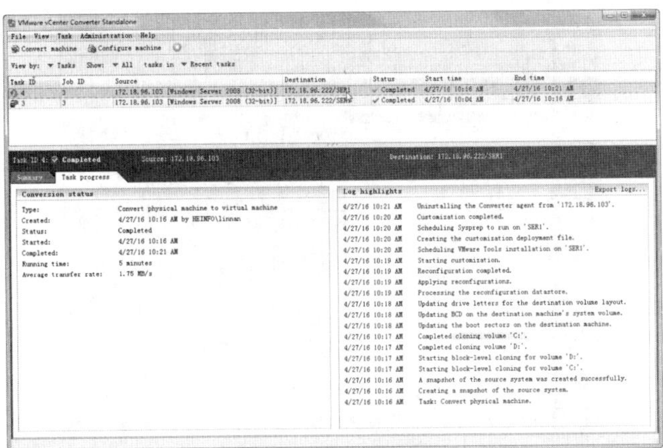

图 3-3-34　任务完成

再次打开“快照管理器”，可以看到在转换过程中创建的快照（如图 3-3-33 所示）已经被移除，如图 3-3-35 所示。

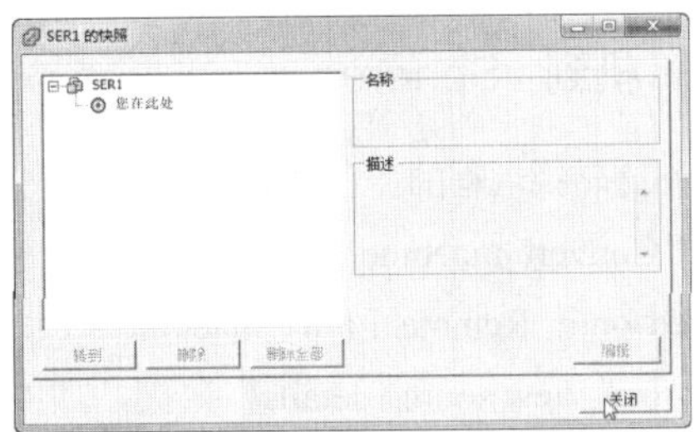

图 3-3-35　快照已被移除

（20）转换完成后，暂时关闭源物理机，启动转换后的虚拟机，如图 3-3-36 所示。对于 Windows 操作系统，从物理机迁移到虚拟机后，Windows 需要重新激活。

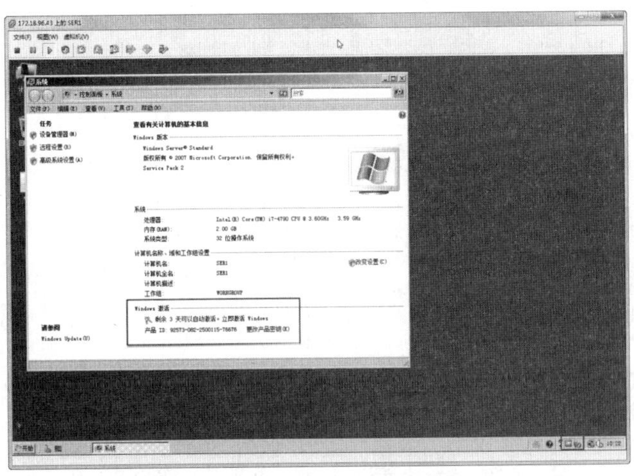

图 3-3-36　Windows 需要重新激活

（21）打开应用程序，例如，源物理机安装了 SQL Server 2008，打开 SQL Server 管理控制台界面，可以看到应用正常，如图 3-3-37 所示。

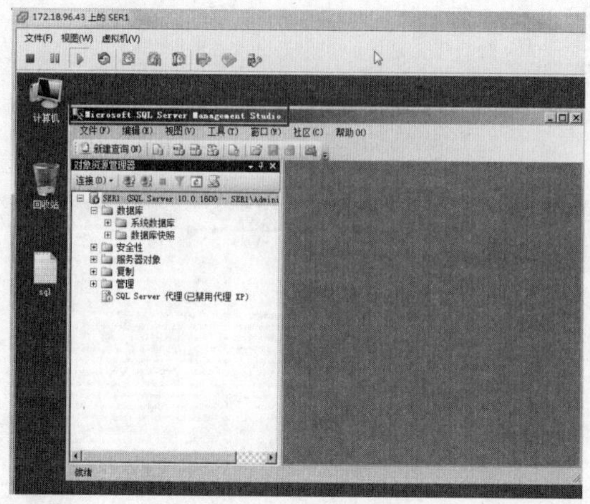

图 3-3-37　应用程序正常

对于其他的操作，则需要删除不需要的硬件驱动（因为源物理机的一些硬件如 RAID 卡、SCSI 卡驱动已经不再需要）、不需要的软件，有关这些将在后面的操作中进一步演示。

3.3.2　转换远程 Linux 计算机到 vSphere

本节将在 Windows 7 中通过网络转换远程的一台 Red Hat Linux 到一台 ESXi 主机，主要步骤如下。

（1）运行 Converter，单击“Convert machine（转换计算机）”按钮，进入“Source System（源系统）”对话框，选择“Powered on→ Remote Linux machine”，输入远程正在运行的 Linux 的 IP 地址、root 账户及密码，然后单击“View source details”链接，如图 3-3-38 所示。

（2）在弹出的对话框中，显示了将要转换的源物理机的计算机名称、操作系统版本、内存、处理器、网卡及硬盘大小，如图 3-3-39 所示。

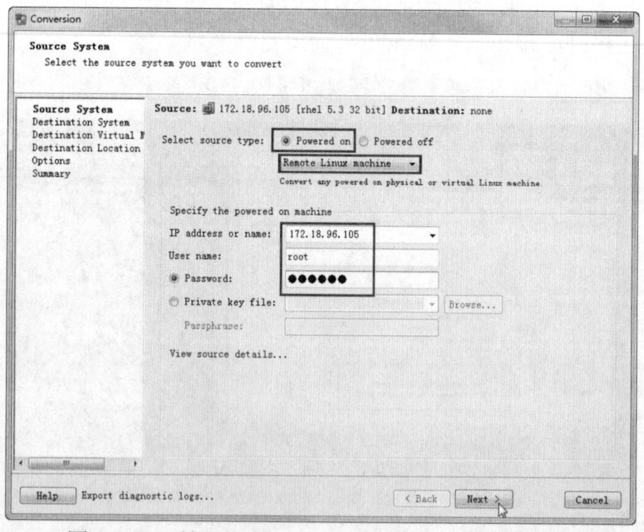

图 3-3-38　输入远程 Linux 的 IP 地址、账户及密码

（3）弹出对话框提示安装 Converter 代理，如图 3-3-40 所示，这与转换远程的 Windows 时相同。

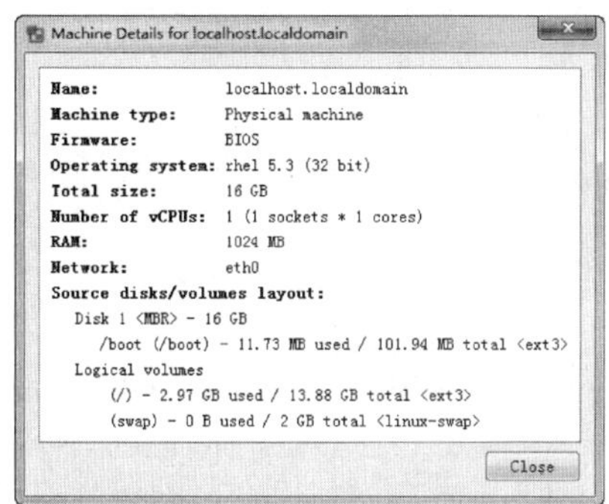

图 3-3-39　查看要转换的 Linux 属性

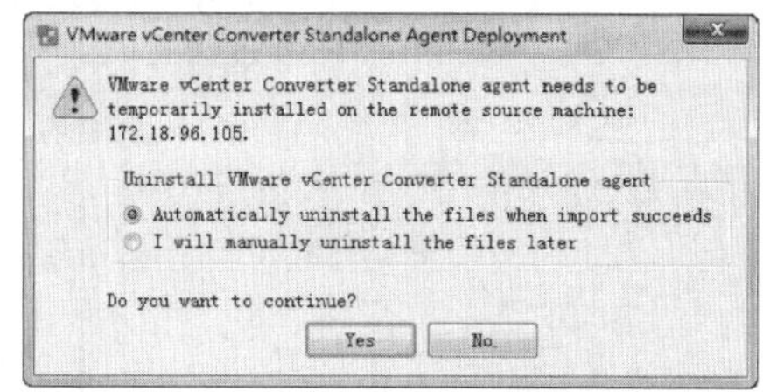

图 3-3-40　安装 Converter 转换代理

（4）在“Destination System”对话框中转换远程的 Linux 时，只能选择将 VMware ESXi 或 vCenter Server 作为目标，如图 3-3-41 所示。在本示例中指定网络中一台 ESXi 主机作为目标，此服务器的 IP 地址为 172.18.96.40，输入 ESXi 的 IP 地址、root 账户及密码。

（5）在“Destination Virtual Machine”对话框，指定转换后的目标虚拟机名称，如图 3-3-41 所示。

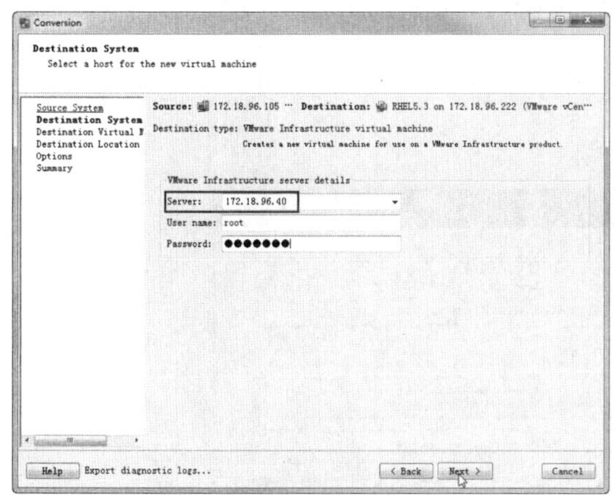

图 3-3-41　输入 IP 地址、账户及密码

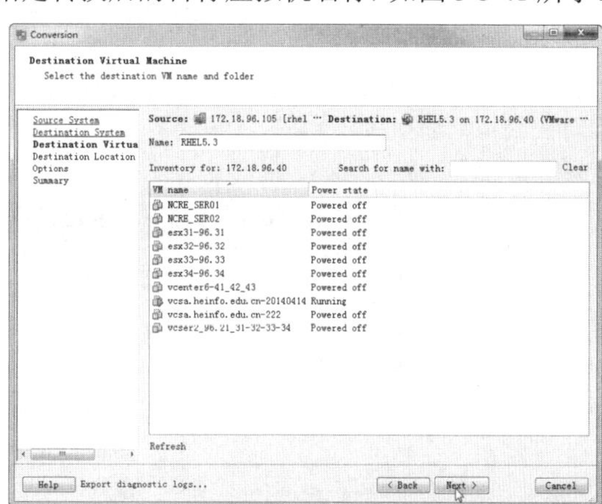

图 3-3-42　指定目标虚拟机名称

（6）在“Destination Location”对话框，选择主机、主机存储及目标虚拟机的硬件版本，如图 3-3-43 所示。

（7）在“Options”对话框，配置目标虚拟机磁盘大小、CPU 数量、内存大小、网卡数量等，如图 3-3-44 所示。如果直接单击“Next”按钮则与源物理机保持一致，也可以在转换完成之后，修改目标虚拟机的 CPU、内存、网卡等参数；如果要调整目标虚拟机的硬盘大小，则必须在此对话框中设置。

（8）在“Summary”对话框复查转换设置，检查无误之后单击“Finish”按钮，如图 3-3-45 所示。

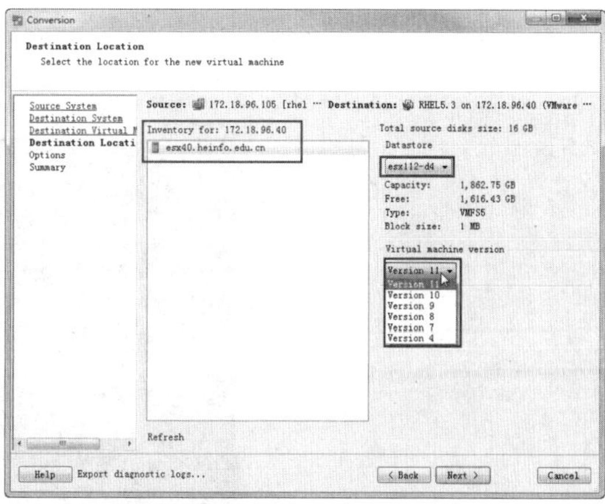

图 3-3-43　选择目标位置

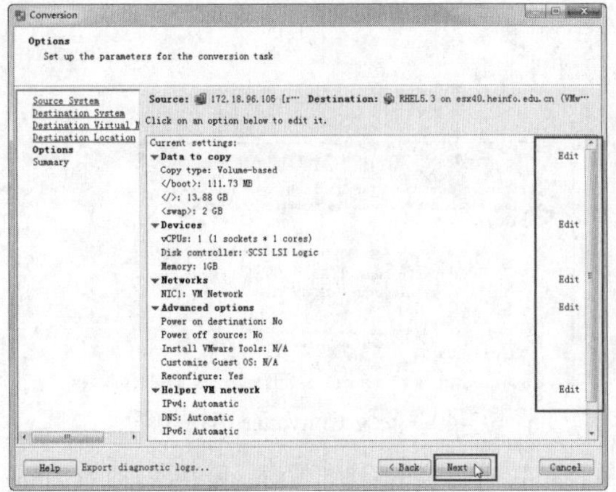

图 3-3-44　配置目标虚拟机信息

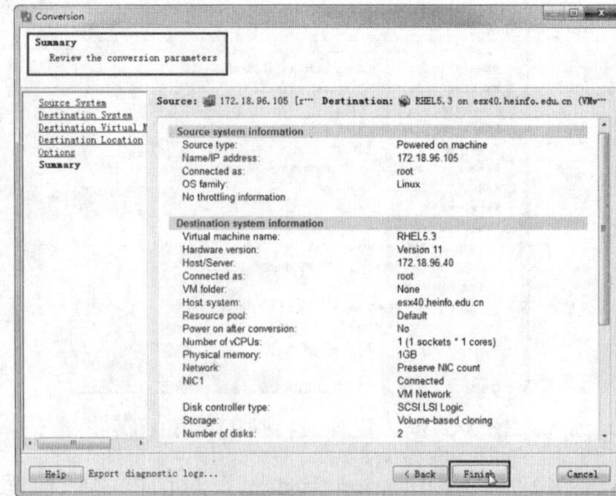

图 3-3-45　完成设置

（9）开始转换，直到转换完成，如图 3-3-46 所示。

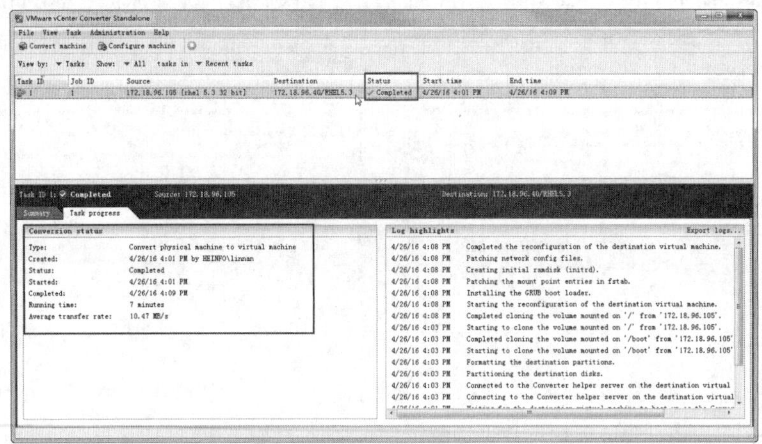

图 3-3-46　开始转换 Linux

在转换完成之后，关闭源 Linux 计算机，启动转换后的 Linux 虚拟机，检查是否正常，如图 3-3-47 所示。

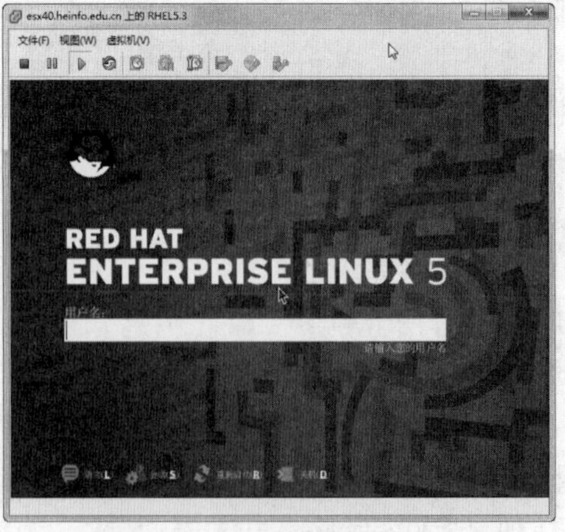

图 3-3-47　启动转换后的 Linux

3.3.3　转换本地计算机到 vSphere

vCenter Converter 可以通过网络将正在运行的 Linux 与 Windows 物理机或虚拟机复制转换成 VMware 虚拟机。但有时候通过网络远程转换的过程中，会由于各种原因造成转换失败。此时可以在想要转换（或迁移）的物理机上安装 vCenter Converter，以“转换本地计算机”的方式进行转换，这种转换方式的成功率会更高一些。所以在本节中，将介绍转换本地计算机到 vSphere 的内容。

在本次演示中，当前安装 vCenter Converter 6.1 的计算机共有 5 个磁盘分区，如图 3-3-48 所示。本例中，我们只转换 C 盘，即操作系统磁盘。

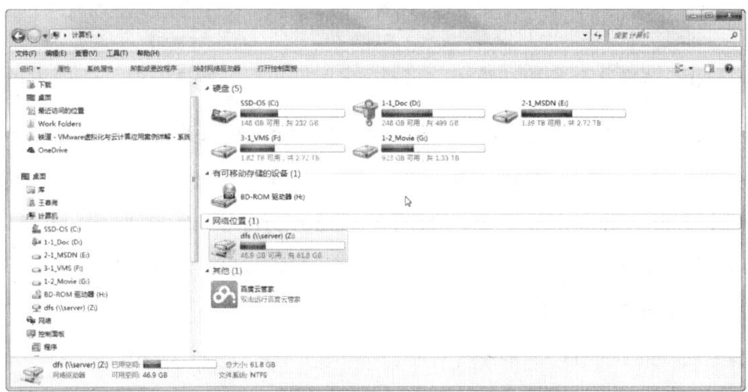

图 3-3-48　当前主机有 5 个磁盘分区

当前计算机是一台具有 16GB 内存、安装了 Windows 7 企业版的计算机，如图 3-3-49 所示。

图 3-3-49　当前计算机信息

下面我们使用 Converter 将“本地计算机”的 C 盘（包括当前系统）复制到 vSphere 主机，主要操作步骤如下。

（1）运行 Converter 程序，在“Source System”对话框中选择“Powered on → This local machine”，如图 3-3-50 所示。单击“View source details”超链接，查看当前主机的配置信息，如图 3-3-51 所示。

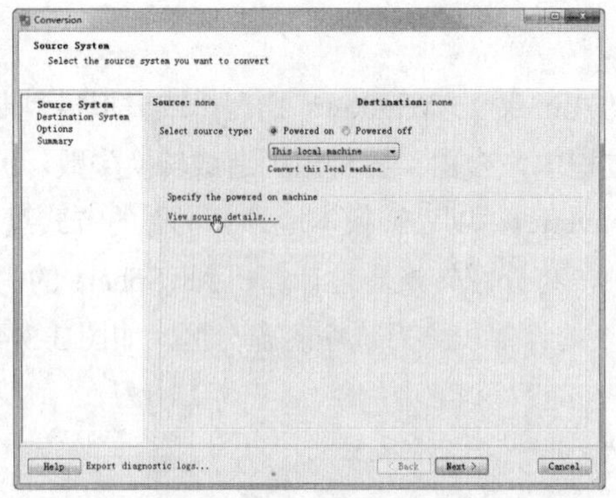

图 3-3-50　转换这台本地计算机

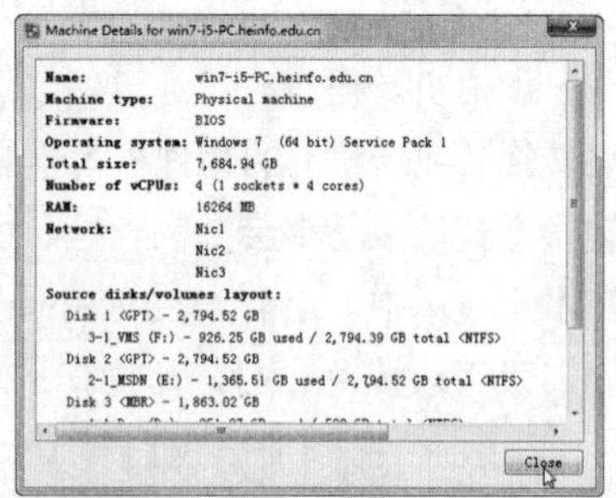

图 3-3-51　查看本地计算机信息

（2）当“源主机”是本地计算机时，目标可以是 vSphere ESXi 或 vCenter Server、VMware Workstation 或其他 VMware 虚拟机，在本示例中，将把当前计算机转换到由 172.18.96.222（这是一个 vCenter Server）管理的 vSphere 群集中，如图 3-3-52 所示。

（3）在“Destination Virtual Machine”对话框，在“Name”处为目标虚拟机设置一个名称，默认情况下为源物理机或虚拟机的计算机名，如图 3-3-53 所示。

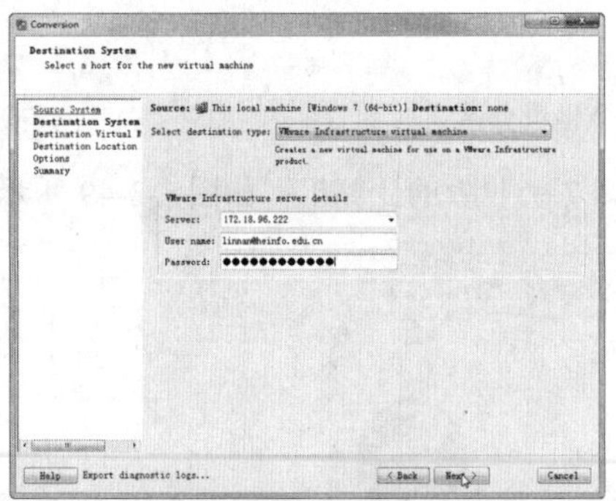

图 3-3-52　选择目标主机

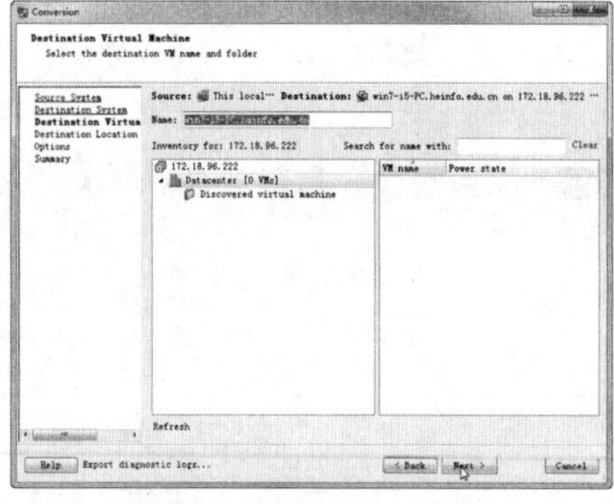

图 3-3-53　设置目标虚拟机名称

（4）在“Destination Location”对话框中，在清单中选择群集或主机，在“Datastore”列表中选择存储，在“Virtual machine version”下拉列表中选择虚拟机硬件版本，如图 3-3-54 所示。

（5）在“Options”对话框中，单击“Data to copy”后面的“Edit”链接，如图 3-3-55 所示。

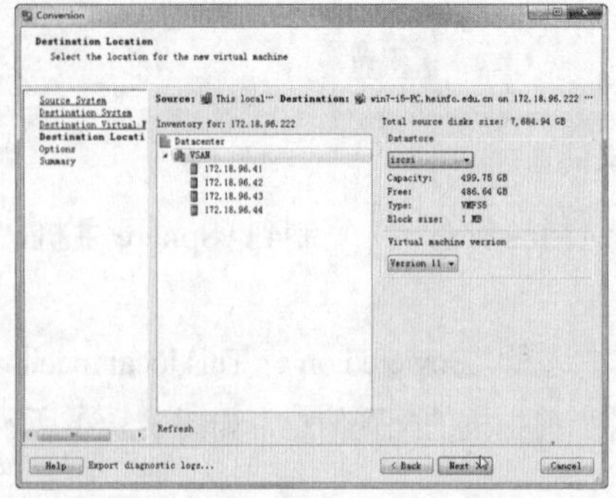

图 3-3-54　选择目标主机、存储位置

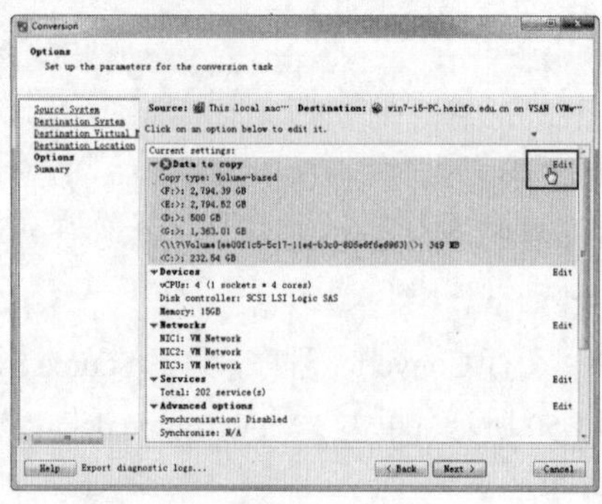

图 3-3-55　选项

（6）在“Data to copy”选项中，取消 D、E、F、G 等盘符的选择，只选择 C 盘及 boot 卷，如图 3-3-56 所示。

（7）单击“Advanced”链接，在“Destination layout”选择置备格式及默认块大小，如图 3-3-57 所示。在此也可以调整目标虚拟硬盘大小。

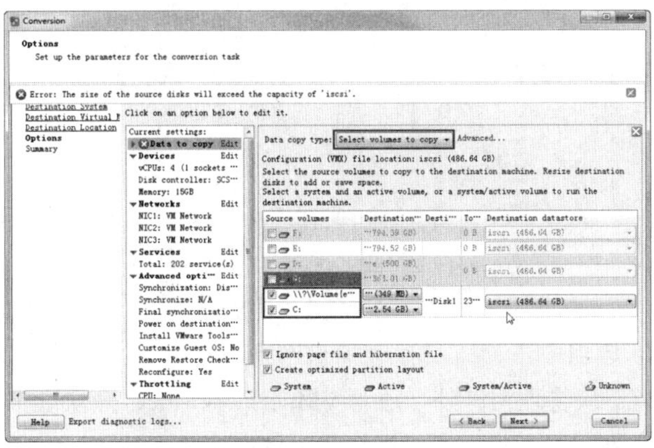

图 3-3-56　选择要复制的分区或卷

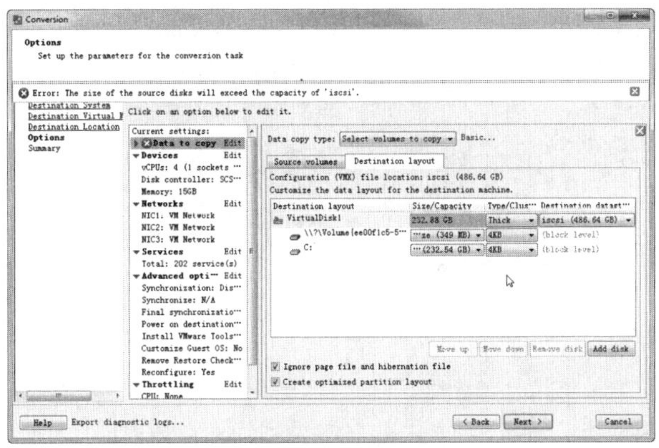

图 3-3-57　选择置备格式及块大小

（8）在“Devices”选项中，调整内存及 CPU 的数量，如图 3-3-58、图 3-3-59 所示。因为我们转换的是物理机，源物理机内存较大、CPU 内核数较多，转换到虚拟机之后需要进行调整。

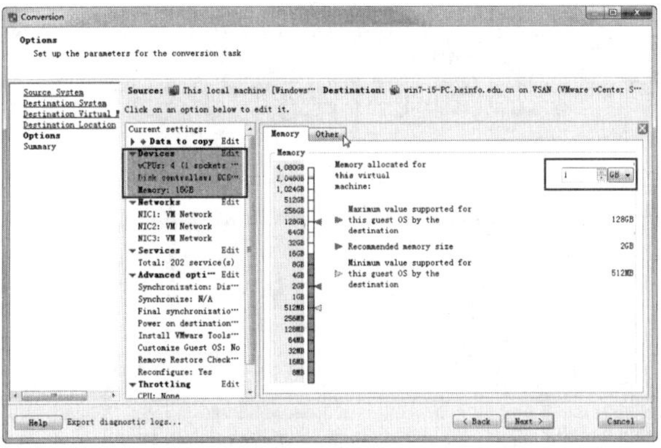

图 3-3-58　调整内存大小

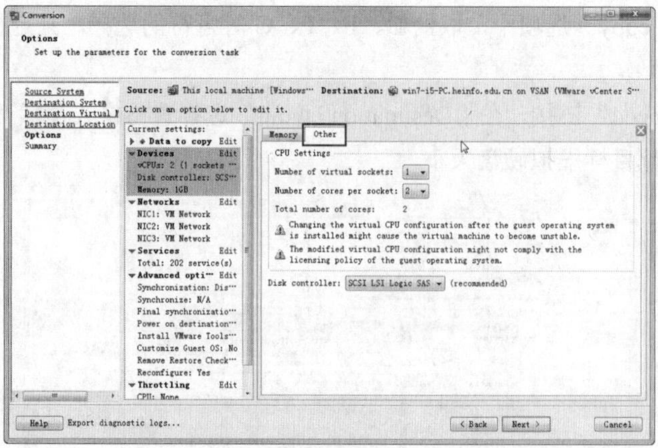

图 3-3-59　调整 CPU 数量

（9）在“Networks”选项中，修改目标虚拟机网卡数量。因为源本地计算机安装了 VMware Workstation，除了主机有一块物理网卡外，还有 VMnet1、VMnet8 两块虚拟网卡。在将物理机转换到虚拟机之后，需要在转换后的目标虚拟机中卸载 VMware Workstation。所以，在此可以选择 1 块网卡，如图 3-3-60 所示。转换之后如图 3-3-61 所示。

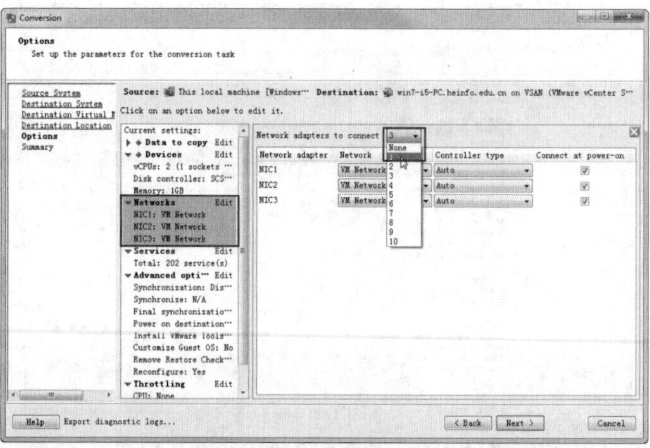

图 3-3-60　默认虚拟网卡数量

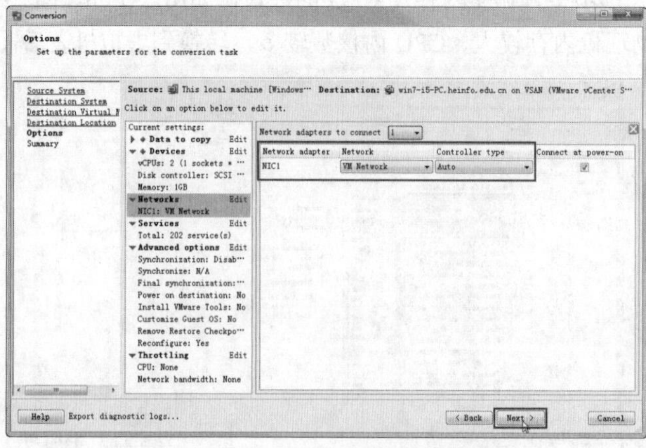

图 3-3-61　调整后的虚拟网卡数量

（10）在“Summary”对话框，复查转换参数，检查无误之后单击“Finish”按钮，如图 3-3-62 所示。

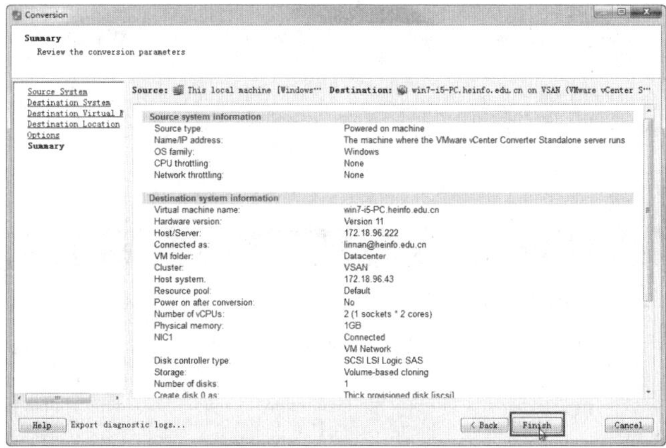

图 3-3-62　完成参数设置

（11）然后开始转换，如图 3-3-63 所示。

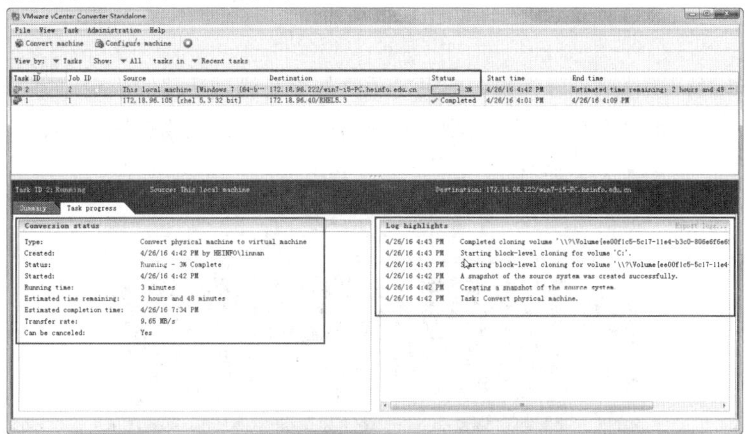

图 3-3-63　开始转换

当前主机是千兆网络连接，当前主机到 vSphere 也是千兆网络。在整个转换过程中，物理网卡使用率在 10%左右，如图 3-3-64 所示。

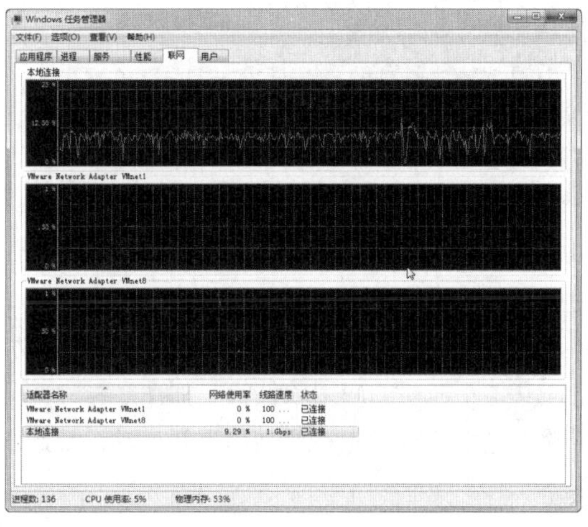

图 3-3-64　转换过程中的网络利用率

当前数据量有 80GB 左右，转换过程持续了 1 小时 57 分，如图 3-3-65 所示为转换完成之后的界面。

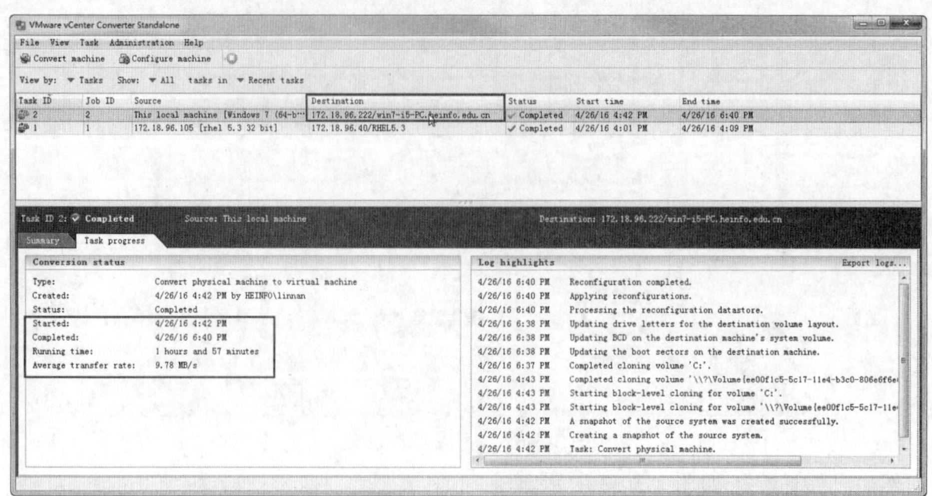

图 3-3-65　转换完成

在将物理机转换（迁移或克隆）到虚拟机之后，如果要测试迁移的成果，为了避免迁移后的虚拟机与源计算机冲突，可以先断开迁移的物理机网络或暂时关闭源物理机，启动转换后的虚拟机，如图 3-3-66 所示。

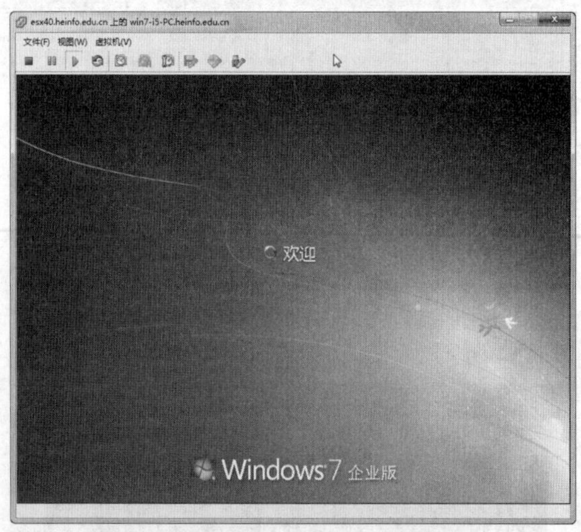

图 3-3-66　启动转换后的虚拟机

对于转换成功并且能顺利启动的虚拟机，打开虚拟机控制台后，需要进行的任务主要有以下几项。

（1）卸载不需要的驱动、软件程序，这可以在“控制面板→程序和功能”中删除不需要的驱动，例如，源物理机的显卡驱动、其他不需要的应用软件等。如图 3-3-67 所示。

（2）卸载完一个程序或软件之后，暂时先不要立刻重新启动，等卸载完所有不用的软件之后再重新启动，如图 3-3-68 所示。

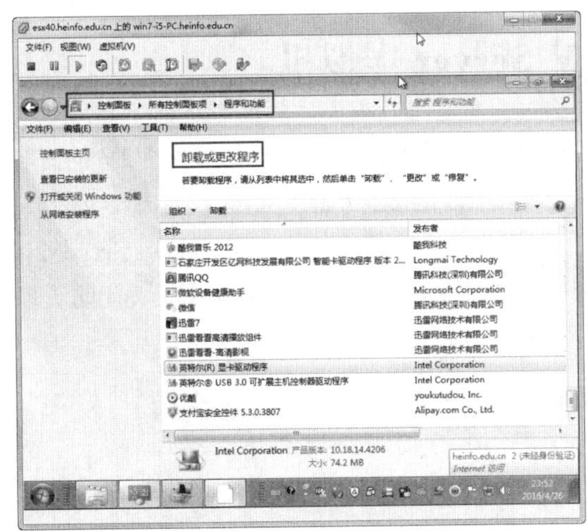
图 3-3-67　卸载或更改程序

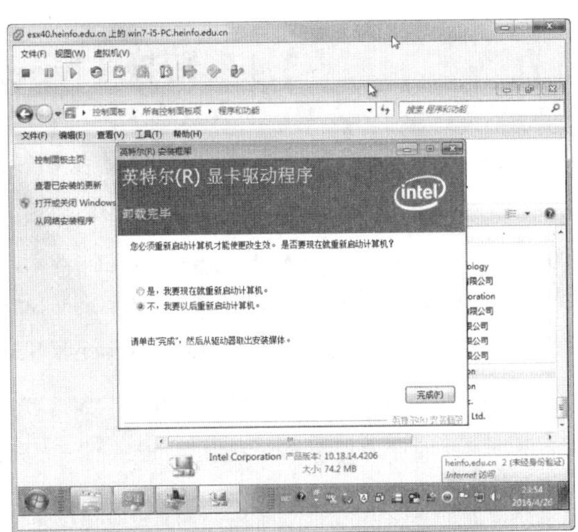
图 3-3-68　卸载显卡驱动程序

关于其他不需要的驱动程序、软件，请管理员根据实际情况进行卸载。本节不再详细介绍。

（3）如果源物理计算机安装了 Office，则需要重新激活，如图 3-3-69 所示。

（4）迁移之后操作系统也需要重新激活，如图 3-3-70 所示。

（5）如果源计算机已经加入到域，是 Active Directory 中的一台计算机，则在转换后的虚拟机在尝试以域用户登录时，会弹出“此工作站和主域间的信任关系失败”，如图 3-3-71 所示。对于这种错误，请先暂时以本地管理员账户登录，进入桌面之后，先将当前计算机从域中脱离，然后再重新加入到域即可。

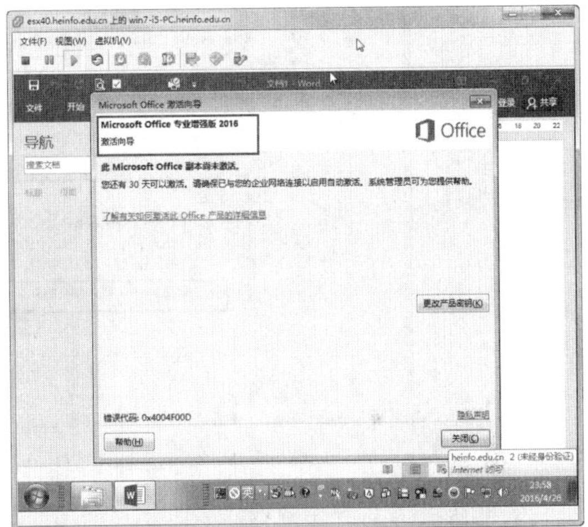
图 3-3-69　Office 需要重新激活

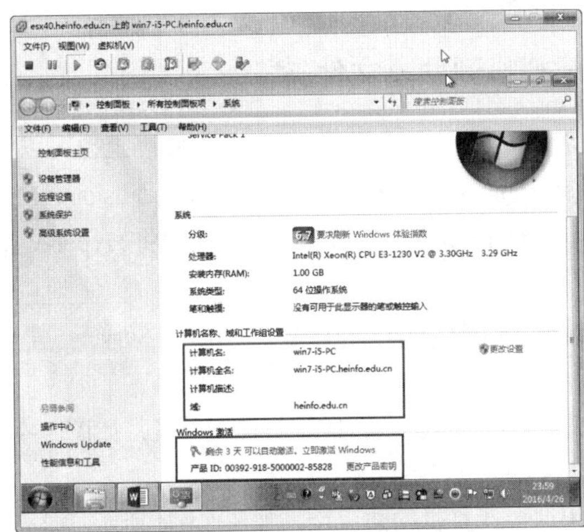
图 3-3-70　操作系统需要重新激活

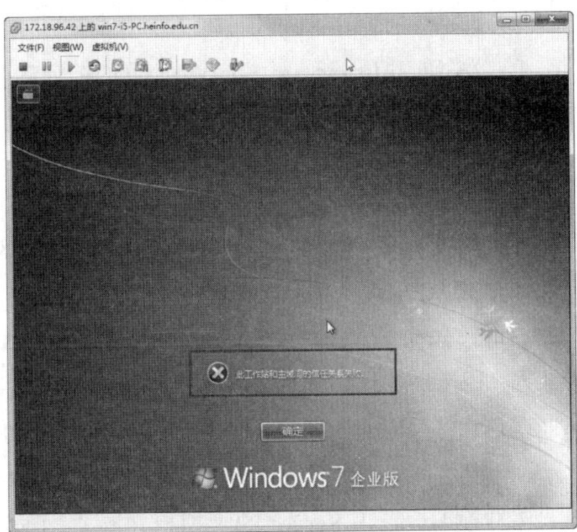

图 3-3-71　信任关系失败

3.4 转换 Hyper-V Server 虚拟机

在本节将介绍将 Hyper-V Server 的虚拟机转换成 VMware 虚拟机的方式，这属于 V2V 的内容。在以前的 VMware vCenter Converter 5.01 只支持 Hyper-V 2.0 的虚拟机硬件格式，暂时不支持转换 Hyper-V 3.0 的虚拟机。而在新的 Converter 6.x 中全面支持 Hyper-V Server 3.0（即 Windows Server 2012 R2 的 Hyper-V Server）。在连接远程 Hyper-V Server 时，需要暂时在 Hyper-V Server 上关闭防火墙，如图 3-4-1 所示，否则将不能连接到 Hyper-V Server。

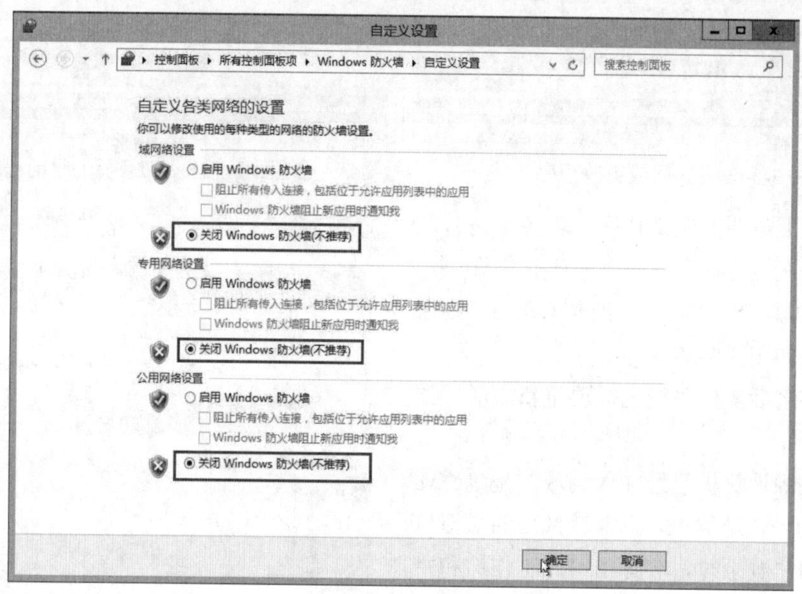

图 3-4-1　关闭 Hyper-V Server 上的防火墙

本节将通过两个案例介绍，一个是将 Windows Server 2008 R2 的 Hyper-V Server 虚拟机转换成 VMware Workstation 的虚拟机（保存在共享文件夹中）；另一个是将 Windows Server 2012 R2 的 Hyper-V Server 虚拟机转换到由 vCenter Server 管理的 ESXi 群集中。

3.4.1 转换 Windows Server 2008 R2 的虚拟机到共享文件夹

在前面几节介绍的从物理机到虚拟机的转换内容中，目标位置都是 vSphere。实际上也可以将目标设置为共享文件夹，用于提供给 VMware Workstation、VMware Player 或 VMware Fusion（Mac 系统下的虚拟机）虚拟机。本节将通过转换 Windows Server 2008 R2 系统为例，介绍将 Hyper-V 虚拟机转换到共享文件夹的内容。

当前网络中有一台 Windows Server 2008 R2 Datacenter 的计算机，安装了 Hyper-V Server，其 IP 地址为 172.18.96.33，如图 3-4-2 所示。

在这台 Hyper-V 主机中，有一个名为 WS08R2-TP 的虚拟机，该虚拟机已经关机，如图 3-4-3 所示。

在转换 Hyper-V Server 的虚拟机之前，暂时关闭这台计算机的防火墙，如图 3-4-4 所示。

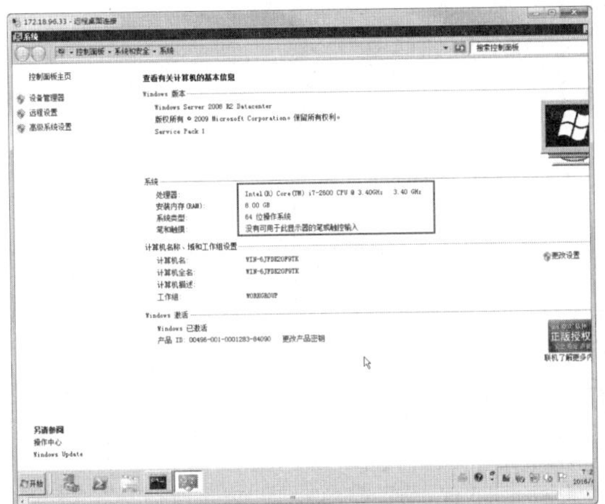
图 3-4-2　实验主机

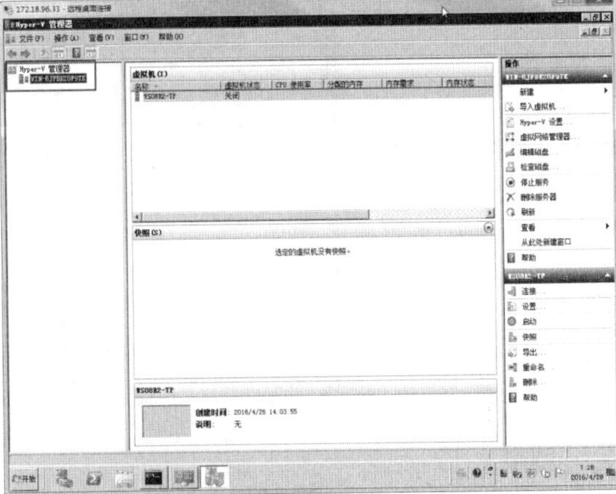
图 3-4-3　Hyper-V 主机

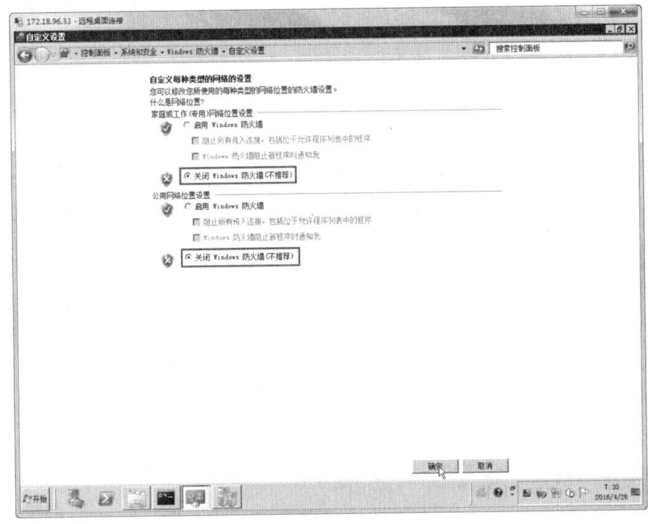
图 3-4-4　关闭防火墙

下面的操作将在 IP 地址为 172.18.96.113、操作系统为 Windows 7 企业版且安装了 Converter 6.1.1 软件的计算机中，把 IP 地址为 172.18.96.33、操作系统为 Windows Server 2008 R2 且安装了 Hyper-V Server 服务的计算机中的 Hyper-V Server 的虚拟机转换到 IP 地址为 172.18.96.2、操作系统为 Windows Server 2012 R2、计算机名称为 wsusser 的一个共享文件夹中，共享路径为\\wsusser\VM-Hyper-V，主要操作步骤如下。

（1）在 IP 地址为 172.18.96.113 的 Windows 7 计算机中，运行 Converter 6.1.1，单击“Convert machine”按钮，如图 3-4-5 所示。

（2）在“Source System”对话框中选择“Powered off → Hyper-V Server”选项并输入要转换的远程 Hyper-V 的 IP 地址、管理员账户及密码，如图 3-4-6 所示。

如果出现“Unble to contact the specified host……”错误，如图 3-4-7 所示，请检查远程的 Hyper-V Server 主机是否已经关闭了防火墙（见图 3-4-4 设置界面），在关闭防火墙之后，单击“Next”按钮继续。

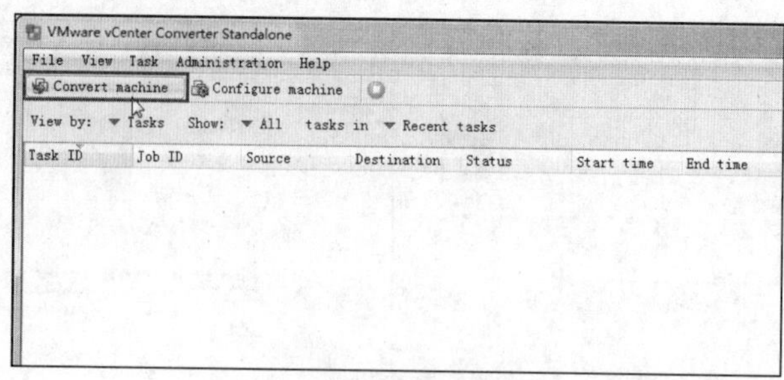

图 3-4-5　转换计算机

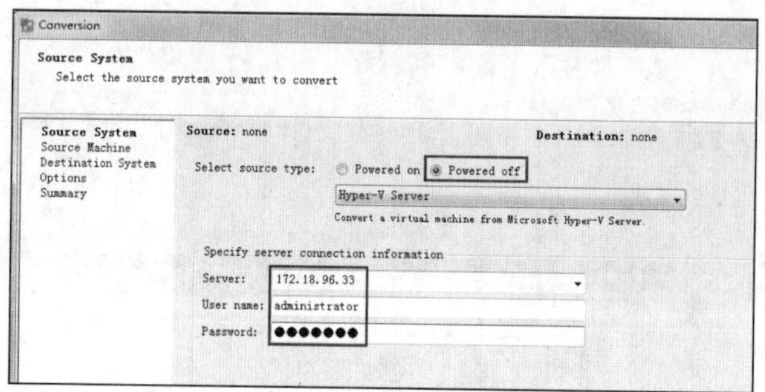

图 3-4-6　选择 Hyper-V 并输入 IP 地址、管理员账户与密码

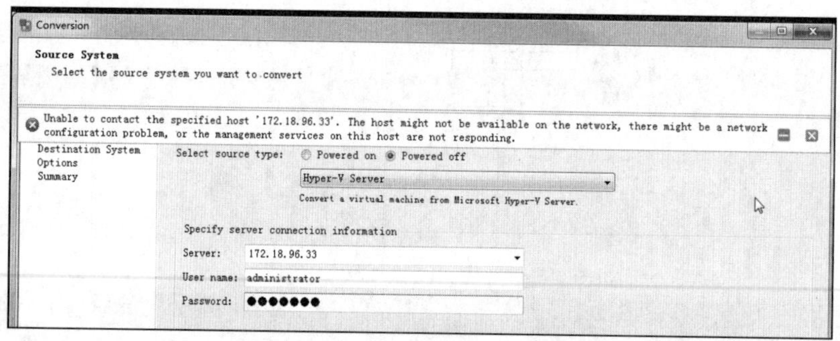

图 3-4-7　不能连接到指定的主机

（3）在连接成功之后，会弹出安装 Converter 代理到远程主机的提示，如图 3-4-8 所示。在此选择默认值“I will manually uninstall the files later”选项，选择此项在转换虚拟机之后 Converter 代理不会被卸载，以方便后期继续迁移 Hyper-V Server 虚拟机。只有确认不再使用 Converter 迁移 Hyper-V Server 虚拟机之后，由管理员卸载 Converter 代理程序。

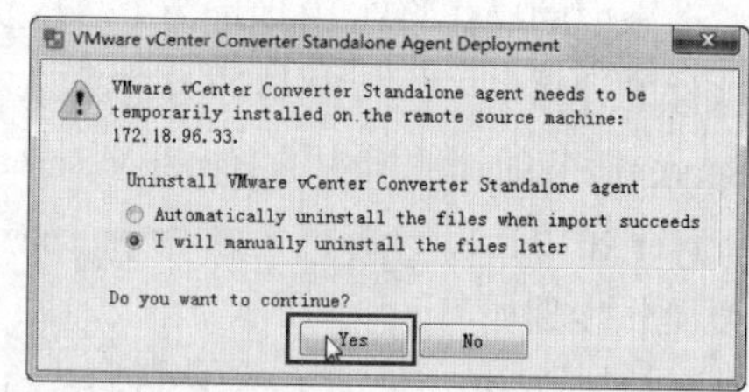

图 3-4-8　安装 Converter 代理到远程主机

（4）在“Source Machine”对话框中，列表了连接到的 Hyper-V Server 主机上的所有虚拟机，包括每个虚拟机的状态。在此种方式下只能迁移关闭电源的虚拟机。Converter 不能迁移正在运行的 Hyper-V 虚拟机，如果要迁移这种虚拟机，则参考“3.3.1 转换远程 Windows 计算机到 vCenter 或 ESXi ”、“3.3.2 转换远程 Linux 计算机到 vSphere”两节内容，这两节详细讲述了如何迁移正在运行的计算机到 vSphere 或 ESXi。在本步骤中，从列表中选择已经关闭电源的、准备迁移的虚拟机，如图 3-4-9 所示。

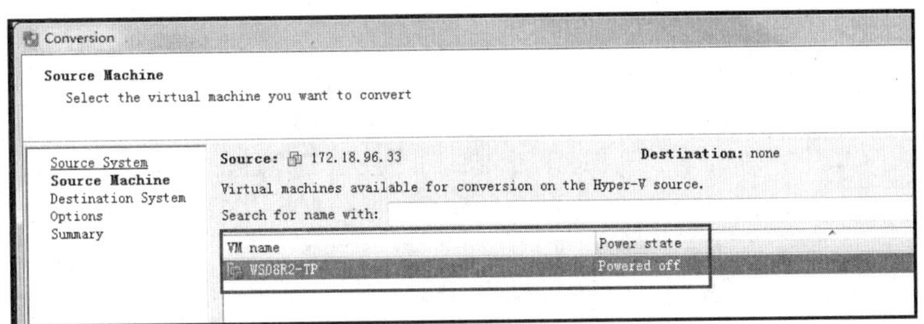

图 3-4-9 选择源虚拟机

（5）在“Destination System”对话框的“Select destination type”下拉列表中选择“VMware Workstation or other VMware virtual machine”；在“Select VMware product”列表中，选择 VMware 产品，这可以在 VMware Workstation、VMware Fusion、VMware Player 之间选择并且有不同的版本可供选择，如图 3-4-10 所示。

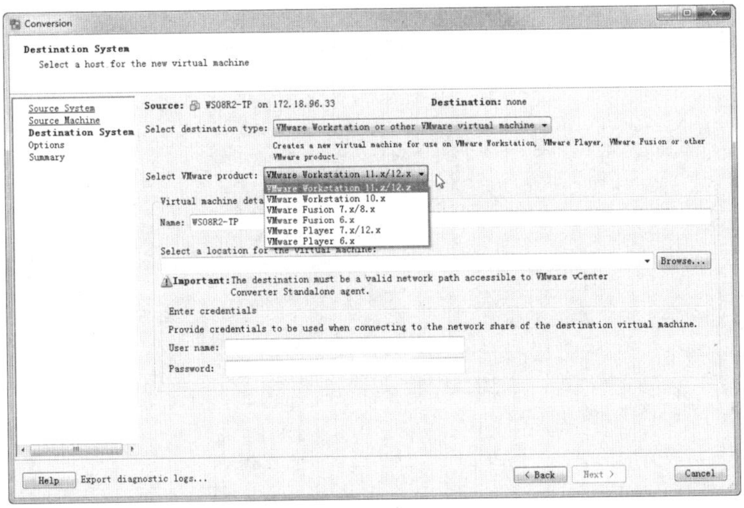

图 3-4-10 选择 VMware 产品

（6）在“Select a location for the virtual machine”文本框中，输入共享文件夹（该文件夹不能是“只读”属性），在本示例中，共享路径为\\wsusser\VM-Hyper-V，如果当前计算机已有到 wsusser 的共享链接，请使用同一用户名进行登录（如果当前是域环境模式，则在 User name 处输入当前的用户名与密码；如果当前是“用户组”模式，请输入原来连接 wsusser 计算机共享时提供的用户名与密码），如图 3-4-11 所示。如果当前计算机没有连接 wsusser 这一文件服务器，则可以使用 wsusser 的管理员账户与密码。

如果提示“Multiple connections to ‘wsusser’ by the same user, using more than one user name, are not allowed. Disconnect all previous connections to the host and try again.”，如图 3-4-12 所示，表示连接共享文件夹所提供的用户名与密码，与当前主机连接共享文件夹所使用的用户名不是同一个，需要使用同一个账户。

如果在“Select a location for the virtual machine”文本框中单击“Browser”按钮选择了一个本地文件夹，则会弹出“Error: Destination specified as a (local) drive. Please specify a UNC path such as: \\machine\sharename”的错误提示，如图 3-4-13 所示。

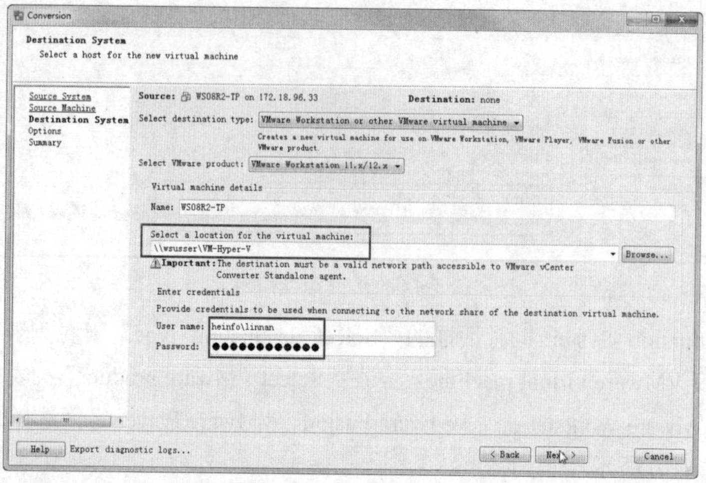

图 3-4-11　选择目标属性、选择保存虚拟机的共享文件夹位置

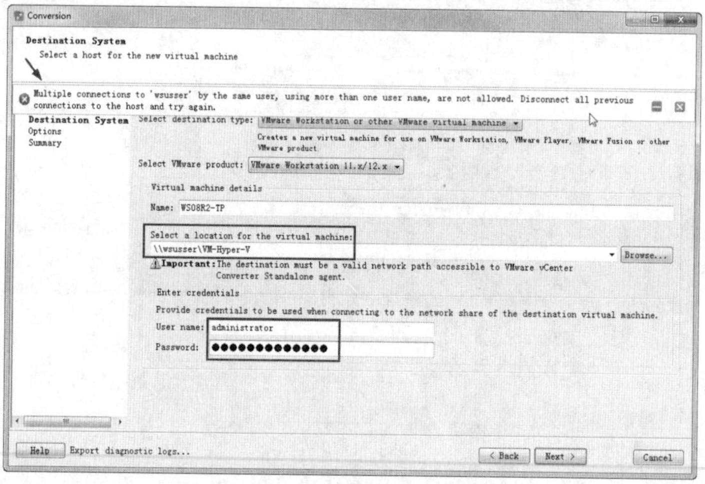

图 3-4-12　需要使用同一个账户

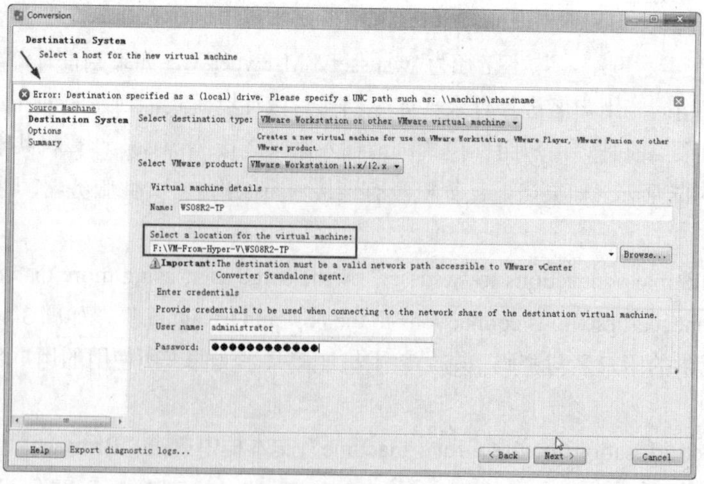

图 3-4-13　本地文件夹不能用于目标位置

（7）在输入正确的 UNC 路径、合适的用户名及密码后，进入“Options”对话框，单击“Edit”链接，进入目标虚拟机定制页，如图 3-4-14 所示。

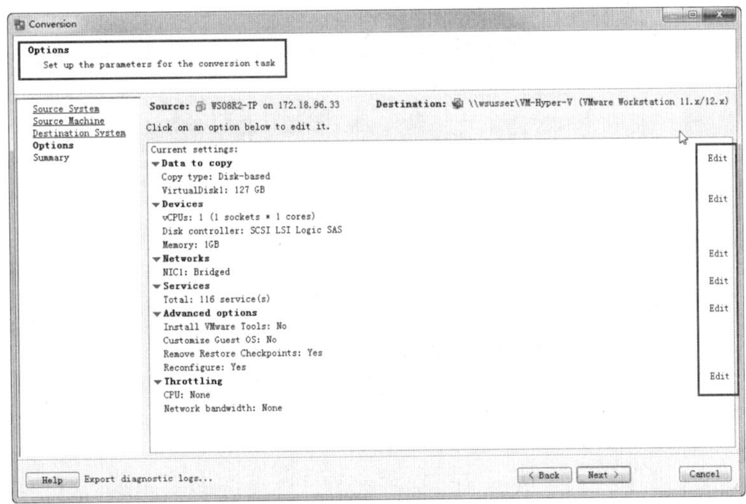

图 3-4-14　选项配置对话框

（8）在“Data to copy”选项中有两个选择，分别是“copy all disks and maintain layout（复制所有磁盘并保持其布局，默认选项）”与“Select volumes to copy（选择卷进行复制）”。

在“copy all disks and maintain layout”选项中，磁盘属性有“Pre-allocated（预先分配）”、“Not pre-allocated（未预先分配）”、“Split pre-allocated（已预先分配并按 2GB 拆分）”、“Split not pre-allocated（未预先分配并按 2GB 拆分）”4 项，如图 3-4-15 所示。

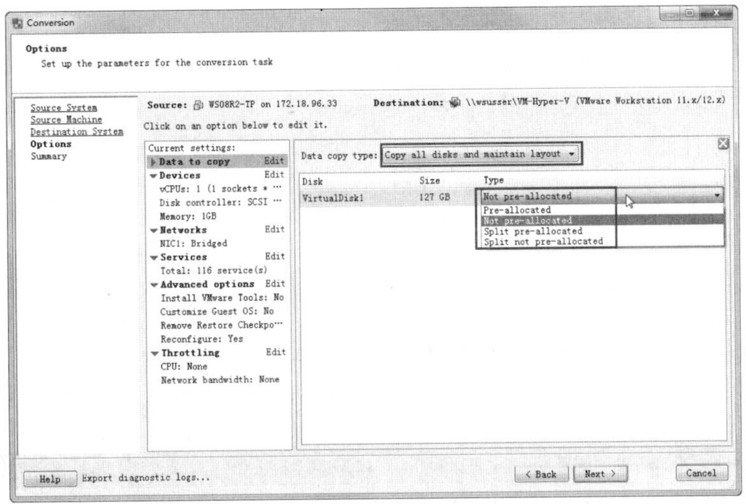

图 3-4-15　磁盘属性

如果选择“Select volumes to copy（选择要复制的卷）”，则根据需要选择要复制的目标计算机的源卷，在此界面可以增加或减小目标虚拟机磁盘空间，如图 3-4-16 所示。关于“选择要复制的卷”的更多内容，已经在前文做过介绍，本节不再赘述。

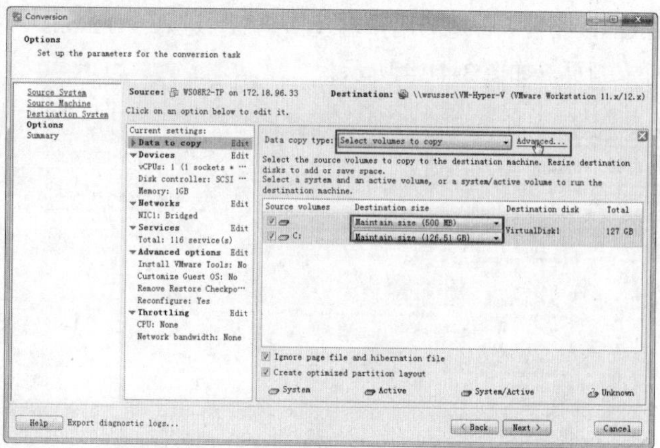

图 3-4-16　选择要复制的卷

（9）关于在“Options”选项中的其他设置，例如设备、网络、服务等，在 3.3.1 小节做过介绍，本节也不再赘述。

（10）在“Summary”对话框，单击“Finish”按钮，完成设置，如图 3-4-17 所示。

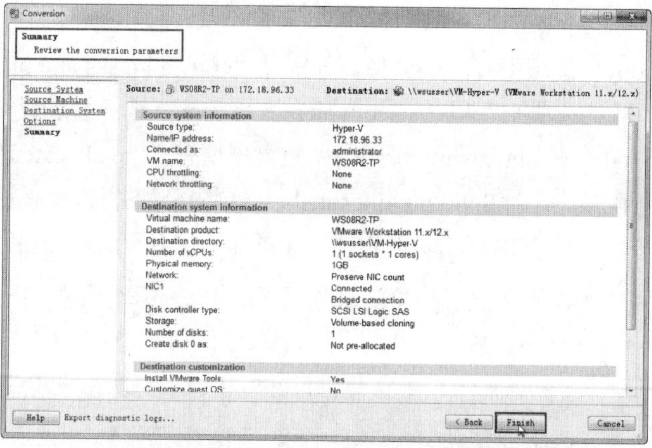

图 3-4-17　完成设置

（11）然后开始转换，如图 3-4-18 所示。

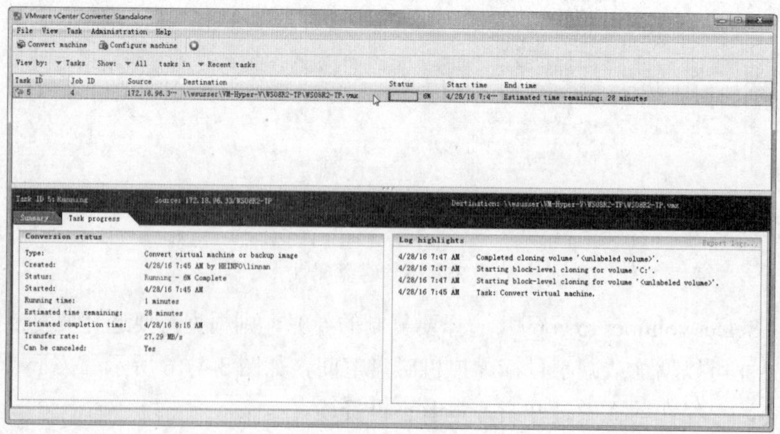

图 3-4-18　开始转换

在整个转换的过程中，vCenter Converter 6 这台工作站本身的网络流量不大，表示从远程的 Hyper-V Server 转换到共享的文件服务器不通过 Converter 计算机，如图 3-4-19 所示。

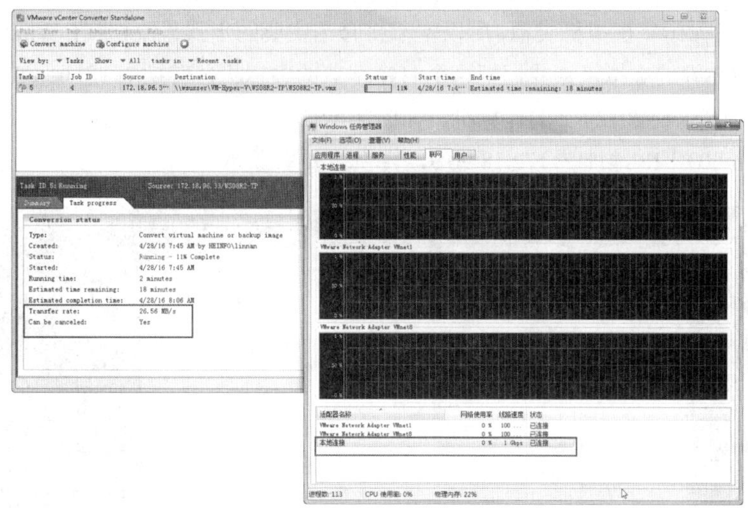

图 3-4-19　Converter 计算机无网络流量

在转换 Hyper-V Server 虚拟机到 VMware 虚拟机的过程中，速度较快，一个占用空间 7GB 左右的虚拟机大约 9 分钟即完成转换，如图 3-4-20 所示。

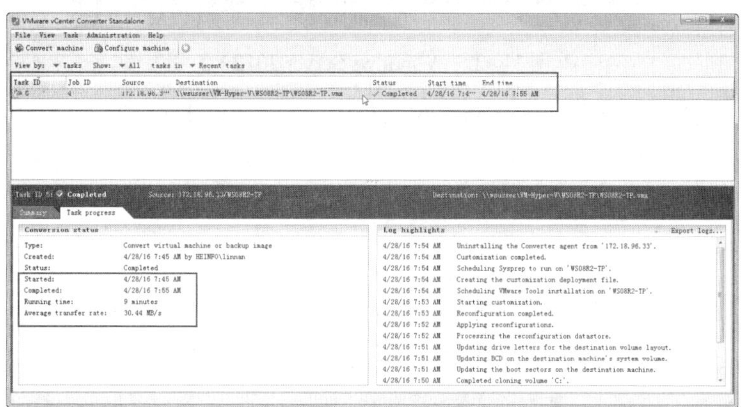

图 3-4-20　转换完成

转换完成之后的虚拟机，可以使用 VMware Workstation、VMware Player 或 VMware Fusion 打开，如图 3-4-21 所示，这是转换后的 VMware 格式的虚拟机。

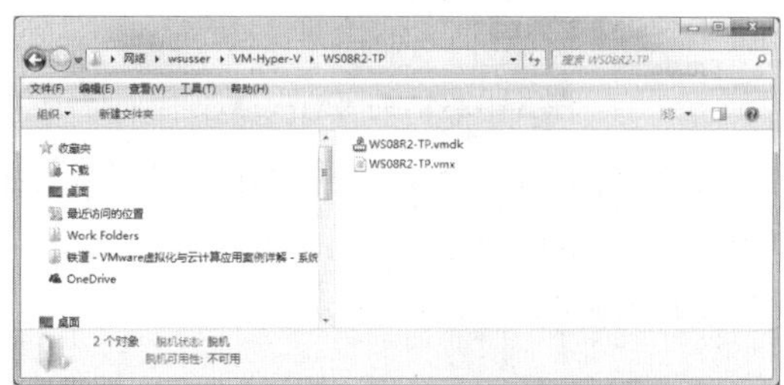

图 3-4-21　转换后的 VMware 格式虚拟机

3.4.2 转换 Windows Server 2012 R2 的虚拟机到 vSphere

本节将介绍转换 Windows Server 2012 R2 的 Hyper-V 虚拟机的内容，本次操作与转换 Windows Server 2008 R2 的 Hyper-V 虚拟机类似，所以本节将介绍主要的步骤与流程。在 Windows Server 2012 R2 中有一个 CentOS 6 的虚拟机，我们把这个 Hyper-V 的虚拟机，转换成 vSphere 的虚拟机。

一台 Windows Server 2012 R2 的计算机，如图 3-4-22 所示。这台计算机安装了 Hyper-V Server，计算机的名称是 mh09，IP 地址是 172.18.96.9，转换主要步骤如下。

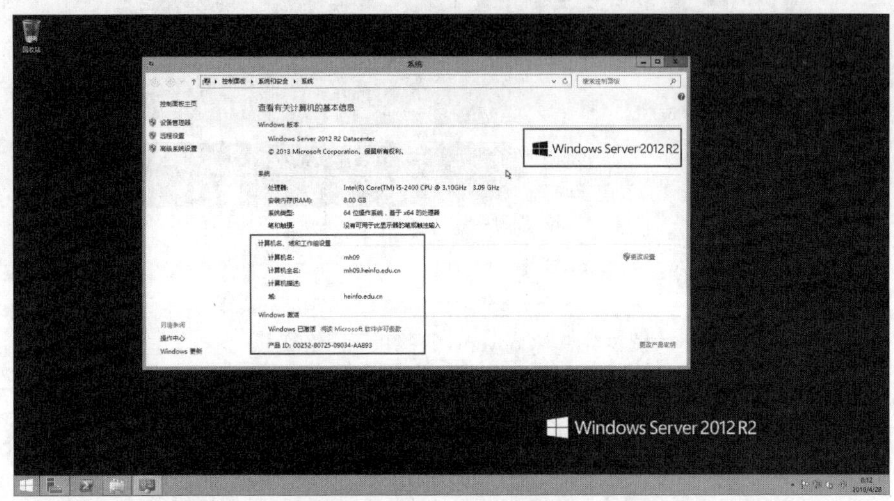

图 3-4-22 Windows Server 2012 R2

（1）在“控制面板→系统和安全→Windows 防火墙→自定义设置”中，关闭 Windows 防火墙，如图 3-4-23 所示。

图 3-4-23 关闭防火墙

（2）在安装 Converter 6.1.1 的 Windows 7 的计算机中运行 Converter，运行转换虚拟机，在“Source System”对话框选择“Powered off→Hyper-V Server”，输入 Hyper-V Server 的 IP 地址 172.18.96.9，同时输入管理员账户与密码，如图 3-4-24 所示。

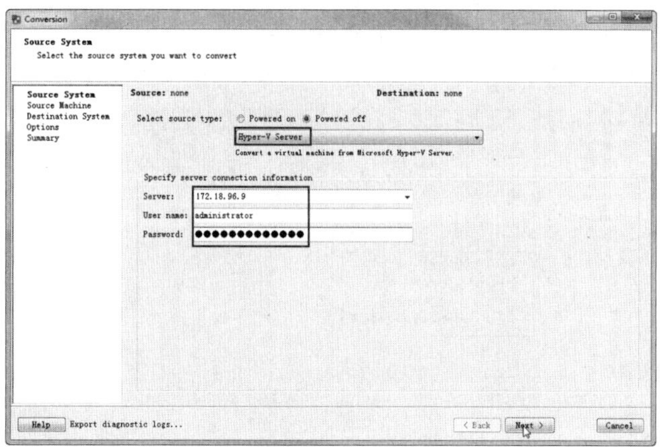

图 3-4-24　输入源计算机

（3）在“Source Machine”对话框，从列表中选择要进行转换的虚拟机；如果虚拟机正在运行，则不能转换，如图 3-4-25 所示。

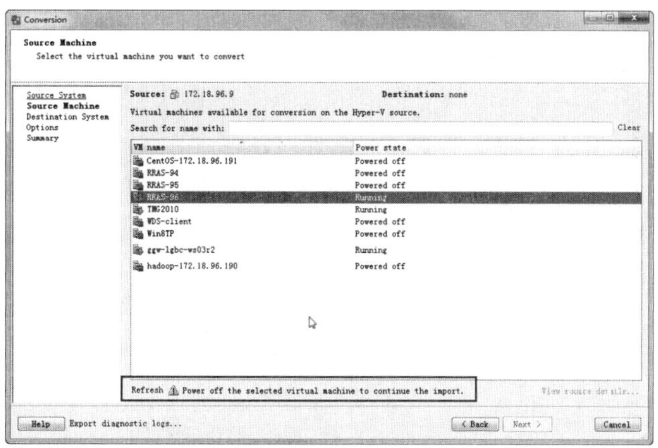

图 3-4-25　正在运行的虚拟机不能转换

（4）从列表中选择一台关闭电源的虚拟机，如图 3-4-26 所示。

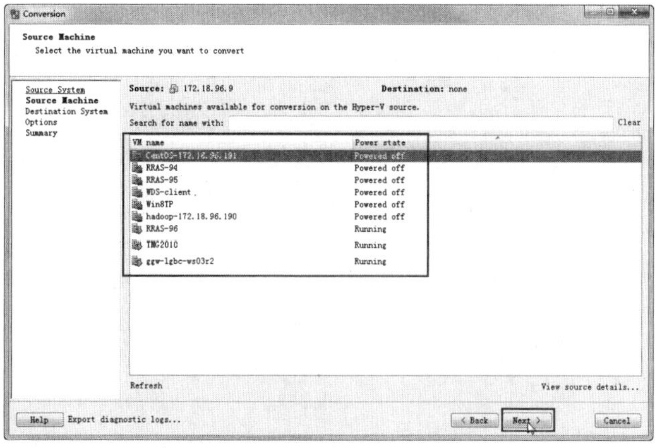

图 3-4-26　选择要转换的虚拟机

（5）在“Destination System”对话框中选择 VMware 架构虚拟机，输入 vCenter Server 的 IP 地址、管理账户及密码，如图 3-4-27 所示。本次示例目标为 vSphere。

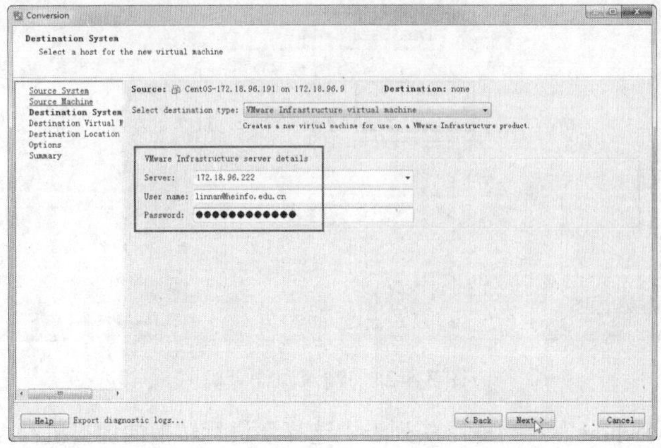

图 3-4-27　输入 IP 地址、管理账户及密码

（6）在“Destination Virtual Machine”对话框，设置目标虚拟机的名称，如图 3-4-28 所示。

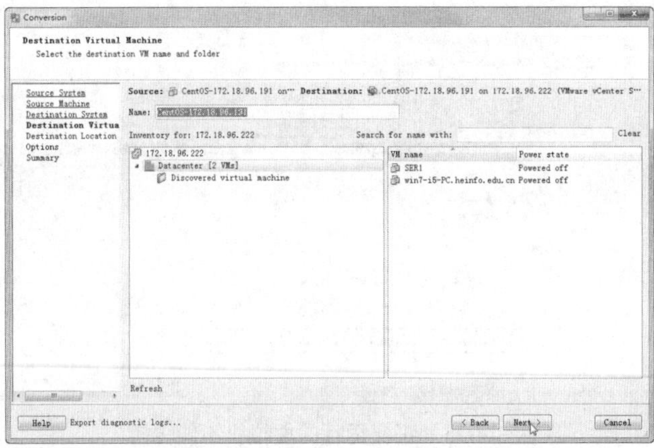

图 3-4-28　设置目标虚拟机名称

（7）其他的则根据需要选择即可，最后单击“Finish”按钮，如图 3-4-29 所示。

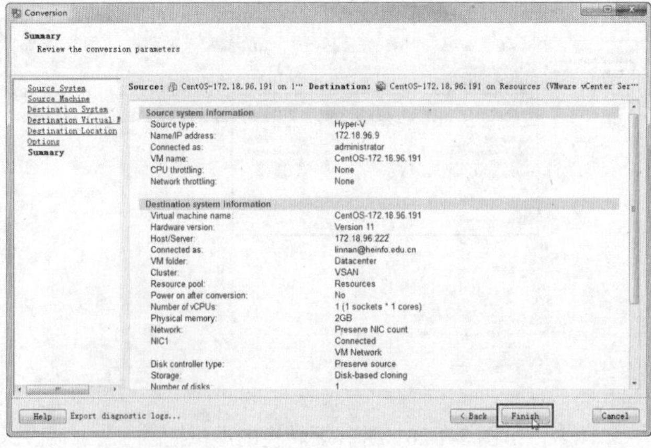

图 3-4-29　设置完毕，单击“Finish”

（8）开始转换，在转换的过程中，流量会直接在 Hyper-V Server 与目标 ESXi 主机之间产生，如图 3-4-30 所示。

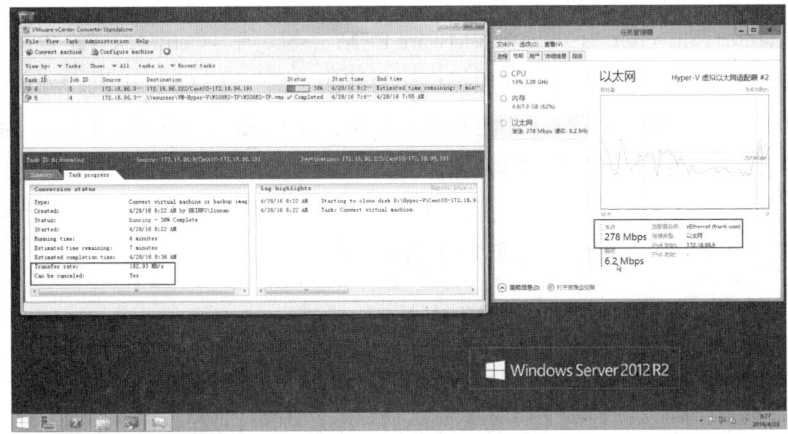

图 3-4-30　转换过程

（9）转换完成之后，在“Task progress（任务进度）中查看用时、转换速度等数据，如图 3-4-31 所示。

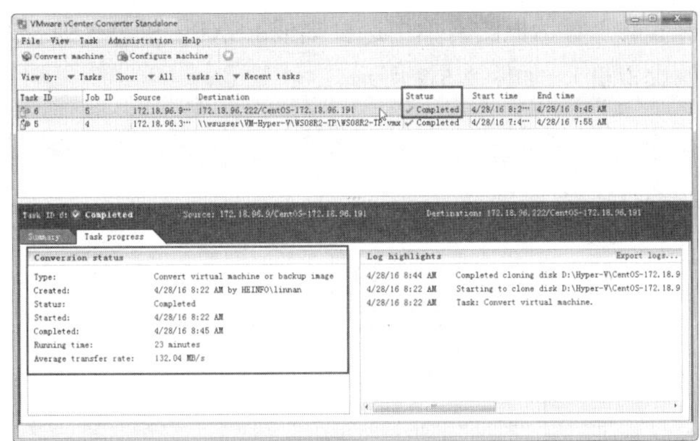

图 3-4-31　转换完成

（10）启动转换后的虚拟机，测试转换结果，如图 3-4-32 所示。

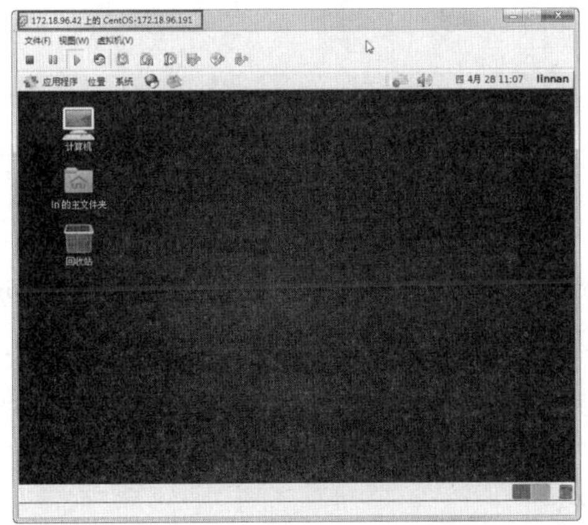

图 3-4-32　启动转换后的虚拟机

3.5 转换 vSphere 或 VMware 虚拟机

VMware vCenter Converter 还可以将 VMware ESXi 主机、受 vCenter Server 管理的 ESXi 主机、VMware Workstation 或 VMware Fusion 的虚拟机作为转换“源”，将 ESXi 主机、Workstation 或 Fusion 作为转换“目标”进行转换。在表 3-1 中已经做过介绍，将 ESXi 主机中的虚拟机作为“源”，将另外的 ESXi 主机作为“目标”，实现 V2V 功能，可以在不受同一个 vCenter Server 管理的多个 ESXi 之间“克隆”虚拟机，实现迁移与版本变更（不同的 ESXi 版本、虚拟机硬件版本不同）、虚拟机硬盘格式（精简与完全置备）与硬盘大小变更的目的。

3.5.1 转换 vSphere 虚拟机到 ESXi 主机

在下面的操作中，将使用 vCenter Converter 把受 IP 为 172.18.96.222 这台 vCenter Server 管理的 ESXi 主机中的一个虚拟机，迁移到不受其管理的另一个独立的 ESXi 主机（IP 地址：172.18.96.40），主要操作步骤如下。

（1）在源系统中选择“Powered off → VMware Infrastructure virtual machine”，在指定服务器连接信息对话框中，输入 vCenter Server 的 IP 地址、管理员账户及密码，如图 3-5-1 所示。

（2）在“Source Machine”对话框的清单中选群集或 ESXi 主机，在列表中选择要转换的虚拟机（注：必须是关闭电源的虚拟机），如图 3-5-2 所示。

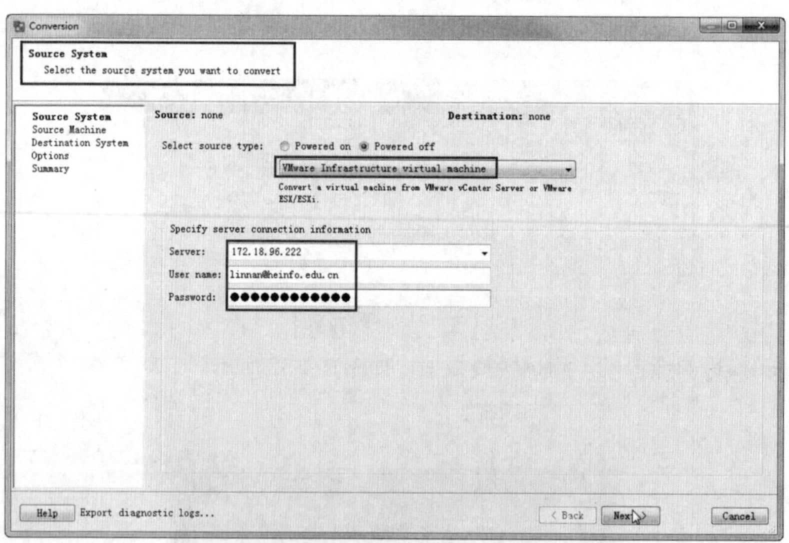

图 3-5-1　指定连接信息

（3）在“Destination System”对话框选择“VMware Infrastructure virtual machine”选项，并输入目标 ESXi 主机的 IP 地址 172.18.96.40、管理员账户及密码，如图 3-5-3 所示。

（4）在“Destination Virtual Machine”指定转换后的计算机名称，如图 3-5-4 所示。

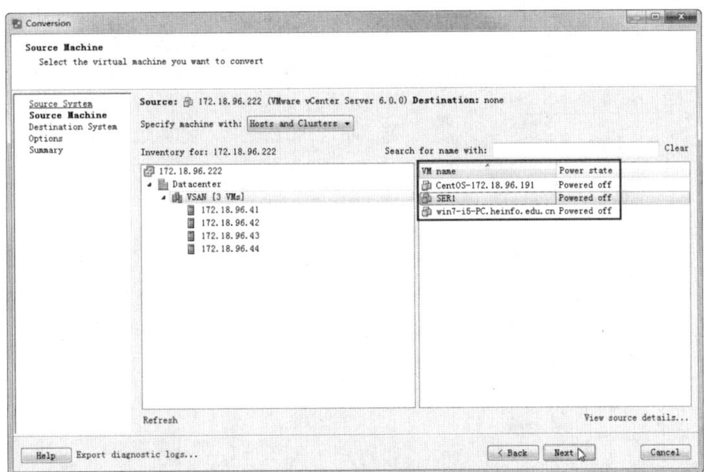

图 3-5-2　选择要转换的虚拟机

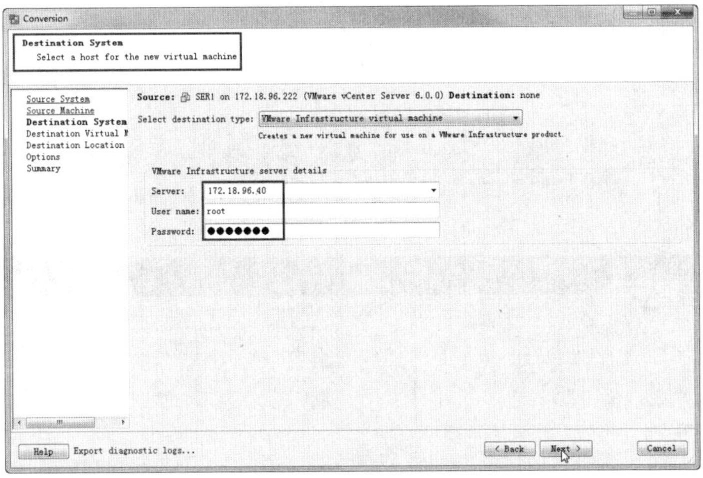

图 3-5-3　输入目标 ESXi 主机的 IP 地址、账户及密码

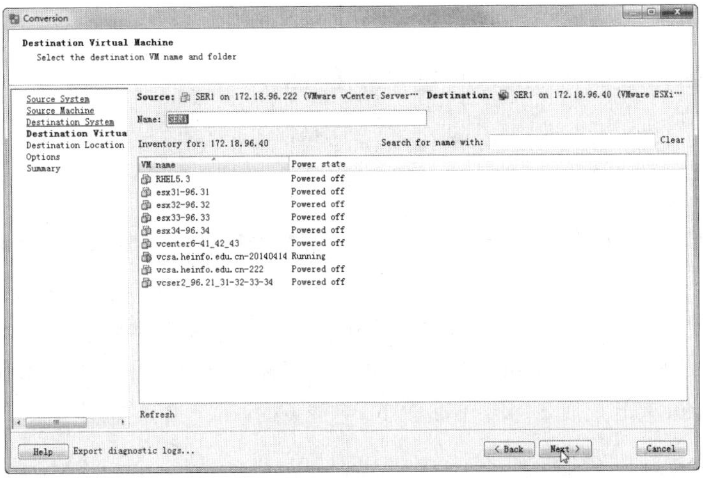

图 3-5-4　指定目标虚拟机名称

（5）其他的则根据需要选择即可，最后单击“Finish”按钮，如图 3-5-5 所示。

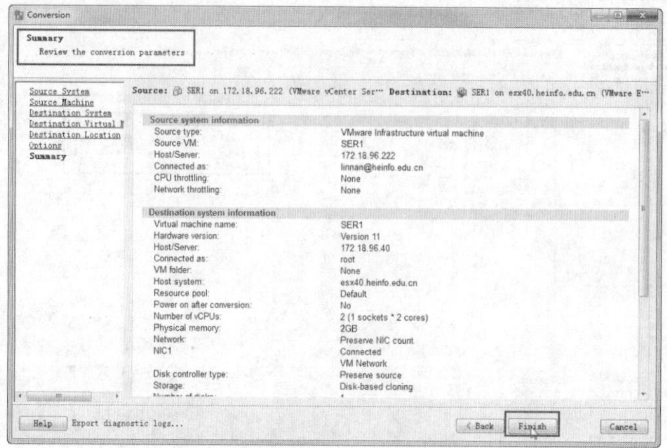

图 3-5-5　设置完毕，单击“Finish”按钮

（6）开始转换，直到转换完成，如图 3-5-6 所示。

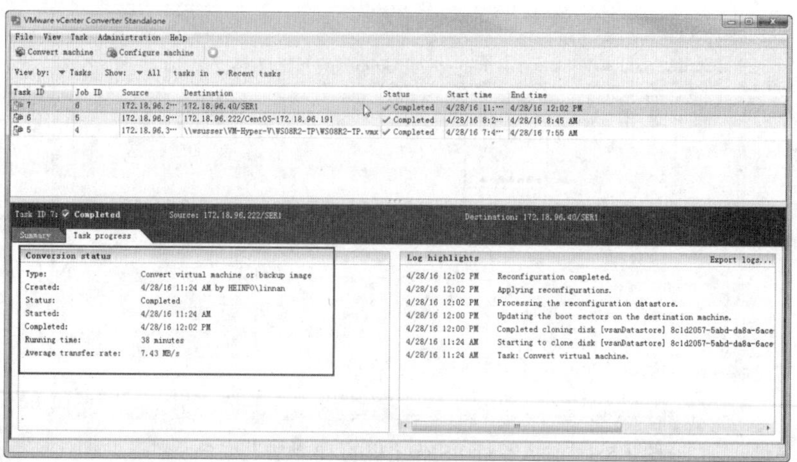

图 3-5-6　转换完成

3.5.2　转换 VMware Workstation 虚拟机到 ESXi 主机

在本次操作中，将把一台 VMware Workstation 的虚拟机，使用 Converter“上传”到 ESXi 主机，主要步骤如下。

【说明】使用 Converter 将 VMware Workstation 的虚拟机上传到 vSphere，与使用 vSphere Client 浏览存储上传有什么区别吗？通过浏览直接上传，一是虚拟机版本容易不一致；二是上传之后虚拟机硬盘是完全置备，占用空间较大；三是上传的虚拟机，有时候不能使用。

折中方法：在 VMware Workstation 中，选中虚拟机，导出成 OVF 文件，然后在使用 vSphere Client 或 vSphere Web Client 部署，能达到同样的目的。只是 Converter 更直接。

（1）运行 Converter，在源系统中选择“VMware Workstation or other VMware virtual machine”选项，并单击“Browse”按钮，浏览选择要转换的虚拟机，如图 3-5-7 所示。

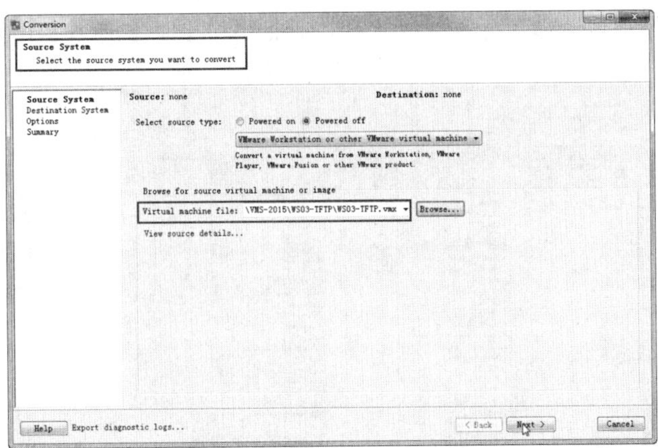

图 3-5-7　选择要转换的虚拟机

（2）在“Destination System”对话框，选择“VMware Infrastructure virtual machine”选项，并输入目标 ESXi 主机的 IP 地址 172.18.96.222、管理员账户及密码，如图 3-5-8 所示。

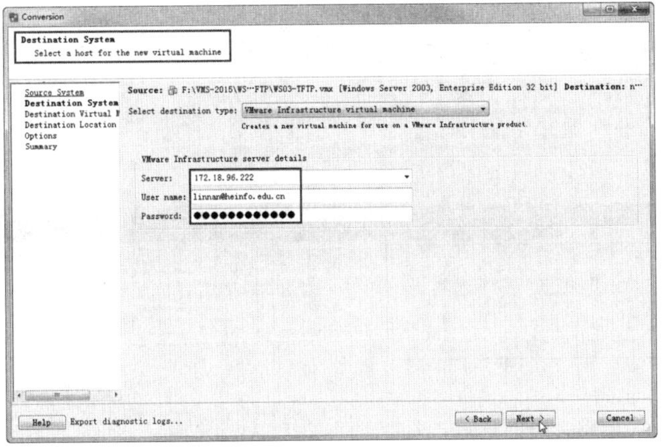

图 3-5-8　输入目标 ESXi 主机的 IP 地址、账户及密码

（3）在“Destination Virtual Machine”指定转换后的计算机名称，如图 3-5-9 所示。

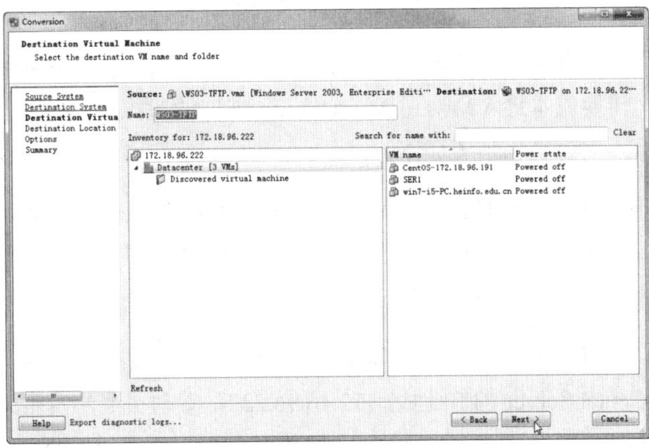

图 3-5-9　指定目标虚拟机名称

（4）其他的则根据需要选择即可，最后单击“Finish”按钮，如图 3-5-10 所示。

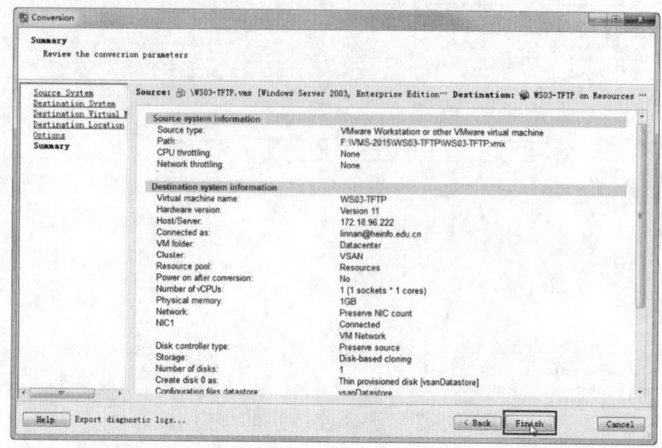

图 3-5-10　设置完毕，单击“Finish”按钮

（5）开始转换，直到转换完成，如图 3-5-11 所示。

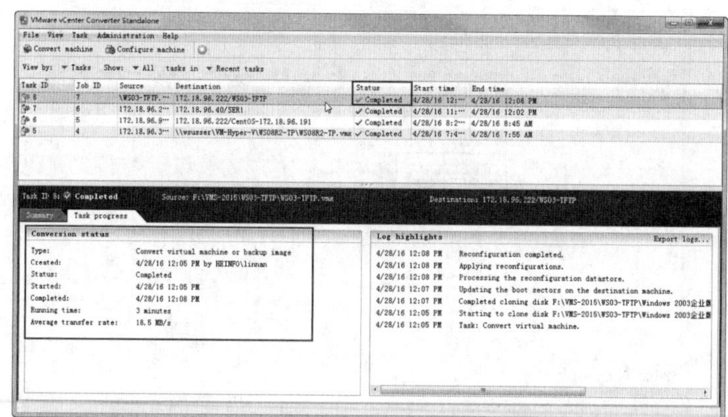

图 3-5-11　转换完成

3.5.3　转换 vSphere 虚拟机到 VMware Workstation

在下面的操作中，将使用 vCenter Converter 把受 172.18.96.222 这台 vCenter Server 管理的 ESXi 主机中的一个虚拟机，转换成本地 VMware Workstation 支持的虚拟机，这相当于从 ESXi 主机“下载”指定虚拟机到本地，主要操作步骤如下。

【说明】 如果直接使用 vSphere Client 浏览存储下载，下载之后是“完全置备”磁盘，占用空间较大。折中的方法是：在 vSphere Client 或 Web Client，将虚拟机导出成 OVF 文件，再在 Workstation 中导入。

（1）在源系统中选择“Powered off → VMware Infrastructure virtual machine”，在指定服务器连接信息对话框中，输入 vCenter Server 的 IP 地址 172.18.96.222，管理员账户及密码，如图 3-5-12 所示。

（2）在“Source Machine”对话框的清单中选择数据中心、群集或 ESXi 主机，在列表中选择要转换的虚拟机（必须是关闭电源的虚拟机），如图 3-5-13 所示。

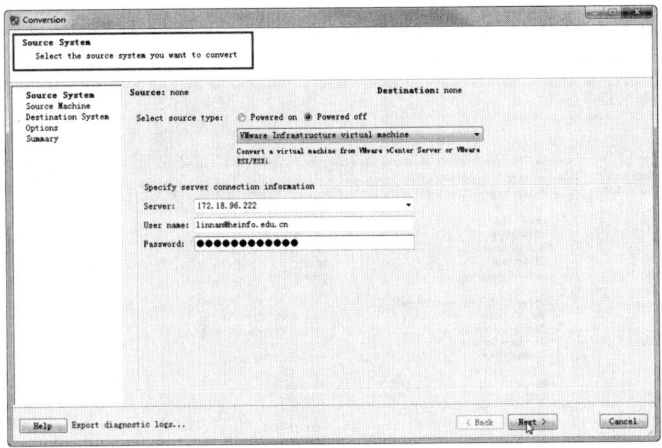

图 3-5-12　指定连接信息

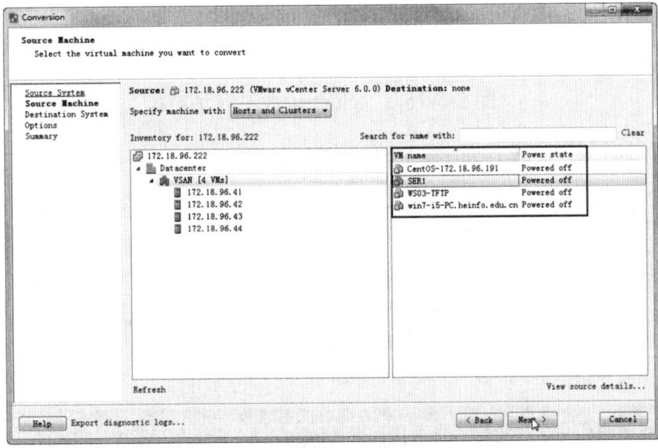

图 3-5-13　选择要转换的虚拟机

（3）在“Destination System”对话框，选择“VMware Workstation or other VMware virtual machine”选项，在“Select VMware product”下拉列表中选择 VMware Workstation，并在“Select a location for the virtual machine”中，浏览选择本地路径，如图 3-5-14 所示。

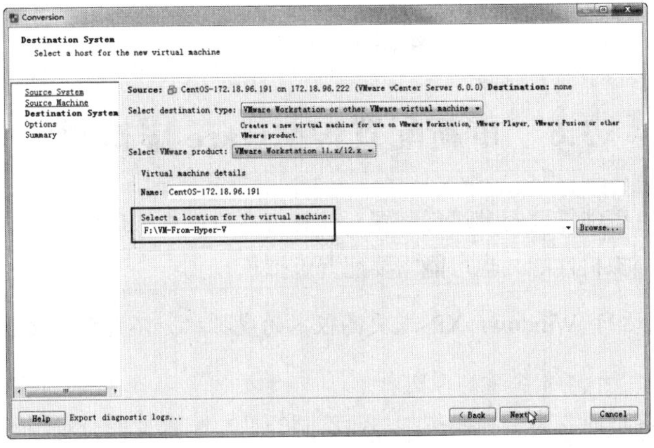

图 3-5-14　目标虚拟机名称及保存位置

（4）其他的则根据需要选择即可，最后单击“Finish”按钮，如图 3-5-15 所示。

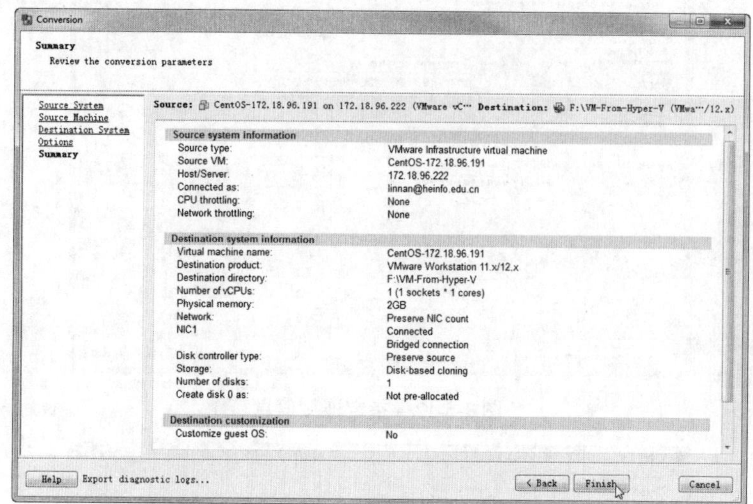

图 3-5-15 “Summary”对话框

（5）开始转换，直到转换完成，如图 3-5-16 所示。

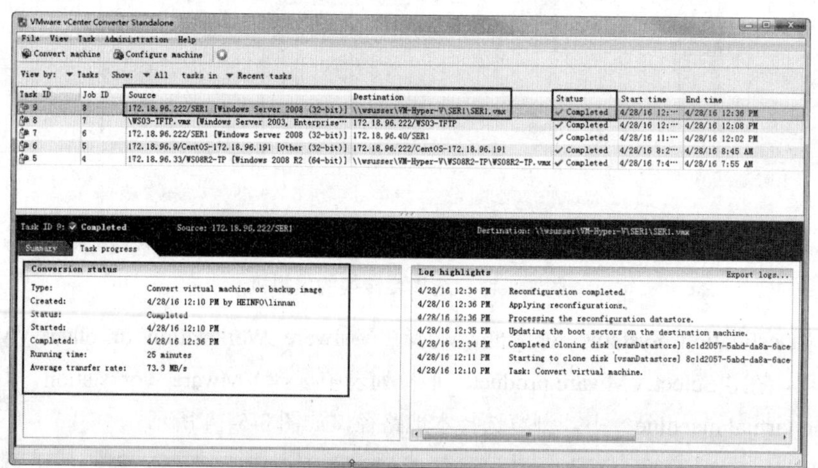

图 3-5-16 转换完成

3.6 重新配置 VMware 虚拟机

在转换虚拟机后，可能需要对其进行配置，使其可在目标虚拟环境中启动。如果虚拟机的虚拟环境改变或需要提升虚拟机性能，也可能需要配置虚拟机。

【说明】只能配置运行 Windows XP 或更高版本的虚拟机。不能配置运行 Windows 以外的其他操作系统的虚拟机。

转换过程对源计算机而言为无损操作，与此不同的是，配置过程会对源计算机产生影响。创建配置作业时，所作的设置将应用于配置源计算机，并且将无法恢复。

3.6.1 保存 sysprep 文件

要自定义运行 Windows Server 2003 或 Windows XP 的虚拟机的客户机操作系统，必须将 Sysprep 文件保存到运行 Converter Standalone 服务器的计算机上的指定位置，其默认位置为"%ALLUSERSPROFILE%\Application Data\VMware\VMware vCenter Converter Standalone\sysprep\"。

【说明】在 Windows XP、Windows Server 2003 中，%ALLUSERSPROFILE%默认路径为"C:\Documents and Settings"；在 Windows Vista 及其以后的系统，%ALLUSERSPROFILE%默认路径为"C:\ProgramData"。

3.6.2 启动配置向导

VMware vCenter Converter Standalone 可以配置 VMware Desktop 虚拟机或者由 ESX 主机或 vCenter Server 管理的虚拟机。物理机不能作为配置源，只能配置已关闭的虚拟机，主要操作步骤如下。

（1）运行 VMware vCenter Converter Standalone，单击"Configure machine（配置计算机）"按钮，如图 3-6-1 所示。

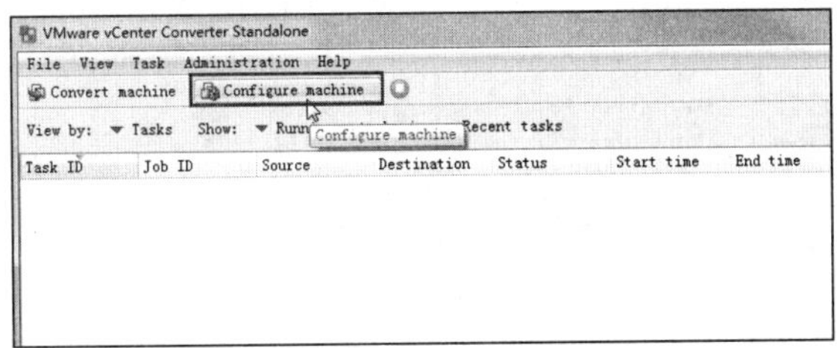

图 3-6-1 配置计算机

（2）在"Source System（源系统）"对话框的"Select source type（选择源类型）"对话框中，选择要重新配置的源。如果要配置的系统是在 ESX 主机上运行或在由 vCenter Server 管理的 ESX 主机上运行的虚拟机，则必须选择 VMware Infrastructure 虚拟机作为源类型。进行配置之前，请关闭源计算机。在此选择 VMware Infrastructure 虚拟机，输入 vCenter Server 的 IP 地址、管理账户及密码，如图 3-6-2 所示。

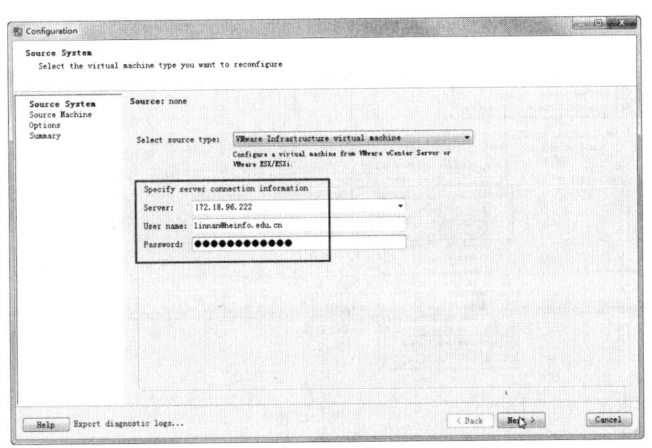

图 3-6-2 指定服务器连接信息

（3）在"Source machine（源计算机）"对话框中，选择要重新配置的虚拟机，如图 3-6-3 所示。

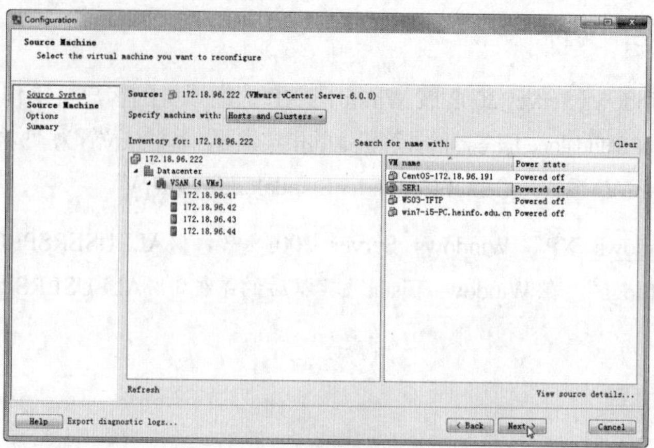

图 3-6-3　选择要重新配置的虚拟机

（4）在“Options”对话框中，自定义重新配置选项，如图 3-6-4 所示。在此选择“Customize guest preferences for the virtual machine”选项。

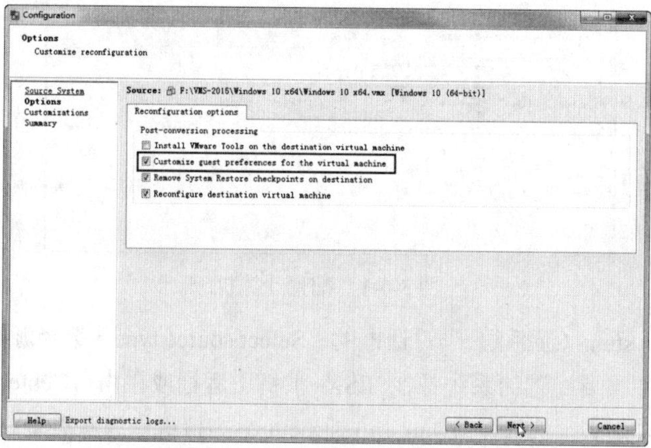

图 3-6-4　自定义重新配置选项

（5）在“Customizations”对话框，单击“Edit”链接，如图 3-6-5 所示。其中标记 “⊗” 为需要重新配置的选项。

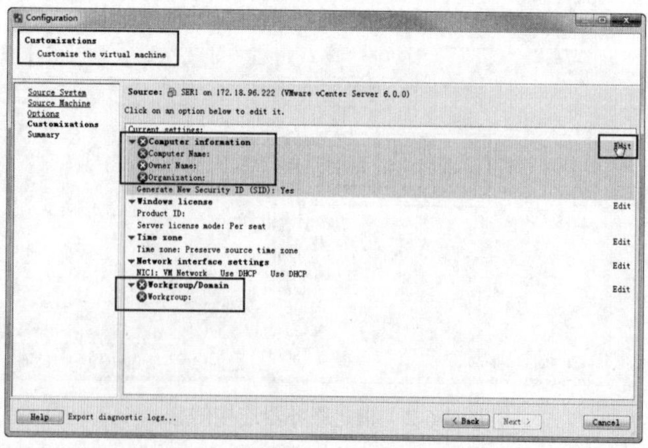

图 3-6-5　定制选项

（6）在“Computer information”选项中指定新的计算机名称、使用者名称与组织名，如图 3-6-6 所示。

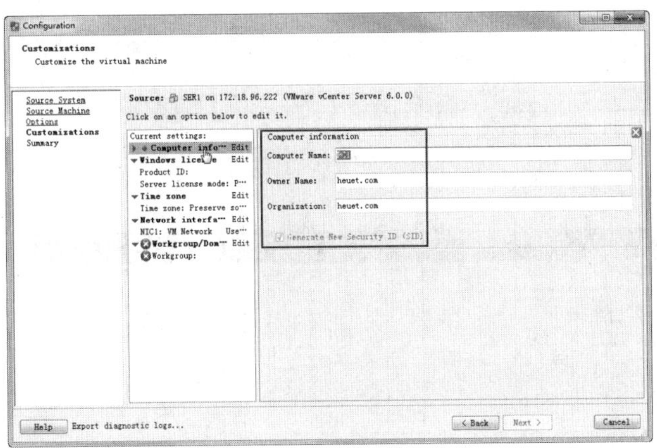

图 3-6-6　指定计算机信息

（7）在“Workgroup/Domain”选项中，为当前计算机设置新的组名或者选择将计算机加入到域，如图 3-6-7 所示。

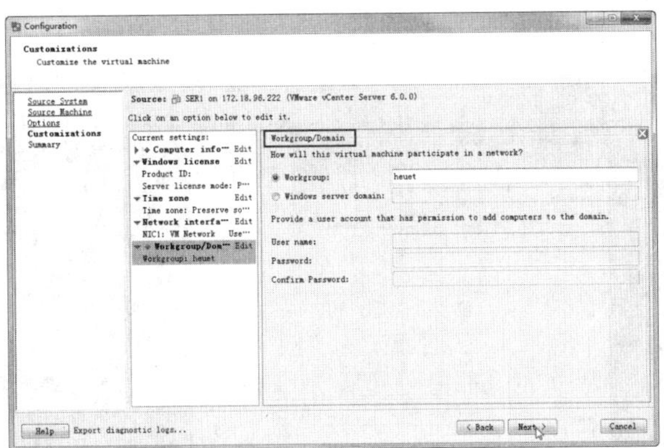

图 3-6-7　工作组域

（8）在“Summary”中查看设置，检查无误之后，单击“Finish”按钮，如图 3-6-8 所示。

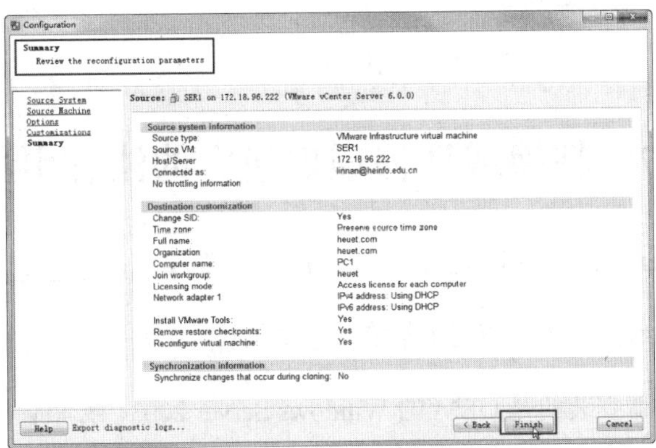

图 3-6-8　复查设置

（9）Converter 开始按照要求重新定制虚拟机，如图 3-6-9 所示。在定制过程中，虚拟机不需要开机。

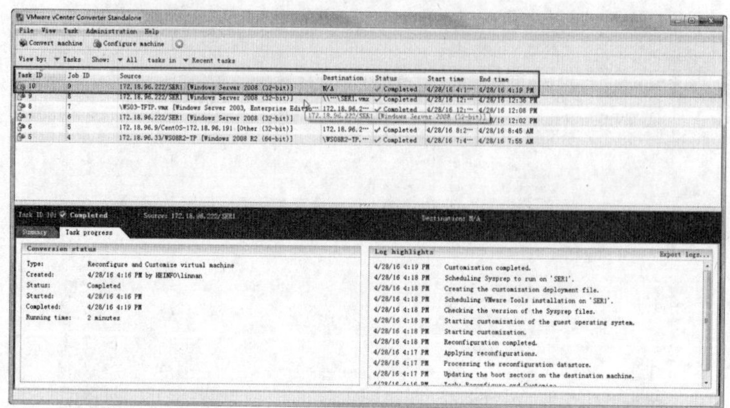

图 3-6-9 定制完成

重新配置完成之后，启动虚拟机并打开控制台，如果定制的计算机是 Windows Vista、Windows 7、Windows 8、Windows Server 2008 及其以后的系统，Windows 需要重新激活，如图 3-6-10 所示。从图中可以看到，计算机名、工作组名已经按照要求重新配置。

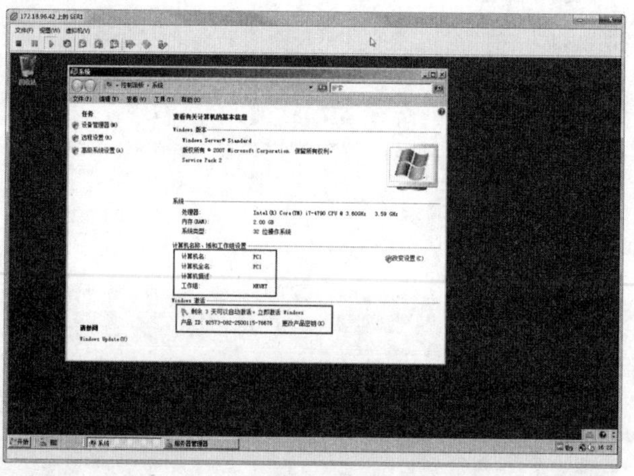

图 3-6-10 计算机已经重新配置

3.7 转换或迁移虚拟机中的注意事项

本节介绍使用 Converter 迁移物理机或虚拟机的一些注意事项。

3.7.1 迁移 Windows Server 2003 后的注意事项

迁移后，如果源服务器安装的是 OEM 的 Windows Server 2003，或者是非 VL 的 Windows Server 2003，在迁移后，由于改变了系统的硬件环境，Windows Server 提示，需要在 3 天之内激活。但 OEM 的版本，是不允许换机器的（迁移到虚拟机中相当于换了机器），遇到这类情况时，可以在迁移之后的 3 天内，在提示激活的时候，选择“否”，然后使用 Windows Server 2003 R2 VL 版本，升级安装一下就可以了。

（1）迁移后，系统提示 3 天之内必须激活，如图 3-7-1 所示，在此单击“否”按钮。

（2）使用虚拟机加载 VL 版本的 Windows Server 2003 或 Windows Server 2003 R2 安装光盘镜像，升级 Windows Server 2003，如图 3-7-2 所示。

图 3-7-1　提示 3 天内激活

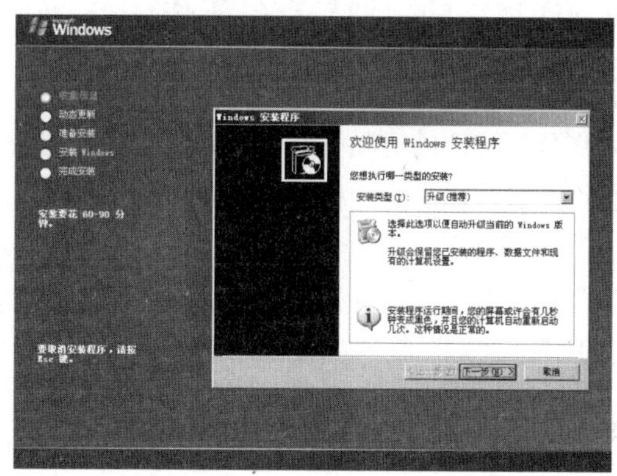

图 3-7-2　升级到 VL 版本

（3）升级后，系统与数据保持不变，整个升级完成。

3.7.2　卸载原有的网卡驱动

在迁移完成之后，应当将源“物理主机”上的网卡驱动从当前系统中卸载，主要操作步骤如下。

（1）进入虚拟机，在命令提示符下，执行如下的命令。

```
Set devmgr_show_nonpresent_devices=1
Start DEVMGMT.MSC
```

（2）进入“设备管理器”，从“查看”菜单中选择“显示隐藏的设备”，然后单击“网络适配器”，选择原来主机上的网卡，单击鼠标右键，从弹出的菜单中选择“卸载”选项即可，如图 3-7-3 所示。

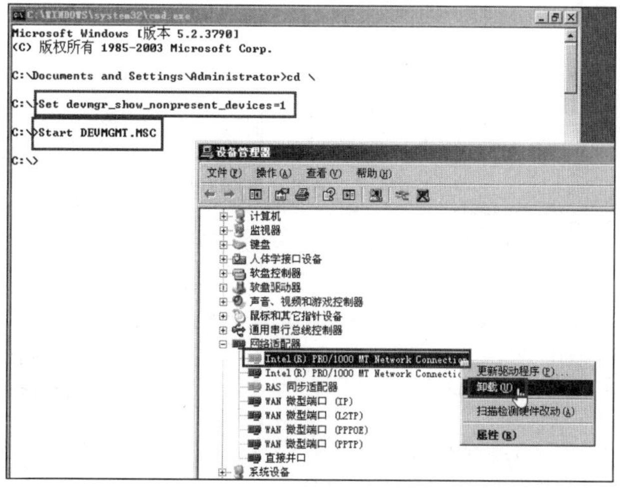

图 3-7-3　卸载原来主机上的网卡驱动

【说明】在卸载的时候，一定要注意，不要卸载图 3-7-3 中的“WAN 微型端口（IP）、WAN 微型端口（L2TP）、WAN 微型端口（PPPOE）、WAN 微型端口（PPTP）”，也不要卸载与原主机物理网卡无关的硬件。

（3）设置之后关闭设备管理器，重新启动虚拟机即可。

3.7.3 迁移前的规划与准备工作

使用 VMware vCenter Converter 迁移服务器时，虽然可以在不中断物理服务器运行、不对物理服务器做任何更改的情况下就可以完成迁移，但在真正的迁移中，遵循下列原则，可以提高迁移的成功性，并且可以加快迁移的速度。

（1）在迁移之前，断开网络，最好是使用 RJ-45 的直通线，将要迁移的“源”服务器与“中间计算机”连接在一起，这样在迁移的过程中，将会以最大的网络速度进行。

（2）停止“源”服务器的 SQL Server 服务、退出杀毒软件的运行，关闭“源”与“中间计算机”的防火墙。

（3）使用 chkdsk 命令，检查“源”服务器每个分区是否有错误，并进行修复，其命令格式为（以检查 D 盘为例）：

```
chkdsk d: /f
```

在使用 chkdsk 命令检查系统盘（通常为 C 盘时），会提示需要重启才能完成修复，如图 3-7-4 所示。

此时，可以重新启动计算机，当计算机再次启动时，会检查并修复系统磁盘。

在使用 chkdsk 命令检查非系统分区（如 D 盘或 E 盘）时，如果提示该卷正在使用，可以“强制卸下该卷”，这样可以不必重启，即可以完成其他分区的检查与修复工作，如图 3-7-5 所示。

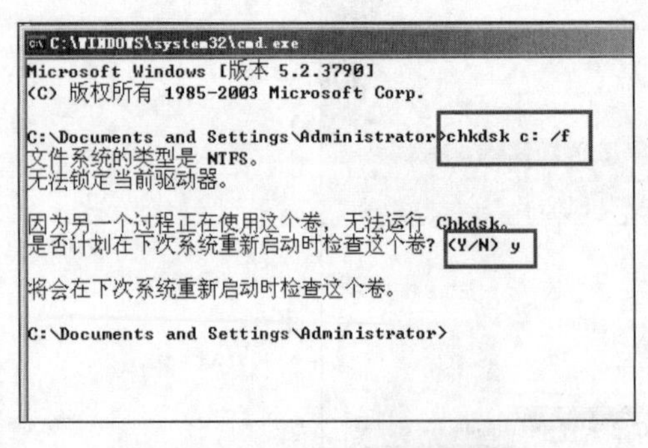

图 3-7-4　需要重启才能检查磁盘

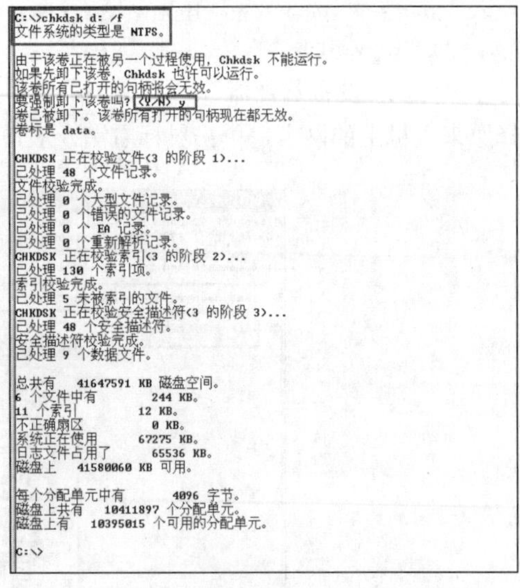

图 3-7-5　强制卸下该卷并检查

（4）如果“源”服务器上有一些与服务无关的数据，如一些安装程序、光盘镜像等，可以将这些数据“移动”到“中间计算机”上，以后再使用时，直接通过网络共享文件夹使用，这样可以减少迁移的数据量。

3.8　迁移失败或迁移不成功的 Windows 计算机解决方法

在使用 vCenter Converter 迁移物理机时，如果通过网络迁移正在运行的远程 Windows 计算机时，可能会出现错误，如图 3-8-1 所示，这是在一台安装了 vCenter Converter 的 Windows 7 企业版的计算机，通过网络（局域网，同一网段）迁移一台安装并运行了 Windows Server 2012 R2 操作系统的物理计算机时，在向这台 Windows 2012 安装 Converter 代理时出现的错误。

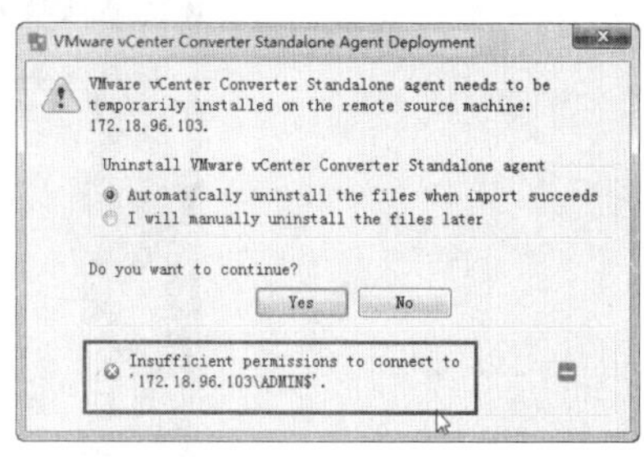

图 3-8-1　安装 Converter 代理时出错

对于这种错误，如果一时不能解决，则可以在这台想要迁移的物理服务器上安装 vCenter Converter 6.1，通过转换“本地计算机”的方式，将其转换成虚拟机，主要操作步骤如下。

（1）使用远程桌面登录到要迁移 Windows Server 2012 R2，或者是以其他方式登录到服务器控制台，如图 3-8-2 所示。

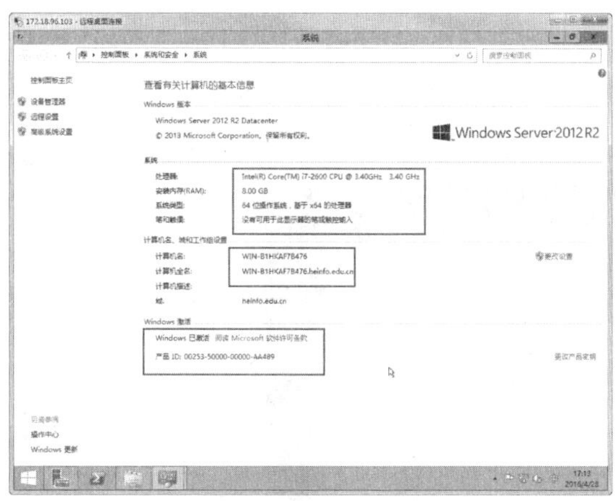

图 3-8-2　查看要迁移的物理服务器

（2）在这台服务器上安装 vCenter Converter，安装完成后运行该软件，如图 3-8-3 所示。

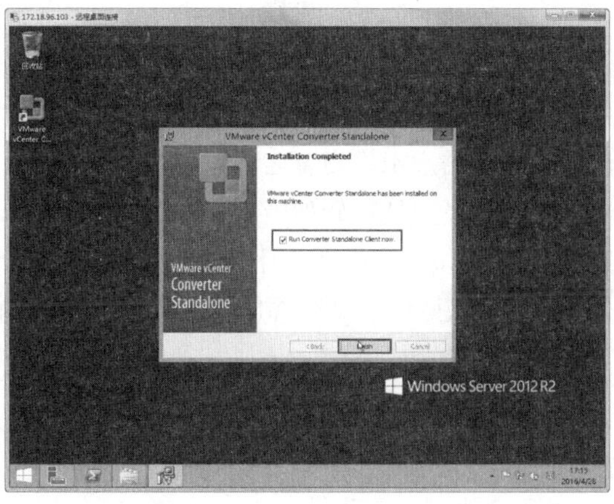

图 3-8-3　安装 vCenter Converter

（3）运行 VMware Converter，单击“Convert machine”，如图 3-8-4 所示。

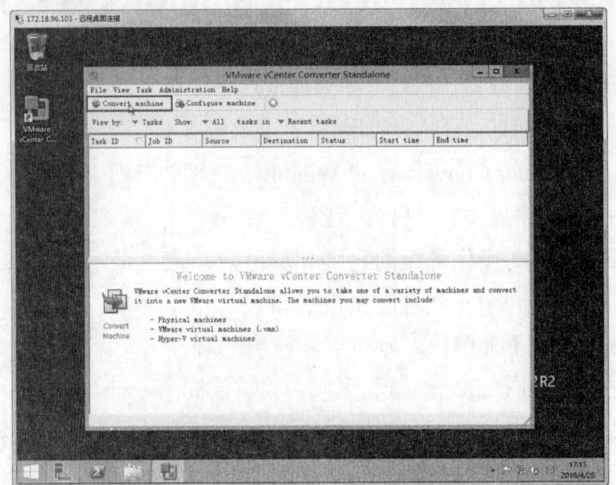

图 3-8-4　转换计算机

（4）在源系统中选择这台本地计算机，如图 3-8-5 所示。

（5）在目标系统中选择 VMware Workstation 或 vSphere 架构，在此选择 vSphere 架构主机，输入 vCenter Server 或 ESXi 主机的 IP 地址，输入管理员账户与密码，如图 3-8-6 所示。

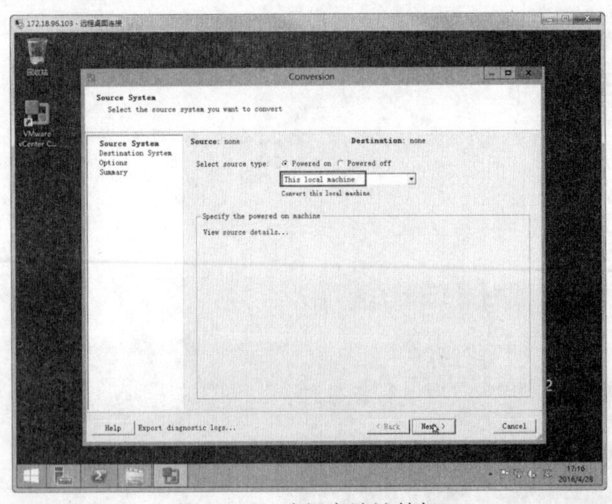

图 3-8-5　选择本地计算机

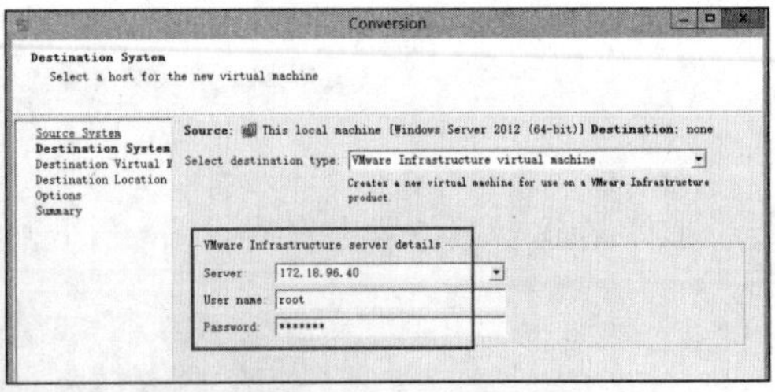

图 3-8-6　选择目标位置

（6）在目标虚拟机处，为转换后的虚拟机设置名称，如图 3-8-7 所示。

（7）然后为目标虚拟机选择存储及虚拟机硬件版本。

（8）在“Options”对话框的“Data to copy”选项中，选择“Thin”精简置备，如图 3-8-8 所示。

（9）在“Device”对话框，为目标虚拟机设置合适的内存（例如 2GB），如图 3-8-9 所示，并选择合适的 CPU 数量。

（10）其他根据需要进行选择，直接配置完成，如图 3-8-10 所示。

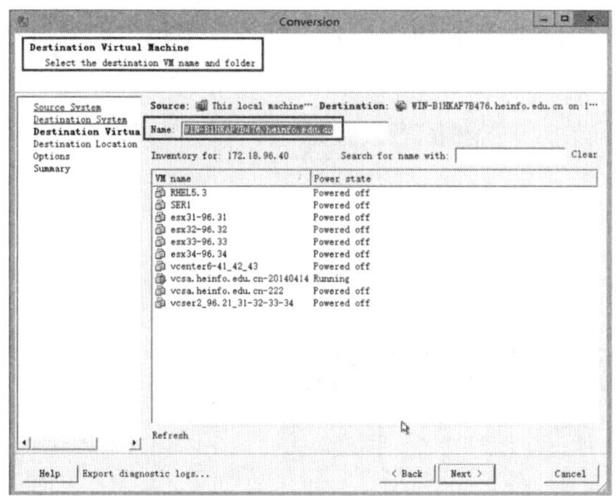

图 3-8-7　目标虚拟机

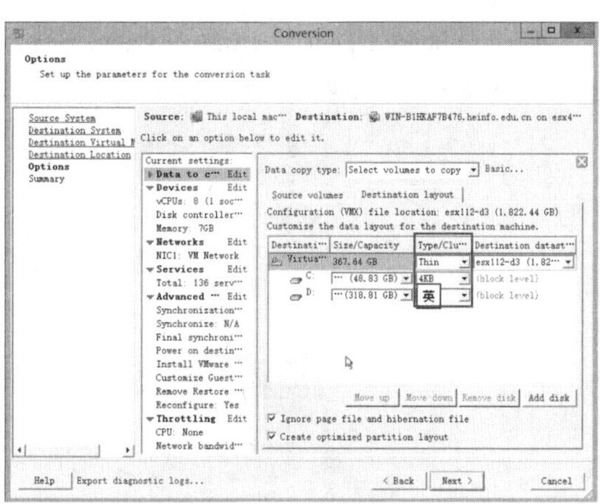

图 3-8-8　精简置备

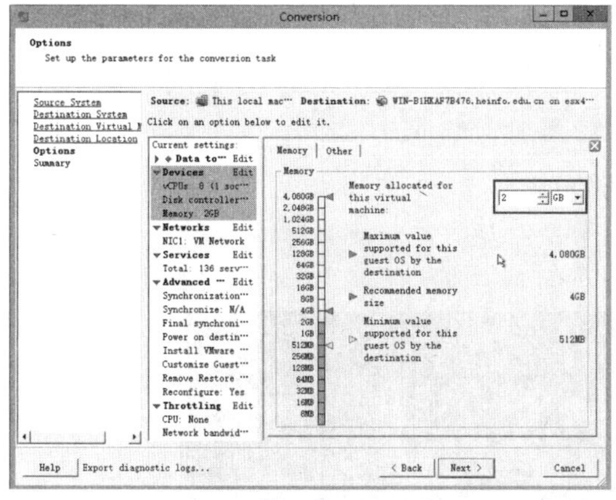

图 3-8-9　配置 CPU 与内存

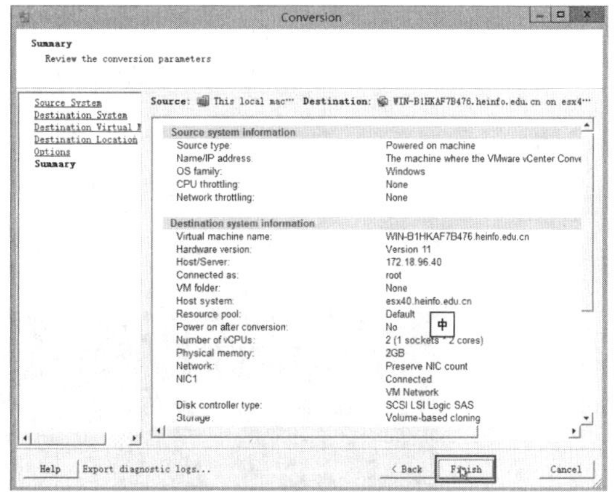

图 3-8-10　配置完成

（11）开始转换，如图 3-8-11 所示。这是转换过程中网络流量图。

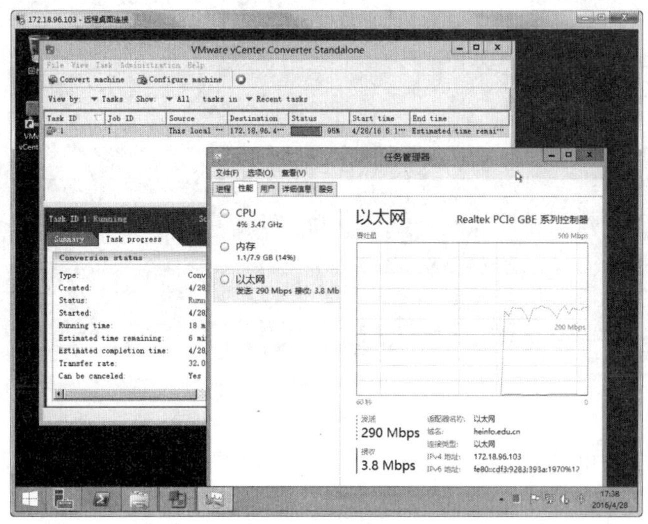

图 3-8-11　开始转换与网络流量

（12）转换完成，如图 3-8-12 所示。然后关闭这台物理计算机。

使用 vSphere Client 或 vSphere Web Client，打开转换后的虚拟机控制台，并打开虚拟机的电源，登录到转换后的虚拟机，如图 3-8-13 所示。

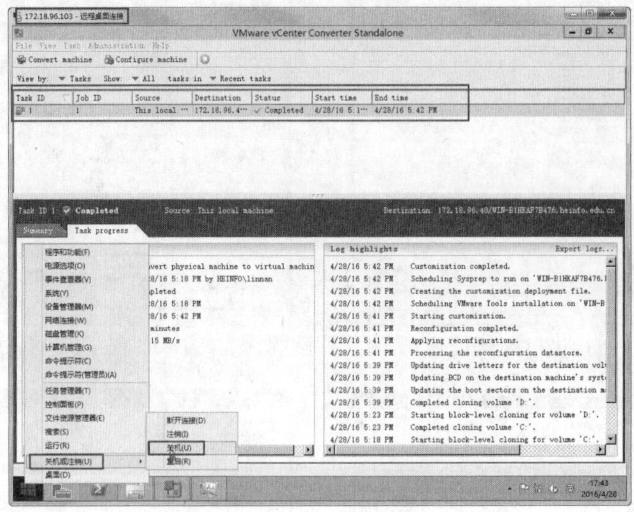

图 3-8-12　转换完成

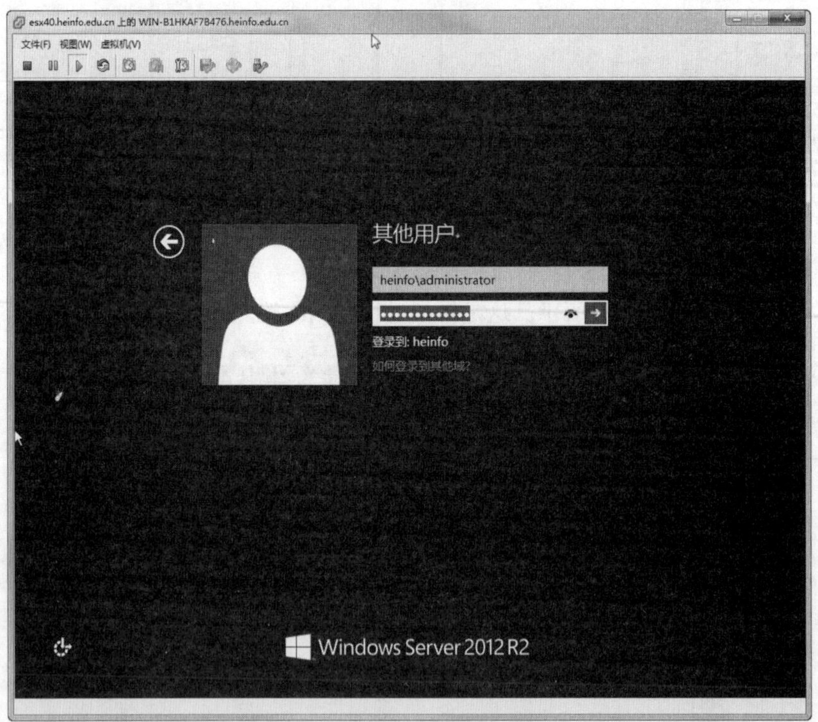

图 3-8-13　登录转换后的虚拟机

登录到转换后的虚拟机，如图 3-8-14 所示。此时可以看到桌面上的 vCenter Converter 的图标。

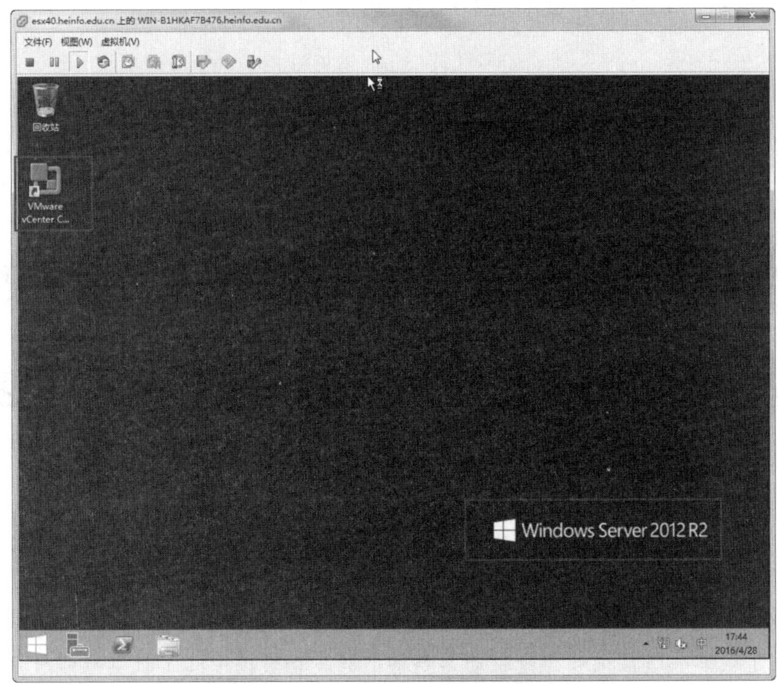

图 3-8-14　转换成功的虚拟机桌面

管理员可以做进一步的检查并确认转换是否成功，如图 3-8-15 所示。最后，卸载 VMware Converter 和原来物理计算机上的显卡驱动。

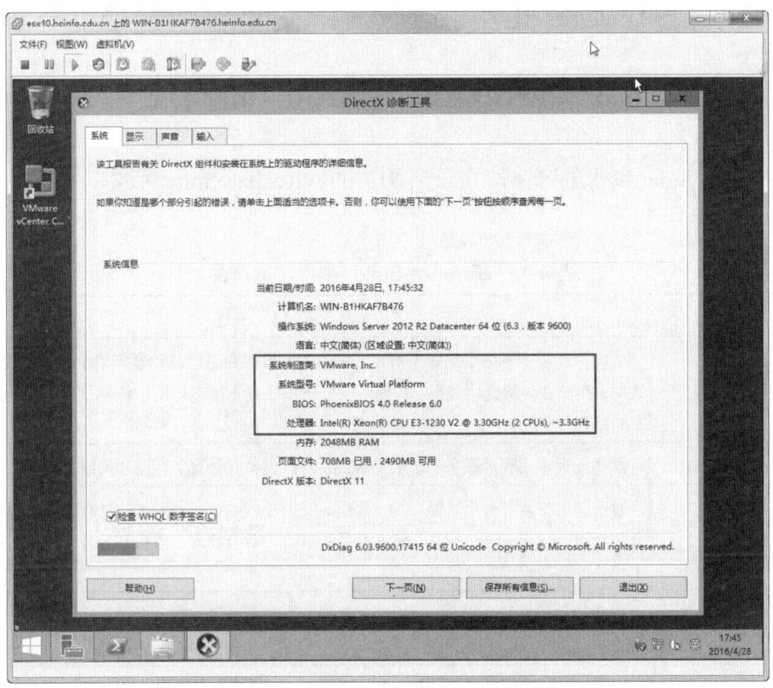

图 3-8-15　检查确认转换是否成功

第 4 章 vSphere 运维管理 vRealize Operations Manager

vRealize Operations Manager 是 vRealize Suite 组件包中包含的一个产品，用于从虚拟环境中各级别的每个对象（从单个虚拟机和磁盘驱动器到整个群集和数据中心）收集性能数据；存储并分析这些数据，并使用该分析提供关于虚拟环境中任何位置出现的问题或潜在问题的实时信息。简单来说，通过 vRealize Operations Manager，管理员可以使用多种工具（热图、报告、趋势图）对自己所管理的 vSphere 数据中心有一个直观的了解，对数据中心的负载、健康状态、配置状态有全面的了解，从而解决数据中心运行中出现的故障，并对数据中心进行合理的规划及配置。

4.1 vRealize Suite 产品概述

VMware vRealize Suite 包含的产品取决于所购买的 vRealize Suite 版本，vRealize Suite 包含的产品见表 4-1。

表 4-1 vRealize Suite 中包含的产品

产品名称	描述
vRealize Operations Manager	从虚拟环境中各级别的每个对象（从单个虚拟机和磁盘驱动器到整个群集和数据中心）收集性能数据；存储并分析这些数据，并使用该分析提供关于虚拟环境中任何位置出现的问题或潜在问题的实时信息
vRealize Infrastructure Navigator	自动发现应用程序服务，显示关系，并映射虚拟化计算、存储和网络资源上应用程序的依赖关系
vRealize Log Insight	通过实时搜索和分析功能，为 vRealize Suite（包括 vSphere 的所有版本）提供可扩展的日志聚合和索引。Log Insight 收集、导入并分析日志，对与物理、虚拟和云环境中的系统、服务和应用程序相关的问题给出实时解答
vRealize Automation	有助于在私有和公有云、物理基础架构、管理程序和公有云提供程序之间部署和置备与业务相关的云服务。vRealize Automation Enterprise 包括 vRealize Automation Application Services
vRealize Orchestrator	简化复杂 IT 任务的自动化过程，并与 vRealize Suite 产品集成，以适应和扩展服务交付和操作管理过程，从而有效地使用现有基础架构、工具和流程
vRealize Business for Cloud	提供有关云基础架构的财务方面的信息，并允许优化和改善这些操作

4.1.1　软件定义的数据中心

软件定义的数据中心（Software-Defined Data Center, SDDC）提供不同类型的功能以及在底层基础架构上构建的更为复杂的功能。要启用所有 vRealize Suite 功能，必须执行一系列的安装和配置操作。

VMware 向组织或客户提供 vRealize Suite 的全部运维功能是一个结构化的过程。在大型组织中，这可能涉及多轮评估、设计、部署、知识转移和解决方案验证。根据用户的组织特点，规划涉及不同角色的扩展过程。

在大多数企业中，并非每个环境在给定时间下都需要全部 vRealize Suite 功能。因此首先要部署核心数据中心基础架构（vCenter 及 ESXi），以便根据组织的需要来添加功能。可能需要为每个 SDDC 层单独计划和执行部署过程。VMware 软件定义的数据中心（SDDC）组成架构如图 4-1-1 所示。

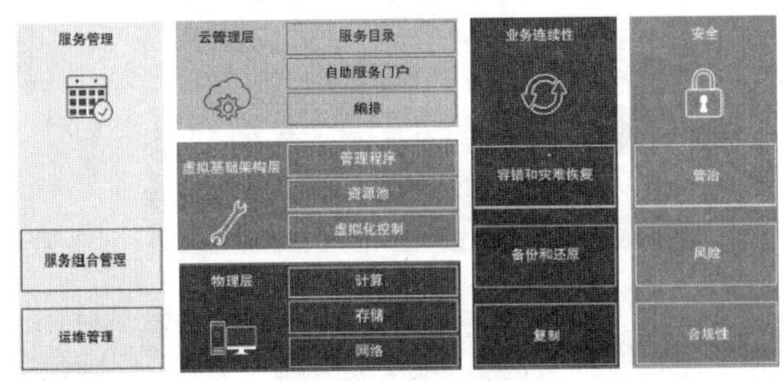

图 4-1-1　VMware 软件定义的数据中心（SDDC）组成结构

- 物理层 ：解决方案的最低层；包括计算、网络和存储组件。计算组件包含基于 x86 的服务器，该服务器运行管理、Edge 和租户计算工作负载。存储组件为 SDDC 和 IT 自动化云提供物理基础。
- 虚拟基础架构层 ：虚拟基础架构层包括具备管理程序、资源池化和虚拟化控制的虚拟化平台。此层中的 VMware 产品包括 vSphere、VMware NSX、ESXi 和 vCenter Server。这些产品构成强大的虚拟化环境，所有其他解决方案均集成到此环境。从物理层提取资源为 VMware 编排和监控解决方案集成奠定了基础。其他过程和技术构建在基础架构上，以便实现基础架构即服务（IaaS）和平台即服务（PaaS）。
- 云管理层 ：云管理层包括容纳待部署设施的服务目录、为部署目录项提供工作流的编排及允许最终用户使用 SDDC 的自助门户。vRealize Automation 提供门户和目录，嵌入式 vRealize Orchestrator 功能帮助管理工作流，以便自动执行复杂的 IT 过程。
- 服务管理 ：使用服务管理跟踪和分析多区域 SDDC 中多个数据源的操作。跨多个节点部署 vRealize Operations Manager 和 vRealize Log Insight，以实现持续可用性并提高日志载入速率。
- 业务连续性 ：使用业务连续性在 VDP 中为 vRealize Operations Manager、vRealize Log Insight、VMware NSX 和 vRealize Automation 创建备份作业。如果发生硬件故障，可以从保存的备份还原这些产品的组件。

4.1.2　vRealize Suite 环境的概念设计

在大多数的环境中，只需要少量物理主机即可开始部署 vRealize Suite。实现环境扩展的最佳且最安全的基础是：将主机分布到管理、Edge 和负载群集中，确立部署的基础，以便后续扩展到成千上万个虚拟机。

vSphere 群集运行整个 vRealize Suite 基础架构，包括客户工作负载。

部署并使用 vRealize Suite 涉及技术和操作转换。随着在数据中心部署新技术，组织还必须实施相应的流程并分配必需的角色。例如，可能需要流程来处理收集的新信息。每个管理产品需要一个或多个管理员，其中某些管理员可能需要不同级别的访问权限。如图 4-1-2 所示为 vRealize Suite 环境的技术功能和组织构造。

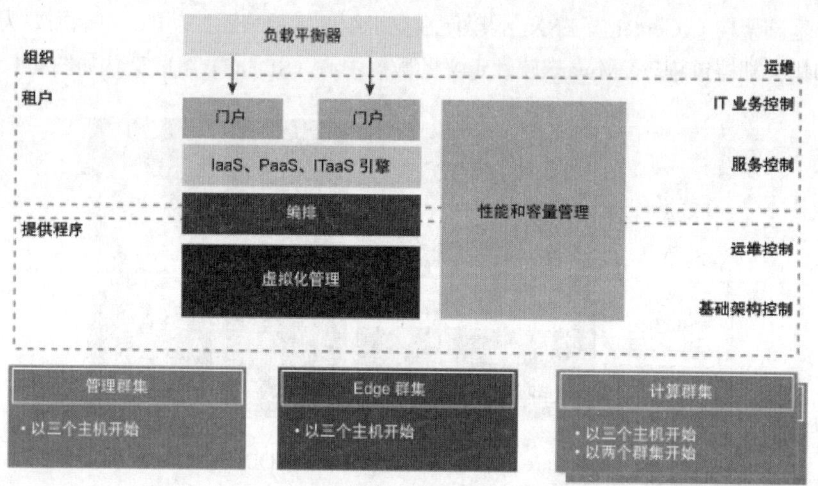

图 4-1-2 vRealize Suite 环境的技术功能和组织构造

图 4-1-2 中这些群集（每个至少三个主机）是实施 vRealize Suite 的基础。

- 管理群集 ：管理群集中的主机运行支持 SDDC 所必需的管理组件。每个物理位置需要一个管理群集。可以手动安装运行管理群集的 ESXi 主机，并将其配置为使用本地硬盘引导。

管理群集可实现资源隔离。它可以禁止产品应用程序、测试应用程序及其他类型的应用程序使用为管理、监控和基础架构服务预留的群集资源。资源隔离有助于管理服务和基础架构服务以最佳性能运行。单独的群集可满足组织策略，以在管理和客户负载硬件之间设有物理隔离。

- Edge 群集 ：Edge 群集支持网络设备，可在环境间提供互联。Edge 群集提供受保护的功能：通过此功能，内部数据中心网络可通过网关与外部网络连接。网络 Edge 服务和网络流量管理在群集中进行。所有面向外部的网络连接在此群集中终止。

与 VMware NSX 配对的专用 vCenter Server 实例管理 Edge 群集中的 ESXi 主机。同一 vCenter Server 实例管理需要访问外部网络的负载群集。

Edge 群集可以是小型群集，可由 ESXi 主机组成，这些主机的容量少于管理和负载群集中主机的容量。

- 负载群集 ：负载群集支持传送所有其他非 Edge 客户端工作负载。该群集在环境使用者开始使用虚拟机对其进行填充之前，为空群集。可通过添加更多负载群集进行纵向扩展。

随着数据中心规模不断扩大，可以创建新的 Edge 群集和负载群集，通过添加资源进行扩展，或通过添加主机纵向扩展。

4.1.3　管理群集中的 vRealize Suite 产品

管理群集中 vRealize Suite 产品的数量随着功能的增加而增加。管理群集必须包含最小产品集，可在需要更多功能时扩展该产品集。管理群集中的 VMware 最小产品集如图 4-1-3 所示。

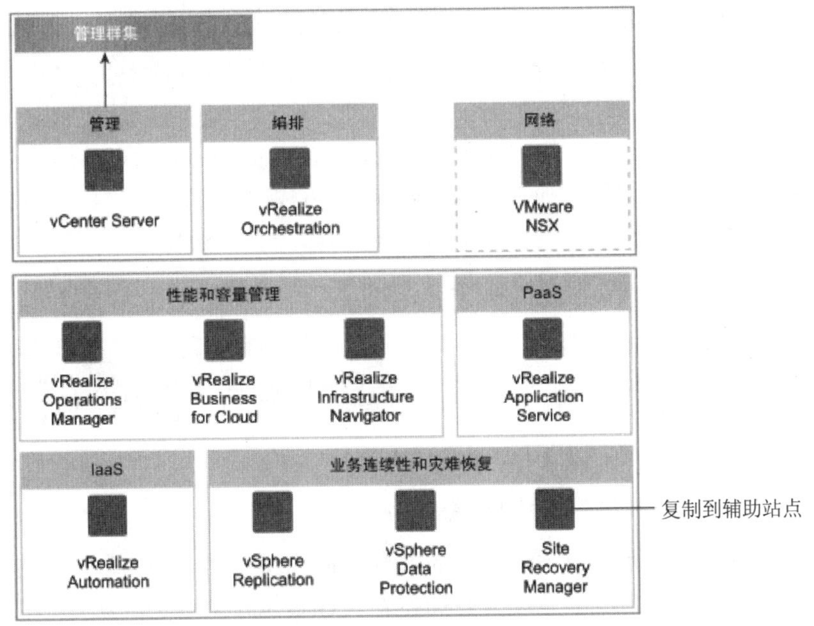

图 4-1-3　管理群集中的最小产品集

管理群集始终包含一个 vCenter Server 实例。要针对 IaaS 和 PaaS 功能准备环境，可在早期阶段将 vRealize Orchestrator 设备部署为 vRealize Suite 产品。

默认情况下，vRealize Suite 不包含 VMware 网络解决方案。NSX for vSphere 可以实现 vRealize Suite 管理群集的网络功能。NSX 提供第 2 层到第 7 层网络虚拟化，以及跨数据中心跟踪工作负载的安全策略，以便提高网络置备和管理速度。可以用优惠价格追加购买 NSX for vSphere。

【说明】 vCloud Networking and Security 随以前版本的 vRealize Suite 一起提供，用于执行管理群集网络的功能。vCloud Networking and Security 现在不再随 vRealize Suite 一起提供。

随着环境复杂性增加，需要安装并配置更多产品。例如，vRealize Operations Manager 和相关产品可提供高级监控功能。vRealize Automation 是 IaaS 解决方案的主要要素，可以在虚拟和物理、私有和公有或混合云基础架构中实现服务器和桌面的快速建模和置备。vCenter Site Recovery Manager 实例可以复制到辅助站点以便进行灾难恢复。

4.1.4　SDDC 核心基础架构

SDDC 核心基础架构包含 vSphere 和 vRealize Suite 产品，如用于监控的 vRealize Operations Manager 和 vRealize Log Insight、用于管理工作流的 vRealize Automation 和 vRealize Orchestrator 及用于计算成本的 vRealize Business for Cloud。

核心基础架构包含物理层、虚拟基础架构层和云管理层。核心虚拟化是虚拟基础架构层的一部分，服务目录和编排服务是云管理层的一部分。虚拟基础架构层可以整合并池化基础物理资源。云管理层提供编排功能，降低了内部部署数据中心相关的运维成本。服务管理层提供的监控功能可通过预测性分析和智能警示预先确定紧急问题并予以解决，从而确保应用程序和基础架构的最佳性能和可用性。

SDDC 基础架构的 vRealize Suite 产品有助于高效管理虚拟和混合云环境中资源的性能、可用性和容量。核心基础架构可以采用 vSphere 或其他第三方技术跨混合和异构云环境（内部部署和外部部署）进行管理。

SDDC 基础架构准备就绪后，可以对其进行扩展，为组织内部或外部 IT 资源使用者提供基础架构即服务（IaaS）和平台即服务（PaaS）。IaaS 和 PaaS 完善了 SDDC 平台，并提供更多机会来扩展功能。通过 IaaS 和 PaaS，可以提高 IT 和开发人员操作的灵活性。

构建 SDDC 基础架构的各个阶段如图 4-1-4 所示。

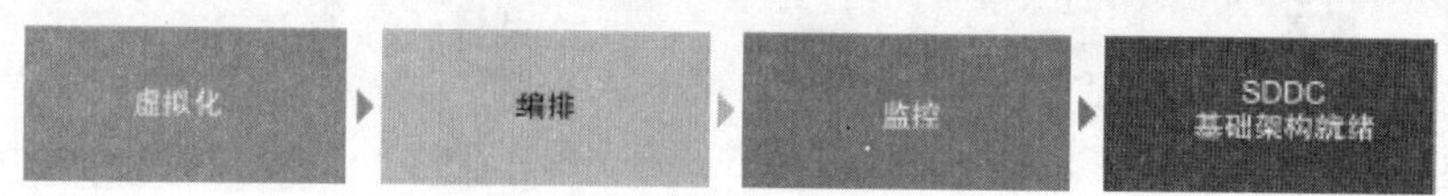

图 4-1-4　SDDC 基础架构各阶段

1．vRealize Suite 基础架构的虚拟化和管理

vRealize Suite 中包含的不同 VMware 产品提供 vRealize Suite 基础所需的虚拟化和管理功能。要为数据中心建立强大的基础，需要安装和配置 vCenter Server、ESXi 和支持组件。

（1）混合云部署

借助 vRealize Suite，企业可以将私有云工作负载扩展至公有云，在利用 vRealize Suite 技术支持的私有云的相同管理环境、可靠性和性能的同时，有效利用端点的按需、自助、弹性置备。

通过使用 SDDC 云管理层中的 vRealize Automation 和 vRealize Orchestrator，企业置备的虚拟机和端点可以超越 vSphere 环境且扩展至 vSphere 以外的环境。未基于 vSphere 的非 vSphere 环境可以位于私有数据中心或公有云的服务提供程序中。通过 SDDC 服务管理层，可以监控 vSphere 端点和非基于 vSphere 的端点。vRealize Operations Manager 和 vRealize Log Insight 是服务管理层的主要产品，可帮助企业提供虚拟机分析。

（2）ESXi 和 vCenter Server 设计注意事项

SDDC 虚拟化设计决策必须遵循 ESXi 和 vCenter Server 的部署和支持说明。

计划 ESXi 主机部署时请考虑以下设计决策。

- 使用 VMware Capacity Planner 等工具分析现有服务器的性能和使用情况。
- 使用《VMware 兼容性指南》（网址为 http://www.vmware.com/resources/compatibility/search.php）中列出的受支持的服务器平台。
- 确认硬件满足运行 ESXi 所需的最低系统要求。
- 要消除变数并实现易于管理和支持的基础架构，请将 ESXi 主机的物理配置标准化。
- 可以手动部署也可以使用 vSphere Auto Deploy 等自动化安装方法部署 ESXi 主机。一个有效的方法是：手动部署管理群集，然后随着环境的扩展实施 vSphere Auto Deploy。

- 可以将 vCenter Server 部署为 Linux 虚拟设备或将其部署在 64 位 Windows 物理机或虚拟机上。

【说明】Windows 上的 vCenter Server 可进行扩展，最多支持 10 000 个打开电源的虚拟机。vCenter Server Appliance 是一个替代选择，它进行了预配置，可加快部署速度，降低操作系统许可成本。使用外部 Oracle 数据库时，vCenter Server Appliance 最多可以支持 10 000 个虚拟机。

- 为 vCenter Server 提供足够的虚拟系统资源。
- 在环境中部署 vSphere Web Client 和 vSphere Client 的用户界面。部署 vSphere Command Line Interface (vCLI) 或 vSphere PowerCLI 以便进行命令行和脚本管理。vSphere Management Assistant 中包含 vCLI 和 vSphere SDK for Perl。

2. 网络设计注意事项

随着虚拟化和云计算在数据中心日趋普遍，传统的三层网络连接模型正在发生转变。传统的核心-汇聚-接入模型正在被分支和主干设计所替代。

设计的网络必须能够满足组织内部不同实体的各种需求。这些实体包括应用程序、服务、存储、管理员及用户。

根据需求，使用受控的访问权限和隔离来提供可接受的安全级别，举措如下。

- 使用分支和主干设计简化网络架构。
- 在各主机之间配置通用端口组名称以支持虚拟机迁移和故障切换。
- 将用于关键服务的网络相互隔离，以获得更高的安全性和更佳的性能。

网络隔离经常被举荐为数据中心的最佳实践。在 vRealize Suite 环境中，可能会存在跨越两个或两者以上物理群集的多个关键 VLAN。

在图 4-1-5 中，所有主机均是 ESXi 管理、vSphere vMotion、VXLAN 和 NFS VLAN 的一部分。管理主机也会连接到外部 VLAN，且每个 Edge 主机均会连接到其特定于客户的 VLAN。

在这种情况下，连接会使用 vSphere Distributed Switch 提供的链路聚合控制协议（LACP）来汇总连接到 LACP 端口通道的 ESXi 主机上的物理网卡带宽。可以在分布式交换机上创建多个链路聚合组（LAG）。一个 LAG 包含两个或两个以上端口，将物理网卡连接到端口。在 LAG 中绑定 LAG 端口以实现冗余，并使用 LACP 算法使网络流量在端口之间实现负载平衡。

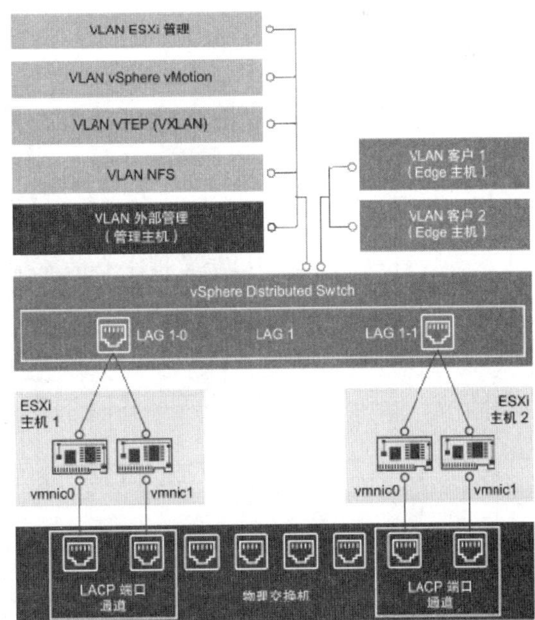

图 4-1-5 不同类型的 ESXi 主机连接到不同的 VLAN

3. 共享存储设计注意事项

正确的存储设计提供可正常执行的虚拟数据中心的基础，建议如下。

- 必须优化存储设计以满足应用程序、服务、管理员和用户的不同需求。

- 存储层具有不同性能、容量和可用性特性。
- 设计不同的存储层较为经济高效，因为并不是每个应用程序都需要昂贵的高性能、高可用性存储。
- 光纤通道、NFS 和 iSCSI 是成熟且可行的方案，可满足虚拟机需求。

图 4-1-6 所示为不同类型的主机如何利用不同的存储阵列。管理群集中的主机需要用于管理、监控和门户的存储。Edge 群集中的主机需要客户可访问的存储。负载群集中的主机可以访问特定于客户的存储。不同负载群集主机可以访问不同存储。

存储管理员可以管理所有存储，但存储管理员无法访问客户数据。

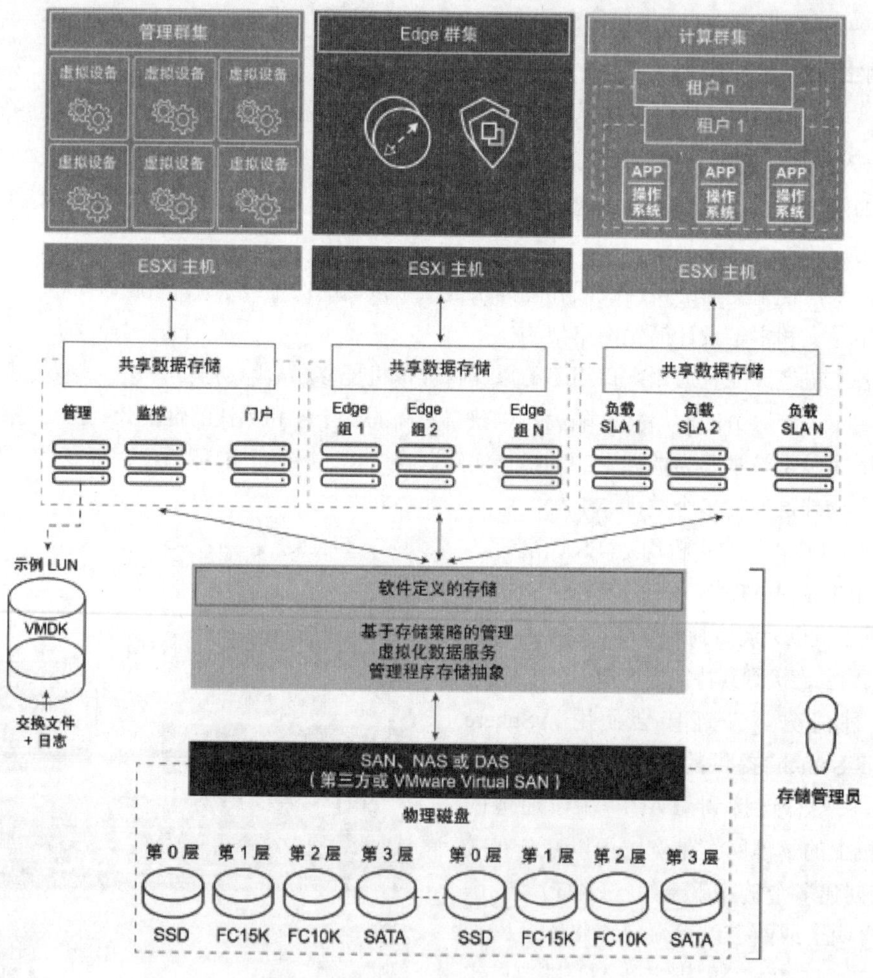

图 4-1-6　支持不同主机的存储阵列

4.2　安装准备工作

在当前的环境中，是一个由 3 台 ESXi 主机、1 台共享存储组成的 vSphere 小型数据中心，网络拓扑如图 4-2-1 所示。

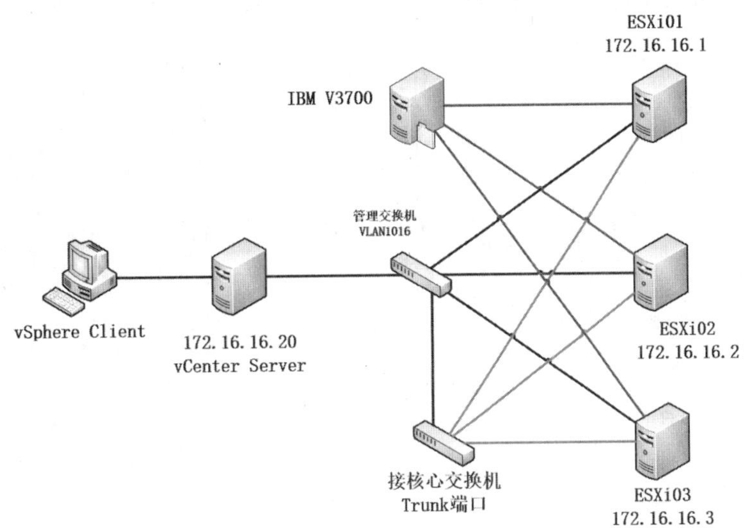

图 4-2-1　当前环境网络拓扑

4.2.1　部署 vRealize 6 模板

我们将在这个环境中安装 vRealize，主要操作步骤如下。

（1）使用 vSphere Client 连接到 vCenter Server，单击“文件”菜单选择“部署 OVF 模板”，如图 4-2-2 所示。

（2）在“源”对话框单击“浏览”按钮，选择 vRealize Operations Manager 6 的安装模板文件，如图 4-2-3 所示。

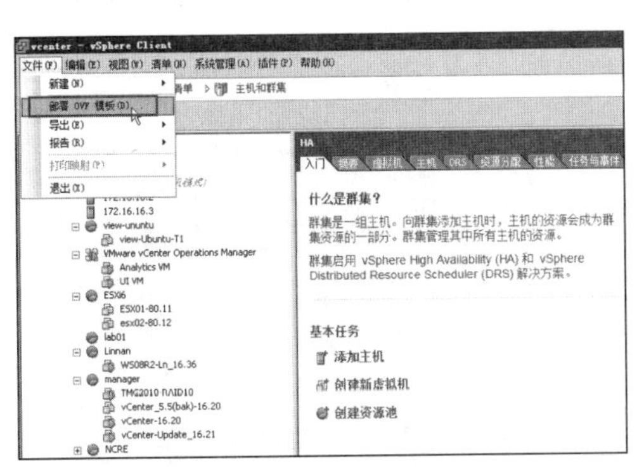

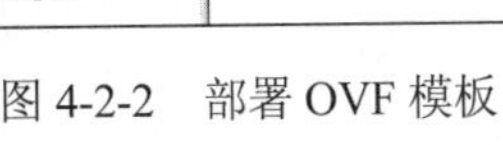
图 4-2-2　部署 OVF 模板

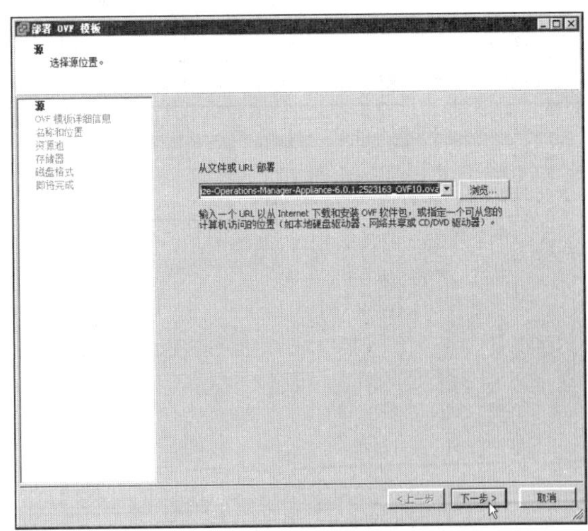

图 4-2-3　选择安装模板

（3）在“OVF 模板详细信息”对话框显示了将要部署的产品的名称、版本号、供应商、下载大小、占用空间等信息，如图 4-2-4 所示。

（4）在“最终用户许可协议”对话框，单击“接受”按钮，接受许可协议，如图 4-2-5 所示。

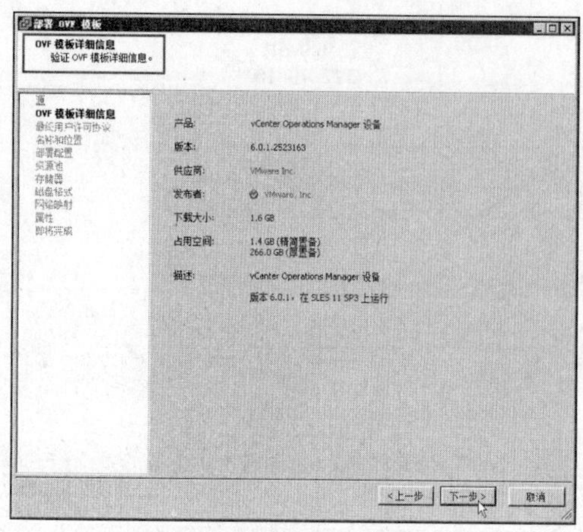

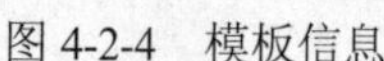
图 4-2-4　模板信息

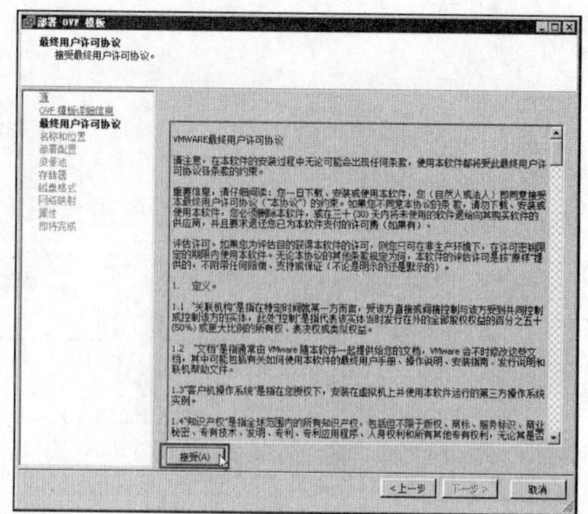

图 4-2-5　接受许可协议

（5）在“名称和位置”对话框，为将要部署的模板虚拟机指定名称和位置，如图 4-2-6 所示。

（6）在“部署配置”对话框，选择部署配置，这可以在“小型、中型、大型、远程收集器（标准）、远程收集器（大型）、超小型”之间选择，如图 4-2-7 所示。在此选择“小型”。其中各项意义如表 4-2 所示。

表 4-2　配置名称及其说明

配置名称	说明
超小型	用于单节点非 HA 和双节点 HA 设置，此部署要求 vApp 具有 2 个 vCPU、8GB 内存
小型	用于包含 2 000 个以内虚拟机的环境，此部署需要为 vApp 提供 4 个 vCPU、16GB 内存
中型	用于包含 2 000 ~ 4 000 个虚拟机的环境，此部署需要为 vApp 提供 8 个 vCPU、32GB 内存
大型	用于包含 4 000 个以上虚拟机的环境，此部署需要为 vApp 提供 16 个 vCPU、48GB 内存
远程收集器（标准）	此配置用于在中小域环境中部署远程收集器，此部署要求 vApp 具有 2 个 vCPU、4GB 内存
远程收集器（大型）	此配置用于在大型环境中部署远程收集器，此部署要求 vApp 具有 4 个 vCPU、16GB 内存

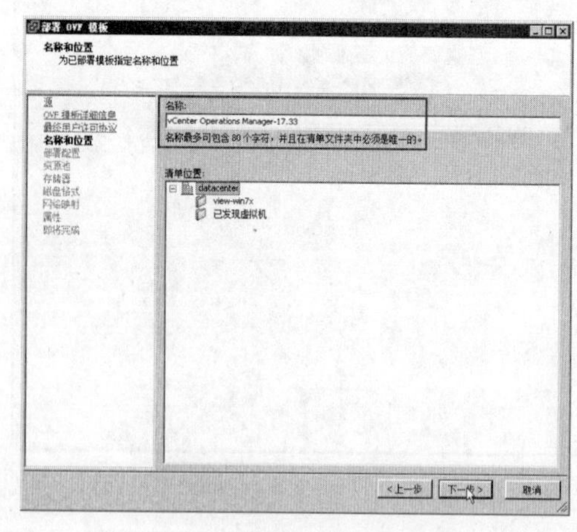

图 4-2-6　指定名称和位置

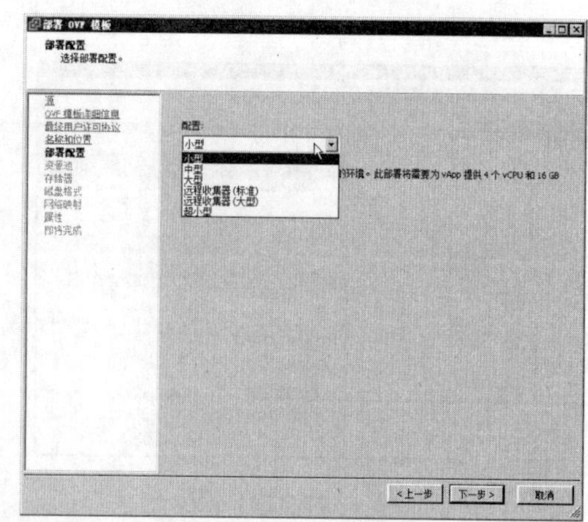

图 4-2-7　部署配置

（7）在“资源池”对话框，选择放置 vRealize 虚拟机的资源池，如图 4-2-8 所示。

（8）在“存储器”对话框，选择放置 vRealize 虚拟机的存储，如图 4-2-9 所示。

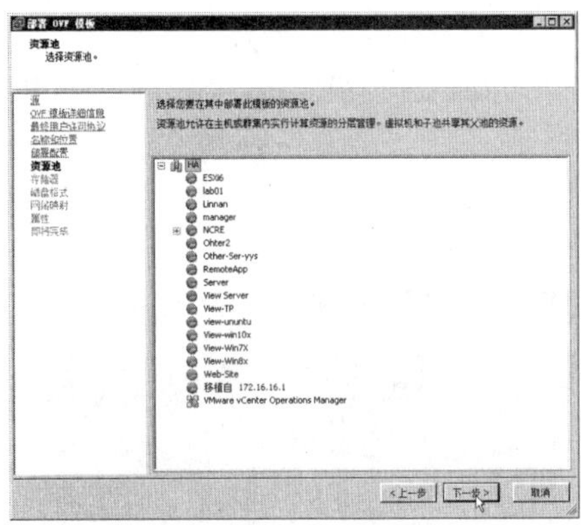
图 4-2-8　资源池

图 4-2-9　存储器

（9）在“磁盘格式”对话框，选择和 Thin Provision（精简置备），如图 4-2-10 所示。

（10）在“网络映射”对话框的“目标网络”下拉列表中，为 vRealize 虚拟机选择合适的网络，如图 4-2-11 所示。

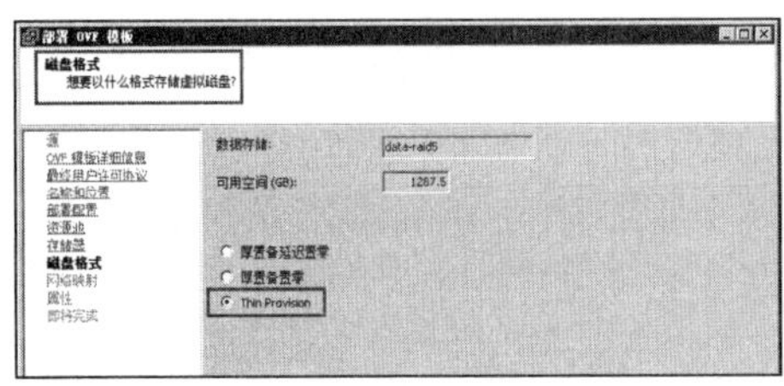
图 4-2-10　选择精简置备

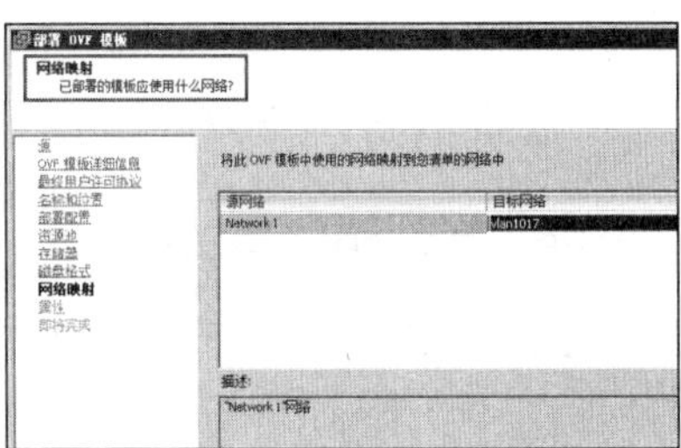
图 4-2-11　选择目标网络

（11）在“属性”对话框的“时区设置”下拉列表中，选择适当的时区。在此选择“Asia/China”，然后为 vRealize 虚拟机设置网络参数，依次包括网关地址、DNS 地址、为 vRealize 规划的 IP 地址及子网掩码，如图 4-2-12 所示。当前规划的 IP 地址为 172.16.17.33。

（12）在“即将完成”对话框，复查设置，检查无误之后单击“完成”按钮，开始部署 vRealize，如图 4-2-13 所示。

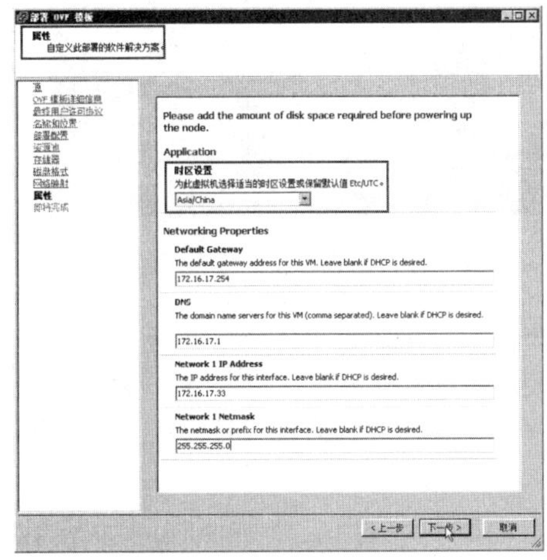
图 4-2-12　设置网络参数

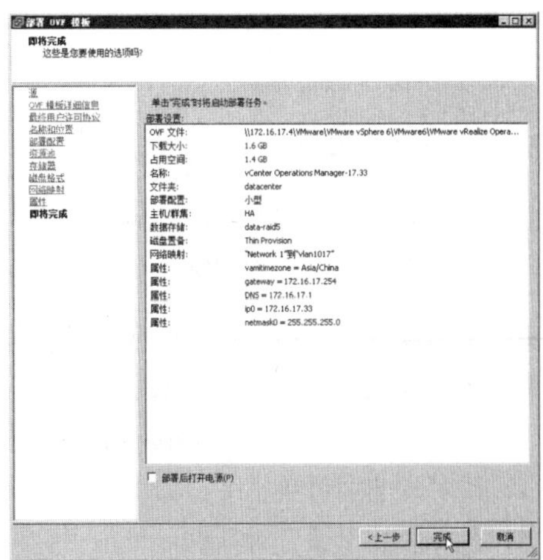
图 4-2-13　复查设置并开始部署

（13）在部署完成后，启动虚拟机并打开控制台，如图 4-2-14 所示。

（14）等 vRealize 虚拟机启动并显示 IP 地址之后，部署 vRealize 模板完成，如图 4-2-15 所示。

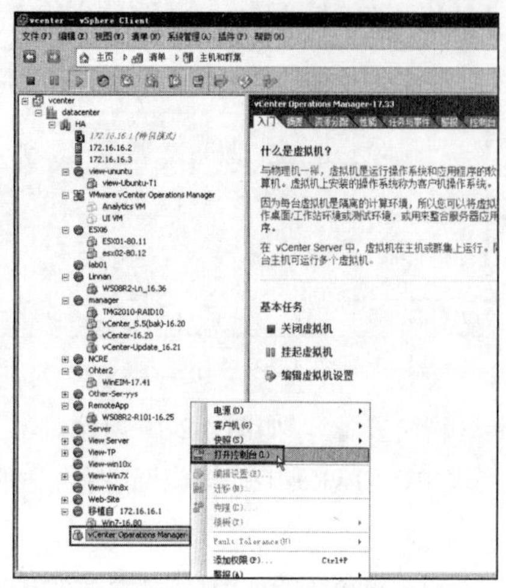

图 4-2-14　打开控制台

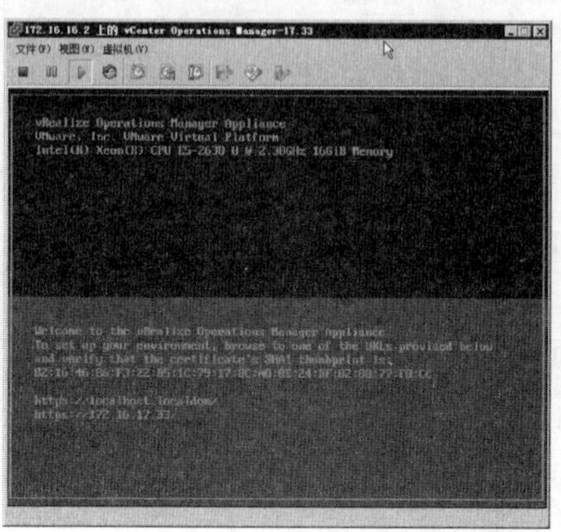

图 4-2-15　部署完成

4.2.2　vRealize 初始配置

在部署 vRealize 虚拟机之后，打开浏览器，输入 vRealize 的 IP 地址，开始初始配置，主要操作步骤如下。

（1）在 IE 浏览器中输入 https://172.16.17.33，在“此网站的安全证书有问题”提示中，单击“继续浏览此网站”，如图 4-2-16 所示。

（2）在 vRealize 初始配置，单击“快速安装”按钮，如图 4-2-17 所示。

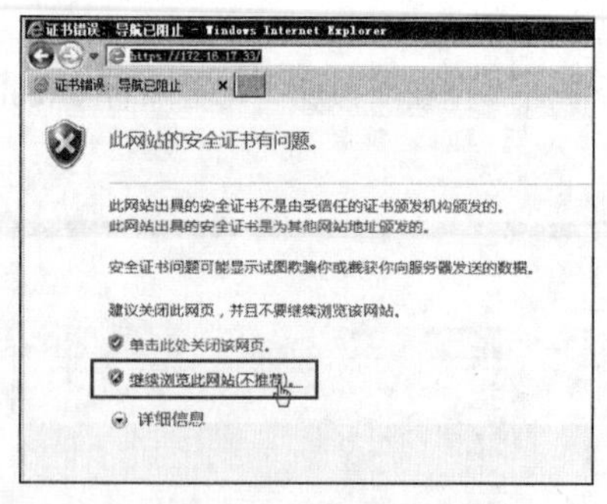

图 4-2-16　继续浏览

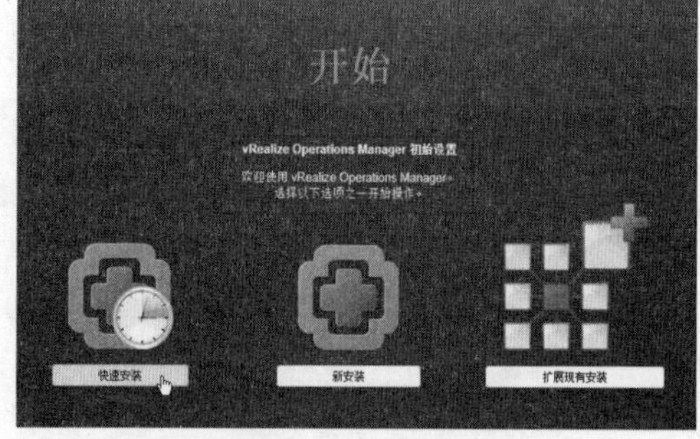

图 4-2-17　选择快速安装

（3）在 vRealize 初始设置向导对话框，显示了首次安装时的主要图示步骤，如图 4-2-18 所示。

（4）在“设置管理员账户密码”对话框，为 vRealize 设置管理员账户与密码（默认账户名为 admin），如图 4-2-19 所示。vRealize 密码要求长度至少 8 个字符，并且需要同时包含大写字母、小写字母、数字和非字母数字字符。

（5）在“后续步骤”对话框，单击“完成”按钮，启动群集并开始配置 vRealize，如图 4-2-20 所示。

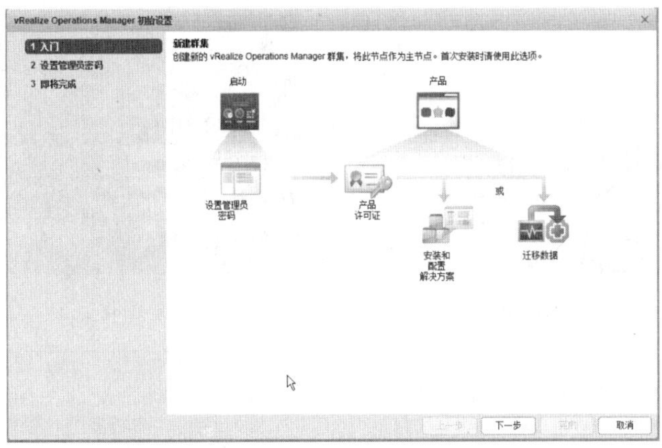

图 4-2-18　初始设置向导

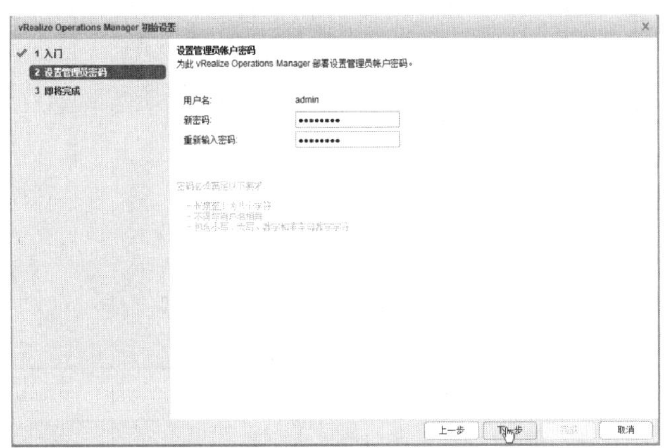

图 4-2-19　设置管理员密码

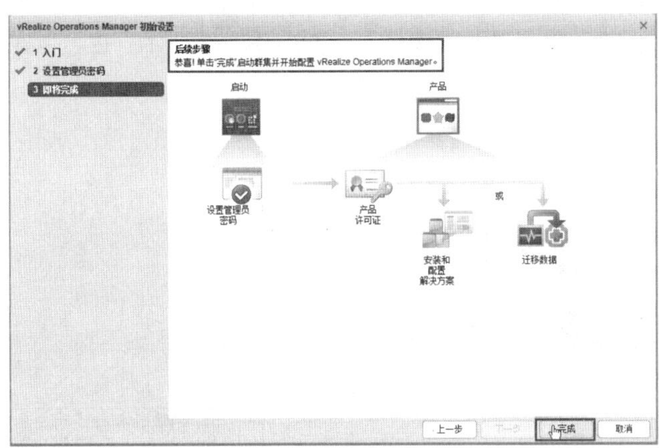

图 4-2-20　后续步骤

（6）vRealize 当前界面会被注销，并显示准备第一次使用 vRealize 提示，如图 4-2-21 所示。

（7）等 vRealize 配置完之后，出现 vRealize 的登录界面，如图 4-2-22 所示。输入管理员账户与密码登录（初始用户名 admin）。

（8）在“选择配置类型”对话框，选择“新环境”选项，如图 4-2-23 所示。

图 4-2-21　为第一次使用做准备

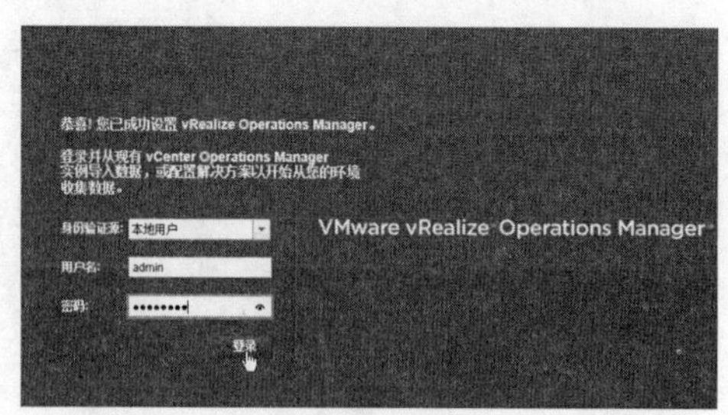

图 4-2-22　登录

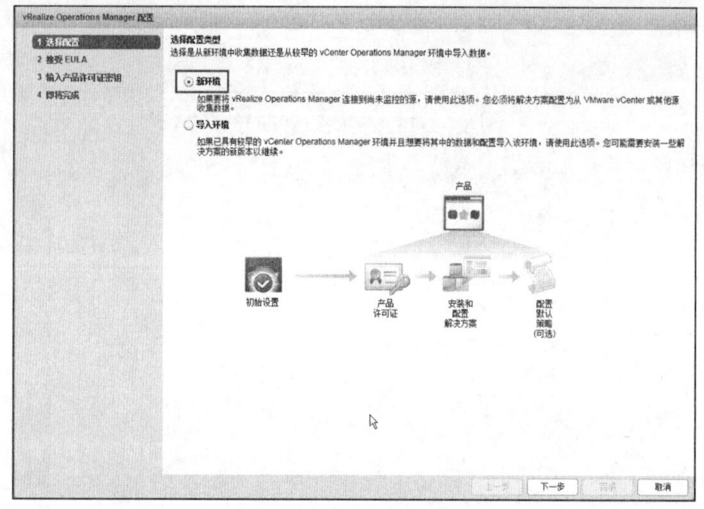

图 4-2-23　选择新环境

（9）在“最终用户许可协议”对话框，单击“我接受许可协议”选项，如图 4-2-24 所示。

（10）在“输入 vRealize Operation Manager 产品许可证密钥”对话框，输入产品密钥，然后单击“验证许可证密钥”；或者单击“产品评估”，如图 4-2-25 所示。也可以在后期的管理界面中输入产品密钥。

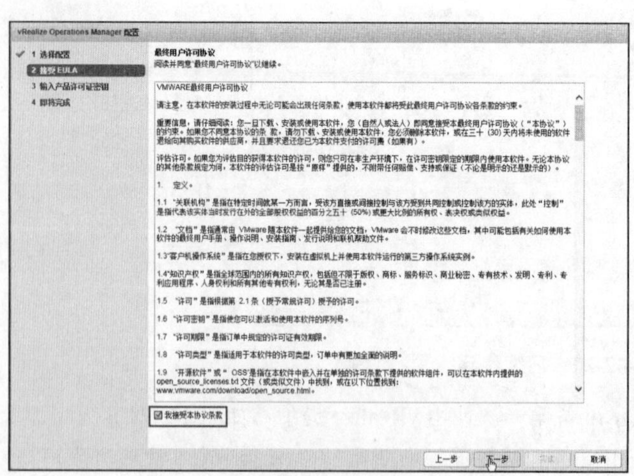

图 4-2-24　许可协议

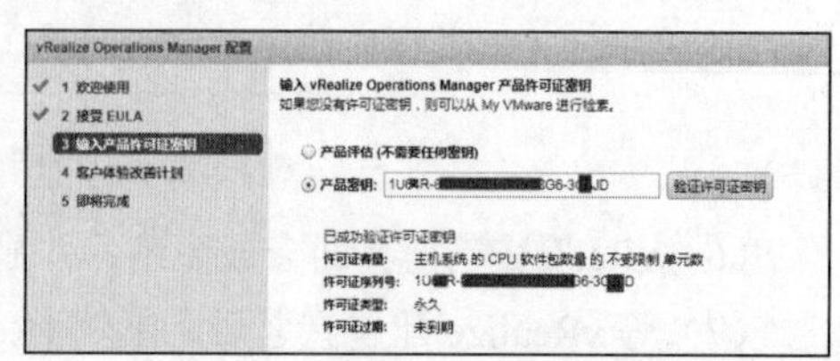

图 4-2-25　产品密钥

（11）在“即将完成”对话框，单击“完成”按钮，如图 4-2-26 所示。

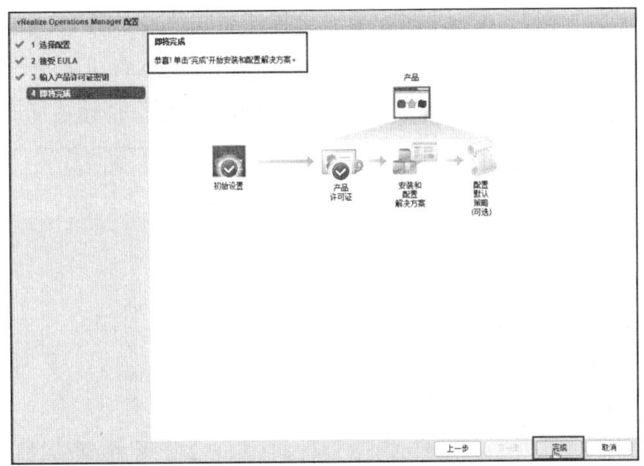

图 4-2-26　完成

（12）进入 vRealize 界面，如图 4-2-27 所示。

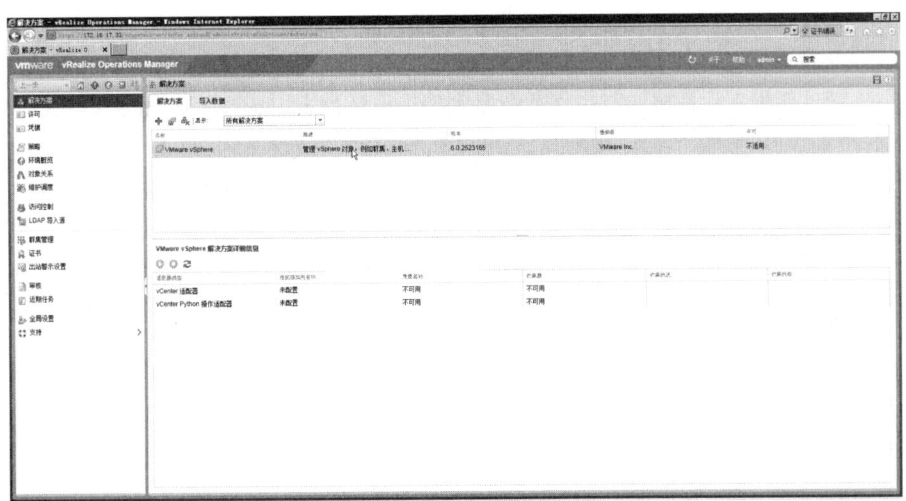

图 4-2-27　vRealize 界面

4.2.3　添加许可与适配器

1．添加许可

如果在安装 vRealize 的时候没有输入许可，也可以在管理界面→"许可"选项中，添加新的许可，主要步骤如下。

（1）在"许可→许可证密钥"选项中，单击"＋"按钮，如图 4-2-28 所示。

图 4-2-28　添加许可

（2）在弹出的“添加许可证”对话框中，在“选择产品或解决方案”下拉列表中选择“vRealize Operations Manager”，然后在“输入许可证密钥”文本框中，输入许可证密钥，单击“验证”按钮，此时会解码许可证，显示许可证类型、产品名称等，单击“保存”按钮，如图 4-2-29 所示。

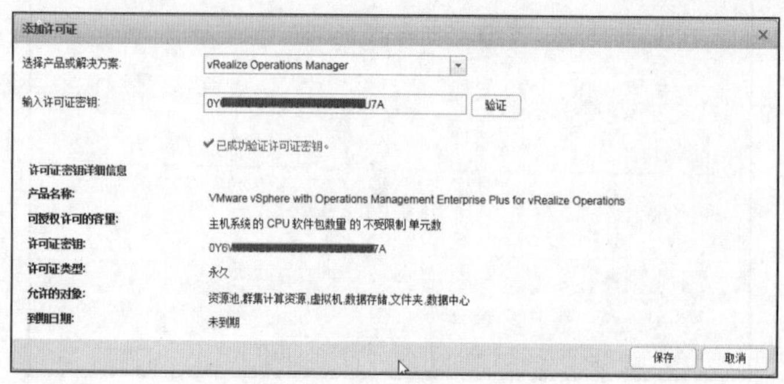

图 4-2-29　添加许可证

2．添加凭据与适配器

在添加许可证之后，向 vRealize 添加凭据、添加 vCenter 适配器，主要操作步骤如下。

（1）在控制台中选择“凭据”选项，单击“+”按钮，如图 4-2-30 所示。

（2）在“管理凭据”对话框中，在“适配器类型”下拉列表中选择“vCenter 适配器”，在“凭据种类”下拉列表中选择“主要凭据”，在“凭据名称”文本框中输入一个标识名称（例如 vCenter），然后输入用于连接 vCenter Server 的账户名及密码，如图 4-2-31 所示。说明在此输入的凭据将用来连接 vCenter Server。

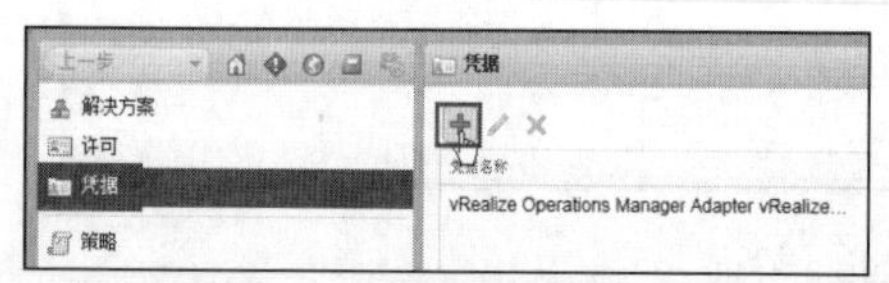

图 4-2-30　添加凭据

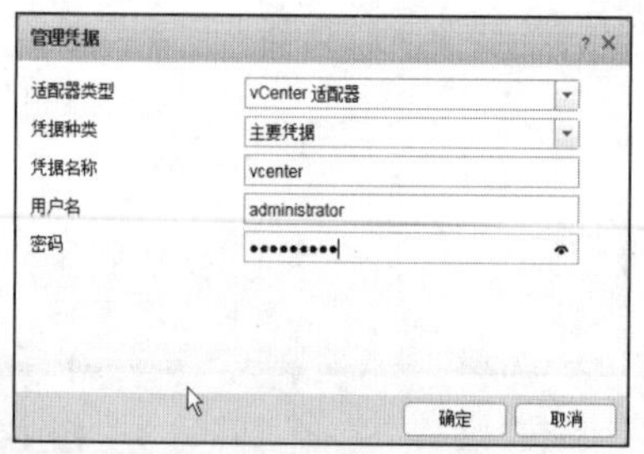

图 4-2-31　管理凭据

（3）选择“解决方案”选项，单击“⚙”配置按钮，如图 4-2-32 所示。

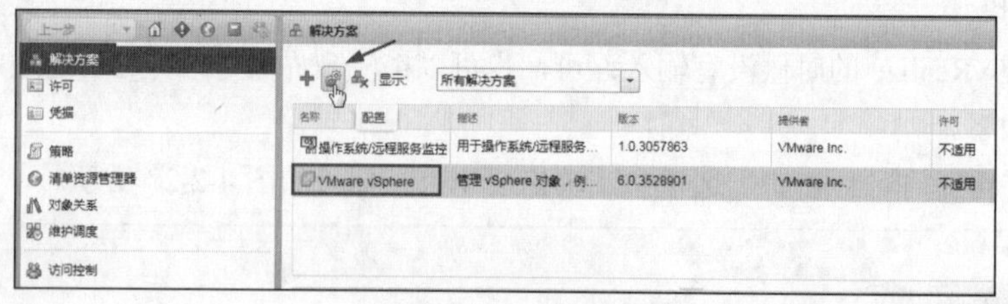

图 4-2-32　配置按钮

（4）在“管理解决方案-VMware vSphere”对话框中，在“显示名称”处为要添加的适配器设置一个名称（例如 vCenter6），在“vCenter Server”文本框中输入要连接的 vCenter Server 的 IP 地址，在本示例中为 172.16.16.20，在“凭据”下拉列表中，选择图 4-2-31 添加的管理凭据，然后单击“测试连接”按钮，如图 4-2-33 所示。

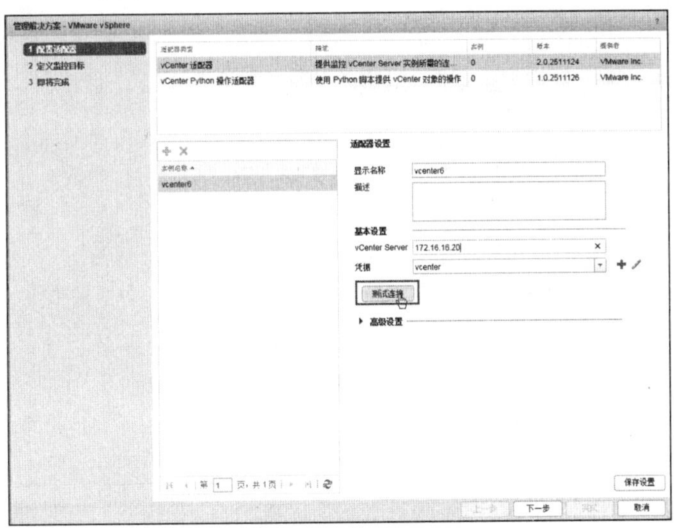

图 4-2-33　适配器设置

（5）在测试连接时，会弹出“检查并接受证书”对话框，单击“确定”按钮，如图 4-2-34 所示。

（6）在弹出的“信息→测试成功”对话框中单击“确定”按钮，然后单击右下角的“保存设置”按钮，如图 4-2-35 所示。

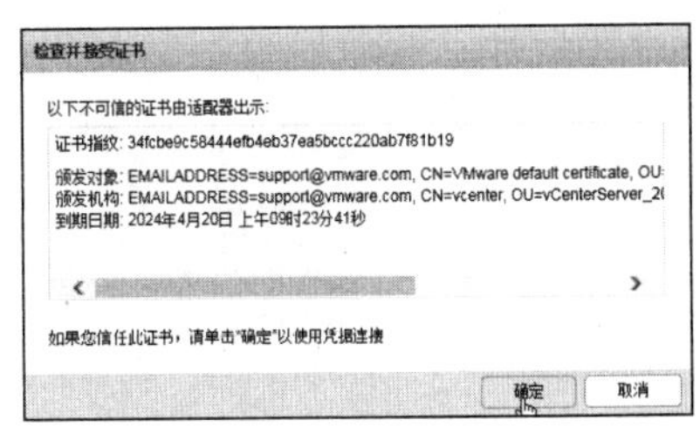

图 4-2-34　检查并接受证书

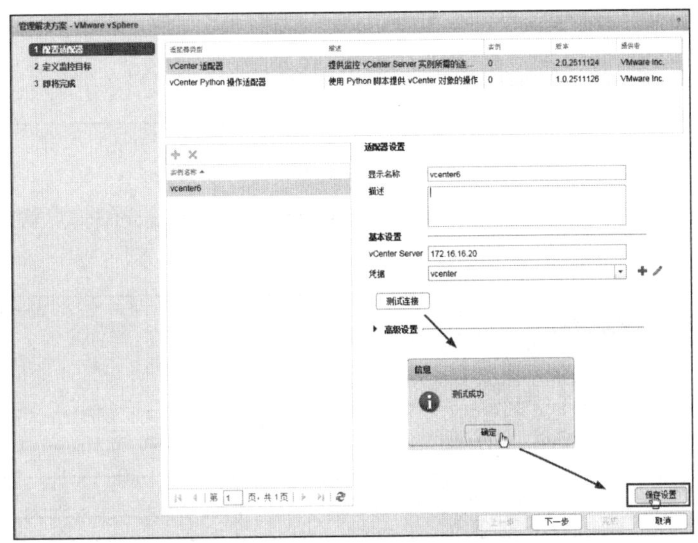

图 4-2-35　保存设置

（7）在“定义监控目标”对话框，回答 vRealize 部署中的问题，然后单击“下一步”按钮，如图 4-2-36 所示。

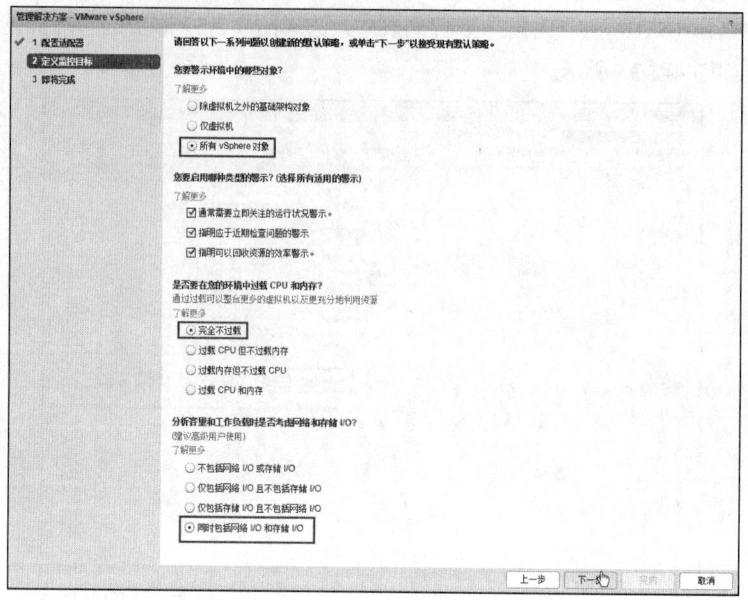

图 4-2-36　定义监控目标

（8）在"即将完成"按钮，单击"完成"按钮，完成设置，如图 4-2-37 所示。

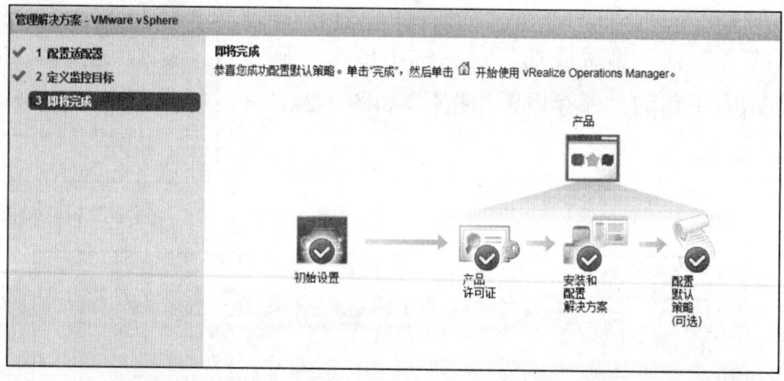

图 4-2-37　完成

（9）添加之后，返回到控制台，此时 VMware vSphere 解决方案详细信息状态为"正在收集"，如图 4-2-38 所示。

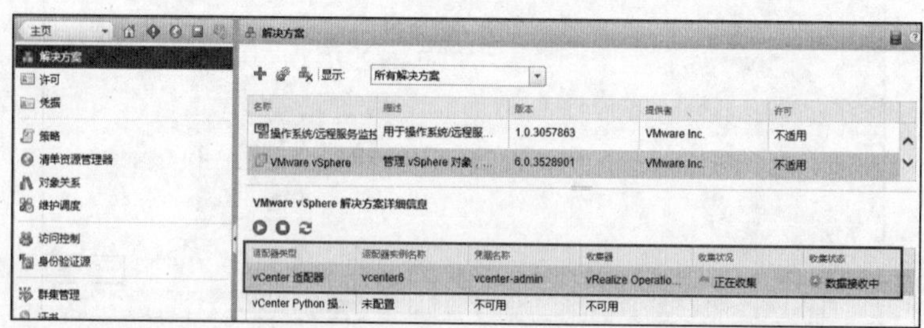

图 4-2-38　正在收集

（10）收集完成之后，即在主页中显示 vRealize 的运行状态，如图 4-2-39 所示。

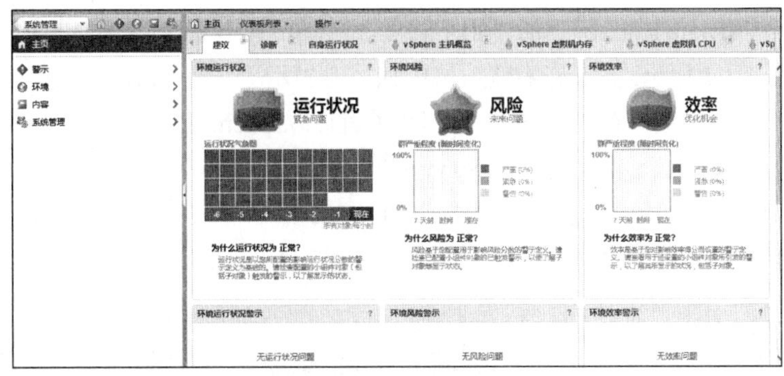

图 4-2-39　运行状态

4.3　查看 vRealize Operations Manager 图表

在安装配置好 vRealize Operations Manager（以后简称 vROps）之后，就可以登录 vROps 管理界面，查看收集的各种数据及由此产生的图形与报表。接下来我们从主界面开始一一介绍。

注：本章中很多图表的讲解与颜色相关，为便于学习，读者可扫描封底二维码以下载全书彩色图表。

4.3.1　vROps 主界面

vROps 的登录地址是 https://vROps_IP 地址/ui，在登录的时候，选择“本地用户”，输入初始用户名 admin 及管理密码登录，如图 4-3-1 所示。

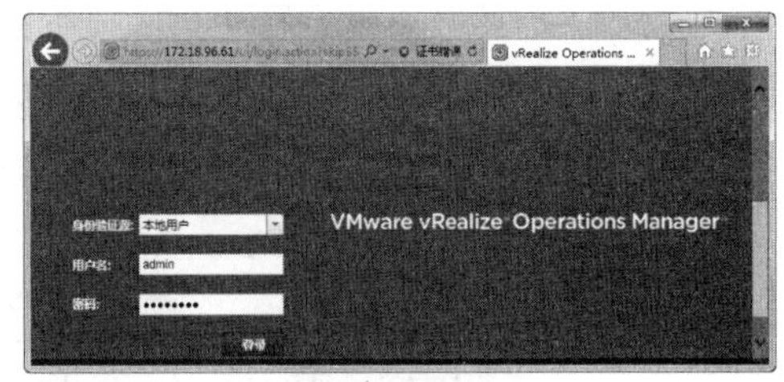

图 4-3-1　登录界面

在登录之后，看到的界面如图 4-3-2 所示。

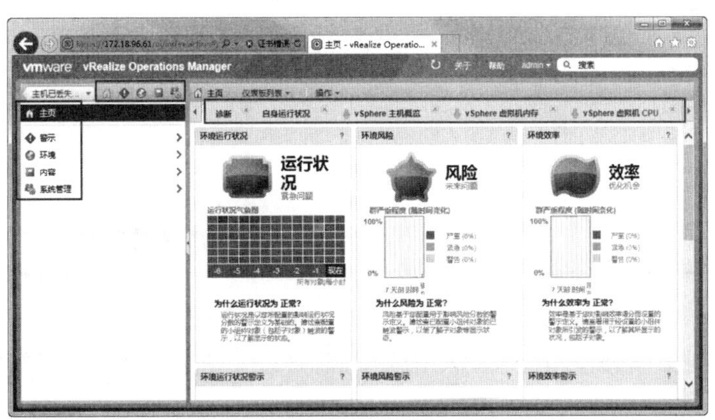

图 4-3-2　vROps 主界面

在左侧的导航窗格中，包括“主页、警示、环境、内容、系统管理”5 个可选项，在左侧导航栏中还有对应的图标，其中“🏠”对应“主页”，“◆”对应“警示”，“◎”对应“环境”，“▣”对应“内容”，“▣”对应“系统管理”。

在图 4-3-2 中，右侧窗格中默认显示的是“主页”的内容，在没有安装其他解决方案（例如，可以添加名称为“VMware Horizon”的“用于管理 VMware Horizon 对象如 View 容器、池、桌面的解决方案”，如图 4-3-3 所示）时，在右侧窗格中默认会显示“建议、诊断、自身运行状况、vSphere 主机概览 、vSphere 虚拟机内存、vSphere 虚拟机 CPU、vSphere 虚拟机磁盘和网络、vSphere 数据存储、vSphere 群集、vSphere 容量风险、vSphere 虚拟机配置摘要、vSphere 主机配置摘要、vSphere 群集配置摘要、工作负荷利用组”等仪表板，在图 4-3-2 的右侧窗格显示了一部分，单击右侧窗格的左、右箭头图标可以显示其他仪表板。

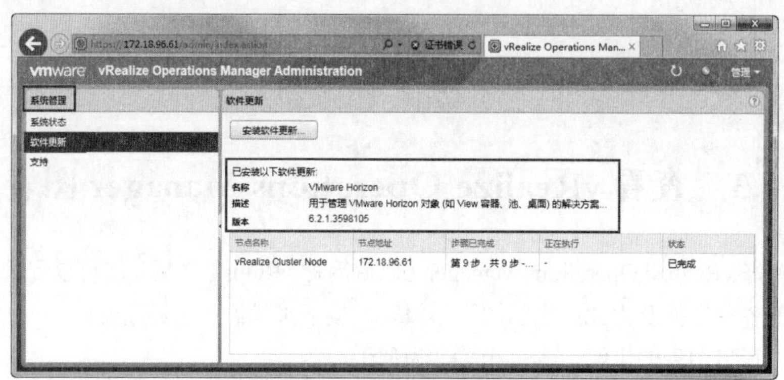

图 4-3-3　安装的解决方案

如果安装了其他解决方案，默认在右侧窗格及工具栏中会显示安装的解决方案，如图 4-3-4 所示，这是安装了 VMware Horizon 解决方案后的部分仪表板截图。

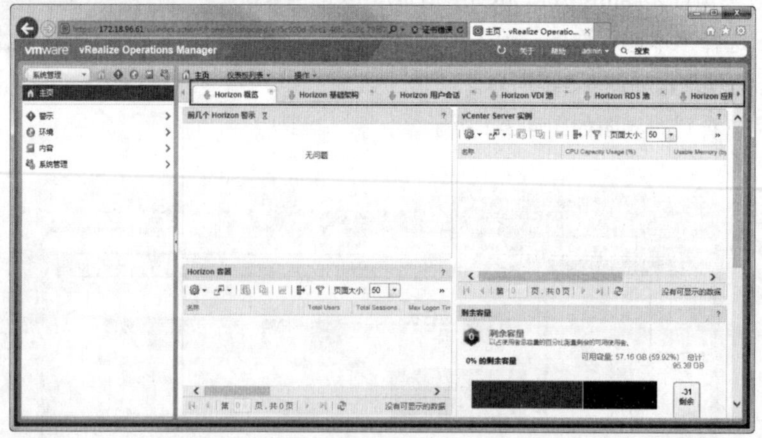

图 4-3-4　Horizon 解决方案仪表板

单击“仪表板列表”按钮，在下拉列表中显示当前 vROps 安装或可以使用的解决方案，如图 4-3-5 所示。

在图 4-3-5 中有两种图标，其中仪表板前面有可选框的图标，如果选中则会在右侧工具栏显示对应的仪表板，例如，“vSphere 仪表板”，如果为“选中”状态则会在工具栏显示“vSphere 主机概览”等 7 个仪表板，而在“vSphere”仪表板右侧菜单中还有一个“vSphere 配置”的可选框，如果选中可以显示“vSphere 虚拟机配置摘要、vSphere 主机配置摘要、vSphere 群集配置摘要”选项。

在我们当前的 vROps 管理界面中，由于安装了 VMware Horizon 解决方案，故还显示“Horizon”方案，单击“仪表板列表→Horizon”，可以看到 Horizon 解决方案的仪表板，如图 4-3-6 所示。

图 4-3-5　仪表板列表

图 4-3-6　Horizon 仪表板

注：Published Applications 用到的地方很少，在此不作介绍。

如果想在工具栏关闭某个仪表板，可以单击该仪表板右上角的 ☒ 按钮即可（如图 4-3-7 所示），也可以单击“操作”按钮，选择“从菜单移除仪表板”功能（如图 4-3-8 所示），从菜单移除当前选中的仪表板。

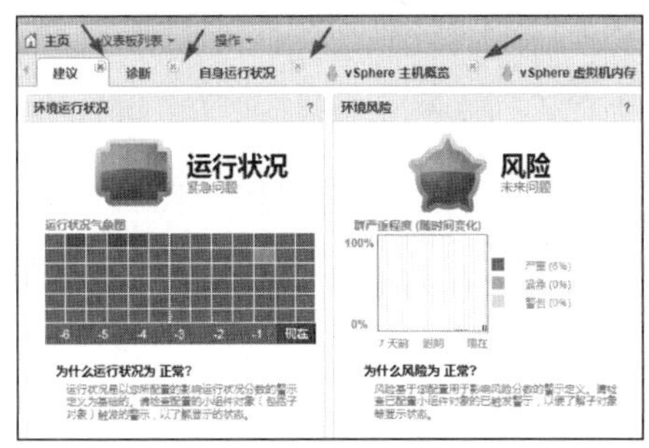

图 4-3-7　关闭仪表板

图 4-3-8　移除仪表板

在图 4-3-8 中，单击“重新排序/自动切换仪表板”，在弹出的“重新排序/自动切换仪表板”对话框中，双击要调整或修改的仪表板，在“自动转换”下拉菜单中选择“开启”或“关闭”选项（如图 4-3-9 所示），然后选择“更新”选项，统一调整之后单击“保存”按钮，即可选择开启或关闭该仪表板。在“秒”选项中还可以调整该仪表板刷新的时间。

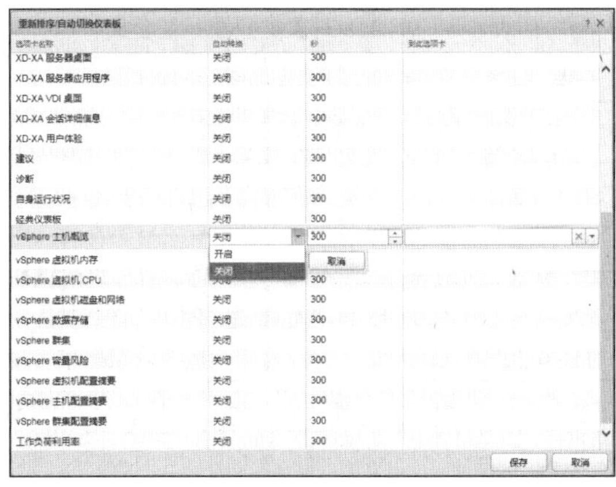

图 4-3-9　自动转换

在重新设置之后，单击“保存”退出时，系统会提示“刷新仪表板后，更改才会生效”，如图 4-3-10 所示。

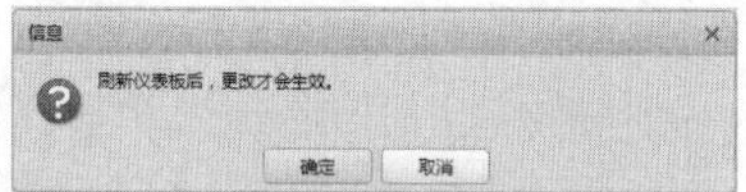

图 4-3-10　提示需要刷新

下面我们一一介绍“主页”中常用到的仪表板。

4.3.2　了解导航窗格中对象类型图标

要使用 vROps 监控虚拟环境，您必须了解产品中使用的图标、标志和关键衡量指标的概念，如图 4-3-11 所示，单击“🌐”环境选项卡，并依次展开 vCenter、数据中心、群集、主机、资源池，可以看到当前 vSphere 数据中心中有不同的对象，并用不同的图标表示。

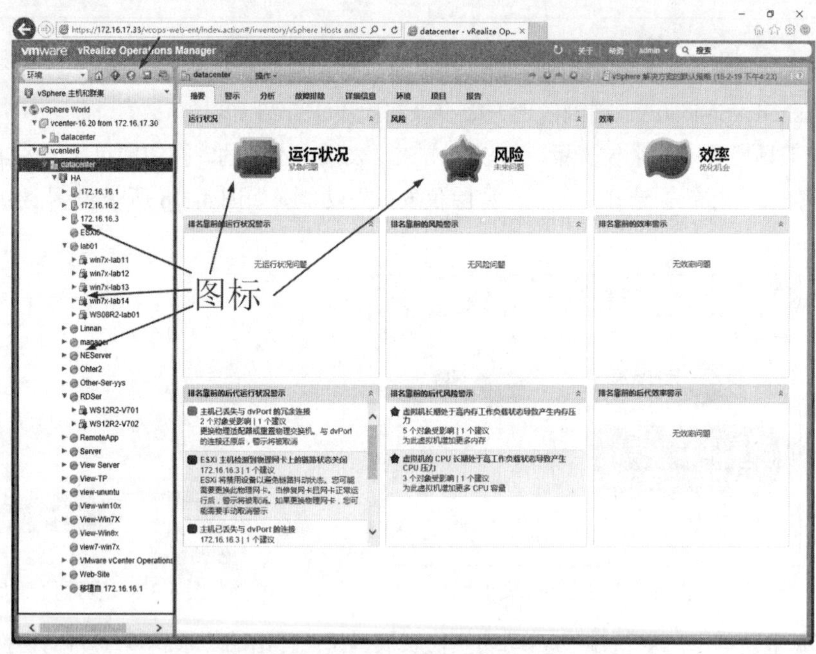

图 4-3-11　导航窗格

vROps 监控的所有对象都列在清单窗格中，vROps 会使用特定图标，以便您区分清单中的虚拟机、ESX 主机及其他对象，表 4-3 介绍了 vROps 对象类型图标及含义。

表 4-3　vROps 对象类型图标及含义

图　标	描　述	图　标	描　述
	环境：“域”对象是 vROps 中所有受监控对象的逻辑容器		处于打开电源状态的 ESXi 主机
	vCenter Server 系统		数据存储
	数据中心		处于关闭电源状态的虚拟机
	群集		处于打开电源状态的虚拟机
	处于关闭电源状态的 ESXi 主机		由 vROps 或管理员创建的自定义组

在默认情况下，清单窗格中的对象按主机和群集分组，也可以从清单窗格顶部的下拉菜单中选择数据存储，来切换对象的分组方式。

4.3.3 vROps 中的属性和指标

vROps 将为虚拟环境中的每个对象收集数据，下面介绍 vROps 的一些名词与术语。

（1）属性：vROps 所收集的每个数据类型称为一个属性。例如，对于虚拟机，vROps 将接收有关可用磁盘空间、CPU 负载、可用内存等的数据。

（2）衡量指标：某一特定对象的属性的实例称为衡量指标。例如，某一特定虚拟机的可用内存就是一个衡量指标。

（3）衡量指标值：对于每个衡量指标，vROps 将随时间收集和存储读取到的多个值。例如，vROps 服务器将收集每台虚拟机的 CPU 负载信息，并且每隔 5 分钟在屏幕上显示该信息一次。vROps 所收集的每条数据称为一个衡量指标值。

衡量指标阈值是 vROps 识别性能问题的基础。如果某个值超出定义的阈值，则可能表示出现性能问题。

（4）动态阈值：vROps 将根据每个衡量指标的当前值和历史值为其定义动态阈值。由于常规使用和行为周期的影响，衡量指标的正常值范围会在不同日期的不同时间而有所不同。vROps 将跟踪这些正常值周期并相应地设置动态阈值。较高的衡量指标值在某一时刻可能是正常的，而在其他时刻则可能表示存在潜在问题。例如，由于要生成每周报告，因此星期五下午的 CPU 使用率较高，这是正常的。而如果在星期日早上办公室无人时也表现为相同的值，则可能表示出现问题。

vROps 会不断调整动态阈值。通过新的入站数据，vROps 可以更准确地定义某一衡量指标的正常值。动态阈值会为衡量指标添加上下文，以使 vROps 能够区分正常行为和异常行为。

通过动态阈值，用户无须手动为成百上千的衡量指标配置硬阈值。更重要的是，它们比硬阈值更精确。通过动态阈值，vROps 可以根据对象的实际正常行为（而不是根据一组随意的限制规则）来检测偏差。

分析算法计算动态阈值的初始值需要 7 天的时间。动态阈值将在“详细信息”页面和“记分板”页面中的使用情况衡量指标条形图下显示为线段。动态阈值线段的长度和位置取决于为所选择的使用情况衡量指标计算的正常值。动态阈值还会在“所有衡量指标”页面的使用情况衡量指标图形中显示为灰色阴影区域。

（5）硬阈值：与动态阈值不同，硬阈值是为定义对象的正常行为而输入的固定值。除非手动更改这些任意值，否则它们不随时间变化。不能在 vROps 的 vSphere UI 中修复硬阈值。

（6）KPI：对于对象的性能或完整性至关重要的属性在 vROps 中被定义为关键性能指标（KPI）。一个关键性能指标可以是一个衡量指标，也可以是多个衡量指标的组合，是所选资源运行状况的重要指示器。在用于确定对象运行状况的计算情形中，KPI 更为重要。KPI 性能图显示在其他用于衡量产品多个方面的衡量指标之前。

4.3.4 建议仪表板

vROps 使用标志来呈现派生的衡量指标，以使能够从更高的层次和更广泛的角度来查看虚拟环境的性能和状况。每个标志的评分是从数千个原始衡量指标和派生衡量指标进行全面汇总而得出的。vROps 将对相关衡量指标的组合进行计算，以创建一个值，从而对某一对象的特定性能方面进行跟踪。

标志按一个简单的层次结构排列，在该层次结构中，次要标志的评分会影响主要标志的评分。主要标志的评分是利用其次要标志的几何加权评分进行计算的。一个主要标志中的所有次要标志的权重都相等。例如，主要标志“运行状况”包含次要标志“工作负载”、“异常”和“故障”，这些次要标志将影响“运行状况”标志的评分。

“主要标志”是其“次要标志”的函数，相对而言计算方式类似，而次要标志与主要标志不同，其计算方式差别很大。某些标志的评分是通过 vCenter Server 适配器进行计算的，而另一些标志的评分则是通过 vROps 分析算法进行计算的。可以在仪表板上查看的主要标志和次要标志的数量取决于使用的产品版本。

vROps 管理员可以更改所有标志的默认评分阈值。更改标志阈值将影响在仪表板上看到的标志图标的颜色及 vROps 所生成的警示的数量。

登录到 vROps 之后，在“仪表板”选项卡中，可以看到“运行状况”、“风险”、“效率”3 个仪表板，以及“环境运行状况警示”、“环境风险警示”、“环境效率警示”、“排名靠前的后代运行状况警示”、“排名靠前的后代风险警示”、“排名靠前的后代效率警示”其他 6 个组件。如图 4-3-12 所示。

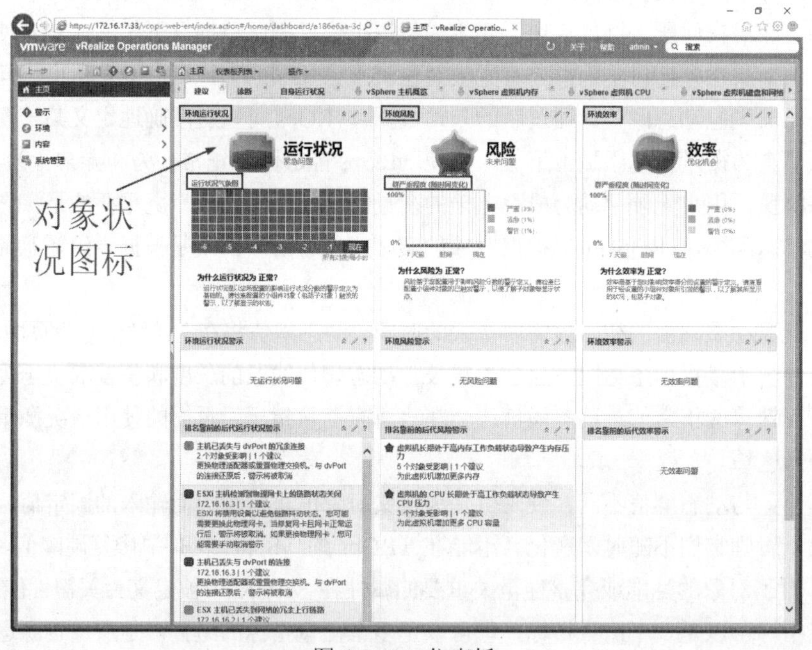

图 4-3-12　仪表板

本节先介绍“运行状况”内容，风险及效率将在下一节介绍。

运行状况等级概述了某一清单对象的当前运行状况。

运行状况标志可以回答这样的问题：“我的系统的当前运行状况如何？”通过运行状况可以确定系统中当前存在的问题，或者需要立即解决以防止出现更大问题。因此，运行状况是应该查看的最高级别的指标，有助于了解系统是否需要立即引起关注。运行状况标志分为以下几个子标志：工作负载、异常和故障。

vCenter Operations Manager 将使用运行状况标志所包含子标志的评分来计算运行状况评分。在运行状况评分中，故障处于首位，因为故障描述了现有问题，而“工作负载”和“异常”两者相结合才能确定性能问题。这种方法能够确保运行状况标志的评分反映对象的实际状况，而不会夸大或低估问题。

运行状况评分范围介于 0（差）和 100（优）之间。标志将根据 vROps 管理员所设置的标志评分阈值来更改颜色，表 4-4 显示了运行状况对象值。

表 4-4　运行状况对象值

对象标志图标	描　述	用 户 操 作
■	对象的运行状况正常	无须任何关注
■	对象存在某种程度的问题	检查详细信息，并采取适当措施
■	对象可能存在严重问题	检查详细信息，并尽快采取适当措施
■	对象可能无法正常运行，或者即将停止运行	立即采取措施，防止或纠正问题
?	该对象处于脱机状态或在该时间段内任何衡量指标均无可用数据	

1．运行状况气象图

运行状况气象图显示与清单窗格中所选对象相关的所有对象的运行状况。

清单中除虚拟机之外的所有对象都有相应的运行状况气象图。对于虚拟机，vROps 将显示运行状况趋势图。

气象图中的每个正方形表示一个直接或间接连接到所选对象的相关对象，如图 4-3-13 所示。单击某个正方形显示该对象的名称、运行状况、工作负载等。例如，如果在清单窗格中选择了某个 ESX 主机，则运行状况气象图中的正方形数量等于清单窗格中该 ESX 主机之下所有虚拟机和数据存储的数量加上该 ESX 主机之上数据中心、vCenter Server 和域对象数量的总和。运行状况气象图中的正方形大小未设定，因此清单中的对象类型和气象图中的正方形之间不存在任何明显的对应关系。可以使用运行状况气象图来快速地了解当前状况及过去 6 小时内的变化情况。

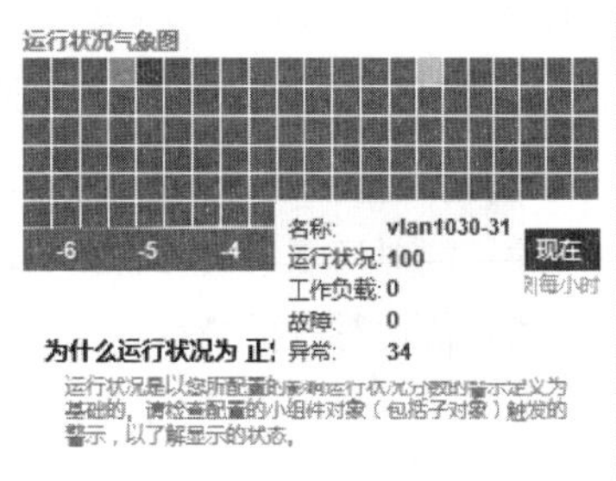

图 4-3-13　运行状况气象图

在默认情况下，运行状况气象图将显示当前标志值。可以单击气象图底部的时间（-6、-5、-4、-3、-2、-1、现在）行来切换到较早的时间段。

【说明】如果选择与当前时刻相差一小时或几小时的较早时间段，则会显示受监控系统在所对应时刻的状况。例如，假设当前时间为下午 3:15，如果单击 [-1]，则 vROps 将显示下午 3:00 的运行状况气象图。如果单击 [-2]，则 vROps 将显示下午 2:00 的运行状况气象图。

可以使用工具栏选项管理列表中的警示，单击警示名称查看受影响对象的警示详细信息，或单击生成警示的对象的名称查看对象详细信息。

2．环境运行状况警示

“环境运行状况警示”列表是指配置为影响环境运行状况的所有生成警示，需要立即关注，如图 4-3-14 所示。使用运行状况警示列表对问题进行评估和优先级区分并立即开始解决问题。

针对受管对象生成的所有运行状况警示都将显示在列表中。在图 4-3-14 中，单击“铅笔”图标，打开“编辑环境运行状况警示”对话框，在此可以修改标题名称、刷新内容、刷新时间间隔、影响标志、警示数等一系列内容，如图 4-3-15 所示。

图 4-3-14　环境运行状况警示

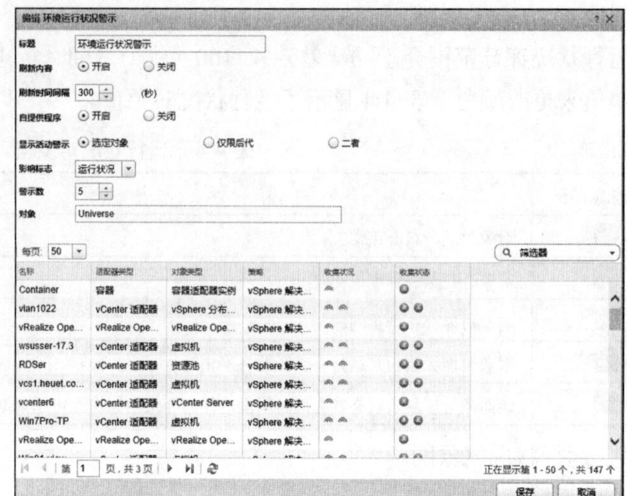

图 4-3-15　编辑环境动物地状况警示

可以使用工具栏选项管理列表中的警示，单击警示名称查看受影响对象的警示详细信息，或单击生成警示的对象的名称查看对象详细信息。

3. 排名靠前的后代运行状况警示

“前几个警示”是配置为在 vRealize Operations Manager 中进行监控的对象的最重要警示。这些警示很可能对环境造成负面影响，应对其进行评估和解决，如图 4-3-16 所示，这是当前主机“排名靠前的后代运行状况警示”。

在图 4-3-16 中，单击某个链接，例如“主机已丢失与 dvPort 的冗余连接”，如果有多个对象与此对象，则会弹出“主机丢失与 DvPort 的冗余连接”对话框，让管理员选择查看并选择一个对象，如图 4-3-17 所示。

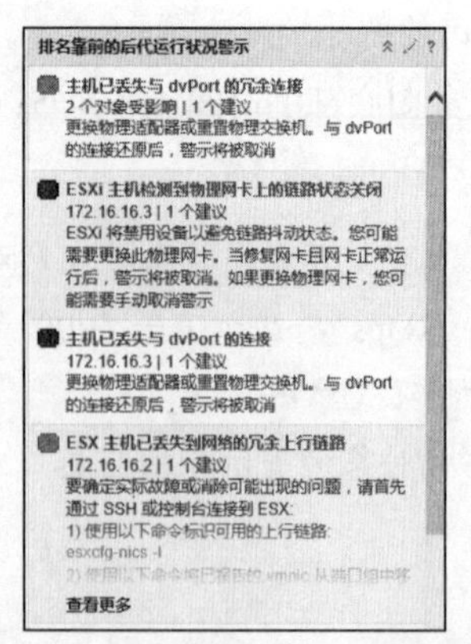

图 4-3-16　排名靠前的运行状况警示

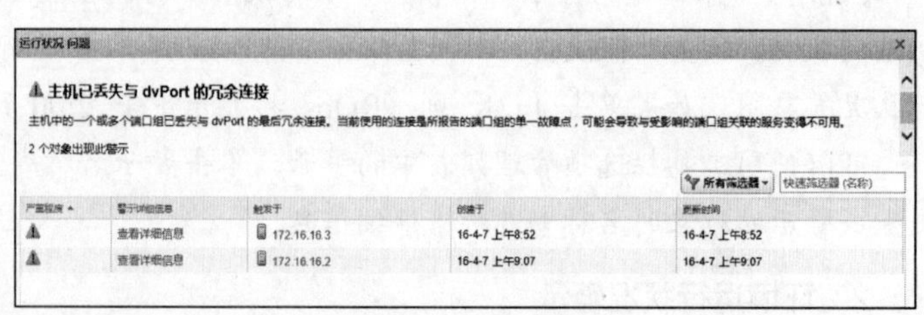

图 4-3-17　选择对象

然后会显示具体的故障或错误信息，包括开始时间、更新时间、错误描述，如图 4-3-18 所示。在本示例中，在 2016 年 4 月 7 日上午 8 点 52 分，172.16.16.3 的 vmnic3 物理网卡网络断开，造成 vmnic3 网卡关闭。

图 4-3-18　显示故障信息及建议

在图 4-3-18 中的工具栏“ ”选项有“取消、挂起、获取所有权、释放所有权”4 项，这 4 项意义见表 4-5。

表 4-5　运行状况警示工具栏选项

选　　项	描　　述
取消警示	取消所选警示。如果将警示列表配置为仅显示活动警示，则取消的警示将从该列表中移除。 不需要解决警示时可将其取消。取消警示不会取消生成该警示的基础条件。如果警示是由触发的故障和事件症状生成的，取消警示将有效，因为这些症状仅在后续故障或事件在受监控对象上出现时才触发。如果警示是根据衡量指标或属性症状生成的，则仅在进入下一个收集和分析周期之后才取消警示。如果违反值仍存在，则将再次生成警示
挂起	将某一警示挂起指定的分钟数。 调查警示期间，如果不希望警示影响所处理对象的运行状况、风险或效率，可挂起警示。如果指定时间过后问题仍存在，警示会重新激活并再次影响对象的运行状况、风险或效率。 挂起警示的用户将成为指定的所有者
获取所有权	作为当前用户，您将担任该警示的所有者。 只可以获取警示的所有权，不能分配所有权
释放所有权	释放警示的全部所有权

在图 4-3-18 中的警示记录了故障的原因、时间，此时管理员可以登录 vSphere Client 或 vSphere Web Client，检查这一故障是否已经解决，如图 4-3-19 所示。

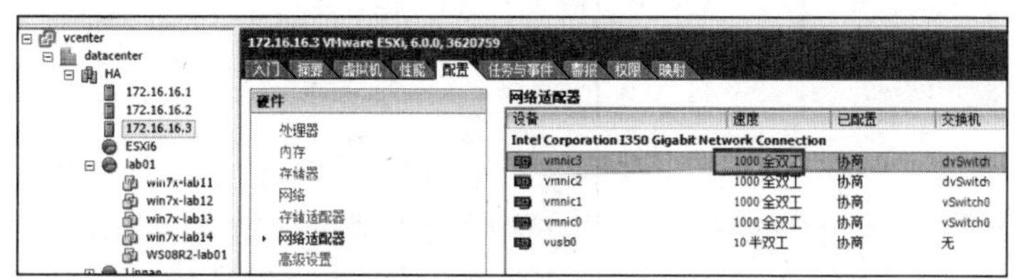

图 4-3-19　vmnic3 已经正常

因为这一问题已经解决，所以单击“ ”按钮取消警示。

单击“ ”按钮返回主页，再次进入图 4-3-16 的选项，查看列表中其他对象的详细信息，并根据警示一一处理，取消警示。

4. 风险标志

风险标志用于指示可能会最终降低系统性能的潜在问题。风险并不一定意味着当前存在问题。风险所指示的是近期可能需要引起注意的问题，但该问题并不紧急。

vROps 将使用风险标志所包含的子标志的评分来计算风险评分。计算风险评分所应用的公式与计算几何加权平均值的公式相反。

对象的整体风险评分范围介于 0（无风险）到 100（严重风险）之间。标志将根据 vROps 管理员所设置的标志评分阈值来更改颜色，如图 4-3-20 所示。这是某个虚拟机的风险截图。

图 4-3-20　风险标志

风险标志图标有 6 种，其图标与描述见表 4-6。

表 4-6　风险标志图标与描述

标志图标	描　述	用 户 操 作
	所选对象当前不存在任何问题。预计未来也不会出现任何问题	无须任何关注
	近期出现问题的几率很低，或者远期可能会出现潜在问题	检查详细信息，并采取适当措施
	目前可能会出现较严重的问题，或者在不远的将来可能会出现问题	检查详细信息，并尽快采取适当措施
	将来出现严重问题的可能性很高，或者近期可能会出现问题	立即采取措施，防止或纠正问题
	该对象处于脱机状态或在该时间段内任何衡量指标均无可用数据	

vROps 管理员可以更改默认标志评分阈值。例如，绿色可以指示评分低于 30，而不是 25。

5. 环境风险警示

风险警示是配置为指示环境中存在风险的所有生成警示。应在近期内解决风险警示，即生成警示的触发症状对环境的运行状况产生负面影响之前，如图 4-3-21 所示。

单击“铅笔”图标，打开“编辑环境风险警示”对话框，可以查看标题、刷新内容、刷新时间间隔、显示活动警示等项，如图 4-3-22 所示。

图 4-3-21　环境风险警示

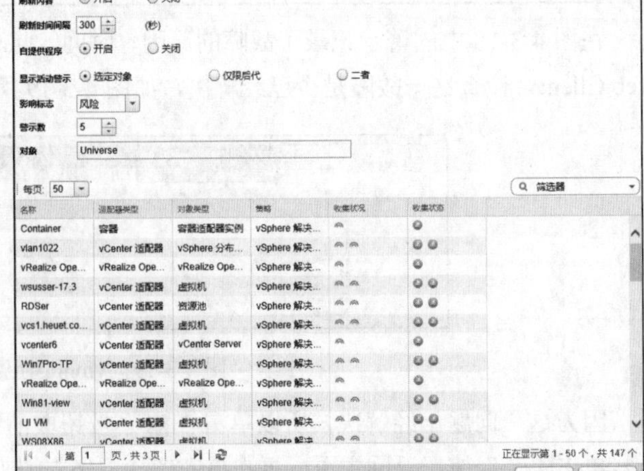

图 4-3-22　编辑环境风险警示

6．排名靠前的后代风险警示

在“排名靠前的后代风险警示”选项中，显示了与风险相关的警示的简短描述，如图 4-3-23 所示。

单击警示名称打开辅助窗口，可从此处链接到警示详细信息。在警示详细信息中，可以开始解决警示。在图 4-3-23 中，选择“虚拟机长期处于高内存工作负载状态导致产生内存压力”选项，因为此项显示有 5 个对象受影响，所以单击链接时，会弹出选择对话框，显示受到影响的 5 个对象，如图 4-3-24 所示。在这 5 个对象中，显示严重程度、触发的目标、警示创建的时间、更新时间等。

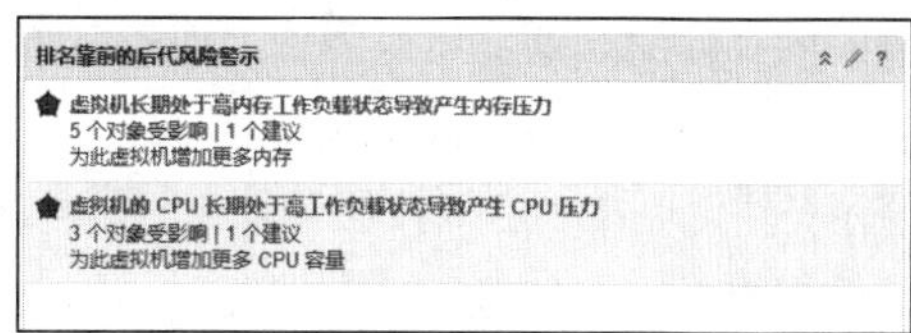

图 4-3-23　排名靠前的后代风险警示

风险 问题

虚拟机长期处于高内存工作负载状态导致产生内存压力

由于 CPU 资源不足，虚拟机遇到内存压力问题

5 个对象出现此警示

所有筛选器　快速筛选器 (名称)

严重程度	警示详细信息	触发于	创建于	更新时间
⚠	查看详细信息	WS12R2-V702	16-5-24 上午5:04	16-5-24 上午5:04
⚠	查看详细信息	vcs1.heuet.com_17.51	16-6-7 上午5:03	16-6-7 上午5:03
⚠	查看详细信息	view7-win7x	16-5-19 上午5:03	16-5-19 上午5:03
⚠	查看详细信息	WS12R2-V701	16-5-24 上午5:04	16-5-24 上午5:04
⚠	查看详细信息	win7x_ent01	16-5-11 上午5:01	16-5-11 上午5:01

图 4-3-24　风险问题

在图 4-3-24 中，选择“WS12R2-V701”的虚拟机的详细信息，如图 4-3-25 所示。

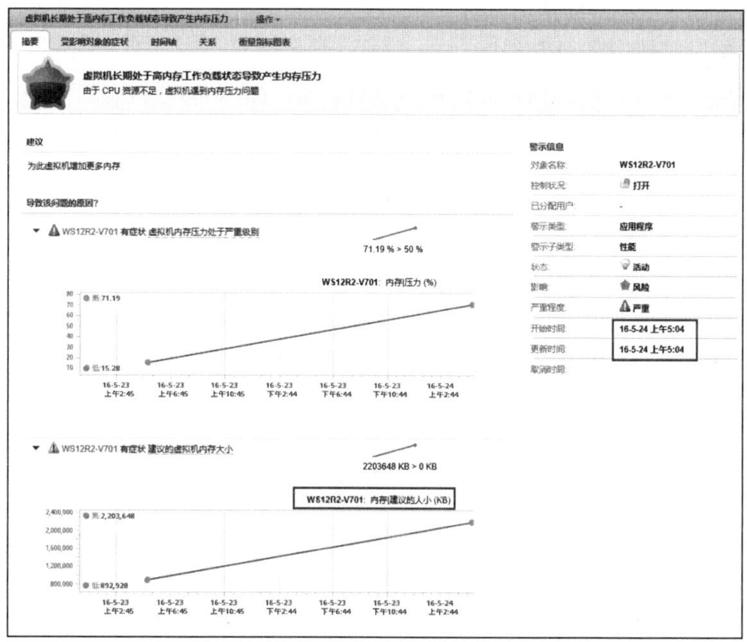

图 4-3-25　详细信息

在图 4-3-25 中，显示了 WS12R2-V702 虚拟机严重程度为“严重”，开始时间是 2016 年 5 月 24 日上午 5 点 04 分，内存使用从最低的 892 928KB（872MB）～2 203 648KB（2 152MB）。从此可

以看出，需要至少为该虚拟机分配 2 152MB 才可以满足需求，一般需要分配 2 152÷（60%～80%）≈ 2 690～3 586MB 内存，即 2.6～3.5GB 内存。使用 vSphere Client 或 vSphere Web Client 打开 WS12R2-V702 虚拟机的配置，可以看到当前虚拟机分配内存为 1GB，如图 4-3-26 所示，当前虚拟机的内存分配过低，建议为这个虚拟机分配 3GB 左右的内存。

根据警示对虚拟机（或其他对象）进行处理之后，在图 4-3-25 的工具标中单击“×”按钮取消警示，然后单击“🏠”按钮返回主页，再次进入图 4-3-24 的选项，查看列表中其他对象的详细信息，并根据警示一一处理，并取消警示。

返回到“排名靠前的后代风险警示”选项，单击“虚拟机的 CPU 长期处于高工作负载状态导致产生 CPU 压力”链接，打开“虚拟机的 CPU 长期处于高工作负载状态导致产生 CPU 压力”对话框，如图 4-3-27 所示。当前有 3 个对象有相同的问题。

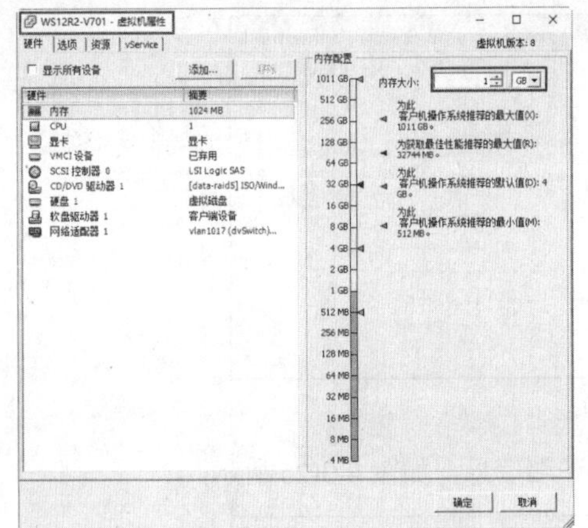

图 4-3-26　建议为该虚拟机分配 3GB 内存

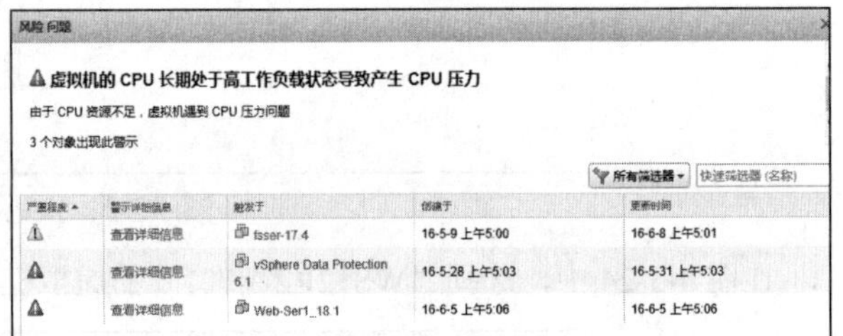

图 4-3-27　有 3 个对象的 CPU 资源不足

单击“fsser-17.4”链接，打开对象的详细信息对话框，如图 4-3-28 所示，在此显示中，表示当前虚拟机只有 1 个 CPU，而主机的 CPU 压力在高峰时是 45.24%，最低时约 32.51%，建议为此虚拟机分配 2 个 CPU。

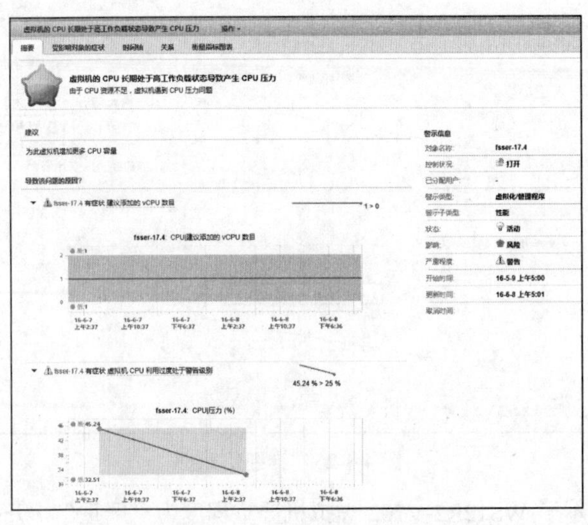

图 4-3-28　建议添加的 CPU 数量

使用 vSphere Client 或 vSphere Web Client，打开 fsser-17.4 虚拟机的配置，将该虚拟机的 CPU 从 1 个改为 2 个，如图 4-3-29 所示。

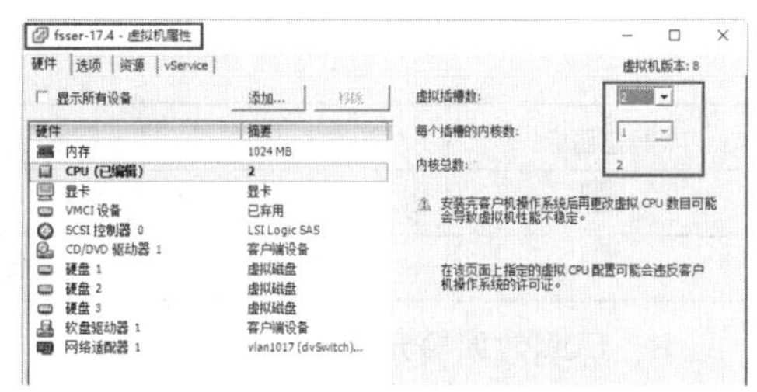

图 4-3-29　修改虚拟机 CPU 配置

单击“🏠”主页，并再次进入图 4-3-27 的选项，查看其他受到影响的对象，如图 4-3-30 所示，这时名为 Web-Ser1_18.1 的虚拟机，在此警示中，建议的 CPU 数目为 10（该虚拟机分配了 8 个 vCPU），对于此类提示，管理员可以打开这台虚拟机的“任务管理器”（如图 4-3-31 所示），如果 CPU 资源长期需要 8 个及更高的 CPU，可以为其增加，如果只是“偶尔”需要更高的 CPU，例如，图 4-3-30 中一个“垂直”上升的直线，则可以单击工具栏上的“×”按钮取消这个报警。

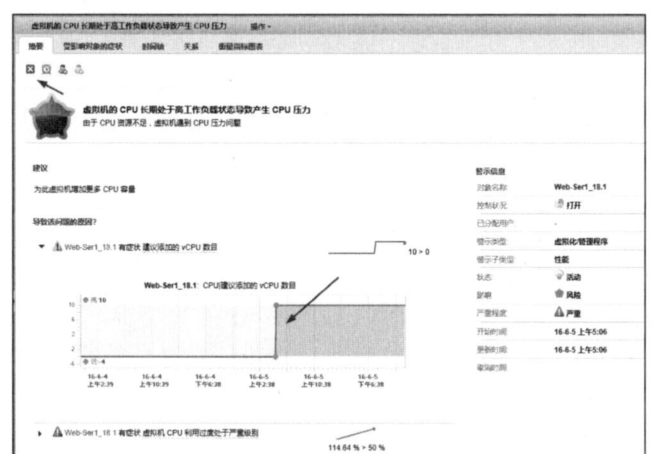

图 4-3-30　严重警示

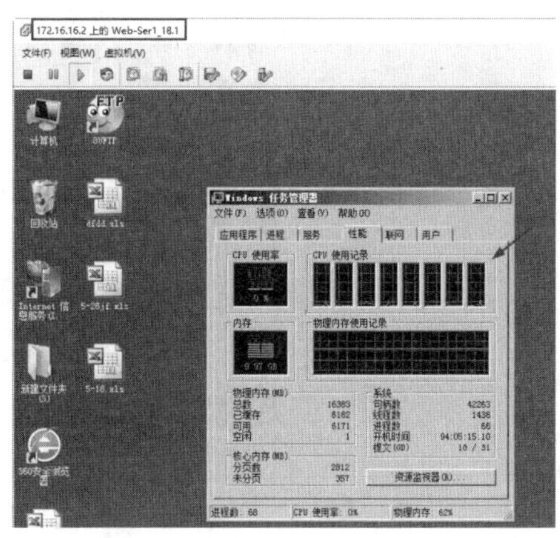

图 4-3-31　查看 CPU 使用率

在图 4-3-27 的列表中，一一查看每个对象的“详细信息”，并根据实际情况，作出修改对象的内存、CPU 选择，之后取消警示，直到所有警示处理完毕。

7. 效率

效率标志有助于识别系统中的优化机会。效率不会告知用户有关当前或未来性能问题的信息，而是让用户了解如何更高效地运行数据中心。效率标志有助于识别优化和提高系统性能的机会，如图 4-3-32 所示，这是某系统的效率显示。

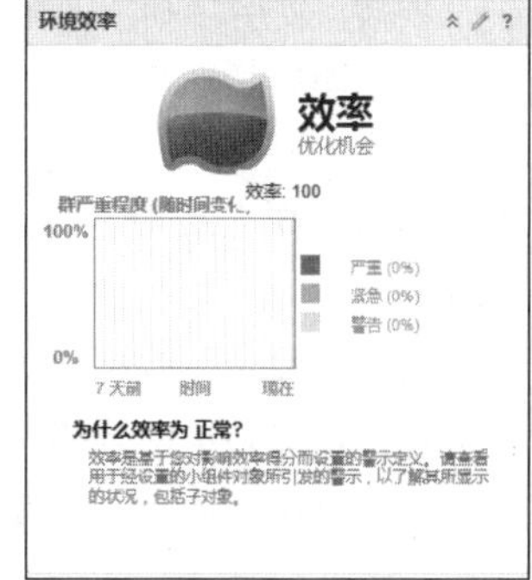

图 4-3-32　效率标志

效率评分范围介于 0（差）和 100（优）之间。标志将根据 vROps 管理员所设置的标志评分阈值来更改颜色，效率标志的显示图标见表 4-7。

表 4-7　效率标志图标及相应的用户操作

标志图标	描　述	用 户 操 作
	所选对象上的资源使用情况处于最优状态	无须任何关注
	效率良好，但仍有改进的空间。某些资源未充分利用	检查详细信息，并采取适当措施
	所选对象上的资源没有以最优的方式利用	检查详细信息，并尽快采取适当措施

续表

标志图标	描　述	用 户 操 作
	效率较差。正在浪费许多资源	立即采取措施，防止或纠正问题
	该对象处于脱机状态或在该时间段内任何衡量指标均无可用数据	

8. 环境效率警示

“效率”小组件是其配置为要监控的对象的效率相关警示的状态。vRealize Operations Manager 中的效率警示通常表示可以回收资源。单击“环境效率”、“环境效率警示”或“排名靠前的后代效率警示”选项中的“铅笔”图标，可以查看配置设置，如图 4-3-33 所示。

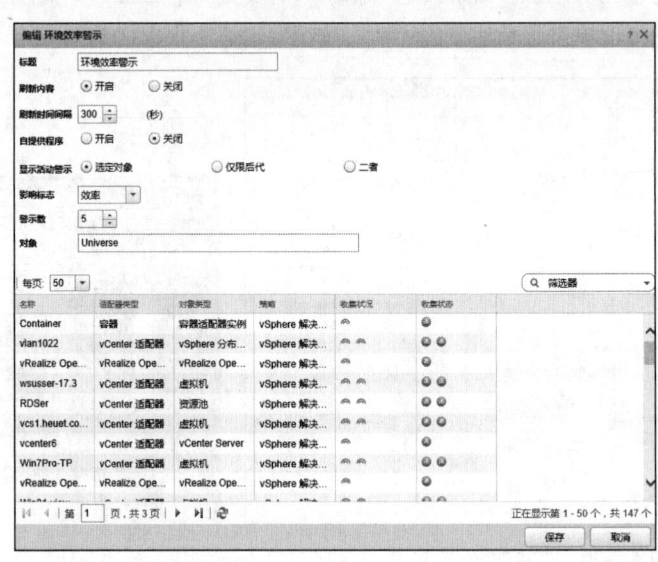

图 4-3-33　编辑环境效率警示

如果“标志模式”配置选项设置为“关闭”，将会显示标志和图表。如果监控的对象是组，则群严重程度图表将显示随时间推移生成的严重、紧急和警告风险警示的组成员百分比。

如果该对象没有向任何其他对象提供其资源，或者没有其他对象依赖于所监控对象的资源，趋势线将显示所监控对象在一段时间内的效率状态。例如，如果所监控对象是虚拟机或 Distributed Switch。

饼图将显示所有其他对象类型的受监控对象的后代虚拟机的可回收百分比、压力百分比和最佳百分比。可以使用图表确定环境中可从其回收资源的对象。例如，如果对象是主机或数据存储。

如果“标志模式”设置为“打开”，则仅显示标志。

4.4　诊断仪表板

在“诊断”仪表板，显示了 vSphere 对象的拓扑图、工作负载、异常、压力、容量、故障、衡量指标图标、衡量指标拾取器等小组件，如图 4-4-1 所示。

在左侧“对象”导航栏中，列出了当前 vSphere 中相关的对象，这包括 ESXi 主机系统、群集计算资源、虚拟机等对象，单击“对象类型”在弹出的下拉列表中选择“列”，并在展开的二级菜单中选择要在“对象”导航栏中显示的列（打上“√”为选中），如图 4-4-2 所示。

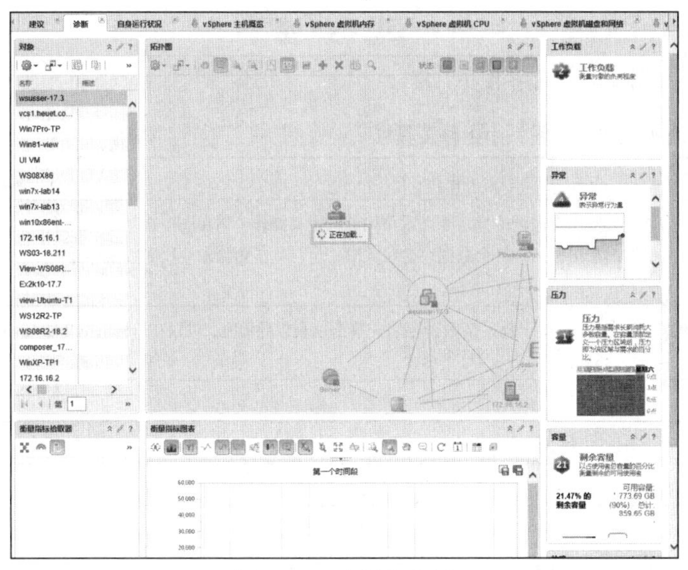

图 4-4-1　诊断仪表板

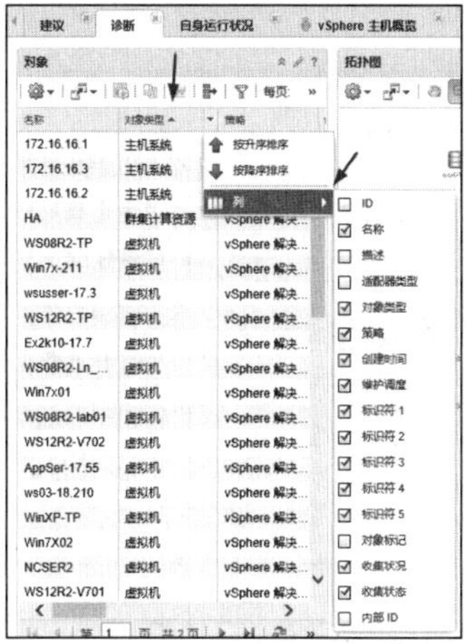

图 4-4-2　对象列表

在左侧的“对象”导航器中选中对象后，则在“拓扑图、工作负载、异常”等小组件中，显示该对象的拓扑图、工作负载等参数。下面以在“对象”导航器中单击 172.16.16.3 的主机对象为例，介绍“拓扑图、工作负载、异常”等组件。

4.4.1　拓扑图

“拓扑图”小组件提供清单中的对象及其关系的图形表示，如图 4-4-3 所示。

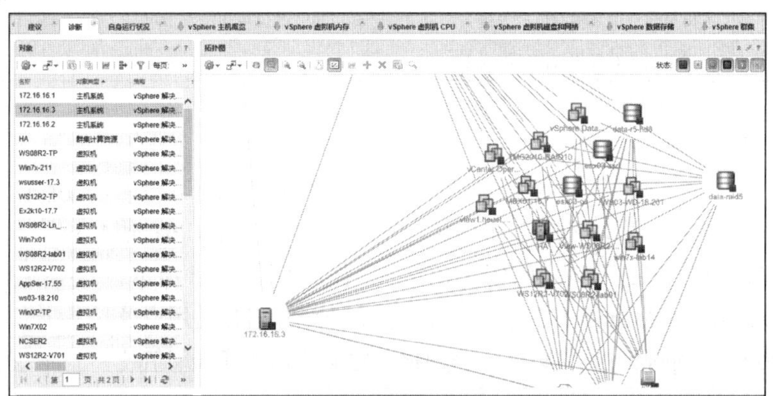

图 4-4-3　拓扑图

利用“拓扑图”小组件，可以浏览连接到清单中某个对象的所有节点和路径。对象之间的连接可能是逻辑连接、物理连接或网络连接。该小组件可显示一个图，其中显示两个对象之间的路径中的所有节点，或显示与清单中某个节点相关的对象。配置小组件时，可以在浏览模式下选择图形类型。编辑小组件时，可以使用关系复选框来选择所显示图形中节点之间的浏览级别。该小组件默认显示清单中的所有对象类型，但可以在配置过程中，使用“对象视图”列表选择要查看的对象类型。双击图中的某个对象将转到该对象的详细信息页面。

拓扑图工具栏图标如图 4-4-4 所示，相关选项见表 4-8。

图 4-4-4　拓扑图工具栏

表 4-8 “拓扑图”小组件工具栏

选　项	描　述
操作	用于从每种对象类型的预定义操作中进行选择。要查看可用的预定义操作，请在图中选择一个对象，然后单击工具栏以选择操作。例如，在图中选择某个数据存储对象时，可以单击删除未使用的数据存储快照，将此操作应用到该对象
仪表板导航	将用户带到预定义对象。例如，从图中选择某个数据存储并单击仪表板导航时，可以在 vSphere Web Client 中打开该数据存储
平移	用于移动整个图
显示数据点的值	指向图中的某个对象时，提供工具提示及参数
放大	放大图形
缩小	缩小图形
分层视图	用于切换到分层视图只有节点浏览模式，并且选择了清单树，才可启用分层视图
图表视图	用于切换到图表视图
对象详细信息	选择某个对象，然后单击此图标以显示该对象的“对象详细信息”页面
展开节点	选择要显示在图上的与用户的对象相关的对象类型。例如，如果从图中选择一个虚拟机并单击展开节点工具栏图标，然后选择主机系统，虚拟机所在的主机将添加到图中
隐藏节点	用于将指定对象从图中移除
重置为初始对象	用于恢复到初始显示的图形和初始配置的对象类型
浏览节点	用于从图中的选定对象浏览节点。例如，如果图形显示虚拟机、主机和数据存储之间的连接，并且想检查主机与清单中其他对象的连接，用户可以选择主机，然后单击浏览节点
状态	用于基于对象的状态选择对象

4.4.2　工作负载

“工作负载”小组件显示的数据可指示选定资源的工作负载情况。“工作负载”小组件显示的图形描述了选定对象的工作负载情况，包括 CPU 使用情况、内存使用情况、磁盘 I/O 和网络 I/O 的数据，如图 4-4-5 所示。

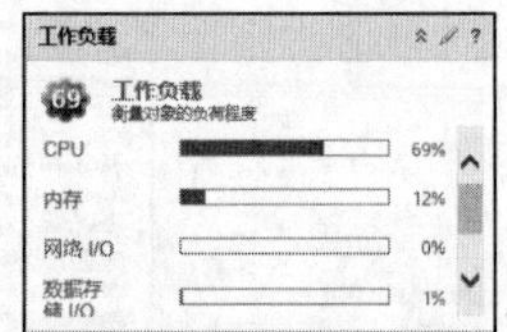

图 4-4-5　工作负载

vRealize Operations Manager 工作负载分析标志可测量对象使用资源的困难程度。vRealize Operations Manager 将根据已定义的标志评分阈值使用彩色图标来指示工作负载。

工作负载评分范围介于 0（优）和 100 以上（差）之间。vRealize Operations Manager 管理员可以修改标志评分阈值。

- 如果工作负载评分为 0，则表示该对象未在使用中。
- 如果某个对象的工作负载评分高于 100，则表示该对象正在尝试访问的资源量超出其可以访问的资源量。在这种情况下，必须为该对象分配更多资源或将某些任务移到其他对象上。

表 4-9 为对象工作负载状况。

表 4-9　对象工作负载状况及相应的用户操作

标志图标	描　述	用户操作
	对象上的工作负载未过量	无须任何关注
	对象的某些资源工作负载较高	检查详细信息，并采取适当措施
	对象上的工作负载正在接近其在至少一个区域内的容量	检查详细信息，并尽快采取适当措施
	对象上的工作负载等于或超过其在一个或更多区域内的容量	立即采取措施，防止或纠正问题
	该对象处于脱机状态或无数据可用	

4.4.3　异常

vRealize Operations Manager 异常标志评分表示根据对象的历史衡量指标数据反映的对象行为异常程度。vRealize Operations Manager 将使用基于已定义的标志评分阈值的彩色图标来指示异常。

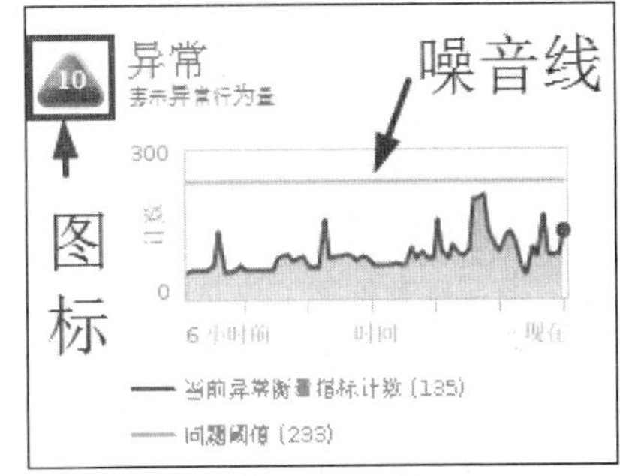

图 4-4-6　异常

图 4-4-6 所示为某系统的“异常”显示截图，当前系统异常显示为 10，这表示系统处于比较优秀的范围之内。

如果异常评分较低，则表示对象正在按照其既定的历史参数运行。大多数或所有的对象衡量指标（尤其是 KPI）均在其阈值范围之内。由于行为上的变化通常表示正在发生问题，因此，如果某一对象的衡量指标超出所计算的阈值，则该对象的异常评分会升高。如果更多衡量指标违反阈值，异常将继续增加。与违反非 KPI 衡量指标相比，违反 KPI 衡量指标会使异常评分增加更快。如果异常数较多，则指示出现问题，或者至少指示存在需要引起注意的情况。

异常和工作负载不同，工作负载用于计算某一对象的实际运行强度绝对值，而异常则计算该对象的运行行为与正常行为之间的偏差。在搜索性能问题并对其进行故障排除时，工作负载和异常都很有用。

异常评分范围介于 0（优）和 100（差）之间。标志将根据 vRealize Operations Manager 管理员所设置的标志评分阈值来更改颜色。表 4-10 为对象异常状况。

表 4-10　对象异常状况及相应的用户操作

标志图标	描　述	用户操作
	异常评分正常	无须任何关注
	异常评分超出正常范围	检查详细信息，并采取适当措施
	异常评分非常高	检查详细信息，并尽快采取适当措施
	大多数衡量指标超出其阈值。该对象可能无法正常运行，或者可能即将停止运行	立即采取措施，防止或纠正问题
	该对象处于脱机状态或无数据可用	

vRealize Operations Manager 管理员可以更改标志评分阈值。例如，绿色异常标志可能指示评分低于 60，而不是默认的 50。

在“异常”图示中，还显示“异常图形”与“噪声线”。异常图形可通过可视化的形式对具有异常值的衡量指标的实际数量和通过计算得出的所允许数量进行比较。

vRealize Operations Manager 中的任何对象都具有成百上千个与其关联的已收集衡量指标。这些衡量指标中的任何一部分都可能随时出现异常，或者与这些衡量指标的估算正常值有所偏差。当前具有异常值的衡量指标数量以蓝点显示在异常图形的右侧。蓝线表示最近 6 个小时内的异常衡量指标数量。

vRealize Operations Manager 将采用一种算法确定某个对象的多少衡量指标经常出现异常，并为该对象创建噪声线。噪声线有助于您消除对象的各种异常或日常噪音。因此，对象越活跃，其噪声级别越高。

【说明】在异常图形中，噪声线以灰线表示，如图 4-4-6 中 300 下面的一条横线。

如果异常衡量指标计数的蓝色线远远低于噪声线，则异常级别为正常。如果异常衡量指标计数的蓝色行接近噪声线或在噪声线之上，则该对象的运行状况可能正在下降。

4.4.4 压力

"压力分析"是关于 vRealize Operations Manager 如何计算对象在一段时间内需要的需求数量。此分析观察对象的工作负载与其容量的比较情况。这样有助于调整对象大小以满足资源需求。

压力（紧张容量）评分用于指示所选对象的历史工作负载。工作负载评分显示的是当前资源使用情况的快照，而压力评分则会分析更长时间段内的资源使用情况数据。压力评分是特定时间段内资源需求量与可用容量之间的比率。压力评分有助于识别未分配足够资源的主机和虚拟机，或者运行的虚拟机数过多的主机。压力评分较高并不意味着当前存在性能问题，但强调将来可能会出现性能问题。图 4-4-7 所示为某台主机的压力显示，当前压力评分为 11。

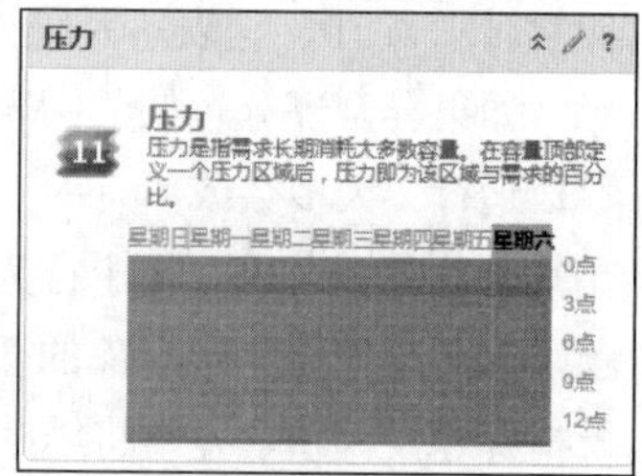

图 4-4-7 压力

压力评分范围介于 0（优）和 100（差）之间。标志将根据 vCenter Operations Manager 管理员所设置的标志评分阈值来更改颜色，详细情况见表 4-11。

表 4-11 压力状况图标及相应的用户操作

标志图标	描 述	用户操作
	压力评分正常	无须任何关注
	某些对象资源不足以满足需求	检查详细信息，并采取适当措施
	对象定期出现资源短缺问题	检查详细信息，并尽快采取适当措施
	对象中的大部分资源经常不能满足需求。对象可能会停止运行	立即采取措施，防止或纠正问题
?	该对象处于脱机状态或"压力"评分无可用数据	

4.4.5 剩余容量

剩余容量标志表示虚拟环境可以容纳新虚拟机的能力，如图 4-4-8 所示，表示某台虚拟化主机的剩余容量（在左侧窗格选中数据中心、群集或某台主机）。

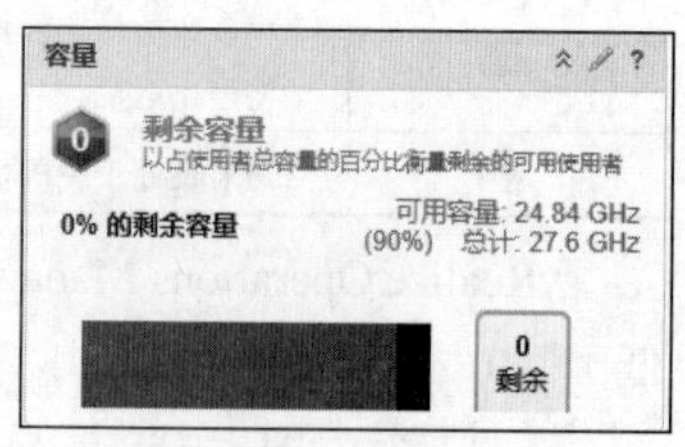

图 4-4-8 剩余容量

剩余虚拟机计数表示根据最近 n 周内，当前未使用资源的数量和平均虚拟机配置文件计算的可部署在所选对象上的虚拟机的数量。剩余虚拟机计数是用于计算剩余时间评分的同一批计算资源（包括 CPU、内存、磁盘 I/O、网络 I/O 和磁盘空间）的函数。

vCenter Operations Manager 将通过计算剩余虚拟机计数占可部署在所选对象上的虚拟机总数的百分比来计算剩余容量评分。

剩余容量评分范围介于 0（差）和 100（优）之间。标志将根据 vCenter Operations Manager 管理员所设置的标志评分阈值来更改颜色，详细图标见表 4-12。

表 4-12　剩余容量图标及相应的用户操作

图　标	描　述	用 户 操 作
	对象的剩余容量处于正常级别	无须任何关注
	对象的剩余容量低于正常级别	检查详细信息，并采取适当措施
	对象的剩余容量严重偏低	检查详细信息，并尽快采取适当措施
	对象容量即将用尽或已经用尽	立即采取措施，防止或纠正问题
	该对象处于脱机状态或在该时间段内任何衡量指标均无可用数据	

4.4.6　故障

故障标志根据从 vCenter Server 中检索的事件，测量对象可能会发生问题的程度，如图 4-4-9 所示。

图 4-4-9　故障

故障评分将根据 vCenter Server 发布的事件进行计算。该评分包括多种事件，例如，“网卡或 HBA”中冗余丢失、内存校验和错误、HA 故障切换问题、CIM 事件等。之所以将故障包括在运行状况评分中，是因为它们需要立即解决，而构成风险评分的项目可能不会立即产生影响，但仍需要予以关注。可能会产生故障的事件包括 NIC 或 HBA 中冗余丢失、内存校验和错误、高可用性故障切换或公用信息模型（CIM）事件，这些事件需要立即关注。

vRealize Operations Manager 中的每个资源都有故障评分，范围为从 0（无故障）到 100（严重故障）。评分根据基础问题的严重性进行计算。如果资源存在多个故障相关问题，则故障评分根据最严重的问题进行计算。

故障评分越高，该资源的运行状况越差。解决由故障表示的问题后，将还原资源的运行状况评分。

与 vRealize Operations Manager 中的其他标志不同，故障标志不会根据阈值评分生成警示。而是每个问题都会生成其自己的故障警示，解决问题后既会清除或取消警示，又会降低标志评分。

“故障”评分范围介于 0（优）和 100（差）之间。vRealize Operations Manager 管理员可以修改标志评分阈值。

在图 4-4-9 的“故障”显示中，图标有 6 种状态，见表 4-13。

表 4-13　对象故障状况及相应的用户操作

标 志 图 标	描　述	用 户 操 作
	所选对象上未注册任何故障	无须任何关注
	所选对象上已注册重要性较低的错误	检查详细信息，并采取适当措施

续表

标志图标	描　　述	用户操作
	所选对象上已注册重要性较高的故障	检查详细信息，并尽快采取适当措施
	所选对象上已注册重要性为严重的故障	立即采取措施，防止或纠正问题
?	该对象处于脱机状态或在该时间段内任何衡量指标均无可用数据	

4.4.7 衡量指标图表

衡量指标图表是基于受影响的对象可用的衡量指标创建的图表和图形。在小组件中可使用图表查看一段时间内基于所选衡量指标的对象的状态，如图 4-4-10 所示。

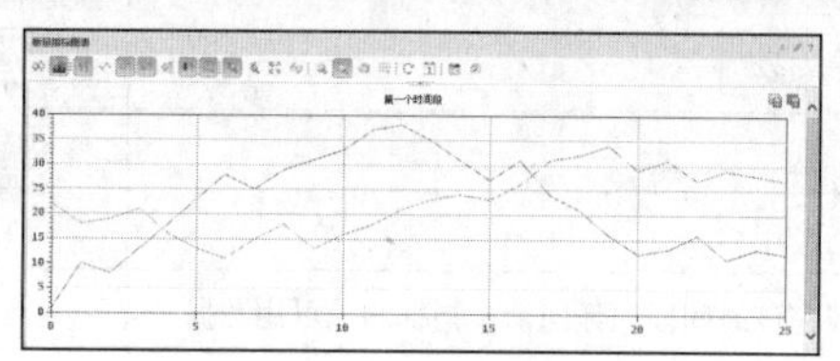

图 4-4-10　衡量指标图表

可以将“衡量指标图表”小组件添加到一个或多个自定义仪表板，并将其配置为显示对不同仪表板用户非常重要的图表。在小组件中显示的数据取决于为每个小组件实例配置的选项。

通过工具栏选项可以自定义显示的图表数据，工具栏选项，如图 4-4-11 所示；选项及其定义见表 4-14。

图 4-4-11　衡量指标图表工具栏

表 4-14 “衡量指标图表”工具栏选项及其定义

选　　项	描　　述
拆分图表	在单独图表中显示每个衡量指标
堆叠图表	将所有图表整合到一个图表中。此图表可用于查看衡量指标值的总量或总和是如何随时间变化的。要查看堆栈图，请务必关闭拆分图标选项
Y 轴	显示或隐藏 Y 轴的标尺
衡量指标图表	显示或隐藏图表中将数据点连接起来的线
趋势线	显示或隐藏表示衡量指标趋势的线和数据点。该趋势线相对于其相邻数据点的均值绘制各个数据点，沿着时间轴筛选出衡量指标噪声
动态阈值	显示或隐藏为 24 小时时间段计算的动态阈值
显示整个时间段动态阈值	显示或隐藏图形上整个时间段的动态阈值
异常	显示或隐藏异常。衡量指标违反阈值的时间段显示为阴影。衡量指标超出（高于或低于）动态或静态阈值时会生成异常
显示数据点提示	将鼠标悬停在图表中的数据点上时，显示或隐藏数据点工具提示
沿 X 轴缩放	使用图表中的范围选择器选择部分图表时，放大 X 轴上的所选区域。可以同时使用沿 X 轴缩放和沿 Y 轴缩放
沿 Y 轴缩放	使用图表中的范围选择器选择部分图表时，放大 Y 轴上的所选区域。可以同时使用沿 X 轴缩放和沿 Y 轴缩放

续表

选　　项	描　　述
缩放为合适大小	重置图表，使其适合可用空间
按动态阈值缩放	调整图表的 Y 轴大小，以使该轴上的最高值和最低值分别等于为该衡量指标计算的动态阈值的最高值和最低值
缩放所有图表	根据使用范围选择器时捕获的区域来调整图表窗格中打开的所有图表的大小。 可以在此选项和缩放视图之间切换
缩放视图	使用范围选择器时调整当前图表的大小
平移	在缩放模式下，您可以拖动图表中的放大部分，以查看衡量指标的较高值、较低值、较早值或较晚值
显示数据值	如果切换至缩放或平移选项，会启用数据点工具提示。必须启用显示数据点提示
刷新图表	重新加载图表的当前数据
日期控件	打开数据选择器。 使用数据选择器将各个图表中显示的数据限制为正在检查的时间段
生成仪表板	将当前图表保存为仪表板
移除全部	从图表窗格中移除所有图表，可开始构建一组新的图表

在每个图标中单击“≡▾”可以打开衡量指标图标工具栏选项，如图 4-4-12 所示。

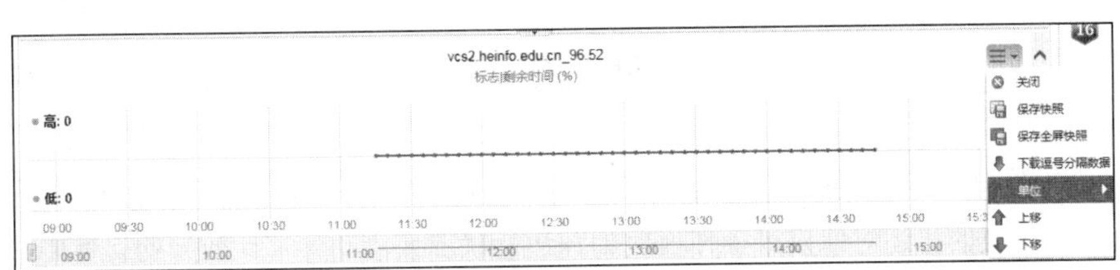

图 4-4-12　图标工具栏选项

图表工具栏选项确定各个图表如何显示图表中的数据，见表 4-15。

表 4-15　衡量指标图表工具栏选项及其定义

选　　项	描　　述
在外部应用程序中打开	如果适配器包括链接到其他应用程序以获取对象相关信息的功能，则单击按钮可访问指向该应用程序的链接（注：该选项在符合条件时出现）
保存快照	创建当前图表的 PNG 文件。图像大小为屏幕上显示的大小。 可以在浏览器的下载文件夹中检索文件
保存全屏快照	以整页 PNG 文件格式下载当前图形图像，可以显示或保存该图像。 可以在浏览器的下载文件夹中检索文件
下载逗号分隔数据	创建包含当前图表中的数据的 CSV 文件。 可以在浏览器的下载文件夹中检索文件
下移	将图表下移一个位置
上移	将图表上移一个位置
关闭	删除图表

4.4.8 衡量指标拾取器

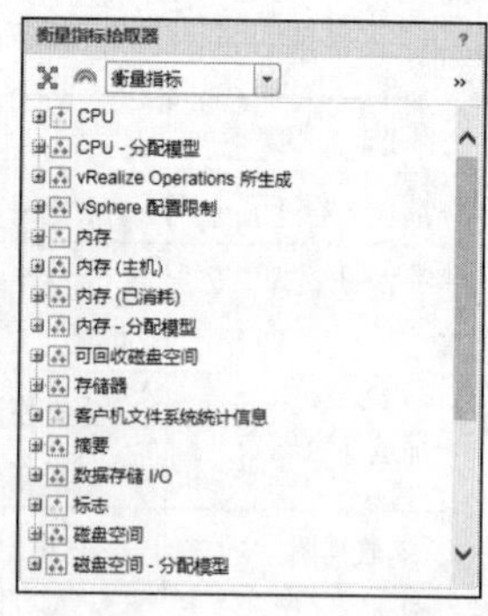

图 4-4-13 衡量指标拾取器

“衡量指标拾取器”小组件显示选定对象的可用衡量指标列表，如图 4-4-13 所示。

通过“衡量指标拾取器”小组件，可以检查对象的衡量指标列表。为了选择要拾取其衡量指标的对象，请使用其他小组件作为数据来源，例如“拓扑图”小组件。要设置位于同一个仪表板上的源小组件，在编辑仪表板时请使用“小组件交互”菜单。要设置位于其他仪表板上的源小组件，在编辑包含该源小组件的仪表板时请使用仪表板导航菜单。

“衡量指标拾取器”小组件工具栏选项“ 衡量指标 ”，其定义见表 4-16。

表 4-16 “衡量指标拾取器”工具栏选项及其定义

选 项	描 述
显示通用衡量指标	根据通用衡量指标进行筛选
显示正在收集的衡量指标	根据正在收集的衡量指标进行筛选
衡量指标或属性	根据衡量指标或属性衡量指标进行筛选

4.5 使 用 热 图

“热图”小组件包含显示所选标记值的对象的两个选定属性的当前值的图形指标。在大多数情况下，只能从内部生成的描述对象常规操作（例如，运行状况或活动异常计数）的属性中进行选择。选择单个对象时，可以为该对象选择任意衡量指标。

借助 vRealize Operations Manager 热图功能，可以基于虚拟基础架构中对象的衡量指标值找到问题区域。通过 vRealize Operations Manager 采用的分析算法，可以使用热图跨虚拟基础架构实时比较对象的性能。

管理员可以使用预定义的热图或创建自己的自定义热图来比较虚拟环境中对象的衡量指标值。通过 vRealize Operations Manager 的详细信息选项卡中的预定义热图，可以比较常用的衡量指标。可以使用此数据制定计划来减少虚拟基础架构中的浪费并增加容量。

图 4-5-1 是某个 vROps 的虚拟机内存热图，可以看到热图包含大小和颜色不同的长方形，每个长方形表示虚拟环境中的一个对象。长方形的颜色表示一个衡量指标的值，长方形的大小表示另一个衡量指标的值。例如，某一热图显示了每个虚拟机的总内存和内存使用量百分比。长方形越大，表示虚拟机的总内存越大，绿色指示内存使用量低，而红色指示内存使用量高。

vRealize Operations Manager 在为每个对象和衡量指标收集新值时会实时更新热图。热图下方的彩色条是图例。图例用于标识端点所表示的值以及颜色范围的中点。

热图对象按父对象进行分组。例如，显示虚拟机性能的热图将按运行这些虚拟机的 ESX 主机对虚拟机进行分组。

在 vROps 6.2 中，初始配置了“自身运行状况、vSphere 主机概览、vSphere 虚拟机内存、vSphere 虚拟机 CPU、vSphere 虚拟机磁盘和网络、vSphere 数据存储、vSphere 容量风险”等已经定义好的可以显示热图的组件，接下来会详细讲述。

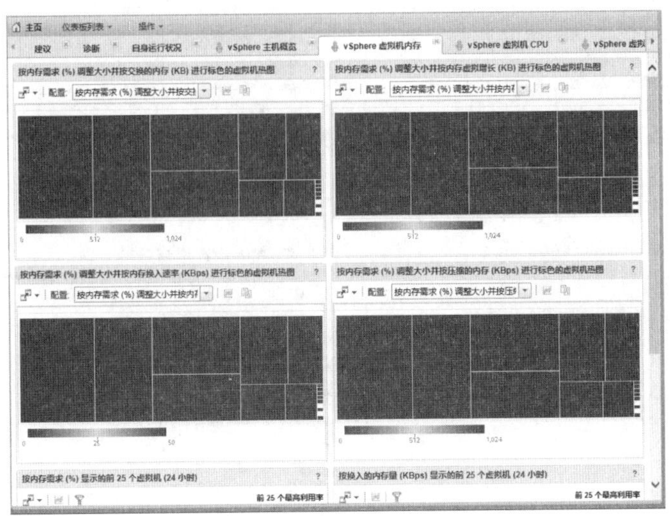

图 4-5-1　虚拟机内存热图

4.5.1　vSphere 主机概览

在“vSphere 主机概览”仪表板中，可以检查群集、主机系统的容量级别，这些包括按 CPU、内存、磁盘 IOPs 及网络使用情况进行统计。简单来说，在本仪表板中，可以查看当前 vSphere 的主机某一项或多项（CPU、内存、IOPs、网络）是否“过载”。

图 4-5-2 是 vSphere 主机概览的热图，可以看到其中有仪表板的前半部分，分别显示按 CPU 需求调整大小并按 CPU 争用（百分比）进行标色的主机热图、按内存使用率调整大小并按内存争用进行标色的主机热图、按 IOPs 调整大小并按磁盘平均滞后时间进行标色的主机热图、按网络使用情况调整大小并按网络传输的数据包丢弃情况进行标色的主机热图。

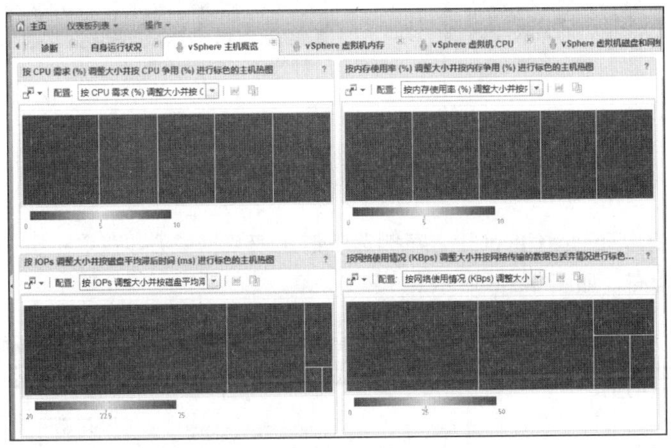

图 4-5-2　vSphere 主机概览热图

在仪表板的后半部分（移动滑动条向下），分成 8 个选项，具体如图 4-5-3 所示。

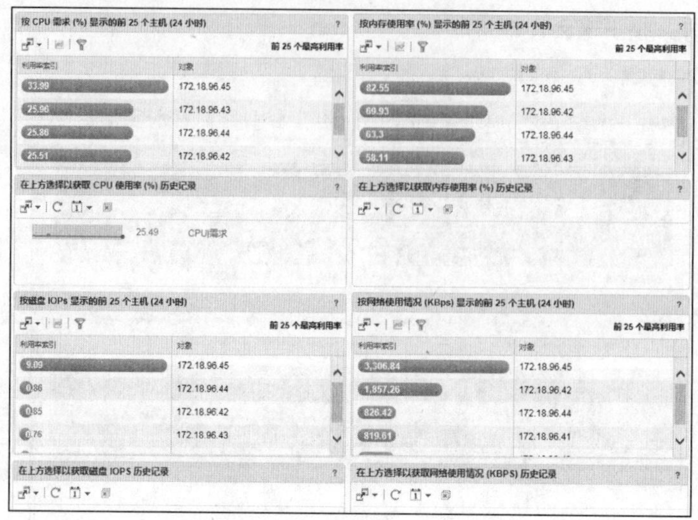

图 4-5-3　仪表板 8 个选项

1. 查看 CPU 使用率

在“按 CPU 需求（%）调整大小并按 CPU 争用（%）进行标色的主机热图”中，按照每个主机的 CPU 使用率（需求）调整大小，并按 CPU 争用进行标色，当 CPU 争用超过 5%时将开始变色，并在达到 10%时变为红色。当前系统中为绿色表示不存在 CPU 争用的问题，但当前系统 3 个主机的 CPU 使用率不一，表示当前主机的 CPU 负载率不一。将鼠标移动到最前的对象，可以看到当前 IP 地址为 172.16.16.3 的主机的 CPU 使用率为 82.5%，而 CPU 争用是 0.22%，如图 4-5-4 所示。而对于另外两个主机则 CPU 使用率较低，如图 4-5-5 所示。

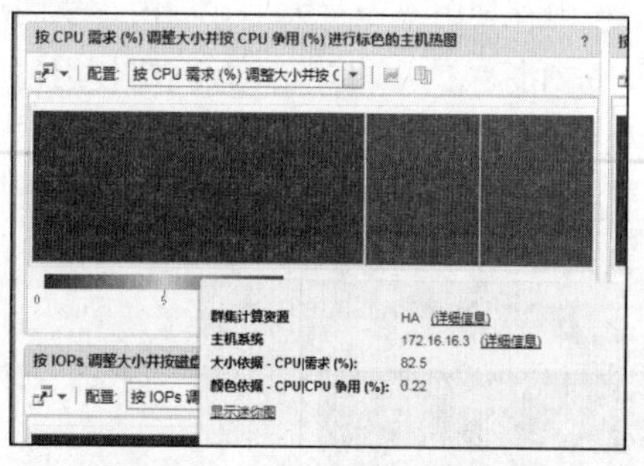

图 4-5-4　CPU 使用率较高主机

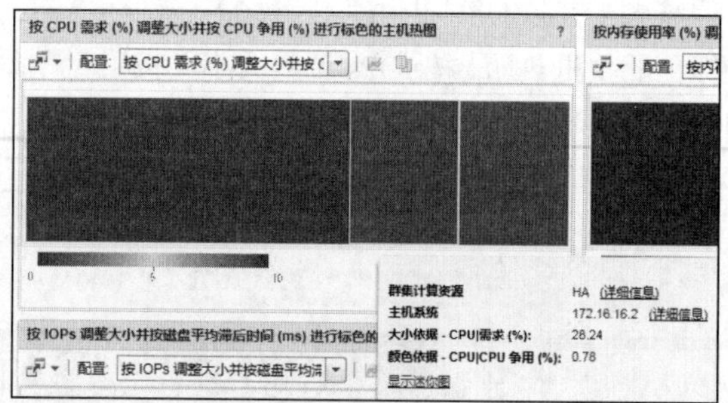

图 4-5-5　CPU 使用率较低主机

对于这种情况，在 vSphere Client 中，左侧选中群集或数据中心，在“主机”选项卡中也能看到 172.16.16.3 的 CPU 较高，如图 4-5-6 所示。

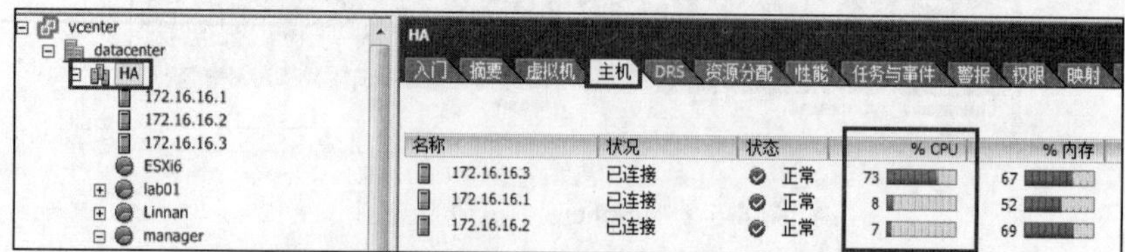

图 4-5-6　查看主机的 CPU 使用率

2. 查看内存使用率

在“按内存使用率（%）调整大小并按内存争用进行标色的主机热图”中，按每个主机的内存使用率调整大小，并按内存争用进行标色，如图 4-5-7 所示。当内存争用超过 5%时将开始变色，并在达到 10%时变为红色。

同样将鼠标移动到某个对象将查看该主机的内存工作负载（%）、内存争用（%），如图 4-5-8 所示。

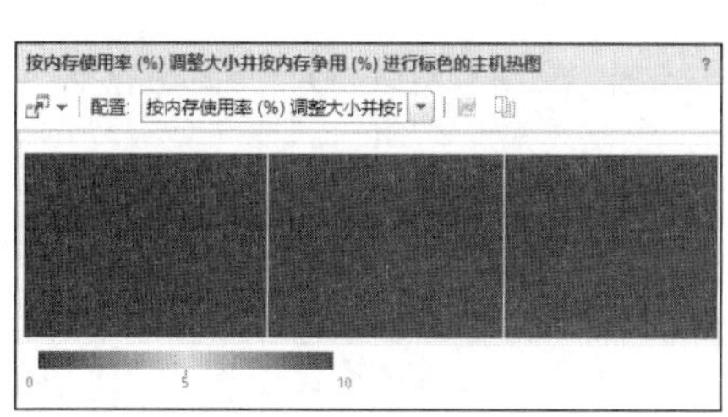

图 4-5-7　内存争用

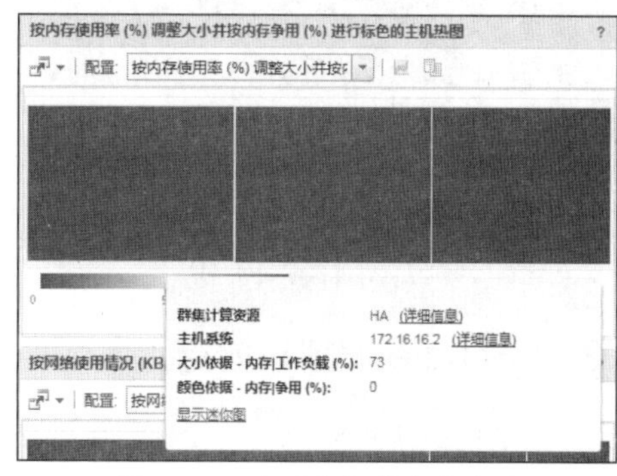

图 4-5-8　查看主机的内存负载

当某个主机颜色变化红色时，需要为这台主机扩展内存。

3. 查看 IOPs

在“按 IOPs 调整大小并按磁盘平均滞后时间（ms）进行标色的主机热图”中，按每个主机使用的 IOPs 调整大小，并按磁盘平衡滞后时间进行标色，如图 4-5-9 所示。当磁盘平均滞后时间达到 22.5ms 时开始变色，平均滞后时间达到 25ms 时变为红色。

同样将鼠标移动到某个对象将查看该主机的 IOPs 数及磁盘命令滞后时间，如图 4-5-10 所示。

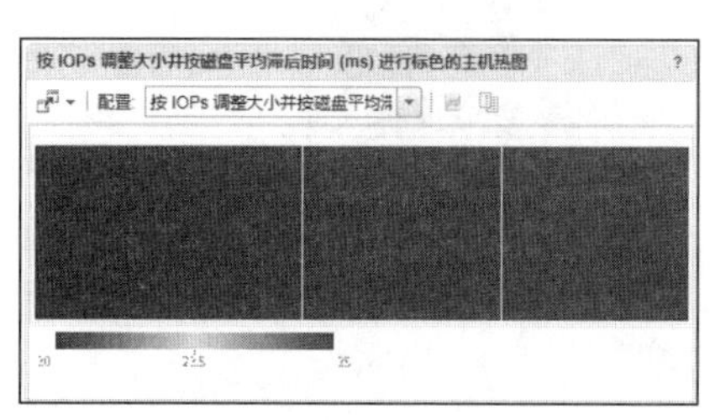

图 4-5-9　IOPs 参数

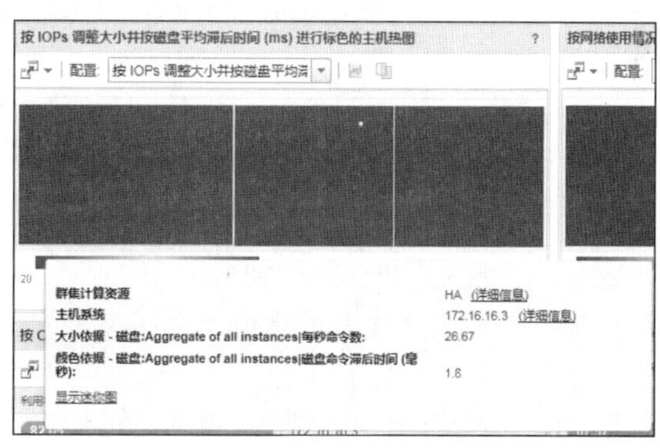

图 4-5-10　查看 IOPs 及平均滞后时间

当该热图中对象大小不一时，表示主机的磁盘 IOPs 负载不一；当某个对象为红色时，表示该主机的存储（或该主机使用的共享存储）已经不能满足需求。

4. 按网络使用情况统计

在“按网络使用情况 KBps 调整大小并按网络传输的数据包丢弃情况进行标色的主机热图”中，将按每个主机的网络使用情况（单位为 KBps）调整大小，并按丢包率标色，如图 4-5-11 所示。

在图 4-5-11 中对象的大小不一，表示当前 vSphere 中，不同主机的网络使用情况不一致。在 vSphere 数据中心中这是非常正常的现象。占比较大的方块表示该对象对应的主机网络负载较高（相对而言），将鼠标移动到这一对象，将显示该主机的网络 I/O 使用速度（MBps）和丢包率，如图 4-5-12 所示。

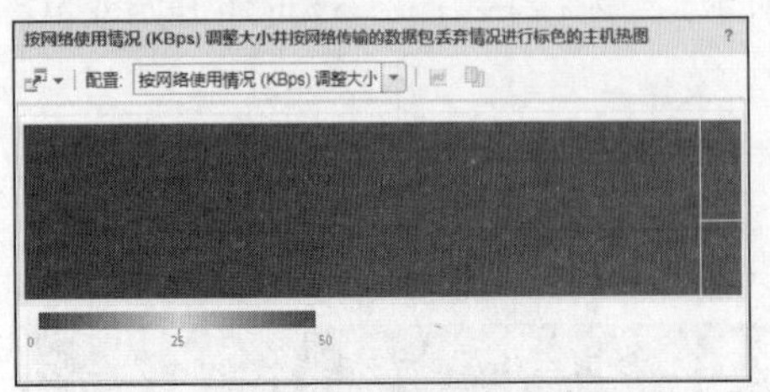

图 4-5-11　按网络使用情况统计

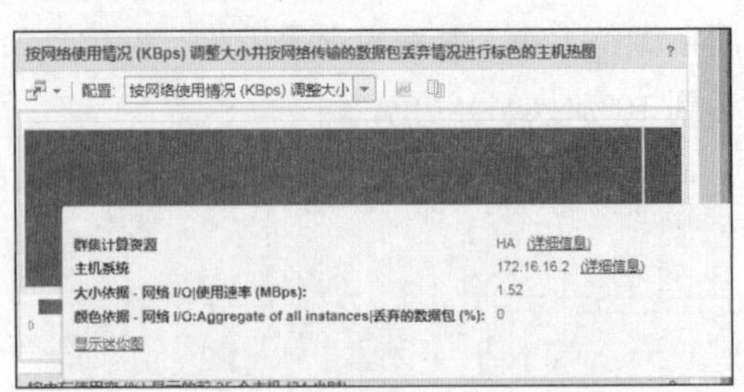

图 4-5-12　查看网络 I/O 速度和丢包率

丢包率的标色范围上限为 50。

4.5.2　vSphere 虚拟机内存

在“vSphere 虚拟机内存”仪表板中，显示当前 vSphere 主机中，虚拟机按内存需求及按虚拟内存（交换文件）进行标色的热图，以及按内存需求显示的前 25 个虚拟机、按换入的内存显示的前 25 个虚拟机的排列，如图 4-5-13 所示。简单来说，使用“vSphere 虚拟机内存”仪表板，可以查看为虚拟机分配的内存是否合适。

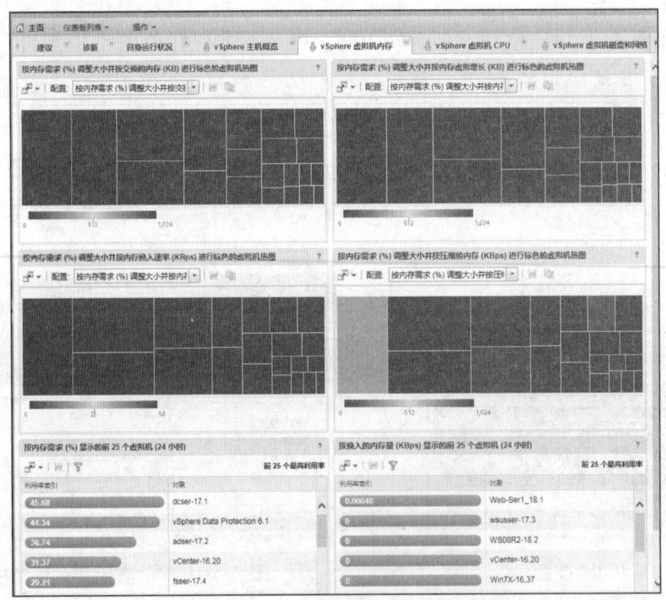

图 4-5-13　vSphere 虚拟机内存仪表板

1. 按虚拟文件进行标色

在“按内存需求（%）调整大小并按交换的内存（KB）进行标色的虚拟机热图”中，会按每个虚拟机的内存需求（使用内存与分配内存百分比）调整大小，并按交换内存（即虚拟内存）进行标色。当虚拟内存超过 512KB 时颜色将会变化（到达 1 024KB 即 1MB 变为红色）。

在这个热图中，排在前面的对象（虚拟机），具有较大的内存使用率；而标记为红色的虚拟机，则已经使用了较大的交换文件。可以将鼠标移动到某个对象查看，如图 4-5-14 所示。

在图 4-5-14 的示例中显示 vCenter Server 虚拟机（虚拟机名称为 vCenter-16.20）的工作负载为 34%，虚拟内存使用 19.97MB，表示为这个虚拟机分配的内存已经不能满足需求，需要管理员为这个虚拟机增加内存。

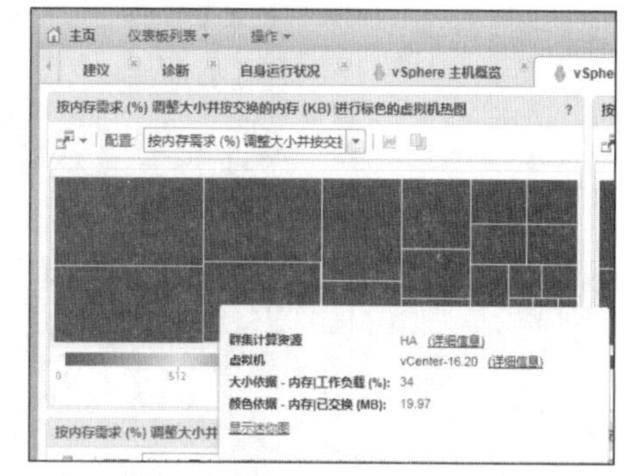

图 4-5-14　显示内存工作负载及虚拟文件使用大小

如图 4-5-15 所示，使用 vSphere Client 打开 vCenter-16.20 虚拟机控制台，在“任务管理器→性能”选项卡中，可以看到为当前虚拟机分配了 8GB 内存，但当前内存已经使用到 6.84GB。而在“物理内存使用记录”这一条持续的蓝色线也表明，当前内存持续在高点。此时管理员应该修改这个虚拟机的配置，为其增加内存，至少应该到 10GB。图 4-5-16 是将虚拟机内存增加到 10GB 之后的截图，可以看到内存的使用率有一定的下降。

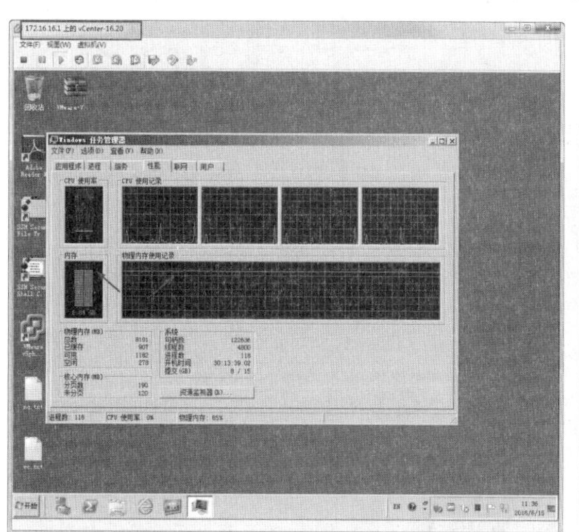

图 4-5-15　内存使用率较高

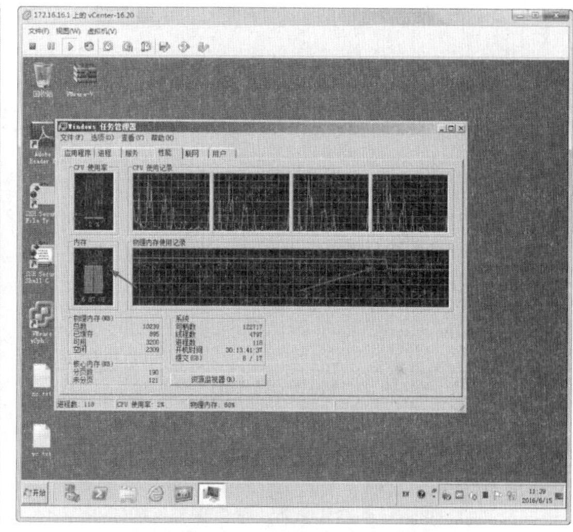

图 4-5-16　为虚拟机增加内存后

在热图中“方框”较小的虚拟机，即使有红色的标志（表示已经使用虚拟内存），仍然表示为虚拟机分配的内存过多，如图 4-5-17 所示，这是名为“TMG2010-RAID 10”的一个虚拟机，工作负载为 7%，交换文件 1.49MB，但排列在较后的位置。

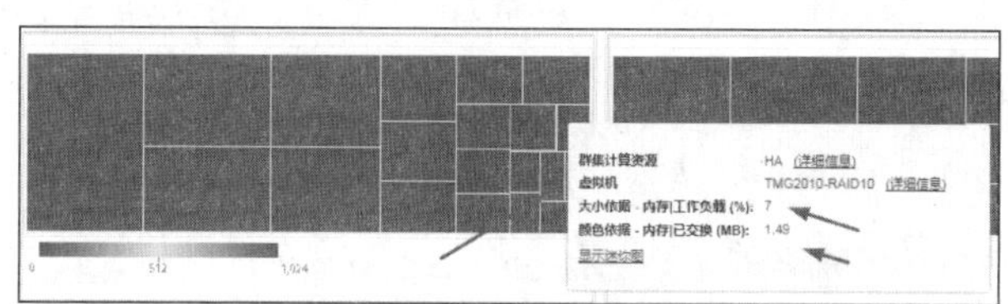

图 4-5-17　查看排列靠后的虚拟机

使用 vSphere Client 打开该虚拟机的控制台，在“任务管理器→性能”选项卡中可以看到，为当前虚拟机分配了 8GB 内存，但只使用了 1.97GB，如图 4-5-18 所示。对于这种情况，为该虚拟机分配 3GB 内存即可满足需求。

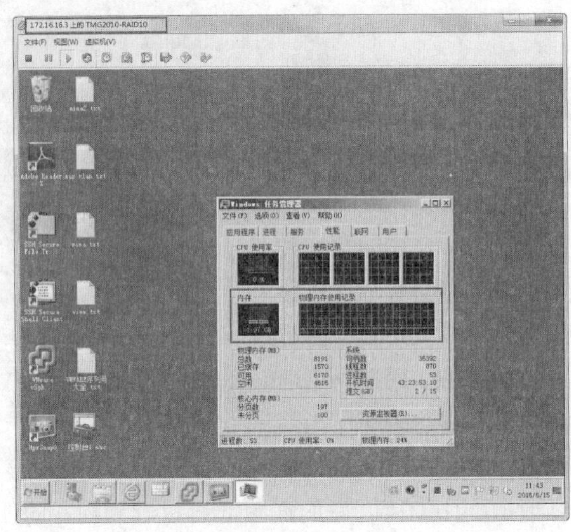

图 4-5-18　查看虚拟机内存使用率

2．按虚拟内存增长进行标色

在“按内存需求（%）调整大小并按内存虚拟增长（KB）进行标色的虚拟机热图”中，同样是按每个虚拟机的内存需求调整大小，但按虚拟内存增长进行标色，当虚拟内存增长超过 512KB 时颜色将会变化（到达 1 024KB 即 1MB 变为红色），如图 4-5-19 所示。

同样，管理员可以将鼠标移动到某个对象，浏览查看该对象的内存需求及虚拟内存增长，如图 4-5-20 所示。

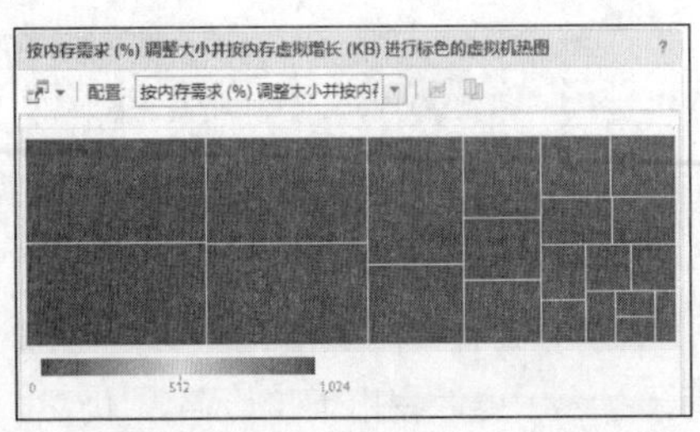

图 4-5-19　按虚拟内存增长标色

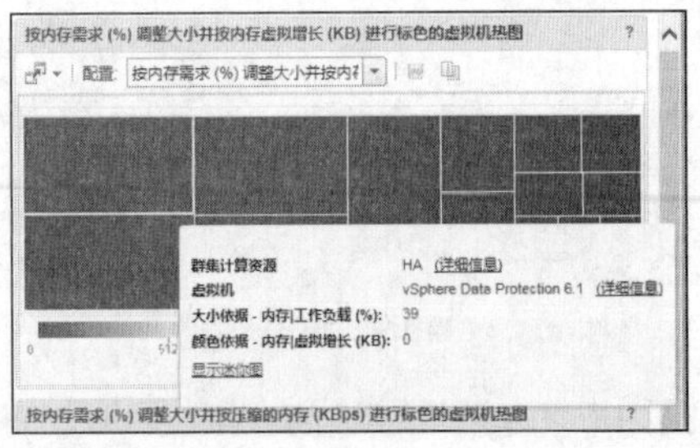

图 4-5-20　查看虚拟内存增长

如果有“红色”标记的虚拟机，管理员可以查看这些虚拟机，并适当增加虚拟机的内存。

3．按内存换入速率进行标色

在“按内存需求（%）调整大小并按内存换入速率（KBps）进行标色的虚拟机热图”中，同样是按每个虚拟机的内存需求调整大小，但按内存换入速率进行标色，当内存换入速率增加超过 512KB 时颜色将会变化（到达 1 024KB 即 1MB 变为红色），如图 4-5-21 所示。同样，将鼠标移动到某个对象可以查看内存换入速率。

4．按压缩内存进行标色

在“按内存需求（%）调整大小并按压缩的内存（KBps）进行标色的虚拟机热图”中，同样是按每个虚拟机的内存需求调整大小，但按压缩内存进行标色，当压缩内存超过 512KB 时颜色将会变化（到达 1 024KB 即 1MB 变为红色），如图 4-5-22 所示。同样，将鼠标移动到某个对象可以压缩内存大小。

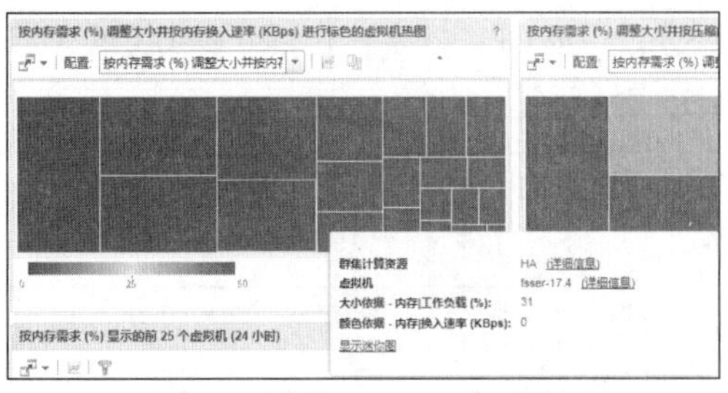

图 4-5-21　按内存换入速率进行标色

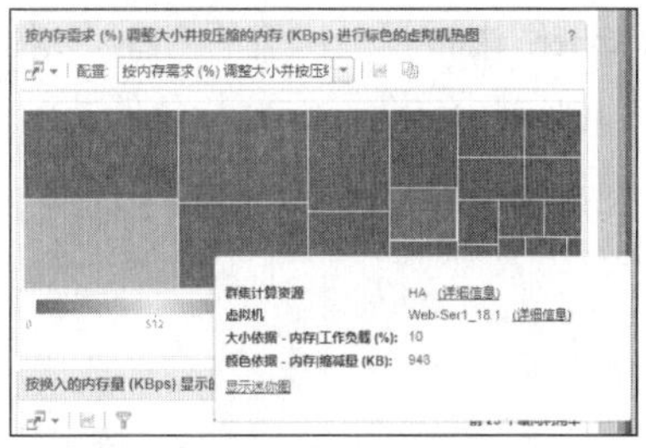

图 4-5-22　按压缩的内存进行标色

5. 前 25 个虚拟机列表

在“按内存需求（%）显示的前 25 个虚拟机（24 小时）”组件中，会根据内存的需求百分比显示前 25 个虚拟机；在“按换入的内存量（KBps）显示前 25 个虚拟机（24 小时）”组件中，会根据换入的内存量的大小显示前 25 个虚拟机，如图 5-5-23 所示。管理员可以根据这两个列表，得到内存使用需求最高的前 25 个虚拟机，以及换入内存量最多的前 25 个虚拟机。

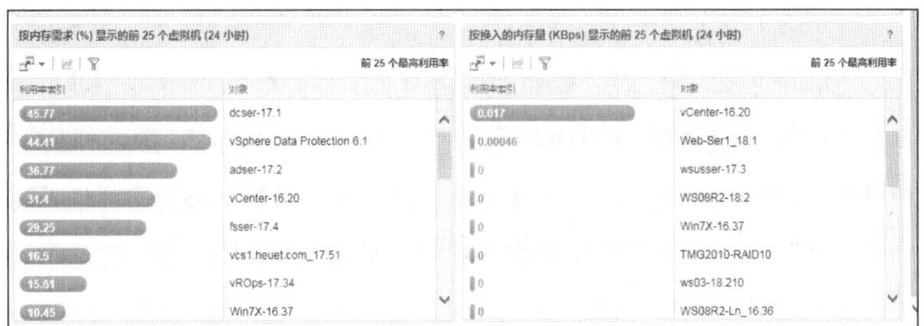

图 4-5-23　前 25 个虚拟机列表

4.5.3　vSphere 虚拟机 CPU 仪表板

在“vSphere 虚拟机 CPU”仪表板中，可以统计（显示）为虚拟机分配了合适的 CPU，如图 4-5-24 所示。

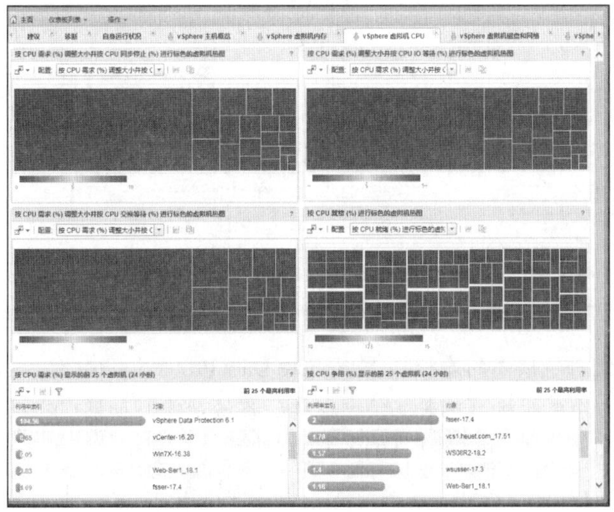

图 4-5-24　vSphere 虚拟机 CPU 仪表板

1. 按 CPU 同步停止标色的虚拟机热图

在“按 CPU 需求（%）调整大小并按 CPU 同步停止（%）进行标色的虚拟机热图”中显示了当前 vSphere 中根据虚拟机的 CPU 需求进行排列划分，并按 CPU 同步停止百分率（超过 5%开始着色，在 10%时为红色）进行标色的热图，如图 4-5-25 所示。

将鼠标移动到某个方框以查看该对象的虚拟机名称、CPU 需求（%）、CPU 同步停止（%），如图 4-5-26 所示。

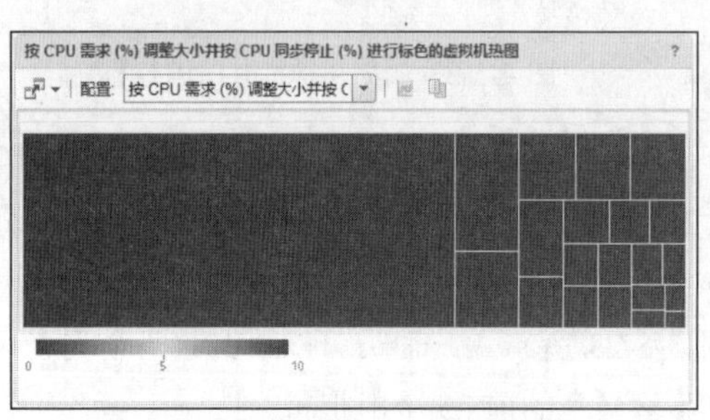

图 4-5-25　按 CPU 需求调整大小

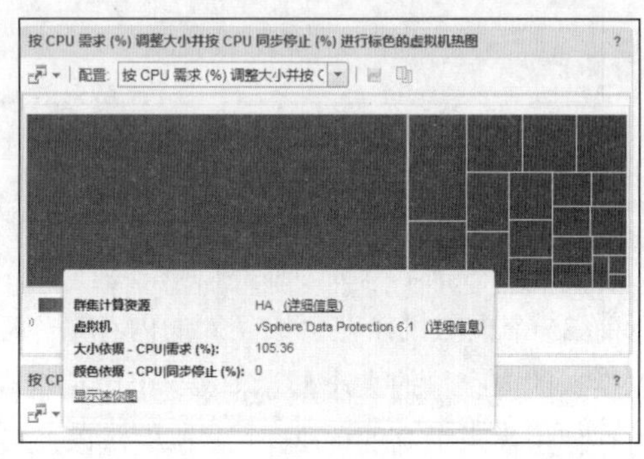

图 4-5-26　查看具体对象的 CPU 需求

在图 4-5-26 中，当前虚拟机名称为“vSphere Data Protection 6.1”，该 CPU 需求为 105.36%，表示为该虚拟机分配的 CPU 不能满足需求；而 CPU 同步停止为 0%，表示没有出现由于同步停止而导致 CPU 争用的情况。

使用 vSphere Client 查看“vSphere Data Protection 6.1”虚拟机的“资源分配”选项卡，可以看到当前虚拟机的 CPU 使用率较高，如图 4-5-27 所示。

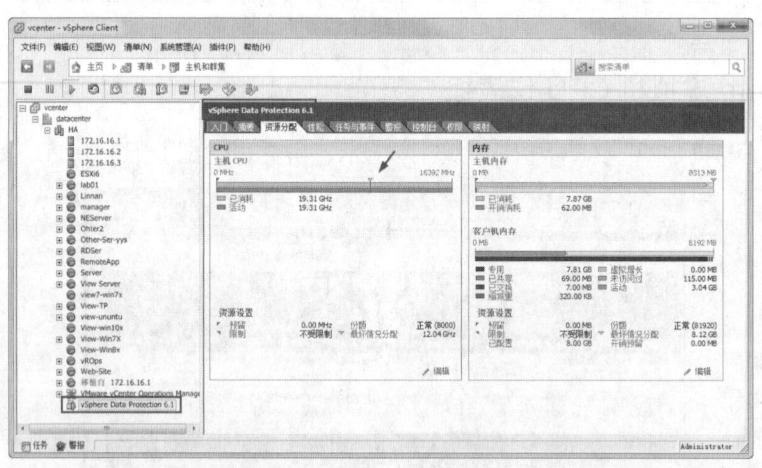

图 4-5-27　查看虚拟机的资源分配

【说明】当前 CPU 使用率较高的虚拟机“vSphere Data Protection 6.1”，这是一台安装了 vSphere Data Protection（VDP）的虚拟机，用来提供虚拟机的备份功能。如果虚拟机的 CPU 使用率只是在备份的期间较高，而平常较低，可以修改 VDP“管理代理吞吐量”，将默认的最多同时运行 8 个备份和恢复请求改为较小的数值，例如，改为 1 个，如图 4-5-28 所示。进入 VDP 配置界面，修改代理吞吐量。注意，在修改“代理吞吐量”后，管理员需要检查在备份窗口期间是否能完成备份任务。

如果不能完成备份任务，必须增加代理吞吐量。较小的代理吞吐量可以减小 CPU 及磁盘 I/O 的使用。

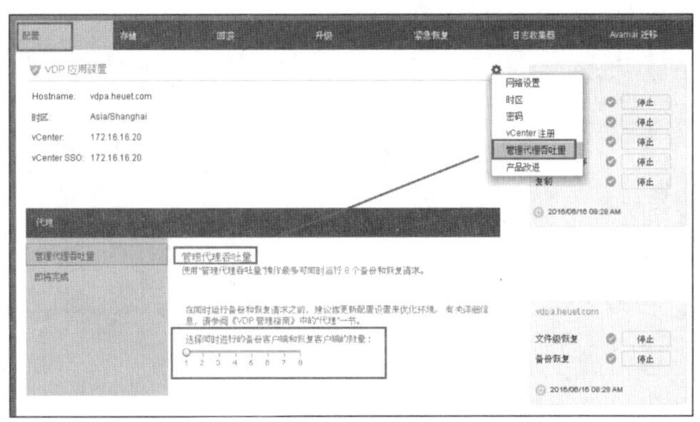

图 4-5-28　修改代理吞吐量

在修改代理吞吐量之后，经过一个备份周期之后再次查看，CPU 需求已经降低，如图 4-5-29 所示。

在该热图中，还可以根据 CPU 需求百分比，查看得到为 CPU“过分配”的虚拟机。例如，用鼠标移动到某个方框，在本示例中，查看到名为“vCenter-16.20”的虚拟机的 CPU 需求率为 9.73%，如图 4-5-30 所示。

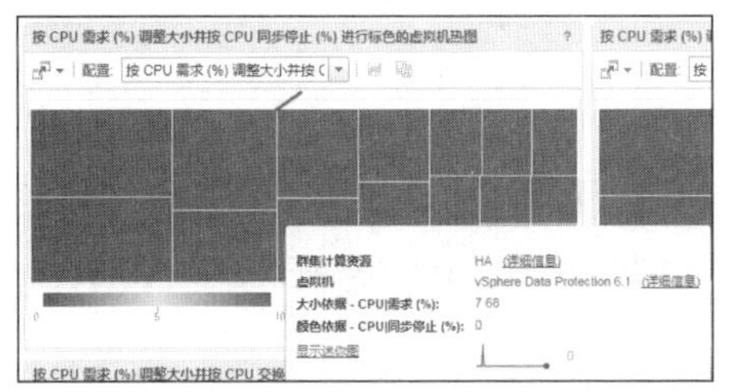

图 4-5-29　VDP 虚拟机的 CPU 需求降低

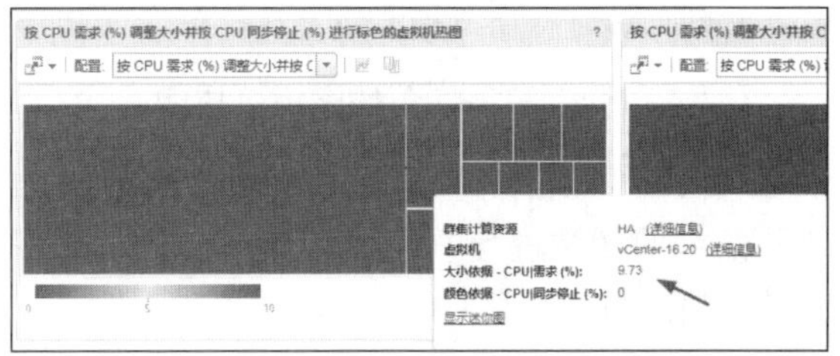

图 4-5-30　查看另一对象的 CPU 需求率

使用 vSphere Client，打开“vCenter-16.20”虚拟机的控制台，在“任务管理器→性能”选项卡中查看，可以看到该虚拟机的 CPU 使用率在 0%～14%之间，如图 4-5-31、图 4-5-32 所示。

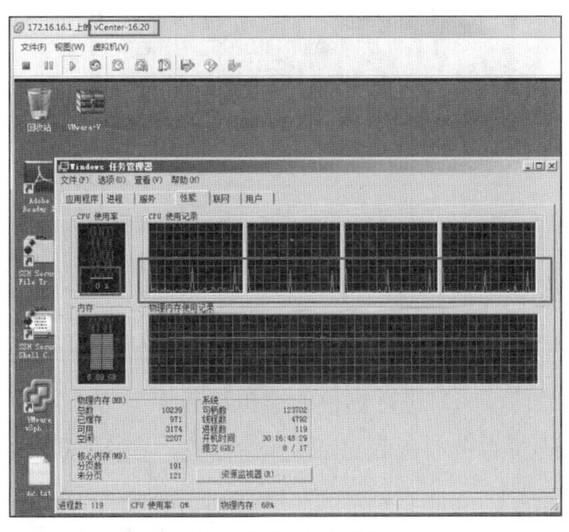

图 4-5-31　当前 CPU 使用率 0%

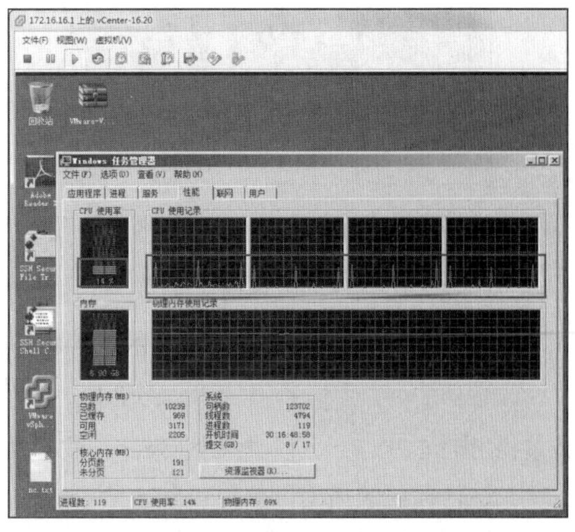

图 4-5-32　当前 CPU 使用率 14%

另外，在 vSphere Client 中，选中名为 vCenter-16.20 的虚拟机，在“资源分配”中也能看到当前虚拟机的 CPU 使用率较低，如图 4-5-33 所示。

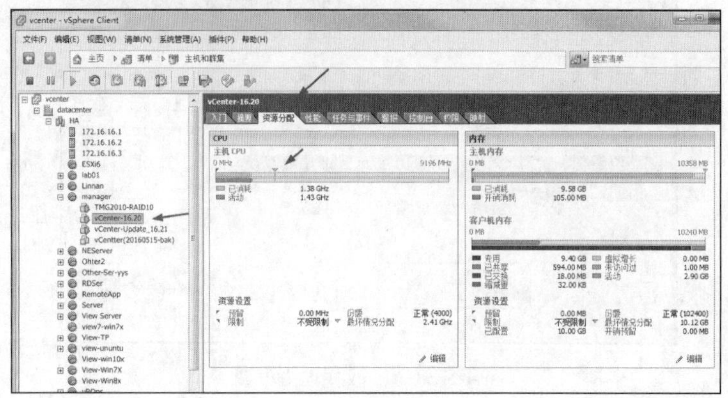

图 4-5-33　查看资源分配

对于这种情况，表示为当前虚拟机分配 4 个 CPU 较高，建议关闭虚拟机，为该虚拟机分配 2 个 vCPU 即可。

【说明】虚拟机由于同步停止而导致 CPU 争用时，表示为虚拟机分配了过多的 CPU，需要关闭虚拟机的电源，从虚拟机中移除不需要的 vCPU 数目。

2. 按 CPU IO 等待标色的虚拟机热图

在“按 CPU 需求（%）调整大小并按 CPU IO 等待（%）进行标色的虚拟机热图”中，同样按虚拟机的 CPU 需求进行排列划分，并按 CPU IO 等待百分率（超过 5%开始标色，在 10%时为红色）进行标色的热图，如图 4-5-34 所示。

将鼠标移动到某个方框，则显示该虚拟机的 CPU 需求、CPU IO 等待；如果单击“显示迷你图”，还会包含对象衡量指标的图形，如图 4-5-35 所示。

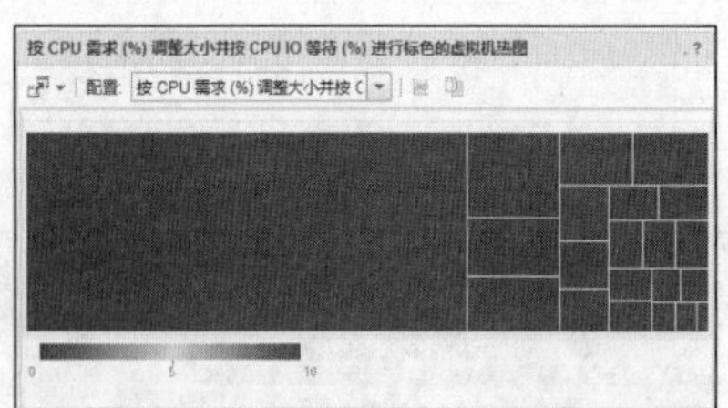

图 4-5-34　按 CPU IO 等待

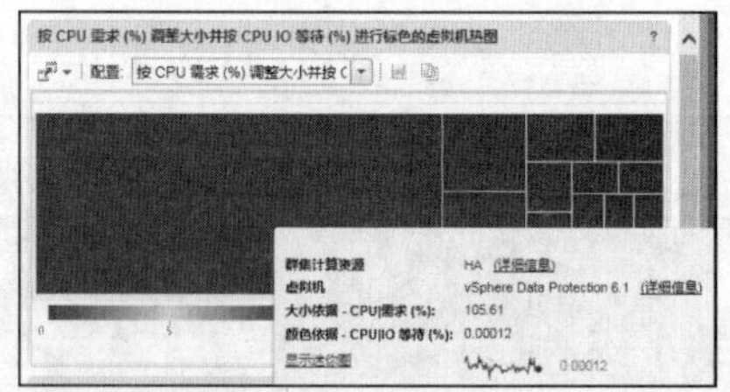

图 4-5-35　显示迷你图

当出现颜色较深的方框时，需要为该虚拟机增加较多的 vCPU。

3. 按 CPU 交换等待进行标色的虚拟机热图

在“按 CPU 需求（%）调整大小并按 CPU 交换等待（%）进行标色的虚拟机热图”中，同样按虚拟机的 CPU 需求进行排列划分，并按 CPU 交换等待百分率（超过 5%开始标色，在 10%时为红色）进行标色的热图，如图 4-5-36 所示。

同样将鼠标移动到某个方框将显示该虚拟机的名称、CPU 需求（%）、CPU 交换等待（%），如图 4-5-37 所示。

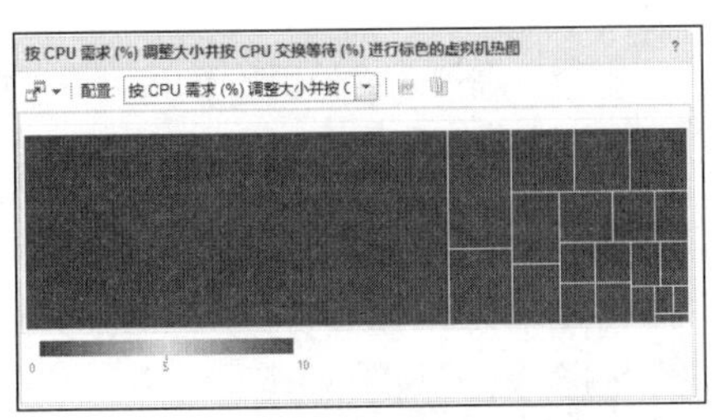

图 4-5-36　按 CPU 交换等待

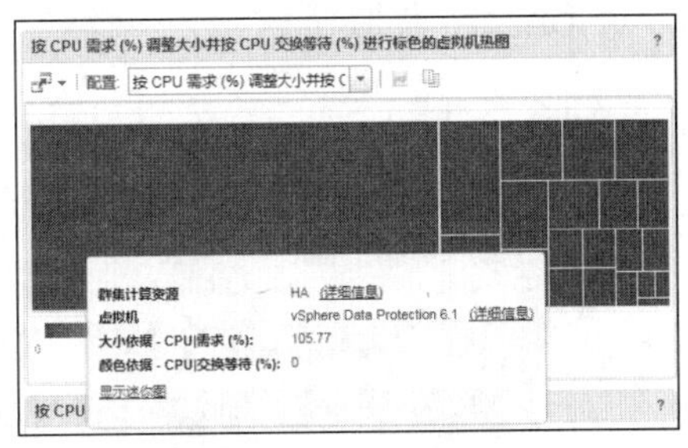

图 4-5-37　显示迷你图

4．按 CPU 就绪进行标色的虚拟机热图

在“按 CPU 就绪(%)进行标色的虚拟机执图”中，将按 CPU 就绪百分比进行标色，如图 4-5-38 所示。在本热图中当 CPU 就绪百分比到 12.5%时开始标色，当 15%时为红色。

将鼠标移动到某个方框，将显示虚拟机的名称、衡量指标（CPU 数）、CPU 就绪百分比；单击“显示迷你图”，可以显示该虚拟机的 CPU 就绪迷你图，如图 4-5-39 所示。

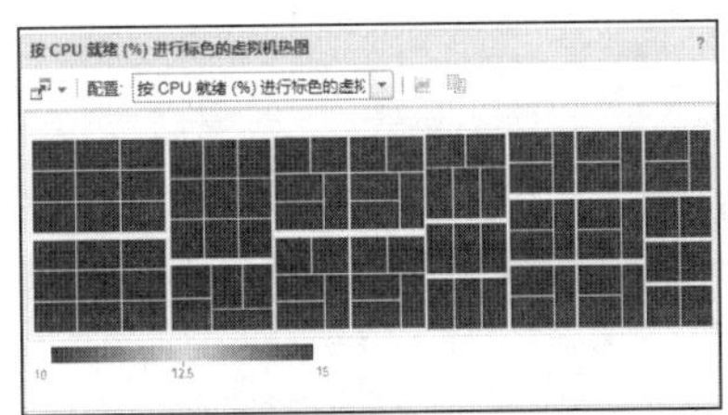

图 4-5-38　按 CPU 就绪标色

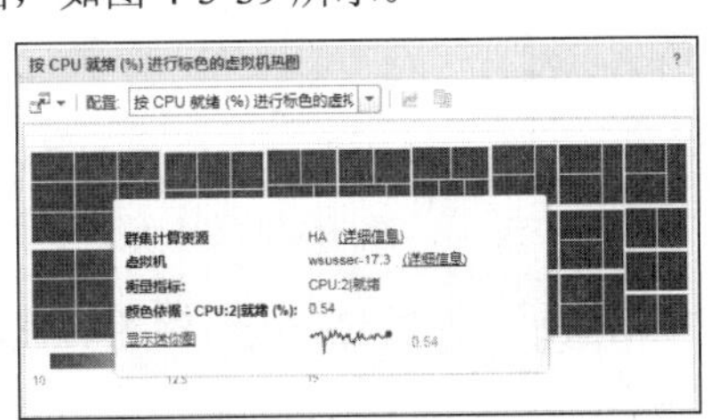

图 4-5-39　CPU 就绪标色

5．按 CPU 需求显示前 25 个虚拟机

在“按 CPU 需求（%）显示的前 25 个虚拟机（24 小时）”列表中，显示根据 CPU 利用率百分比进行排序的前 25 个虚拟机，如图 4-5-40 所示。

通常情况下，当 CPU 利用率超过 80%时，需要修改虚拟机的配置，为该虚拟机增加 CPU 数量，在本示例中，名为“vSphere Data Protection 6.1”的虚拟机的 CPU 需求达到 104.59%，表示为该虚拟机分配的 CPU 数量较小，需要增加 CPU 的数量。

6．按 CPU 争用显示前 25 个虚拟机

在“按 CPU 争用（%）显示的前 25 个虚拟机（24 小时）”列表中，根据虚拟机的 CPU 争用百分比列出前 24 个虚拟机，如图 4-5-41 所示。

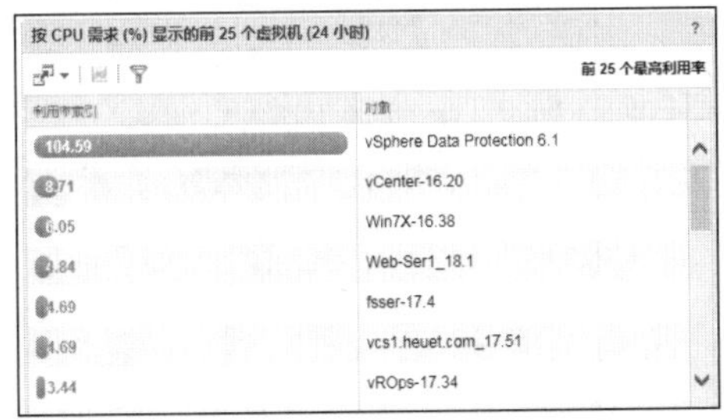

图 4-5-40　显示 CPU 需求最高的前 25 个虚拟机

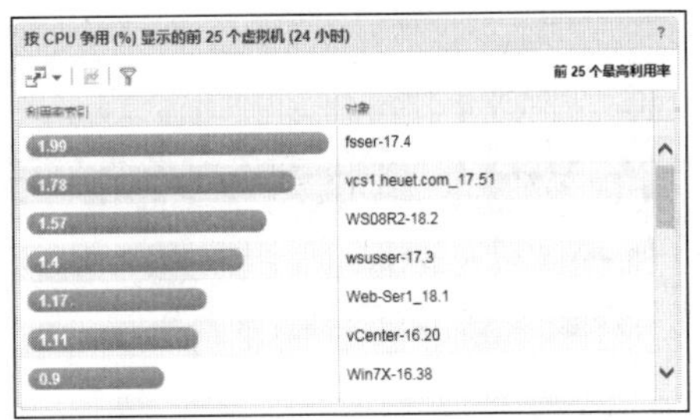

图 4-5-41　CPU 争用百分比

4.5.4 vSphere 虚拟机磁盘和网络

在“vSphere 虚拟机磁盘和网络”仪表板中，可以统计查看虚拟机虚拟磁盘使用的 IOPs、虚拟机网络使用情况、虚拟机虚拟磁盘置备空间及快照空间，并显示靠前的 25 个虚拟机，如图 4-5-42 所示。

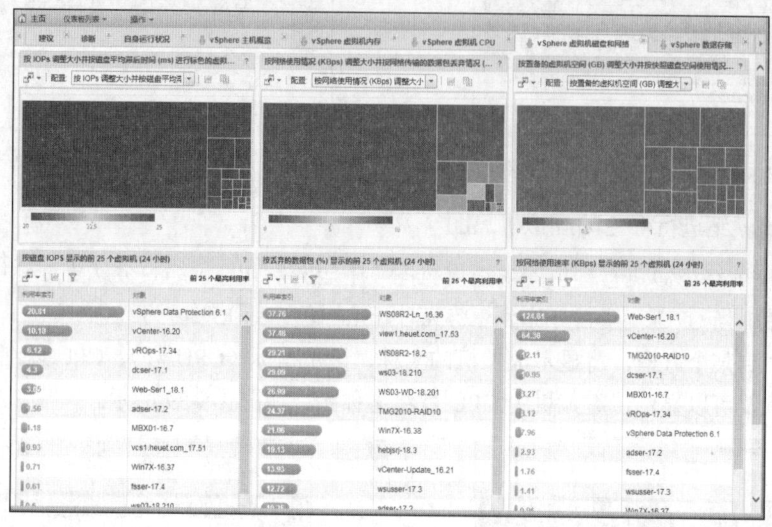

图 4-5-42　虚拟机磁盘 IOPs、网络、磁盘空间、快照空间

1. 按磁盘平衡滞后时间进行标色的虚拟机热图

在“按 IOPs 调整大小并按磁盘平均滞后时间（ms）进行标色的虚拟机热图”中，将按每个虚拟机使用的 IOPs 调整大小，并按磁盘平均滞后时间（单位为 ms，毫秒）进行标色（22.5ms 以下为绿色，22.5ms 开始着色，25ms 为红色），如图 4-5-43 所示。

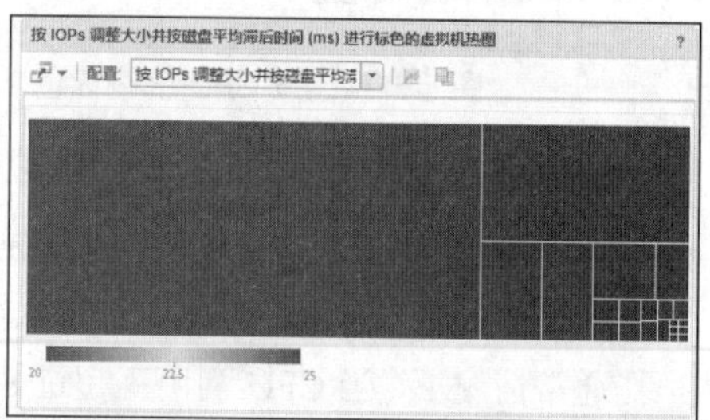

图 4-5-43　按 IOPS 调整大小

将鼠标移动到某个方框将显示对应的虚拟机的名称、磁盘 IOPs、平衡滞后时间，如图 4-5-44 所示。

在“按磁盘 IOPs 显示的前 25 个虚拟机”列表中，根据磁盘 IOPs 总数大小显示了最多的前 25 个虚拟机，如图 4-5-45 所示。在此列表中，可以得知 IOPs 总数最高的前 25 个虚拟机的名称。

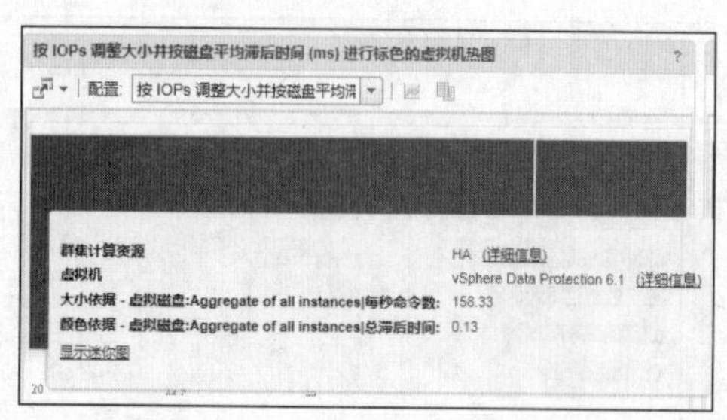

图 4-5-44　显示 IOPs 及总滞后时间

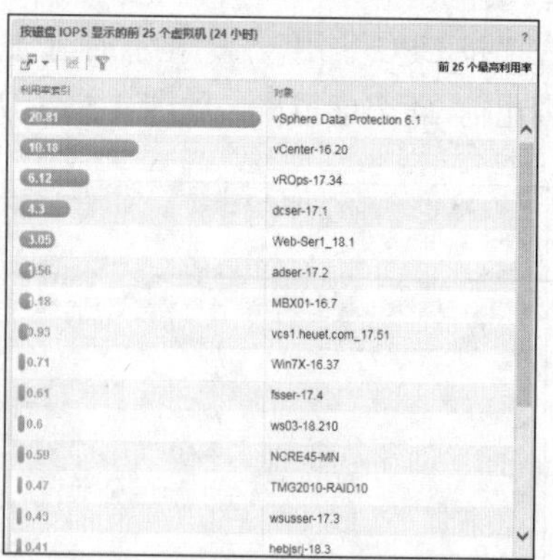

图 4-5-45　磁盘 IOPs 最多的前 25 个虚拟机

2．按网络使用情况统计

在“按网络使用情况调整大小并按网络传输的数据包丢弃情况进行标色的虚拟机热图”中，将根据每个虚拟机的网络使用情况（单位 KBps）调整大小，并根据丢包率（0%～10%）进行标色，如图 4-5-46 所示。

将鼠标移动到“红色”或“黄色”或某个方框中，将会显示对应的虚拟机的名称、网络使用速率、丢包率，如图 4-5-47 所示。

图 4-5-46　网络使用情况

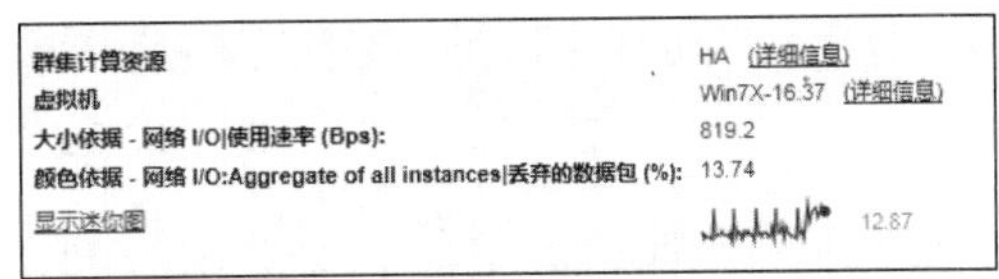

图 4-5-47　网络使用速率及丢包率

在“按丢弃的数据包显示的前 25 个虚拟机”列表中，显示了 24 小时内丢包率最高的前 25 个虚拟机，如图 4-5-48 所示。

在“按网络使用速率显示的前 25 个虚拟机”列表中，显示了 24 小时网络使用速率最高的 25 个虚拟机，并且显示了使用速率的大小（以 KBps 为单位），如图 4-5-49 所示。

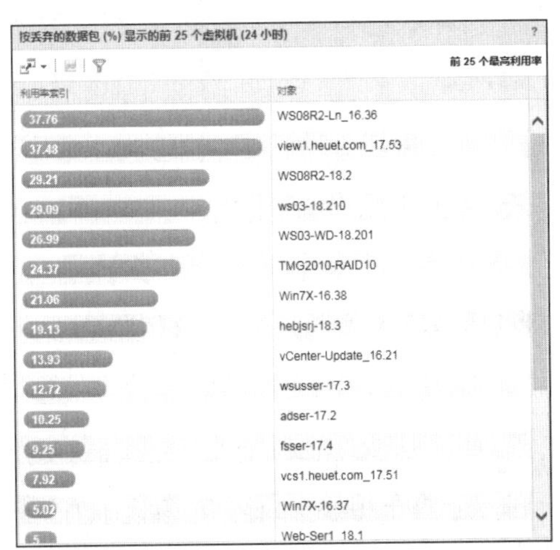

图 4-5-48　显示丢包率最高的 25 个虚拟机

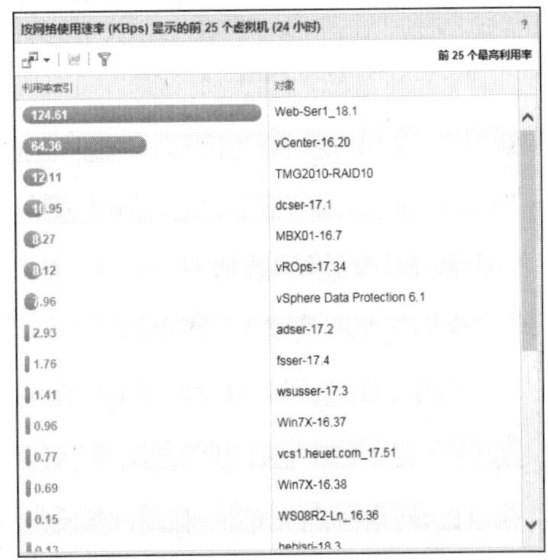

图 4-5-49　按网络使用速率显示

3．按磁盘空间统计

在“按置备的虚拟机空间（GB）调整大小并按快照磁盘空间使用时间（GB）进行标色的虚拟机热图”中，将根据每个虚拟机置备的磁盘空间（对于精简置备，并不是实际占用空间）调整大小，并按照快照占用空间进行标色的虚拟机，如图 4-5-50 所示。

将鼠标移动到某个方框，将显示该虚拟机的名称、虚拟机置备空间（即虚拟机硬盘大小）、虚拟机快照占用空间，如图 4-5-51 所示。

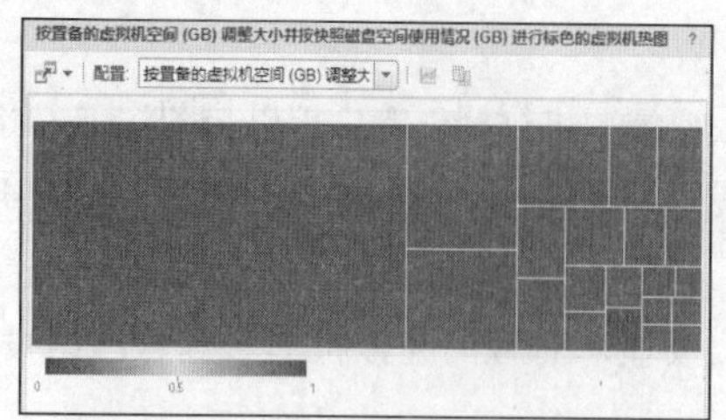

图 4-5-50　按磁盘空间统计

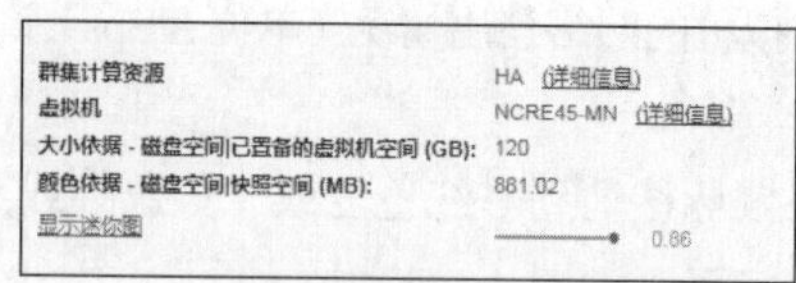

图 4-5-51　虚拟机置备空间与快照空间

4.5.5　vSphere 数据存储仪表板

在“vSphere 数据存储仪表板”中显示当前 vSphere 数据中心，数据存储的空间使用率（已使用容量百分比），以及根据 IOPs 及磁盘滞后时间统计的数据存储性能列表，如图 4-5-52 所示。

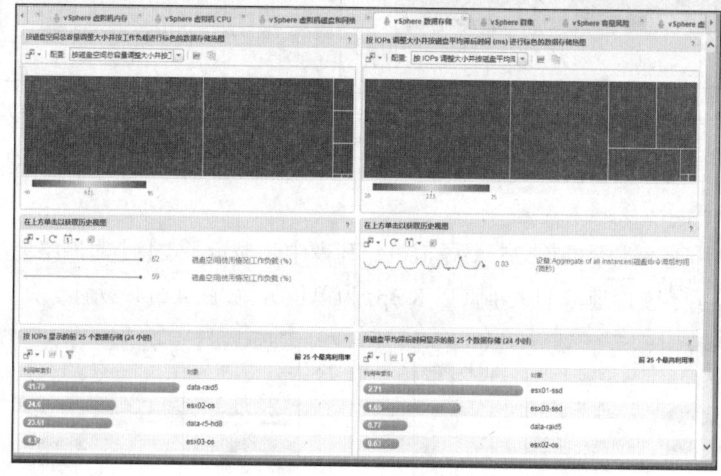

图 4-5-52　IOPs 与磁盘滞后时间

1．按磁盘空间使用量划分

在“按磁盘空间总容量调整大小并按工作负载进行标色的数据存储热图”中，将根据每个存储的空间总容量调整大小，并按使用率（已用空间/总空间）百分比进行标色（在 92.5%为分界线，95%为红色，报警），如图 4-5-53 所示。

在图 4-5-53 中，单击某个存储，将在“在上方单击以获取历史视图”中显示该存储工作负载（使用率），将鼠标移动到图 4-5-53 的方框显示该存储的名称、总容量、使用情况百分比，如图 4-5-54 所示。

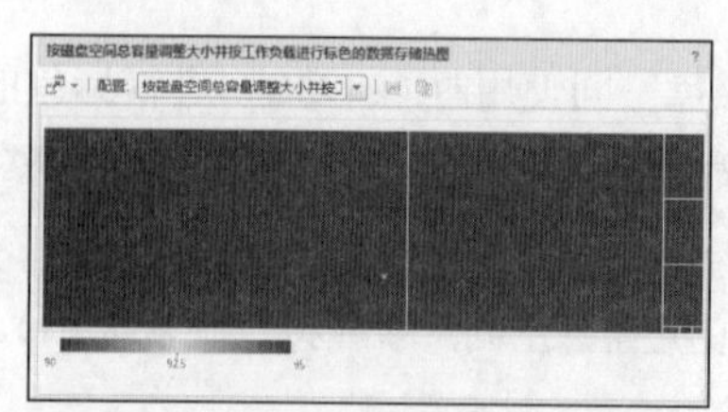

图 4-5-53　按磁盘空间总容量调整大小

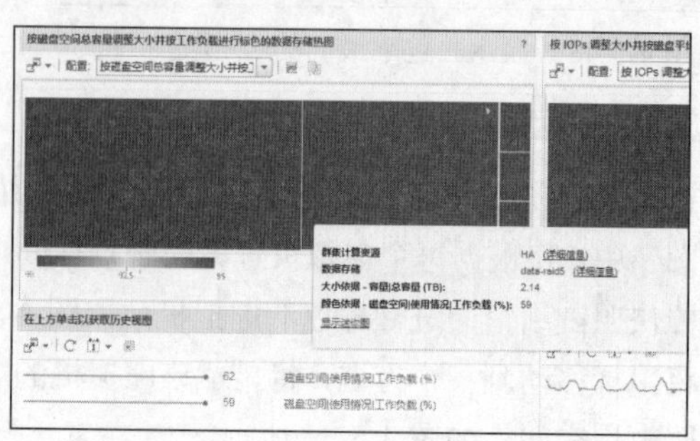

图 4-5-54　查看存储的使用率

2. 按 IOPs 统计

在"按 IOPs 调整大小并按磁盘平均滞后时间（ms）进行标色的数据存储热图"中，将根据每个存储使用的 IOPs 调整大小，并按磁盘平均滞后时间（单位：毫秒）进行标色，如图 4-5-58 所示。

在图 4-5-55 中单击某个存储，则在"在上方单击以获取历史视图"显示对应存储的磁盘滞后时间，每单击一次，则在列表显示一次，如图 4-5-56 所示。

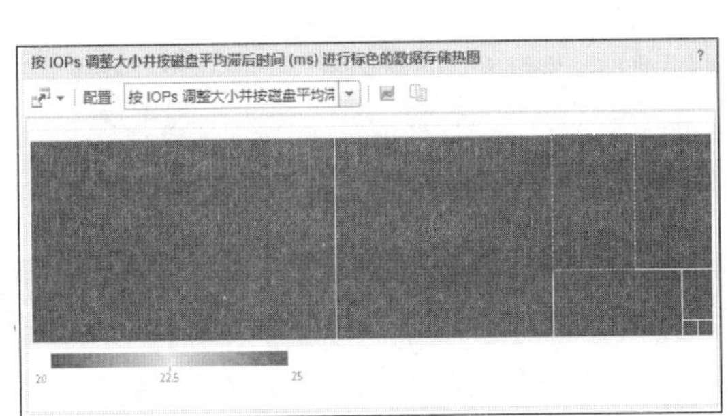

图 4-5-55　按已使用 IOPs 调整大小

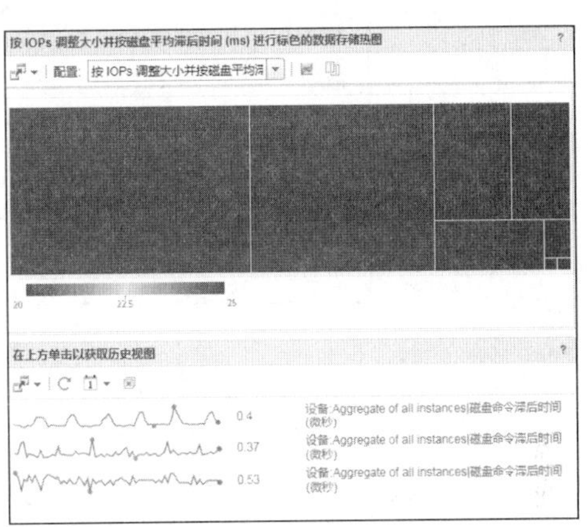

图 4-5-56　显示存储平均滞后时间

在图 4-5-55 中，鼠标移动到某个方框，显示对应的存储名称、IOPs 及磁盘滞后时间，如图 4-5-57 所示。

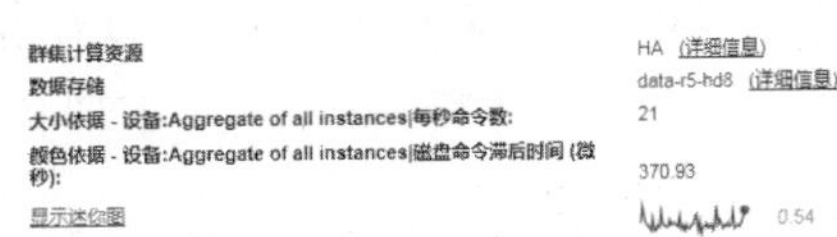

图 4-5-57　显示存储的 IOPS 及磁盘滞后时间

在"按 IOPs 显示的前 25 个数据存储（24 小时）"列表中，根据存储的 IOPs 的使用率大小进行标色，列表显示了 24 小时内使用率最高的 25 个存储，如图 4-5-58 所示。

在"按磁盘平均滞后时间显示的前 25 个数据存储"中，显示了 24 小时内磁盘滞后时间最长的前 25 个存储，如图 4-5-59 所示。

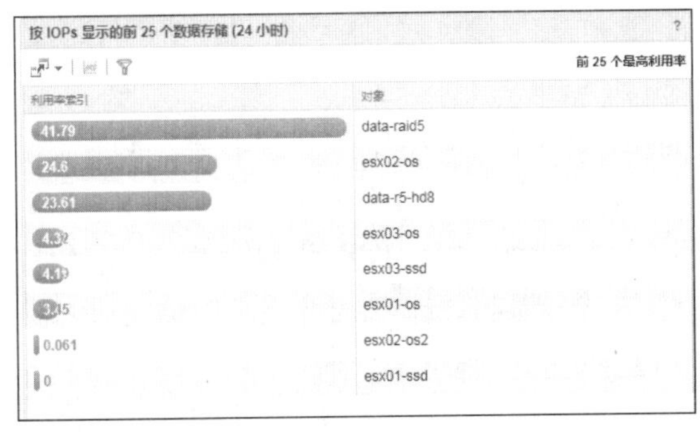

图 4-5-58　显示使用率最高的 25 个存储

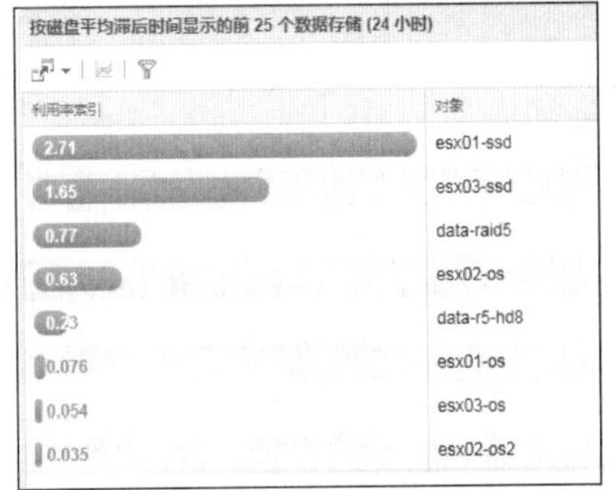

图 4-5-59　统计磁盘滞后最长的 25 个存储

4.5.6　vSphere 群集

在"vSphere 群集"仪表板中，会显示：按 CPU 需求百分比、按内存使用率百分比、按网络使用情况、按磁盘 IOPs 显示前 25 个群集，如图 4-5-60 所示。

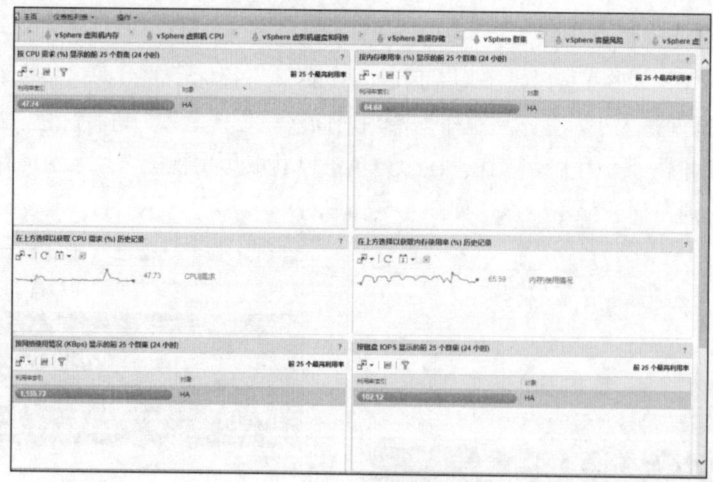

图 4-5-60　vSphere 群集

因为大多数的 vSphere 数据中心只有一个或有限的群集，所以一般情况下，在每个仪表板都会显示所有的群集（总群集数小于 25 个时）。其中用鼠标单击某个群集时，会在下方显示历史记录，例如，单击“按 CPU 需求（%）显示的前 25 个群集（24 小时）”，则会在下文的“在上方选择以获取 CPU 需求（%）历史记录”区显示对应的历史记录；单击“按内存使用率显示前 25 个群集”中的群集，则会在“在上方选择以获取内存使用率（%）历史记录”区显示选择群集的历史记录，如图 4-5-61 所示。从历史记录中可以看出，当前群集的 CPU 使用率约为 22%，内存使用率约为 64%。

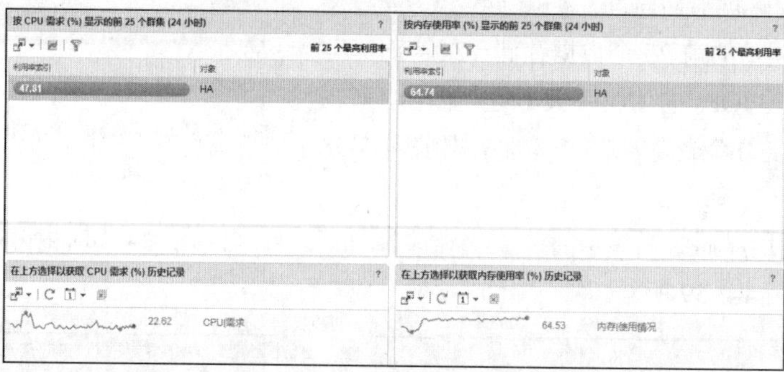

图 4-5-61　显示历史记录

同样，单击“按网络使用情况（KBps）显示的前 25 个群集（24 小时）”及“按磁盘 IOPs 显示前 25 个群集（24 小时）”列表中的群集，则会在对应的列表中显示选择群集的历史记录，如图 4-5-62 所示。从历史记录来看，当前群集接收的网络流量平均 150KBps，磁盘 IOPs 平均约 48。

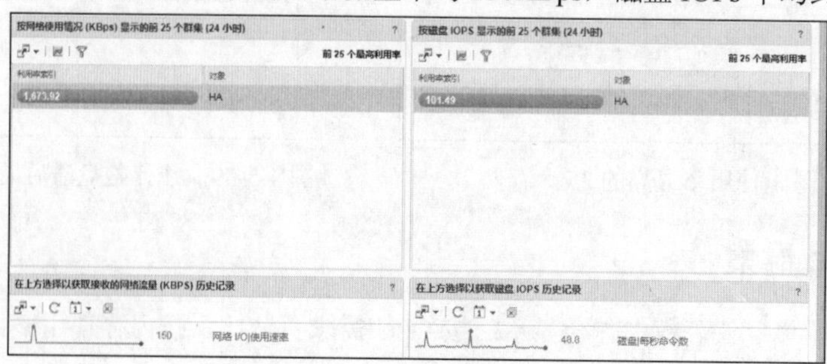

图 4-5-62　显示历史记录

4.5.7　vSphere 容量风险

在“vSphere 容量风险”仪表板中，将分别统计按容量、压力、剩余时间、容量过剩的前 25 个虚拟机，以及按压力进行标色的虚拟机及主机热图，如图 4-5-63 所示。

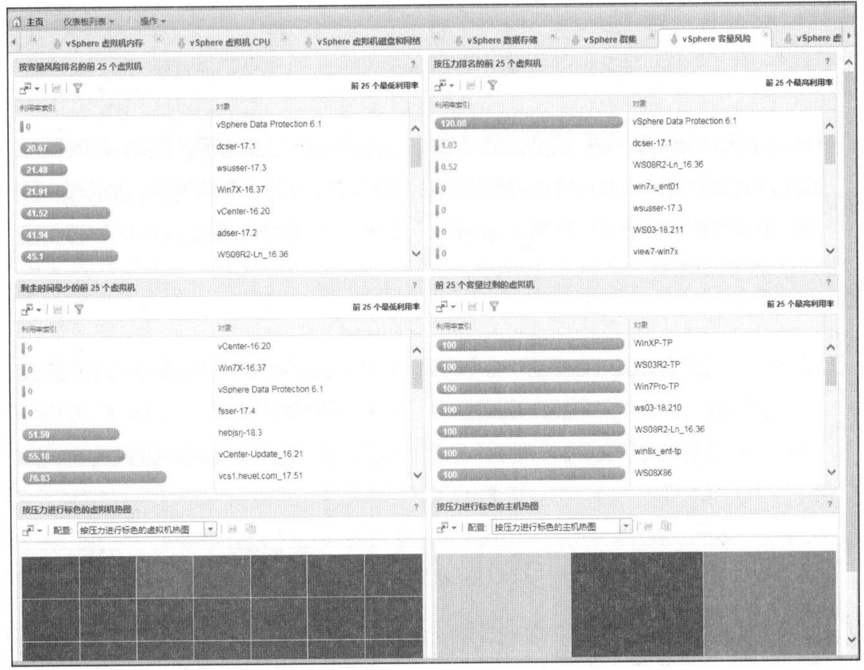

图 4-5-63　vSphere 容量风险

1．容量风险

在“按容量风险排名的前 25 个虚拟机”窗口中，按利用率从小到大列出了风险排名靠前的 25 个虚拟机，如图 4-5-64 所示。剩余容量是尚未消耗的可用容量的百分比，如图 4-5-65 所示。容量参数受限于 CPU。

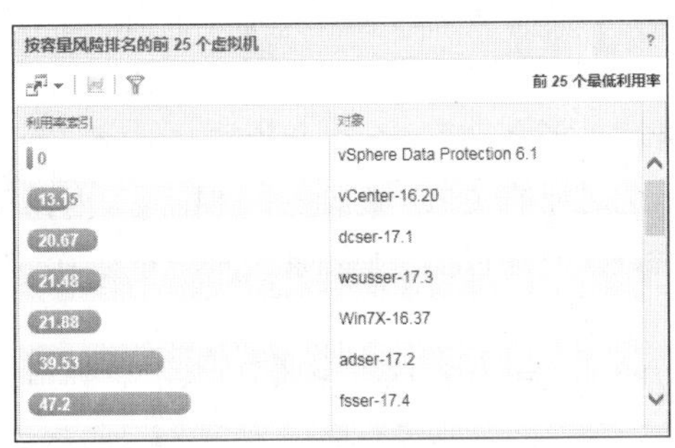

图 4-5-64　容量风险虚拟机

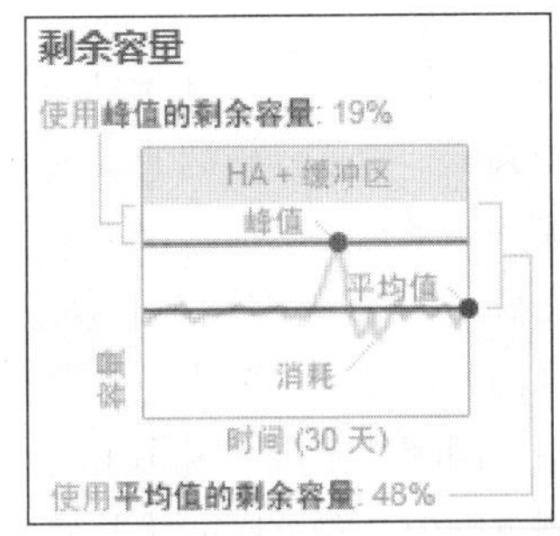

图 4-5-65　剩余容量

2．压力排名

在“按压力排名的前 25 个虚拟机”列表中，按利用率从大到小列出 CPU 使用率压力靠前的 25 个虚拟机，如图 4-5-66 所示。压力（按 CPU）是在工作负载超出压力线后累积。压力评分是选定时间样本中存在压力的压力区域的百分比，如图 4-5-67 所示。

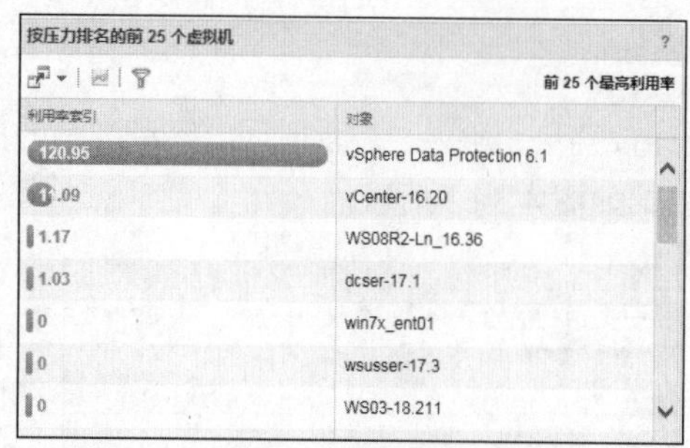

图 4-5-66　压力靠前的虚拟机

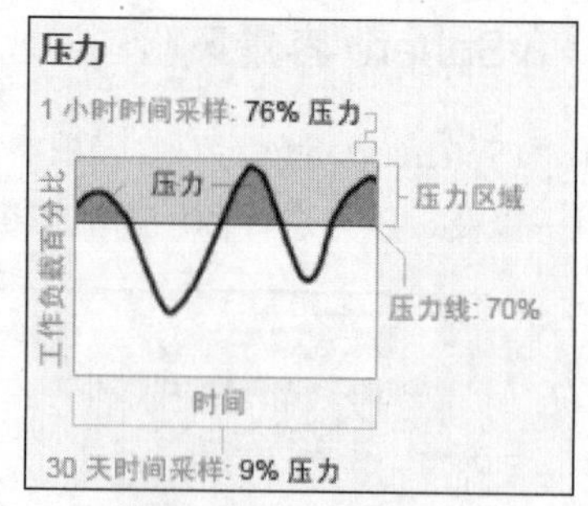

图 4-5-67　压力评分

3. 剩余时间

在“剩余时间最少的前 25 个虚拟机”窗口中，按利用率从小到大列出剩余时间最小的前 25 个虚拟机，如图 4-5-68 所示。剩余时间是对象用完容量之前剩下的时间。剩余时间评分是基于当前消耗趋势达到最大容量减去置备时间缓冲区的天数，如图 4-5-69 所示。

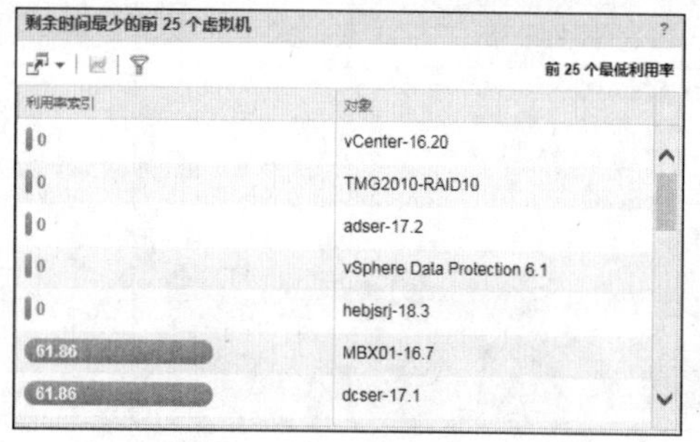

图 4-5-68　剩余时间最少的虚拟机

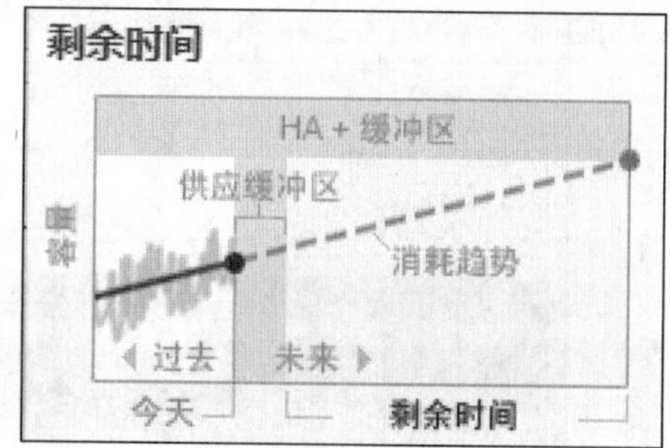

图 4-5-69　剩余时间

“剩余时间”选项卡指示所选对象的资源耗尽之前所剩余的时间量。剩余时间评分是基于当前消耗趋势达到最大容量减去置备时间缓冲区之前的天数。通过剩余时间评分，可以为所选对象规划物理或虚拟资源置备，或更改工作负载以调整虚拟环境中的资源需求。

剩余时间评分根据对象的资源类型进行计算。例如，CPU 使用情况或磁盘 I/O 基于对象类型的历史数据。vRealize Operations Manager 将通过计算每个计算资源的剩余时间占“配置”对话框中设置的置备缓冲区的百分比来计算剩余时间评分。默认情况下，剩余时间评分的置备缓冲区为 30 天。即使其中一个计算资源的容量低于该置备缓冲区，剩余时间评分也会为 0。

例如，如果置备缓冲区设置为 30 天，并且所选对象的 CPU 资源还剩 81 天、内存资源还剩 5 天、磁盘 I/O 资源还剩 200 天、网络 I/O 资源还剩一年以上，则剩余时间评分为 0，因为其中一个资源的容量低于 30 天。

剩余时间评分范围介于 0（差）和 100（优）之间。vRealize Operations Manager 管理员可以修改标志评分阈值，剩余时间状况见表 4-17。

表 4-17　剩余时间状况及相应的用户操作

标 志 图 标	描　述	用 户 操 作
●	剩余天数远高于指定的评分置备缓冲区	无须任何关注
●	剩余天数高于评分置备缓冲区，但低于所指定缓冲区的两倍	检查详细信息，并采取适当措施
●	剩余天数高于评分置备缓冲区，但接近所指定的缓冲区	检查详细信息，并尽快采取适当措施

续表

标志图标	描　述	用户操作
	剩余天数低于指定的评分置备缓冲区。所选对象可能已经用尽部分资源或即将用尽这些资源	立即采取措施，防止或纠正问题
	该对象处于脱机状态或“剩余时间”评分无可用数据	

4．容量过剩

在“前 25 个容量过剩的虚拟机”列表中，按利用率从小到大列出容量过剩的前 25 个虚拟机，如图 4-5-70 所示。容量过剩是指为虚拟机分配过多的容量，这些容量可以回收，如图 4-5-71 所示。与容量过剩相关联的参数是“可回收容量”，可回收容量是可重新利用的总容量百分比。

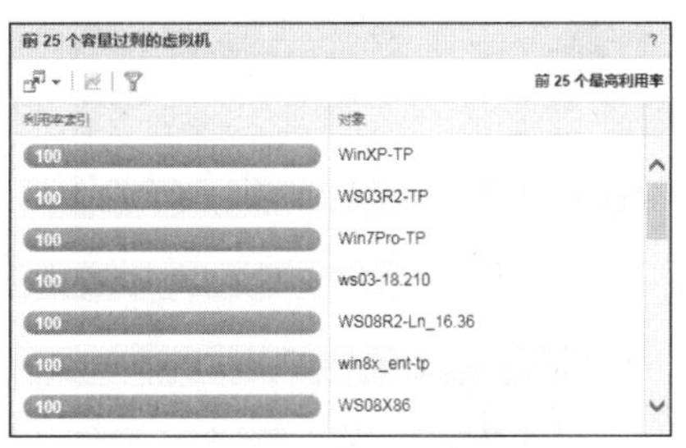

图 4-5-70　容量过剩虚拟机

图 4-5-71　容量过剩

5．按压力进行标色的虚拟机热图

在“按压力进行标色的虚拟机热图”窗口中，以 CPU 压力进行标色的虚拟机热图，如图 4-5-72 所示。同样，将鼠标移动到某个方框，则会显示对应虚拟机的名称、CPU 使用率，如图 4-5-73 所示。

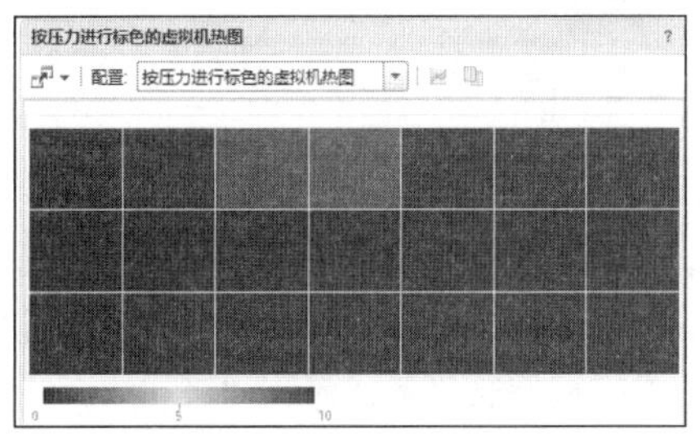

图 4-5-72　压力标色的虚拟机热图

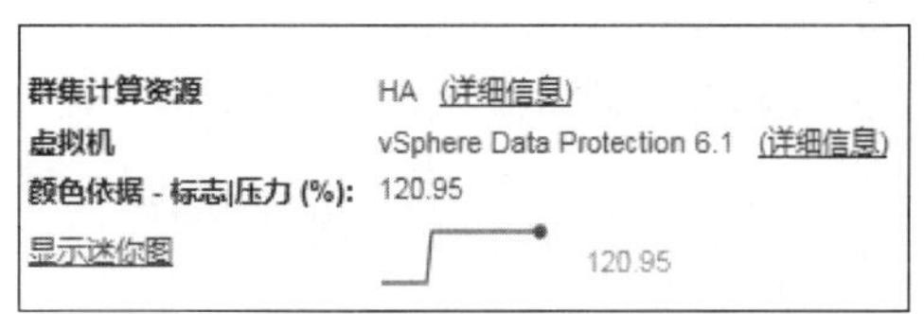

图 4-5-73　显示具体的对象

6．按压力进行标色的主机热图

在“按压力进行标色的主机热图”窗口中，以 CPU 压力进行标色的主机热图，如图 4-5-74 所示。将鼠标移动到某个方框，则会显示对应主机的名称、CPU 利用率，如图 4-5-75 所示。

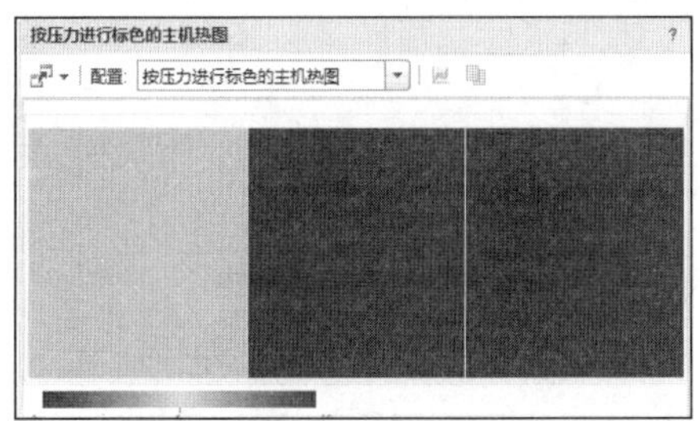

图 4-5-74　压力标色的主机热图

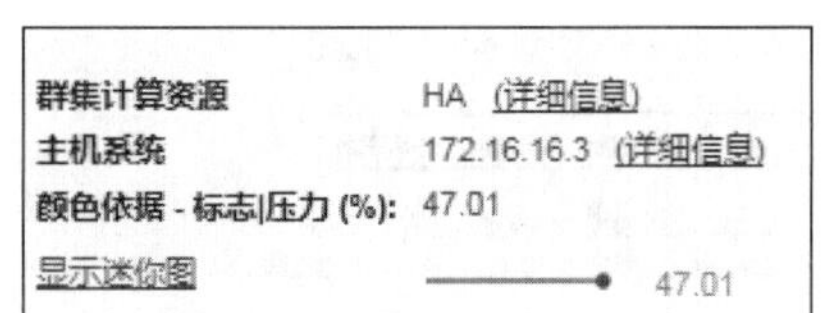

图 4-5-75　显示具体对象

4.5.8 vSphere 虚拟机磁盘摘要

在“vSphere 虚拟机配置摘要”仪表板中，包括虚拟机增长趋势视图、虚拟机操作分布图、虚拟机配置的内存大小分布图、虚拟机 vCPU 数量配置分布图、VMware Tools 状态分布图、VMware Tools 版本分布图、虚拟机电源状况分布图及基于快照磁盘使用情况靠前的 25 个虚拟机清单列表，如图 4-5-76 所示。

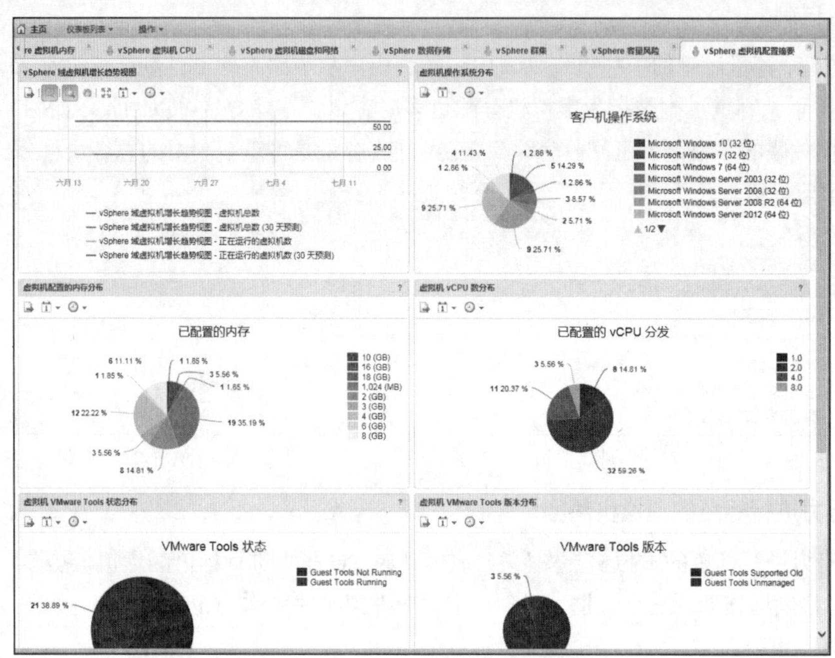

图 4-5-76　vSphere 虚拟机配置摘要

1. vSphere 虚拟机增长趋势图

在“vSphere 域虚拟机增长趋势视图”窗口中，可以显示一段时间（默认最近 7 天）虚拟机增长趋势图，如图 4-5-77 所示。单击“vSphere 域虚拟机增长趋势视图-虚拟机总数（30 天预测）”链接，可以根据以前的虚拟机增长趋势，预测未来 30 天的虚拟机增长趋势；单击“vSphere 域虚拟机增长趋势视图-正在运行的虚拟机数”链接，将显示当前 vSphere 正在运行的虚拟机总数，如图 4-5-78 所示。单击“vSphere 域虚拟机增长趋势视图-正在运行的虚拟机数（30 天预测）”将预测未来 30 天正在运行的虚拟机数。

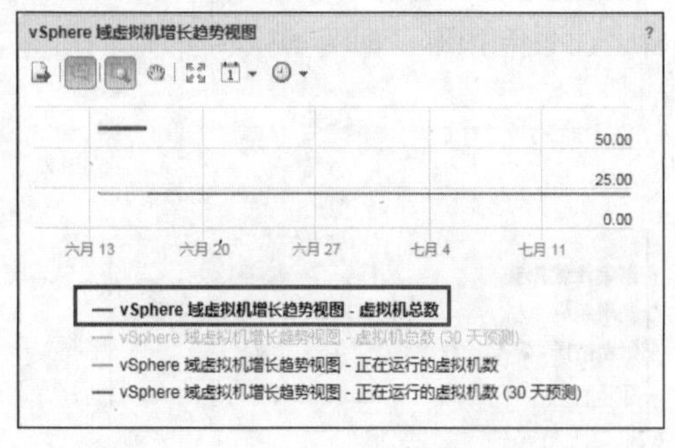

图 4-5-77　虚拟机增长趋势视图

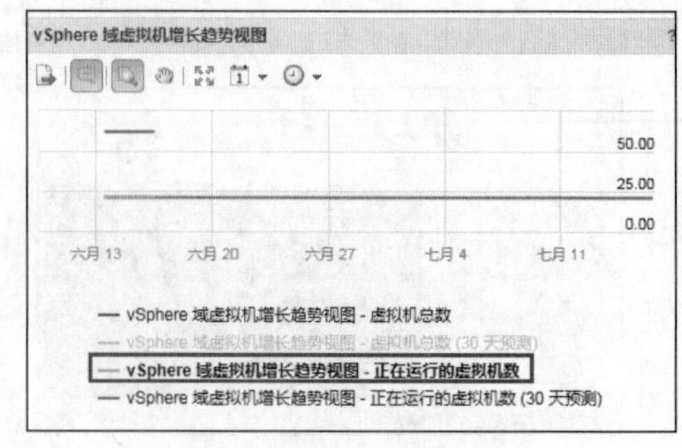

图 4-5-78　正在运行的虚拟机总数

在“vSphere 域虚拟机增长趋势视图”工具栏，包括以下 7 个按钮，各按钮功能如下。

（1）“ ”：导出为 csv 文件，将虚拟机总数、未来 30 天预测的虚拟机总数、正在运行的虚拟机数、未来 30 天正在运行的虚拟机总数导出成 csv 文件中（可以用“记事本”打开），如图 4-5-79 所示。

```
vSphere 域虚拟机增长趋势视图.csv
1  "时间戳","虚拟机总数","虚拟机总数 (30 天预测)","正在运行的虚拟机数","正在运行的虚拟机数 (30 天预测)"
2  "2016-6-13 15:55:00","62","-","22","-"
3  "2016-6-13 16:00:00","62","-","22","-"
4  "2016-6-13 16:05:00","62","-","21","-"
5  "2016-6-13 16:10:00","62","-","21","-"
6  "2016-6-13 16:15:00","62","-","21","-"
7  "2016-6-13 16:20:00","62","-","21","-"
8  "2016-6-13 16:25:00","62","-","21","-"
9  "2016-6-13 16:30:00","62","-","21","-"
10 "2016-6-13 16:35:00","62","-","21","-"
11 "2016-6-13 16:40:00","62","-","21","-"
```

图 4-5-79　导出来 CSV

（2）“ ”：分别为“显示数据值”、“缩放视图”、“平移，按住 Shift 的同时拖拽”、“缩放为合适大小”。

（3）“ ”：指定日期范围，默认为 7 天，可以选择“特定日期范围”并设置起始与结束日期，如图 4-5-80 所示。

（4）“ ”：预测天数，默认为 30 天，可以在此修改默认天数，如图 4-5-81 所示。

图 4-5-80　指定日期范围

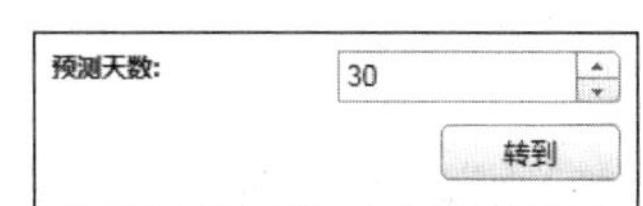

图 4-5-81　预测天数

其中导出 CSV、指定日期范围、预测天数按钮，在本节其他窗口中也都存在并且有相同的功能。

2. 虚拟机操作系统分布

在“虚拟机操作系统分布”窗口中，显示当前 vSphere 数据中心中虚拟机操作系统的统计饼图，如图 4-5-82 所示。在右侧单击某个操作系统，在左侧将显示该操作系统的百分比。

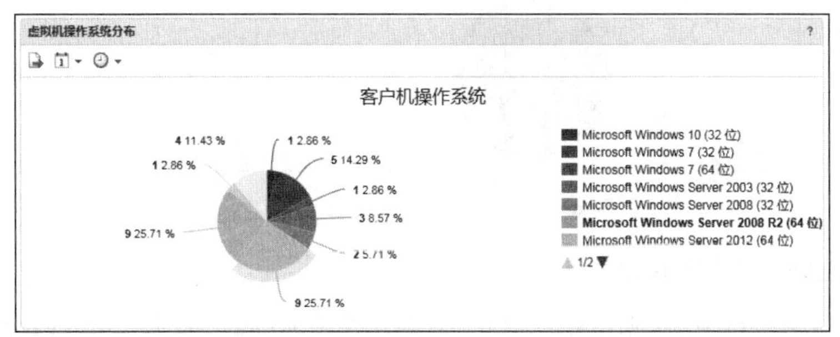

图 4-5-82　客户机操作系统统计

3. 虚拟机配置的内存分布

在“虚拟机配置的内存分布”窗口中，显示当前 vSphere 数据中心中，为虚拟机分配的内存饼图，如图 4-5-83 所示。在右击或移动到对应的内存数中，并在左侧饼图显示对应的百分比。

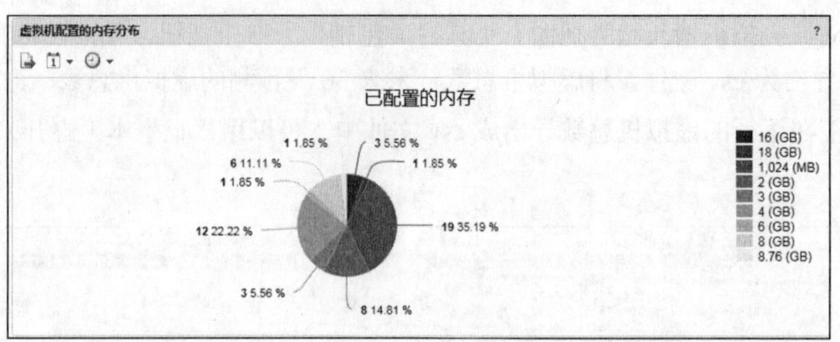

图 4-5-83　内存分布饼图

4．虚拟机 vCPU 数分布

在“虚拟机 vCPU 数分布”窗口，显示当前 vSphere 数据中心虚拟机分配的 vCPU 的统计饼图，如图 4-5-84 所示。

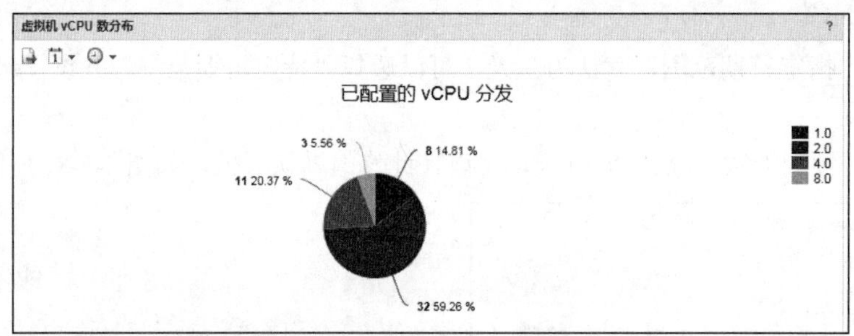

图 4-5-84　vCPU 饼图

5．虚拟机 VMware Tools 状态分布

在“虚拟机 VMware Tools 状态分布”窗口，显示当前 vSphere 数据中心运行 VMware Tools 及未运行 VMware Tools 的状态分布饼图，如图 4-5-85 所示。

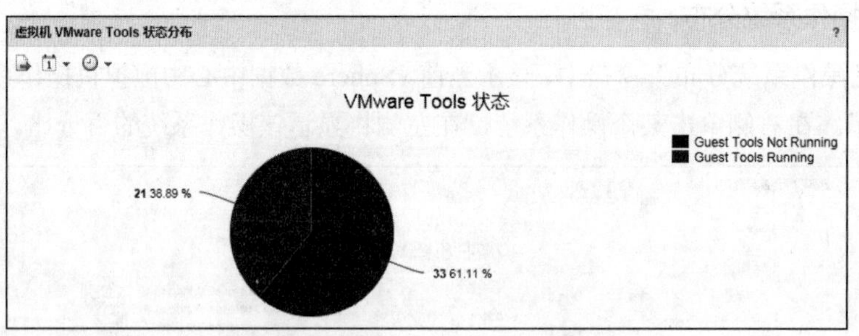

图 4-5-85　VMware Tools 状态饼图

6．虚拟机 VMware Tools 版本分布

在“虚拟机 VMware Tools 版本分布”窗口，显示当前 vSphere 数据中心 VMware Tools 支持版本的统计饼图，如图 4-5-86 所示。

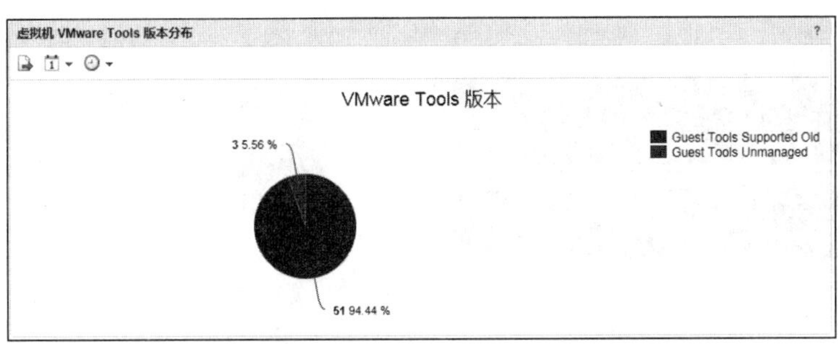

图 4-5-86 VMware Tools 版本分布饼图

7. 虚拟机电源状况分布

在“虚拟机电源状况分布”窗口，显示当前 vSphere 数据中心打开电源及关闭电源的虚拟机的统计饼图，如图 4-5-87 所示。

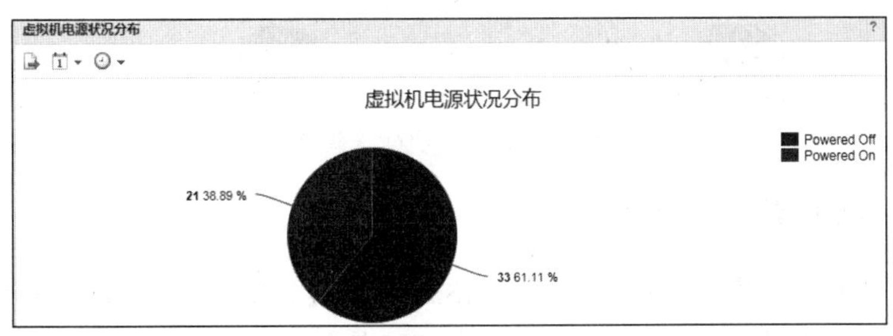

图 4-5-87 虚拟机电源状况分布

8. 基于快照磁盘使用情况的前 25 个虚拟机

在“基于快照磁盘使用情况的前 25 个虚拟机”窗口，按照利用率大小排序，显示快照磁盘使用最多的前 25 个虚拟机，如图 4-5-88 所示。

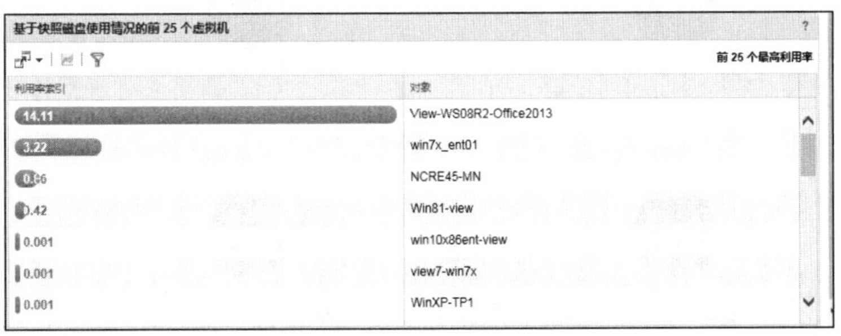

图 4-5-88 基于快照磁盘统计

4.5.9 vSphere 主机配置摘要

在“vSphere 主机配置摘要”仪表板中，主要显示 vSphere 主机统计信息（包括主机总数、正在运行的主机数、数据存储总数、每个正在运行的主机中所运行的虚拟机平均数）、vSphere 主机版本饼图、处于维护模式的 vSphere 主机、vSphere 主机连接状况、vSphere 主机 SSH 服务状况、vSphere 主机 NTP 服务状态等饼图，如图 4-5-89 所示。

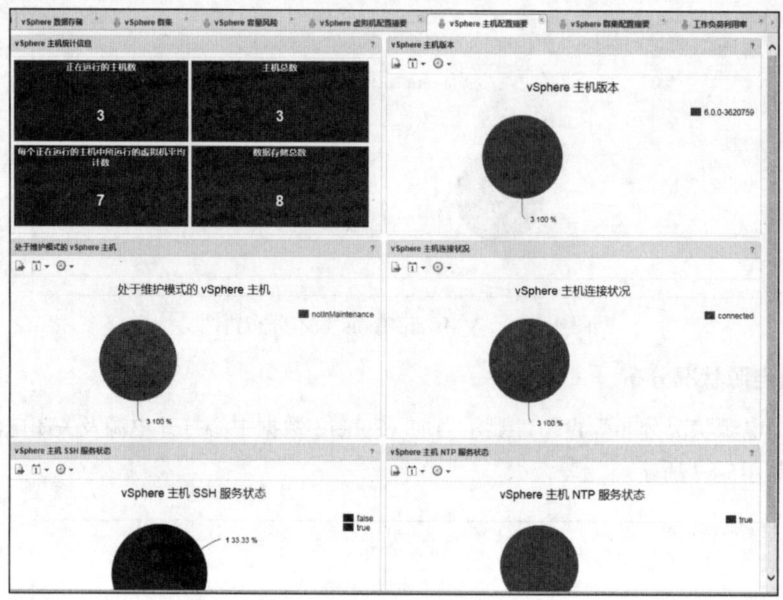

图 4-5-89　vSphere 主机配置摘要仪表板

4.5.10　vSphere 群集配置摘要

在“vSphere 群集配置摘要”仪表板，显示 vSphere 群集 HA 状态、vSphere 群集接入控制是否启用、vSphere 群集 DRS 是否配置、vSphere 群集 DPM 是否配置等 4 个饼图，如图 4-5-90 所示。

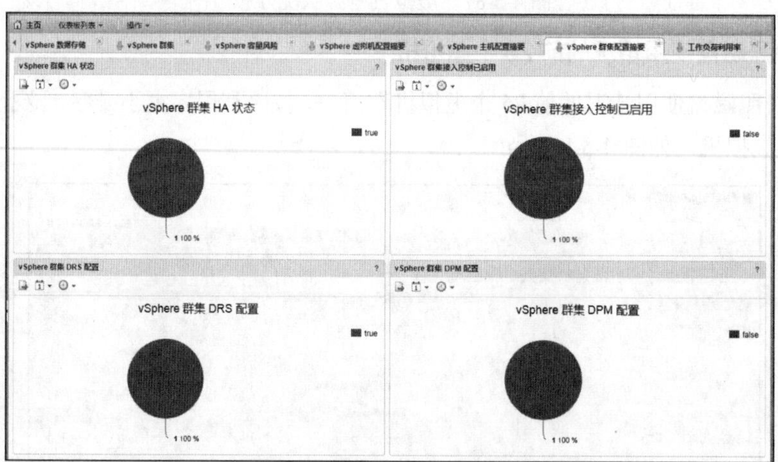

图 4-5-90　vSphere 群集配置摘要

4.5.11　工作负载利用率

在“工作负荷利用率”仪表板，可以统计显示群集、主机的工作负载趋势、工作负载状况，如图 4-5-91 所示。

在“当前对象利用”窗口，可以根据“数据中心”、“主机系统”、“群集计算资源”分类，查看对应系统的使用状况，其范围在“使用不足、最佳、使用过度”之间，如图 4-5-92 所示。可以看到，当前的“数据中心”及“群集计算资源” 处于“最佳”，主机系统中的 3 台主机利用在接近最佳、最佳、略微超出最佳 3 种状态，如图 4-5-92 所示。

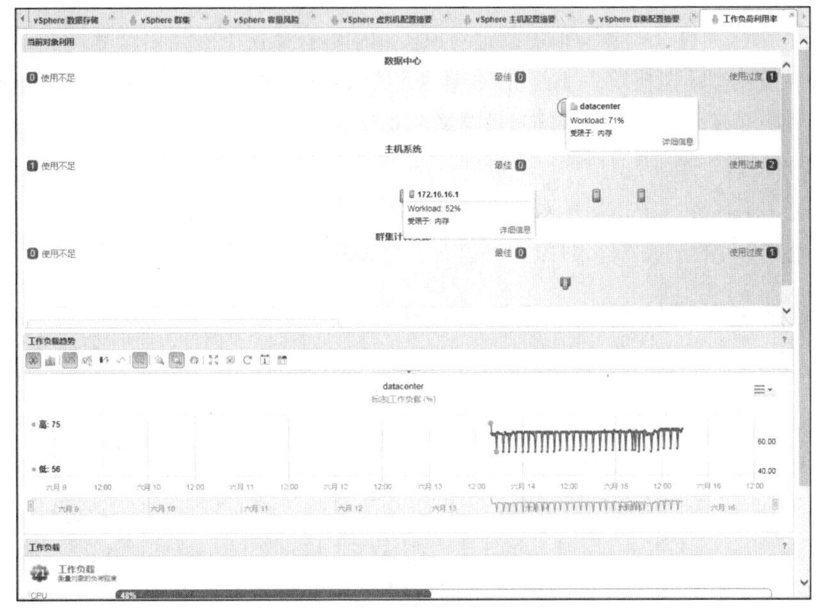

图 4-5-91　工作负载利用率

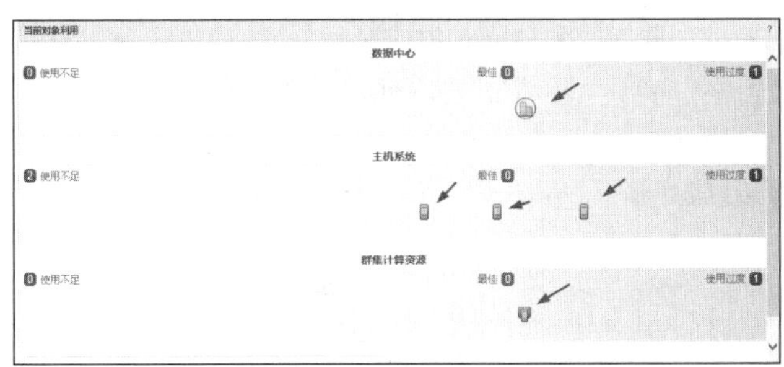

图 4-5-92　当前对象利用

在“当前对象利用”窗口中，通过单击“”选择数据中心、通过单击“”选择主机，或通过单击“”选择数据中心，选择的对象在“工作负载趋势”及“工作负载”中显示，如图 4-5-93 所示。在此可以查看选择对象的工作负载趋势图，以及选择对象的 CPU 与内存使用率。

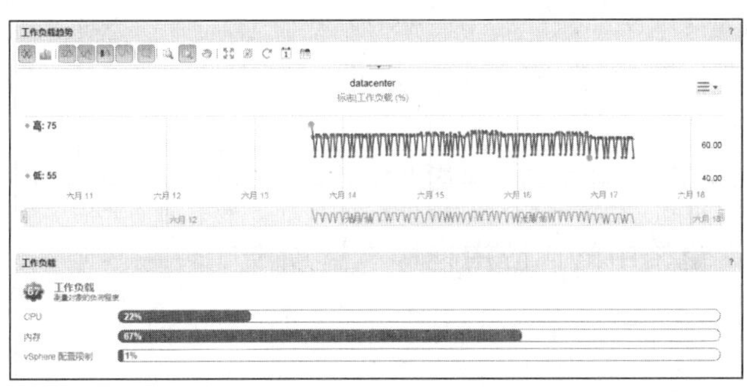

图 4-5-93　工作负载

4.6 “环境概览”小组件

“环境概览”小组件显示托管清单中给定对象资源的运行状况、风险和效率。可以向一个或多个自定义仪表板中添加“环境概览”小组件。 该小组件显示一种或多种类型的对象数据。小组件显示的数据取决于配置该小组件时选择的对象类型和类别。

小组件中的对象按对象类型排序。

指向对象时，工具提示中将显示对象的运行状况、风险和效率参数。

在“环境概览”小组件中双击对象，可以查看对象的详细信息。

4.6.1 “环境概览”窗格上的“组”选项卡

“组”是一个容器，可以包含环境中任意数量和类型的对象。vRealize Operations Manager 收集组中对象的数据，并将结果显示在定义的仪表板和视图中。

“组”随 vRealize Operations Manager 安装，或者由适配器或用户创建。根据组的条件，可以使用组管理环境，同时监控组中的所有对象。也可以为组分配策略，将组的成员资格设为动态。

例如，如果有几台 vSphere 主机，并且希望在这些主机进入维护模式时不发出警示，则可以将 vSphere 主机归入一组并为其分配包括维护调度设置的策略。在维护期间，vRealize Operations Manager 忽略这些对象的所有衡量指标并且不会生成任何警示。维护结束后，vRealize Operations Manager 恢复对对象的监控，并在发生故障时生成警示。

要访问组，在导航窗格中单击“环境”，在右侧默认选中即为“组”，如图 4-6-1 所示。

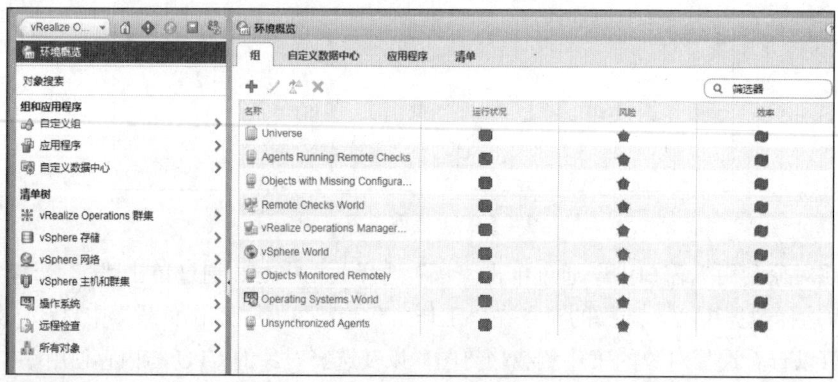

图 4-6-1　组

单击加号以添加组。可以编辑、复制或删除用户创建的组。不能修改随 vRealize Operations Manager 安装的组或由适配器创建的组。

组数据网格显示每个组的状态概览，包括运行状况、风险、效率等。

4.6.2 “环境概览”窗格中的“应用程序”选项卡

应用程序是环境中的相关对象组，这些对象模拟企业中的某个应用程序。使用摘要可跟踪应用程序中对象的运行状况，并帮助解决性能问题。

在 vRealize Operations Manager 中，每个应用程序包含一个或多个层，而每个层包含一个或多个对象。通过层可以方便地将应用程序中执行某项特定任务的对象组织在一起。例如，可将所有数据库服务器一起归入一个层。

层中的对象是静态的。如果层中的对象集发生更改，则必须手动编辑应用程序。

构造应用程序可查看企业的特定部分。应用程序显示某个对象的性能如何影响同一应用程序中的其他对象，并帮助找出问题的根源。例如，如果某个应用程序包含处理企业销售数据的所有数据库、Web 和网络服务器，则在应用程序运行状况发生降级时，将看到黄色、橙色或红色状态。您可以从应用程序摘要仪表板开始，调查导致问题或出现问题的服务器。

添加应用程序的主要操作如下。

（1）在左侧窗格中选择“环境”，然后选择“应用程序”选项卡，单击“+”按钮，在弹出的“添加应用程序”中选择“基本 *n* 层 Web 应用程序”，如图 4-6-2 所示。

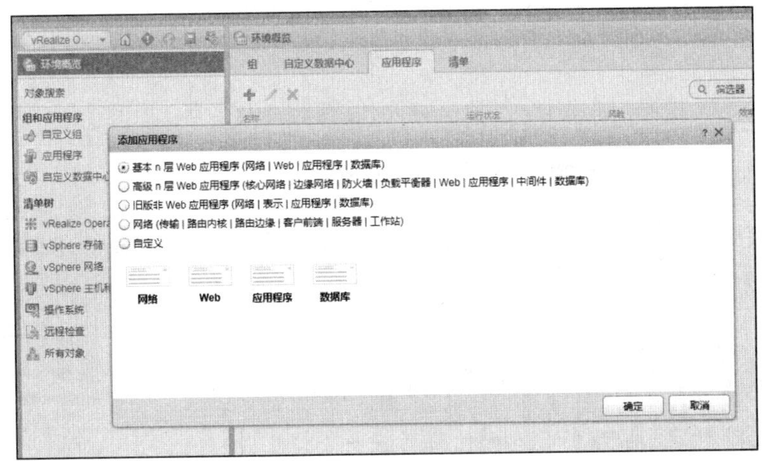

图 4-6-2　添加应用程序

（2）在“应用程序管理”对话框，单击“保存”按钮，如图 4-6-3 所示。

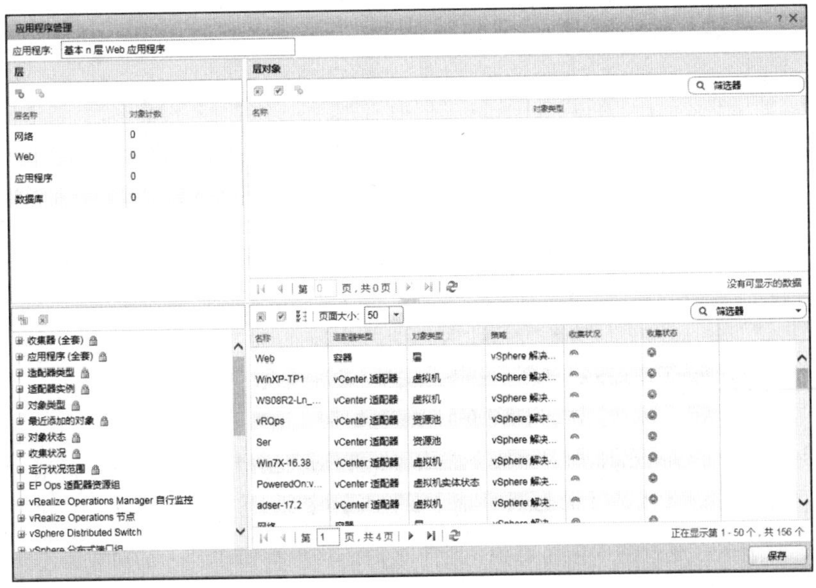

图 4-6-3　保存

（3）添加之后，如图 4-6-4 所示。

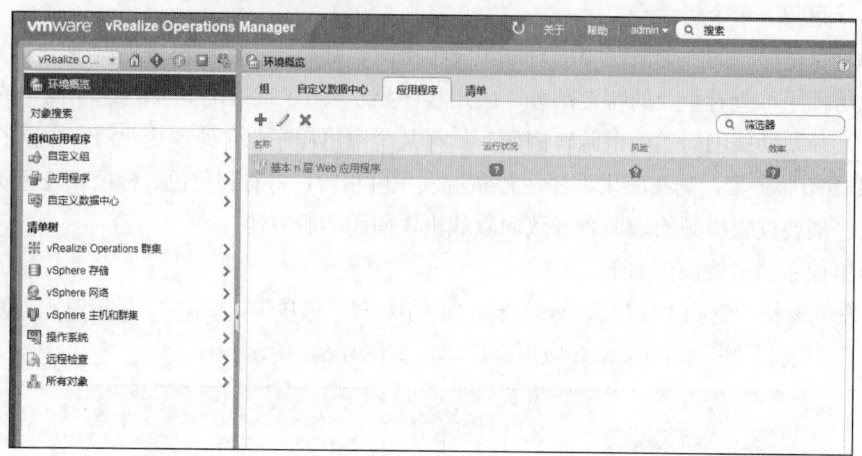

图 4-6-4　添加成功

4.6.3 “环境概览”窗格上的“清单”选项卡

“清单”选项卡显示环境中每个对象的状态。对象是定义的组和应用程序的成员。

在左侧窗格中选择环境，然后选择“清单”选项卡，如图 4-6-5 所示。

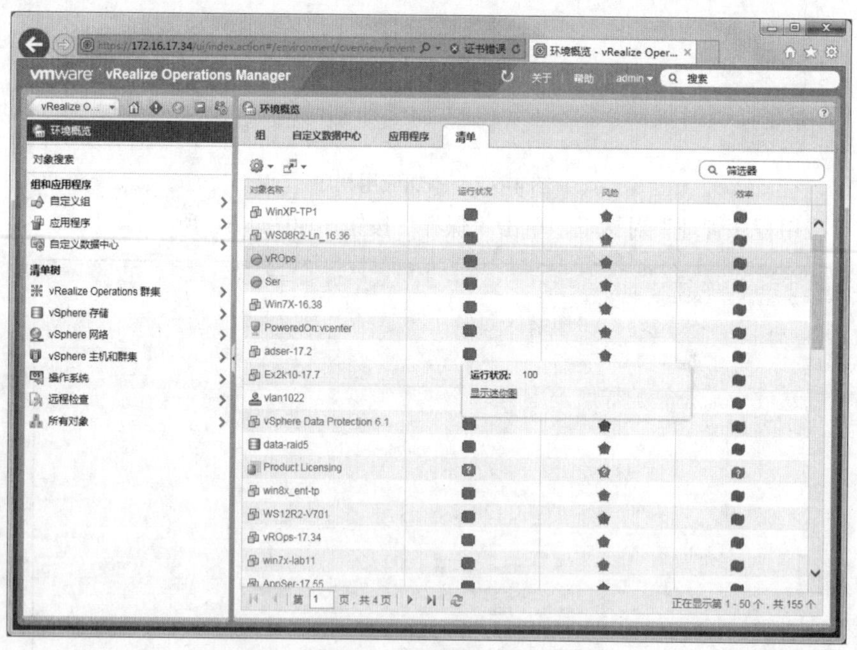

图 4-6-5　清单选项卡

在“清单”中显示当前 vSphere 数据中心中的所有对象，当前一共 156 个（包括虚拟机、网络、虚拟交换机端口组、存储等），每个对象都显示了“运行状况、风险、效率”图标，其中绿色为正常，红色为报警等。对于正在运行的虚拟机对象，选中之后还可以单击“⚙”的对象，选择“在 vSphere Web Client 中打开虚拟机”，如图 4-6-6 所示。

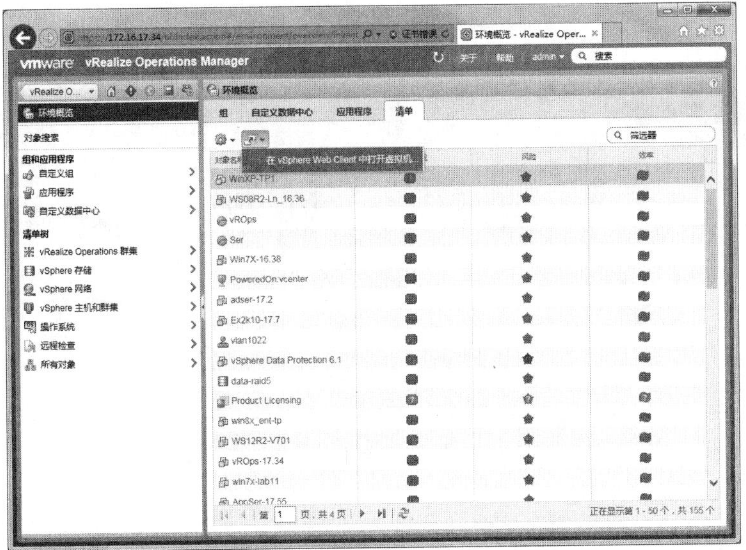

图 4-6-6　使用 vSphere Web Client 打开虚拟机

在“对象名称”中，单击选中的对象，将进入“详细信息”页，如图 4-6-7 所示。

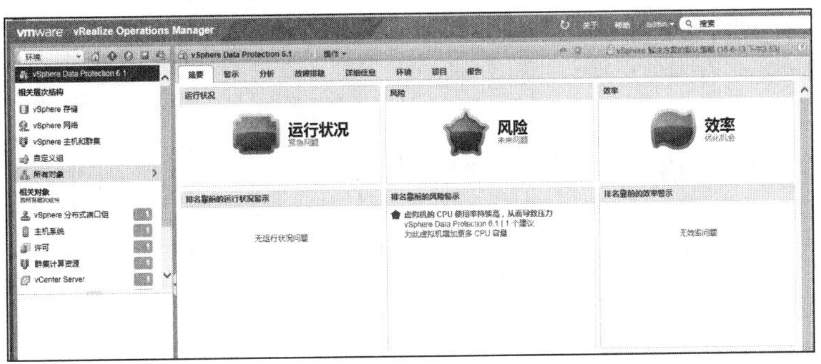

图 4-6-7　详细信息

4.6.4　对象搜索

在“环境”选项中，在左侧导航器中有一个“对象搜索”，如图 4-6-8 所示。

管理员可以在此输入要搜索的对象，然后会在下拉菜单中显示匹配的对象，如图 4-6-9 所示。

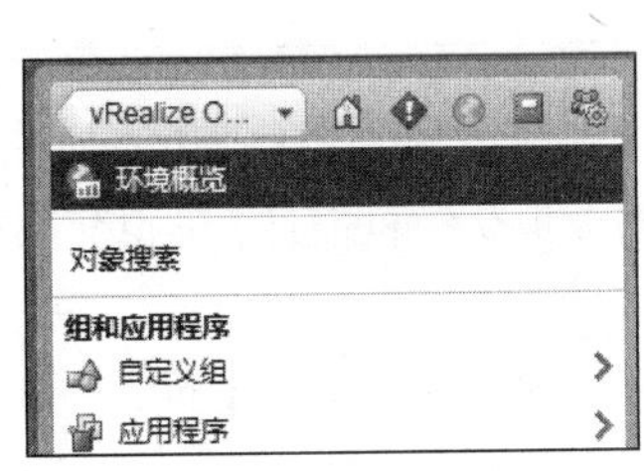

图 4-6-8　对象搜索

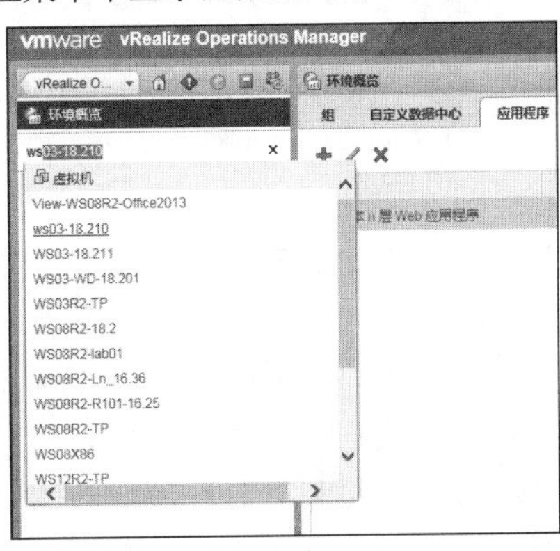

图 4-6-9　匹配对象

然后选中要找的目标对象，会显示该目标对象的“详细信息”，如图 4-6-10 所示。

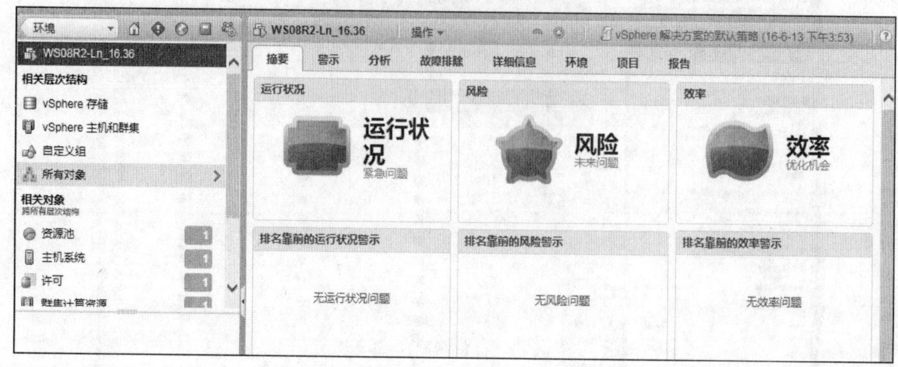

图 4-6-10　显示对象的详细信息

4.6.5　清单树

在“环境”选项中，左侧导航器的最下方是“清单树”，这包括 vRealize Operations 群集、vSphere 存储、vSphere 网络、vSphere 主机和群集、操作系统、远程检查、所有对象等选项。如图 4-6-11 所示。

图 4-6-11　清单树

单击任意一个对象，将会显示每个对象的“详细信息”（关于详细信息将在后一节介绍）。例如，单击“vSphere 存储”，将显示当前 vSphere 中所有存储的清单，并显示存储的详细信息，如图 4-6-12 所示。

图 4-6-12　存储详细信息

单击“vSphere 网络”下拉列表框，将显示当前 vSphere 的虚拟交换机信息、虚拟交换机端口组详细信息，如图 4-6-13 所示。

单击“vSphere 主机和群集”下拉列表框，将显示当前数据中心中 vSphere 主机、群集、当前主机及群集的资源池、虚拟机的清单，并显示对应的详细信息，如图 4-6-14 所示。

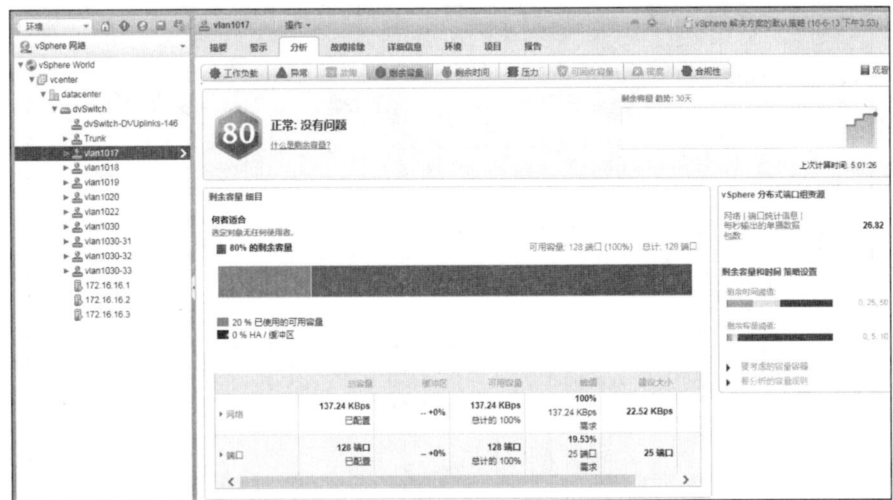

图 4-6-13　vSphere 网络详细信息

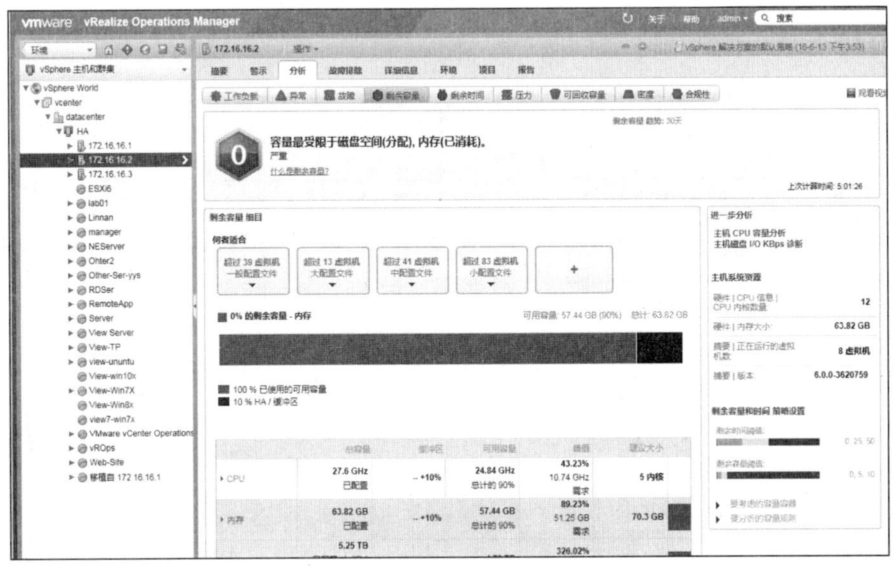

图 4-6-14　vSphere 主机和群集

4.7　详 细 信 息

可以通过多种方式进入（或查看）对象的详细信息。每个对象的详细信息包括“摘要、警示、分析、故障排除、详细信息、环境、项目、报告”8 个选项卡，每个选项卡都有对应的功能及提示。

4.7.1　摘要与警示

在“摘要”选项卡，显示所选对象的“运行状况、风险、效率”热图，以及“排名靠前的运行状况警示、排名靠前的风险警示、排名靠前的效率警示、排名靠前的后代运行状况警示、排名靠前的后代风险警示、排名靠前的后代效率警示”菜单，如图 4-7-1 所示。

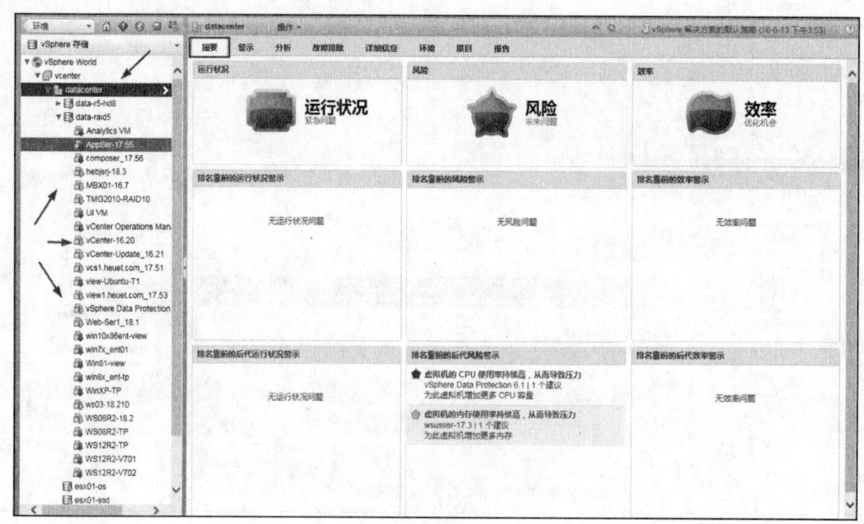

图 4-7-1 “摘要”选项卡

4.7.2 分析

在“分析”选项卡下，包括“工作负载、异常、故障、剩余容量、剩余时间、压力、可回收容量、密度、合规性”9 个选项卡，如图 4-7-2 所示。

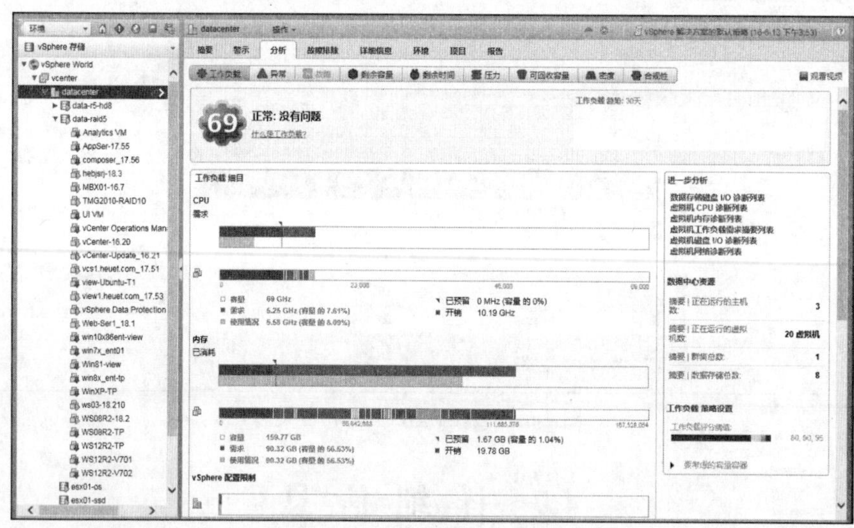

图 4-7-2 “分析”选项卡

1. 工作负载

“工作负载”是最受限制的几个关键资源（包括内存、CPU、网络、数据存储、系统限制）容器所消耗容量的直接百分比。由于工作负载在每个收集周期都会发生更改，因此可以设置触发或消除警示的周期数据。在 vROps 中，可以查看主机或虚拟机的“工作负载”，不能查看存储的“工作负载”。

如果在“环境”的导航器中选择某个虚拟机，或者通过其他页面的“详细信息”来定位查看某个虚拟机的详细信息，则在“工作负载”选项卡中，可以查看当前虚拟机的“工作负载”评分、每个评分项目的数据（CPU、内存）、当前工作负载趋势图、当前虚拟机的资源等信息，如图 4-7-3 所示。还可以在“进一步分析”中单击对应的链接，进行更详细的分析。

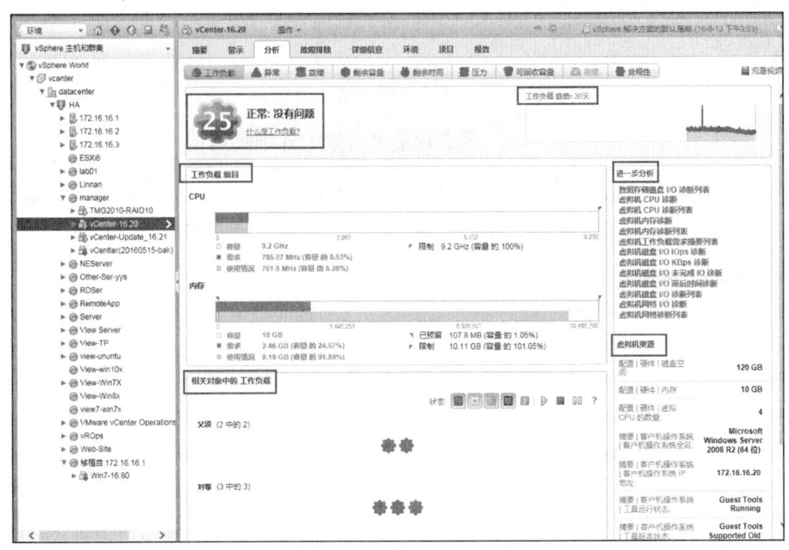

图 4-7-3　虚拟机的工作负载

如果在导航器中选择 ESXi 主机，则显示选中主机的工作负载，并显示工作负载细目、vSphere 配置限制等，如图 4-7-4 所示。

图 4-7-4　ESXi 主机工作负载

将鼠标移动到“工作负载 细目”中 CPU 或内存的不同颜色区域，还会显示对应对象的使用情况，如图 4-7-5 所示。

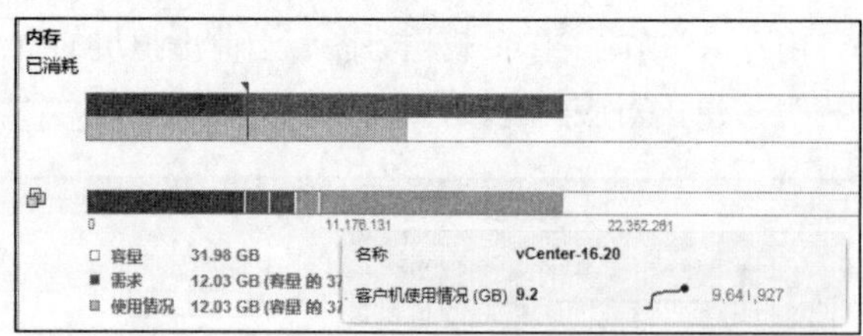

图 4-7-5　进一步查看某个对象的详细使用情况

如果在导航器中选择群集或数据中心，将会显示整个群集的“工作负载”，如图 4-7-6 所示。

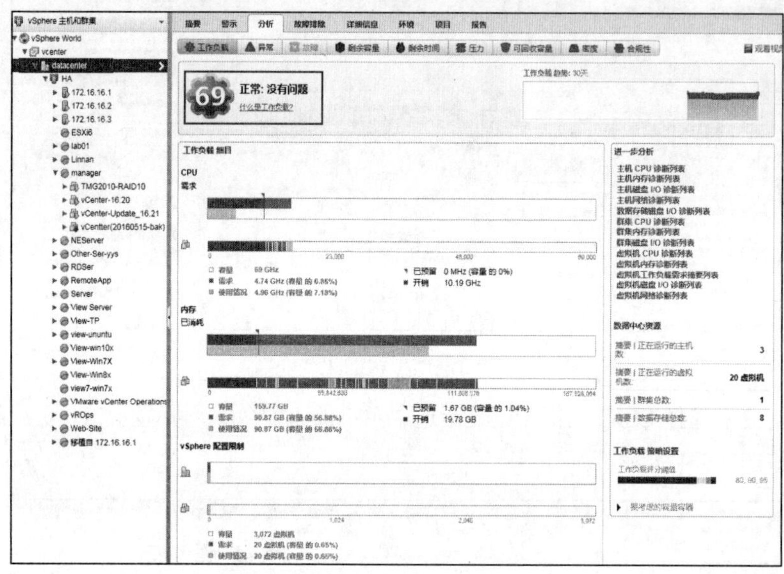

图 4-7-6　整个群集工作负载

如果在导航器中选择网络，例如，虚拟交换机或虚拟端口组，则统计虚拟交换机或端口组的工作负载，如图 4-7-7 所示。

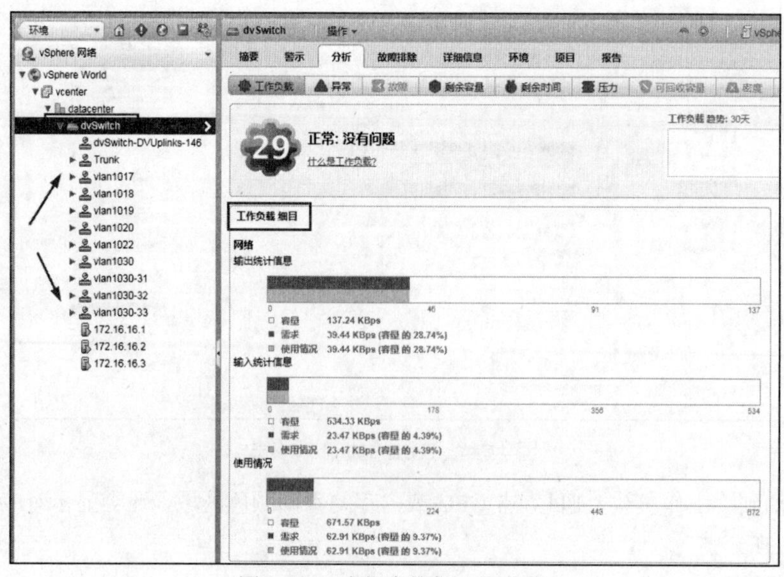

图 4-7-7　虚拟交换机工作负载

2. 异常

“异常”是指衡量指标值超出其正常范围的情况。异常评分是具有异常行为的所有衡量指标的百分比。

在导航器中选择数据中心、群集或主机，可以查看选中对象的异常评分，如图 4-7-8 所示。

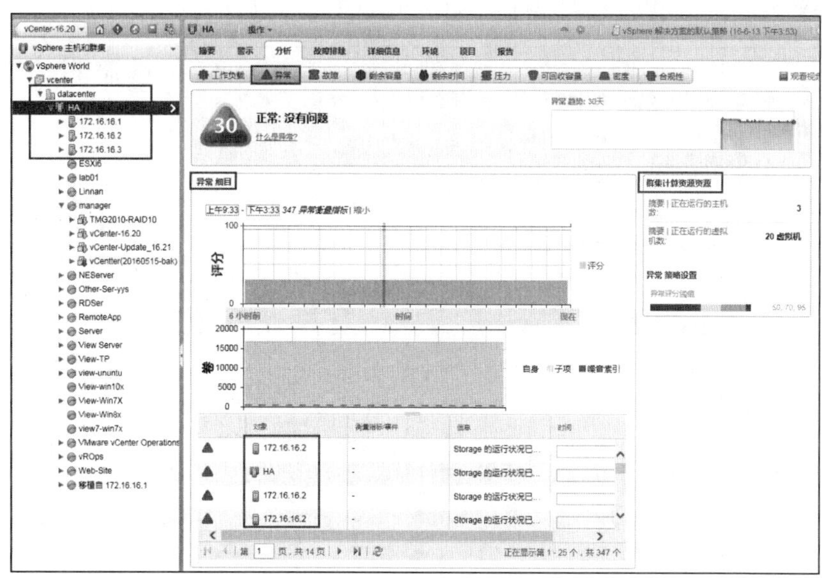

图 4-7-8　群集的异常数据

3. 故障

故障是由于可用性和配置问题而产生。每个故障均有其严重性。故障评分是最严重故障的严重性。在导航器中选中群集、主机、虚拟机、资源池或 vSphere 网络、存储，查看故障，如图 4-7-9 所示。

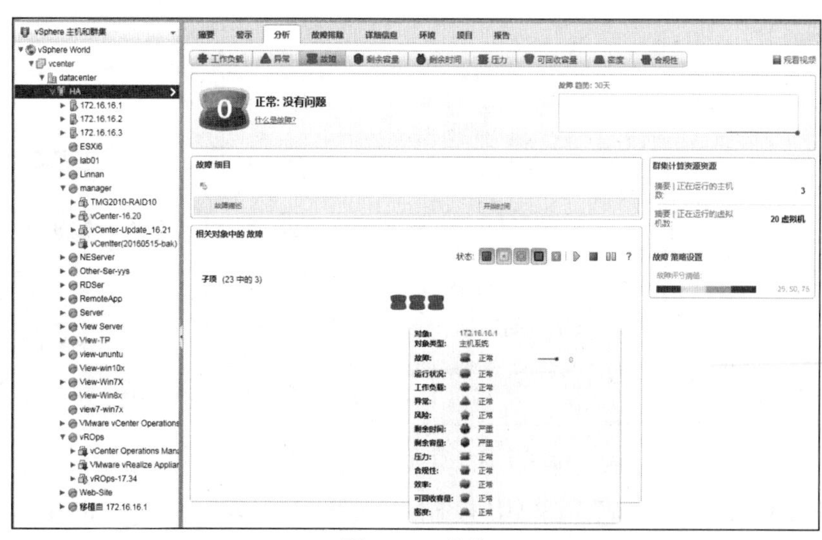

图 4-7-9　故障

4．剩余容量

剩余容量是尚未消耗的可用容量的百分比，在“4.4.5 容量”小节已有过介绍，不再赘述。

要查看剩余容量标志，请在左侧窗格中单击“环境”按钮，然后选择对象，再依次单击“分析”选项卡和“剩余容量”选项卡。如图 4-7-10 所示，这是当前 vSphere 群集的“剩余容量”，从图中可以看到，当前剩余容量受限于磁盘空间及内存分配，剩余容量为 0。

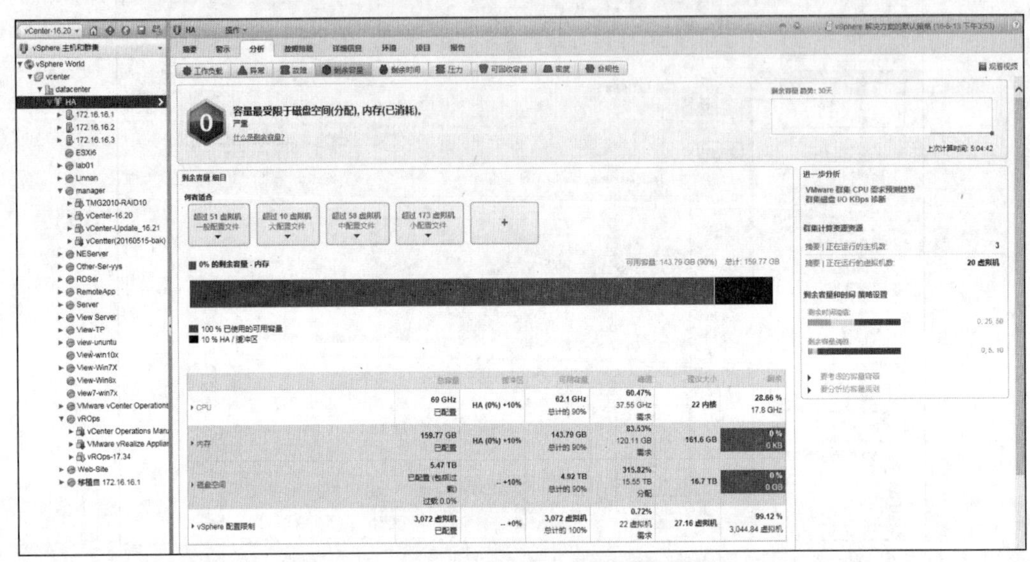

图 4-7-10　查看剩余容量

在“剩余容量 细目”中，可以展开内存、CPU、磁盘空间，查看具体是哪一项没有剩余的资源。也可以在左侧导航器中，选中某一个主机，查看具体主机的剩余资源，如图 4-7-11 所示，这是 172.16.16.2 这台主机的剩余资源，在清单中可以看到，该主机总内存容量 64GB，建议大小为 70.3GB；该主机磁盘空间 5.25TB，却已经分配了 15.4TB。

	总容量	缓冲区	可用容量	峰值	建议大小	剩余
▸ CPU	27.6 GHz 已配置	-- +10%	24.84 GHz 总计的 90%	43.23% 10.74 GHz 需求	5 内核	59.13 % 14.69 GHz
▾ 内存	63.82 GB 已配置	-- +10%	57.44 GB 总计的 90%	89.23% 51.25 GB 需求	70.3 GB	0 % 0 KB
▸ 已消耗	63.82 GB 已配置	-- +10%	57.44 GB 总计的 90%	89.23% 51.25 GB 需求	70.3 GB	0 % 0 KB
▾ 磁盘空间	5.25 TB 已配置 (包括过载) 过载 0.0%	-- +10%	4.72 TB 总计的 90%	326.02% 15.4 TB 分配	16.53 TB	0 % 0 GB
▸ 需求	5.25 TB 已配置	-- +10%	4.72 TB 总计的 90%	68.5% 3.24 TB 需求	3.56 TB	32.17 % 1.52 TB
▸ 分配	5.25 TB 已配置 (包括过载) 过载 0.0%	-- +10%	4.72 TB 总计的 90%	326.02% 15.4 TB 分配	16.53 TB	0 % 0 GB
▸ vSphere 配置限制	1,024 虚拟机 已配置	-- +0%	1,024 虚拟机 总计的 100%	0.78% 8 虚拟机 需求	10.31 虚拟机	98.99 % 1,013.69 虚拟机

图 4-7-11　查看剩余容量细目

在“相关对象中的剩余容量”清单中，将鼠标移动到红色（或其他颜色）的对象，可以查看该对象的情况，如图 4-7-12 所示。

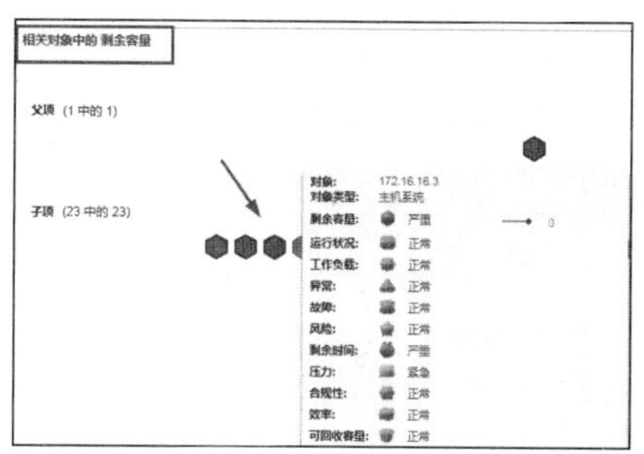

图 4-7-12　相关对象中

5. 剩余时间

剩余时间选项卡在前面“4.5.7 剩余时间”小节有过介绍，不再赘述。

要查看“剩余时间”标志，请单击左侧窗格中的“环境”选项并选择对象，单击“分析”选项卡，然后单击“剩余时间”选项卡，如图 4-7-13 所示，这是当前群集的剩余时间。

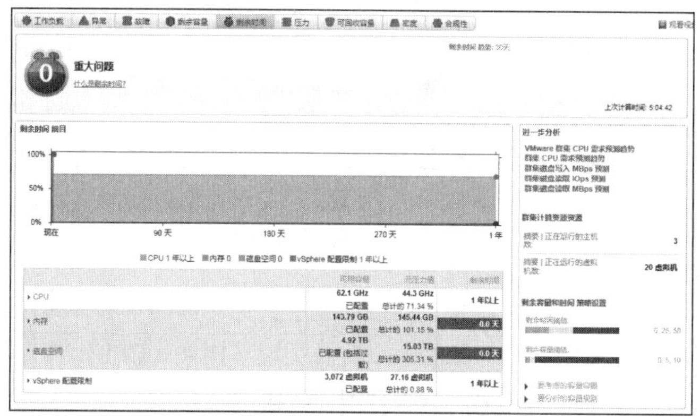

图 4-7-13　查看剩余时间

从图中可以看到，当前群集中 CPU 使用剩余时间在 1 年以上，而内存及磁盘空间剩余时间只有 0 天，如图 4-7-14 所示。这表明需要为当前系统扩充内存，并扩展存储空间。或者关闭/删除不用的虚拟机，以释放存储空间。

6. 压力

“压力”在工作负载超出压力线后累积。压力评分是选定时间样本中存在压力的压力区域的百分比，如图 4-7-15 所示。

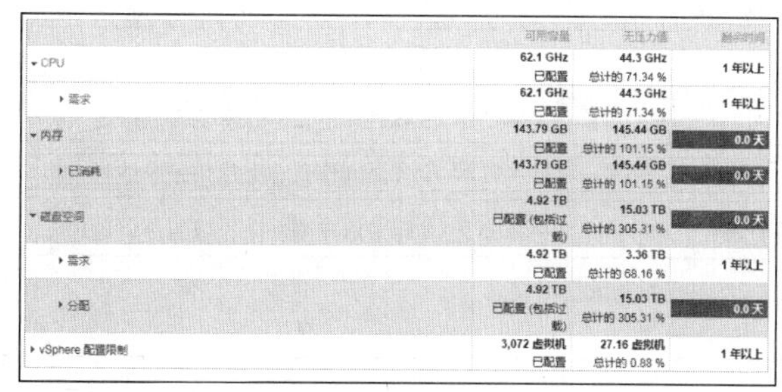

	可用容量	无压力值	剩余时间
CPU	62.1 GHz 已配置	44.3 GHz 总计的 71.34 %	1 年以上
需求	62.1 GHz 已配置	44.3 GHz 总计的 71.34 %	1 年以上
内存	143.79 GB 已配置	145.44 GB 总计的 101.15 %	0.0 天
已消耗	143.79 GB 已配置	145.44 GB 总计的 101.15 %	0.0 天
磁盘空间	4.92 TB 已配置 (包括过载)	15.03 TB 总计的 305.31 %	0.0 天
需求	4.92 TB 已配置	3.36 TB 总计的 68.16 %	1 年以上
分配	4.92 TB 已配置 (包括过载)	15.03 TB 总计的 305.31 %	0.0 天
vSphere 配置限制	3,072 虚拟机 已配置	27.16 虚拟机 总计的 0.88 %	1 年以上

图 4-7-14　剩余时间

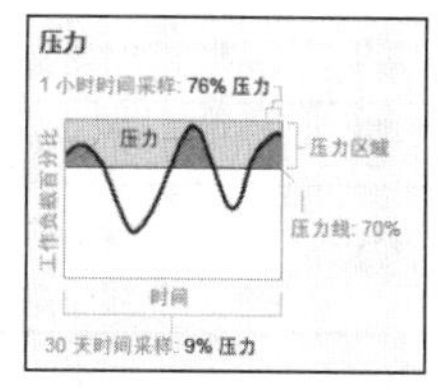

图 4-7-15　压力

要查看“压力”标志，请在左窗格中单击“环境”选项选择对象，单击“分析”选项卡，再单击“压力”选项卡，如图 4-7-16 所示，这是当前环境中 172.16.16.1 主机的压力截图。

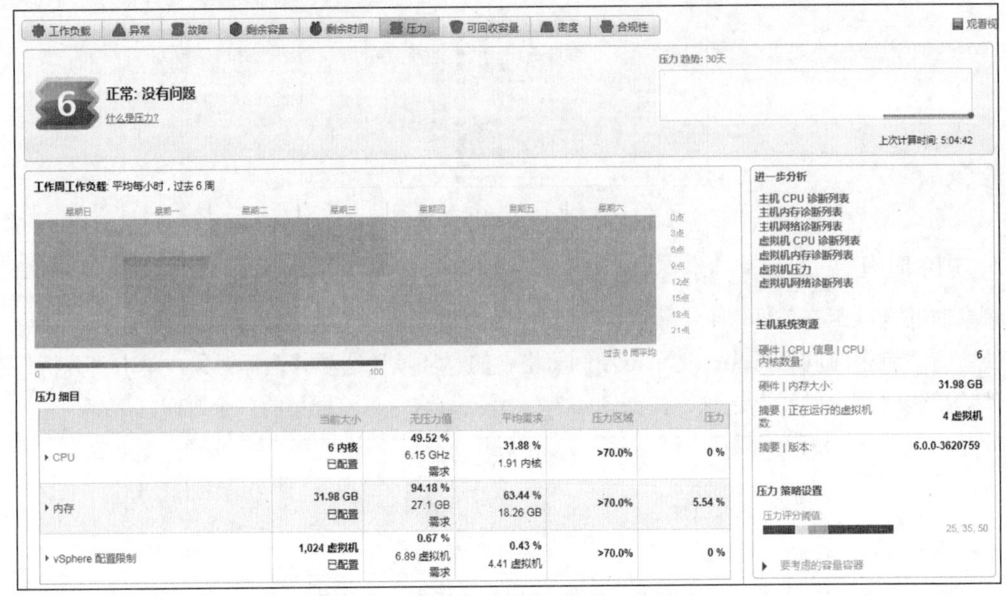

图 4-7-16　查看主机的压力

7. 可回收容量

“可回收容量”选项卡指示可以回收并置备给环境中其他对象而不会导致压力或性能下降的置备容量。可回收容量是针对环境中每个对象的每个资源类型（例如，CPU、内存和磁盘）计算的。

对于组，可回收容量是指根据已关闭电源和闲置状态的策略设置，可从组中的虚拟机中回收的被视为损耗资源的磁盘空间量。如果虚拟机处于闲置状态，那么该虚拟机的所有资源被视为是可回收资源。 如果组不包含任何虚拟机但是包含数据存储，则即使数据存储包含浪费资源（根据已关闭电源和闲置的虚拟机设置确定）的虚拟机，可回收容量值也为 0。

可回收容量分析标志值是基于可重新设置用途的容量占总容量的百分比的得分。 可回收容量评分范围介于 0（差）和 100（优）之间。vRealize Operations Manager 管理员可以修改标志评分阈值。可回收容量标志见表 4-18。

表 4-18　可回收的废弃资源状况及相应的用户操作

标示图标	描　述	用户操作
	所选对象无资源浪费情况	无须任何关注
	某些资源可以更充分地加以利用	检查详细信息，并采取适当措施
	许多资源未充分利用	检查详细信息，并尽快采取适当措施
	正在浪费所选对象中的大部分资源	立即采取措施，防止或纠正问题
	该对象处于脱机状态或在该时间段内任何衡量指标均无可用数据	

要查看可回收容量标志，请在左窗格中单击“环境”并选择对象，单击“分析”选项卡，然后单击“可回收容量”选项卡，如图 4-7-17 所示，这是 172.16.16.1 这台 ESXi 主机的“可回收容量”

显示截图。

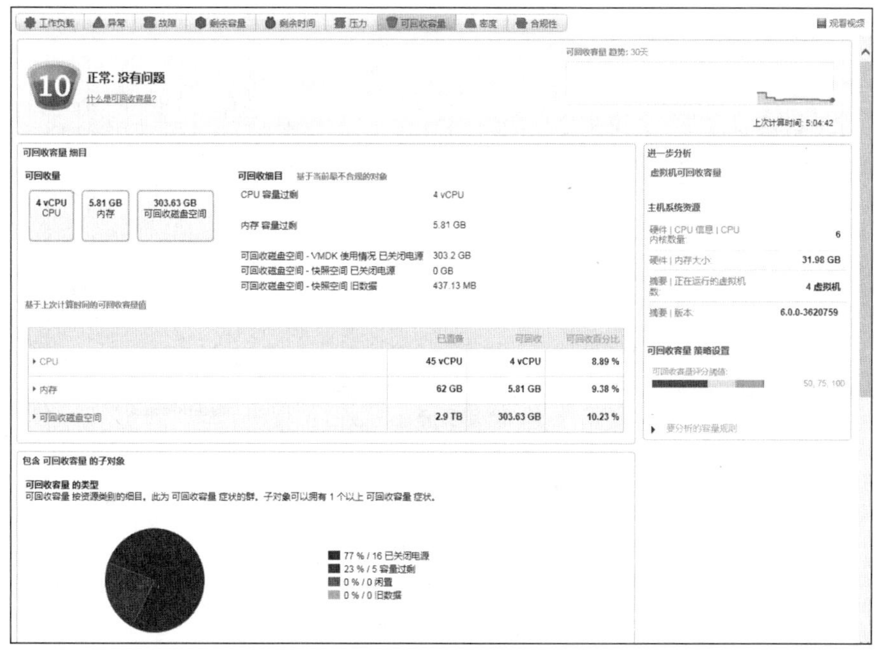

图 4-7-17　查看可回收容量

8. 密度

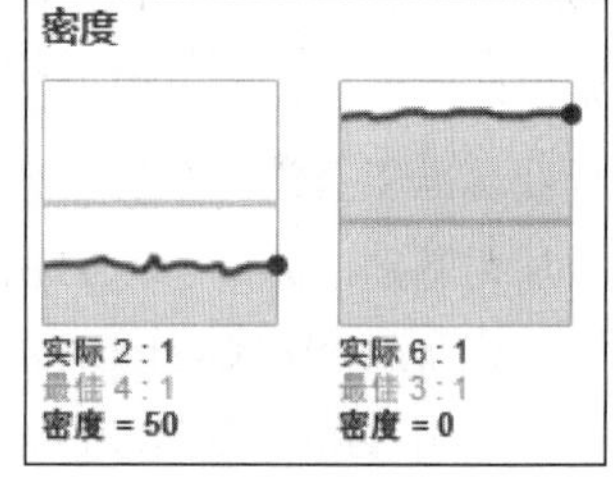

图 4-7-18　密度

“密度”选项卡表示整合比率，例如，每台主机的虚拟机数、每个物理 CPU 的虚拟 CPU 数、每个物理内存的虚拟内存量等。可以通过密度评分实现更高的整合比例，并节省更多成本。密码是实际整合率符合最佳整合率的程度，如图 4-7-18 所示。

在了解了虚拟机和应用程序的行为和性能后，可以在虚拟环境中最大程度地进行整合，而不会对性能或服务级别协议产生影响。密度分析可确定最佳子项与父项的整合率。

密度标志值是根据实际整合率符合最佳整合率的百分比得出的评分。密度评分范围介于 0（差）和 100（优）之间。vRealize Operations Manager 管理员可以修改标志评分阈值。对象密度状况见表 4-19。

表 4-19　对象密度状况及相应的用户操作

标 志 图 标	描　　述	用 户 操 作
	资源整合状况良好	无须任何关注
	某些资源未完全整合	检查详细信息，并采取适当措施
	多数资源的整合率较低	检查详细信息，并尽快采取适当措施
	资源整合率非常低	立即采取措施，防止或纠正问题
?	该对象处于脱机状态或在该时间段内任何衡量指标均无可用数据	

要查看密度标志，请在左侧窗格中单击“环境”选项，然后选择对象，再依次单击“分析”选

项卡和“密度”选项卡，如图 4-7-19 所示，这是 172.16.16.1 这台主机的密度截图。

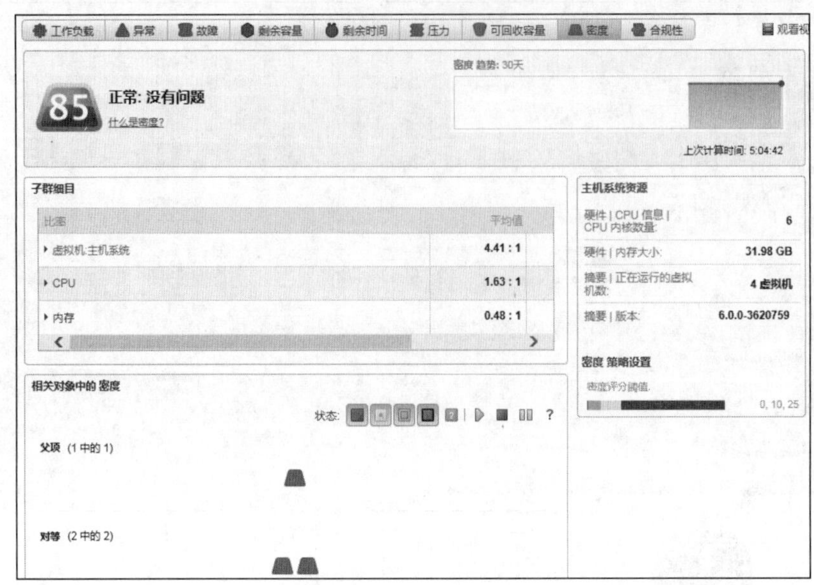

图 4-7-19　查看主机密度

9. 合规性

“合规性”选项卡根据配置合规性子类型的 vRealize Operations Manager 警示提供分析。评估环境中对象的常规状态或调查问题的根本原因，合规性值可用作调查工具。合规性策略是环境要满足企业或行业标准所必须符合的数组规则。合规性评分以针对这些标准的违反数量为基础，如图 4-7-20 所示。

图 4-7-20　合规性

在 vRealize Operations Manager 中，可以使用所提供的基于警示的合规性，或者，如果在环境中还使用 vRealize Configuration Manager，则可以添加适配器以提供 vRealize Configuration Manager 合规性信息来代替基于警示的合规性。

合规性警示可使用合规性子类型进行配置，且包括表示规则的一个或多个症状。在生成合规性警示时，该警示将在合规性选项卡上显示为违规的标准，而触发的症状将显示为违反的规则。这些规则是配置为识别不适当的值或配置的警示症状。如果针对任何标准警示触发规则症状，则会违反该标准且该标准将影响合规性选项卡上的标志评分。

合规性标志值是根据 vRealize Operations Manager 中警示症状为合规性标准的警示得出的评分。这些症状将与收集的数据进行比较，如果触发症状，则症状会在合规性选项卡上显示为违规的标准。

标志值是根据不同对象类型的已触发症状的严重程度得出的递阶评分。标志将显示以下值之一。

- 如果没有触发的标准，则该值为 100。标志颜色为绿色。
- 如果最严重的触发标准为“警告”，则该值为 75。标志颜色为黄色。
- 如果最严重的触发标准为“紧急”，则该值为 25。标志颜色为橙色。
- 如果最严重的触发标准为“严重”，则该值为 0。标志颜色为红色。

必须自定义策略以启用基于警示的合规性。如果未启用合规性警示，则“合规性”标志值为 100 并为绿色，且标准列表中没有标准。

要查看合规性标志，请在左窗格中单击“环境”，然后选择对象，单击“分析”选项卡，再单击“合规性”选项卡，如图 4-7-21 所示。

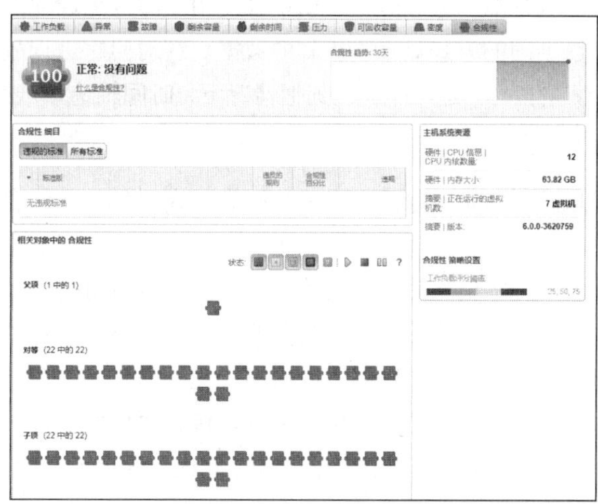

图 4-7-21　查看合规性

基于 vRealize Operations Manager 警示的“合规性”选项如表 4-20。

表 4-20　vROps 合规性选项及其描述

项　目	描　述
标志状态	基于最严重的违规标准的对象的合规性状态，标志将显示以下值之一： 如果没有触发的标准，则该值为 100。标志颜色为绿色。 如果最严重的触发标准为“警告”，则该值为 75；标志颜色为黄色。 如果最严重的触发标准为“紧急”，则该值为 25；标志颜色为橙色。 如果最严重的触发标准为“严重”，则该值为 0；标志颜色为红色
合规性趋势	对象的标志值随时间变化的趋势。 通过此趋势视图，可以查看行为如何随时间变化，以及识别何时标志值变化表示对象发生更改。 趋势数据时间值基于“数据范围”设置，该设置在与此对象关联的策略的“时间分析”设置中定义
合规性细分	按警示细分合规性标准。 要查看违规的标准，请单击标准表中的行。要限制标准列表，请使用以下按钮。 （1）违规的标准。仅显示至少已触发一个症状的标准警示。 （2）所有标准。显示所有标准警示
违反的规则列表	规则是合规性警示中包括的症状。 如果单击标准，则会显示标准的规则。如果触发，则视为违反规则。要限制规则列表，请使用以下按钮。 （1）违反的规则。仅显示触发的症状。 （2）所有规则。显示已触发和未触发的症状
相关对象中的合规性状态	相关对象的合规性状态。 使用相关对象来确定问题是否仅影响当前对象或者为相关对象遇到的问题
对象资源	为对象配置的资源

4.7.3 故障排除

在“故障排除”选项卡包括“症状、时间轴、事件和所有衡量指标”共 4 个选项卡，这 4 个选项卡提供的数据有助于确定那些无法通过警示建议或简单分析来解决的问题的根本原因。

在对环境中对象的问题进行故障排除时，可以单独使用故障排除选项卡或将其作为工作流的一部分使用。各个选项卡将以不同的方式显示收集到的数据。在对问题进行故障排除时，可以直接从分析选项卡切换到“所有衡量指标”选项卡。在其他情况下，时间轴选项卡或许可提供所需的信息。

1. 症状

在“症状”选项卡可以查看所选对象的触发症状列表。在对象出现问题进行故障排除时可以使用症状。

症状选项卡显示当前所选对象的所有触发症状。触发症状概览将提供当前所选对象遇到的问题的列表。如果需要更好地了解与当前生成的警示相关联的症状，请转至对象的警示选项卡。

评估触发症状时，请在适用时考虑创建症状的时间、配置信息和趋势图。

如果要查找症状故障排除的位置，请在左侧窗格中，选择“环境”选项，然后选择“组、应用程序或清单对象”，单击“故障排除”选项卡，再单击“症状”选项卡，如图 4-7-22 所示。在默认情况下，会显示所选对象状态为“活动”的症状。

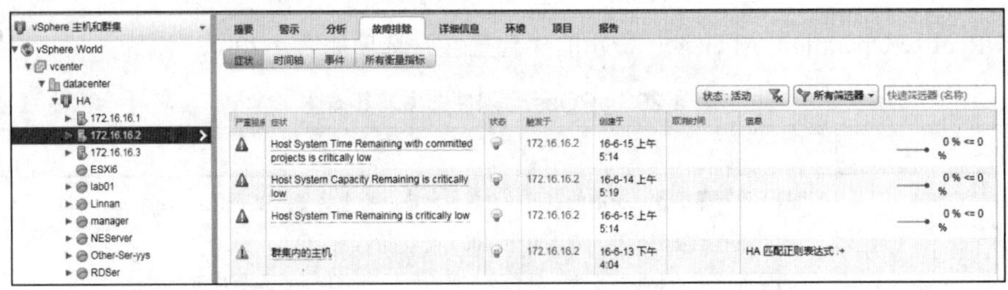

图 4-7-22 “症状”选项卡

如果单击“状态：活动”按钮将会显示所有状态的症状，如图 4-7-23 所示。

所有筛选器 ▾ 快速筛选器 (名称)

严重程度	症状	状态	触发于	创建于	取消时间	信息
	存储硬件传感器运行状况显示红色		172.16.16.2	16-6-18 上午 2:59	16-6-18 上午 2:59	Hardware Health Changed
	存储硬件传感器运行状况显示红色		172.16.16.2	16-6-17 下午 9:25	16-6-17 下午 9:25	Hardware Health Changed
	存储硬件传感器运行状况显示红色		172.16.16.2	16-6-15 上午 10:47	16-6-15 上午 10:47	Hardware Health Changed
	存储硬件传感器运行状况显示红色		172.16.16.2	16-6-16 下午 5:10	16-6-16 下午 5:10	Hardware Health Changed
	存储硬件传感器运行状况显示红色		172.16.16.2	16-6-19 上午 8:05	16-6-19 上午 8:05	Hardware Health Changed
	存储硬件传感器运行状况显示红色		172.16.16.2	下午1:10	下午1:10	Hardware Health Changed
	存储硬件传感器运行状况显示红色		172.16.16.2	16-6-20 下午 6:44	16-6-20 下午 6:44	Hardware Health Changed
	存储硬件传感器运行状况显示红色		172.16.16.2	16-6-19 下午 12:21	16-6-19 下午 12:21	Hardware Health Changed
	存储硬件传感器运行状况显示红色		172.16.16.2	下午1:36	下午1:36	Hardware Health Changed
	存储硬件传感器运行状况显示红色		172.16.16.2	下午2:17	下午2:17	Hardware Health Changed
	存储硬件传感器运行状况显示红色		172.16.16.2	16-6-13 下午 5:00	16-6-13 下午 5:00	Hardware Health Changed
	存储硬件传感器运行状况显示红色		172.16.16.2	16-6-14 下午 9:10	16-6-14 下午 9:10	Hardware Health Changed
	存储硬件传感器运行状况显示红色		172.16.16.2	16-6-15 上午 8:23	16-6-15 上午 8:23	Hardware Health Changed
	存储硬件传感器运行状况显示红色		172.16.16.2	16-6-16 下午 6:02	16-6-16 下午 6:02	Hardware Health Changed
	存储硬件传感器运行状况显示红色		172.16.16.2	16-6-22 上午	16-6-22 上午	Hardware Health Changed

第 1 页，共 57 页　　正在显示第 1 - 50 个，共 2807 个

图 4-7-23 所有状态症状

对图 4-7-23 的详细描述如下：

- 严重程度是环境中症状的重要等级。在“严重程度”列表，将根据“严重、紧张、警告、信息”4 个等级级别创建症状。
- 在“症状”一栏显示了已触发的症状的名称。
- 在“状态”一栏显示症状的当前状态，可能的值包括“活动”或“已取消”。
- “创建于”一栏显示了症状生成警示的日期和时间；
- “更新时间”显示上次修改警示的日期和时间；
- “取消时间”显示症状取消的日期和时间；
- 在“信息”一栏中，记录有关症状的触发条件的信息，包括趋势值和当前值。迷你图显示一个数据范围，包括症状更新时间前 6 小时和更新时间后 1 小时。

如果要添加筛选器（或更新筛选器）显示症状，单击“所有筛选器”按钮，在下拉列表中选择“症状、状态、严重程度、触发于、创建于、取消时间”选项，如图 4-7-24 所示。

- 如果选择“状态”选项，在弹出的对话框中的下拉列表中可以选择“活动”或“非活动”选项，如图 4-7-25 所示。
- 如果选择“严重程度”选项，则在下拉列表中可以选择“信息、警告、紧急、严重”选项，如图 4-7-26 所示。
- 如果选择“创建于”选项，则在弹出的对话框中，设置一个起始日期、时间，然后设置终止日期及时间，如图 4-7-27 所示。

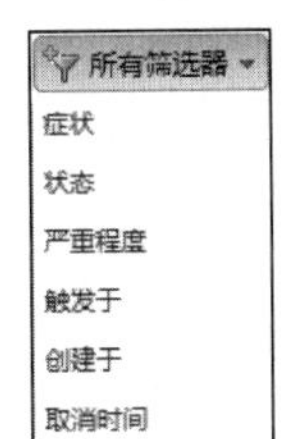

图 4-7-24　筛选器

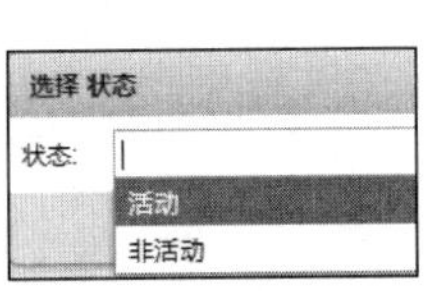

图 4-7-25　状态

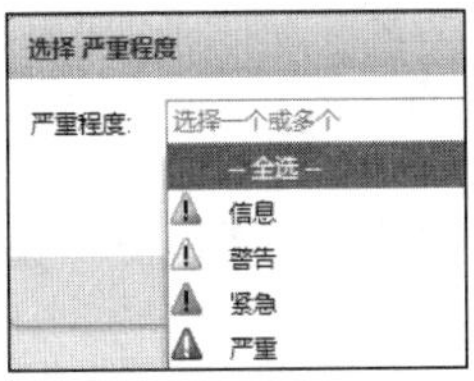

图 4-7-26　严重程度

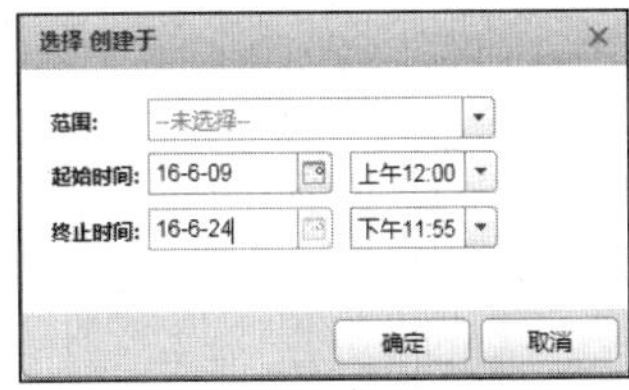

图 4-7-27　设置起始终止时间

图 4-7-28 是添加筛选器之后的症状。在此可以查看筛选后的对象的症状。

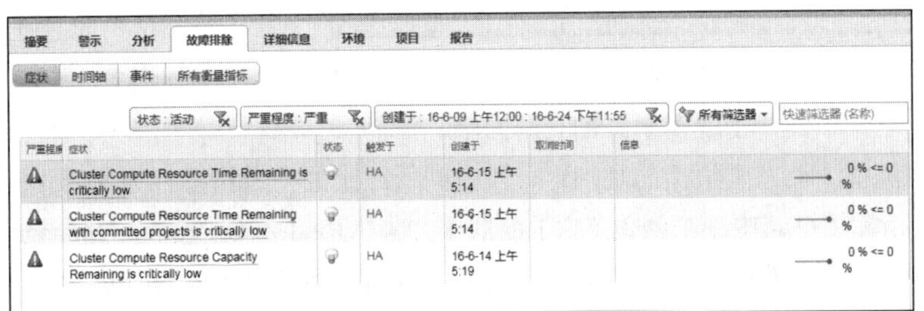

图 4-7-28　添加筛选器之后的症状

2. 时间轴

时间轴提供对象在一段时间内触发的症状、生成的警示和事件的概览。使用时间轴来标识一段时间内导致环境中对象当前状态的共同趋势。

时间轴提供三层滚动机制，可以使用该机制快速通过大的时间跨度，或者在重点针对特定时间段时，缓慢地按分钟查看每一小时的内容。为了确保获得需要的数据，请配置“日期控件”以包含正调查的问题。

通过仅查看对象来调查单个对象的问题并非始终有效。使用祖先、后代和对等选项可在更广泛的环境中检查对象。此环境往往可以揭示问题的意外影响或后果。

时间轴是一种以图表方式提供格式的工具。如果触发了症状并在一段时间内被系统以不同的时间间隔取消，则可以将该事件与该对象或相关对象的更改进行比较。这些更改可能是问题的根本原因。如图 4-7-29 所示，这是当前群集最近 7 小时内的时间轴。

在“时间轴”选项卡工具栏选项说明如下。

（1）影响：选中后，将在时间轴中显示“运行状况”、“风险”和“效率”警示。对应的 3 个图标为“ ”。

（2）“ ”：显示病症按钮选中后，将在时间轴中显示所有触发症状。可能会在未生成警示的情况下看到警示触发症状。显示这些症状是因为对象表现出在症状定义中定义的行为，即使症状不包含在警示中也是如此。

（3）“ ”：选择事件类型，将事件添加到时间轴，以便可以根据警示和触发症状评估事件。通过添加随触发某种警示的症状出现的事件，可以确定环境中是否出现导致该警示的某种行为，如图 4-7-30 所示。

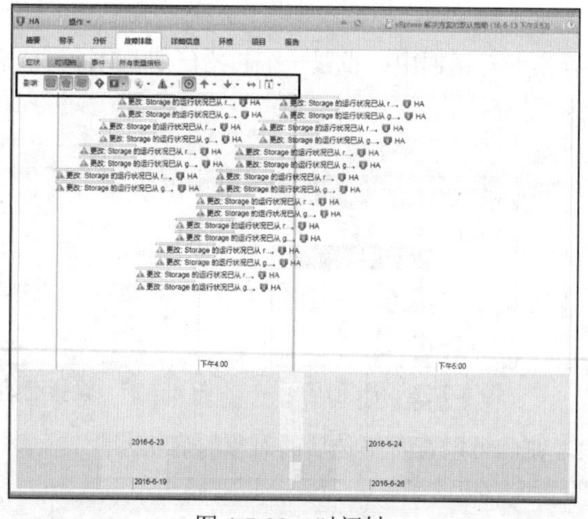

图 4-7-29　时间轴

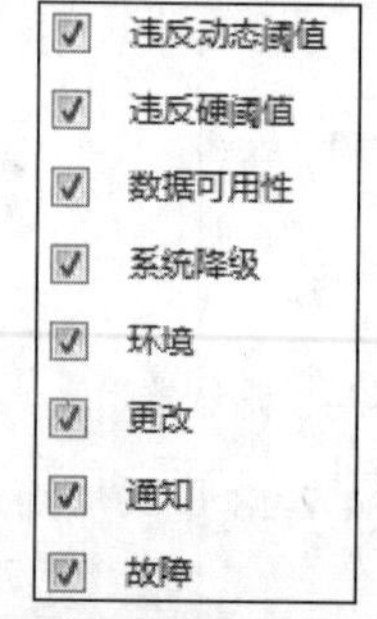

图 4-7-30　选择事件类型

可以将以下事件中的一个或多个添加到时间轴。

- 违反动态阈值。动态阈值指的是判定一段时间所跟踪的衡量指标行为属于正常或异常行为的值。衡量指标超过其中一个阈值（高于或低于）时，vRealize Operations Manager 会生成异常。如果选中该选项，则会将异常添加到时间轴，从而允许在警示中对其进行评估。
- 更改。凡是对受监控系统所做的更改均被视为更改事件。更改事件可以包括对对象所做的更改，例如，添加、移除、连接、取消连接对象，或者启动、停止或重新配置对象。如果选中该选项，则会将更改事件添加到时间轴，从而允许在警示中对其进行评估。检索到的更改取决于用于管理受监控系统的适配器。
- 故障。故障事件是指从受监控系统中检索到的、可能导致对象出现问题的事件，包括生成警示或触发症状。如果选中该选项，则会将故障事件添加到时间轴，从而允许在警示中对其进行评估。检索到的故障取决于用于管理受监控系统的适配器。

（4）“ ”：选择状态，将时间轴中的警示限制为已取消警示或活动警示。

（5）“ ”：选择严重级别，将时间轴中的警示限制为所选严重级别的警示，这包括“无、信息、警告、紧急、严重”选项，如图 4-7-31 所示。

图 4-7-31　选择严重级别

（6）“ ”：显示自身事件 。显示受影响的对象的警示和症状。 这是默认时间轴视图。可以将自身事件与祖先、后代和对等事件结合使用，以创建时间轴，便于了解子项或父项中引起警示的事件。

（7）“ ”：显示祖先事件，显示受影响对象之祖先的警示和症状。 祖先是对象的父项、祖父项等。例如，主机的祖先是文件夹、存储单元、群集、数据中心和 vCenter Server 实例，如图 4-7-32 所示。

（8）“ ”：显示后代事件。显示受影响对象之后代的警示和症状。后代是对象的子项和孙项。例如，主机的后代是数据存储、资源池和虚拟机等，如图 4-7-33 所示。

（9）“ ”：显示对等事件，显示与受影响的对象相似的对象的警示和症状。

（10）“ ”：日期控件，将时间轴中的数据限制为选定期限，如图 4-7-34 所示。

图 4-7-32　显示祖先事件

图 4-7-33　显示后代事件

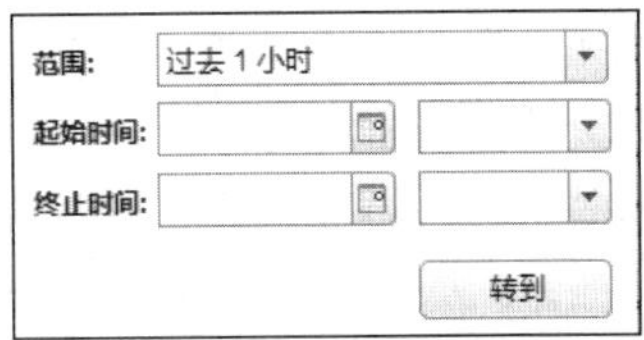

图 4-7-34　日期控件

3. 事件

事件是指 vRealize Operations Manager 衡量指标中的更改，用于反映由于对象上的用户操作、系统操作、触发的症状或生成的警示而在受管对象上发生的更改。可使用事件选项卡将发生的事件和所生成的警示进行对比，以确定受管对象上的更改是由警示的根本原因所致还是由对象的其他问题所致。

事件可以发生在任何对象上，而不仅仅是在列出的对象上。

以下 vCenter Server 活动是生成 vRealize Operations Manager 事件的部分活动。

- 启动或关闭虚拟机。
- 创建虚拟机。
- 在虚拟机的客户机操作系统上安装 VMware Tools。
- 将新配置的 ESX/ESXi 系统添加到 vCenter Server 系统。

根据警示定义，这些事件可能会生成警示。

如果监控具有可向 vRealize Operations Manager 提供信息的其他应用程序的同一虚拟机，并且这些应用程序的适配器配置为提供更改事件，则事件选项卡将包含发生在所监控对象上的某些更改事件。这些更改事件有助于更深入地了解所调查的问题的原因。

在左侧窗格中，选择“环境”选项，然后选择“组、应用程序或清单对象”，单击“故障排除”选项卡，然后单击“事件”选项卡，如图 4-7-35 所示。

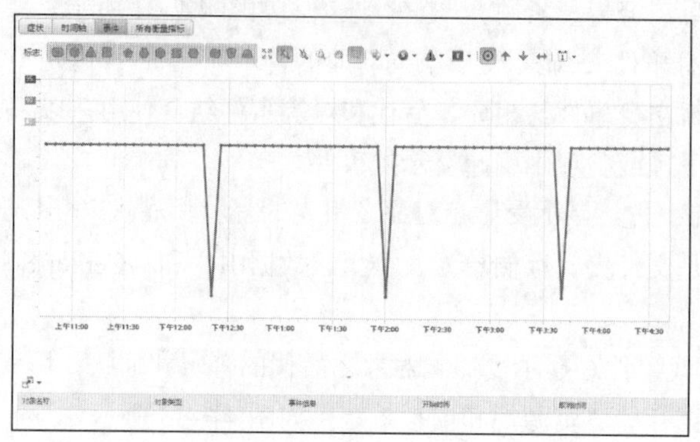

图 4-7-35 “事件”选项卡

同样使用“事件”工具栏，可以选择警示类型、严重级别、事件类型、显示父子事件，这些按钮在前面已经介绍过，不再赘述。

4．所有衡量指标

“所有衡量指标”选项卡提供了关系映射和用户定义的衡量指标图表。拓扑映射有助于根据对象在环境拓扑中所处位置进行评估。衡量指标图表基于选择对象（认为将有助于确定环境中问题的可能原因）的衡量指标。

尽管可能希望调查单个对象的问题，例如，一个主机系统，关系图仍然允许在父对象和子对象中查看主机；它还可以作为层次结构导航系统。如果双击映射中的对象，该对象将成为映射的焦点并且该对象的可用衡量指标将在左下方窗格中处于活动状态。

读者还可以构建自己的衡量指标图集。选择对象和衡量指标，以便于对一段时间内单个对象或相关对象的不同衡量指标的变化形成更加详细的了解。

在左侧窗格中，选择“环境”选项，然后选择组、应用程序或清单对象。单击“故障排除”选项卡，然后单击“所有衡量指标”选项卡，如图 4-7-36 所示。

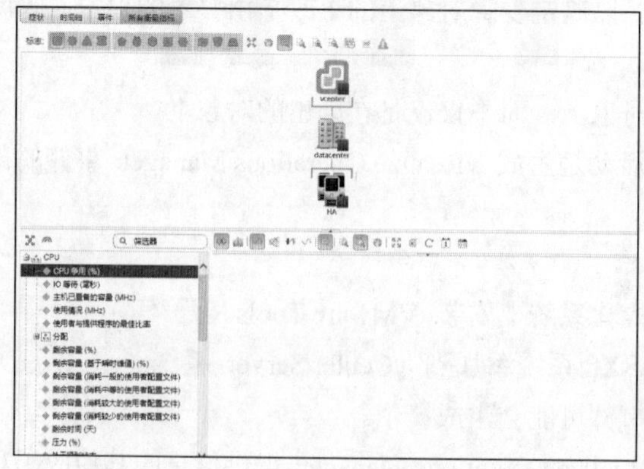

图 4-7-36 “所有衡量指标”选项卡

4.7.4 详细信息

从左侧窗格的环境图标中选择一个对象，单击“详细信息”选项卡，可以看到其下面会显示“视图”和“热图”两个选项卡，如图 4-7-37 所示。

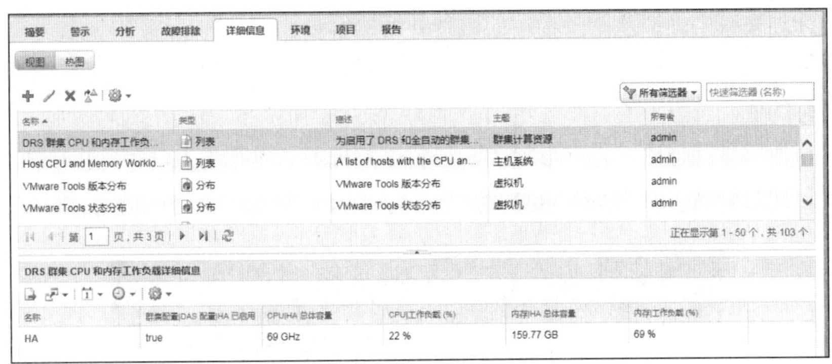

图 4-7-37 “详细信息”选项卡

1. 视图

“视图”选项卡分成两个面板。底部面板会根据顶部面板中选择的内容进行相应更新。

在顶部面板中，可以创建、编辑、删除、复制、导出和导入视图。视图列表取决于从环境中选择的对象。每个视图都与一个对象相关联。例如，选择主机时，预定义的“虚拟机 CPU 使用情况（%）分布”列表视图可用，如图 4-7-38 所示。

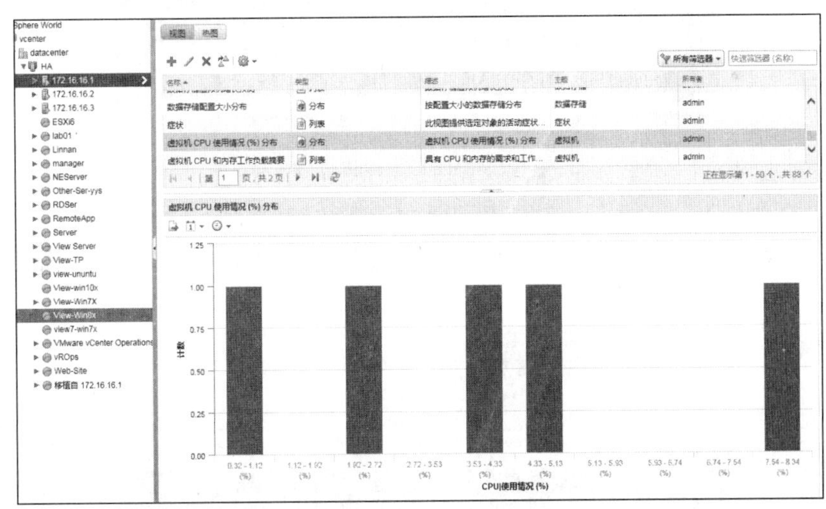

图 4-7-38 虚拟机 CPU 使用情况分布

可以在面板的右侧添加筛选器，以限制视图列表。所提供的筛选器组均采用输入的单词限制列表。例如，如果选择描述并输入 my view，将列出适用于选定对象且在描述中包含 my view 的所有视图。

2. 热图

借助 vRealize Operations Manager 热图功能，可以基于虚拟基础架构中对象的衡量指标值找到问题区域。通过 vRealize Operations Manager 采用的分析算法，可以使用热图跨虚拟基础架构实时比较对象的性能。

可以使用预定义的热图或创建自己的自定义热图来比较虚拟环境中对象的衡量指标值。通过 vRealize Operations Manager 的详细信息选项卡中的预定义热图，可以比较常用的衡量指标。可以使用此数据制定计划来减少虚拟基础架构中的浪费并增加容量。

热图包含大小和颜色不同的长方形，每个长方形表示虚拟环境中的一个对象。长方形的颜色表示一个衡量指标的值，长方形的大小表示另一个衡量指标的值。例如，某一热图显示了每个虚拟机的总内存和内存使用量百分比。长方形越大，表示虚拟机的总内存越大，绿色指示内存使用量低，而红色指示内存使用量高，如图 4-7-39 所示。

图 4-7-39　热图显示总内存和内存使用量百分比

vRealize Operations Manager 在为每个对象和衡量指标收集新值时会实时更新热图。热图下方的彩色条是图例。图例用于标识端点所表示的值及颜色范围的中点。

热图对象按父对象进行分组。例如，显示虚拟机性能的热图将按运行这些虚拟机的 ESX 主机对虚拟机进行分组，如图 4-7-40 所示。

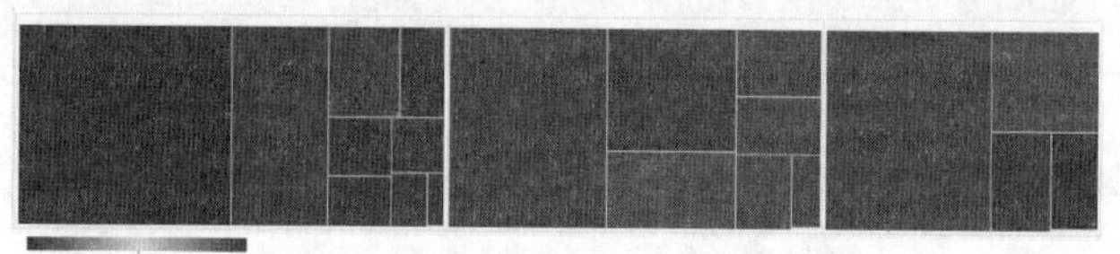

图 4-7-40　热图对虚拟机进行分组

在“热图”选项卡分成三个面板，在顶部面板可以选择预定义的对象，中间面板则是根据当前用户选择的预定义的对象显示的热图，底部面板则以列表方式显示对应的虚拟机或其他对象，如图 4-7-41 所示。

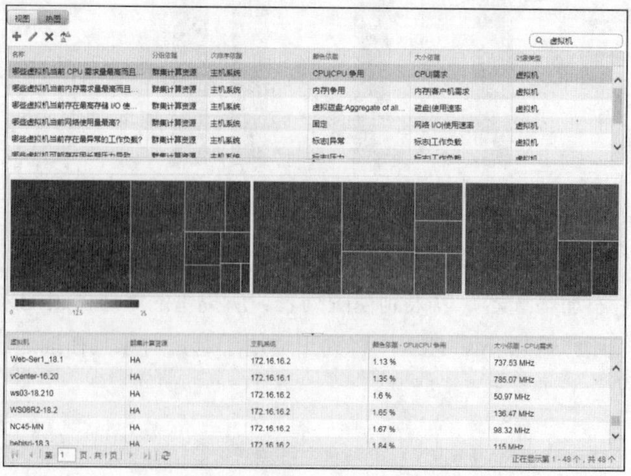

图 4-7-41　热图中的三个面板

单击“+”按钮可以进入“热图配置管理器”，创建新的热图。

4.7.5　环境

环境中的大多数对象都是彼此相关的。“环境”选项卡可显示环境中对象间的关系。使用此显示可以对可能不是最初选择要检查的对象的问题进行故障排除。例如，主机上的问题警示可能由于与该主机相关的虚拟机容量不足所致。

从环境清单中选择对象时，可以在概览、列表或映射 3 个选项卡中显示相关对象。

- “概览”可显示环境中的所有对象及每个对象的状态标志。通过单击标志，可以查看相关的对象。
- “列表”仅显示与对象选择相关的对象。根据选定的对象，可以启动某个操作或启动某个外部应用程序。
- “映射”可在分层显示中将对象显示为图标。选择图标可显示相关对象的数量。

使用“概览”可确定环境中对象是否存在运行状况、风险或效率问题。根据对象类型，或许能够从“列表”视图对对象采取操作。

1. 使用“概览”查找问题

如果系统管理员正尝试调查环境中性能降低的原因，则可以选择关键对象（如主机系统）以查看任何相关对象（如虚拟机）是否指示存在问题，操作步骤如下。

（1）在图 4-7-1 中的左侧窗格选择“环境→vSphere 主机和群集”，然后选择 vSphere 域对象，如“vSphere 主机和群集”。

（2）选择“环境”选项卡，vRealize Operations Manager 将显示 vSphere 域中所有对象的运行状况标志。

（3）单击每个主机系统标志，如图 4-7-42 所示，将突出显示属于主机的虚拟机运行状况标志。显示正常运行状况标志的主机可能包含可显示警告状态的虚拟机。

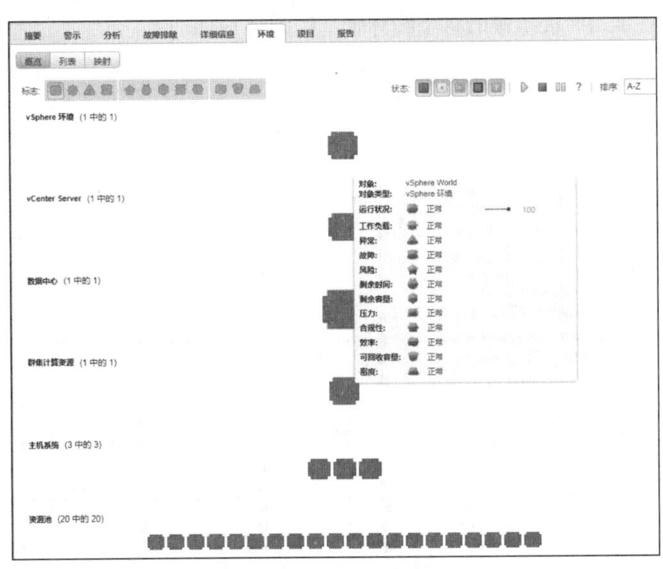

图 4-7-42　“概览”选项卡

工具栏上的“环境对象概览”选项如下。

（1）标志：通过适合标志状态的颜色来显示所选标志，这些标志有运行状况、工作负载、异常、故障、风险、剩余时间、剩余容量、压力、合规性、效率、可回收容量、密度等。其相关截图如图 4-7-43 所示。

（2）状态：默认情况下将显示所有状态，这些状态包括“正常、警告、紧急、严重、未知”选项，可以选择不选中显示标记的状态，如图 4-7-44 所示。

图 4-7-43　标志　　　　图 4-7-44　状态

（3）“电源状况”选项，如图 4-7-45 所示。

图 4-7-45　电源状况

包括“已打开电源、已关闭电源、休眠、未知”选项。选中该选项以显示处于打开、关闭、待机或未知电源状况的对象的标记。选择是可以叠加的。例如，可以同时显示处于打开和关闭状态的对象。操作取决于对象的电源状况，使用此显示有助于确定操作可能对对象不可用的原因。

（4）排序：更改已列出对象的顺序。可以按对象名称的字母顺序进行排序，如图 4-7-46 所示。

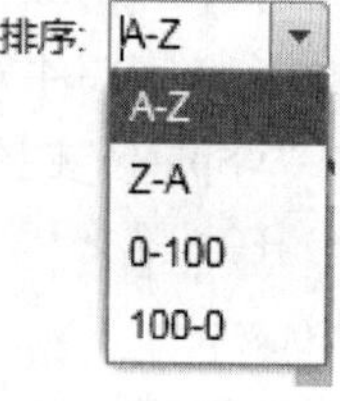

图 4-7-46　排序

2．环境对象“列表”选项卡

在清单中选择对象并选择“列表”视图时，vRealize Operations Manager 将列出所有与所选内容相关的对象。从该列表中，可以选择要对其执行某项操作或要链接到其他应用程序的对象来获取有关该对象的信息。

单击“环境”选项卡，然后单击“列表”选项卡，随即将列出每个相关对象信息，还包括显示该对象当前键条件的状态的标志。如图 4-7-47 所示。

概览　列表　映射

筛选器

对象名称	类型	有效策略	运行状况	工作负载	异常	故障
WinXP-TP1	虚拟机	vSphere 解决...				
WS08R2-Ln_16.36	虚拟机	vSphere 解决...				
vROps	资源池	vSphere 解决...				
Ser	资源池	vSphere 解决...				
Win7X-16.33	虚拟机	vSphere 解决...				
adser-17.2	虚拟机	vSphere 解决...				
Ex2k10-17.7	虚拟机	vSphere 解决...				
vlan1022	vSphere 分布...	vSphere 解决...				
vSphere Data Prote...	虚拟机	vSphere 解决...				
data-raid5	数据存储	vSphere 解决...				
WS12R2-V701	虚拟机	vSphere 解决...				
vROps-17.34	虚拟机	vSphere 解决...				
AppSer-17.55	虚拟机	vSphere 解决...				
vCenter Operations...	虚拟机	vSphere 解决...				
HA	群集计算资源	vSphere 解决...				
vcs1.heuet.com_17...	虚拟机	vSphere 解决...				
WS12R2-V702	虚拟机	vSphere 解决...				
WS08X86	虚拟机	vSphere 解决...				
View-win10x	资源池	vSphere 解决...				
View-Win8x	资源池	vSphere 解决...				

第 1 页，共 2 页　　正在显示第 1 - 50 个，共 97 个

图 4-7-47　列表

指向某个标志并单击以显示对象的条件随时间推移的迷你图。该图表是定性的。如果图表显示条件不一致，则可能要调查该对象所发生的事件。

3. 环境对象“映射”选项卡

在清单中选择对象并选择映射视图时，vRealize Operations Manager 将在层次结构中显示与所选内容相关的所有对象的图标。使用映射可查看对象间的关系并获取有关显示的任何对象的详细信息。

单击“环境”选项卡，然后单击“映射”选项卡。单击任意对象图标以显示每个相关对象类型和数量，如图 4-7-48 所示。根据环境，映射显示可能会非常大。使用映射选项可控制层次结构的显示。

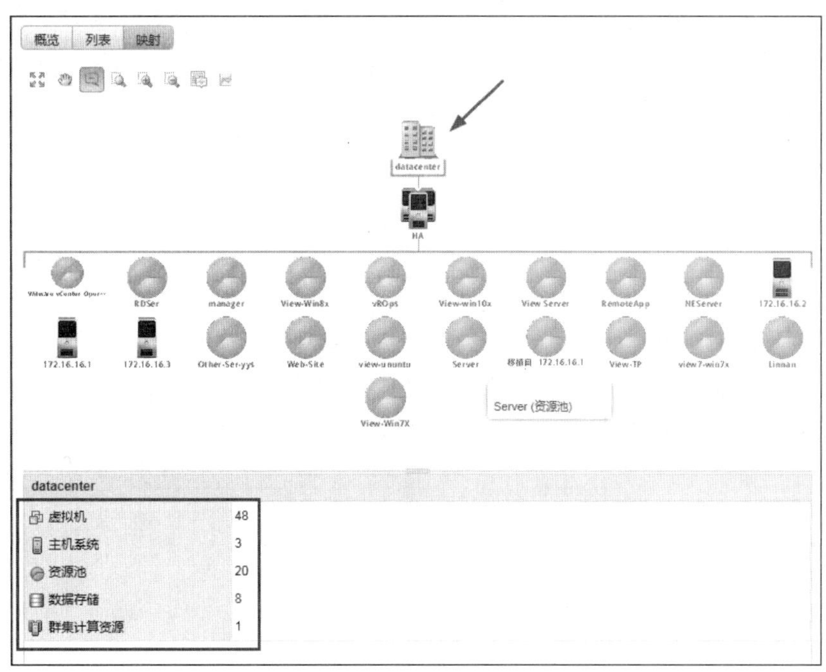

图 4-7-48　“映射”选项卡

4.7.6　项目

“项目”选项卡是针对选定对象、组或应用程序生成的所有项目的列表。可以创建项目，访问现有项目，以及查看项目可视化图表上容量的历史数据趋势。

要创建和修改项目，请在左窗格中单击“环境”图标，单击导航树的某个对象，然后单击“项目”选项卡，如图 4-7-49 所示。

在“项目”选项卡上，创建项目并向这些项目添加方案，以便可以预测 vCenter Server 实例、群集、主机、数据存储和虚拟机等对象的容量。在可视化窗格中，当添加或移除项目时，vRealize Operations Manager 显示这些项目对清单树中所选对象的累积效果。

单击“＋”可以添加项目，在弹出的“添加××的项目”对话框中，在“名称和描述”中输入新添加的项目名称，然后在“方案”中添加方案（可以添加一到多个方案，在左侧用鼠标选中然后移动到“方案”列表中），最后单击“保存”按钮保存退出，如图 4-7-50 所示。

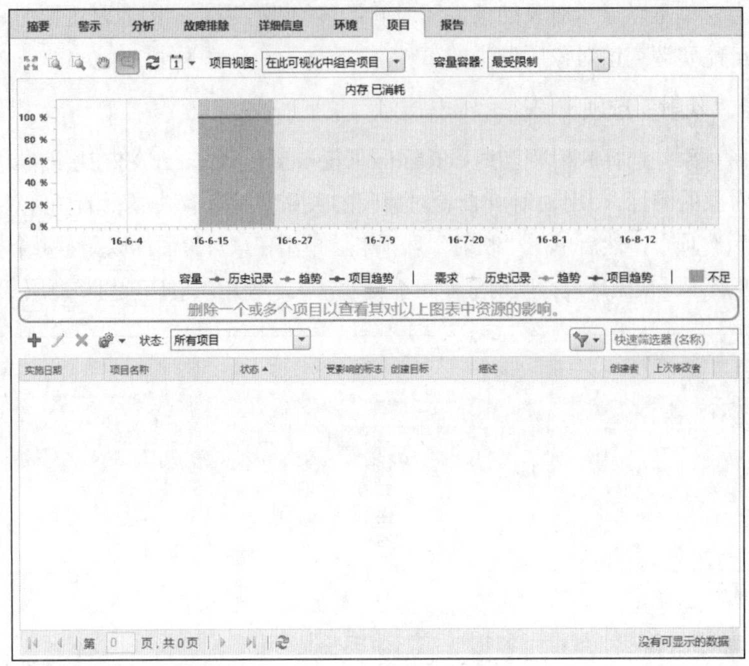

图 4-7-49 “项目”选项卡

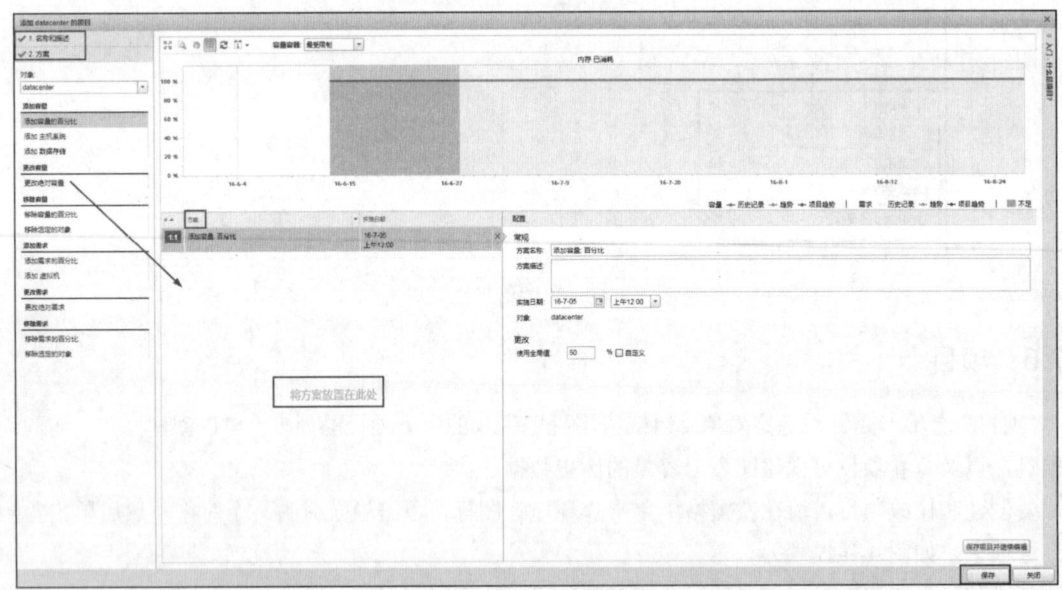

图 4-7-50 添加方案

添加之后的方案会出现在右侧下方窗格，然后可以将这些方案拖动到中间“删除一个或多个项目以查看其对以上图表中资源的影响”的列表中，如图 4-7-51 所示。

添加之后，可以在“项目视图”中使用“项目视图”下拉菜单可选择 vRealize Operations Manager 显示项目的方式。在可视化图表中，项目视图会为项目和方案分配名称，例如，1.1、1.2 和 2.1。如果选择“在此可视化中组合项目”，则将项目合并到一个图表中；如果选择“在此可视化中比较

项目”，则在单独的小图表中显示每个项目。如图 4-7-52 所示。

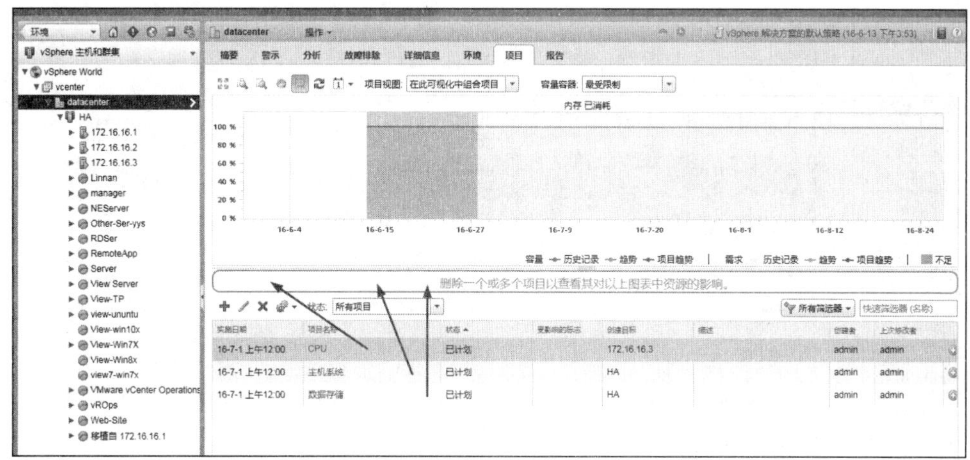

图 4-7-51　添加一个或多个项目

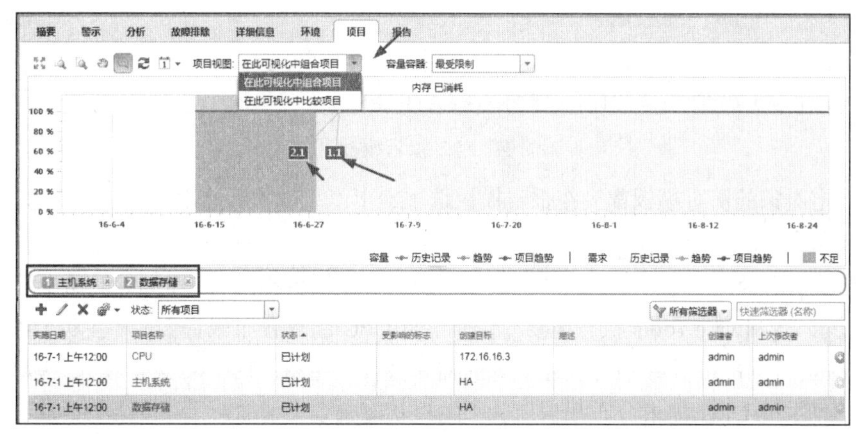

图 4-7-52　项目视图

使用“容量容器”下拉菜单可为此项目选择容器，如图 4-7-53 所示。

容器选项根据选择的对象而变化。例如，对于群集，可以根据最受限制、内存或 CPU 需求、vSphere 配置限制、磁盘空间分配或磁盘空间需求来预测容量。

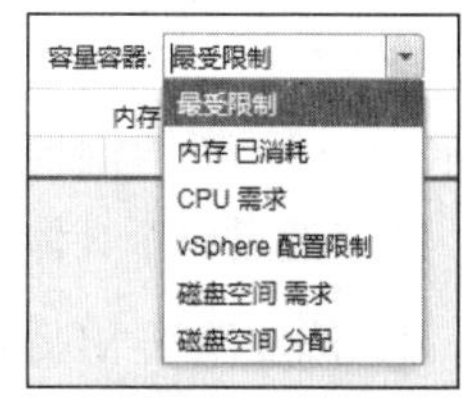

图 4-7-53　容量容器

可视化图表，它显示无压力需求和可用容量，包括除了修改的衡量指标之外的其他衡量指标。因此，容量更改的幅度可能无法按比例缩放到输入的值。

使用可视化窗格工具栏选项可通过各种方式缩放和平移视图、显示数据值、刷新图表及显示数据范围。

4.7.7　报告

在“报告”模板选项卡中，可以创建、编辑、删除、复制、运行、调度、导出和导入模板。

要使用报告模板图标，请从左侧窗格的“环境”选项卡中选择对象，然后单击“报告→报告模板”，如图 4-7-54 所示。

图 4-7-54　报告模板

适用于选定对象的所有模板都列在报告模板选项卡上。可以按报告名称、主题、修改日期、上次运行时间或所有者对其进行排序。

当左侧导航中选择的对象不同，右侧默认显示的报告模板也不同。当左侧导航器中选择“群集”时，右侧会显示“VMware Tools 状态摘要”、“主机 CPU 需求分布报告”、“主机 CPU 需求和使用情况趋势图报告”等 36 个模板。当左侧导航器中选择“主机”时，右侧会显示“VMware Tools 状态摘要”、“主机 CPU 需求分布报告”、“主机状态摘要”等 27 个模板。

管理员可以通过工具栏上的“×”、“■”来删除或运行模板，通过“⚙”下拉按钮选择“调度报告”或“导出模板”，如图 4-7-55 所示。

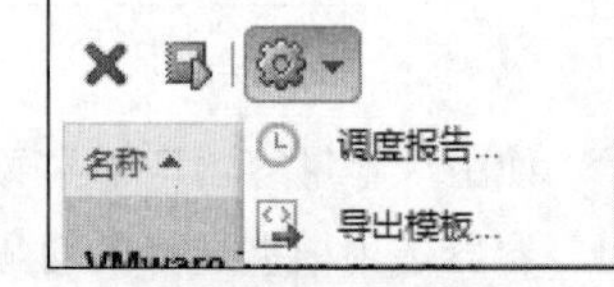

图 4-7-55　工具栏

本节通过一个具体的实例，介绍报告模板的配置、管理与使用。

1．添加用于 vRealize Operations Manager 报告的网络共享插件

在要配置 vRealize Operations Manager 以向共享位置发送报告时，可添加网络共享插件。

（1）在 vRealize Operations Manager 的左侧窗格中，单击“系统管理”按钮，选择“出站设置”选项，然后单击“+”按钮以添加插件，如图 4-7-56 所示。

（2）从“插件类型”下拉菜单中，选择“网络共享插件”，此时将展开对话框以包括插件实例设置。 在“实例名称”文本框中输入实例名称，如“fs”，此名称用于标识以后配置通知规则时选择的实例。之后配置适用于环境的网络共享选项。这包括“域”、用户名、密码、网络共享根，请添加一个共享文件夹位置并配置一个具有“写入”权限的域用户，如图 4-7-57 所示。设置之后单击“测试”按钮，出现“测试成功”对话框后单击“确定”按钮，最后单击“保存”按钮。

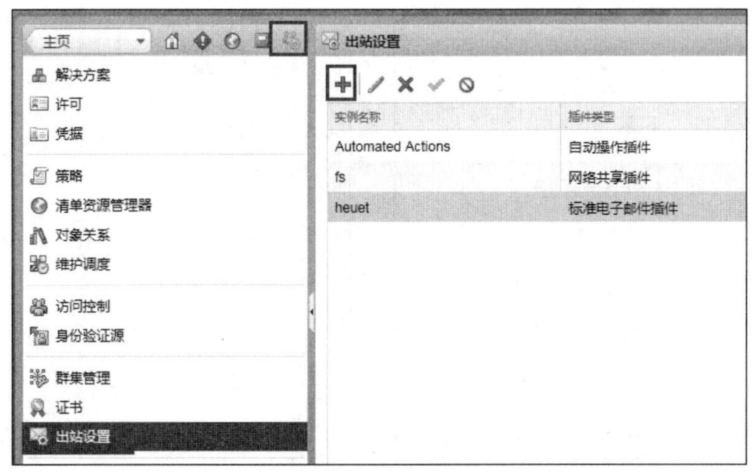

图 4-7-56 添加插件

图 4-7-57 网络共享插件

【说明】网络共享根指定要用于保存报告的根文件夹的路径。可以在配置调度发布时为每个报告指定子文件夹。必须输入 IP 地址。例如，\\IP_address\ShareRoot。如果从 vRealize Operations Manager 主机访问时，主机名解析为 IPv4，则可以使用主机名而不是 IP 地址。

要验证根目标文件夹是否存在。如果缺少该文件夹，则网络共享插件会在 5 次尝试失败之后记录一个错误。

2. 标准电子邮件插件

在“出站设置”中，还可以指定电子邮件插件。

（1）在“出站设置”中单击“＋”按钮以添加插件，在弹出的对话框中的“插件类型”下拉列表中选择“标准电子邮件插件”，在“实例名称”处为添加的插件命名，如 vcops；根据邮箱的类型选择是否“使用安全连接”及“需要身份验证”选项，在大多数的情况下需要选中“需要身份验证”选项。之后在“SMTP 主机”文本框中输入所指定的 SMTP 邮箱的主机名；在“SMTP 端口”输入发送邮件服务器的端口，在“安全连接类型”根据需要选择 SSL 或 TLS，之后在“用户名”处输入邮箱的登录用户名，在“密码”处输入邮箱密码，在“发件人电子邮件地址”一栏中输入电子邮件地址，在“发件人姓名”处输入发件人姓名，如图 4-7-58 所示。

（2）在输入之后单击“测试”按钮，当弹出“测试成功”对话框后，表示配置正确，如图 4-5-59 所示。

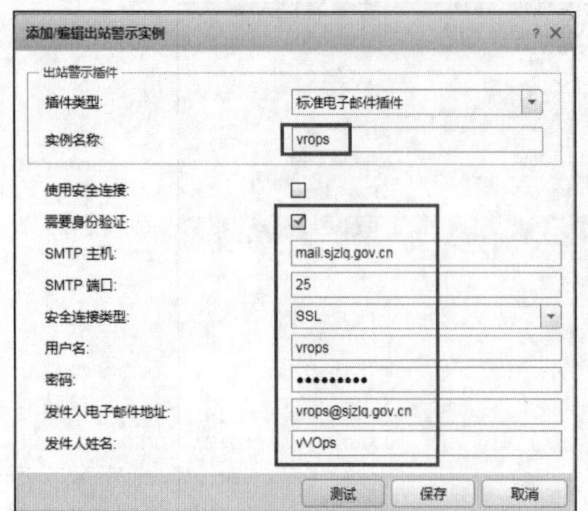

图 4-5-58　添加电子邮件插件

图 4-5-59　测试成功

3. 调度报告

报告调度是报告生成的时间和重复周期。

（1）单击左侧窗格中的“环境”图标，生成调度报告。导航到主题，然后单击“报告”选项卡，选择要调度的模板，例如“容量过剩的虚拟机报告”，再选择“调度”选项，如图 4-5-60 所示。

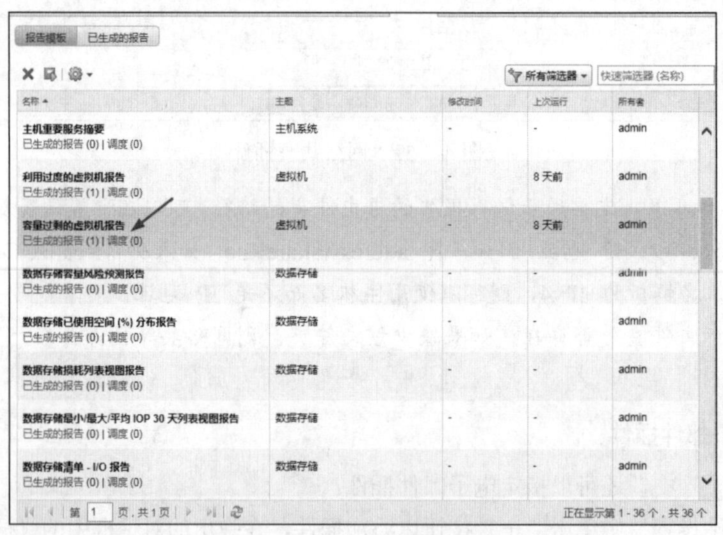

图 4-5-60　选择“调度”选项

（2）在“调度的报告”对话框中，显示当前模板调度的报告。当前还没有调度，单击“+”按钮，新建一个，如图 4-5-60 所示。

图 4-5-61　新建调度

（3）在“重复周期”选项中，调度报告定期自动运行。 在此可以设置开始日期、开始时间、重复周期、每几周、周几开始；在“发布”选项，将通过电子邮件将生成的报告发送到预定义电子邮件，在此输入接收电子邮件地址，在“选择出站规则”下拉列表，选择前文配置的电子邮件的出站规则；在“保存到外部位置”选项中，将生成的报告保存到外部位置。在“选择位置”下拉列表中设置前文配置的文件夹共享位置，在“相对路径”添加相对路径以将报告上传到网络共享根文件夹的预定义子文件夹。例如，要将报告上传到共享主机 vm，请在相对路径文本框中，输入 vm。要将报告上传到网络共享根文件夹，请将相对路径文本框保留为空，如图 4-5-62 所示。

（4）返回到“调度的报告”对话框，单击“关闭”按钮，完成调度报告。

如果要为所有的报告进行“调度”，请在工作栏单击“⚙”按钮，在下拉菜单选择“调度报告”选项，然后在弹出的“调度报告”中，选择重复周期、发布位置等，如图 4-5-63 所示。

图 4-5-62 调度报告

图 4-5-63 为所有的报告进行“调度”

如果要单独运行、查看一个报告，可以选中这个报告，然后单击“▣”按钮立即运行报告，此时在清单中会显示“正在运行”的提示，如图 4-5-64 所示。

图 4-5-64 单独运行、查看一个报告

运行完成之后，在“已生成的报告”选项卡中，可以查看生成的报告，并在“下载”处单击 PDF 或 CSV，导出并下载对应文件，如图 4-5-65 所示。

单击“以 PDF 格式下载”选项，下载之后，打开 PDF 文档，如图 4-5-66、图 4-5-67 所示。

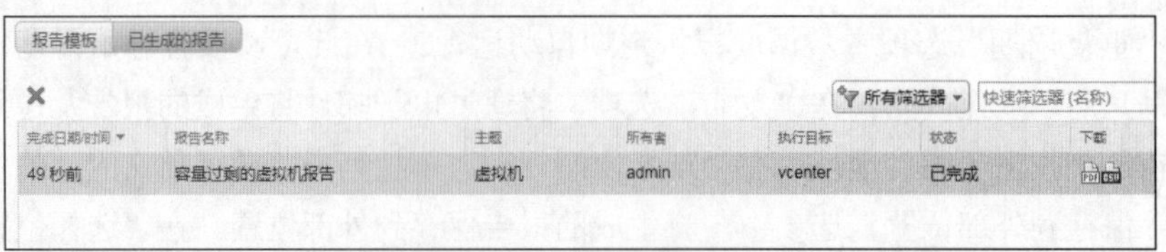

图 4-5-65　已生成的报告

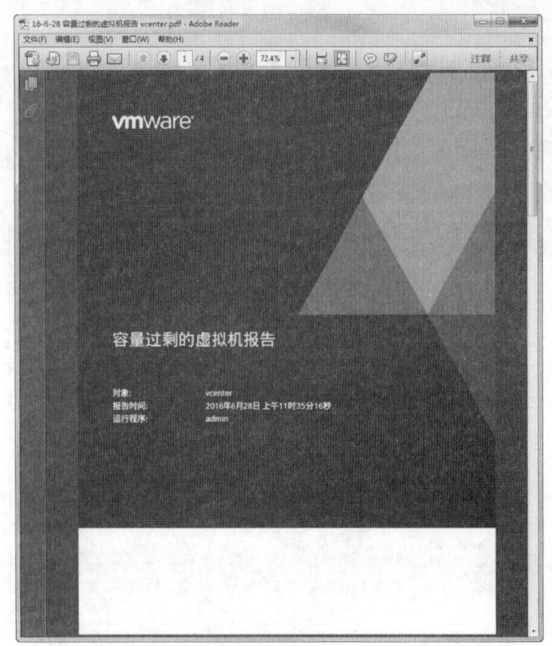

图 4-5-66　报告封面

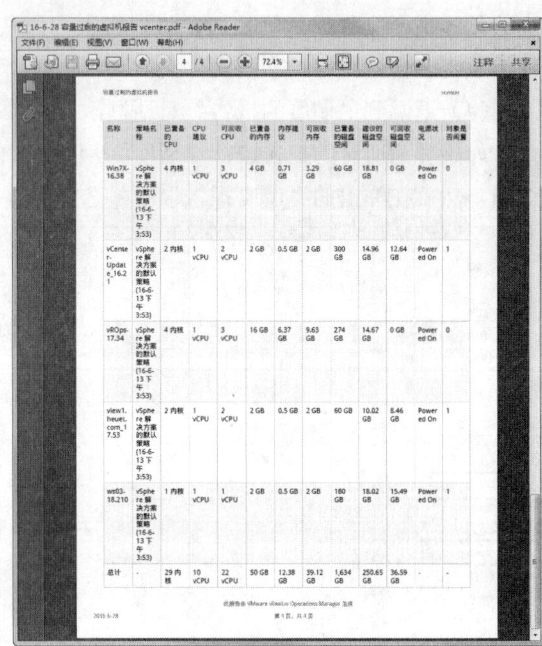

名称	策略名称	已置备的CPU	CPU建议	可回收CPU	已置备的内存	内存建议	可回收内存	已置备的磁盘空间	建议的磁盘空间	可回收磁盘空间	电源状况	对象是否闲置
Win7X-16.38	vSphere解决方案的默认策略(16-6-13下午3:53)	4 内核	1 vCPU	3 vCPU	4 GB	0.71 GB	3.29 GB	60 GB	18.81 GB	0 GB	Powered On	0
vCenter-Update_16.21	vSphere解决方案的默认策略(16-6-13下午3:53)	2 内核	1 vCPU	2 vCPU	2 GB	0.5 GB	2 GB	300 GB	14.96 GB	12.64 GB	Powered On	1
vROps-17.34	vSphere解决方案的默认策略(16-6-13下午3:53)	4 内核	1 vCPU	3 vCPU	16 GB	6.37 GB	9.63 GB	274 GB	14.67 GB	0 GB	Powered On	0
view1.heuet.com_17.53	vSphere解决方案的默认策略(16-6-13下午3:53)	2 内核	1 vCPU	2 vCPU	2 GB	0.5 GB	2 GB	60 GB	10.02 GB	8.46 GB	Powered On	1
ws03-18.210	vSphere解决方案的默认策略(16-6-13下午3:53)	1 内核	1 vCPU	1 vCPU	2 GB	0.5 GB	2 GB	180 GB	18.02 GB	15.49 GB	Powered On	1
总计	-	29 内核	10 vCPU	22 vCPU	50 GB	12.38 GB	39.12 GB	1,634 GB	250.65 GB	36.59 GB	-	-

图 4-5-67　报告内容

在该报告中，显示 vROps 认为容量过剩的虚拟机列表，并列出该虚拟机已置备的 CPU、建议的 CPU、已置备内存、建议内存等。管理员可以根据这个报表，重新配置容量过剩的虚拟机。

第 5 章　组建 vSAN 群集

传统的数据中心，主要采用大容量、高性能的专业共享存储。这些存储设备由于安装多块硬盘或者配置有磁盘扩展柜，具有数量较多的硬盘，因此具有较大的容量；再加上采用阵列卡，同时读/写多个硬盘的数据，因此有较高的读/写速度及 IOPs。存储的容量、性能会随着硬盘数量的增加而上升，但随着企业对存储容量、性能需求的进一步增加，存储不可能无限地提高容量及读/写速度。同时不可避免的是，当需要的存储性能越高、容量越大，则存储的造价也会越高。随着高可用系统中主机数据的增加，存储的配置、造价也以几何的基数增加。

为了获得较高的性能，主要是高 IOPs，高端的存储硬盘全部采用固态硬盘，虽然带来较高的性能，但成本也是非常的昂贵。在换用固态硬盘后，虽然磁盘系统的 IOPs 提升了，但存储接口的速度仍然是 8Gbps 或 16Gbps，此时接口又成了新的瓶颈。

为了解决单一存储引发的这个问题，一些厂商提出了“软件定义存储”或“超融合”的概念。而 VMware 的 vSAN 就是一种“软件定义的存储”的技术，也可以说是专为虚拟化设计的“超融合软件”。

vSAN 是 VMware 推出的、用于 VMware vSphere 系列产品、为虚拟环境优化的、分布式可容错的存储系统。vSAN 具有所有共享存储的品质（弹性、性能、可扩展性），但这个产品既不需要特殊的硬件也不需要专门的软件来维护，可以直接运行在 x86 的服务器上，只要在服务器上插上硬盘和 SSD，vSphere 会搞定剩下的一切。加上基于虚拟机存储策略的管理框架和新的运营模型，存储管理变得相当简单。

本章首先介绍 vSAN 群集概念、vSAN 的功能、组成等基础知识，然后以实验的方式介绍 vSAN 的安装与配置，并且用实验的方式，介绍 vSAN 的故障排除、硬件替换、vSAN 的“横向”与“纵向”扩展，还介绍 vSAN 的“延伸群集”等。考虑读者的实际情况，为了方便学习与实验，本章将使用 VMware Workstation 搭建 vSAN 实验环境，验证 vSAN 的主要功能。而在下一章将介绍在物理机安装配置 vSAN 的内容。

vSAN 有不同的版本，并且随着 VMware vSphere 版本功能的更新，其 vSAN 版本也会更新，功能也会有所增加，本章所介绍的 vSAN 功能，是以 vSphere 6.0 U2 版本为例。

5.1 vSAN 群集概述

vSAN 是作为 ESXi 管理程序的一部分运行在主机的分布式软件层。vSAN 可汇总本地主机、本地磁盘或直接连接的容量设备（通常是服务器本机硬盘），并创建成 vSAN 群集允许所有主机可以共享访问使用的单个存储池。

vSAN 支持 HA、FT、vMotion 和 DRS 等需要共享存储的 VMware 功能，但它无须传统的外部共享存储（例如，通过 FC 光纤或 SAS 线连接的共享存储或 iSCSI 存储），并且简化了存储配置和虚拟机置备活动。

vSAN 使用普通 x86 的服务器（需要最少 3 台，1 个群集最多 64 台），通过网络（最低千兆网络，推荐万兆网络）将服务器本地硬盘（至少一块 HDD 和一块 SSD）组成可以供 VMware vSphere 产品使用的存储，供多个主机使用。即用服务器本地硬盘通过网络实现和传统存储相同的功能；并且服务器本地硬盘数量越多、服务器数量也越多，其总体性能（IOPs）越高、容量越大。

传统存储与 vSAN，相当于传统的火车与动车的区别。

“火车开的快，全凭车头带”，这是传统的火车。传统的火车如果要增加列车的数量及提高列车的运行速度，需要增加车头的功率，但这终究会有一个上限。而动车组就不一样，它采用动力分散技术，每节车厢都有动力装置。因为动车可以很方便地增加同一趟列车的节数（提供容量），每组动力由于自带动力，可以很容易地通过单独提升每组动车的动力，来提高动车组的速度。

vSAN 的目标是简化 VMware vSphere 产品的存储管理、扩展和交付。对于企业来说另外一个优点是减少开销：vSAN 可以使用企业现有的服务器及现有的硬盘，不论其已经使用了多长时间，只要其在 VMware 的硬件兼容列表上，就不必购买额外的硬件。vSAN 使用固态硬盘作为读写缓存，使用硬盘作为主存储。

5.1.1 vSAN 的功能与适用场合

vSAN 是 VMware 推出的一种新的存储解决方案，集成在 vSphere 5.5 U1 及其以后的产品版本中。vSAN 是一种基于对象的存储系统，是虚拟机存储策略的平台，这种存储策略的目标是为了帮助 vSphere 管理员简化虚拟机存储位置的决策。vSAN 完全支持并与 vSphere 的核心特性，即 vSphere 高可用（HA）、分布式资源调度（DRS）及 VMotion 深度集成在一起。

vSAN 的目标是在提供弹性的同时提供横向扩展存储的能力。vSAN 是一种基于软件的分布式存储解决方案，它直接构建在 hypervisor 中。它不是已有的其他解决方案所采用的那种虚拟设备，而是一种基于内核的解决方案，是 hypervisor 的一部分。

vSAN 配置非常简单，只要为 vSAN 传统配置一块 VMkernel 接口，并在群集级别启用 vSAN 即可。vSAN 主要适用于以下场合。

（1）虚拟桌面-横向扩展的模型，尤其是大量的虚拟桌面。使用可预测和可重复的基础架构模块来降低成本并简化运营。

（2）测试和开发。需要购买昂贵的存储，降低总拥有成本，并可快速置备。

（3）容灾恢复的目的。是廉价的容灾恢复解决方案，通过诸如 vSphere Replication 之类的特性来启用，使得复制到任何存储平台成为可能。

5.1.2　vSAN 版本

vSAN 有多个版本，高版本支持的功能较多。例如，在 vSAN 6.0 时还不支持 Fault Tolerance（虚拟机容错，简称 FT），其效果也仅相当于 RAID-1 及 RAID-10；vSAN 6.1 则开始支持 FT；而 vSAN 6.2 则可以达到类似 RAID-5、RAID-6 的效果。vSphere 与 vSAN 版本对应与主要功能描述见表 5-1。

表 5-1　vSphere 与 vSAN 版本对应与主要功能描述

vSAN 版本	vSAN 磁盘格式	vSphere 版本	主要功能或新增功能描述
5.5	1.0	vSphere 5.5 Update 1	群集节点 32，相当于软件 RAID-1、RAID-10
6.0	1.0	vSphere 6.0	群集节点 64
6.1	2.0	vSphere 6.0 U1	延伸群集，支持虚拟机容错（FT）
6.2	3.0	vSphere 6.0 U2	嵌入式重复数据消除和压缩（仅限全闪存）、纠删码-RAID-5/6（仅限全闪存）

延伸群集（Stretched Cluster），是从 vSphere 6.0 U1 开始支持。vSAN 6.1 能够在两个位于不同地理位置的站点之间，通过网络同步复制数据，建立延伸集群。这实际上为 vSphere 虚拟机提供了低成本高可靠的“双活”存储，提供了持续的可用性。

相比 VMware 的其他备份工具及产品，使用 vSphere“延伸群集”可以达到“数据镜像”的效果，并且是对整个业务系统包括操作系统及数据实现的镜像；而 VDP（vSphere Data Protection）是 vSphere 虚拟机备份与恢复工具，一般是对指定的虚拟机进行备份，做不到“实时”备份，基本上是每天备份一次；SRM（Site Recovery Manager），为 vSphere 数据中心设计的灾难备份机制，可以作为实施虚拟化环境灾难恢复（DR）计划的一个有效工具。它可以在数据中心和灾难恢复站点之间实现自动化故障转移，在不中断生产环境的情况下对故障转移计划进行测试。

如果有了延伸群集“实时”备份，还需不需要 VDP 及 SRM 呢？备份仍然是需要的。如果有误操作、误删除、误格式化等操作，这些操作也会“实时的”在延伸群集的另一端进行同步，而备份是恢复误操作、误删除等数据的最后手段，当然这可能会有一定的数据丢失。

vSphere 提供的 FT，当前支持 4 个虚拟 CPU，是同时启动两台完全相同的虚拟机，这可以达到传统的“双机热备”的效果。延伸群集中的虚拟机虽然有两份完全相同的数据，但只是表现成一个虚拟机并且只有一个虚拟机启动。当主站点失效或故障时，对应的虚拟机才会在另一个站点启动（数据一致）。

5.1.3　vSAN 的功能与主要特点

vSAN 使用 x86 服务器的本地硬盘做 vSAN 群集的容量部分（磁盘 RAID-0），用本地固态硬盘提供读/写缓存，实现较高的性能，通过万兆网络，以分布式 RAID-1 的方式，实现数据的安全性。简单来说，vSAN 总体效果相当于 RAID-10（vSAN 6.2 可实现类似 RAID-5、RAID-6）。

vSAN 是 VMware 软件定义数据中心策略中的重要组成部分。归结一下 vSAN，总共有 5 个特点。

（1）vSAN 是使用服务器的直连存储，是标准的服务器，没有任何特殊硬件或者专用的网卡、专用的芯片。它所使用的服务器、硬盘、网络，全都是市面上最标准、最通用的硬件。

（2）vSAN 是分布式的集群。在网络化的支持之下，可以把空间延展到支持 32 个节点，是完全分布式的群体。

（3）vSAN 是使用闪存来做一款纯加速的产品。为了提高存储的性能，很多存储厂商都用全闪存来做服务器的数据存储设备，这个成本是非常高的。但要用普通机械磁盘的话，它对服务器的空间和性能都存有一定的瓶颈。因为在最近几年，机械磁盘的转速是没办法大幅提高的。vSAN 采用的是混合使用策略，用 SSD 来提供性能，由普通机械磁盘来提供容量，这使得 vSAN 的成本大幅降低。

（4）vSAN 所支撑的虚拟机在 vSAN 进行存储的时候，走的是最短的路径，API 的调用也是最快的，因为这些操作全部是在内核完成。这也就保证了存储虚拟化的开销是最少的。

（5）vSAN 完全是一个针对 VMware 的 VMDK 的存储，它只用于 VMware 的网络建设。

vSAN 可以很容易地来通过管理人员所熟悉的界面来进行配置和运维，管理便捷性，以及比较低的长期运营成本也是 vSAN 的特性。

当前 vSAN 的主要特点如下。

1．支持全闪存配置

vSAN 6.2 开始支持全闪存配置，即主机中的数据磁盘与容量磁盘都是固态硬盘或闪存卡或闪存磁盘。在全闪存配置中，每个磁盘组指定一块磁盘作为缓存磁盘，其他（闪存）磁盘作为容量磁盘。在传统的 vSAN（即混合配置，每个磁盘组有一个闪存磁盘作为缓存，一个或多个 HDD 作为容量磁盘）中，作为缓存的磁盘 70%用于读缓存，30%用于写缓存。而在全闪存配置中，缓存磁盘 100%用于写缓存。

2．适合所有工作负载

vSAN 6.2 适合所有 vSphere 的工作负载，包括关键业务应用、桌面虚拟化、备份与容灾、测试和开发、DMZ/隔离区、管理集群、第 2 或第 3 层应用、远程或分支办公室（ROBO）等 8 大场景。vSAN 支持关键业务应用，全新的高性能快照和复制，可容忍机架故障的机架感知，基于硬件的校验与加密。

3．高 IOPS

截止到 vSAN 6.2，组成 vSAN 群集的每个主机的 IOPs 最高可达 90000；每个 vSAN 集群增加到 64 个节点；vSAN 群集提供的单一虚拟磁盘（也即 VMDK）扩大到 62 TB。

4．延伸集群（Stretched Cluster）

在业界为数不多的存储双活方案中，VMware 在原有成本较高的存储硬件厂商提供的双活方案之外，提供了具有高可靠、低成本、更细颗粒度、操作更简单的软件双活方案——vSAN 延伸集群。

vSAN 6.1 能够在两个位于不同地理位置的站点之间，通过同步复制数据，建立 Stretched Cluster（延伸集群）。这实际上为 vSphere 虚拟机提供了低成本高可靠的双活存储，提供了持续的可用性。

vSAN 延伸集群相当于一个 vSAN 集群横跨两个不同的站点，每个站点是一个故障域。和其他存储硬件的双活方案类似，两个数据站点之间的往返延时少于 5ms（距离一般在 100km 以内），另外还需要一个充当仲裁的见证（Witness）存放在不同于两个数据站点之外的第三个站点上。“见证节点”不一定是安装 ESXi 的物理服务器，它也可以运行在第三个站点的一个 ESXi 虚拟机，或者可以运行在公有云上，如国内的天翼混合云，或者 AWS、Azure、阿里云等。如图 5-1-1 所示，Witness 所在站点与数据站点之间的网络要求较为宽松，往返延时在 200ms 以内，带宽超过 100Mb/s 即可。

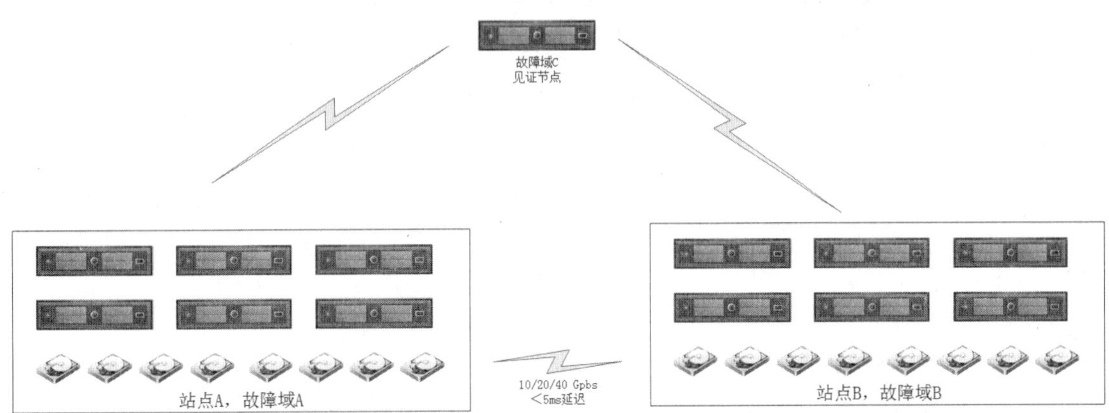

图 5-1-1　vSAN 延伸群集与见证节点

【说明】为了减少单独为见证节点安装一台 ESXi 虚拟机或物理机所增加的许可问题，VMware 已经准备好特殊的见证虚拟设备 (witness appliance)，实际上就是装有 ESXi 并且预先设置好序列号的虚拟机。

与其他外置磁盘阵列的双活方案（如 EMC VPLEX，DELL Compel lent Live Volume 等）类似，延伸群集对于网络的要求比较苛刻，两个站点之间数据同步要求高带宽低延迟，vSAN 也要求 5ms（毫秒）以内的延时。

另外，vSAN 的延伸集群，还需要“见证”节点，这个节点只存放元数据，不存放业务虚拟机，它的作用是和两个站点建立心跳机制，当其中一个站点故障或站点间发生网络分区时，见证节点可以判断出发生了什么，并决策如何确保可用性。而见证节点与其他两个站点之间的延时可以在 100ms 以内。

当前 vSAN 延伸群集最大支持 15＋15＋1 节点（每个故障域包括 15 个 ESXi 主机，其中 1 是指见证节点），它的优点是可以有效避免灾难、允许有计划的维护、Zero RPO（ Recovery Point Objective，恢复点目标），但见证节点也降低了系统的性能、增加了数据中心的成本，这是以冗余换安全的一种做法。

5．vSAN 6.1 支持多核虚拟机的容错（SMP-FT）

vSAN 6.1 开始能够支持 vSphere 的 FT 功能，并且最多可达 4 个 CPU，这提高了关键业务应用在硬件故障（如主机故障）下零停机的持续可用性，这一技术具有重要的意义。这项技术在一定程度上可以弥补某些应用所缺乏的集群高可用性，也以 vSphere 的集群（HA）高可用和 vSAN 的高可用（多副本）来部分替代以往成本高昂的应用高可用的方案，如图 5-1-2 所示。

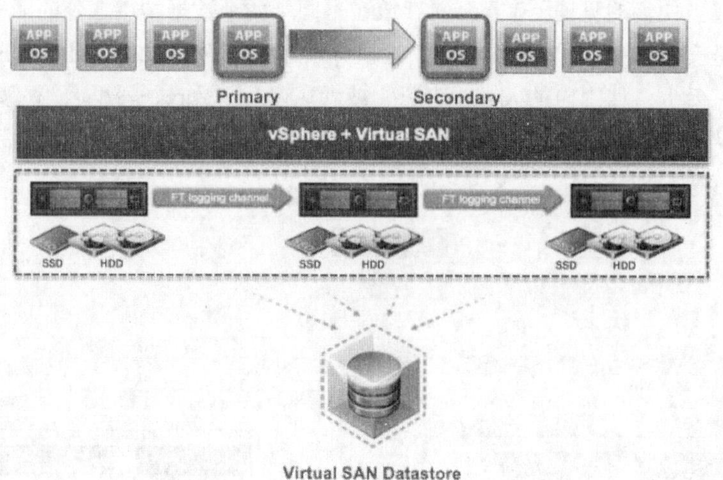

图 5-1-2　在 vSAN 存储实现 FT

6. vSAN 容灾技术的 RPO 最低可达 5 分钟

vSAN 6.1 利用 vSphere 的 Replication 技术实现了数据复制（容灾）。RPO 从以前版本的最低 15 分钟，缩小到 5 分钟。SRM 能够利用其构成完整的灾难恢复解决方案，如图 5-1-3 所示。

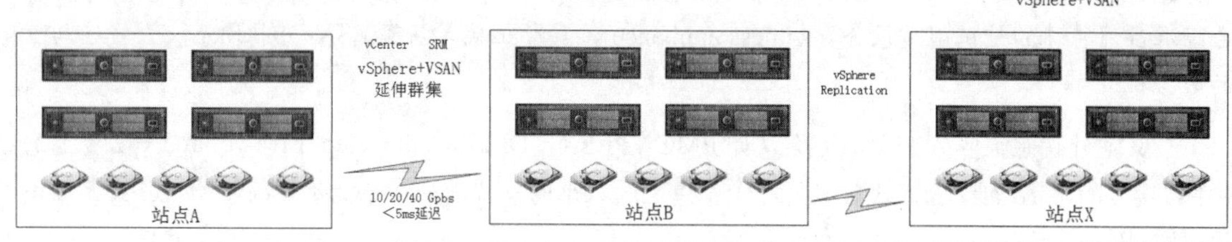

图 5-1-3　vSAN 的容灾

7. 支持两节点的 vSAN 集群

在 vSAN 5.5 和 vSAN 6.0 时，vSAN 至少需要 3 个以上的节点（FTT=1，也即最大允许的故障数为 1 时）。从 vSAN 6.1 开始支持部署两节点的 vSAN 集群。这样就为 ROBO（远程办公室和分支办公室）这种员工存储经验有限的站点，提供了便利。ROBO 的 vSAN 也可以被远程的 vCenter 集中管理起来。需要注意的是，两节点 vSAN 群集实际上仍然是 3 个节点，只是第三个节点作为见证节点可以位于主数据中心的虚机上，或者公有云 vCloud Air 上，这与前面提到的 vSAN 延伸群集对于见证节点的要求类似，如图 5-1-4 所示。

2 节点 vSAN 方案特点如下。

- 每个节点独自成为一个故障域。
- 每个 vSAN 集群有一个见证，见证节点是一个 ESXi 的虚拟机。
- 所有节点由一个 vCenter 集中管理。

优点就是省钱、省空间。

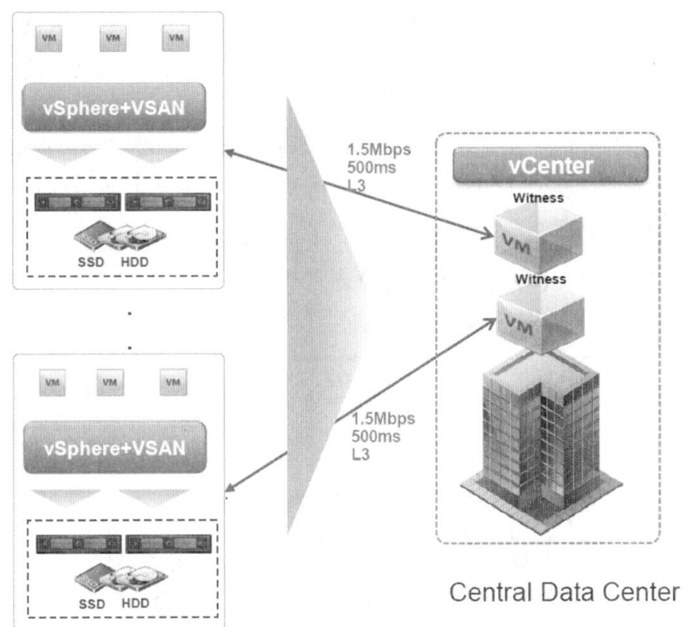

图 5-1-4　两节点 vSAN 群集

8．vSAN6.1 支持 Oracle RAC 和 WSFC 集群技术

vSAN 6.1 现在支持包括 Oracle 实时应用集群（RAC，Real Application Cluster）和 Windows 故障转移集群（Windows Server Failover Clustering），如图 5-1-5 所示。借助于 vSAN 的特性，使得 Oracle RAC 用户、Windows 故障转移集群的用户能够拥有更高性能、在线扩展及更高可靠性的存储。

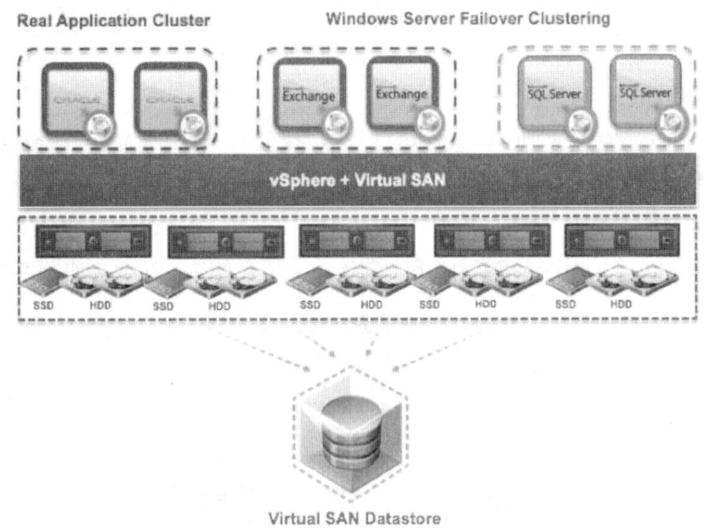

图 5-1-5 支持 RAC 及 WSFC

9．去重（重复数据删除）和压缩

vSAN 的去重和压缩集成在一起，有如下特点。

- 目前仅支持全闪存架构，混合架构不支持。

- 按照磁盘组的级别，实现近线（7 200 转磁盘）的去重和压缩。磁盘组越大，去重比率越高。
- 当数据从缓存层 De-staging（刷新）到持久化层时实现去重，在去重后实现压缩。去重在缓存写确认后执行。
- 可以在 vmdk 的颗粒度上，即在 SPBM（虚拟机存储策略）里设置是否启用去重和压缩功能。
- 仅去重一项即可将空间最高缩减到 1/5，实际情况取决于虚拟机的类型和工作负载。
- 压缩采用 LZ4 算法。
- 在 vSAN 延伸群集和 ROBO 方式下也支持去重和压缩。

vSAN 6.2 中的去重与压缩如图 5-1-6 所示。

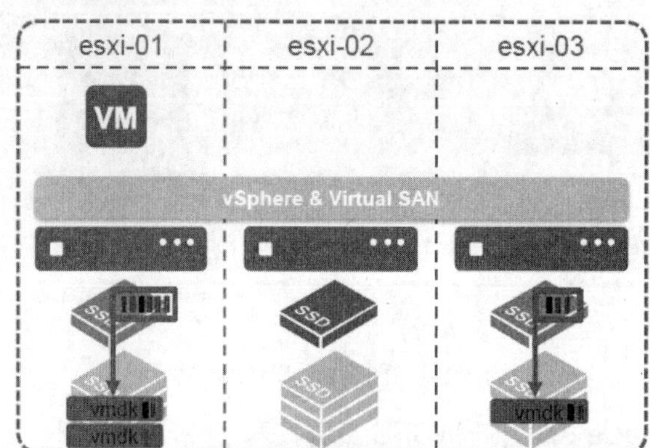

图 5-1-6　去重与压缩

10．纠删码（Erasure Coding，简称 EC）

采用 EC 能够提高存储利用率，它类似跨服务器做 RAID-5 或 RAID-6。vSAN 可以在 vmdk 的颗粒度上实现 EC，可在 SPBM 中设置。目前不支持在 vSAN Stretched Cluster（延伸群集）里使用。

原来 FTT＝1 时（最大允许的故障数为 1，也即两份副本），需要跨服务器做数据镜像，类似 RAID-1，存储利用率较低，不超过 50%。

- 当 FTT＝1，同时又设置成 EC 模式，这就意味着跨服务器做 RAID-5，校验数据为一份。它要求至少 4 台主机，并不是要求 4 的倍数，而是 4 台或更多主机。以往 FTT＝1 时，存储容量的开销是数据的 2 倍，现在只需要 1.33 倍的开销，举例来说，以往 20GB 数据在 FTT＝1 时消耗 40GB 空间，采用 RAID-5 的 EC 模式后，消耗约为 27GB。如图 5-1-7 所示。

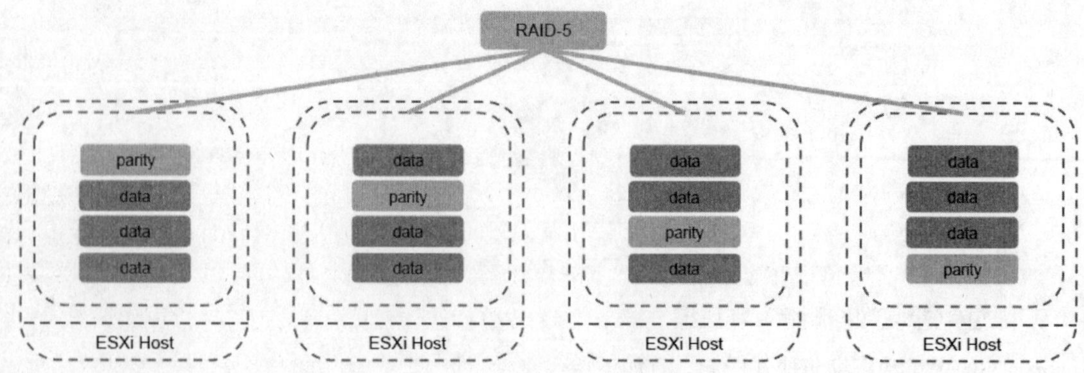

图 5-1-7　vSAN 中的 RAID-5 效果

- 当 FTT=2，同时又设置成 EC 模式时，这就意味着跨服务器做 RAID-6，校验数据为 2 份。它要求至少 6 台主机。以往 FTT=2 时，存储容量的开销是数据的 3 倍，现在只需要 1.5 倍的开销，举例来说，以往 20GB 数据在 FTT=2 时消耗 60GB 空间，采用 RAID-6 的 EC 模式后，消耗约为 30GB。这样在确保更高的高可用性的基础上，存储利用率得到大幅提升，如图 5-1-8 所示。

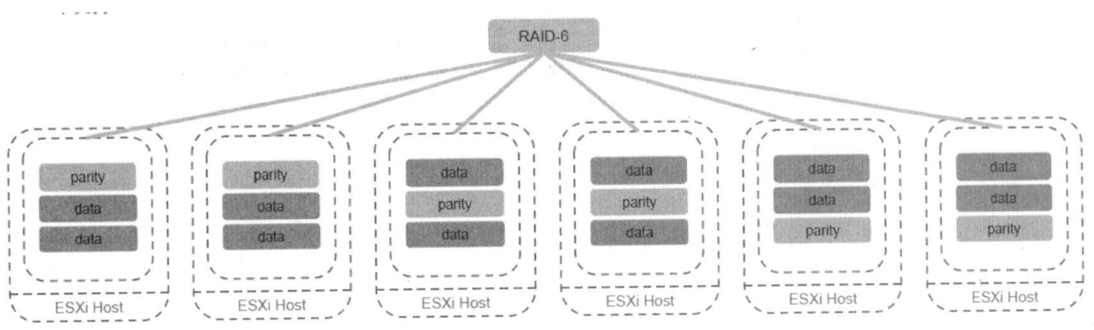

图 5-1-8　vSAN 中的 RAID-6

无论是 RAID-5 还是 RAID-6，用户都可以在 vmdk 的颗粒度上，即在 SPBM 中设置，如图 5-1-9 所示。

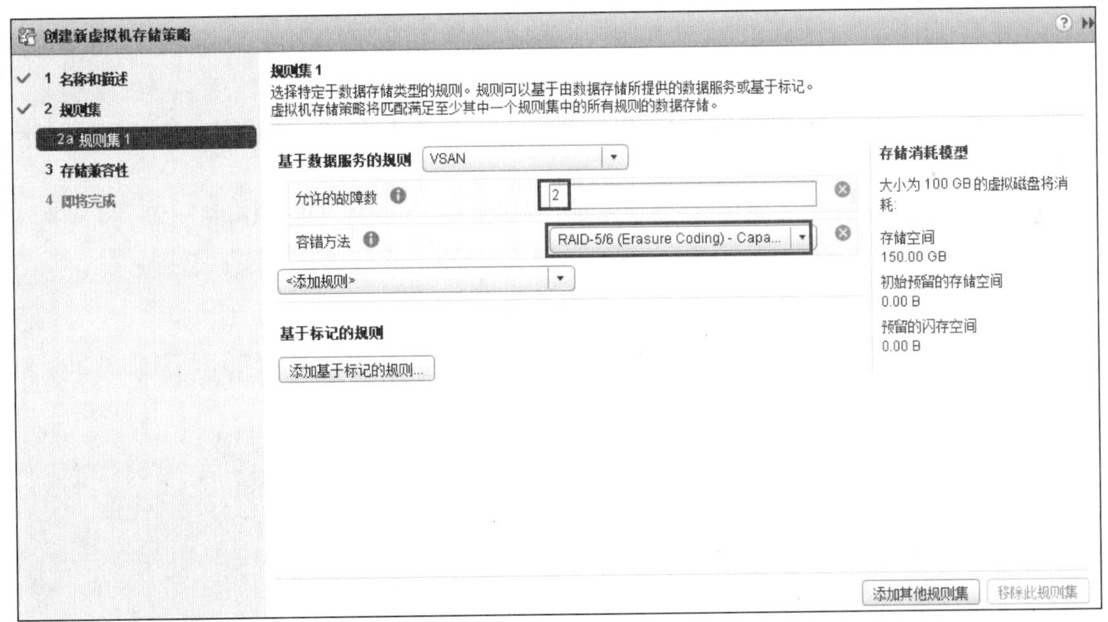

图 5-1-9　在虚拟机存储策略中设置

结合纠删码和去重、压缩技术，VMware 发现，原本较为昂贵的全闪存阵列，现在能够降低到每 GB 仅 1 美元的成本，这与一些混合阵列比，具有非常高的性价比优势。VMware 通过 VDI 的完整复制测试，证实通过 EC（2 倍）、去重和删除（7 倍），能够显著地提升空间效率，是原来的 14 倍，如图 5-1-10 所示。

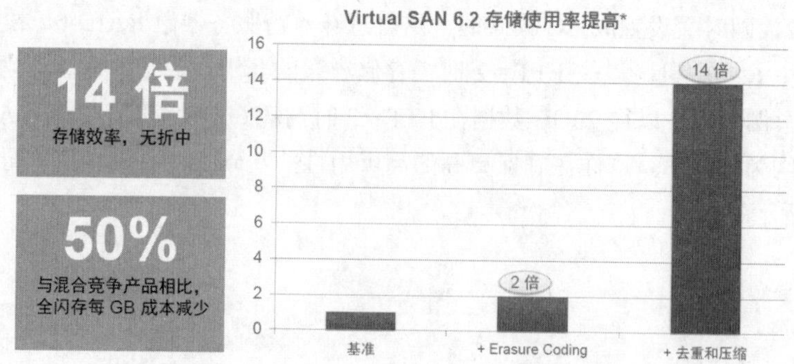

图 5-1-10　vSAN 6.2 存储使用率提高 14 倍

11．QoS（IOPs 限制值）

QoS（IOPs 限制值）的设置，使得 vSAN 在数据平面即存储高级功能上迈进了一大步。即使是传统外置阵列，支持 QoS 的厂商也是屈指可数。vSAN 的 IOPs 限制有如下特点。

- 基于每个虚机或每个 vmdk，能以可视化的图形界面来设置 IOPs 的限制值。
- 一键即可设置。
- 消除 noisy neighbor（相邻干扰）的不利影响。
- 可以在 vmdk 的颗粒度上满足性能的服务等级协议（SLA），在 SPBM 里设置。
- IOPs 限制值可以动态修改。
- 在一个集群 / 存储池，可以为不同虚机 / vmdk，提供不同的性能，将原本可能相互影响的负载区分开来。
- 用户在图形界面中，可以看到每个 vmdk 的 IOPs 值，并通过颜色（绿色，黄色，红色）判断实际 IOPs 与 IOPs 限制值的关系。

在图 5-1-11 中可以看出，用户在为 vmdk 创建存储策略时，设置 IOPs 限制值为 50。

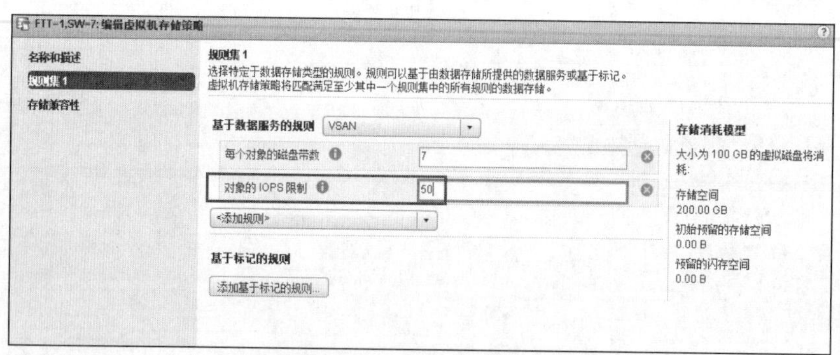

图 5-1-11　设置 IOPs 限制

12．软件校验和（Software Checksum）

这一功能执行数据的端到端校验，检测并解决磁盘错误，从而提供更高的数据完整性。

软件校验和在集群级别默认是开启的，可以通过存储策略在 vmdk 级别关闭。它在后台执行磁盘扫描（Disk Scrubbing），如果通过校验和验证发现错误，则重建数据。能够自动检测和解决静态磁盘错误（Silent Disk Errors）。

13. vSAN 6.2 的许可方式

vSAN 6.2 的许可方式相比 vSAN 6.1 有些变化，分成标准版、高级版、企业版 3 个级别。在高级版里支持全闪存、去重、删除及纠删码；在企业版本里支持双活和 QoS，vSAN 版本概览见表 5-2。

表 5-2　vSAN 版本概览

	标准版	高级版	企业版
概述	混合式超融合部署	全闪存超融合部署	站点可用性和服务质量控制
许可证授权	按 CPU 数量或 VDI 桌面数量	按 CPU 数量或 VDI 桌面数量	按 CPU 数量或 VDI 桌面数量
基于存储策略的管理	√	√	√
读 / 写 SSD 缓存	√	√	√
分布式 RAID（RAID-1）	√	√	√
vSAN 快照和复制	√	√	√
机架感知	√	√	√
复制（RPO 为 5 分钟）	√	√	√
软件检验和	√	√	√
全闪存支持		√	√
嵌入式重复数据消除和压缩（仅限全闪存）		√	√
纠删码（RAID-5/6，仅限全闪存）		√	√
延伸集群			√
Qos（IOPS 限制）			√

5.1.4　vSAN 的最低需求与主要用途

vSAN 要求至少有 3 台服务器作为虚拟存储服务器。与传统磁盘的存储方式相比，vSAN 可以实现更好的动态性。传统的存储一般是将底层的磁盘进行组装，组装完毕后再划分出不同的 LUN（Logical Unit Number，逻辑单元号），再提供给上层的应用。这种存储的模式是从底层到上层的流程。而当应用、性能或流量发生变化时，还需要把现有的 LUN 拆掉，这又带来了数据迁移的需求。

在 vSAN 里，一个应用所需要的容量、性能、可用性等都可以作为策略下发给下面的存储资源，它会自动地根据策略来为应用配置相应的存储单元。而当应用需求发生变化时，vSAN 可以在不停机的情况下修改策略。这种方式不仅减少管理人员的复杂性，还会降低用户面临的数据迁移压力。

在使用时，vSAN 要求客户的每台服务器必须选择至少一块 SSD 硬盘做支持。所有在虚拟机里面被频繁读取的数据，如虚拟机的启动块、系统文件、用户的常用文件等会被识别并抽取出来，放在 SSD 协管的资源里面，这种做法会大幅提高 SSD 的利用效率。

vSAN 并不是能成为传统 SAN 的替代品，vSAN 是整个软件定义数据中心解决方案的一部分，而软件定义数据中心就是把一切的物理资源做虚拟化和池化，包括计算、网络和存储的虚拟化。vSAN 负责的就是把原来的物理存储介质进行虚拟化，变为存储的资源池。在使用 vSAN 时，请注意以下限制。

- vSAN 不支持加入多个 vSAN 群集的主机。不过，vSAN 主机可以访问其他外部存储资源，且可以随时加入 vSAN 群集。
- vSAN 不支持 Fault Tolerance、vSphere DPM 和 Storage I/O Control 等功能。
- vSAN 不支持 SCSI 预留。
- vSAN 不支持 RDM、VMFS、诊断分区和其他设备访问功能。

5.1.5 vSAN 和传统存储的区别

尽管 vSAN 与传统存储阵列具有很多相同特性，它的整体行为和功能仍然有所不同。例如，vSAN 可以管理 ESXi 主机，且只能与 ESXi 主机配合使用。一个 vSAN 实例仅支持一个群集。

vSAN 和传统存储还存在下列主要区别。

- vSAN 不需要外部网络存储来远程存储虚拟机文件，例如，光纤通道（FC）或存储区域网络（SAN）。
- 使用传统存储，存储管理员可以在不同的存储系统上预先分配存储空间。vSAN 会自动将 ESXi 主机的本地物理存储资源转化为单个存储池。这些池可以根据服务质量要求划分并分配到虚拟机和应用程序。
- vSAN 没有基于 LUN 或 NFS 共享的传统存储卷概念。
- iSCSI 和 FCP 等标准存储协议不适用于 vSAN。
- vSAN 与 vSphere 高度集成。相比于传统存储，vSAN 不需要专用的插件或存储控制台。可以使用 vSphere Web Client 部署、管理和监控 vSAN。
- 不需要专门的存储管理员来管理 vSAN。vSphere 管理员即可管理 vSAN 环境。
- 使用 vSAN，在部署新虚拟机时将自动分配虚拟机存储策略。可以根据需要动态更改存储策略。

5.1.6 启用 vSAN 的要求

要为群集中的 ESXi 主机启用 vSAN，需要满足硬件要求、群集要求、软件要求、网络要求等多方面的条件。

vSAN 主机存储设备要求有以下几方面。

（1）缓存：需要至少一个 SAS 或 SATA 固态磁盘（SSD）或 PCIe 闪存设备。考虑允许的故障数之前，确保在不计算保护副本的情况下，每个磁盘组中闪存缓存的大小至少为预期所用容量的 10%。vSphere Flash Read Cache 不得使用为 vSAN 缓存预留的任何闪存设备。缓存闪存设备不得使用 VMFS 或其他文件系统格式化，也不能提前被 ESXi 主机分配使用。

（2）虚拟机数据存储：对于混合组配置，确保至少有一个 SAS、NL-SAS 或 SATA 磁盘。对于全闪存磁盘组配置，确保至少有一个 SAS 或 SATA 固态磁盘（SSD）或者 PCIe 闪存设备。

（3）存储控制器：一个 SAS 或 SATA 主机总线适配器（HBA），或者一个处于直通模式或 RAID-0 模式的 RAID 控制器。

vSAN 的内存要求取决于由 ESXi 管理程序管理的磁盘组和设备的数量。每个主机最少应包含 32 GB 内存以容纳最多 5 个磁盘组及每个磁盘组上最多 7 个容量设备。如果主机只有 8GB 内存，只能容纳 1 个磁盘组。如果主机有 16GB 内存，可以容纳 2 个磁盘组。

从 USB 设备或 SD 卡引导 vSAN 主机时，引导设备的大小必须至少为 4 GB。

如果 ESXi 主机的内存大于 512 GB，则从 SATADOM 或磁盘设备引导主机。从 SATADOM 设备引导 vSAN 主机后，必须使用单层单元（SLC）设备，并且引导设备的大小必须至少为 16 GB。

从 USB 设备或 SD 卡引导 ESXi 6.0 主机时，将向 RAMdisk 写入 vSAN 跟踪日志。关机或系统崩溃时会将这些日志自动转移到持久介质（紧急）。这是从 USB 设备或 SD 卡引导 ESXi 时处理 vSAN 跟踪的唯一支持方法。请注意，如果出现电源故障，则不会保留 vSAN 跟踪日志。

vSAN 群集必须至少具有 3 个向群集提供容量的主机，并且主机不能加入除 vSAN 群集以外的其他群集。

vSAN 建立在虚拟化管理程序中经过优化的 I/O 数据路径上，可提供远远优于虚拟设备或外部设备的性能。借助全闪存，可体验每台主机最高 90000 的 IOPS，并且可扩展到每集群最多 64 台主机，这种配置非常适合虚拟桌面、远程 IT 和关键业务应用。

要使用完整的 vSAN 功能集，加入 vSAN 群集的 ESXi 主机必须为版本 6.0（建议升级到最新版本，当前是 vSphere 6.0 U2）。

确认 ESXi 主机上的网络基础架构和网络连接配置满足 vSAN 的最低网络连接要求，vSAN 的网络要求见表 5-3。

表 5-3　vSAN 的网络要求

网络连接组件	要　求
主机带宽	每个主机都必须具有专用于 vSAN 的最小带宽 对于混合配置，专用带宽为 1 Gbps 对于全闪存配置，专用或共享带宽为 10 Gbps
主机之间的连接	无论是否提供容量，vSAN 群集中的每个主机都必须具有适用于 vSAN 流量类型的 VMkernel 网络适配器
主机网络	vSAN 群集中的所有主机都必须连接到 vSAN 第 2 层网络
多播	必须在处理通过第 2 层路径和第 3 层路径（可选）的 vSAN 流量的物理交换机和路由器上启用多播
IPv4 和 IPv6 支持	vSAN 网络必须仅支持 IPv4。vSAN 不支持 IPv6

vSAN 需要单独的许可证，确认拥有有效的 vSAN 许可证密钥。

要在生产环境中使用 vSAN，必须有一个可分配给 vSAN 群集的特殊许可证。可以分配不同类型的许可证以支持不同的 vSAN 功能，例如，全闪存配置和延伸群集。确保许可证支持要使用的功能。

5.1.7　vSAN 架构

vSAN 支持两种架构：混合架构与全闪存架构。

所谓混合架构，是指组成 Virtual SNA 的服务器的每个磁盘组包括 1 个 SSD、1 个或最多不超过 7 个的 HDD。而全闪存架构，是指组成 vSAN 的服务器的每个磁盘组都是由 SSD 组成。

无论是混合架构还是全闪存架构，组成 vSAN 的每个服务器节点最多支持 5 个磁盘组，每个磁盘组有 1 个 SSD 用于缓存，有 1～7 个 HDD（或 SSD）磁盘用于存储容量。

在混合架构中，SSD 充当分布式读 / 写缓存，并不用于永久保存数据。每个磁盘组只支持一个 SSD，其中 70%的 SSD 容量用于缓存读取，30%用于写入。

在全闪存架构中，SSD 充当分布式缓存时，并不用于永久保存数据。每个磁盘组只支持一个 SSD 作为缓存层，由于全闪存架构的存储容量也用固态硬盘实现，故读性能不是瓶颈，缓存层 SSD 100%用于写入。

5.2 规划 vSAN 群集

规划 vSAN 群集，主要是选择组成 vSAN 群集的 ESXi 主机，及主机中的硬盘容量、数量、型号，还有连接 ESXi 主机的网络（千兆还是万兆网络），下面是实践中总结出的推荐方案。

（1）推荐选择 2U 机架式服务器。当前大多数 2U 的服务器支持较多数量的硬盘，而大多数的 4U 服务器支持的硬盘数量（盘位）有限。所以在当前一段时间，一般是使用 2U 的服务器。

（2）推荐使用 2.5 英寸磁盘。在磁盘（HDD 或 SSD）的选择上，大多数服务器都会支持 3.5 英寸或 2.5 英寸的盘位，但如果配置 2.5 英寸磁盘，同一服务器支持的磁盘数量会远远优于 3.5 英寸磁盘。选择支持较多 2.5 英寸盘位的 2U 机架式服务器。

（3）推荐使用万兆网络。在规划配置 vSAN 群集时，如果使用混合架构（即 SSD 做缓存，HDD 做容量磁盘），服务器之间的连接（用于 vSAN 流量）的网络，可以使用千兆；如果是全闪存架构（即容量磁盘与缓存磁盘都是 SSD 时），则用于 vSAN 的流量需要是 10Gbps 或 40Gbps 的网络。

为获得最佳性能和使用效果，在 vSphere 环境中部署 vSAN 之前，计划 vSAN 主机及其存储设备的功能和配置。下面介绍 vSAN 群集中的特定主机和网络配置。

5.2.1 vSAN 中的容量规划

在规划 vSAN 存储容量时，要综合考虑所采用的 vSAN 磁盘格式、所允许的故障数及所采用的容错方法。在采用不同的容错方法、不同的允许故障数时，vSAN 群集实际可用空间要小于原始容量。

1．原始容量

要确定 vSAN 数据存储的原始容量，可使用群集中的磁盘组总数乘以磁盘组中容量设备的大小，然后减去 vSAN 磁盘格式所需的开销。

在通常情况下，组成 vSAN 群集中每个节点主机都具有相同数量的磁盘组，并且每个磁盘组的配置一致。例如，在一个 4 节点组成的 vSAN 群集中，每个节点主机具有 3 个磁盘组，每个磁盘组有 1 个 400GB 的 SSD、6 个 600GB 的 2.5 寸 10K 磁盘，则总的原始容量＝4×3×6×600GB＝43 200GB≈43.2TB。

另外，有个问题需要注意，在 vSAN 中，推荐每个磁盘组都有相同的容量磁盘及缓存磁盘，但实际使用中，磁盘组中的容量磁盘可以采用大小不一致的磁盘。如在一个 3 节点的 vSAN 群集中，每个节点有一个磁盘组。其中，第 1 个磁盘组中有 1 个 1TB 磁盘、1 个 2TB 磁盘，第 2 个节点有 1 个 1TB 磁盘、1 个 3TB 磁盘；第 3 个节点有 3 个 1TB 的磁盘，则总的容量＝1＋2＋1＋3＋3×1＝10TB。

不同版本的 vSAN 磁盘格式的开销要求有以下几点：

- 磁盘格式 3.0 及更高版本会增加额外开销，通常每个设备不超过 1%～2% 的容量。如果启用去重和压缩功能及软件校验和，则每个设备需要约 6.2% 容量的额外开销。
- 磁盘格式版本 2.0 会增加额外开销，通常每个设备不超过 1%～2% 的容量。
- 磁盘格式版本 1.0 会增加额外开销，每个容量设备约 1 GB。

对于第一个案例，如果采用 vSAN 3.0 的磁盘格式，则总容量＝4×3×6×600GB×（1%～2%）＝42236GB。如果启用去重和压缩以及软件校验合，则总容量＝4×3×6×600GB×（1-6.2%）＝40 521.6GB。如果采用磁盘格式 1.0，则总容量＝4×3×6×（600－1）GB＝43 128GB。

2. 允许的故障数

规划 vSAN 数据存储的容量时（不包括虚拟机数量及其 VMDK 文件大小），必须考虑群集的虚拟机存储策略允许的故障数和容错方法属性。

规划和优化 vSAN 存储容量时，允许的故障数起重要作用。基于虚拟机的可用性要求，与一个虚拟机及其各个设备的消耗相比，此设置可能会产生双倍的消耗甚至更多。

- 如果容错方法设置为 RAID-1（镜像）（强调性能），且允许的故障数设置为 1，则虚拟机可使用约 50% 的原始容量。如果允许的故障数设置为 2，则可用容量约为 33%。如果允许的故障数设置为 3，则可用容量约为 25%。
- 如果容错方法设置为 RAID-5/6（删除编码，或纠删码）（追求容量），且允许的故障数设置为 1，则虚拟机可使用约 75% 的原始容量。如果允许的故障数设置为 2，则可用容量约为 67%。

在实际的 vSAN 环境中，允许的故障数、容错方法并不是一成不变的。因为可以选择不同的虚拟机存储策略，不同的虚拟机可以选择不同的虚拟机存储策略，所以实际的可用空间并不能完全估计。一般情况下，如果优先采用 RAID-1、允许的故障数设置为 1，则实际可用空间约为原始容量的一半。

3. 容量大小设置准则

在规划 vSAN 群集时，首先要估算当前正在规划的环境需要运行多少虚拟机，每个虚拟机需要分配多大空间，虚拟机正常运行及工作中，需要实际使用多大空间。对于这种估算有两种，一种是从实际的物理环境向新建的虚拟化环境迁移，此时可以统计现有物理环境中所有业务主机实际使用的空间；另一种就是“预估”。如果有参照物，一般在计算所需的容量时，通常是现有已经使用容量的 1.5～2 倍。例如，统计现有业务系统已经使用 2TB 的空间，则在规划新的环境时，至少要规划 3TB～4TB 的空间。

对于 vSAN 群集，还需要考虑 vSAN 重新平衡负载策略。

（1）对于 vSAN 群集，需要至少预留 30% 的未使用空间，以防止 vSAN 重新平衡存储负载。只要单个容量设备上的消耗达到 80% 或以上，vSAN 就会重新平衡群集中的组件。重新平衡操作可能会影响应用程序的性能。要避免这些问题，存储消耗应低于 70%。

（2）规划额外容量，用于处理潜在故障或替换容量设备、磁盘组和主机。当某个容量设备无法访问时，vSAN 会在群集中的其他设备中恢复组件。当闪存缓存设备出现故障或移除时，vSAN 会从整个磁盘组中恢复组件。

（3）预留额外容量以确保 vSAN 在出现主机故障或主机进入维护模式时恢复组件。例如，置备具有足够容量的主机，以便留有足够的可用容量供在主机出现故障或维护期间成功进行重新构建组件。存在 3 个以上的主机时这非常重要，这样才有足够的可用容量来重新构建故障的组件。如果主机出现故障，将在其他主机的可用存储上进行重新构建，这样可以允许再次出现故障。但是，当在 3 个主机群集中，将允许的故障数设置为 1 时，vSAN 不会执行重新构建操作，因为当 1 个主机出现故障时，群集中将只剩下 2 个主机。要允许故障后重新构建，至少必须有 3 个主机。

（4）提供足够的临时存储空间，以便在 vSAN 虚拟机存储策略中进行更改。动态更改虚拟机存储策略时，vSAN 可能会为组成对象的副本创建一个布局。当 vSAN 实例化这些副本并将其与原始副本进行同步时，群集必须临时提供额外空间。

（5）如果规划使用软件校验、或去重和压缩等高级功能，请保留额外的空间以处理操作开销。

4. 虚拟机对象的注意事项

在规划 vSAN 数据存储中的存储容量时，应考虑数据存储中虚拟机主页命名空间对象、快照及交换文件所需的空间。

（1）虚拟机主页命名空间对象。可以专门为虚拟机的主页命名空间对象分配一个存储策略。为了避免不必要的容量和缓存存储分配，在虚拟机主页命名空间中，vSAN 仅应用策略允许的故障数和强制置备设置。规划存储空间，以满足分配给允许故障数大于 0 的虚拟机主页命名空间的存储策略要求。

（2）快照。增量设备继承基础 VMDK 文件的策略。根据需要的大小和快照数量及 vSAN 存储策略中的设置规划额外空间。所需的空间可能不同，其大小取决于虚拟机更改数据的频率及快照附加到虚拟机所需的时间。

（3）交换文件。vSAN 为虚拟机的交换文件使用单独的存储策略。该策略允许出现一次故障，未定义条带化和读取缓存预留，启用强制置备。

5.2.2 vSAN 中的闪存缓存设备设计注意事项

规划用于 vSAN 缓存和全闪存容量的闪存设备的配置，以便实现高性能、提供所需的存储空间并且满足未来的增长需求。

1. 在 PCIe 或 SSD 闪存设备之间进行选择

根据对 vSAN 存储的性能、容量、写入寿命和成本的要求，选择 PCIe 或 SSD 闪存设备。

- 兼容性：VMware 兼容性指南的“vSAN”部分应当列出 PCIe 或 SSD 设备的型号。
- 性能：PCIe 设备通常比 SSD 设备具有更高的性能。
- 容量：可用于 PCIe 设备的最大容量通常比目前在 VMware 兼容性指南中针对适用于 vSAN 的 SSD 设备列出的最大容量要大。
- 写入寿命：PCIe 或 SSD 设备的写入寿命必须满足全闪存配置中容量或缓存的要求，以及混合配置中缓存的要求。
- 成本：PCIe 设备的成本通常比 SSD 设备的成本高。

【说明】在 vSAN 环境中，应该优先采用 SLC 或 MLC 颗粒的闪存设备，不建议选择 TLC 颗粒。SLC、MLC、TLC 区别见表 5-4。

表 5-4　TLC、MLC 与 SLC 性能区别

闪 存 类 型	SLC	MLC	TLC
每单元比特数	1	2	3
寿命（可擦写次数）	约 10 万次	约 5 000 次	约 1 000 次
读取时间（微秒）	25	50	75
编程时间（微秒）	300	600	900
擦写时间（微秒）	1 500	3 000	4 500

SLC（Single Level Cell），即 1bit/cell，速度快，寿命长，价格超贵（约 MLC3 倍以上的价格），约 10 万次擦写寿命

MLC（Multi Level Cell），即 2bit/cell，速度一般，寿命一般，价格一般，有 3 000～10 000 次擦写寿命

TLC（Trinary Level Cell），即 3bit/cell，也有 Flash 厂家叫 8LC，速度相对慢，寿命相对短，价格便宜，约 500～1 000 次擦写寿命

2．闪存设备作为 vSAN 缓存

在 vSAN 群集中，闪存设备可以作为 vSAN 缓存，也可以在全闪存架构中，作为 vSAN 的容量磁盘。当闪存设备作为 vSAN 缓存时，应该根据表 5-5 的注意事项，构建 vSAN 闪存缓存配置模型，以实现写入持久力、性能和潜在的增长。vSAN 缓存大小调整见表 5-5。

表 5-5　vSAN 缓存大小调整

存 储 配 置	注 意 事 项
全闪存和混合配置	● 在每个磁盘组中，作为缓存磁盘的闪存设备容量大小必须至少为虚拟机预计占用容量的 10%，不计保护副本。 虚拟机存储策略中的“允许的故障数”属性不影响缓存大小 ● 使用快照会占用缓存资源。如果计划使用多个快照，请考虑设置更多专用缓存，使缓存与占用容量比率大于常规的 10%。10% 的占用容量不包含保护副本 ● 更高的缓存与容量比率会减缓未来的容量增长。超大尺寸缓存能够轻松地将更多容量添加到现有的磁盘组，而无须增加缓存的大小 ● 闪存缓存设备必须具有高写入持久力 ● 当闪存缓存设备寿命终止时，由于更换该设备会影响整个磁盘组（因为需要从现有磁盘组撤出数据，这会引起多磁盘组操作），因此该操作比更换容量设备更复杂 ● 如果要通过添加更多的闪存设备来增大缓存大小，必须创建更多磁盘组。闪存缓存设备与磁盘组数量之比始终为 1∶1。 配置多个磁盘组具有以下优势： 　● 当闪存缓存设备出现故障时，由于受影响的容量设备变少，减少了故障域 　● 如果部署多个包含较小闪存缓存设备的组，可能会改善性能。 但是，当配置多个磁盘组时，会增加主机的内存消耗
全闪存配置	在全闪存配置中，vSAN 会将缓存层仅用于写入缓存。写入缓存必须能够处理频繁的写入活动。此方法将延长成本更低且写入持久力较低的容量闪存的寿命
混合配置	如果出于性能考虑在活动虚拟机存储策略中配置读取缓存预留，vSAN 群集中的主机必须具有足够的缓存以在故障后重新构建或维护操作期间满足预留。 如果可用的读取缓存不足以满足预留，则重新构建或维护操作将失败。只有在必须满足特定工作负载的特定、已知的性能要求时，才会使用读取缓存预留

【注意】一定要提前预估缓存设备的寿命，并且在其寿命到期前，分批一一替换，千万不能等到

多个缓存设备同时损坏（尽管概率很低）再准备替换，因为，当有多个缓存设备故障时，此时缓存设备所在的磁盘组即不能访问，多个磁盘组离线可能会造成数据的丢失。

3. 闪存设备作为 vSAN 容量设备

在全闪存配置中，vSAN 不会将缓存用于读取操作，也不会应用虚拟机存储策略中的读取缓存预留设置。对于缓存设备，可以使用少量具有高写入持久力的成本更高的闪存。对于容量设备，可以使用具有较低写入持久力的成本更低的闪存。

遵循以下准则，规划闪存容量设备的配置。

- 为了实现更好的 vSAN 性能，请使用更多由较小闪存容量设备组成的磁盘组。
- 为了获得平衡的性能和可预测的行为，请使用同一类型和型号的闪存容量设备。

5.2.3 vSAN 中 HDD 磁盘选择注意事项

在 vSAN 中，作为容量磁盘的 HDD 的磁盘选择，需要按照存储空间和性能的要求确定（混合配置中）磁盘的容量大小和数量。

在规划 vSAN 时，需要按照对 vSAN 存储的性能、容量和成本的要求选择 SAS、NL-SAS 或 SATA 接口磁盘。

- 性能：SAS 和 NL-SAS 磁盘比 SATA 磁盘性能更高。
- 容量：目前 SAS 磁盘主流是 600GB 及 900GB，而 NL-SAS 与 SATA 是 1TB、2TB。在 vSAN 中优先考虑使用多个相对容量较小的磁盘，不推荐使用少量的大容量磁盘。
- 成本：较 SATA 磁盘而言，SAS 和 NL-SAS 设备的成本更高。

【说明】NL-SAS 磁盘相当于 SATA 盘体与 SAS 接口的组合。所以 NL-SAS 硬盘的转速目前只有 7 200 转，容量与 SATA 磁盘一致。但由于采用了 SAS 接口，所以寻址与速度有了一些提升。NL-SAS 也具备双端口，支持 7×24 小时工作，但不建议 100%负载。

从可靠性来看，目前 SATA 和 SAS 的平均无故障时间（MTBF）已经很接近了，但误码率（BER）SATA（1/10^15）要比 SAS 高 10 倍（1/10^16），从可靠度来讲，SAS 比 SATA 高许多，因此通常建议由 SATA 或 NL-SAS 组成的 RAID 组尽可能采用 RAID-10、RAID-50 或 RAID-6，而不要使用 RAID-5。

在容量和成本的优先级高于性能的环境中，应当使用 SATA 磁盘（而非 SAS 和 NL-SAS 设备）。在追求性能的环境中，应该使用 SAS 磁盘。

在选定磁盘接口及总存储容量后，在价钱许可及主机盘位足够的情况下，为了获得较高的性能，尽可能地选择多个小容量的磁盘。例如，为每个磁盘组配置 1 个 200GB 的 SSD、3 个 900GB 的 HDD，性能会比每个磁盘组配置 1 个 200GB 的 SSD、4 个 600GB 的 HDD 要差一些。

在包含多个虚拟机的环境中，当数据不在读取缓存中，因此 vSAN 需要从磁盘中读取数据时，磁盘的数量对于读取操作也十分重要。在包含少量虚拟机的环境中，如果活动虚拟机存储策略中每个对象的磁盘带数大于 1，则磁盘数量会影响读取操作。

为使性能平衡和行为可预测，应在 vSAN 数据存储中使用同一类型和型号的磁盘。

在一个磁盘组中要有足够数量的磁盘，以符合定义的存储策略中允许的故障数目值及每个对象的磁盘带数属性值。

5.2.4　vSAN 中存储控制器的设计注意事项

vSAN 群集的主机中包含的存储控制器应最大程序上满足性能和可用性要求，设计时应遵循以下注意事项。

（1）使用 VMware 兼容性指南中列出的存储控制器模型及驱动程序和固件版本。

（2）如果可能，请使用多个存储控制器，这样可以改善性能并将潜在的控制器故障隔离到部分磁盘组中。

（3）使用 VMware 兼容性指南中队列深度最高的存储控制器。使用队列深度较高的控制器能够改善性能，例如，当 vSAN 在出现故障后重新构建组件时，或主机进入维护模式时。

（4）与处于直通模式的存储控制器相比，处于 RAID-0 模式的存储控制器需要较高的配置和维护工作量。在直通模式下使用存储控制器以实现 vSAN 的最佳性能。

【说明】大多数服务器出厂时并不带 RAID 缓存（直接表现为：不支持 RAID-5，而是支持 RAID-1、RAID-0 及 RAID-10），这非常适合 vSAN 环境。只是一些采购人员习惯为服务器配置 RAID 缓存，这反而为实施 vSAN 增加了工作量。如果准备组建 vSAN 环境，在服务器采购时增加了 RAID 缓存这一组件，那么可以在实施 vSAN 时，关闭服务器电源，从服务器机箱中拆除 RAID 缓存部件，以及拆除为 RAID 缓存供电的电池。

5.2.5　vSAN 主机设计和大小调整

若要获得最佳的性能和可用性，请在 vSAN 群集中规划主机配置。

1. 内存和 CPU

请根据表 5-6 中的注意事项调整 vSAN 群集中主机的内存和 CPU 大小。

表 5-6　调整 vSAN 主机的内存和 CPU 大小

计 算 资 源	注 意 事 项
内存	● 每个虚拟机的内存 ● 基于预期虚拟机数量的每个主机的内存 ● 完全正常运行的 vSAN 需要至少 32 GB 的内存，其中每个主机具有 5 个磁盘组，每个磁盘组具有 7 个容量设备 ● 可以从 USB、SD 或 SATADOM 设备引导内存小于 512 GB 的主机。如果主机的内存大于 512 GB，请从磁盘引导主机
CPU	● 每个主机的插槽数 ● 每个插槽的内核数 ● 基于预期虚拟机数量的 vCPU 数量 ● vCPU 与内核比率 ● vSAN 占 10% 的 CPU 开销

2. 主机网络

在正式的生产环境中，需要为 vSAN 流量提供单独的物理网卡或者需要更多带宽（万兆网卡分配较高份额）以提高性能，应遵循以下设计原则。

- 如果计划使用千兆网卡的主机，请为 vSAN 流量分配单独的网卡。对于全闪存配置，需要万兆网络（10 GbE 或 40 GbE 网卡）的主机。
- 如果计划使用 10 GbE 网卡，这些网卡可与混合和全闪存配置的其他流量类型共享。
- 如果 10 GbE 网卡与其他流量类型共享，请使用 “分布式交换机” 以便 vSAN 流量通过使用 NIOC（Network I/O Control） 和 VLAN 隔离流量。
- 为 vSAN 流量创建物理适配器组以确保冗余。

3. 多个磁盘组

在 vSAN 数据存储中，一个磁盘组代表一个单一故障域。如果闪存缓存或存储控制器停止响应，磁盘组的容量将不可访问。当某个磁盘组不可访问时，如果在指定的时间没有解决，则 vSAN 认为该磁盘组失效，而会在群集中其他磁盘组重构失效磁盘组上的所有组件。如果设计多个具有更少容量的磁盘组，其优缺点如下。

（1）优点。

- 因为数据存储具有更多汇总缓存并且 I/O 操作更快，因此提高了性能。
- 因为 vSAN 重新构建的组件更少，所以当发生磁盘组故障时，增加了故障域的数量和大小并且提高了性能。

（2）缺点。

- 由于对相同的缓存大小使用更多的缓存设备，因此增加了成本。
- 较多的磁盘组需要更多内存进行处理。
- 较多的磁盘组需要多个存储控制器以减少故障域。

4. 驱动器托架

为便于维护，请考虑使用驱动器托架和 PCIe 插槽位于服务器主体前方的主机。

5. 刀片服务器和外部存储

由于刀片服务器的磁盘插槽数量有限，vSAN 数据存储中的刀片服务器容量通常无法扩展。要扩展刀片服务器的计划容量，请使用外部存储机箱。

6. 设备热插拔和交互

考虑使用存储控制器直通模式支持，以轻松实现主机上的磁盘和闪存容量设备的热插拔或更换。如果控制器适用于 RAID-0 模式，管理员通常需要重新引导服务器进入 RAID 配置界面为每个新加或替换的磁盘配置为 RAID-0 以让 vSAN 识别。如果是“直通”模式，则在系统运行的过程中，替换或添加新的磁盘，vSAN 即可识别新增加或替换的磁盘。

5.2.6 vSAN 群集设计注意事项

在规划 vSAN 群集时，设计主机和管理节点的配置，以获得最佳可用性并允许消耗增长。

1. 调整 vSAN 群集的大小以允许故障

可以在虚拟机存储策略中配置“允许的故障数”属性以处理主机故障。群集所需的主机数等于“2 *”允许的故障数“＋ 1”。群集允许的故障越多，所需的容量主机越多。

如果在机架服务器中连接主机，则还可以在故障域中整理群集中的主机以提高故障管理。

2. 三主机群集配置中的限制

在三主机配置中，只能通过将“允许的故障数”设置为 1 来允许一个主机故障。对于虚拟机数据的两个必需副本，vSAN 将每个副本保存在不同的主机上。见证对象位于第三个主机上。由于群集中的主机数量较少，因此存在以下限制。

（1）当某个主机出现故障时，vSAN 无法在另一个主机上重新构建数据以防止出现另一个故障。

（2）如果某个主机进入维护模式，则 vSAN 无法重新保护已撤出的数据。如果主机处于维护模式，则数据可能会出现问题。

只能使用“确保可访问性”选项。“迁移全部数据”选项不可用，因为群集中没有可用于正在逐出的数据的备用主机。

因此，虚拟机将处于风险之中，因为如果出现另一个故障，将无法访问这些虚拟机。

3. 平衡和不平衡的群集配置

vSAN 在具有统一配置的主机上工作状况最佳。

具有不同配置的主机添加到 vSAN 群集将具有以下缺点。

- 存储性能的可预测性将会降低，因为 vSAN 不会在各个主机上存储相同数量的组件。
- 维护步骤不同。
- 对于群集中拥有较少或类型不同的缓存设备的主机，性能将会降低。

4. 在 vSAN 上部署 vCenter Server

如果在 vSAN 数据存储上部署 vCenter Server，则在 vSAN 群集发生问题时，可能无法使用 vCenter Server 进行故障排除。但是，在配置好 vCenter Server 并启用 vSAN 群集之后，vSAN 群集中每台 ESXi 主机/虚拟机的使用并不受 vCenter Server 是否在线的影响。

一般情况下，规划或实现 vSAN 的环境，都是已有的 vSphere 环境，所以通常可以考虑将 vCenter Server 运行在非 vSAN 群集中的另一个使用传统共享存储的 vSphere 环境中，而新规划或后规划的 vSAN，则不放置 vCenter Server。如果是全新规划的 vSAN 环境，而没有传统的 vSphere 环境（使用共享存储或本地存储的 ESXi），可以在 vSAN 环境中的某个节点主机上，增加一块 200GB 的 SSD 硬盘，使用这个硬盘单独存储 vCenter Server。如果 vSAN 环境中具有较多节点并且 vSAN 环境不需要经常性地关机与维护，则在整个 vSAN 环境部署完成并良好工作后，将部署于本地存储的 vCenter Server 迁移到 vSAN 存储。

5.2.7　vSAN 网络设计

网络设计要做到在 vSAN 群集中可以提供可用性、安全和带宽保证的网络功能。

1. 网络故障切换和负载平衡

vSAN 使用在仅用于网络冗余的后备虚拟交换机上配置的成组和故障切换策略。vSAN 不会将网卡成组用于负载平衡。如果计划为可用性配置网卡成组，请考虑表 5-7 中列出的组中适配器故障切换配置。

表 5-7　组中适配器故障切换配置

成组算法	组中适配器的故障切换配置
基于源虚拟端口的路由	主动/被动
基于 IP 哈希的路由	主动/主动，静态 Ether Channel 用于标准交换机，LACP 端口通道用于 Distributed Switch
基于物理网络适配器负载的路由	主动/主动，LACP 端口通道用于 Distributed Switch

vSAN 支持 IP 哈希负载平衡，但无法保证所有配置的性能都有提升。当除 vSAN 以外还有众多 IP 哈希使用者时，才可以从 IP 哈希中获益。这种情况下，IP 哈希将执行负载平衡。如果 vSAN 是唯一的使用者，则可能看不到什么提升。此行为特别适用于 1 GbE 环境。例如，如果将 4 个设置IP 哈希的 1 GbE 网卡用于 vSAN，实际能够使用的可能不超过 1 GbE。此行为也适用于 VMware 支持的所有网卡成组策略。

vSAN 不支持同一子网上有多个 VMkernel 适配器。可以在不同子网上使用多个 VMkernel 适配器，如其他 VLAN 或单独的物理结构。使用多个 VMkernel 适配器提供可用性会产生配置成本（包括 vSphere 和网络基础架构）。通过成组物理网络适配器，使用更少的设置就能更方便地获得网络可用性。

2．vSAN 网络中的多播注意事项

必须在物理交换机上启用多播，以启用 vSAN 群集中主机间的检测信号和元数据交换。若要仅通过连接到 vSAN 主机网络适配器的物理交换机端口传送多播消息，可以在物理交换机上配置 IGMP 侦听查询。如果在同一网络上有多个 vSAN，在生产中部署其他 vSAN 群集之前，请更改新群集的多播地址以便成员主机不会从其他群集收到无关的多播消息。

3．使用 Network I/O Control 为 vSAN 分配带宽

如果 vSAN 流量使用与其他系统流量类型（如 vSphere vMotion 流量、vSphere HA 流量、虚拟机流量等）共享的 10 GbE 物理网络适配器，可以使用 vSphere Distributed Switch 中的 vSphere Network I/O Control 保证 vSAN 所需带宽的大小。

在 vSphere Network I/O Control 中，可以为 vSAN 输出流量配置预留和份额，目的如下。

- 设置预留以便 Network I/O Control 保证 vSAN 的物理适配器可用的最小带宽。
- 设置份额以便当分配给 vSAN 的物理适配器变成饱和状态时，vSAN 仍有特定带宽可用并且防止 vSAN 在重新构建和同步操作期间占用物理适配器的全部容量。例如，当组中其他物理适配器出现故障且端口组中所有流量被转移到组中其他适配器时，物理适配器可能变成饱和状态。

例如，在处理 vSAN、vSphere vMotion 和虚拟机流量的 10 GbE 物理适配器上，可以配置特定带宽和份额。见表 5-8。

表 5-8　负责 vSAN 的物理适配器的示例 Network I/O Control 配置

流量类型	预留带宽	份额
vSAN	1 Gbe	100
vSphere VMotion	0.5 Gbe	70
虚拟机	0.5 Gbe	30

如果 10 GbE 适配器变成饱和状态，Network I/O Control 将分配 5 GbE 到物理适配器上的 vSAN。

4．标记 vSAN 流量

优先级标记是一种流量标记机制，用于指示已连接的网络设备中 QoS 需求较高的 vSAN 流量。可以将 vSAN 流量分配到特定的类，并且通过使用 vSphere Distributed Switch 的流量筛选和标记策略，使用服务类（CoS）值（范围为 0～7）相应地标记流量。CoS 值越小，vSAN 数据的优先级越高。

5．在 VLAN 中分段 vSAN 流量

考虑隔离 VLAN 中的 vSAN 流量以增强安全和性能，尤其是在多个流量类型之间共享后备物理适配器的容量时。

6．巨帧

如果计划在 vSAN 中使用巨帧以提高 CPU 性能，请验证是否已在群集中的所有网络设备和主机上启用巨帧。

默认情况下，在 ESXi 上已启用 TCP 分段清除（TSO）和大型接收清除（LRO）功能。考虑使用巨帧是否会将性能提高到足以弥补在网络中的所有节点上启用巨帧的成本。

5.2.8　vSAN 网络连接的最佳做法

若要提高 vSAN 的性能和吞吐量，请考虑以上做法。

- 对于混合配置，请专门使用至少 1 GbE 的物理网络适配器。若想获得更佳的网络性能，请将 vSAN 流量放置于专用的或共享的 10 GbE 物理适配器上。
- 对于全闪存配置，请使用专用的或共享的 10 GbE 物理网络适配器。
- 置备一个附加物理网卡作为故障切换网卡。
- 如果使用共享的 10 GbE 网络适配器，请将 vSAN 流量置于 Distributed Switch 上，然后配置 Network I/O Control 以保证 vSAN 的带宽。

5.2.9　vSAN 容错域设计和大小调整

vSAN 容错域功能将指示 vSAN 将冗余组件分散到各个计算机架中的服务器上。因此可以保护环境免于机架级容错，如断电或连接中断。

1．容错域构造

必须至少定义 2 个容错域，每个容错域可能包含一个或多个主机。容错域定义必须确认可能代表潜在容错域的物理硬件构造，如单个计算机柜。

如果可能，请使用至少 4 个容错域。使用 3 个容错域时，不允许使用特定撤出模式，vSAN 也无法在容错发生后重新保护数据。在这种情况下，需要其他具有容量的容错域（仅使用 3 个容错域时无法提供）进行重新构建。

如果启用容错域，vSAN 会将活动虚拟机存储策略应用于容错域（而非单个主机）。

根据计划分配给虚拟机的存储策略中规定的“允许的故障数”属性，计算群集中的容错域数目。

number of fault domains = 2 * number of failures to tolerate + 1

如果主机不是容错域成员，vSAN 会将其解析为单独的域。

2. 使用容错域应对多个主机出现容错

考虑一个包含 4 个服务器机架的群集，每个机架包含 2 个主机。如果“允许的故障数”等于 1 且未启用容错域，vSAN 可能会将对象的 2 个副本与主机存储在同一个机柜中。因此，发生机架级容错时应用程序可能有潜在的数据丢失风险。将可能同时发生故障的主机配置到单独的容错域时，vSAN 会确保将每个保护组件（副本和见证）置于单独的容错域中。

如果要添加主机和容量，可以使用现有的容错域配置或创建一个新配置。

要通过使用容错域获得平衡存储负载和容错，请考虑以下准则。

- 提供足够的容错域以满足在存储策略中配置的允许的容错数。至少定义 3 个容错域。要获得最佳保护，请至少定义 4 个容错域。
- 向每个容错域分配相同数量的主机。
- 使用具有统一配置的主机。
- 如果条件允许，请在出现容错后将一个具有可用容量的域专门用于重新构建数据。

5.2.10 使用引导设备和 vSAN

从闪存设备启动 ESXi 安装（属于 vSAN 群集的一部分）会设定某些限制。

使用 4 GB 或更大容量的高质量 USB 或 SD 闪存驱动器。

从闪存设备引导 ESXi 时，由于内存驱动器上存在暂存分区，主机重新引导时会丢失日志信息和堆栈跟踪。对日志、堆栈跟踪和内存转储使用持久存储。

不应将日志信息存储在 vSAN 数据存储上。vSAN 群集中的故障可能会影响日志信息的可访问性。

对于持久日志存储，请考虑以下选项。

- 使用 vSAN，且使用 VMFS 或 NFS 格式化的存储设备。
- 在主机上配置 ESXi Dump Collector 和 vSphere Syslog Collector，以便将内存转储和系统日志发送到 vCenter Server。

5.2.11 vSAN 群集中的持久日志记录

为 vSAN 群集中主机的持久日志记录提供存储。

如果在 USB 或 SD 设备上安装 ESXi，并将本地存储分配给 vSAN，则可能没有足够的本地存储或数据存储空间用于持久日志记录。

为避免日志信息丢失，请将 ESXi Dump Collector 和 vSphere Syslog Collector 配置为将 ESXi 内存转储和系统日志重定向到网络服务器上。

5.3 使用 VMware Workstation 搭建 vSAN 实验环境

在前面的内容中，我们已经简单介绍了一些 vSAN 的基础知识，从本节开始，我们以实验的形式学习 vSAN。本节的实验用机最低配置需要有 32GB 内存、Intel i5 的 CPU、1 块 500GB 的固态硬盘用于保存 vSAN 的实验用 ESXi 虚拟机、1 块台式机硬盘存放 vCenter Server 的虚拟机。主机操作系统推荐安装 64 位的 Windows 7 企业版或 Windows Server 2008 R2 企业版或数据中心版。建议使用台式计算机而不是使用笔记本电脑，因为笔记本电脑的存储性能较低，在使用 VMware Workstation 模拟 vSAN 环境时，可能不能同时启动较多数量的 ESXi 虚拟机，从而导致实验失败。

概述与效果演示
（精彩视频 即扫即看）

规划与设计
（精彩视频 即扫即看）

如果使用的是 VMware ESXi，请参见本书附录“使用 ESXi 搭建 vSAN 实验环境”一节内容。

5.3.1　vSAN 实验用机需求

本实验分别在以下两台计算机进行验证。第一台计算机采用 i5-4690 K 的 CPU、32GB 内存、1 块 120GB 的 M.2 系统盘及 1 块 500GB 固态硬盘，安装了 64 位的 Windows 7 操作系统及 VMware Workstation 12，组成第一个实验环境，如图 5-3-1 所示。

图 5-3-1　计算机配置

在这台 i5-4690K CPU 的计算机中，还配有 2TB 和 3TB 的硬盘各一块，这是数据磁盘，当前计算机硬盘配置如图 5-3-2 所示。

在整个实验中，用于 vSAN 实验的虚拟机都会保存在这个 500GB、盘符为 M 的分区中。在实验过程中，当 CPU 是 i5-4690K，启动的 ESXi 虚拟机较多时，当前系统的 CPU 使用率较高。

第二台实验用机的 CPU 是 i7-4790K，32GB 内存。3 个固态硬盘（1 个 120GB 的 Intel SSD、1 个 240GB 的蒲科特 SSD、1 个三星的 500GB SSD），其中，120GB 的 Intel SSD 硬盘中安装了 64 位的 Windows 7 企业版操作系统，vCenter Server 安装在 240GB 的蒲科特 SSD 中，6 个 ESXi 安装在 500GB 的三星 SSD 中，如图 5-3-3 所示。

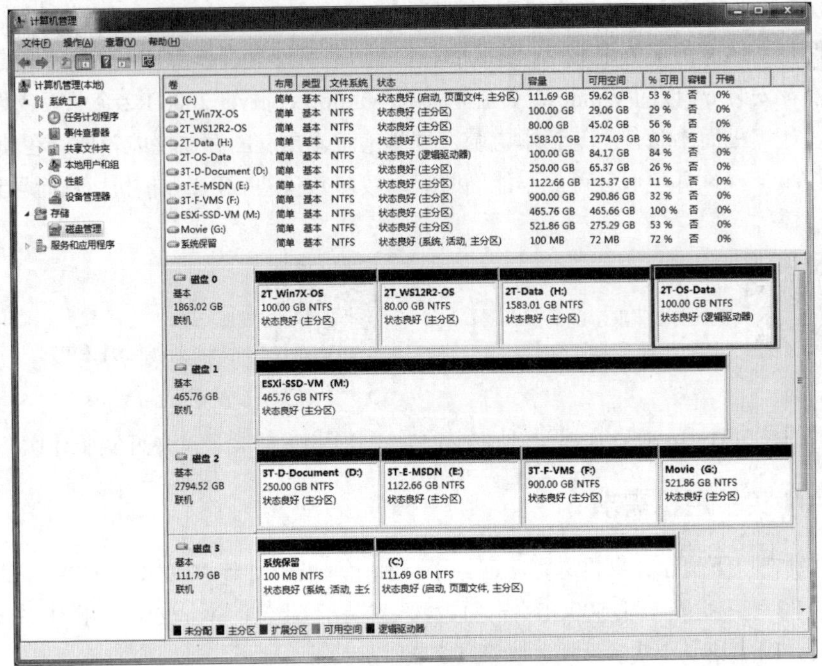

图 5-3-2　当前计算机硬盘配置

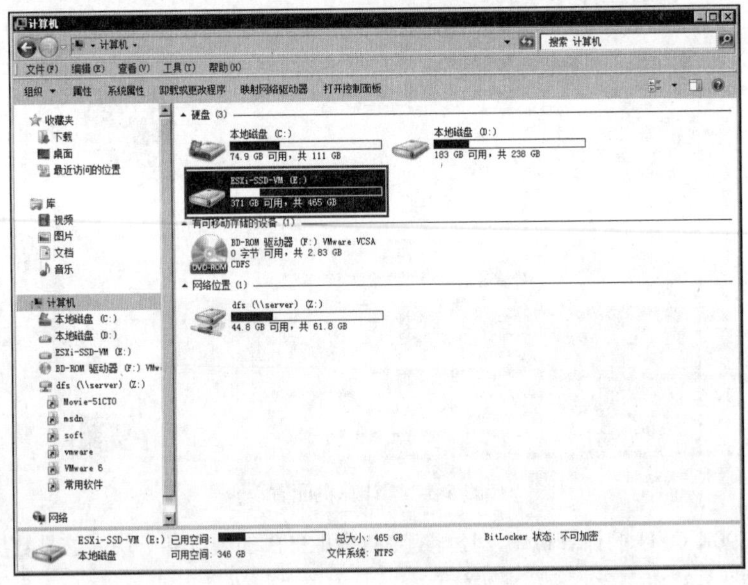

图 5-3-3　磁盘数量及分区

Intel SSD 安装了 Windows 7 企业版（如图 5-3-4 所示），同时也安装了 VMware Workstation 12，组成第二个实验环境。

本章中所有截图与实验演示都是在 i7-4790K 的 CPU 及安装 Windows 7 操作系统的计算机中进行的，这是为了获得较快的速度。

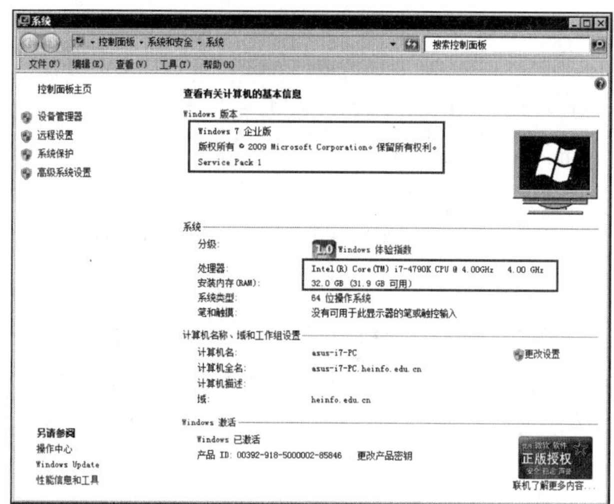

图 5-3-4　Windows 7 实验主机

5.3.2　规划 vSAN 实验环境

要组成 vSAN 实验环境，需要至少 3 台 ESXi 主机，除了 ESXi 系统磁盘外（ESXi 可以安装在 U 盘、SD 卡或存储划分的空间），还需要至少 1 个 SSD、1 个 HDD。本章实验最终模拟具有 6 台 ESXi 主机的实验环境。

本节首先使用 VMware Workstation 搭建一个具有 3 个 ESXi 主机、1 个 vCenter Server 的实验环境。其中，每个ESXi主机都具有8GB内存、4块网卡、4个硬盘，具体参数见表5-9所示。而esx04-80.14、esx05-80.15、esx06-16 则在本章第 4 节及以后横向扩展使用。

表 5-9　3 台主机组成 vSAN 群集实验环境

虚拟机名称	IP 地址	网　卡	内存、CPU	HDD	SSD
esx01-80.11	192.168.80.11	VMnet8，2 块	8GB、2CPU	20GB、500GB、500GB	240GB
	192.168.10.11	VMnet1，2 块			
esx02-80.12	192.168.80.12	VMnet8，2 块	8GB、2CPU	20GB、500GB、500GB	240GB
	192.168.10.12	VMnet1，2 块			
esx03-80.13	192.168.80.13	VMnet8，2 块	8GB、2CPU	20GB、500GB、500GB	240GB
	192.168.10.13	VMnet1，2 块			
esx04-80.14	192.168.80.14	VMnet8，2 块	8GB、2CPU	20GB、500GB、500GB	240GB
	192.168.10.14	VMnet1，2 块			
esx05-80.15	192.168.80.15	VMnet8，2 块	8GB、2CPU	20GB、500GB、500GB	240GB
	192.168.10.15	VMnet1，2 块			
esx06-80.16	192.168.80.16	VMnet8，2 块	8GB、2CPU	20GB、500GB、500GB	240GB
	192.168.10.16	VMnet1，2 块			
vcenter-80.5	192.168.80.5	VMnet8，2 块	8GB、2CPU		

在本次实验中 vCenter Server 虚拟机不加入到域，这样将减少一个 Active Directory 的虚拟机。

【说明】为了合理的分配磁盘性能，获得更好的实验结果，vCenter-80.5 虚拟机保存在第 2 个 SSD 所在分区，实验所用的 ESXi01～ESXi06 则保存在 500GB 的 SSD 所在分区。在 VMware Workstation 及 VMware ESXi 的虚拟机中，如果虚拟机虚拟硬盘属性会“继承”所在分区的存储属性（即 HDD 或 SSD）。例如，在 VMware Workstation 或 ESXi 中，创建了一个名为 VM1 的虚拟机，该虚拟机有两个虚拟硬盘（如大小分别为 40GB 及 80GB），这两个虚拟硬盘文件分别保存在 HDD 及 SSD 硬盘分区中，则在虚拟机中，保存在 HDD 的 40GB 硬盘被识别为 HDD，而保存在 SSD 中的 80GB 硬盘则被识别为 SSD。

在 ESXi 中，如果硬盘识别错误（如 HDD 硬盘被识别成 SSD 或 SSD 被识别成 HDD，亦或者“远程”磁盘或“本地”硬盘识别错误），可以在 vSphere Web Client 管理界面中，将识别错误的硬盘标识为正确的属性。但有时为了实验的原因，也可以将不是 SSD 属性的 HDD 磁盘“强行”标识为 SSD，以满足实验需求。

在 VMware Workstation 中，可能进行许多次实验，为了不互相影响，推荐为每个实验类别创建一个文件夹，同一个实验的虚拟机放在同一个文件夹中。例如，在本文的实验中，用到两个磁盘 D、E，则分别在 D、E 各创建一个文件夹，如 vSAN01，将 vCenter-80.5 保存在 D 盘 vSAN01 文件夹中，将 ESXi01～ESXi06 虚拟机保存在 E 盘 vSAN01 中。

根据表 5-3-1 配置，新建 6 个 ESXi、1 个 vCenter Server 的虚拟机，然后重新安装。在创建虚拟机之前，先对实验主机做简单配置，主要操作步骤如下。

（1）在 D 盘及 E 盘各创建一个文件夹，如 vSAN01，然后打开 VMware Workstation，在“编辑”菜单选择“首选项”，将“工作区”→虚拟机的默认位置改为 E:\vSAN01，如图 5-3-5 所示。

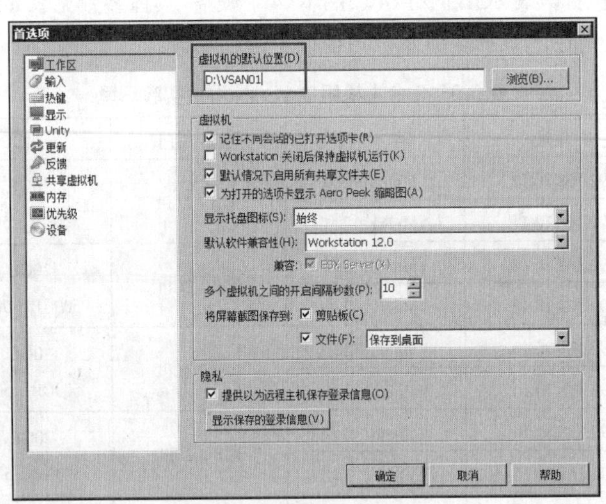

图 5-3-5　虚拟机默认位置

（2）修改“内存”选项为“允许交换大部分虚拟机内存”，如图 5-3-6 所示。因为在本节实验中，需要同时运行多台虚拟机，并且每台虚拟机又需要较大的内存，如果设置为“调整所有虚拟机内存使其适应预留的主机”则会提示内存不足。

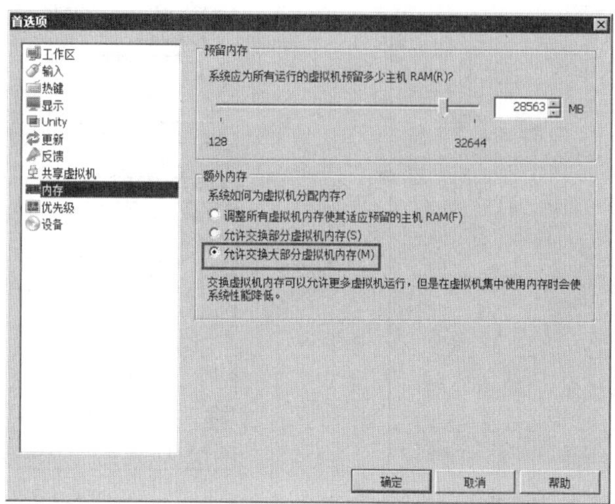

图 5-3-6　修改内存

（3）在“编辑”菜单选择“虚拟网络编辑器”，修改 VMnet1 虚拟网卡默认子网为 192.168.10.0，修改 VMnet8 虚拟网卡默认子网为 192.168.80.0，如图 5-3-7 所示，单击“确定”按钮完成设置。

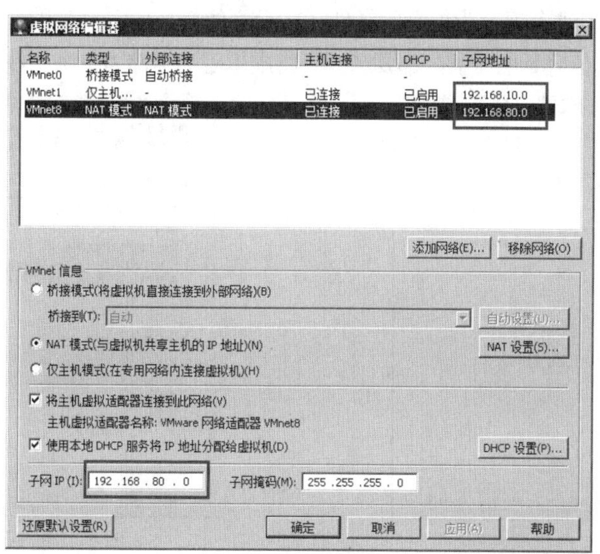

图 5-3-7　修改 VMnet1 与 VMnet8 默认网络

5.3.3 创建第 1 台 ESXi 实验虚拟机

设置完成之后单击“确定”按钮。然后在 VMware Workstation 中新建并设置 ESXi 虚拟机，主要步骤如下。

（1）在“新建虚拟机向导→设置客户机操作系统”时选择“VMware ESXi 6”，如图 5-3-8 所示。

（2）在“命名虚拟机”对话框，设置虚拟机的名称为 esx01-80.11，如图 5-3-9 所示。

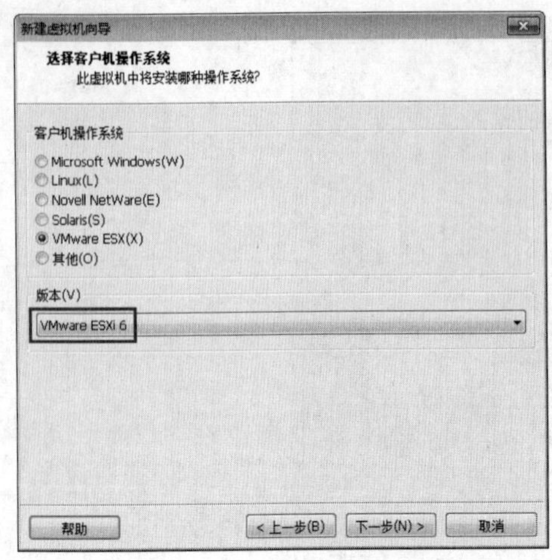

图 5-3-8　设置客户机操作系统

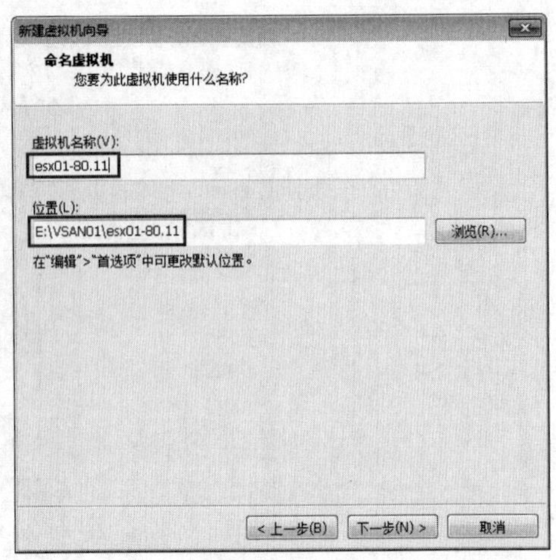

图 5-3-9　命名虚拟机

（3）在“此虚拟机的内存”对话框，调整内存为 8 192MB，如图 5-3-10 所示。

（4）在“指定磁盘容量”对话框，设置硬盘大小为 20GB（第一个硬盘），这个硬盘将用来安装 VMware ESXi 6 的操作系统，在“指定磁盘容量”对话框中，同时还要选中“将虚拟磁盘存储为单个文件”选项，这将会把虚拟硬盘保存为单个的文件。在后面的操作中，创建的所有实验的虚拟硬盘，如 500GB 及 240GB 或者其他容量的磁盘，都要选择“将虚拟磁盘存储为单个文件”，如图 5-3-11 所示。

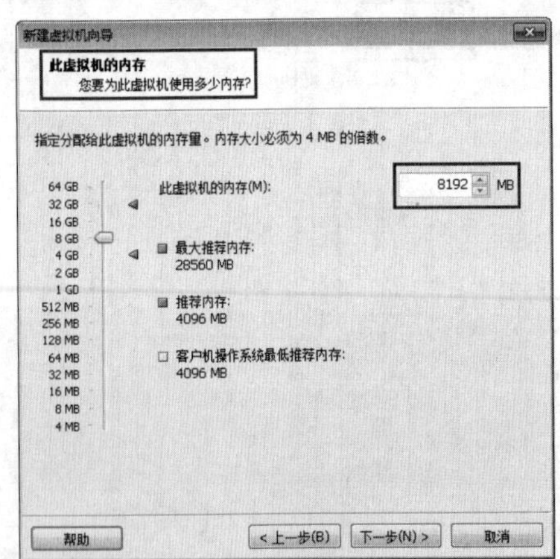

图 5-3-10　调整虚拟机内存

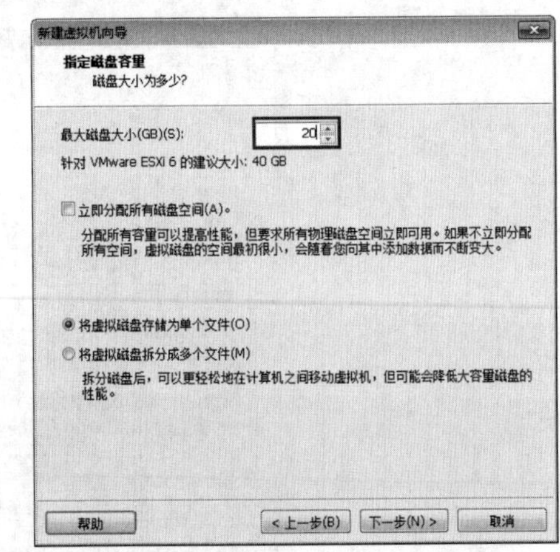

图 5-3-11　设置硬盘容量

【说明】现在 Windows 操作系统默认分区是 NTFS 文件格式，NTFS 单个文件最大为 2TB。所以，在使用虚拟机做实验时，只有虚拟机虚拟硬盘实际占用空间超过 2TB 时，才建议选择“将虚拟磁盘拆分成多个文件”。一般情况下，即使创建的虚拟机虚拟硬盘划分超过 2TB（实际占用空间不超过 2TB），也可以选择“将虚拟磁盘存储为单个文件”。

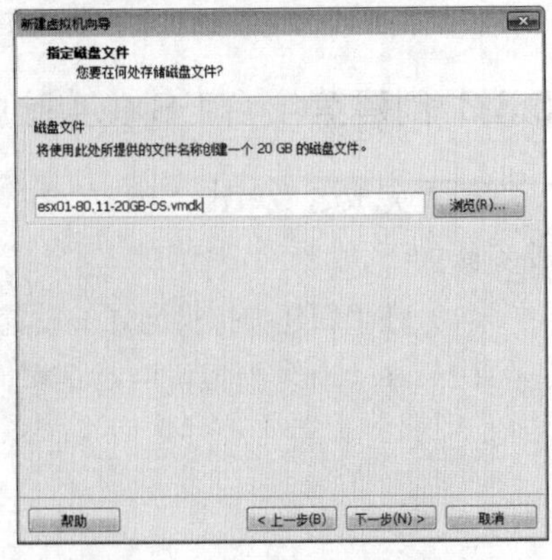

图 5-3-12　指定磁盘文件名

（5）在“指定磁盘文件”对话框，设置磁盘文件名称为“esx01-80.11-20GB-OS”，如图 5-3-12 所示。以后再添加虚拟硬盘时，也请按照这种格式来保存（包括虚拟机的名称、磁盘大小、用途或序号），单击“下一步”创建虚拟机。

（6）创建虚拟机之后，开始编辑虚拟机的设置，如图 5-3-13 所示。

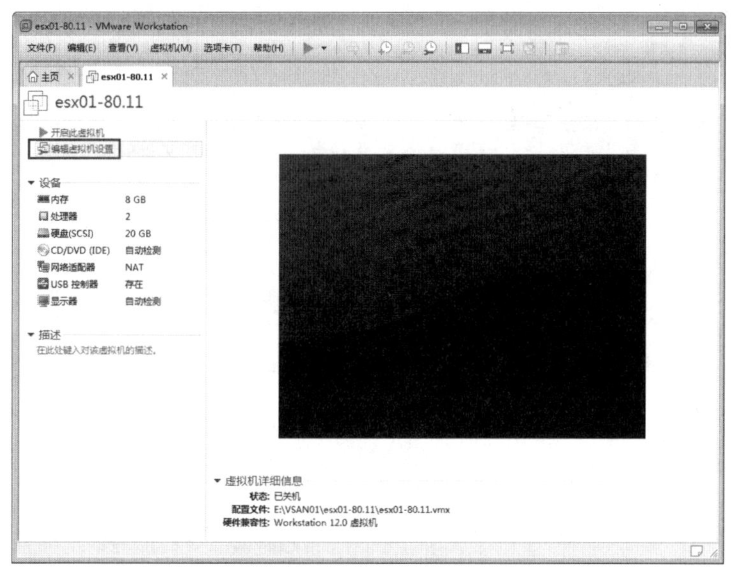

图 5-3-13　编辑虚拟机设置

根据表 5-3-1 的配置，为当前虚拟机添加 2 个 500GB、1 个 240GB 的 SCSI 磁盘。注意，不要添加 IDE 或 SATA 的硬盘，否则 ESXi 不会支持。在创建虚拟硬盘时，为硬盘命名时加上容量大小及序号。例如，第一个 500GB 硬盘文件名为 esx01-80.11-500GB-01.vmdk，第二个 500GB 硬盘文件名为 esx01-80.11-500GB-02.vmdk，第 1 个 240GB 硬盘文件名为 esx01-80.11-240GB-01.vmdk。

（7）在“虚拟机设置”对话框中，单击“添加”按钮。在“添加硬件向导”对话框选中“硬盘”，在“指定磁盘容量”对话框中，设置新添加的硬盘为 500GB、选择“将虚拟磁盘存储为单个文件”，如图 5-3-14 所示。

（8）在“指定磁盘文件”对话框，指定磁盘文件名为 esx01-80.11-500GB-01.vmdk，如图 5-3-15 所示。

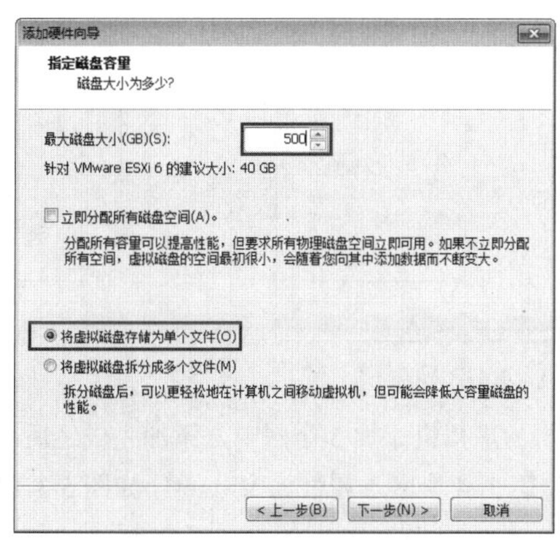

图 5-3-14　指定磁盘大小

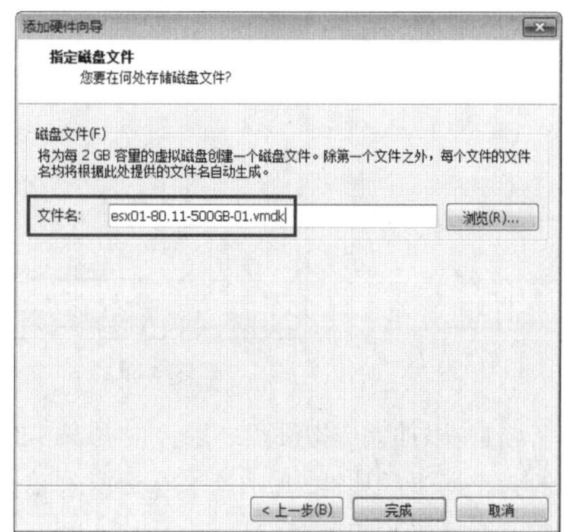

图 5-3-15　指定磁盘文件名

（9）返回到“虚拟机设置”对话框，添加第 1 个 500GB 硬盘完成，如图 5-3-16 所示。

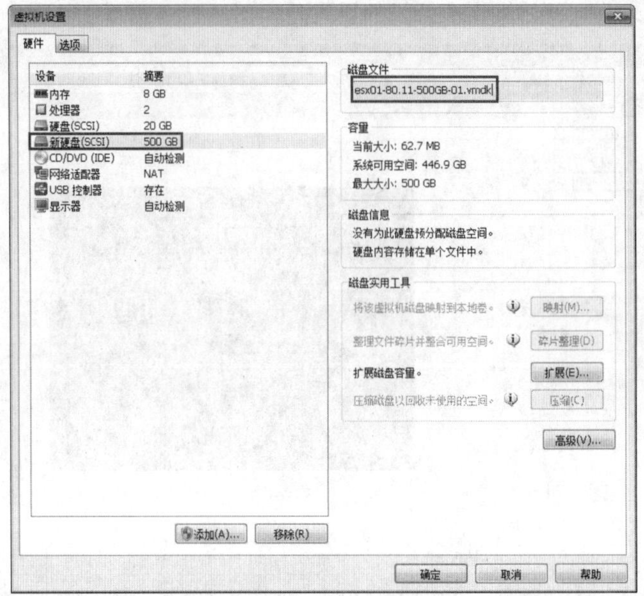

图 5-3-16　完成添加 1 个 500GB 硬盘

（10）重复步骤，添加第 2 个 500GB 的虚拟硬盘，添加 1 个 240GB 的虚拟硬盘，添加后如图 5-3-17 所示。

图 5-3-17　再次添加 500GB 与 240GB 硬盘

（11）添加完虚拟硬盘之后，根据表 5-3-1 的规划，再为虚拟机添加 3 个网卡，添加完成之后，修改每个网卡的属性，其中第 1、2 块网卡属性为 VMnet8，第 3、4 块网卡属性为 VMnet1，如图 5-3-18 所示，具体操作不再重复。

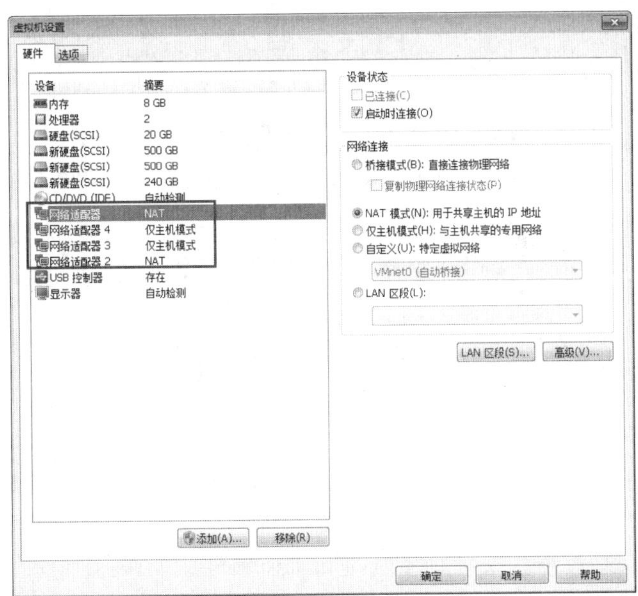

图 5-3-18　添加硬件之后

（12）在 VMware Workstation“收藏夹”中创建一个文件夹，如 vSAN01，然后将新创建的 esx01-80.11 虚拟机，拖拽到这个文件夹中，如图 5-3-19 所示。

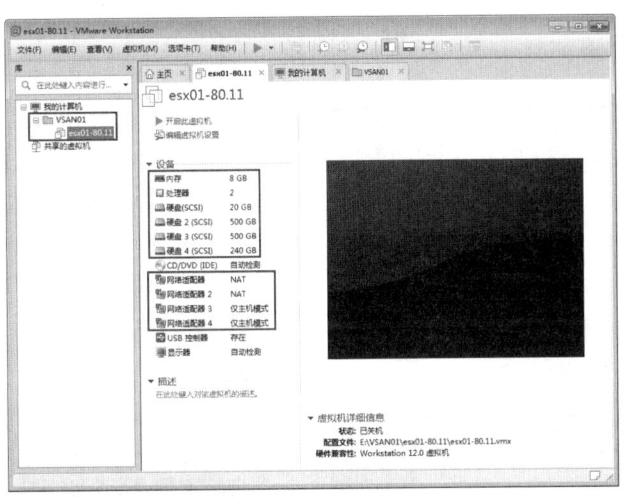

图 5-3-19　组织虚拟机

至此，第 1 台 ESXi 虚拟机创建完毕。

5.3.4　修改虚拟机网卡为万兆

在规划与实施 vSAN 时，推荐为服务器选择万兆网卡及万兆网络。在 VMware Workstation 中，可以通过修改虚拟机配置文件，将虚拟机默认的网卡从“千兆”改为“万兆”，方法和步骤如下。

（1）关闭 VMware Workstation，退出正在运行的虚拟机。

（2）使用“记事本”打开虚拟机配置文件，以 5.3.3 小节中创建的名为 esx01-80.11 的虚拟机为例，用“记事本”打开“E:\vSAN01\esx01-80.11”文件夹中的 esx01-80.11.vmx 文件，将配置文件中的

```
ethernet0.virtualDev = "e1000"
```

修改为

```
ethernet0.virtualDev = "vmxnet3"
```

然后存盘退出即可。如图 5-3-20 所示，使用“替换”命令，将 e1000 替换为 vmxnet3（一共有 4 个网卡，需要全部替换）。

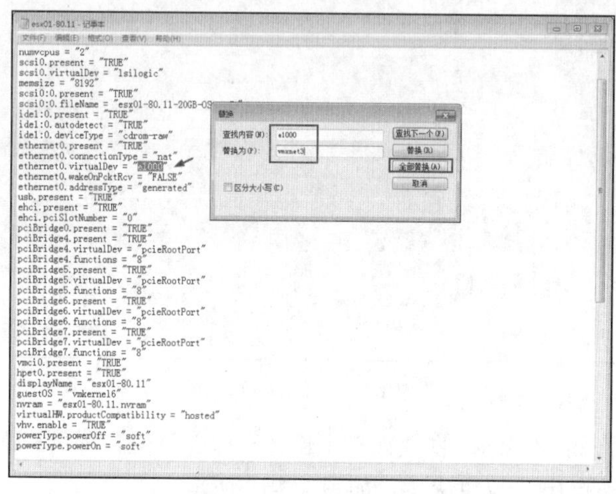

图 5-3-20　替换网卡

5.3.5　使用克隆方法创建其他 ESXi 虚拟机

在创建好第 1 台 ESXi 虚拟机之后，可以参照“5.3.3 创建第 1 台 ESXi 实验虚拟机”的方式再创建 esx02-80.12、esx03-80.13 的第 2 台、第 3 台虚拟机。除此之外，还有一个办法，在没有安装操作系统之前，可以现在新建的虚拟机为“模板”，通过“克隆”的方式复制多份，主要步骤如下。

（1）在 esx01-80.11 虚拟机上单击鼠标右键，在弹出的快捷菜单中选择“管理→克隆”，如图 5-3-21 所示。

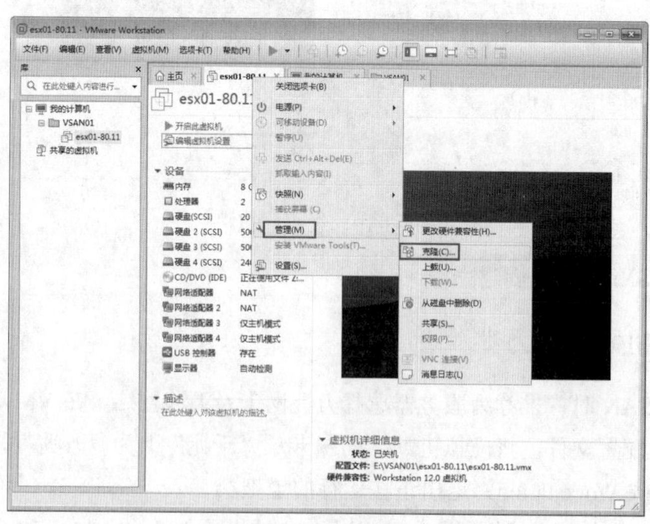

图 5-3-21　克隆虚拟机

（2）在“克隆源”对话框选择“虚拟机中的当前状态”，如图 5-3-22 所示。

（3）在“克隆类型”对话框选择“创建完整克隆”，如图 5-3-23 所示。

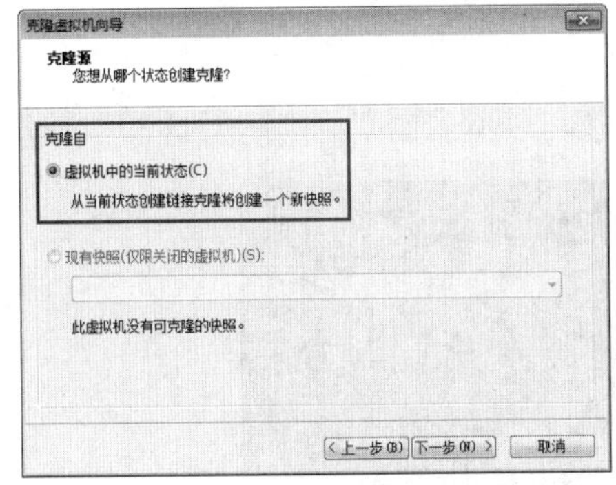

图 5-3-22　克隆源

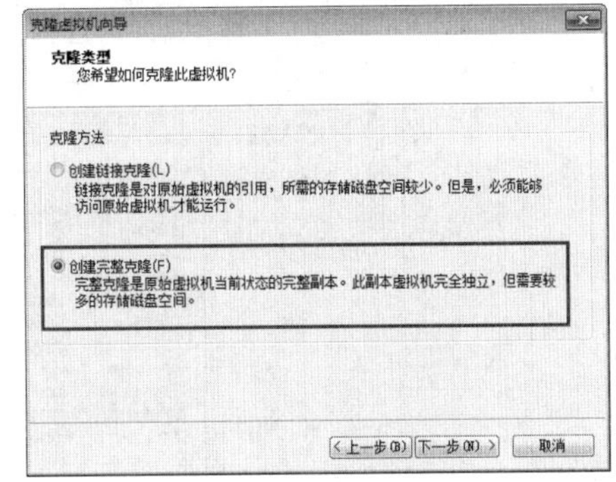

图 5-3-23　克隆类型

（4）在“新虚拟机名称”，设置虚拟机名称为 esx02-80.12，如图 5-3-24 所示。

（5）在“正在克隆虚拟机”对话框中，克隆完成之后，单击“关闭”按钮，如图 5-3-25 所示。

克隆完成后，打开“资源管理器”，查看克隆后的 esx02-80.12 虚拟机的文件，可以看到其虚拟硬盘名称是在原来的名称后面加上“-cl1”，如图 5-3-26 所示。如果是继续克隆虚拟机，克隆后的名称仍然是加“-cl1”，如图 5-3-27 所示。但可以从同一文件夹中的 vmx 配置文件看到虚拟机的区别（图 5-3-26 与图 5-3-27 分别是 esx01-80.11 及 esx06-80.16）。

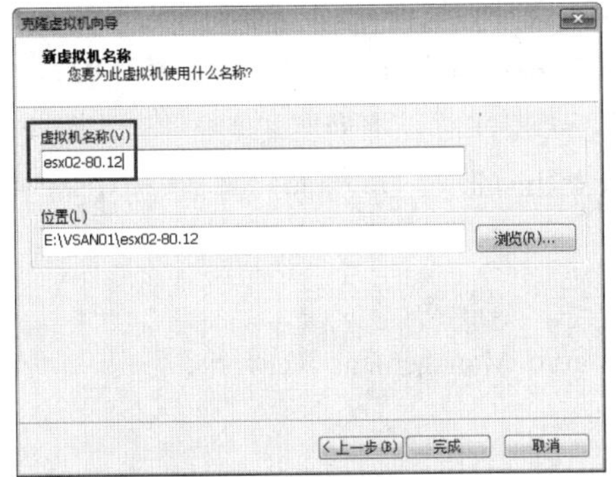

图 5-3-24　克隆新虚拟机

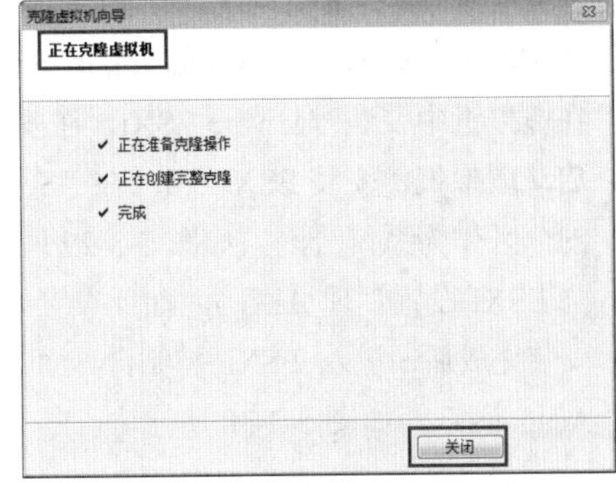

图 5-3-25　克隆完成

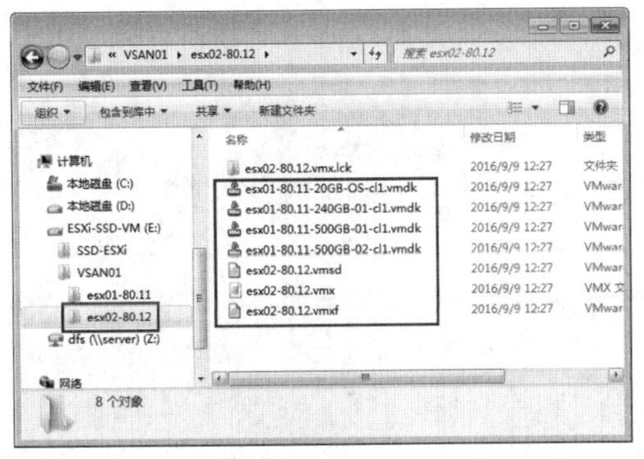

图 5-3-26　克隆后的虚拟机文件

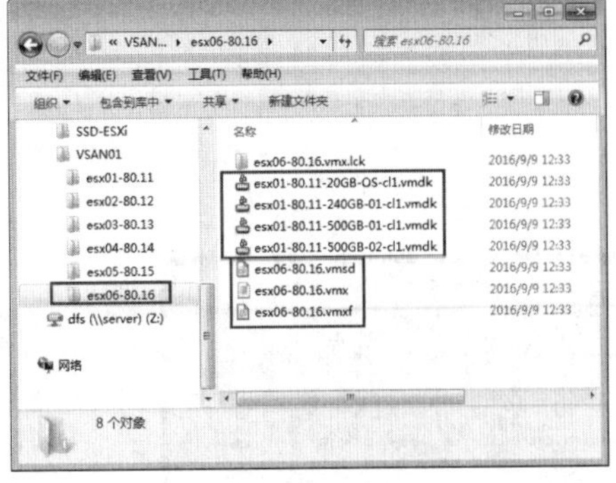

图 5-3-27　另一个克隆虚拟机文件

参照（1）～（5）的步骤，克隆创建名为 esx03-80.13～esx06-80.16 的虚拟机，创建完成之后，将 esx02-80.12～esx06-80.16 移动到 vSAN01 文件夹，如图 5-3-28 所示。

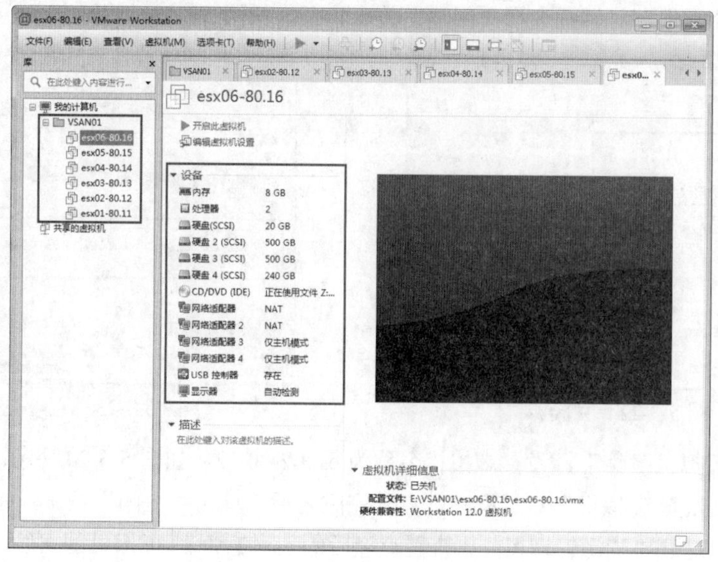

图 5-3-28　创建其他虚拟机

5.3.6　在 ESXi 虚拟机中安装 6.0

创建完成 ESXi 的虚拟机之后，需要修改虚拟机配置，加载 VMware ESXi 6.0 U2 的安装镜像（文件名为“VMware-VMvisor-Installer-6.0.0.update02-3620759.x86_64.iso”，大小为 357MB），启动虚拟机，在虚拟机中安装 VMware ESXi。在安装的时候，需要注意以下问题。

- 启动虚拟机，安装 ESXi 6.0，在“Select a Disk to Install or Upgrade”对话框中，选择 20GB 的分区作为系统分区，如图 5-3-29 所示。
- 为 ESXi 设置管理员密码，在此设置一个简单密码“1234567”。
- 安装完成后，进入 ESXi 控制台界面，在“Configure Management Network”中选中“Network Adapters”，如图 5-3-30 所示。

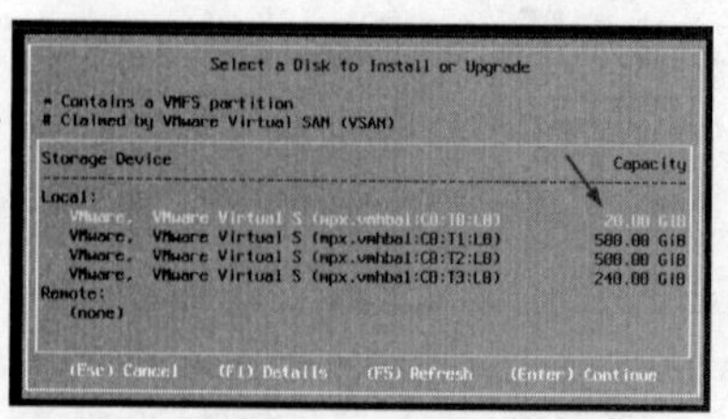

图 5-3-29　选择系统分区

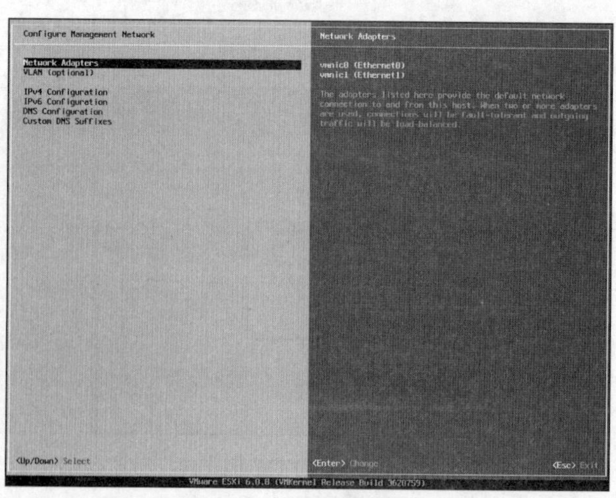

图 5-3-30　配置管理网络

- 在“Network Adapters”对话框选中 vmnic0 及 vmnic1（即第 1、第 2 块网卡）作为管理网络，如图 5-3-31 所示。

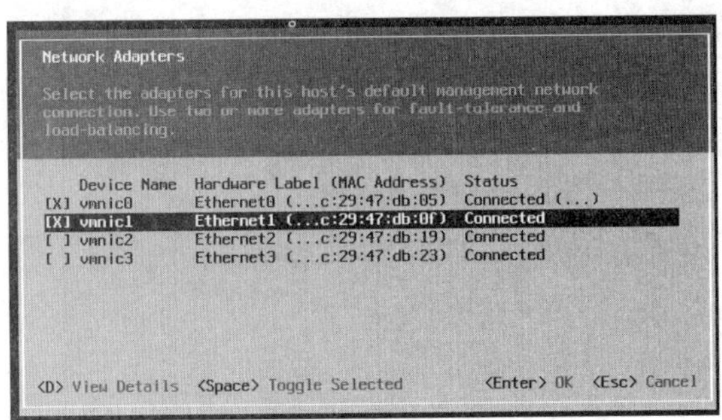

图 5-3-31　选择管理网卡

- 返回到图 5-3-30 的“Configure Management Network”界面，进入“IPv4 Configuration”对话框，为第 1 台 ESXi 设置管理地址为 192.168.80.11，如图 5-3-32 所示。
- 返回到图 5-3-30 的“Configure Management Network”界面，进入“DNS Configuration”对话框，设置“Hostname”为 esx11，如图 5-3-33 所示。

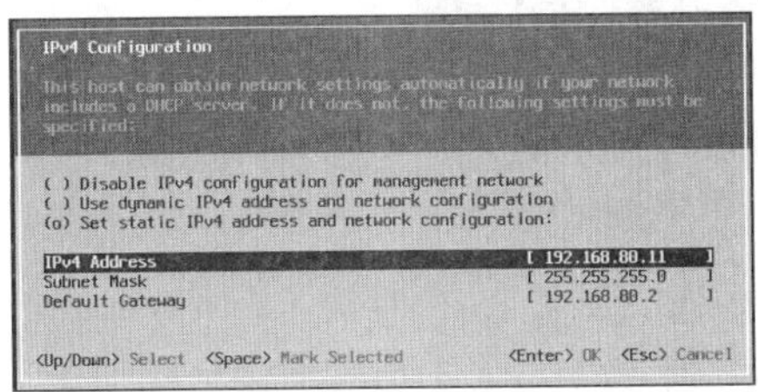

图 5-3-32　设置管理地址

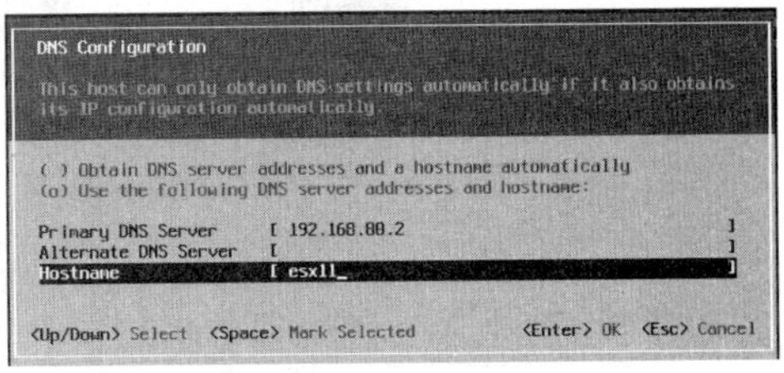

图 5-3-33　设置主机名称

- 保存设置并返回到控制台界面，如图 5-3-34 所示。然后分别为另外几台机器安装系统，并依次设置管理地址为 192.168.80.12（如图 5-3-35 所示）、192.168.80.13、192.168.80.14、192.168.80.15（如图 5-3-36 所示）、192.168.80.16。

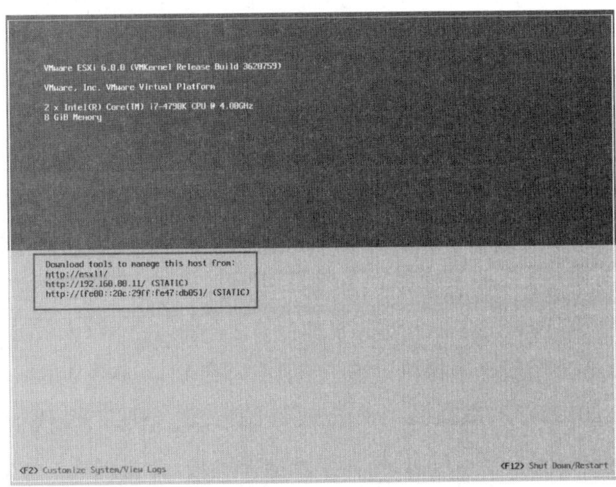

图 5-3-34　设置完成

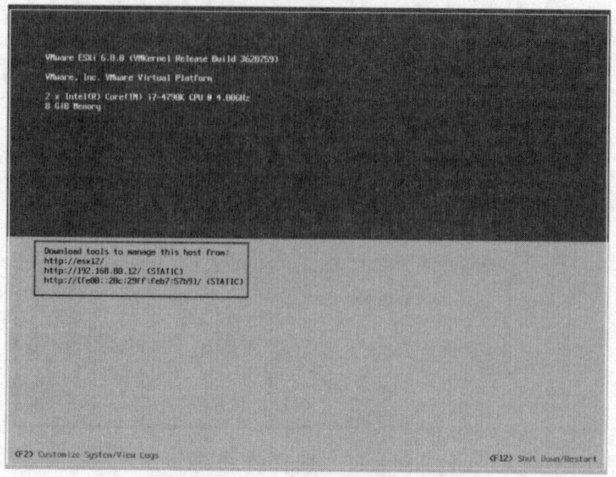

图 5-3-35　设置第 2 台主机

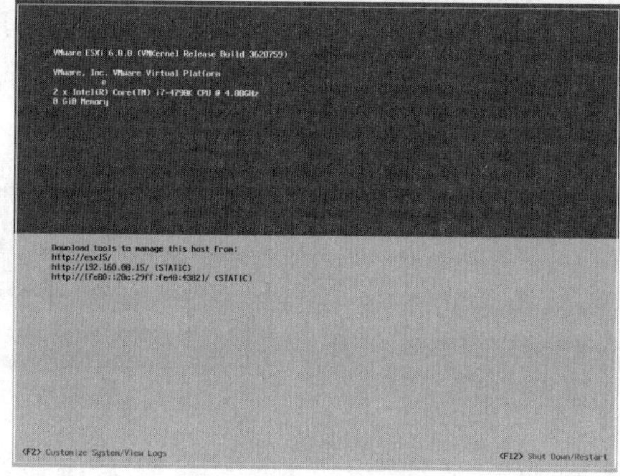

图 5-3-36　设置第 5 台主机

【说明】一台 32GB 内存并按照上文设置的环境中（"允许交换大部分虚拟机内存"），可以同时启动 6 台 ESXi 的虚拟机、1 台 vCenter Server 的虚拟机（后文创建）。如果 VMware Workstation 内存选项设置为"允许交换部分虚拟机内存"，则最多只能同时启动 5 台 ESXi 及 1 台 vCenter Server 的虚拟机。安装完成后关闭 ESXi04～ESXi06 这 3 台虚拟机，暂时先启动 ESXi01～ESXi03、vCenter Server 这 4 台虚拟机。

5.3.7　创建 vCenter Server 虚拟机

在准备好 ESXi 虚拟机之后，接下来创建 vCenter Server 6.0 U2 的虚拟机。如果有多个磁盘，为了提高系统性能、加快实验速度，可以在其他磁盘放置 vCenter Server 的虚拟机。例如，在本节实验环境中准备了 3 个固态硬盘，其中第 1 个固态硬盘（120GB）安装操作系统，第 3 个固态硬盘（500GB）保存 ESXi 的虚拟机，因此可以将 vCenter Server 虚拟机放在第 2 个固态硬盘（240GB）中。

在 VMware Workstation 中新建虚拟机，虚拟机操作系统可以选择 Windows Server 2008 R2（推荐）或 Windows Server 2012 R2 的虚拟机，并在虚拟机中安装 6.0 U2 的 vCenter Server。

【说明】在实际的生产环境中，vCenter Server 部署在 ESXi 虚拟机中。因为在实验环境中，ESXi 已经是虚拟机。如果再在 ESXi 虚拟机中部署 vCenter Server 的虚拟机并运行，这属于"嵌套"的虚拟机，性能较差。为了获得较好的体验，需要将 vCenter Server 直接部署在 Workstation 的虚拟机中。

具体操作步骤如下。

（1）新建虚拟机，设置虚拟机名称为 vcenter-80.5，分配 2 个 CPU、8GB 内存、VMnet8 虚拟网卡，安装 Windows Server 2008 R2 及 vCenter Server 6，如图 5-3-37 所示。

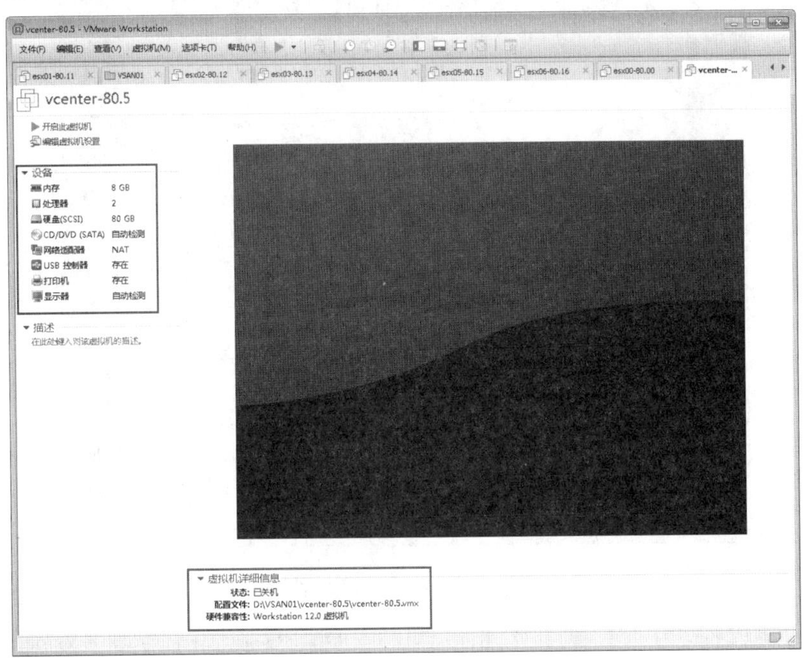

图 5-3-37　准备 vCenter Server 虚拟机

（2）启动虚拟机，在虚拟机中安装 Windows Server 2008 R2，如图 5-3-38 所示。

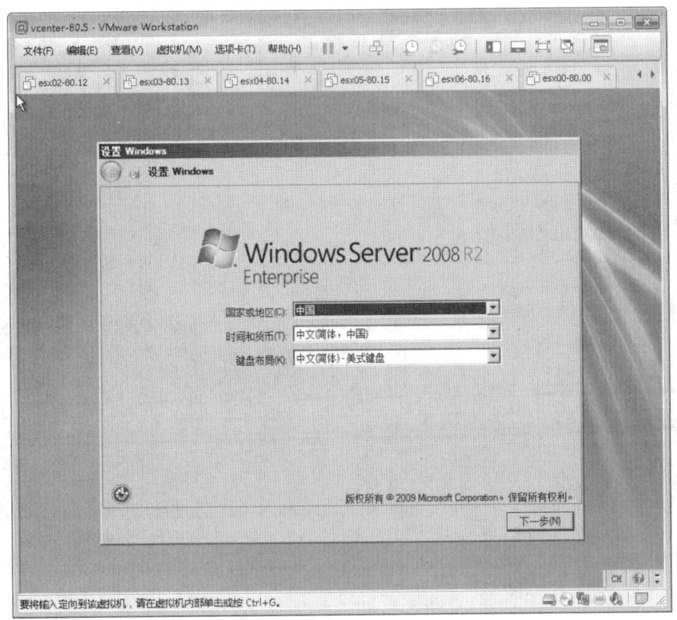

图 5-3-38　安装 Windows Server 2008 R2

（3）操作系统安装完成之后，安装 VMware Tools。然后修改网卡的 IP 地址为 192.168.80.5，网关与 DNS 设置为 192.168.80.2，如图 5-3-39 所示。

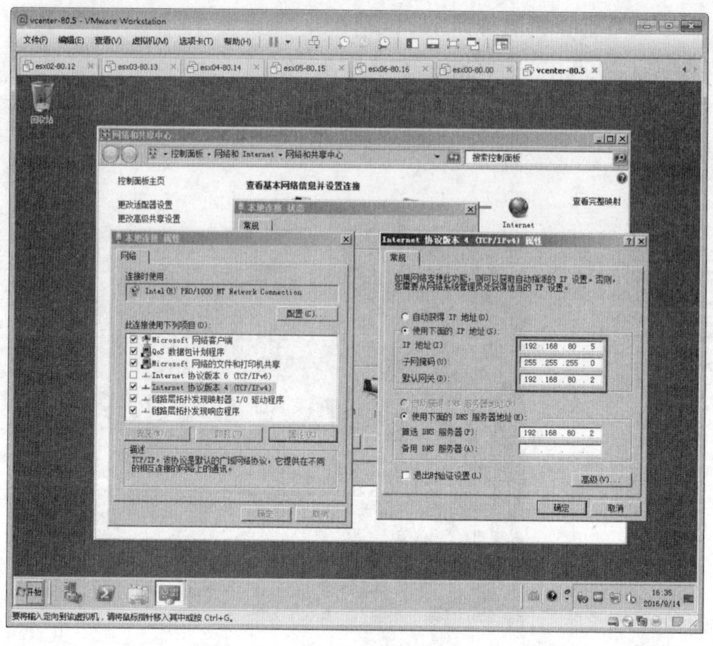

图 5-3-39　设置 IP 地址

（4）修改计算机名称为 vc6，并在"此计算机的主 DNS 后缀"中注册域名为 heinfo.edu.cn，如图 5-3-40 示。修改之后根据需要重新启动虚拟机。

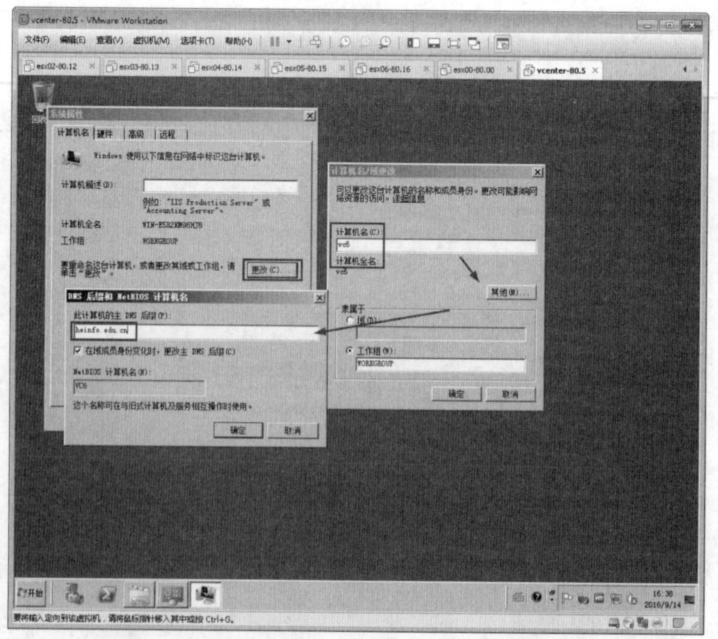

图 5-3-40　注册域名

（5）分别在 Windows Server 2008 R2 虚拟机，以及用做 vSphere Client 及 vSphere Web Client 的 Windows 7 主机，修改 c:\windows\system32\ drivers\etc\hosts 文件，添加如下一行：

```
192.168.80.5 vc6.heinfo.edu.cn
```

以实现对 vCenter 的 DNS 名称 vc6.heinfo. edu.cn 的解析，如图 5-3-41 所示。

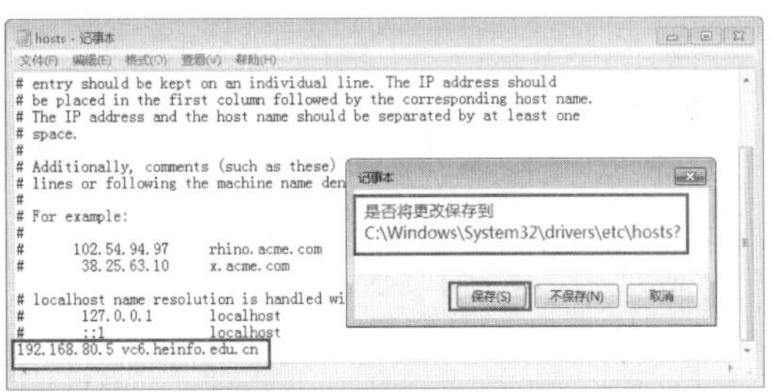

图 5-3-41　修改 hosts 文件

（6）在 Windows Server 2008 R2 虚拟机中，修改防火墙设置，允许“文件和打印机共享（回显请求-ICMPv4-In）”，如图 5-3-42 所示。

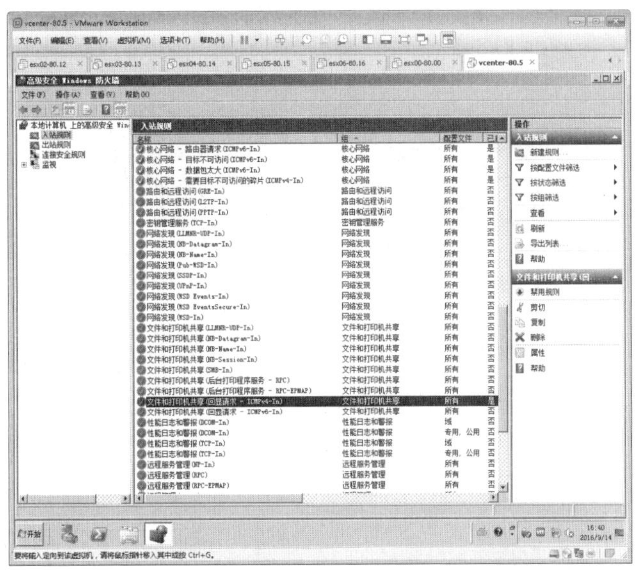

图 5-3-42　修改防火墙设置

（7）在 Windows 7 主机命令提示窗口，使用 ping vc6.heinfo.edu.cn，可以将域名解析成 IP 地址并能 ping 通，如图 5-3-43 所示。

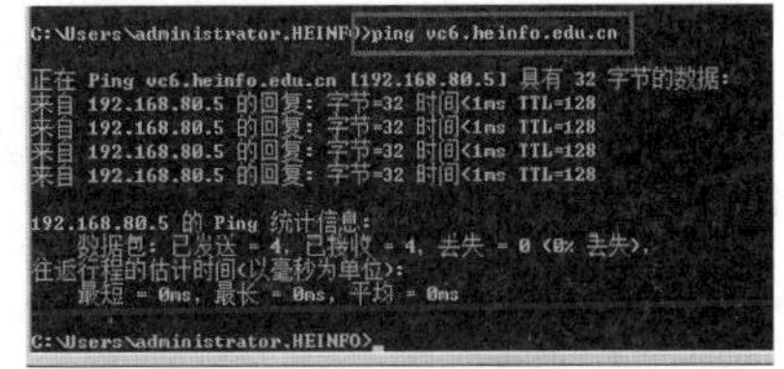

图 5-3-43　查看域名解析

（8）在这个 Windows Server 2008 R2 的虚拟机中，安装 vCenter Server 6.0 U2，并在“选择部署类型”中选择“vCenter Server 和嵌入式 Platform Services Controller”，如图 5-3-44 所示。

（9）在安装的过程中，系统名称选择默认的 vc6.heinfo.edu.cn，如图 5-3-45 所示。

（10）其他选项选择默认值即可，如图 5-3-46 所示。

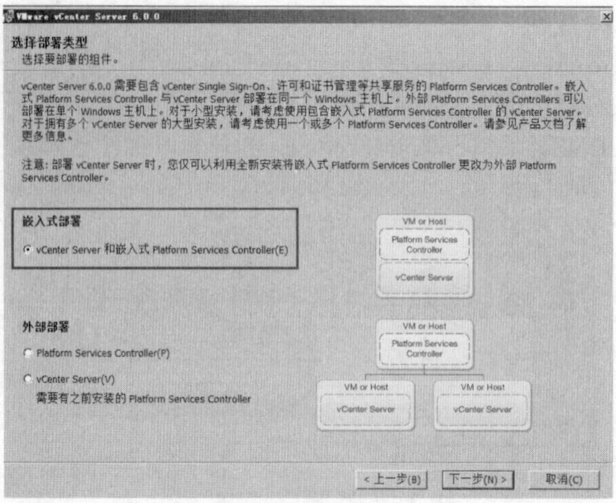

图 5-3-44　安装 vCenter

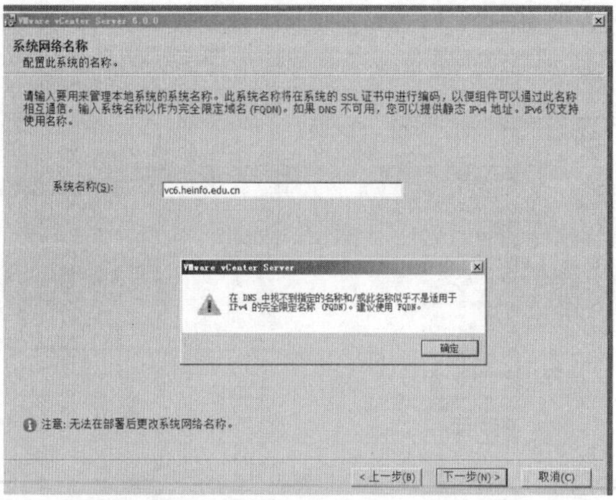

图 5-3-45　选择默认系统名称

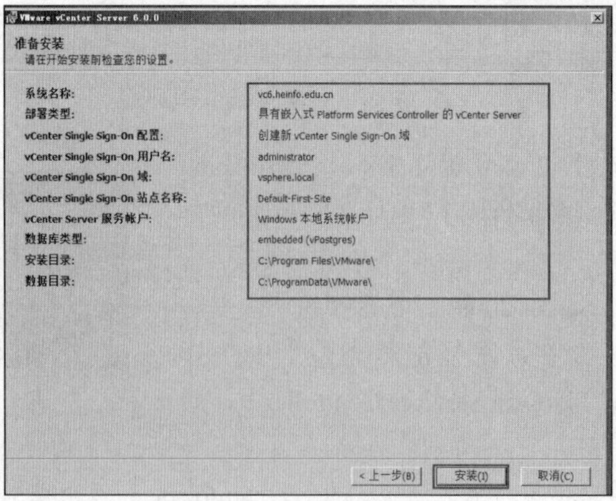

图 5-3-46　准备安装

（11）开始安装，安装完成界面如图 5-3-47 所示。

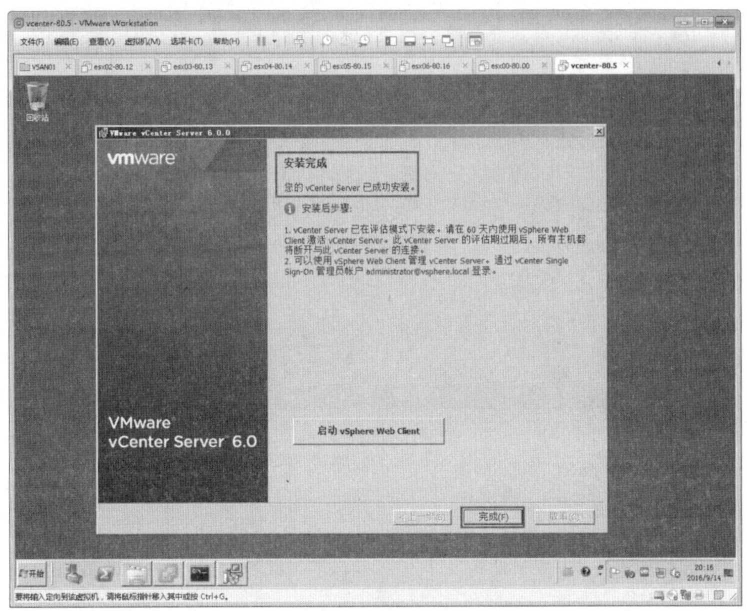

图 5-3-47　安装完成

（12）安装完成之后切换到 Windows 7 主机，使用 IE 浏览器（需要版本 11 及 Flash 15.0 版本）登录 vSphere Web Client。其默认登录地址是 https://vc6.heinfo.edu.cn/vsphere-client，或者使用 https://vc6.heinfo.edu.cn 登录到“入门”页，在“入门页”单击“登录到 vSphere Web Client”，如图 5-3-48 所示。

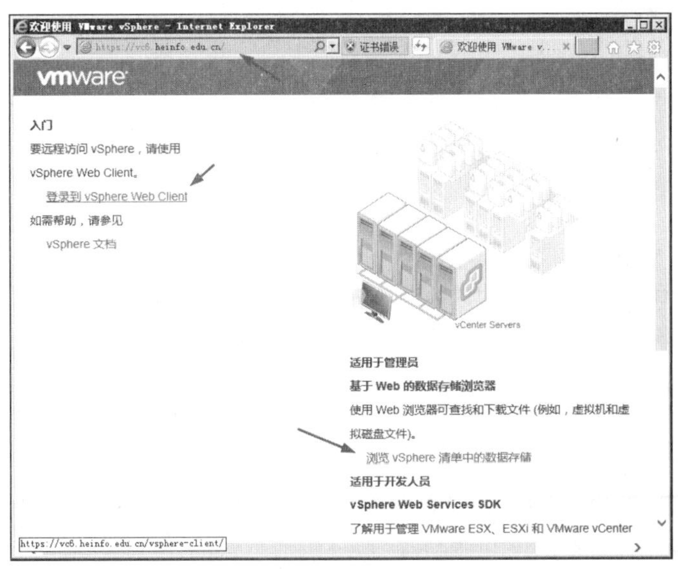

图 5-3-48　vSphere Web Client 登录前页面

（13）在 vSphere Web Client 的登录页，需要用 administrator@vsphere.local 登录，如图 5-3-49 所示。

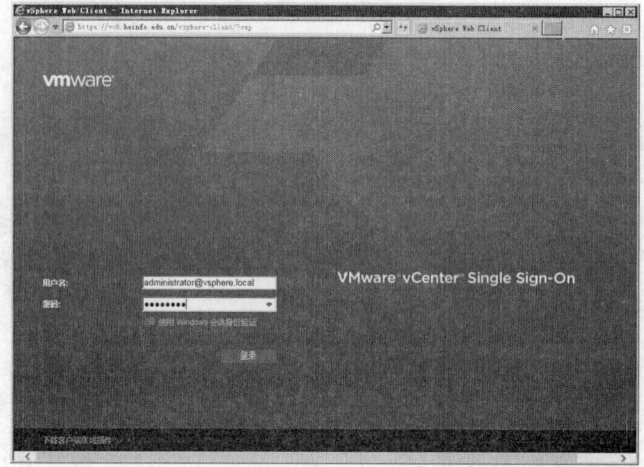

图 5-3-49 登录 vSphere Web Client

登录之后如图 5-3-50 所示。

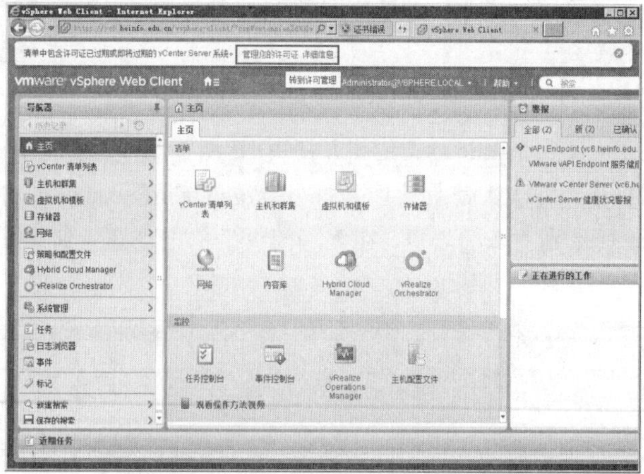

图 5-3-50 登录到 vCenter Server 管理界面

准备好 ESXi 及 vCenter Server 虚拟机之后，分别在 ESXi 中安装 VMware ESXi 6，设置好 IP 地址，登录 vCenter Server，进行下面的操作。

- 添加 vCenter Server、ESXi 及 vSAN 许可。
- 创建数据中心。
- 向数据中心添加 ESXi 主机。
- 为 vSAN 配置标准交换机、设置虚拟 SAN 流量。
- 创建群集（用于启动 vSAN），为群集分配 vSAN 许可证。
- 移动主机到 vSAN 群集，启用 vSAN。
- 检查 vSAN 环境。
- 查看、编辑、创建 vSAN 虚拟机存储策略。
- 向 vSAN 存储中部署虚拟机。
- 查看虚拟机存储策略，修改虚拟机存储策略。

以上内容在接下来的章节中会详细讲到。

5.3.8　配置 vCenter Server

在本节将登录 vCenter Server、添加许可、创建数据中心、向数据中心添加 ESXi 主机，主要步骤如下。

（1）在一台 Windows 7 或 Windows Server 2008 R2 的计算机上，使用 IE 11 的版本登录 vSphere Web Client，使用 SSO 账户名 Administrator@vsphere.local 及密码登录。

（2）登录之后，添加许可，这包括 vCenter Server、ESXi 及 vSAN 许可，如图 5-3-51 所示。如果只是用于做实验则不需要输入许可，vSphere 产品在不输入许可的情况下有 60 天的试用期，试用期间功能没有任何的限制。

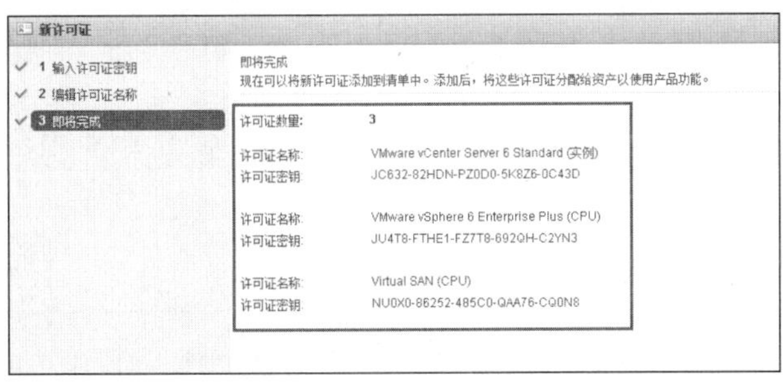

图 5-3-51　添加许可

（3）添加之后，先为 vCenter Server 分配许可，如图 5-3-52 所示。

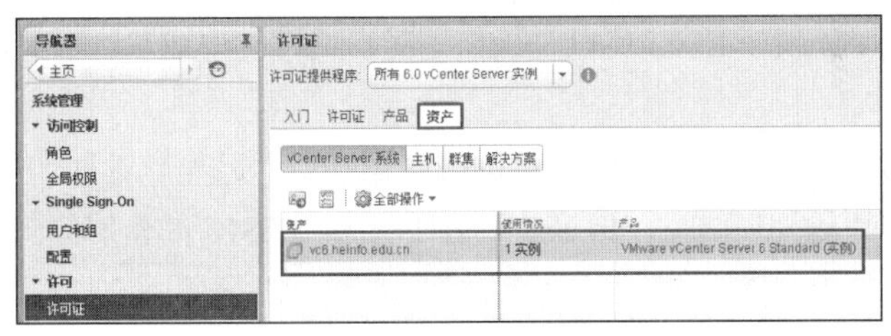

图 5-3-52　为 vCenter Server 分配许可

（4）创建数据中心，设置数据中心名称为 Datacenter，并向该数据中心添加 IP 地址为 192.168.80.11、192.168.80.12 及 192.168.80.133 这台 ESXi 主机，如图 5-3-53 所示。

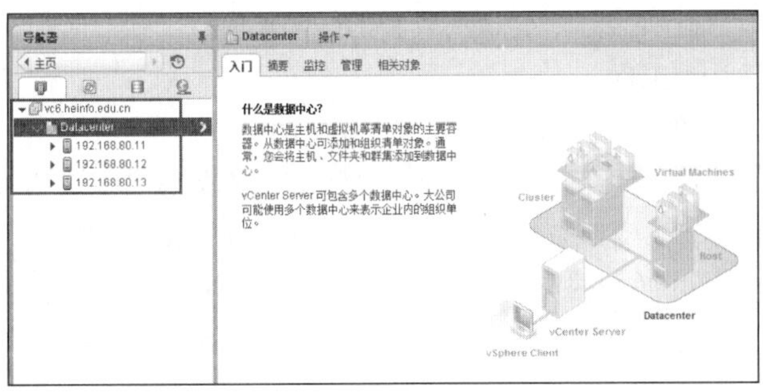

图 5-3-53　添加 ESXi 主机

（5）添加之后，在左侧导航器中选中一个主机，在右侧窗格中单击“管理→存储器→存储设备”选项卡，在列表中可以看到当前主机所配置的硬盘，列表中显示每个硬盘的大小及驱动器类型，在本示例环境中，包括 4 个 SSD（1 个 20GB、2 个 500GB、1 个 240GB 的闪存磁盘），如图 5-3-54 所示。

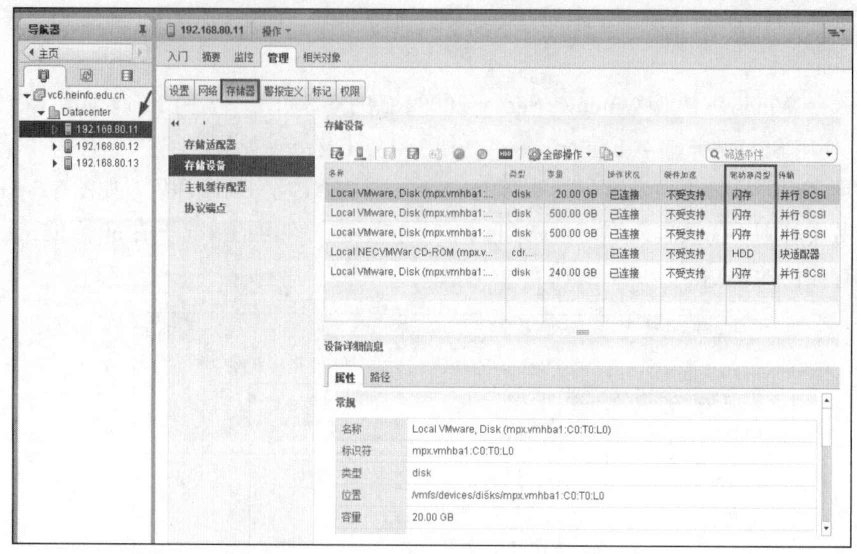

图 5-3-54　查看当前主机存储设备

然后依次查看另 2 台主机的存储设备。

5.3.9　修改磁盘属性

在大多数情况下，VMware ESXi 可以正确识别磁盘属性。但是在以下的情况时，ESXi 可能不能正确识别磁盘。

- ESXi 会将连接到存储划分给 ESXi 主机的磁盘识别为“远程”磁盘。有时也会直接将服务器本地磁盘识别为“远程”磁盘。但这些一般不会影响 ESXi 的使用。
- 在服务器配置支持 RAID-5 的阵列卡，或服务器的 RAID 配置不支持对 JBOD、磁盘直通模式，单块 SSD、多块 SSD 或需要单块使用的磁盘需要配置成 RAID-0 使用时，ESXi 会将这些配置为 RAID-0 的磁盘识别为 HDD。
- 在实验环境中，如使用 VMware Workstation（或在 VMware ESXi）创建的 ESXi 虚拟机，这些虚拟机的硬盘保存在何种介质存储上，则 ESXi 会将该磁盘识别为同格式。如 ESXi 虚拟机硬盘保存在 SSD，则在 ESXi 中会识别成 SSD；如果虚拟机硬盘保存在 HDD，则 ESXi 中会将对应的硬盘识别成 HDD。

所以在实际的生产环境中，如果固态硬盘被识别成 HDD，则可以在 vSphere Web Client 中登录 vCenter Server，在导航器中选中主机，在“管理→存储器→存储设备”选项卡选中这块磁盘，单击工具条上的“F”按钮将被“识别”为 HDD 的磁盘重新标记为 SSD，如图 5-3-55 所示。

在实验环境，如在本次实验中，ESXi 中虚拟机保存在固态硬盘（即 SSD），则在 ESXi 中，所有硬盘都会被标识为 SSD，这可以模拟全闪存的环境。如图 5-3-56 所示。

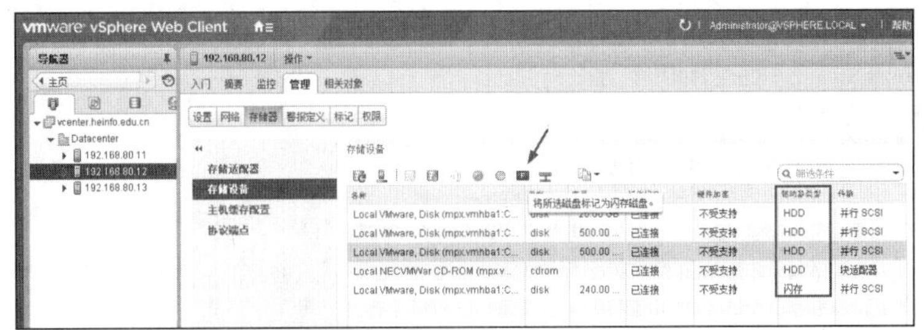

图 5-3-55　重新标记为闪存盘

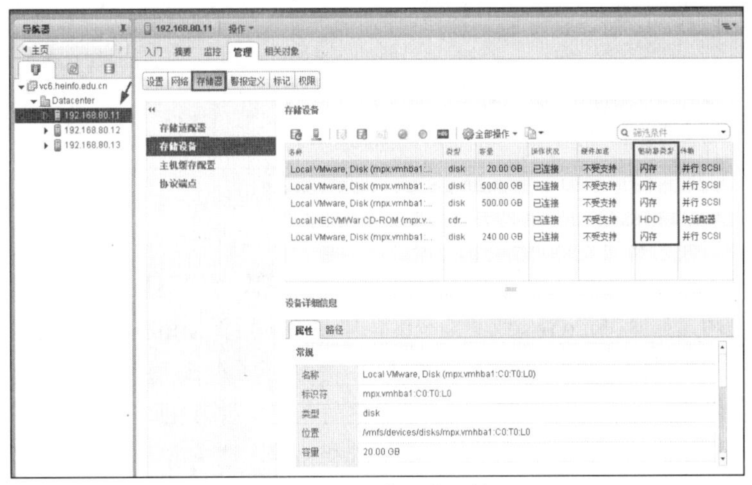

图 5-3-56　全闪存环境

全闪存环境在组建 vSAN 时，不能选择"自动"方式将磁盘添加到磁盘组，必须改为手动选择。在当前的实验环境中，由于 ESXi 虚拟机硬盘保存在 SSD 中，则在 ESXi 中也会将每个硬盘识别为 SSD。为了验证启用 vSAN 群集时，vSAN 自动将每个空白磁盘添加到磁盘组，我们需要修改磁盘属性，将 500GB 磁盘属性改为 HDD，以达到实验的设计效果。

另外，如果做实验时，没有固态磁盘而是将虚拟机保存在 HDD 中，那么也可以在此配置界面其他计算机，将某个或多个 HDD 磁盘标识为 SSD，以满足实验条件。

【说明】只能对没有使用、并且没有数据的磁盘进行重新标记，已经使用或者已有数据的磁盘不能重新标记。在 vSphere 6.0 U2 版本中，标记之后将立刻生效，在以前的 vSphere 6.0 版本时还需要重新启动才能生效。

在配置 vSAN 环境时，加入磁盘组中的每个磁盘都必须是空白的，不能将其添加到 ESXi 存储（即使创建的存储没有保存任何数据）。如果磁盘已经使用过，如安装过 ESXi、Windows 或从其他计算机拆下来拿到这台服务器中使用的，虽然 ESXi 没有将这些磁盘创建成存储使用，但 vSAN 也不会使用这些已有分区或已有数据的磁盘。如果要使用这些磁盘，必须清除这些磁盘中的数据，具体操作步骤如下。

（1）选中指定的磁盘，单击"全部操作"按钮，在弹出的对话框中选择"清除分区"选项，如图 5-3-57 所示。

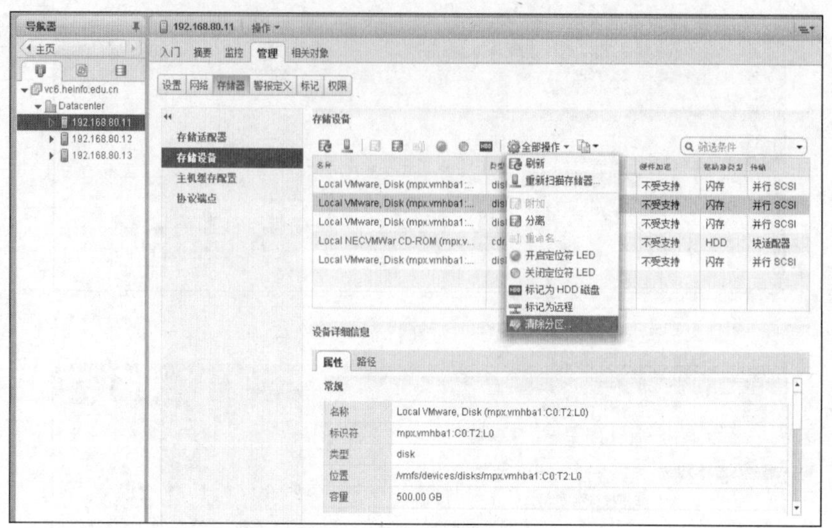

图 5-3-57　清除分区

（2）在弹出的“清除设备上的分区”对话框中，显示了当前选中的磁盘分区。如果这是一个没有使用的分区，则只会显示“主分区”、“逻辑分区”的字符，在“容量”一栏中为空，如图 5-3-58 所示。如果已经使用，如有 Windows 或其他分区，单击“确定”按钮将清除分区。

在使用这一功能时注意不要选错磁盘，如将 ESXi 系统分区或 ESXi 数据分区清空。一般情况下，ESXi 的系统分区显示有“旧版 MBR”、VMFS 分区等信息，并且在“容量”中有数据量大小，如图 5-3-59 所示，这是一个 ESXi 的系统分区。如果选择错误，请单击“取消”按钮。如果确认要删除现有分区，单击“确定”按钮。一般可以根据数据分区大小为确认、选择正确的磁盘。

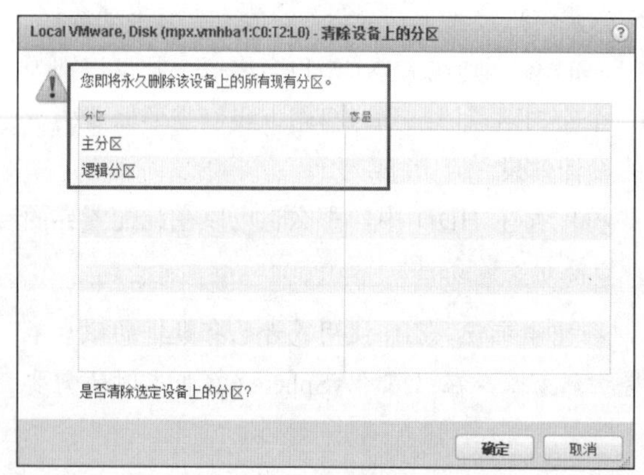

图 5-3-58　容量为空

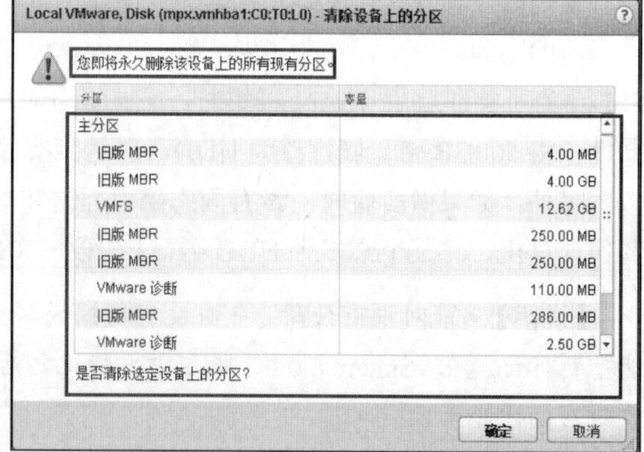

图 5-3-59　ESXi 系统分区

除此之外，在“全部操作”下拉菜单中还有“开启定位符 LED”、“关闭定位符 LED”功能，使用这一功能，可以开启或关闭对应磁盘上的指示灯，以正确区分每个磁盘，如图 5-3-60 所示。在此菜单中还可以将“闪存”盘标记为 HDD，或者将 HDD 标记为闪存磁盘，以及“刷新、重新扫描存储器”、“分离”或“附加”磁盘的功能，将本地磁盘标记为“远程”或者将“远程”磁盘标记为“本地”。

图 5-3-60　其他功能

将 192.168.80.11～192.168.80.13 这 3 台主机的 500GB 磁盘标记为 HDD（选中 500GB 的磁盘，单击“HDD”按钮，在弹出的“标记为 HDD 磁盘”对话框中单击“是”按钮），如图 5-3-61～图 5-3-63 所示。

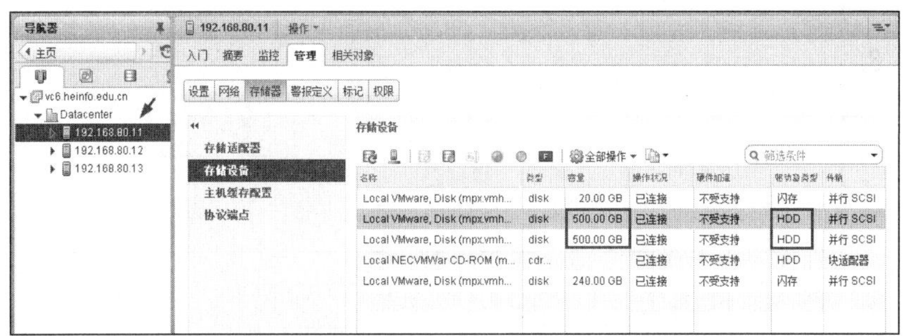

图 5-3-61　将 192.168.80.11 的两个 500GB 磁盘标记为 HDD

图 5-3-62　将 192.168.80.12 的 500GB 磁盘标记为 HDD

图 5-3-63　将 192.168.80.13 的 500GB 磁盘标记为 HDD

5.3.10 为 vSAN 配置网络

在配置 vSAN 存储时，最好单独为每个主机规划一个单独传输“虚拟 SAN”流量的 VMkernel。在当前的实验环境中，每个主机有 4 块网卡，规划时将每个主机的第 1、第 2 块网卡，用于 ESXi 的管理、VMotion、置备流量，而将每个主机的第 3、第 4 块网卡用于“虚拟 SAN”，配置步骤如下。

（1）使用 vSphere Web Client，在导航器中先选中其中一台主机，如 192.168.80.11，单击“管理→网络→虚拟交换机”，在此可以看到当前有一个标准交换机，这个标准交换机绑定第 1、2 块网卡，单击“”按钮添加一个新的主机网络，如图 5-3-64 所示。

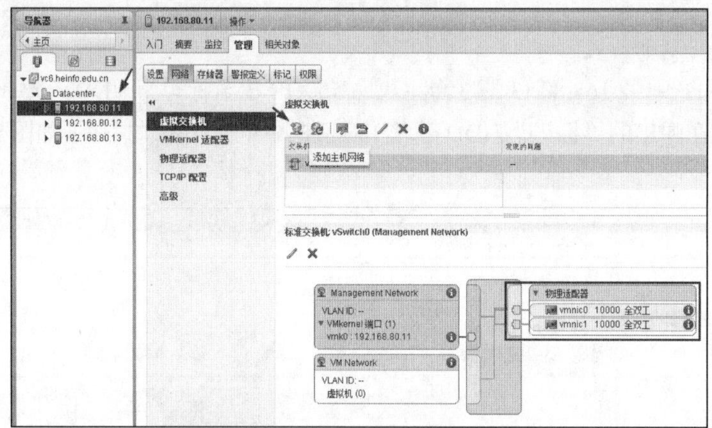

图 5-3-64　添加主机网络

（2）在“选择连接类型”选项卡，选择“VMkernel 网络适配器”，如图 5-3-65 所示。

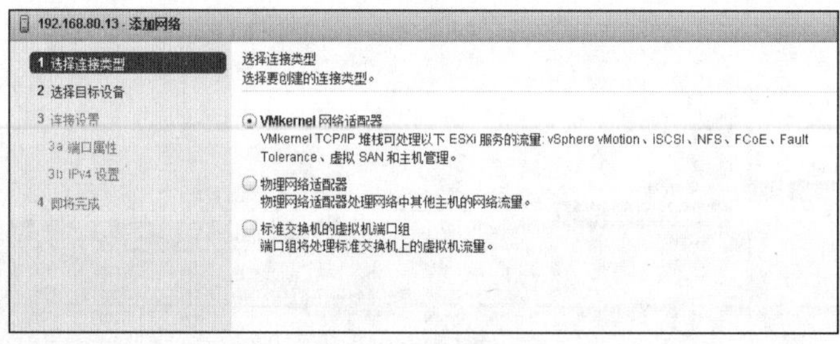

图 5-3-65　添加 VMkernel

（3）在“选择目标设备”选项卡，选择“新建标准交换机”选项，如图 5-3-66 所示。

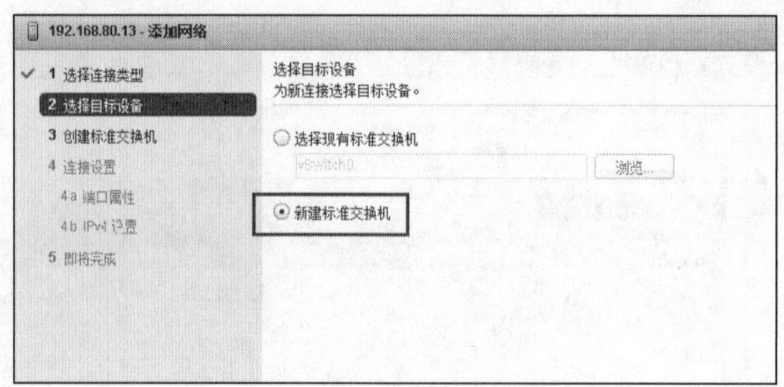

图 5-3-66　新建标准交换机

（4）在“分配的适配器”选项中，添加主机剩余的两块网卡，如图 5-3-67 所示。

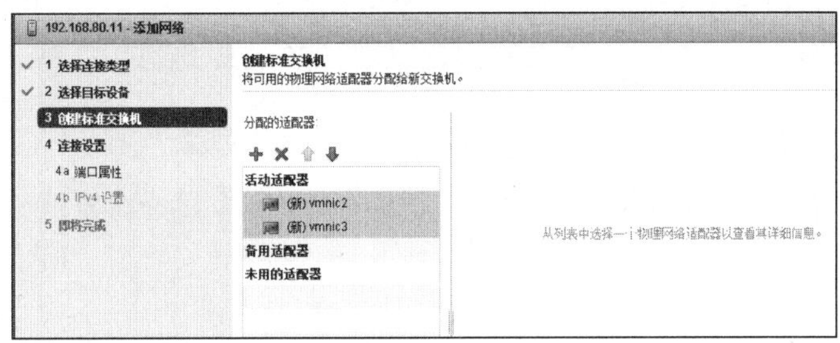

图 5-3-67　添加网卡

（5）在“端口属性”选项卡的“网络标签”选项设置名称为 vSAN，并在“启用服务”中选中“虚拟 SAN 流量”，如图 5-3-68 所示。

（6）在“IPv4 设置”选项卡，为新建的 VMkernel 设置地址，在此规划地址为 192.168.10.11，如图 5-3-69 所示。

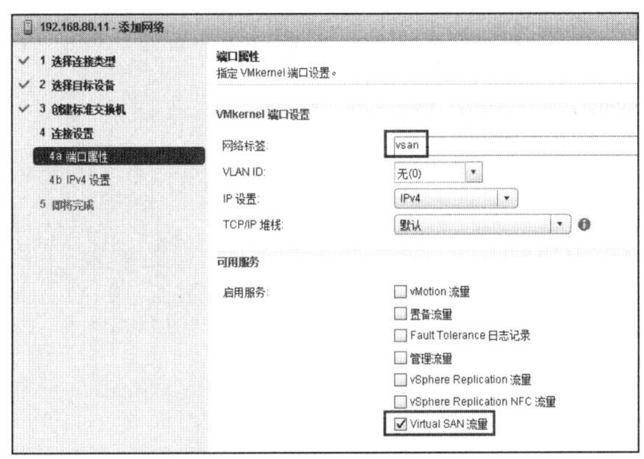

图 5-3-68　设置端口属性

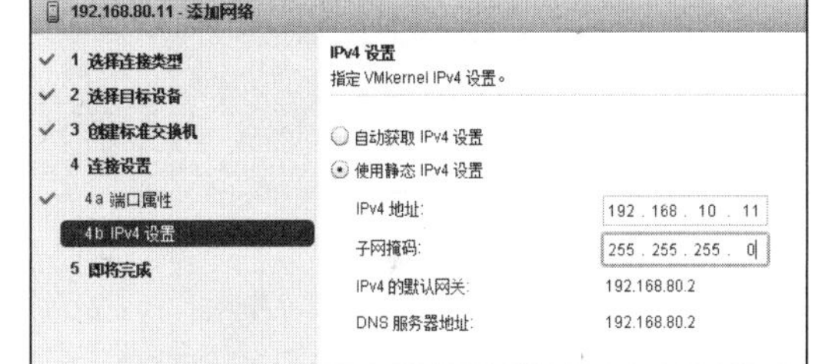

图 5-3-69　设置 VMkernel 地址

（7）在“即将完成”选项卡，单击“完成”按钮，如图 5-3-70 所示。

图 5-3-70　即将完成

（8）在“管理→网络→VMkernel 适配器”选项中，选中第一个标准交换机 VMkerneo（名称为 vmk0），单击“✎”按钮修改 VMkernel 属性，如图 5-3-71 所示。

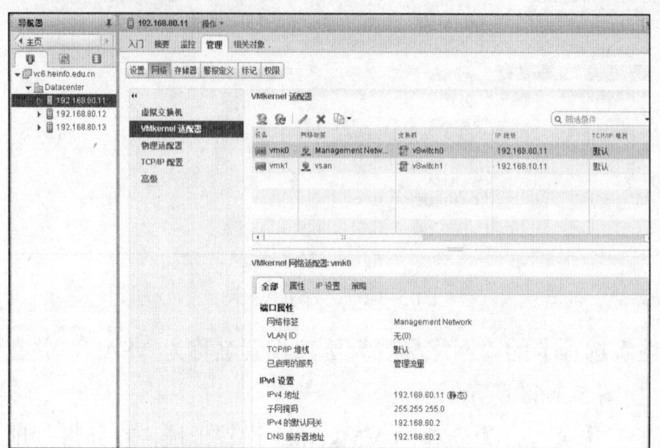

图 5-3-71　修改 VMkernel 属性

（9）在“VMkernel 端口设置”选项卡下的“启用服务”选项中勾选“VMotion、置备流量、管理流量”3 个选项，如图 5-3-72 所示。

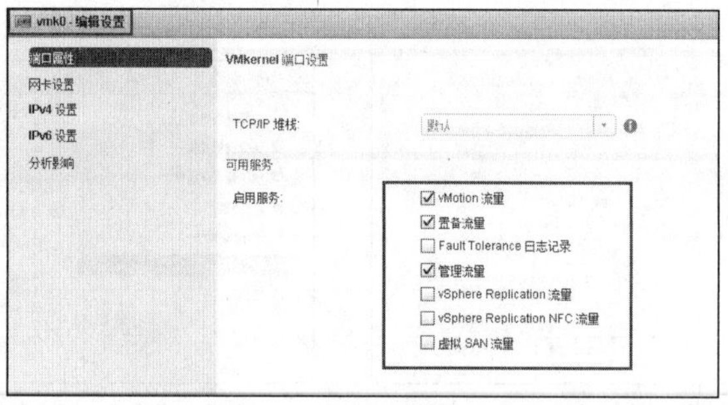

图 5-3-72　启用服务

（10）第 2 台主机，如 192.168.80.12 也是将第 1 个标准交换机的 VMkernel 设置为勾选“VMotion、置备流量、管理流量”3 个选项，如图 5-3-73 所示。

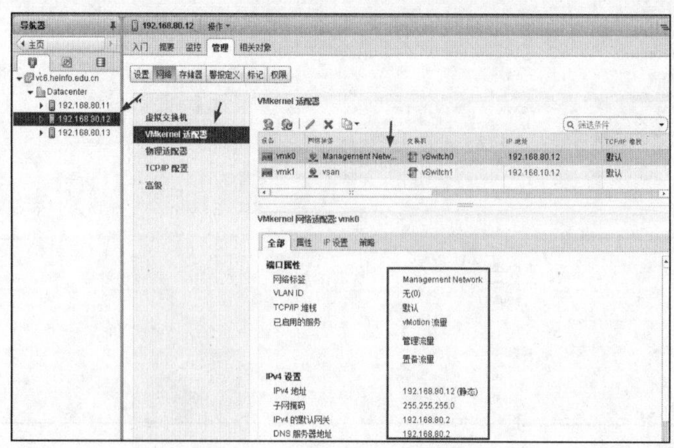

图 5-3-73　设置第 2 台主机

（11）为第 2 个主机添加标准交换机，设置 VMkernel 的 IP 地址为 192.168.10.12，并启用“虚拟 SAN 流量”，如图 5-3-74 所示。

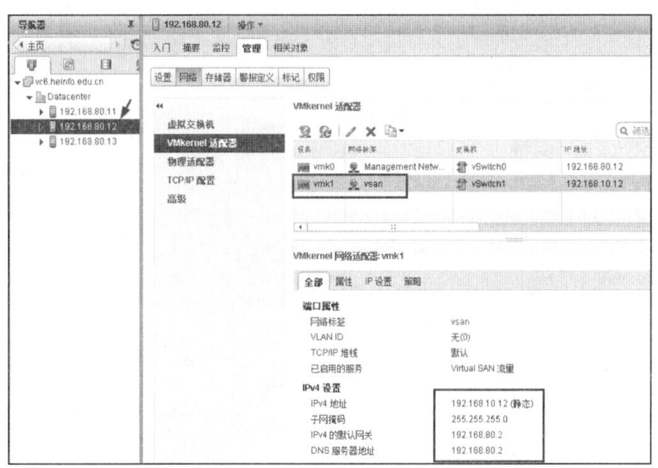

图 5-3-74　为第 2 台主机启用虚拟 SAN 流量

（12）最后一台主机的设置也参照上文配置，并设置 vSAN 流量的 VMkernel 管理地址为 192.168.10.13，设置之后如图 5-3-75 所示。

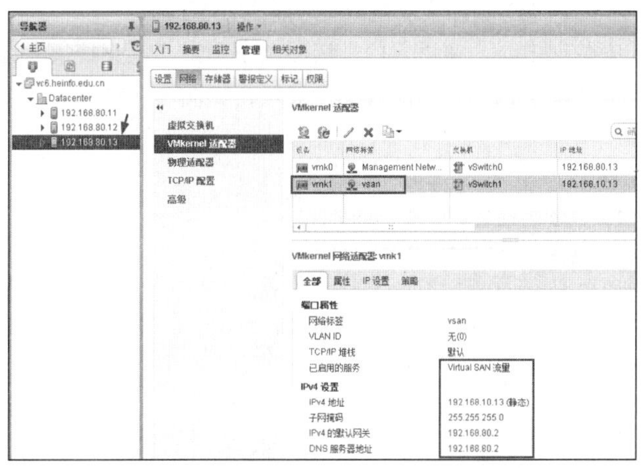

图 5-3-75　为第 3 台主机添加 VMkernel 并启用虚拟 SAN 流量

【说明】本节为 ESXi01～ESXi03 添加了第 2 个标准交换机，在实际的生产环境中，推荐为每个主机的第 3～第 4 块网卡添加为 vSphere Distributed Switch（分布式交换机），并添加用于 vSAN 的 VMkernel。

5.3.11　创建群集并启用 vSAN

做好上述准备工作之后，就可以创建群集、将 ESXi 主机移入群集，并启用 vSAN，具体操作步骤如下。

（1）先在导航器中选中每台主机，在“摘要→配置”选项中，查看每个主机所支持的 EVC 模式，请记住每个主机所支持的 EVC 模式的最后一行，同一群集中共同支持的 EVC 以最后一个相同为准。如果同一型号的主机，则查看任意一台主机即可。在本示例中，当前主机 CPU 是 Intel I7-4790K，所能支持的 EVC 是 Haswell，如图 5-3-76 所示。

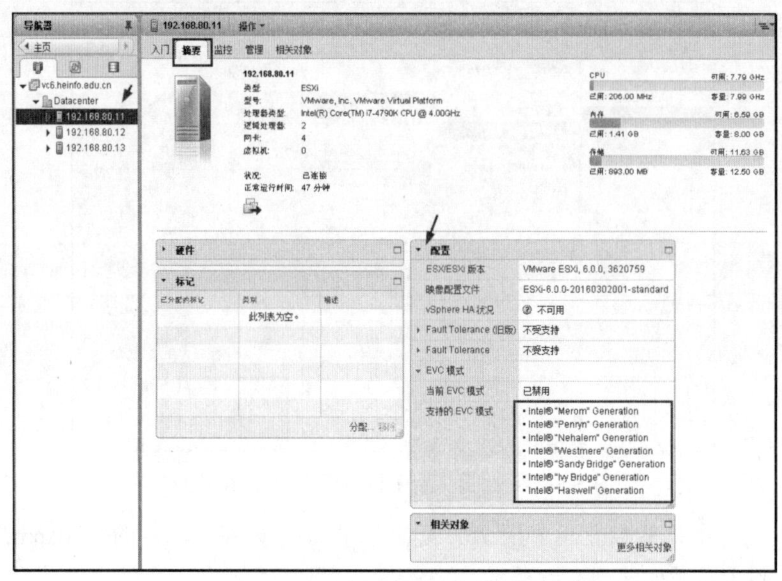

图 5-3-76　支持的 EVC 模式

（2）在导航器中选中数据中心，在“入门”选项卡中单击“创建群集”选项，或者单击鼠标右键在数据中心弹出的快捷菜单中选择“新建群集”选项，如图 5-3-77 所示。

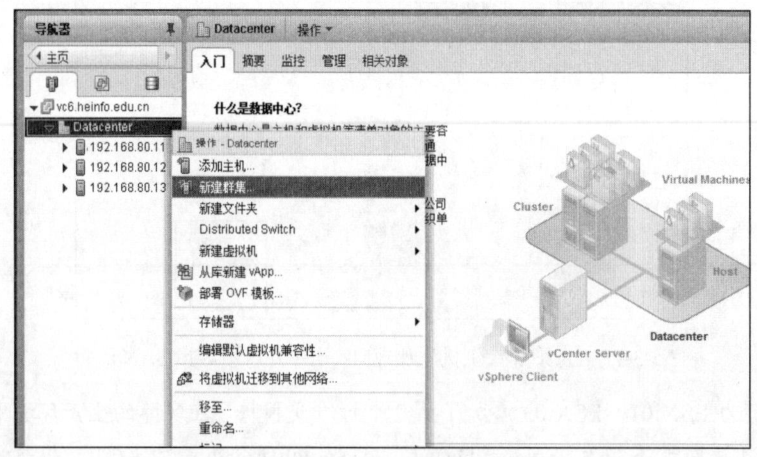

图 5-3-77　创建群集

（3）在“新建群集”对话框中的“名称”文本框中，为新建群集设置名称，在此设置名称为 vSAN，选中“DRS”及 EVC，并在 EVC 下拉列表中选择所支持的模式，选中“虚拟 SAN”，在“向存储中添加磁盘”选择“自动”选项，暂时先不要启用“vSphere HA”选项，如图 5-3-78 所示。设置之后，单击“确定”按钮。

（4）在左侧导航器中选择新建的群集（单击 vSAN），然后选择“管理→设置→许可→分配许可证”选项，如图 5-3-79 所示。

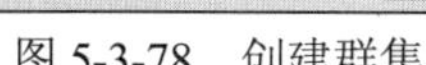
图 5-3-78　创建群集

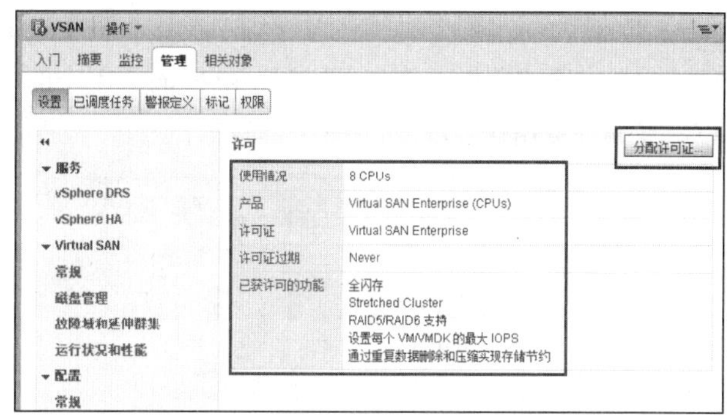

图 5-3-79　分配许可证

（5）在“分配许可证”对话框，选择“vSAN Enterprise”（即 vSAN 企业版）的许可，如图 5-3-80 所示。如果没有许可证，或者只有“vSAN Standard”即只有 vSAN 标准版的许可证，而又想测试 vSAN 企业版的功能，则可以选择“Evaluation License”选项试用许可证，这可以在 60 天内无限制的测试并使用 vSAN 的全部功能。

（6）添加许可之后，选择“常规”选项，在右侧可以看到，当前群集中还没有主机，使用中的闪存磁盘和数据磁盘均为 0，如图 5-3-81 所示。

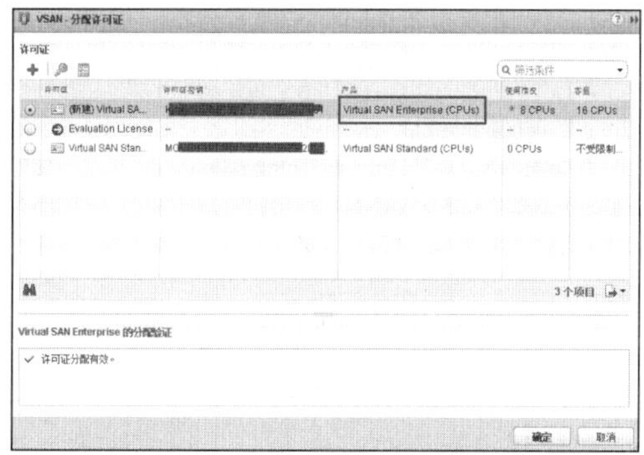

图 5-3-80　选择 vSAN 企业版许可

（7）用鼠标选中一个主机，将其移入名为 vSAN 的群集，或者用鼠标右键单击 ESXi 主机，在弹出的快捷菜单中选择“移至”选项，在“移至”对话框中选择 vSAN 群集。然后会弹出“将主机移入此群集”对话框，如图 5-3-82 所示。

图 5-3-81　闪盘/数据磁盘均为 0

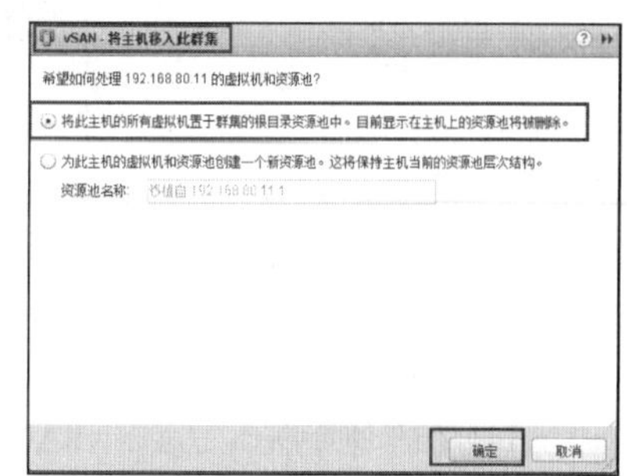

图 5-3-82　将主机移入群集

（8）依次将另两个主机移入群集。在移入群集之后，单击每台主机，在“摘要”中查看相关信息；如果出现“主机无法与已启用 vSAN 的群集中的所有其他节点进行通信……”的提示，无须担心，多等一会儿就可以，如图 5-3-83 所示。

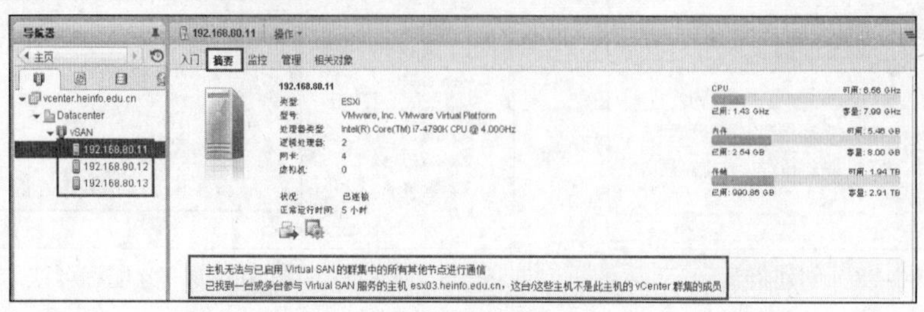

图 5-3-83　摘要

（9）等主机都加入群集之后，左侧选中 vSAN 群集，右侧单击“管理→设置→常规”选项，当前磁盘格式版本为 3.0，过期版本的磁盘 0 个，一共 9 个磁盘。这表示当前 9 个磁盘都是 vSAN 3.0 格式，如图 5-3-84 所示。

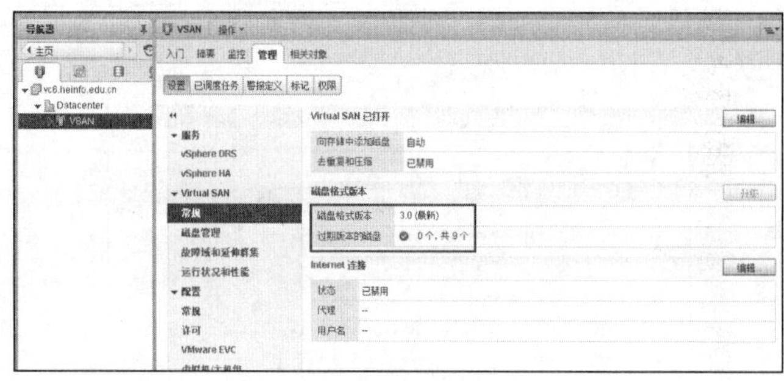

图 5-3-84　查看 vSAN 状态

（10）在“磁盘管理”中，可以看到当前 vSAN 群集中有 3 个主机，每个主机有一个“磁盘组”，选中其中一个磁盘组，在“磁盘组”列表中，显示组成该磁盘组的闪存盘及 HDD 磁盘，如图 5-3-85 所示。

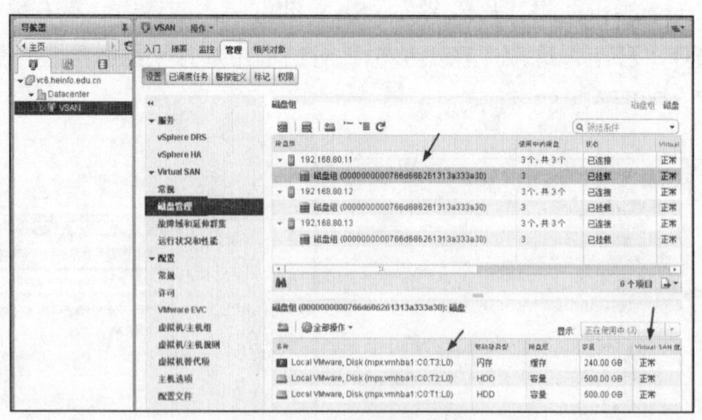

图 5-3-85　磁盘管理

（11）在左侧导航器中选中 vSAN 群集，单击“摘要”选项，此时会看到一系列的报警，如图 5-3-86 所示。在 VMware Workstation 搭建的 vSAN 实验环境，或者使用 PC 机或不在 VMware vSAN 兼容列表中的服务器组成的 vSAN 环境，出现这些报警都是正常的。

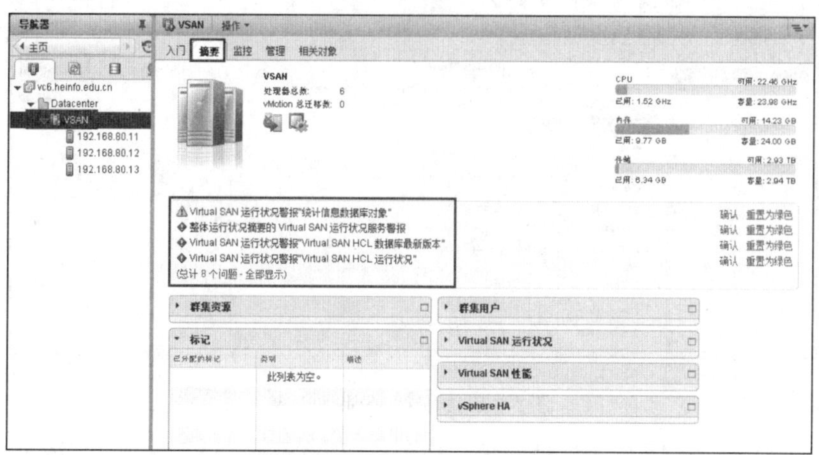

图 5-3-86　报警

（12）对于初学者，可以在“监控→vSAN”选项卡的“运行状况”选项中，查看“硬件兼容性”的测试结果，如图 5-3-87 所示。

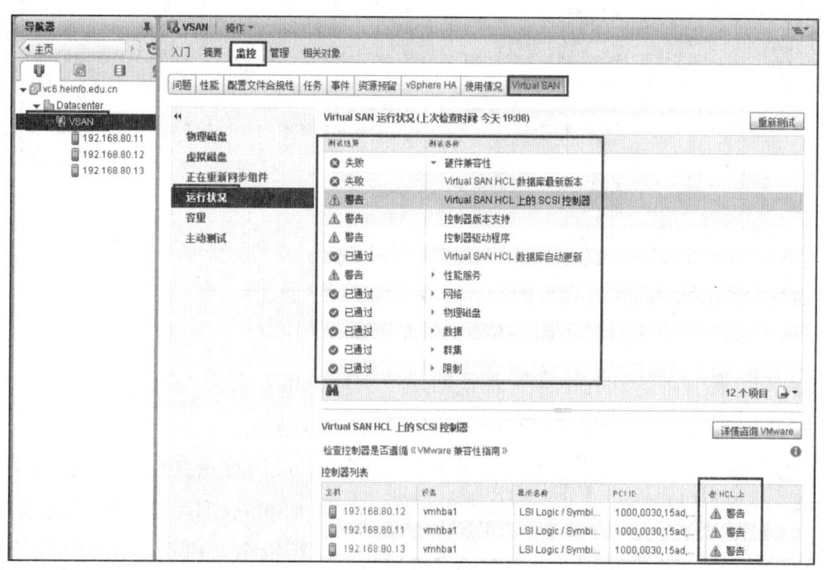

图 5-3-87　硬件兼容性

在做实验及一些不太重要的应用场合中，使用不在 VMware vSAN 硬件兼容性列表中的设备，也可以运行使用 vSAN 环境。但在比较重要的生产环境中，建议使用符合 VMware vSAN 硬件兼容列表的设备，以保证整个 vSAN 系统有较好的性能及较高的安全性。

5.3.12　为 vSAN 启用 HA

最后为群集启用 vSphere HA，主要步骤如下。

（1）在导航器中单击群集名称，在右侧选择“管理→设置→vSphere HA”选项，单击“编辑”按钮，如图 5-3-88 所示。

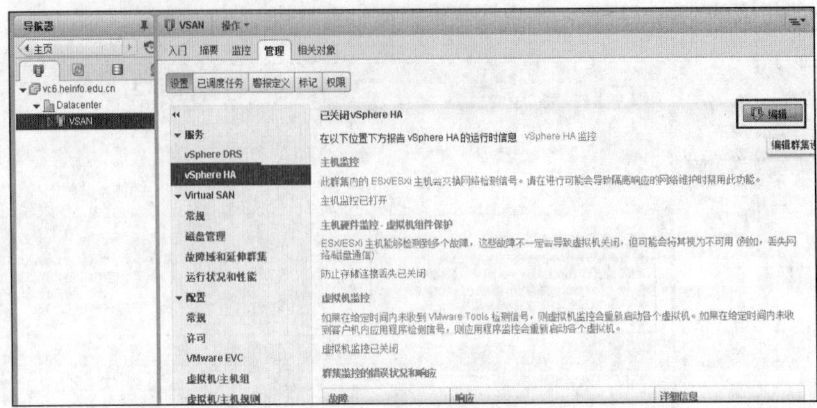

图 5-3-88 编辑 vSphere HA

（2）在“vSAN-编辑群集设置”对话框，选择“打开 vSphere HA”选项，如图 5-3-89 所示。

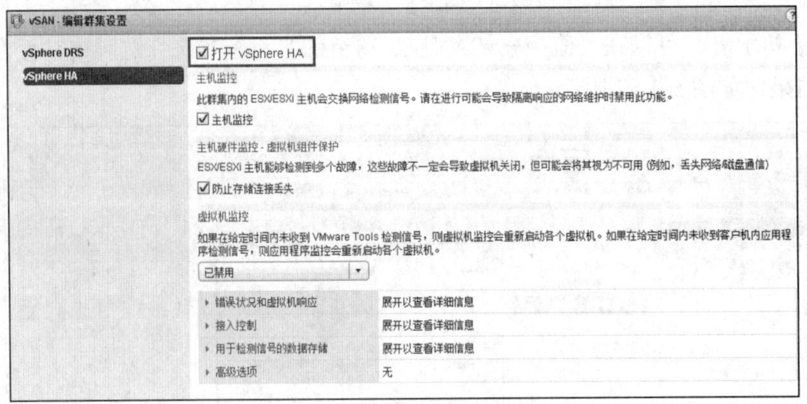

图 5-3-89 打开 vSphere HA

（3）在 vSAN 群集中，默认的电源管理策略是“关闭”的，并且不能开启，如图 5-3-90 所示。设置之后单击“确定”按钮返回 vSphere Web Client。

在刚打开 vSphere HA 之后，系统会有一个初始化时间，此时在群集的“摘要”选项中可以看到提示为“资源不足，无法满足 Datacenter 中群集 vSAN 上的 vSphere HA 故障切换级别”的警报，如图 5-3-91 所示，这是正常现象，稍等一会，等 vSphere HA 在每个主机初始化之后警报即会消失。

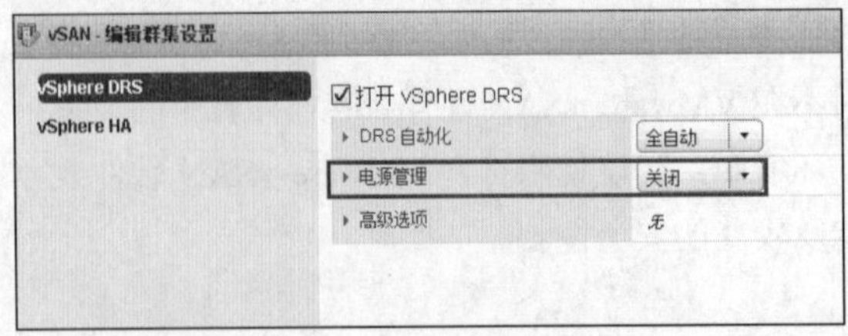

图 5-3-90 电源管理策略为关闭

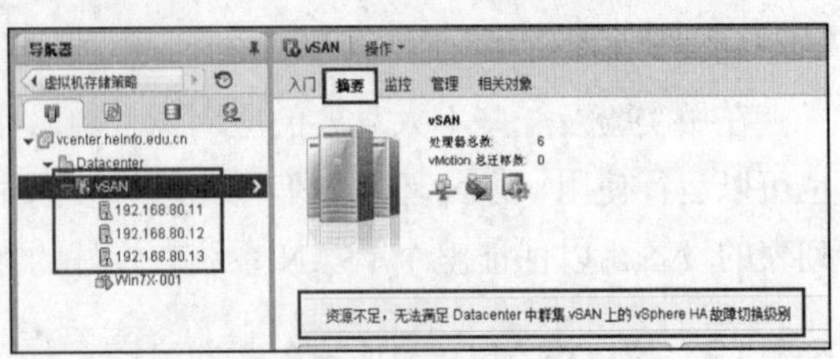

图 5-3-91 配置未完成前的报警

此时如果查看每个主机的“摘要”选项，在“配置”选项中则会显示“vSphere HA 状况”为“未初始化”，如图 5-3-92 所示。

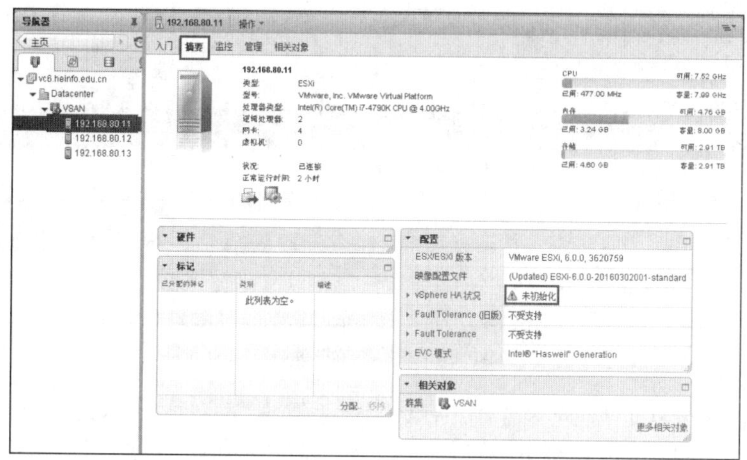

图 5-3-92　vSphere 未初始化

等所有主机 HA 配置完成之后，在“摘要→配置”选项卡中会显示 vSphere HA 的状况，如图 5-3-93 所示。同时，在此显示“Fault Tolerance”的状态为“受支持”，这表示当前 vSAN 群集支持 FT 的虚拟机。

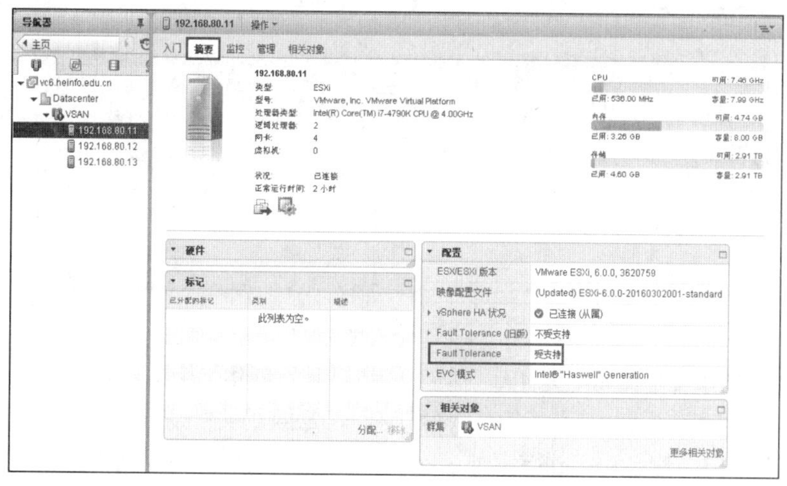

图 5-3-93　vSphere HA 已连接

5.3.13　查看 vSAN 数据保存方式

vSAN 群集中数据保存方式与传统的数据保存方式不太一样，当然对于 VMware vSphere 的正常应用以及大多数用户无须关心这些问题，但 VMware vSphere 数据中心管理员要了解这种区别。下面通过实验的方式来查看这种区别。为了操作方便我们使用 vSphere Client 登录 vCenter Server，通过向 ESXi 本地存储创建虚拟机，以及向 vSAN 存储创建虚拟机的方式来进行对比，具体操作步骤如下。

（1）使用 vSphere Client 登录到 vCenter Server，在左侧选中一个 ESXi 主机如 192.168.80.11，在右侧窗口中选择“配置→存储器”选项卡，先将 ESXi 本地存储重命名为 esx11-os，此时看到 ESXi 本地存储（安装 ESXi 系统）容量为 12.50GB，可用空间为 11.63GB；另有一个名为 vsanDatastone 的存储，这个存储就是 vSAN 存储，当前容量为 2.90TB（当前共 3 个主机，每个主机 1 个磁盘组，每个磁盘组 1 个 240GB 的 SSD、2 个 500GB 的 HDD，其初始容量约为 3 000GB），如图 5-3-94 所示。

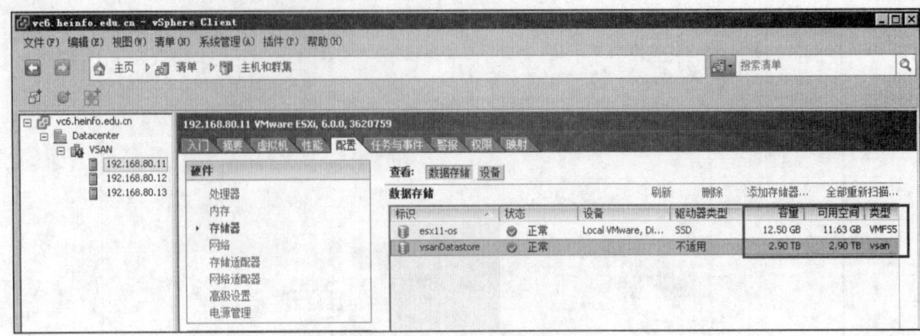

图 5-3-94　查看存储器

（2）在 esx11-os 及 vsanDatastore 上单击鼠标右键，在弹出的对话框中选择“浏览存储器”，打开数据存储，此时 esx11-os 有两个不同的文件夹，而 vsanDatastore 存储为空（只有一个根目录），如图 5-3-95 所示。注意：此时看不出这两个存储格式有何不同。

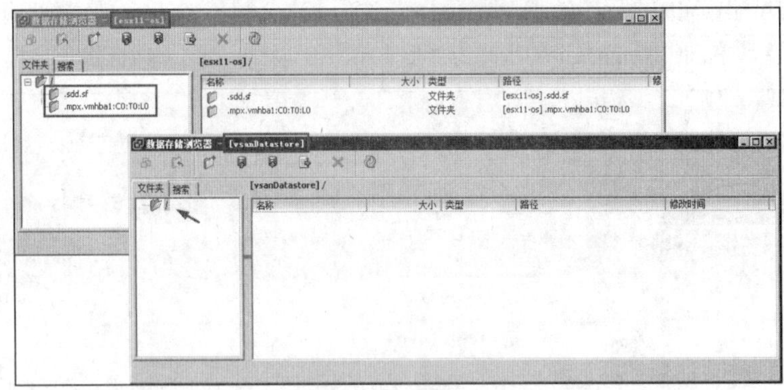

图 5-3-95　浏览数据存储

（3）分别在这两个存储的根目录单击“ ”按钮，分别创建一个文件名，文件名为 tools，如图 5-3-96 所示，此时可以看到，在传统的存储（本地存储）创建的文件夹 tools 是一个目录，而在 vSAN 存储创建的文件夹，除了有一个名为 vsan 的路径外，还有一个类似“a425e457-6f42-19a7-6743-000c2947db05”的文件夹。

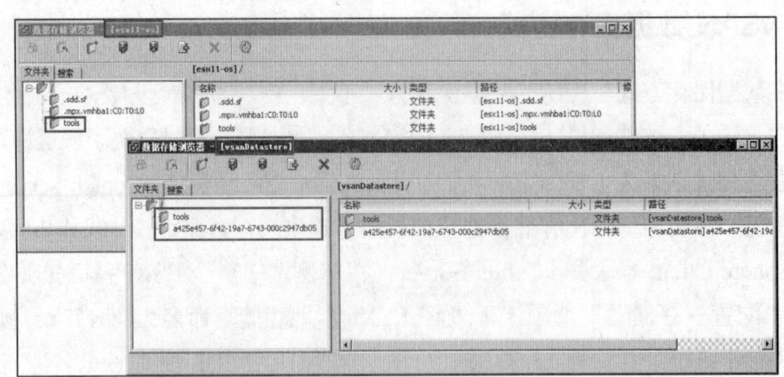

图 5-3-96　创建文件夹后的 vSAN 存储格式

由此可以看出，在 vSAN 存储中每一个文件夹除了具有“原名”外，还有一个类似“a425e457-6f42-

19a7-6743-000c2947db05”的 UUID 格式的同名文件夹，这两个文件夹实质是同一个文件夹。另外，这个 UUID 序列的文件夹不能直接更名，如果删除这个 UUID 格式的文件夹，则对应的实际文件夹 tools 也会一同被删除。如果删除 tools 文件夹，其对应的 UUID 序列文件夹也一同被删除。

（4）在 vSAN 数据存储中，向 tools 文件夹上传一个文件，如“软件说明.txt”，分别浏览 tools 及该文件夹对应的 UUID 文件夹，此时可以看到这个上传后的文件，如图 5-3-97、图 5-3-98 所示。

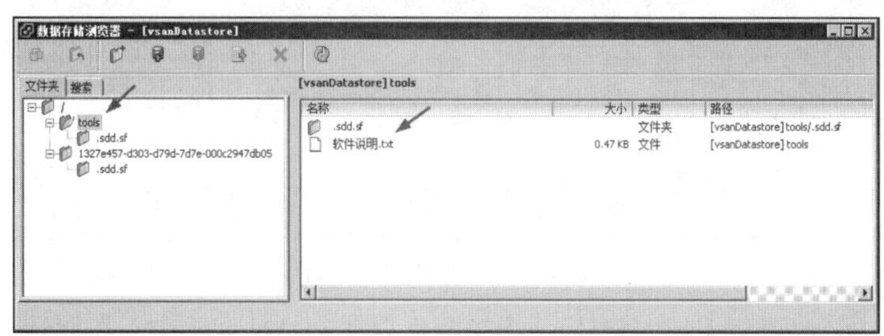

图 5-3-97　查看 tools 文件夹

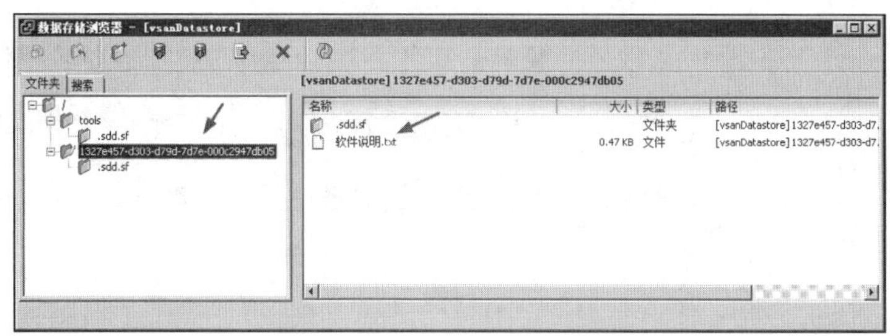

图 5-3-98　查看 tools 文件夹 UUID 文件夹对应文件

如果创建虚拟机保存在 vSAN 存储中，每个虚拟机除了具有同名的文件夹外，同样还有一个与其关联的 UUID 序列的文件夹，这两个文件夹保存相同的内容，如图 5-3-99、图 5-3-100 所示。

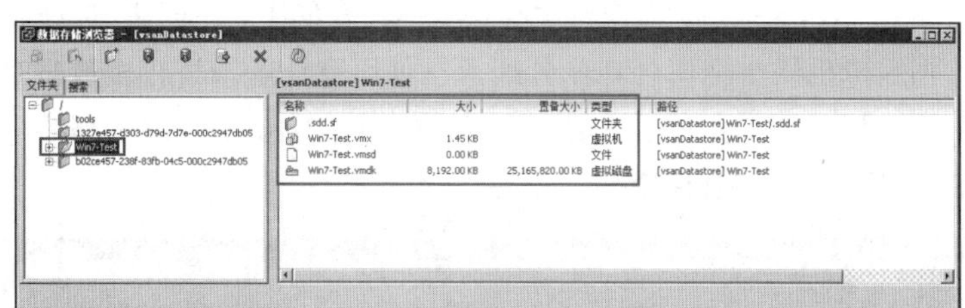

图 5-3-99　新建虚拟机

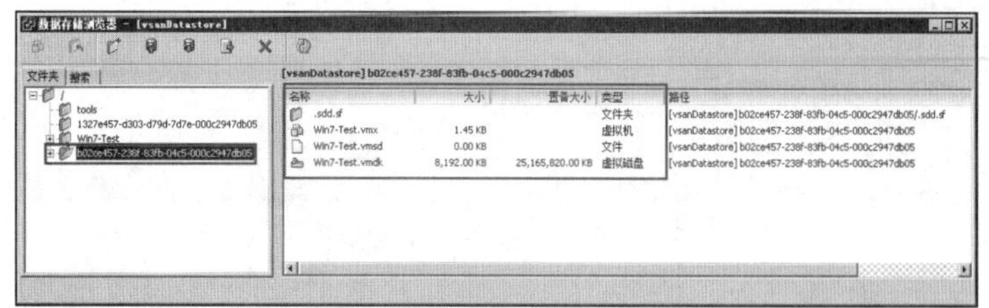

图 5-3-100　虚拟机同名文件夹

（5）再在 vSphere Client 中创建多个虚拟机，并将虚拟机保存在 vSAN 存储中，之后在数据存储浏览器中单击“”按钮刷新存储，可以看到每个虚拟机（或每个文件夹）都有一个对应的 UUID 序列文件夹，并且这两个文件夹的排列是依次排列，即原名文件夹在前，对应的 UUID 序列的文件夹在后，如图 5-3-101 所示。

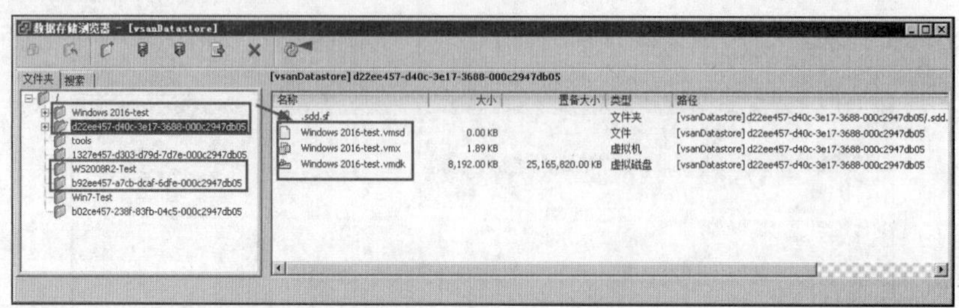

图 5-3-101　浏览 vSAN 存储

使用 vSphere Web Client 创建虚拟机，虚拟机保存在 vSAN 存储中，在默认情况下，虚拟硬盘为“精简置备”，如图 5-3-102 所示，这是使用 vSphere Web Client 按默认设置创建的虚拟机，置备硬盘大小为 2GB，实际使用大小为 8MB。

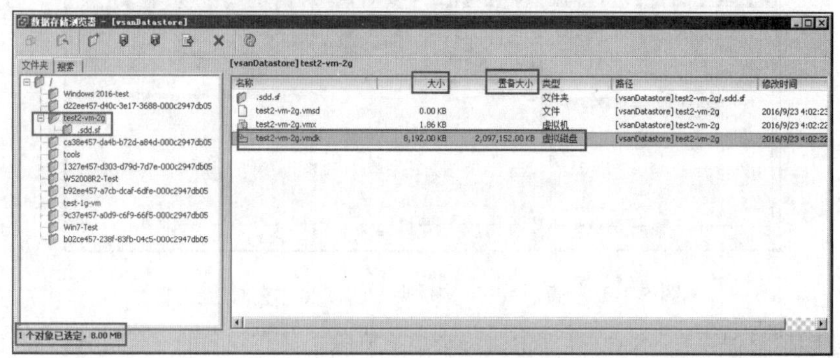

图 5-3-102　精简置备

使用 vSphere Client 创建虚拟机，虚拟机保存在 vSAN 存储中，在创建虚拟机硬盘时，如果选择“厚置备磁盘”，则虚拟机硬盘空间会立刻分配，在使用默认虚拟机存储策略时，其容错方式为 RAID-1（即镜像），此时 VMDK 会占用 2 倍的空间，如图 5-3-103 所示。在该图示中，创建的虚拟机硬盘大小为 1GB，实际占用 2GB 的空间。

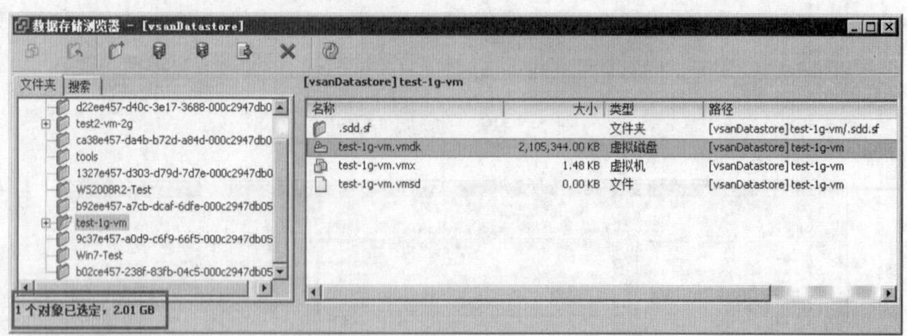

图 5-3-103　厚置备占用 2 倍空间

5.3.14　查看 vSAN 对象与组件

在 vSAN 数据存储上部署的虚拟机由一系列对象组成，每个对象以多个“组件”的形式存储在 vSAN 数据存储中。对象（Object）是设置存储策略的最小单位，可以通过“管理虚拟机存储策略”为“虚拟机主页”、“虚拟机硬盘”设置不同的存储策略。vSAN 对象有以下 4 种类型。

（1）VM Home：放置虚拟机配置文件（.vmx、log 文件等），也叫“命名空间”、“名字空间目录”、NameSpace。

（2）交换文件 Swap：交换文件只在虚拟机开机时产生。

（3）VMDK：虚拟机磁盘文件。

（4）快照（Snapshot）：虚拟机快照存储对象文件。

（5）vmem：虚拟机内存文件。在虚拟机开机时创建快照才有这个文件。

在 vSphere Client 或 vSphere Web Client 启动虚拟机，为虚拟机创建快照，浏览数据存储，可以看到上述提到的几个文件，其中扩展名为 vmsn 的为“快照文件”，扩展名为 vmkd 的是虚拟机磁盘文件，扩展名为 vswp 的是交换文件，扩展名为 vmx 的是配置文件，扩展名为 vmem 的是虚拟机内存文件，如图 5-3-104 所示。

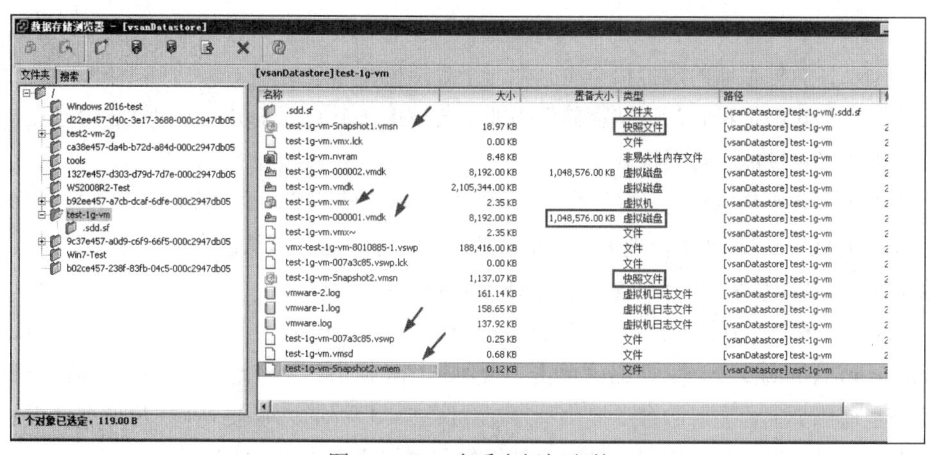

图 5-3-104　查看虚拟机文件

vSAN 对象由分布到不同主机节点的组件构成。在 vSAN 5.5 中每台主机最多包含 3 000 个组件，vSAN 6.0 每台主机最多包含 9 000 个组件。在 vSAN 中，容量大于 255GB 的对象（通常是指 VMDK 文件）自动分成多个组件，每个组件消耗 2MB 的磁盘容量存放元数据。如 300GB 的对象（如虚拟机硬盘）会分成 2 个组件，1TB 的虚拟机硬盘会被分为 4 个组件。

在后文中介绍磁盘带数（磁盘条带数），每个对象的磁盘带数默认值为 1，则每个磁盘带数为一个单独的组件。如一个只有 200GB 的对象，如果磁盘带数设置为 1 时，是 1 个对象，如果设置磁盘带数为 2 时则会被分成 2 个对象。

在 vSAN 中，每个存储对象都存在“见证”文件（或称“仲裁”文件，Witness 也称为“证明”文件），使用 vSphere Web Client，在左侧导航器中选择 vSAN 存储，在右侧窗格选择“监控→vSAN→虚拟磁盘”选项，然后选中查看虚拟机主页或虚拟机硬盘，在“物理磁盘放置”选项卡中可以看到组件及见证文件，如图 5-3-105 所示。

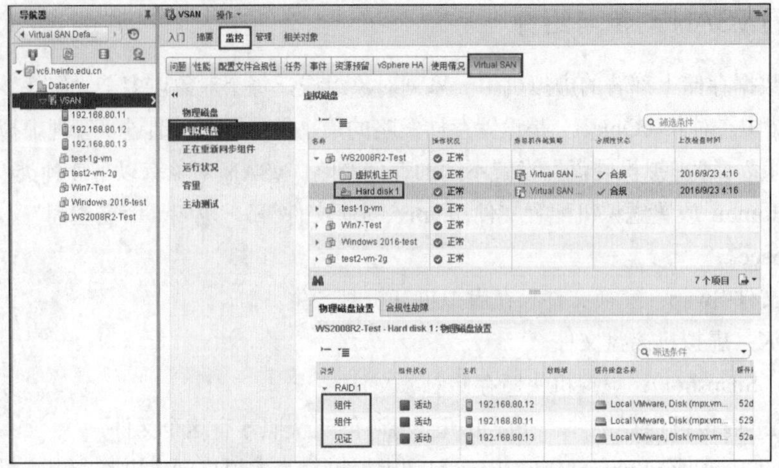

图 5-3-105　虚拟机组件、见证文件

5.4　虚拟机存储策略

使用 vSAN 时，可以采用策略的形式定义虚拟机的存储要求，如性能和可用性。vSAN 可确保为已部署到 vSAN 数据存储的虚拟机至少分配一个虚拟机存储策略。

分配后，在创建虚拟机时，这些存储策略要求会被推送至 vSAN 层。虚拟设备分布在 vSAN 数据存储之间，以满足性能和可用性要求。

在主机群集上启用 vSAN 后，将创建一个 vSAN 数据存储（默认数据存储名称为 vsanDatastore，如果使用同一个 vCenter Server 管理多个 vSAN 群集，请修改这些默认的存储名称），并且会自动创建默认存储策略。启用 vSAN 会配置并注册 vSAN 存储提供程序。

在 vSphere Web Client 中，在左侧导航器中选择 vCenter Server（当前实验环境中 vCenter 计算机名称为 vc6.heinfo.edu.cn）选项，在右侧单击“管理→存储提供程序”选项卡，在“存储提供程序”中可以看到当前每个主机注册的存储提供程序，如图 5-4-1 所示。如果某个主机的存储提供程序有问题，可以单击“ ”按钮将所有 vSAN 存储提供程序与环境的当前状态进行同步。

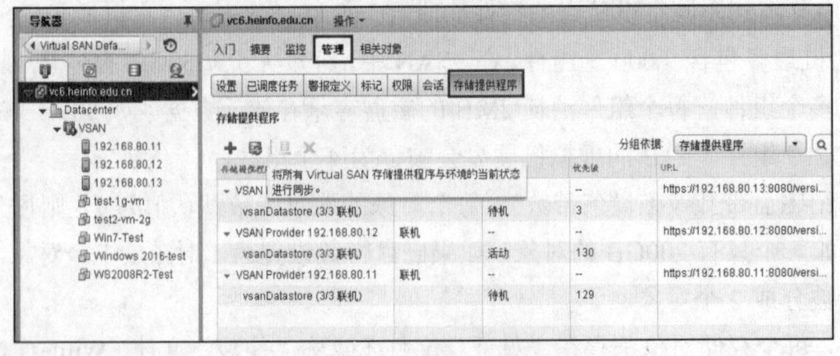

图 5-4-1　存储提供程序

vSAN 存储提供程序是内置的软件组件，用于将数据存储的功能通知给 vCenter Server。存储提供程序 URL 是类似于 https://192.168.80.11:8080/version.xml 格式，vSAN 会自动为每个主机注册，单击选中某个主机，在“存储提供程序详细信息→常规”选项中可以看到，如图 5-4-2 所示。

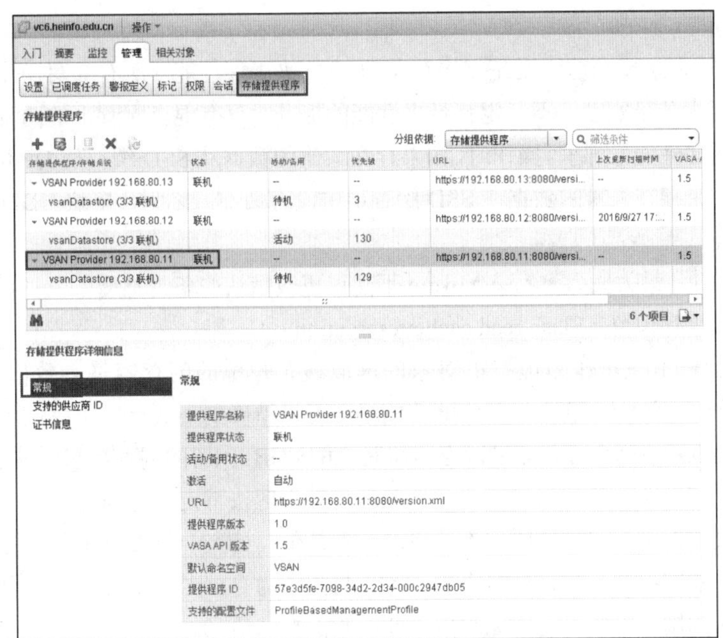

图 5-4-2 存储提供程序详细信息

可以创建多个策略以捕获不同类型或类别的要求，在创建或修改策略后，可以在创建虚拟机时选择不同的存储策略，或者在创建虚拟机后，通过编辑虚拟机时选择并应用不同的存储策略。

【注意】如果未向虚拟机应用存储策略，则虚拟机将使用默认的 vSAN 策略，该默认策略规定允许的故障数配置为 1，每个对象具有一个磁盘带及精简置备的虚拟磁盘。

5.4.1 默认虚拟机存储策略

vSAN 要求已部署到 vSAN 数据存储的虚拟机至少分配有一个存储策略。置备虚拟机时，如果没有向虚拟机明确分配存储策略，虚拟机会应用系统定义的一般存储策略，该策略名为“vSAN 默认存储策略”。

默认策略包含 vSAN 规则集和一组基本存储功能，通常用于放置已部署到 vSAN 数据存储上的虚拟机。 vSAN 默认存储策略参数如下。

（1）允许的故障数（FTT）

允许的故障数定义了虚拟机对象允许的主机和设备故障的数量。如果 FTT 为 n，则创建的虚拟机对象副本数为 $n+1$，见证对象的个数为 n，这样所需的用于存储的主机数为副本数＋见证数（$n+1+n=2n+1$）。

允许的故障数默认为 1，表示副本数为 2，最多允许一台主机出故障，此时主机数最少为 3。截止 vSAN 6.2 版，FTT 的最大值为 3，也即最多 4 份副本。

（2）每个对象的磁盘带数（Stripe Width，简写为 SW）

每个对象的磁盘带数是指虚拟机对象的每个副本所横跨的持久化层的磁盘数量，即每个副本的条带宽度。值如果大于 1，则可能产生较好的性能，但也会导致使用较多的系统资源。

在混合配置中，条带分散在磁盘中。在全闪存配置中，可能会在构成持久化层的 SSD 中进行条带化。

需要强调的是，vSAN 目前主要是靠缓存层的 SSD 来确保性能。所有的写操作都会先写入缓存层的 SSD，因此增大条带宽度，不一定就带来性能的提升。只有混合配置下的两种情况，能确保增加条带宽度可以增加性能：一是写操作时，如果存在大量的数据从 SSD 缓存层 Destage（刷）到 HDD；二是读操作时，如果存在大量的数据在 SSD 缓存层中没有命中。因为，多块 HDD 的并发能在这两种情况下提升性能。

SW 默认值为 1，最大值为 12。VMware 不建议更改默认的条带宽度。

（3）闪存读取缓存预留（Flash read cache reservation）

闪存读取缓存预留是指作为虚拟机对象的读取缓存预留的闪存容量，数值为该虚拟机磁盘（VMDK）逻辑大小的百分比，这个百分比的数值最多可以精确到小数点后 4 位，如 2 TB 的 VMDK，如果预留百分比为 0.1%，则缓存预留的闪存容量是 2.048 GB。预留的闪存容量无法供其他对象使用。未预留的闪存在所有对象之间公平共享。此选项应仅用于解决特定性能问题。全闪存配置不支持此规则，因此在定义虚拟机存储策略时，不应更改其默认值。vSAN 仅支持将此属性用于混合配置。无须设置预留即可获取缓存。默认情况下，vSAN 将按需为存储对象动态分配读取缓存。这是最灵活、最优化的资源利用。因此，通常无须更改此参数的默认值 0。

如果在解决性能问题时要增加该值，请小心谨慎。如果在多个虚拟机之间过度分配缓存预留空间，则需小心是否可能导致 SSD 空间因超额预留而出现浪费，且在给定时间无法用于需要一定空间的工作负载。这可能会影响一些性能。

默认值为 0%。最大值为 100%。

（4）强制置备默认设置

如果强制置备设置为是（yes），则即使现有存储资源不满足存储策略，也会置备该对象。

强制置备允许 vSAN 在虚拟机初始部署期间违反 FTT、条带宽度和闪存读取缓存预留的策略要求。vSAN 将尝试找到符合所有要求的位置。如果找不到，它将尝试找一个更加简单的位置，即将要求降低到 FTT=0、条带宽度=1、闪存读取缓存预留=0。这意味着 vSAN 将尝试创建仅具有一份副本的对象。不过，对象依然遵守对象空间预留的策略要求。

vSAN 在为对象查找位置时，不会仅仅降低无法满足的要求。例如，如果对象要求 FTT=2，但该要求得不到满足，那么 vSAN 不会尝试 FTT=1，而是直接尝试 FTT=0。同样，如果要求是 FTT=1、条带宽度=10，但 vSAN 没有足够的持久化盘容纳条带宽度=10，那么它将退回到 FTT=0、条带宽度=1，即便策略 FTT=1、条带宽度=1 也许能成功。

使用强制置备虚拟机的管理员需要注意，一旦附加资源在群集中变得可用，如添加新主机或新磁盘，或者处于故障或维护模式的主机恢复正常，vSAN 可能会立即占用这些资源，以尝试满足虚拟机的策略设置，也即朝着合规的方向努力。

强制置备默认设置为否（no），这对于大多数生产环境都是可接受的。当不满足策略要求时，vSAN 可以成功创建用户定义的存储策略，但无法置备虚拟机，

（5）对象空间预留

对象空间预留是指部署虚拟机时应预留或厚置备的虚拟机磁盘（VMDK）对象的逻辑大小百分比。默认值 0%意味着部署在 vSAN 上的所有对象都是精简置备的，一开始不占任何空间，只有当数据写入后，才会按存储策略动态占据 vsanDatastore 的空间。

对象空间预留最大值为 100%。当对象空间预留设置为 100%时，虚拟机存储对空间的要求会被设为厚置备延迟置零（LZT，Lazy Zeroed Thick）格式。

对象空间预留设置为零时，在默认情况下精简置备虚拟磁盘，但管理员可以在置备虚拟机硬盘时选择“厚置备延迟置零”或“厚置备置零”选项，强制立刻分配空间。

（6）容错方法默认设置为 RAID-1（镜像方式），可选参数为 RAID-5/6。关于 RAID-5/6 更多内容，后面会有详细介绍。

5.4.2　查看默认虚拟机存储策略

如果要查看、编辑或创建虚拟机存储策略，需要在 vSphere Web Client 中操作，具体操作方法如下。

（1）使用 vSphere Web Client，返回到“主页”，单击“虚拟机存储策略”按钮，如图 5-4-3 所示。

（2）在使用 vSphere Web Client 时，如果出现“错误”（如图 5-4-4 所示）对话框，而随后出现“Adobe Flash Player 设置”对话框，单击“允许”按钮即可，如图 5-4-5 所示。

（3）在“虚拟机存储策略”中，默认只有两条策略，如图 5-4-6 所示。选中“虚拟机存储策略”，单击“ ”按钮，查看默认的策略。

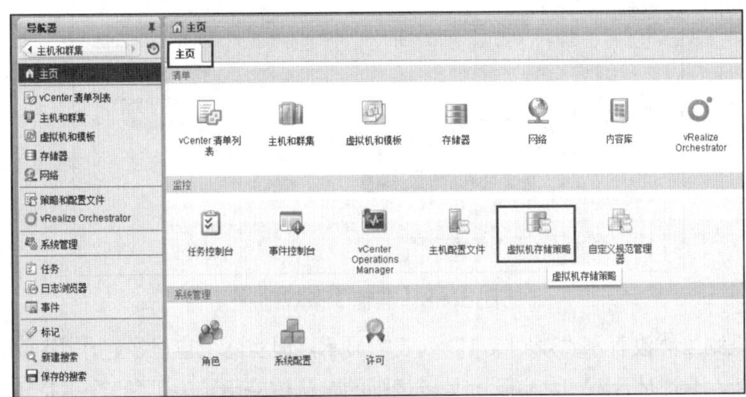

图 5-4-3　虚拟机存储策略

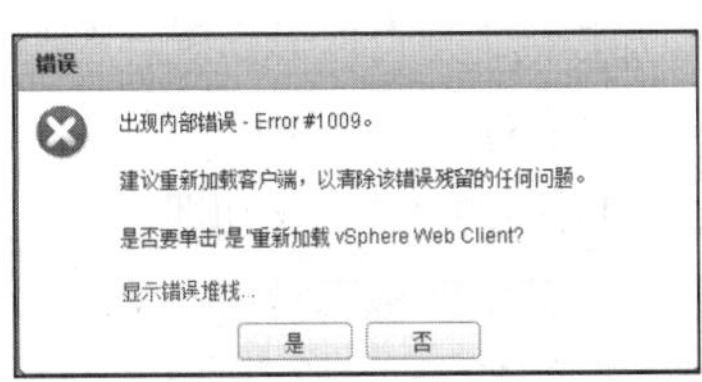

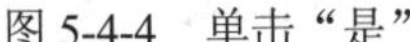
图 5-4-4　单击“是”

图 5-4-5　允许

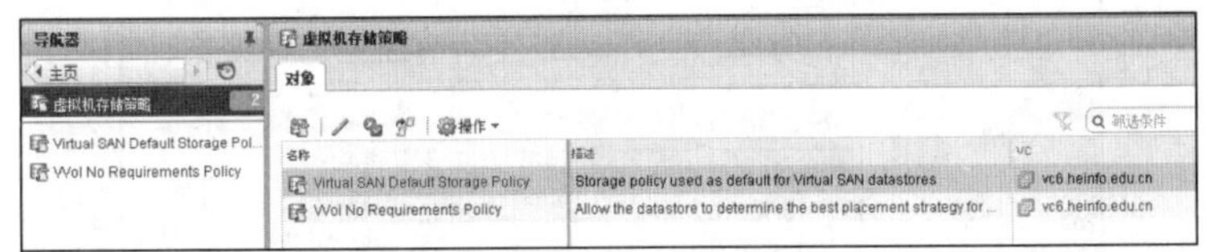

图 5-4-6　虚拟机存储策略

（4）打开“编辑虚拟机存储策略”对话框，如图 5-4-7 所示。不要修改默认的存储策略。

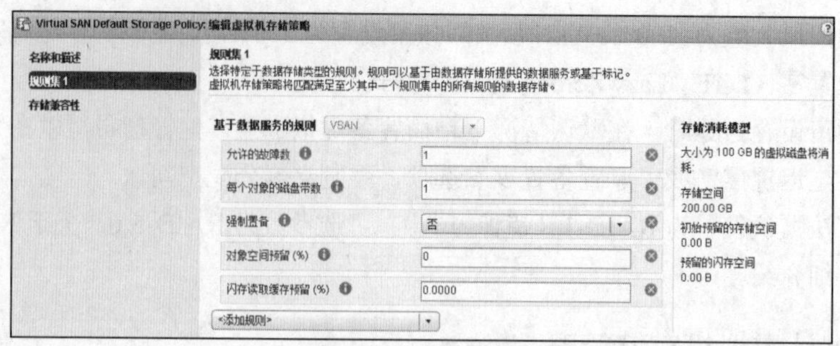

图 5-4-7　规则集

（5）在“规则集 1”，当前的规则集配置了“允许的故障数、每个对象的磁盘带数、强制置备、对象空间预留、闪存读取缓存预留”5 条规则，实际在 vSAN 6.2 中，还有“容错方法、对象的 IOPS 限制、禁用对象校验和”3 条规则，此时可以在“规则集 1”中单击“添加规则”下拉列表看到剩余的 3 个规则，如图 5-4-8 所示。

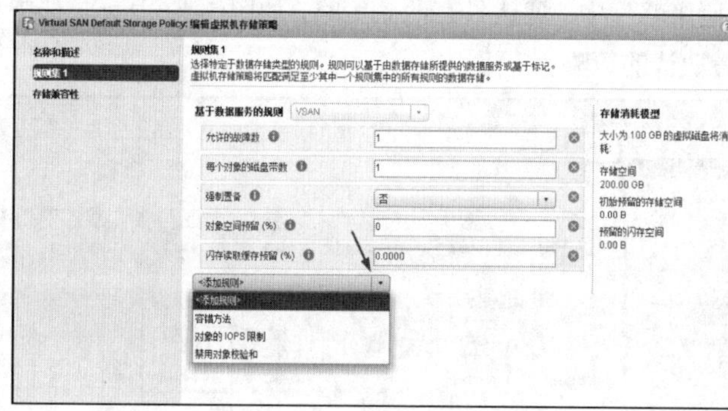

图 5-4-8　其他 3 条规则

（6）这 3 条规则虽然没有在“规则集 1”列表中显示，但实际上也已经起作用，凡是在规则集列表中没有出现的规则，不管是否添加，实际上是按规则的默认值应用。为了学习规则，可以依次单击“添加规则”下拉列表，依次添加“容错方法、对象的 IOPS 限制、禁用对象检验和”选项，添加规则之后，保持其设置为默认值不变，添加之后如图 5-4-9 所示。添加规则之后可以看到剩余规则的默认参数，例如，“容错方法”默认为 RAID-1（Mirroring）（镜像），“对象的 IOPS 限制”默认为 0，“禁用对象校验和”为“否”。如果要删除添加的规则，请单击对应规则后面的“×”按钮即可。

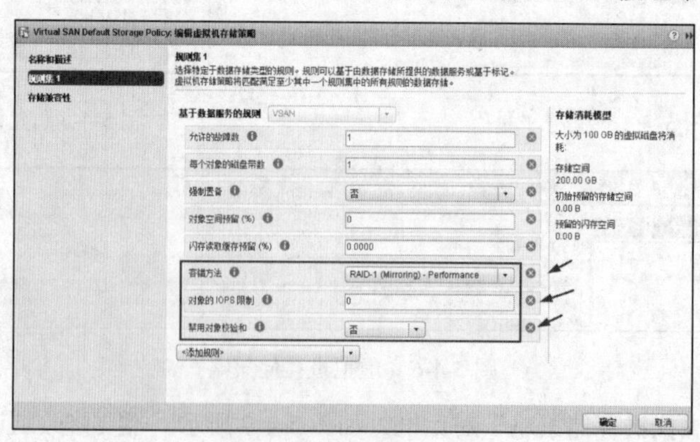

图 5-4-9　添加其他规则

【说明】对于未出现在规则集列表中的规则，实际应用按该规则默认值，如果出现在规则集列表中，但未对该规则进行修改的，仍然是采用默认值。所以在以后创建新的虚拟机存储策略时，一般在添加规则时，只是添加需要修改的规则，对于采用默认值的“规则”则不添加。

在规则集中需要着重说明的规则是“容错方法”，单击“容错方法”下拉列表可以看到，除了 RAID-1 还有 RAID-5/6 的选项，如图 5-4-10 所示。在以前 vSAN 6.1 及其以前的版本时，是没有这个规则的，因为 vSAN 6.1 及其以前版本统一是 RAID-1。自 vSAN 6.2 开始，除了支持以前的 RAID-1 外，还支持新的 RAID-5、RAID-6。但 RAID-5/6 需要全闪存架构，在混合架构中只支持 RAID-1。

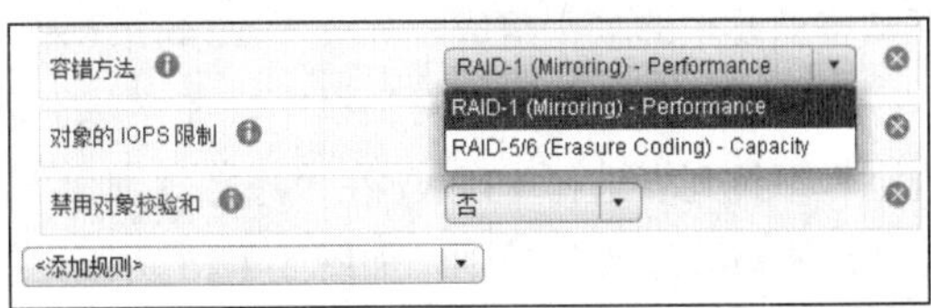

图 5-4-10　容错方法支持列表

（7）在“存储兼容性”，显示当前的虚拟机存储策略，与其匹配的存储，如图 5-4-11 所示。最后单击“取消”按钮，不保存策略的更改。

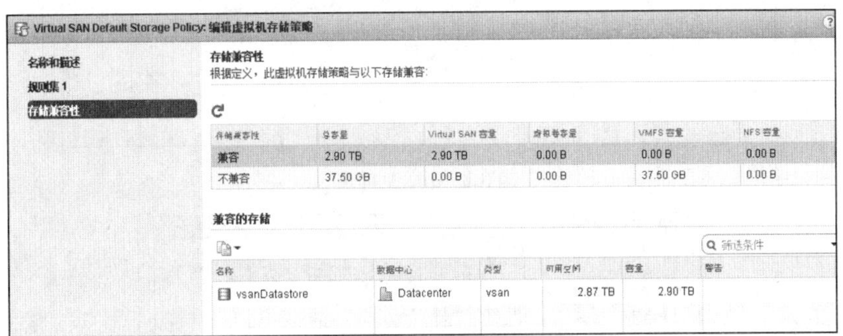

图 5-4-11　存储兼容性

【说明】如果没有与虚拟机存储策略相兼容的存储，则虚拟机存储策略将不能应用于虚拟机，除非“强制置备”。

5.4.3　添加磁盘带数为 2 的虚拟机存储策略

为获得最佳效果，请考虑创建并使用合适的虚拟机存储策略，即使该策略的要求与默认存储策略中定义的要求相同。有关创建用户定义的虚拟机存储策略的信息、操作方法与步骤如下。

（1）　在“虚拟机存储策略”中单击“ ”按钮添加虚拟机存储策略，如图 5-4-12 所示。

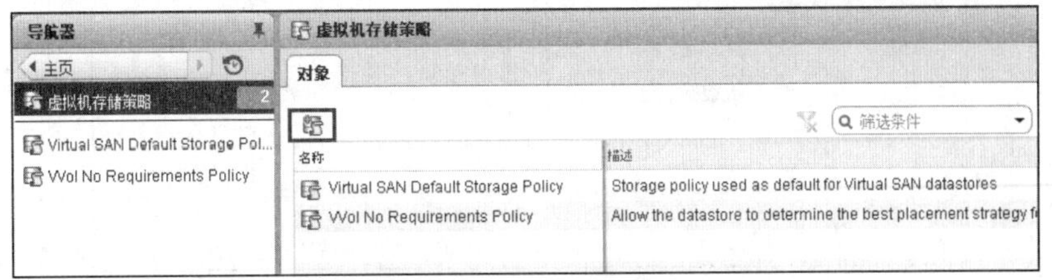

图 5-4-12　添加存储策略

（2）在“创建新虚拟机存储策略”对话框，在“名称”文本框中输入新建存储策略的名称，可以使用中、英名称。一般情况下，输入的策略名称与规则相关。例如，将要创建的策略允许故障数为 1、磁盘带数为 2，则输入名称为“FTT=1，SW=2”，如图 5-4-13 所示。

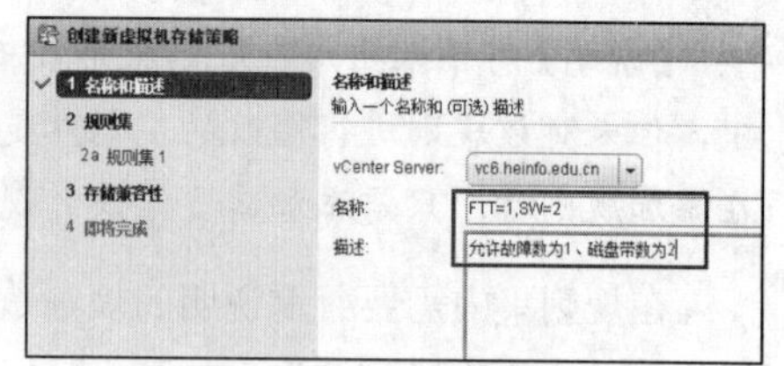

图 5-4-13　输入存储策略名称

（3）在“规则集”对话框中，简述了存储策略由描述存储资源要求的规则组成，如图 5-4-14 所示。

（4）在“规则集 1”对话框中，在“基于数据服务的规则”下拉列表选择 vSAN，在“添加规则”下拉列表中，依次选择将要添加的规则，如图 5-4-15 所示。

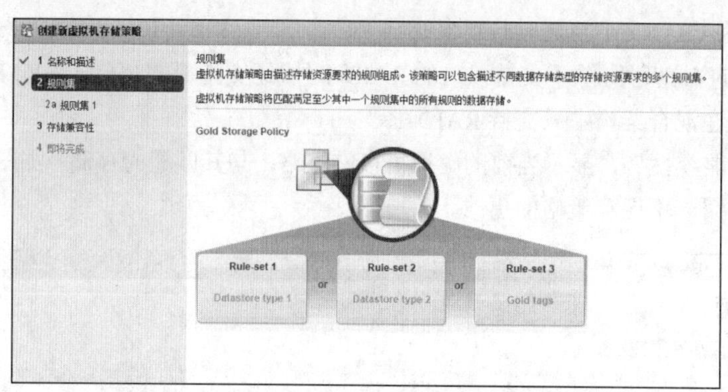

图 5-4-14　规则集

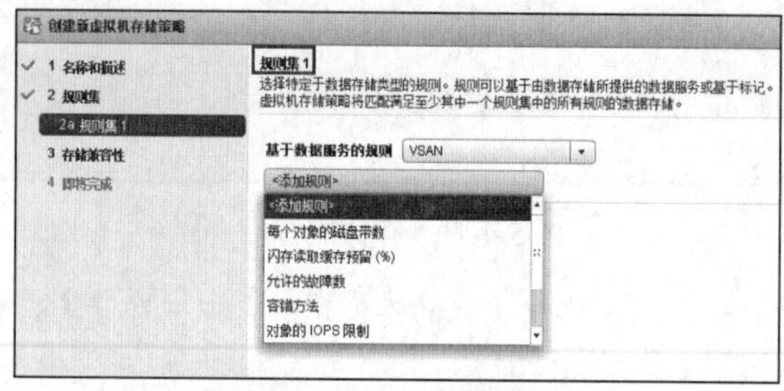

图 5-4-15 规则集 1

（5）在此添加“允许的故障数”及“每个对象的磁盘带数”，并设置故障数为 1，磁盘带数为 2，其他则不添加，选择默认值即可，如图 5-4-16 所示。

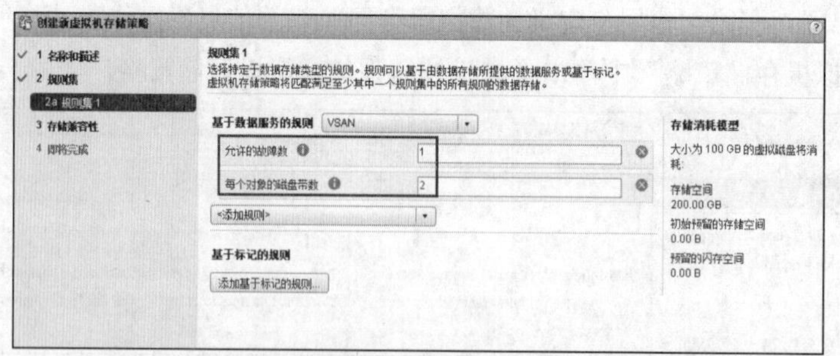

图 5-4-16 添加规则

【说明】要匹配本条策略，组成 vSAN 群集中的每个主机的磁盘组，至少要有 2 个磁盘。在使用本条策略时，组成虚拟机虚拟硬盘则是由 2 个磁盘 以 RAID-0 方式提供。

（6）在“存储兼容性”对话框，看是否有匹配的策略；如果有匹配的策略，则在“兼容”一行显示所兼容的存储容量。而在“不兼容”一行则显示不兼容的存储，如图 5-4-17 所示。

图 5-4-17　存储兼容性

（7）在“即将完成”对话框，确认信息正确无误，单击“完成”按钮，添加规则完成，如图 5-4-18 所示。

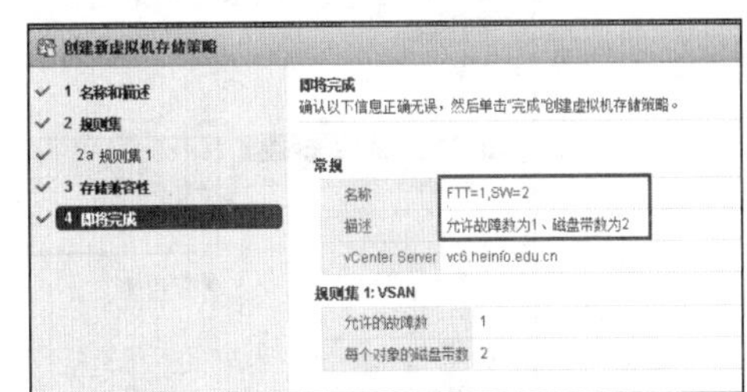

图 5-4-18　即将完成

添加之后，返回到“虚拟机存储策略”，如图 5-4-19 所示。

在当前实验环境所能支持的虚拟机存储策略，故障数只能为 1，而磁盘带数可以为 1 或 2。如果创建故障数为 2 或磁盘带数为 2 之上的策略，没有兼容的存储，也是可以创建存储策略的，只是不能应用于存储。在接下来的操作中会创建更多的虚拟机存储策略，以充分学习这一知识点。

图 5-4-19 添加的虚拟机存储策略

5.4.4　添加磁盘带数为 3 与故障数为 2 的虚拟机存储策略

下面分别创建一个故障数为 1、磁盘带数为 3 及故障数为 2、磁盘带数为 1 的虚拟机存储策略，通过这两个策略，进一步了解磁盘带数、故障数与主机数量、主机磁盘组及磁盘组中磁盘数量的关系。

（1）新建虚拟机存储策略，设置策略的名称为“FTT=1，SW=3”，如图 5-4-20 所示。

（2）在“规则集 1”中，添加允许故障数为 1，每个对象的磁盘带数为 3，如图 5-4-21 所示。在右侧“存储消耗模型”中可以看到，当 FTT=1，SW=3 时，100GB 的虚拟磁盘将消耗 200GB 的空间。

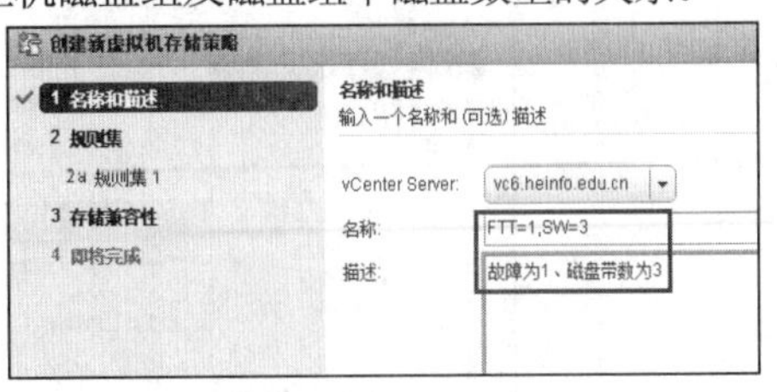

图 5-4-20　设置策略

（3）在“存储兼容性”可以看到，兼容的存储空间为 0，表示没有与策略匹配的存储，如图 5-4-22 所示。

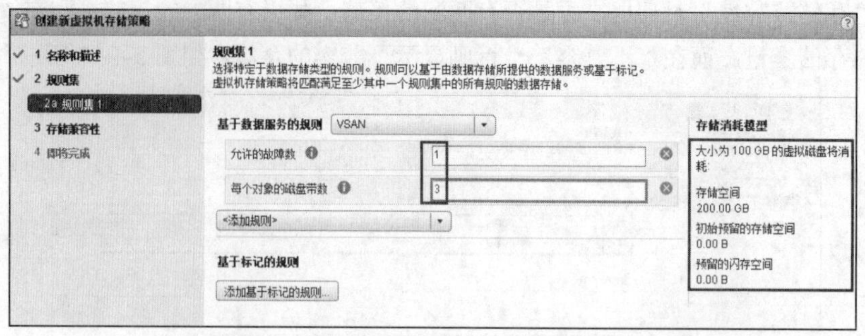

图 5-4-21　添加磁盘带数为 3

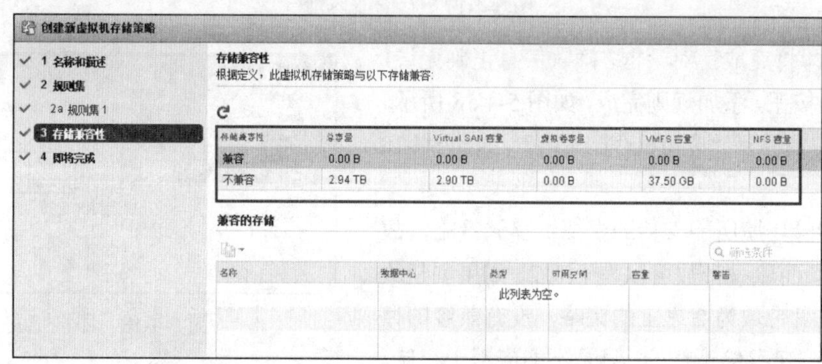

图 5-4-22　存储兼容性

接下来创建故障 2、磁盘带数为 2 的虚拟机存储策略，主要步骤如下。

（1）新建虚拟机存储策略，设置策略的名称为“FTT=2，SW=2”，如图 5-4-23 所示。

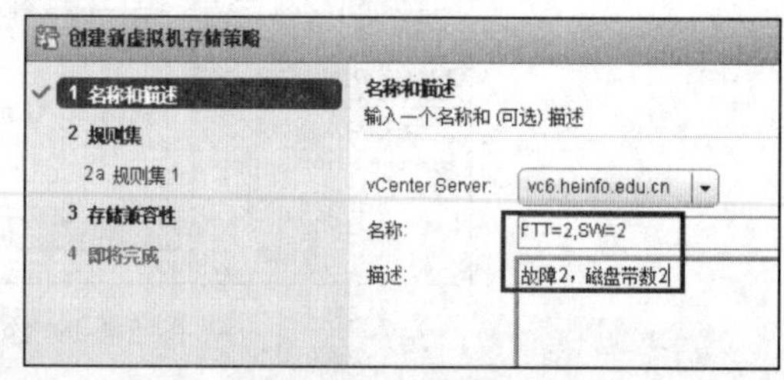

图 5-4-23　设置策略

（2）在“规则集 1”中，添加允许故障数为 2，每个对象的磁盘带数为 2，如图 5-4-24 所示。在“存储消耗模型”一项可以看到，当允许的故障数为 2 时，大小为 100GB 的虚拟磁盘将消耗 300GB 的空间。

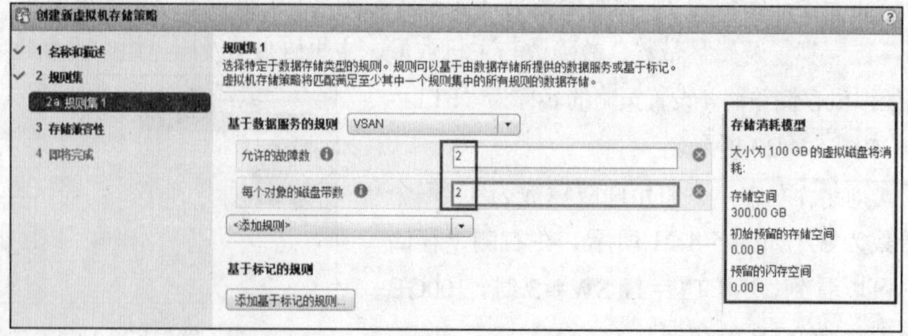

图 5-4-24　添加磁盘带数为 3

（3）在“存储兼容性”对话框可以看到，兼容的存储空间为 0，表示没有与策略匹配的存储，如图 5-4-25 所示。在此显示了“不兼容”设备的原因（在“不兼容”列表中的是本地磁盘、不兼容的设备）。

图 5-4-25　存储兼容性

（4）创建之后，返回“虚拟机存储策略”对话框，可以看到，当前已经有了 5 个策略，如图 5-4-26 所示。以后在创建虚拟机、从模板部署虚拟机时，可以根据需要选择存储策略。也可以将已经部署的虚拟机，修改虚拟机存储策略。

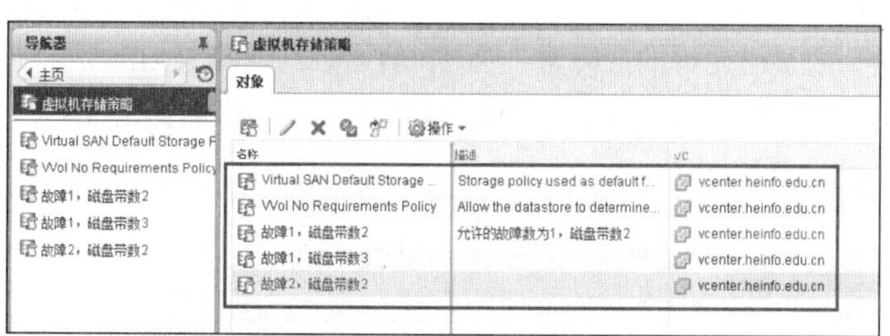

图 5-4-26　虚拟机存储策略

5.4.5　添加 RAID-5 容错策略

在前文中添加的虚拟机存储策略，无论 FTT=2 还是 SW=3，其默认的容错方式都是 RAID-1，在全闪存架构的环境中支持 RAID-5 及 RAID-6。

在混合架构中，支持 RAID-1（镜像方式），只有在全闪存的环境中，才支持 RAID-5 及 RAID-6。在混合架构中，采用容错方式 RAID-1 时，最少需要 3 台主机，推荐使用 4 台主机。在全闪存架构中，如果要采用 RAID-5，则至少需要 4 台主机（3+1 配置）。如果采用 RAID-6，则至少需要 6 台主机（4+2 配置），RAID-1、RAID-5/6 需要的主机数、节点空间占用对比见表 5-10。

表 5-10　RAID-1、RAID-5/6 需要主机数、总容量空间、节点空间对比

	允许的故障数	RAID-1		RAID-5/6		相比 RAID-1 节省的空间
		最小主机数	总容量需求	最小主机	总容量需求	
FTT=0	0	3	1 倍			
FTT=1	1	3	2 倍	4	1.33 倍	约 66.7%
FTT=2	2	5	3 倍	6	1.5 倍	50%
FTT=3	3	7	4 倍			

说明：在 RAID-1 的方式中，数据一般不跨节点，而采用 RAID-5、RAID-6 时，数据保存一般是跨节点，这种方式支持的容错可靠性会高一些。

- 在 4 台主机情况下，FTT＝1，容错方式选择 RAID-5/6（此时相当于 RAID-5），如果虚拟机数据是 100GB 空间，以前 RAID-1 时需要消耗 200GB 空间，而 RAID-5，则消耗约 133GB，节省约 67GB。
- 在 6 台主机情况下，FTT＝2，容错方式选择 RAID-5/6（此时相当于 RAID-6），如果虚拟机数据是 100GB，在 RAID-1 时需要消耗 300GB 空间，而 RAID-6 则消耗约 150GB，节省约 150GB。

本文当前的实验环境是 3 台主机、每个主机 1 个磁盘组、每个磁盘组 1 个 SSD、2 个 HDD，当前环境不符合 RAID-5/6 存储策略要求，但仍然可以创建 RAID-5/6 存储策略。在后文将会向当前环境添加更多 ESXi 主机，并且将主机磁盘组中磁盘全部“换”为 SSD，以满足实验条件。

首先创建容错方式为 RAID-5 的虚拟机存储策略，主要步骤如下。

（1）新建虚拟机存储策略，设置名称为“FTT＝1，SW＝RAID-5”，如图 5-4-27 所示。

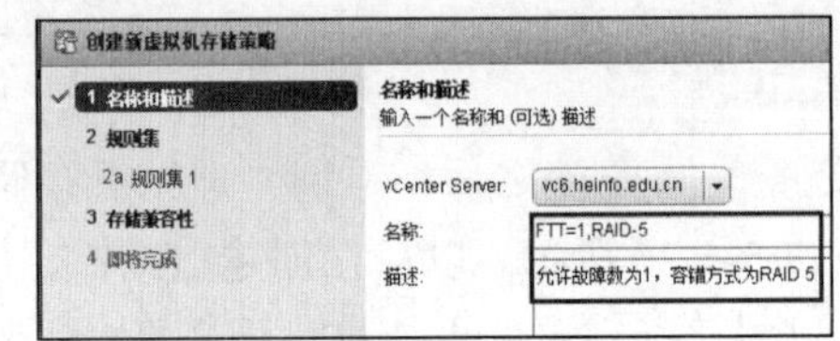

图 5-4-27　创建 RAID-5 策略

（2）在“规则集”添加“允许的故障数”为 1，容错方法选择 RAID-5/6，如图 5-4-28 所示，此时在“存储消耗模型”中可以看到，大小为 100GB 的虚拟磁盘将消耗 133.33GB。

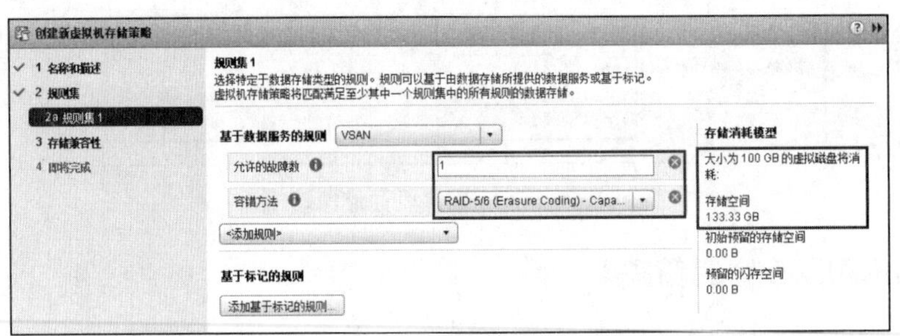

图 5-4-28 所示。

（3）在“存储兼容性”对话框，同样是找不到与这个策略兼容的存储。

（4）在“即将完成”对话框，显示了策略名称、描述、规则集内容，如图 5-4-29 所示，然后单击“完成”按钮，完成策略的创建。

接下来创建 RAID-6 的虚拟机存储策略，主要步骤如下。

（1）新建虚拟机存储策略，设置名称为 FTT＝2，SW＝RAID-6，如图 5-4-30 所示。

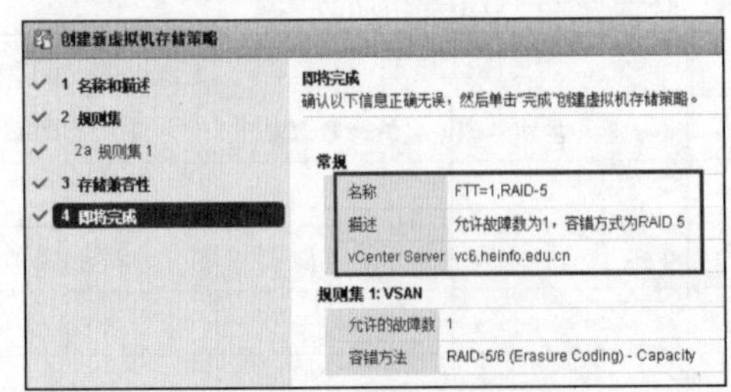

图 5-4-29　创建存储策略完成

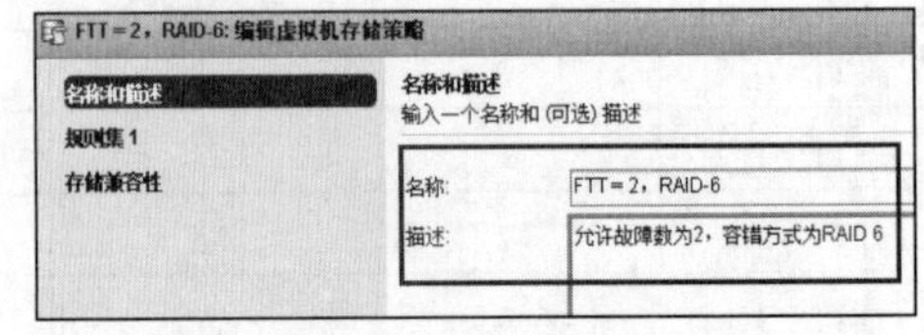

图 5-4-30　创建 RAID-6 存储策略

（2）在“规则集”添加“允许的故障数”为 2，容错方法选择 RAID-5/6，如图 5-4-31 所示，此时在“存储消耗模型”中可以看到，大小为 100GB 的虚拟磁盘将消耗 150GB。

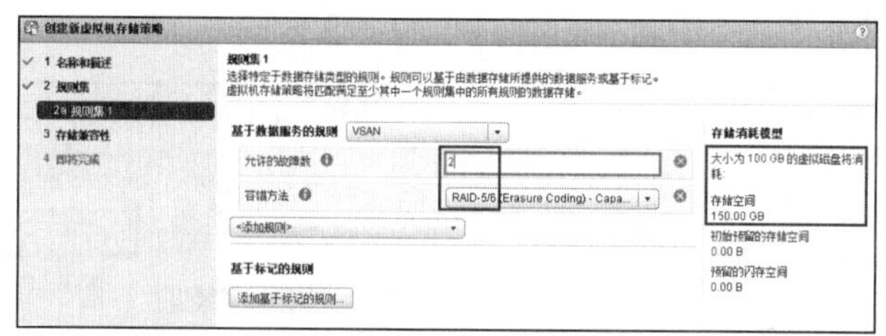

图 5-4-31　添加规则

（3）根据向导完成策略的创建。同样当前的 vSAN 群集没有匹配的存储，这些不影响策略的创建。创建策略完成后，返回 vSphere Web Client，在“虚拟机存储策略”中看到新建的 RAID-5、RAID-6 虚拟机存储策略，如图 5-4-32 所示。

虚拟机存储策略

对象

名称	描述
Virtual SAN Default Storage Policy	Storage policy used as default for Virtual SAN datastores
VVol No Requirements Policy	Allow the datastore to determine the best placement strategy for ...
FTT=1,SW=2	允许故障数为1、磁盘带数为2
FTT=1,SW=3	故障为1、磁盘带数为3
FTT=2,SW=2	故障2，磁盘带数2
FTT=1,RAID-5	允许故障数为1，容错方式为RAID 5
FTT=2，RAID-6	允许故障数为2，容错方式为RAID 6

图 5-4-32　新建的两个 RAID-5、RAID-6 存储策略

5.4.6　部署虚拟机应用虚拟机存储策略

在上文中我们创建了若干虚拟机存储策略，在本节中将学习怎样使用这些策略。即可以在新建虚拟机时，选择使用新的策略，也可以将以前创建好的虚拟机、通过修改存储策略的方式，为虚拟机选择新的存储策略。

新建虚拟机，既可以使用向导新建虚拟机、并向虚拟机中安装操作系统，也可以直接从 OVF 模板导入。无论使用何种方式，在选择存储器时都会选择虚拟机存储策略。下面以部署 OVF 模板的方式为例，介绍新建虚拟机并使用虚拟机存储策略的内容。OVF 模板可以使用管理员自己准备的、已安装好操作系统及应用软件的虚拟机导出的 OVF 模板。如果没有这种 OVF 模板，选择新建虚拟机也可以进行验证。

图 5-4-33　部署 OVF 模板

具体操作步骤如下。

（1）vSphere Web Client 中，右击数据中心、群集或主机，在弹出的右键快捷菜单中选择“部署 OVF 模板”，如图 5-4-33 所示。

（2）在“选择源”对话框中，单击“本地文件→浏览”按钮，选择一个要部署的 OVF 模板，在此选择一个 Windows 7 的 OVF 模板，如图 5-4-34 所示。

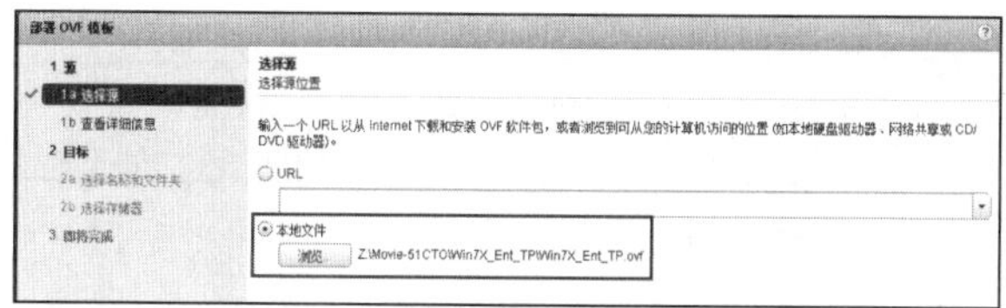

图 5-4-34　选择要导入的 OVF 模板

（3）在“查看详细信息”对话框，显示了要导入的虚拟机的大小，如图 5-4-35 所示。

（4）在“选择名称和文件夹”对话框，为部署的虚拟机指定名称和位置，在此设置名称为 Win7X-001，如图 5-4-36 所示。

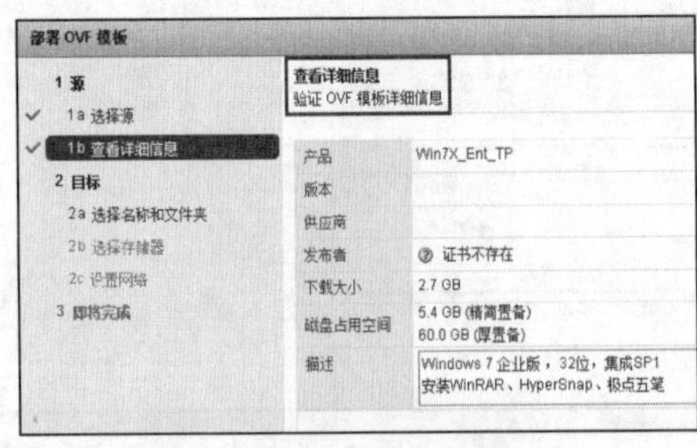

图 5-4-35　查看详细信息

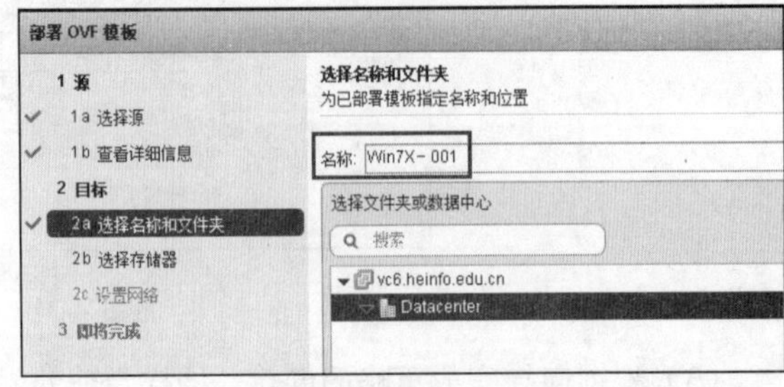

图 5-4-36　设置名称

（5）在“选择存储器”对话框，在“虚拟机存储策略”下拉列表中，根据需要选择合适的存储策略，如图 5-4-37 所示。如果部署的是工作站操作系统，或者是需要较高 IOPS 的应用，则选择虚拟机默认存储策略（故障 1、磁盘带数为 1）；如果是需要更高 IOPS、更好性能的应用，在条件满足的前提上（每个磁盘组有多个磁盘），则可以选择磁盘带数为 2 甚至更高的虚拟机存储策略。

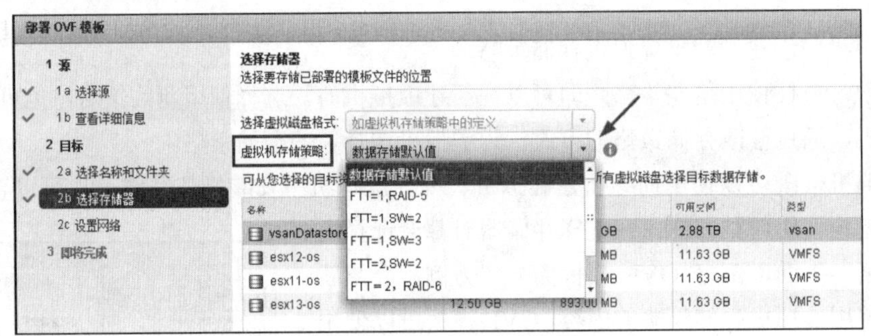

图 5-4-37　选择虚拟机存储策略

（6）在本示例中，选择 vSAN 默认存储策略。在当前的实验环境中，只支持“数据存储默认值”即默认的存储策略以及“FTT=1，SW=2”的虚拟机存储策略，如图 5-4-38 所示。如果选择了其他策略，如“FTT=1，RAID-5”，则没有与之匹配的存储，如图 5-4-39 所示，这种情况下是不能继续部署的，需要重新选择。

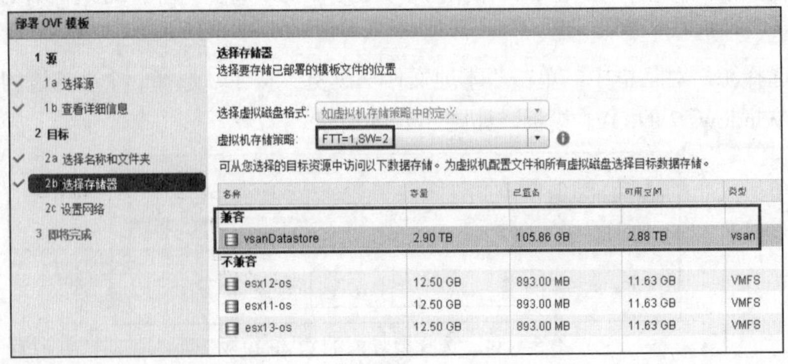

图 5-4-38　选择合适的虚拟机存储策略

图 5-4-39　没有匹配的策略

（7）在“设置网络”对话框，选择要部署的模板使用的网络，如图 5-4-40 所示。

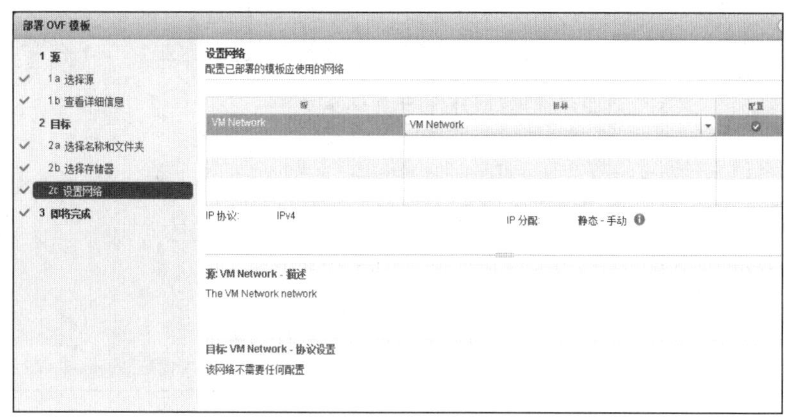

图 5-4-40　设置网络

（8）在“即将完成”对话框，查看部署虚拟机的设置，如图 5-4-41 所示，单击“完成”按钮，完成部署向导。

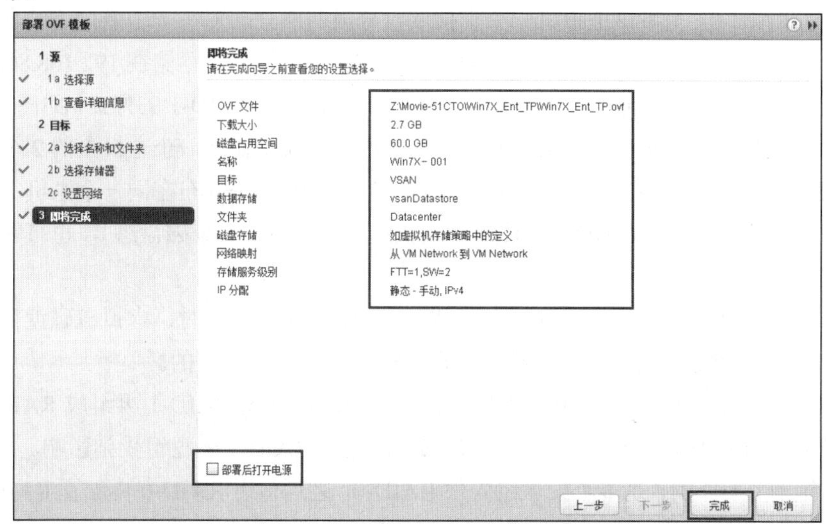

图 5-4-41　查看部署虚拟机的设置

5.4.7 查看虚拟磁盘 RAID 方式

部署虚拟机之后，在导航器中选择“主机和群集”→vSAN（群集）选项，在中间窗格单击“监控→vSAN→虚拟磁盘”按钮，在“虚拟磁盘”列表中，查看虚拟机文件，可以单击“虚拟机主页”或“Hard disk 1”选项，在“物理磁盘放置”选项，查看当前虚拟机磁盘的放置位置，以及当前 RAID 方式。在使用默认虚拟机存储策略时，虚拟机硬盘是以 RAID-1 方式配置，而作为 RAID-1 中的两个硬盘是分布在不同的主机上，还有一个见证文件保存在另一个主机上，如图 5-4-42 所示。

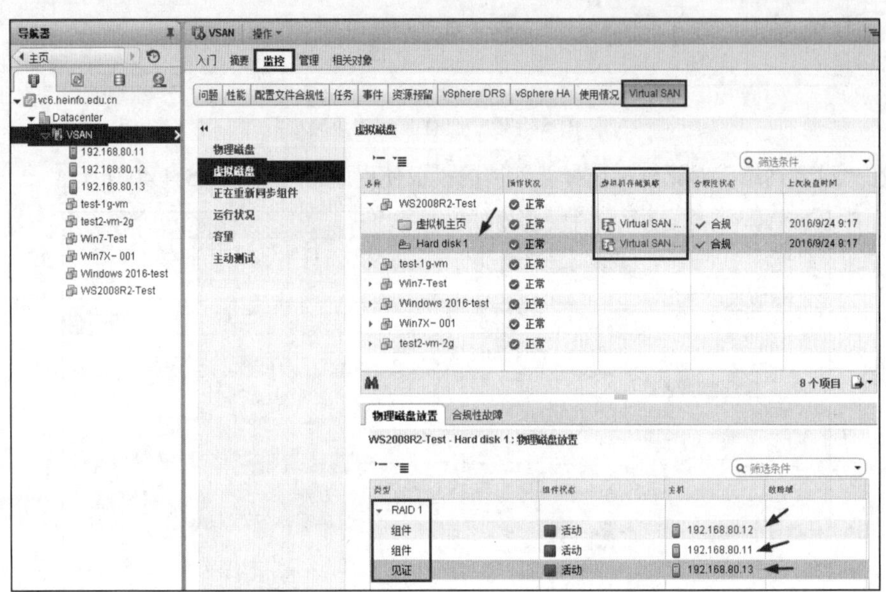

图 5-4-42 查看虚拟机硬盘在物理磁盘放置位置

单击“滑动条”，选择查看上一节部署的名为“Win7X-001”虚拟机的虚拟硬盘，在部署这个虚拟机时选择的虚拟机存储策略是“FTT＝1，SW＝2”即磁盘带数是 2，所以该虚拟机相当于 RAID-01，首先 RAID-0，是指该虚拟机一个虚拟硬盘分成两部分放置在一个磁盘组的多个不同磁盘中（或者多个不同的磁盘组），在图中示例为两组 RAID-0，其中一组存储在 192.168.80.13，另一组存储在 192.168.80.12；而 RAID-1，则是这两组 RAID-0 再配置成 RAID-1 的方式，如图 5-4-43 所示。

在当前的演示环境中，磁盘带数为 2 时，同一个虚拟硬盘是在同一个主机上的 2 个硬盘之间以 RAID-0 方式组成，这并不是表明在磁盘带数超过 2 时，RAID-0 是分布在同一个主机的同一磁盘组的多个磁盘中，而在实际中，RAID-0 可能是跨磁盘组（同一主机多个磁盘组），也可能是跨不同的主机的多个磁盘。

在 vSAN 中，磁盘带数大于 1、FTT＝1（或 FTT＝2、FTT＝3）时，虚拟机磁盘存储效果相当于 RAID-01，这与传统存储或普通服务器支持的 RAID-10 效果是不同的。

- 传统存储的 RAID-10 是先做 RAID-1（每 2 块磁盘），多组 RAID-1 再组成 RAID-0，如果某块盘损坏，并不影响整个 RAID-0，只是损坏的这个 RAID-1 磁盘组受到影响。
- vSAN 中的 RAID-01，是多个磁盘组先做 RAID-0，之后多组 RAID-0 再配置 RAID-1（镜像），只要任意磁盘组中的一个硬盘损坏，则这个损坏磁盘组中的 RAID-0 失效，继尔导致整个 RAID-1 镜像也会失效。RAID-01 与 RAID-10 的示意效果如图 5-4-44、图 5-4-45 所示。

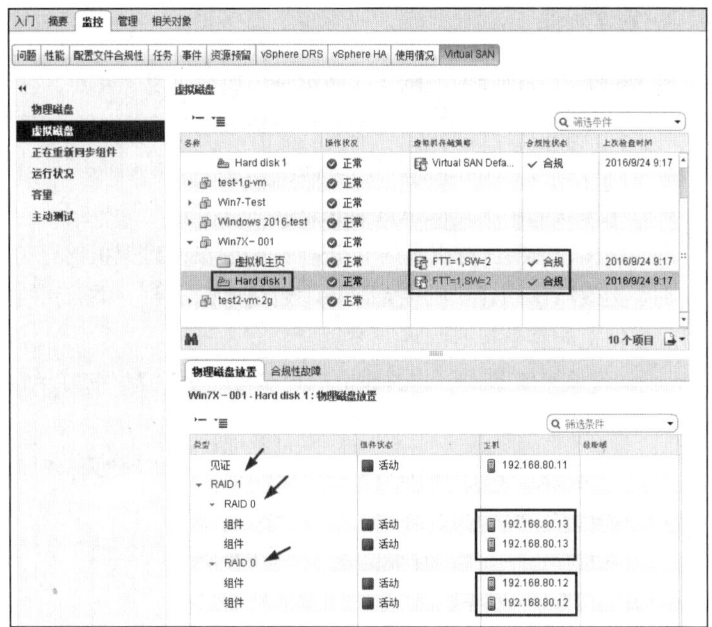

图 5-4-43　磁盘带数为 2 的磁盘关系

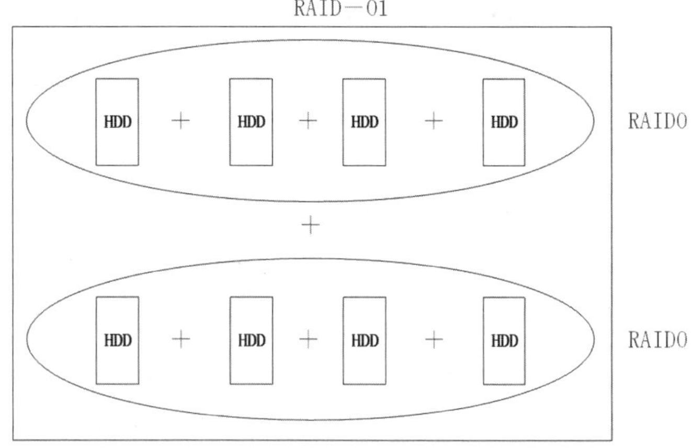

图 5-4-44　RAID-01 示意图

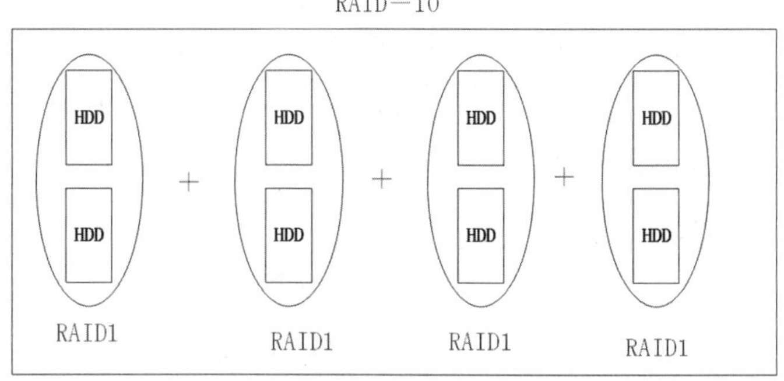

图 5-4-45　RAID-10 示意图

5.4.8 更改虚拟机存储策略

在初始的时候，部署的虚拟机选择的是默认存储策略。原因有以下几点。

（1）初期，管理员不熟悉 vSAN 存储策略，没有为虚拟机选择合适的存储策略。

（2）在 vSAN 初始配置时，每个主机的磁盘组中磁盘数量不多，后期增加了磁盘组。

（3）随着虚拟机中应用负载的增长，虚拟机需要更多的 IOPS。

如果想提高虚拟机的性能，想要获得更多的 IOPS，则需要更改虚拟机的存储策略，为虚拟机重新配置磁盘。注意：不要更改默认的虚拟机存储策略，而是根据需要，添加新的虚拟机存储策略，并修改需要进行调整的虚拟机的存储策略。

在下面的操作中，我们将原来实验中创建的虚拟机存储策略更改为“FTT=1，SW=2”的策略，并使此策略重新调整这台虚拟机的磁盘，主要步骤如下。

（1）在 vSphere Web Client 中，在导航器中右击虚拟机，在弹出的快捷菜单中选择“虚拟机策略→编辑虚拟机存储策略”，如图 5-4-46 所示。

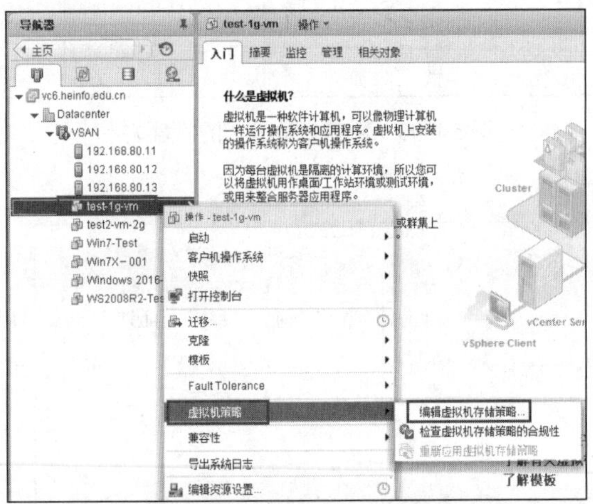

图 5-4-46 编辑虚拟机存储策略

（2）在“虚拟机存储策略”下拉列表中，选择“FTT=1，SW=2”，然后单击“应用于全部”按钮，此时在“预测对存储消耗的影响”列表中，会显示应用新的策略后存储消耗，如图 5-4-47 所示。

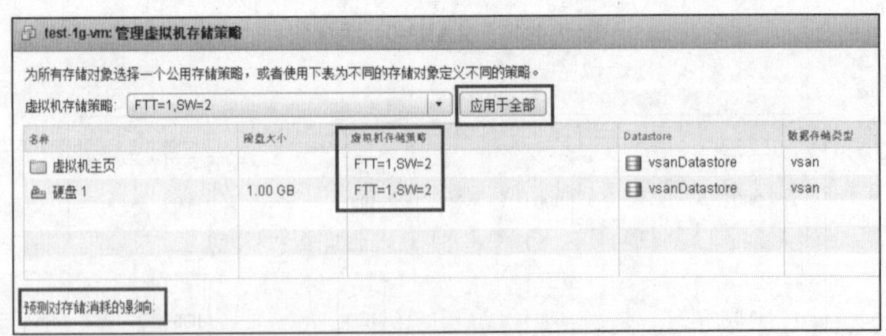

图 5-4-47 应用新的虚拟机存储策略

如果选择的虚拟机存储策略，当前环境不能满足，在“预测对存储消耗的影响”列表中将会明确提示，例如，在磁盘组只有 2 个磁盘的情况下，如果选择磁盘带数为 3，则会提示“This storage policy requires additional physical disks”（这个存储策略需要附加额外的物理磁盘），如图 5-4-48 所示。

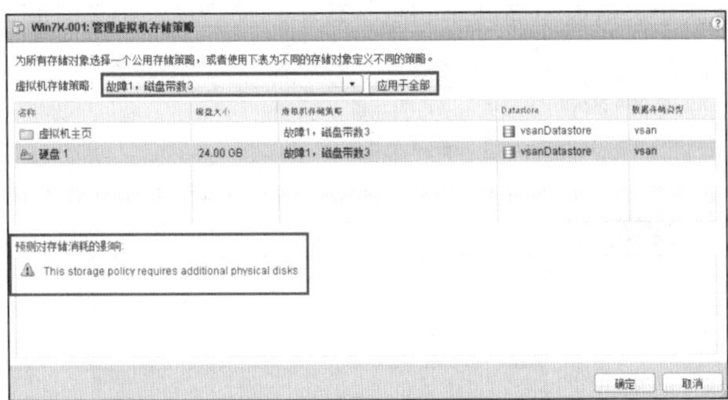

图 5-4-48　需要附加额外的物理磁盘

如果在 3 个主机的 vSAN 群集中选择“FTT＝2，SW＝2”的存储策略，则系统提示“This storage policy requires　at least 5 fault domains with hosts contributing storage but only 3 were found”（这个存储策略需要至少 5 个故障域的主机存储，但只找到 3 个主机），如图 5-4-49 所示。

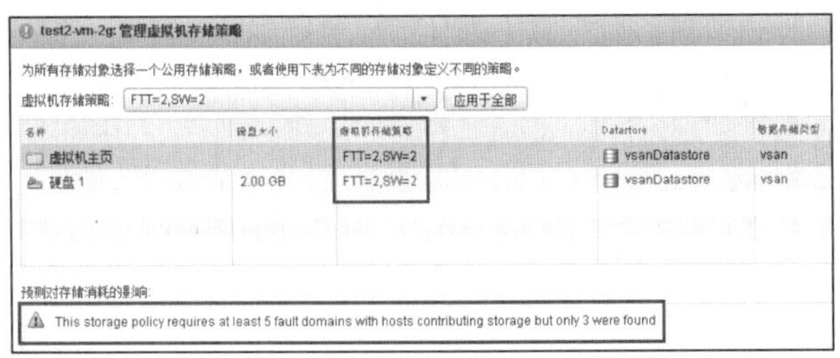

图 5-4-49　主机不足

（3）在本示例中选择重新应用磁盘带数为 2 的存储策略，应用之后，在“vSAN 群集→监控→虚拟 SAN→虚拟磁盘”中，选中虚拟硬盘，可以看到，系统正在“重新配置”为 RAID-0 及 RAID-1，如图 5-4-50 所示。

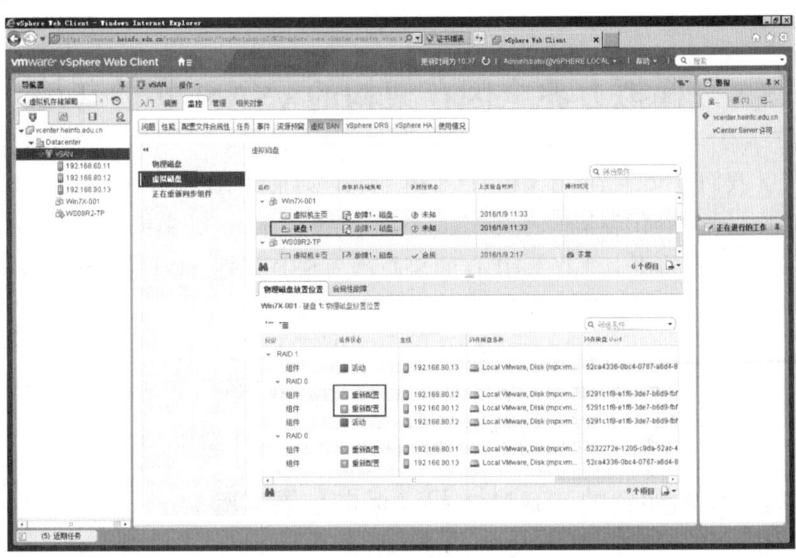

图 5-4-50　重新配置为 RAID-10

（4）在重新配置的过程中，在“正在重新同步组件”选项中可以看到，在更改虚拟机存储策略之后，需要重新同步的硬盘数据大小、需要重新同步的组件数，以及估算的剩余时间，如图 5-4-51 所示。

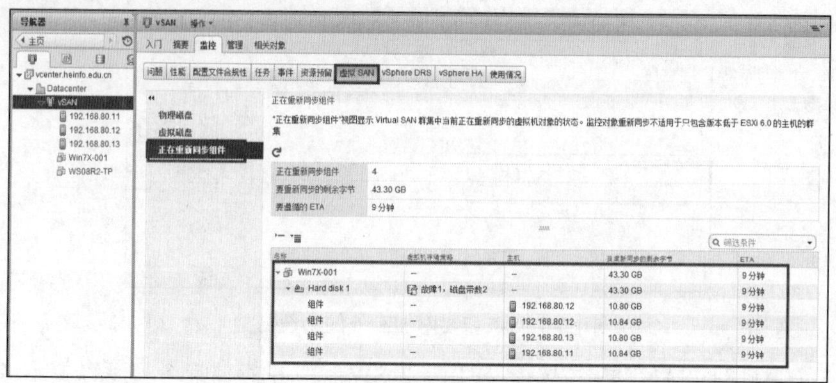

图 5-4-51　正在重新同步组件

（5）在同步完成之后，有可能会有“不合规”的提示，请选中虚拟机，在“摘要→虚拟机存储策略”中单击“检查合规性”，检查之后，虚拟机存储策略合规性会显示“合规”，如图 5-4-52 所示。

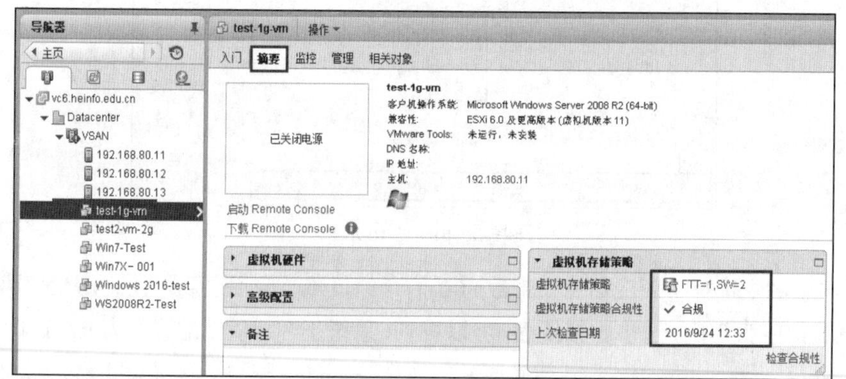

图 5-4-52　合规

5.5　模拟万兆全闪存架构的 vSAN 实验环境

在上一节中，我们模拟的是混合架构的 vSAN 群集，如果要学习、使用 vSAN 的 RAID-5/6，以及去重和压缩，则需要在全闪存架构的 vSAN，并且需要更多的 ESXi 主机。在本节中，我们将添加更多的 ESXi 主机，并且将原来更改为 HDD 的 SSD 改为 SSD 属性，以模拟全闪存架构。主要步骤工作有以下两个方面。

（1）向当前 vSAN 群集中添加更多的 ESXi 主机，横向扩展 vSAN 群集。

（2）扩展成功之后，移除原来混合架构的磁盘组，并迁移数据（模拟删除磁盘组过程中不丢失数据、不影响应用）。移除磁盘组后，更改磁盘属性为 SSD，并重新加入磁盘组。

5.5.1　向现有群集添加新的 vSAN 主机（横向扩展实验）

vSAN 群集很容易扩展，其扩展方式有两种。

- 纵向扩展：即升级主机配置，向主机中添加更多的磁盘（HDD、SSD），通过向现有磁盘组添加磁盘，或者添加新的磁盘组的方式实现扩展。
- 横向扩展：通过添加主机的方式，并且添加的主机至少包含一个磁盘组，实现 vSAN 群集及 vSAN 存储的扩展。

当前 vSAN 群集中有 3 台主机，每台主机有 1 个磁盘组，每个磁盘组 1 个 240GB 硬盘、2 块 500GB 硬盘，则当前 vSAN 存储合计空间为 3×2×500GB＝3000GB，如图 5-5-1 所示。

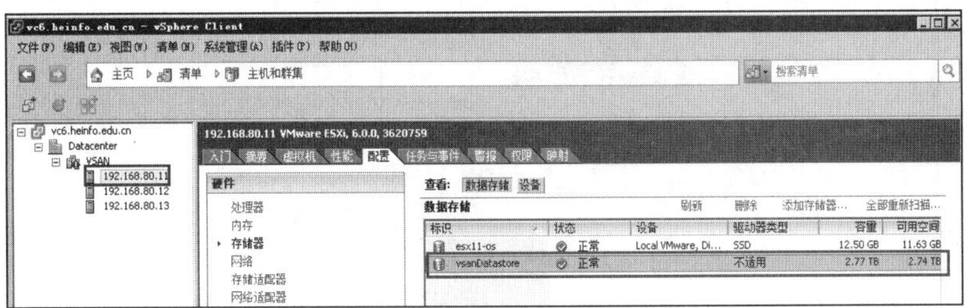

图 5-5-1　扩展前容量

在本次实验中，为了使用 RAID-5 及 RAID-6 的虚拟机存储策略，需要 6 台 ESXi 主机。在此可以实现，通过向当前 vSAN 群集添加主机的方式，实现 vSAN 存储的扩充。

在本次实验之后，vSAN 存储的容量为 6000GB。

启动 ESXi04～ESXi06，等这 3 台 ESXi 主机启动后（并设置好管理地址，分别是 192.168.80.14～192.168.80.16），将剩余 3 台 ESXi 添加到 vSAN 群集，主要步骤如下。

（1）在 VMware Workstation 中启动 ESXi04～ESXi06 剩余 3 台 ESXi 主机，如图 5-5-2 所示。在同时启动 6 台 ESXi 主机、1 台 vCenter Server 的情况下，主机内存占用约 31.6GB，CPU 使用率约 8%左右。

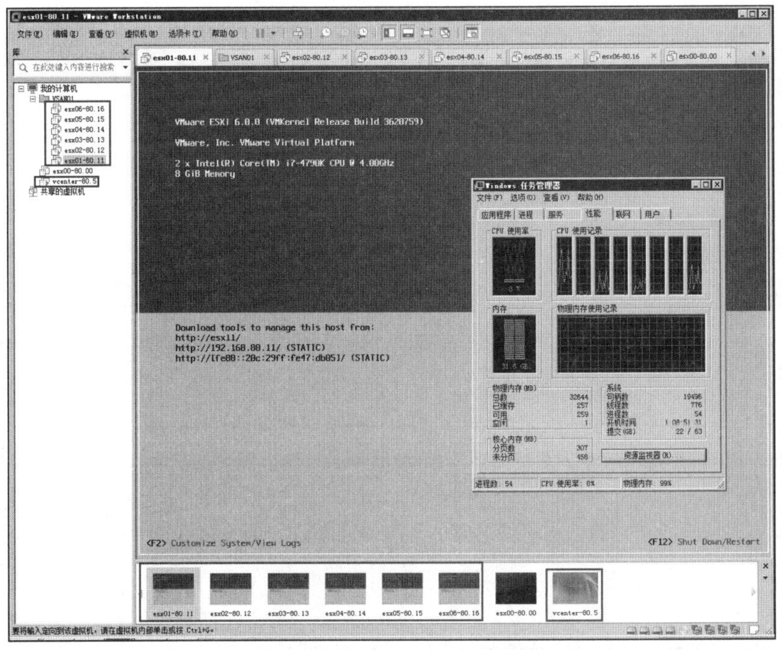

图 5-5-2　启动实验虚拟机

（2）在 vSphere Web Client 中的左侧导航器中选择 vSAN 群集，在“管理→设置→常规”中单击“编辑”按钮，如图 5-5-3 所示。

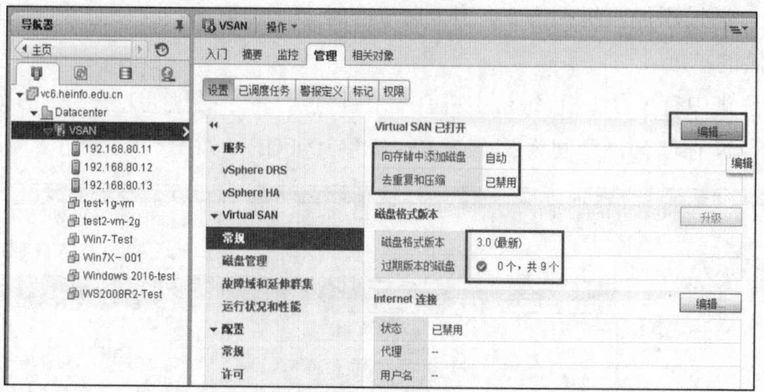

图 5-5-3　编辑 vSAN 群集设置

（3）在“编辑 vSAN 设置”对话框中，将“向存储中添加磁盘”选择为“手动”，如图 5-5-4 所示。在全闪存环境中，需要将 vSAN 磁盘添加方式为“手动”。“去重复和压缩”暂时为“已禁用”。

（4）在 vSphere Web Client 中，添加 192.168.80.14、192.168.80.15、192.168.80.16 这 3 台 ESXi 主机到 vSAN 群集，如图 5-5-5 所示。

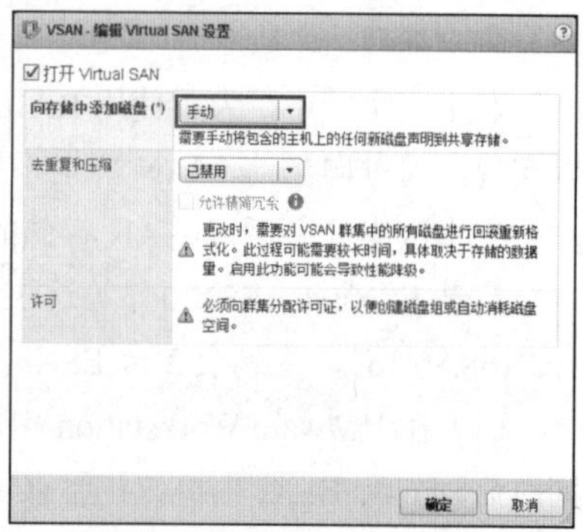

图 5-5-4　手动声明磁盘

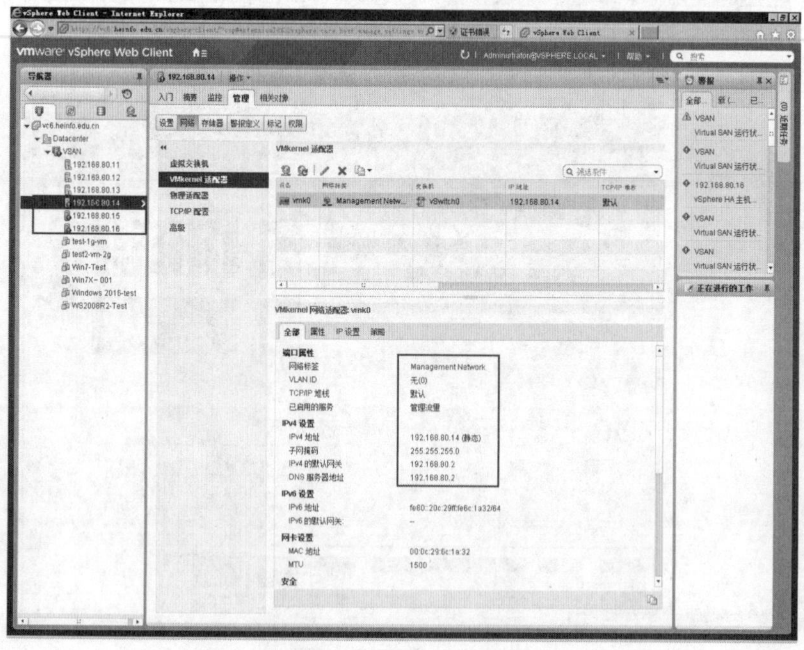

图 5-5-5　添加剩余 3 台 ESXi 主机到 vSAN 群集

（5）为新添加的 3 台主机添加第 2 个标准交换机，并添加用于 vSAN 流量的 VMkernel，如图 5-5-6 所示。

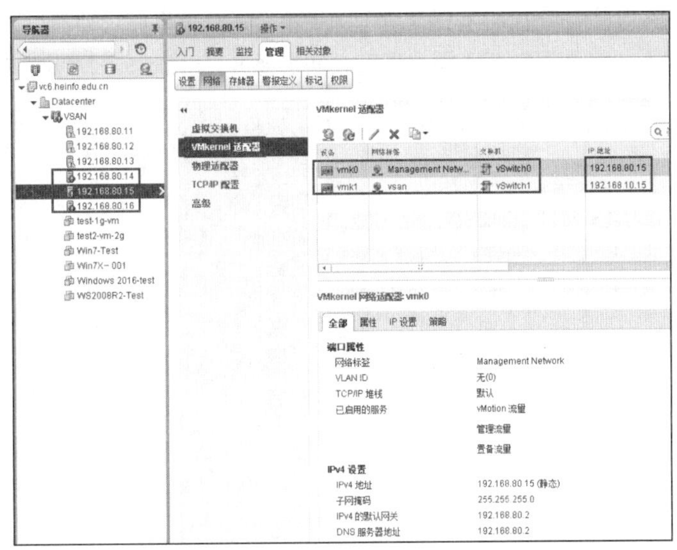

图 5-5-6 添加 vSAN 流量 VMkernel

5.5.2 以手动方式添加磁盘组

在将主机添加到 vSAN 群集并将 vSAN 群集磁盘加入方式配置为“手动”后，需要手动向 vSAN 群集添加磁盘组，主要操作步骤如下。

（1）在“vSAN 群集”→“管理→设置→磁盘管理”选项中可以看到，新添加的 192.168.80.14、192.168.80.15、192.168.80.16 这 3 个主机没有自动添加磁盘组，如图 5-5-7 所示。

图 5-5-7 查看磁盘组

（2）在图 5-5-7 中单击“ ”按钮，在弹出的“声明磁盘以供 vSAN 使用”中，选择 vSAN 群集中针对缓存和容量声明磁盘。通常情况下向导会自动选择合适的方式，管理员可以单击“ ”按钮展开磁盘列表查看系统自动选择的是否合适；如果不合适，可以在“针对以下声明”下拉列表中单击进行修改（可以在“容量层”或“缓存层”之间选择），如图 5-5-8 所示。

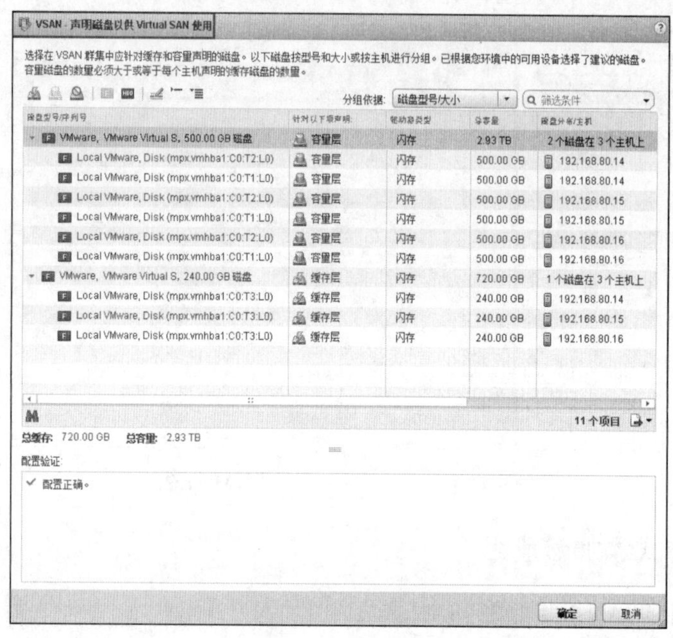

图 5-5-8　声明磁盘

（3）声明后系统会添加磁盘组，依次查看 192.168.80.14～192.168.80.16 这 3 台主机，在“驱动器类型”中可以看到，当前添加的磁盘组是“闪存”类型，如图 5-5-9 所示，这表示添加的是“全闪存”磁盘组。

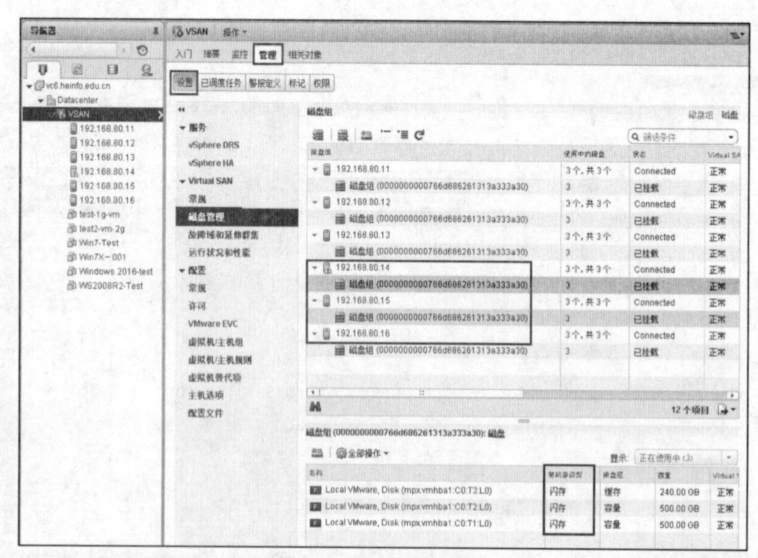

图 5-5-9　添加磁盘组完成

（4）依次查看 192.168.80.11、192.168.80.12、192.168.80.13 这 3 台主机，在“驱动器类型”列表中可以看到，这些主机磁盘组是“混合架构”，即容量磁盘由 HDD 组成，如图 5-5-10 所示。

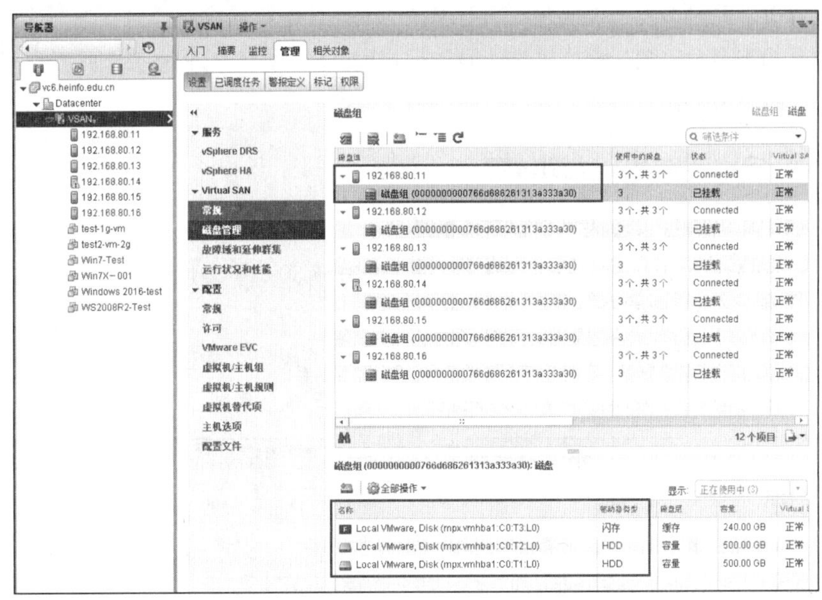

图 5-5-10　查看原来 3 台主机磁盘类型

此时如果修改虚拟机存储策略为 RAID-5 或 RAID-6，系统会提示缺少足够的主机（需要 6 台全闪存架构的 ESXi 主机但当前只有 3 台），如图 5-5-11 所示。

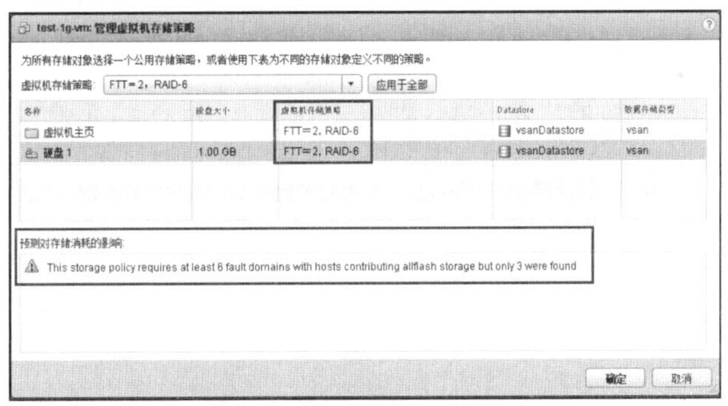

图 5-5-11　应用 RAID-6 存储策略

此时再使用 vSphere Client 查看当前 vSAN 存储容量（当前容量为 5.55TB，在实际生产环境中，受磁盘型号、容量的影响，可能会略有不同），如图 5-5-12 所示。

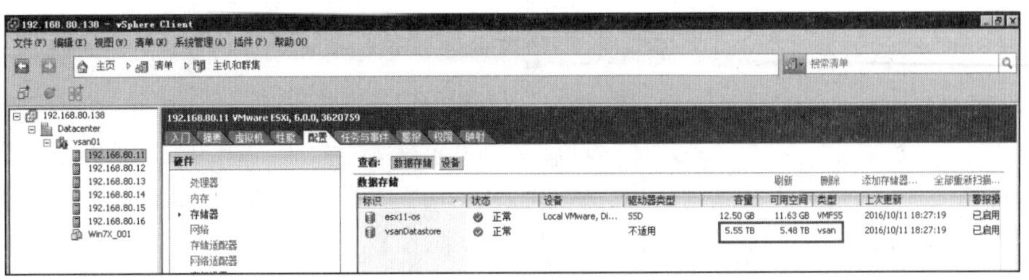

图 5-5-12　横向扩展后容量

如果要应用 RAID-6 存储策略，则需要 6 台主机磁盘组为“全闪存架构”。但在前期的实验中，ESXi01～ESXi03 被修改为“混合架构”磁盘组，如果要将这些磁盘属性更改为 SSD，需要先删除磁盘组后才能修改。此时涉及一个问题：因为现在的 vSAN 磁盘组中已经保存数据，如何在删除磁盘组时保证数据的安全及完整，有通过进入维护模式撤出磁盘组数据和直接删除磁盘组的同时撤出数据两种方式，接下来会详细讲述。

5.5.3 进入维护模式撤出磁盘组数据

进入维护模式撤出磁盘组数据的主要步骤如下。

（1）在 vSphere Web Client 中，右击第 1 台主机 192.168.80.11，在弹出的快捷菜单中选择“维护模式→进入维护模式”，如图 5-5-13 所示。

（2）在弹出的“确认维护模式”对话框中，勾选“将关闭电源和挂起的虚拟机移动到群集中其他主机上”，并在“vSAN 数据迁移”下拉列表中选择“迁移全部数据”，如图 5-5-14 所示。

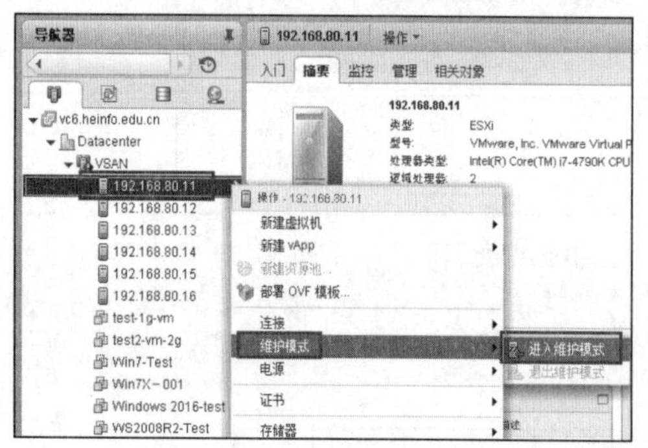

图 5-5-13 进入维护模式

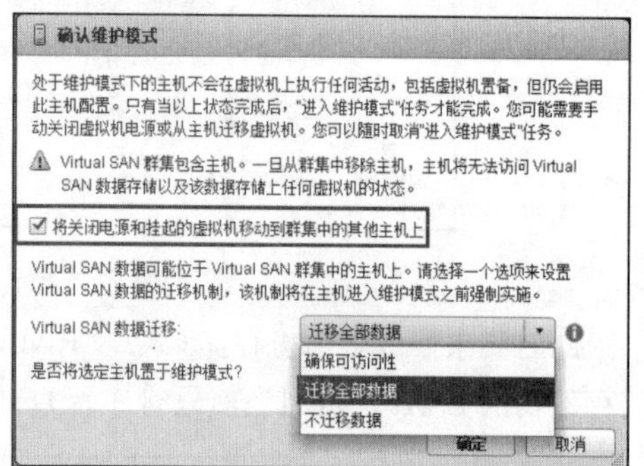

图 5-5-14 迁移全部数据

（3）vSAN 会撤出磁盘组数据，在“vSAN”→“监控→vSAN→正在重新同步组件”选项中，看到正在同步的数据，如图 5-5-15 所示。

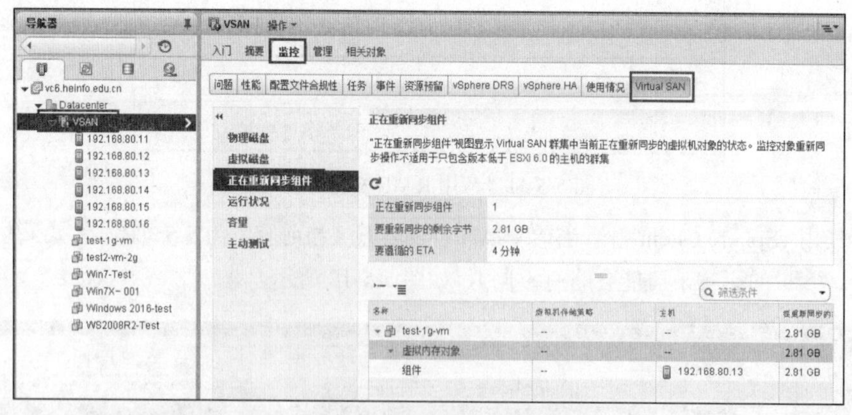

图 5-5-15 正在同步数据

（4）等数据同步完成之后，在“管理→设置→磁盘管理”中，选择“192.168.80.11”的磁盘组，单击“▀”按钮移除磁盘组，如图 5-5-16 所示。

（5）在“移除磁盘组”对话框中，此时磁盘组上的数据为“0B”表示已经无数据，单击“是”

按钮，如图 5-5-17 所示。

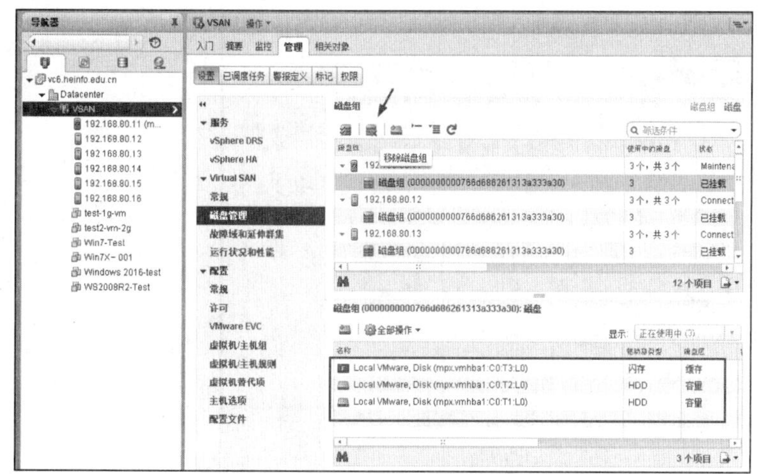

图 5-5-16 选中磁盘组

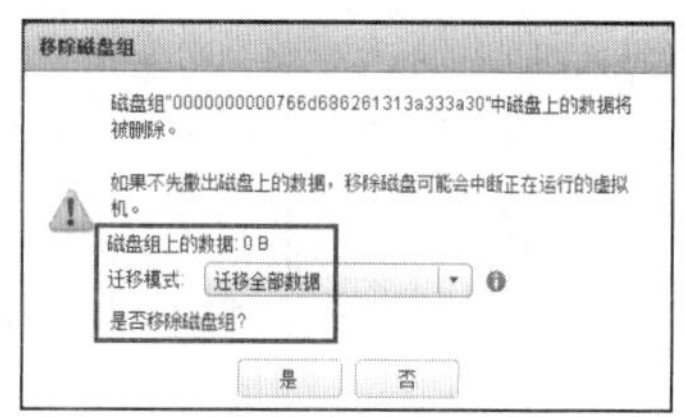

图 5-5-17 移除磁盘组

（6）移除磁盘组之后，此时在“磁盘管理”中，192.168.80.11 使用中的磁盘为“0 个”，如图 5-5-18 所示。

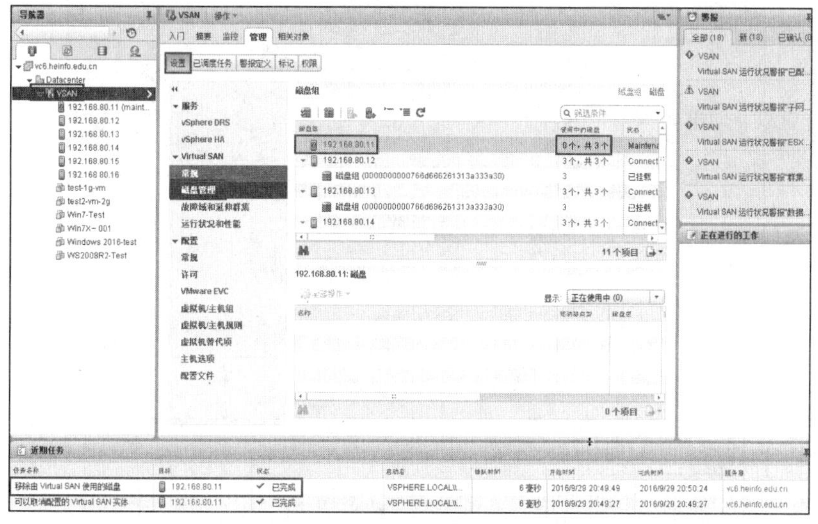

图 5-5-18 当前主机无磁盘组

（7）在导航器中选中 192.168.80.11，在“管理→存储器→存储设备”中，将两个 500GB 的磁盘属性从“HDD”更改为“闪存”，如图 5-5-19 所示。

（8）返回到 vSAN 群集“管理→设置→磁盘管理”，选中 192.168.80.11 主机，单击“”按钮添加磁盘组，如图 5-5-20 所示。

（9）在“创建磁盘组”对话框中，选中 240GB 磁盘做缓存磁盘，另外两个 500GB 磁盘做容量磁盘，单击“确定”按钮添加磁盘组，如图 5-5-21 所示。

（10）添加磁盘组之后，可以看到，当前磁盘类型为“闪存”，如图 5-5-22 所示。

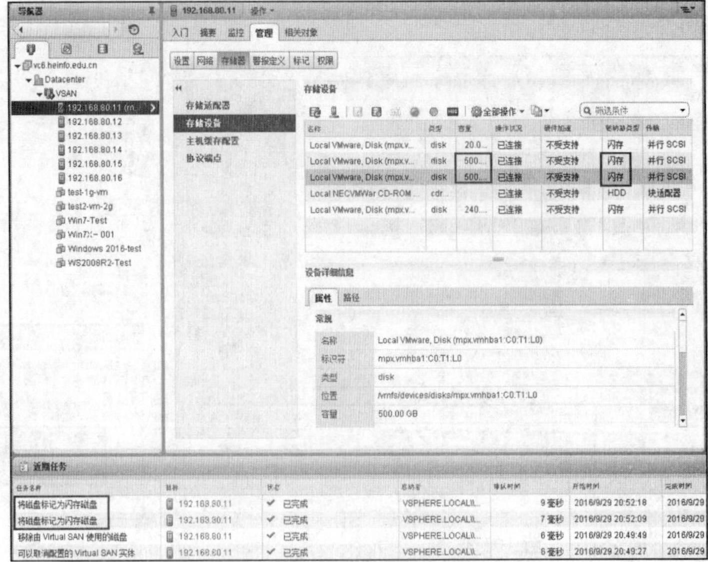

图 5-5-19　更改磁盘属性为 SSD

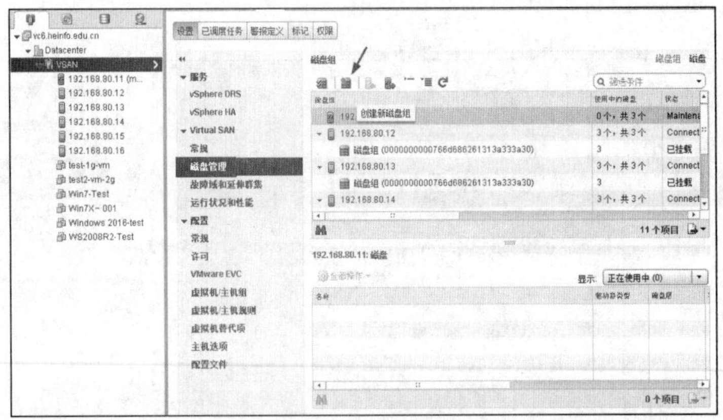

图 5-5-20　添加磁盘组

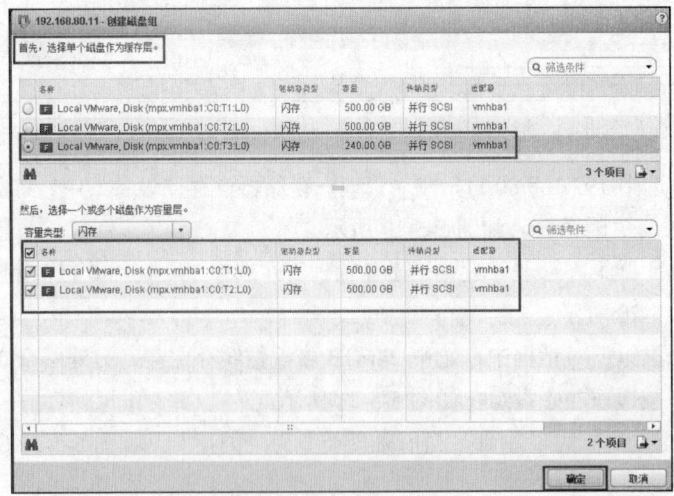

图 5-5-21　创建磁盘组

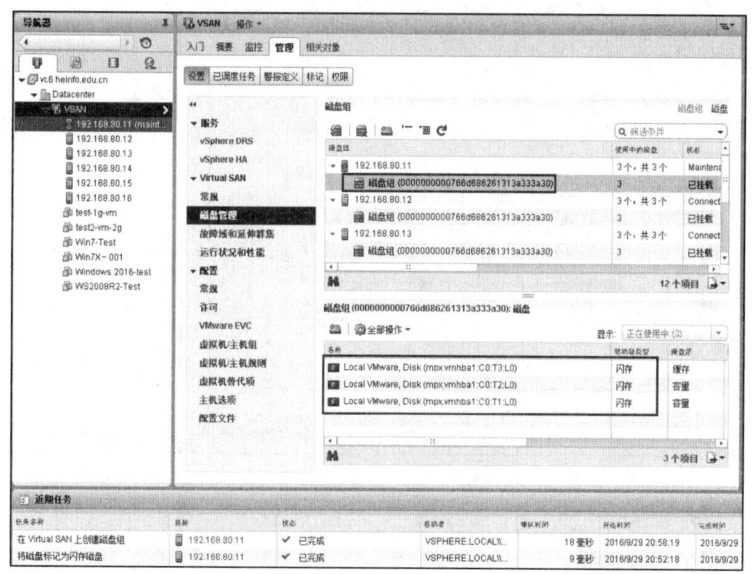

图 5-5-22　添加磁盘组完成

（11）右击 192.168.80.11 的主机，在弹出的快捷菜单中选择“维护模式→退出维护模式”选项，如图 5-5-23 所示。

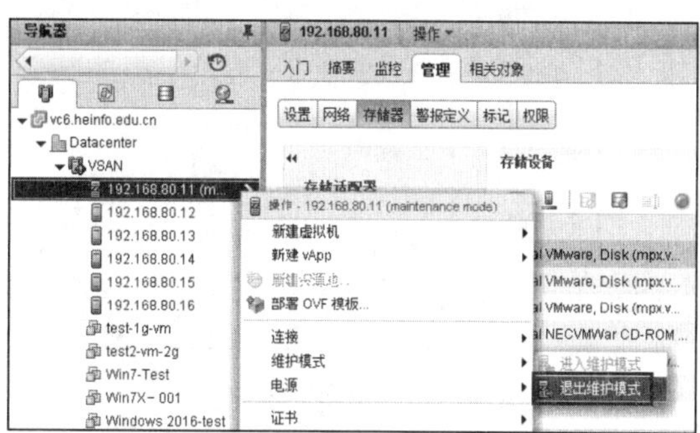

图 5-5-23　退出维护模式

5.5.4　直接删除磁盘组的同时撤出数据

除了可以通过“进入维护模式”撤出 vSAN 磁盘组数据外，还可以在不进入维护模式的情况下，直接删除磁盘组的同时撤出磁盘组数据，主要步骤如下。

（1）在 vSphere Web Client 中的左侧导航器中选中 vSAN 群集，在“管理→设置→磁盘管理”中的右侧窗格选中 192.168.80.12 的磁盘组，可以看到当前的“驱动器类型”为 1 个闪存、2 个 HDD，单击“ ”按钮移除磁盘组，如图 5-5-24 所示。

（2）在“移除磁盘组”对话框中，此时磁盘组上的数据为“66.43 GB”，在“迁移模式”下拉列表中选择“迁移全部数据”，然后单击“是”按钮，如图 5-5-25 所示。

（3）在“监控→vSAN→正在重新同步组件”中可以看到，在撤出磁盘组数据时，会重新同步组件，如图 5-5-26 所示。

图 5-5-24　选中磁盘组

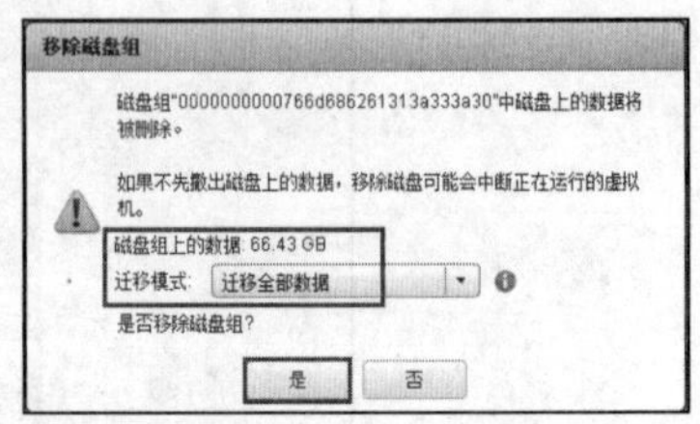

图 5-5-25　移除磁盘组

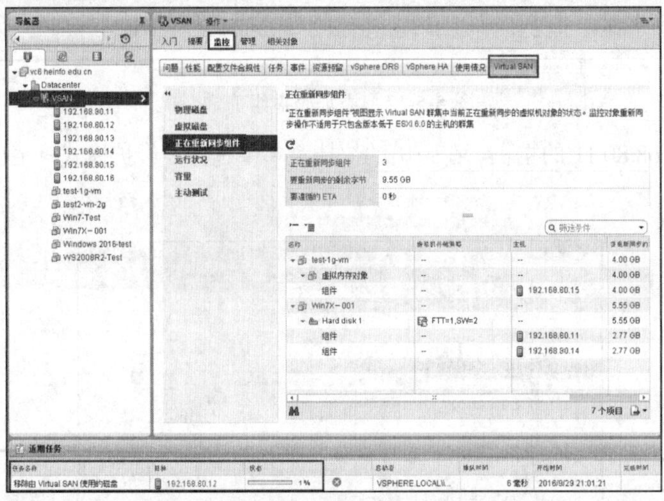

图 5-5-26　重新同步组件

（4）参照“5.5.3 通过进入维护模式撤出磁盘组数据”一节的内容，将 192.168.80.12 的另 2 个 500GB 磁盘属性改为 SSD 后，创建 vSAN 磁盘组，如图 5-5-27 所示。

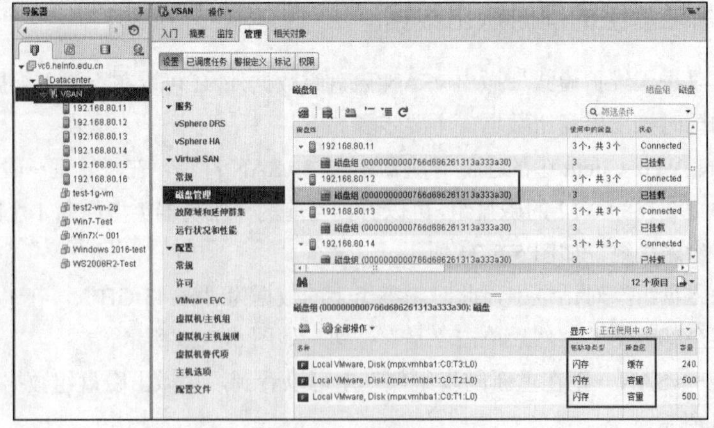

图 5-5-27　创建磁盘组

5.5.5 直接删除磁盘组不撤出数据（模拟闪存磁盘故障）

上两节介绍的是正常删除磁盘组的方法，而在实际的生产环境中，如果磁盘组中的缓存磁盘出错，只能通过“不撤出数据”的方式更换缓存磁盘（删除磁盘组、更改缓存磁盘、重新创建磁盘组）。本节将以 192.168.80.13 为例演示这种方法，主要操作步骤如下。

（1）在 vSphere Web Client 中的左侧导航器中选中 vSAN 群集，在“管理→设置→磁盘管理”中的右侧窗格选中 192.168.80.13 的磁盘组，单击“”按钮移除磁盘组，如图 5-5-28 所示。

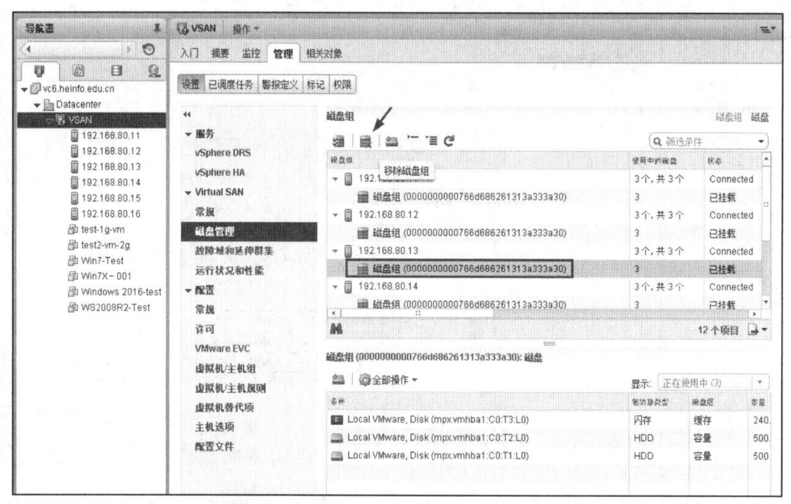

图 5-5-28 选中磁盘组

（2）在“移除磁盘组”对话框中，此时磁盘组上的数据为“66.13 GB”，在“迁移模式”下拉列表中选择“不迁移数据”，然后单击“是”按钮，如图 5-5-29 所示。

（3）在“强制”删除磁盘组并且选择“不迁移数据”后，在“监控→vSAN→正在重新同步组件”，开始的时候不会出现同步组件的操作，如图 5-5-30 所示。

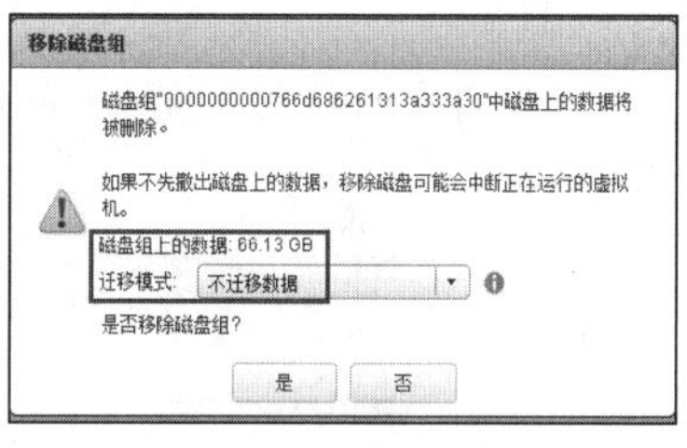

图 5-5-29 移除磁盘组

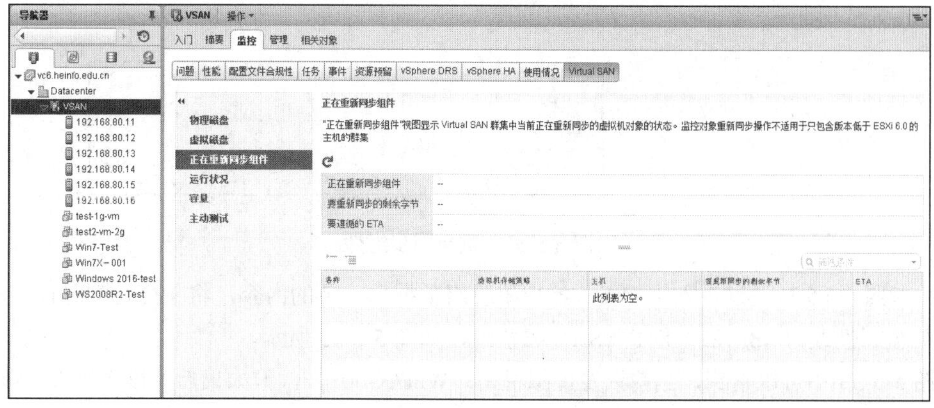

图 5-5-30 初始不会有同步组件操作

（4）在“监控→vSAN→虚拟磁盘”中，浏览查看虚拟机，依次浏览每个虚拟机，此时会看到一些虚拟机“未找到对象”，其“组件状态”为“已降级”和“正在重新配置”的提示，此时表示 vSAN 已经检测到有些虚拟机的组件丢失，此故障不可自动恢复，正在准备重新配置，如图 5-5-31 所示。

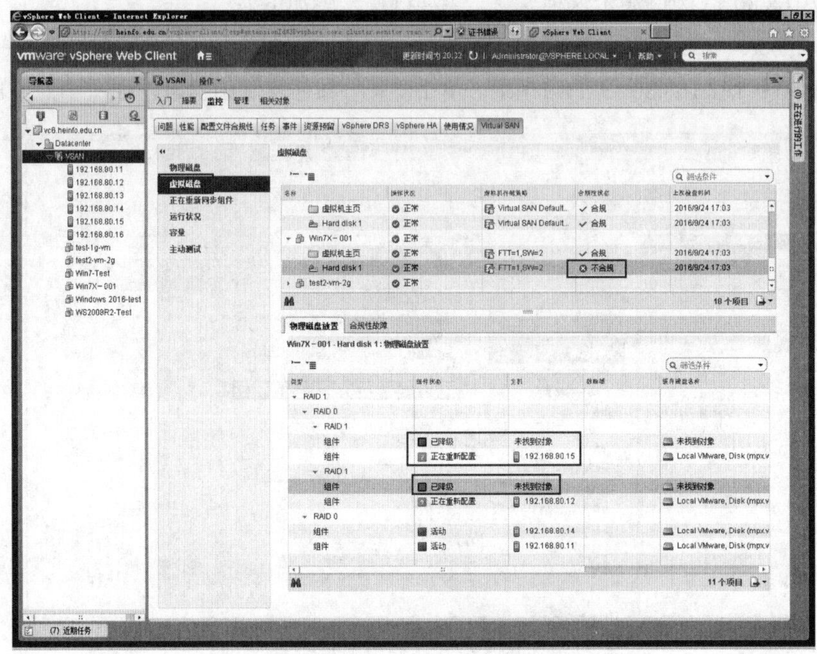

图 5-5-31　组件状态

（5）再次返回到“监控→vSAN→正在重新同步组件”，此时会看到重新同步操作，如图 5-5-32 所示。

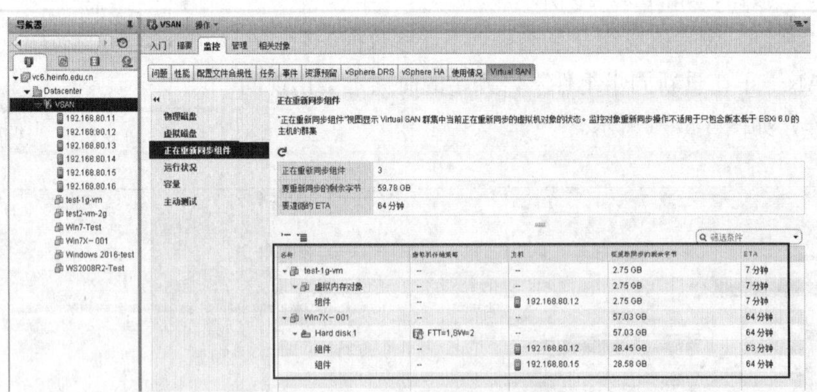

图 5-5-32　重新同步组件

（6）参照“5.5.3 通过进入维护模式撤出磁盘组数据”一节的内容，将 192.168.80.12 的另 2 个 500GB 磁盘属性改为 SSD 后，创建 vSAN 磁盘组，如图 5-5-33 所示。

从图 5-5-33 中可以看到，当前涉及虚拟机是“Win7X-001”，但如果启动该虚拟机，该虚拟机可以正常工作，不受影响，如图 5-5-34 所示。

图 5-5-33　创建磁盘组

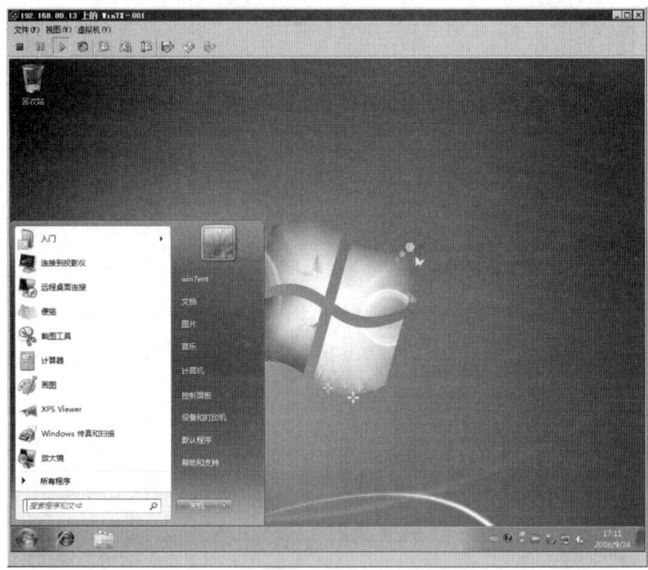

图 5-5-34　启动缺少组件正在同步的虚拟机

（7）缺少组件的虚拟机会重新配置完成，如图 5-5-35 所示。

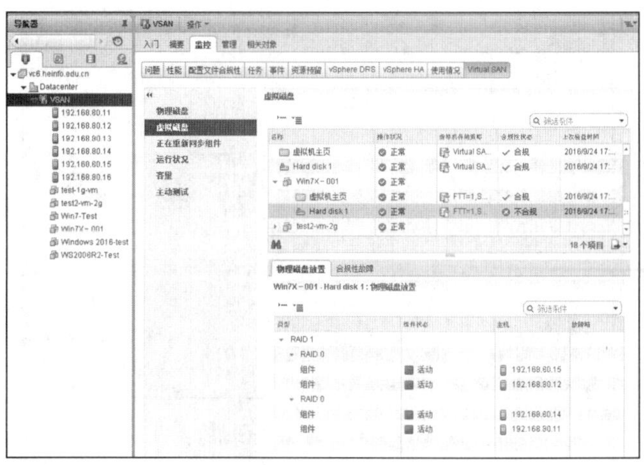

图 5-5-35　重新配置完成

（8）将 192.168.80.13 的两个 500GB 磁盘属性改为 SSD，并重新添加磁盘组，如图 5-5-36 所示。

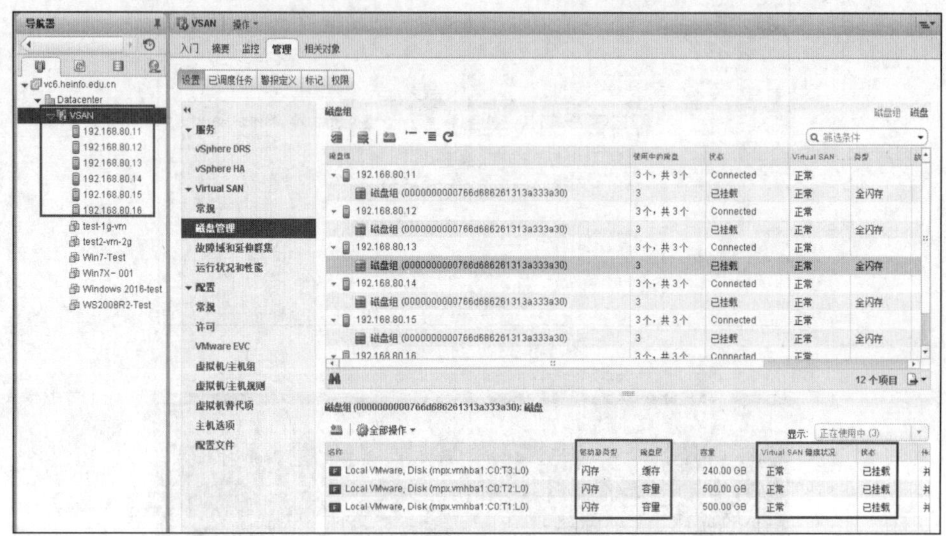

图 5-5-36　重新添加磁盘组

5.5.6　使用 RAID-5 虚拟机存储策略

经过上述的准备，当前 vSAN 环境中 6 台主机硬盘全部改为 SSD，此时已经是“全闪存架构”，已经满足 RAID-5 的要求。首先通过更改一个虚拟机磁盘策略，查看采用 RAID-5 前后的效果，主要操作步骤如下。

（1）在当前的环境中，有一个名为 Win7X-001 的虚拟机，该虚拟机安装的 32 位 Windows 7 操作系统，在创建该虚拟机时，为虚拟机采用的是“厚置备磁盘”格式，如图 5-5-37 所示。

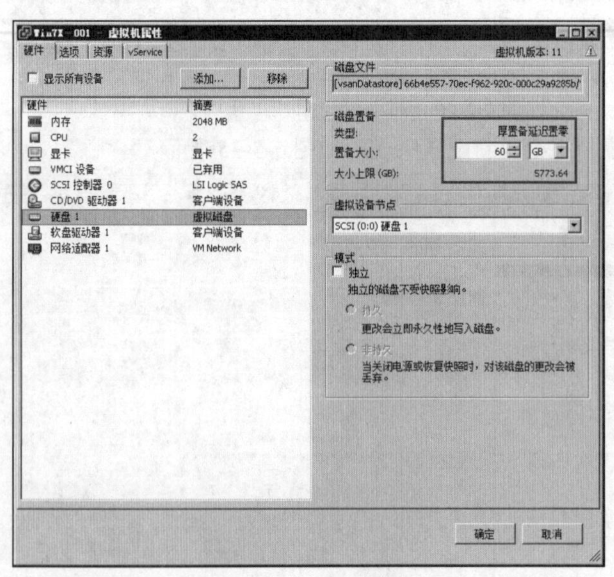

图 5-5-37　厚置备磁盘

（2）在 vSphere Web Client 中，左侧导航器中选择 vSAN 群集，在“监控→vSAN→容量”中可

以看到，当前“已使用-以物理方式写入 24.23GB”，“已使用-虚拟机超额预留 110.91GB”，已使用-总计 135.13GB，如图 5-5-38 所示。

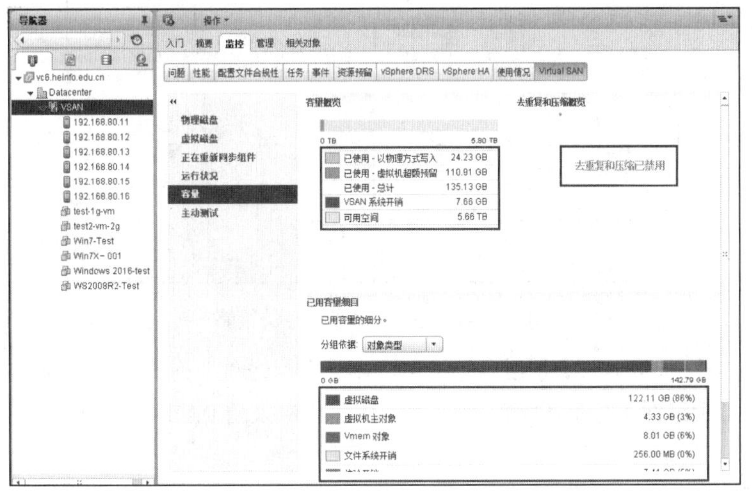

图 5-5-38　查看容量概览

（3）在导航器中选择 Win7X-001 虚拟机，依次右击弹出的快捷菜单“虚拟机策略→编辑虚拟机存储策略”，如图 5-5-39 所示。当前虚拟机存储策略为“FTT＝1，SW＝2”即 RAID-1 的容错方式。

图 5-5-39　编辑虚拟机存储策略

【说明】在当前的环境中，只有 Win7X-001 安装有操作系统，另外除了 test-1g-vm 是一个分配了 1GB 空间的虚拟机外（未安装操作系统），其他虚拟机则是“精简置备”并且没有安装操作系统，也就是没有占用多大空间。

（4）在“管理虚拟机存储策略”中，在“虚拟机存储策略”中选择“FTT＝1，RAID-5”，然后单击“应用于全部”，如图 5-5-40 所示，此时在“预测对存储消耗的影响”列表中，显示了存储空间的消耗将减少 224MB。

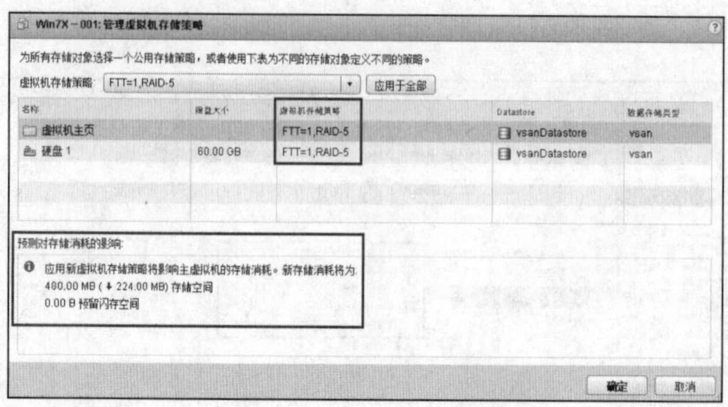

图 5-5-40　更改虚拟机存储策略

（5）选择“监控→vSAN→虚拟磁盘”选项，在“虚拟磁盘”列表中找到 Win7X-001 虚拟机，可以看到当前虚拟机组件正在重新配置 ，这表示磁盘由原来的 RAID-10 在重新配置为 RAID-5，如图 5-5-41 所示。

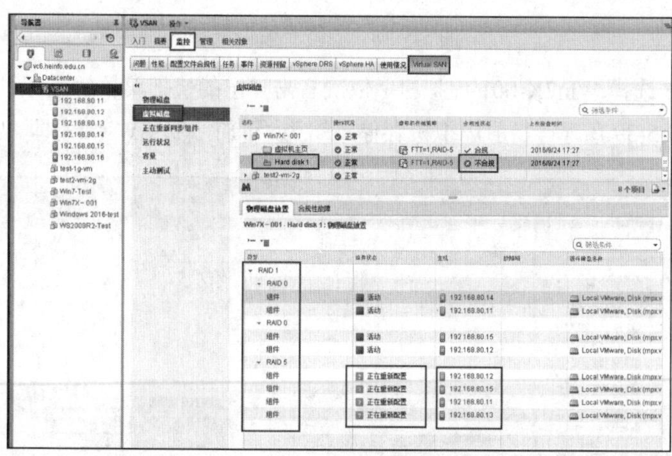

图 5-5-41　重新配置组件

（6）在“正在重新同步组件”中可以看到需要同步的数据及估算完成的时间，如图 5-5-42 所示。

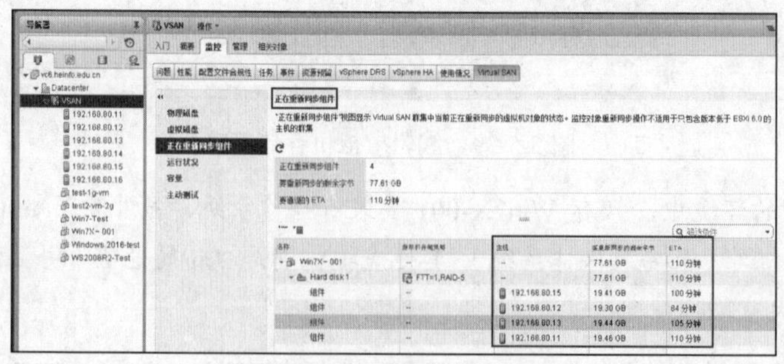

图 5-5-42　正在重新同步

（7）在重新同步完成后，在“虚拟磁盘”中可以看到最终的结果“RAID-5”，如图 5-5-43 所示。

此时虚拟机硬盘分布在 4 个主机中（在 RAID-5 中，允许有 1 个主机出故障而不影响数据）。

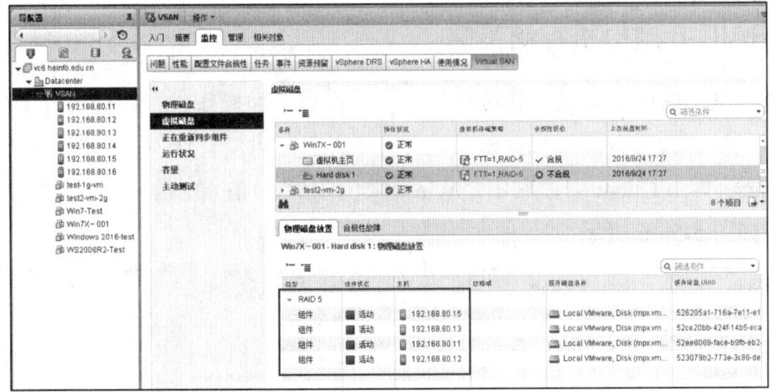

图 5-5-43　RAID-5 容错方式

（8）在“容量”中可以看到，厚置备采用 RAID-1 的虚拟机，改为采用 RAID-5 容错之后，其节省的磁盘空间较多（超额预算部分空间减少），如图 5-5-44 所示。

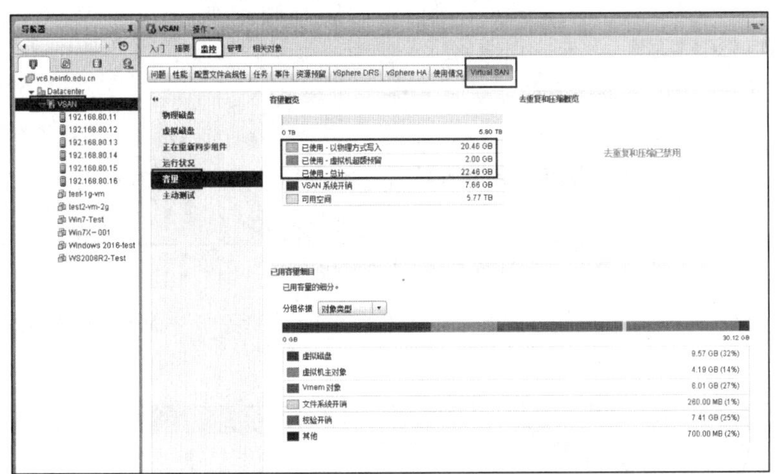

图 5-5-44　磁盘空间变化

（9）在导航器中选择 Win7X-001 虚拟机，在“摘要”选项卡→虚拟机存储策略中，可以看到采用 RAID-5 之后策略“合规”，如图 5-5-45 所示。

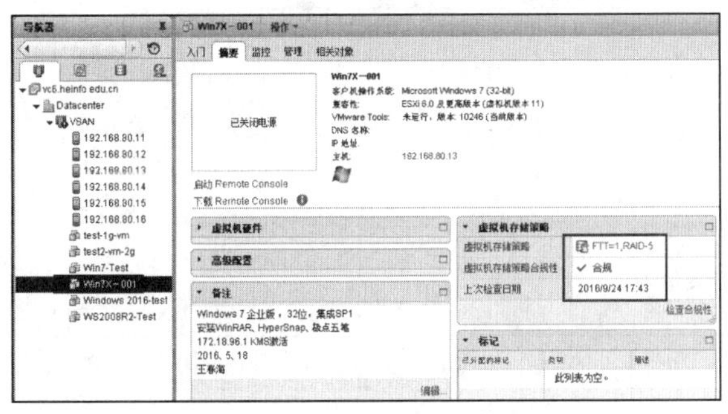

图 5-5-45　合规

最后为了以示区别，将 Win7X-001 虚拟机改名为“Win7X-001-R5”。

5.5.7 使用 RAID-6 虚拟机存储策略

本节介绍使用 RAID-6 虚拟机存储策略的内容。在以下的操作中，将通过“复制”虚拟机的方式采用 RAID-6，当然修改已有虚拟机存储策略使用 RAID-6 也没有任何的问题，主要操作步骤如下。

（1）在 vSphere Web Client 中，右击“Win7X-001-R5”，在弹出的快捷菜单中选择“克隆→克隆到虚拟机”，如图 5-5-46 所示。

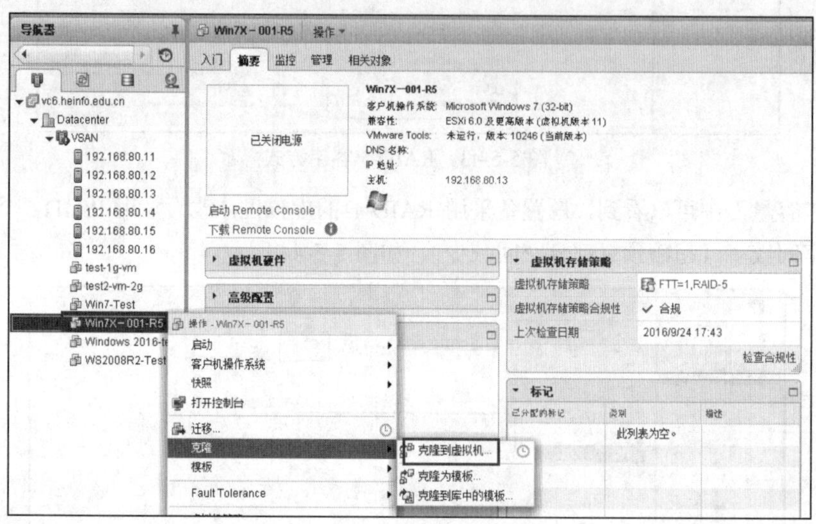

图 5-5-46　复制到虚拟机

（2）在“选择名称和文件夹”对话框中，为新虚拟机设置名称为 Win7X-002-R6，如图 5-5-47 所示。

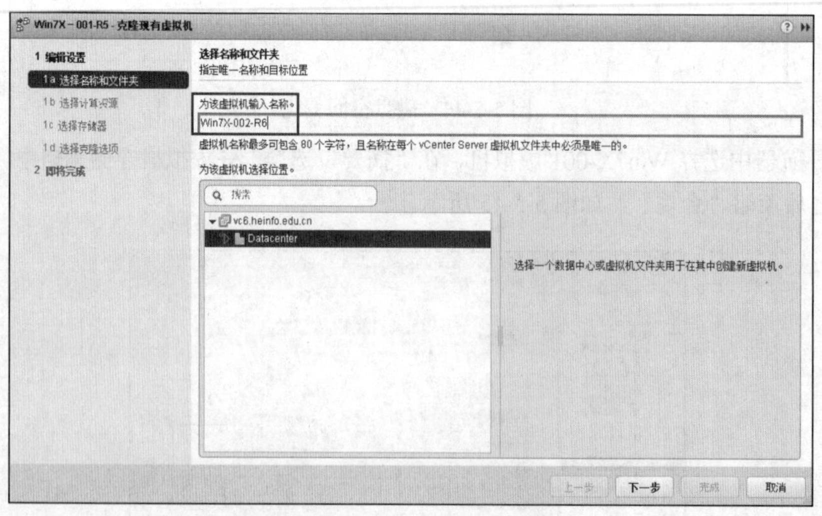

图 5-5-47　设置新虚拟机名称

（3）在“选择存储器”对话框中，在“虚拟机存储策略”下拉列表中选择“FTT＝2，RAID-6”，如图 5-5-48 所示。

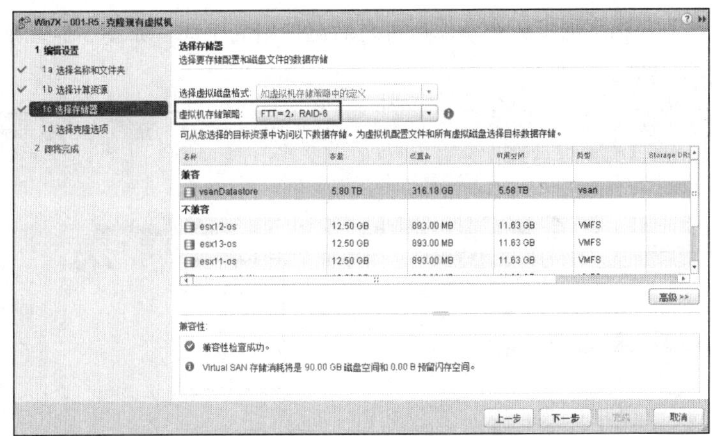

图 5-5-48　采用 RAID-6 存储策略

（4）其他选项选择默认值即可，如图 5-5-49 所示。

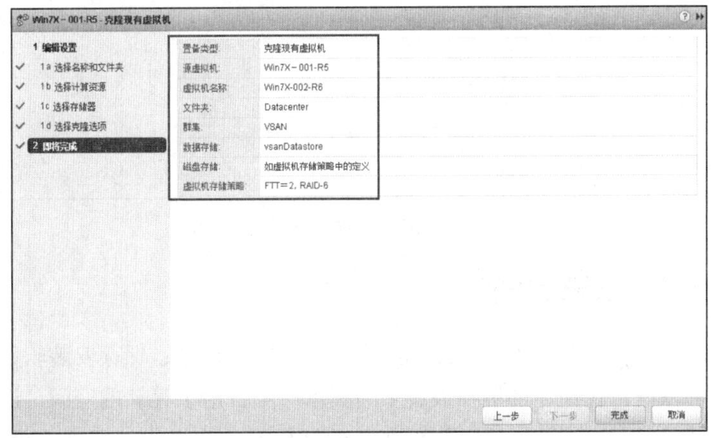

图 5-5-49　复制虚拟机完成

（5）复制完成后，在 vSphere Web Client 中的导航器中选择 vSAN 群集，在“监控→vSAN→虚拟磁盘”选项中，选择新复制的 Win7X-002-R6 虚拟机，查看虚拟机磁盘容错方式为 RAID-6，如图 5-5-50 所示。

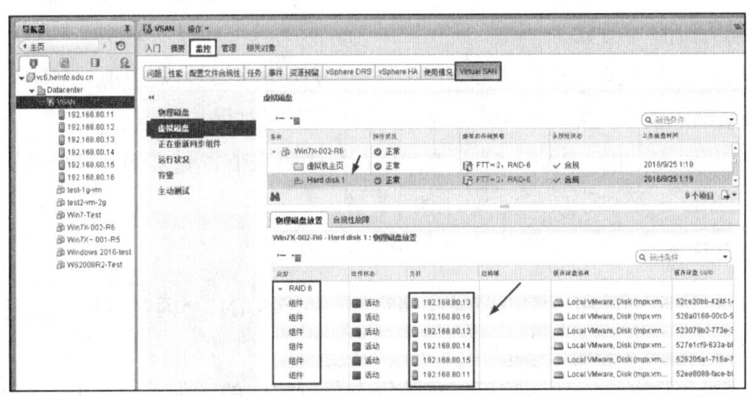

图 5-5-50　查看虚拟机容错方式

（6）在“容量”中看到添加了一个新虚拟机之后已使用的空间，如图 5-5-51 所示，当前未启用“去重复和数据压缩”功能。

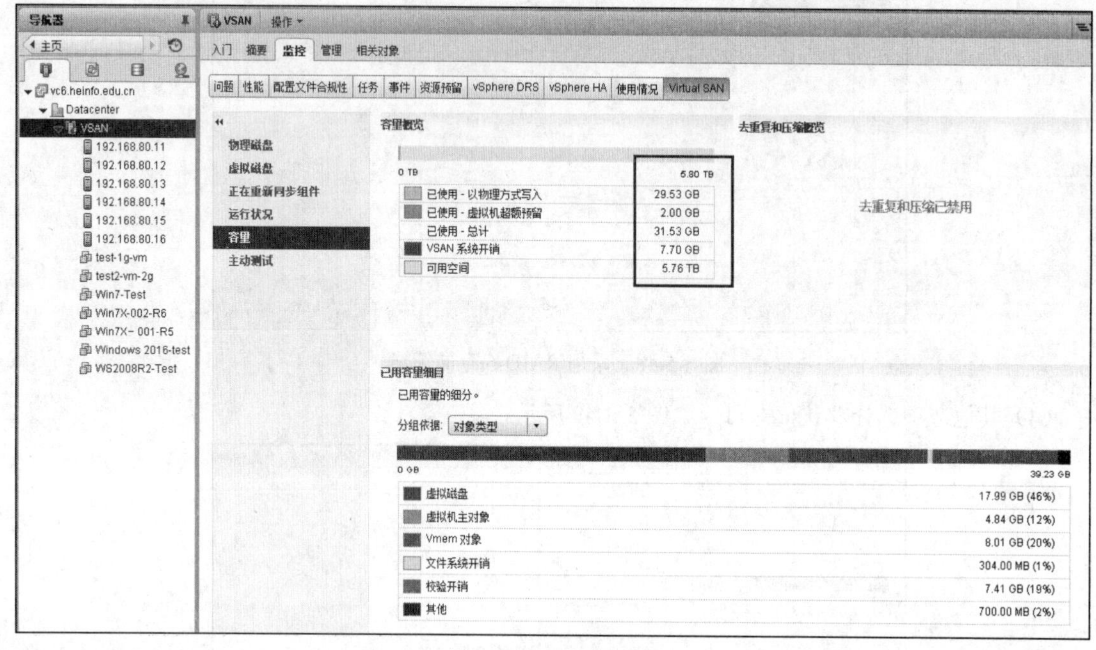

图 5-5-51　容量概览

5.5.8　启用去重和数据压缩功能

在实际的生产环境中，无论是创建虚拟机，还是安装应用程序、保存安装软件等，总是避免不了重复存放数据，可以说，在生产环境存放过多的副本严重占用了存储的空间，造成极大的浪费。尤其是在“全闪存架构”的环境中，如果有过多重复数据，会极大地提高存储的成本。无论是 Microsoft 还是 VMware，都在自家的产品中集成了数据压缩和去重功能。在 vSAN 6.2 中的“全闪存架构”中借助空间效率技术，可以降低用于存储数据的空间量。这些技术可以降低所需的总存储容量，进而满足需求。

去重和压缩功能可节省额外空间，可以在 vSAN 群集上启用去重和压缩功能，以消除重复的数据并降低存储数据所需的空间量。

可以在虚拟机上设置容错（FTT=1 或 FTT=2）方法策略属性以使用 RAID-5 或 RAID-6 纠删码。纠删码可以在使用低于默认 RAID-1 镜像的存储空间时保护数据。

可以使用去重和压缩功能、RAID-5 或 RAID-6 纠删码来节省更多的存储空间。与 RAID-1 相比，RAID-5 或 RAID-6 提供了明确定义的空间节省。

1. 使用去重和压缩

vSAN 可以执行块级去重和压缩以节省存储空间。在 vSAN 全闪存群集上启用去重和压缩后，所有磁盘组上的冗余数据都会减少。

去重可以移除冗余数据块，而压缩可以移除每个数据块中的额外冗余数据。两种技术同时使用可以减少存储数据所需的空间量。vSAN 将数据从缓存层移动到容量层后，先后会应用去重和压缩。

vSphere 管理员可以在群集范围内启用去重和压缩，但需要以磁盘组为单位应用。在 vSAN 群集上启用去重和压缩时，特定磁盘组中的冗余数据会减少为一个副本。

在创建新的 vSAN 全闪存群集或编辑现有 vSAN 全闪存群集时，可以启用去重和压缩。

在启用或禁用去重和压缩时，vSAN 会对每个主机上的每个磁盘组执行回滚重新格式化操作。该过程可能需要很长时间，具体取决于 vSAN 数据存储上存储的数据。如无必要，不要经常执行这些操作。如果计划禁用去重和压缩，必须首先确认有充足的物理容量放置数据。

在启用去重和压缩的群集中管理磁盘时，需要注意以下问题。

（1）避免以增量方式向磁盘组中添加磁盘。为了有效地去重和压缩，可以考虑添加新的磁盘组以增加群集存储容量。

（2）在手动添加新磁盘组时，同时添加所有的容量磁盘。

（3）无法从磁盘组移除单个磁盘，必须移除整个磁盘组才能进行更改。如果在启用去重和压缩时，从磁盘组中删除某个磁盘，会弹出“当群集上启用去重和压缩时，操作不可用”的提示。

（4）单个磁盘故障会造成整个磁盘组故障。

2. 去重和压缩设计注意事项

在 vSAN 群集中配置去重和压缩时，需要考虑以下事项。

- 只有全闪存磁盘组才可以使用去重和压缩。
- 磁盘格式版本 3.0 或更高版本支持去重和压缩。
- 必须具有 vSAN 企业版的许可证才能在群集上启用去重和压缩。
- 只有存储声明方法设置为手动时才能启用去重和压缩。启用去重和压缩后，可将存储声明方法更改为自动。
- 在 vSAN 群集上启用去重和压缩后，所有磁盘组都会通过去重和压缩参与数据缩减。
- vSAN 可以去除每个磁盘组内的重复数据块，但无法跨磁盘组去除重复数据块。
- 去重和压缩所需的容量开销约占原始总容量的 5%。
- 始终接受比例容量预留为 100% 的策略。使用这些策略可能会降低去重和压缩的效率。
- 比例容量小于 100% 的策略将视为未请求任何比例容量预留。对象仍符合策略，且不会记录任何事件。

3. 在 vSAN 群集上启用去重和数据压缩

下面通过实际的操作演示这一功能，主要操作步骤如下。

（1）在 vSphere Web Client 中的导航器中选择 vSAN 群集，在“监控→vSAN→容量”选项中可以看到，当前未启用去重和压缩功能，如图 5-5-52 所示。

（2）在“管理→设置→常规”中，单击“编辑”按钮，如图 5-5-53 所示。

（3）在“向存储中添加磁盘”为“手动”时，在“去重和压缩”下拉列表中选择“已启用”，如图 5-5-54 所示。

（4）在启用去重和压缩后，在“磁盘格式版本”中可以看到“更新正在进行”中的提示，如图 5-5-55 所示。

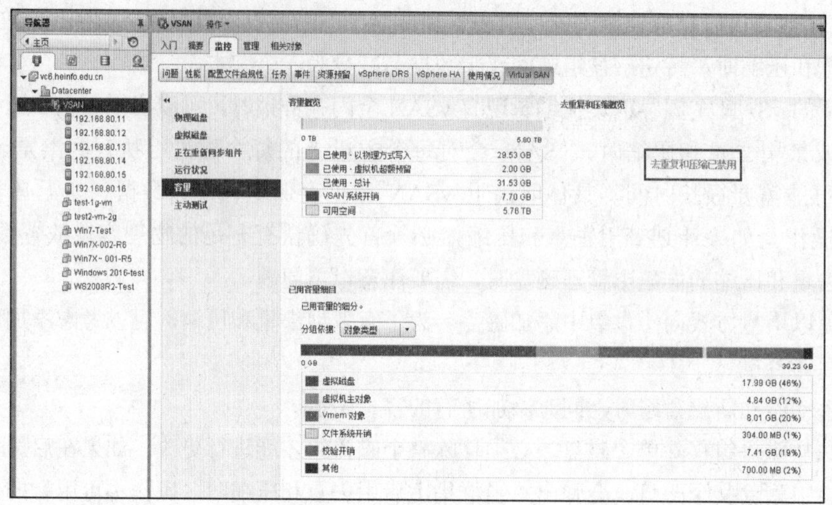

图 5-5-52　未启用去重复和压缩功能

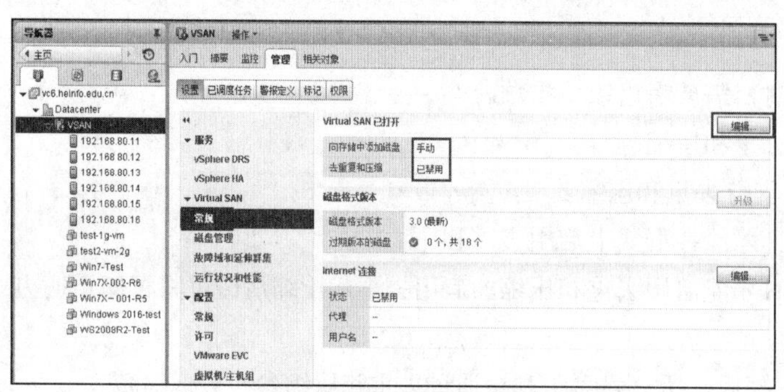

图 5-5-53　编辑

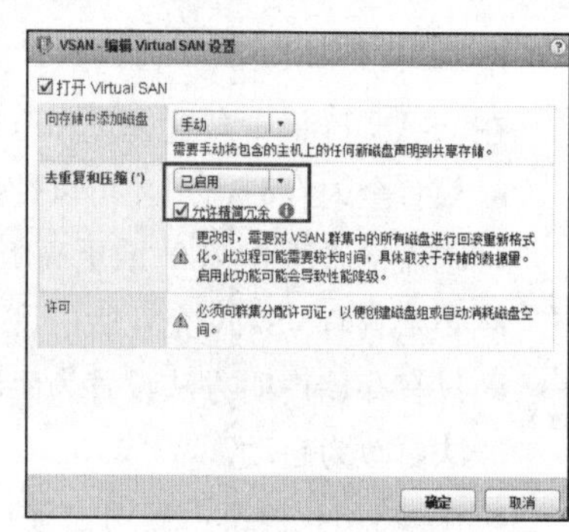

图 5-5-54　启用去重复和压缩

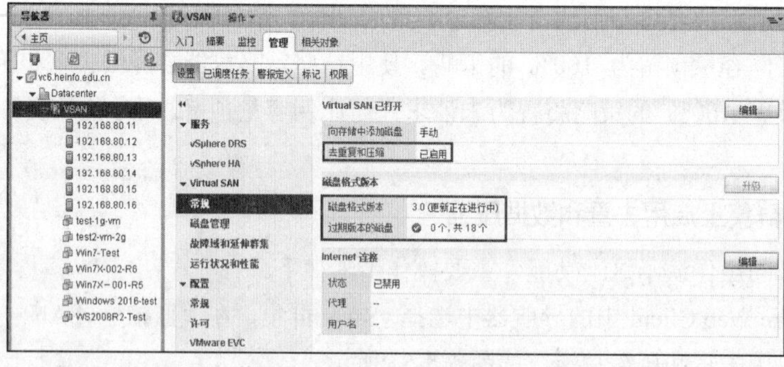

图 5-5-55　更新正在进行

因为在启用去重和压缩这一功能时，要求重新格式化磁盘组中的每个磁盘，这需要系统将每个磁盘一一从 vSAN 群集中“撤出”、格式化、重新添加到磁盘组等一系列的操作，所以这一阶段需要的时间视当前 vSAN 群集的磁盘组数量、磁盘组中的磁盘数量、磁盘组中的数据量大小而定。在更新（实际上是撤出数据、格式化硬盘、重新添加到磁盘组）的过程中，涉及的 ESXi 主机 CPU 占用率较高，此时如果监控 VMware Workstation 主机的实验环境，可以看到主机的 CPU 利用率较高，如图 5-5-56 所示。

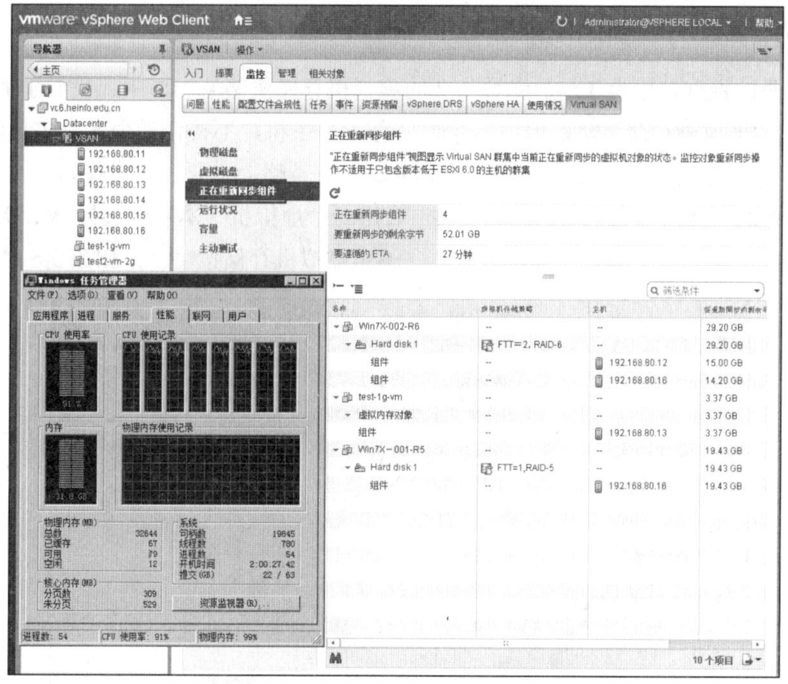

图 5-5-56　在更新时占用较高的 CPU 资源

（5）在更新完成之后，在“容量”中可以看到启用“去重和压缩”之后的效果，如图 5-5-57 所示。

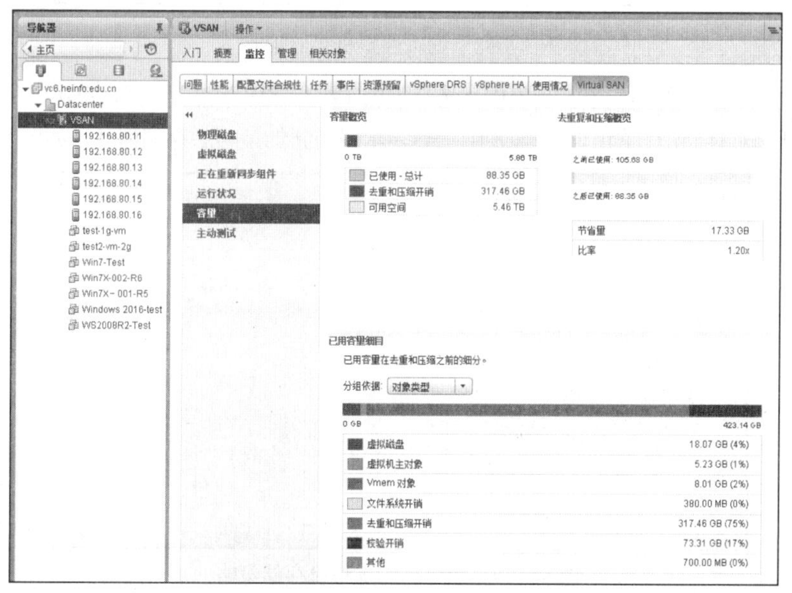

图 5-5-57　启用去重复和压缩之后

在当前的效果中，“去重和压缩开销”占用空间较大，这是由于当前的环境中虚拟机数量及虚拟机硬盘使用空间较小的原因，如果在实际的生产环境中有较多虚拟机，并且虚拟机数量较大时，效果会更好一些。

5.5.9 重新应用虚拟机存储策略

在“5.4.4 添加磁盘带数为 3 与故障数为 2 的虚拟机存储策略”一节中，我们添加了“故障 2，磁盘带数为 2”的虚拟机存储策略，但由于当时只有 3 个主机，不符合最少 5 个主机的最低要求。现在当前实验环境已经有了 6 台主机，我们在此测试这条策略，主要操作步骤如下。

（1）在 vSphere Web Client 中，在导航器中右击一个虚拟机（本示例选择 Win7X-001-R5 的虚拟机），在弹出的快捷菜单中选择“虚拟机策略→编辑虚拟机存储策略”，如图 5-5-58 所示。

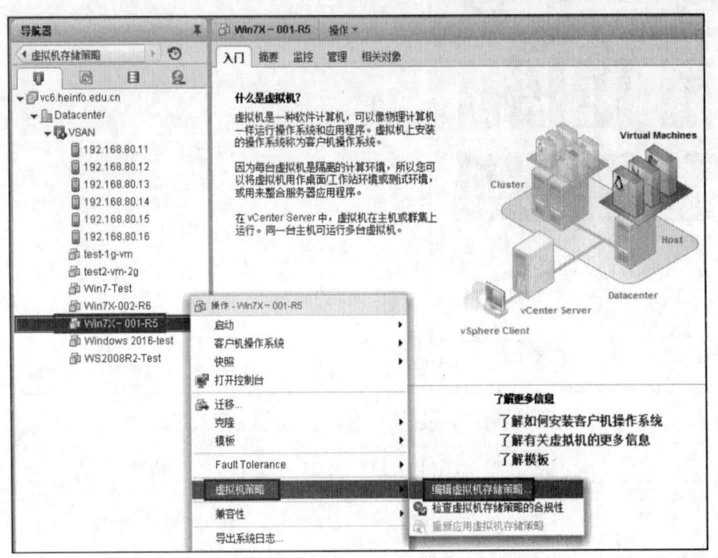

图 5-5-58 编辑虚拟机存储策略

（2）在“虚拟机存储策略”下拉列表中，选择“FTT=2，SW=22”，然后单击“应用于全部”按钮，此时在“预测对存储消耗的影响”列表中，会显示应用新的策略后存储消耗，如图 5-5-59 所示。

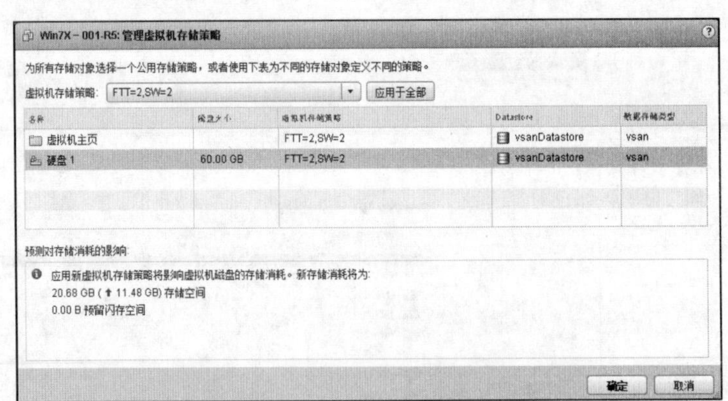

图 5-5-59 应用新的虚拟机存储策略

（3）在本示例中选择重新应用磁盘带数为 2 的存储策略，应用之后，在“vSAN 群集→监控→虚拟 SAN→虚拟磁盘”选项中，选择虚拟硬盘，可以看到，系统正在“重新配置”为 RAID-0，如图 5-5-60 所示。

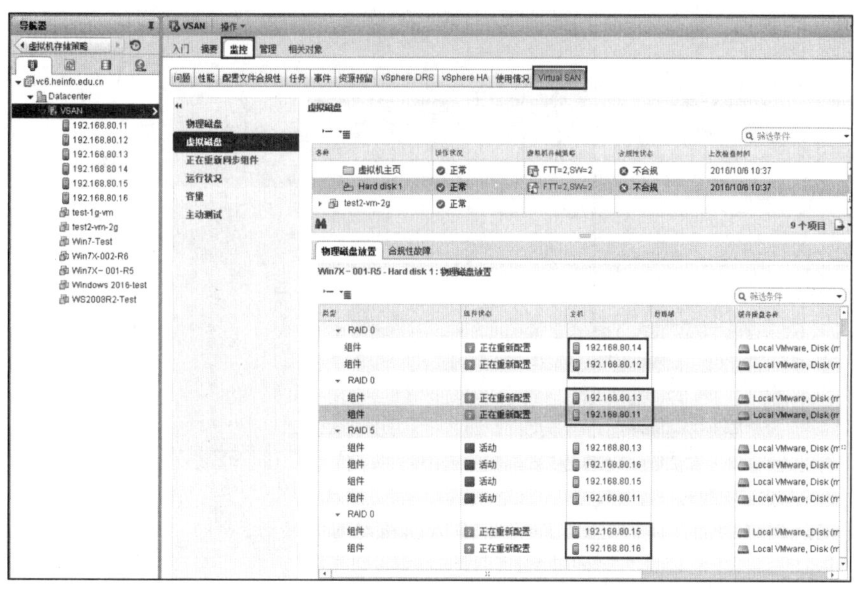

图 5-5-60　重新配置为 RAID-0

【说明】在图 5-5-60 中可以看到，其中第一组 RAID-0，两个组件是在 192.168.80.14、192.168.80.12 主机上；第 2 组 RAID-0 则分步在 192.168.10.13 及 192.168.10.11 两台主机上；第 3 组 RAID-0 分布在 192.168.80.15、192.168.80.16 这两台主机上。这些表示组成这个虚拟机硬盘是通过 vSAN 网络、以分布式的方式、跨主机组成的 RAID-0。

（4）在重新配置的过程中，在“正在重新同步组件”选项中，可以看到，在更改虚拟机存储策略之后，需要重新同步的硬盘数据大小、需要重新同步的组件数，以及估算的剩余时间，如图 5-5-61 所示。

图 5-5-61　正在重新同步组件

（5）在同步完成之后，有可能会有“不合规”的提示，请在左侧导航器中右击这台虚拟机，在“虚拟机策略”中选择“检查虚拟机存储策略合规性”，如图 5-5-62 所示。

（6）检查之后，虚拟机存储策略合规性会显示“合规”，如图 5-5-63 所示。在“物理磁盘放置”选项卡中，可以看到 3 组 RAID-0、整体是 RAID-1 的效果。

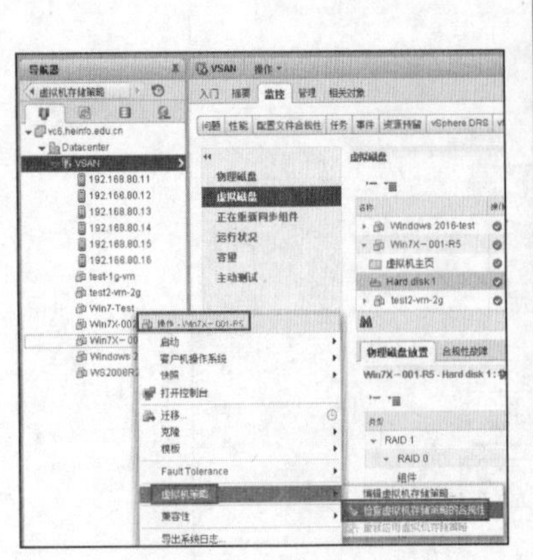

图 5-5-62　检查合规性

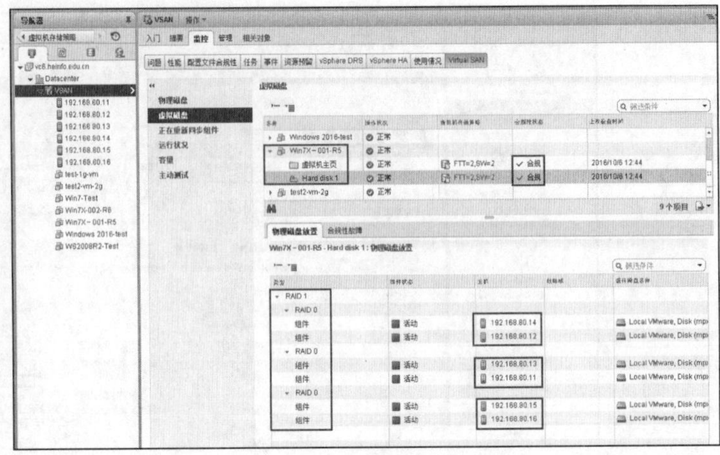

图 5-5-63　合规

对于“故障为 2”的虚拟机存储策略，允许出故障的主机数为 2 台。这样冗余性会提高，但这是以牺牲主机的数量以及存储空间为代价的。

在当前的实验环境中，启动 6 台 ESXi 的虚拟机、1 台 vCenter Server 的虚拟机共 7 台虚拟机，主机的 CPU 与内存资源率如图 5-5-64 所示。

我们可以启动这台配置为 FTT＝2 的 Windows 7 虚拟机，做进一步的测试，这些不一一介绍。最后在“容量”中查看当前 vSAN 存储容量使用细目，如图 5-5-65 所示。

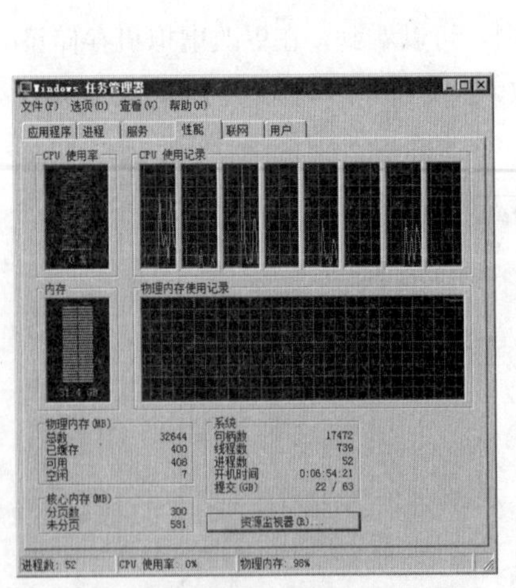

图 5-5-64　性能

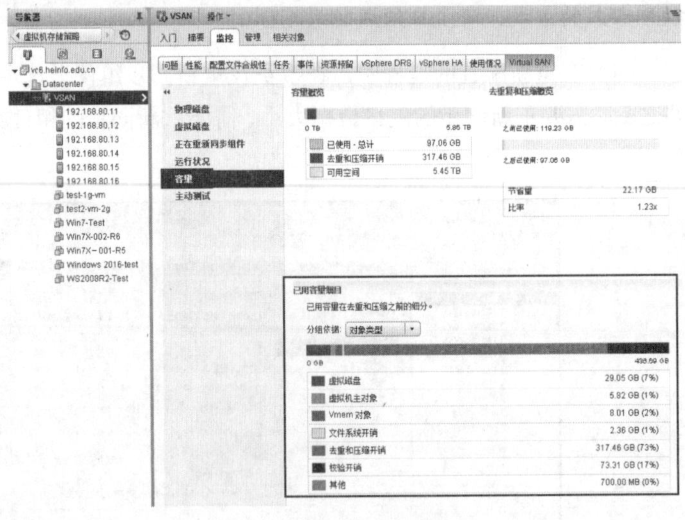

图 5-5-65　容量

5.5.10　深刻理解磁盘带数

前文简单介绍过磁盘带数，在本节我们将深入介绍磁盘带数。在 vSAN 群集中，磁盘带数可以跨磁盘组、跨主机。磁盘带数取值范围为 1～12。

在同时定义磁盘带数（SW）和故障数（FTT）时，至少要有 SW×FTT 个容量磁盘才能满足策略的要求。

在故障数设置为 1 时，如果只有 3 台主机，那么磁盘带数不能超过主机的容量硬盘数。例如，如果每台主机有 1 个磁盘组，每个磁盘组有 1 个 SSD、2 个 HDD 时，那么设置的 SW 最大为 2。

如果 vSAN 群集中，有较多的主机，在设置较小的故障数时，可以设置更大的磁盘带数，此时设置的磁盘带数可以超过单个主机的容量磁盘数量。

例如，在有 5 个主机、每个主机有 1 个磁盘组，每个磁盘组有 1 个 SSD、2 个 HDD 时，在故障数设置 1 时，其磁盘带数最大可以设置为 4。

如果设置故障数为 2，则磁盘带数最大可以为 2。用下面的公式可以统计这个数值。

```
（故障数+1）×（磁盘带数+1）≤主机数×主机所有容量磁盘数。
```

上面介绍的是虚拟机存储策略中设置的磁盘带数。在 vSAN 存储中，vSAN 会对虚拟机的对象在超过 256GB 时进行拆分（不使用默认或设置的磁盘带数），vSAN 会以合适的方式分拆 VMDK，如下所示。

（1）vSAN 会在一个虚拟磁盘（VMDK）大于任何单个可用空闲空间时对磁盘使用“磁盘带数”。vSAN 隐藏了这样的事实：即使主机上只有空间较小的几个物理磁盘，管理员仍然可以创建容量非常大的 VMDK。因此，即使在虚拟机的存储策略中没有设置过较大磁盘带数，大的 VMDK 文件也会被拆分到多个磁盘上。

（2）默认情况下，在新建虚拟机、添加新硬盘、修改硬盘的大小时，即使没有使用磁盘带数大于 2 的虚拟机存储策略，一个对象的副本也会在达到 256GB 时被分拆。例如，如果在创建虚拟机时，新建的虚拟硬盘是 400GB，则会被拆分成 2 个；如果创建 3 000GB，则会被分拆成 12 个；如果创建 3 900GB，则会被分拆成 12 个。

下面我们通过实验来验证这个情况。

【说明】在以下实验中，由 6 个主机组成的 vSAN 群集，其中每个主机具有 1 个 240GB 的 SSD、2 个 500GB 的 HDD 构成的磁盘组，一共 12 个容量磁盘、6 个缓存磁盘，合计 18 个磁盘。如图 5-5-66 所示。

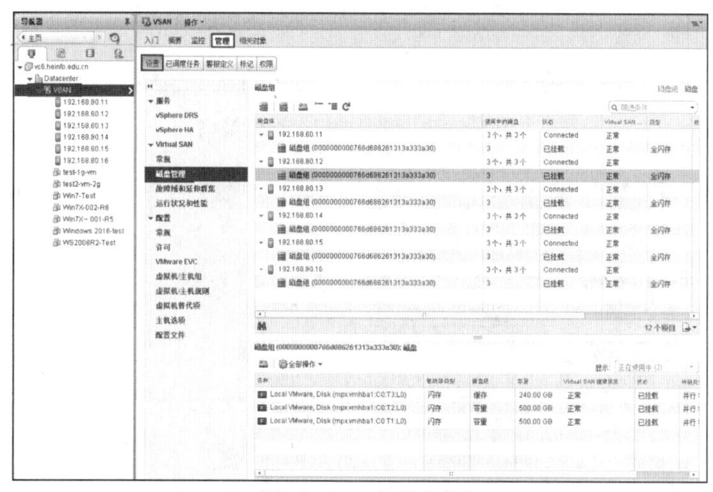

图 5-5-66　实验主机

当前 vSAN 共有 6 个主机、6 个闪存磁盘、12 个作为容量的磁盘，共约 5.55TB 容量，如图 5-5-67 所示。

图 5-5-67　当前实验环境

1. 创建虚拟机主要操作步骤如下：

（1）在 vSphere Web Client 中，新建虚拟机，设置虚拟机名称为 test21，如图 5-5-68 所示。

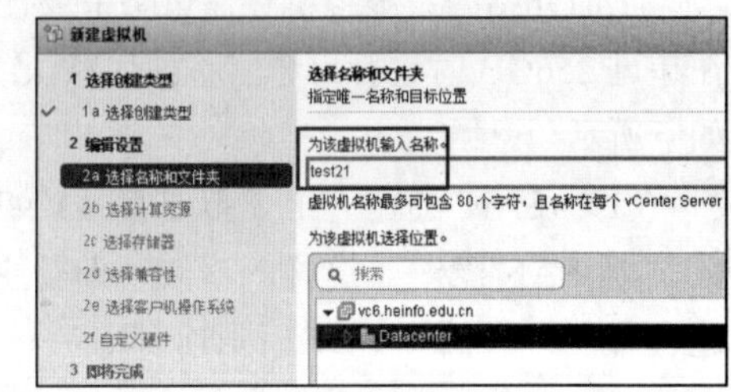

图 5-5-68　实验主机

（2）设置虚拟机存储策略为“FTT=1，SW=3”，如图 5-5-69 所示。

（3）设置虚拟机硬盘为 40GB，如图 5-5-70 所示。然后在“新设备”下拉列表中选择“新硬盘”，然后单击“添加”按钮，再添加 3 个硬盘。

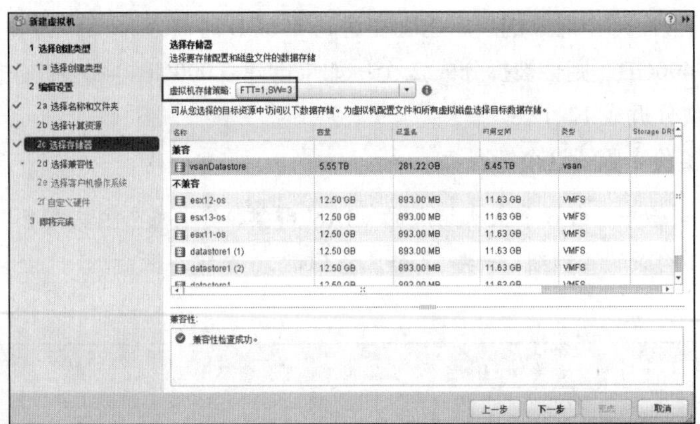

图 5-5-69　设置虚拟机存储策略

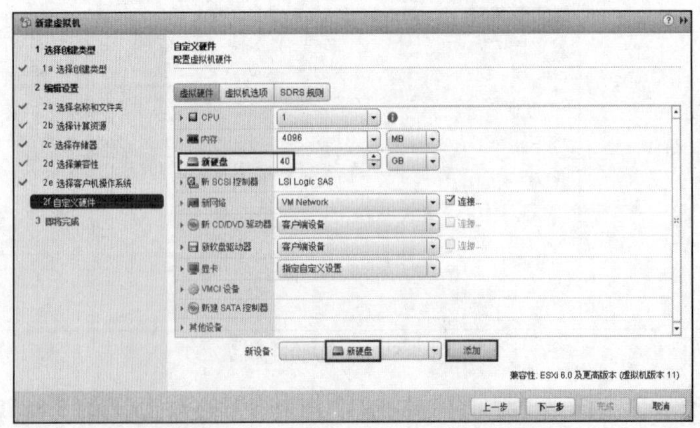

图 5-5-70　设置硬盘大小为 40GB

（4）添加 3 个硬盘后，修改这 3 个硬盘大小分别为 200GB、500GB、1400GB，如图 5-5-71 所示。

（5）其他选项选择默认值即可，直到创建虚拟机完成，如图 5-5-72 所示。

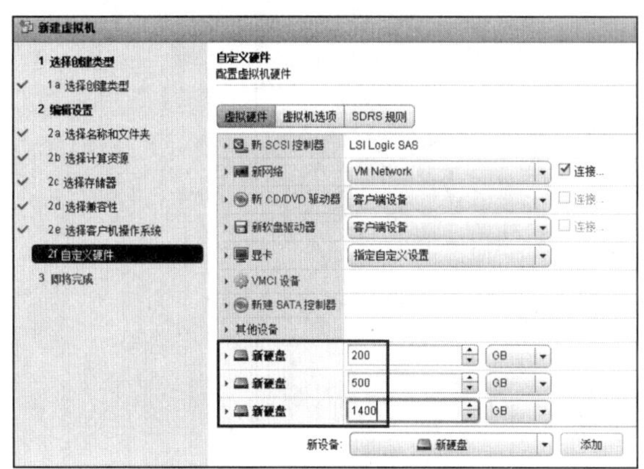

图 5-5-71　添加 3 个硬盘

图 5-5-72　新建虚拟机完成

2. 查看拆分情况

创建虚拟机完成之后，导航器中选择 vSAN 群集，然后选择“监控→vSAN→虚拟磁盘”选项，在“虚拟磁盘”列表中选择新建的名为 test21 的虚拟机，依次查看每项，具体操作步骤如下。

（1）“虚拟机主页”有 2 个“组件”选项，1 个“见证”选项，分别放置在 3 台不同主机上，如图 5-5-73 所示。

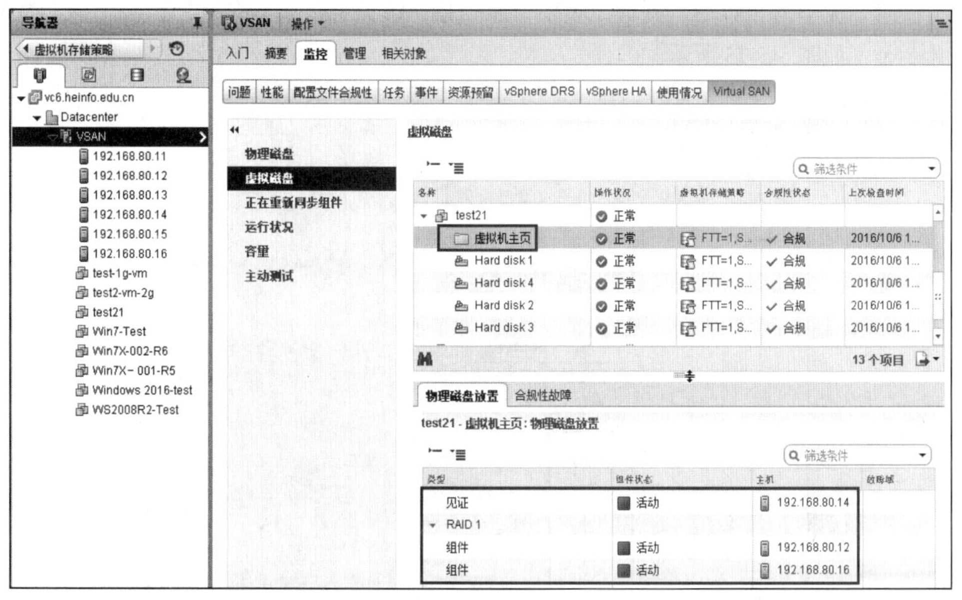

图 5-5-73　虚拟机主页

（2）硬盘 1 大小为 40GB，虚拟机存储策略为 SW＝3，同一个 VMDK 被拆分为 3 个。因为每个主机只有 2 个磁盘，所以该拆分跨越了 2 个主机，其中一组 RADI-0 在 192.168.80.12 及 192.168.80.15 的主机上，另一组 RAID-0 在 192.168.80.11、192.168.80.14 的主机上，如图 5-5-74 所示。

【说明】右下角的“9 个项目”，计算方式为（故障数+1）×拆分数+X（对于故障数 1 时为 3，故障数 2 时为 6）。

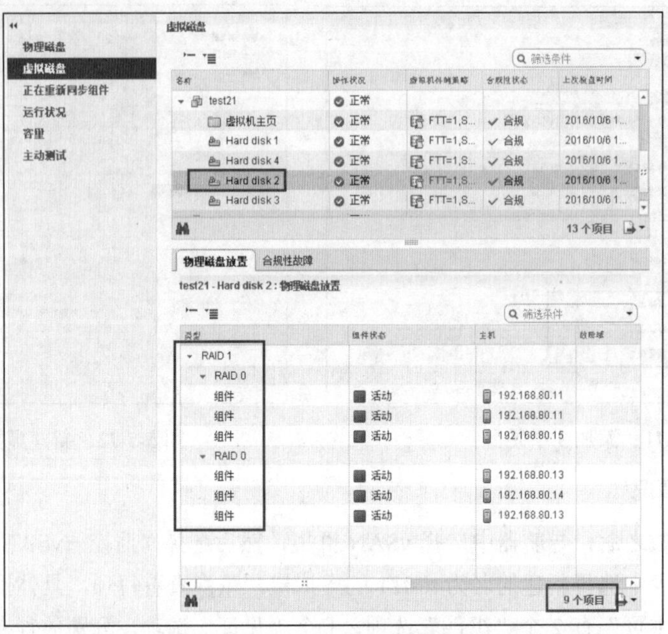

图 5-5-74　40GB 硬盘

（3）硬盘 2 大小为 200GB，硬盘 3 大小为 500GB，虚拟机存储策略为 SW=3，同一个 VMDK 被拆分为 3 个，如图 5-5-75 所示。

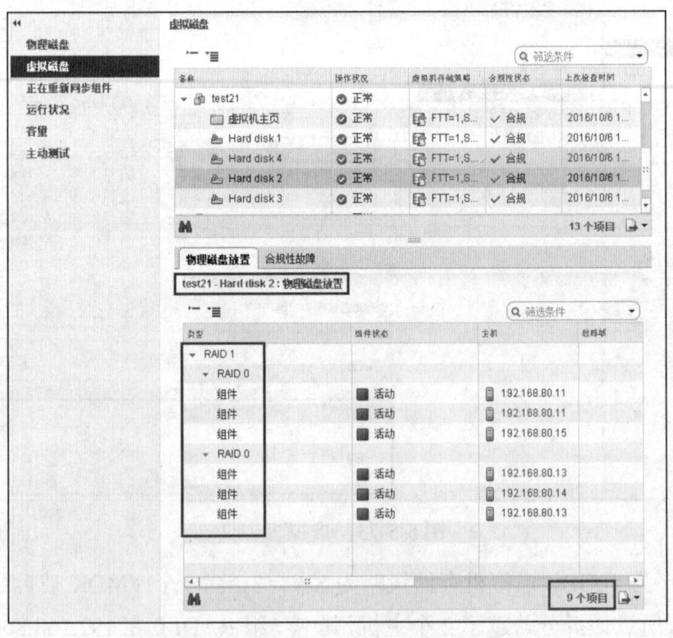

图 5-5-75　大小为 500GB 硬盘

（4）硬盘 4 大小为 1 400GB，被拆分为 6 个，在 vSAN 中，当虚拟硬盘大小超过 256GB 时会被自动拆分，如图 5-5-76 所示。

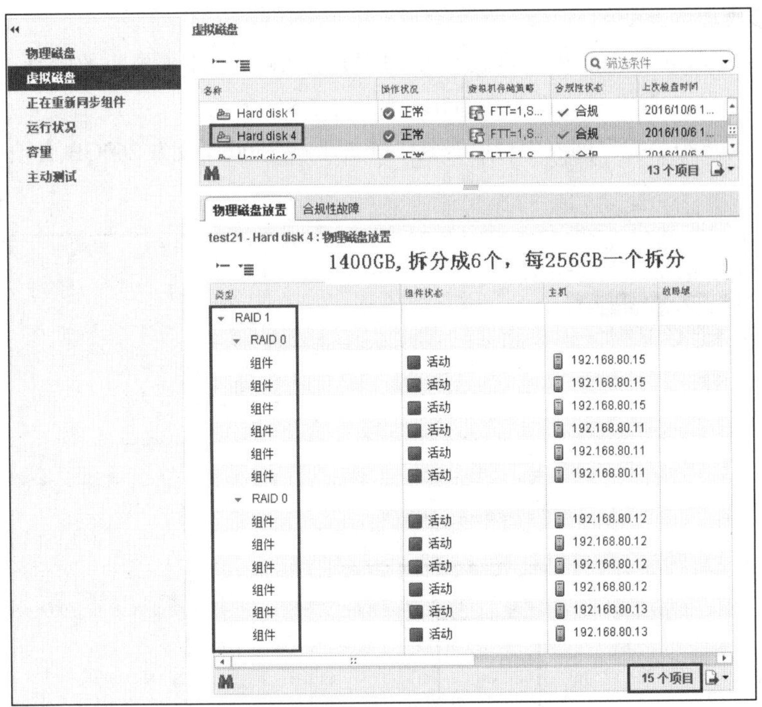

图 5-5-76　1.4T 硬盘拆分为 6 个

3. 默认 SW=1 时，超过 250G 的虚拟硬盘自动拆分验证

主要操作步骤如下。

（1）创建一个新的虚拟机 test22，使用默认虚拟机存储策略（SW=1），为虚拟机分配 250GB、500GB、1 000GB 的虚拟硬盘，如图 5-5-77 所示。

（2）创建虚拟机完成之后，在"虚拟磁盘"中可以看到：

- 硬盘 1（250GB）的硬盘没有拆分，因为没有达到拆分标准，如图 5-5-78 所示。

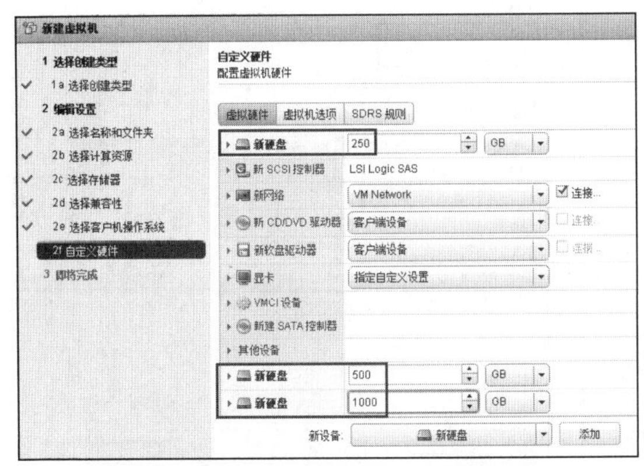

图 5-5-77　新建虚拟机、设置硬盘大小

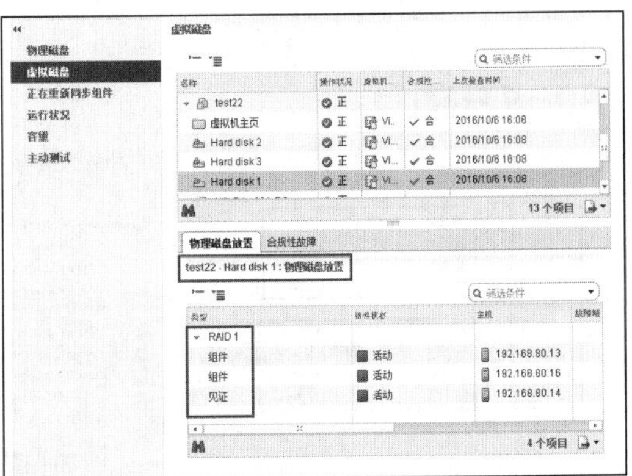

图 5-5-78　250GB 不拆分

- 硬盘 2（500GB）则被拆分为 2 个，如图 5-5-79 所示。

- 硬盘 3（1000GB）则被拆分为 4 个，如图 5-5-80 所示。

4．验证在修改磁盘容器后的组件变化情况

主要操作步骤如下。

（1）在 vSphere Web Client 中，修改 test22 虚拟机的配置，将虚拟机的硬盘 1 从 250GB 改为 260GB、将硬盘 2 从 500GB 硬盘改为 700GB，如图 5-5-81 所示。

（2）再次到“虚拟磁盘”列表中可以看到，硬盘 1 从 250GB 改为 260GB 会被拆分为 2 个，如图 5-5-82 所示。

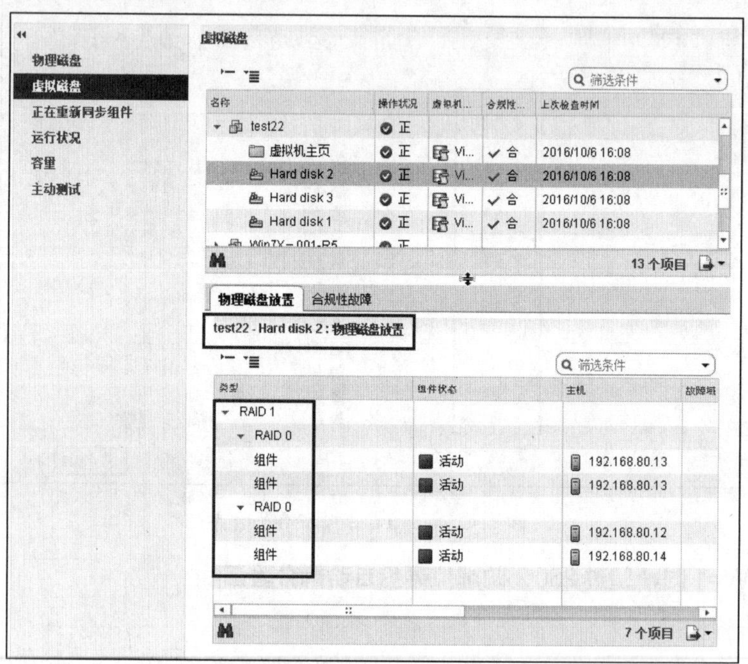

图 5-5-79　500GB 拆分成 2 个

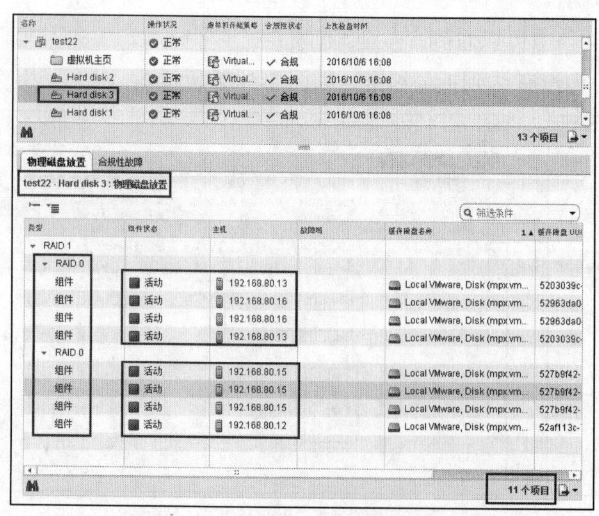

图 5-5-80　1.4TB 被拆分为 6 个

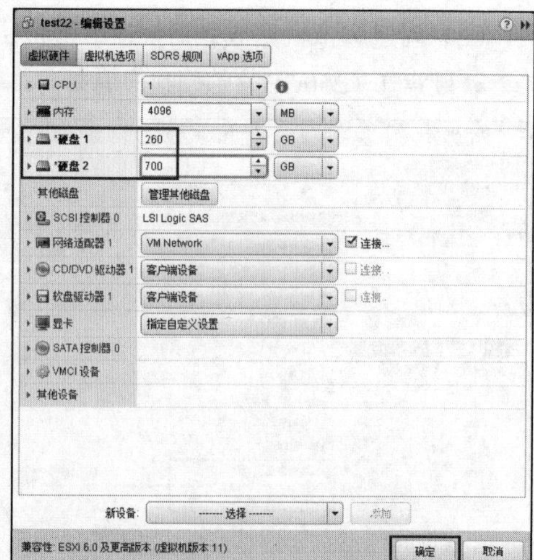

图 5-5-81　修改虚拟机硬盘大小

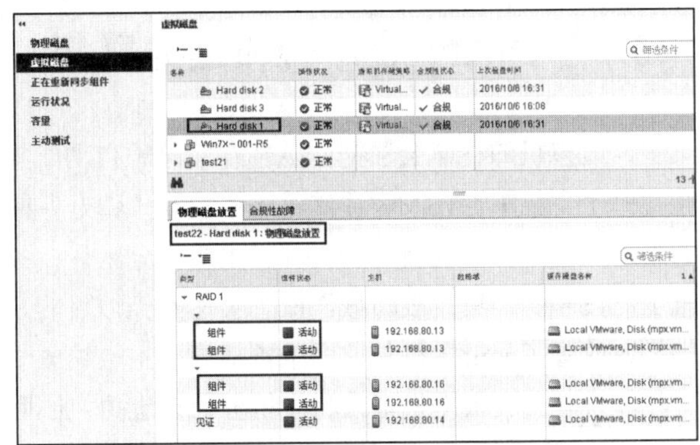

图 5-5-82　拆分成 2 个

而硬盘 2 从 500GB 改为 700GB，则首先会被拆分为 4 个，如图 5-5-83 所示。

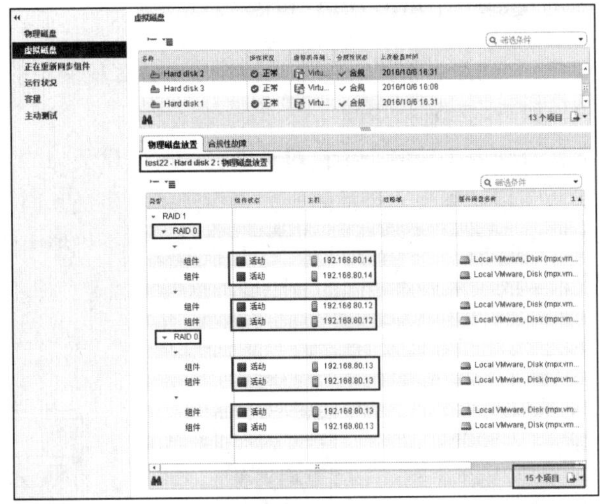

图 5-5-83　拆分成 4 个组件

最终会被调整成 3 个，如图 5-5-84 所示。

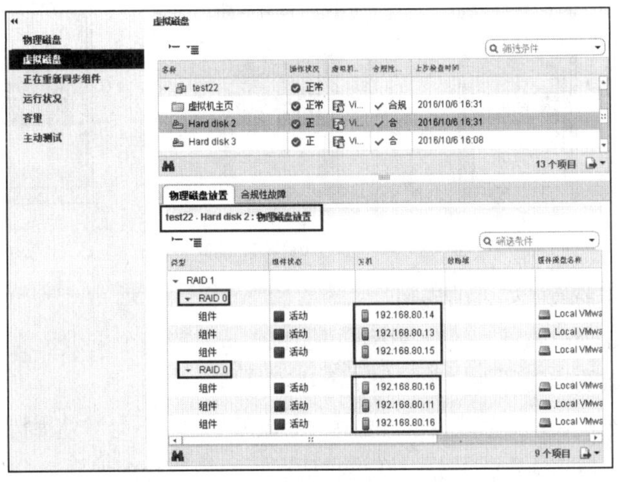

图 5-5-84　700GB 硬盘调整成 3 个

5.6 vSAN 故障域和延伸群集

在同一个 vSAN 群集中，虚拟机的存储会根据 vSAN 存储策略自动配置，这样相对来说，多个虚拟机会“均衡”的分布在每个主机中，vSAN 存储策略不会有“偏好”的选择是否将虚拟机保存在某些主机。但在实际的生产环境中，管理员可能需要将主机“分区”、“划片”，让某些虚拟机“优先”保存在那些主机上，vSAN 群集“故障域”概念会达到类似目的。例如，在一个数据中心中，有两个机柜，每个机柜各放置了一批主机，这两个机柜中的主机组成一个 vSAN 群集，考虑到机柜供电、网络或其他可能，管理员会根据机柜来将主机分组：虚拟机的两个副本保存在不同机柜的主机上，这样当某个机柜由于电力或网络问题导致不可访问时，由于有另一个完全相同的副本在另一个机柜，这样可以获得较高的可靠性。

5.6.1 vSphere 群集故障域（Fault domains ）

vSAN 故障域功能将指示 vSAN 将冗余组件分散到各个计算机架中的服务器上。因此，可以保护环境免于机架级故障，如断电或连接中断。

通过创建故障域并向其分配一个或多个主机对可能会同时发生故障的 vSAN 主机进行分组。单个故障域中所有主机的故障将被视为一个故障。如果指定了故障域，则 vSAN 永远不会将同一对象的多个副本放置在同一故障域中。如图 5-6-1 所示，可以将每个机柜中的 ESXi 主机放入同一个故障域，而不要将不同机柜中的主机放入相同的故障域，这样可以避免机柜供电或网络出错而引发的潜在问题。

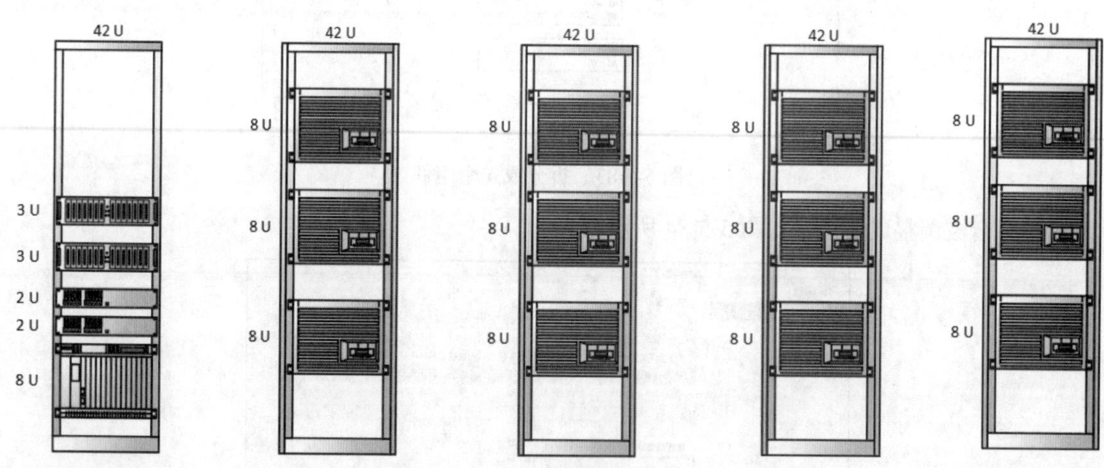

图 5-6-1 机柜示意图

要构造故障域，需要遵循如下的规则。

- 必须至少定义 3 个故障域，每个故障域可能包含一个或多个主机。故障域定义必须确认可能代表潜在故障域的物理硬件构造，如单个计算机柜。
- 如果可能，请使用至少 4 个故障域。使用 3 个故障域时，不允许使用特定撤出模式，vSAN 也无法在故障发生后重新保护数据。在这种情况下，需要一个使用 3 个域配置时无法提供的备用容量故障域用于重新构建。

- 如果启用故障域，vSAN 将根据故障域而不是单个主机应用活动虚拟机存储策略。

根据计划分配给虚拟机的存储策略中规定的“允许的故障数”属性，计算群集中的故障域数目。

```
number of fault domains = 2 * number of failures to tolerate + 1
```

即：

```
故障域数目 =2×允许的故障数 +1
```

考虑一个包含 4 个服务器机架的群集，每个机架包含 2 个主机。如果允许的故障数等于 1 并且未启用故障域，vSAN 可能会将对象的两个副本与主机存储在同一个机柜中。因此，发生机架级故障时应用程序可能有潜在的数据丢失风险。当配置可能在单独的故障域中一起发生故障的主机时，vSAN 将确保每个保护组件（副本和证明）置于单独的故障域上。

如果要添加主机和容量，可以使用现有的故障域配置或创建一个新配置。

要通过使用故障域获得平衡存储负载和容错，请考虑以下准则：

- 提供足够的故障域以满足在存储策略中配置允许的故障数。
- 至少定义 3 个域。要获得最佳保护，请至少定义 4 个域。
- 向每个故障域分配相同数量的主机。
- 使用具有统一配置的主机。
- 如果可能，请在出现故障后将一个具有可用容量的域专用于重新构建数据。

在接下来的演示中，将会创建 3 个故障域（主机 192.168.80.11、192.168.80.12 在第一个故障域，192.168.80.13、192.168.80.14 在第二个故障域，192.168.80.15、192.168.80.16 在第三个故障域），主要操作步骤如下。

（1）在导航器中，左侧选中 vSAN 群集，在“管理→设置→故障域”中，查看当前的主机，当前有 6 台主机，默认都没有在故障域中，如图 5-6-2 所示。

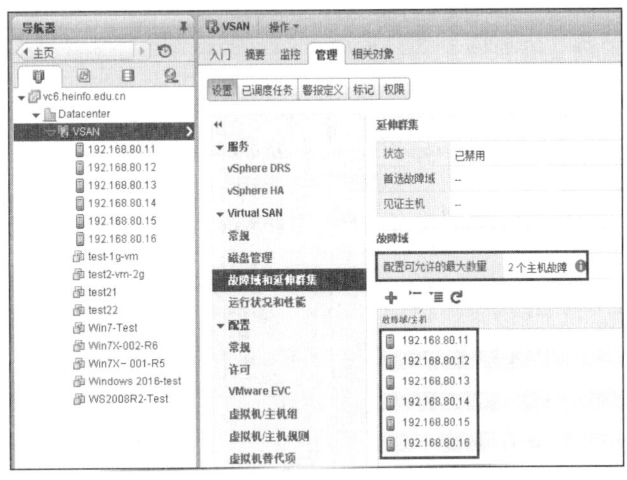

图 5-6-2 当前主机

【说明】在“故障域”选项中的“配置可允许的最大数量”选项卡中将显示当前的配置可允许的最大故障数。在没有配置“故障域”之前，当前 6 个主机允许的故障数为 2。

（2）单击“＋”按钮，弹出“新建故障域”对话框，在此输入新建故障域的名称，然后选择要移入此故障域的主机。新建第 1 个故障域称为 A01 机柜，将 192.168.80.11 及 192.168.80.12 放置在此故障域，如图 5-6-3 所示，然后单击“确定”按钮即可完成创建。

（3）参照上一步，再次添加 2 个故障域，分别是 A02 机柜（192.168.80.13 及 192.168.80.14）及 A03 机柜（192.168.80.15、192.168.80.16）。在本示例中将 6 个主机分到 3 个故障域中。在实际的生产环境中，根据主机放置位置、需求实际划分。如图 5-6-4 所示。如果把所有主机都放入故障域，不能少于 3 个故障域，否则由于主机（故障域）不够而不法应用虚拟机存储策略。没有加入到故障域中的主机，每个主机也“相当于”1 个故障域。

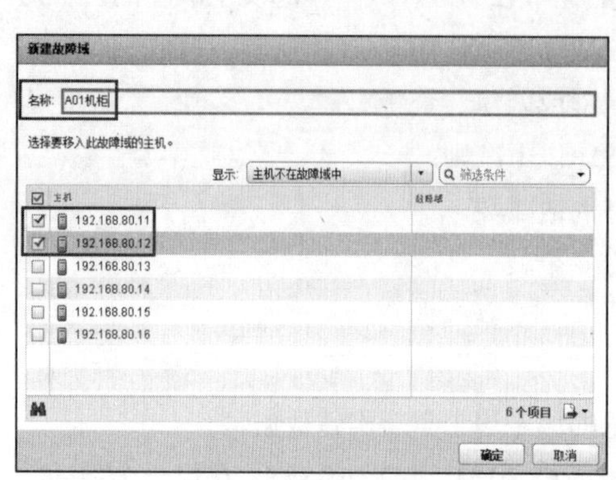

图 5-6-3　新建故障域

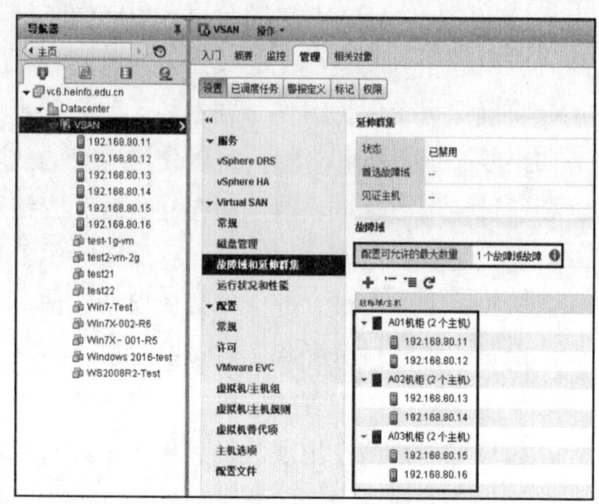

图 5-6-4　创建 3 个故障域

【说明】将 6 个主机分配到 3 个故障域后，当前可允许的最大故障数为 1。

（4）创建虚拟机 test23。

- 如果使用“FTT=1，SW=3”的默认虚拟机存储策略，兼容性检查成功，如图 5-6-5 所示。

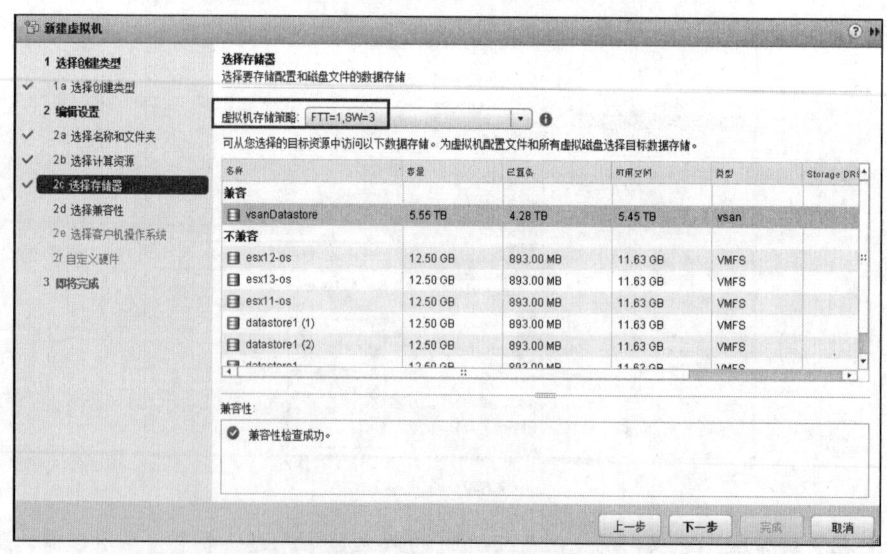

图 5-6-5　应用故障数为 1 的虚拟机存储策略

- 如果使用“FTT=2，SW=2”的虚拟机存储策略，兼容性检查不成功，因为要使用故障数为 2 的虚拟机存储策略，至少要有 5 个主机或 5 个故障域，当前只有 3 个，所以应用不成功，如图 5-6-6 所示。

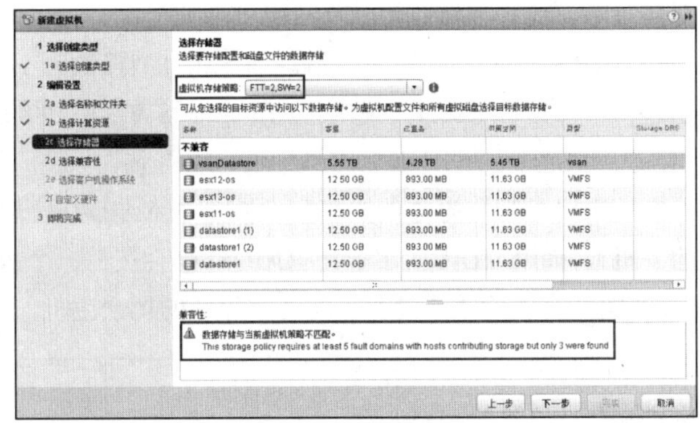

图 5-6-6　不匹配提示

（5）使用默认虚拟机存储策略，创建一个 40GB、一个 500GB 虚拟硬盘的虚拟机，如图 5-6-7 所示。

图 5-6-7　创建虚拟机

（6）在“监控→vSAN→虚拟磁盘”选项中，选中新创建虚拟机，查看硬盘 1 或硬盘 2，可以看到同一组 RAID-0 会在同一个故障域中，只有 RAID-1 的镜像副本才会在其他的故障域或空闲主机中，如图 5-6-8 所示。

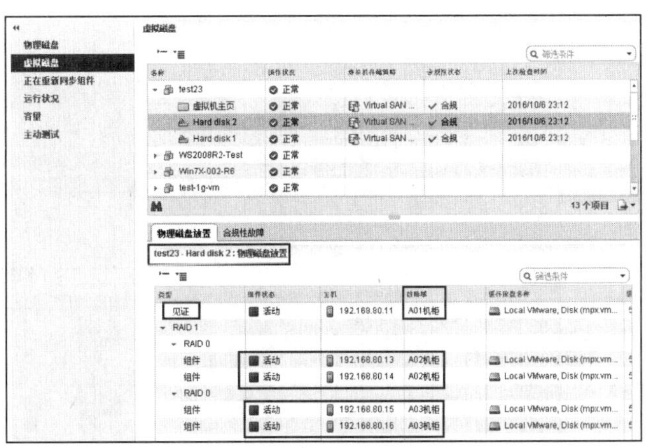

图 5-6-8　检查硬盘组件分布

接下来验证虚拟机存储策略，允许故障数超过“故障域”的情况。

先在“虚拟机存储策略”中创建一个 FTT＝1，SW＝4（允许故障数为 1，磁盘带数为 4）的虚拟机存储策略，然后再创建一个虚拟机 test24，使用“FTT＝1，SW＝4”的虚拟机存储策略，硬盘大小使用默认值 40GB，创建完成之后，在“虚拟磁盘”中可以查看。

对于虚拟机的硬盘，在使用磁盘带数为 4 的策略后，同一个 RAID-0 仍然在同一个故障域（在同一个机柜，但在不同的主机），而 RAID-1 的另一组 RAID-0 则会在另一个故障域（同一机柜，不同主机），而“证明”则会在第 3 个故障域或没有分配在故障域的剩余主机，如图 5-6-9 所示。

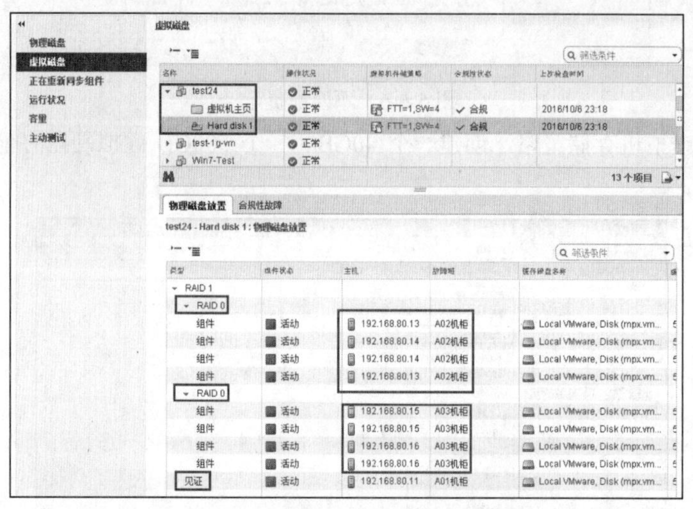

图 5-6-9 进一步查看故障域中虚拟机组件放置

当将原来的 6 台主机，划分为 3 个故障域之后，以后再新建虚拟机、修改虚拟机存储策略时，只能选择或应用“允许故障数”为 1 的策略。而在调整之前的虚拟机，例如，win7x-002-R2（允许故障数 2，采用 RAID-6 容错）的虚拟机，仍然可以启动、使用，但在“合理性状态”中会显示“不合规”，如图 5-6-10 所示。

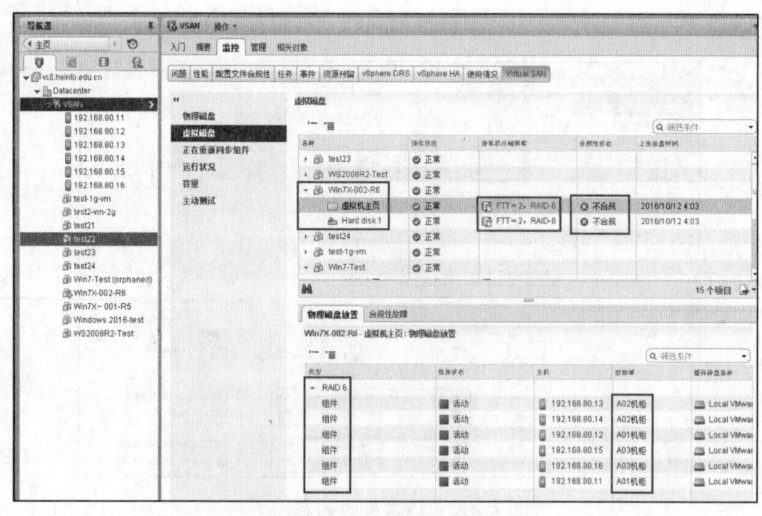

图 5-6-10 合理性状态检查

如果启动该虚拟机，可以发现该虚拟机启动、运行不受影响，如图 5-6-11 所示。

图 5-6-11　启动虚拟机

如果修改虚拟机存储策略，在使用允许故障数超过 1（≥2）的存储策略时，则会提示当前只有 3 个故障域，如图 5-6-12 所示。

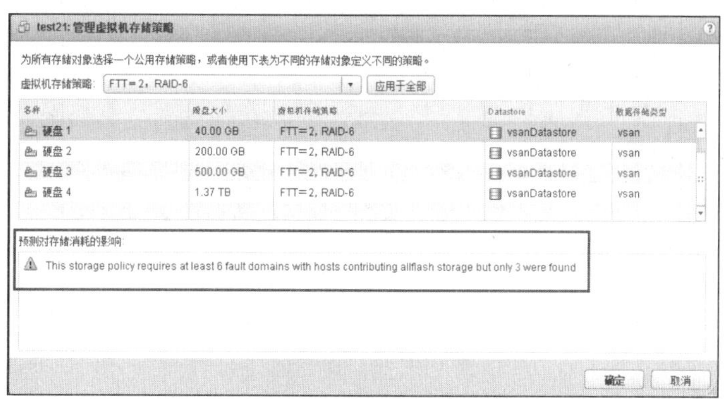

图 5-6-12　修改虚拟机存储策略的提示

如果修改 win7x-002-R2（原来存储策略是允许故障数 2，容错为 RAID-6），在尝试使用 FTT=2 策略时会出错，如图 5-6-13 所示。

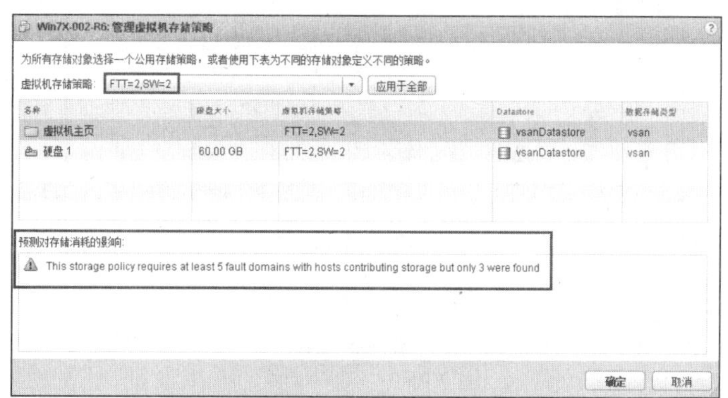

图 5-6-13　尝试使用 FTT=2 时的错误提示

只有在使用 FTT=1 的存储策略时才能生效，如图 5-6-14 所示。

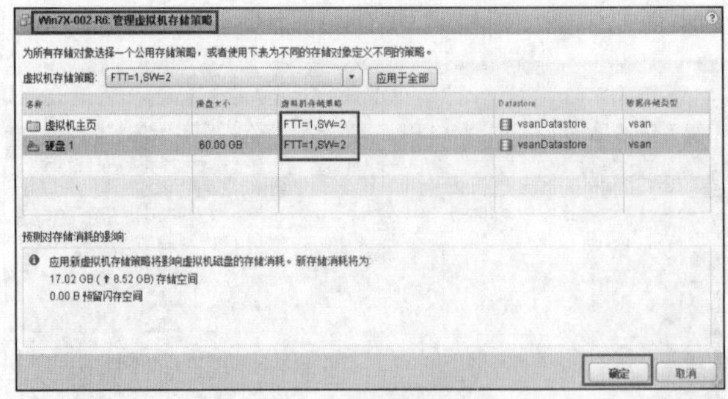

图 5-6-14　存储策略生效

在修改虚拟机存储策略后，该虚拟机会重新配置，如图 5-6-15 所示。

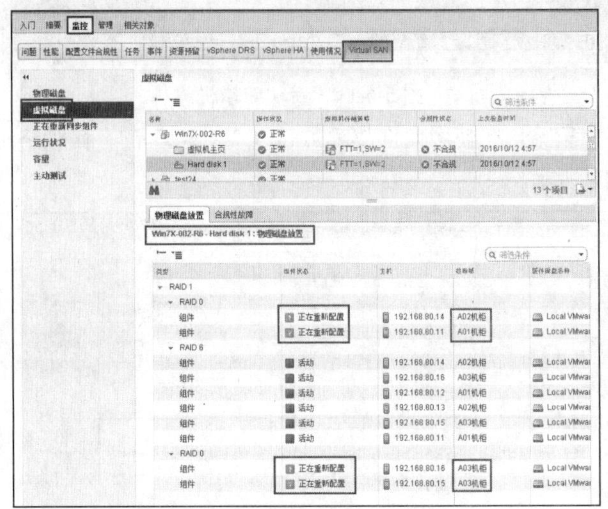

图 5-6-15　重新配置

最后配置成符合图 5-6-14 所修改的虚拟机存储策略，如图 5-6-16 所示。

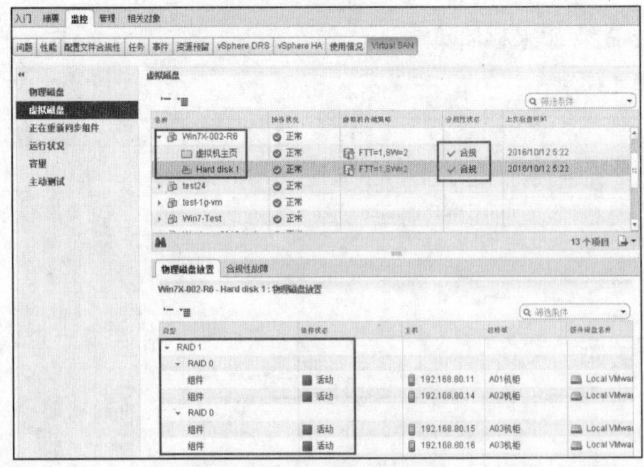

图 5-6-16　更新完成

5.6.2 vSAN 延伸群集

上一节介绍的“故障域”可以解决同一机房不同机架中服务器的问题（即解决“机架级”故障）。如果有更高的需求，例如，需要跨园区、不同的楼，或者同一个城市而距离受限制的园区，可以使用 vSAN 延伸群集，通过延伸群集跨两个地址位置（或站点）扩展数据存储。

1. 延伸群集概述

通过延伸群集，可以跨两个站点扩展 vSAN 数据存储，以将其用作延伸存储。如果一个站点上发生故障或进行计划的维护，延伸群集将继续工作，如图 5-6-17 所示。在图 5-6-17 中，有两个地方放置较多的 ESXi 主机组成延伸群集，而第 3 个位置则放置一台见证主机，见证主机可以是一台安装 ESXi 的物理主机，也可以是运行在 VMware vSphere 中的一个 ESXi 的虚拟机（嵌套虚拟机）。

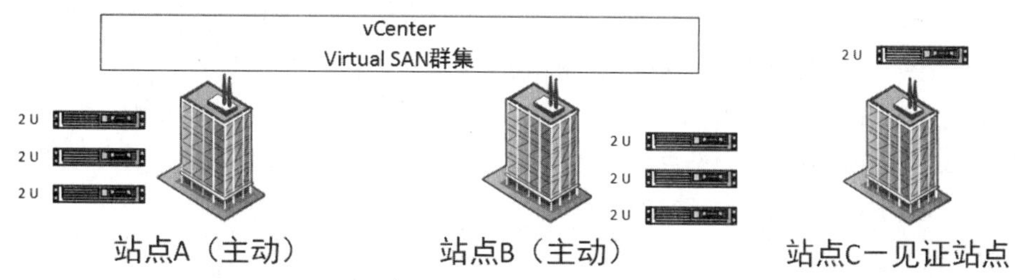

图 5-6-17 使用 vSAN 延伸群集跨两个站点扩展数据存储

延伸群集跨两个地理位置的数据中心提供冗余和故障保护。延伸群集将 vSAN 群集从一个站点扩展到两个站点，从而提供更高级别的可用性和站点间负载平衡。含见证主机的 vSAN 延伸群集是指部署中构建含两个主动/主动站点的 vSAN 群集，这两个站点上均匀分布着数量相同的 ESXi 主机，同时还有一个见证主机驻留在第 3 个站点中。两个数据站点之间通过高带宽/低延迟链路进行连接。托管 vSAN 见证主机的第 3 个站点会同时连接到这两个主动/主动数据站点。数据站点和见证站点之间可以通过低带宽/高延迟链路进行连接。

在延伸群集架构中，所有站点都配置为 vSAN 容错域。一个站点可以认为是一个容错域。最多支持 3 个站点（两个数据站点、一个见证站点）。

用于描述 vSAN 延伸群集配置的命名规则是 X＋Y＋Z，其中 X 表示数据 站点 A 中 ESXi 主机的数量，Y 表示数据站点 B 中 ESXi 主机的数量，Z 表示站点 C 中见证主机的数量。数据站点是指部署虚拟机的站点。

vSAN 延伸群集中的最小主机数量为 3。在此配置中，站点 1 包含一个 ESXi 主机，站点 2 包含一个 ESXi 主机，站点 3（即见证站点）包含一个见证主机。此配置的 vSAN 命名规则为 1＋1＋1。

vSAN 延伸群集中的最大主机数量为 31。此时站点 1 包含 15 个 ESXi 主机，站点 2 包含 15 个 ESXi 主机，站点 3 包含一个见证主机，因此，主机数量总共为 31 个。此配置的 vSAN 命名规则为 15＋15＋1。

【说明】当配置为最低配置时，可以实现所谓“两节点”群集，即 2 台 ESXi 主机加一个用于做“见证”节点的虚拟机。

在 vSAN 延伸群集中，任何配置都只有一台见证主机。对于需要管理多个延伸群集的部署，每个群集必须具有自己唯一的见证主机。见证主机不在 vSAN 群集中。

对于在 vSAN 延伸群集中部署的虚拟机，它在站点 A 上有一个数据副本，在站点 B 上有第二个数据副本，而见证组件则放置在站点 C 中的见证主机上。此配置借助容错域、主机/虚拟机组及关联性规则来实现。如果整个站点发生故障，环境中仍会有一个完整的虚拟机数据副本及超过 50% 的组件可供使用。这使得虚拟机仍可在 vSAN 数据存储上使用。如果虚拟机需要在另一个数据站点中重新启动，vSphere HA 将处理这项任务。

从上述描述可以看出，使用延伸群集可以避免灾难场景，因为维护或丢失一个站点不会影响群集整体运行。在延伸群集配置中，两个站点都是活动站点。如果任一站点失败，vSAN 使用另一站点上的存储。vSphere HA 重新启动必须在剩余活动站点上重新启动的任意虚拟机。

在配置延伸群集时，管理员必须将一个站点（站点中包括至少一台 ESXi 主机）指定为首选站点。另一站点变为辅助站点或非首选站点。系统仅在两个活动站点之间丢失网络连接的情况下使用首选站点，因此指定为首选的站点是保持运行的站点。

vSAN 延伸群集允许每次出现一个链路故障，从而不会出现数据不可用的情况。链路故障是两个站点之间失去网络连接或者一个站点和见证主机之间失去网络连接。在站点故障或网络连接丢失期间，vSAN 自动切换到功能完全正常的站点。

2. 见证主机介绍

延伸群集需要三个故障域：首选站点、辅助站点和见证主机。

每个延伸群集包含两个站点和一个见证主机。见证主机驻留在第三个站点上并且包含虚拟机对象的见证组件。它只包含元数据，且不参与存储操作。

见证主机是一台 ESXi 主机（或虚拟设备），用于托管虚拟机对象的见证组件。见证主机必须连接到 vSAN 主节点和 vSAN 备份节点，以此来加入群集。在稳定状态下，主节点驻留在“首选站点”，备份节点则驻留在“辅助站点”。除非见证主机同时连接到主节点和备份节点，否则它不会加入 vSAN 群集。

如果见证主机出现故障，则所有相应对象将不合规，但是可进行完全访问。见证主机具有以下特性。

- 见证主机可以使用低带宽/长滞后时间的链路。
- 见证主机无法运行虚拟机。
- 一个见证主机只能支持一个 vSAN 延伸群集。
- 见证主机必须至少拥有一个启用 vSAN 流量的 VMkernel 适配器，并且与群集上的所有主机连接。
- 见证主机必须是专用于延伸群集的独立主机。它无法通过 vCenter Server 添加到任何其他群集或移动到清单中。

见证主机可以是物理主机或在虚拟机中运行的 ESXi 主机。虚拟机见证主机不提供其他类型的功能，例如，存储或运行虚拟机。多个见证主机可以作为单个物理服务器上的虚拟机运行。

VMware 提供已部署好的虚拟设备（以 OVA 文件提供）作为延伸群集中的见证主机。见证虚拟设备是虚拟机中的 ESXi 主机，打包为 OVF 或 OVA。基于部署的大小，该设备通过不同选项提供。

3. 延伸群集设计注意事项

使用 vSAN 延伸群集时，请遵循下列准则。

（1）为延伸群集配置 DRS 设置。必须在群集上启用 DRS。将 DRS 置于半自动模式后，可以控制将哪些虚拟机迁移到各个站点。

（2）创建两个主机组，一个用于首选站点，另一个用于辅助站点。

（3）为延伸群集配置 HA 设置。在配置延伸群集时，必须在 vSAN 群集上启用 HA，并禁用 HA 数据存储检测信号。

（4）延伸群集需要磁盘格式 2.0 或更高版本。

（5）在 vSAN 延伸群集中，允许的故障数（FTT，NumberOfFailuresToTolerate）的最大值为 1，而在标准 vSAN 中，允许的故障数最大值为 3。在 vSAN 延伸群集中，容错域的数量最多为 3 个。标准 vSAN 可以支持更多容错域。将延伸群集允许的故障数配置为 1。

（6）vSAN 延伸群集不支持对称多处理容错（SMP-FT，即虚拟机容错）。

SMP-FT 是 vSphere 6.0 引入的全新容错虚拟机机制，目前 vSAN 6.1 标准部署可支持这一功能，但 vSAN 延伸群集部署尚不支持。

vSAN 延伸群集适用于混合配置（主机的本地存储由提供容量的磁盘和提供缓存的闪存设备构成）和全闪存配置（主机的本地存储由提供容量的闪存设备和提供缓存的闪存设备构成）。请注意，全闪存 vSAN 需要使用全新 vSAN 高级版本中提供的附加许可证。

4. 理解 vSAN 延伸群集与容错域

读者经常会问到的一个问题是，延伸群集与容错域有何区别。容错域是随 vSAN 6.0 版本引入的一种 vSAN 功能。容错域支持的“机架感知能力”，即虚拟机组件可以分布在多个机架的多个主机上，而如果某个机架发生故障，虚拟机仍可继续使用。但是，这些机架通常托管在同一个数据中心，如果整个数据中心发生故障，容错域将无助于保证虚拟机可用性。

延伸群集实质上是基于容错域构建的，只不过它现在可提供的“数据中心感知能力”。即使数据中心发生灾难性故障，vSAN 延伸群集也可保证虚拟机的可用性。这主要通过跨数据站点和见证主机，智能放置虚拟机对象组件来实现。

5. vSAN 延伸群集中的读取局部性

在非延伸 vSAN 群集中，虚拟机的读取操作会分布到群集的所有数据副本中。如果策略设置是“允许的故障数”=1，则会生成两份数据副本，此时 50% 的数据读取来自副本 1，50% 的数据读取来自副本 2。同样，如果非延伸 vSAN 群集中的策略设置是“允许的故障数”=2，则会生成三份数据副本，此时 33% 的数据读取来自副本 1，33% 的数据读取来自副本 2，33% 的数据读取来自副本 3。

但是，使用延伸 vSAN 群集时，希望避免这种情况，因为不希望通过站点间链路读取数据，这会增加不必要的 I/O 延迟。由于 vSAN 延伸群集最多支持“允许的故障数”=1，因此将会生成两份数据副本（副本 1 和副本 2）。现在，我们不希望从站点 1 读取 50% 数据并通过站点间链路从站点 2 读取 50% 数据，而是只要有可能，就尽量从本地站点读取 100% 数据。

vSAN 中的分布式对象管理器（DOM）负责处理读取局部性（read locality）事宜。DOM 不仅负责在 vSAN 群集中创建虚拟机存储对象，还负责向这些对象提供分布式数据访问路径。每个对象都有一个 DOM 所有者。DOM 中包含 3 个角色，分别是客户端、所有者和组件管理器。DOM 所有者会协调对象访问操作，包括读取、锁定及对象配置和重新配置。此外，所有者还负责所有对象变更和写入。在 vSAN 延伸群集中，对象的 DOM 所有者的功能得到进一步增强，意味着它现在会考虑所有者运行时所在的“容错域”，并从位于该“容错域”的副本读取 100% 数据。

此时，还有一个与读取局部性有关的问题需要引起注意。管理员应当避免跨数据站点对虚拟机执行不必要的 vMotion 操作。由于读取缓存块存储在一个（本地）站点中，如果虚拟机自由迁移到远程站点，迁移后站点上的缓存为冷缓存。此时，在该缓存预热前，性能达不到最佳水平。为避免这种情况，应在条件允许时，使用软（应该）关联性规则，确保虚拟机位于同一个站点/容错域。

6. 许可

vSAN 延伸群集配置需要使用 vSAN 高级许可证。如果没有，则无法创建 vSAN 延伸群集配置。

vSAN 延伸群集的管理员可以受益于 vSphere DRS 提供的一些功能。这些功能仅在使用 vSphere Enterprise 或 Enterprise Plus 许可证时可用。虽然 vSphere DRS 并不是成功实施或管理 vSAN 延伸群集的必要前提，但它非常有用。

使用见证设备作为见证主机时，不会占用客户的 vSphere 许可证，因为见证设备中捆绑了自己的许可证。如果将物理 ESXi 主机用作见证主机，则需要进行相应的许可，因为如果客户愿意，这台主机仍可用于置备虚拟机。

5.6.3 安装 vSAN 见证主机

在 vSAN 延伸群集中，见证组件只能放置在见证主机上。这不同于标准 vSAN。在标准 vSAN 中，见证组件可以分布在群集中所有主机的存储上。物理 ESXi 主机和 VMware 提供的专用见证设备均可用作见证主机。

请注意，见证主机不会添加到 vSAN 群集。见证主机在创建 vSAN 延伸群集期间选择，但应驻留在群集之外。

在实际的生产环境中，在配置见证主机时，需要估算见证主机磁盘大小。

见证主机用于存储虚拟机对象的见证组件。一个磁盘可支持约 21000 个组件，需要磁盘容量 350GB（每个组件需要 16MB）。一个见证主机中最多可支持 45000 个组件，要达到这个要求至少需要使用 3 个 HDD 磁盘（可用容量在 350GB 以上），缓存磁盘（ SSD）的大小约为 10GB。

【注意】在见证设备中，有一个 VMDK 会标记为闪存设备。但实际上并不一定要使用闪存设备。如果将物理主机用于见证主机，VMware 还支持将磁盘标记为 SSD，这意味着不需要为物理见证主机购买闪存设备。此标记操作可以通过 vSphere Web Client UI 完成。

在接下来的操作中，为了配置 vSAN 延伸群集，另外再添加 1 台 ESXi 虚拟机，用作见证主机。

对于当前实验环境来说，可以创建 1 个 2CPU、8GB 内存、1 个 20GB、1 个 240GB、1 个 500GB

的虚拟硬盘、4 块网卡的虚拟机，如图 5-6-18 所示。

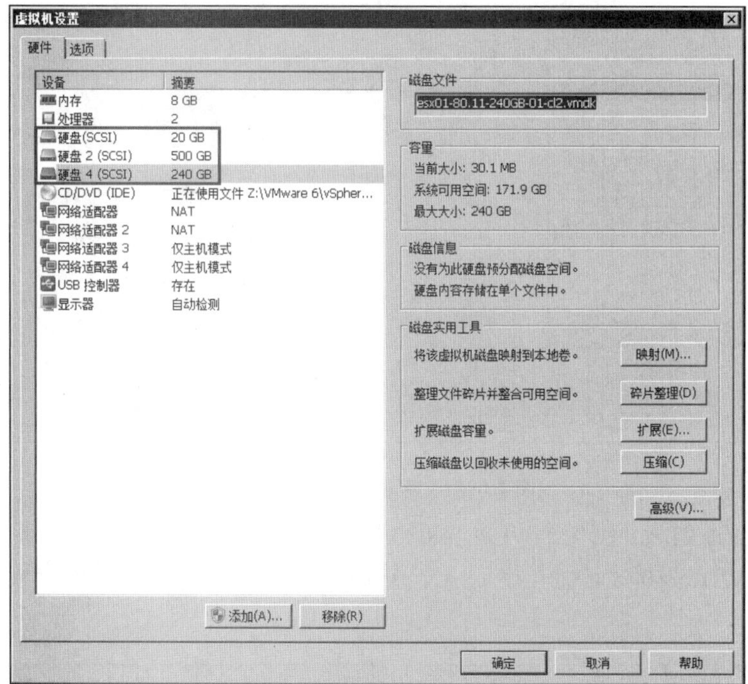

图 5-6-18　创建 vSAN 见证主机

然后再在该虚拟机中安装 VMware ESXi 6.02，并设置管理地址为 192.168.80.17，如图 5-6-19 所示。

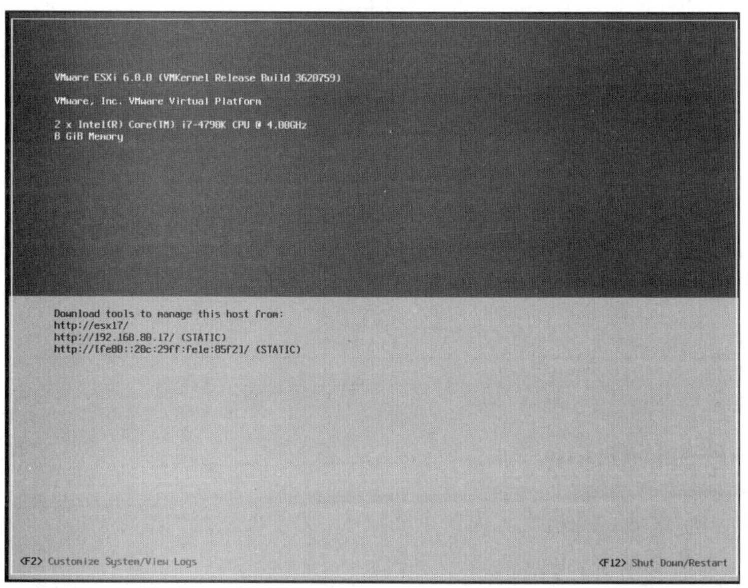

图 5-6-19　设置管理地址

在 vSphere Web Client 中，将 192.168.80.17 添加到“Datacenter”数据中心，而不是添加到“vSAN”存储，如图 5-6-20 所示。

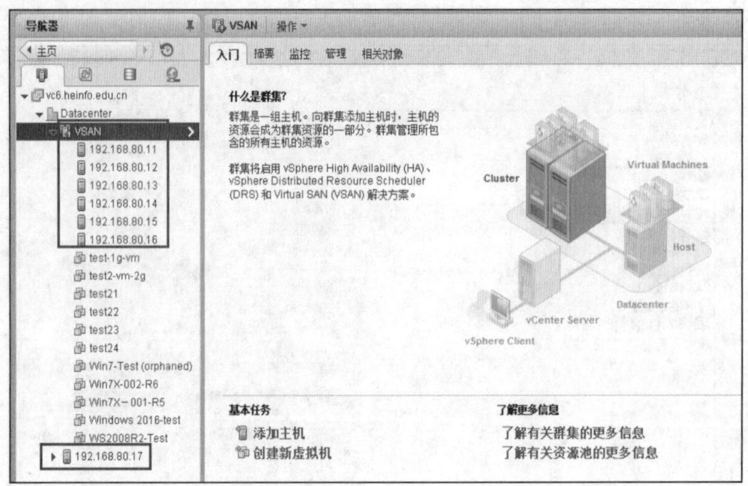

图 5-6-20　添加 vSAN 见证主机

在 vSphere Web Client 中切换到 192.168.80.17 的虚拟机，在右侧“管理→网络→VMkernel”选项卡中，为 192.168.80.17 添加用于 vSAN 流量的 VMkernel，并设置地址为 192.168.10.17，如图 5-6-21 所示。

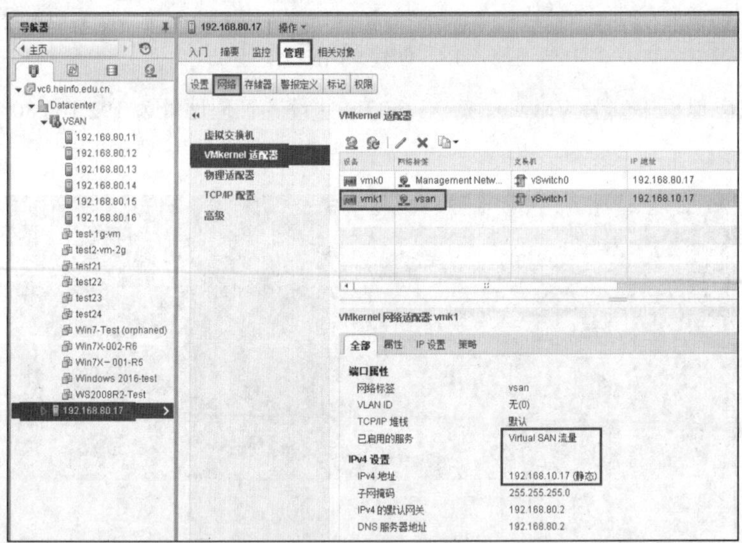

图 5-6-21　设置 VMkernel

5.6.4　为延伸群集检查环境

在前面的实验中，将 6 台主机配置为 3 个故障域。为了配置延伸群集，可以先删除这些故障域，恢复到未配置故障域时的情况，主要操作步骤如下。

（1）在 vSphere Web Client 导航器中选择 vSAN 群集，在右侧“管理→设置→故障域和延伸群集”选项卡中，选中要删除的故障域如“A01 机柜”，单击“×”按钮，如图 5-6-22 所示。

（2）在弹出的“删除故障域”对话框中，单击“是”按钮，如图 5-6-23 所示。

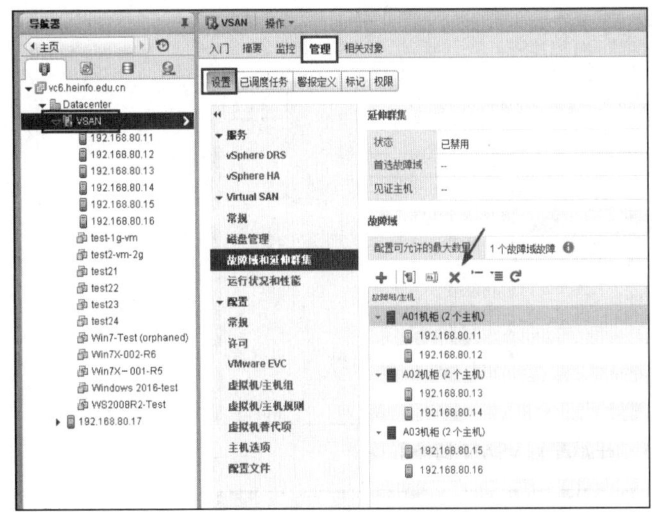

图 5-6-22　删除故障域

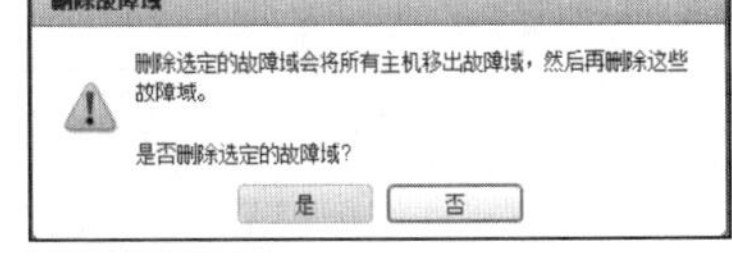

图 5-6-23　删除故障域

（3）参照（1）～（2）步骤，将“A02 机柜”及“A03 机柜”两个故障域删除，删除之后如图 5-6-24 所示。

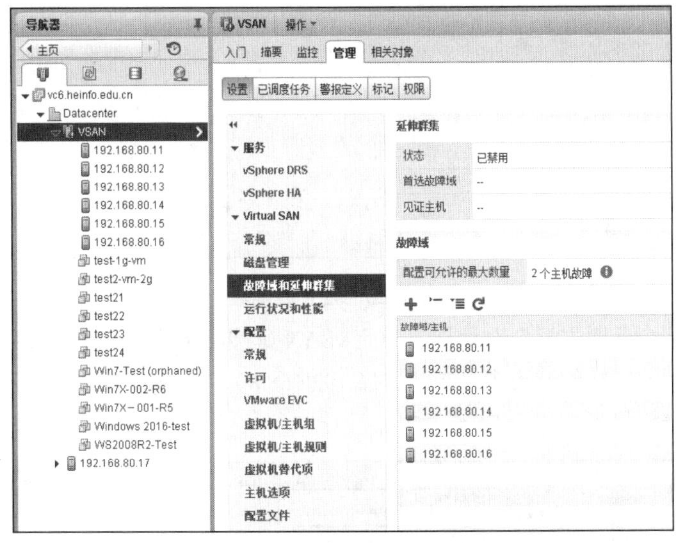

图 5-6-24　删除故障域后界面

5.6.5　配置延伸群集

开始为 vSAN 配置延伸群集，主要操作步骤如下。

（1）在 vSphere Web Client 中，导航到 vSAN 群集，在“管理→设置→故障域和延伸群集”选项卡中单击“配置”按钮，配置 vSAN 延伸群集，如图 5-6-25 所示。

（2）在“配置故障域”对话框中，选择 192.168.80.11、192.168.80.12、192.168.80.13 这 3 台主机在“首选故障域”列表中，另外 3 台主机添加到“辅助故障域”列表中，如图 5-6-26 所示。

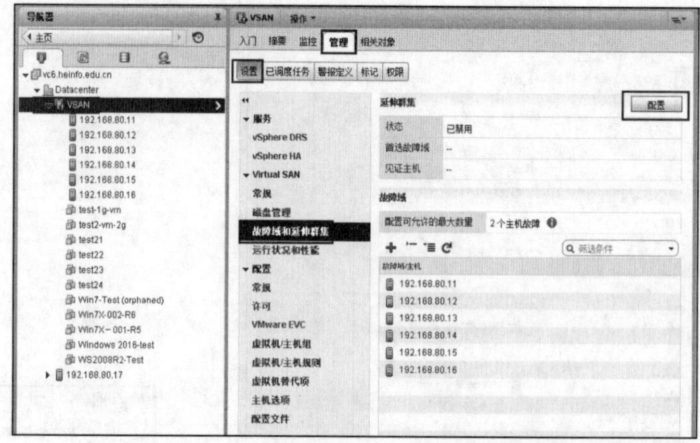

图 5-6-25　开始配置 vSAN 延伸群集

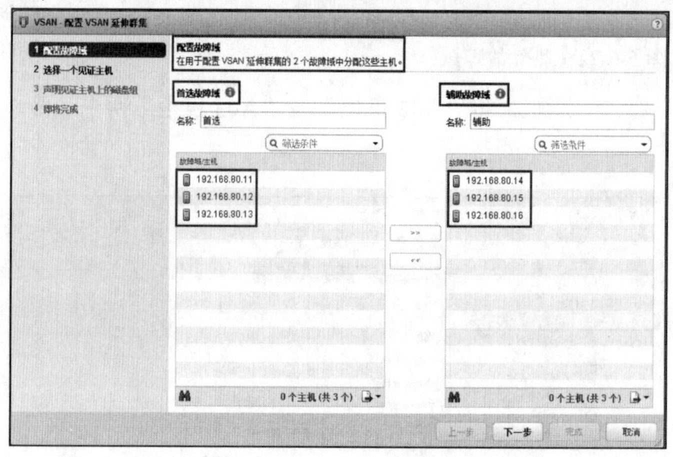

图 5-6-26　配置故障域

（3）在“选择一个证明主机”对话框，为此 vSAN 延伸群集选择一个见证主机，该见证主机应该不位于任何已启用 vSAN 的群集中，在此选择 192.168.80.17，如图 5-6-27 所示。如果没有符合条件的主机，在此列表中将不会显示 ESXi 主机。

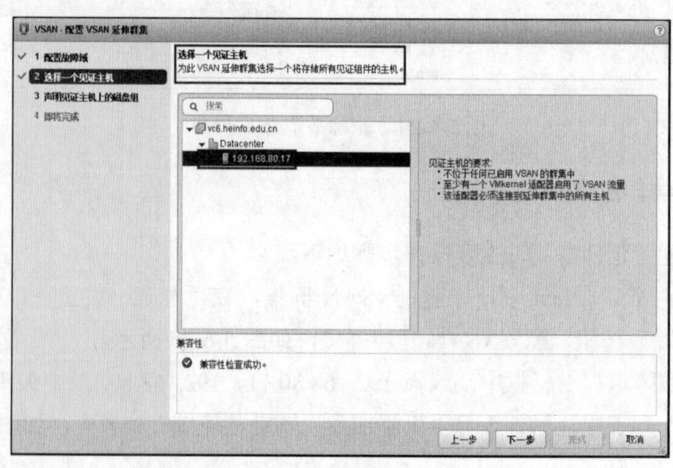

图 5-6-27　选择见证主机

（4）在“声明主机上的磁盘组”中，选择单个 SSD 磁盘作为写入缓存，然后选择一个或多个磁盘作为容量磁盘，如图 5-6-28 所示。如果在此对话框中“看”不到 SSD 及 HDD，请检查 ESXi 中主机是否有符合条件的“空白”磁盘。可以参考前文步骤初始化准备用于见证主机的 SSD 及 HDD 磁盘。注意，不要将 ESXi 系统盘及其他存储盘初始化。

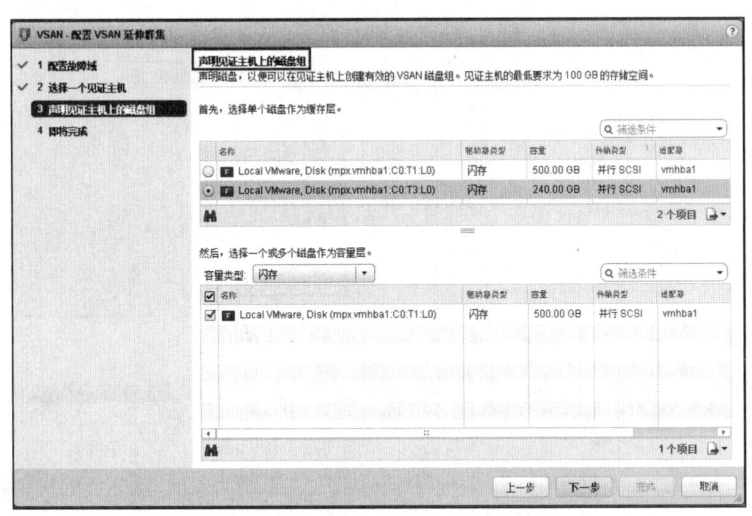

图 5-6-28　声明证明主机上的磁盘组

（5）在“即将完成”对话框，单击“完成”按钮，如图 5-6-29 所示。

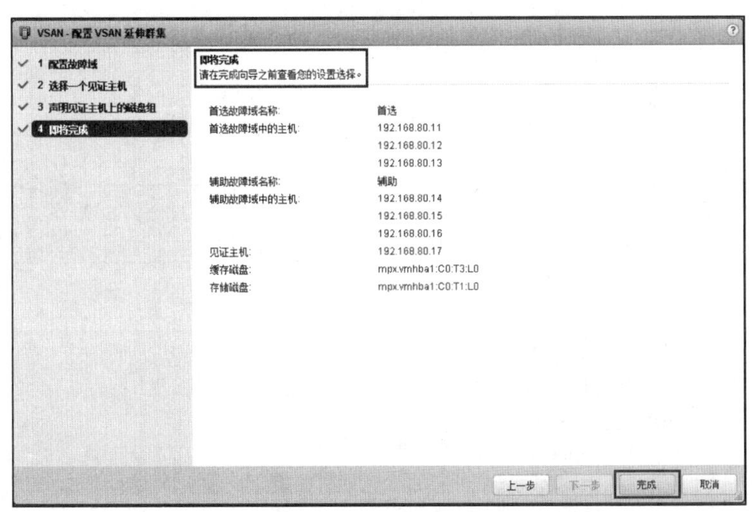

图 5-6-29　即将完成

（6）配置完成之后，如图 5-6-30 所示。在“延伸群集”选项中会看到延伸群集状态、首选故障域及见证主机，在“故障域”选项可以看到当前配置可允许的最大数量是 1 个故障域，在“故障域/主机”列表显示首选及辅助故障域。

（7）浏览查看 vSAN 存储，可以看到存储总容量不变，如图 5-6-31 所示。

（8）在 vSphere Web Client，在“vSAN 群集→管理→设置→磁盘管理”选项中，可以看到见证主机磁盘组，如图 5-6-32 所示。

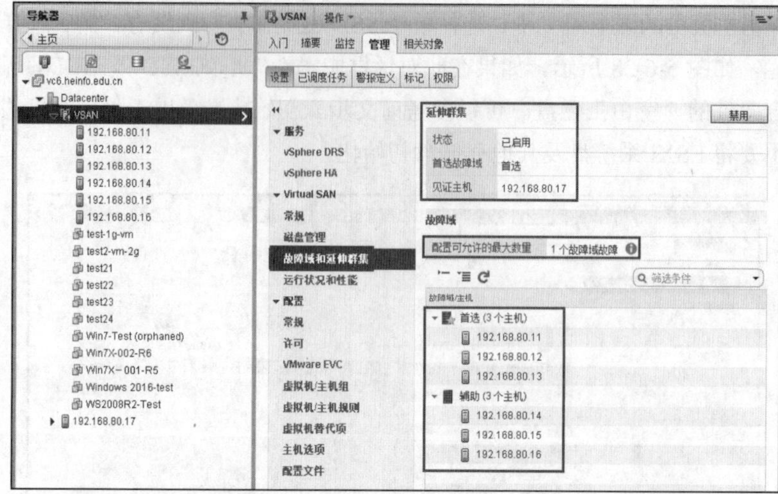

图 5-6-30　创建 vSAN 延伸群集完成

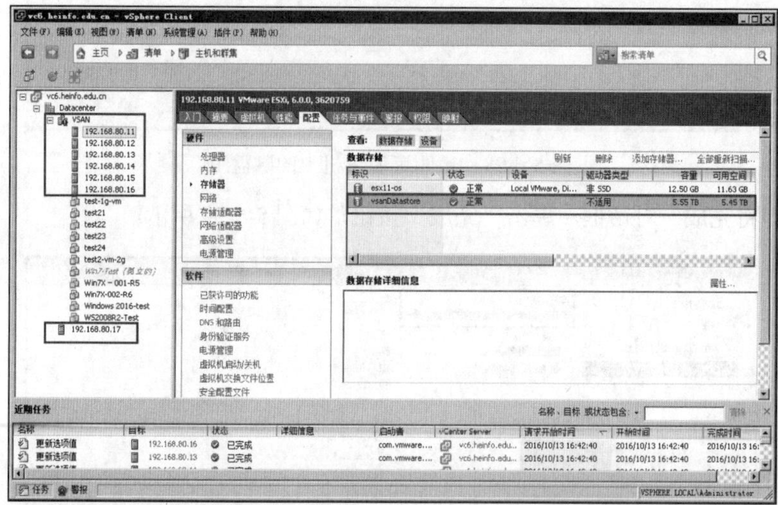

图 5-6-31　查看 vSAN 存储容量

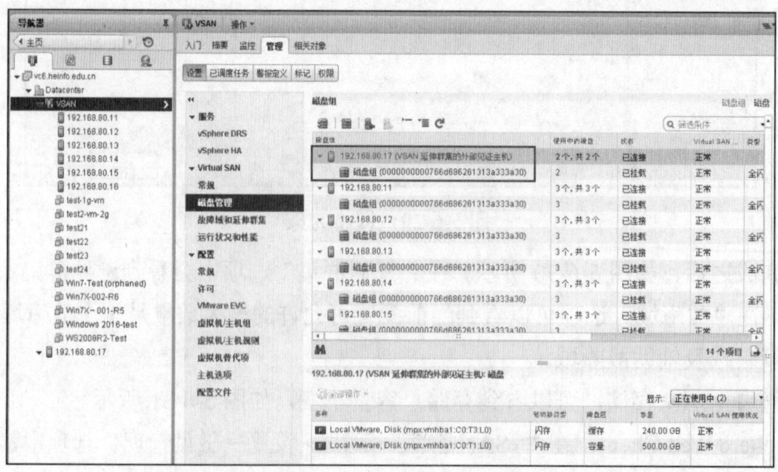

图 5-6-32　见证主机磁盘组

5.6.6　自动重新配置虚拟机

在配置延伸群集后，vSAN 会根据配置后的故障域（首选、辅助），对当前群集中所有虚拟机组件进行重新配置或重新同步。对于符合当前 vSAN 延伸群集虚拟机存储策略配置的虚拟机，当前虚拟机存储策略满足 FTT=1、SW≤6 时，vSAN 会重新同步组件，并满足新延伸群集策略要求，如图 5-6-33 所示，该虚拟机的存储策略为 FTT＝1、SW＝3，该虚拟机硬盘第一个 RAID-0 被分配到“首选”站点，而第二个 RAID-0 则被分配到“辅助”站点，见证文件则放置在 192.168.80.17 的见证主机。

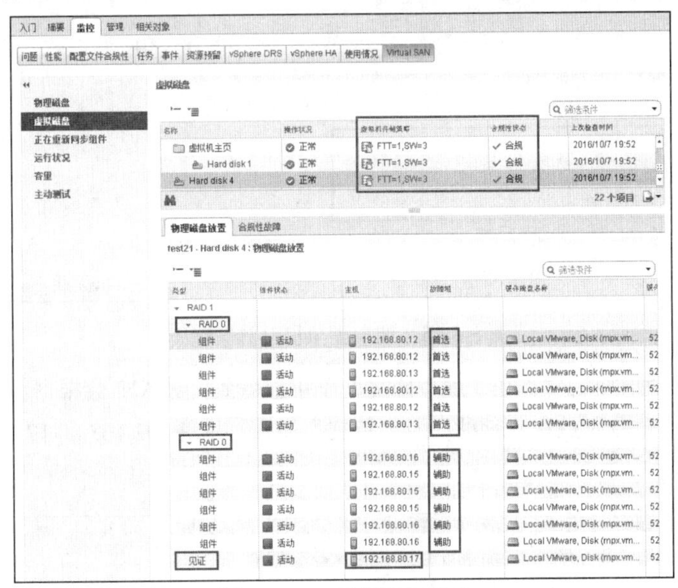

图 5-6-33　重新调整组件

对于虚拟机存储策略 FTT=2/3 的虚拟机，vSAN 仍然采用原来的策略，但是在“合规性状态”中显示为“不合规”，如图 5-6-34 所示。

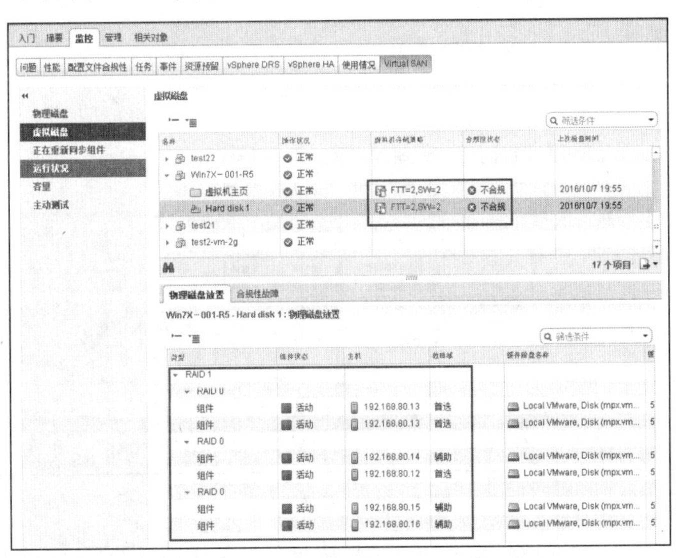

图 5-6-34　存储策略不匹配的虚拟机

【说明】建议大家检查虚拟机存储策略，修改与当前 vSAN 延伸群集不匹配的虚拟机存储策略，以适应当前环境要求。

对于上述情况，管理员可以调整该虚拟机的存储策略，使之符合 vSAN 环境的要求。例如，在本示例中，调整为“FTT＝1，SW＝2”的虚拟机存储策略，如图 5-6-35 所示。

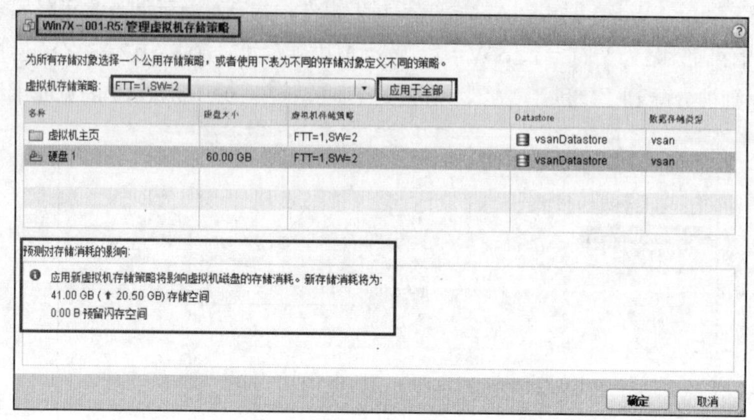

图 5-6-35　调整虚拟机存储策略

在修改虚拟机存储策略之后，在“虚拟磁盘”中可以看到，vSAN 会根据新的策略重新同步组件。vSAN 会将新的组件分别放在“辅助”及“首选”站点，并在 192.168.80.17 放置“见证”文件，如图 5-6-36 所示。

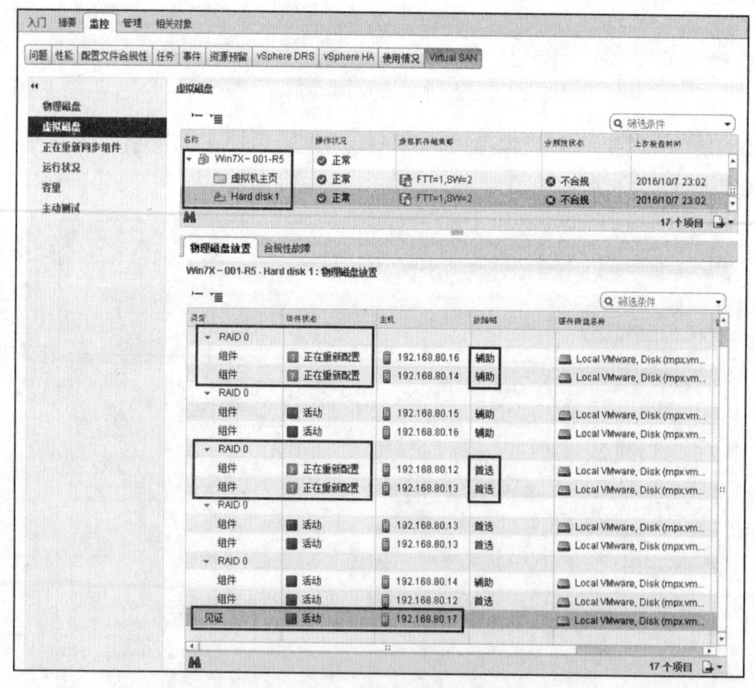

图 5-6-36　重新配置

同步完成之后如图 5-6-37 所示。在当前“虚拟磁盘”选项中选择的是“Win7X-001-R5”（本次实验中重新配置策略的虚拟机），在“物理磁盘放置”选项卡中显示“虚拟机主页”及“硬盘”的组件情况，其中第一个 RAID-1 是“虚拟机主机”，分别保存在“辅助”及“首选”站点，见证文件放置在 192.168.80.17 的主机上；而硬盘则分成两组 RAID-0 分别放置在“首选”及“辅助”主机上，见证同样放置在 192.168.80.17 的主机。

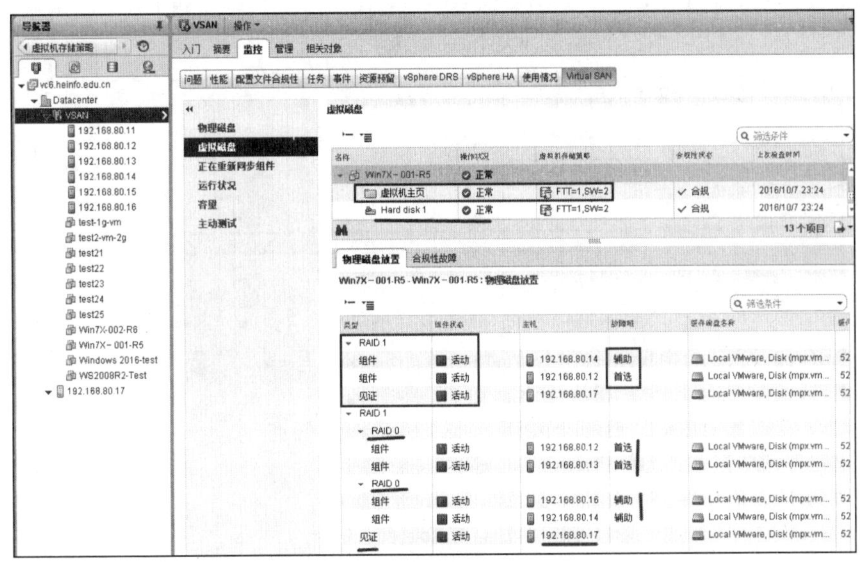

图 5-6-37　重新同步

【说明】在实际的生产环境中，如果虚拟机数量较多，所有符合条件的虚拟机重新配置可能需要较长的时间。等所有的虚拟机完成同步后，并且在“合规性状态”中看到所有虚拟机都“合规”之后，继续后续的实验，如图 5-6-38 所示。

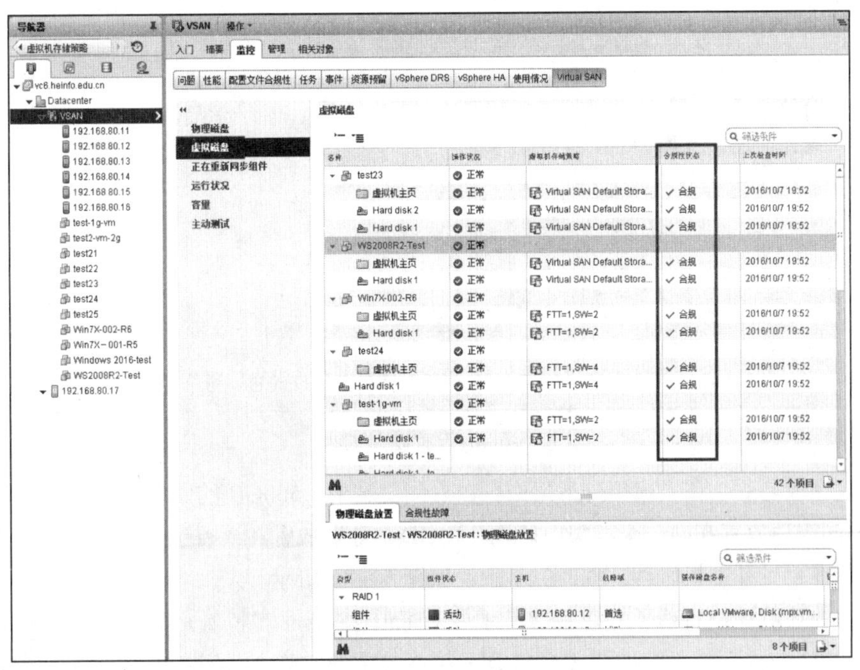

图 5-6-38　检查虚拟机合规性

5.6.7 创建虚拟机用于测试

在配置好 vSAN 延伸群集后，需要创建虚拟机用于测试，主要步骤如下。

（1）创建虚拟机 test25，使用默认的 vSAN 存储策略，如图 5-6-39 所示。

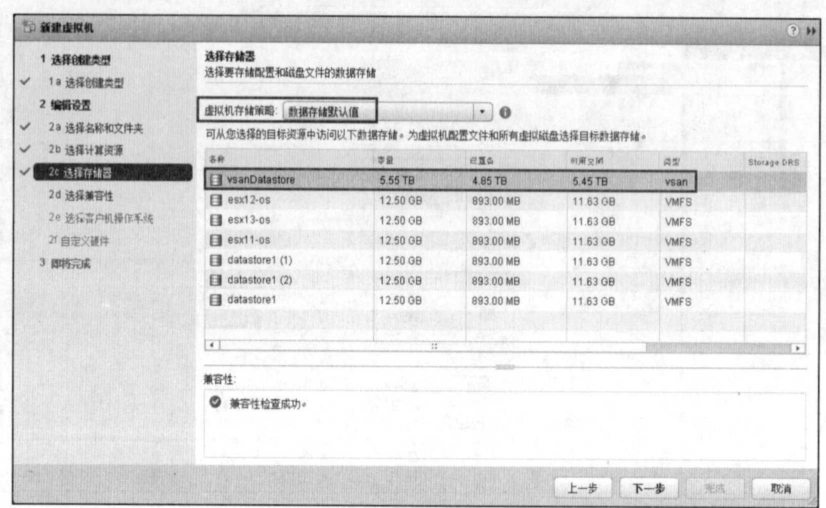

图 5-6-39 选择虚拟机存储策略

（2）设置 2 个硬盘大小为 40GB 与 1 500GB，如图 5-6-40 所示。

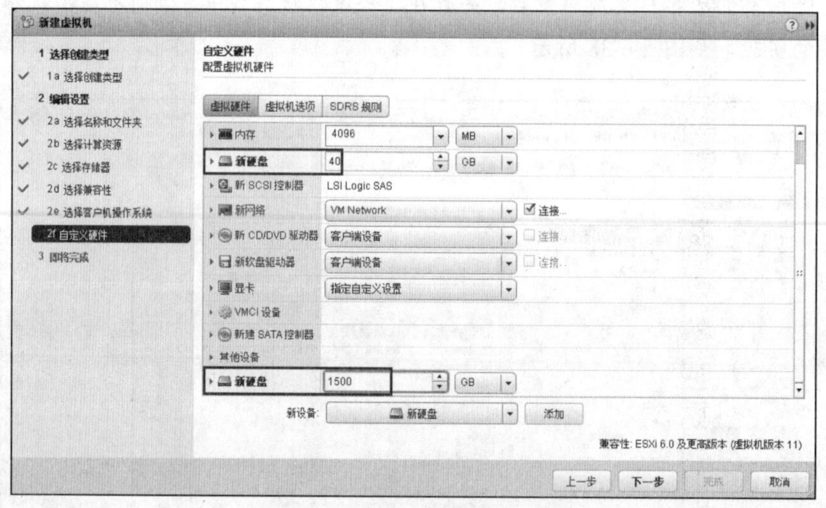

图 5-6-40 设置硬盘大小

（3）创建完成之后，在“虚拟磁盘”中可以看到，这个 1 500GB 的硬盘被拆分成 6 个，同一组 RAID-0 的不同组件放置在同一个群集中，两组 RAID-0 分别放置在“首选”及“辅助”站点中，而“见证”文件在“见证主机”192.168.80.17 上，如图 5-6-41 所示。

（4）当前的环境已经启动了 7 台 ESXi、1 台 vCenter Server 虚拟机，查看“Windows 任务管理器”，当前 CPU 与内存使用率如图 5-6-42 所示。在当前的实验中，现在仍然不会感觉到“慢”，也没有“卡”的感觉。

图 5-6-41　查看磁盘

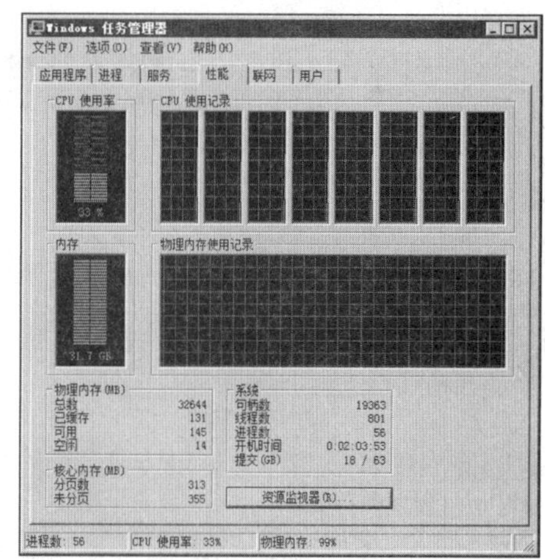

图 5-6-42　任务管理器

5.6.8　关闭一半主机测试延伸群集

接下来验证延伸群集的作用。在当前的配置中，主机 192.168.80.11～192.168.80.13 处于“首选”站点，主机 192.168.80.14～192.168.80.16 处于“辅助”站点，虚拟机默认在“首选”站点启动。如果首选站点所有主机关机，此时新创建的虚拟机 test23 的使用将不会受到影响，测试步骤如下所示。

（1）关闭 192.168.80.11～192.168.80.13 的主机，等主机关闭后，在 vSphere Web Client 中的“vSAN 群集→管理→设置→磁盘管理”选项中可以看到这 3 台主机状态为“无响应”，同时“使用中的磁盘”列表一栏中这 3 台主机的磁盘数量为 0，如图 5-6-43 所示。

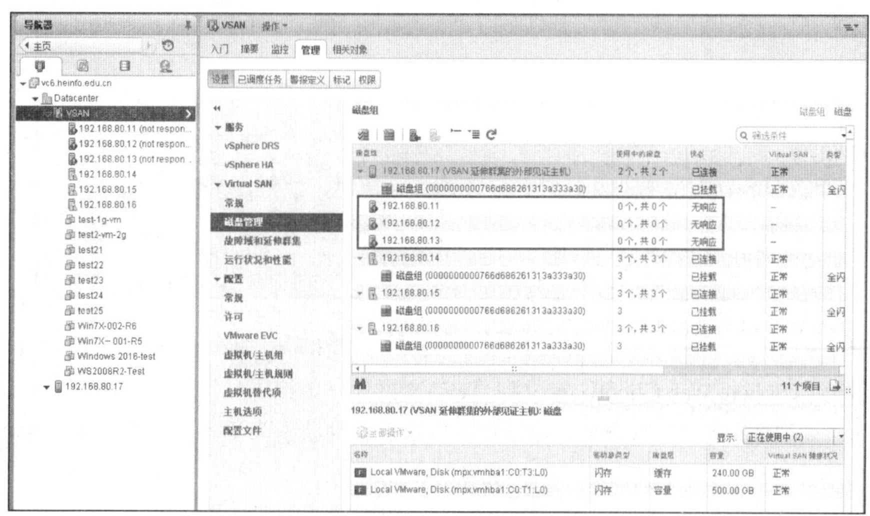

图 5-6-43　一半主机掉线

（2）在 vSphere Client 中，可以看到 192.168.80.11～192.168.80.13“无响应”，浏览 vSAN 存储，可以看到总容量变为 2.77TB（已经减少一半），如图 5-6-44 所示。

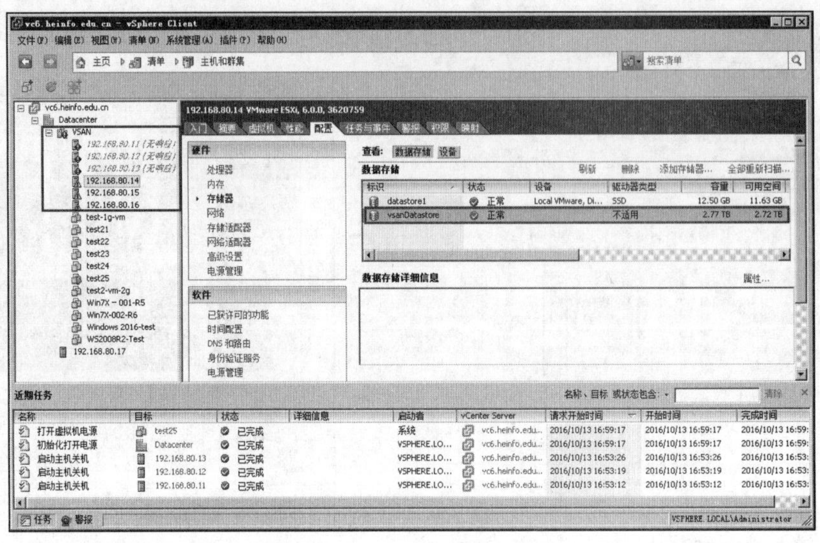

图 5-6-44　vSAN 存储容量减半

（3）在 vSphere Client 中，可以看到 192.168.80.11～192.168.80.13 的 CPU 与内存使用率为 0，如图 5-6-45 所示。

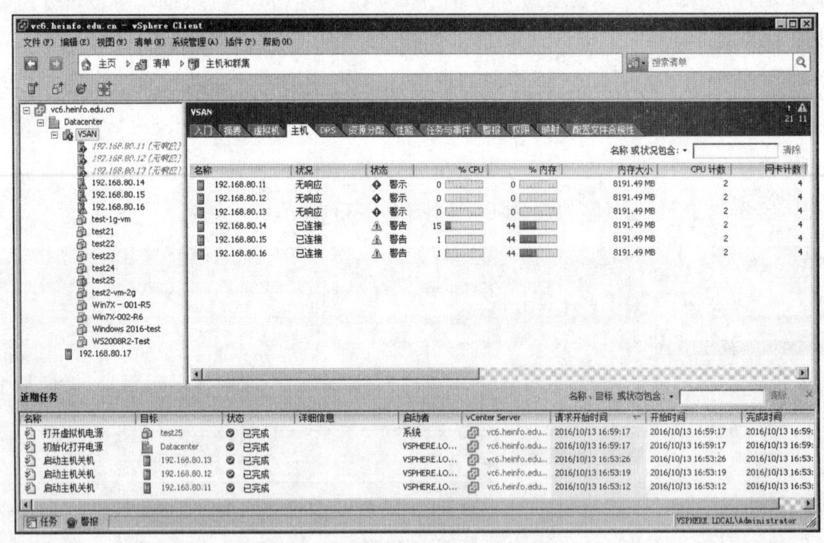

图 5-6-45　3 台主机失去响应

（4）返回到 vSphere Web Client，定位到“vSAN 群集→虚拟磁盘”选项，浏览查看延伸群集中的虚拟机。此时可以看到，虽然一个 RAID-0 中的所有组件状态为“不存在”，但对象仍然有超过 50%的组件可用，所以该虚拟机仍然可用，如图 5-6-46 所示。

图 5-6-46　虚拟机仍然可用

（5）启动虚拟机，如图 5-6-47 所示。此时无论是启动、关闭虚拟机，或者重新配置虚拟机，都不会受到影响。

图 5-6-47　启动虚拟机

（6）实验完成之后将关闭的 ESXi 主机开机，等待 vSAN 延伸群集恢复。如果在此期间（某个站点或某个站点 ESXi 主机出错）虚拟机有新的数据，则数据会同步到恢复后的站点对应主机中，如图 5-6-48 所示。

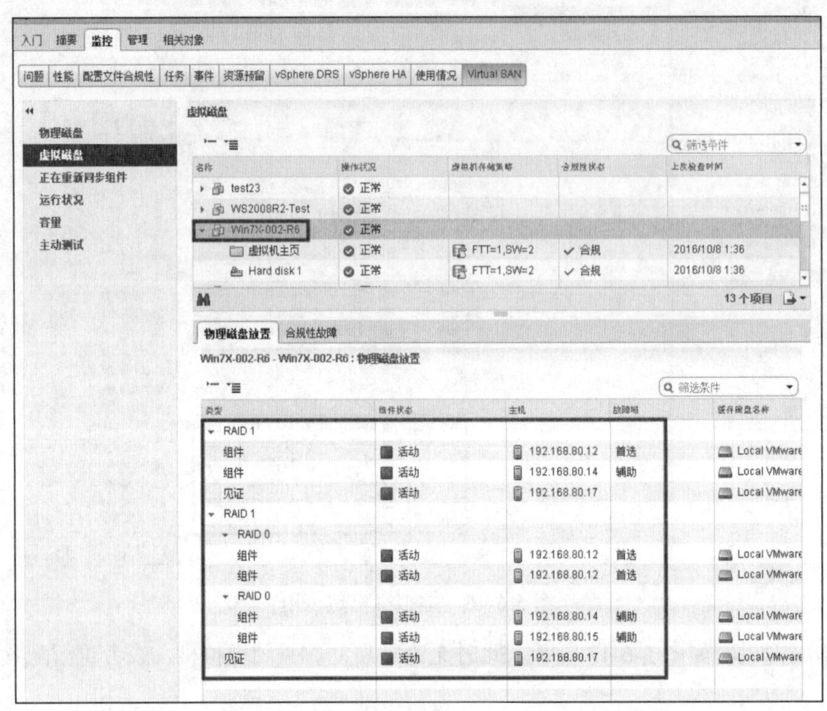

图 5-6-48　系统及虚拟机恢复

5.6.9　禁用 vSAN 延伸群集

无论是在生产环境还是在实验中，vSAN 提供的功能（包括在生产环境中表现出的优异性能）都让人满意。为了进一步验证 vSAN 的各种功能，我们不得不“忍痛”下手，移除 vSAN 延伸群集，以充分验证 vSAN 的每个功能。从开始搭建实验环境到现在，尽管我们有一些操作比较“野蛮”，并且严格来讲，这些操作在实际的生产环境中是不允许的，但截止到现在，实验中所用到的虚拟机，没有发生一例数据丢失的现象！同样在后续的实验中，我们仍然会保持这个“传统”。如果在实际的生产环境中碰到类似的需求也可以加以借鉴。

在下面的操作中，将移除见证主机，并禁用 vSAN 延伸群集。由于见证文件都保存在见证主机上，在禁用延伸群集后，vSAN 群集中的虚拟机会“丢失”见证文件，需要有一段时间进行组件的重新配置，等各组件重新配置完成后再做有“破坏”性的实验。

在生产环境中，要禁用 vSAN 延伸群集，需要先删除见证主机磁盘组，然后再禁用延伸群集，删除见证主机磁盘组的主要步骤如下。

（1）在 vSphere Web Client 导航器中选择 vSAN 群集，在右侧窗格中依次单击“管理→设置→磁盘管理”，在“磁盘组”列表中选择见证主机磁盘组，然后单击“▣”按钮，删除见证主机磁盘组，如图 5-6-49 所示。

（2）在弹出的“移除磁盘组”对话框中，单击“是”按钮，如图 5-6-50 所示。

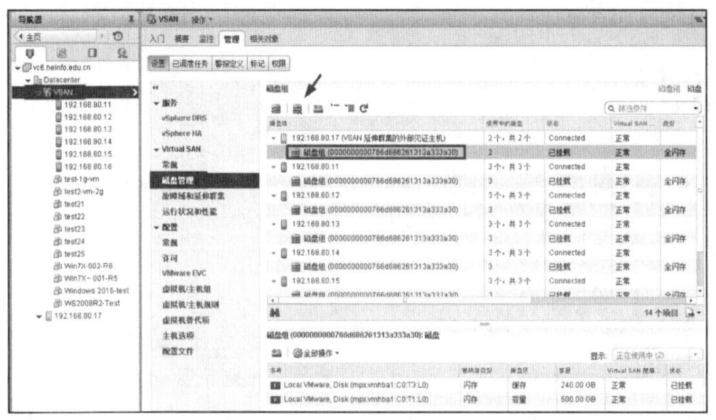

图 5-6-49　删除磁盘组

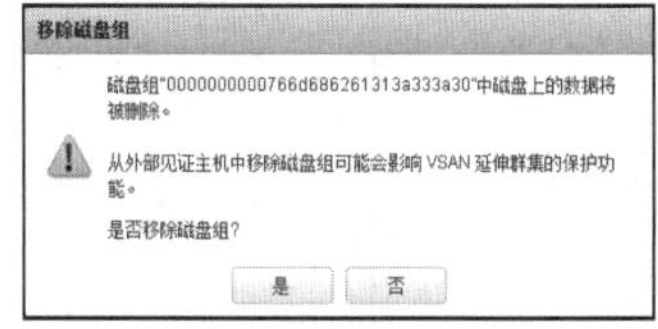

图 5-6-50　移除磁盘组

（3）等见证主机磁盘组移除之后，再继续后面的操作，如图 5-6-51 所示。

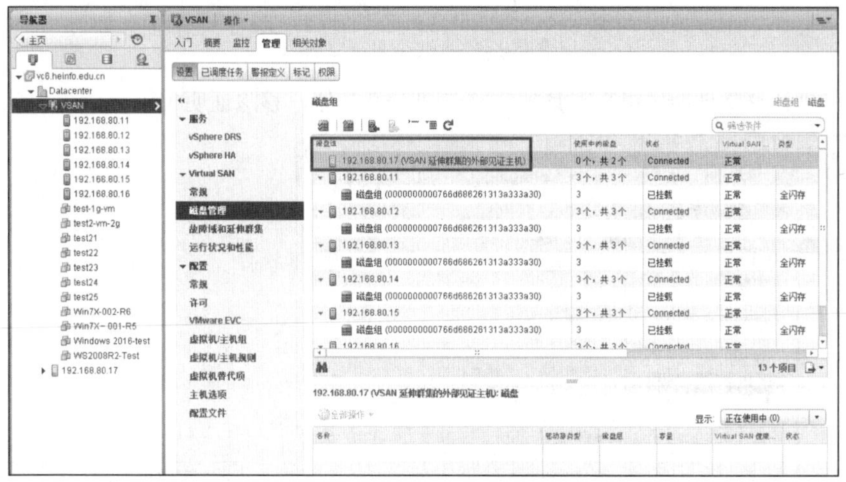

图 5-6-51　已经移除磁盘组

【说明】如果先不移除磁盘组，而是直接“禁用”延伸群集，则见证主机的磁盘组是“非正常”移除，主机中的磁盘处于“使用状态”，将不能再分配另作他用，也不能在“ESXi 主机→管理→存储器→存储设备”通过“清除分区”的方式清除，只能重新启动主机使用第三方工具删除分区，或者重新将见证主机添加到 vSAN 群集，然后再通过上述步骤 1 的方式，通过删除磁盘组删除。

（4）删除见证主机磁盘组之后，在“vSAN 群集→监控→vSAN→虚拟磁盘”选项中，浏览虚拟机组件可以看到，无论是虚拟机主页还是虚拟机硬盘，其组件中的“见证”文件状态为“已降级”，而对应的主机则是“未找到对象”，如图 5-6-52 所示。由于此时组件超过 50%，所以并不影响虚拟机的使用，但这种情况要尽快解决。

在删除见证主机磁盘组之后，则可以禁用 vSAN 延伸群集；下面删除为了配置延伸群集定义的“首选”及“辅助”故障域，主要操作步骤如下。

（1）在“管理→设置→故障域和延伸群集”选项中，单击“禁用”按钮，如图 5-6-53 所示。

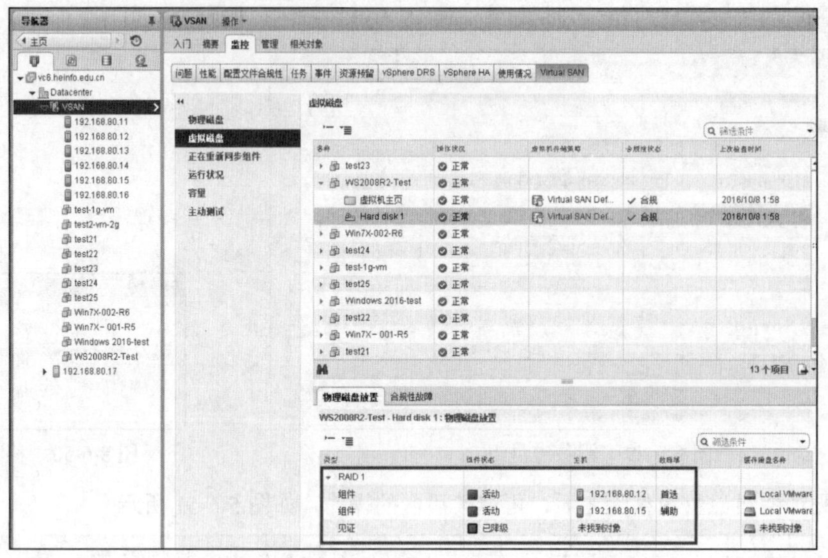

图 5-6-52　缺少见证文件

（2）在“确认移除证明主机”对话框，单击“是”按钮，移除证明主机，如图 5-6-54 所示。

图 5-6-53　移除证明主机

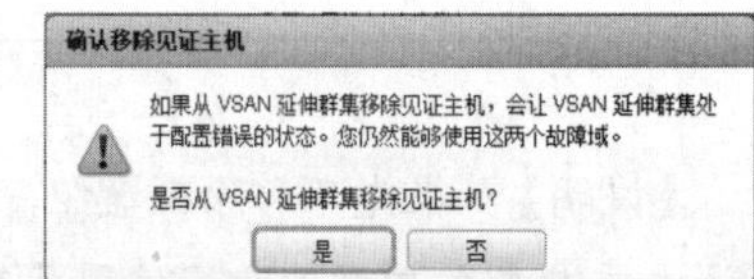

图 5-6-54　移除证明主机

（3）在禁用延伸群集后，在“状态”中为“已禁用”，而当前群集可允许的最大故障数则为“0”，这个问题必须解决，要保证 vSAN 群集的安全，至少要有 3 个故障域（允许的故障数最小为 1）。选中“首选”故障域，然后单击“×”按钮，移除选择的故障域，如图 5-6-55 所示。

（4）在弹出的“删除故障域”对话框，单击“是”按钮，如图 5-6-56 所示。

（5）参照（3）～（4）步骤，移除“辅助”故障域，移除之后在“故障域”中显示“2 个主机故障”，如图 5-6-57 所示。

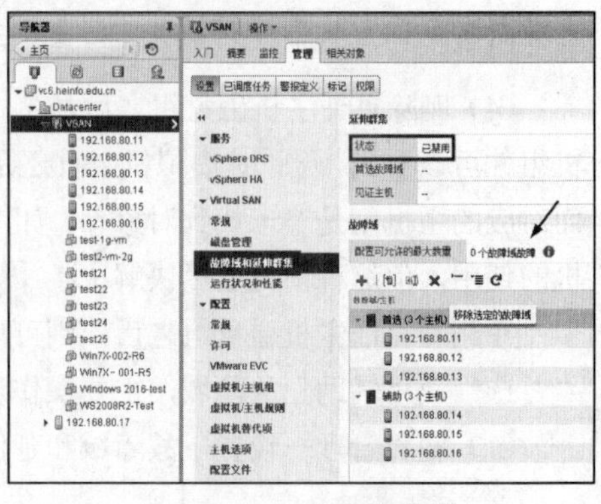

图 5-6-55　移除故障域

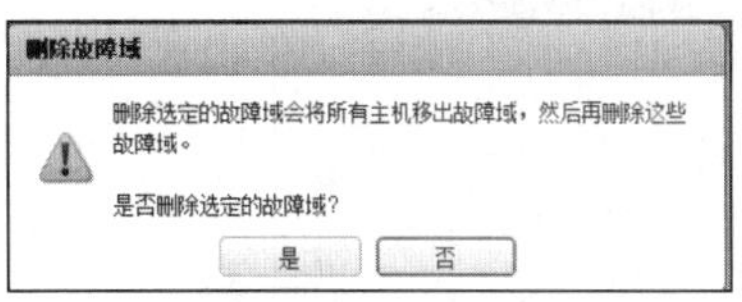

图 5-6-56　确认删除

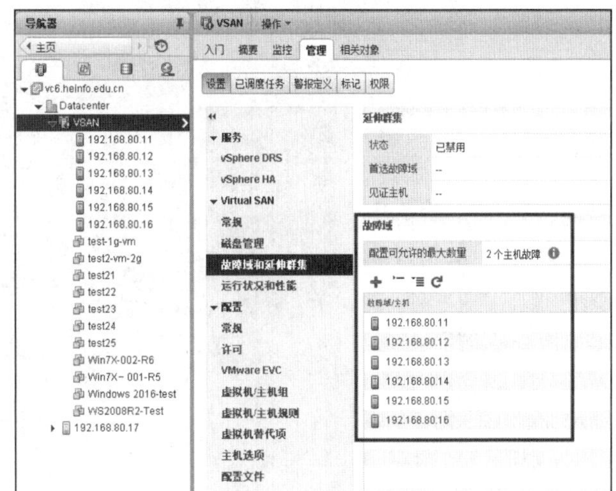

图 5-6-57　移除 Virtual vSAN 延伸群集后

（6）在移除“首选”及“辅助”故障域后，在“监控→vSAN→虚拟磁盘”选项中查看各个虚拟机组件，可以看到各个虚拟机的情况，同时每个虚拟机的组件已经重新配置完成，这一切都是自动的，如图 5-6-58 所示。

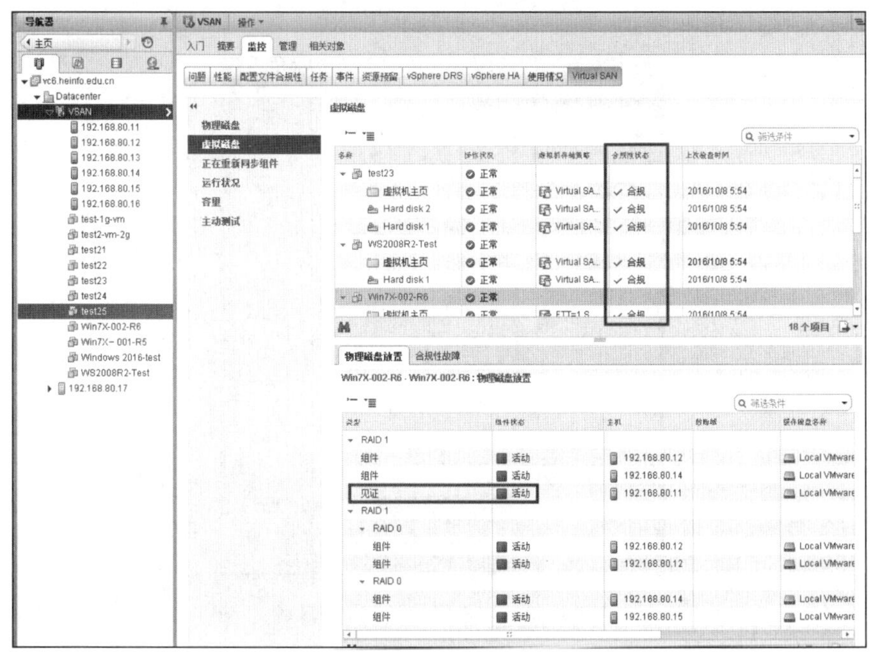

图 5-6-58　各虚拟机组件重新配置完成

在完成到这一实验步骤时，当前系统共启动了 8 个 8GB 内存的 ESXi 虚拟机，当前主机 CPU 占用率在 10%以下，内存使用 27.1GB，如图 5-6-59 所示。

最后在 vSphere Web Client 中将 192.168.80.17 的主机从清单中清除，如图 5-6-60 所示。然后在 VMware Workstation 中关闭 192.168.80.17 的虚拟机，以释放资源。

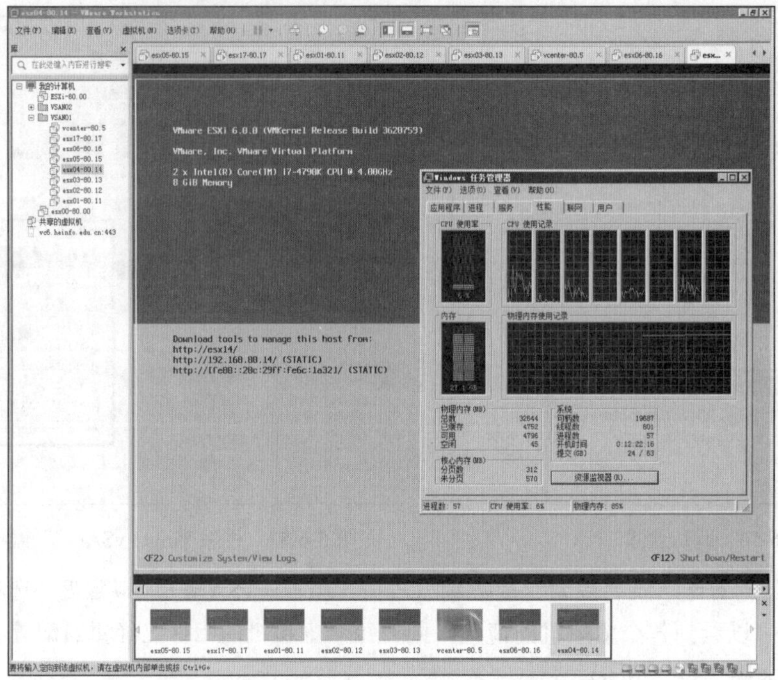

图 5-6-59　当前应用情况

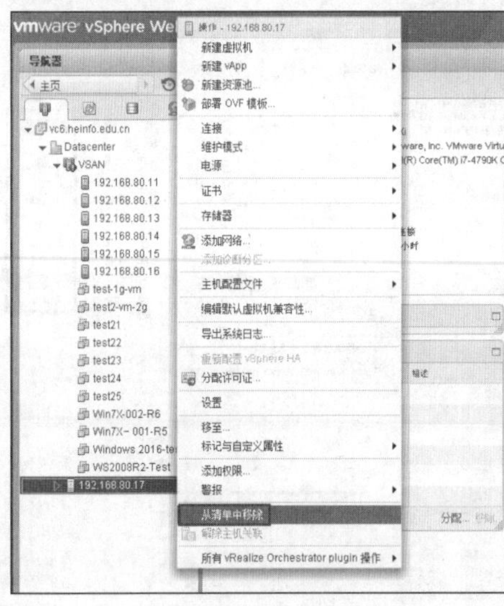

图 5-6-60　将不用的见证主机移除

5.7　向 vSAN 群集主机添加 HDD（纵向扩展）

在 vSAN 群集中，只要向主机添加 HDD，就可以完成存储的扩展，这是典型的“纵向扩展”实例。“纵向扩展”有两种方式，一种是向现有磁盘组添加 HDD，另一种通过添加磁盘组（即同时添加 SSD 及 HDD）实现。具体是要添加 HDD 还是添加磁盘组，要根据需求进行合理的配置。

一般情况下，每个磁盘组中缓存磁盘容量与所有容量磁盘的比例小于 1∶10 合宜。如果看每个磁盘组，一般每个磁盘组中容量磁盘不小于 3 个。如果同 1 个 vSAN 群集中，主机数量较多，则每个主机磁盘组不小于 3 个。

在本节的实验中，将向每个 ESXi 主机添加 1 个 1TB 的硬盘（这是纵向扩展的一个小示例），重新扫描存储之后，就可以看到磁盘组中磁盘的增加及整个存储可用容量的增加。在此注意，添加的磁盘大小可以与原来的磁盘组中容量不一致，但在实际的生产环境中，最好添加性能一致的磁盘，例如，可以在同一个 vSAN 群集中使用 2.5 寸、1 万转速、容量分别是 600GB 与 900GB 的的同一品牌的磁盘。虽然可以向磁盘组中添加容量不一致的磁盘，但在实际的生产环境中，不要添加容量差别过大的磁盘，更不要向磁盘组中添加比原来单块磁盘容量更小的磁盘。例如，现有磁盘组中使用的都是 600GB 的磁盘，可以添加 900GB 的磁盘，但不要向磁盘组中添加 300GB 的磁盘。

5.7.1　从 vSAN 群集中移除主机

在前面的实验中，我们做了 6 台主机组成 vSAN 实验环境，每个主机只有一个磁盘组。如果主机要支持更多的磁盘组，必须要为主机分配更多的内存。在实际的生产环境中，每个主机都有足够的内存（当前一般新配置的 vSphere 数据中心，内存一般都是 64～128GB 以上），但在当前的环境中，在一台 32GB 内存的主机上同时启动 7～8 台 8GB 内存的虚拟机已经接近极限，所以为了能满足多磁盘组的实验需求，我们要加大 vSAN 群集中 ESXi 主机的内存，就需要减少 ESXi 主机的数量。在本节中，将把 vSAN 群集主机数量由 6 台改为 4 台。

【说明】虽然 vSAN 的配置允许的最小主机数是 3 台，但在实际的生产环境中，建议为 vSAN 群集配置至少 4 台主机，这样当群集中有 1 台主机维护时，不影响整个系统的安全性。

组成 vSAN 群集的主机是一个整体，因为群集中的主机可能在为其他主机提供存储资源（当然这也不是必须的，可以向 vSAN 群集添加不提供本地硬盘的 ESXi 主机）。如果要移除 vSAN 群集中的主机，需要按照正确的步骤，不能直接移除，否则会对整个 vSAN 群集造成影响。因此要遵循以下两个原则。

- 如果移除的主机不影响虚拟机存储策略，则可以直接将主机置于维护模式并根据向导移除。
- 如果移除主机后会影响虚拟机存储策略，请先修改虚拟机策略，使其匹配移除后的虚拟机存储策略。例如，我们当前的 vSAN 群集由 6 台 ESXi 主机组成，当前的虚拟机存储策略允许的故障是 2。如果将群集主机由 6 台改为 4 台甚至更少的 3 台，则会影响这一策略，所以，在实际的生产环境中，如果碰到类似的问题，请先将 FTT=2 的虚拟机的存储策略修改为 FTT=1。至于“磁盘带数”也是要考虑的一个问题，在前文介绍过，允许的故障数、磁盘带数、主机及主机容量磁盘数的计算关系如下：

```
（故障数+1）×（磁盘带数+1）≤主机数×主机所有容量磁盘数。
```

例如，对于当前 6 台主机、每个主机 2 个容量磁盘时，则当 FTT=1 时是 SW 最大为 5。

从现有 vSAN 群集中移除主机的操作，在前文已经介绍过，下面介绍主要步骤（确保 vSAN 群集设置为“手动”添加磁盘）。

（1）在 vSphere Web Client 导航器中选中 vSAN 群集，在“管理→设置→磁盘管理”选项中选择 192.168.80.16 的磁盘组，单击“ ”按钮移除，如图 5-7-1 所示。

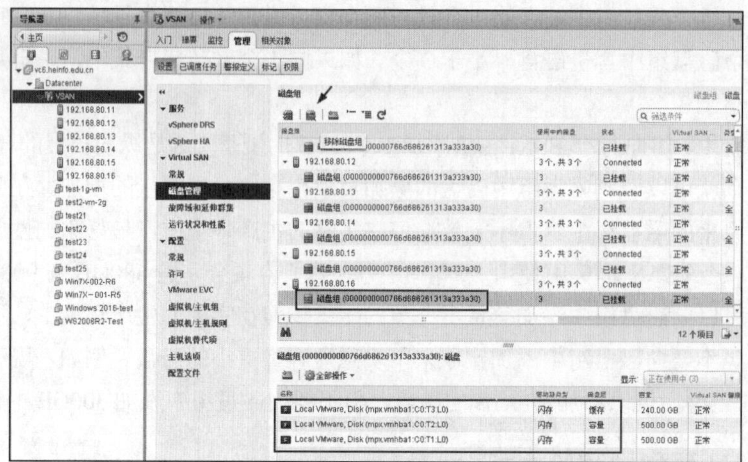

图 5-7-1　选中磁盘组开始移除

（2）在“移除磁盘组”对话框中选择“迁移全部数据”，如图 5-7-2 所示。

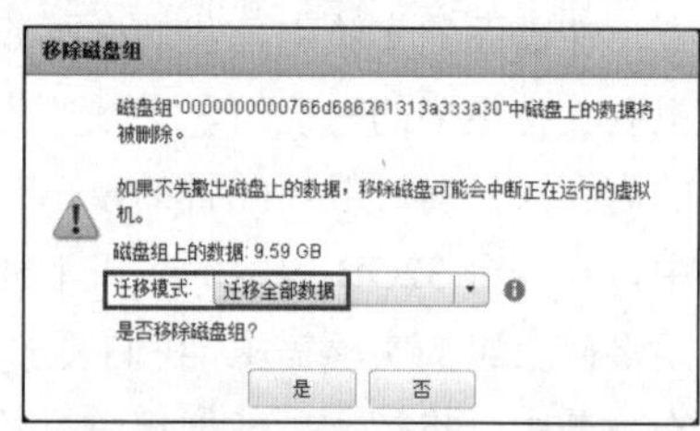

图 5-7-2　迁移全部数据

（3）等数据同步完成后，再删除 192.168.80.15 的磁盘组，并迁移全部数据。注意，要逐台删除磁盘组，并且等这台磁盘组中的数据全部迁移到其他磁盘组后（尽管可能也会迁移到下一步将要删除的磁盘组，也要等待所有数据同步完成），才能再删除下一台 ESXi 主机的磁盘组。删除之后如图 5-7-3 所示。

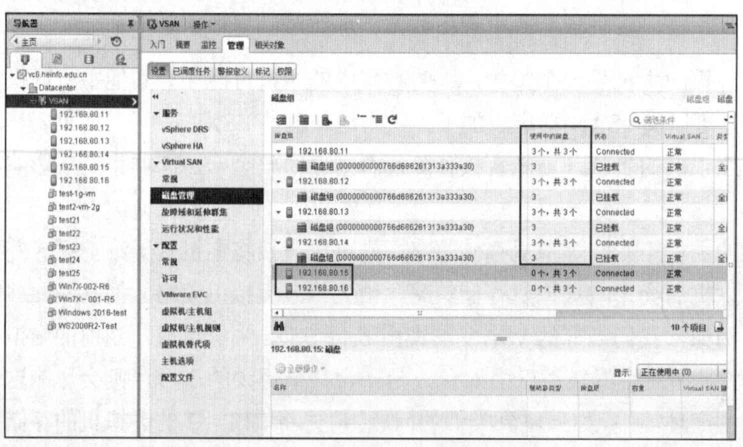

图 5-7-3　删除两台主机磁盘组

在 vSAN 的规划设计中，vSAN 群集中的 ESXi 主机可以提供容量（有磁盘组）也可以没有磁盘组，即有的主机只是当作计算主机，而容量由其他 ESXi 主机提供，这种使用方式没有任何问题。在当前的环境中，192.168.80.15 与 192.168.80.16 两台主机已经没有磁盘组（即已经不提供容量），此时可以做实验，在这两台主机上创建虚拟机并将数据保存在 vSAN 存储中，并启动虚拟机，这是没有任何问题的。在 vSphere Client 中，浏览 192.168.80.16 的存储，可以看到 192.168.80.16 仍然能“看到”vSAN 存储，并且当前 vSAN 存储容量已经减小到 3.70TB（减少约 2TB，即 4 个 500GB 磁盘容量），如图 5-7-4 所示。

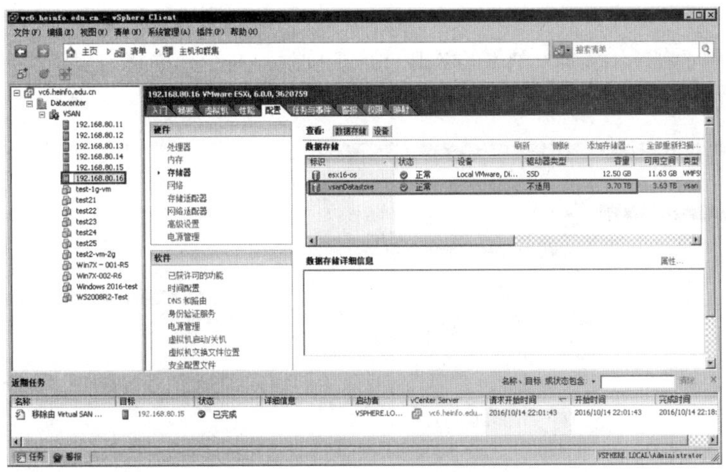

图 5-7-4　vSAN 存储容量减小

（4）最后分别将 192.168.80.16 及 192.168.80.15 置于维护模式，然后在清单中移除这两台主机，这些操作前文已经有过介绍，不再赘述。最后在 VMware Workstation 中关闭 192.168.80.15 及 192.168.80.16 两台虚拟机，以进一步释放资源。

5.7.2　配置纵向扩展的实验环境

在下面的操作中，将向每个 ESXi 主机添加 1 个 1TB 的硬盘，在添加的过程中，不需要关闭 ESXi 主机。在实际的操作中，如果服务器配置了硬盘的“直通”模式，把想要添加的硬盘直接加到托架放入到硬盘仓位即可。如果每个硬盘需要配置为 RAID-0，则需要将主机进入维护模式，重新启动 ESXi 主机之后，进入 RAID 卡配置界面添加。

主要操作步骤如下。

（1）在 VMware Workstation 中，选中 192.168.80.11，单击“ ”按钮，然后单击“编辑虚拟机设置”链接，如图 5-7-5 所示。

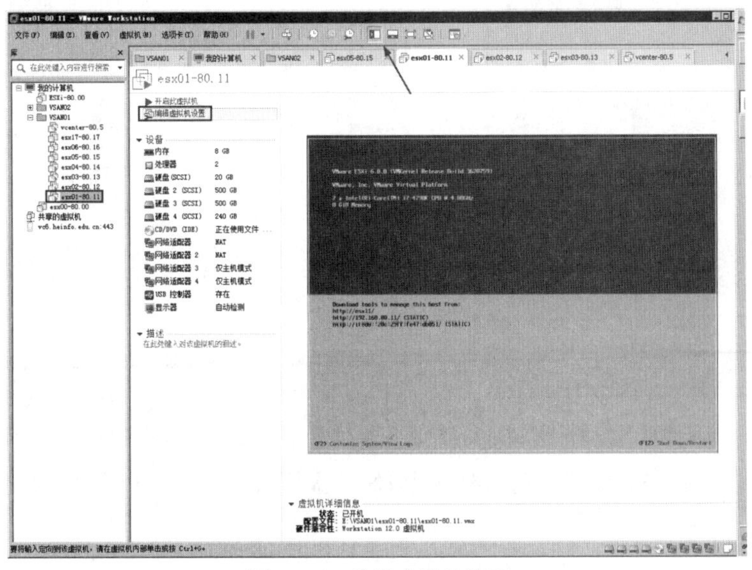

图 5-7-5　编辑虚拟机设置

（2）打开“虚拟机设置”对话框，单击“添加”按钮，如图 5-7-6 所示。

（3）在后面的向导中，添加一个 1 000GB 的虚拟硬盘，并选择“将虚拟磁盘存储为单个文件”选项，如图 5-7-7 所示。

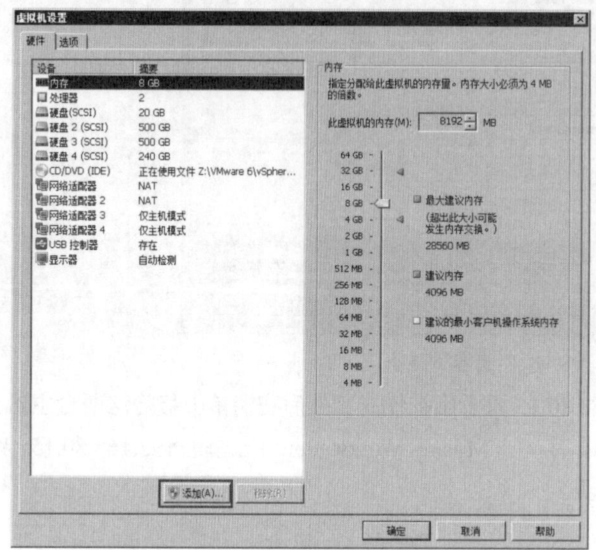

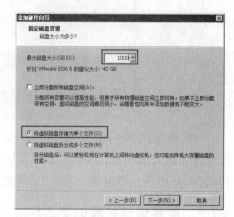

图 5-7-6 虚拟机设置

图 5-7-7 添加 1000GB 硬盘

（4）在“指定磁盘文件”对话框中，为虚拟机磁盘文件名添加“-1TB”的后缀，在本示例中为 esx01-80.11-1TB.vmdk，如图 5-7-8 所示。

（5）返回到“虚拟机设置”文件夹，然后单击“确定”按钮，如图 5-7-9 所示。

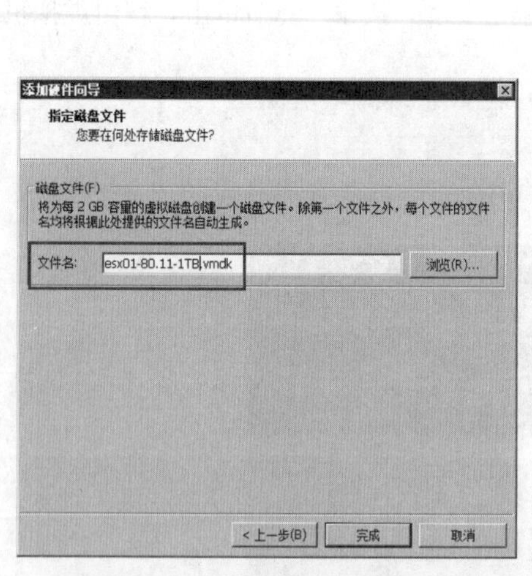

图 5-7-8 指定磁盘文件名

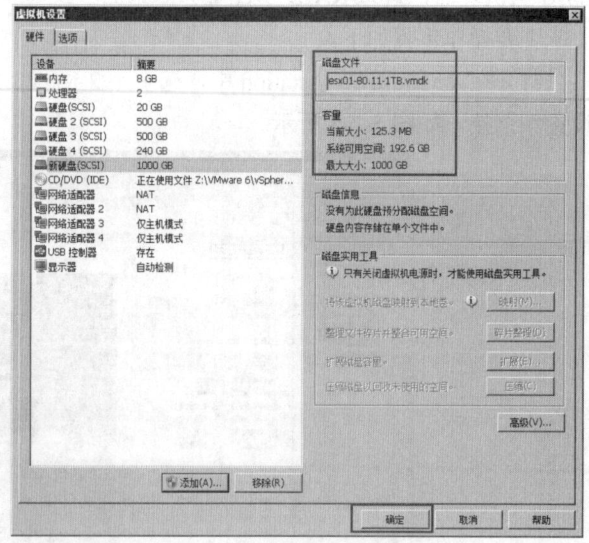

图 5-7-9 添加 1TB 硬盘完成

（6）参照（1）～（5）设置，为另外 3 台 ESXi 虚拟机各添加 1 个 1TB 的硬盘。

5.7.3　向磁盘组添加容量磁盘

因为当前模拟的是“全闪存架构”的 vSAN 存储，在这种配置下，为 vSAN 群集中的 ESXi 主机添加硬盘手，需要管理员“手动”将其添加到磁盘组。所以在当前的 vSAN 配置中“vSAN 群集→管理→设置→常规”的“向存储中添加磁盘”为“手动”，如图 5-7-10 所示。

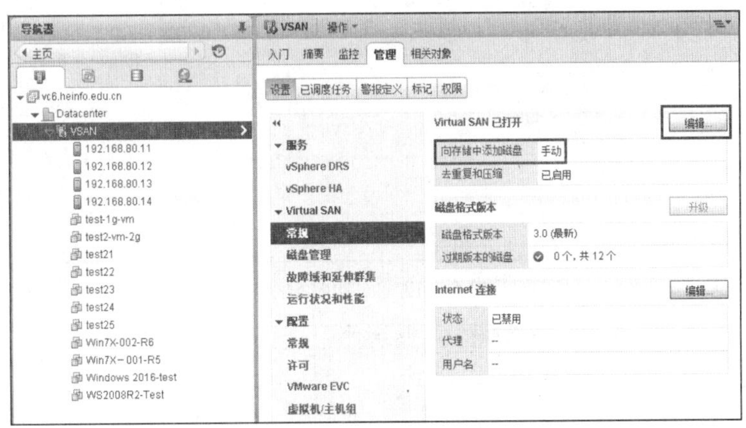

图 5-7-10　向存储中添加磁盘设置为“手动”

在 ESXi 主机添加磁盘之后，重新扫描存储，然后将磁盘添加到磁盘组完成 vSAN 存储容量扩展，主要步骤如下。

（1）在 vSphere Web Client 中，右击 vSAN 群集，在弹出的快捷菜单中选择“存储→重新扫描存储器”，如图 5-7-11 所示。

（2）在“重新扫描存储器”对话框，单击“确定”按钮，如图 5-7-12 所示。

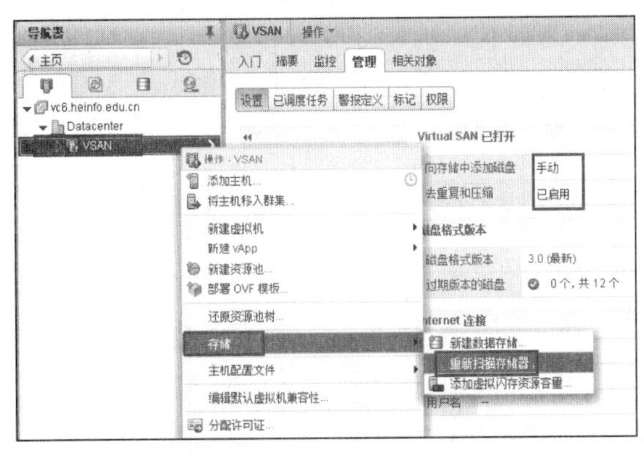

图 5-7-11　选择重新扫描存储器

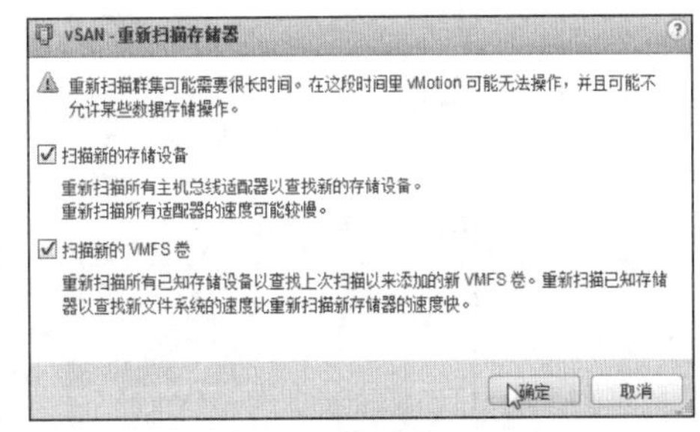

图 5-7-12　确认信息

（3）在“磁盘管理”中选中一台 ESXi 主机的磁盘组，如 192.168.80.11，然后单击“ ”按钮，如图 5-7-13 所示。

（4）在“选择一个或多个磁盘作为容量磁盘”对话框中，选中新添加的 1TB 磁盘，然后单击“确定”按钮，如图 5-7-14 所示。

（5）在“管理→设置→磁盘管理”中，可以看到当前主机磁盘组已经增加一个 1 000GB 的硬盘，如图 5-7-15 所示。

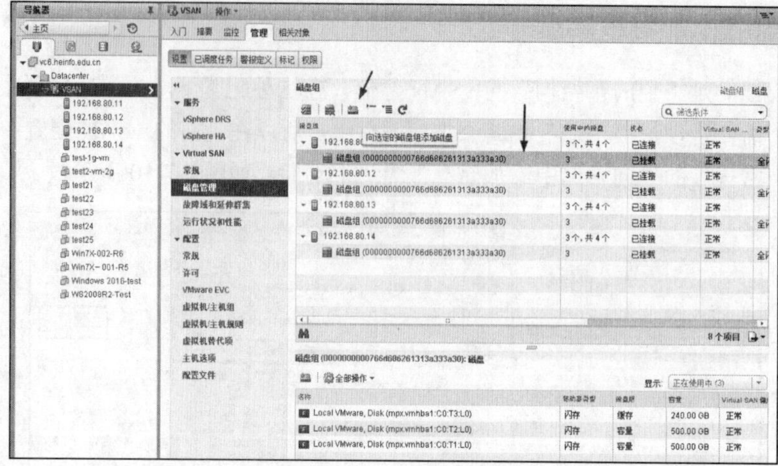

图 5-7-13 添加磁盘组

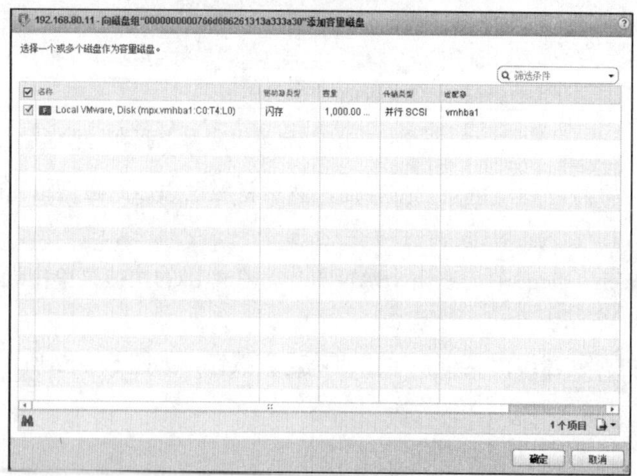

图 5-7-14 选择新添加的磁盘

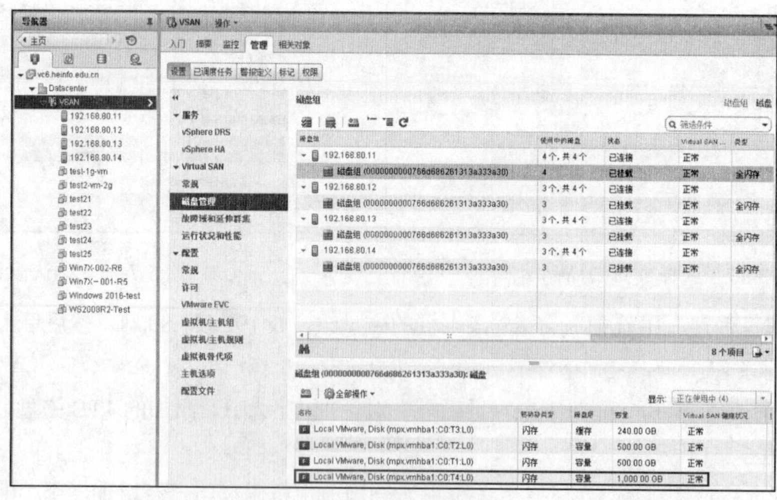

图 5-7-15 新磁盘已增加

（6）参照（1）～（5）的步骤，为另外 3 台主机的磁盘组添加磁盘，添加之后在“使用中的磁盘”可以看到，当前 4 个主机，每个主机磁盘组都有 4 个磁盘，如图 5-7-16 所示。

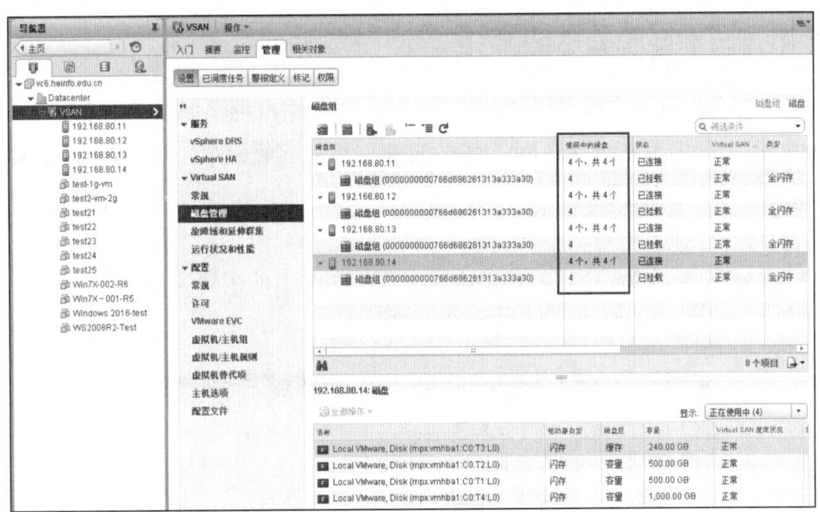

图 5-7-16　向磁盘组添加容量磁盘

（7）在向 4 个主机、每个主机添加 1 个 1TB 容量并进行扩充之后，vSAN 总容量由原来的 3.70TB（图 5-7-4）扩展到 7.43TB，如图 5-7-17 所示。

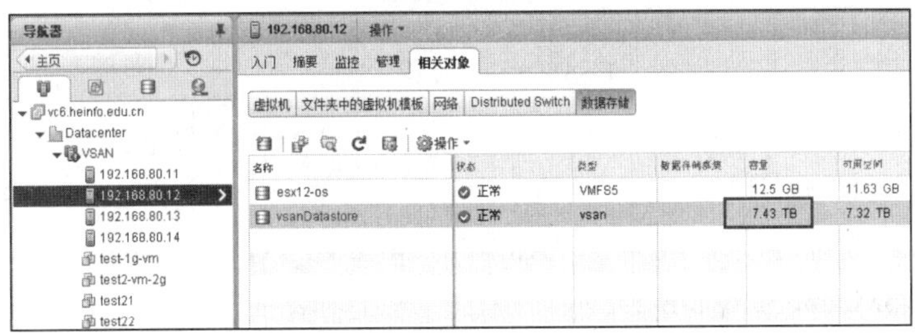

图 5-7-17　总容量扩充到 7.43TB

5.8　向 vSAN 群集主机添加 SSD 及 HDD（多磁盘组）

在前面的实验中，我们模拟了 6 台主机（每台主机 1 个磁盘组）以及 4 台主机（每台主机 1 个磁盘组、每个磁盘组 1 个 SSD、3 个 HDD）的实验环境。在实际的生产环境中，建议为主机配置更多的 SSD 及 HDD 以组成多个磁盘组，这样可以显著地提高整个存储系统的性能。

实验说明与注意事项有以下几点。

（1）在 vSphere 6.0 中，组成 vSAN 主机的内存配置为 8GB 时只支持 1 个磁盘组，如果要支持更多的磁盘组，则需要为 ESXi 主机配置更多的内存。

（2）如果在 vSAN 群集运行的过程中，如果要为主机扩充内存、添加磁盘，如果主机需要关机或重新启动，则在重新启动或关机之前，需要将主机置于维护模式，并且一一处理，即配置好一台主机，再配置下一台主机，不要将所有主机置于维护模式，要保证 vSAN 群集有足够的主机以符合虚拟机存储策略，以满足 vSAN 的容错需求。

（3）如果当前 vSAN 群集中没有运行主机，可以将所有主机关机，统一添加内存与硬盘，并一同开机。

5.8.1　为多磁盘组准备实验环境

接下来为多个磁盘组准备实验环境。可以为每个 ESXi 主机再添加 1 个 240GB、3 个 600GB 的磁盘；其中 240GB 磁盘仍然做缓存磁盘，而 600GB 磁盘做容量磁盘。注意，向 vSAN 群集添加多个磁盘组，只能以“手动”方式添加。下面以为 esx01-80.11 的主机添加硬盘为例进行介绍，主要操作步骤如下。

（1）在 VMware Workstation 中，右击虚拟机名称，在弹出的快捷菜单中选择“设置”选项，如图 5-8-1 所示。

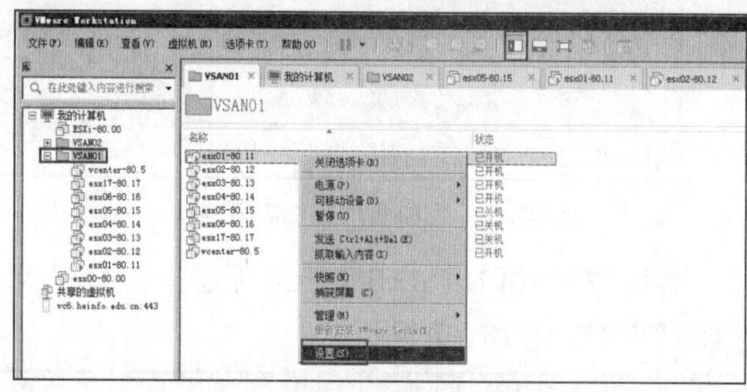

图 5-8-1　选择设置选项

（2）修改虚拟机的设置，添加 3 个 600GB 的硬盘、1 个 240GB 的硬盘。添加的时候，设置虚拟机硬盘名称要与硬盘容量一致，并添加顺序，例如，添加的 240GB 硬盘命名为 esx01-80.11-240GB-2.vmdk，而另 3 个 600GB 硬盘则分别命名为 esx01-80.11-600GB-1.vmdk、esx01-80.11-600GB-2.vmdk、esx01-80.11-600GB-3.vmdk，如图 5-8-2 所示。

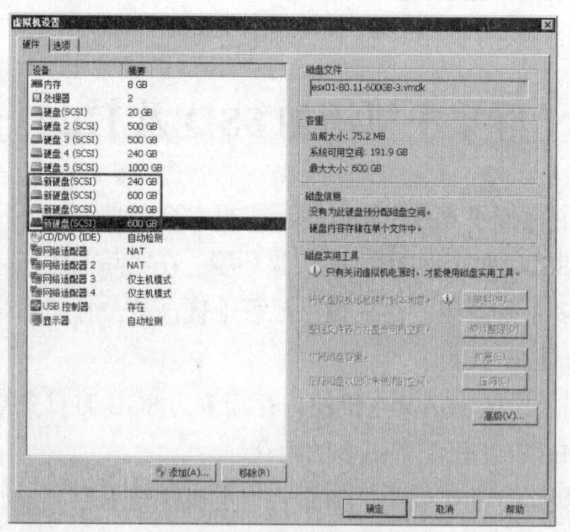

图 5-8-2　添加多个硬盘

（3）添加之后返回到 VMware Workstation，可以看到当前是 8GB 内存、2 个 CPU、1 个 20GB 硬盘、2 个 240GB 硬盘、2 个 500GB 硬盘、3 个 600GB 硬盘、1 个 1 000GB 硬盘，如图 5-8-3 所示。

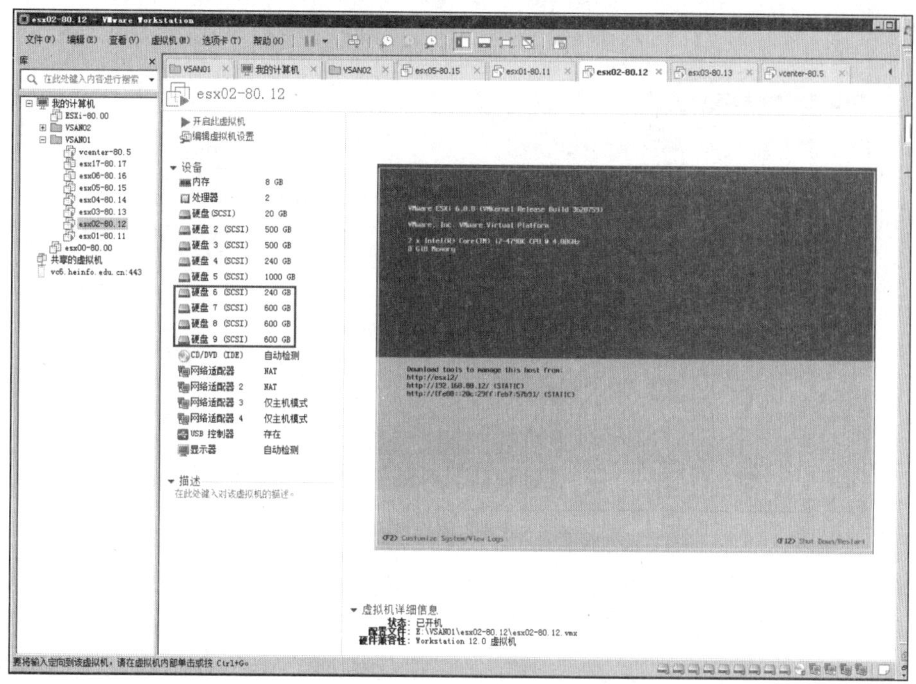

图 5-8-3　esx02 的虚拟机设置

（4）修改另外 3 台虚拟机的设置，同样是添加 3 个 600GB 的硬盘、1 个 240GB 的硬盘。

5.8.2　演示内存不足导致无法添加更多磁盘组

某些情况下，在特定主机上配置 vSAN 的任务可能会失败。

如果主机不满足硬件要求或遇到其他问题，vSAN 可能无法配置主机。例如，主机上的内存不足可能会阻止配置 vSAN。在 vSphere 6 中，当 ESXi 主机内存只有 8GB 时，只能添加一个磁盘组，所以如果要做这个实验，则需要将每台 ESXi 主机内存至少扩充到 12GB 内存。

【说明】当前一般只有在实验环境中才会碰到这个问题，在实际的生产环境中，现在已经很少有 8GB 内存的主机，一般 vSphere 6.0 的环境，每台 ESXi 主机都会从 64～128GB 内存开始起配。

在 vSphere Web Client 重新扫描存储，然后手动添加磁盘组，内存不足导致无法添加更多磁盘组的步骤如下。

（1）在 vSphere Web Client 中，右击 vSAN 群集，在弹出的快捷菜单中选择“存储→重新扫描存储器”，如图 5-8-4 所示。

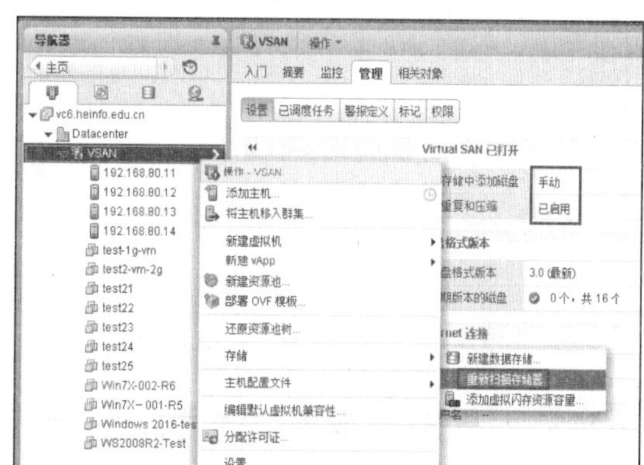

图 5-8-4　重新扫描存储

（2）在“管理→设置→磁盘管理”中，单击“ ”按钮，声明磁盘，如图 5-8-5 所示。

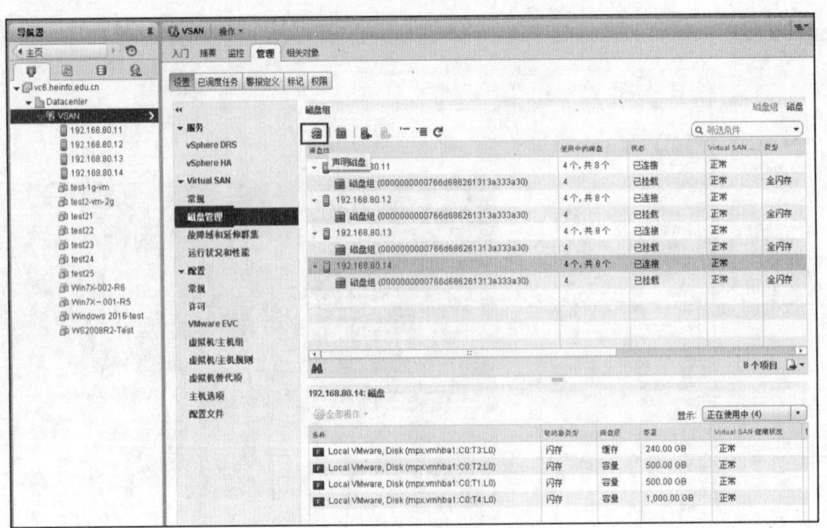

图 5-8-5　声明磁盘

（3）在 “声明磁盘以供 vSAN 使用”对话框中，选择要向 vSAN 群集中添加的磁盘，或者单击“选择所有合格的磁盘”按钮，以添加所有磁盘，如图 5-8-6 所示。

（4）在图 5-8-6 中单击“确定”按钮，将选择的磁盘添加到 vSAN 存储中，如果是正常情况下会添加成功。但当前的实验环境中，每个 ESXi 的主机只有 8GB 内存，此时会在 vSphere Web Client 右下角弹出“错误”提示，如图 5-8-7 所示。

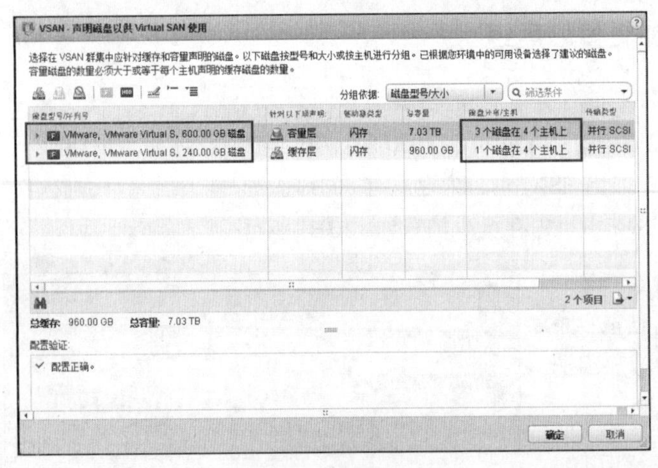

图 5-8-6　选择磁盘

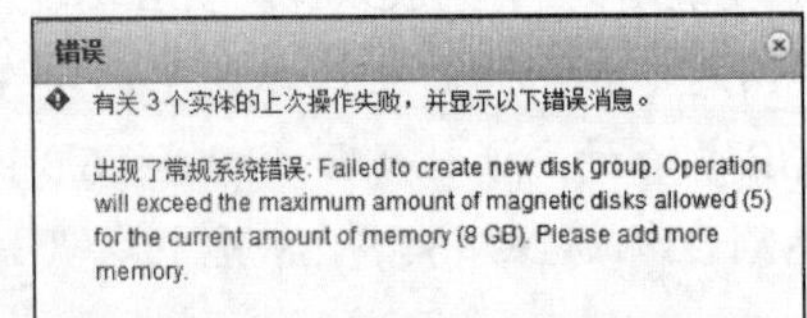

图 5-8-7　提示内存不够

所以接下来，我们需要为 ESXi 主机分配更多的内存。

5.8.3　将 vSAN 群集中的主机进入维护模式并修改内存

【说明】在实际的生产环境中，如果向主机添加更多磁盘（容量磁盘及闪存磁盘），如果当前服务器硬盘不支持“直通”模式，则需要重新启动 ESXi 主机，进入 RAID 卡配置界面，将每块新添加的磁盘配置为 RAID-0，并再次进入系统才能继续配置。如果要重新启动 ESXi 主机，需要将 ESXi 主机“置于维护模式”。在再次进入系统之后，将主机退出维护模式。如果添加磁盘的操作可以在

60 分钟之内完成，则在将主机置于维护模式时，可以不必迁移数据。

下面以 vSAN 群集中一台主机的维护为例进行介绍，主要操作步骤如下。

（1）在 vSphere Web Client 中，右击某个主机，在弹出的快捷菜单中选择“维护模式→进入维护模式”，如图 5-8-8 所示。

（2）在“确认维护模式”对话框，取消“将关闭电源和挂起的虚拟机移动到群集中的其他主机上”，在“虚拟 SAN 数据迁移”下拉列表中选择“不迁移数据”，如图 5-8-9 所示。

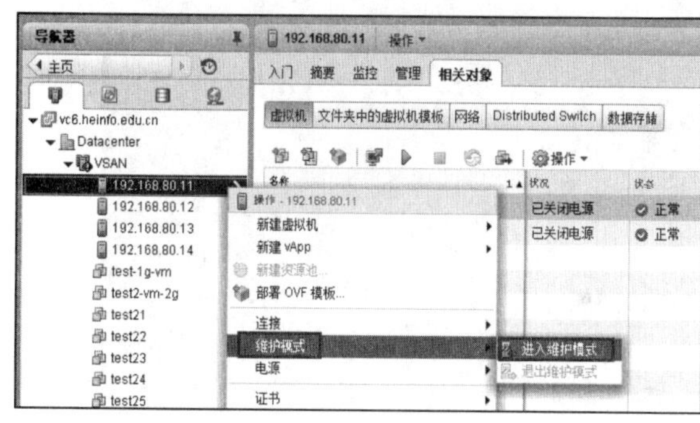

图 5-8-8　进入维护模式

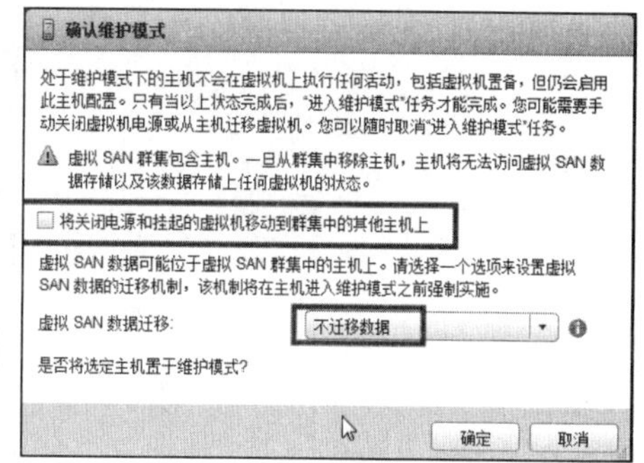

图 5-8-9　选择不迁移数据

【说明】如果当前有虚拟机正在运行，建议把虚拟机迁移到其他主机。

（3）等 ESXi 主机进入维护模式之后，右击 ESXi 主机，在弹出的快捷菜单中选择“电源→关机”选项，如图 5-8-10 所示。

（4）在“关闭主机”对话框中，在“记录此关闭操作的原因”文本框中，写上关机原因“重新添加硬盘”等，如图 5-8-11 所示。

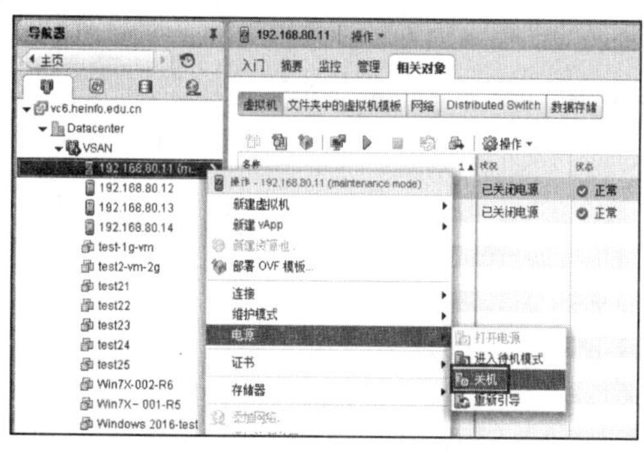

图 5-8-10　关机

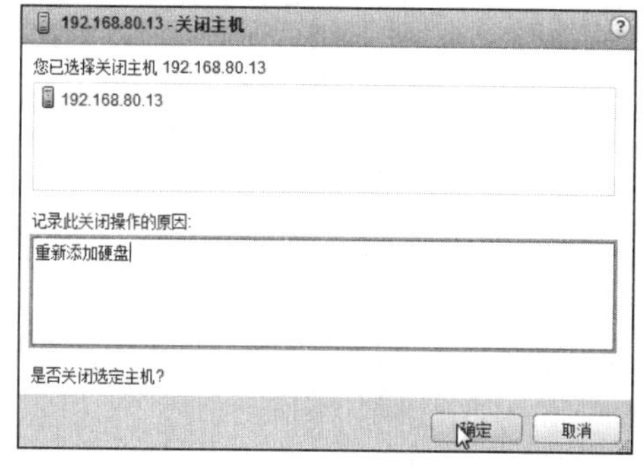

图 5-8-11　记录关机原因

（5）等 ESXi 主机关闭之后，在 VMware Workstation 中，单击“编辑虚拟机设置”链接，如图 5-8-12 所示。如果是真实生产环境中的 ESXi 主机，则需要拔下电源，打开机箱，为主机添加内存。实际生产环境中，服务器的内存安装是有顺序的，IBM、DELL 等服务器机箱盖板里面印刷有内存排列图。

（6）在“虚拟机设置”中，修改虚拟机的内存为 12GB（12 288MB），如图 5-8-13 所示。

（7）启动 ESXi 的虚拟机，如图 5-8-14 所示。

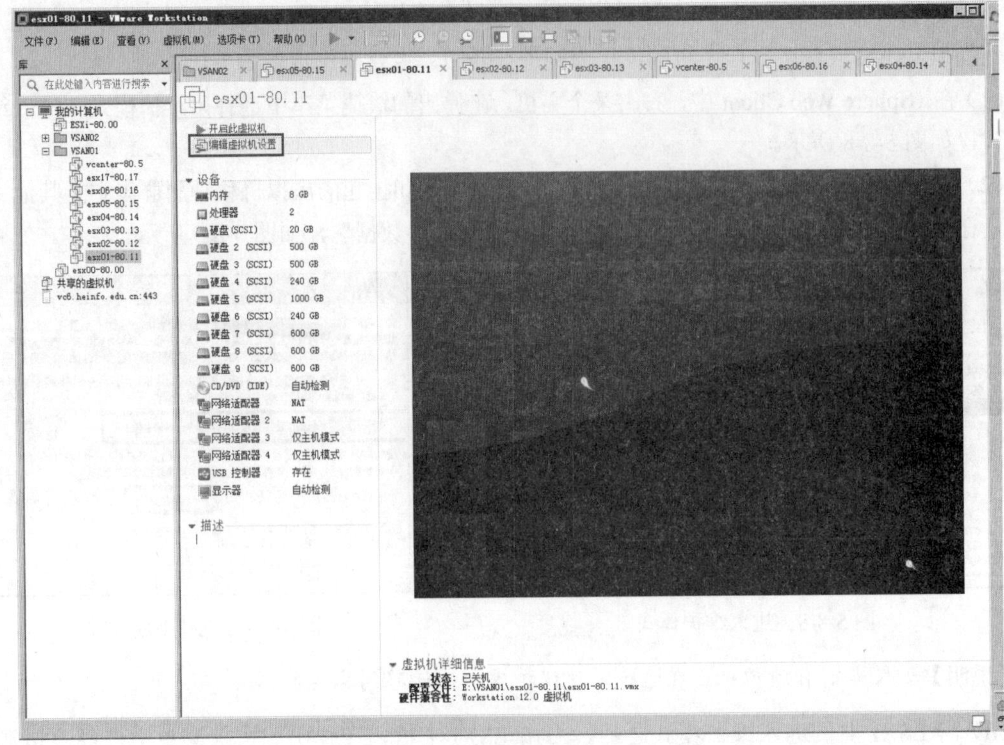

图 5-8-12　编辑虚拟机设置

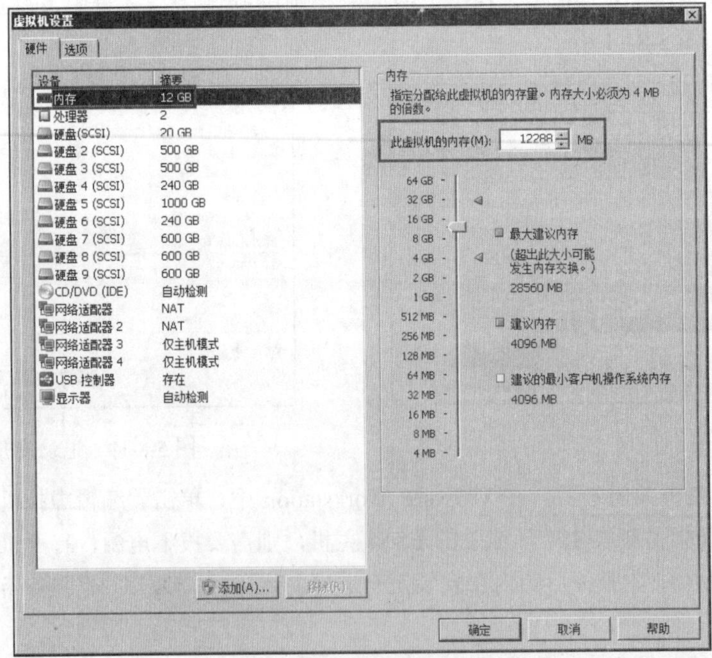

图 5-8-13　修改虚拟机内存

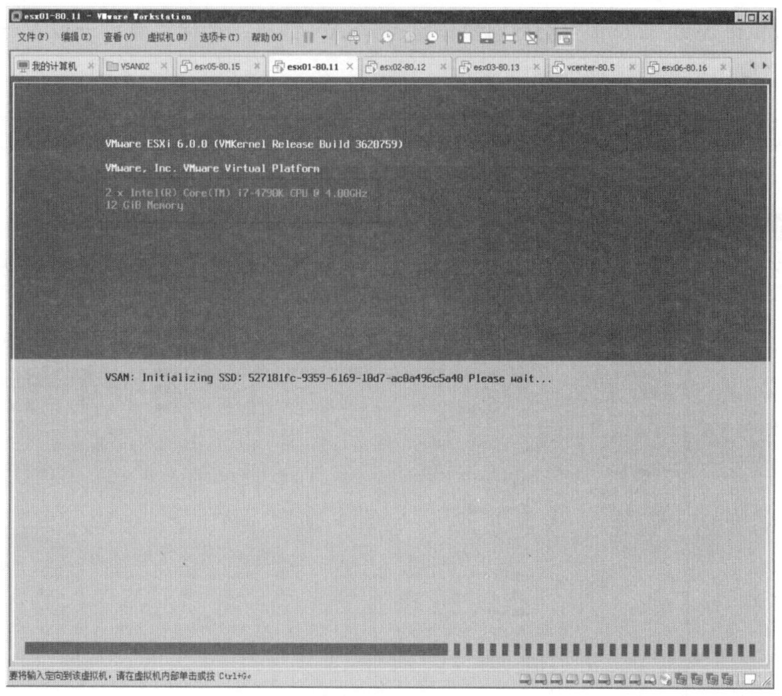

图 5-8-14　启动虚拟机

（8）等 ESXi 的虚拟机启动之后，返回到 vSphere Web Client，右击 192.168.80.11 这台 ESXi 主机，在弹出的快捷菜单中选择“维护模式→退出维护模式”，如图 5-8-15 所示。

（9）等 vSphere HA 完成初始化之后参照（1）～（8）操作，分别将另外 3 台 ESXi 主机内存扩充到 12GB，这些不一一介绍。

当同时运行 4 台 12GB 的 ESXi 主机、1 台 8GB 的 vCenter Server 虚拟机时，当前主机的 CPU 与内存占用如图 5-8-16 所示。

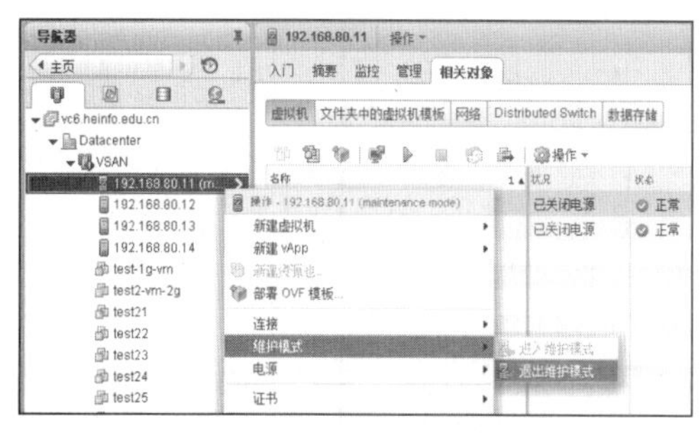

图 5-8-15　退出维护模式

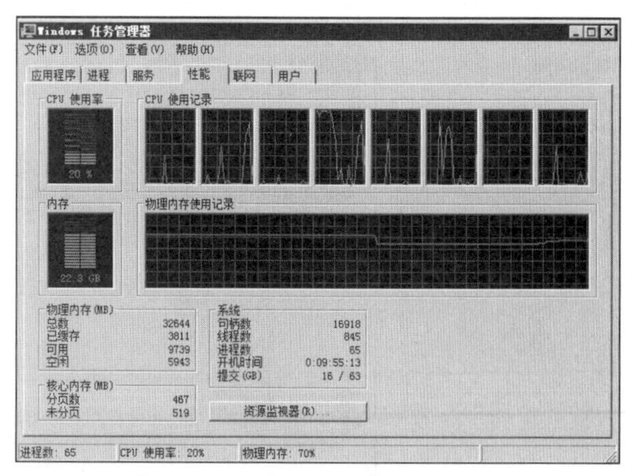

图 5-8-16　主机 CPU 与内存使用率

5.8.4　添加第 2 个磁盘组

在 ESXi 主机满足条件之后，即可以手动添加第 2 个磁盘组，主要步骤如下。

（1）在 vSphere Web Client 中的导航器中选择 vSAN 群集，选择“管理→设置→磁盘管理”选项，然后单击“ ”按钮，如图 5-8-17 所示。

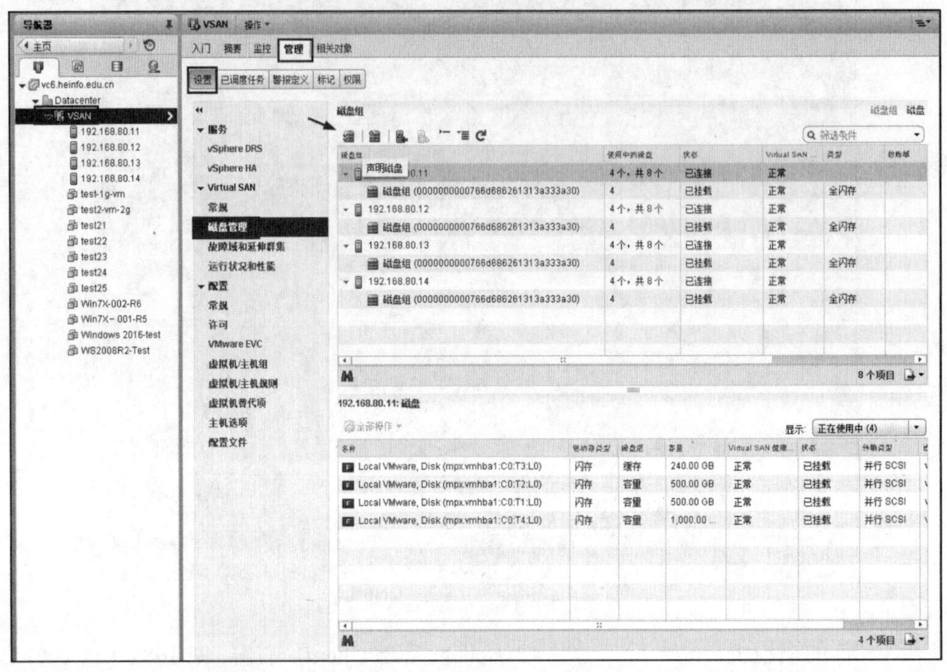

图 5-8-17　创建磁盘组

（2）在弹出的“vSAN-声明磁盘以供 vSAN 使用”对话框中，vSAN 会根据每个主机的配置进行自动选择（一般是将容量较小的闪存磁盘作为缓存盘，将容量较大的闪存磁盘或 HDD 磁盘作为容量磁盘），如果选择不对可以单击“ ”按钮展开选择及修改（前文已经有过介绍）。检查无误之后单击“确定”按钮完成添加，如图 5-8-18 所示。

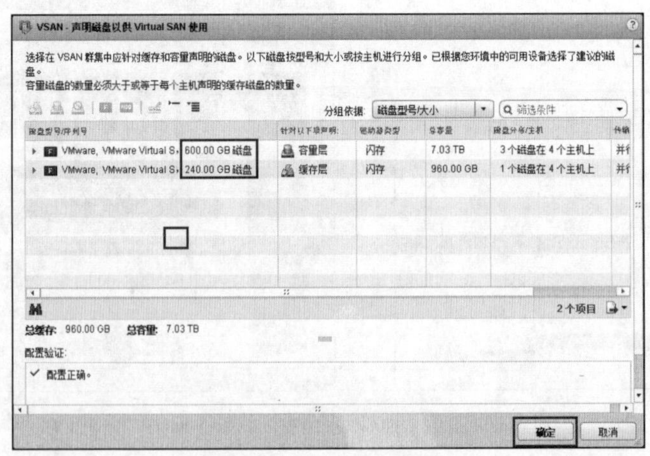

图 5-8-18　创建磁盘组

（3）添加之后返回到 vSphere Web Client，此时可以看到当前每个主机已经有两个磁盘组，单击每个磁盘组，可以在列表中查看该磁盘组对应的 SSD 及 HDD，如图 5-8-19 所示。

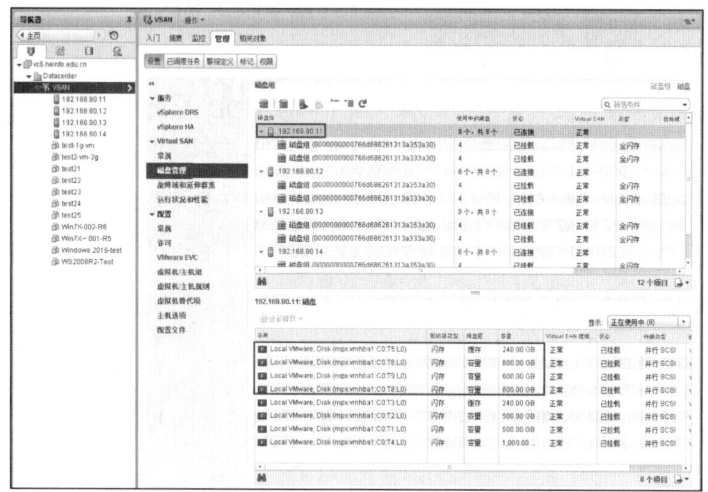

图 5-8-19　查看两个磁盘组

（4）在添加了第 2 个磁盘组之后，当前 vSAN 存储总容量达到 14.09TB，如图 5-8-20 所示。

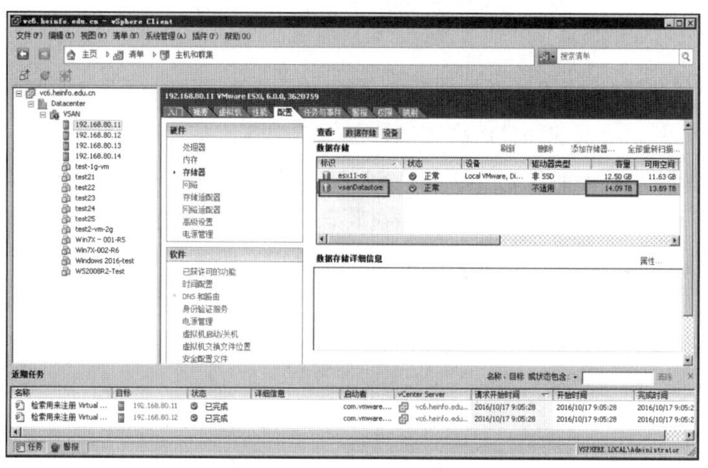

图 5-8-20　添加之后的 vSAN 存储容量

5.9　为 vSAN 群集主机主动更换 SSD 及 HDD

在特定情况下（如遇到故障或升级群集时），必须更换 vSAN 群集中的硬件组件、驱动程序、固件和存储 I/O 控制器。

更换分两种，主动更换和被动更换；被动更换无须多讲；主动更换是在设备故障出现前，或者是故障已经出现，但经过重新插拔装上设备，设备仍然暂时可以使用，但已经有报警信息或报警提示时，由管理员主动更换，这种更换比较“平缓”，可以看成是一次产品的更新或升级。例如，在初期规划时，由于成本的考虑，为 vSAN 使用了较为便宜的 SSD，或者容量较小的 SSD，而随着产品的更新换代及 SSD 的大量应用，较大容量的 SSD 已经比较便宜，此时可以根据规划逐步用更大容量、安全性更高的企业级 SSD 替换原来的 SSD。或者原来 vSAN 中的 HDD 是使用的 500GB 或

1TB 的 7 200 转的低转速硬盘，现在想更换为 600GB 或 900GB 的 SAS 磁盘，这些都可以参考本节内容完成缓存磁盘或容量磁盘的升级与更换。

【说明】在本次的实验中，主要是演示从磁盘组中移除 HDD 或 SSD，然后再将其添加到磁盘组，故本次实验不需要修改 ESXi 主机配置。如果是在实际的生产环境中，则需要移除磁盘、更换新的 HDD 或 SSD。本节演示的是“主动更新”，即 SSD 或 HDD 还没有出现故障时、管理员主动更新即将失效或认为将要失效的硬件。关于“被动更新”，请参见“5.10 处理 Virtual SAN 故障”一节内容。

5.9.1 更换主机上的闪存缓存设备

1. 移除内存缓存设备

检测到故障或必须升级闪存缓存设备时，应更换此设备。从主机上拔出闪存设备之前，必须手动从 vSAN 中移除该设备。

【注意】如果未从 vSAN 中移除闪存缓存设备即将其停用，vSAN 使用的缓存量将小于所需量。因此群集性能将会下降。

在更换闪存缓存设备时，闪存所在的磁盘组上的虚拟机组件将不可访问，虚拟机中的组件将标记为“已降级”。

在升级闪存缓存设备时，请确认群集中存在足够空间可以从与闪存设备关联的磁盘组迁移数据。如果需要关闭主机电源，更换硬件，请将主机置于维护模式，主要操作步骤如下。

（1）在 vSphere Web Client 中，导航到 vSAN 群集。

（2）在“管理”选项卡上，选择“设置→磁盘管理”选项，选择包含要替换的设备的磁盘组。请先选择主机，然后在主机中选择“磁盘组”，在“磁盘组”中选择要替换（移除）的闪存磁盘（如图 5-9-1 所示）。如果不确认是哪个磁盘，请选中一个硬盘后，单击“●”按钮开启所选磁盘的定位 LED，在服务器前面板上对应的硬盘 LED 会被点亮，单击“●”按钮关闭所选磁盘的空位符 LED，关闭对应的 LED。

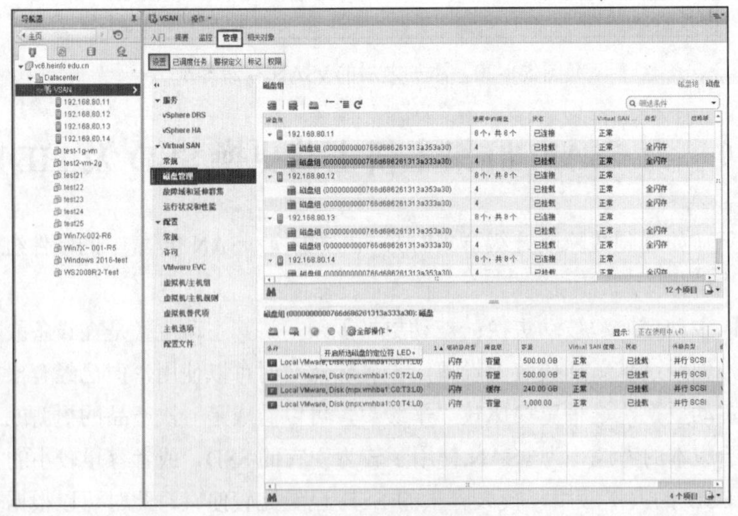

图 5-9-1 选择磁盘组

【说明】只有将“向存储中添加磁盘”设置为“手动”时，才能从磁盘组移除磁盘，或者从主机删除磁盘组。如果工具条上没有删除按钮，请在导航器中选择 vSAN 群集，在“管理→设置→常规”选项中，修改“向存储中添加磁盘”为“手动”即可。

（3）正确的选择要移除的闪存缓存设备，然后单击“ ”按钮从磁盘组中移除选定的磁盘，如图 5-9-2 所示。

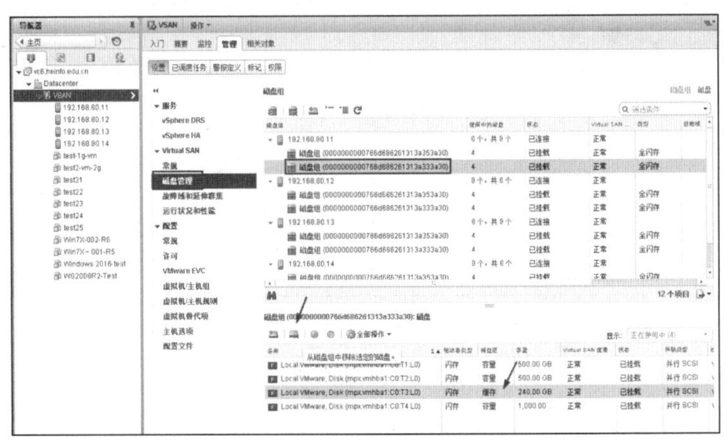

图 5-9-2　移除选择的闪存盘

（4）在弹出的“移除磁盘”对话框，选择“迁移全部数据”选项，然后单击“是”按钮，如图 5-9-3 所示。

【注意】从一个磁盘组中移除闪存盘，相当于删除该闪存盘所在的整个磁盘组。

2. 查看移除后的群集容量和配置设置

从 vSAN 群集中删除闪存缓存设备后，群集详细信息将反映当前的群集容量和配置设置。vSAN 将放弃磁盘组成员资格、删除分区并从所有设备中删除失效数据，查看步骤如下。

（1）在“监控→vSAN→正在重新同步组件”选项中，可以看到涉及的虚拟机硬盘，正在重新同步，如图 5-9-4 所示。

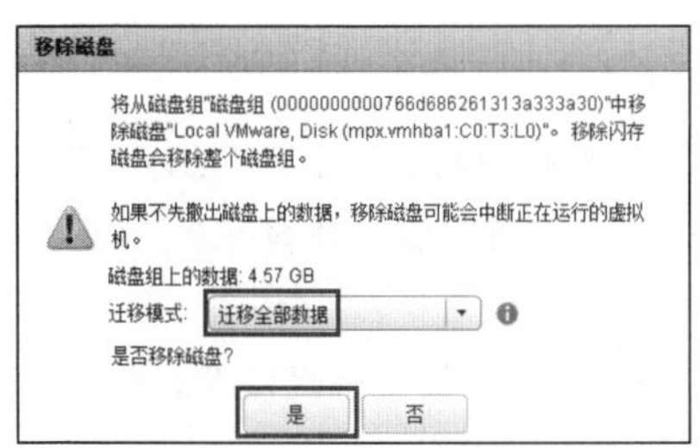

图 5-9-3　选择迁移全部数据

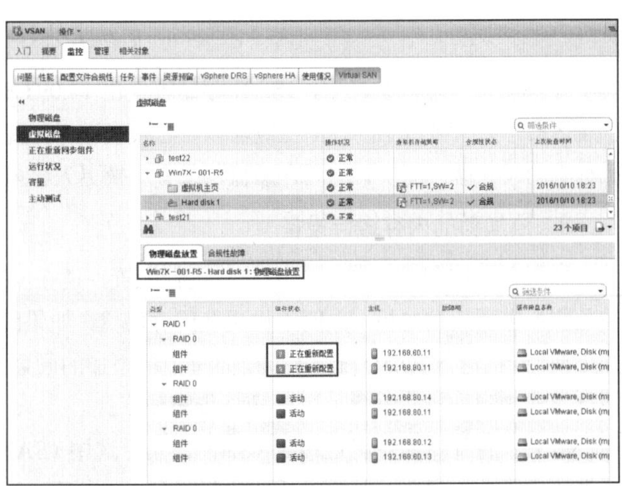

图 5-9-4　正在重新同步

（2）在“vSAN 群集→监控→虚拟 SAN→虚拟磁盘”选项中，在“虚拟磁盘”列表中选择虚拟机硬盘，可以看到涉及的硬盘组件正在重新配置，如图 5-9-5 所示。

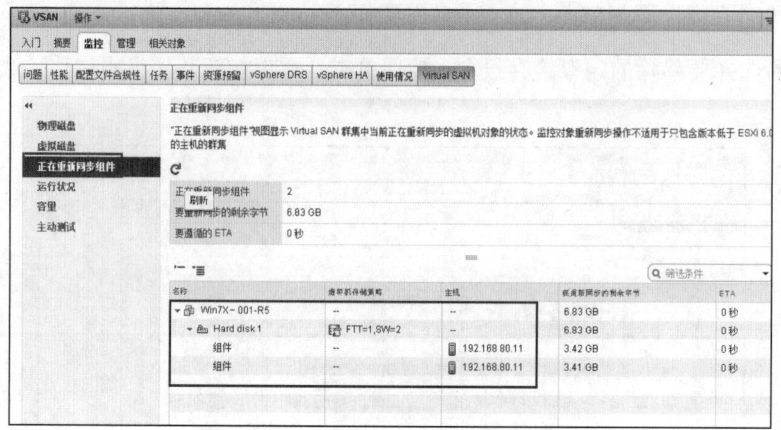

图 5-9-5　相关硬盘组件重新配置

（3）同步完成之后，该闪存盘所在的磁盘组会被一同移除，在图中可以看到，当前主机只剩下 1 个磁盘组，如图 5-9-6 所示。

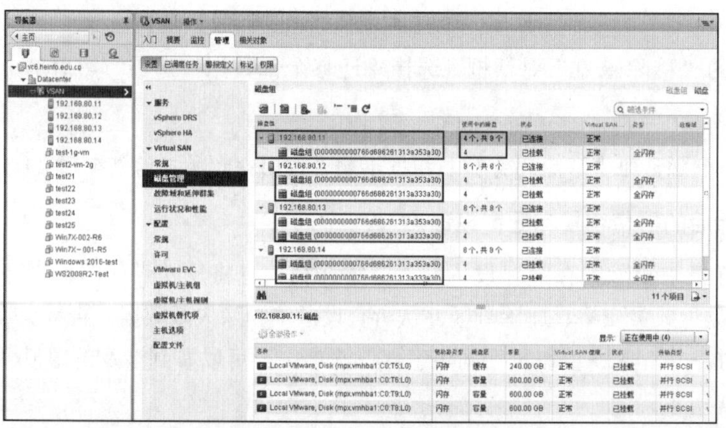

图 5-9-6　闪存盘及磁盘组被移除

在移除一个磁盘组之后，vSAN 存储容量由 14.09TB 降到 12.23TB，如图 5-9-7 所示。在移除闪存盘之后，如果主机上的存储控制器以直通模式进行配置并支持热插拔功能，请拔下已经在 ESXi 主机移除的闪存盘，更换新的闪存磁盘，或者更换更大容量的、未使用的闪存磁盘。

3．添加新的内存缓存设备

如果存储控制器以 RAID-0 模式进行配置，请在 vSphere Web Client 中将主机置于维护模式，并关闭或重新启动主机。关闭主机更换闪存磁盘，如果此时需要一同更换该磁盘组上的 HDD，请一并更换。开机进入 RAID 配置界面，为每个新添加的硬盘配置 RAID-0。配置完成打开服务器的电源，等待其连接到 vSAN 群集，主要操作步骤如下。

（1）重新开机的主机连接到 vSAN 群集，选中 vSAN 群集，在“管理→设置→磁盘管理”中，选中该主机，单击“▦”按钮，创建新磁盘组，如图 5-9-8 所示。

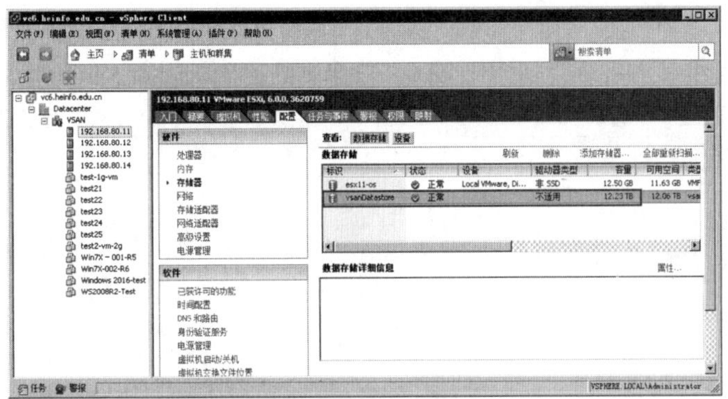

图 5-9-7　vSAN 存储容量减少

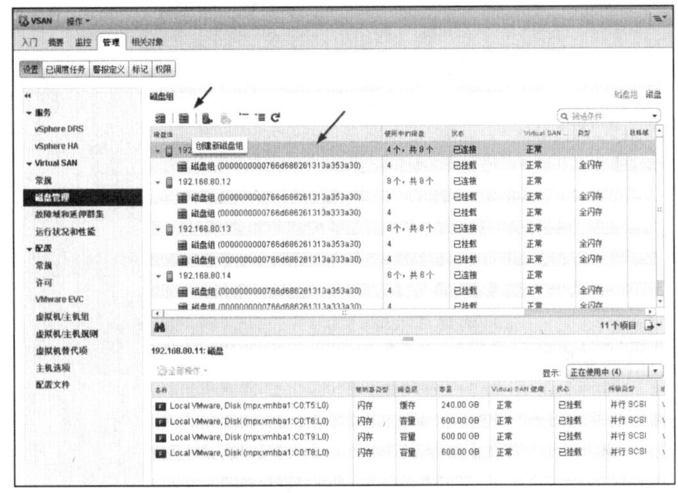

图 5-9-8　创建新磁盘组

（2）在“创建磁盘组”对话框中，先选择新添加的闪存盘，然后选择一个或多个 HDD 作为数据磁盘，如图 5-9-9 所示，然后单击“确定”按钮添加。

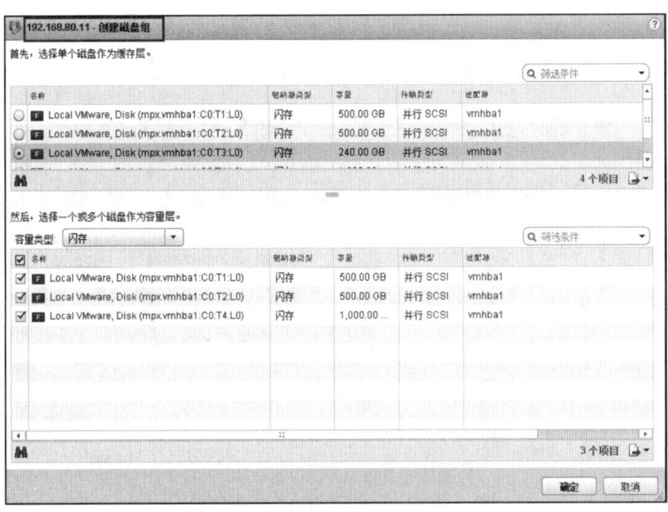

图 5-9-9　选择内存盘与数据磁盘

【说明】如果在此没有看到新添加的、可用的硬盘，请重新扫描当前主机的存储。

（3）在添加磁盘组后，系统会初始化 vSAN 群集中的磁盘，如图 5-9-10 所示。

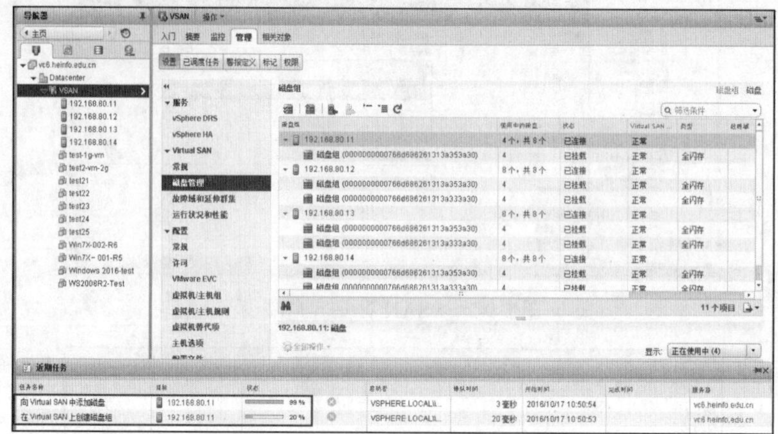

图 5-9-10　初始化 vSAN 群集中的磁盘

（4）添加完成，如图 5-9-11 所示。

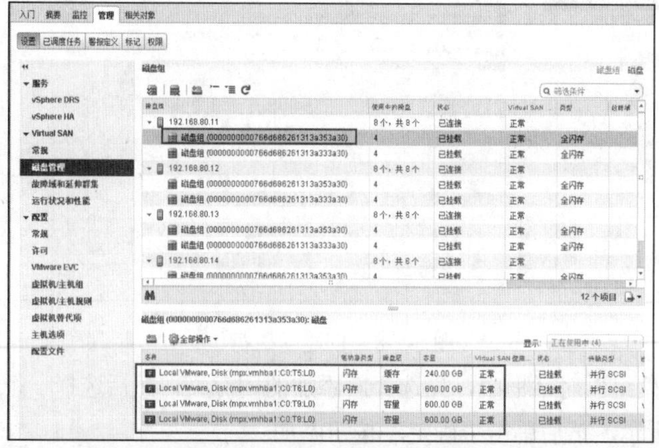

图 5-9-11　添加完成

（5）在添加磁盘组后，vSAN 存储容量重新恢复到 14.08TB，如图 5-9-12 所示。

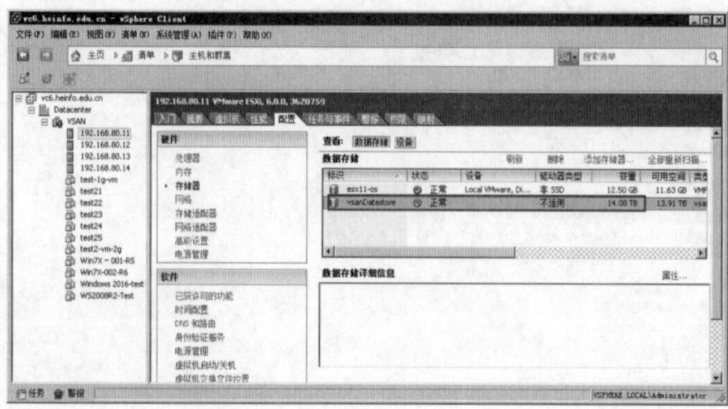

图 5-9-12　vSAN 存储容量恢复

5.9.2　在全闪存架构中禁用去重和压缩

由于接下来的实验中将演示在现有磁盘组中替换容量磁盘。但是，如果实验环境是“全闪存架构”并且启用“去重和压缩”时，该功能将不能使用，为了后续的实验，我们禁用了去重和压缩功能，主要操作步骤如下。

（1）在 vSphere Web Client 导航器中选择 vSAN 群集，在“管理→设置→常规”选项中，单击“编辑”按钮，如图 5-9-13 所示。

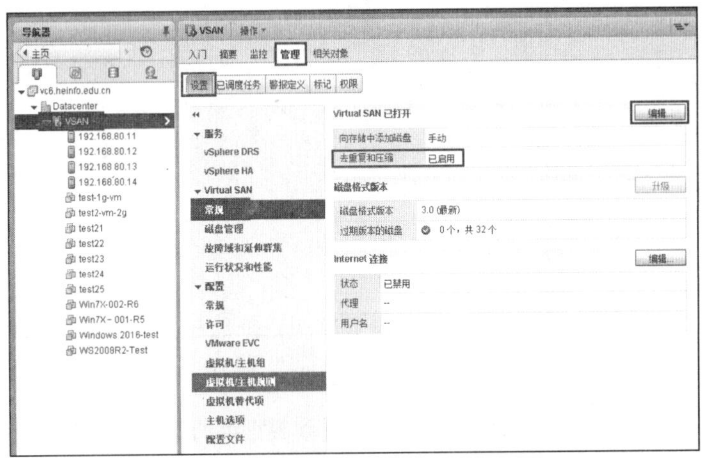

图 5-9-13　编辑 vSAN 配置

（2）在“编辑 vSAN 设置”对话框中，在“去重和压缩”下拉列表中选择“已禁用”，如图 5-9-14 所示。

（3）禁用去重和压缩后，vSAN 会重新配置每个磁盘组，如图 5-9-15 所示。如果当前 vSAN 群集中保存的数据较多，这里需要花费较长的时间。

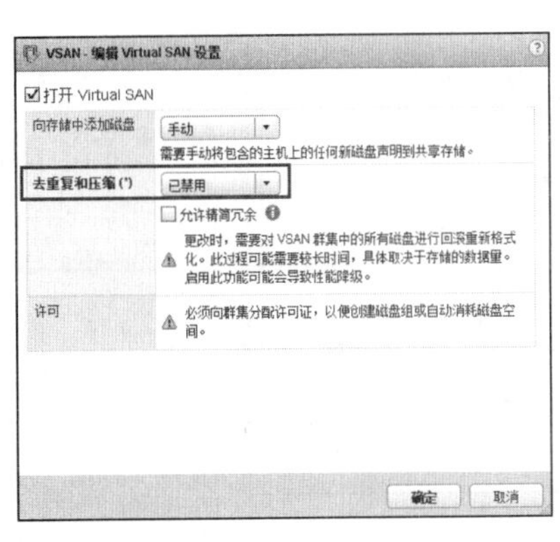

图 5-9-14　禁用去重和压缩

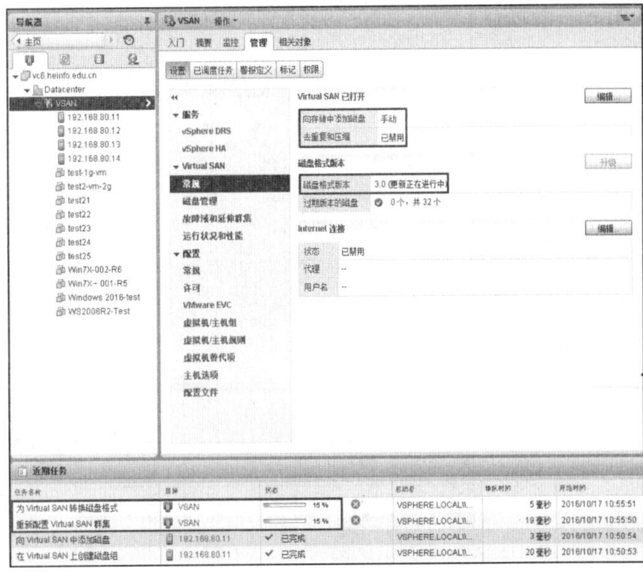

图 5-9-15　更新磁盘组

（4）在“监控→vSAN→正在重新同步组件”中可以看到正在重新同步的操作，如图 5-9-16 所示。这是为了撤出磁盘组→重新配置磁盘组为不压缩、去重后重新添加磁盘组所做的自动操作。

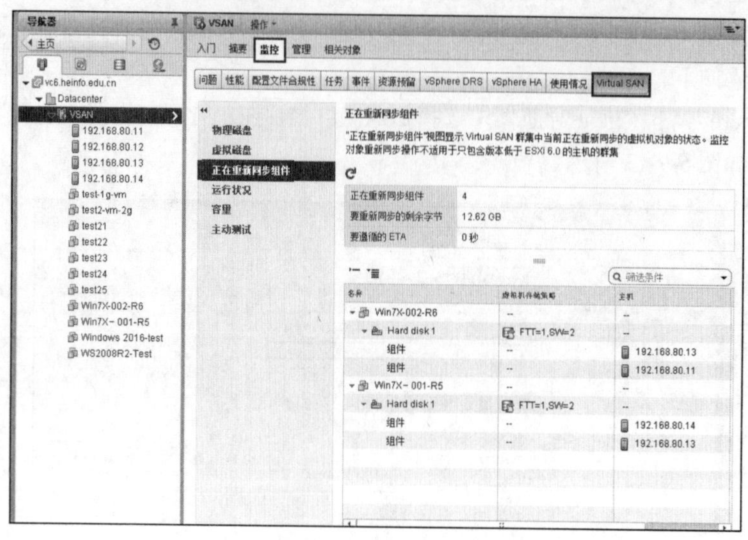

图 5-9-16　正在重新同步组件

如果在“管理→设置→磁盘管理”中，还可以看到磁盘组的变化（从 2 个减为 1 个，然后再自动添加到 2 个），禁用“去重和压缩”功能后，系统会将当前 vSAN 群集中的每个磁盘组执行“移除磁盘组并迁移数据”的操作，然后再执行添加磁盘组的操作，所以这一阶段需要的时间较长。

（5）操作完成，如图 5-9-17 所示是转换完成后的配置截图。

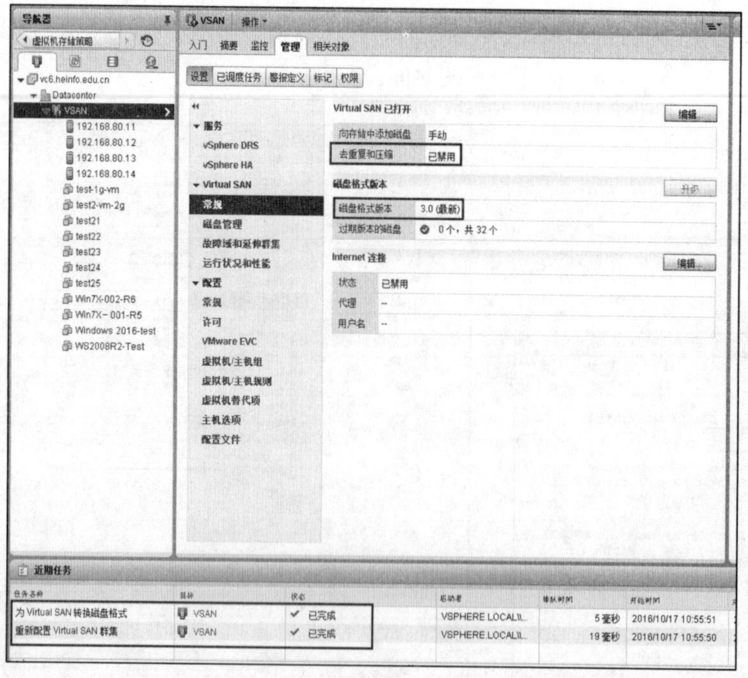

图 5-9-17　禁用去重复和压缩功能

5.9.3　替换 vSAN 群集中的容量磁盘

如果容量设备出现故障，则虚拟机将不可访问，该组中的组件将标记为已降级。

如果升级容量设备，请确认群集包含足够的空间从容量设备迁移数据。

对于容量设备或磁盘，如果检测到故障或进行升级时，应当将其替换。切记，以物理方式从主机移除设备之前，必须手动从 vSAN 删除该设备。否则磁盘组上的虚拟机将不可访问，且该组中的组件将标记为不存在。

1．移除容量磁盘

主要操作步骤如下。

（1）在 vSphere Web Client 中导航到 vSAN 群集。在“管理”选项卡上，单击“设置→磁盘管理”，在主机列表中，选择要替换的设备的磁盘组，然后选择要替换或移除的 HDD 磁盘（在此选择 192.168.80.11 中的 1TB 磁盘），然后单击“ ”按钮从磁盘组中移除选定的磁盘，如图 5-9-18 所示。

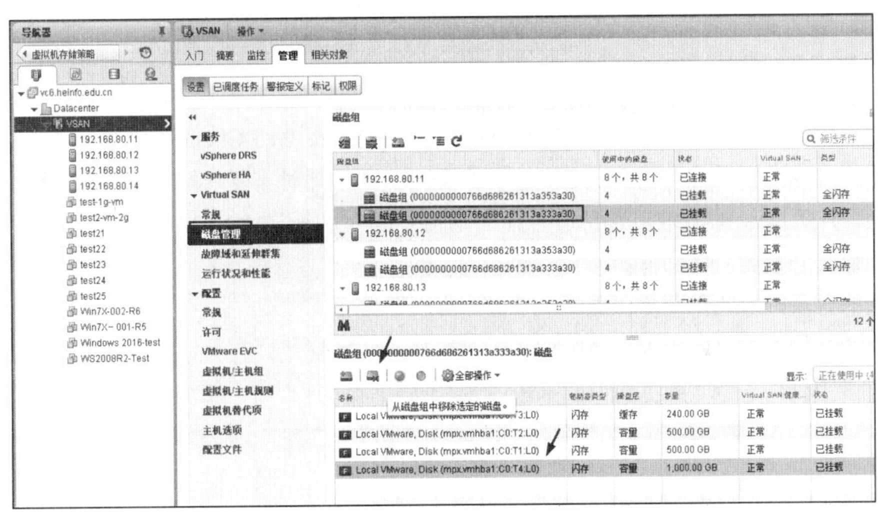

图 5-9-18　移除选择的磁盘

如果不确认是哪个磁盘，可参照 5.9.1 小节，在此不再赘述。

（2）在“移除磁盘”对话框中，选择“迁移全部数据”，然后单击“是”按钮，如图 5-9-19 所示。

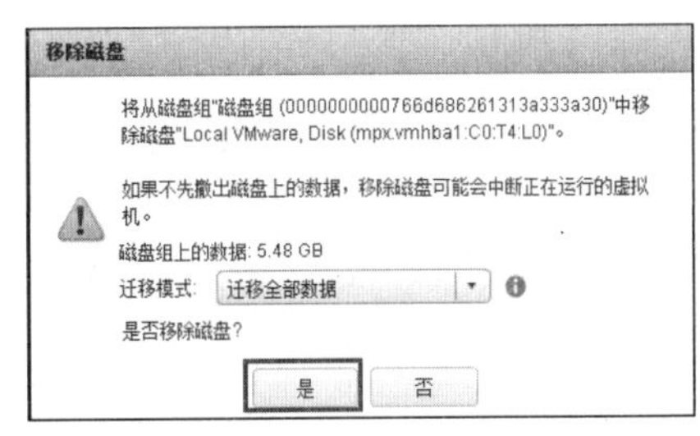

图 5-9-19　选择迁移全部数据

（3）移除之后，当前磁盘组少了一个磁盘，如图 5-9-20 所示。

【说明】*移除 1TB 的容易磁盘后，vSAN 存储容量减小到 13.73TB。*

如果需要继续移除其他容量磁盘，请参照（1）～（3）的步骤操作。

2. 添加新的容量磁盘

在移除容量磁盘之后，如果主机上的存储控制器以直通模式进行配置并支持热插拔功能，请拔下已经在 ESXi 主机移除的硬盘，更换新的硬盘，或者更换更大容量的、未使用的硬盘。

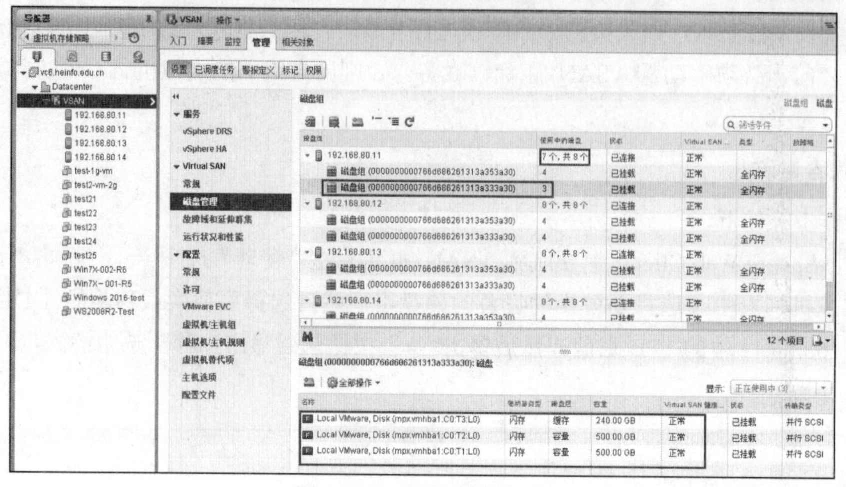

图 5-9-20　移除磁盘之后

如果存储控制器以 RAID-0 模式进行配置，请在 vSphere Web Client 中将主机置于维护模式，并关闭或重新启动主机。在关闭主机之后，更换磁盘，如果此时需要一同更换该磁盘组上的 HDD，请一并更换。开机进入 RAID 配置界面，为每个新添加的硬盘配置 RAID-0。配置之后，打开服务器的电源，等待其连接到 vSAN 群集。

添加新的容量磁盘的主要步骤如下。

（1）重新开机的主机连接到 vSAN 群集后，选择 vSAN 群集，在“管理→设置→磁盘管理”选项中，选中该主机，选中“磁盘组”，单击“ ”按钮，向磁盘组中添加磁盘，如图 5-9-21 所示。

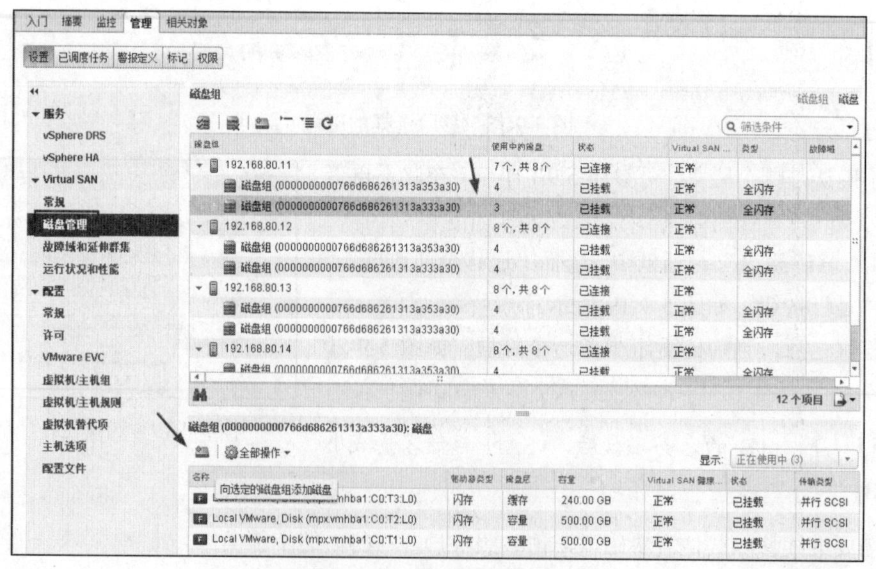

图 5-9-21　向磁盘组中添加磁盘

（2）在“添加数据磁盘”对话框中，选择一个或多个磁盘作为数据磁盘，如图 5-9-22 所示。如果主机无法检测到该设备，则执行设备重新扫描。

（3）添加之后，如图 5-9-23 所示。

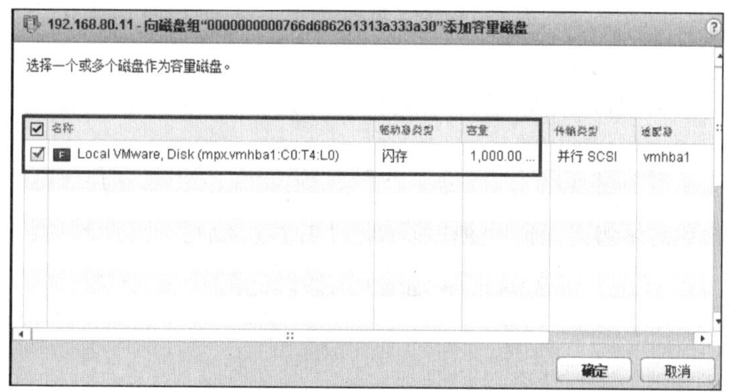

图 5-9-22　添加数据磁盘

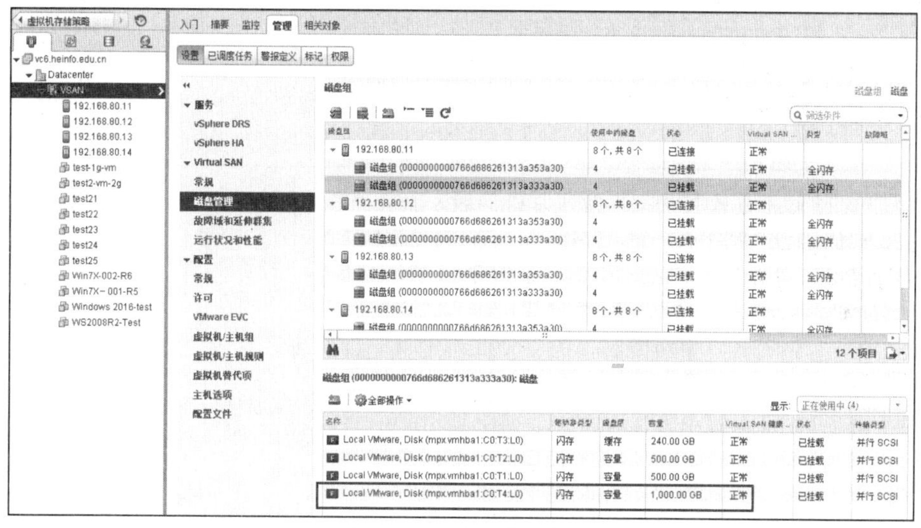

图 5-9-23　添加磁盘完成

重新添加 1TB 容量磁盘后，可以看到，vSAN 存储容量增加到了 14.70TB。

5.10　处理 vSAN 故障

vSAN 会根据故障的严重程度处理群集中存储设备、主机和网络的故障。通过观察 vSAN 数据存储和网络的性能，可以诊断 vSAN 的问题。

5.10.1　vSAN 故障处理方式

vSAN 相当基于网络的分布式共享存储，无论是组成 vSAN 存储的主机、还是主机配件如主机硬盘、主机网卡，或者连接 vSAN 主机的网络，任何一个环境出现问题都可能引发 vSAN 故障，本节首先介绍 vSAN 故障处理方式，然后通过实验一一模拟。

1. vSAN 中发生故障时虚拟机的可访问性

如果虚拟机使用 vSAN 存储，则 vSAN 存储的可访问性可能会因 vSAN 群集中的故障类型而异。

当 vSAN 群集发生的故障次数超过虚拟机对象允许的次数时，虚拟机的可访问性将发生更改。

由于 vSAN 群集中的故障，虚拟机对象可能变得无法访问。由于故障影响所有副本而对象的完整副本不可用时，或由于故障影响 1 个副本和 1 个证明而只剩下不到 50%的对象投票可用时，对象将无法访问。

根据无法访问的对象类型，虚拟机将出现下列行为见表 5-11。

表 5-11　虚拟机对象无法访问

对 象 类 型	虚拟机状况	虚拟机症状
虚拟机主页命名空间	不可访问 如果 vCenter Server 或 ESXi 主机无法访问虚拟机的 .vmx 文件，则已孤立	虚拟机处理可能崩溃并且虚拟机可能关闭电源
VMDK	不可访问	虚拟机保持启动状态，但是未执行 VMDK 上的 I/O 操作。一定的超时后，客户机操作系统结束操作

虚拟机无法访问不是永久状态。解决基础问题，且完整副本和超过 50%的对象投票已还原后，虚拟机将自动变得可以访问。

2. 在 vSAN 群集中无法访问容量设备

磁盘或闪存容量设备发生故障时，如果空间可用且允许的故障数定义为大于或等于 1，vSAN 会评估设备上对象的可访问性并在其他主机上重新构建这些对象。

当位于磁盘或闪存容量设备上的 vSAN 组件标记为“已降级”时，vSAN 以下列方式响应容量设备故障。

（1）允许的故障数。如果虚拟机存储策略中允许的故障数等于或大于 1，则仍可从群集中的另一个 ESXi 主机访问虚拟机对象。如果资源可用，vSAN 将启动自动重新保护。

如果允许的故障数等于 0，则当虚拟机对象的其中一个组件位于出现故障的容量设备上时，该对象将不可访问，需要从备份还原虚拟机。

（2）容量设备上的 I/O 操作。vSAN 将停止所有正在运行的 I/O 操作，时长为 5～7s，直到它重新评估在没有故障组件的情况下对象是否仍然可用为止。 如果 vSAN 确定该对象可用，则所有正在运行的 I/O 操作都将恢复。

（3）重新构建数据。对于故障设备或磁盘上的对象，vSAN 将检查主机和容量设备是否能满足空间和放置规则的要求。如果有此类具有容量的主机可用，则 vSAN 将立即开始恢复过程，因为组件标记为已降级。

如果资源可用，将会发生自动重新保护。

3. 在 vSAN 群集中无法访问闪存缓存设备

当某个闪存缓存设备出现故障时，vSAN 将评估包含该缓存设备的磁盘组中对象的可访问性，如果可能且允许的故障数大于等于 1，将在另一个主机上重新构建这些对象。

位于磁盘组中的缓存设备和容量设备（例如，磁盘）均标记为“已降级”。vSAN 会将单个闪存缓存设备的故障解释为整个磁盘组的故障。此时，vSAN 的处理方式与前面“2. 在 vSAN 群集中无法访问容量设备”一致，不再赘述。。

4. vSAN 群集断开网络连接

当群集中主机之间的连接断开，如果无法恢复连接，则 vSAN 会确定活动分区并从活动分区上的隔离分区重新构建组件。

vSAN 确定可用的对象票数超过 50%的分区。隔离主机上的组件被标记为不存在。

对于这种现象，vSAN 会用以下方式对主机故障做出响应。

（1）允许的故障数。

（2）主机上的 I/O 操作。

以上两点和无法访问容量设备的响应方式相同，不再赘述。

（3）重新构建数据。

- 如果该主机在 60min 内重新加入群集，则 vSAN 将同步该主机上的组件。
- 如果该主机在 60min 内未重新加入群集，则对于无法访问的主机上的对象，vSAN 将检查群集中的其他一些主机是否能满足缓存、空间和放置规则的要求。如果有此类主机可用，则 vSAN 将启动恢复过程。
- 如果该主机在 60min 后重新加入群集，并且已开始恢复，则 vSAN 将评估是继续恢复，还是停止恢复并重新同步原始组件。

5.10.2 模拟容量磁盘临时出现故障

在实际的生产环境中，当服务器使用多年后，磁盘或磁盘托架可能出现由于老死或者接触不良引起的临时故障，这就导致系统不能访问（使用）某块硬盘，此时服务器会出现报警。大多数的情况下，将服务器硬盘拔下、清理灰尘并重新插上，一般可以暂时继续使用。在本节将模拟这一故障出现的情况及处理方案。

（1）将服务器中某块硬盘“拔下”：在 VMware Workstation 中修改虚拟机配置，删除一个磁盘。

（2）此时在 vSAN 群集中将会出现故障，在“磁盘管理”及“虚拟磁盘”中会有错误信息。

（3）重新将磁盘插入原来的盘位：在 VMware Workstation 修改虚拟机配置，添加第 1 步删除的磁盘。

（4）重新扫描存储，vSAN 群集恢复。

下面将在 VMware Workstation 中模拟上述故障及修复过程，具体操作步骤如下。

（1）在 VMware Workstation 中选择一台虚拟机，如 192.168.80.13，右击虚拟机标签，在弹出的快捷菜单中选择“设置”选项，如图 5-10-1 所示。

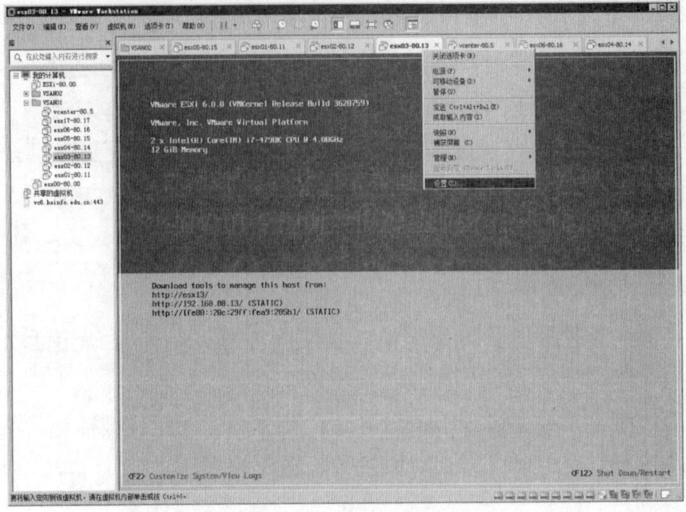

图 5-10-1　修改虚拟机设置

（2）在“虚拟机设置”中，选择一块硬盘，例如“硬盘 9（SCSI）600GB”，记下当前硬盘文件名（本示例为 esx03-80.13-0-600GB-3.vmdk），然后单击“移除”按钮，再单击“确定”按钮完成设置，如图 5-10-2 所示。

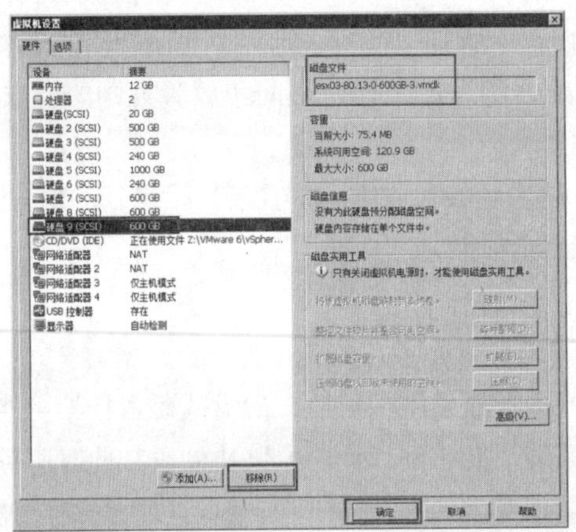

图 5-10-2　移除一个 600GB 的磁盘

（3）移除该磁盘后，在 vSphere Client（或 vSphere Web Client）中会有报警，例如，在 vSphere Client 中，192.168.80.13 主机前面会出现一个带红色惊叹号的标记，在“警报”中也会提示“vSAN 主机磁盘出错”，如图 5-10-3 所示。

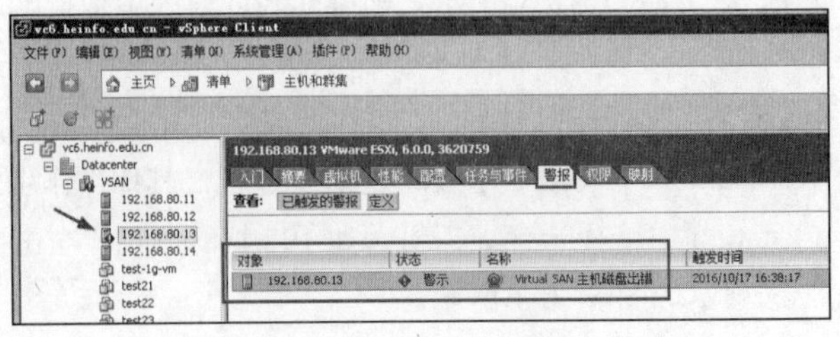

图 5-10-3　服务器出现报警

（4）在 vSphere Web Client 选择“vSAN 群集→管理→设置→磁盘管理”选项中，此时在 192.168.80.13 中有个磁盘组也出现红色的惊叹号标记，查看这个磁盘组会发现，有个磁盘的容量显示为“0.00B”，状态为“不活动或出错”，如图 5-10-4 所示。

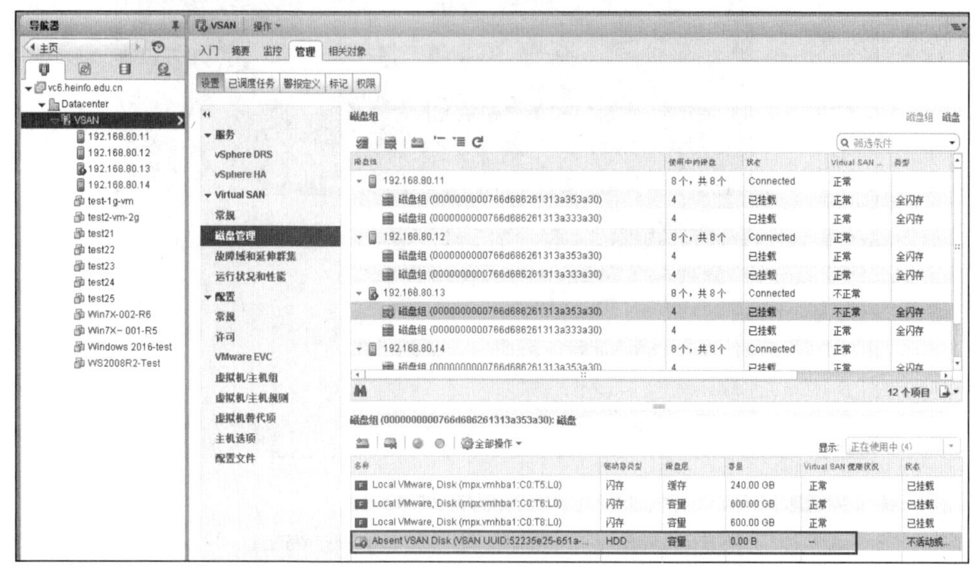

图 5-10-4　一个磁盘离线

（5）在“监控→vSAN→虚拟磁盘”选项中，浏览查看虚拟机，可以看到涉及的虚拟机的组件为“不存在”，其对应的主机为“未找到对象”，如图 5-10-5 所示。

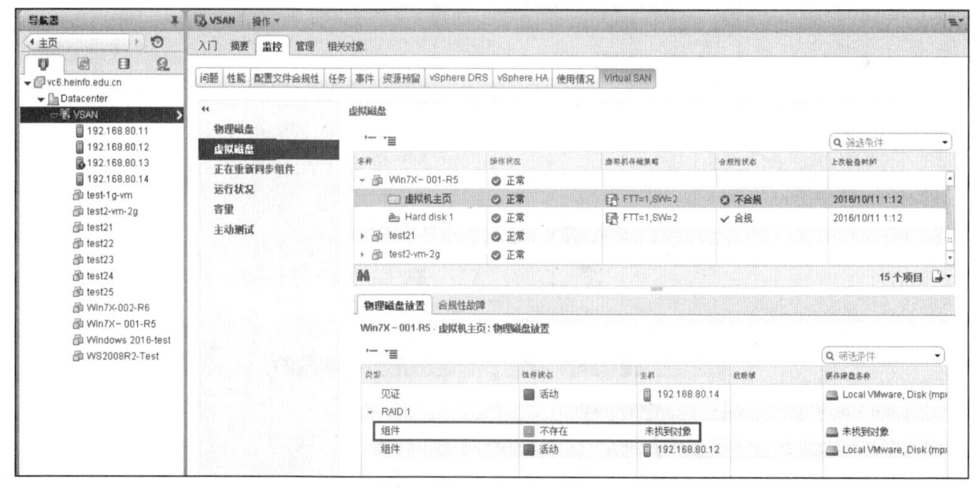

图 5-10-5　组件不存在

（6）切换到 VMware Workstation，右击 esx03-80.13 虚拟机，选择“设置”选项，如图 5-10-6 所示。

（7）在“虚拟机设置”中单击“添加”按钮，如图 5-10-7 所示。

（8）在“硬件类型”对话框中选择“硬盘”，在“选择磁盘”对话框选择“使用现有虚拟磁盘”，如图 5-10-8 所示。

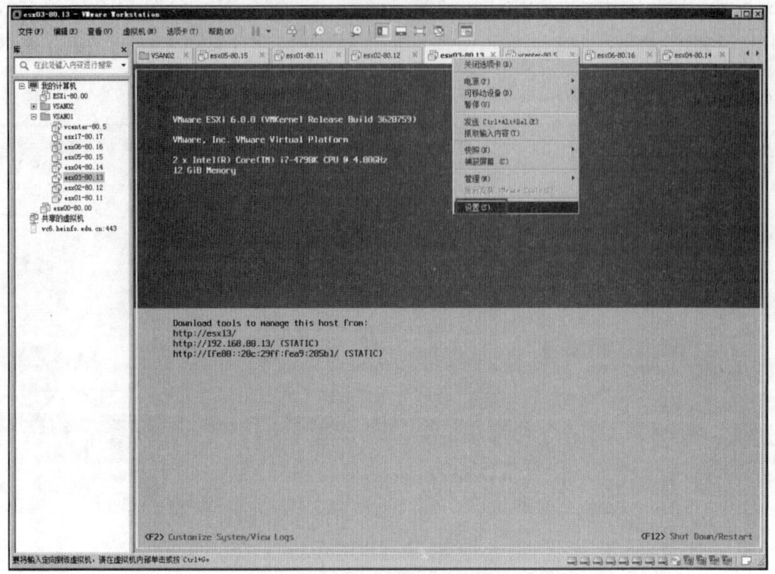

图 5-10-6　修改虚拟机设置

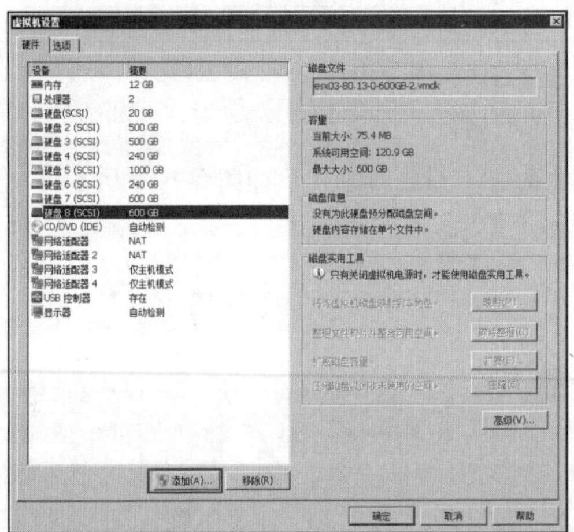

图 5-10-7　添加硬件

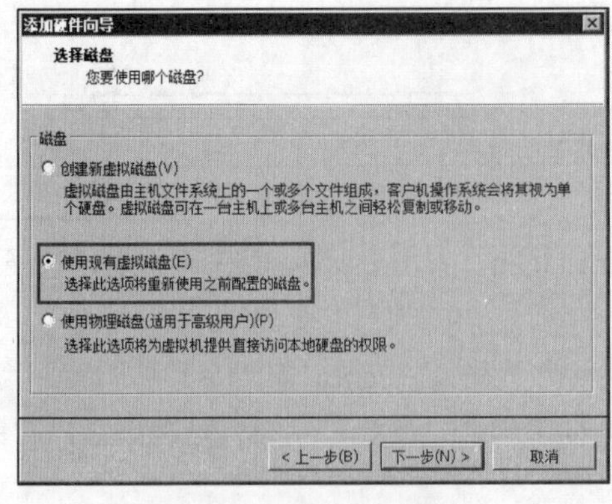

图 5-10-8　使用现有磁盘

（9）在“选择现有磁盘”对话框单击“浏览”按钮，选择图 5-10-2 中被移除的磁盘文件 esx03-80.13-0-600GB-3.vmdk，如图 5-10-9 所示。

（10）返回到“虚拟机设置”对话框单击“确定”按钮，如图 5-10-10 所示。

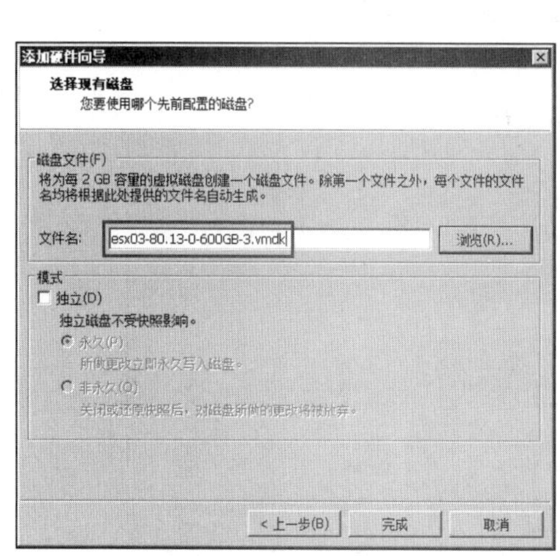

图 5-10-9　选择现有磁盘

图 5-10-10　完成磁盘添加

（11）在 vSphere Web Client 中的导航器中选择 192.168.80.13，右击在弹出的快捷菜单中选择“存储器→重新扫描存储器”选项，如图 5-10-11 所示。

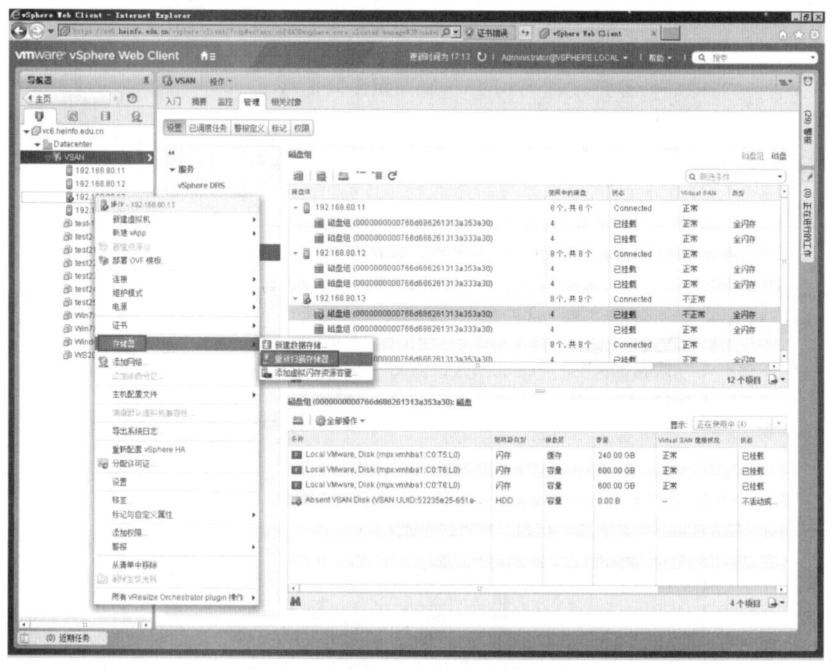

图 5-10-11　重新扫描存储器

（12）在“重新扫描存储器”对话框中单击“确定”按钮，如图 5-10-12 所示。

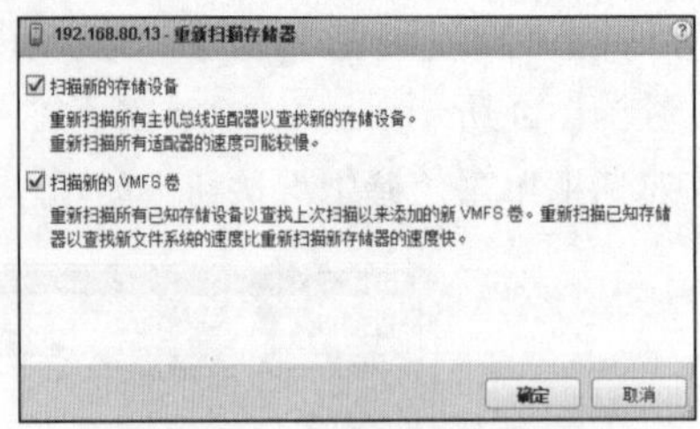

图 5-10-12　重新扫描存储器

（13）重新扫描存储器后，磁盘组恢复正常，如图 5-10-13 所示。

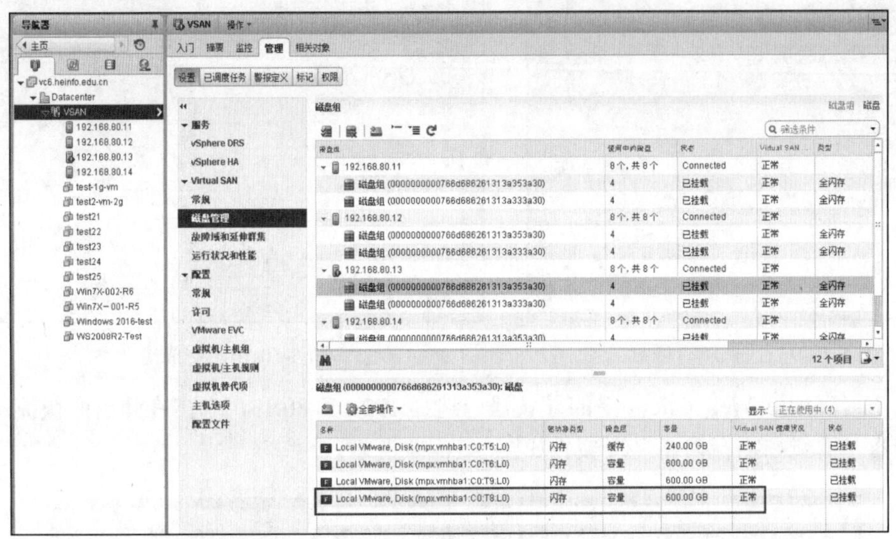

图 5-10-13　磁盘组恢复正常

（14）在“虚拟磁盘”中，原来“不存在”的组件状态为“活动”，数据恢复正常，如图 5-10-14 所示。

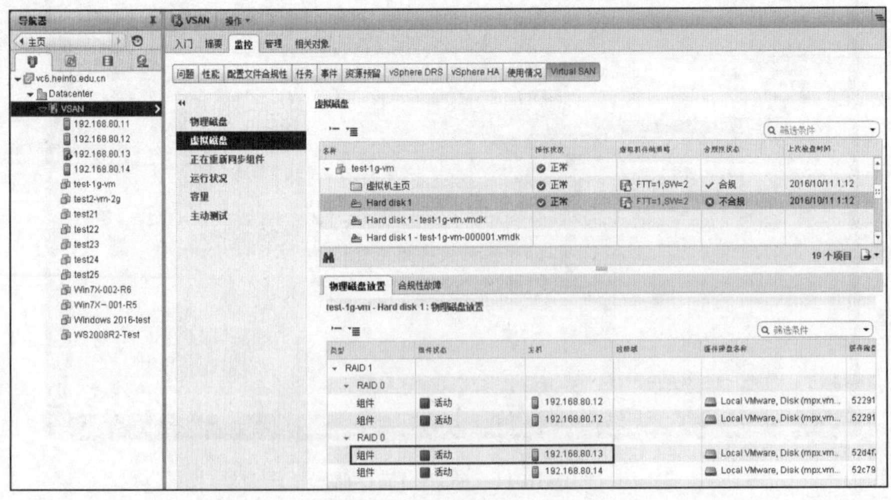

图 5-10-14　数据恢复正常

5.10.3　模拟容量磁盘永久故障

上一节模拟了容量磁盘临时出错并随后恢复的实验。如果容量磁盘永久出现故障（即在实际生产环境中，某块容量磁盘损坏且不能修复，只能更换新硬盘），则需要在磁盘组中将出现永久故障的磁盘删除，然后再添加新的磁盘到磁盘组。对于保存在损坏磁盘上的组件，vSAN 会在其他磁盘进行恢复，主要操作步骤如下。

（1）在 VMware Workstation 中，右击 esx02-80.12 虚拟机，在弹出的快捷菜单中选择“设置”选项，在“虚拟机设置”对话框中，选中“硬盘 5（SCSI）1 000GB”，单击“移除”按钮，如图 5-10-15 所示。注意，当前虚拟机 1TB 虚拟硬盘文件名为 esx02-80.12.vmdk。

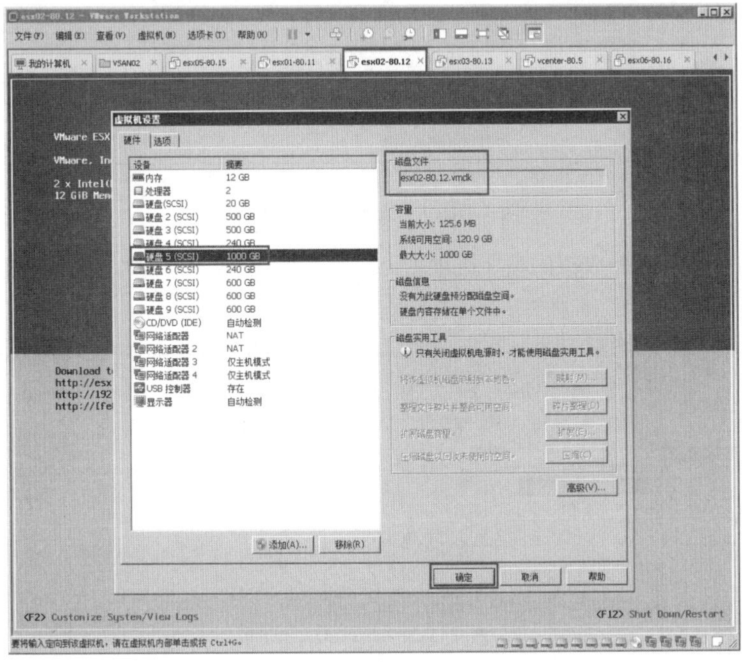

图 5-10-15　移除 1TB 硬盘

（2）此时在 vSphere Client 中，192.168.80.12 的“警报”中已经提示“vSAN 主机磁盘出错”，如图 5-10-16 所示。

图 5-10-16　vSAN 主机磁盘出错

（3）在 vSphere Web Client 的“vSAN→管理→设置→磁盘管理”选项中，可以看到 192.168.80.12 磁盘组中有个磁盘容量为 0.00B，这即是原来 1TB 的磁盘，如图 5-10-17 所示。

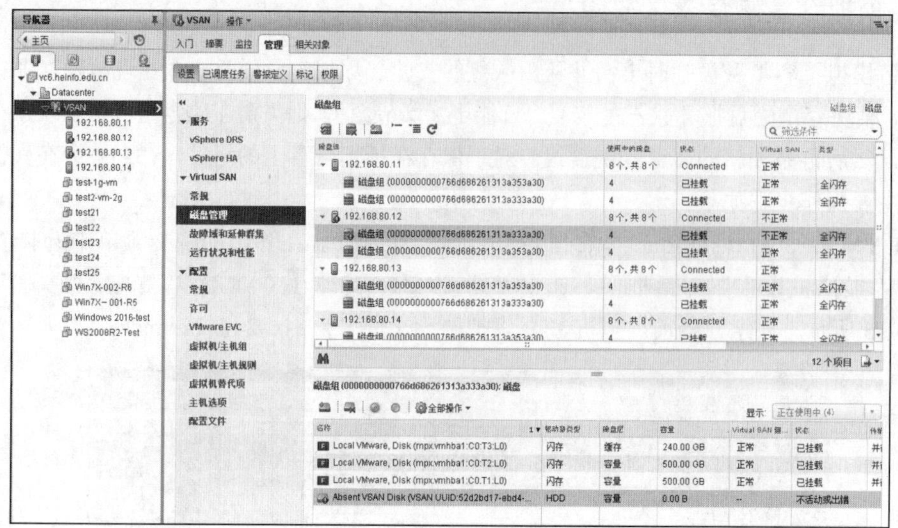

图 5-10-17　原来的 1TB 磁盘

（4）在“监控→vSAN→虚拟磁盘”选项中，浏览选择虚拟机，可以看到某些虚拟机缺少组件，如图 5-10-18 所示。

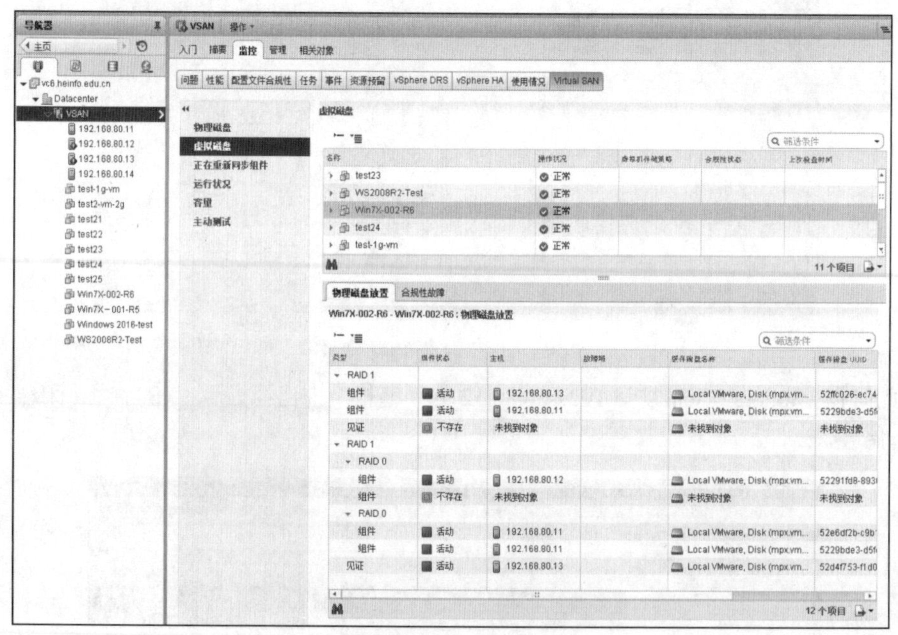

图 5-10-18　某些虚拟机缺少组件

（5）切换到 VMware Workstation，同样修改 esx02-80.12 虚拟机设置，添加一个新的 1TB 的磁盘，设置磁盘文件名为 esx02-80.12-1TB-2.vmdk，如图 5-10-19 所示。

（6）在 vSphere Web Client 中，右击 192.168.80.12 在弹出的快捷菜单中选择“存储器→重新扫描存储器”，如图 5-10-20 所示。在“重新扫描存储器”对话框中单击“确定”按钮。

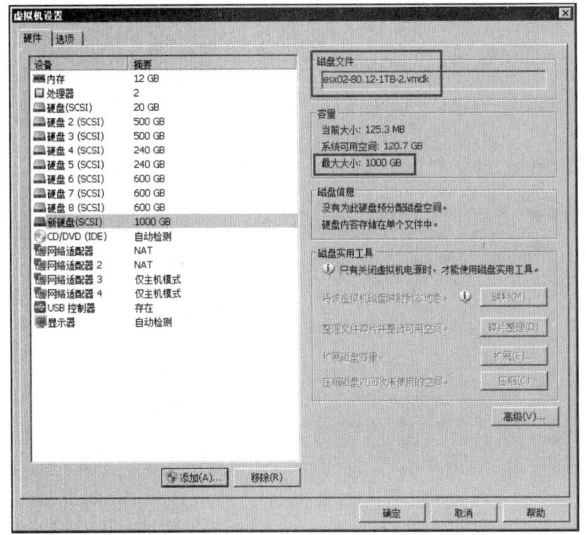

图 5-10-19　添加一个新的 1TB 磁盘

图 5-10-20　重新扫描存储器

（7）在 vSphere Web Client 导航器中选择 vSAN 群集，在右侧“管理→设置→磁盘管理”选项中，选中 192.168.80.12 主机出错的磁盘组，选中出错磁盘，单击“”按钮，如图 5-10-21 所示。

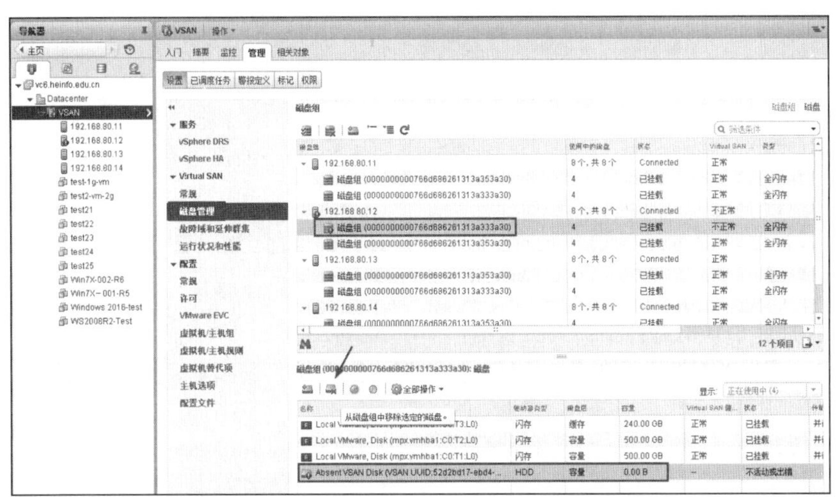

图 5-10-21　从磁盘组中移除指定的磁盘

（8）在“移除磁盘”对话框，在“迁移模式”选择“不迁移数据”选项，如图 5-10-21 所示，这与正常移除磁盘组不同，因为当前磁盘组已经永久损坏，不能再从此磁盘迁移数据。

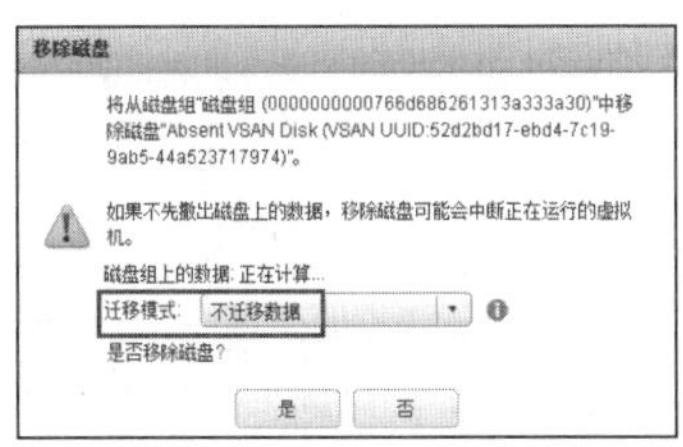

图 5-10-22　选择不迁移数据

（9）等该磁盘移除之后，单击“[icon]”按钮，如图 5-10-23 所示。

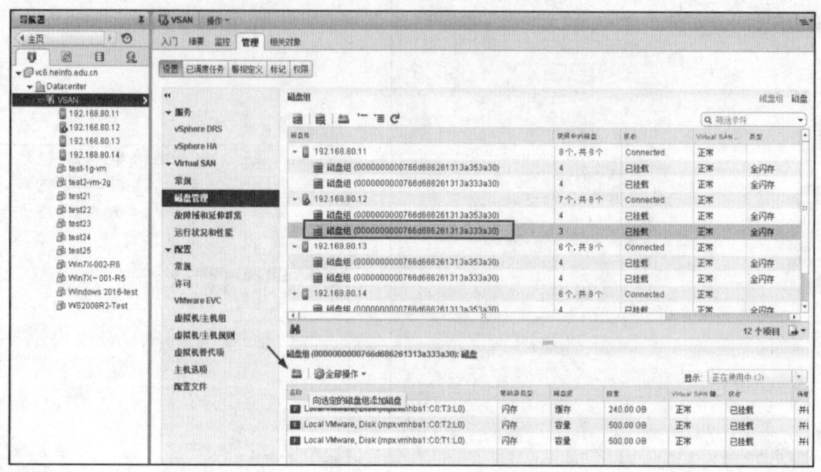

图 5-10-23　添加磁盘

（10）在弹出的“向磁盘组××添加容量磁盘”对话框中，选中新添加的 1TB 硬盘，单击“确定”按钮，如图 5-10-24 所示。

图 5-10-24　选择磁盘

（11）新添加的 1TB 磁盘会添加到磁盘组，如图 5-10-25 所示。

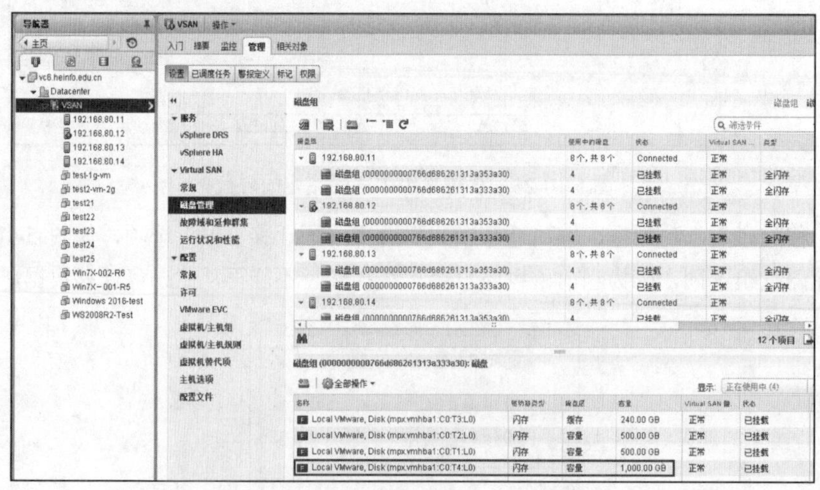

图 5-10-25　将 1TB 磁盘添加到磁盘组

（12）vSAN 会为缺少组件的虚拟机进行同步，将缺失的组件放置在适合的磁盘中，如图 5-10-26 所示。

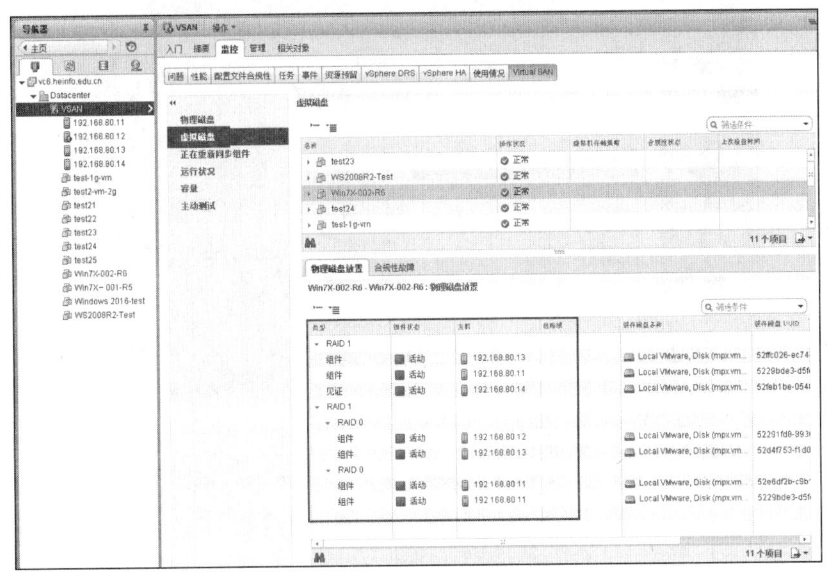

图 5-10-26　缺失组件同步完成

5.10.4　模拟缓存磁盘临时故障

在 vSAN 中，缓存磁盘的作用至关重要。在 vSAN 群集中，如果 vSAN 群集主机中的某个容量磁盘出问题，则只影响到这个磁盘自身，这个磁盘所在的磁盘组仍然可以使用，只是保存在这个磁盘上的虚拟机组件会受到影响，vSAN 存储容量只是减小这一块磁盘的容量。如果缓存磁盘出现问题，则会影响这个缓存磁盘所在的整个磁盘组。例如，某块缓存磁盘出问题，则这个缓存磁盘所在的整个磁盘组都不能访问，受影响的是这个磁盘组中所有的磁盘。许多初学者不能理解这个问题，因为初学者认为，缓存磁盘不保存数据，容量磁盘保存数据，为什么缓存磁盘出问题影响所在的整个磁盘组。如果不能真正认识到缓存磁盘的重要性，在今后的设计中如果不重视缓存磁盘的选择，一旦缓存磁盘大面积出错，则会导致整个 vSAN 存储数据的丢失并且不能恢复。

在 vSAN 设计中，如果是混合架构，作为缓存的磁盘 70%用于读缓存，30%用于写缓存。在全闪存配置中，缓存磁盘 100%用于写缓存。当 vSAN 存储工作时，以及虚拟机启动、运行、有数据读写时，总是有一部分数据保存在缓存磁盘中，此时一旦缓存磁盘出错，则这部分用于“写缓存”的数据将会丢失，此时缓存磁盘所在磁盘组中就缺少了这一部分数据，所以，虽然此时容量磁盘有数据，但这些数据属于“脏”数据，不能使用。这就是为什么缓存磁盘出错会导致整个磁盘组出错的设计原因。

本节演示缓存磁盘临时故障，主要操作步骤如下。

（1）在 VMware Workstation 中选择一台虚拟机，如 192.168.80.11，右击虚拟机标签，在弹出的快捷菜单中选择“设置”选项，在“虚拟机设置”中，选择一块硬盘，例如“硬盘 6（SCSI）240GB”（这是缓存磁盘），记下当前硬盘文件名（本示例为 esx01-80.11-240GB.vmdk），然后单击“移除”按钮，再单击“确定”按钮完成设置，如图 5-10-27 所示。

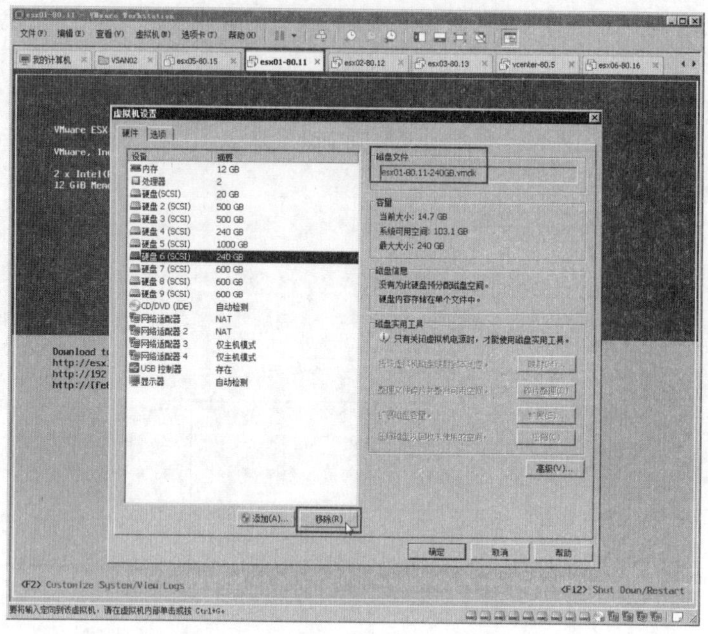

图 5-10-27　移除一个 600GB 的磁盘

（2）移除该磁盘后，在 vSphere Client 中，此时 192.168.80.11 主机前面会出现一个带红色惊叹号的标记，在“警报”中也会提示“vSAN 主机磁盘出错”，如图 5-10-28 所示。

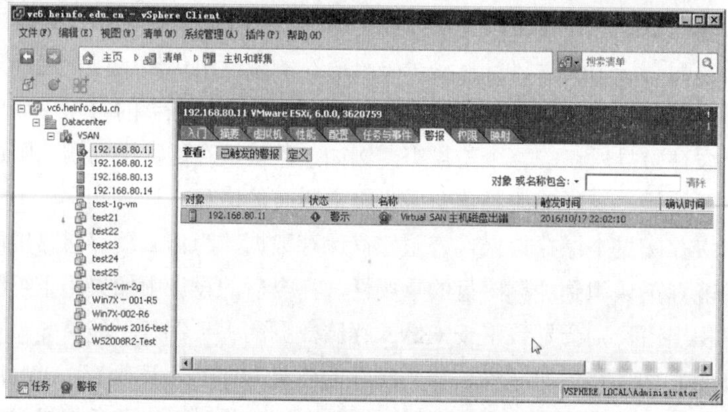

图 5-10-28　服务器出现报警

（3）在 vSphere Web Client 中选择“vSAN 群集→管理→设置→磁盘管理”选项，此时 192.168.80.11 有个磁盘组也出现红色的惊叹号标记，查看这个磁盘组会发现，有个磁盘组中，闪存磁盘“状态”为“不活动或出错”，而容量磁盘的“vSAN 健康状况”为“——”，如图 5-10-29 所示，这表示整个磁盘组将不能使用（只有 vSAN 健康状况为“正常”时才能使用）。

在实际的生产环境中，如果出现图 5-10-29 所示的故障，则可以在物理主机上将 ESXi 检测不到的硬盘拔下，清除灰尘后再次插上，有很大的概率可以继续使用一段时间，但也仅仅是暂时使用，对于这种情况，可以参照“5.9 为 vSAN 群集主机主动更换 SSD 及 HDD”一节内容，替换有故障的物理硬盘。

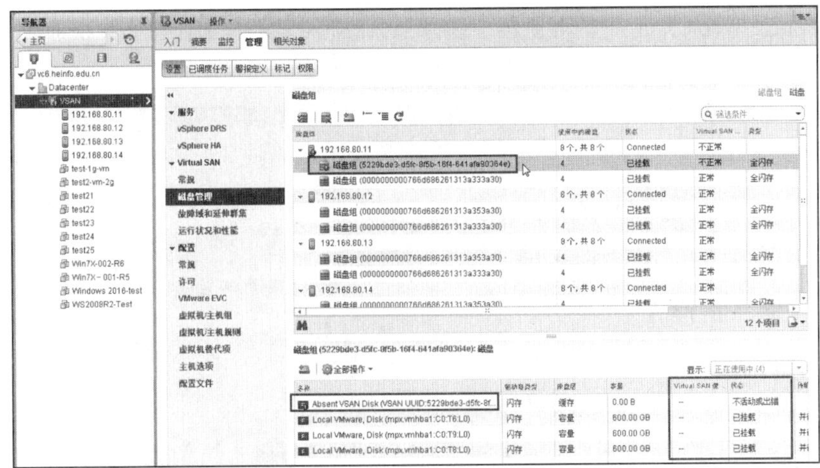

图 5-10-29　当前磁盘组健康状况

（4）此时在 vSphere Client 中查看 vSAN 存储，可看到总容量已经减小到 12.95TB；注意，减少的是出故障磁盘组中所有容量磁盘的容量之和，如图 5-10-30 所示。

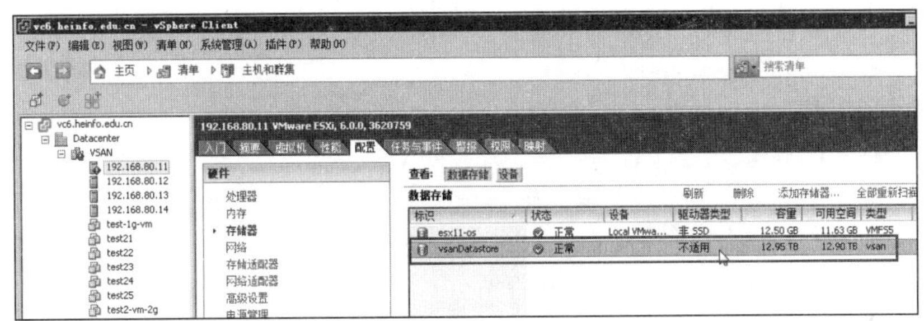

图 5-10-30　vSAN 容量减小

（5）切换到 VMware Workstation，修改 esx01-80.11 设置，将图 5-10-27 中移除的磁盘再次添加进来，如图 5-10-31 所示。

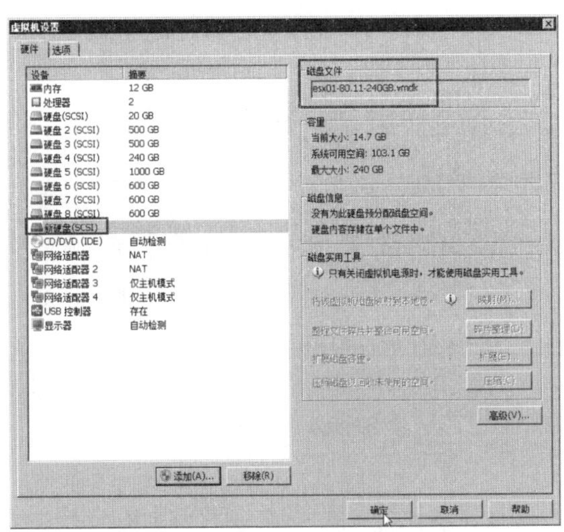

图 5-10-31　添加已经移除的磁盘

（6）在 vSphere Web Client 中的导航器中选择 192.168.80.11，右击在弹出的快捷菜单中选择“存储器→重新扫描存储器”选项，如图 5-10-32 所示。

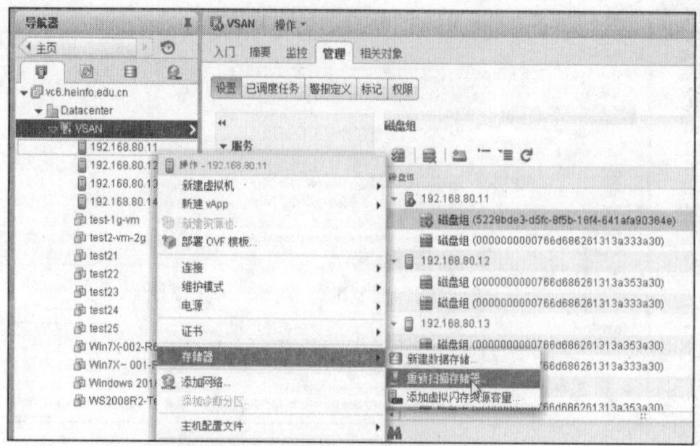

图 5-10-32　重新扫描存储器

（7）重新扫描存储器后，磁盘组恢复正常，如图 5-10-33 所示。

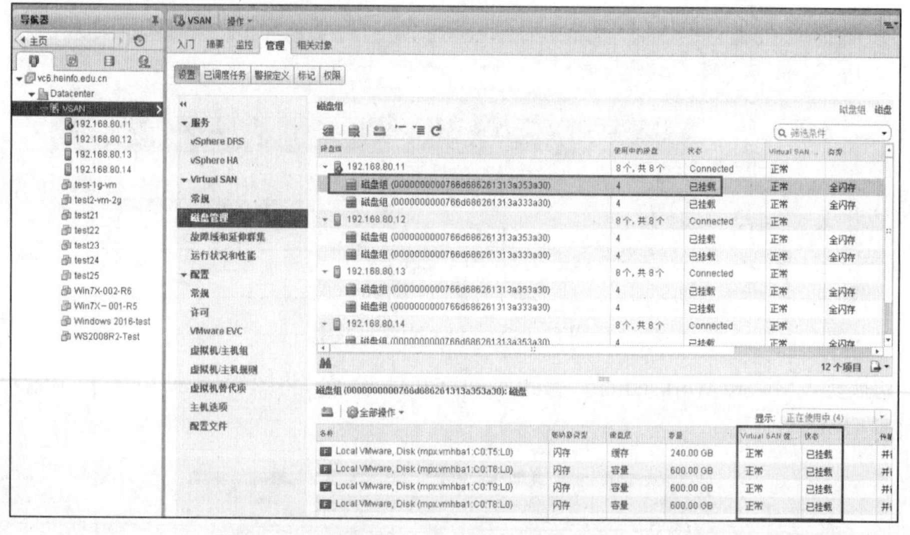

图 5-10-33　磁盘组恢复正常

5.10.5　模拟缓存磁盘永久故障

如果缓存硬盘已经明确损坏并不可恢复，那么，需要更换新的硬盘并重新插入。如果服务器配置了“直通”，则可以重新扫描 ESXi 存储，并将新添加的硬盘添加到对应的磁盘组。如果服务器没有配置直通，硬盘需要配置为 RAID-0 才能使用，需要将主机置于“维护模式”后，重新启动主机，进入 RAID 卡配置界面，为新更换的硬盘添加新的 RAID 配置，再次进入系统、等主机连接到 vSAN 存储之后，再执行删除磁盘组、添加磁盘组的操作。

主要操作步骤如下。

（1）在 VMware Workstation 中选择一台虚拟机，如 192.168.80.14，右击虚拟机标签，在弹出的快捷菜单中选择“设置”选项，在“虚拟机设置”中，选中一块硬盘，例如“硬盘 6（SCSI）240GB”

（这是缓存磁盘），记下当前硬盘文件名（本示例为 esx01-80.14-240GB-2.vmdk），然后单击“移除”按钮，如图 5-10-34 所示。

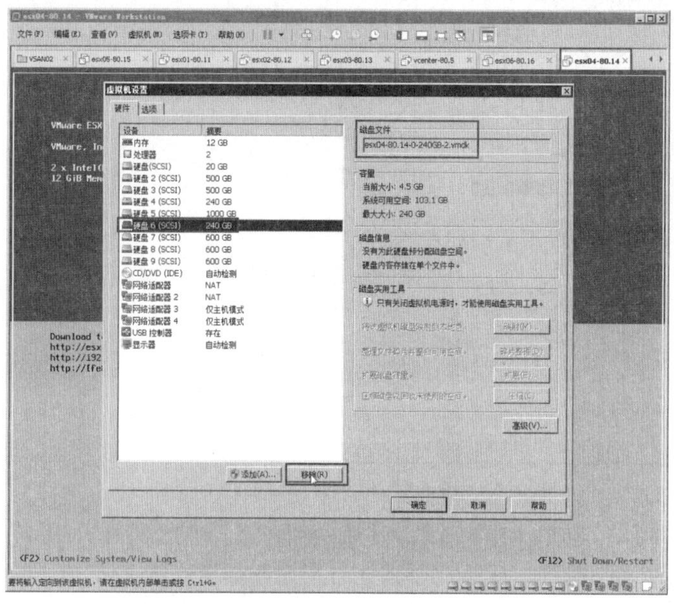

图 5-10-34　移除一个 600GB 的磁盘

（2）再新建（添加）一个 240GB 的虚拟磁盘，设置磁盘文件名为 esx04-80.14-240GB-3.vmdk，如图 5-10-35 所示，然后单击“确定”按钮完成配置。执行完这两步之后，等于移除了一个虚拟磁盘、添加了一块新的磁盘。

（3）在 vSphere Web Client 中的导航器中选择 192.168.80.14，右击在弹出的快捷菜单中选择“存储器→重新扫描存储器”，如图 5-10-36 所示。

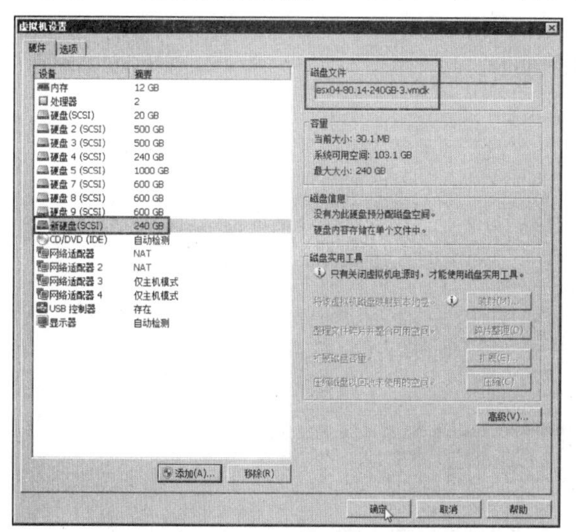

图 5-10-35　添加一块新的 240GB 磁盘

图 5-10-36　重新扫描存储器

（4）在 vSphere Web Client 中选择“vSAN 群集→管理→设置→磁盘管理”选项，此时 192.168.80.14 有个磁盘组也出现红色的惊叹号标记，查看这个磁盘组会发现，有个磁盘组中，闪存磁盘“状态”为“不活动或出错”，而容量磁盘的“vSAN 健康状况”为“--”。选中这个磁盘组，单击“ ”按钮移除磁盘组，如图 5-10-37 所示。

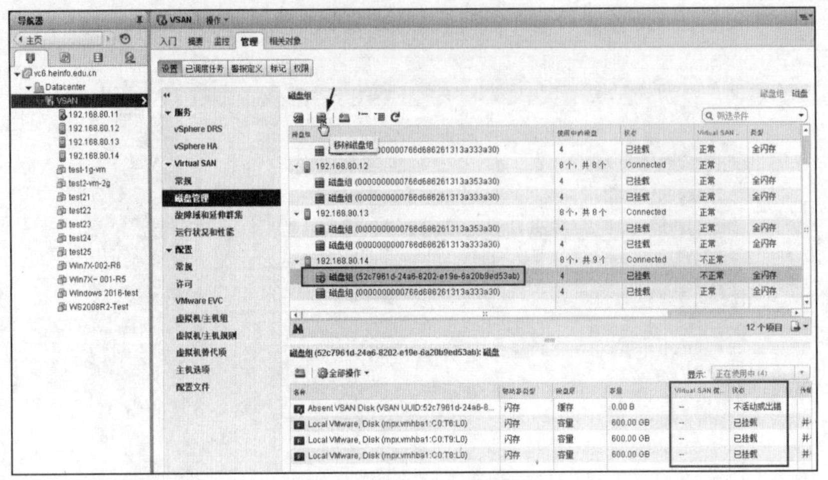

图 5-10-37　移除磁盘组

在实际的生产环境中，如果出现图 5-10-37 所示的故障，则可以在物理主机上将 ESXi 检测不到的硬盘拔下，清除灰尘再次插上，有很大的概率可以继续使用一段时间，但也仅仅是暂时使用，对于这种情况，可以参照“5.9 为 vSAN 群集主机主动更换 SSD 及 HDD”一节内容，替换有故障的物理硬盘。

（5）在弹出的“移除磁盘组”对话框中，在“迁移模式”选择“不迁移数据”，然后单击“是”按钮，如图 5-10-38 所示。因为此时磁盘组已经不能访问，所以不能选择“迁移全部数据”，即使选择也会出错。

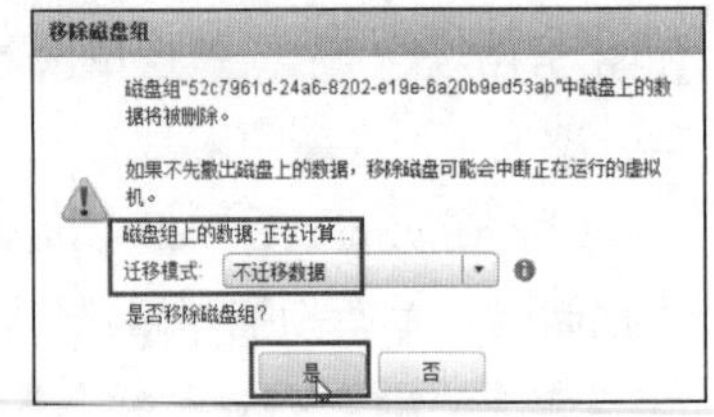

图 5-10-38　选择不迁移数据

（6）删除磁盘组后，选中 192.168.80.14 的主机，单击“ ”按钮创建新磁盘组，如图 5-10-39 所示。此时 192.168.80.14 只有一个磁盘组。

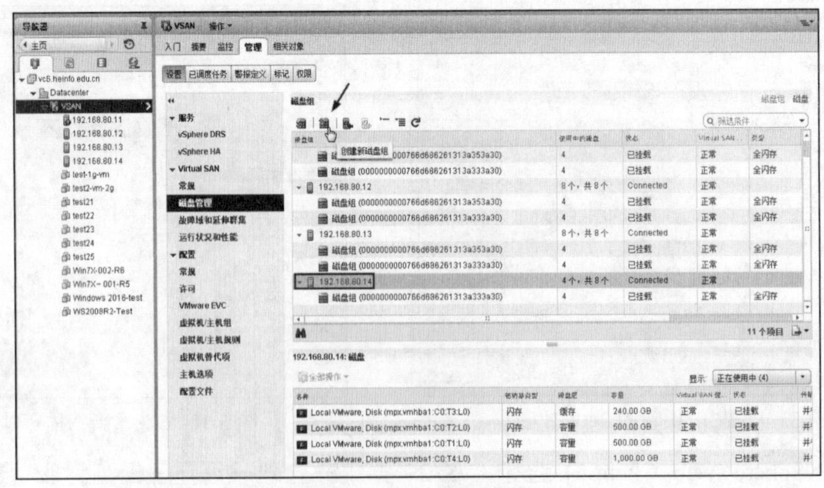

图 5-10-39　创建磁盘组

（7）在弹出的“创建磁盘组”对话框中，选择缓存磁盘及容量磁盘，最后单击“确定”按钮，如图 5-10-40 所示。

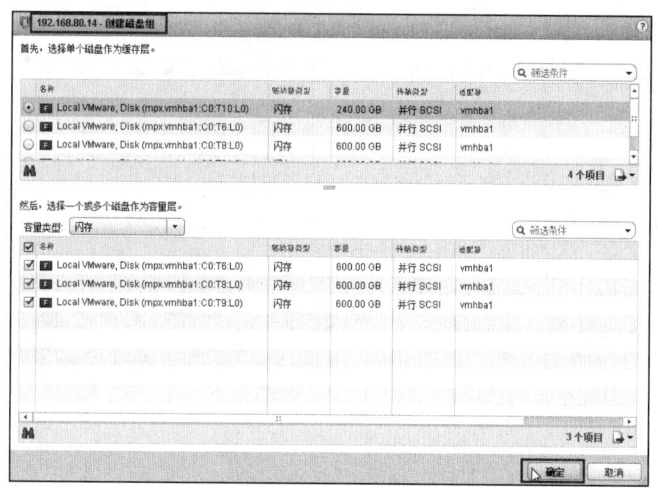

图 5-10-40　选择缓存磁盘及容量磁盘

（8）在“磁盘管理”中可以看到，新磁盘组创建完成，如图 5-10-41 所示。

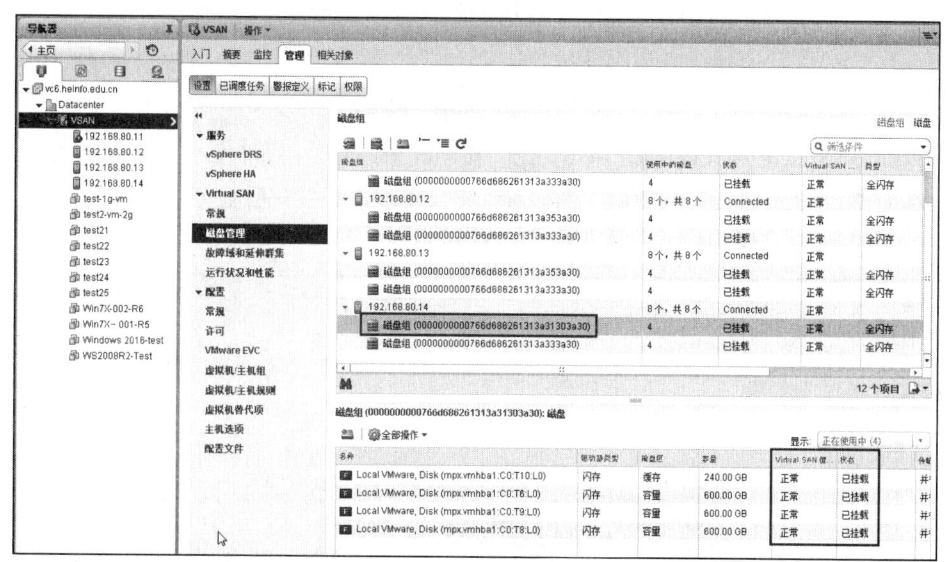

图 5-10-41　创建磁盘组完成

5.10.6　模拟主机网络中断

如果主机由于故障或重新引导而停止响应，vSAN 将等待主机恢复，然后 vSAN 将在群集中的其他主机上重新构建组件。

当主机网络中断或关机时，在组件故障状态和可访问性，位于主机上的 vSAN 组件将标记为“不存在”。

模拟主机网络中断及处理方案的主要操作步骤如下。

（1）在 VMware Workstation 中，右击某台实验主机，例如 192.168.80.13 的 ESXi，修改虚拟机的配置，在“网络适配器”、“网络适配器 2”、“网络适配器 3”、“网络适配器 4”共 4 个网卡的“设备状态”选项中取消“已连接”的选择，如图 5-10-42 所示。

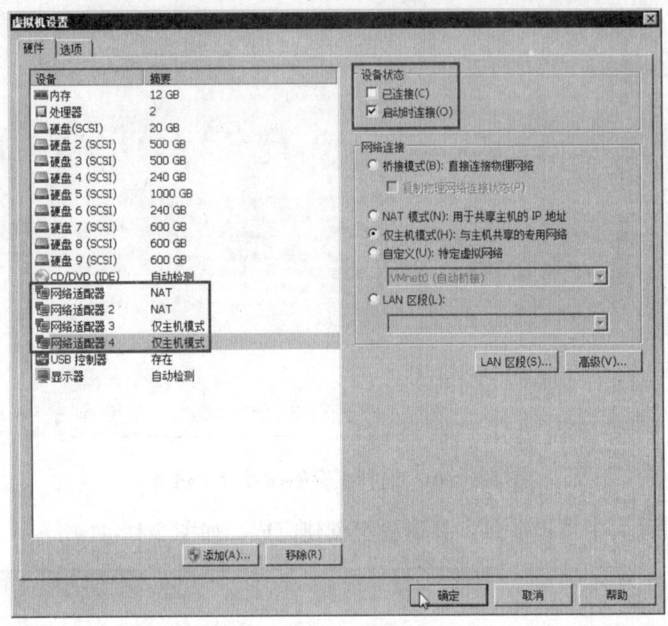

图 5-10-42　取消网卡连接

（2）返回到 vSphere Web Client，单击“ ”按钮刷新，此时在导航器中 192.168.80.13 的 ESXi 主机为“Not responding（没有响应）”的提示。在“管理→设置→磁盘管理”选项中，可以看到 192.168.80.13 的磁盘组已经为“0”，如图 5-10-43 所示。

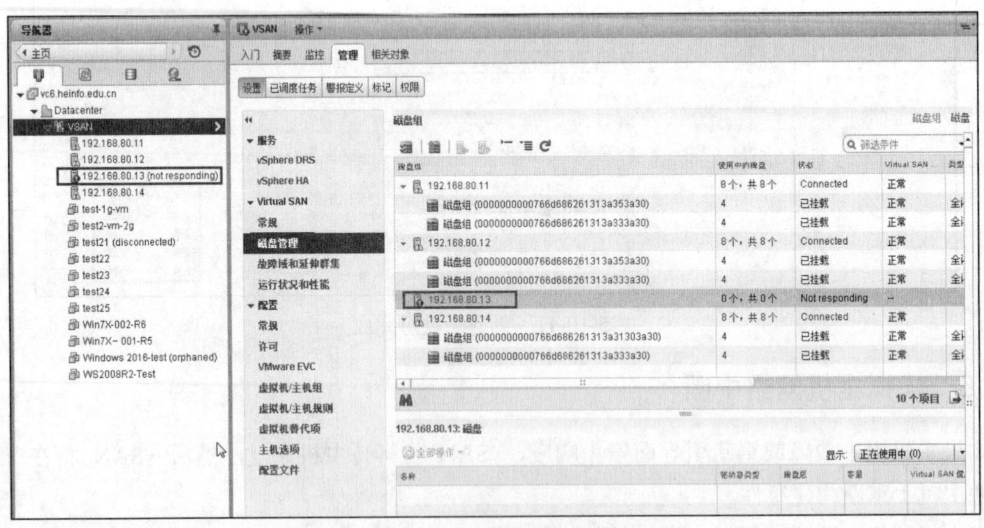

图 5-10-43　主机没有响应

（3）选择 vSAN 群集，在“监控→vSAN→虚拟硬盘”选项中，查看虚拟机硬盘，会看到受影响的虚拟机硬盘文件的“组件状态”为“不存在”，“闪存磁盘名称”状态为“未找到对象”，如

图 5-10-44 所示。

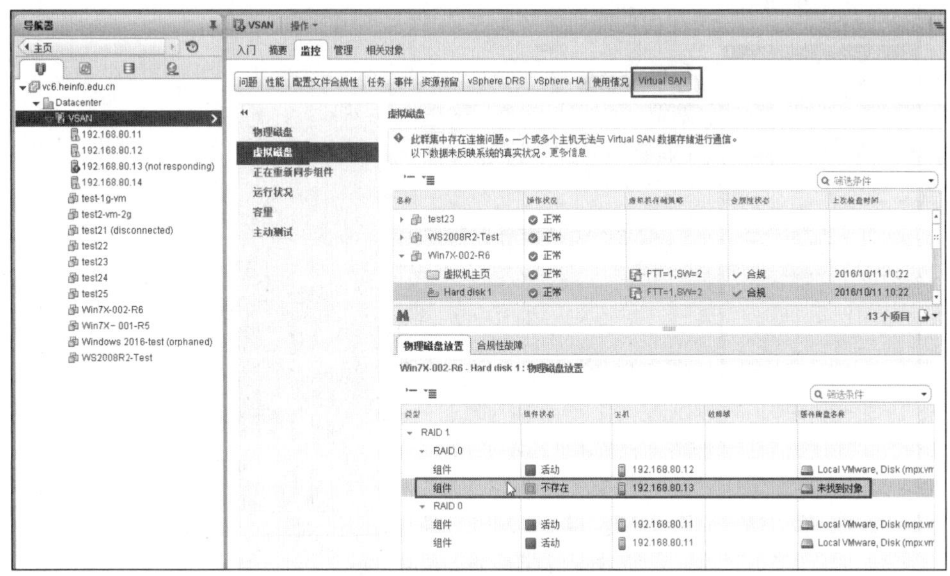

图 5-10-44　组件状态

对于这种现象，vSAN 会用 3 种方式对主机故障做出响应，关于 3 种响应方式在前面 5.10.1 小节中已经讲过，不再赘述。

（4）在 VMware Workstation，修改 192.168.80. 13 的虚拟机设置，将网卡设备状态“已连接”选中，如图 5-10-45 所示。

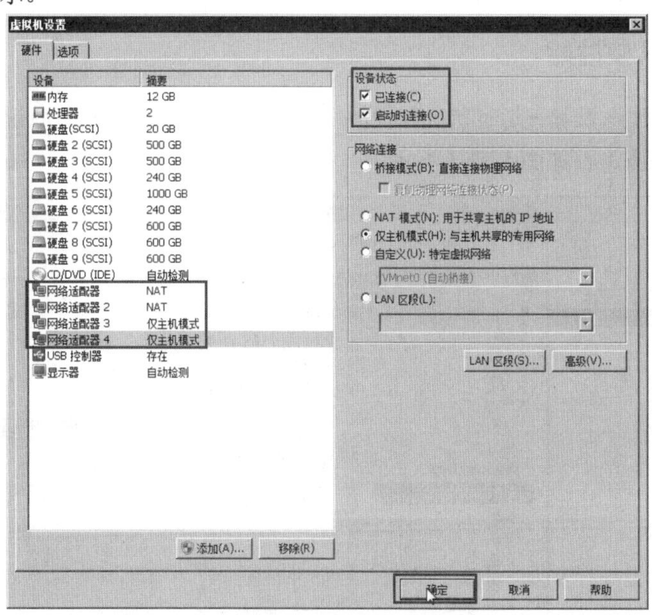

图 5-10-45　恢复网络连接

（5）在 vSphere Web Client 中，单击“ ”按钮刷新，在“虚拟磁盘”中可以看到组件状态都为“活动”，状态都已正常，如图 5-10-46 所示。

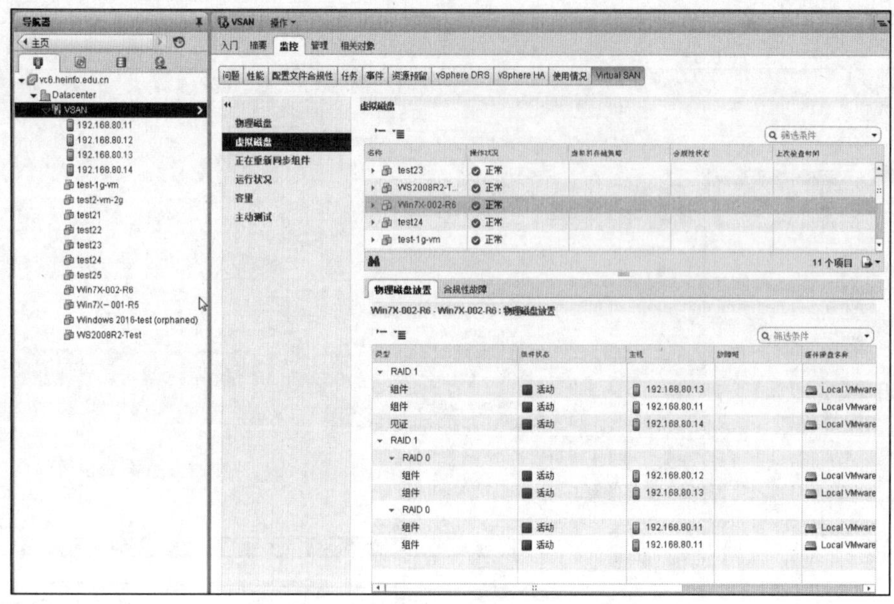

图 5-10-46　状态恢复正常

5.11　vSAN 管理与监控

在本章的最后介绍 vSAN 管理与监控的一些操作，例如运行状况和性能、主动测试等；对于提升读者的运维水平会有所帮助。

5.11.1　运行状况和性能

在 vSAN 的“管理→设置→运行状况和性能”选项中，可以配置“运行状况服务”、“更新 HCL 数据库”、“性能服务”，如图 5-11-1 所示。

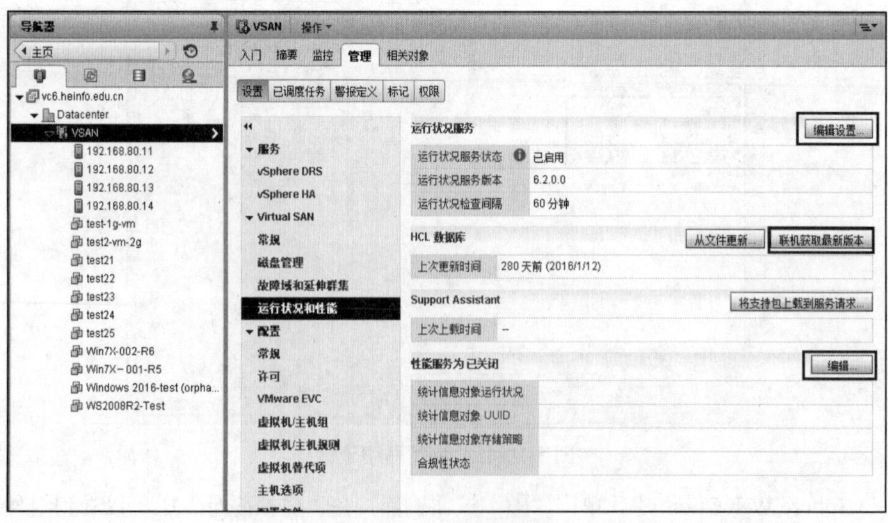

图 5-11-1　运行状况和服务

单击对应选项右侧的“编辑设置”或“编辑”按钮，可以启用或禁用相关的服务。

5.11.2　主动测试

在“vSAN”的“监控→vSAN→主动测试”选项中，可以对“虚拟机创建”、“多播性能”、“存储性能”进行测试，如图 5-11-2 所示。

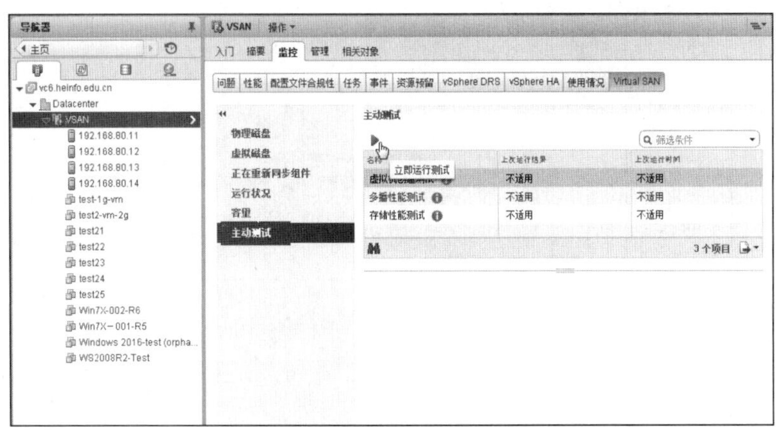

图 5-11-2　主动测试

下面按照顺序介绍一下各项测试的具体操作。

（1）选中“虚拟机创建测试”，然后单击“▶”按钮，在弹出的“运行虚拟机创建测试”对话框中，单击“是”按钮，如图 5-11-3 所示。

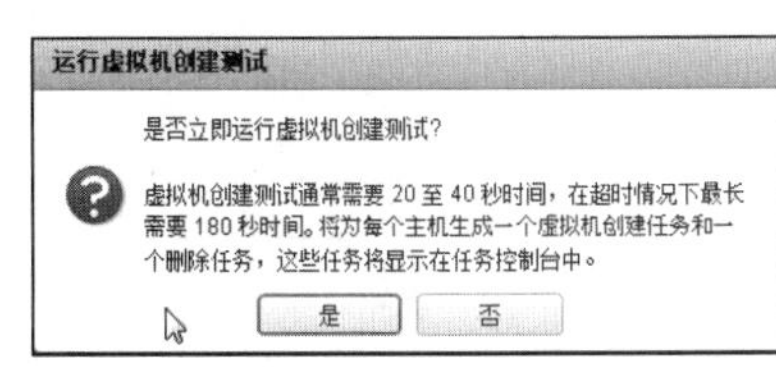

图 5-11-3　运行虚拟机创建测试

（2）测试通过之后会显示信息，如图 5-11-4 所示。

（3）选择“多播性能测试”选项，然后单击“▶”按钮，在弹出的“运行多播性能测试”对话框单击“是”按钮，如图 5-11-5 所示。

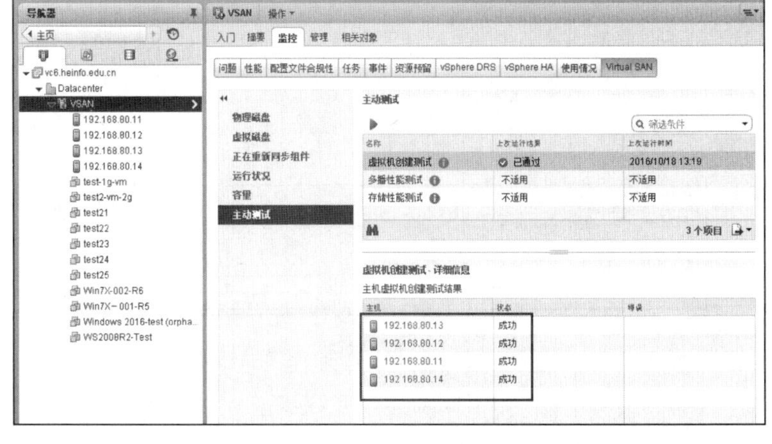

图 5-11-4　虚拟机创建测试结果

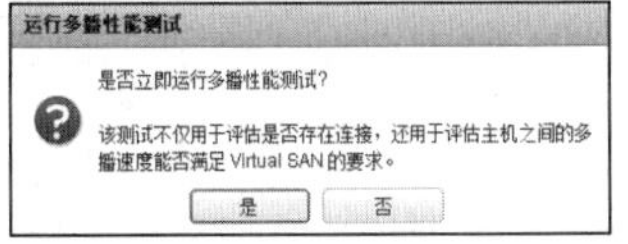

图 5-11-5　运行多播测试

（4）测试之后显示详细信息，在当前的环境中，接收的带宽是 30.36MB/s、45.23MB/s、

36.27MB/s，可达到的最大带宽为 125MB/s，这个测试大约就是万兆网卡的速度，如图 5-11-6 所示。

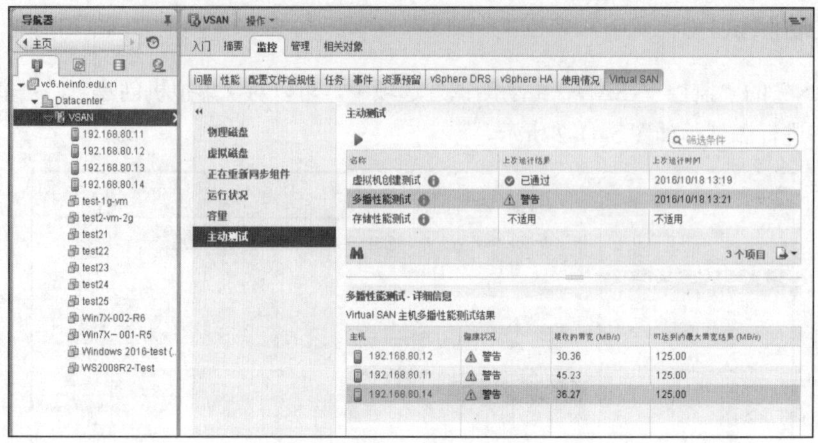

图 5-11-6　多播测试结果

（5）选择“存储性能测试”选项，然后单击“▶”按钮，在弹出的“存储性能测试”对话框单击“是”按钮，如图 5-11-7 所示。

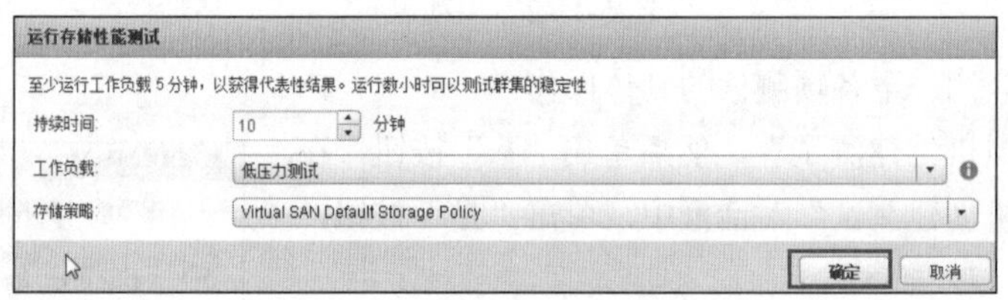

图 5-11-7　运行存储性能测试

（6）在“存储性能测试-详细信息”选项显示了测试的结果，分别有 IOPS、吞吐量、平均滞后时间、最大滞后时间等，如图 5-11-8 所示。

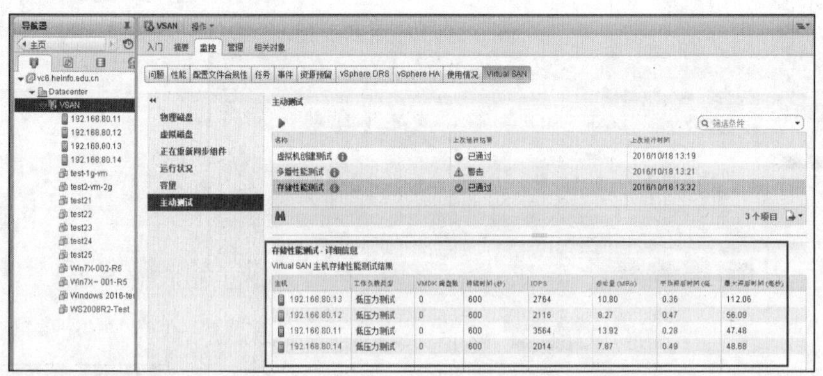

图 5-11-8　显示测试结果

第 6 章　vSphere 企业运维故障与经验记录

本章记录了作者在 vSphere 企业运维中碰到的一些问题及解决方法，现在总结出来分享给大家，希望对读者有所帮助。

6.1　在物理服务器安装 VSAN 注意事项

第 5 章已经介绍了在 VMware Workstation 的虚拟机中安装配置 VMware ESXi 6.0 U2 并配置 VSAN 的内容，本节将介绍在物理主机上安装配置 VMware 6.0 U2 的注意事项。

6.1.1　VSAN 主机选择注意事项

如果要配置 VSAN 群集，在选择物理服务器时，优先选择能支持较多盘位的 2U 机架式服务器，例如，本书第一章介绍的 IBM 3650 M5（联想收购 IBM 服务器后，同样的产品命名为联想 System X3650 M5 系列，两者主要参数一样）、HP DL 388 系列、DELL R730 系列。在选择服务器时，推荐选择 2.5 寸盘位而不是选择 3.5 寸盘位，例如，图 6-1-1 所示是 3 种不同盘位配置的联想 System X3650 M5，在此推荐选择 2.5 寸盘位的服务器。

图 6-1-1　联想 System x3650 M5 系列正面图

【说明】在图 6-1-1 中，从上到下依次是 8 个 3.5 寸盘位、12 个 3.5 寸盘位、16 个 2.5 寸盘位的服务器外形图。

在图 6-1-1 中，虽然从示意图中看到 X3650 M5 可以支持 16 个 2.5 寸盘位，但一般情况下，其第二组盘位没有配置扩展板，如果需要支持更多硬盘，则需要购买组件才可以，如果拔下硬盘舱位的档件，则可以看到对应的位置是“空”的，如图 6-1-2 所示。

图 6-1-2　第 2 组盘位标配不能使用

默认情况下只有第 1 组舱位才可以使用，如图 6-1-3 所示。

在选择服务器配件时，在非 VSAN 环境中，需要使用服务器本地硬盘组成 RAID-5 时，通常还要选择支持 RAID-5 缓存的组件，如 IBM 3650 服务器 M5110e 扩展卡，如图 6-1-4 所示。服务器出厂时标配支持 RAID-0/1/10，不支持 RAID-5，只有添加这一组件才支持 RAID-5。但如果是用于 VSAN 环境中，主机不要添加支持 RAID-5 的组件。

图 6-1-3　第 1 组舱位才可使用

图 6-1-4　M5110e 组件

对于大多数 2U 的机架式服务器，一般最少支持 16 个 2.5 寸磁盘，对于这种情况，可以选择 1＋3×（1＋4）＝16 的方式。其中，第 1 个 1 表示较小的 SSD，例如，选择 120GB 消费级的 SSD，用于安装 ESXi 的系统；第 2 个“1”则是表示 VSAN 中的缓存磁盘，需要选择企业级的 SSD；“4”表示每组配置 4 个 HDD 磁盘；“3”表示配置 3 个磁盘组，表 6-1 则是一个配置清单。

表 6-1　单台 VSAN 主机配置清单

产　品	参　数	数　量	备　注
System X3650 M5 标配主机	E5-2650v3,2.3GHz,10C 105W 25M,1x16GB DDR4,8x2.5" 盘位，开放式托架，M5210 Raid 0,1, 750W 白金，DVD-RW	1	标配 2U 机架式服务器
CPU	Intel Xeon Processor E5-2650 v3 10C 2.3GHz 25MB 2133MHz 105W	1	添加 1 个 CPU
内存	16GB TruDDR4 Memory（2Rx4, 1.2V）PC4-17000 CL15 2133MHz LP RDIMM	7	扩展内存到 128GB

续表

产　品	参　数	数　量	备　注
硬盘托架	System x3650 M5 Plus 8x 2.5" HS HDD Assembly Kit with Expander	1	添加 8 个硬盘位
硬盘	900GB 10K 6Gbps SAS 2.5" G3HS HDD	12	配置 12 个容量磁盘
固态硬盘 1	240GB Enterprise Entry SATA G3HS 2.5" SSD	1	安装 ESXi 系统
固态硬盘 2	480GB Enterprise Entry SATA G3HS 2.5" SSD	3	配置 3 个缓存磁盘
电源	System x 750W High Efficiency Platinum AC Power Supply	1	配置成双电源
万兆网卡	Intel x520 Dual Port 10GbE SFP+ Adapter for IBM System x	1	添加 2 端口万兆光纤网卡

在配置 VSAN 时，建议最少配置 4 个主机、至少 1 个万兆交换机，表 6-2 则是某个 6 节点 VSAN 群集的主要配置。

表 6-2　某 6 节点 VSAN 群集主要配置

产　品	参　数	数　量	备　注
VSAN 节点服务器	2 个 E5 2650 CPU，128GB 内存，双电源，1 块 240GB SSD，3 块 480GB SSD 用做缓存，12 个 900GB 用做容量磁盘	6	6 台主机组成 VSAN 群集
S6700-24-EI	华为 24 口万兆交换机，配 16 个万兆模块	1	配万兆光纤交换机 1 个
光纤跳线	万兆光纤	10	

6.1.2　IBM 服务器 RAID 卡配置

如果理解了 RAID 的意义并掌握一种 RAID 配置之后，配置其他厂商、品牌的 RAID 卡或服务器时，只是操作界面不同，主要原理是相同的。在本节将以 IBM 3650 M4 为例，介绍 IBM 服务器 RAID 卡配置。在这一节中，以 VSAN 需要用到的磁盘配置为例进行介绍。

在组成 VSAN 的服务器中，不要求服务器必须配置带缓存的支持 RAID-5 功能的阵列卡，而推荐采用默认的、不带缓存即不支持 RAID-5 的阵列卡，这样服务器的硬盘将以“直通”的方式使用。如果服务器已经添加了缓存（即已经支持 RAID-5），则需要将每块硬盘配置为 RAID-0 的方式采用。

主要操作步骤如下。

（1）打开服务器的电源，在服务器插一个启动 U 盘，在出现图 6-1-5 所示的菜单后按【F12】键。

图 6-1-5　U 盘启动菜单

选择 U 盘启动。会出现 RAID 卡配置界面，按“Ctrl+H”组合键进入 RAID 卡配置界面，如图 6-1-6 所示，

（2）进入图形界面，单击“Start”按钮，如图 6-1-7 所示。

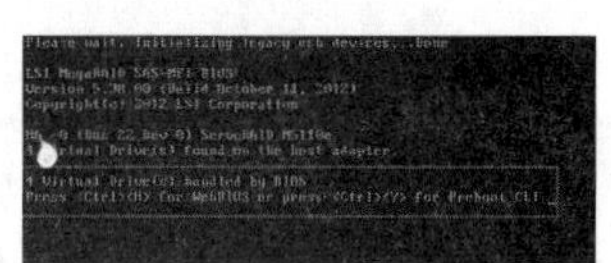

图 6-1-6　进入 RAID 卡快捷按键

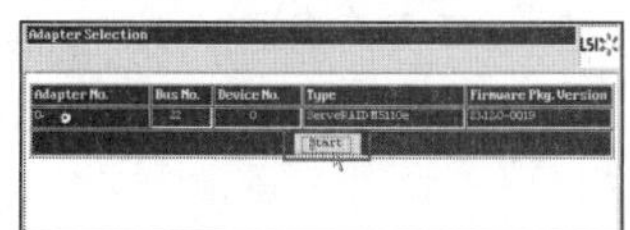

图 6-1-7　进入适配器选择界面

（3）在 RAID 卡配置界面，单击左侧的“Configuration Wizard”链接，如图 6-1-8 所示。

（4）在配置向导选择“Clear Configuration（清除配置）”，单击“Next”按钮，如图 6-1-9 所示。

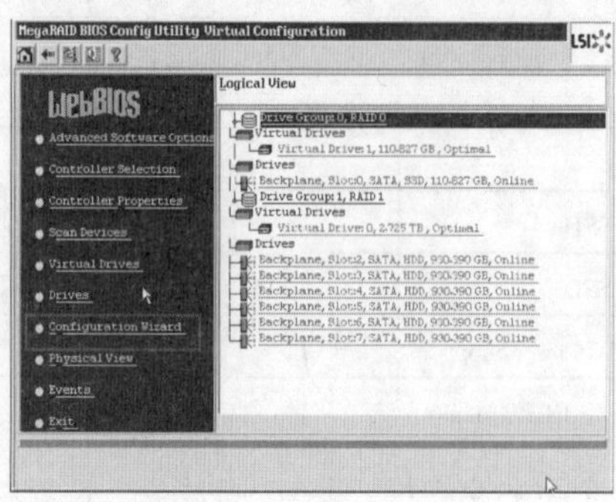

图 6-1-8　配置向导

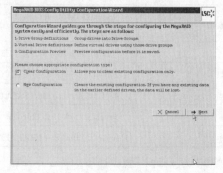

图 6-1-9　清除配置

【注意】 这是为了清除原来的配置，此步骤一定要慎重，请确认是新服务器，或者原来服务器的数据不需要保留时才能执行此操作。

（5）在下一界面单击“Yes”按钮确认，如图 6-1-10 所示。返回到主页，可以看到当前硬盘是未配置状态，如图 6-1-11 所示。当前有 1 块 120GB 的固态硬盘、3 块 1TB 的 SATA 磁盘。单击“Configuration Wizard”按钮，进入配置向导。

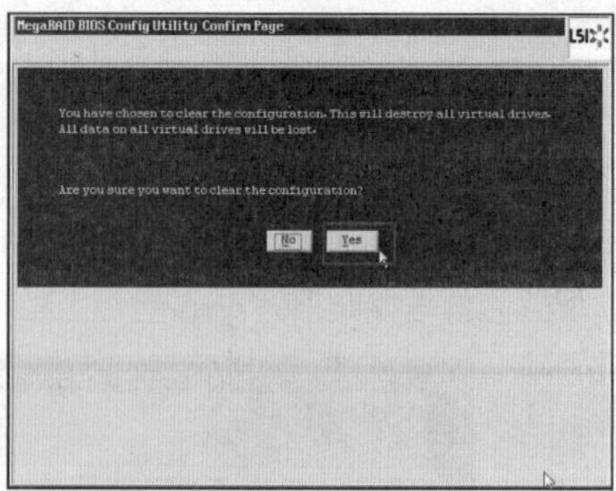

图 6-1-10　确认操作

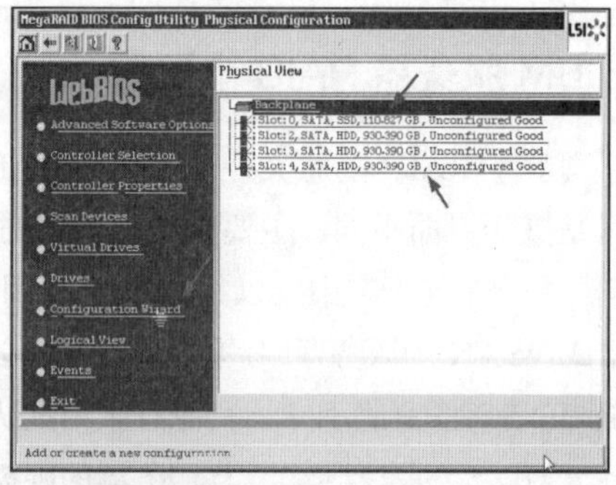

图 6-1-11　主页

（1）在向导页，则选择“New Configuration”选项，新建一个配置，如图 6-1-12 所示。

（2）在弹出的对话框，单击“Yes”按钮，确认操作，如图 6-1-13 所示。

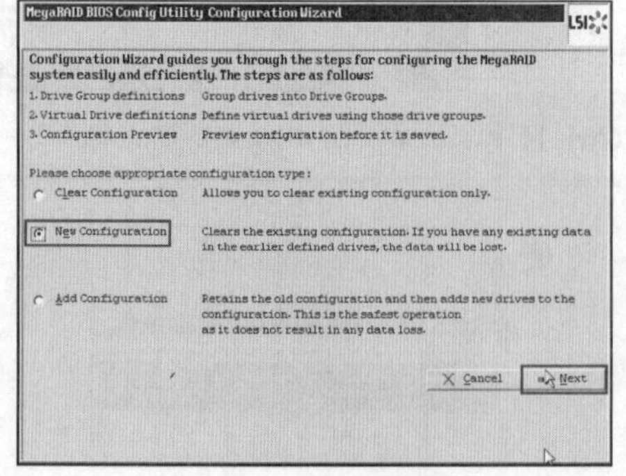

图 6-1-12　新建配置

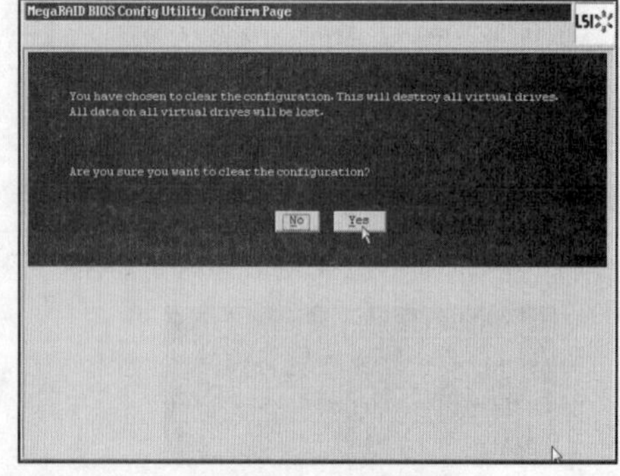

图 6-1-13　确认操作

（3）在选择配置方法对话框，选择“Manual Configuration（手动配置）”选项，如图 6-1-14 所示。

（4）在磁盘组定义对话框，从左侧“Drivers”列表中选择磁盘，单击“Add to Array”按钮添加到右侧的“Drive Groups”中，在开始时，右侧的磁盘组是空的，如图 6-1-15 所示。可以将一个或多个或所有的磁盘添加到右侧磁盘组。

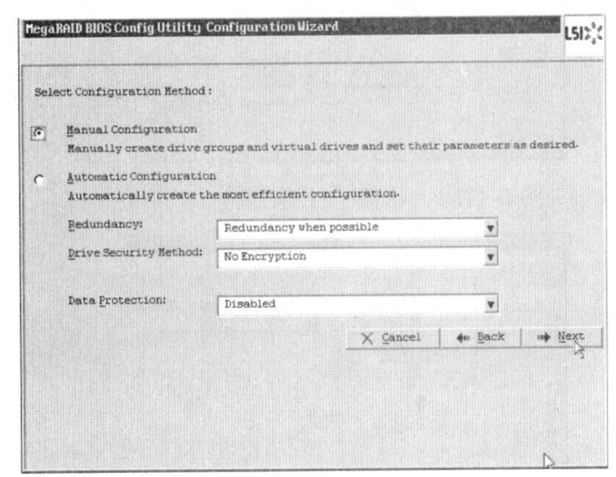

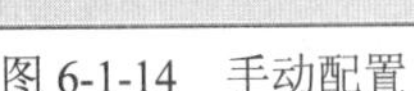
图 6-1-14　手动配置

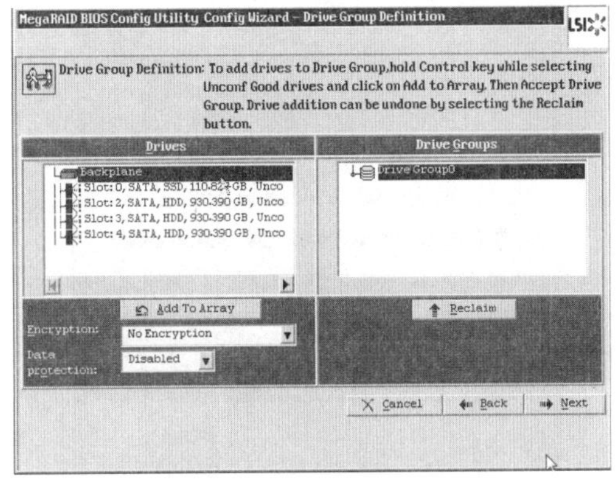

图 6-1-15　磁盘及磁盘组

（5）在本示例中，服务器有 4 个磁盘，并且每个磁盘都要配置成 RAID-0，以用于 VSAN 环境。在此先选择第 1 个 120GB 的固态硬盘，单击“Add To Array”按钮将其添加到“Drive Groups”列表中，添加后单击“Accept DG”按钮以接受这个磁盘组，如图 6-1-16 所示。

如果是配置 RAID-5、RAID-1 或 RAID-10，此时还要添加其他的磁盘，但这是单块盘配置 RAID-1，不需要再添加其他磁盘，则单击“Next”按钮，如图 6-1-17 所示。

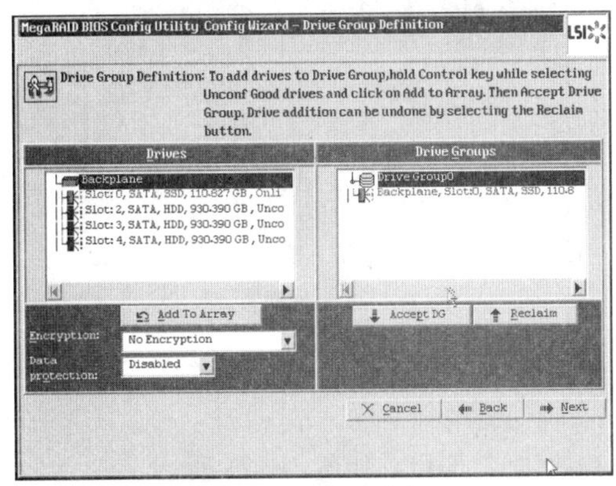

图 6-1-16　接受磁盘组

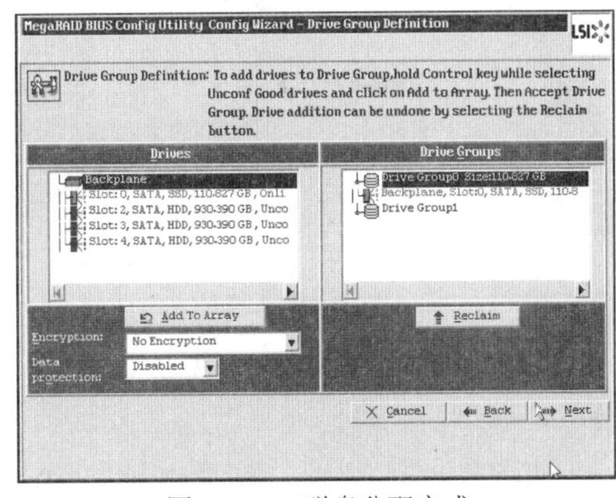

图 6-1-17　磁盘分配完成

（6）在“Span Definition”对话框，单击“Add to SPAN”按钮，然后单击“Next”按钮，如图 6-1-18 所示。

（7）在“RAID Level（RAID 级别）”列表中，选择 RAID-0，然后在“Select Size”单击“Update Size”选择整个磁盘，然后单击“Accept（接受）”按钮，如图 6-1-19 所示。

（8）在确认对话框单击“Yes”按钮，如图 6-1-20 所示。

（9）在弹出的对话框中单击“Next”按钮，划分第 2 个分区，如图 6-1-21 所示。

（10）在“Configuration Preview”对话框，单击“Accept”按钮，接受配置，如图 6-1-22 所示。

（11）保存配置，如图 6-1-23 所示。

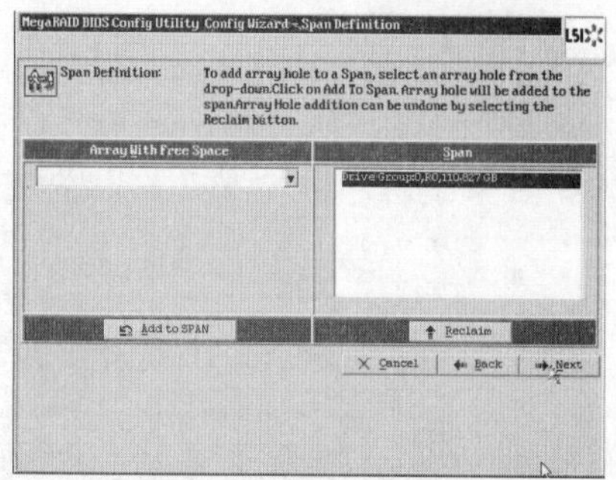

图 6-1-18　添加到 Span

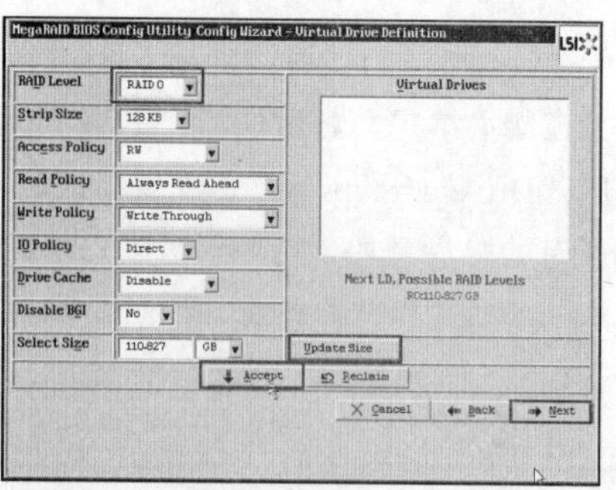

图 6-1-19　将整个磁盘划分 1 个分区

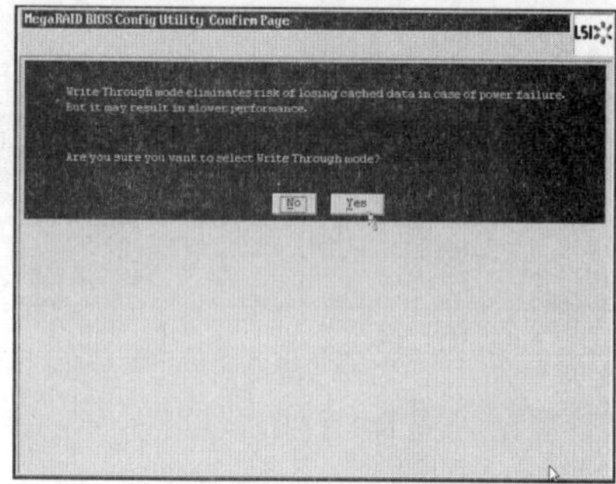

图 6-1-20　确认操作

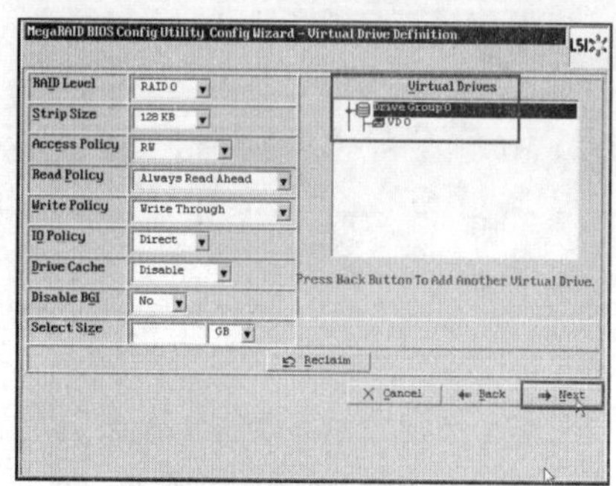

图 6-1-21　划分第 2 个分区

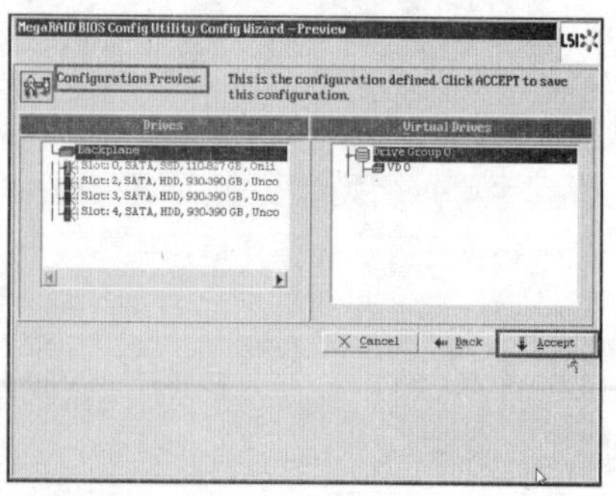

图 6-1-22　配置预览

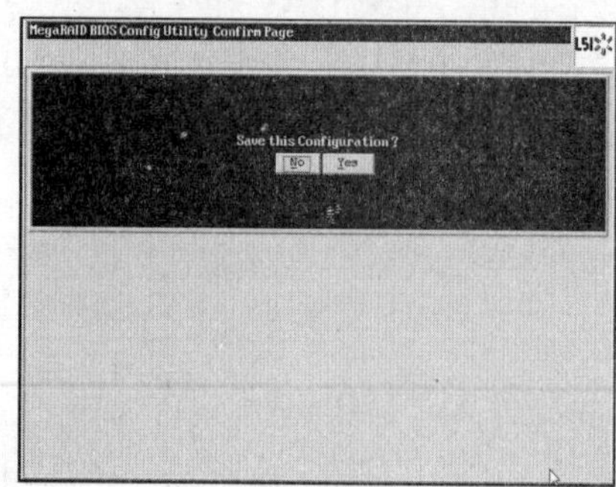

图 6-1-23　保存配置

（12）在配置 RAID 之后，需要初始化磁盘，如图 6-1-24 所示，单击“Yes”按钮进入初始化对话框。

（13）为新创建的分区选择“Fast Initialize（快速初始化）”即可，如图 6-1-25 所示。

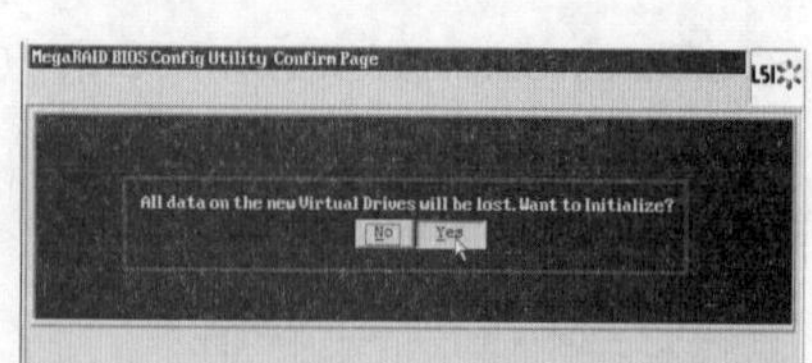

图 6-1-24　确认初始化

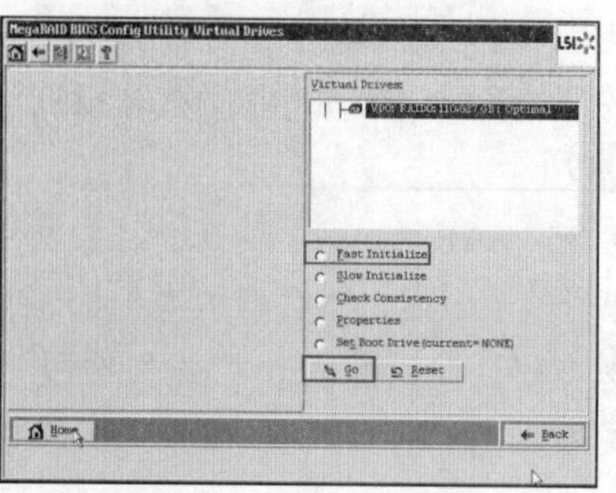

图 6-1-25　初始化分区

（14）最后返回到 WebBIOS 界面，继续选择“Configuration Wizard”选项，将剩下的磁盘，每个磁盘都创建为 RAID-0。如图 6-1-26 所示。

（15）在“MegaRAID BIOS Config Utility Configuration Wizard”，单击“Add Configuration（添加配置）”，如图 6-1-27 所示。

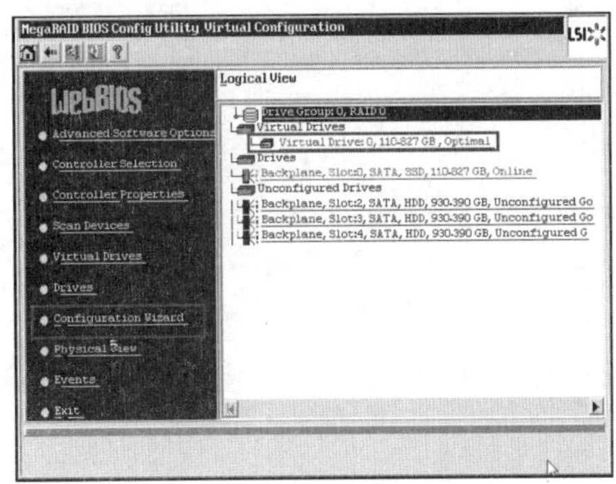

图 6-1-26　WebBIOS 主页

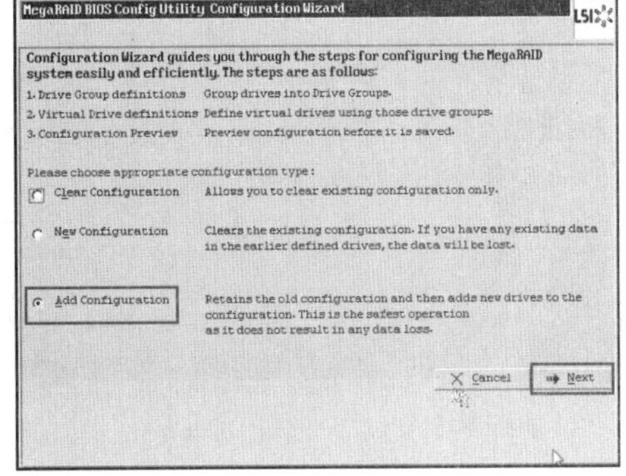

图 6-1-27　添加新配置

（16）重复步骤（3）～（14），将每个磁盘都配置为 RAID-0，然后初始化。最后每个磁盘都配置为 RAID-0 后，界面如图 6-1-28 所示。

（17）最后单击左侧 Exit 退出，在“Exit Application”对话框，单击“Yes”按钮，如图 6-1-29 所示。

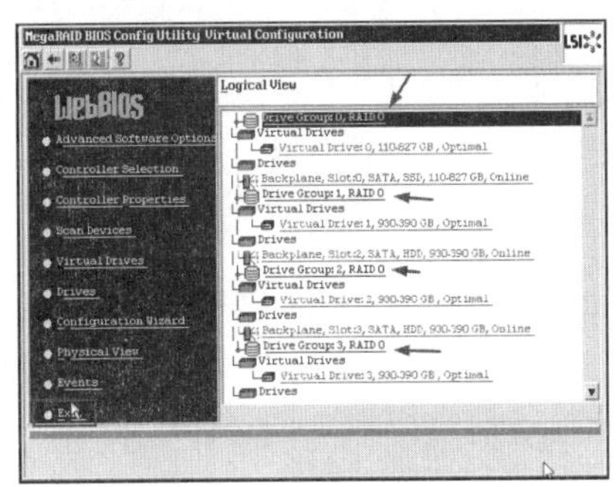

图 6-1-28　配置完成

图 6-1-29　退出应用程序

（18）在出现“Please Reboot your System”对话框时，按“Ctrl+Alt+Del”组合键重新启动服务器。

6.1.3　在主机安装 ESXi 注意事项

在物理主机上安装 VMware ESXi 时，一定要注意选择正确的位置，如在前期的规划中，为每台 ESXi 主机配置 1 个 240GB 的 SSD、3 个 480GB 的 SSD、12 个 900GB 的 HDD，则在安装 ESXi 时，可以根据磁盘的容量大小选择，如图 6-1-30 所示。

在图 6-1-30 中，如果按“Page Down”键或“↓”键（下光标键），可以看到其他的 HDD 或 SSD，如图 6-1-31 所示。

在查看磁盘之后，按“Page Up”键或“↑”键（上光标键）移动到图 6-1-30，选择合适的磁盘安装 ESXi。

在安装 ESXi 时，如果物理主机硬盘已经安装 VMFS 分区（在分区前面用“*”表示），或者已经有 VSAN 分区（在分区前面用“#”表示），安装时一定要注意，不要将 ESXi 系统安装在标记为“#”的 VSAN 磁盘中，如图 6-1-32 所示。在这个截图中，是使用一个 32GB 的“金士顿”的启动 U 盘加载 ESXi 的安装镜像，准备将 ESXi 安装到一个 8GB 的 U 盘中的截图。

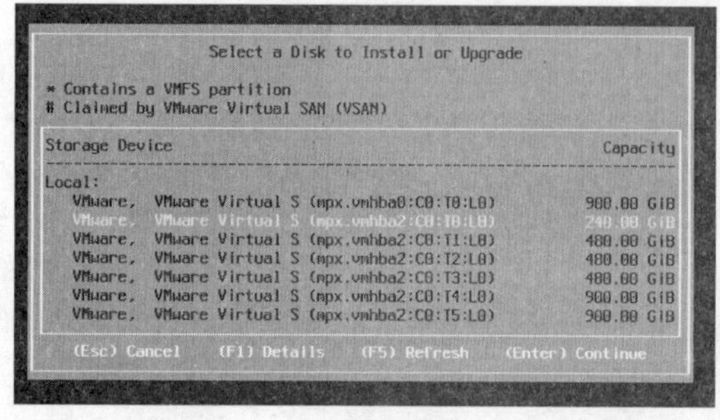

图 6-1-30　根据磁盘大小选择

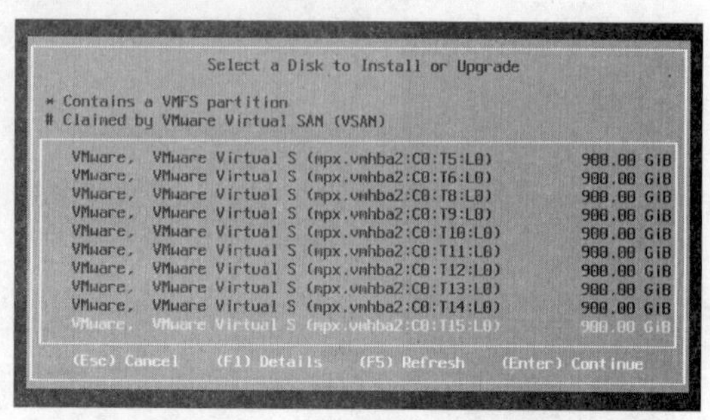

图 6-1-31　查看其他磁盘

在安装 ESXi 时，如果不清楚所选择的分区是否有数据，或者是否有 ESXi 系统，可以在选中分区之后按【F1】键，在弹出的对话框中，将会显示是否有 ESXi 的分区，如图 6-1-33 所示，在图中表示在这个 8GB 的 U 盘中已经有 ESXi 6.0.0 的系统。

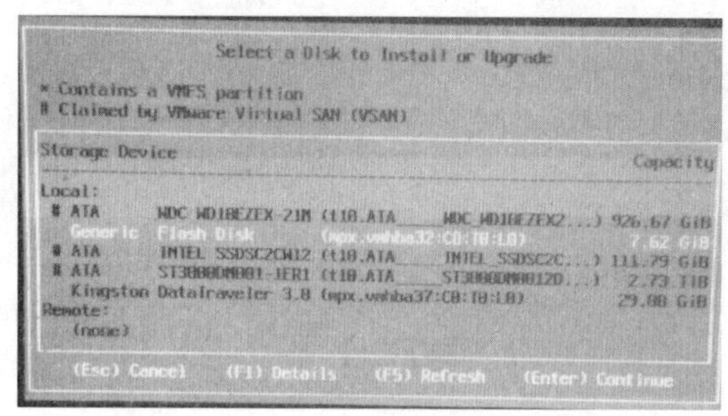

图 6-1-32　示例截图

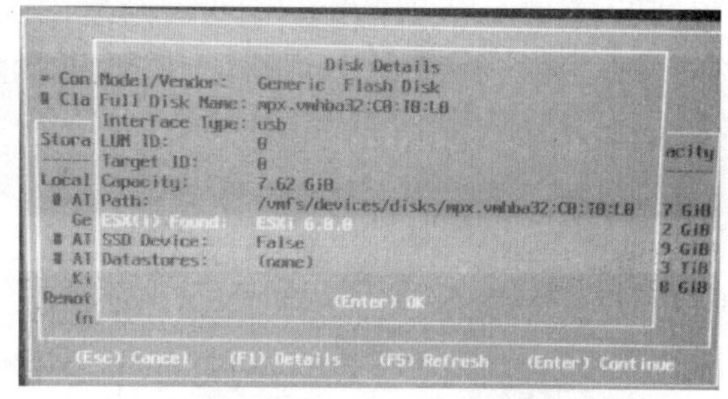

图 6-1-33　找到 ESXi 6.0.0

如果选择已有系统的磁盘（或 U 盘）安装 ESXi，则会弹出“ESXi Found”对话框，在此需要选择是进行全新安装（选择“Install”）还是升级（选择“Upgrade”），如图 6-1-34 所示。

在安装 ESXi 时，如果只看到启动 U 盘，没有找到服务器的硬盘，如图 6-1-35 所示。可能的原因是服务器配置了支持 RAID-5 的阵列卡，但没有将每块硬盘配置为 RAID-0，对于这种情况可以参考上一节“6.1.2 IBM 服务器 RAID 配置”内容，将准备配置为 VSAN 的每个硬盘单独配置为 RAID-0，再次启动 ESXi 的安装即可。

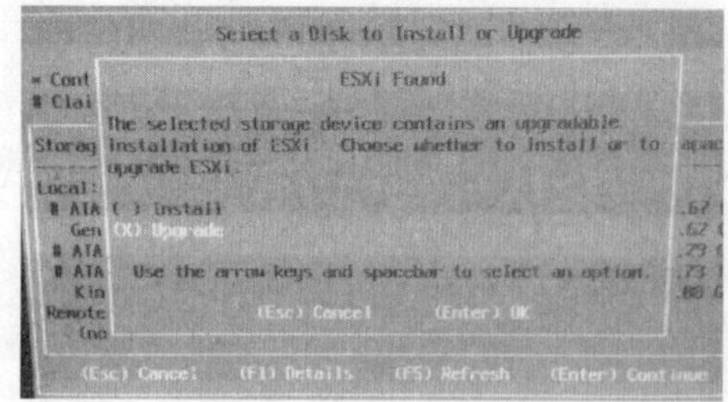

图 6-1-34　选择升级

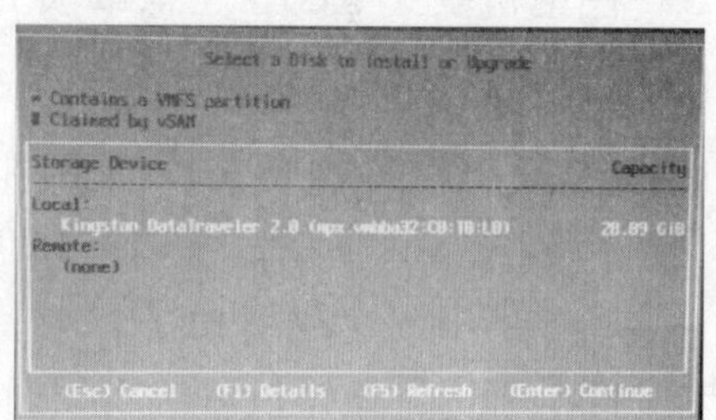

图 6-1-35　没有找到硬盘

6.1.4 关于 vCenter Server 安装位置的问题

在规划 VSAN 群集时，有一个无法回避的问题就是 vCenter Server 的安装位置。将 vCenter Server 安装在何处？vCenter Server 能不能运行于 VSAN 群集中，因为在没有安装好 vCenter Server 之前是无法配置 VSAN 群集的。一个通常的作法是先在 VSAN 群集中的某个主机的本地存储安装 vCenter Server，然后使用 vCenter Server 管理 VSAN 群集，等 VSAN 群集配置好后，将 vCenter Server 从 ESXi 本地存储迁移到 VSAN 群集。如图 6-1-36 所示，这是某 5 节点 VSAN 群集，vCenter Server 的存储示意图，当前 vCenter Server 安装在 ESXi45 这台主机的本地磁盘，并用其管理整个 VSAN 群集。

如果当前环境中即有传统的共享存储，又有 VSAN 存储，则可以将 vCenter Server 及其他管理的服务器（例如，Active Directory、DHCP、CA）虚拟机保存在传统共享存储，这样 vCenter Server 不受 VSAN 群集主机重新启动的影响。

6.1.5 关于 VSAN 群集中主机重启或关机的问题

一个正常运行的 VSAN 群集，在没有维护的情况下，VSAN 群集中的主机是不会重启或关机的。频繁的关机或重新启动可能会影响 VSAN 群集的效果。如果为了维护等问题，需要关闭 VSAN 群集中的主机，则需要遵循下列原则。

（1）需要关闭部分 VSAN 主机，并且要保证虚拟机运行时，则需要将要关闭的 ESXi 主机置于“维护模式”，将虚拟机迁移到其他 ESXi 主机后，再关闭 ESXi 主机。如果要关闭较长时间，则需要从当前 ESXi 主机的磁盘组迁移所有数据。等关闭主机重新启动并上线后，退出维护模式。

（2）需要关闭全部 VSAN 主机时，需要先关闭 VSAN 群集中的所有正在运行的虚拟机，等所有虚拟机关闭之后，再关闭每台 ESXi 主机。

6.2 部署 vCenter Server 的一些经验与问题

vCenter Server 是 vSphere 虚拟化数据中心的管理服务器，其重要性不言而明。本小节就 vCenter Server 6.0 部署的一些问题进行总结，希望对大家有所帮助。

6.2.1 部署 vCenter Server Appliance 时“客户端集成插件”问题

从 vCenter Server Appliance 6.0 开始，VMware 改变了部署 vCenter Server Appliance 的方式，vSphere 不再支持使用 vSphere Client 或 vSphere Web Client 部署 vCenter Server Appliance。需要安装“客户端集成插件”并执行光盘中的 vcsa-setup.html，以 HTML 的方式部署。

虽然在 vCenter Server Appliance 光盘镜像中，客户端集成插件的名称都是 VMware-ClientIntegrationPlugin-6.0.0.exe，但不同版本 vCenter Server Appliance 安装光盘中的“客户端集成插件”的文件大小是有区别的，如图 6-2-1 所示，为 3 个不同版本的客户端集成插件的安装文件的修改日期及大小。

名称	修改日期	大小
VMware-ClientIntegrationPlugin-6.0.0-2562643.exe	2015/3/5 1:54	97,312 KB
VMware-ClientIntegrationPlugin-6.0.0-3040890.exe	2015/9/4 8:06	97,362 KB
VMware-ClientIntegrationPlugin-6.0.0-3343019.exe	2015/12/17 11:57	97,270 KB

图 6-2-1 不同版本的客户端集成插件的大小

可以查看该安装程序的“数字签名”来对比，这些客户端集成插件有不同的签名日期，如图 6-2-2 所示。

因此在部署 vCenter Server Appliance 6.x 时，需要安装对应版本 vCenter Server Appliance 光盘镜像中的“客户端集成插件”，不能使用以前版本的客户端集成插件，当安装的客户端集成插件与所部署 vCenter Server Appliance 版本不一致时，会出现图 6-2-3 所示的提示并且不会显示错误的原因。

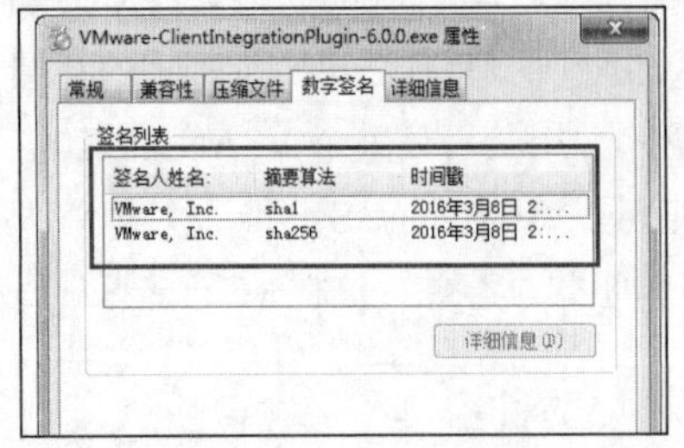

图 6-2-2　查看数字签名

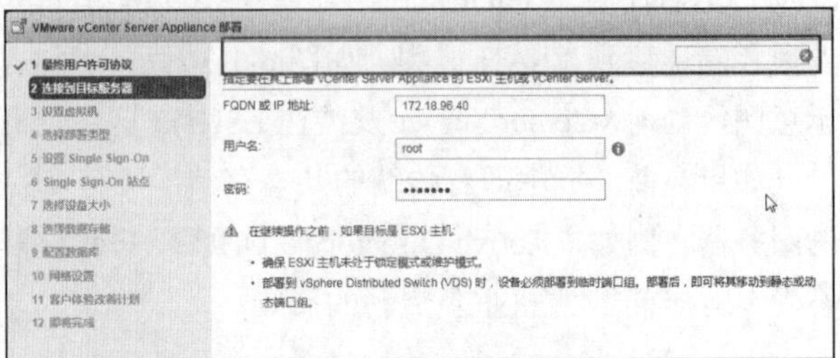

图 6-2-3　部署时不能继续

如果出现图 6-2-3 的错误，请按以下步骤处理。

（1）在“控制面板→程序和功能”中，卸载安装的“VMware Client Integration Plug-in 6.0.0（客户端集成插件）”，如图 6-2-4 所示。

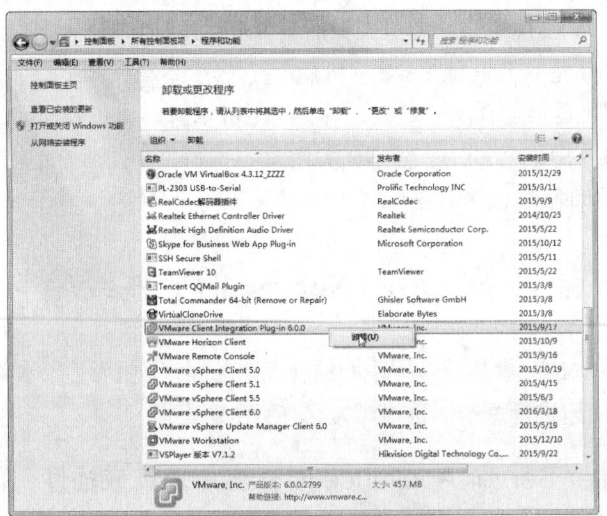

图 6-2-4　卸载以前的客户端集成插件

（2）在 vCenter Server Appliance 安装光盘的 vcsa 目录 中，执行“VMware Client Integration Plug-in 6.0.0.exe”安装程序，重新安装客户端集成插件，再次启动安装向导进行部署即可。

6.2.2　更改 vCenter SSO 的密码策略

在默认情况下，自 vCenter Server Appliance 5.5 Update 1 开始，vCSA 5.5 版强制执行本地账户（root）密码策略，该策略会导致 root 账户密码会在 90 天后过期。当密码到期后会将 root 账户锁定。关于这一问题 VMware 在 KB2099752 中有过介绍，详细链接如下。

https://kb.vmware.com/selfservice/microsites/search.do?language=en_US&cmd=displayKC&externalId=2099752。

但是，如果使用 Windows 的 vCenter Server，在使用默认的 administrator@vsphere.local 登录 vSphere Web Client 时，如果安装已经接近 90 天，则有可能会发出“您的密码将在×天后过期”的提示，如图 6-2-5 所示。无论是预置备的 Linux 版本的 vCenter Server（VCSA），还是安装在 Windows Server 上的 vCenter Server，都会有这个提示。

图 6-2-5　密码将要过期提示

对于图 6-2-5 中的“您的密钥将在×天后过期”的提示，是 vCenter Server 的 SSO 密码策略的生命周期设置为 90 天的原因，vSphere 管理员可以通过修改密码策略，去掉这一提示并设置密码永不过期，主要操作步骤如下。

（1）使用 IE 浏览器登录到 vSphere Web Client，在导航器中选择“系统管理”选项，选择“系统管理→Single Sign-On→配置”选项，在当前窗格单击“策略→密码策略”选项卡，然后“编辑”按钮如图 6-2-6 所示。在此可以看到“最长生命周期”为“密码必须每 90 天更改一次”。

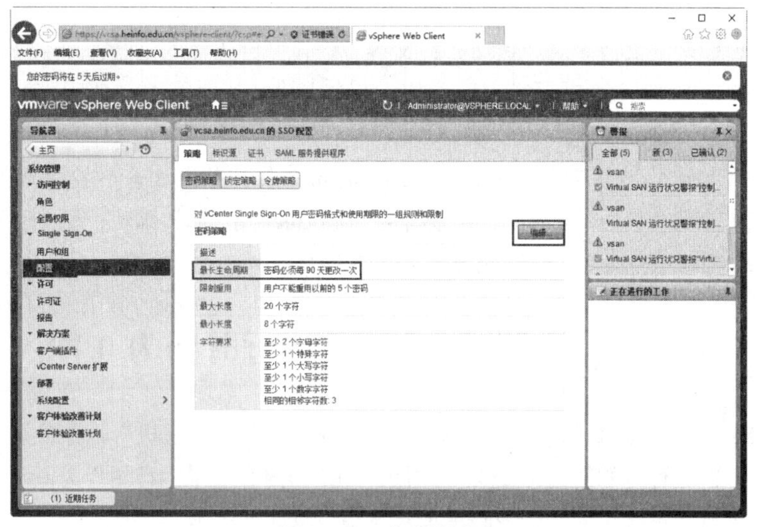

图 6-2-6　密码策略

（2）在“编辑密码策略”对话框，将“最长生命周期”修改为 0 天，表示“密码永不过期”，如图 6-2-7 所示，然后单击“确定”按钮。在“密码格式要求”选项中，还可以修改密码的最大长度、最小长度、字符要求等条件，这些要求比较简单，每个管理员都能理解其字面意思，在此不再介绍。

（3）设置完成之后，返回到“策略→密码策略”选项，在“最长生命周期”中可以看到，当前策略为“密码永不过期”，如图 6-2-8 所示。

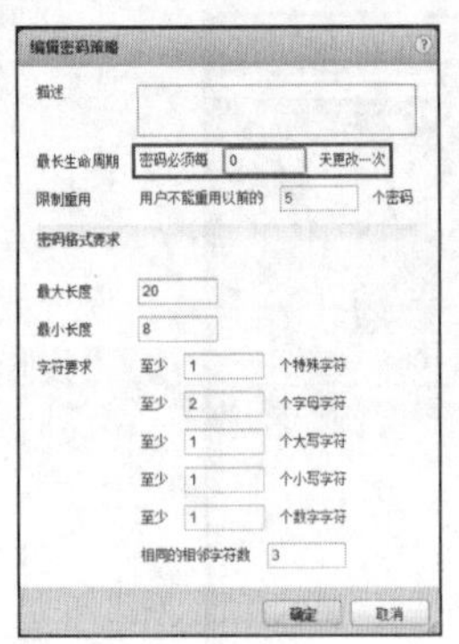

图 6-2-7　编辑密码策略

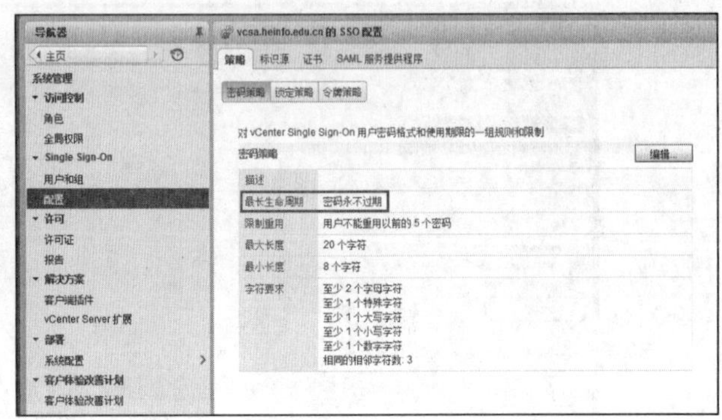

图 6-2-8　密码永不过期

6.2.3　vCenter 升级问题小建议

在升级 vCenter Server 的时候，最好将 vCenter Server 的安装光盘镜像上传到以 vCenter Server 所在主机的本地存储或本地主机能访问的共享存储，而不要用将 vSphere Client 先连接到 vCenter Server，再加载 vSphere Client 的光盘镜像的方式升级 vCenter Server。因为在升级 vCenter Server 的过程中，vCenter Server 会有一段时间停止服务，如果选择了这种方式升级，在 vCenter Server 停止服务的时期中，加载的 vSphere Client 镜像会断开连接，从而导致升级失败。

6.2.4　vSphere Web Client 英文界面问题

vSphere Web Client 支持中文、英文、日文等多语言并自适应浏览器客户端。但在某些时候，vSphere Web Client 侦测失败会显示英文。例如，在中文的 Windows 10 中使用 Chrome 浏览器时，显示为英文界面。

vSphere Web Client 修改为中文界面和 vSphere client 端修改的方法差不多，只需要在我们的登录地址后面加入一个参数“/? locale=en_US”或者“/? locale=zh_CN”即可。例如：https://hostname:9443/vsphere-client/?locale=en_US 即可将本来是中文的登录界面改为英文。

6.3　显示 ESXi 的正常运行时间为 0 秒

在启动 ESXi 中的虚拟机时，如果出现“没有与虚拟机兼容的主机”，并且检查发现当前群集中每个主机的“正常运行时间”为“0 秒”，并且 CPU 与内存显示“已用”为 0 时，请依次重新启动群集中的每个主机即可解决问题；故障现象和解决步骤如下所示。

（1）某 vSphere 数据中心，尝试打开一个虚拟机的电源，如图 6-3-1 所示。

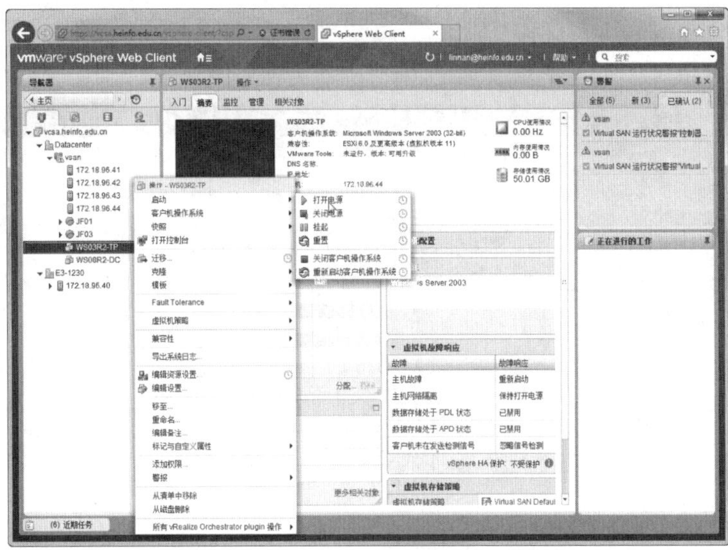

图 6-3-1　打开电源

（2）弹出“打开电源故障”对话框，如图 6-3-2 所示。

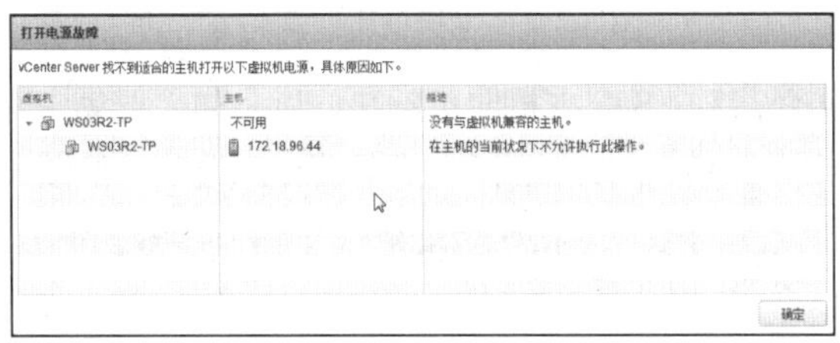
打开电源故障

vCenter Server 找不到适合的主机打开以下虚拟机电源，具体原因如下。

虚拟机	主机	描述
WS03R2-TP	不可用	没有与虚拟机兼容的主机。
WS03R2-TP	172.18.96.44	在主机的当前状况下不允许执行此操作。

确定

图 6-3-2　打开电源故障

（3）依次查看当前群集中的每个主机，在“摘要”中看到主机“正常运行时间”为 0 秒，并且 CPU 的已用频率为 0.00 Hz，内存已用为 0.00B，如图 6-3-3 所示。

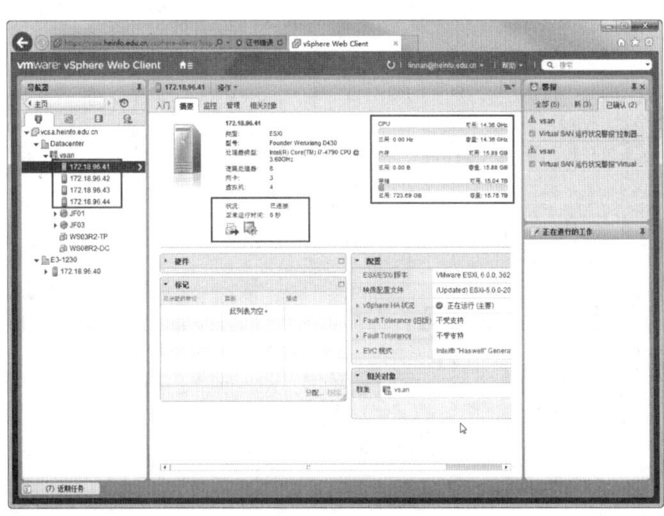

图 6-3-3　主机摘要

（4）使用 vSphere Client 查看主机摘要，则显示同样的情况，如图 6-3-4 所示。

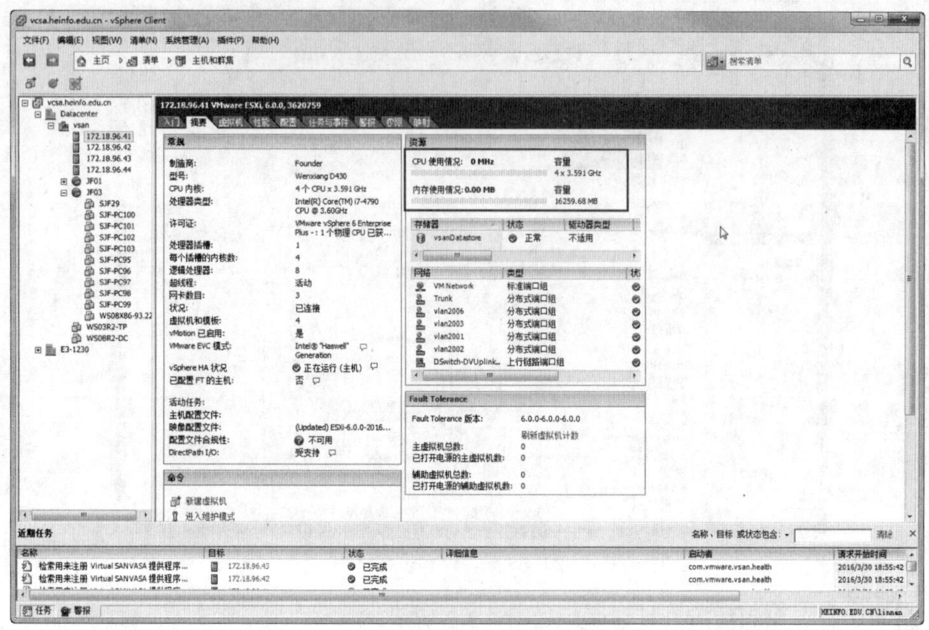

图 6-3-4　主机已用资源为 0

（5）对于这种情况，重新启动 ESXi 主机即可解决问题。如果群集中有多台主机，请依次启动，不要同时启动。例如，右击 172.18.96.43，选择“重新引导”选项，如图 6-3-5 所示。

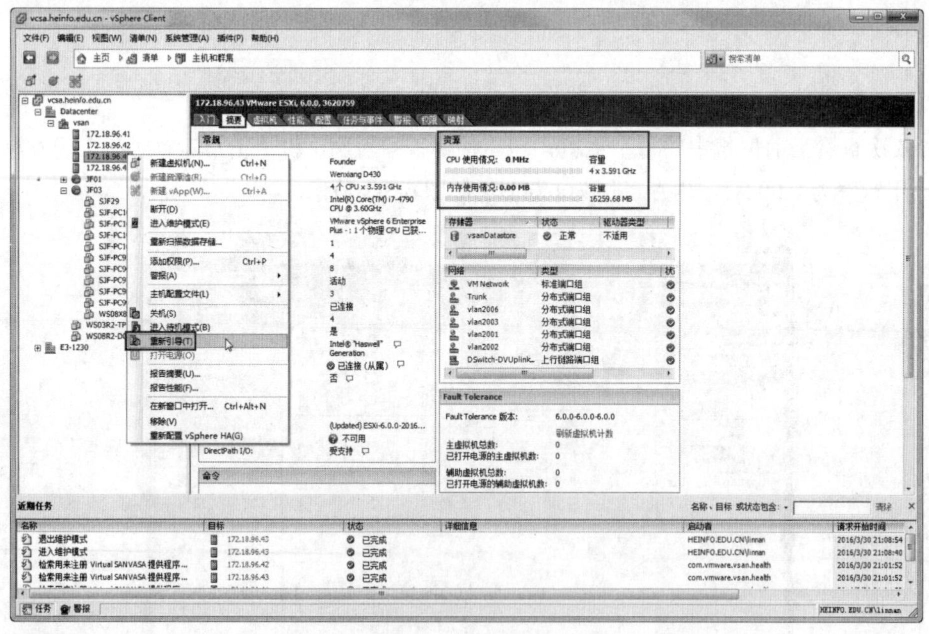

图 6-3-5　重新引导

（6）等主机引导成功后，在“摘要→资源”选项中，可以看到内存与 CPU 使用情况，如图 6-3-6 所示。然后将其他主机依次启动即可。

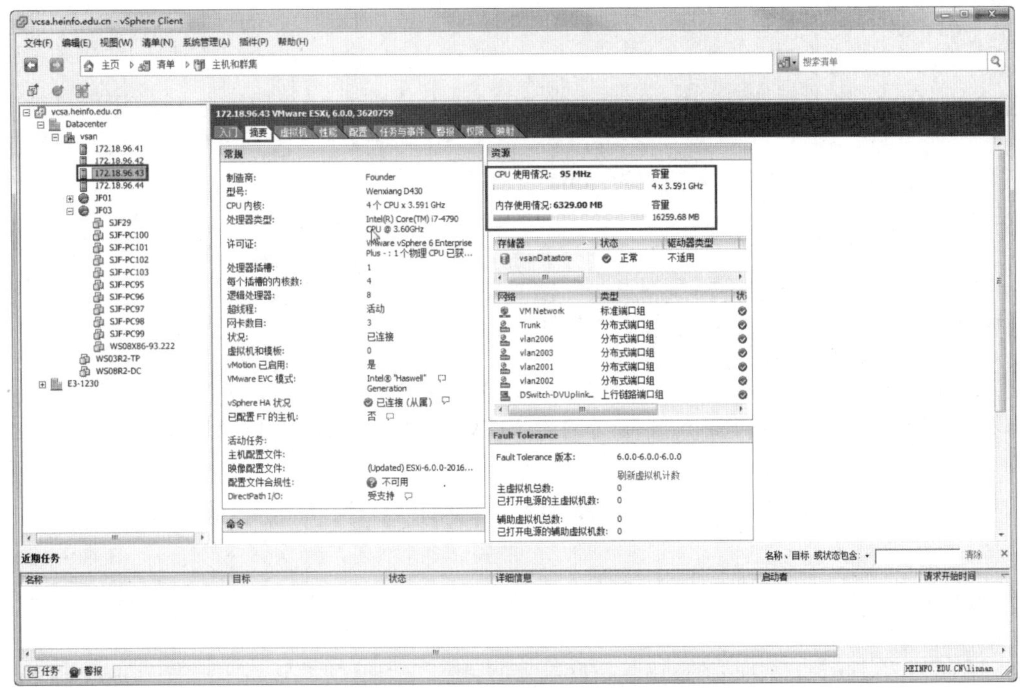

图 6-3-6　资源使用显示正常

6.4　IE11 不能初始配置 VDP 5.5.x 及 VDP 6.0 的问题

VMware vSphere Data Protection（VDP）是 VMware 虚拟机备份软件。在部署 VDP 5.x 或 6.0 时，出现“无法显示此页”，如图 6-4-1 所示。

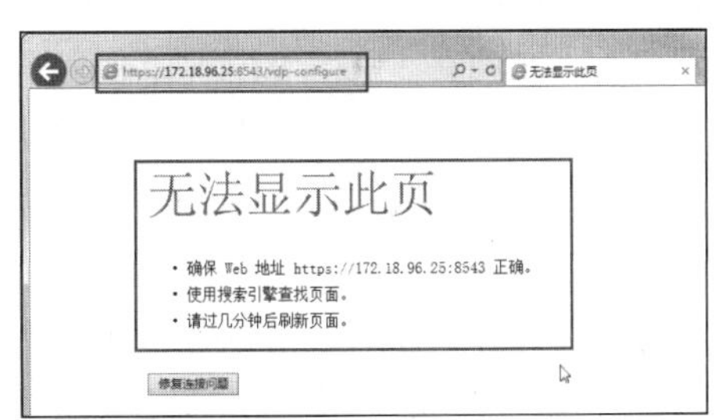

图 6-4-1　无法显示此页

出现该问题的原因是 Firefox、Chrome 和 Internet Explorer 取消了对 DSA 密码的支持，而 VMware vSphere Data Protection 5.x 和 6.0 使用 DSA 密码与浏览器通信。Firefox 发行版本 37 同 Chrome 发行版本 40.0.2215.115m 一样移除了 DSA 密码。

这个问题在 VMware vSphere Data Protection（VDP）6.0.1 中已得到解决。如果要在 VDP 6.0 或更低版本中解决此问题，请在 VDP 设备中运行附加的 2111900_VDPHotfix.SHA2.sh.zip 文件。但是不要在安装和配置 VDP 之前运行该脚本，否则向 vCenter 注册 VDP 将失败。所以在安装 VDP 并在第一次运行时，使用 IE 8 配置 VDP（管理员可在 VMware 虚拟机中，安装 Windows 7 并不升级到 IE 10 或 IE 11 即可），运行 VDP 初始配置向导。

要在 VDP 设备中运行附加的 2111900_VDPHotfix.SHA2.sh.zip 文件，请执行以下操作。

（1）将 2111900_VDPHotfix.SHA2.sh.zip 文件复制到 VDP 设备，并将其放置在 /tmp 目录中。Windows 用户应使用诸如 Filezilla 或 WinSCP 等文件传输实用程序来执行此操作。 Linux 用户可以使用 scp 命令。

（2）在 VDP 5.8 及更高版本中，可以使用 SSH 会话或 VDP 设备的控制台以 admin 用户身份登录。

（3）在 VDP 5.8 及更高版本中，通过运行以下命令从 admin 用户切换为 root 用户

```
su - root
```

（4）通过运行以下命令将目录更改为 /tmp

```
cd /tmp
```

（5）运行以下命令

```
a.unzip 2111900_VDPHotfix.SHA2.sh.zip
b.CD into folder 2111900_VDPHotfix.SHA2.sh
c.chmod a+x VDPHotfix_SHA2.sh
d../VDPHotfix_SHA2.sh
```

此热修补程序会删除 VDP tomcat 服务的旧 SHA1 证书，并生成新的 SHA2 证书。

6.5 理解 vSphere 虚拟交换机中的 VLAN 类型

VMware vSphere 虚拟机交换机支持 4 种 VLAN 类型，分别是无、VLAN、VLAN 中继和专用 VLAN。

在路由/交换领域，VLAN 的中继端口叫做 Trunk。Trunk 技术用在交换机之间互连，使不同 VLAN 通过共享链路与其他交换机中的相同 VLAN 通信。交换机之间互连的端口就称为 Trunk 端口。Trunk 是基于 OSI 第二层数据链路层（Data Link Layer)的技术。

如果没有 VLAN 中继，假设两台交换机上分别创建了多个 VLAN（VLAN 是基于 Layer 2 的），在两台交换机上相同的 VLAN（如 VLAN10）要通信，则需要将交换机 A 上属于 VLAN10 的一个端口与交换机 B 上属于 VLAN10 的一个端口互连；如果这两台交换机上其他相同 VLAN 间也需要通信（如 VLAN20、VLAN30），那么就需要在两个交换机之间 VLAN 20 的端口互连，而划分到 VLAN 30 的端口也需要互连，这样不同的交换机之间需要更多的互连线，端口利用率就太低了。

交换机通过 Trunk 功能，事情就简单了，只需要两台交换机之间有一条互连线，将互连线的两个端口设置为 Trunk 模式，这样就可以使交换机上不同 VLAN 共享这条线路。

Trunk 不能实现不同 VLAN 间通信，VLAN 间的通信需要通过三层设备（路由/三层交换机）来实现。

vSphere 网络支持标准虚拟交换机及分布式虚拟交换机。可以将 vSphere 虚拟交换机，当成一个“二层”可网管的交换机来使用。普通的物理交换机支持的功能与特性，vSphere 虚拟交换机也支持。vSphere 主机的物理网卡，可以“看成”vSphere 虚拟交换机与物理交换机之间的“级联线”。根据主机物理网卡连接到的物理端口的属性（Access、Trunk、链路聚合），可以在 vSphere 虚拟交换机上，以实现不同的网络功能。

当 vSphere 虚拟交换机（标准交换机或分布式交换机）上行链路（指主机物理网卡）连接到交换机的 Access 端口时，虚拟机的类型为“无”，即该虚拟交换机与其上行链路物理交换机端口属性相同，如果该主机物理网卡连接到一个 VLAN，则该虚拟交换机属性为该物理交换机的 VLAN。

当 vSphere 虚拟交换机上行链路连接到物理交换机的 Trunk 端口时，此时 VMware 虚拟交换机的“虚拟端口组”可以分配三种属性。

- VLAN：在虚拟交换机的端口组中，指定 VLAN ID，该虚拟端口组所分配的虚拟机，属于对应的 VLAN ID，可以与其他虚拟机及物理网络通信。
- VLAN 中继：在虚拟交换机端口组，指定允许通过的 VLAN，然后在虚拟机的虚拟网卡中指定 VLAN ID。
- 专用 VLAN：指定 VLAN ID，虚拟端口组所分配的虚拟机，属于对应的专用 VLAN，受物理交换机专用 VLAN ID 的功能限制。

下面我们通过具体的实例进行介绍。

6.5.1　网络拓扑描述

当前环境中有 3 台 ESXi 主机，每个主机有 4 个网卡，其中每个主机的第 1、第 2 个网卡创建标准交换机，这两个网卡连接到物理交换机的 Access 端口，属于 Vlan 1016；其中每个主机的第 3、第 4 网卡创建分布式交换机，这些网卡都连接到物理交换机的 Trunk 端口，拓扑如图 6-5-1 所示。

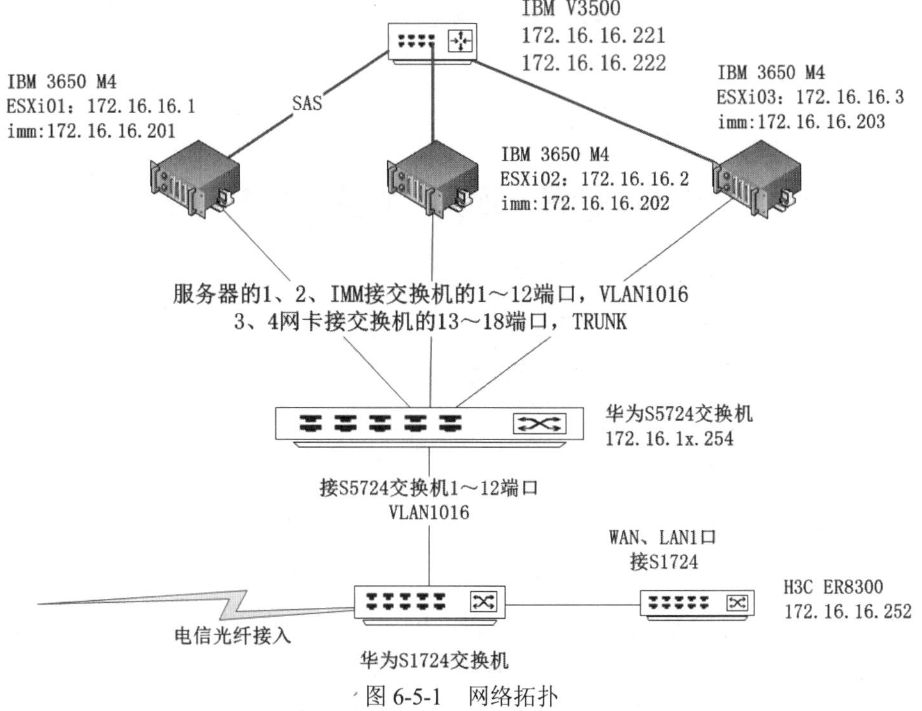

图 6-5-1　网络拓扑

主机所连接的物理交换机的 VLAN 划分见表 6-3。

表 6-3　VLAN 实验环境 IP 地址分配

VLAN ID	IP 地址段	网　关	说　明
1016	172.16.16.0/24	172.16.16.254	
1017	172.16.17.0/24	172.16.17.254	
1018	172.16.18.0/24	172.16.18.254	
1030	172.16.30.0/24	172.16.30.254	主 VLAN
31	172.16.30.0/24	172.16.30.254	隔离型

续表

VLAN ID	IP 地址段	网　关	说　明
32	172.16.30.0/24	172.16.30.254	互通型
33	172.16.30.0/24	172.16.30.254	互通型

6.5.2　虚拟端口组“无 VLAN”配置

在规划大多数的 vSphere 虚拟化数据中心时，每台 ESXi 主机都至少需要配置 4 块千兆网卡，并且遵循每 2 块网卡一组的原则配置虚拟交换机。一般情况下将其中的 2 块网卡连接到交换机的 Access 端口，用做管理（即设置 ESXi 的管理地址）；而将剩余的另两个网卡连接到交换机的 Trunk 端口，用于承载虚拟机的网络流量，如图 6-5-2 所示。

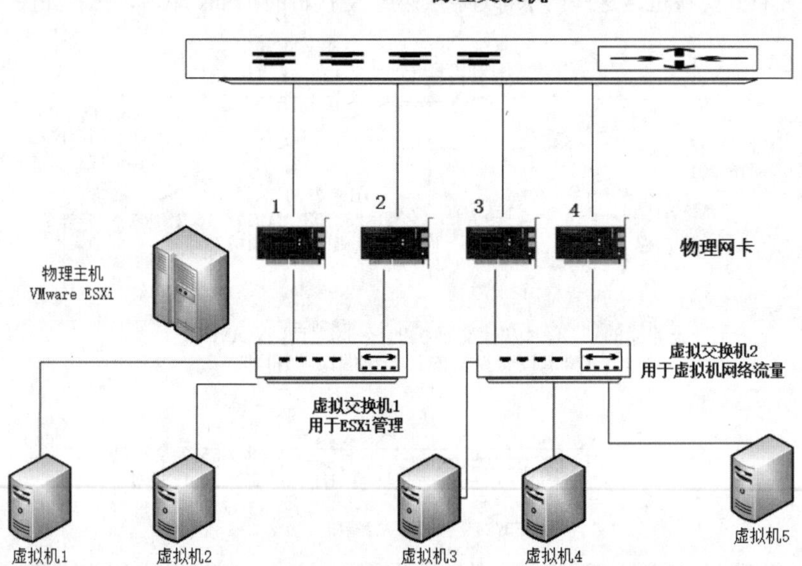

图 6-5-2　配置有 4 个物理网卡的虚拟交换机示意图

在图 6-5-2 中画出 1 个物理主机的连接示意图，其中第 2 块网卡连接到物理交换机的 Access 端口（即某个 VLAN 端口，一般为服务器专门规划一段 VLAN），这 2 块网卡创建一个虚拟交换机（一般是标准交换机，安装 ESXi 时创建）。如果有虚拟机，如图中的虚拟机 1、虚拟机 2，则与主机的管理地址属于同一个 VLAN。而网卡 3、网卡 4 则连接到物理交换机的 Trunk 端口，由这 2 块网卡作为虚拟交换机 2 的上行链路，而虚拟交换机 2 中的“虚拟端口组”可以根据需要，设置为 VLAN、VLAN 中继或专用 VLAN 方式。

【说明】在同一个虚拟交换机中可以创建多个端口组，并且端口组的类型可以不同。

在本小节中，虚拟交换机 1 的虚拟端口组与物理网卡 1、2 所属的 VLAN 是同一个网段，不需要指定 VLAN ID（保持默认为空即可），如图 6-5-3 所示，这是类似“虚拟交换机 1”中，虚拟端口组的 VLAN 类型设置页。

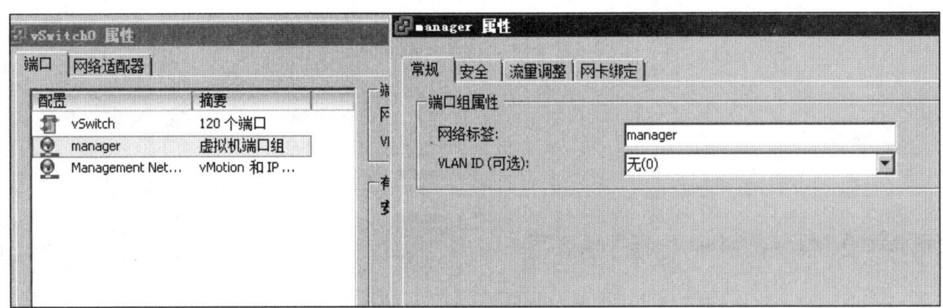

图 6-5-3 VLAN ID 为“无”

如果有虚拟机使用该端口组（图 6-5-3 中端口组名称为 manager，而在安装 ESXi 时，其默认的端口组名称为 VM Network），则与管理地址属于同一网段。在示例中，当前 ESXi 主机的管理地址段为 172.16.16.0/24，属于 VLAN 1016，则图 6-5-2 中的虚拟机 1 与虚拟机 2 所使用的 IP 地址也应该是 VLAN 1016 才可。

6.5.3 在虚拟端口组配置“VLAN”

当虚拟交换机的上行链路（绑定的主机物理网卡）连接到交换机的 Trunk 端口时，虚拟端口组需要在 VLAN、VLAN 中继、专用 VLAN 之间进行选择设置。本节先介绍“VLAN”功能，这也是最常用的功能。仍然以图 6-5-2 为例，其中第 3、第 4 网卡连接到物理交换机的 Trunk 端口，物理交换机中划分了 1016、1017、1018、1019 等 VLAN，则在 VMware 虚拟交换机的虚拟端口组中，可以添加对应 ID 的 VLAN 端口组，并且采用“同名”的端口组以方便管理。例如，在图 6-5-4 中，这是在 vSphere Client 管理界面中，配置好分布式虚拟交换机后，创建的 vlan1017、vlan1018、vlan1019 等指定了 VLAN ID 的虚拟机端口组。

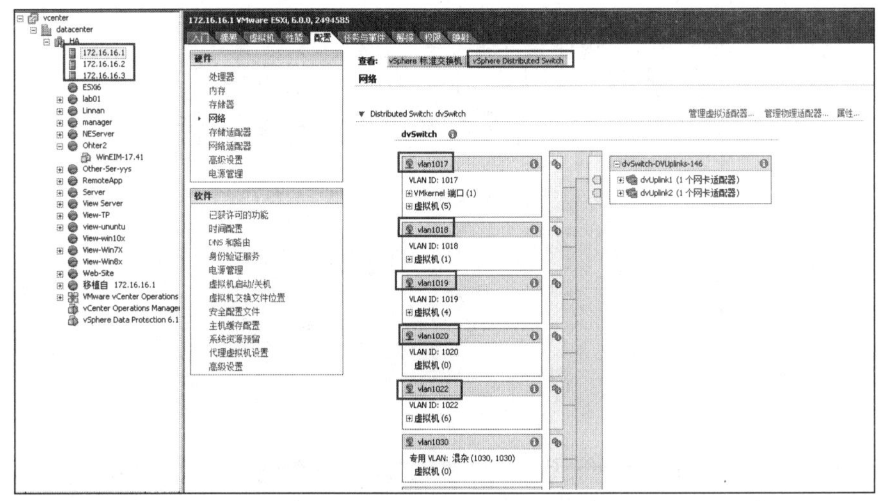

图 6-5-4 多个指定了 VLAN ID 的虚拟机端口组

对于每一个端口组，在 VLAN 类型中都指定了 VLAN ID，如图 6-5-5 所示。

当虚拟机选择“网络标签”时，选择哪个端口组，则虚拟机网络则会被限制为端口组所指定的 VLAN，如图 6-5-6 所示。

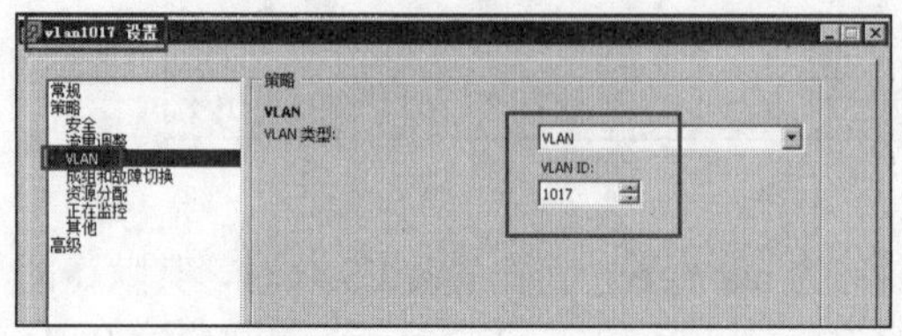

图 6-5-5　指定 VLAN ID

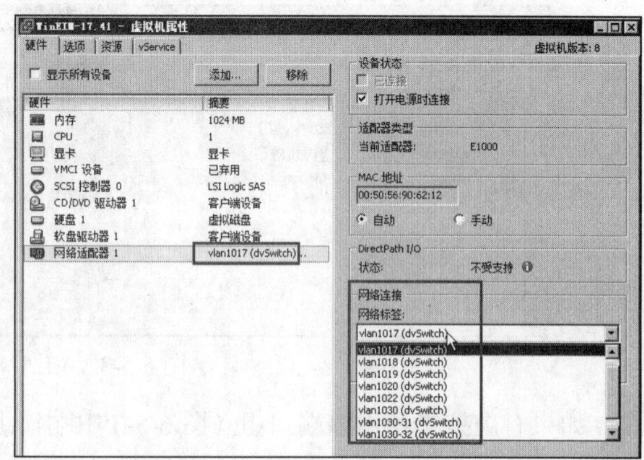

图 6-5-6　为虚拟机选择网络标签

例如，如果在图 6-5-6 中选择 Vlan 1017，则虚拟机的网络属于 VLAN 1017。

6.5.4　在虚拟端口组配置“VLAN 中继”功能

如果要在虚拟机中指定 VLAN ID，则需要添加一个类型为“VLAN 中继”的端口组，并为虚拟机分配这个端口组，并且虚拟机使用 VMXNET3 虚拟网卡，才能使用这一功能。

1. 在虚拟交换机中创建 VLAN 中继端口组

在虚拟交换机（标准交换机或分布式交换机）中，创建端口组，设置端口组的属性为“VLAN 中继”，主要步骤如下。

（1）使用 vSphere Client 或 vSphere Web Client，进入网络管理，右击要添加端口组的标准交换机或分布式交换机，在弹出的快捷菜单中选择“新建端口组”，如图 6-5-7 所示。

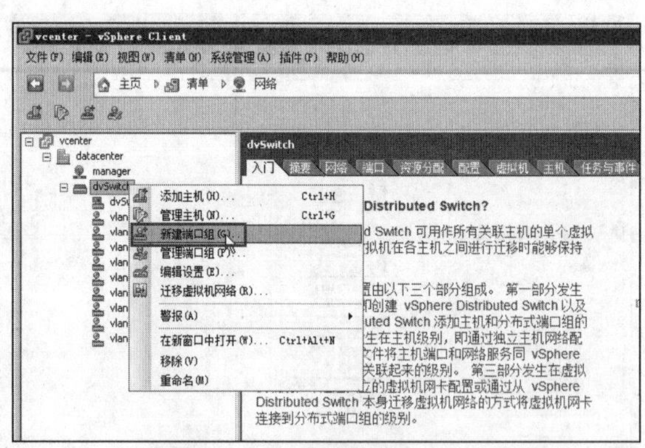

图 6-5-7　新建端口组

（2）在“属性”对话框中，在“名称”文本框中输入新建的端口组名称，在此命名为 Trunk，在“VLAN 类型”下拉列表中选择“VLAN 中继”，在“VLAN 中继范围”文本框中，输入该端口 VLAN 中继范围，例如 1-4、5、10-21 等，这需要与物理交换机的 VLAN 相对应。如果要允许所有 VLAN 通过，则输入 1-4094，如图 6-5-8 所示。

（3）在“即将完成”对话框，单击“完成”按钮，如图 6-5-9 所示。

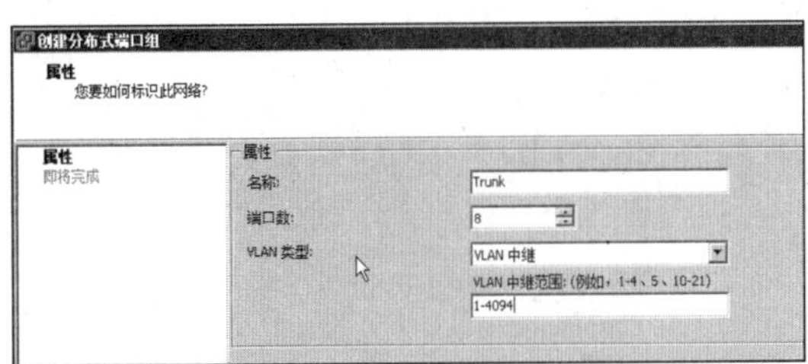

图 6-5-8　创建分布式端口组

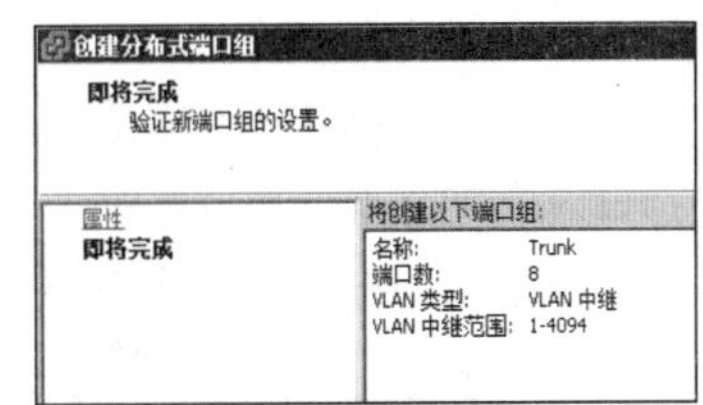

图 6-5-9　创建端口组完成

2. 在虚拟机中测试 VLAN 中继

要使用属性为“VLAN 中继”的端口组，要在虚拟机的网卡上设置 VLAN ID，而这一功能只有 VMXNET3 的虚拟网卡才能支持，主要操作步骤如下。

（1）打开一个测试用的虚拟机，为虚拟机添加一个类型为“VMXNET 3”的虚拟网卡，并且在“网络连接”中选择“Trunk”网络标签，如图 6-5-10 所示。

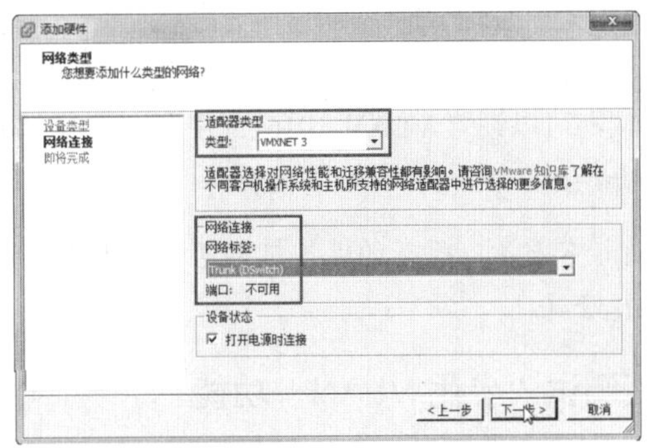

图 6-5-10　添加 VMXNET3 虚拟网卡

（2）返回到虚拟机配置页，移除原来的网卡（大多数虚拟网卡类型为 Intel E1000），单击“确定”按钮，完成添加，如图 6-5-11 所示。

（3）进入虚拟机控制台，打开网络连接，选择新添加的 vmxnet3 虚拟网卡，在连接属性中，单击“配置”按钮，如图 6-5-12 所示。

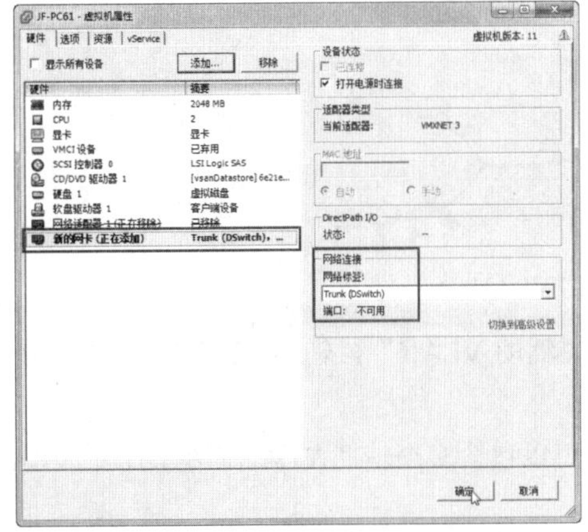

图 6-5-11　移除旧网卡添加新网卡

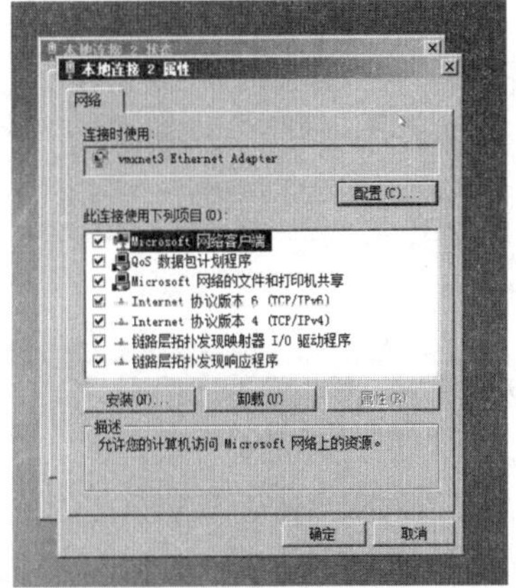

图 6-5-12　网卡配置

（4）在“高级”选项卡的“VLAN ID”选项中，在“值”文本框中，输入一个 VLAN ID，该 VLAN ID 需要是物理交换机上已经存在的 VLAN，如 1016，如图 6-5-13 所示。

（5）设置完成之后，查看网络连接信息，如果当前 VLAN ID 有 DHCP，则会获得 VLAN 1016 的 IP 地址，如图 6-5-14 所示。

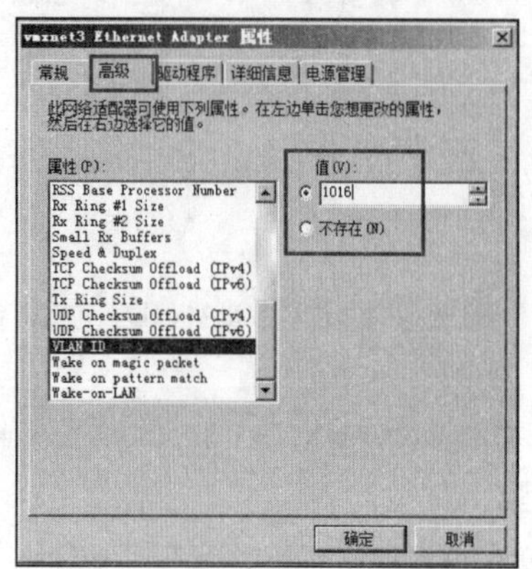

图 6-5-13　输入 VLAN ID

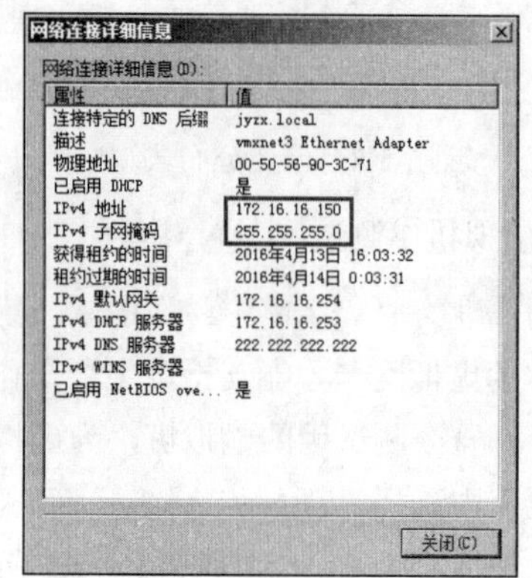

图 6-5-14　获得 VLAN 1016 的 IP 地址

如果网络中没有 DHCP，则可以设置 VLAN 1016 的 IP 地址、子网掩码、网关，然后使用 ping 命令进行测试，这些不一一介绍。

【说明】该方法的优点是非常灵活，所有的虚拟机都可以属于不同的 VLAN，缺点就是工作量大，需要对每一台虚拟机进行修改。

6.5.5　在 VMware 网络测试“专用 VLAN”功能

在使用 vSphere 虚拟数据中心时，同一个网段有多个虚拟机。有时安全策略不允许这些同网段的虚拟机互相通信，这时就可以使用“专用 VLAN”功能。

1. 专用 VLAN 介绍

专用 VLAN，思科称为 PVLAN，华为称为 MUX VLAN。叫法不同，但功能、原理都相同。其中思科 Private VLAN 的划分如图 6-5-15 所示。

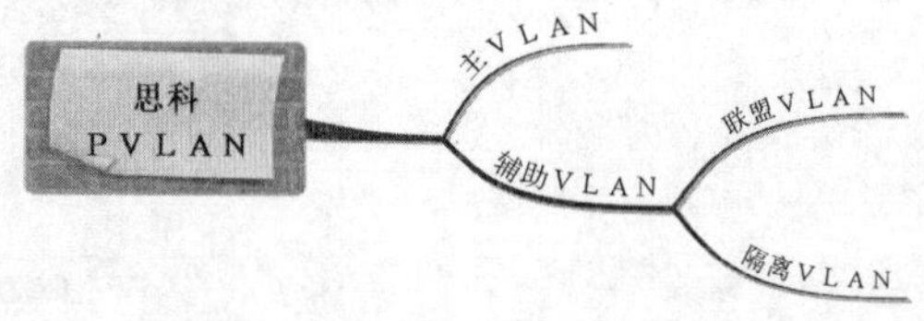

图 6-5-15　思科 PVLAN

每个 PVLAN 包括两种 VLAN：“主 VLAN”和“辅助 VLAN”，辅助 VLAN 又分为两种：隔离 VLAN、联盟 VLAN。

辅助 VLAN 是属于主 VLAN 的，一个主 VLAN 可以包含多个辅助 VLAN。在一个主 VLAN 中只能有一个隔离 VLAN，可以有多个联盟 VLAN。

华为 MUX VLAN 的划分如图 6-5-16 所示。

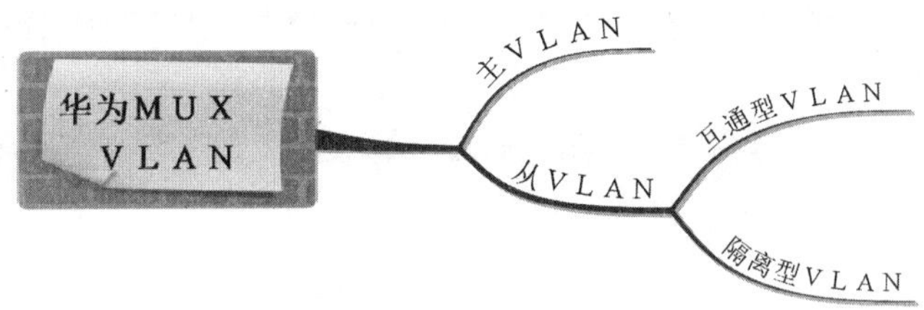

图 6-5-16　华为 MUX VLAN

MUX VLAN 分为“主 VLAN”和“从 VLAN”，“从 VLAN” 又分为“互通型从 VLAN”和“隔离型从 VLAN”。

“主 VLAN”与“从 VLAN”之间可以相互通信，不同“从 VLAN” 之间不能互相通信。“互通型从 VLAN” 端口之间可以互相通信，“隔离型从 VLAN 端口”之间不能互相通信。

MUX VLAN 提供了一种在 VLAN 的端口间进行二层流量隔离的机制。比如在企业网络中，客户端口可以和服务器端口通信，但客户端口间不能互相通信。在华为交换机新的固件版本中，在配置了 MUX VLAN 的“主 VLAN”是可以配置 VLAN 的 IP 地址的，这样隔离型 VLAN 与互通型 VLAN 则可以配置网关，并与其他 VLAN、外网通信。

2. 物理交换机配置

本节以华为 S5700 交换机为例，配置 MUX VLAN，实现专用 VLAN 功能。

在本示例中，创建 VLAN 1030/1031/1032/1033，其中 VLAN 1030 是“主 VLAN”，“1031”是隔离型 VLAN，1032 与 1033 是互通型 VLAN。

登录华为交换机，创建 MUX VLAN，主要配置命令如下

```
#
vlan batch 31 to 33 1016 to 1020 1022 1030 to 1031
#
vlan 1030
 mux-vlan
 subordinate separate 31
 subordinate group 32 to 33
#
#
interface Vlanif1030
 ip address 172.16.30.254 255.255.255.0
#
```

【说明】S5700 交换机的 v2、r3 版本新增 mux vlan 支持 vlanif，之前版本不支持。

3. 虚拟交换机配置

登录 vSphere Client 或 vSphere Web Client，修改虚拟交换机配置。在本示例中，名为 dvSwitch 的分布式交换机，上行链路连接到物理交换机的 Trunk 端口，管理员需要修改该分布式交换机，启用并添加专用 VLAN，主要操作步骤如下。

（1）使用 vSphere Client 登录到 vCenter Server，在“主页→清单→网络”选项中，左侧选中分布式交换机，在“摘要”选项卡中，选择“编辑设置”选项，如图 6-5-17 所示。

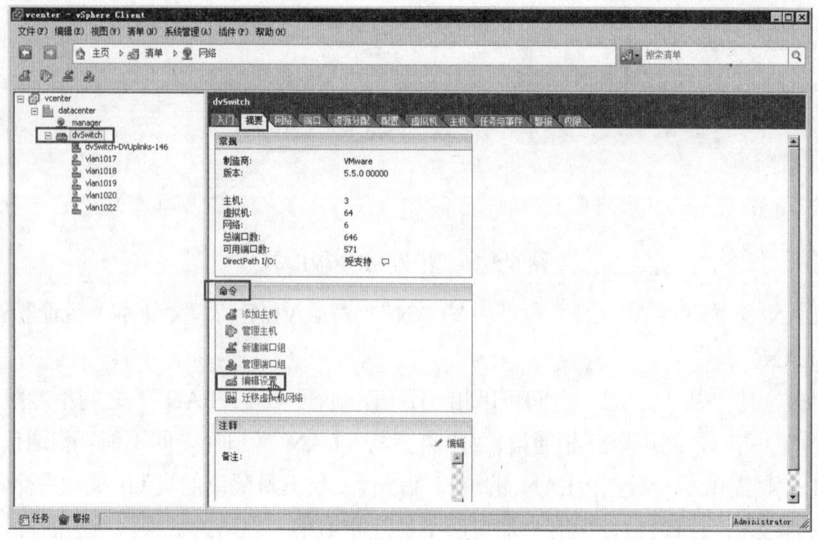

图 6-5-17　编辑设置

（2）在“专用 VLAN”选项卡中，单击“在此输入专用 VLAN ID”链接，然后输入主 VLAN ID，在本示例中为 1030，如图 6-5-18 所示。

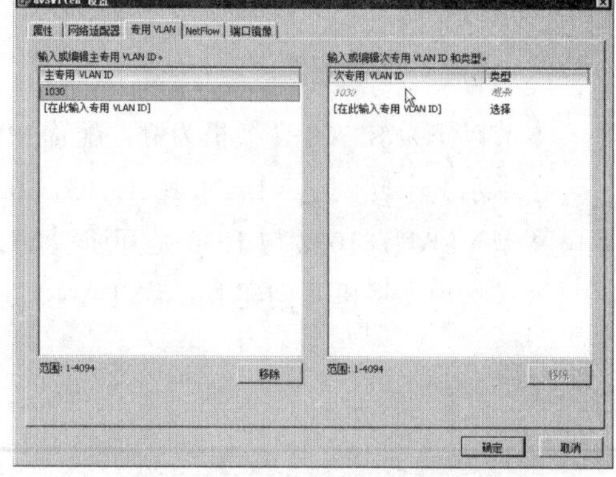

图 6-5-18　输入主 VLAN ID

（3）在右侧“输入或编辑次专用 VLAN ID 和类型”选项中，依次输入次专用 VLAN ID，并选择正确的类型（与物理交换机配置相对应），在此 VLAN ID 为 1031 的类型为“隔离”，ID 为 1032 与 1033 的“团体”，如图 6-5-19 所示。设置之后单击“确定”按钮。

返回到 vSphere Client，在“摘要”选项卡中，单击“新建端口组”，如图 6-5-20 所示。然后要将主 VLAN、从 VLAN 添加为端口组，主要操作步骤如下。

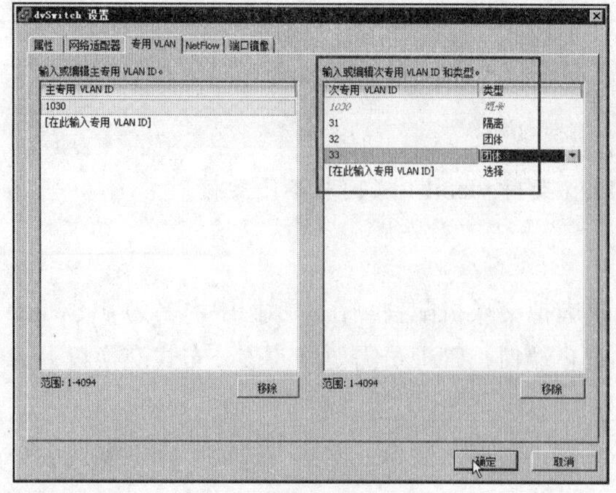

图 6-5-19　输入次专用 VLAN ID 和类型

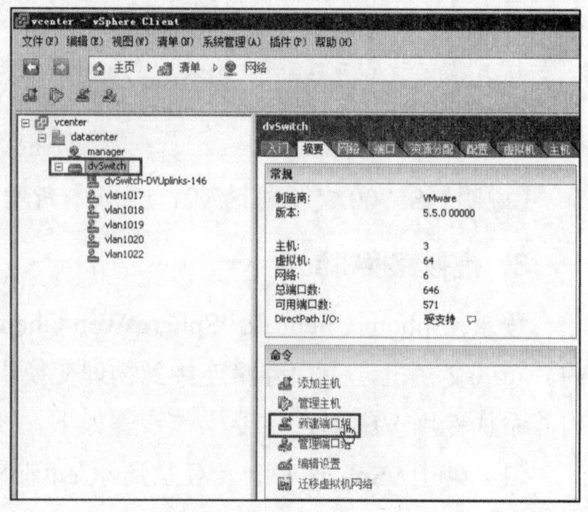

图 6-5-20　新建端口组

（1）在“创建分布式端口组”对话框中，在“名称”中输入新建端口组的名称，例如 vlan1030-33，表示这是 vlan 1033，属于 vlan1030 的从 VLAN；在“VLAN 类型”下拉列表中选择“专用 VLAN”，在“专用 VLAN 条目”下拉列表中，选择与此名称对应的 VLAN ID，在此为“团体（1030，33）”，如图 6-5-21 所示。

（2）在“即将完成”对话框，验证新端口组的设置，检查无误之后，单击“完成”按钮，如图 6-5-22 所示。

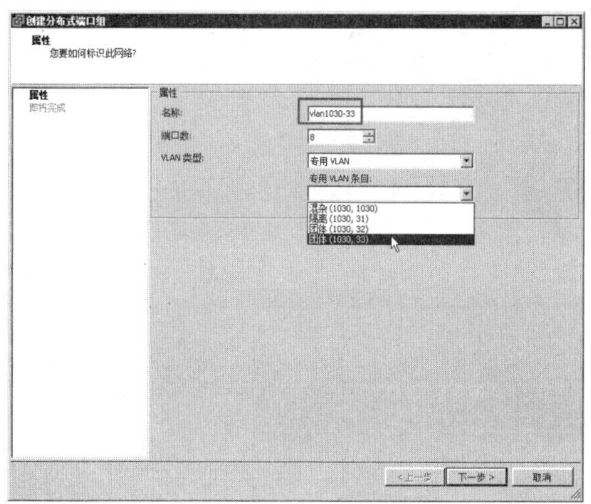

图 6-5-21　创建分布式端口组

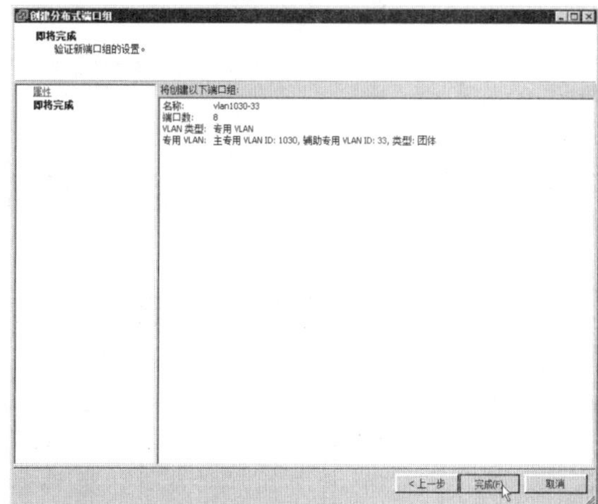

图 6-5-22　即将完成

然后参照上面步骤，分别创建名称为 vlan1030、专用 VLAN 条目为“混杂（1030，1030）”的端口组（如图 6-5-23 所示），名称为 vlan1030-31，专用 VLAN 条目为“隔离（1030，31）”（如图 6-5-24 所示），以及名称为 vlan1030-32，专用 VLAN 条目为“隔离（1030，32）”的端口组（如图 6-5-25 所示）。

创建之后，返回到 vSphere Client，可以看到新建的虚拟端口组，如图 6-5-26 所示。

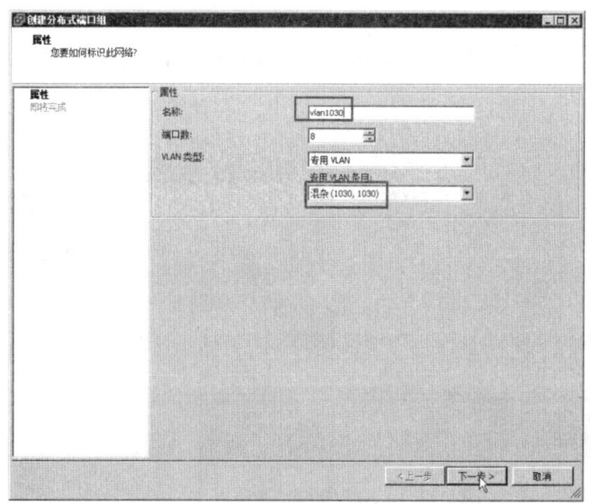

图 6-5-23　创建端口组（vlan1030）

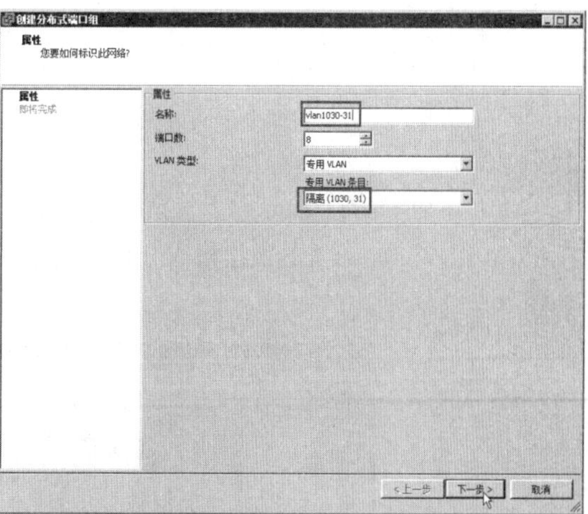

图 6-5-24　创建端口组（vlan1030-31）

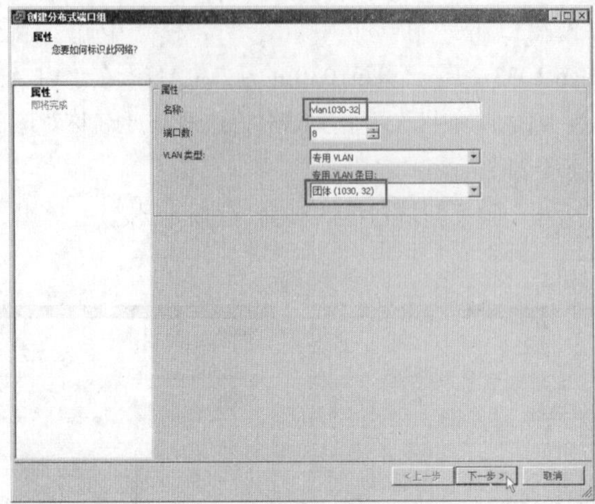

图 6-5-25　创建端口组（vlan1030-32）

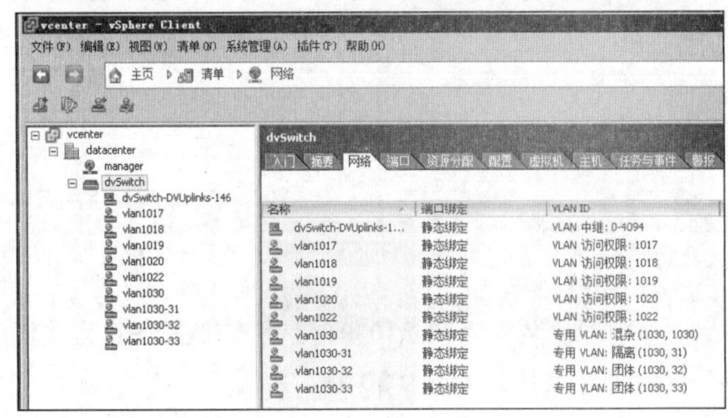

图 6-5-26　新建的 4 个端口组

4．创建虚拟机用于测试

在配置好物理交换机、虚拟交换机之后，创建一个 Windows Server 2008 R2 的测试虚拟机，为其分配 VLAN 1030 的端口组，创建 4 个 Windows 7 的虚拟机，为其分配 VLAN 31、VLAN 32、VLAN 33 的端口组测试其功能。在 Windows Server 2008 R2 的虚拟机中启用 DHCP。这 5 个虚拟机，都允许 ping 通，主要操作步骤如下。

（1）在 vSphere Client 中，从模板部署一个名为 WS08R2-lab01 的 Windows Server 2008 R2 的虚拟机、4 个 Windows 7 的虚拟机（分别名为 win7x-lab11、win7x-lab12、win7x-lab13、win7x-lab14），如图 6-5-27 所示。

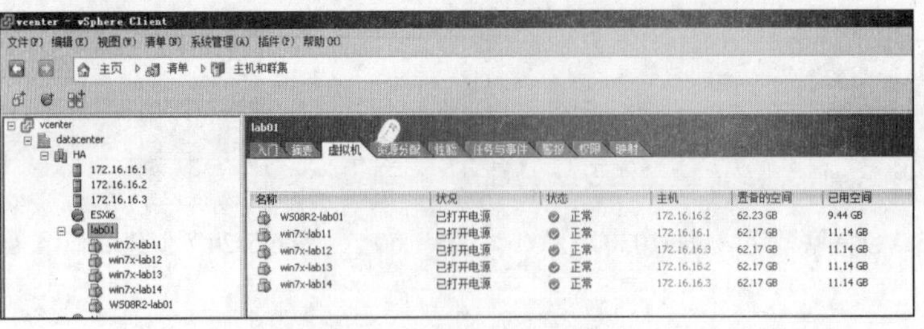

图 6-5-27　准备 5 个虚拟机

（2）修改 WS08R2-lab01 虚拟机配置，为此虚拟机网卡分配“vlan1030”端口组，如图 6-5-28 所示。

（3）打开 WS08R2-lab01 的虚拟机控制台，为此虚拟机设置 172.16.30.200、子网掩码为 255.255.255.0、网关为 172.16.30.254 的 IP 地址，如图 6-5-29 所示。

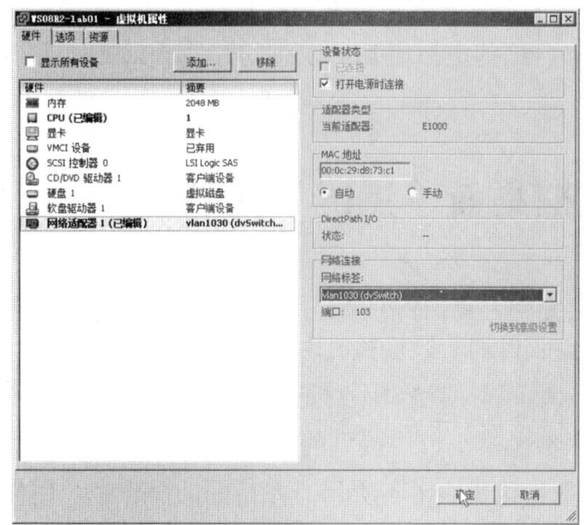

图 6-5-28　为虚拟机分配 VLAN 1030

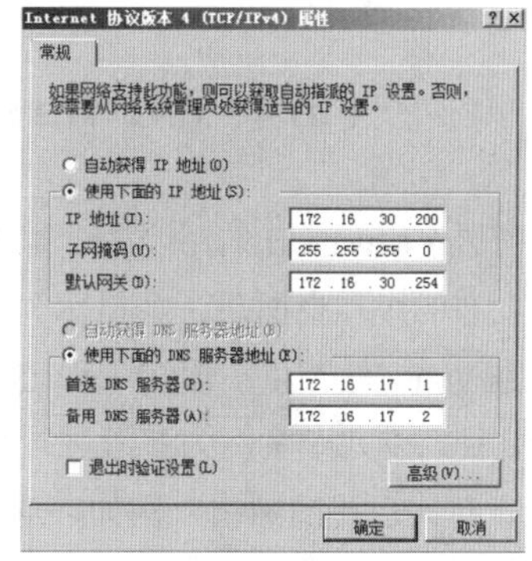

图 6-5-29　为服务器设置静态 IP 地址

（4）为这台服务器安装 DHCP Server，并添加作用域，设置作用域地址范围为 172.16.30.1～172.16.30.99，子网掩码为 255.255.255.0，如图 6-5-30 所示。

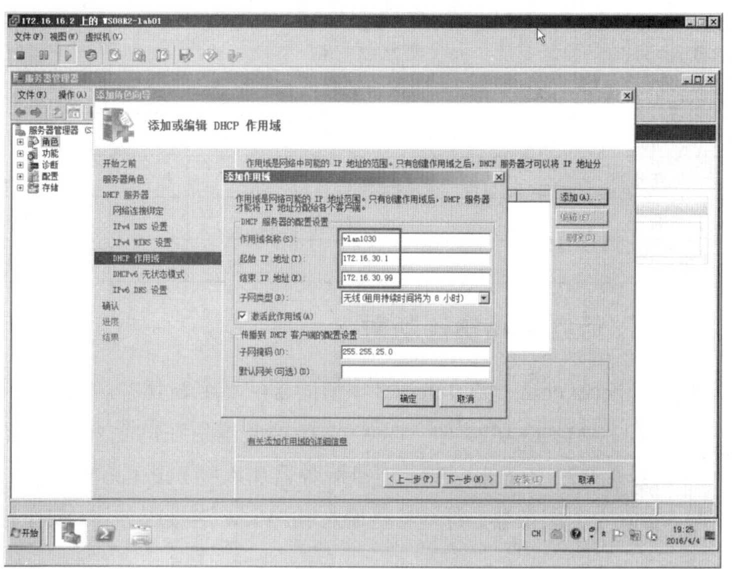

图 6-5-30　添加作用域

启动 win7x-lab11～win7x-lab14 共 4 个虚拟机，分别为这 4 个虚拟机分配 vlan1030、vlan1030-31、vlan1030-32、vlan1030-33 的端口组，这些虚拟机将会从 WS08R2-lab01 的虚拟机获得 IP 地址，然后使用 ping 命令，测试连通性。验证主 VLAN、隔离 VLAN、互通型 VLAN。

测试结果如下：

```
31 是隔离型 VLAN，32 与 33 是互通型 VLAN。
```

- 当虚拟机分配 VLAN 31 时（即隔离型 VLAN），虚拟机可以从 DHCP 获得 IP 地址（因为服务器是 VLAN 3001），这个虚拟机只能与 VLAN 3001 的 IP 地址及网关（172.16.30.254）通信。不能与 VLAN 32、VLAN 33 通信。也不能与其他设置为 VLAN31 的虚拟机通信。
- 当虚拟机分配 VLAN 32 时（即互通型 VLAN），虚拟机可以从 DHCP 获得 IP 地址，这个虚拟机可以与 VLAN 3001、VLAN 33 或其他 VLAN 32 的虚拟机通信，也能与网关通信。

无论是分配 VLAN31，还是 VLAN32（互通型），这些虚拟机都可以访问其他 VLAN，并能通过网关，访问 Internet。

6.6 VMware View 虚拟桌面"黑屏"问题

在部署 VMware Horizon View 虚拟桌面时，初学者最容易碰到的一个问题是"黑屏"，现象为：连接到发布的虚拟桌面后，会显示为黑屏，等待一会后自动断开连接。对于 View 桌面的黑屏，主要原因是 View 安全服务器、View 连接服务器及防火墙映射的端口不对造成的。为了详细的说明这个问题，我们以几个案例为参考进行介绍，读者可以参考本小节中提到的拓扑、计算机名称、域名、IP 地址，对比自己的网络，例如，对于第 1 个案例的记录见表 6-4 所示。在后面的操作中，用你的 IP 地址、域名、代替文中的 IP 地址、域名即可。

表 6-4 示例 IP 地址或域名与信息

服务器或设备名称	示例 IP 地址或域名	你的 IP 地址或域名（例）
View 桌面外网域名	view.heuet.com	view.msft.com
防火墙（或路由器）外网	222.223.233.162	111.222.000.111
防火墙（或路由器）内网	172.30.6.254	192.168.1.254
View 安全服务器地址	172.16.17.51	192.168.1.1
View 安全服务器计算机名	security	vpc01
View 连接服务器计算机名	vcs.heuet.com/	vpc01.msft.com
View 连接服务器 IP 地址	172.30.6.2	192.168.1.2

6.6.1 单线单台连接服务器与路由器映射

在图 6-6-1 的案例中，heuet.com 是在 Internet 申请的合法域名，其中名为 view 的 A 记录，指向防火墙外网的 IP 地址 222.223.233.162。在 View 连接服务器所在的企业局域网内，也使用域名 heuet.com，内部 DNS 地址为 172.30.6.1。View 连接服务器加入到 heuet.com 的域，是域中的成员服务器，而 Composer 与 View 安全服务器，则不需要加入域。View 连接服务器、安全服务器、Composer 服务器都是一个网卡。

【说明】许多初学者在规划网络时，将"View 安全服务器"配置为两个网卡，一个网卡是局域网的 IP 地址，另一个网卡配置广域网的 IP 地址，连接 Internet。在这种规划中，将 View 安全服务器当成 NAT 设备，这样的规划是不正确的。View 安全服务器需要由出口的防火墙进行转发，而不是处于网络的边缘。

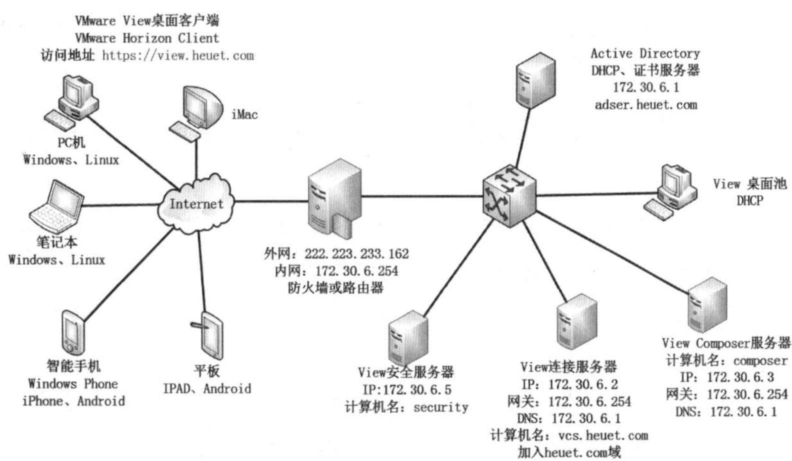

图 6-6-1　单台 View 连接服务器、单外网 IP 的拓扑图

在图 6-6-1 中，处于 Internet 的用户，如果想访问 View 桌面，则需要有两种方式。

- HTML 以 Web 方式访问：https://view.heuet.com。
- 使用 Horizon View Client，则登录地址为 view.heuet.com。

Internet 的用户需要将 view.heuet.com 的域名解析成 222.223.233.162，如果你的 DNS 解析不能生效，将编辑本机 hosts 文件（默认保存在 c:\windows\system32\drivers\etc\hosts），添加以下一行

```
222.223.233.162 View.heuet.com
```

对于局域网内的用户，只要 DNS 设置为 172.30.6.1，则可以使用 vcs.heuet.com 访问 View 桌面，此时只需要“View 连接服务器”，不需要 View 安全服务器。在局域网内，vcs.heuet.com 会解析到 172.30.6.2。

了解了拓扑关系，下面分别介绍 View 连接服务器、防火墙（或路由器）的配置。

6.6.2 在 View Administrator 界面配置

在安装好 View 安全服务器之后，登录 View Administrator 管理界面，检查并配置 View 连接服务器、View 安全服务器，主要步骤如下。

（1）登录 View Administrator，在“View 配置→服务器”清单中，在“连接服务器”选项卡中，单击“编辑”按钮，如图 6-6-2 所示。

图 6-6-2　连接服务器

（2）在“编辑 View 连接服务器设置”对话框，在“标记”文本框中为 View 连接服务器设置一个标记，如 vcs。

【注意】在输入 IP 地址及端口时，以及用到的冒号（:）都应该是英文半角字符，不能使用中文或全角字符。

选中“使用安全加密链路连接计算机”选项，在“外部 URL”中输入当前 View 连接服务器的 DNS 名称，在此为 https://vcs.heuet.com:443，在此必须要使用域名。

选中“PCoIP 安全网关”，在“PCoIP 外部 URL”中输入连接服务器的 IP 地址，在本示例为 172.30.6.2:4172。

选中“使用 Blast 安全网关对计算机进行 HTML Access”选项，在“Blast 外部 URL”中以 View 连接服务器域名方式输入，本示例为 https://vcs.heuet.com:8443。

所有设置如图 6-6-3 所示，单击“确定”按钮。

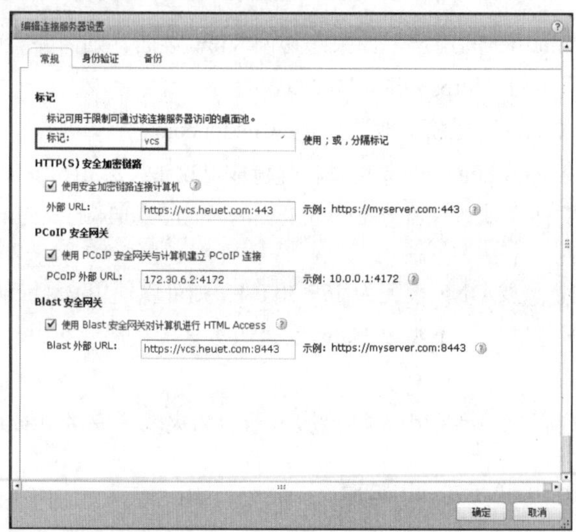

图 6-6-3　连接服务器设置

（3）返回到 View Administrator，在“安全服务器”中单击“编辑”按钮，如图 6-6-4 所示。

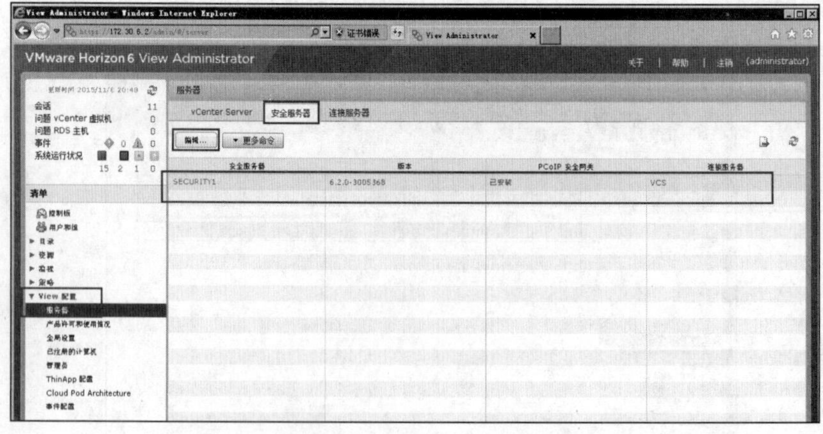

图 6-6-4　编辑安全服务器

（4）在编辑安全服务器对话框中进行如下操作：

在“HTTP（S）安全加密链路”选项中，以域名的方式，输入发布到 Internet 的域名及端口，在此输入 https://view.heuet.com:443；

在“PCoIP 安全网关”选项中，以 IP 地址的方式，输入外部 URL，在本示例中为 222.223.233.162:4172。

在“Blast 安全网关”选项中，以域名的方式输入，在本示例中为 https://view.heuet.com:8443。

设置之后，单击“确定”按钮，如图 6-6-5 所示。

图 6-6-5　编辑 View 安全服务器

6.6.3　修改路由器发布 View 安全服务器到 Internet

最后修改防火墙或路由器设置，将 TCP 的 443、8443 端口、TCP 与 UDP 的 4172 端口映射到 View 安全服务器的 IP 地址，本例为 172.16.17.51，我们以 TP-LINK 路由器为例进行介绍，主要操作步骤如下。

（1）登录路由器的管理界面，在“转发规则→虚拟服务器”中，单击“添加新条目”按钮，如图 6-6-6 所示。

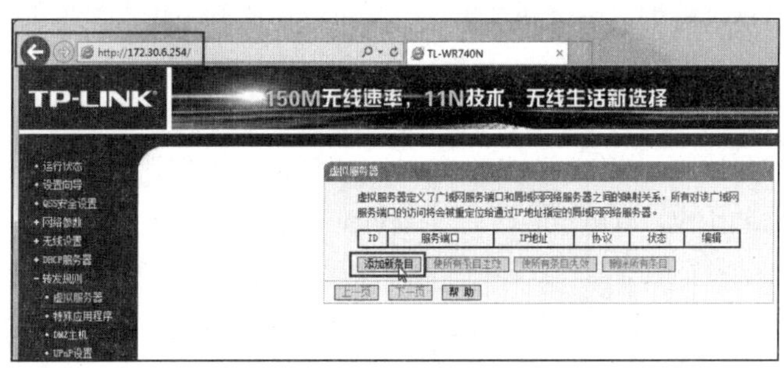

图 6-6-6　添加新条目

（2）在“服务器端口号”文本中输入第一个映射的端口 443，IP 地址为 View 安全服务器的地址 172.16.17.51，协议选择 TCP，然后单击“保存”按钮，如图 6-6-7 所示。

有的 TP-LINK 路由器，在做端口转发时，可以设置“外部端口”、“内部端口”及端口范围，例如，TL-ER5120，其外部端口（外网 IP 映射的端口，本示例中为 222.223.233.162）写 443-443（表示只使用 443 这个端口），内部端口（映射到的内部 IP 地址，本示例中为 172.16.17.51）写 443-443，如图 6-6-8 所示。

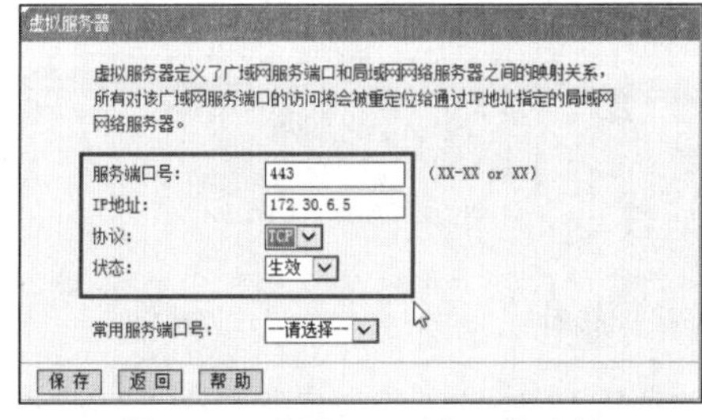

图 6-6-7　添加 443 端口的映射

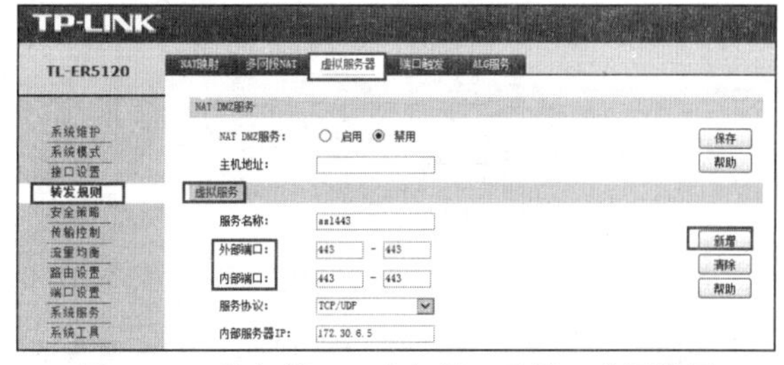

图 6-6-8　外部端口、内部端口及端口范围设置

此项功能可以将外部端口映射到内部不同的端口。例如，可以将外网 222.223.233.162 的 1234 映射到内网 172.16.17.51 的 2345。如果进行此类映射，则访问 222.223.233.162:1234 时将访问 172.16.17.51 的 2345 端口。

（3）再添加 4172、8443 到 172.16.17.51 的映射，其中在添加端口 4172 的映射时需要选择 ALL（包括 TCP 与 UDP 协议），添加之后如图 6-6-9 所示。

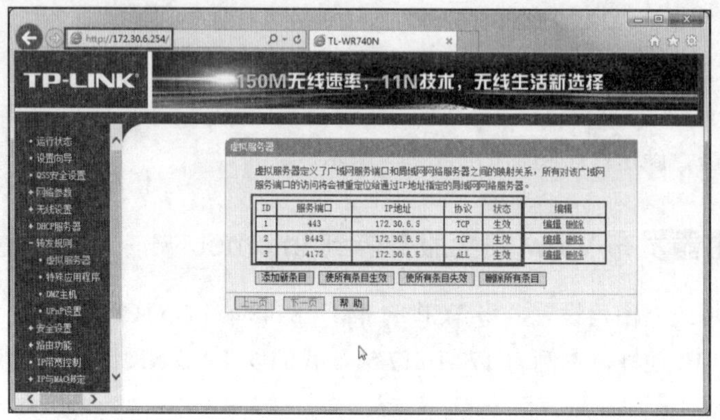

图 6-6-9　添加映射

经过这样设置，Horizon View Client，在使用域名 view.heuet.com 访问 View 桌面时，只要 view.heuet.com 域名能正确解析，网络连接正常，就可以访问到路由器后面的 View 桌面。

6.6.4　双线 2 台连接服务器配置

如果网络有多条出口线路，例如，大多数的单位分别有电信与联通的出口。在这种情况下，网络规划的原则是让电信线路的用户，以电信的地址访问 View 桌面；而联通线路的用户则以联通的地址访问 View 桌面。每个“View 安全服务器”只能指定一个外网的 IP 地址，所以对于有两个不同出口的 View 桌面，则需要配置 2 个 View 安全服务器。图 6-6-10 是这个配置的简单拓扑图，其中的防火墙采用的是 Forefront TMG 2010，这个 TMG 配置有 3 个网卡，一个网卡设置 110.249.253.163 的 IP 地址，另一个网卡设置 110.249.253.164 的 IP 地址（在实际的生产环境中，在此应该配置另一个出口线路的 IP 地址），第 3 个网卡用于局域网，设置为 172.16.17.254 的 IP 地址。如图 6-6-10 所示。

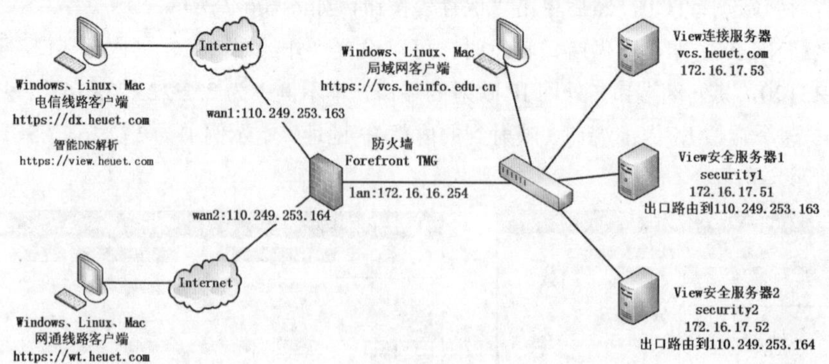

图 6-6-10　双线出口的 View 桌面拓扑

【说明】在我们这个示例中，用的是同一网段的两个公网的 IP 地址，而在实际的生产环境中，这两个公网的 IP 地址应该是不同网段的 IP 地址，具有不同的网关。

两个 View 安全服务器的 IP 地址分别是 172.16.17.51 和 172.16.17.52，View 连接服务器的 IP 地址是 172.16.17.53。在本示例中，发布到 Internet 的 View 桌面使用两个域名，分别是 dx.heuet.com，解析到 110.249.253.163；另一个域名是 wt.heuet.com，解析到 110.249.253.164。如果你的域名支持 DNS 智能解析，则也可以采用一个域名，如 view.heuet.com，并将该域名指向 110.249.253.163 与 110.249.253.164 这两个 IP 地址。本示例中相关计算机名称、域名、IP 地址见表 6-5。

表 6-5　双线 View 桌面相关域名与 IP 地址

	域名或计算机名称	IP　地　址
View 桌面外网域名	view.heuet.com	110.249.253.163 110.249.253.164
View 桌面外网域名	dx.heuet.com	110.249.253.163
View 桌面外网域名	wt.heuet.com	110.249.253.164
防火墙（或路由器）外网	110.249.253.163 110.249.253.164	
防火墙（或路由器）内网	172.16.16.254	
View 安全服务器 1	security1	172.16.17.51
View 安全服务器 2	security2	172.16.17.52
View 连接服务器	vcs.heuet.com	172.16.17.53

6.6.5　View 连接服务器与安全服务器配置

在安装好 1 台 View 连接服务器、2 台安全服务器之后，登录 View Administrator，配置 View 连接服务器及安全服务器，主要步骤如下。

（1）登录 View Administrator，在“View 配置→服务器”清单中的“连接服务器”选项卡中，单击“编辑”按钮，如图 6-6-11 所示。

（2）在“编辑 View 连接服务器设置”对话框，在“标记”文本框中为 View 连接服务器设置一个标记，如 vcs。

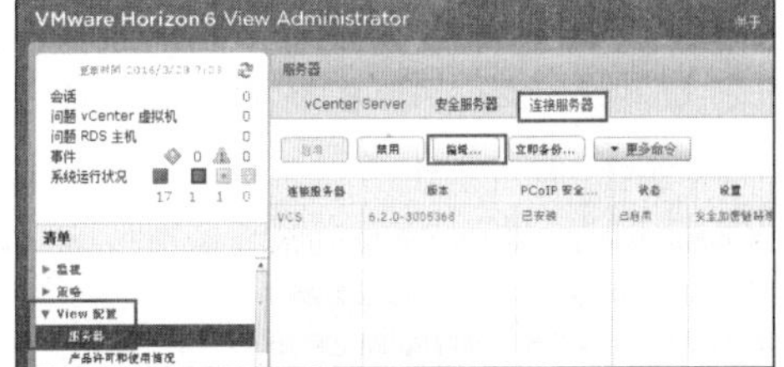

图 6-6-11　编辑连接服务器

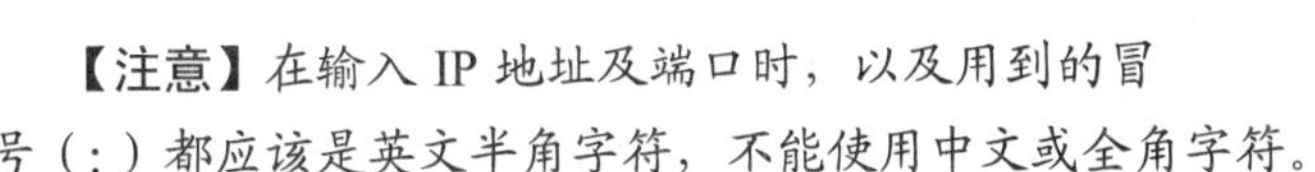

【注意】在输入 IP 地址及端口时，以及用到的冒号（:）都应该是英文半角字符，不能使用中文或全角字符。

选中“使用安全加密链路连接计算机”，在“外部 URL”中输入当前 View 连接服务器的 DNS 名称，为 https://vcs.heuet.com:443，在此必须要使用域名。

选中“PCoIP 安全网关”，在“PCoIP 外部 URL”中输入连接服务器的 IP 地址，在本示例为 172.16.17.53:4172。

选中“使用 Blast 安全网关对计算机进行 HTML Access”，在“Blast 外部 URL”中以 View 连接服务器域名方式输入，本示例为 https://vcs.heuet.com:8443。

按照以上操作设置之后单击“确定”按钮，如图 6-6-12 所示。

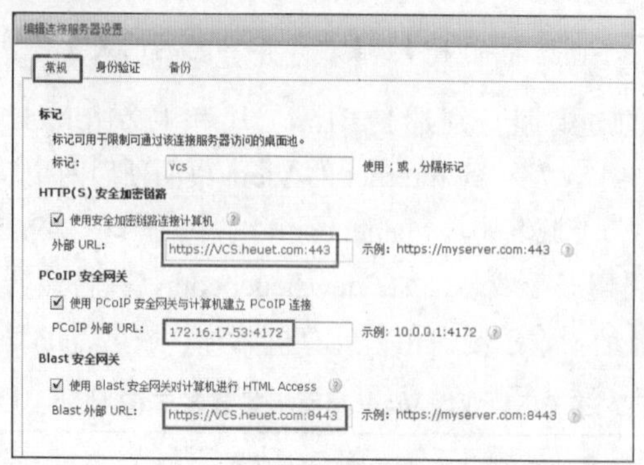

图 6-6-12　编辑连接服务器设置

（3）返回到 View Administrator，在“安全服务器”中列出了当前系统中安装的安全服务器，在此有两个安全服务器，需要一一修改配置。先选中 security1 的安全服务器，单击“编辑”按钮，如图 6-6-13 所示。

（4）在“编辑安全服务器-VIEW”对话框中，在“HTTP（S）安全加密链路”选项中，以域名的方式，输入发布到 Internet 的域名及端口。

图 6-6-13 编辑安全服务器

如果域名支持 DNS 智能解析，采用一个域名，则这两个安全服务器都采用同一个域名，如 view.heuet.com，则在此输入 https://view.heuet.com:443。如果采用的是两个域名，如 dx.heuet.com 与 wt.heuet.com，第 1 个安全服务器对应 dx.heuet.com，则输入 https://dx.heuet.com:443。

在“PCoIP 安全网关”选项中，以 IP 地址的方式，输入外部 URL，在本示例中为 110.249.253.163:4172。

在“Blast 安全网关”选项中，以域名的方式输入，在本示例中为 https://view.heuet.com:8443。此域名要与“外部 URL”的域名相同。

设置之后，单击“确定”按钮，如图 6-6-14 所示。

【说明】在图 6-6-14 中，“HTTP(S)安全加密链路”选项中输入的是 https://view.heuet.com: 8442，在此采用的是 8442 而不是 443 端口，因为示例中采用的是 Forefront TMG 防火墙并采用 SSL Web 站点转发的原因。如果使用的是普通路由器，路由器到内网 IP 采用的是 443 端口的映射，则可以采用 443 端口。

（5）返回到 View Administrator，修改第 2 个安全服务器的对外域名、IP 地址。

在“HTTP（S）安全加密链路”选项中，输入 https://view.heuet.com:443 或 https://wt.heuet.com:443。

在“PCoIP 安全网关”选项中，以 IP 地址的方式，输入外部 URL，在本示例中为 110.249.253.164:4172。

在“Blast 安全网关”选项中，以域名的方式输入，在本示例中为 https://view.heuet.com:8443 或 https://wt.heuet.com:8443，如图 6-6-15 所示。同样在本示例中，因为采用的是 Forefront TMG 防火墙的原因，外部 URL 的端口换成 8442。

编辑安全服务器 - SECURITY1
服务器名称： SECURITY1
HTTP(S) 安全加密链路
外部 URL： https://view.heuet.com:8442
示例：https://myserver.com:443
PCoIP 安全网关
PCoIP 外部 URL： 110.249.253.163:4172
示例：10.0.0.1:4172
Blast 安全网关
Blast 外部 URL： https://view.heuet.com:8443
示例：https://myserver.com:8443
确定 取消

图 6-6-14 编辑 View 安全服务器

图 6-6-15 第 2 个安全服务器

6.6.6 在 Forefront TMG 中发布 View 安全服务器

对于发布双线 View 桌面，需要理解如下的关系。

- Internet 用户以“view.heuet.com”访问 View 桌面，该域名要解析成 110.249.253.163 与 164；或者 Internet 用户访问 dx.heuet.com 解析成 110.249.253.163；访问 wt.heuet.com 解析成 110.249.253.164。
- 对于防火墙来说，需要将 110.249.253.163 的 TCP 的 443 端口、TCP 与 UDP 的 4172 端口、8443 端口映射到第 1 台 View 安全服务器的地址 172.16.17.51；需要将 110.249.253.164 的 TCP 的 443 端口、TCP 与 UDP 的 4172 端口、8443 端口映射到第 1 台 View 安全服务器的地址 172.16.17.52。
- 对于局域网用户，则需要访问 vcs.heuet.com，该域名解析到 172.16.17.53。

在本示例中，以防火墙是 Forefront TMG 为例进行介绍。

【说明】在 Forefront TMG 做外部防火墙时，因为可以对 443 端口以“域名”的方式进行多次映射，所以要为 Forefront TMG 申请“通配符证书，在本示例中为*.heuet.com”，但这个映射到安全服务器的证书为 view.heuet.com，这会导致使用 Horizon View Client 的 443 进行转发时失败（如图 6-6-16 所示），为了解决这个问题，我们除了将 443 端口以 view.heuet.com 映射到 172.16.17.51 与 172.16.17.52 之外，为 View 安全服务器指定了另一个端口 8442，这样在进行验证时使用 8442（端口一对一映射，直接使用 View 安全服务器证书进行验证），不存在通配符证书的验证问题。如果使用普通的路由器，并且采用端口映射的方式，可以使用 443 而不是使用本示例中的另一个端口 8442 即可。当然，如果 Forefront TMG 专门为安全服务

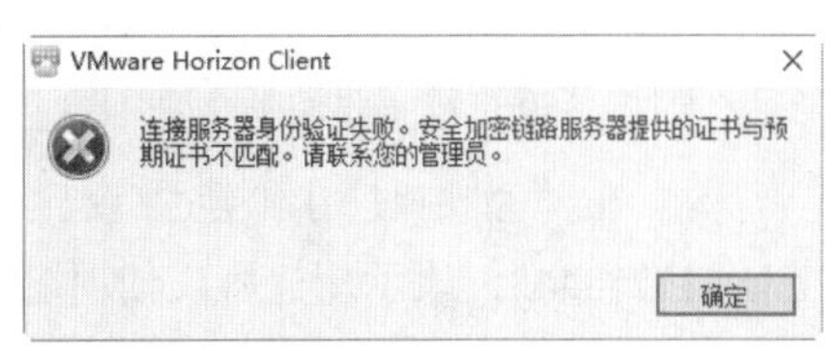

图 6-6-16 证书不匹配造成身份验证失败

器配置，不采用通配符证书，并且直接使用 443 端口进行映射，也不需要修改端口为 8442。

1. 映射 8443 与 4172 端口

登录 Forefront TMG 防火墙，将 TCP 的 8442 端口、TCP 与 UDP 的 4172 端口、8443 端口映射到 View 安全服务器的地址，本例为 172.16.17.51、172.16.17.52，主要步骤如下（本文以 Forefront TMG 2010 防火墙为例介绍）。

（1）在 Forefront TMG 控制台中，右击“防火墙策略”选项，选择“新建→非 Web 服务器协议发布规则”，如图 6-6-17 所示。

（2）在“欢迎使用新建服务器发布规则向导”对话框中，为规则设置个名称，在此设置为“view.heuet.com_163->172.16.17.51”，如图 6-6-18 所示。

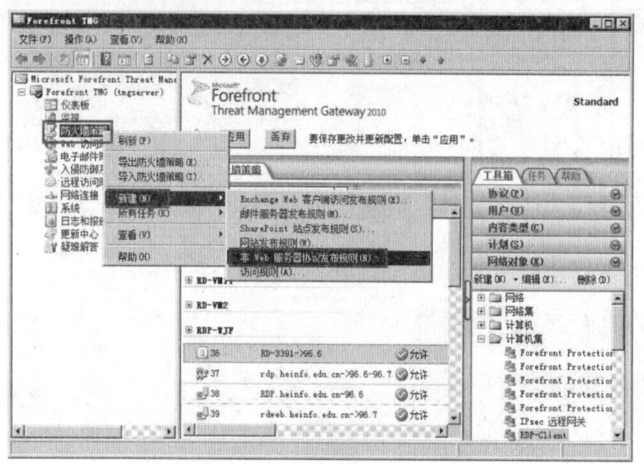

图 6-6-17 新建防火墙策略

图 6-6-18 设置规则名称

（3）在“选择服务器”对话框中，设置要发布的服务器地址，在此设置 View 安全服务器的地址 172.16.17.51，如图 6-6-19 所示。

（4）在“选择协议”对话框中，单击“新建”按钮，如图 6-6-20 所示。为 8442、4172 端口新建协议。

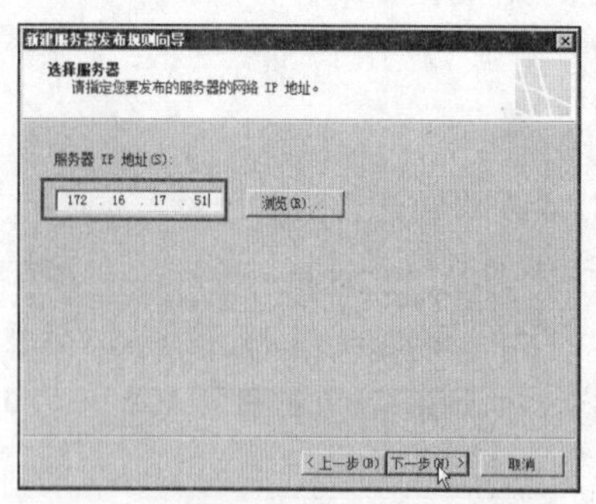

图 6-6-19 选择服务器

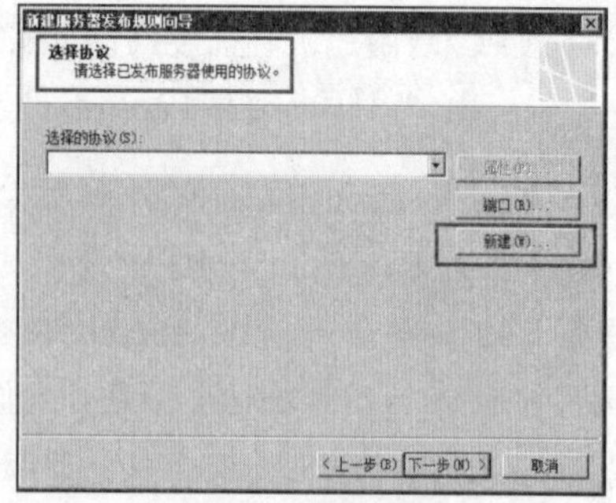

图 6-6-20 新建协议

（5）在“欢迎使用新建协议定义向导”对话框中，设置协议名称，在此设置名称为 View-4172_8443，表示新建协议使用端口 4172 与 8443，如图 6-6-21 所示。

（6）在“首要连接信息”对话框，单击“新建”按钮，添加协议类型为 TCP、方向为“入站”

的 4172、8443 协议，添加协议类型为 UDP、方向为“接收发送”的 4172 协议，如图 6-6-22 所示。

（7）返回到“选择协议”对话框，选择前文创建的协议，如图 6-6-23 所示。

（8）在“网络侦听器 IP 地址”对话框中，选择“外部”选项，单击“地址”按钮，在弹出的“外部 网络侦听器 IP 选择”对话框中，将 110.249.253.163 添加到“选择的 IP 地址”列表中，如图 6-6-24 所示。进行此项设置，表示将 110.249.253.163 映射到 172.16.17.51。

（9）在“正在完成新建服务器发布规则 向导”对话框，单击“完成”按钮，如图 6-6-25 所示。

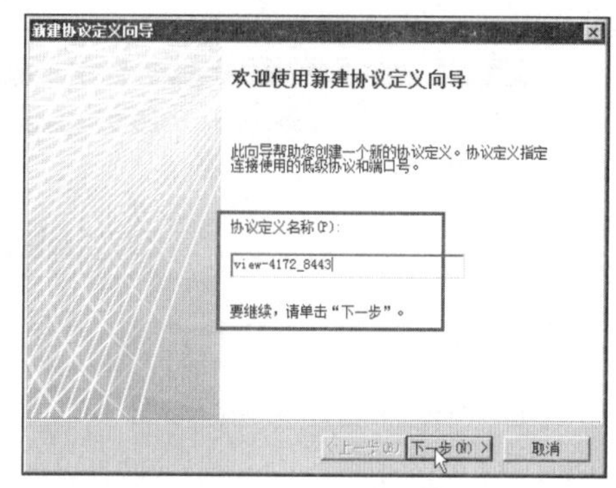

图 6-6-21　新建协议向导

之后参照上面的步骤，为另一个服务器创建服务器发布规则，将 110.249.253.164 映射到 172.16.17.52。

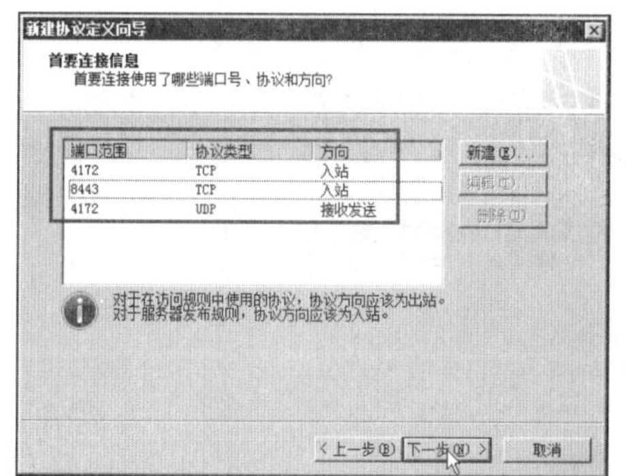

图 6-6-22　设置协议端口范围、类型、方向

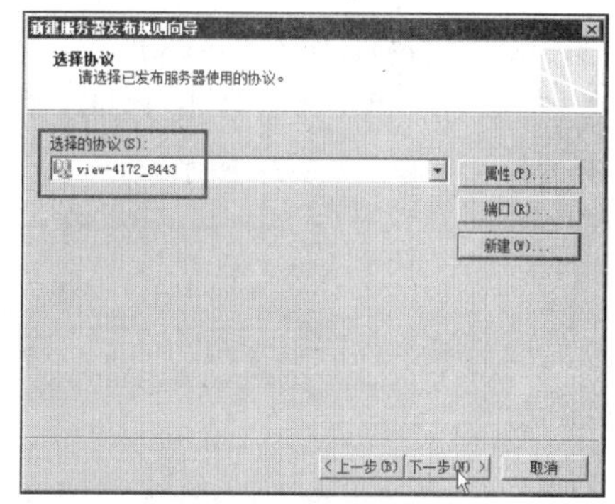

图 6-6-23　选择协议

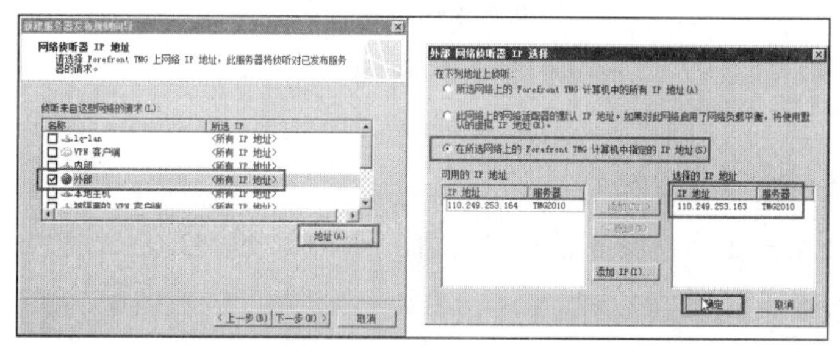

图 6-6-24　选择侦听器地址

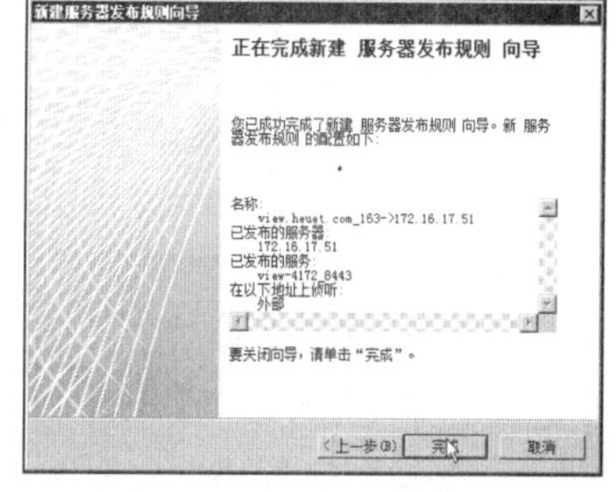

图 6-6-25　完成向导

2. 映射 8442 到安全服务器的 443 端口

参照上面的步骤新建规则，将 TCP 的 8442 转发到 172.16.17.51 的 443 端口，主要步骤如下（只介绍不同的地方，相同地方则不再介绍）。

（1）新建非 Web 服务器发布规则，设置规则名称为“view_163:8442->172.16.17.51:443”，如图 6-6-26 所示。

（2）新建一个协议，设置协议端口范围为 8442～8442、协议类型为 TCP、方向为入站，如

图 6-6-27 所示。

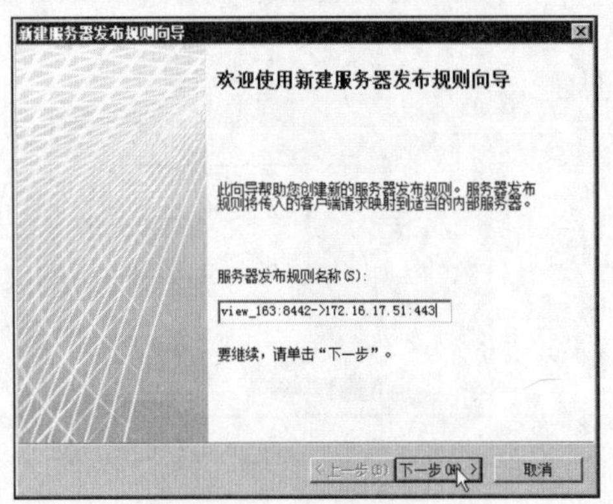

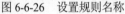

图 6-6-26　设置规则名称

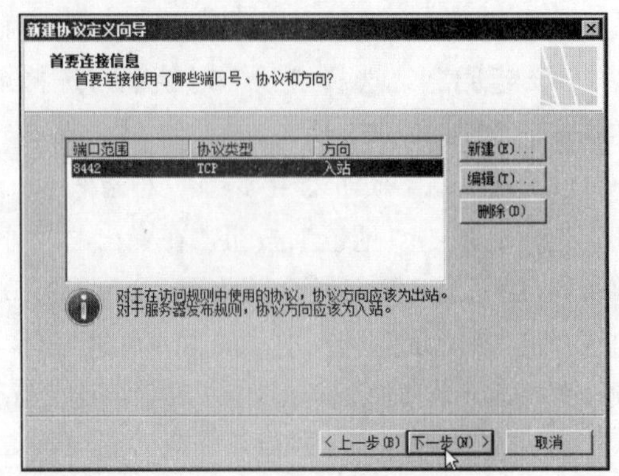

图 6-6-27　新建协议

（3）在“选择协议”对话框中，选择新建的协议，单击“端口”按钮，在弹出的“端口”对话框中的“发布的服务器端口”选项中，选中“将请求发送到发布的服务器上的此端口”单选按钮，修改端口为 443，如图 6-6-28 所示。

（4）在“网络侦听器 IP 地址”对话框，选择“外部”选项，同样选择绑定 110.249.253.163 的 IP 地址（参看图 6-6-24 所示）。

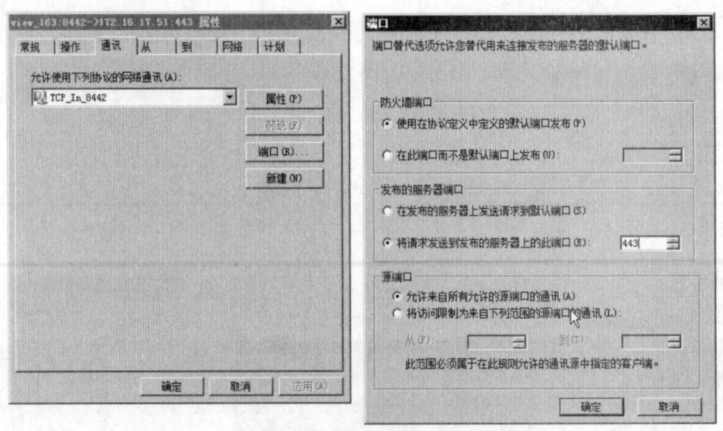

图 6-6-28　修改服务器发布端口

然后参照上面的步骤，为另一个服务器创建服务器发布规则，将 110.249.253.164 映射到 172.16.17.52。

3．创建 SSL 侦听器

在 Forefront TMG 中，如果 TCP 的 443 端口要“复用”，即 443 端口除了发布 View 桌面，还用于其他 Web 服务器的身份验证，则需要创建“网站发布规则”。如果 443 端口只用于 View 桌面，则可以依照前面的内容，创建“非 Web 服务器协议发布规则”，将“HTTPS 服务器”发布到 172.16.17.52（同样绑定 110.249.253.164 的 IP 地址）。本节介绍“网站发布规则”，主要操作步骤如下。

（1）在 Forefront TMG 控制台中的“防火墙策略”节点中，在右侧的“工具箱”选项卡中，单击“新建”菜单，选择“Web 侦听器”命令，如图 6-6-29 所示。

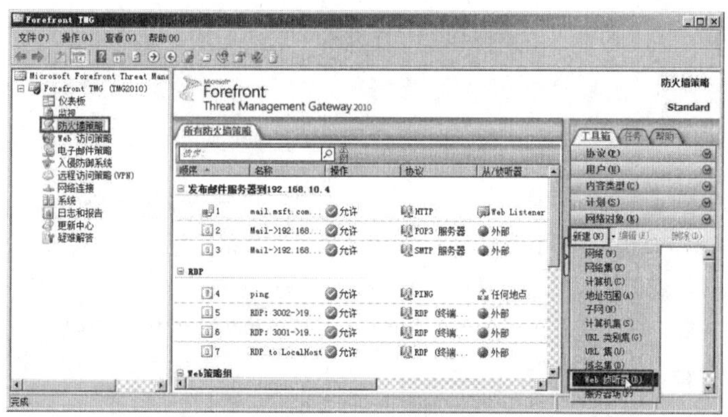
图 6-6-29　新建 Web 侦听器

（2）在“欢迎使用新建 Web 侦听器向导”对话框的“Web 侦听器名称”文本框中，为新建的 Web 侦听器设置一个名称，在本示例中为“SSL Web-164”，如图 6-6-30 所示。

（3）在“客户端连接安全设置”对话框，单击“需要与客户端建立 SSL 安全连接”单选框，如图 6-6-31 所示。

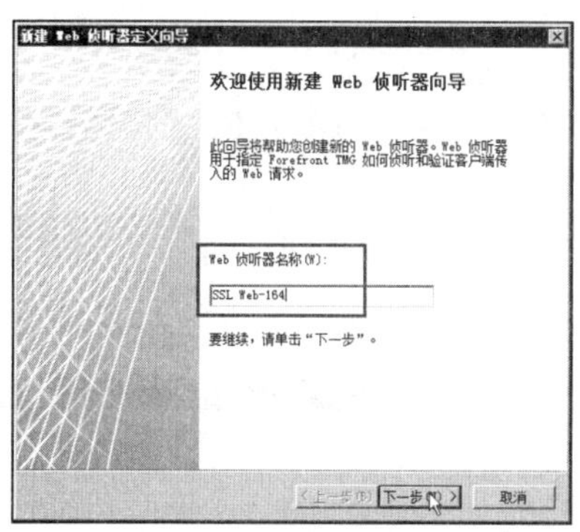
图 6-6-30　设置侦听器名称

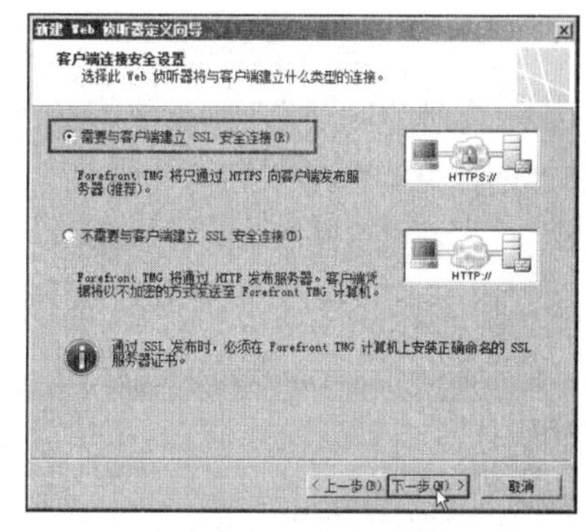
图 6-6-31　需要与客户端建立 SSL 安全连接

（4）在“Web 侦听器 IP 地址”对话框选择“外部”选项，单击“选择 IP 地址”按钮，在弹出的“外部网络侦听器 IP 选择”对话框中，选择 110.249.253.164，如图 6-6-32 所示。

（5）在“侦听器 SSL 证书”对话框，单击“选择证书”按钮，弹出“选择证书”对话框，从列表中选择一个证书，在本示例中，该证书名称为*.heuet.com，这是一个“通配符”证书，用以映射所有域名为 heuet.com 的网站。

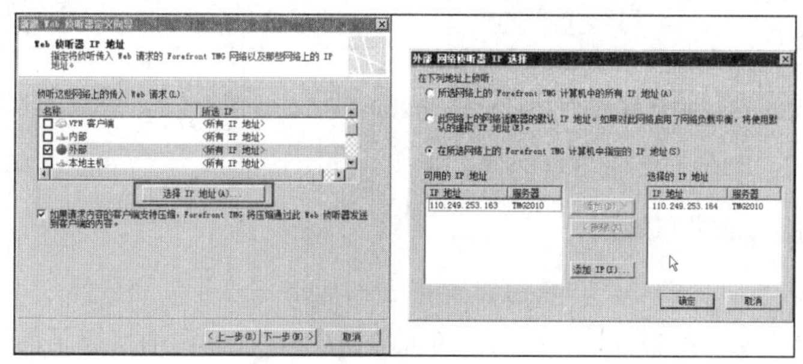
图 6-6-32　选择一个 IP 地址

【说明】需要申请一个名称为*.heuet.com 的服务器证书，并且保存在“计算机存储”而不是“用户存储”中。

（6）在“选择 Web 侦听器”对话框中，选择新建的 Web 侦听器，如图 6-6-34 所示。

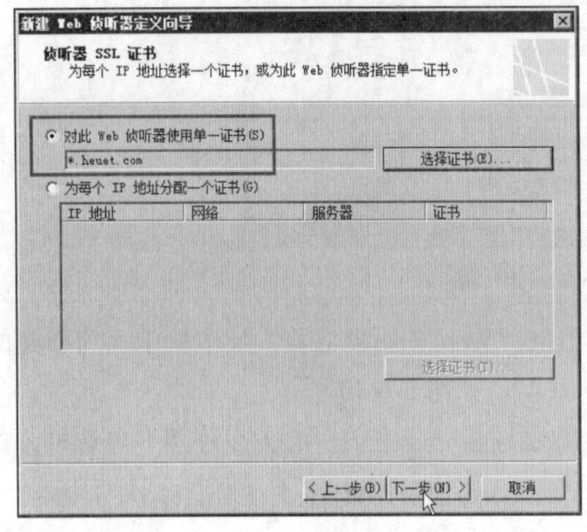

图 6-6-33　侦听器 SSL 证书

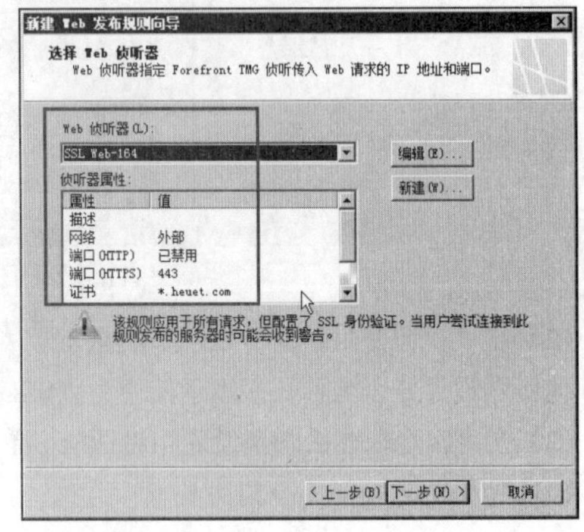

图 6-6-34　选择侦听器

（7）在“身份验证设置”对话框，在“选择客户端将如何向 Forefront TMG 提供凭据”下拉列表中选择“无身份验证”，如图 6-6-35 所示。

（8）在“正在完成新建 Web 侦听器向导”对话框，单击“完成”按钮，创建侦听器完成，如图 6-6-36 所示。

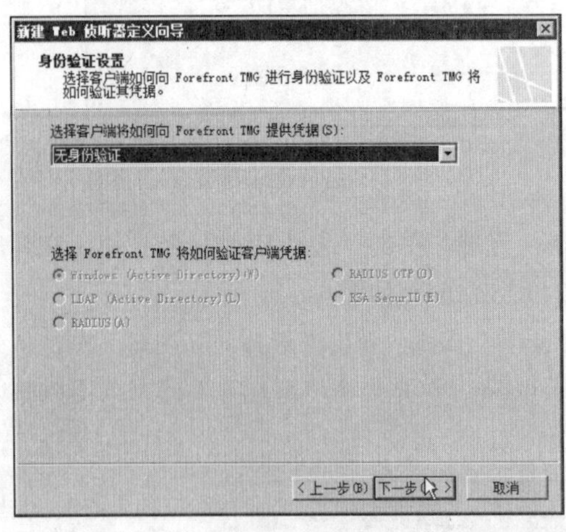

图 6-6-35　身份验证设置

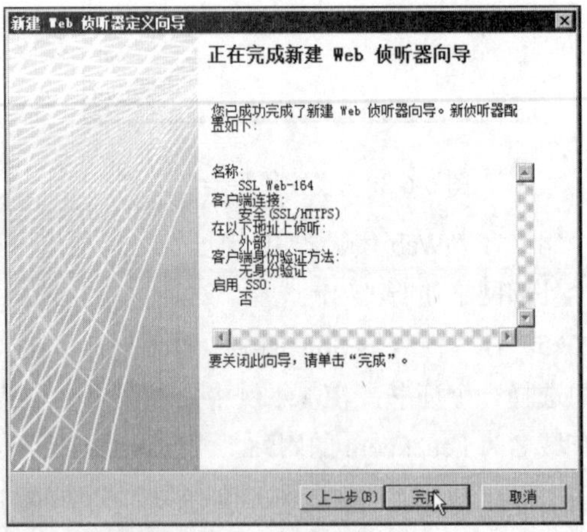

图 6-6-36　完成侦听器创建

参照上面的步骤，为另一个服务器创建侦听器，侦听地址是 110.249.253.163。

4．创建 Web 服务器发布规则

在完成 SSL Web 侦听器创建后，就可以发布 SSL Web 站点了，主要操作步骤如下。

（1）在 Forefront TMG 控制台中，右击“防火墙策略”，在弹出的快捷菜单中选择“新建→网站发布规则”，如图 6-6-37 所示。

图 6-6-37　新建网站发布规则

（2）在“欢迎使用新建 Web 发布规则向导”对话框，为 Web 发布规则设置一个名称，在此为“view.heuet.com->172.16.17.52”，如图 6-6-38 所示。

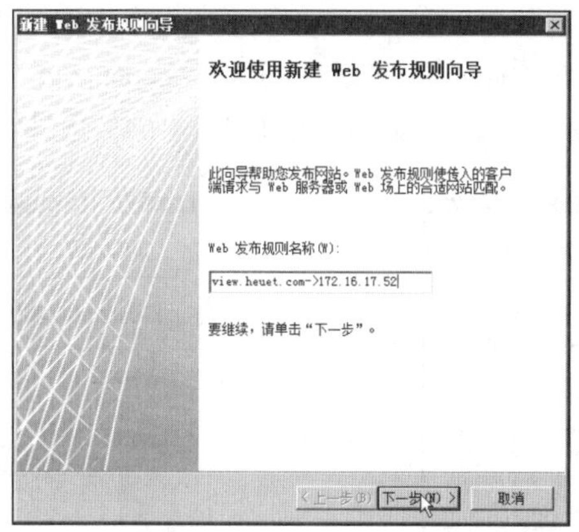

图 6-6-38　新建 Web 发布规则

（3）在“发布类型”对话框选择“发布单个网站或负载平衡器”选项，如图 6-6-39 所示。

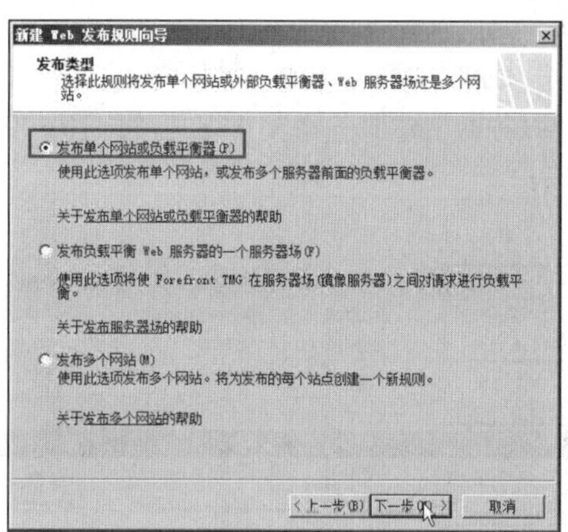

图 6-6-39　发布单个网站或负载平衡器

（4）在“服务器连接安全”对话框，选择“使用 SSL 连接到发布的 Web 服务器或服务器场”选项，如图 6-6-40 所示。

（5）在“内部发布详细信息”对话框，输入内部站点名称 view.heuet.com，并选中“使用计算机名称或 IP 地址连接到发布的服务器”，并指定服务器的 IP 地址为 172.16.17.52，如图 6-6-41 所示。

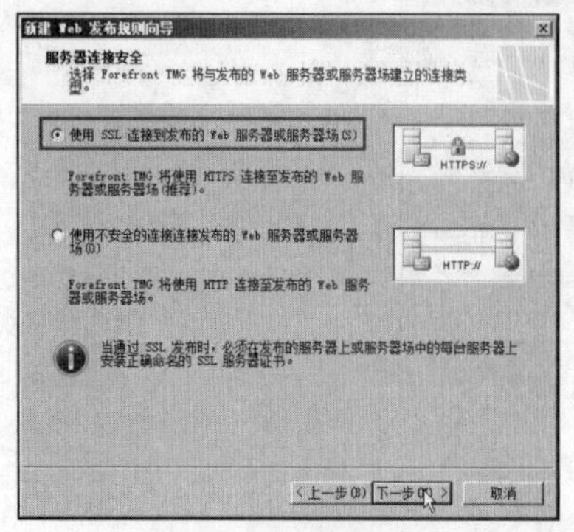

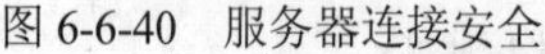

图 6-6-40　服务器连接安全

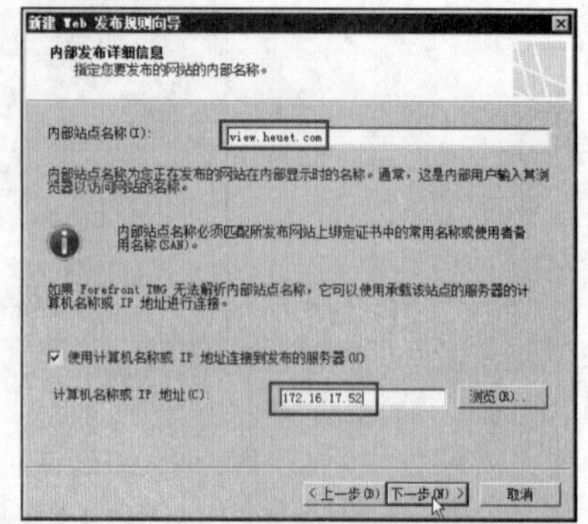

图 6-6-41　内部发布详细信息

（6）在“公共名称细节”对话框，输入公共名称 view.heuet.com，如图 6-6-42 所示。

（7）在“选择 Web 侦听器”对话框，选择“SSL Web-164”选项，如图 6-6-43 所示。

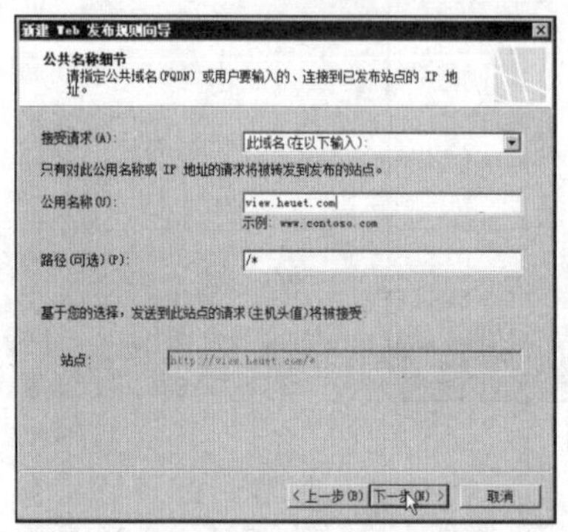

图 6-6-42　公共名称细节

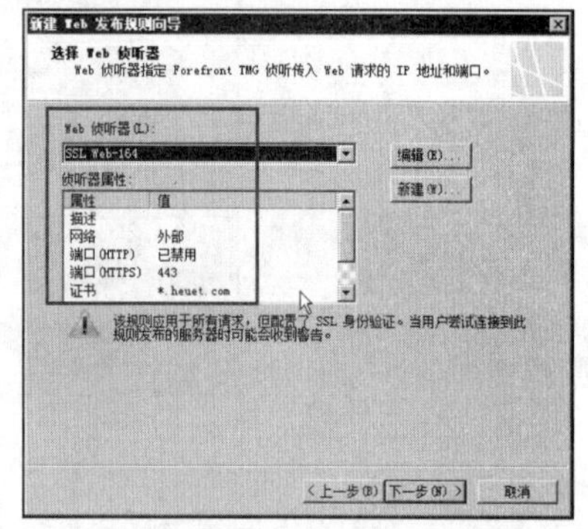

图 6-6-43　选择 Web 侦听器

（8）其他选择默认值，直到发布规则创建完成，最后单击“应用”按钮，让设置生效。

参照上面的步骤，为另一个服务器创建服务器发布规则，将 110.249.253.163 映射到 172.16.17.51，全部配置完成后如图 6-6-44 所示。

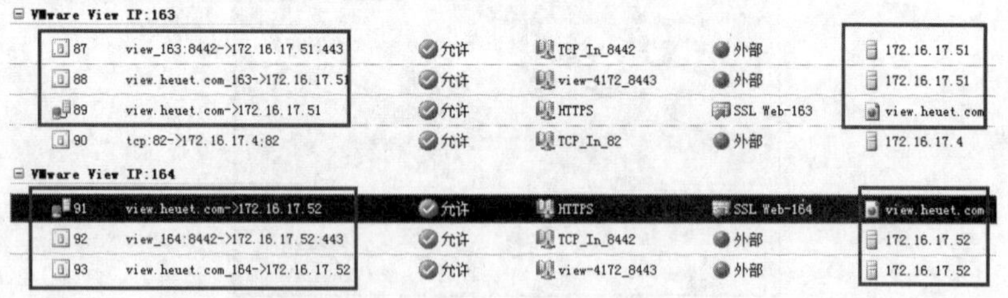

图 6-6-44　设置完成

6.6.7　为 TMG 选择出口线路

在做了端口映射之后，还需要修改 Forefront TMG 的网络规则，让 172.16.17.51 的出口使用 110.249.253.163，172.16.17.52 的出口使用 110.249.253.164，这样才能实现从外网到内网地址的双向映射（即 Internet 的用户，从那个公网的地址进来，服务器返回时，返回的出口也是这个出口的 IP

地址）。

在 Microsoft Forefront TMG 2010 中，可以通过创建网络访问规则、并指定 NAT 转换地址的方法解决，主要操作步骤如下。

（1）在 Microsoft Forefront TMG 2010 中，打开 Forefront TMG 控制台，右击“网络连接”选项，在弹出的快捷菜单中选择“新建→网络规则”选项，如图 6-6-45 所示。

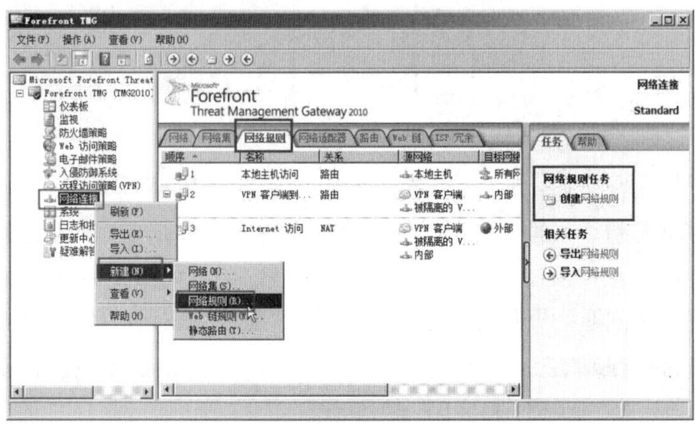

图 6-6-45 新建网络规则

（2）在“网络规则名称”页面，为新建的规则设置一个名称，例如“172.16.17.51->110.249.253.163”，如图 6-6-46 所示。

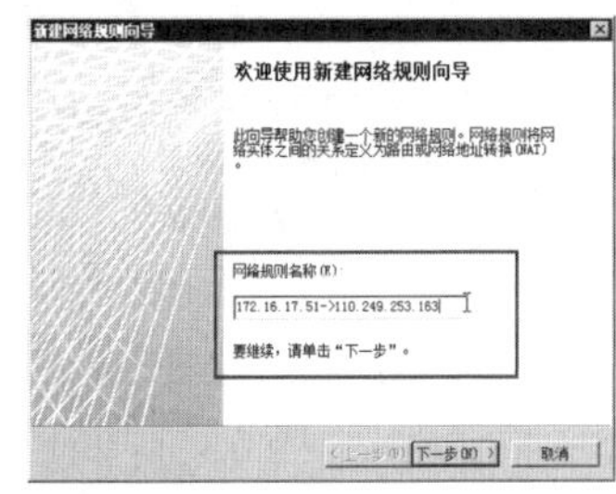

图 6-6-46 设置网络规则名称

（3）在“网络通信源”页，新建计算机规则元素，为“View 安全服务器 1”添加 “计算机”实体，该计算机对应的 IP 地址为 172.16.17.51，然后将添加到规则源，如图 6-6-47 所示。

（4）在“网络通信目标”页面，添加“外部”选项，如图 6-6-48 所示。

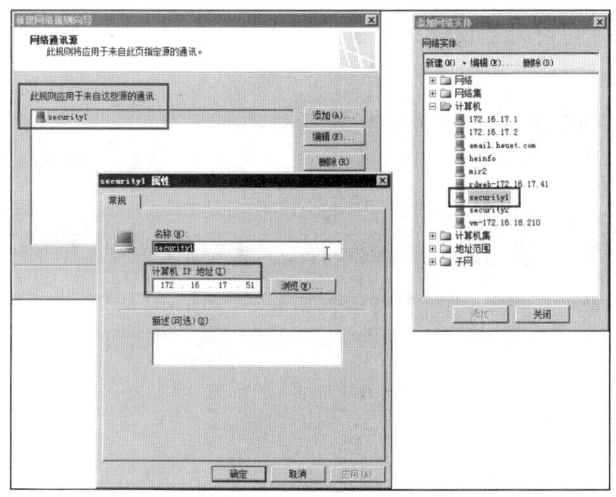

图 6-6-47 添加 View 安全服务器 1 的 IP 地址作为规则源

（5）在“网络关系”页面，选择“网络地址转换”选项，如图 6-6-49 所示。

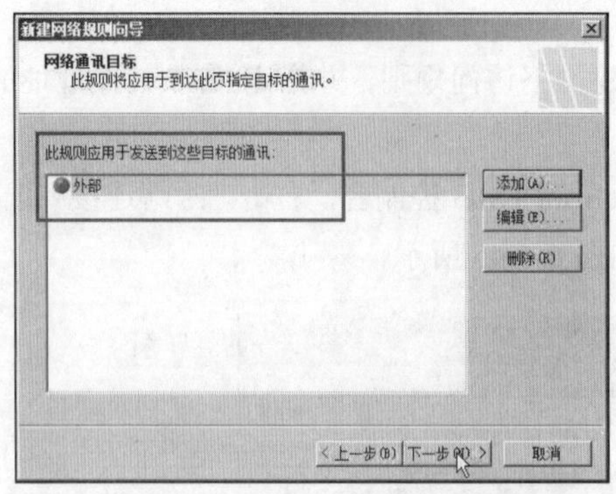

图 6-6-48 添加外部选项

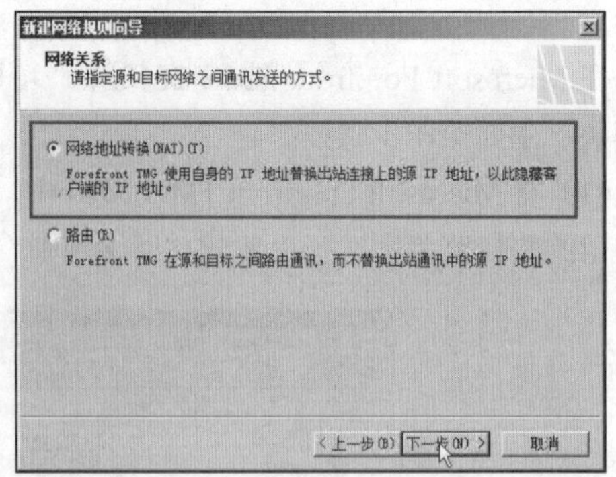

图 6-6-49 网络地址转换

（6）在“NAT 地址选择”页面，选择“使用指定的 IP 地址”选项，并且选择要为“View 安全服务器 1”指定的出口 IP 地址，在本示例中为 110.249.253.163，如图 6-6-50 所示。

（7）在“正在完成新建网络规则向导”页面，单击“完成”按钮，如图 6-6-51 所示。

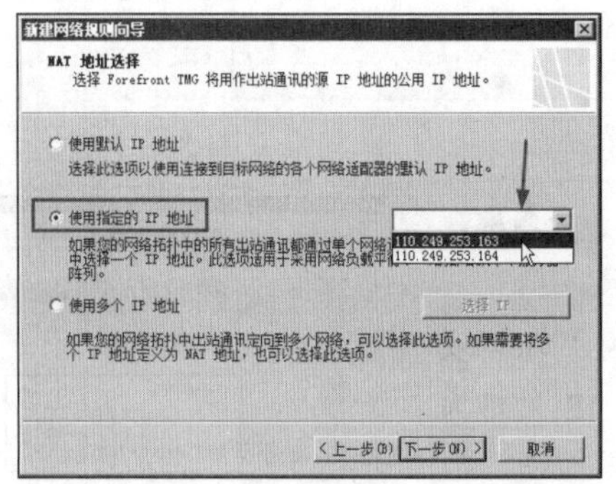

图 6-6-50 为安全服务器 1 指定出口地址

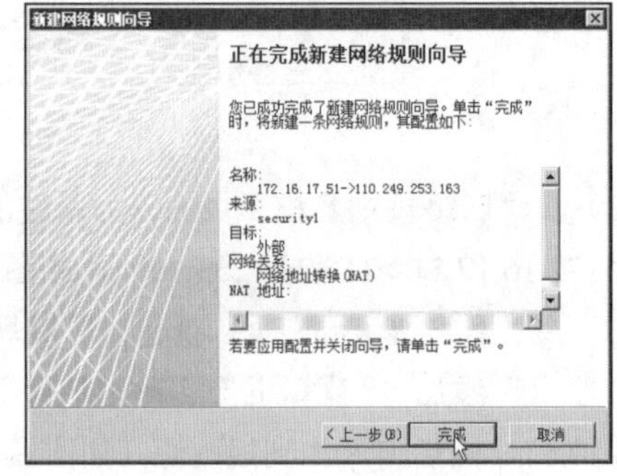

图 6-6-51 创建规则完成

参照（1）～（7）的内容，添加 172.16.17.52 到 110.249.253.164 的出口规则。

接下来定位到“网络连接→网络规则”页面，如果新添加的规则在“Internet 访问”规则后面，则将其移动到“Internet 访问规则”前面，因为在“Internet 访问规则”中的“内部”包括了 View 安全服务器的地址。如图 6-6-52 所示。

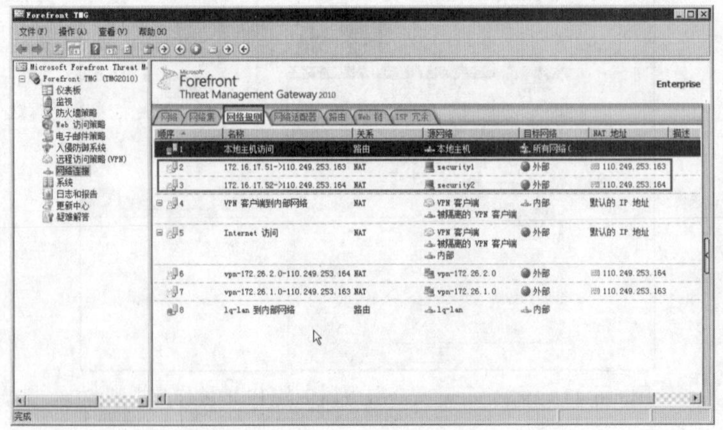

图 6-6-52 调整规则顺序

配置完成之后，在 172.16.17.51 与 172.16.17.52 的计算机上打开 IE 浏览器，登录 www.ip138.com，可以看到这两台机器显示的 IP 地址分别是 110.249.253.163 和 110.249.253.164，如图 6-6-53 和图 6-6-54 所示。

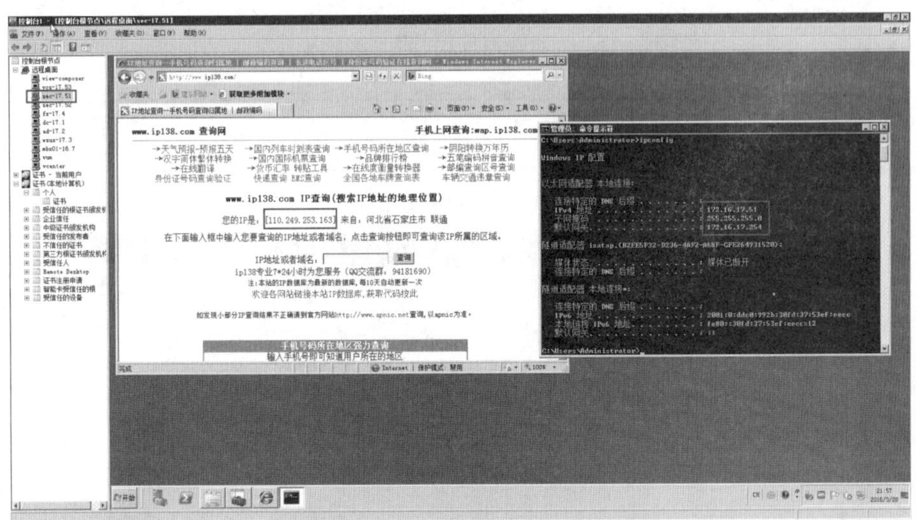

图 6-6-53 安全服务器 1 出口 IP 地址

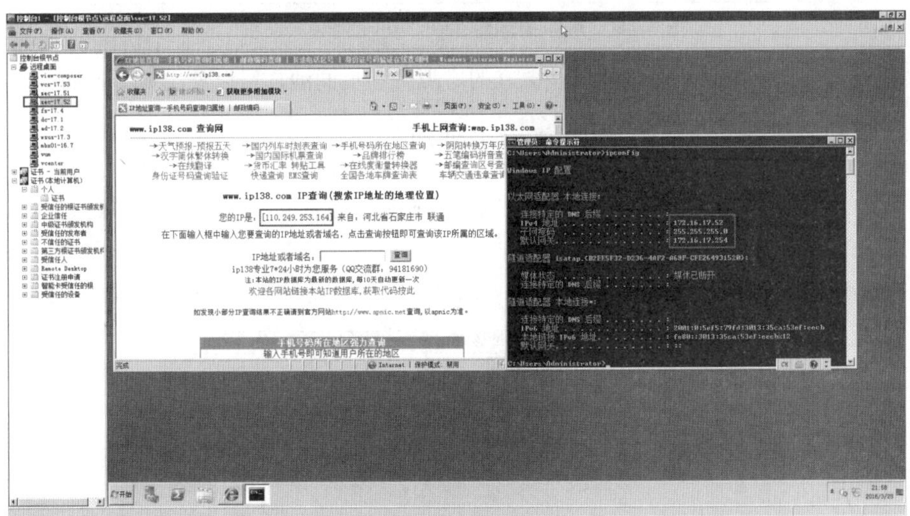

图 6-6-54 安全服务器 2 出口 IP 地址

经过上述设置，View 桌面（Internet 用户）就不会出现“黑屏”的现象了。

6.7 移除 VMware View 桌面中孤立的主机与桌面池

在使用 VMware View 桌面的过程中，如果由于多种原因（如重新安装 vCenter Server）导致 View 桌面池丢失，此时在 View Administrator 中可以看到，View 桌面池停留在“正在删除”（如图 6-7-1 所示）或虚拟机停留在“正在删除”（如图 6-7-2 所示）的位置。

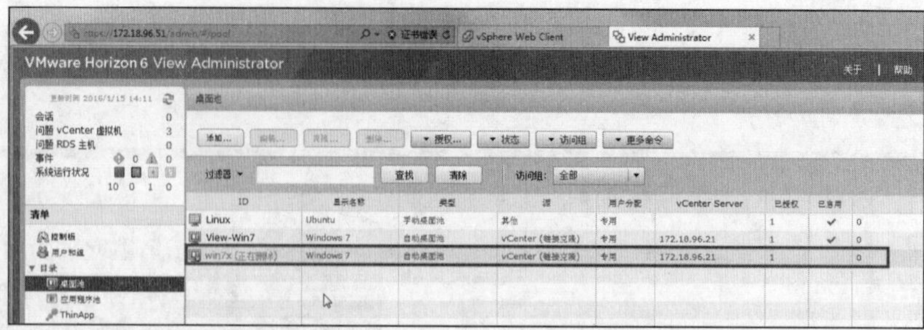

图 6-7-1　桌面池停留在“正在删除”位置

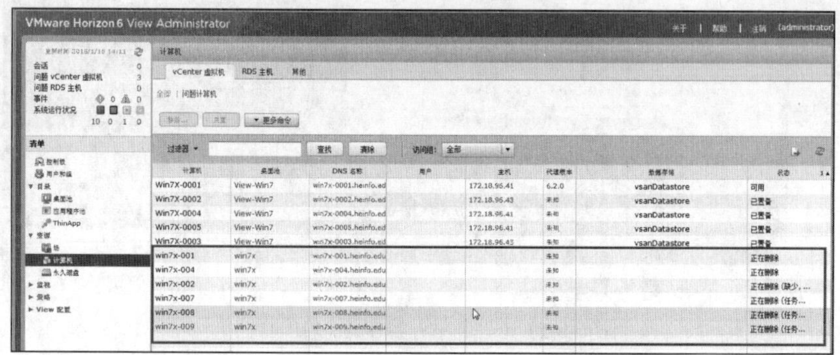

图 6-7-2　虚拟桌面停止在“正在删除”位置

想要在 View Administrator 中删除这些孤立的虚拟机与桌面池，可以使用如下方法。

6.7.1　登录 View Composer 删除孤立虚拟机

对于孤立的虚拟机，我们可以登录 View Composer 来删除它们，主要操作步骤如下。

（1）进入 View Composer 的服务器，打开 View Composer 安装位置，复制该路径，如图 6-7-3 所示。默认情况下，此路径为 C:\Promram Files（x86）\VMware\VMware View Composer。

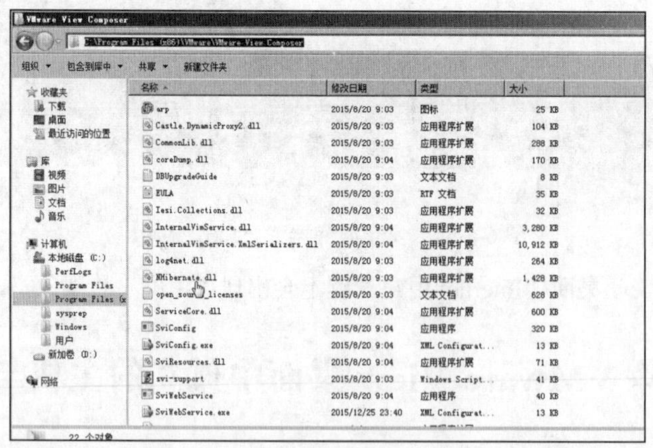

图 6-7-3　复制路径

（2）打开“系统属性→环境变量→系统变量”选项，将该路径添加到 PATH 路径最后面，如图 6-7-4 所示。

【说明】在原来的路径后面添加一个英文的分号（;），再粘贴此路径。

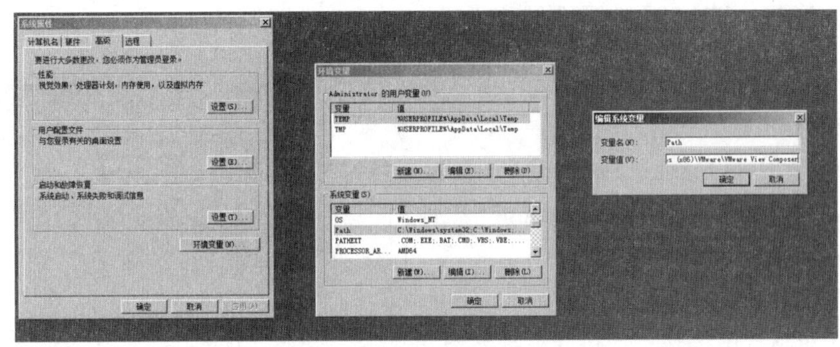

图 6-7-4　添加到系统变量

（3）进入提示符，使用 sviconfig 命令，删除 View Administrator 中孤立的虚拟机，在此需要删除的虚拟机名称是 win7x-001、win7x-002 等虚拟机（图 6-7-2 中标记），每条命令删除一个虚拟机。命令如下

```
sviconfig -operation=removesviclone -VmName=win7x-001
Enter View Composer admin password:*************
Get clone ID.
Remove linked clone.
RemoveSviClone operation completed successfully.
```

其中，在删除虚拟机的时候，需要输入 View Composer 的管理员密码。

如图 6-7-5 所示。

（4）依次使用命令，删除这些孤立的虚拟机。如图 6-7-6 所示。

```
C:\>sviconfig -operation=removesviclone -VmName=win7x-001
Enter View Composer admin password:*************
Get clone ID.
Remove linked clone.
RemoveSviClone operation completed successfully.
```

图 6-7-5　删除孤立的虚拟机

```
C:\>sviconfig -operation=removesviclone -VmName=win7x-002
Enter View Composer admin password:*************
Get clone ID.
Remove linked clone.
RemoveSviClone operation completed successfully.

C:\>sviconfig -operation=removesviclone -VmName=win7x-004
Enter View Composer admin password:*************
Get clone ID.
Remove linked clone.
RemoveSviClone operation completed successfully.

C:\>sviconfig -operation=removesviclone -VmName=win7x-007
Enter View Composer admin password:*************
Get clone ID.
Remove linked clone.
RemoveSviClone operation completed successfully.

C:\>sviconfig -operation=removesviclone -VmName=win7x-008
Enter View Composer admin password:*************
Get clone ID.
Remove linked clone.
RemoveSviClone operation completed successfully.

C:\>sviconfig -operation=removesviclone -VmName=win7x-009
Enter View Composer admin password:*************
Get clone ID.
Remove linked clone.
RemoveSviClone operation completed successfully.
```

图 6-7-6　删除其他虚拟机

在“资源→计算机”中可以看到，孤立的虚拟机已经被删除，如图 6-7-7 所示。

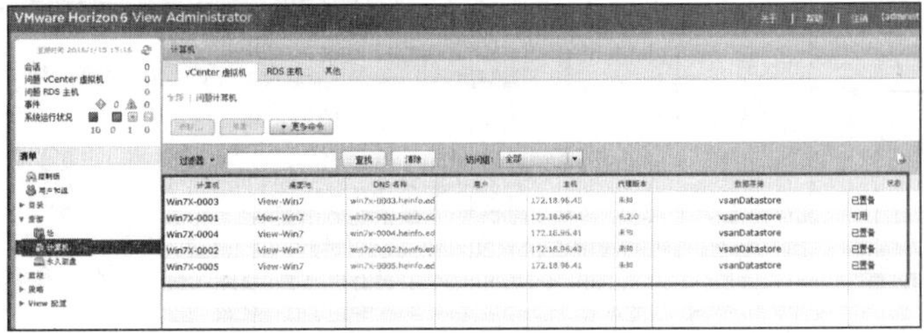

图 6-7-7　孤立虚拟机已经被删除

6.7.2 登录 View 连接服务器删除数据库

登录 View 连接服务器，使用 adsiedit.msc，删除虚拟机池，主要操作步骤如下。

（1）以管理员的身份登录到 Horizon View 连接服务器，打开“运行”对话框，输入 adsiedit.msc，然后按回车键，如图 6-7-8 所示。

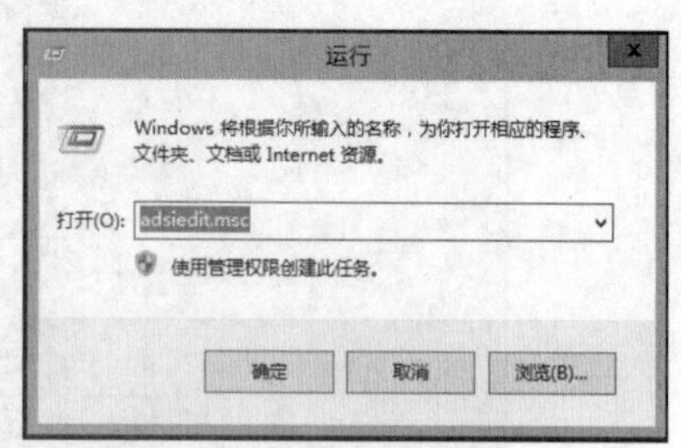

图 6-7-8　运行 adsiedit.msc

（2）打开“ADSI 编辑器”之后，右击 ADSK 编辑器，在弹出的对话框中选择“连接到”，如图 6-7-9 所示。

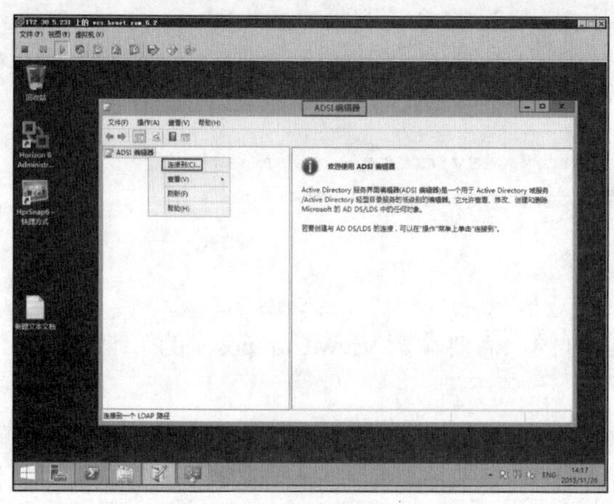

图 6-7-9　选择连接到命令

（3）在弹出的“连接设置”对话框中的“连接点”处单击“选择或键入可分辨名称或命名上下文”，并在栏目中输入“DC＝vdi，DC＝vmware，DC＝int”（英文输入，此名称与 Active Directory 域名无关），在“计算机”处单击“选择或键入域或服务器”，输入计算机名称及端口号，如本示例中为 vcs.heuet.com:389（如图 6-7-10 所示），然后单击“确定”按钮。

（4）返回到 ADSI 编辑器，依次展开 OU＝Server Groups，然后删除孤立的虚拟机桌面池，在此为 CN＝Win7x，如图 6-7-11 所示。

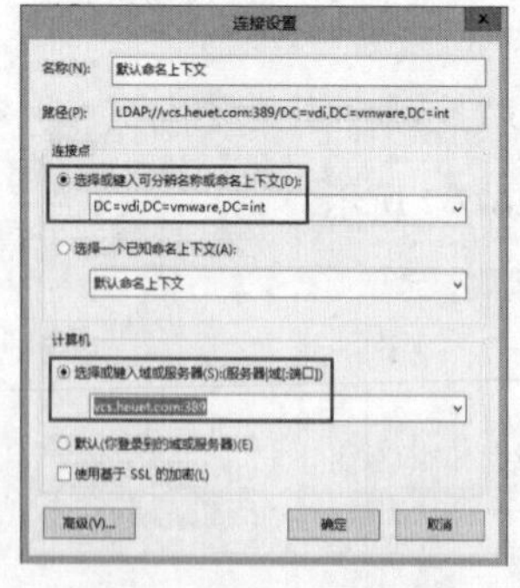

图 6-7-10　连接设置

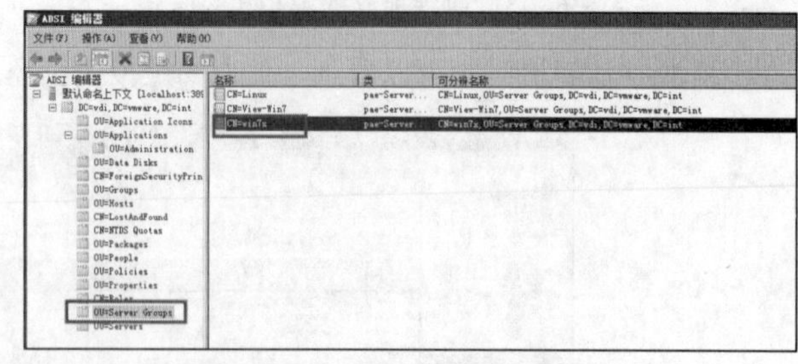

图 6-7-11　删除孤立虚拟机桌面池

（5）展开 OU＝Applications，删除 CN＝Win7x，如图 6-7-12 所示。

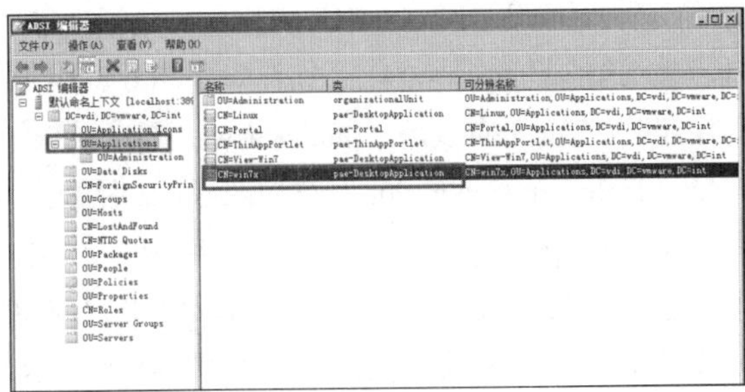

图 6-7-12　删除孤立的虚拟机桌面池

（6）登录 View Administrator，可以看到孤立的虚拟机桌面池已经被删除，如图 6-7-13 所示。

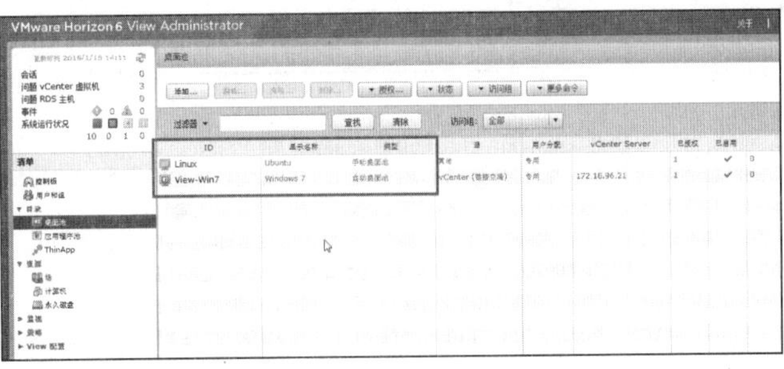

图 6-7-13　桌面池已经被删除

6.8　新安装 ESXi 6.0 U2 不能正确识别 EVC 模式的解决方法

某个 vSphere 6.0 的实验环境，在将 vSphere 6.0 U1b 升级到 vSphere 6.0 U2 之后，EVC 不能正确识别。该实验环境是由 4 台 PC 机组成，每个 PC 机配置连接如图 6-8-1 所示。

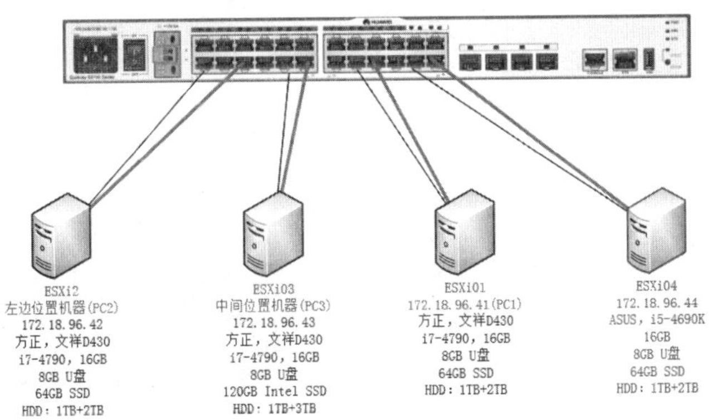

PC1，右边机器，172.18.96.41；PC3，中间机器，172.18.96.43
每台主机插1块单口网卡，PCIE1x-2，BroadCom NetXtreme BCM5721
1块2端口千兆网卡，PCIE16x，Intel 82571EB

PC2，左边机器，172.18.96.42
每台主机插1块单口网卡，PCIE1x-2，Intel 82573L
1块2端口千兆网卡，PCIE16x，Intel 82571EB
2口网卡做LACP，实现链路聚合，跑VSAN流量

图 6-8-1　实验环境

这 4 台 PC 机原来安装的是 vCenter Server 6.0 u1b 的版本，运行良好。

在分别将 vCenter Server 及 ESXi 升级到 6.0 U2 之后，发现图 6-8-1 中的 ESXi 01、ESXi 02、ESXi 03 这 3 台主机的 EVC 识别错误，正确的应该是“Intel Haswell Generation”，而现在升级之后，当前的 EVC 模式只识别到“Intel Nehalem Generation”，如图 6-8-2 所示。

而另外一台 ESXi 主机 ESXi 04 则识别正确，如图 6-8-3 所示。

对于这种错误，是 BIOS 选项中 CPU 设置的问题。进入 BIOS 设置，在 CPU 选项中看到 Intel VT、Intel XD Bit 都已经启用，只有 Intel AES-NI 是禁止状态，如图 6-8-4 所示。

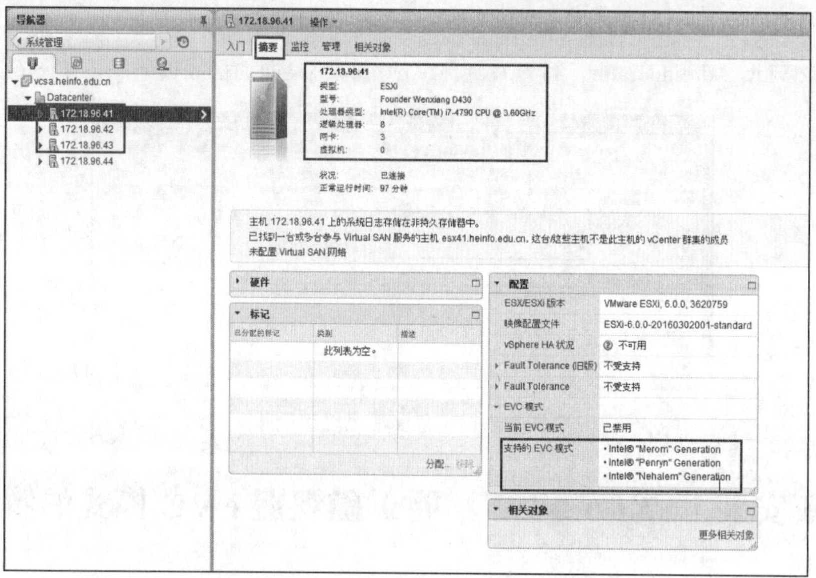

图 6-8-2 识别错误的 EVC 模式

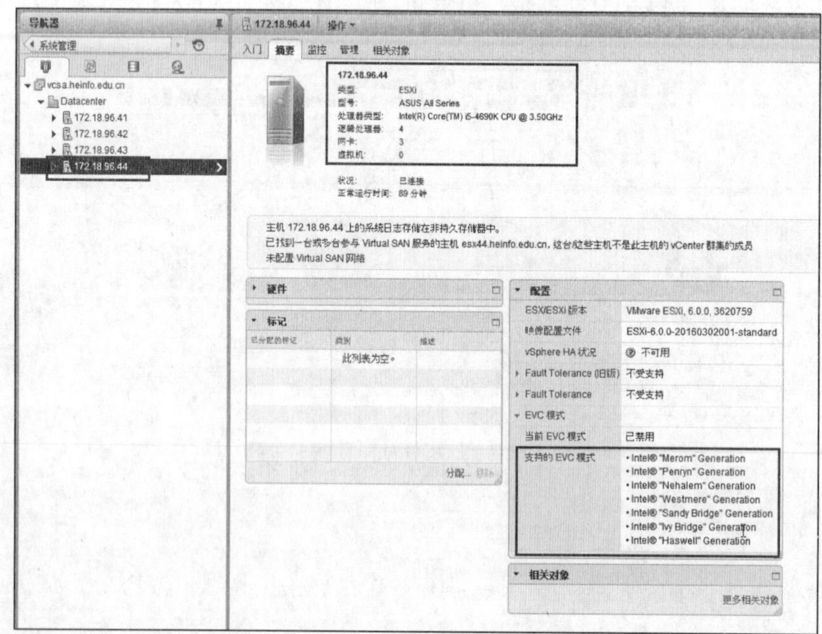

图 6-8-3 识别正确的 EVC 模式

将 Intel AES-NI 改为"Enabled"，如图 6-8-5 所示，按【F10】保存退出。

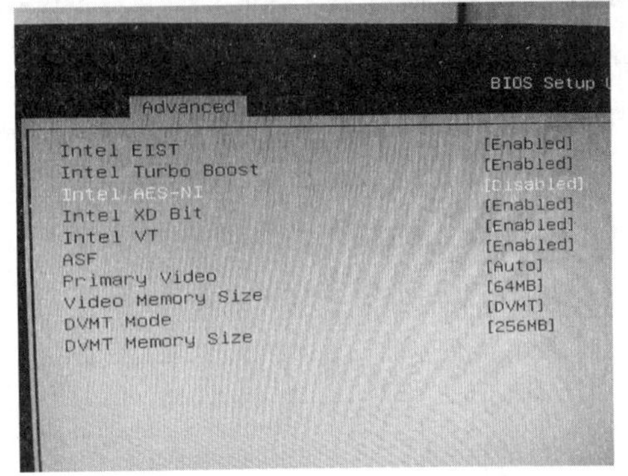

图 6-8-4　CPU 或高级芯片组设置

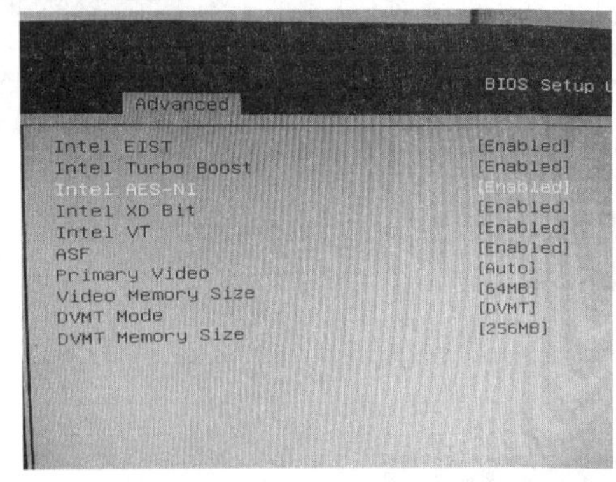

图 6-8-5　修改 BIOS 设置

再次进入系统，发现 EVC 识别已经正常，如图 6-8-6 所示。

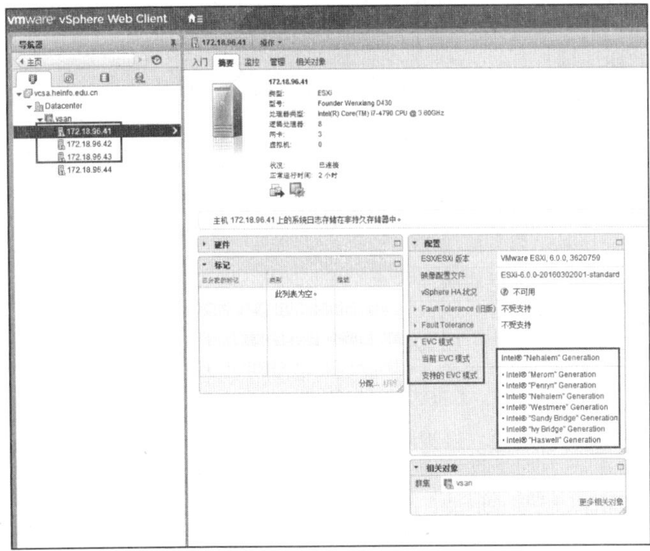

图 6-8-6　EVC 识别恢复正常

读者意见反馈表

亲爱的读者：

感谢您对中国铁道出版社的支持，您的建议是我们不断改进工作的信息来源，您的需求是我们不断开拓创新的基础。为了更好地服务读者，出版更多的精品图书，希望您能在百忙之中抽出时间填写这份意见反馈表发给我们。随书纸制表格请在填好后剪下寄到：北京市西城区右安门西街8号中国铁道出版社综合编辑部 荆波 收（邮编：100054）。或者采用传真（010-63549458）方式发送。此外，读者也可以直接通过电子邮件把意见反馈给我们，E-mail地址是：176303036@qq.com。我们将选出意见中肯的热心读者，赠送本社的其他图书作为奖励。同时，我们将充分考虑您的意见和建议，并尽可能地给您满意的答复。谢谢！

所购书名：________________

个人资料：

姓名：________ 性别：______ 年龄：______ 文化程度：________

职业：__________ 电话：__________ E-mail：__________

通信地址：____________________ 邮编：________

您是如何得知本书的：

□书店宣传 □网络宣传 □展会促销 □出版社图书目录 □老师指定 □杂志、报纸等的介绍 □别人推荐

□其他（请指明）________________

您从何处得到本书的：

□书店 □邮购 □商场、超市等卖场 □图书销售的网站 □培训学校 □其他

影响您购买本书的因素（可多选）：

□内容实用 □价格合理 □装帧设计精美 □带多媒体教学光盘 □优惠促销 □书评广告 □出版社知名度

□作者名气 □工作、生活和学习的需要 □其他

您对本书封面设计的满意程度：

□很满意 □比较满意 □一般 □不满意 □改进建议

您对本书的总体满意程度：

从文字的角度 □很满意 □比较满意 □一般 □不满意

从技术的角度 □很满意 □比较满意 □一般 □不满意

您希望书中图的比例是多少：

□少量的图片辅以大量的文字 □图文比例相当 □大量的图片辅以少量的文字

您希望本书的定价是多少：

本书最令您满意的是：

1.

2.

您在使用本书时遇到哪些困难：

1.

2.

您希望本书在哪些方面进行改进：

1.

2.

您需要购买哪些方面的图书？对我社现有图书有什么好的建议？

您更喜欢阅读哪些类型和层次的计算机书籍（可多选）？

□入门类 □精通类 □综合类 □问答类 □图解类 □查询手册类 □实例教程类

您在学习计算机的过程中有什么困难？

您的其他要求：